国家科学技术学术著作出版基金资助出版

林产化学工业全书

第1卷

贺近恪　李启基　主编

中国林业出版社

图书在版编目(CIP)数据

林产化学工业全书/贺近恪,李启基主编. —北京:中国林业出版社,2001.2
ISBN 7-5038-2301-1

Ⅰ. 林… Ⅱ. ①贺… ②李… Ⅲ. 林产化学工业-基本知识 Ⅳ. TQ35

中国版本图书馆 CIP 数据核字(2001)第 15804 号

出版 中国林业出版社(100009 北京西城区刘海胡同 7 号)
E-mail:cfphz@public.bta.net.cn **电话** 66184477
发行 中国林业出版社
印刷 北京地质印刷厂
版次 2001 年 2 月第 1 版
印次 2001 年 2 月第 1 次
开本 787mm×1092mm 1/16
印张 210
字数 4380 千字
印数 1～1000 册
定价 600.00 元(共 3 卷)

《林产化学工业全书》编辑委员会

《林产化学工业全书》编著者名单

主　　编　贺近恪　李启基

副 主 编　沈守恩　程　芝　王定选　李忠正　李义沣　张宗和　沈兆邦

编 著 者（按姓氏笔画为序）

马自超	马鹏程	尤　新	毛祖舜	王子明	王书翰
王传槐	王体科	王定选	王清泉	王静霞	冯辉明
叶文才	毕松林	刘　启	刘汉超	刘光良	孙成志
孙达旺	汤洪良	许成文	严文瑛	吴在嵩	宋湛谦
张　矢	张飞龙	张长海	张宗和	张晋康	张继明
张梦琴	李　萍	李于熙	李义沣	李丙菊	李民栋
李齐贤	李启基	李忠正	杨殿隆	沈守恩	沈兆邦
肖尊琰	邰瓞生	邱　兵	佘允怡	陆夕娟	陈友地
陈笳鸿	陈焙章	周维纯	房桂干	范思伟	金　琦
侯开卫	姚文章	姚光裕	洪传贞	贺近恪	赵守训
赵群华	唐朝才	夏其武	徐纬英	殷　宁	袁子成
郭幼庭	郭明高	高传壁	高尚愚	曹光锐	曹朴芳
黄嘉玲	彭淑静	程　芝	粟子安	覃铭焕	谢国恩
赖永祺	蔡之权	蔡祖善	蔡德文	谭红梅	潘定如
潘锡五	魏朔南				

责任编辑

第1卷　徐小英　杨长峰

第2卷　杨长峰　吴金友

第3卷　徐小英　张　敏

技术设计　沈　江　黄　悦

责任校对　苏　梅　杨　静　沈会英

封面设计　聂崇文

前　言

林产化学工业，是以森林资源为原料进行化学或生物化学加工，制取人类生产和生活所需要的多种产品的工业群体，是林业产业的重要组成部分，也是充分合理地利用森林资源、提高林业科技含量和经济效益的有效手段。森林资源具有多样性并可以再生，在科学管理的前提下能实现永续利用并在质量上得到改进和提高。许多林产化学工业产品具有独特性能，目前还难以被其他产品所取代。因此，以森林资源为基础的林产化学工业具有长久的生命力。

我国国土面积辽阔，气候跨度大，有广阔的地域适于植物生长，是世界上的植物大国之一，森林类型多，林化原料品种丰富，有发展林产化学工业的优越先天条件。另外，我国山地比重大，农田面积相对不足，劳动力充裕，开发利用山地森林资源进行化学加工利用，不但能帮助山区人民脱贫致富，并使有限的粮田得到更好的利用，还可以为社会提供工业品、食品、饲料、药物等多种产品，满足人民日益增长的需要。

我国人民在长期的历史进程中积累了许多关于林产品化学利用的知识和经验。植物纤维造纸技术的发明推动了世界文明的进步，生漆、桐油、松脂、樟脑、五倍子、木炭、天然药物等林产品的采制和利用早已付诸实践。但是，现代化的林产化学工业研究和生产，主要是在近几十年间发展成长起来的，已初步形成体系，生产领域和技术水平都有较快地发展。当前，我国松香、天然橡胶、木质活性炭、树叶饲料、林产药物、栲胶、林产油脂和精油、木材制浆造纸和木材水解等都有一定的生产基础，我国林产化学工业领域的有些产品的产量和出口贸易额已跃居世界前列。

随着我国经济发展的需要，林产化学工业应继续加强传统产业满足国内外需要；大力发展木材造纸生产，争取自给自足；重视林产特效药物、活性物质、营养成分、杀虫剂等新品种的挖掘和推广；结合国际经验和我国实际，力争林产化学工业与林业其他领域的协调发展。为了作好这些工作必须认真总结过去，学习提高。在此情况下，编著一套综合面宽且较有深度的林产化工科技新著，是时代的需要。

《林产化学工业全书》是由中国林业出版社和中国林产工业公司提出倡议组织编写，由国内86位各方面具有代表性和权威性的专家、教授在《林产化学工业全书》编辑委员会的统一协调下参加撰稿，按原料类型和科技体系编排，是一套综合性的林产化学工业领域的大型科技专著，基本涵盖了当前我国林产化学工业领域的全部内容。在各专业领域的论述中，系统阐述了有关的原料性质、反应机理、加工工艺和设备、产品及其利用等，并论述了我国林产化学工业的发展实绩和国外的科技进展。为了保证《林产化学工业全书》的编著质量，在编审过程中还充分吸收了各方面专家、教授的建议，进行了多次修改和补充。因此，我们相信这部著作较好地反映了林产化学加工在学术上的完整性、系统性和我国林产化学工业的特点，展现了当前的林产化学工业的全貌和发展水平。

《林产化学工业全书》内含18篇65章约420万字，由于篇幅较大，分为3卷出版。第1卷综合论述了林产化学工业的涵义和领域、森林植物的生物量及其化学利用、国内外林产化学利用的历史概况和展望；系统介绍了木（竹）材和树皮原料的基本性质，包括宏观及微观构造、物理性质、纤维形态比较、主要成分的化学结构和反应、分析方法和分析数据等；详细介绍了纸浆、纸和纸板的生产技术及设备。第2卷重点论述了木材及其他植物原料水解、木材热解机理及工艺技术，各种水解和热解产品如酒精、糠醛、木糖醇、木质活性炭的生产等；各种树木分泌物（如松香、松节油、天然橡胶、生漆等）的原料采集及加工利用、各种产品的性质和用途等。第3卷专题论述了关于树木提取物如栲胶、林产油脂、林产精油及香料、林产药物、林产食品、林产饲料和生物活性物质等的原料采集、生产加工原理和技术、产品种类和用途等，并对有利用价值的树木寄生昆虫的放养和产品加工作了介绍；此外，还列有专篇讨论木材造纸工业和其他林产化学工业的污染防治问题。本著作的出版，可为林产化学工业领域从事科研、教育、生产、设计、规划、管理等方面工作的科技人员提供业务参考，还可作为高等院校有关专业师生的学习材料。

我们衷心感谢中国科学院院士、南京化工大学时钧教授，中国工程院院士、南京林业大学王明庥教授，中国科学院院士、中国科学院化工冶金研究所陈家福研究员，中国科学院院士、南京大学胡宏纹教授等对本著作的审阅、指教和帮助。特别感谢国家科学技术学术著作出版基金对本著作出版的资助。

《林产化学工业全书》的编著出版，是全体编著者和参与审稿、编辑、出版等有关工作的同志们紧密合作和辛勤劳动的结果，也是发起者、编著者和出版者对我国林化事业作出的重要奉献。在本著作出版之际，我们谨对所有为本著作作出贡献的同志们表示诚挚的感谢！

在本著作的编辑出版过程中，严文瑛、蔡之权两位高级工程师在编辑方面作出了重要贡献，姚文章、谭红梅、肖映榴等同志也付出了大量劳动，谨此致谢。

在本著作的筹划过程中，曾得到下述单位的大力资助，使工作得以顺利地进行。谨向广西梧州松脂厂、广东德庆林化厂、广西林业造纸厂、广东信宜松香厂、广东封开林化厂、广西岑溪松香厂、福建武平林化厂、福建省林业厅等单位致以诚挚的谢意！

由于参加本著作编著的人数较多，涉及的学科范围很广，加上我们知识的局限，难免还存在文字风格、论述深度、取材范围和学术见解等方面的某些差异，甚至于错误之处。对此，我们敬请读者批评指正。

贺近恪　李启基
1997年1月28日

总 目 录

第1卷

第 2 卷

第3卷

目　录

第1篇　总　论

第2篇 木（竹）材构造及物理性质

第3篇 木（竹）材化学

第4篇 制 浆

第5篇 造 纸

第1篇

总　论

贺近恪　沈守恩

1　林产化学工业的涵义和领域

1.1　林产化学工业的涵义

一般地说，利用森林的产物为原料，通过化学或生物化学加工过程，制取人类生活和生产所需要的产品的工业称为林产化学工业（简称林化工业）。

森林是以木本植物为主体的生物生态体系和与其相适应的环境系统的统一体[1,2]，这一系统中包涵生物、矿物和水等多种资源，生物中又有植物、动物和微生物。由于人们对森林的理解不同，因而关于森林产品的概念也不一样。如有的把兽皮、兽角、水、土壤、石头和其他矿物等也都列入森林产品的范畴，但本书根据大部分国家的传统习惯只把森林植物生物量（包括寄生于植物的动物分泌物）的化学加工看作是林产化学工业。

1.2　林产化学工业的范畴和重点

森林植物以树木（乔木、灌木）为主体，也包括各种林下植物。树木产物有木材、树皮、根、叶、花、果、种子以及某些分泌物（Exudates）、提取物（Extractives）、寄生物等。这些都可以作化学加工的原料，形成不同类型的林化产品。从这个意义来说，林化工业的领域很宽，是一个多门类、多产品的工业群体。但由于世界各国的资源、经济条件、工业水平和管理体制不同，其林化工业的具体内容和重点存在着较大差异。在一些国家和地区（如北美、北欧）木材资源，特别是针叶造纸材较多，木材制浆、造纸工业在林产品的化学加工中居于主导地位，甚至被列为独立的工业部门，而其他林化工业比重较小，门类较少。在另外一些国家和地区（如拉丁美洲、印度）树种多，林副特产品比较丰富，加工领域宽，品种多，其中有些产品有重要的地位和特色。中国是一个林产资源品种多，林化工业覆盖面宽的国家，发展起来的林化工业可概括为以下门类和内容[3]。

（1）木材化学加工：①木材制浆、造纸和纸板工业；②木材（及其他植物原料）水解工业；③木材热解工业；④木质压缩燃料生产。

（2）天然树脂的采集和加工：①松香、松节油工业；②天然橡胶工业；③生漆生产；④其他树木分泌物的采集和加工。

（3）树木提取物加工：①栲胶工业；②林产油脂工业；③林产色素生产。

（4）树木寄生昆虫的放养和产品加工：①紫胶工业；②五倍子的生产和加工；③白蜡的生产。

（5）林产药物、食品、饲料和活性物质的采制加工和利用：①林产药物的生产；②林产食品和食品添加剂的生产；③林产饲料和生物活性物质的生产。

2　森林植物的生物量及其化学利用

2.1　森林植物的生物量

森林植物的生物量是化学产品和能量的重要源泉之一。它是绿色植物通过光合作用形成的有机物质的积累，也是太阳能在植物中贮存的一种形式。树木是能将太阳能转化成物质的强大媒体，转化效率因地而异。温带植物的光合作用转化效率为所接受日光的0.1%～1%[4]，W.E.Hillis引证的转化效率为0.75%。形成的木材物质大部分结构紧密，分子排列整齐，在其利用方面比其他光合产品具有更大的价值[5]。

全世界的森林覆盖率为27%，地球陆地上每年生产的生物量十分巨大，2/3存在于森林之中。由于热带森林面积迅速缩小，森林生物量的总值也在不断减少。

植物是森林生物的主体，就生物量而言，动物和微生物的有机物质只占森林生物量的1%，而且较难测定，因此，可以忽略不计[6]。

2.2 森林植物生物量的化学利用

由树木得到的能量和化学产品都来自树木的组成物质，主要是形成木材细胞壁的结构成分——纤维素、半纤维素、木质素。这些物质通过制浆过程得到高分子的木浆纤维，并能从制浆废液回收某些化学品。也可以通过其他化学加工过程转化成低分子化合物，如甲醇、乙醇、糠醛、乙烯、丁二烯、酚、香兰素等，作为燃料、溶剂和合成高分子的原料。木材中除结构成分外，还有少量存在的其他物质即“提取物”（一般存在于细胞腔内）和一些树种特有的“分泌物”（一般存在细胞腔以外）[7]。这些物质和叶、花、果内的特有成分以及某些可能存在的寄生产物，经过分离或化学加工可得到品种繁多、结构复杂、具有特殊性能和用途的林化产品。G. M. Barton 在综述树木的化学产品时详细列举了这类产品和衍生物[8]。但随着科学技术的发展，新的品种还在陆续出现。

森林植物既是原料资源，也是重要的再生能源。植物生物量通过燃烧可以产生热量。据估计，目前世界上大约有 15 亿人口靠树木作生活能源，森林采伐量的一半以上被直接烧掉，由于有些地区农村烧柴严重短缺，大量森林遭到了破坏。在一些森林植物的加工利用过程中，能量和化学品的产生密不可分。例如：企业可选取所采伐木材的适当部分用于锯材和制浆，把剩余物用作燃料，这种燃料目前在木材加工和造纸工业中大量应用；又如在木材干馏、气化和水解生产中，所得产品（木炭、木煤气、焦油、甲醇、乙醇等）既可作为燃料，又是化学加工的原料，而某些其他形式的能源如原子能、水力发电、风能、地热、潮汐、光电等由于不能提供有机化合物所需的碳源，只能作为能源而不能生产化学品。

3 林木化学利用的历史渊源

人类利用森林植物的化学成分以及由某些成分所决定的木材性质已有长远的历史。在远古时期，由于工具落后，人们只能利用森林中便于取得的零星产物，树木分泌物成为最早被利用的林木化学产品，主要用作火把、堵漏，在木柄上粘结利器，涂抹器物，作毒饵、药品和饰物等。随着工具的发展，人类开始伐取木材，并注意材质的选择，木材由于某些提取物的存在而形成的诱人外观和耐腐性受到重视。提取物成分的专项利用如制革、染色、药物、香料等也逐步有所发展。

3.1 国外林木化学利用的史实

W. E. Hillis[9,10]、F. N. Howes[11]等学者曾对人类早期利用林木化学成分的历史作了记述。现摘引树木分泌物、提取物、珍贵树种利用等主要史实供参考。

3.1.1 树木分泌物的利用

初期被利用的树木分泌物有天然树脂、碳水化合物胶和橡胶等。首先使用的是琥珀。在新石器时代琥珀被发现后，一直为人们所珍视，认为有神秘的治疗和防护作用，有诱人的外观，可作珠宝。琥珀存在于白垩纪和第三纪地层及以后的地质沉积中。Pliny 最早指出它是植物的分泌物而不是矿物，是化石化的树脂，含有不挥发的萜类物质，由于长时间的氧化和聚合，因而能经受化学和微生物的侵蚀，可用于制造油漆。

许多其他树木分泌物也有长久的利用史，例如从研究埃及古棺中发现，约在公元前 1400

年松脂和香脂已被用作涂料。公元前1000年左右有些树木如地中海松 *Pinus halepensis* Mill.(Aleppo Pine)的分泌物被用来保存尸体，形成木乃伊。东南亚的安息香也在2世纪的古墓中被发现。欧洲人于17世纪在马来西亚及其临近国家发现达玛树脂，系采自龙脑香科的娑罗双属 *Shorea* Roxb.、坡垒属 *Hopea* Roxb.、青梅属 *Vatica* L. 等树木，并逐步开拓其用途。最初主要用于制造树脂蜡烛、船舶堵漏、印染花布，后来成为制备清漆、瓷漆、打光蜡和印刷油墨等的重要原料。Cook 于1769年首先报道的贝壳杉树脂是采自新西兰贝壳杉 *Agathis australis* (D. Don) Salisb.。可在新西兰北部岛许多地方的土壤中取得，其体积有的可大至30cm×15cm×15cm。贝壳杉树脂可作高级清漆，品质较低的产品可与松香混合制油地毡。

通过采割生长在印度尼西亚、菲律宾等地的白贝壳杉树皮也可得到贝壳杉树脂，通常称为马尼拉树脂。

在不同地区、不同的树种中含有珐琊树脂：西非珐琊系采自奥氏丹尼苏木 *Daniellia oliveri* (Rolfe) Hutch. et Dalz.、尼日尔珐琊树 *D. thurifera* Bennett；东非珐琊系采自马达加斯加可乐树 *Trachylobium verrucosum* Oliv.；南美珐琊系采自西印度膜质豆树 *Hymenaea courbarii* L.。珐琊树脂主要用于涂料工业，可制造瓷漆等，其硬度、耐久性和光亮度皆好。

玛瑞树脂采自乳香黄连木 *Pistacia lentiscus* L.，曾一度为希腊皇室所占有。公元前400年已有关于玛瑞树脂用于爽口或治疗牙病的记载。玛瑞脂和山达脂溶于酒精后可作成漆，用来保护油画和水彩画，亦可作金属表面涂剂。

松脂是生产松香、松节油的原料。2500年前在希腊已有生产松节油的记载[12]。Theophrastus 约于公元前371年曾经描述过松树采脂的情况。Dioscorides 于公元前78年指出：当时，埃及人了解到松节油是从大西洋雪松 *Cedrus atlantica* Manetti 松脂中蒸馏出来的。Pliny 对于多种松脂和松节油的特性、松香皂漆的制法、采脂和蒸馏的方法都做了详尽的说明。新发掘出土的化学装置和古代楔形文字的记载证明：自公元前3000年起，美索不达米亚居民就已经懂得了对松脂进行升华、蒸馏和浸提等化学工艺，还会制革、染色、炼油、制造洗涤剂和香料。随后，在古代文化发展的初期有了将松脂加工成松香和松节油的工艺。但这方面的知识一再失传。第8世纪 Marcus Graecus 曾记述了使用蒸馏器分离松香和松节油的工艺。阿拉伯人 Geber 和 D. J. Mesue 遗下了关于松脂蒸馏法以及用干馏法获得桧柏油和琥珀油的文稿。15～16世纪，炼金术者 Walter Ryef、Adam Louicer、Conrad Gessner、I. B. Porta、Valerus Cordus 特别是 Hieronimus Brunschwygh 所遗留的手稿和所著的书籍都有记载。Hieronimus Brunchwygh 所写的《新编蒸馏手册》一书中对各种树脂蒸馏的方法作了详细的介绍。那时，人们已经知道，可用烧酒浸提松脂和香脂，并可用松香与松节油制漆。约从1600年起，松节油称为"Spiritus Terpentini"，据市场上销售统计资料表明，1935年世界天然树脂总产量72.3万t，其中松香为60万t，占天然树脂总产量的83%，到1940年世界天然树脂总产量90万t，松香为81万t，占天然树脂总产量的90%[13]。

世界上能形成松脂的树种主要集中在松科中的松属 *Pinus*。据文献记载：全世界有松树约100种[14,15]。但能用于工业化松脂生产的并不多，目前能大规模采脂的有17种，集中分布在：①美洲地区（包括加勒比海地区）的有加勒比松 *P. caribaea* Morelet、湿地松 *P. elliottii* Engelm.、长叶松 *P. palustris* Mill.、火炬松 *P. taeda* L.；②欧洲地区的有地中海松 *P. halepensis* Mill.、欧洲黑松 *P. nigra* Arn.、海岸松 *P. pinaster* Ait.、卵果松 *P. oocarpa* Schiede、意大利松 *P. pinea* L.、曲枝松 *P. pringlei* Shaw、欧洲赤松 *P. sylvestris* L.；③东

亚地区的有卡西亚松 *P. kesiya* Royle ex Gordn.、思茅松 *P. kesiya* var. *langbianensis* (A. Chev.) Gaussen、南亚松 *P. latteri* Mason、马尾松 *P. massoniana* Lamb.、苏门答腊松 *P. merkusii* Jungh. et De Vries、云南松 *P. yunnanensis* Franch.。有开发价值的松属树种还有原产于美洲的劳森松 *P. lawsonii* Roezl、光叶松 *P. leiophylla* Schleclt et Cham.、麦根松 *P. michoacana* Martinez、假球松 *P. pseudostrobus* Lindl.、辐射松 *P. radiata* D. Don、晚松 *P. serotina* Michx.、热带松 *P. tropicalis* Morelet；原产欧洲的克里木松 *P. pallasiana* Lamb.、巴尔干松 *P. peuce* Griseb.；原产亚洲的乔松 *P. griffithii* McClelland.、岛松 *P. insularis* Endl.、红松 *P. koraiensis* Sieb. et Zucc.、越南松 *P. krempfii* Lec.、喜马拉雅长叶松 *P. roxburghii* Sarg.、西伯利亚红松 *P. sibirica* (Loud.) Mayr.、油松 *Ptabulaeformis* Carr. 等[16]。

天然漆又名生漆，是一种含酶树脂，有优良的耐酸性、耐水性、耐油性和耐热性，长期以来被誉为“涂料之王”，主要成分为漆酚。根据漆树品种的不同，漆酚有三种：①从中国、日本、朝鲜产的漆树 *Toxicodendron verniciflnum* (Stokes) F. A. Barkley 取得的为漆酚；②从中国台湾、越南产的野漆树 *T. succedaneum* (L.) O. Kuntze 取得的为虫漆酚；③从缅甸、泰国、柬埔寨产的缅甸漆树 *Melanorrhoea usitata* Will. 取得的为缅漆酚[17]。千百年来天然漆的耐久性和稳定性在东方已被人们所认识，常用于保护各种材料。

植物胶是粘性的分泌液，通常无色、无味、无毒、无臭，在干燥时或长期暴露空气中，变得坚硬、清彻，似玻璃状。当溶于水后可形成粘稠溶液或吸收水分成为胶冻或胶糊。很多热带树种，特别是生长在世界最热和最干燥地区的一些树种，能够分泌树胶，在被采割或因动物啃食、白蚁和大风等原因受到伤害的情况下分泌更多。分泌植物胶的树种有：猴面包树属 *Adansonia* L.、木橘属 *Aegle* Carr.、缅茄属 *Afzelia* Smith、合欢属 *Albizzqia* Durazz.、腰果属 *Anacardium* L.、车轴木属 *Anogeissus* Guill.、羊蹄甲属 *Bauhinia* L.、鞋工苏木属 *Berlinia*、瓶木属 *Brachychiton*、山檨子属 *Buchanania* Spreng.、苏木属 *Caesalpinia* L.、洋椿属 *Cedrela* P. Br.、吉贝属 *Ceiba* Mill.、角豆树属 *Ceratonia* L.、椴木属 *Chloroxylon* DC.、柑橘属 *Citrus* L.、风车子属 *Combretum* L.、非洲苏木属 *Cordyla* Lour.、假橄榄属 *Elaeodendron* Jacq. f.、木苹果属 *Feronia* Carr.、巨盘木属 *Flindersia* R. Br.、山桃草属 *Gaura* L.、银桦树属 *Grevillea* R. Br.、哈克木属 *Hakea* Schrad.、银叶树属 *Heritiera* Dryand.、非洲桃花心木属 *Khaya* A. Juss.、紫薇属 *Lagerstroemia* L.、杧果属 *Mangifera* L.、楝树属 *Melia* L.、猴耳环属 *Pithecellobium* Mart.、牧豆树属 *Prosopis* L.、假洋椿属 *Pseudocedrela*、山榄属 *Sapota* Mill.、硬皮果属 *Sclerocarya* Hochst.、猴欢喜属 *Sloanea*、槟榔青属 *Spondias* L.、苹婆属 *Sterculia* L.、榄仁树属 *Terminalia* L. 和油桐属 *Vernicia* Lour. 等 42 属。但到目前为止，世界上只有 3 种商品树胶被允许作食品添加剂，它们是：①阿拉伯树胶，系采自阿拉伯胶树 *Acacia senegal* Willd. (Arabic Gum tree)，来源于北非。它被古代埃及人用于绘画颜料，这一用途一直持续到中世纪和近代。澳大利亚土著人把来自金合欢属 *Acacia* Mill. 的荆树胶作为食料，当前仍用于糖果和药片的生产。②苹婆树胶，习惯上采自印度栽植的刺苹婆 *Sterculia urens* 和绒毛苹婆 *Sterculia villosa* Roxb. 以及产自苏丹和塞内加尔的刚毛苹婆 *Sterculia setigera*。刚毛苹婆胶品质优于印度产的 2 种苹婆胶。③黄芪胶，在国际上长期以来认为是从胶黄芪 *Astragalus gummifera* 和分布在亚洲黄芪属树木中取得的；但据实地调研确认黄芪胶主要来源为小头状黄芪 *Astragalus microcephalus*。该树繁生于小亚细亚海拔 2000m 火山岩坡地的砂质土壤上[18]。

上述3种获准用作食品乳化剂、稳定剂和增稠剂的树胶和从生长于印度的阔叶车轴木 *Anogeissus latifolia* Wall.（Axlewood）生产的茄替胶还可用于药物、化妆品、纺织、印刷以及其他非食品工业等技术领域[19]。

橡胶远在15世纪末哥伦布发现美洲大陆前，当地人即已利用巴西橡胶树属 *Hevea* Aubl. 和美洲胶树属 *Castilla* Cervantes 的树木分泌物制造物品。随着1839年橡胶硫化方法的发明及其他技术的发展，橡胶树，特别是生长在亚马孙河三角洲及其上游的三叶橡胶树 *Hevea brasiliensis*（H. B. K.）Muell.-Arg. 得到了大量开发。马来西亚首先于1880年种植三叶橡胶树以后又扩展到邻近国家，成为当今世界天然橡胶的主要产区。

3.1.2 树木提取物的利用

被利用的树木提取物主要有单宁、色素、香精、香料、油脂、药物成分等。

制革是世界上最古老的技艺之一。数千年来人类使用树木的有关部位将动物生皮转化为革。常用的是树皮，有时用干燥的果实，如土耳其橡椀或印度柯子。桉树单宁曾被澳洲土著居民使用过。在5000年前的古埃及鞣皮场地上，曾发现含单宁的埃及金合欢 *Acacia nilotica*（L.）Del.（Egyptian mimosa）的果荚和革的成品及半成品。约在公元前600年，地中海地区用植物材料鞣革已很普及。方法是把生皮和粉碎的植物组织（一般为栎类）相间铺放，加水放置直到成革为止。1796年法国 A. Seguin 发明使用槲树皮浸提液代替树皮粉来鞣皮，第一次把能够鞣成皮革的物质叫做“单宁”。1803年德国利用栎树皮生产液体栲胶。19世纪中叶，由于制革工业的不断发展，德国、奥地利、法国以及巴拉圭先后建厂分别生产栎木、云杉树皮和坚木栲胶[20]。Pliny 提出单宁酸铁蓝黑色反应可作为检测铁的方法。这一反应是古埃及人制染发剂和先前制造墨水的基础，并可以用于铁器的防锈。许多年以来，从红树属 *Rhizophora* L. 的尖叶红树 *R. apiculata* Bl.、红茄苳 *R. mucronata* Lam.、木榄属 *Bruguiera* Lam. 的共轭木榄 *B. conjugata*（L.）Merr.、裸根木榄 *B. gymnorhiza* Lam.、海莲 *B. sexangula*（Lour.）Poir 和角果木 *Ceriops candolleana* Arn. 取得的提取物，通称红树皮栲胶[20]；从儿茶树 *Acacia catechu* Willd 取得的含有儿茶的提取物，在热带国家中用于鞣染棉麻织物、船帆和渔网。当前各种来源的单宁提取物（栲胶）仍然大量用于皮革生产。其主要来源是黑荆树 *Acacia mearnsii* De Wild（black wattle）的树皮，红坚木 *Schinopsis balansae* Engl.（red quebracho）、欧洲栗木 *Castanea sativa* Mill.（sweet chestnut）、温多桉 *Eucalyptus wandoo* Blakely 的心材和大鳞栎 *Quercus aegilops* L. 的壳斗及未成熟的橡子。基础研究已经揭示出荆树、坚木栲胶具有比其他大多数凝缩类单宁的反应活性好、稳定性高，适于做鞣剂或木材粘合剂。

天然染料的利用可追溯到远古时代，许多来自木材和树皮。大部分呈现暗褐色或黄色。由于后来媒染剂的发现，从而可得到鲜亮持久的颜色用于织物的染色。最初的媒染剂是硫酸铝和硫酸铁。这方面的知识随后传播到了埃及、希腊、罗马和欧洲其他国家和地区。约在1290年意大利人马可波罗记述了东方国家利用鲜红色的苏木 *Caesalpinia sappan* L.（sappon wood）木材作染料，称为色潘（苏木色素），但最驰名的染料来源是巴西产的一组近似鲜红色的木材，称为巴西苏木 *Caesalpinia echinate* Lam.（Brazil wood）。采用不同的媒染剂可得鲜红色或紫色。这类木材当时在南美东部蓄积量甚丰，是巴西的一大财富，一度由皇族专营并成为海盗的袭击目标。后来由于过量采伐，从16世纪中期起出口量大为减少。

热带美洲的洋苏木 *Haematoxylum campechianum* L.（log wood）大约从16世纪中叶开

始输出，后来也出口提取物。提取物的主要成分是苏木精，氧化后成羟高铁血红素，随媒染剂不同（如铁或铜盐类或重铬酸钾）可形成蓝至黑色。

在17世纪中叶，从中美洲的黄颜木 *Chlorophora tinctoria* Gaud. 和黄栌 *Continus coggygria* Scop 的木材中可以得到深黄色和浅黄色的染料，使用不同的媒染剂可生成稳定的从浅橄榄黄到金黄的系列颜色，也可从变色栎 *Quercus discolor* 树皮得到类似的颜色。其他用作染料来源的木材还有很多。诸如亚洲热带地区的紫檀 *Pterocarpussantalinus* L.f (Sanders wood)、非洲西岸的紫木 *Baphia nitida* (Cam wood) 或非洲紫檀 *Pterocarpus soyauxii* Taub. (bar wood)、菲律宾的青龙木 *P. indicus* Willd. (narra wood)、囊状紫檀 *P. marsupium* Roxb. (Padauk) 等，可与不同的媒染剂生成红色至紫色。

10世纪在美洲中部居住的托尔铁克人与阿芝特克人相继栽培胭脂虫的寄生植物，繁殖胭脂虫，提制胭脂红色素，用于食品或化妆着色。12世纪以后，大不列颠的阿利克撒人用茜草色素作成玫瑰紫色糖果。19世纪中叶，Pliny 记述了罗马时代使用天然着色剂的情况：用一种富含色素的浆果，使酒和面包着色。至今茜草、姜黄、栀子、靛蓝等许多天然色素仍沿用于食品着色。近年来，各国先后合成了多种色素，用于食品着色。天然色素的使用量逐渐减少，而合成色素日益增加。但合成色素都有不同程度的毒性，有些甚至是致癌物质。因而，大部分国家对合成色素进行了严格限制，而对许多种天然色素允许不加限制地应用[21]。

香料历史记录说明：古代人也喜爱香水，其中一些取自树木，例如德氏玫瑰木 *Aniba duckeri* 和小花绿心木 *Ocotea parviflora*[7]。公元前2000年从生长在地中海东部的卡氏乳香树 *Boswellia carterii* Birdw.、鲍达乳香树 *B. bhow-dajiana* Birdw. 和没药 *Commiphora myrrha* Engl. 中分别取得的乳香和没药，用于香水、薰香等，至今仍在使用。另据记载，希伯来神殿仪式中应用桂皮（取自锡兰肉桂 *Cinnamomum zeylanicum* Bl.），在希伯来人从埃及迁出前，所用的桂皮显然来自印度。从印度南部和斯里兰卡的锡兰肉桂取得的桂皮于公元前300年已进入地中海地区。桂皮至今仍用于食品调味，但较少用于化妆品。

多种木材被用作宗教仪式中“香”的原料。印度白檀香 *Santalum album* L. (sandalwood) 的木材和油比较闻名。16世纪这种木材从印度通过红海销往地中海国家，同时也输入中国。19世纪初，英国在印度的 Myscre 营建人工林并以新加坡作为贸易基地。

1790年前后在夏威夷发现另一种檀香，并在1810～1825年形成了输往中国的高潮。1846年大洋洲开始出口穗花檀香 *Santalum spicatum*，1920年达最高纪录，共出口近1.4万t。近年来，剩余的资源仅存在于偏远的沙漠地带，因而产量大减。檀香木可作烧香材料，用于佛教庙宇。檀香油过去供药用，目前还用于制香水和化妆品。

在过去很多植物被用于医疗目的。人们迄今还在继续寻求更好的植物药源。树木的很多提取物和分泌物已被用来治疗多种疾病。

古希腊学者记载了用棕榈科植物麒麟竭 *Daemonorops draco* Bl. (Sumatra dragon's blood) 和龙舌兰科植物索科特拉龙血树 *Dracaena cinnabri* (Socotra dragon's blood) 的树脂作为治疗痢疾和腹泻的收敛剂，因其颜色深红称为血竭[22]。另外它还用作提琴油漆的颜料。

印度儿茶也被用作药物，约在16世纪末期或更早的时候就已输入中国。其他多酚类或单宁植物也被用作治疗腹泻的收敛剂。例如来自囊状紫檀分泌物的马拉巴奇诺和来自多叶紫铆 *Butea frondosa* Roxb. 的紫铆树胶在18世纪末就输往欧洲，它们以及某些桉树，例如赤桉 *Eucalyptus camaldulensis* Dehnt. 的树胶（奇诺）直至最近还用于这一目的。

甘露糖醇是多种树木包括花白蜡树 *Fraxinus ornus* L.、油橄榄 *Olea europaea* L.、欧洲骆驼刺 *Alhagi pseudoalhagi* Desv. 和宽果苦槛蓝 *Myoporum platycarpum* R. Br. 分泌的甘露的主要成分，过去被用作轻泻剂。

欧洲人在1936年首先在秘鲁使用金鸡纳树 *Cinchona succirubra* Pav.（Peruvian bark tree）树皮所含的奎宁防治疟疾，由于大量开发，在其他热带国家大量营造人工林以前，该树种已濒于绝迹。黄金鸡纳树 *C. calisaya* Weddel.（Yellow bark cinchona）和正金鸡纳树 *C. officinalis* L.（medicinal cinchona）含奎宁量较高，并在1854～1859年选育出了高产的杂交种，后来由于出现了药效更高、副作用较小的合成抗疟剂，它才丧失其重要性。

马来西亚和印度尼西亚生长的龙脑香 *Dryobalanops aromatica* Gaertn.（Borneo camphor tree）树干胞间道含樟脑晶体，可作药用。公元前在地中海地区已有销售，后来转售到欧洲。中国在8世纪以前由马来西亚进口，后来被用樟树 *Cinnamomum camphora*（L.）Presl. 的樟脑所代替。此外，没药油在药物上可排除胃肠气胀，收敛止血，防治龋齿；蓝丹油又称美洲乳香油（取自 *Pinus palustris* Mill.）亦供药用[23]。

3.2 中国林木化学利用的历史考证

中国是世界文明古国，又是林产资源比较丰富的国家；中国的林产品化学利用有久远的、灿烂的历史。

造纸是中国古代四大发明之一，是推动人类文明进步的一大贡献，已有1800多年的历史。东汉和帝永元十四年（公元102年）蔡伦利用树皮、麻头、破布、破渔网等作原料，经过切碎、煮烂、捶打、加胶、稀释、抄纸、晾干等工序，制造出一种既轻便又经济适用的植物纤维纸。于元兴元年（公元105年）献给皇上，通令天下依法造纸，时称“蔡侯纸”。这一技术后经朝鲜、日本逐渐传入中亚及欧洲各国。东汉末年，左伯造纸十余种，并且提高了纸的质量，使纸面细致均匀，且带光泽[24]。至南北朝梁武帝（公元502～549年）时，在河南（洛阳）、陕西（长安）、山西、河北、山东、江苏、广东等地造纸业逐渐兴起，生产有麻纸、桑皮纸、楮皮纸等，造纸术日益精细，纸张薄而色白。隋、唐、宋三代是中国造纸的兴盛时期，造纸技术更加完善，名贵的宣纸就是唐代生产的，至今仍然是名扬中外的文房“瑰宝”。竹纸始于中唐，到宋代，竹纸除用于书画外，还用于其他用品，如灯笼、纸扇、雨伞等的制作。宋景德二年（公元1005年）用纸作纸币。明清两代纸的产量和质量都有提高[24,25]。中国的机器造纸工业起步较晚，发展较慢，1881年开始兴建由外商经营的上海华章造纸厂，1884年投产；1882年投建的第一个民族资本的造纸厂，即广州盐步村的广州造纸厂，1890年投产。1949年全国机制纸及纸板产量只有10.8万t[26]。纸的消费主要依靠进口。

松脂在西汉，即公元前2世纪以前就开始利用。三国时的《神农本草经》（公元3世纪）中已有作为药物的记载。唐代刘禹锡诗桃源行（公元8世纪）有“延羞石髓劝客飧，灯爇松脂留客宿”，说明松脂供照明用。对松脂的采集和加工也早有记载：晋代葛洪著撰的《抱朴子》（公元4世纪）中述及“凡老松皮内自然聚脂为第一，胜于凿取及煮成者”。《神农本草经》中记有“采松脂法，……以桑灰汁或酒煮软挼，纳寒水中数十过，白滑则可。”北宋时期苏颂撰的《图经本草》（公元1061年）已有用水蒸气提炼松脂的记载：“用大釜加水置甑，用白茅藉甑底，又加黄砂于茅上，厚寸许。然后布松脂于上，炊以桑薪，汤减频添热水。候松脂尽入釜中，乃出之，投于冷水。既凝，又蒸。如此二过，其白如玉，然后入用。”其后，唐慎微所著《经史证类备用本草》（公元1082～1090年）中有“松脂……其有自流出者，乃胜于凿树及注用膏止。”明代宋应星著《天工开物》(公元1637年)刊有提炼松脂的画图。说明那时取得松脂，一是由松树自然分泌外流，一是采取凿洞取脂，其加工采用蒸汽蒸馏和黄沙过滤净化。

我国早期松香生产以浙江松阳著称。1979年4月在松阳发现一南宋时期(公元1195年)古墓内有随棺入葬的松香，其树脂酸组成与今日马尾松松香基本一致，色泽褐黄透明，可见当时松阳的采脂和炼香已有相当的规模[27]。以后广东的东江取而代之成为我国松香生产的主要产区。1949年以前，全国共有70多家松脂加工厂，都是直接火土法生产，规模很小[28]。最高年产量仅为1.6万t，质量低下，按照现行产品标准衡量都属五级以下的等外品；因而当时需要的高级松香全都依赖进口。

单宁的利用有着悠久的历史。最早利用的为五倍子。

五倍子系瘿绵蚜科PEMPHIGIDAE的蚜虫寄生在漆树科ANACARDIACEAE盐肤木属*Rhus* L. 植物盐肤木*Rhus chinensis* Mill.、青麸杨*R. potaninii* Maxim. 和红麸杨*R. punjabensis* var. *sinica* (Diels) Rehd. et Wils. 复叶的叶翅、小叶和叶轴上所形成的虫瘿。主要成分为五倍子单宁(约60%～70%)，是我国著名的传统林化产品[29]，主要供药用。唐开元陈藏留《本草拾遗》(公元734年)载：“盐肤子生吴蜀山谷，树状如椿。七月，子成穗，粒如小豆，上有盐似雪，可作羹用是也。”并将五倍子称为“百虫仓”，收之入药。宋刘输等撰《开宝本草》(公元968～976年)载有“五倍子味苦，酸平，无毒，……一名文哈，云在处有，其子色青，大者如拳，内多虫，一名百虫仓”。对五倍子作药用，《本草纲目》中亦有描述：“五倍子味酸，能敛肺止血、化痰、止渴收汗，其气寒，能散热毒疮肿，其性收，能除泄痢湿烂。”清陈士铎著《本草秘录》也记载五倍子除“治齿疳、小儿面鼻疳疮、风癖痒瘙，治大人五痔下血和洗目消肿止痛。”还可“染髭须变黑”[24]。1862年五倍子远销欧洲。1887年S. Mierzinski利用中国五倍子提取单宁作鞣料。1936年李福华等著文介绍中国五倍子及其利用情况。1940年前后中国黄海化学社吴冰颜、魏文德、方心芳等研究五倍子提取单宁与发酵制没食子酸的方法。同期，在上海、重庆两地设厂生产单宁酸和没食子酸(1957年上海仁记化工厂迁至五倍子产地贵州，在遵义市建成第二化工厂)生产至今。

中国利用含单宁原料制革的历史较久。从湖南长沙出土的战国时期(公元前475～公元前221年)文物中即有鞣制的革履等。但是栲胶生产和应用则始于20世纪40年代。在当时重庆的中央工业试验所进行过橡椀栲胶的试验性生产。1942年9月徐元庆等创办的重庆华中化工制造厂石泉分厂，槲皮栲胶年生产能力为48t，是中国栲胶工业的起点。

我国对木炭的认识和利用早有文字表述。《诗经》中多次提到发火取热的薪材树种。《礼记》“月令”中有秋季之月“草木黄落乃伐薪为炭”的记载，殷商时代的青铜器，春秋战国时代的铁器等的冶炼铸造用木炭作燃料[24]。考古学家在河南安阳殷墟的铸铜遗址中发现土层内杂有许多木炭，小的呈粉末状，大的直径在5cm左右[30]。木炭除作燃料以外，人们还利用其吸附性能用于墓葬保尸。1978年5～6月在湖北省随县发掘的战国早期的大墓——随县曾侯乙墓时，在木椁的顶部和四周与坑壁空隙之间铺填的木炭估计总数在数万公斤。经鉴定这些出土木炭来自栎属*Quercus* sp. 木材，可能采用堆烧法烧制而成[31]。再如湖南出土的公元前3世纪的马王堆墓穴中亦有大量木炭。秦汉以后，木炭还用作固体表面渗碳剂来淬制武器。木炭又是制造黑火药的三大原料之一，远在1000多年前的我国唐朝时就有一硝、二磺、三木炭制火药的记载。当时不仅木炭生产规模庞大，而且烧炭技术也传至日本和朝鲜。直至现今，木炭仍是特种冶炼的必需原料[30]。

生漆是我国的重要特产，漆树的栽培和生漆的生产利用与我国古代经济、文化的发展有着密切的关系。先秦时代漆树已是栽培的经济树种之一。种漆树采割漆液可使个人发家致富，对国家亦是重要的税收来源。据战国后期撰著的《周礼》(约公元前3世纪) 记述："……国宅无征，国廛二十而一，近郊十一，远郊二十而三，甸稍具都皆无过十二，唯漆林之征二十而五"。西汉司马迁撰《史记·货殖列传》有"陈夏千亩漆，……此其人与千户侯等"之说。

漆的利用更早，在新石器时代晚期就把漆器作为食器和祭器了[32]。同时《尚书·禹贡》还载有："兖州，厥贡漆丝，……豫州厥贡漆枲絺纻。"这说明公元前3世纪时，种植漆树已不限于一个地区，而且发明了用生漆加工纤维，以达到防腐的目的。元代晋丘衍的《学古篇》(约14世纪) 也载有"上古无笔墨，以竹挺点漆书竹上"的叙述。近年来从各地相继发掘的大量出土文物更可表明我国为世界上研制和利用生漆最早的国家。浙江省余姚县河姆渡村出土的涂漆木碗，距今已7000年。1972年河北省藁城县台西村出土了商代 (公元前17世纪～公元前11世纪)的漆器残片[32]。1965～1976年间分别在湖北省江陵县的望山和李家台出土了战国时代 (公元前475～公元前221年) 的彩漆双凤虎座鼓和漆盾，1990年在该县古墓群出土文物中仅西汉中期 (约公元1世纪) 的漆器就有几千种之多。再如湖南长沙马王堆汉墓出土的漆器，距今已2000多年。这些珍贵的古代漆制品是中华民族的宝贵遗产。

割漆的方法，古代文献中早有记载，西晋崔豹撰《古今注》(约3世纪) 写有："以刚斧斫其皮开，以竹管承之，滴则成漆也。"五代十国《蜀本草》(10世纪) 述及："漆树高二、三丈，六、七月割取滋汁。……漆性并急。凡取时，荏油解破，故淳者难得。"清代张宗法撰《三农纪》(公元1760年) 记有："漆木至盈大方割。至秋霜降时，用利刀镰皮勿断，须留勒路。若割断，则木枯。收时先放木水，然后以竹管插入皮中，纳其汁液，须晒干生水，收用。"其后，包世成撰《齐民四术》(公元1846年)"漆……种之三年或五年后，于七月以斧斫其皮，侵肉。开二分许阔，向下螺旋及根，开口大如新月，以蚌承之。每取讫，复插入，以汁枯为度。……"以上史料说明，我国在生漆生产中对采割的漆树的胸高直径和树龄，割漆的季节与气候的关系，采割的方法、工具和收漆很早就有了比较详尽的了解。

天然樟脑是以樟树木片和叶经水蒸气蒸馏得到的白色晶体产品。传统方法用樟树 *Cinnamomum camphora* (Linn) Presl. 或云南樟 *C. glanduliferum* (Wall.) Nees、毛叶樟 *C. mollifolium* H. W. Li、黄樟 *C. porrectum* (Roxb.) Kosterm. 等的木材，树根为原料。在《本草纲目》中记载："樟脑出龙州、樟州，状似龙脑，白色如雪，樟树脂膏也。"关于樟脑的加工制造方法，在《本草纲目》和清朝中叶 (18世纪) 胡演著述的《升炼法》皆有较详记载。归纳起来可分为以下四种类型：①胡演的浸水煎制法；②胡演的炼制樟脑、薄荷混合脑法；③李时珍的炼制樟脑法；④李时珍的炼制樟脑、薄荷、白芷等混合脑法。前人记述樟脑多用在医药和杀虫剂方面。《本草纲目》有："樟木主治恶气中毒，心腹痛……霍乱、腹胀、常吐酸臭水，酒煮服。……煎汤浴脚气、疥癣风痒。作履除脚气等"记载。由于天然樟脑纯度高、比旋度大，在医药等方面的特殊用途难由合成樟脑完全代替。

白蜡系白蜡虫 *Ericerus pela* Chavannes 雄幼虫寄生于白蜡树 *Fraxinus chinensis* Roxb.、女贞树 *Ligustrum lucidum* Ait. 枝条上吸食树液后所分泌的天然蜡的加工品，是我国著名的林特产品[33]。我国生产白蜡的历史悠久，南北朝时期的《名医别录》(公元502～556年) 就载有白蜡。唐元和八年李吉甫《元和群县图志》(公元813年) 载："各地贡赋中贡白蜡的有邠州、郡州、凉州、唐林州。”宋朝周密著《癸辛杂识》(13世纪)对白蜡虫的寄主树、白蜡虫的繁殖和生活习性，以及白蜡的加工方法等作了记载。以后，明代(16世纪)邝璠《便民图纂》、汪机《本草汇编》、李时珍《本草纲目》、徐光启《农政全书》都作了更详细的描述。白蜡在工业上可作蜡烛外层的护膜和药丸的密封包装。

紫胶是紫胶虫在寄主植物上分泌的胶状物。因胶质的颜色而得名，又称虫胶。

在我国古籍中关于紫胶产地、胶虫习性、寄主植物和紫胶性状，以及用其染色、胶结和入药等都有着翔实、确切的叙述。晋朝张勃《吴录》(公元265～289年)述及：“九真移风县有土赤色如胶。人视土知其有蚁，因悬发以木枝插其上，则蚁缘而上，生漆凝结。如螳螂螵蛸子之状。人折漆以染絮物，其色正赤，谓之蚁漆、赤絮，此即紫铆也。”苏敬《新修本草》(公元659年)记载：“蚁于海畔树滕皮中为之。紫铆树名竭廪，骐骥竭树名竭留，喻如蜂造蜜，研取用之。《吴录》所谓赤胶者。”唐李勣等修《唐本草》(公元650～683年)载有：“紫铆紫色如胶，作赤皮及宝钿，用为假色，亦以胶宝物。”在医药上的用途，该书认为紫胶“主五脏邪气，金疮，带下，破积血，生肌、止痛。”唐李珣《海药本草》(公元755～786年)记载：“紫铆生南海山谷，其树紫赤色，是木中液成也。……是紫铆树之脂也。”“可造胡胭脂”。并指出紫胶可“治湿痒、疮疥，宜入膏用。”北宋寇宗奭《本草衍义》(公元1116年)中有“紫铆状如糖霜，结于细枝上，累累然紫黑色，研破则红。今人用造胭脂，迩来亦难得。”的记载，元周达观《真腊风土记》中记载：“紫梗生于一等树枝间，正如桑寄生之状，亦颇难得。”《本草纲目》记载：“骐骥竭是树脂，紫梗是虫造。”又说“紫铆出于南番，乃细虫如蚁虱，缘树枝造成。”清初徐宏祖在《徐霞客游记》(公元1650年)中更是生动具体地作了描述：“枯柯(即今云南省保山县与昌宁县之间的枯柯坝)新街又东一里，有一树立冈头，大合抱，其木挺直，其枝盘绕，有胶淋漓于木上，是为紫梗树，其胶即紫梗也。”余庆远《维西见闻录》中写道：“紫铆、熬茜草汁成饼，径寸五分，中有孔系绳，同铁章佩之，皮囊、纸缄、绳之间，烘胶涂之，而印以铁章，人莫能解拆。”

建国前，我国没有紫胶加工业，原胶除供国内一些传统用途(如中药材)外，多数销往缅甸、越南转道印度进行加工，生产很不稳定，紫胶虫放养和原胶生产时盛时衰。据1917年和1918年海关贸易报告统计：我国思茅、蒙自两口岸紫胶输出分别为585担、886担和525担、1017担。据缅甸海关统计：1935～1937年分别为2702担和4403担。通过思茅运往缅甸、新加坡、越南。通过蒙自输往越南。而龙陵的紫胶则运往缅甸，越南莱州、河内。在云南出口的紫胶中，多数运往缅甸再转印度，因此，加尔各答市场上的所谓缅甸紫胶，其中相当数量是来自我国云南，这是国际所公认的[34]。

我国引种巴西橡胶树较晚，自20世纪初始相继在云南、台湾、海南和广东的雷州半岛设园种植。到1949年全国栽培面积不足3 000hm^2；1915年开始割胶，进行制胶生产，当时工艺设备落后，均为手工操作。到1949年10月前我国干胶年产量约为200t。

据统计，全世界含橡胶植物约有2 000余种，广布于热带、亚热带和温带地区。我国栽培和野生重要橡胶植物种类主要隶属大戟科、桑科、夹竹桃科等，总数近30种，大有开发利用的潜力。

4　当今世界林产化学工业的概况

林产化学工业的发展在很大程度上取决于林产资源状况、国家的技术和经济发展水平、林化产品对其他来源的同类产品的竞争力等因素。目前世界上森林资源以北美、俄罗斯、斯堪的纳维亚和热带地区较为丰富。针叶材资源总量的85%在美国、加拿大和俄罗斯，只有约4%分布在热带国家。而阔叶材的80%在热带地区，其中50%以上在拉丁美洲。

4.1 林业发达国家的林产化学工业

北美、北欧国家和俄罗斯林业比较发达但树种相对较少，可以利用的工业材比例较高，是世界上生产和出口林产品的重要地区，造纸材占很大比重，以木材为原料的制浆造纸工业在林产品的化学利用中居于主导地位，也是整个林产加工业中的重要部门。美国纸张及其制品的产量居世界第一，消耗的木材约为全国消费木材的一半。加拿大的制浆造纸工业也是该国的重要工业部门，纸浆和新闻纸的出口量占世界第一。俄罗斯、瑞典、芬兰也都是生产木浆及其制品的大国。日本、德国工业发达，对纸的需求量不亚于其他发达国家，木浆产量也比较高，但森林资源不足，需要进口木材，用于制浆造纸的木材比例甚大。

这些国家的木浆和纸的生产，一般规模较大，通常由大型的造纸或林产公司经营，采用从营林到加工统一布局，木材造纸和机械加工（如锯材、胶合板、家具等）综合经营，以达到原材料的充分合理利用和最大限度的经济效益。其原料林基地和木材采伐实际上成为工厂提供加工原料的第一车间。制浆对原料的主要要求是木材比重、纤维素含量和形态，而不是木材的形状，因而有可能大量利用木材加工剩余物，而将大型材用于其他目的。美国，特别是其西部地区，木浆生产所用的废材在制浆用材中比重很高。有一些工厂全部用废材作原料[35]。

尽管近年世界多数主要生产纸浆和纸的国家经济增长较慢，但纸和纸板工业仍保持较快的增长趋势。1995年世界纸和纸板产量达27 779.1万t，比1994年增产901.9万t，增幅3.4%。纸浆产量为17 427.5万t，比1994年多761.7万t，增幅为4.6%。纸和纸板消耗量达27 623.1万t，比1994增777.1万t，人均消耗量增加1.4kg，达到48.7kg。纸和纸板产量最大的前10个国家依次是美国、日本、中国、加拿大、德国、芬兰、瑞典、法国、韩国、意大利。纸浆产量最大的国家依次是美国、加拿大、中国、日本、瑞典、芬兰、巴西、俄罗斯、法国、挪威。美国1995年纸和纸板产量占世界总产量的29%，纸浆产量占1/3[36]。

在发达国家重点发展木材制浆的同时，从以松木为原料，用硫酸盐法制浆的废液中回收化学品（松香、松节油、脂肪酸等）和利用木材预水解液或亚硫酸法制浆废液生产酒精、酵母、糠醛、多元醇、香兰素等产品的工业也有相应的发展，并有一定的生命力。这些国家对其他生产林化产品和能量的工业如木材水解、木材热解、木材气化、木材液化、树木提取物成分的分离利用，以及某些林副、特产品的采集加工（如蘑菇、槭糖）等开展了大量研究，有雄厚的技术基础。但由于受经济因素的制约，这些工业只有在特定条件下才能存在和发展，有些生产（如脂松香、木材干馏等）在不少国家已被更高效的生产方式所取代，正逐渐萎缩或消失。

发达国家中用作生活能源的木材数量较少。

4.2 发展中国家的林产化学工业

发展中国家与发达国家的木材资源有一定的差异。有些国家（如巴西、印度尼西亚等）木材资源比较丰富，是木材出口国家。另外有些发展中国家由于长期过量采伐，木材资源相对短缺。热带地区的森林中阔叶林多，利用率相对较低。加之由于毁林开荒、获取薪材，大部分林木被烧掉。据报道，热带森林采伐量中只有16%用于工业产品的生产。在印度用作燃料的木材占总量的 90%以上，非洲占 87%，南美洲占 82%。

另一方面，许多发展中国家自然条件优越，适于植物生长，森林树种繁多，并有大量的、品种丰富的林副特产品，具有经济利用价值，其中有些是传统的出口物资。这些物资包括天然橡胶、单宁原料、天然树脂、紫胶、五倍子、香料、油、脂、林产药物、调味品、食用菌、林产饲料、木炭等。

有些发展中国家如巴西等国，近年来木材制浆造纸工业发展较快，已步入产纸大国行列，冶炼用木炭的生产规模也比较大，还有少量的木材水解、木材热解等生产。但多数国家的林化生产主要以林副特产品为加工对象，侧重于树木提取物和分泌物的利用。生产企业规模小而分散，原因是适合本国的经济发展，着眼于安排农民群众就业和增加地方收入。

发展中国家比较重要的林产化学工业产品除巴西等国的木浆和木炭外，还有中国的松香、松节油和多种类型的芳香油；南非、东非、巴西（黑荆树）、阿根廷（坚木）、印度（柯子）、土耳其（橡椀）的栲胶；印度尼西亚的树脂、树胶；马来西亚、巴西、中国的天然橡胶；印度和中国的竹浆，以及印度、泰国和中国的紫胶等。

5　中国的自然条件和林产化学工业原料资源

5.1　中国的自然条件

中国位于亚欧大陆的东部，国土大部分处于北纬 20°～50°，海陆兼备，地理条件优越，领土面积 960 万平方公里，地跨寒温带、中温带、暖温带、北亚热带、中亚热带、南亚热带和热带等不同的温度带，是世界上占有温度带最多的国家之一。从东到西，水文条件有很大变化，形成湿润带、半湿润带、半干旱带和干旱带。我国有多种多样的地貌类型，山地占 33%，高原占 26%，丘陵占 10%，盆地占 19%，平原占 12%。土地资源的分布极不平衡。东部地区（400mm 等雨线以东）受强盛的季风环流的影响，属湿润、半湿润地区，水文条件较好而且水热同季。地形条件也较好，因而土地生产力高。该地区面积占国土面积的1/2，但耕地面积和林地面积都占全国的 90%以上。西北地区（400mm 等雨线以西）水热条件都差，虽也占全国总面积的 1/2，但耕地、林地面积都不到全国的 10%[6]。

我国亚热带地区面积甚广，我国的亚热带植物在世界同类植物中所占面积最大。广大的亚热带地区不但不像世界上许多同纬度地区那样表现为荒漠和草原，而且由于受季风的影响，在高温季节降雨充沛，气候温和湿润而成为世界上著名的农业发达地区。我国由于受地质演化的影响远不及欧洲、北美洲同纬度地区那样广泛强烈，生物演化受到的影响较小，所以生物种属（包括特有种属）特别繁多[37]。

亚热带地区是当前我国林产化学工业原料的主要产地，也是将来培育和扩大速生工业原料林的重点地区。

5.2　中国的林产化学工业原料资源

中国是一个植物大国。地球上现存植物约有 50 余万种，其中高等植物 30 万种。我国有高等植物 3.2 万余种，占世界高等植物的 1/10[38]。我国已经发现的木本植物达 8 000 种以上，其中乔木树种 2 000 余种，灌木 6 000 余种。在这些树种中，优良用材树种和经济树种 1 000 种以上，不少为我国所特有。此外，我国是世界上竹类植物种类较多，竹类资源最丰富的国家。全国有竹类植物 40 个属，400 余种以上，经济竹种约 50 种，竹的种类和竹林面积占世界的1/4左右。

关于我国林产化学工业原料资源的调查研究还不够全面、系统，有些记载散见于文献之中。下面择引一些基本情况供参考。

王宗训等对我国的资源植物按用途分类作了重点介绍[38]，列举的各类植物种数见下表：

类 别	总数	主要植物	其他	类 别	总数	主要植物	其他
纤维植物	118	46	72	树脂植物	36	10	26
淀粉及糖类植物	90	50	40	树胶植物	38	11	27
油脂植物	151	60	91	保健饮料及食品植物	93	26	67
鞣料植物	214	41	173	甜味剂植物	17	17	
芳香植物	138	58	80				

上述植物大部或全部为森林植物，此外还列举了可作农药、皂素、木栓、益虫寄主树等的树种。

另据有关资料记载[39]：中国有食用油料树种100种左右，木本干果树种400多种，木本浆果植物10种，蜜源树种15种。另外有药用植物3 000种，大多分布在林区。

朱亮锋等详细介绍了我国的芳香植物资源，提出我国有利用价值的芳香植物达400余种，并列举了其中的木本、藤本植物180余种[40]。

由于我国的自然条件优越，可供利用的森林主、副产品品种丰富，致使我国林产化学工业的内容和领域远比一些树种单纯的国家广泛。虽然当前人均占有资源量严重不足，但如能充分利用自然优势，密切结合国民经济发展的需要，采用现代营林技术，有计划地大力发展工业原料人工林，将会在较短时期内逐步扩大林产化学工业的原料来源。

长期以来，我国许多森林植物如云杉 *Picea* sp.、冷杉 *Abies* sp.、马尾松、落叶松 *Larix* sp.、云南松、栎树 *Quercus* sp.、化香 *Platycarya strobilacea* Sieb. et Zucc.、白蜡树、桉树、樟树、肉桂树、山苍子 *Litsea cubeba* (Lour.) Pers.、八角 *Illicium verum* Hook f.、橡胶树、盐肤木、青肤杨、漆树等的产物都已在不同的化学加工中得到应用。

6 新中国林产化学工业的发展

6.1 林产化学工业生产

建国以来，我国林产化学工业得到了迅速发展。工业门类不断增加，可比产品的产量成十倍、百倍地增长。利用木材等植物纤维原料生产酒精、糠醛、酵母的水解工业的建立，松香、松节油和五倍子深度加工的发展，活性炭工业的形成，紫胶生产的工业化，新的森林资源的开发利用，大大丰富了林产化学工业的内容。过去只有纸、松香、栲胶、天然樟脑、橡胶、木材干馏（包括烧炭等）等少数产品生产的格局已经大大扩展，技术水平也有显著提高。由原始的简单加工发展为综合加工，由手工操作发展到基本实现机械化，部分实现连续化、自动化，由全部低级产品发展到高级产品占绝大部分，并且开始由初级产品的生产向深度加工发展。

(1) 木材制浆造纸：木材制浆造纸是世界产量最大的林产化工产品。我国由于现有森林资源不足，40多年来主要发展的是草类制浆造纸。木浆造纸比重很小，1992年仅占9%，即或加上进口废纸和木浆也只达到总产量的17%。近年来，我国木材造纸工业正在加快发展，在引进先进大型设备中，积极做好消化吸收，且有很大提高。现在我国已能设计制造日产100t

的硫酸盐法和亚硫酸盐法全套制浆设备，并在亚铵法造纸，碱回收，利用废液生产酒精、酵母和香兰素，以及污染处理方面取得了较大成就。

(2) 松香：松香是我国除了纸浆和纸以外数量最大的林产化工产品。建国以来，为了发展生产，从改进原料生产入手，以下降式的采脂新法代替了土法，使松脂由原来的氧化严重，松节油含量很低的深黄色固体，改变为松节油含量高，乳白色的液体松脂，为提高松香质量打下了原料基础。与此同时，还采用蒸汽法加工松脂以改造直接火的土法加工。70年代在蒸汽法加工的基础上又采用连续化生产，并针对我国松香的特点研制出松香色级标准，开展了松香结晶与控制的研究，从而大大提高了我国松香的质量，从过去不能生产高级松香发展成为高级松香占主导地位。加工方法和设备也起了根本性的变化。

从70年代后期开始，我国松香以自力更生研制与技术引进相结合的方式开展了松香、松节油的深度加工。松香的几种基本再加工产品如氢化松香、歧化松香、聚合松香、马来松香、松香酯和松香盐已有规模生产。松节油的深度加工产品，除合成樟脑、冰片、香料外，尚有萜烯树脂和松油等。

近年来，我国年产松香约40万t，出口约26万t，占产量的2/3，在国际松香市场上居统治地位。

(3) 天然橡胶：我国天然橡胶的发展基本上是从1950年开始的。先在海南，随后在广东、云南、广西、福建等省（区）大量种植橡胶树，至1990年已建立橡胶基地林60万hm^2，约50%以上开割投产，年产干胶约26万t[41]，制胶工艺与设备也有显著提高，50年代中期采用半机械化制烟胶片、浓缩胶乳和皱胶片，70年代初研制并生产颗粒胶，80年代以来又先后开发了全乳白皱胶片、浅色颗粒胶、低氨浓缩胶乳、预硫化胶乳等。

(4) 活性炭：活性炭生产基本上是建国以后建立起来的。近几年来，生产与科研发展迅速，据调查，1993年活性炭总产量（包括煤质活性炭）达8万t，其中木质活性炭约占60%[42]。

木材干馏在五六十年代曾一度发展，上海、黑龙江、吉林、安徽等省（市）相继设厂生产，其后因原料供应困难，除吉林通化林化厂外，均先后转产活性炭或其他化工产品。近年来我国木炭生产略有增长，除少数松根干馏厂采用干馏炉外，其余均采用土窑烧炭，对其他热解副产品未予回收利用。松根干馏厂则利用焦油生产橡胶软化剂等产品。

(5) 栲胶和单宁酸类产品：50年代初，全国仅陕西石泉栲胶厂以槲树皮为原料生产栲胶，产量只能满足当时需要的1%。40多年来，经过积极开发新资源，创建新工厂，生产能力达5万t，最高年产量曾达4.8万t，质量有了很大提高，产品结构也得到改善，缩合类鞣料的比重达到70%，主要原料是落叶松、余甘子、毛杨梅等树的树皮。近年来，为了适应制革工业发展的形势和需要，从根本上改进栲胶的品种与质量，扩大种植了优质原料树种黑荆树，在适生地区推广营造了黑荆树栲胶原料基地林。栲胶除在鞣革中使用外，还用作木材胶粘剂、锅炉除垢剂、油田泥浆稀释剂、水泥和陶瓷减水剂、烟纸染色剂等，用途正在不断扩大。五倍子是我国特产的优质水解类单宁资源。近年来已由野生野长、自生自灭的状态逐步向人工放养，营造基地林的方向过渡。用五倍子生产单宁酸、没食子酸以及多种医药中间体的工业得到了迅速发展。

(6) 紫胶：紫胶成为一项工业是由50年代中期开始的。1956年在云南省昆明市建立了我国第一座紫胶厂。60年代初因紫胶进口困难，开始大力发展，产地由云南扩展到四川、广西、广东、福建等省（区），最高年产量超过1 800t。目前，原胶生产由“野生野长，随意放养”的方式向“人工胶园，科学放养”转变。原胶加工早已从火烤、布袋过滤制片的土法发展成为酒精溶剂法和直接蒸汽热滤法的机械化生产。

（7）樟脑和冰片：天然樟脑是我国的特产。建国前主要在台湾省生产，最高年产量为1 900t，现在台湾与江西的产量相当。由于樟树资源减少，总产量已降至500t左右。合成樟脑和合成冰片发展较快，生产能力分别达到10 000t和600t，产量分别达到8 500t和500t，加工技术也取得较大进步，合成樟脑水合一步法已获得成功并投入生产。

(8)植物纤维水解：40多年来我国木材等植物纤维水解生产的发展基本上分两个阶段。五六十年代以木材水解生产酒精为主。黑龙江省南岔木材水解厂就是这一时期建设投产的，年产酒精能力4 000t。70年代以后，水解生产的重点转向以农副产品为原料生产糠醛。现在全国糠醛的生产能力达7万t，产量达到5万t。

（9）林产香料：近些年林产香料的生产发展很快。利用α-蒎烯合成芳樟醇的成功使松节油合成香料取得了突破性的进展。松节油合成龙涎酮、檀香、异长叶烯、异长叶酮等香料，也取得了较大成就。天然林产芳香油、辛香料的生产发展较快，近年来平均以5%的速度增长，有些品种在国际市场占有重要地位使生产走向稳固发展。有些地方和企业开始建立香料原料基地林实行了“林”“香”结合。

（10）其他森林资源的开发利用：这一时期除了传统林化工业得到发展外，其他森林资源的开发利用也取得了显著进步。紫胶色素、姜黄色素、红花色素相继投入生产；松针粉及其活性物质作为饲料添加剂已经进行推广，并在牙膏、香皂等日用化工产品方面得到应用；银杏叶皂苷的提取，利用乌桕油加工类可可脂，桉树叶生产植物生长促进剂，沙棘果、桦树汁制取饮料等都已应用于生产。

6.2 林产化学工业科学研究

1951年起林业部开展了单宁研究。1953年中央林业研究所经过两年筹建成立了林产化学研究室。1960年中国林业科学研究院在北京、上海两个林产化学研究室基础上建成了规模较大的林产化学工业研究所，开展林产化学研究工作。一些高等学校和地方研究部门也相继进行了林产化学科学研究。

林产化学的科学研究40多年来取得了很多成果，主要有：关于资源品种和化学变异性的研究；对蒎烯的氧化、重排、环氧化、加氢、热解、聚合等基础理论的研究；新法采脂的研究推广；松脂加工连续蒸馏工艺和设备的研究；中国松香色泽与色级玻璃标准块的研究与研制；松香结晶的研究；聚合松香、氢化松香、马来松香、歧化松香、松香衍生物等松香再加工产品的开发研究，α-蒎烯合成芳樟醇、β-蒎烯合成龙涎酮、重松节油合成异长叶烯和异长叶酮等香料；樟脑和冰片合成一步法；松节油合成萜烯树脂；五倍子虫的人工放养及其产品综合利用；栲胶生产新工艺和连续化加工工艺设备的研究；落叶松等单宁分子结构的测定；活性炭新产品的开发；流态化活化炉等新设备的研制；氯化锌和磷酸法活化工艺的研究；紫胶溶剂法和直接蒸汽法加工；紫胶色素提取；漂白胶的生产；木材水解工艺的研究；糠醛的连续蒸馏技术；类可可脂的生产；生漆的改性；松针粉和生物活性物质的研制以及木材造纸的理论和技术研究等等，这些都为林产化工的技术进步作出了贡献。此外林业研究部门配合生产的发展也进行了大量关于优质原料的引进、选育和基地化研究工作。

6.3 林产化学工业的设计与机械制造

林产化学工业的设计和机械制造基本形成体系。全国有专业的林产工业设计院，有的地方林业勘察设计院设有林化设计室。中国林业科学研究院林产化学工业研究所、南京林业大学和四川省林业科学研究院均设有林化设计所（室）可以承担林产化工建设项目的设计任务。在机械制造方面，有林业部直属镇江林业机械厂可以成套制造供应松香、栲胶等林产化工设备，一些主要林化厂也具有较强的林化机械加工力量，可以制造部分林化专用设备。这些力量不仅服务于国内林化生产的发展，也为林产化学工业的技术出口作出了贡献。

6.4 学术组织和专业刊物

1979年成立了中国林学会林产化学化工学会，积极开展学术活动，并根据活动的需要，下设活性炭专业委员会和植物原料水解、软木、林业造纸、新资源开发利用、松香、林化工业管理研究会共7个三级学会组织。1996年年底以前召开过各种较大型的学术讨论会、论证会30多次，包括国际学术会议3次，出版学术会议论文集21种，并与中国林业科学研究院林产化学工业研究所联合主办了《林产化学与工业》(学术季刊)和《林化科技通讯》月刊(1981～1987年)。

7 林产化学工业在国民经济建设中的作用

7.1 充分而和谐地发挥森林的功能，有利于维护森林的生态效益和可持续发展

森林对于人类具有生态效益、经济效益和社会效益，它们之间存在相互依存、相互促进、而在一定条件下又是相互矛盾的关系。充分发挥森林的各项功能，除在不同时期、不同地区应当有所侧重外，从总体上看，必须考虑林业工作的长期性，进行全面规划，协调发展，避免顾此失彼、互相脱节，在大量造林时要兼顾今后的利用途径和经济收益，在发展林化工业中要注意保护生态，改善环境。林化工业不但能提供产品，获取较高的经济效益，而且对原料品质、营林技术、经营管理、产品应用等提出更高的要求，从而可促进林业科技水平的发展和提高。

发展林产化学工业在我国还具有特殊的作用。我国是一个少林的国家，森林覆盖率根据全国第4次（1989～1993年）森林资源清查只有13.92%。而且分布很不均匀，特别是天然林，主要分布在大江大河的水源地区，对防洪蓄水具有重大作用，不能砍伐而需加以保护。然而这些地区的群众传统上又以砍伐木材为生，不能砍伐木材就需要另给出路。而发展林产化学工业，开展森林资源的多种利用，可以在不破坏森林的条件下增加林区群众的经济收益，把林区群众依靠林业脱贫致富的要求与天然林的保护结合起来，使天然林的保护成为群众的自觉行动，以维护森林的生态效益。

7.2 满足社会对林产品的多种需要

林产化学工业的产品广泛应用于国民经济的各个方面，是工农业，特别是轻、化工业的重要原料。纸和天然橡胶的使用是众所周知的。木材纤维除用于造纸外，它的衍生物还广泛用于纺织、胶片、涂料、塑料、炸药、胶粘剂等方面。松香、松节油在工农业生产中的直接应用有上百种。栲胶、活性炭、紫胶、水解酒精、糠醛等的应用也很广泛。现今随着科技和经济的发展，林化新产品的开发和新用途的开拓，使用领域还在不断扩大。例如纸产品的半导体纸、机械用钢纸、农用育苗纸、医用可溶性药纸等；松香产品的松香型塑料、塑料助剂、食品添加剂；松节油的合成香料和树脂；单宁酸的医药增效剂；栲胶用于钻井和稀有金属选炼；活性炭用于有机合成、食品、药品的净制、环境的净化；糠醛用于医药、香料等，这些应用领域的广泛开拓，使林产化学工业对工农业生产起着越来越大的作用。

林产化学工业产品对人类的保健正起着越来越大的作用。沙棘饮料、银杏茶、绞股蓝茶、罗汉果冲剂、人参冲剂、松针和杨树皮制剂、林产皂素等的开发，正在满足人类健身防老、防病治病、护肤美容、护齿美发等不断增长的需要。

7.3 促进林业的良性循环，实现可持续发展

林业的生产周期一般较长，少则七八年，多则几十年，单纯以取得原木为目的，以材积大小定利用，势将长期不能实现收益，得到的经济效益也低，不利于扩大再生产。林产化工生产不但能有效地利用木材资源，提高经济效益，还可在林木生长期间开展利用，以松树为例，马尾松和湿地松种植15年左右可采脂生产松香，一边采脂利用，一边树木继续生长，待到采伐利用木材前二三年还可实行强度采割，多取松脂。这样做，一株松树仅采脂就可获得与木材同样的收入，使收益增加一倍，收益时间提前10多年。在采脂以前还可生产松针粉作为饲料，对提高畜禽产肉、产奶、产蛋及抗病能力都有显著效果。另外，许多林产香料植物还可与林木间种，如山苍子与杉木间种等，综合种植、综合利用，经济效益更高。造纸用材，要求的是木材纤维的形态和量而不是材积，因而可以根据树木生长中纤维增长的最佳时段决定伐期实现短周期生产。因此，发展林产化工有利于加快林业的资金周转，增加林业收入，搞活林业经济，实现林业的良性循环，并可调动群众经营林业的积极性，促进林业的发展。

同时，我国现有的森林资源较少，不能大量采伐木材，但是具有发展林产化工的资源优势：林木品种多、特产多、分布广、潜力大。不少林产化工产品如松香、林产香料等早已闻名于世界，也是当前出口换汇的重要产品。仅以松香、林产香料、木质活性炭、糠醛等几项产品每年创汇就达4亿多美元，可用以进口木材等短缺产品，也是支撑林业持续发展的一个有效途径。

8 林产化学工业发展展望

8.1 国外林产化学工业的经验和动向

长期以来，国外在发展林产化学工业过程中积累了不少经验，有些具有普遍意义和重要的参考价值，值得我国研究与借鉴。

8.1.1 再生资源的利用日益受到重视

过去几十年中化石资源(煤、石油、天然气)特别是石油和天然气一直是西方工业国家,尤其是美国的主要燃料和化工原料,是塑料、合成橡胶、合成纤维、粘合剂等化工产品的主要来源。石油、天然气的供应量大,价格便宜,运输和使用方便,产品成本低廉,以致用林木产物生产的许多产品,特别是低分子产品,无法与来自化石资源的同类产品竞争,有些传统的林化产品被合成产品所取代。因此,化石资源的广泛应用成为林产化学工业发展的制约因素。

但是，化石资源的储量是有限的。长期大量使用终将趋于枯竭。并且，由于多种因素的影响，其供应也不稳定。第二次世界大战期间，德国、瑞典遭遇过石油短缺的困难。70年代世界石油的价格在短期内猛升10倍，引起了经济萎缩和通货膨胀。在短期内，煤可能更易代替石油和天然气生产化学产品，因其技术更为成熟、先进。但煤的储量也有限度，在生产中污染严重，煤化学厂的投资、运输和生产成本都比石油、天然气高，其产品只有在低硫原油涨价后，才可望有竞争力。在此情况下，工业和科学界有远见的人士进一步认识到扩大利用可以再生的森林资源（特别是木材）逐步代替化石资源的重要性，并大大加强了这一方面的科技研究[45]。在70年代中期至80年代，许多学者开展了产油作物的研究，指出了多种在得

到胶乳、树脂、药物、油料和精油等提取物后可以进一步制取石油代用品的植物，作为液体燃料的后备资源[46]。

木材的优点是：分布比化石资源广、产量丰富，可以再生，经营得当可永续利用，不致枯竭；可常年生产，随产随用，不须长期贮藏；供应量大，成本较低；林业生产（整地、种植）和木材加工需用能源少（据统计，单位重量的锯材、水泥、生铁、铝合金耗能的比例约为1∶8∶16∶39)，污染较轻。

科学家们预测，随着化石资源的逐步减少，在林产资源的价格上涨幅度低于化石资源的条件下，林产化学工业的竞争力将会逐步加强，E. Glesinger 所提出的“木材世纪”终将到来。

8.1.2 林工结合，大力发展林化原料林基地

由于世界人口急剧增加，天然林资源大量消耗，质量逐渐下降，可利用的土地面积减少，因此，人工林的营造受到极大重视。目前，世界上的人工林大量增加，造纸和其他林化工业也由过去主要从天然林取得原料转向营建自己的工业原料林基地，以解决原料问题。林化工业原料林种类很多，除造纸原料林面广量大居于主要地位外，还有橡胶林、能源林、单宁原料林、采脂林、油脂原料林、紫胶虫寄主树林等。

建设林化工业原料林，供应本企业的加工原料，能以较少的土地代替较大面积的天然林，以最优的品种、最短的周期和最少的代价满足工业对原料的要求，可以使工厂不必要建在通常人口较少、经济条件比较落后的天然林区。因此，它已经为大多数现代化林化企业所采用。

60 年代以后，世界上许多国家如巴西、西班牙、南非、肯尼亚、新西兰、澳大利亚、美国等建立了大面积的工业用人工林，获得了很好的效果。巴西是一个突出的例子，在该国少林地区营建桉树人工林，生产纸浆和木炭，使纸的产量迅速提高，由进口国变为出口国，并跃升为世界产纸大国之一。美国和欧洲国家的造纸和林产品公司都拥有大量专用林[47~49]。根据巴西 TANAC. S. A. 提供的资料，南非、东非、巴西等有大片的黑荆树人工林，近年来虽然由于世界栲胶需求量减少而面积有所缩减，仍可供应年产 9 万 t 优质栲胶的需要。

对于现代化的林化企业来说，原料的质量、供应节奏和成本是稳定生产、提高效益的关键因素，这些要求可以通过有计划地营造工业原料林得到实现。工业原料林是人工林发展的更高阶段，经营的原则是：选用优良的速生树种和种源，根据最终产品的要求，进行定向培育；实行集约经营（包括密植、施肥、灌溉、抚育和病虫害防治等）方式；合理地缩短轮伐期；提高土地利用率；实现林工结合，根据工业生产的需要，进行原料林和工厂加工统一规划，综合利用，合理布局，尽量缩短运距，节约运费；从营林到产品生产的每一环节和全过程，都应有较高的经济效益，原料以可竞争的价格进厂等。按照上述原则经营，可以做到原料质量相对稳定、产率提高，例如造纸原料林单位面积的木材产量一般可达天然林的 5～10 倍。巴西经营的桉树人工林生长整齐，得到的原木长度和直径基本相同，有利于工业加工，木材生长率高达 $35m^3/(hm^2 \cdot a)$，在世界上是罕见的。人们为了不断提高工业原料林的质量，仍在研究从选种开始的各项林业措施对木材的生长和性质的作用及影响，以促进技术的持续发展和经济效益的进一步提高。

林工一体化经营体现了生物科学和加工技术的高度结合，也是林业生产概念的深刻变革和科技进步的重要标志。它的推行将大大促进林化工业的发展，并带动林业的进步和提高。

8.1.3 充分利用木材结构严整的特点和树木中大分子成分的独特性能

木材的结构比其他光合产物更为严整，大部分组成物质排列紧密有序，强度较高，在一

些应用方面有其特殊价值。树木含有的某些天然大分子化合物性质独特，不易为其他产物所取代。充分利用这些天赋的结构优势和特性，并据此确定产品方向，比采用传统方法、生产有化石工业与之竞争的低分子化学产品，在经济上更为有利。为取得上述利益，主要作法是：

(1) 林产化学生产与其他加工业密切结合。实现林产资源的综合利用，最大限度地发挥木材固有的结构优势。例如制浆工业与制材、胶合板、刨花板、家具等联合经营，以达到原料的量材使用和充分利用。在此情况下，制浆工厂可利用木材机械加工的边角废料和不便于直接应用的低质材。又如在大规模黑荆树林的经营中，除用树皮生产栲胶外，还可利用木材作矿柱、家具和纤维板等。

因此，世界上许多大型的专业公司（如造纸公司、栲胶公司等）实际上已成为综合利用林产品的公司。

(2) 侧重大分子成分的利用。许多科学家认为，在竞争激烈的条件下，树木中一些大分子成分，在应用上具有很大的重要性，并能在经济上立足。例如，作为细胞壁主要成分的纤维素和半纤维素，资源丰富，数量巨大，过去、现在和将来都是林化工业利用的重点，主要用于制浆造纸。许多发达国家的木材制浆造纸工业规模巨大、发展迅速、经济效益高，足以说明这一问题。根据多方面的预测，用木材纤维造纸和生产纺织品的工业，今后还将有更大的发展。

木质素是树木中另一重要的大分子成分，也是自然界大量存在的重要资源，它的分子结构复杂，利用的潜力很大，可以从制浆和木材水解工业的副产品中大量回收，但迄今未得到充分利用。目前由制浆废液中分离回收并保有大分子性质的木质素产品具有多种用途，在经济上有一定的竞争力。关于在温和条件下分离出没有杂质且较少缩合物的木质素的研究，将为这一物质的化学利用开辟更好的前景。

树木中还含有多种数量较少但具有独特性质和作用的大分子产物，它们是工业生产和人民生活中必不可少的物质，也是林化工业的内容。

8.1.4 实行科学化的企业管理

经营管理科学化，是林化工业成功和发展的重要因素。在发达的资本主义国家中，领导企业的公司都是经济实体，行政干预较少，一般的特点是：强调规模效益，生产向大型化发展；实行综合经营，产品多样化和系列化；林工贸一体化，人财物统一管理；有计划、高效率地使用土地和资源，做到原料优质化、高产化和均衡永续供应；以科技为先导，加强科学研究和技术更新，带动生产效率和经济效益的不断提高。由于科学化的组织管理，使一些公司经营的林化企业能够赢得高利润，并不断得到发展。

8.1.5 重视防治污染和节约能源

防治污染，改进工艺，降低能耗也是在林化界奋斗的重要目标之一。近些年来，围绕以上问题开展了大量研究，其中生物技术和化学方法相结合是值得重视的方向，“生物制浆”的研究就是一例。这一试验主要是美国、瑞典、日本等国的科学家进行的。在中试中木片(200kg)先用选定的白腐菌进行预处理，以导致木质素的生物降解，继而制成机械浆，可降低能耗30%以上，纸张强度有所提高，污染程度较轻。所得浆的颜色较深，但可以用过氧化物漂白，木片预处理的工艺也较简单。试验证明，用白腐菌预处理粗热磨机械浆也有类似效果。目前已发现高效的白腐菌种对针、阔叶材都适用，较大规模的试验即将进行[50]。另外，用微生物生成的纤维素酶进行木材水解，尽管还有问题尚待解决，但仍不失为一个重要的研究方向[51]。

8.1.6 关于利用非木质林产品的乡村工业将继续得到鼓励

利用非木质林产品的工业对于繁荣农村经济，改善农民生活，提供健康食品和养料，增加就业机会和地方收入，供应加工原料，赚取外汇，维护生物多样性和环境等多方面的作用近年来受到越来越多的重视，特别对发展中国家更为重要。因此，联合国粮农组织（FAO）设置了非木质林产品的专门机构并召开了地区性和全球性的专家会议，认真研究了进一步推动非木质林产品生产的有关问题和措施，向各有关政府、国际机构、民间组织和金融部门提出了关于促进非木质林产品生产发展的许多建议，包括改进经营、贸易和利用，提高科学知识、生产技术和技能；制定发展的政策和策略；扩大统计内容和信息交流；加强科学研究，鼓励社会参与等。联合国粮农组织围绕这些建议拟定了相关的指导方针和行动指南[52,53]，还配合编印了有关的技术资料[54~60]，相信在加强指导和协调行动的基础上，这项工业将进一步稳定和发展。

8.2 中国林产化学工业的发展展望

8.2.1 中国林产化学工业的发展前景

根据林产化学工业的性质和总趋势，结合我国的具体条件，我国的林产化学工业具有广阔的发展前景。

(1) 林产化学工业是以可再生的森林资源为原料，它的主要加工内容是将森林植物利用太阳能生成的产物加以分离、提纯转化或进一步加工。所耗用的能源较少而获得的能量（产品）较多，在加工中所产生的剩余物易于降解，也能符合环境保护的要求。至于我国的造纸在现阶段所以对环境的污染较重，是由于企业规模过小和其他经济因素使污水等不能得到应有处理所造成的。今后随着木材造纸比重的增加，生产规模的扩大，污水得到处理，同工业先进国家一样，也会符合环保要求。另一方面，林产化工的有些产品（如活性炭）其本身又是环保用品，有利于环保治理。因此总体上林产化工是符合环保要求，可持续发展的，有生命力的工业。

(2) 林产化学工业近代的发展是与相关工业，特别是与合成化学工业既有联系又在竞争中不断前进的。森林植物中的某些成分具有高度复杂性和独特性能为一些部门所需要，尚难被合成产品所取代。

(3) 我国的地域跨度大，气候带幅宽、森林植物品种多，适生范围广，生长条件好，对发展林产化工具有很大的资源优势。

(4) 我国林产化学工业的历史悠久，流传于我国广大地区，许多地方的人民具有林化原料采集加工的传统和技能。同时我国农村人口多，林化生产又是不少地方致富的门路之一，既有劳动力，又有生产积极性，具有广泛的群众基础。

(5) 我国经过近50年的建设，使林产化工摆脱了手工业、作坊式的生产格局，走上了工业化生产的道路。社会主义市场经济的建立，打破了旧有行业分工的界囿，不同部门的科研单位、高等院校和生产企业纷纷进行了林产化工的科学研究和开发，推进了林产化工范围的扩大和内涵的深化，使林产化工出现了以技术进步为主要标志，相关多样化发展的新格局，为进一步现代化创造了前所未有的良好条件。

8.2.2 中国林产化学工业的发展方向

根据我国发展林产化学工业的有利条件和改革开放深入发展的要求，参照国外经验，我国的林产化学工业应加快向以下方向发展：

(1) 原料良种化、基地化，原料生产和工厂加工更好地结合。林产化学工业原料的供应情况和质量在很大程度上决定着加工技术、产品质量和经济效益。因此，提高原料质量，改变其供应状况，是改造和提高我国林化工业，实现工业现代化的根本措施。目前已开始有针对性地发展原料林基地，力争达到原料良种化、基地化、高产化，使我国的林化工业原料由主要依靠野生、分散、质量不高、不稳、供应无保证的状态，逐步向均衡供应高质量原料的基础上转移。我国造纸原料林、黑荆树栲胶基地林、湿地松松脂基地林等的营造和马尾松高产脂树的选育，正在进行和扩大，预期今后随着经济发展的需要和认识的提高，还将加快进程，按照以下方向发展：①改变现有营林工作和林化加工分割状况，实现林工统一规划、一体化经营；②为了充分利用我国的自然优势，缩短树木的生长周期，提高投资效益，我国南方亚热带地区将成为发展的重点地区；③林化原料基地的营造，将从目前主要解决数量问题逐步向效益型发展，即按照林化加工的要求，使基地的建设符合树种好、质量高、集中连片、交通方便、离加工点近、原料采集运输便利和劳动生产率高等原则；④基地林的种类进一步扩大，除了在造纸林、黑荆树栲胶原料林、采脂林、五倍子寄生林等原有基础上继续选育优良树种、扩大面积外，对生漆、精油、栓皮等原料林的营造，也须受到重视。

(2) 生产规模大型化。大量事实表明，工厂规模是决定生产的经济效益和技术进步的重要因素。对于造纸工业的研究结果指出，大规模带来高效益。工厂规模大有利于采用现代技术，做到资源的综合合理利用和产品的系列化、高质量，实现低成本、低消耗、轻污染，从而取得最大的经济效果。一些发达国家的林化生产如造纸、栲胶、松香、松节油等工业，都是在原料基地和工厂的配合下大规模进行的，因而有较强的竞争力。我国现有林化企业以中小型为主，难以采用先进技术，经济效益不能与大型企业相匹敌。今后，在社会主义市场经济的发展和与国内外同类企业的竞争中，必将逐步向生产大型化转移。

(3) 木材造纸工业将有大的发展。木材制浆造纸是林化生产的重要内容，在许多发达国家的林产化学工业中，占据主导地位。由于种种原因，在过去我国木材造纸工业发展不快，每年须消耗大量外汇从国外进口木浆和纸制品。近年来国家肯定了林纸结合的方针，采取了必要的措施，以促进木材制浆、造纸工业的发展，并有了一个良好的开端。可以预见，它将对充分合理利用木材资源，推动林化工业的全面发展，提高林业的经济效益，带动大面积速生造纸原料林的营造等方面起到重要作用。

(4) 深加工产品将占主导地位。产品的进一步加工，可以增加附加产值，增加产品品种，满足不同需要，扩大使用范围，推动生产的进一步发展。我国70年代开始生产深加工产品，现已有较好基础，今后将加快发展，使深加工产品和终端产品占统治地位，更好地发挥林化生产的经济效益。

(5) 林产品化学利用的内容进一步扩大，我国经济树种品种繁多，林副、林特产品资源丰富。过去几十年中，我国林化工业的发展主要在松香、天然橡胶、植物单宁、木材水解和热解、紫胶等方面，今后在国际“回归大自然”、渴望绿色食品的潮流下，林产食品、饮料、香料、林产色素、林产药物等方面，将有较大发展。同时随着高新技术，特别是生物工程技术的发展，木材纤维素和木质素等的利用将会打开新的一页开发更多的产品。

参 考 文 献

1. Wickens G E. Non-wood forest products：the way ahead. FAO Forestry paper 97，1991
2. 胡谷岳．世界林业经济地理．北京：中国林业出版社，1982
3. 贺近恪．我国的林产化学工业．森林与人类，1987（2)：27～28
4. Koch P. Utilization of hardwoods growing on southern pine site. U.S. Department of Agriculture，1985
5. Hillis W E. The efficient use of wood resource. J. of the Institute of Wood Science，1980，8（6）
6. 丁登山等．自然地理学基础．北京：高等教育出版社，1988
7. Hillis W E. The future of forest chemicals. Chemistry and Industry of Forest Products，1987，7（1）
8. Barton G M. Chemicals from tree-Outline for the future，Special paper，Eighth world forestry congress，Jakarta Oct. 1978：16
9. Hillis W E. Forever amber-a story of the secondary wood components. Wood Science and Technology，1986，20：203～227
10. Hillis W E. Heartwood and Tree Exudates. Springer-Verlag，1987
11. Howes F N. Vegetable gums and resins. Chronica botanica company，1949
12. 粟子安．松脂（中国农业百科全书·森林工业卷）．北京：农业出版社，1993
13. 山德尔曼 W. 著，王定选，陈万洮译．天然树脂、松节油和木浆浮油化学和工艺学．北京：中国林业出版社，1982
14. 郑万钧．中国树木志（第一卷）．北京：中国林业出版社，1983
15. 中国科学院植物研究所．松树——形态结构与发育．北京：科学出版社，1978
16. 许彬，刘星．世界主要采脂树种及松脂生产发展趋势．林产化学与工业，1992，12（4)：333～334
17. 杜予民等．天然漆酚色谱分析研究．中国树木提取物化学与利用学术讨论会论文集，1986：537
18. Anderson D M W，Wang Weiping. The tree exudate gums permitted in foodstuffs as emulsifiers，stabilisers and thickeners. Chemistry and Industry of Forest Products，1994，14（2)：73～84
19. Wang Weiping，Anderson D M W. Non-food application of tree gum exudates. Chemistry and Industry of Forest Products，1994，14（3)：66～76
20. 中国林业科学研究院科技情报研究所．国外栲胶技术．北京：中国林业出版社，1981
21. 李鸿英．食用天然色素．南京：南京大学出版社，1992
22. 江苏新医学院．中药大辞典．上海：上海科学技术出版社，1977
23. Julius Grant：Hackh's chemical dictionary 3rd edition，355 Mc Graw-Hill Book Company，Inc. 1994
24. 熊大桐等．中国林业科学技术史．北京：中国林业出版社，1995
25. 商业部土产局，中国科学院植物研究所．中国经济植物志．北京：科学出版社，1961
26. 中国造纸年鉴编辑部．中国造纸年鉴．北京：轻工业出版社，1986
27. 翟其骅等．中国松树采脂．中国树木提取物化学与利用学术讨论会论文集，1986：321
28. 沈守恩．中国的松香工业及其发展趋势．中国树木提取物化学与利用学术讨论会论文集，1986：18
29. 夏定久等．我国的五倍子资源．林产化学与工业，1985，5（4)：40～46
30. 化学发展简史编写组．化学发展简史．北京：科学出版社，1980
31. 景雷等．湖北随县曾侯乙墓木炭的鉴定．林化科技，1980（2)：68～71
32. 全国供销合作总社土产果品局．漆树与生漆．北京：中国林业出版社，1981
33. 屈虹等．虫白蜡理化性质的初步研究．林产化学与工业，1981，1（4)：44
34. 姚德富等．紫胶虫和紫胶生产．北京：科学出版社，1989

35. Slinn R J. Availability of residuals in the U. S. pulp and paper industry. Forest Residuals, AICHI Symposium Series 71, 1975: 4～6

36. Heide Mutussek, Rita Anna Pappens, Jim Kenny. Annual review. Pulp and Paper International, July 1996

37. 中国自然地理编写组. 中国自然地理（第二版）. 北京：高等教育出版社，1984

38. 王宗训. 中国资源植物利用手册. 北京：中国科学技术出版社，1989

39. 李霆. 当代中国的林业. 北京：中国社会科学出版社，1985

40. 朱亮锋. 芳香植物及其化学成分. 海口：海南人民出版社，1988

41. 农业部南亚热带作物办公室. 全国热带南亚热带作物生产情况统计. 1989

42. 杨正璟等. 植物纤维素原料生产新型活性炭的研究. 林产化工通讯，1996（2）：3～6

43. 陈广泰. 介绍几种林化产品市场情况. 林产化工产业发展研讨会论文. 1996，12

44. 中国造纸年鉴编辑部. 中国造纸年鉴. 北京：轻工业出版社，1996

45. Youngs R L. Technological innovation in forest industries Part I. Keynote address delivered at a Symposium on forest products development in The 80' organized by the CSIR National Timber Research Institute in May 1981

46. Sharma D K, Tiwan M, Behera B K. A review of integrated processes to get valueadded chemicals and fuels from petrocrops. Bioresource technology, 1994, 49: 1～6

47. Julian Evans. 热带的人工林业. 第九届世界林业大会论文选集，林业部科技情报中心，1986：216～221

48. Touzet G. 工业人工林. 第九届世界林业大会论文选集，林业部科技情报中心，1986：240～245

49. Hillis W E. Forest products then-now-future. Keynote address, 21th forest products research conference (Australia) 1984

50. Kirk K. Biopulping IAWS Bulletin. 1996, I

51. Richardson J. Energy from The Forest, ENFOR Review, Canada, 1990

52. FAO. Report of the international expert consultation on Non-wood forest products. Non-wood forest products 3, FAO 1995

53. FAO. Non-wood forest products for rural imcome and sustainable forestry. Non-wood forest products 7, FAO 1995

54. Coppen J J W. Flavours and fragrances of plant origin. Non-wood forest pcoducts 1, FAO 1995

55. Coppen J J W, Hone G. A. Gum naval stores: turpentine and rosin from pine resin. Non-wood forest products 2, FAO 1995

56. Green C L. Natural colourants and dyestuffs. Non-wood forest products 4, FAO 1995

57. Wickens G E. Edible nuts. Non-wood forest products 5, FAO 1995

58. Coppen J J W. Gums. resins and latexes of plant origin. Non-wood forest products 6, FAO 1995

59. Leakey R R B, Temu A B, Melnyk M and Vantomme P. Domestication and Commercialization of non-timber forest products in agroforestry System. Non-wood forest products 9, FAO 1996

60. Johnson D V. Non-wood forest products: tropical Palms. Non-wood forest products 10, FAO 1997

第2篇

木(竹)材构造及物理性质

第1章 木（竹）材构造

孙成志

木材是由无数个不同形状、不同大小的细胞所组成，这些细胞又是呈立体状态存在于木材组织中。因此，在研究或分析木材各种分子（细胞）本身结构或其组合、排列等特征时，就要全面地加以了解，从木材的横切面、径切面和弦切面三个方向去观察，从而形成一个完整的概念。

横切面是指与树干主轴或木材纹理相垂直的切面，在这一切面上可以看到轴向细胞的断面和木射线等，同时还可以看到明显的生长轮，其形状像许多同心圆，以及心材发育范围。

径切面是指沿着树干主轴方向与木射线平行，并与生长轮成直角的纵向切面。

弦切面是指沿着树干主轴方向与木射线垂直，并与生长轮或树皮相切时的纵向切面（如图 1-1）。

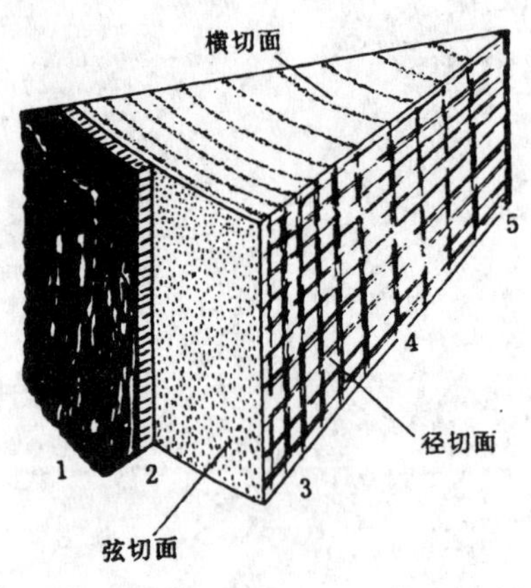

图 1-1　木材的三个切面

1. 树皮；2. 韧皮部；3. 边材；4. 心材；5. 髓心

1　木材的宏观（粗视）构造

木材的宏观构造，是指肉眼和放大镜（10倍）下能够观察到的构造特征，如髓、木射线、生长轮、早材和晚材、管孔、轴向薄壁组织、胞间道（树脂道和树胶道）等；另外还有材色、纹理、光泽、气味和滋味、重量及硬度等。

1.1　髓

髓是由薄壁细胞组成，位于树干的中心部分，在横切面上常呈圆形或多角形，在径切面上呈深色的狭条状，一般均较小，多数直径为 1～2mm。

1.2　木射线

木射线区分为初生木射线和次生木射线。初生木射线起源于初分生组织分生分化而形成的径向线条，次生木射线起源于次分生组织（形成层）分生分化而形成的径向线条。次生木射线是主要的组成部分。

木射线在径切面上很明显，常呈浅色的、光亮的细条纹或斑点状；在弦切面上呈纺锤状或细线状。在针叶材横切面上它的宽度较细，常不明显；但在阔叶材中很明显，如栎木类或桤木具有宽木射线。

1.3　生长轮及晚材率

生长轮是指在木材横切面上，可以看到很多围绕髓心的同心圆层，这就叫生长轮或年轮。它的形成是由于温带和寒带地区，每年因天气变化而有生长期和休止期，如一年四季中，春季生长迅速，形成的细胞较宽大而壁薄，木质疏松而色浅，这部分叫早材或春材；夏末和秋天生长减慢，冬天休眠，这个阶段形成的细胞较细长而壁厚，质密而色深的窄层，这部分叫晚材或秋材。胞壁的厚薄，常以胞壁率表示，如利用显微照片在年轮测定器下，测定全年轮每个细胞的径向直径和胞壁厚度，前者总和除后者总和，以百分比（%）表示之。早、晚材的判断基本上符合于E. Mork的标准：即二倍胞间共同壁（弦壁）大于或等于胞腔径向直径者为晚材，小于者为早材[1,2]。

树木生长轮的宽度取决于各种因素，如树种和生长环境等。在同一生长轮内，晚材径向宽度与其总宽度之比称为晚材率，它可视为早材与晚材的比率，常以下式表示：

$$\text{晚材率（\%）}=\frac{\text{生长轮中晚材宽度（mm）}}{\text{生长轮总宽度（mm）}}\times 100 \tag{1-1}$$

晚材率的大小与制浆造纸关系密切，因为早材由细胞宽大而壁较薄的纤维组成，弹性和柔韧性较好，易于打浆，纸张的抗张强度和耐破强度高；晚材细胞窄长、壁厚、纤维挺硬，不易打浆，成纸除撕裂度较高外，其他指标均不如早材纤维。因此，作为造纸原料，就同种木材而言，晚材率低者较优。

1.4　边材、心材及中间材

在原木的横切面上，人们习惯上把靠近树皮以内不同厚度的边缘木材叫边材，通常色浅；从树干髓心到边材部分的木材叫心材，通常色深。后来把边材和心材的过渡区域叫作中间材或过渡材。尽管有些树种的心、边材区别不明显，过渡区的含义也不完全相同，目前对这三个区划已为木材学家所公认。

（1）边材：边材是指具有生理活动的树木横切面上外缘的木材，含有活的薄壁细胞，担负着输导水分、贮藏养分与机械支持作用。有的木材的边材与心材也较难分辨。

（2）心材：心材是指边材内面部分的木材，通常缺乏活细胞，同时在这些薄壁细胞内的贮藏物质已经消失或已转化为心材物质。

心材一般含水分较少，浸填物较多，密度较大，材质较重较硬，耐久性较强；就制浆造纸方面来说，心材不如边材，心材渗透性较差，不利于蒸煮；同时对木材防腐等也有一定影响。

（3）中间材（过渡材）：中间材是指在边材内层至心材外层边界处，其色泽和特征上有差异的木质部分称为中间材。具有深色心材的树种，其中间材虽尚未带色，但含水率和心材一样已降低，即使浅色的心材树种，其中间材的含水率也已降低；边材细胞除靠近形成层部分的以外，其他部分几乎已死亡；只有薄壁细胞还活着，但它的生活力随着远离形成层而逐渐衰退，中间材部分的薄壁细胞则已失去生活力而死亡，并转化成心材物质。中间材的一般性质介于边材和心材之间。

2　木材的微观（解剖或光学显微镜）构造

木材由无数个细胞组成，据估测，$1m^3$ 云杉木材具有近5 000亿个细胞[3]。对于这样微小单位的性状，需要用光学显微镜和电子显微镜观察，前者所能见到的木材构造特征叫木材微观构造，后者则叫木材超微构造。这些微观构造特征，不仅对木材识别、鉴定树种提供重要的依据，而且也与木材物理力学性质和化学加工利用过程有密切的关系。

2.1 针叶材的组成分子

针叶材的组成分子如下：

轴向分子	径向分子
1. 锐端细胞组织 （1）管胞 ①树脂管胞 ②束状管胞	1. 锐端细胞组织 （1）木射线管胞——单列或稀2列 （中部）木射线
2. 薄壁细胞组织 （1）轴向薄壁细胞 （2）泌脂细胞，即轴向树脂道分泌细胞	2. 薄壁细胞组织 （1）木射线薄壁细胞——单列或稀2列 （中部）木射线 （2）泌脂细胞，即径向树脂道分泌细胞

2.2 阔叶材的组成分子

阔叶材的组成分子如下：

轴向分子	径向分子
1. 锐端细胞组织 （1）导管分子 （2）管胞 ①维管管胞 ②环管管胞 （3） 木纤维 ①纤维——管胞 ②韧型木纤维（韧型纤维）	1. 锐端细胞组织——无
2. 薄壁细胞组织 （1）轴向薄壁细胞 （束状薄壁细胞） （2）纺锤状薄壁细胞 （3）泌胶（脂）薄壁细胞，即轴向胞间道周围的分泌细胞	2. 薄壁细胞组织 （1）木射线薄壁细胞 ①横卧细胞——同形木射线组织 ②直立细胞——异形木射线组织 （①②合称：异形木射线组织） （2）泌胶（脂）薄壁细胞，即径向胞间道周围的分泌细胞

2.3 木材细胞组织

木材中的细胞，是以各种不同方式由胞间层将它们粘结在一起，形成木材质体。它可以用化学方法或机械方法进行处理，分离成单独的细胞分子。

针叶树与阔叶树的木材微观构造具有明显的区别（如图1-2、图1-3）。各种不同的针叶材或阔叶材的显微构造也不同，但其细胞组织可以概括为两大类，即锐端细胞组织和薄壁细胞组织，或轴向分子与径向分子。木材中主要的细胞分子多为纤维，即针叶材中的管胞和阔叶材中的木纤维，在生产上通称纤维。主要的细胞类型如管胞、木纤维、导管、轴向薄壁组织、

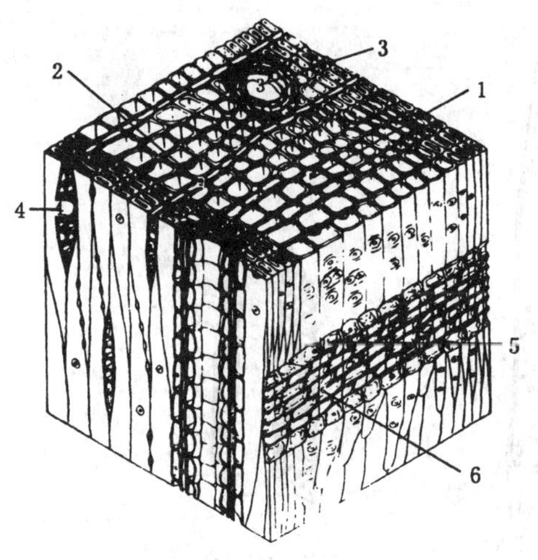

图 1-2 针叶材

1. 管胞；2. 木射线；3. 轴向树脂道；4. 横向树脂道；5. 木射线管胞；6. 交叉场

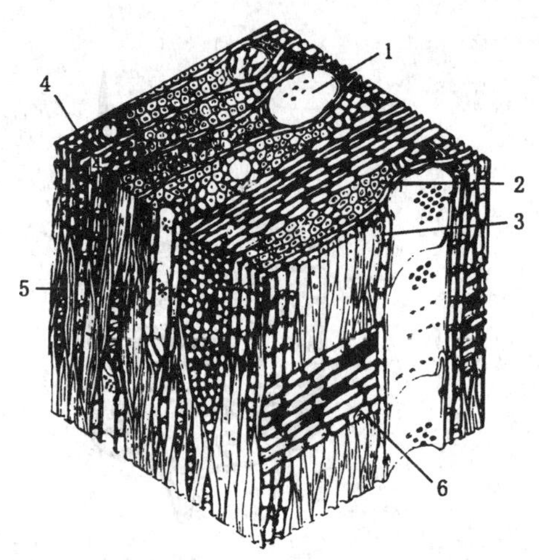

图 1-3 阔叶材

1. 导管（管孔）；2、3. 木纤维；4. 木薄壁组织；5、6. 木射线

木射线薄壁组织、泌胶（脂）薄壁组织等；另外还有细胞内含物中的浸填体、晶体及沉积物等。

2.3.1 锐端细胞组织

木材中锐端细胞组织主要有：管胞（如图 1-4）、木射线管胞，存在于针叶材中；导管（如图 1-5）、木纤维（包括韧型木纤维、纤维管胞）（如图 1-6）、管胞（包括环管管胞、维管管胞），存在于阔叶材中。

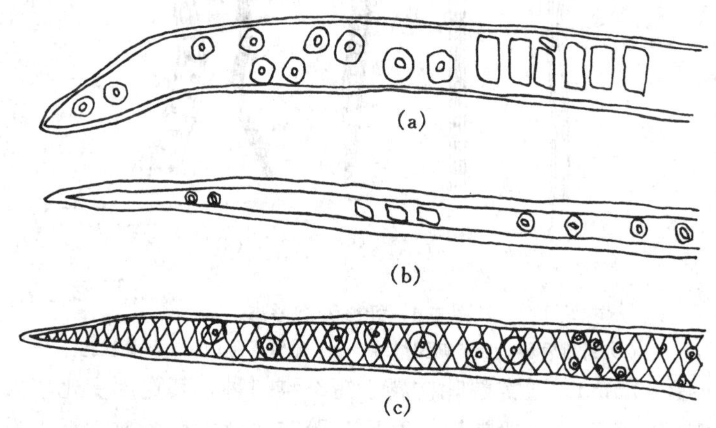

图 1-4 管 胞

(a) 早材管胞；(b) 晚材管胞；(c) 螺纹加厚

针叶材的管胞，一般占木材总体积的 90%～95%，大多数针叶材管胞的长度平均为 3～5mm，无穿孔，壁由薄至厚，依细胞生长轮中的位置而异。从横切面上观察，管胞呈多角形、长方形、方形，在应压木中略呈圆形。管胞的宽度，即弦向直径平均为 20～40μm，根据国产针叶材的测计，弦向直径小于 30μm 者为细结构，30～45μm 者为中等结构，大于 45μm 者为粗结构[4]。

阔叶材的木纤维平均长度约在 1mm 左右，按国际木材解剖学会 (I. A. W. A.) 规定[5]，属

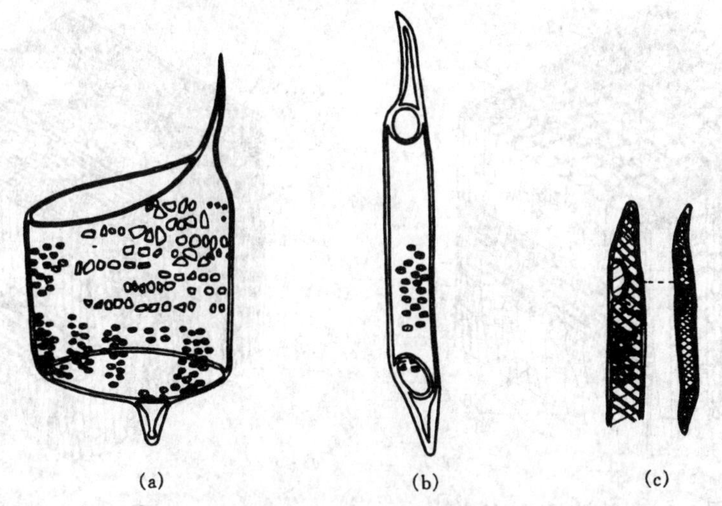

图1-5　导管分子形态

（a）早材导管分子；（b）晚材导管分子；（c）管壁具螺纹加厚

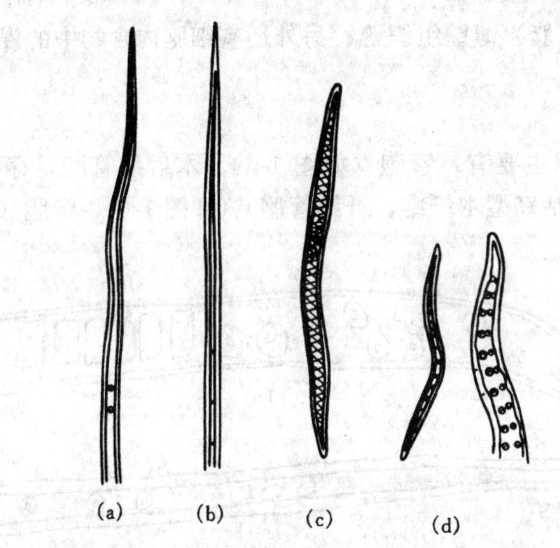

图1-6　纤维管胞形态

（a）纤维管胞；（b）韧型纤维；（c）维管管胞；（d）环管管胞

中级长度（0.91～1.60mm）。通常阔叶材属于短纤维树种，其宽度变化较大。但纤维尺寸与制浆适应性具有密切的关系，一般常用长宽比、壁腔比及柔性系数为纸张强度与质量的重要特征之一。如纤维长宽比愈大，则撕裂强度高；长宽比对人造丝浆的碱量吸收亦有关系，是人造纤维浆的一个重要因子。

2.3.2　薄壁细胞组织

木材中薄壁细胞通常有三种类型：即轴向薄壁组织、木射线薄壁组织和泌脂（胶）薄壁组织。

薄壁组织细胞通常短、壁薄、具单纹孔，形状变化很大，在纵切面上常呈长方形或方形，在横切面上为圆形或钝角形。针、阔叶材中薄壁组织细胞的形状区别不大。

以木材体积为基准，针叶材中各类细胞比例变化不大，管胞常占90%～95%，薄壁细胞含量少，平均约为7%～8%。而阔叶材中各类细胞的比例变化较大，纤维含量多的达80%以上，少的仅约16%；导管分子多的占50%以上，少的仅4%；薄壁细胞较发达，有些树种占其体积的1/3以上，但平均约为20%以下或为针叶材的2倍左右[3,6]（见表1-1）。为此，木材中纤维含量少，薄壁细胞含量多的树种，不宜用作制浆造纸的原料。

表1-1 木材组织比量（%）

树　　种	纤维率	导管率	薄壁组织	合　计
楹　树 *Albizzia chinensis* (Osb.) Merr.	71	12	17	100
南洋楹 *A. falcata* Back.	73	14	13	100
拟赤杨 *Alniphyllum fortunei* (Hemsl) Perk.	52	29	19	100
蒙蒙木 *A. philippinensis* Braid.	73	10	17	100
构　树 *Broussonetia papyrifera* (L.) Vent.	70	10	20	100
木麻黄 *Casuarina equisetifolia* L.	54	21	25	100
象耳豆 *Enterolobium cyclocarpum* (Jacq.) Griseb.	75	9	16	100
柠檬桉 *Eucalyptus citriodora* Hook.	64	16	20	100
隆缘桉 *Eucalyptus exserta* F. Muell.	54	24	22	100
大叶桉 *E. robusta* Smith	69	8	23	100
楝叶吴茱萸 *Evodia meliifolia* Benth.	60	19	21	100
泡　桐 *Paulownia fortunei* (Seem.) Hemsl.	58	17	25	100
加拿大杨 *Populus canadensis* Moench	59	32	9	100
小叶杨 *P. simonii* Carr.	54	36	10	100
毛白杨 *P. tomentosa* Carr.	55	35	10	100
枫　杨 *Pterocarya stenoptera* C. DC.	53	15	32	100
翻白叶 *Pterospermum heterophyllum* Hance	62	15	23	100
梭罗木 *Reevesia thyrsoidea* Lindl.	61	19	20	100
广东木瓜红 *Rehderodendron kwangtungensis* Chun	45	43	12	100
木　荷 *Schima superba* Gardn. et Champ.	53	35	12	100
山乌桕 *Sapium discolor* (Champ.) Muell-Arg.	65	11	24	100
粉叶灰木 *Symplocos glauca* (Thumb.) Koidz.	57	33	10	100
剑叶灰木 *S. lancifolia* Sieb. et Zucc.	55	28	17	100
黄牛奶树 *S. laurina* (Retz.) Wall.	29	57	14	100
山黄麻 *Trema orientalis* (L.) Bl.	72	12	16	100

2.4 幼龄材与成熟材[7,8]

树木生长过程中所形成的生长轮（年轮），从髓心至树皮存在着年轮与年轮之间的差异，但在一定的范围内又存在着相对的一致性。近髓心一些年轮的木材与靠近树干外部的木材有显著的差别，近髓心者称为幼龄材（中心材、内部材或幼期材），外面部分称为成熟材（外部材、壮龄材或成年材）。幼龄材的特点是木材密度小，纤维短而小，纤维素含量低，强度小，生长轮宽，晚材率较低，提取物成分较高，干缩、湿胀或开裂变形均较严重，管胞次生壁S_2层的纤丝角较大，刚性较差。

幼龄材与成熟材既含有树木生长的概念，又有木材利用的概念，两者并不完全一致，用途不同，材质标准亦异，工艺成熟龄就不完全一致，所指的幼龄材范围也就不同。对幼龄材的划分，因树种而异，一般认为是5～20年。在15年生的马尾松和湿地松的研究中，分析管胞长度的变化，用绝对递增率（以各年龄管胞长度与近髓心第一轮管胞长度的百分比）和相对递增率（以下一年轮管胞长度与相邻上一年轮管胞长度的百分比）来表示。由图1-7的绝对递增率显示出第7个年轮之前管胞长度急剧增长，尤其是头5年，其后增长缓慢并趋向稳定；相对递增率反映出除第3～4个轮有显著增长外，往后则保持稳定的增长，呈直线状。从绝对

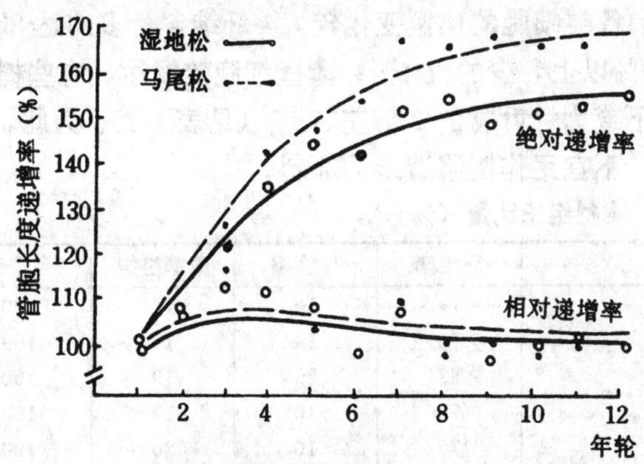

图 1-7 管胞长度递增率自髓心至树皮的变化

（每一点为三株树的平均值）

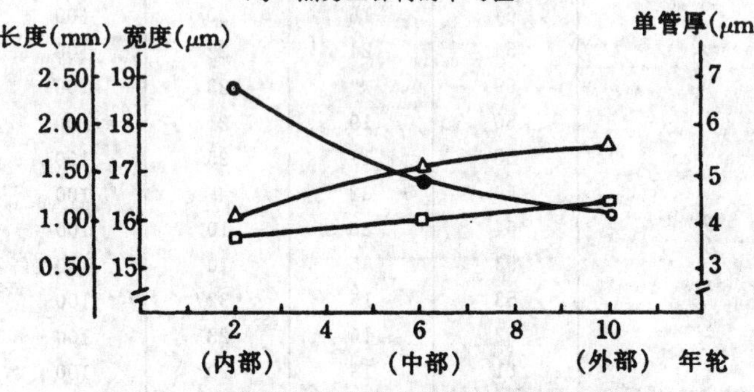

图 1-8 木麻黄木纤维形态自髓心至树皮的变化

（每一点为三株树的平均值）

递增率反映出第 7 个年轮是转折点，可按第 10 个年轮作为划分幼龄材的界限。

幼龄材与成熟材的研究，其实质就是研究木材组织的成熟期。从木麻黄 *Casuarina equisetifolia* L. 木材的研究中，亦可提出从横切面特征和木材组织比量的变化，以确定木材的成熟期，即幼龄材与成熟材的划分。图 1-8 和图 1-9 分别反映 11 年生木麻黄离地面 1.3m 高圆盘的纤维形态和木材组织率的变化，表 1-2 进一步反映了木麻黄横切面不同部位上木材特征的变化。由此可知，自第 2 个年轮至第 6 个年轮，细胞形态和木材组织比量变化急剧；自第 6 个年轮至第 10 个年轮，变化则缓慢得多，其后趋于稳定。因此，头 10 年定为幼龄材。

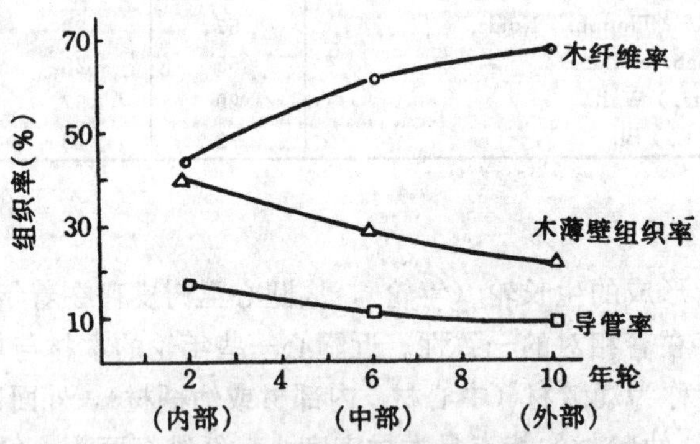

图 1-9 木麻黄木材组织率自髓心至树皮的变化

（每一点为三株树的平均值）

表 1-2 木麻黄横切面不同部位上木材特征的变化

部位	管孔			轴向薄壁组织	
	数量（个/mm²）	直径（mm）	排列特点	数量（个/mm²）	分布特点
内部	19.3	0.11	不规则的径列和斜列	6.1	带列不规则
中部	9.3	0.13	规则的径列和斜列	4.1	弦向带略规则
外部	7.5	0.14	规则的径列和斜列	3.9	弦向带规则

3 木（竹）材细胞壁的超微（超光学显微）构造[4,9,10]

3.1 概 述

在20世纪50年代电子显微镜应用以前，细胞壁超微结构的研究，已有不少成果。20世纪30年代中期，应用x光衍射分析，偏光显微镜、荧光显微镜及暗视野下的观察，已看到细胞壁的很多细微结构，并且也能将次生壁分成外层（S_1）、中层（S_2）、内层（S_3）三层及其中微纤丝排列的方向（如图1-10）。目前对于木材细胞壁超微结构的研究，由于应用了各种物理的和化学的新方法，尤其是近年来电子显微镜的应用，已有很大进展，但仍需要有光学显微镜观察的配合，才能得到更准确的结果。

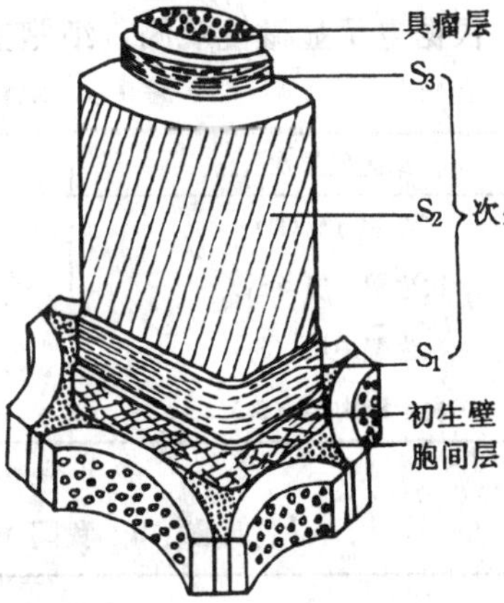

图1-10 初生壁和次生壁的微纤丝排列方向

3.2 细胞壁的构造——初生壁、次生壁、胞间层

在针叶材中轴向管胞约占其体积的90%以上；而在阔叶树材中木纤维约占其体积的50%以上；早材管胞主要是输导水分，晚材管胞为机械支持之用，而木纤维则着重于力学性质。

木材细胞壁主要由纤维素、半纤维素和木质素组成：纤维素约占50%，它是细胞壁的骨架物质，以微纤丝状态存在，其作用是使凝胶状半液体的衬质坚固和增强，致使木材具有一定的弹性和抗拉强度。半纤维素（占20%～30%）和其他碳水化合物，在细胞壁中结合成衬质物质，它是一种亲水性的凝胶，具有高度的膨胀容量和变形塑性，介于固态和液态之间的凝胶质，主要起填充作用和部分的胶着作用。在木材细胞分化的末期，经过木质化在细胞壁内遍布木质素（占20%～30%），形成结壳物质，赋予木材硬度和刚性。

在细胞壁的化学成分和结构上，纤维素链状分子沿着它的长轴平行地排列，形成微纤丝。在微纤丝的无定形区（非结晶区），纤维素与衬质和结壳物质相互结合；在细胞壁的骨架物质四周的微毛细管中，充满无定形物质。这样看来，木材细胞壁中纤维素的微纤丝似钢筋，具有较强的抗拉强度；而覆层的木质素则似混凝土，能够抗压。经过木质素覆层的细胞壁可与钢筋混凝土的性质相比较。

半纤维素和其他碳水化合物混合存在于细胞壁中。结壳作用不是随着细胞壁形成初期开始的，而是分化作用（木质化作用）的最后状态。

在酶的作用下，除去木材中碳水化合物，留下的是木质素骨骼。它刻划出细胞壁中微毛细管系统。同样，用酸除去构架和衬质物质，即脱颖出一个木质素的分布图样。

木材细胞壁是由在构造上和物理化学性质上不同的许多层次所组成。成熟的细胞通常分为三层：初生壁、次生壁和胞间层（真中层）。

3.2.1 初生壁

初生壁由纤维素和果胶化合物组成，并经常含有不定数量的半纤维素和木质素。双折射性很小，但为各向异性。在初生壁外表面微纤丝为任意排列的疏松组织，内表面排列方向几乎是横过细胞轴的。在细胞角落处，初生壁增厚成肋状凸起构造，沿着细胞长度延伸。

3.2.2 次生壁

次生壁是细胞壁的主要部分，含有大量的纤维素，它构成细胞壁的构架，其强度为各向异性。同时含有木质素，有时针叶材次生壁中含有的木质素是总木质素的70%以上。次生壁通常可分为三层，即外层（S_1）、中层（S_2）和内层（S_3），其中S_2层最厚，约占次生壁厚度70%以上，是构成胞壁的主体。微纤丝角（或纤丝角）是指S_2层中微纤丝与细胞轴之间所构成的角。根据电子显微镜观测，细胞壁各层平均相对厚度及微纤丝角见表1-3、表1-4。

表1-3 木材细胞壁各层相对厚度及微纤丝角[11]

细胞壁层次	相对厚度（%）	微纤丝角（°）
初生壁（P）	>1	任意排列
次生壁外层（S_1）	10～20	50～70
次生壁中层（S_2）	70～90	10～30
次生壁内层（S_3）	2～8	60～90

表1-4 我国10种针叶树材管胞次生壁S_2层的纤丝角

序号	树种	纤丝角（°）		产地
		早材	晚材	
1	马尾松 *Pinus massoniana* Lamb.	11.8	10.4	湖南
2	水杉 *Metasequoia glyptostroboides* Hu et Cheng	8.9	8.6	湖北
3	落叶松 *Larix gmelinii* (Rupr.) Rupr.	16.0	13.1	东北
4	黄花松 *Larix olgensis* Henry	11.3		东北
5	杉木 *Cunninghamia lanceolata* (Lamb.) Hook.	10.0		湖南
6	红松 *Pinus koraiensis* Sieb. et Zucc.	9.6		东北
7	臭冷杉 *Abies nephrolepis* Maxim.	11.4		黑龙江
8	岷江冷杉 *Abies faxoniana* Rehd. et Wils.	8.9		四川
9	鱼鳞云杉 *Picea jezoensii* var. *microsperma* (Lindl.) Cheng et L. K. Fu	24.4		四川
10	紫果云杉 *Picea purpurea* Mast.	7.1		东北

以云杉早材管胞为例，细胞壁外层（S_1）薄，含有4～6层，微纤丝结构呈交叉状，它的厚度为0.12～0.35μm。中层（S_2）的微纤丝排列方向与细胞长轴接近平行，在其内表面和外表面是一些过渡的层次，即S_{23}和S_{12}。它的厚度达5μm以上，在薄壁的早材细胞中S_2层约有30～40层，在晚材中多达150层以上。当具有内层（S_3）时，它系一层螺旋状排列的微纤丝薄层，类似S_1层，不超过5～6层，该层厚约70～80nm。在阔叶树材中比较薄一些，结构疏松，双折射程度略小于S_1层，在一些树种中常无S_3层（如图1-11）。

3.2.3 胞间层（真中层）

最早形成胞间层的组成物质主要是无定形的果胶物质，胞间层两侧沉积有初生壁时，才逐渐增加了纤维素的比例。到了次生壁形成，胞间层和初生壁结合在一起，细胞壁中的果胶物质百分比相应地大为减少。所以只有具初生壁的细胞壁中，果胶物质的含量较高，而大部分次生壁的木材细胞中，果胶质的百分率大为减低，通常多混在木材浸提物中。胞间层含有很多木质素，在偏光显微镜下观察为各向同性。此层木质素密度最大，在胞间层和初生壁中

60%～90%均为木质素，但占总木质素量的比例并不一定很多，有时比次生壁还少。

在纤维工业的生产中，浆料表面的性状是很重要的。打浆后使纤维胞壁发生一定的变化，胞壁上产生悬挂的微纤丝，以增加纤维的比表面，这可使纤维与纤维之间得到较紧密的结合。

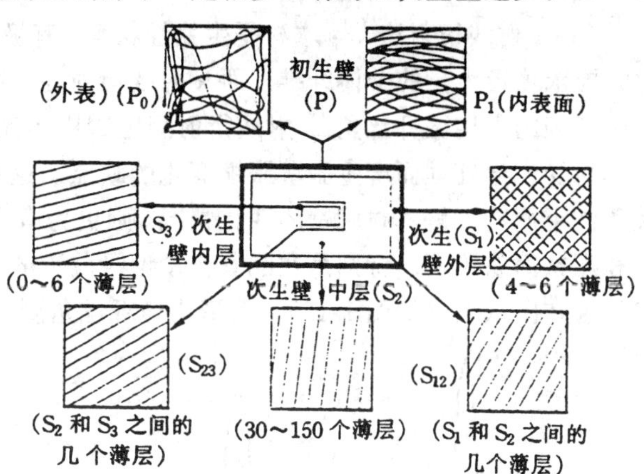

图 1-11 木材纤维（管胞）分子细胞壁典型结构

测定微纤丝角常用的方法有：

(1) 碘染色法[12]：用光学显微镜不能直接观察木材细胞壁 S_2 层的微纤丝，但胞壁经脱木质素处理后，用碘的碘化钾溶液染色，使其间隙中填以碘的针状结晶；该碘结晶的方向，即示纤丝或微纤丝的排列方向。基于此理，以测定针叶树材管胞胞壁 S_2 层的纤丝角。

将软化好的木材，按每个生长轮由早材至晚材连续切取 15～20μm 厚的弦切面，因该切面的纤丝角受纹孔的影响较小。每个部分任意挑选 10～30 片，经过碘的碘化钾溶液染色待用。

显微切片经下列程序交替处理：①将切片放在 10%硝酸和 10%铬酸的混合液中，浸渍约 10min 左右（脱木质素处理），取出用水洗净，再进行脱水；②用酒精脱水，即 30%→50%→80%→95%→100%；③染色：将脱水后的木材切片，放在载玻片上，用 4%～6%碘的碘化钾溶液 1～2 滴染色，数分钟后，用滤纸移去过剩的溶液；④固定：用 40%～50%硝酸 1～2 滴进行固定。此时显微切片中，纤维素微纤丝混合体的纵长孔隙内，已被引入并形成碘的结晶。有时需要重复交替处理数次，才能得到较满意的结果。

将处理好的木材切片在 200～400 倍的显微镜下进行观察，并判定极大多数碘结晶在次生壁 S_2 层形成的微纤丝图像；对此即可测定微纤丝的走向与管胞轴所成的角度，即为该种木材细胞壁的次生壁 S_2 层的微纤丝角。

在试验过程中，也观察到次生壁的另外两层（S_1 层和 S_3 层）的纤丝排列方向，常与管胞轴成大角度（50°～60°或更大些）的结晶体。通常纤丝与管胞轴形成的小角度部分是次生壁中的 S_2 层，才是控制木材和纤维性质的因子。

(2) 偏光显微镜法：将木材软化好，在指定的年轮部位上，由早材至晚材连续切取约 20μm 厚的弦切片。每个部位任意挑选 10～30 片，经过脱木质素处理，使其离解成单根的半壁纤维，以便测定。其程序如下：把切片放在 10%硝酸和 10%铬酸混合液的试管中，浸渍1～2 天（时间的长短视温度及不同条件而异），直至用玻璃棒能充分离解为止，用流水冲洗，除净残酸，保存在 50%酒精中待用。

应用国产 XPT-6 型透射式偏光显微镜（南京江南光学仪器厂制）测定。测定时用 10 倍目镜和 40 倍物镜，放大率约 400 倍。

在正交偏光下，旋转放有纤维切片的载物台。符合测定要求的纤维是载物台转动中观察的纤维壁时亮时暗，最暗时要达到完全消光。

测定步骤：抽出上偏振片，旋转载物台，使半壁纤维中央纵轴与目镜十字线纵线重合，记下载物台角度；然后插入上偏振片，旋转至消光位置，再记下载物台角度。载物台前、后角度之差，就是所要测定的纤丝角。

(3) x 射线衍射法[13]：木材是生物性材料，有极大的变异性，为得到具有充分意义的平均值，要求测定大量的个体纤维。而 x 射线衍射在一次操作中得到的衍射图样，即能反映出几百个细胞的平均微纤丝角。x 射线衍射测定试样不需作任何预处理，这可免除各种直接法测定中木材受化学处理而产生胞壁胀缩变化的缺点。这在木材加工方面的研究中，当要求保持原质条件下而能了解木材胞壁的变化情况，则更为有用。与直接法测定比较，x 射线衍射法的准备和观察简易迅速。特别是在配有自动记录装置的 x 射线衍射仪中，衍射强度图样直接产生和记录在图纸上（如图 1-12)，使平均微纤丝角测得更快。

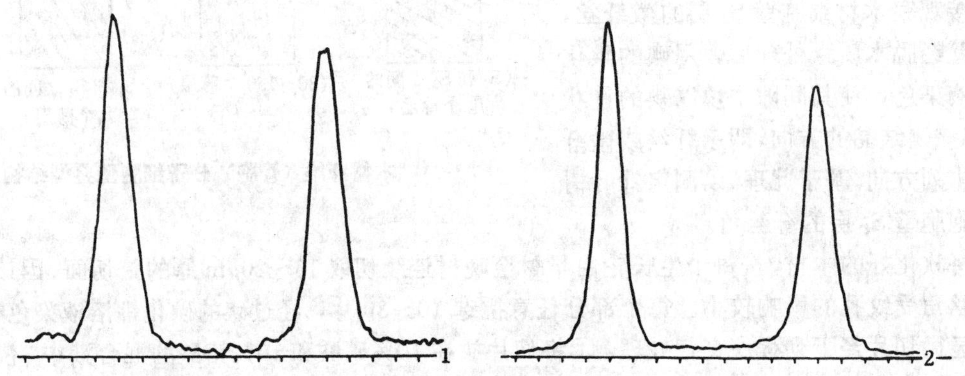

图 1-12 马尾松木材次生壁 S_2 层的微纤丝角 [1. 16.9°（早材）；2. 15.3°（晚材）]

(4) 光学显微镜观察法：在光学显微镜下观察木材纵切面或单根纤维与微纤丝方向一致的特征，如胞壁上的条纹、裂隙和纹孔等。

(5) 汞浸法：以水银加压浸注入纤维胞腔内，再用偏光显微镜观察。

3.3 纤 丝

细胞壁上的纤维素构架是一种由纤维素分子组成的纤丝系统。它们的分子排列有一定规则，反映出一种晶体的特征。这种晶体性质早在 20 世纪 30 年代就已由 x 射线衍射的研究和偏光显微镜下的观察得到了充分的证明。由于纤维素空间的点阵上，两点间的距离在不同平面上是不同的，所以纤维素分子组成较大单位后，它们的分布在偏光显微镜下可表现出各向异性。

木材细胞壁的组织结构，也是以纤维素作为“构架”。它的基本组成单位是一些长短不等的链状纤维素分子。这些分子链有规则地聚集在一起称为微团。微团（或微晶）中的分子链互成平行地排列，在分子链中的葡萄糖分子之间有等距离的间隙。

由微团组成一种丝状的微团系统，就是平常所说的微纤丝，进而聚集成为不同等级的纤丝。这样，有次序地逐步组成了细胞壁层。

从另一角度来看，较大的纤丝，可在光学显微镜下看到，这种纤丝状结构称大纤丝，事实上即相当于纤丝。如果将纤丝再细分下去，直径小到只能在电子显微镜下看出的，则称为微纤丝。

关于纤维素微纤丝的直径大小，至今还没有一致的意见，20 世纪 50 年代有人估计为40～50nm，60 年代中期，报道微纤丝的直径为 3.5nm，并称为基本纤丝。70 年代初期，由于电子显微镜鉴别能力的提高，微纤丝的直径观察认为只有 1.7nm，称为原纤丝或亚基本纤丝，或可能更小。

由于对微纤丝大小的概念没有统一，所以现在还有的学者认为微纤丝的直径可以是1.7～50nm，或者更大。1.7nm以下的纤维素束叫做微团；而50nm以上就是纤丝的范围，平常看到的一些大束，可能只是一些小束的聚体，这种小束可通过机械作用再分离出来。

木材纤维（管胞）细胞壁的各级组成如图1-13[4]。

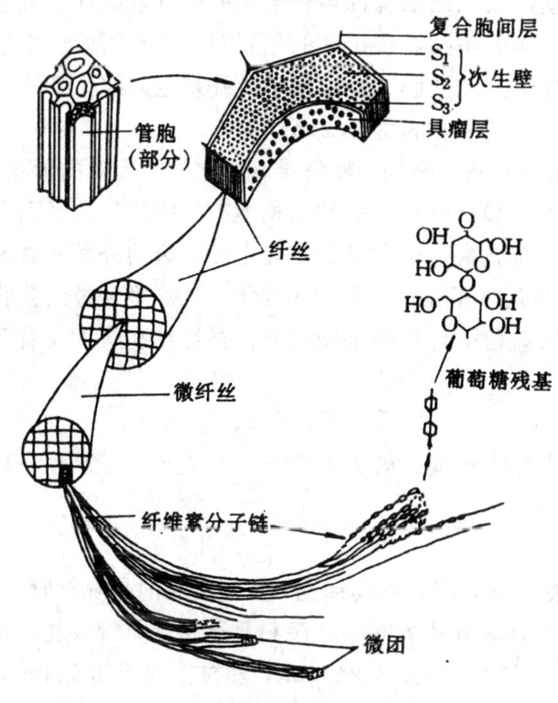

图1-13　木材纤维（管胞）细胞壁的各级组成

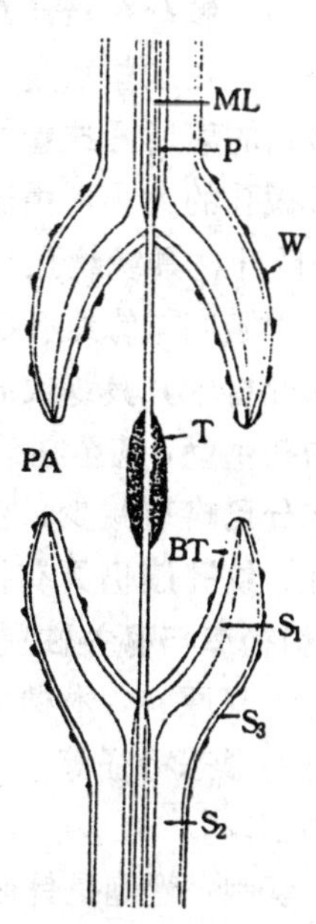

图1-14　针叶材管胞具缘纹孔对模式断面

ML胞间层；P初生壁；S_1次生壁外层；S_2次生壁中层；S_3次生壁内层；BT边缘加厚；T纹孔托；PA纹孔口；W瘤

3.4　纹　孔[11]

纹孔是细胞增厚时留下的未增厚部分，即细胞次生壁上的一个凹穴，及其外侧的锁闭膜向内通至细胞腔的一个开孔。纹孔主要包括纹孔腔和纹孔膜。在活的树木中，纹孔是作为细胞间运输流体的通道。在木材制浆、干燥和防腐时，水分、蒸煮液和防腐剂也都是通过纹孔，从一个细胞横向流入其邻接的细胞。邻接细胞间的纹孔是互补纹孔，相连接的纹孔称纹孔对。

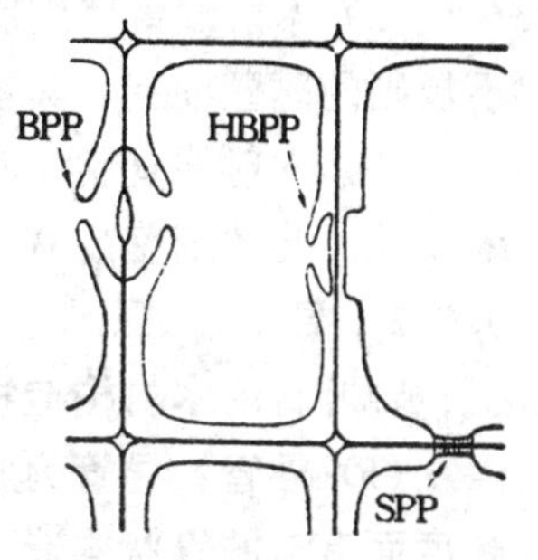

图1-15　纹孔示意

BPP具缘纹孔对；HBPP半具缘纹孔对；SPP单纹孔对

纹孔对（如图1-14）具有三种类型：即具缘纹孔对、半具缘纹孔对及单纹孔对（如图1-15），这是由于依其相邻接的细胞类型而不同。第一种具缘纹孔相互邻接成对者，它存在于管胞、纤维管胞、木射线管胞及导管分子之类含有具缘纹孔的细胞之间，第二种半具缘孔对是由具缘纹孔和单纹孔相互邻接成对者，它存在于含有具缘纹孔的细胞和含有单纹孔的轴向薄壁细胞或木射线薄壁细胞之间。第三种单纹孔对是存在于相互邻接的含有单纹孔的木射线薄壁细胞或木薄壁组织细胞之间。另外，在针叶树材管胞的具缘纹孔对上，常见纹孔膜上的纹孔塞偏于一侧的另一纹孔口，呈闭塞状态，称锁闭纹孔对。

(1) 针叶材具缘纹孔：在许多针叶材中的具缘纹孔有纹孔塞。典型的纹孔塞，由三个层次组成，即两个相邻接细胞的各自初生壁和中层。它是由圆形排列的微纤丝组成，纹孔膜属初生壁结构，微纤丝是任意排列的。自纹孔塞向纹孔周围有许多辐射出的纤维素微纤丝束组成的支持束，在这些束之间，留下许多不同大小的微孔，在正常的位置时，纹孔塞像一个被一系列微细的束所悬挂着的圆盘，常称为具孔隙的纹孔膜，但锁闭时纹孔塞压向纹孔缘的一边。此种微孔的大小，由十分之几纳米至1μm（松科木材为0.2μm）。

(2) 阔叶材具缘纹孔：它与针叶材的具缘纹孔结构略同。如纤维管胞之间纹孔对的形状，与针叶材管胞间具缘纹孔的构造相似，但在纹孔膜及纹孔缘等的结构上有一些明显的区别。

在阔叶材中，具缘纹孔膜的中心没有纹孔塞或次生壁增厚。实际上纹孔膜的外面有着没有变化的初生壁，甚至在放大至10万倍大小时还看不见纹孔膜上的微孔。从这里经过纹孔膜的流动水分已略有减少，由于膜间连丝的消失，留下许多超细微的孔。虽然纹孔膜上没有明显的微孔，纹孔膜仍具有扩散作用。

3.5 木材构造与有关性质的关系

作为木浆原料，木材的细胞形态主要是指纤维长度、宽度（弦向）、长宽比、壁厚和各种细胞本身的形态特征等。

3.5.1 针叶材

(1) 管胞：管胞是针叶材的主要组成细胞，长而窄，不具穿孔，两端较尖的是晚材管胞，两端钝圆且较粗的是早材管胞。早材管胞壁上具缘纹孔大而多，晚材管胞壁上具缘纹孔小而少。根据我国主要针叶材的测计，管胞长度，早材平均长3.247mm，晚材平均长3.654mm，晚材比早材长12.53%。多数树种的管胞长度为3～5mm，最长者如岛松为7.438mm。管胞宽度（弦向直径）平均约20～50μm，其中以早材管胞较宽，胞腔较大，壁较薄；晚材略小而壁较厚。一般管胞长度约为管胞宽度的75～200倍，多数为100倍左右。如福建产马尾松早材管胞长2.89～5.82mm（多数3.67～5.32mm）；晚材为2.69～6.54mm（多数3.50～5.80mm）。早材管胞最大宽度为72μm（多数35～48μm）；晚材最大宽度50μm（多数30～41μm）。长宽比为90～116[3]。

(2) 木射线薄壁细胞：在离析的针叶材管胞中，常看到少量形小而略呈矩形、长方形或不规则的薄壁细胞，其主要特征为胞壁具单纹孔。

(3) 木射线管胞：其形状与木射线薄壁细胞略相似，多数不规则，它的特征为胞壁有具缘纹孔。此类细胞的有无及其内壁性状是鉴定针叶材的重要特征。

3.5.2 阔叶材

阔叶材的木材构造特征较针叶材复杂，各种细胞的形状、大小和组织比量的变化也大。

(1) 导管：导管为阔叶材的特征。它由一系列轴向细胞导管分子相互连接而成，为不定长度而有节的管状构造。当同类分子相邻时胞壁上有具缘纹孔。单个的导管分子形态，有些长而窄，有些短而宽，形似鼓形或桶形。导管分子两端具有开口，称穿孔；它的类型很多，随树种而异，如单穿孔和复穿孔（网状、梯状和麻黄状穿孔），是鉴定树种的重要特征。两个导管分子相连接处的胞壁部分，并具有穿孔的，称穿孔板，呈水平状或倾斜，穿孔间存留的穿孔板部分称横隔，其数目的多少和厚薄也有一定的鉴定价值。

导管分子长度平均约0.2～1.3mm，多数在0.8mm以内，但长至1mm或1mm以上者也很多；如木荷、拟赤杨、木兰、阿丁枫、红桦、枫桦、枫香、檵木、紫树等。导管的宽度(弦向直径)最小在25μm以下，最大可达500μm；环孔材大的在350μm以上，散孔材常在50～200μm。导管壁上有无螺纹加厚、管间纹孔式、木射线细胞与导管分子之间的纹孔式、横切面上的管孔排列、数量多少、大小和形状等，都是阔叶材的重要特征。

(2) 木纤维：阔叶材中木纤维所占比例因树种而异，通常木材组织比量占总体积50%左右，是构成阔叶材主要成分之一，纤维两头尖削，胞壁较薄至较厚。它可分为两种类型，即韧型木纤维和纤维管胞，前者为单纹孔，后者为具缘纹孔。木纤维的长度平均在1～2mm；宽度通常在10～50μm，长度约为宽度的40～100倍。如拟赤杨纤维管胞长度多数为1.60～2.54mm，宽度多数为30～37μm，长宽比为50～70。

(3) 轴向薄壁组织：薄壁组织细胞通常较小，与木射线管胞大小相类似。长度为0.1～0.22mm，宽为10～50μm，其含量的多少对选择纤维原料树种很重要，并与纸浆得率有着直接关系。

(4) 木射线薄壁细胞：指组成木射线的全部或部分薄壁组织，其形状与轴向薄壁细胞相似，胞壁均有单纹孔。

3.5.3 纤维形态与木浆、纸张性质间的关系

纸张的强度常决定于单根纤维的强度、适合的纤维形态（包括长度、宽度、厚度和长宽比等)、纤维之间的结合能力。

(1) 纤维长度和长宽比：纤维长度为选择制浆造纸等纤维制品原料的重要因子之一。纤维长度与撕裂强度关系极为密切，常呈正直线相关，即纤维愈长，撕裂强度愈大。纤维长度与裂断长、耐折度和耐破度等性质也有一定关系。

纤维长度的变异很大，因树种、树龄、树干中的部位和生长环境等的不同而有差异，但这些变异也有一定的规律。如马尾松管胞长度，在不同生长轮的变异，由髓心向外管胞长度随着树龄逐渐增长，至10～20年时达到最大值，此后增长不显著；而杨树在7～10年内纤维增长较快，以后则保持稳定。但这种情况因树木生长环境和营林措施常有变化，如人工林可提早树木的成熟期。

纤维的长宽比（L/D，L=纤维长度，D=纤维宽度）是影响纸张强度和质量的重要因子。通常，长宽比越大撕裂强度越高。一般认为长度长、长宽比较大的纤维制成的纸张及其制品强度较大，长宽比小于35～45倍纤维的纸张，强度较低。

纤维的长度分布和频率是制浆的重要参考。了解各种长度纤维所占的比量，是确定长短纤维混合的比例及浆料配合率的主要依据。针、阔叶材的纤维混合或阔叶材不同长短纤维的混合，必须全面考虑这些情况。

(2) 胞壁厚度及壁腔比（$2W/l$，W=胞壁厚，l=胞腔直径）：纤维细胞的厚度与纸张强度关系密切，通常壁薄的纤维制成的纸张强度较大，常具有较高的抗张力、耐破强度和耐折强度。壁薄的纤维分离后常呈扁带状，提供了纤维与纤维结合的较大表面面积。反之，厚壁的纤维坚挺性较大，仍保持圆形，此种纤维不易结合，不易打浆，除具有较高的撕裂强度外，张力和耐破度均较低。

壁腔比是表示纤维的比较厚度，而不是绝对厚度，壁腔比小于1的（$2W/l<1$）是最适合

造纸原料；等于1（$2W/l=1$）属中等原料；大于1（$2W/l>1$）属劣等原料。

（3）纤丝角和密度：木材纤维被认为是两相体系，即胞壁中由微纤丝嵌埋在无定形的衬质中，近年来一些理论研究工作表明，纤维次生壁S_2层的微纤丝角是胞壁的基本性质之一，对木材的弹性和尺寸稳定性具有深远的影响。并指出，纸张的强度性质受纸浆纤维的强度影响很大；而次生壁S_2层的微纤丝角和纤维长度与纤维强度有密切关系，微纤丝角是测定纸张性质的重要因子，并证明纤维样品的破坏延伸率，裂断强度和弹性模量取决于次生壁S_2层内的微纤丝角，如微纤丝角在10°时的纸张强度优于50°时的强度（见表1-5）[13]。

表1-5 微纤丝角与纸张强度的关系

项目	微纤丝角	
	50°	10°
破坏延伸率（%）	14.5	2
裂断强度（N/mm²）	81.3	490
弹性模量（开始）（N/mm²）	2 900	98 000

木材纤维次生壁S_2层占细胞壁的大部分（70%～80%），其中微纤丝排列方向，即与细胞主轴所成的角——微纤丝角对木材性质有所影响，尤其晚材部分影响较大；微纤丝角越小，木材强度越大，变形小，具有优良的材质。早材、晚材之间强度的差异，主要取决于微纤丝角和S_2层厚度的不同；马尾松木材纤维次生壁S_2层的微纤丝角边材（16.7°）平均大于心材（12.1°），早材（11.8°）平均大于晚材（10.4°）[7]。

密度与壁厚、晚材率之间常呈正直线关系，即密度越大，胞壁越厚，晚材率越高。密度（公定容重）大，单位容积内纤维含量越高，纤维获得率就大。

但一般密度较低的木材原料也可生产强度较高的纸张，因此对密度的考虑，虽与获得率有关系，如果大到一定程度，也会有不利影响。

当今世界上工业发达的国家，90%以上的造纸原料来源于木材，这就需要考虑成本的问题。影响木浆成本的因子很多，但就原料本身来说，有两个因子：一个是原料结构的均匀性和颜色的深浅；另一个是原料的密度。生产实践证明，结构均匀，颜色较浅的阔叶材更有利于生产木浆。晚材率低、心、边材不明显的针叶材，比晚材率高、心、边材明显的针叶材有利于生产木浆。因为结构均匀，颜色较浅的木材用化学法生产木浆，药液浸透比较均匀，脱木质素反应也均匀，其浆得率高，成本低；用机械法生产木浆，动力消耗低，浆得率高，成本较低。化学法生产木浆，木材密度关系到单位容积日产量的指标。密度过大的木材，由于坚硬，不宜于生产木浆；密度过小的木材，虽然宜于制浆，但降低单位容积日产量，影响产量指标。一般认为密度为400～600kg/m³的木材适宜生产纸浆[7]。

4 树皮的构造（树皮的主要组织和细胞类型）[4,14]

树皮是泛指干、枝和根部维管形成层以外所有的组织，在树木生长发育过程中，树皮都具有初生组织，主要的有表皮、皮层和初生韧皮部。这些组织形成后，可能较早地失去作用而变形或逐渐剥落，在一些树种中也可能较长期地存在。构成树皮主要组成部分，并且都能长期存在的是次生组织，主要是次生韧皮部和周皮。各种树皮类型基本组成的差异如图1-16。

4.1 次生韧皮部

次生韧皮部具有明显的轴向和径向系统。其中各种细胞类型和功能与次生木质部相似（见表1-6）。

4.2 周 皮

周皮是接替表皮的一种次生起源的保护组织。它由木栓形成层这种侧生分生组织向外分

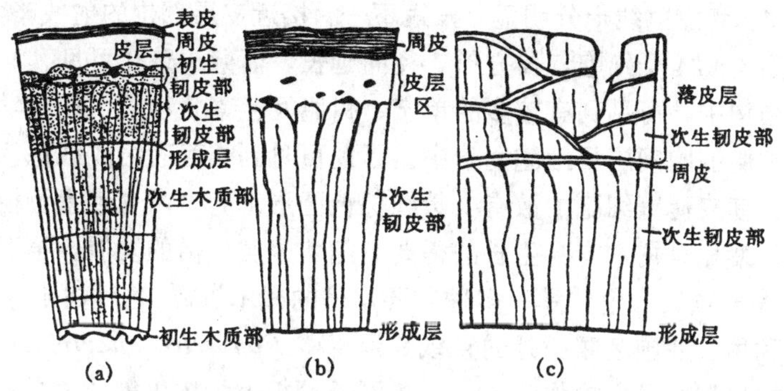

图 1-16 根据基本组成的差异，例举主要不同类型树皮的横切面

(a) 幼茎；(b) 具有比较长期存在的皮层和周皮（如中龄的一些杨树和冷杉）；(c) 具有落皮层的树皮，其中有相继产生的周皮和被隔断的次生韧皮部（如一些早期分生落皮层的树种和老龄的树木）

化形成木栓，向内形成栓内层。在横切面上的细胞呈径向偏平的长方形，在纵切面上是长方形或不很规则的多边形。

这些木栓细胞壁的厚度也不均匀，并具有明显的分枝纹孔，胞腔多充满内含物；而薄壁的木栓细胞腔是空的，壁的厚度也较均匀。栓皮栎 *Quercus variabilis* Bl. 木栓细胞是以薄壁为主，在各层的轮界外也有少量厚壁的细胞，或在木栓层内偶有厚壁细胞。榆树和黄波罗的木栓细胞也是以薄壁为主，但其细胞的个体形状是有差异的。另外毛白杨和桦树的木栓层具有明显的薄壁和厚壁细胞交替存在，但其分生情况不一样，桦树木栓层次排列比较整齐。

表 1-6 次生韧皮部主要组织细胞类型及其功能

细胞类型	主要功能
轴向系统	
筛分子	
筛胞 筛管节（分子）附伴胞	输导（以纵向运输为主）
厚壁组织细胞	
纤维 石细胞	支撑（有时储藏）
薄壁组织细胞 径向系统 薄壁组织细胞（韧皮射线）	储藏、运输、传递

4.3 黑荆树树皮微观构造

(1) 周皮：周皮组织覆盖在树皮的最外面，它由木栓组织多层地向内发生，形成了有层次结构的木栓层。木栓细胞壁厚具木栓质，扁平长方形，细胞中充满黑褐色或红褐色的树脂或单宁物质。在木栓层中除木栓细胞外，还存在木质化厚壁细胞，其中有的呈石细胞状。石细胞单个、分散或数个集成石细胞团。胞腔中有时沉积单宁状物质。由于木栓层不断由木栓形成层增生，周皮中的内层结构（木栓形成层和栓内层）不易明显观察。

(2) 皮层：这部位仅为 7～10 余列细胞，由薄壁细胞组成。细胞壁纤维质略厚，有壁孔可见。皮层中散有石细胞群，在皮层接近韧皮部部位，石细胞群连结成圆环。石细胞呈方形、长方形或多角形，直径 17～40μm，壁厚 5～14μm，孔沟明显。

(3) 韧皮部：韧皮部为树皮最宽广部位，约占树皮厚度的 90%，由韧皮薄壁细胞（包括筛管等）、韧皮射线和纤维群等组成。

韧皮薄壁细胞自外向内逐步变小，排列紧密，纤维群间断地横向排列其间，外周为木质化的纤维，鞘状包围纤维群，木质纤维旁的薄壁细胞中含有草酸钙方形晶体，称晶鞘纤维，方形晶体直径约 10～14μm。愈向树皮内部纤维群愈多。

(4) 韧皮射线：韧皮射线十分明显，长短不一，接近皮层部位的射线略弯曲，由3～5列细胞组成，射线高4～24个细胞，长方形，径向延长，薄壁，壁孔可见。

在整个树皮结构中，可见到有较多的单宁、树脂及色素状物质。在光学显微镜下，单宁贮存于韧皮薄壁细胞的胞间层及细胞间隙中。因此可见到相互联结成红棕色或黑棕色不规则的条带。在皮层，韧皮薄壁细胞中散有少数红棕色圆形细胞，内含色素及树脂状物。

树皮的形成和变化是树木本身生长的需要。随着人类生活的发展，早已开始利用这些产物。事实上，树皮是一项较大量并具有多种重要用途的林木资源。各种树木原木平均约有10%左右的树皮可供利用。我国名闻中外的宣纸是用青檀 *Pteroceltis tatarinowii* Maxim. 树皮等制造的。除利用树皮造纸及木栓作软木外，各国长期把大量树皮等作为燃料，近几年来逐步开展探索新的利用途径。而树皮利用的潜力主要是化学加工途径，如利用其中多酚类和黄酮类为主的化合物作为石油钻探所用的泥浆调节剂，木工胶粘剂、浮选矿石和制造陶瓷或水泥产品的减水剂等。树皮含有的多种化合物可以提取，如含量较大的单宁、树脂、树胶和蜡质等已在工业上生产；其他性质的化合物种类繁多，含量虽少，但具有特殊用途，可供配制试剂或为人工合成提供启示。发展树皮利用需要结合实际，进行系统深入的基础研究，而了解树皮的形成和构造及其物理化学性质应是首先要着手的基础研究。

5 叶和种子的构造[18]

5.1 叶的构造

松针综合利用大有可为。如从针叶中可提取0.2%～0.5%的挥发油，松针挥发油是作清凉喷雾剂、皂用香精及配制其他合成香料的重要原料。经蒸油后的松针残渣，可提取栲胶，每100kg原料通常可浸提25°Be′的栲胶液10～16kg，其中含单宁为40%以上。主要成分为没食子酸类单宁和少量的儿茶类单宁。蒸过油或提炼过栲胶的松针残渣，经加酵母发酵，每100kg原料可酿出45度酒8～10kg，因酒带异味，不宜食用，可进一步蒸制酒精。酿酒后的酒糟适于作饲料，每100kg松针可制得干饲料65kg。松针残渣还可作造纸、人造纤维和隔热、隔音板的原料以及枕、褥的填充料等。松针中维生素C的含量比一般蔬菜高，胡萝卜素的含量几乎与胡萝卜相当，因此，松针是制造维生素C和胡萝卜素的好原料。

5.1.1 针叶表皮及角质层的构造

松针的表皮构造如图1-17，它由表皮细胞、气孔及气孔间的“连接细胞”（或称“冠细胞”）和石细胞组成。

针叶表皮上长方形的表皮细胞所占比例最大，普通多沿着叶的表面与维管束延伸的方向一致，呈纵向成行的排列，向外部分的细胞壁呈曲纹状增厚和锯凿状突出。相邻的两表皮细胞间，气孔由二个保卫细胞及其中间的开孔组成；与保卫细胞相邻的，在形态上不同于正常表皮细胞的为副卫细胞（如图1-17、图1-18）。而副卫细胞则常覆盖气孔之上［如图1-18(b)、(c)］。保卫细胞除大小稍有变化外，形状基本一致。每一气孔周围的副卫细胞可有2～8个。由于它们数目与形状有较大的变化，所以比保卫细胞有更重要的鉴定价值，在松属中可用作区分两个亚属的重要特征之一。在单维管束亚属中副卫细胞多为长矩形，数目不定；而在双维管束亚属中则每种都有一定数目，并为圆形、近方形、环形等。

5.1.2 针叶横切面的构造

松针横切面的轮廓呈三角形、半圆形、圆形和纺锤形等，这些形状主要与每束叶子的数

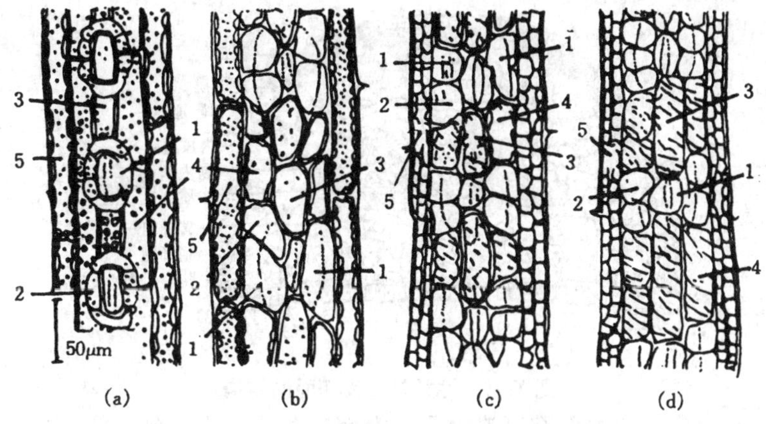

图 1-17 松树针叶表皮表面观

(a) 华山松；(b) 白皮松；(c) 马尾松；(d) 油松

1. 保卫细胞；2. 副卫细胞；3. 气孔间的“连接细胞”；4. 石细胞；5. 表皮细胞

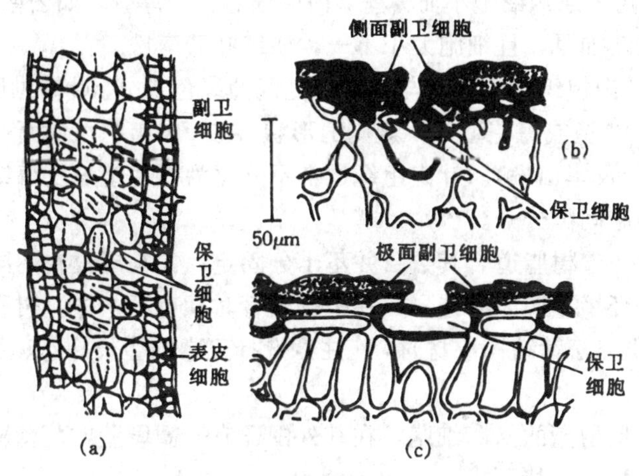

图 1-18 赤松针叶气孔的结构

(a) 表面；(b) 横切面；(c) 纵切面

目有关。一般说来，两针一束的多为半圆形（油松等），三针以上的为三角形（华山松等）。

以油松为代表的针叶明显地可分为表皮、皮下层、叶肉组织和维管组织等部分，如图 1-19。

(1) 表皮：由一层连续的细胞组成，胞壁强烈木质化；弦向壁及径向壁显著加厚，致使留下的胞腔很小。在横切面上，针叶转角处的表皮细胞，则可以有相当的延长，角质层也较厚。在连续的表皮层上，间隔地分布着气孔，气孔下陷。在叶的横切面上所见到的气孔轮廓，可以依其开口处近口端的形状不同而分为两种形式：红松型（单维管束亚属），气孔开口处近口端平滑而呈半圆球状；油松型（双维管束亚属），气孔开口处近端呈尖削的牛角状。从纵切面看，松属两亚属气孔在横切面上所具有的轮廓，与其纵切面连接细胞所具有的结构特点是相关的。在双维管束亚属内，连接细胞是菱角状的石细胞，它与气孔开口处相邻两端的尖角，就决定了双维管束亚属横切面上气孔开口处的牛角状轮廓。同样在单维管束亚属内，具薄壁

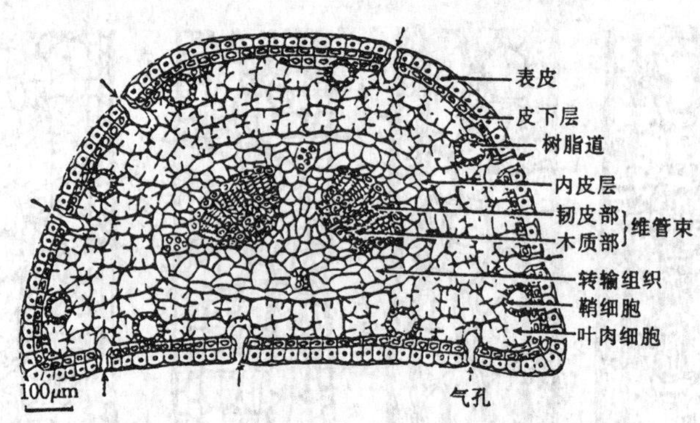

图 1-19 油松针叶横切面的结构

连接细胞的形状，决定了它的气孔开口处呈平滑而半圆球状的轮廓。

(2) 皮下层：松属针叶中的皮下层细胞，有的种是单层而薄壁的，也可以是多层而厚壁的。各种中皮下层细胞的组成状态，常可以作为区别种的根据。在多层的皮下层情况下，又可以分为三种类型，即：①单型皮下层，所有各层的细胞大小及壁的加厚情况差别不大，如马尾松；②二型皮下层，通常细胞小而薄壁，内层细胞大而厚壁，如云南松；③多型皮下层，细胞壁由外层向内逐渐加厚，且细胞大小不一，如细叶云南松。

(3) 叶肉组织：叶肉组织为皮下层与内皮层之间的绿色部分。叶肉细胞向内强烈皱褶，在横切面上形成 U 型、W 型或梅花型等不规则的形状。在叶肉组织内偶而也可见分散的石细胞（如油松、毛枝五针松及华山松）。叶肉组织通常不分化为栅栏组织及海绵组织，它们排列成水平层次，彼此以细胞间隙分开。

叶肉组织内还分布着树脂道，其数目并不十分固定，如马尾松在不同环境下为 4～9 个。又如湿地松不仅生长环境不同而有差异，在植株发育时期也不一样，树脂道数目变化范围为 3～10 个。因此，在研究松针结构取材时，应注意选择正常的生长状态、发育较一致以及统一取材部位。

围绕树脂道有一层薄壁的泌脂细胞，在其外围还有一圈厚壁或薄壁鞘细胞。鞘细胞壁的厚薄，也是一种比较稳定的特征。

(4) 维管组织区：松针横切面的中间部分有 1～2 个维管束，其中，木质部含有原生木质部与后生木质部。后生木质部由木薄壁细胞与管胞纵列交替成辐射状排列。韧皮部细胞排列很规则，在靠外侧，有的种中会有明显的方形结晶。另外在韧皮部外侧，各有一团蛋白质细胞。

包围在维管束外面的为一种特殊的维管组织称为转输组织。它系由转输管胞和转输薄壁细胞所组成，后者偶尔可保留着原生质体，但很多已为单宁及树脂类物质所充满。而转输管胞在靠维管束处较为丰富。

包围在转输组织外面的是一层内皮层细胞。这层细胞在松属中根据壁加厚的情况可分为薄壁、均匀加厚及弦壁显著增厚等三种情况，内皮层轮廓为圆形、椭圆形，间有哑铃形，有的细胞中还含有淀粉颗粒。

5.2 种子的构造

松属的种子，由于种类不同，其形状、大小以及颜色等都有不同程度的差异（见表 1-7）。它的种子形状可分为卵圆形（华山松）、长卵圆形（马尾松）、倒卵圆形（白皮松）及倒卵状三角形（红松）等。种子的长度通常在 10mm 以下，最长达 10～18mm（华山松、红松、白皮松）。种子成熟后多为褐色。种子的重量差别较大，如樟子松 230 000 粒/kg，而红松为 2 000 粒/kg，两者相差约 115 倍。

表 1-7 主要松属种子外部形态

树 种	种子长度（mm）	形 状	颜 色	重量（×1000 粒/kg）
华山松	10～18	卵圆形	褐 色	4～4.4
白皮松	10～13	倒卵圆形	暗褐色	7.6
高山松	4～5	卵圆形	浅褐色	—
湿地松	6～8	卵圆形	灰褐色	23
红 松	12～17	倒卵状三角形	灰褐色	1.8～2
马尾松	4～6	长卵圆形	灰褐色	92～95
樟子松	4.5～5.5	扁卵圆形	灰褐色	230
油 松	6～9	近卵圆形	灰褐色	24
火炬松	7	卵圆形	红褐色	7
黄山松	4～6	卵圆形	灰褐色	80
云南松	4～6	近卵圆形	褐 色	100

松树成熟种子由种皮、胚乳和胚组成（如图 1-20），其中胚是发育成新植株的原始体，因此是种子的重要组成部分。胚由子叶、苗端、下胚轴、根端和根冠组成，在根冠末端还留有胚柄的残余。当种子萌发时，胚即突破种皮，逐渐发育成为幼苗。胚乳提供胚在发育过程中所需的养料。

松树各个种的成熟种子，形状大小虽有不同，但种皮的构造基本一致。种皮都由 3 个层区的细胞组成。通常内、外层区只有细胞的残迹存在，种皮主要为中层区的厚壁石细胞构成。种皮的细胞层次因种而不同，如红松种皮中层区有 22～32 层细胞，油松有 12～14 层，马尾松有 9～12 层（如图 1-21）；因此，造成各个种的种皮厚薄有很大的差异。

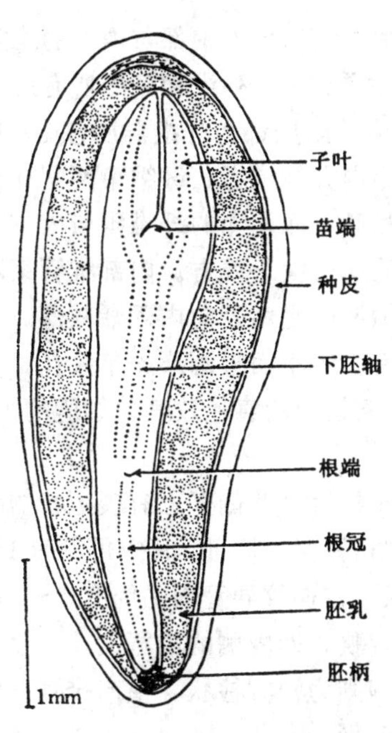

图 1-20 马尾松成熟种子的纵剖面结构

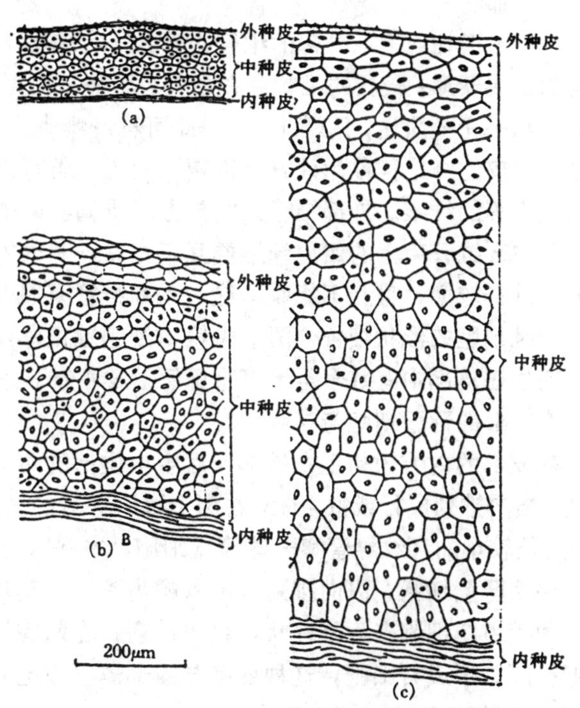

图 1-21 松树成熟种子种皮的结构（横切面）

(a) 马尾松；(b) 油松；(c) 红松

6 竹材基干构造的特征[14~17]

竹类系禾本科植物，种类繁多，以亚洲为主产地，而中国尤居亚洲之首位，约有150余种，多分布在我国南方地区，有多种竹子可用作造纸工业原料。

竹材外形多为直立圆柱体，由于品种不同，秆高约1～20m以上，胸径约1～15cm不等，中空有节，节间内部有横隔膜一层，即节膜。内部组成分子主要有纤维细胞、薄壁细胞、导管、石细胞、表皮细胞等。

6.1 竹材的基干构造

竹材的构造及纤维形态，在各品种之间差别不大，仅在各种细胞所含数量、大小、形状及排列上略有差异，为了易于说明一般构造上的情况，兹将竹材秆部从表皮向内直至髓部的特征描述如下：

表皮层是竹秆壁最外面的一层细胞，由长形细胞、栓质细胞、硅质细胞及气孔器等构成。长形细胞所占面积最大，呈长方柱状，纵向排列成行；横切面呈长方形；弦切面为狭长方形；长边线较为平直；外表面平整，在长形细胞的纵向行列中，常常间隔生长着一个栓质细胞和一个硅质细胞。弦切面上所见气孔器的轮廓近于方形。

皮下层为紧靠表皮层内方的一层小柱形细胞，纵向排列。其细胞的横切面和径切面常呈长方形，细胞壁加厚。皮下层的内面是皮层细胞，形状较皮下层的大，多成为柱状，纵向的大约排成5列；在横切面上，则成为椭圆形，径切面上近于长方形；细胞壁亦加厚。

皮层之内为基本薄壁组织细胞，其细胞稍加厚，上有小而圆的单纹孔。普通细胞近乎圆柱状，纵向排列成行，横切面上不分层次。外部的细胞大于皮层细胞，中部和内部的细胞则更大于外部的。

竹材的横切面上，外部的维管束形状小而密度大，向内则形大而稀。中部与内部的维管束轮廓都成菱形；最长的维管束在中部，而最宽的则在内部。外缘1～2列维管束中所有的输导部分几乎完全简化，只剩纤维，因此可称纤维束。通常维管束的四周都为纤维群所包围。靠近竹秆表皮的纤维群称为外方纤维帽，而近于竹秆髓腔的则为内方纤维帽，纤维束两侧亦具有数量不等的纤维。外部维管束的外方纤维帽与两侧的互不相联，而两侧的纤维则与内方的相联，中部维管束上的四周纤维群互不相联，其内方纤维帽的厚度大于外方。内部维管束四周的纤维群较薄，且互不相联。这一系列维管束周围纤维群的厚度是由外向内逐渐减薄。

纤维细胞的形状细长、两端尖锐、细胞壁很厚，侧壁上有少数小而近圆形的单纹孔。

初生韧皮部中有数个至十多个筛管。筛管分子呈圆柱状，横切面的直径较其他细胞的大，周围有小形的薄壁细胞与伴胞。

韧皮部的内方为初生木质部及后生木质部的两个大型梯纹导管，其侧壁上有裂隙状的单纹孔，横向排列成行或散生状。在两个梯纹导管的内方中央则是原生木质部，其中可见有1～2个直径较小的环纹导管和一些薄壁细胞。中部以内的维管束，在梯纹导管周围尚有1～2层长方柱状薄壁细胞，纵向排列，形状颇为整齐。其在外侧的较狭，而内侧的较宽大。

薄壁组织细胞多为圆柱状，纵向排列；在髓腔外围的细胞则为短方柱状，横向排列。细胞壁很厚，形成石细胞，这种细胞与髓部薄壁细胞有明显的区别。

6.2 竹材纤维形态

（1）纤维：竹材纤维属于韧皮纤维，为制浆重要原料，它的形态结构与浆料质量和纸张强度有密切关系。

竹材纤维长度一般为1.70～3.19mm，平均为2.50mm。根据国际木材解剖学会规定，竹材属于长纤维（1.60mm以上），介于针叶材（一般为3～4mm）与阔叶材（一般约为1～1.40mm）之间；宽度一般为9.7～16.8μm，平均为13μm；长宽比为115～290，多数在150以上，而针叶材约为100，阔叶材更小；纤维壁腔比（2W/l）均大于1，多数为2～4。

（2）导管：导管分子在竹材中所占比例极少，平均长度为0.51～1.01mm，多数为0.7～0.8mm，均较阔叶材长，平均宽度为41～120μm，多数为70μm，常小于阔叶材。

（3）组织比量：竹材组织比量中以纤维最重要，它是评定经济效益的主要因子之一。竹材纤维比量一般为27.6%～53.2%，多数为35%～50%；导管为2.4%～10.3%，多数为4%～5%；筛管及薄壁细胞为42.2%～68.0%，多数为40%～60%。

6.3 竹材的超微构造

竹材的纤维细胞有薄壁纤维和厚壁纤维两种类型。其中薄壁纤维细胞的胞壁具有多层结构，而厚壁纤维常为典型的三层（ML.P.S.）结构。竹材纤维细胞壁多层结构的存在，无疑会对制浆造纸过程有很大影响，尤其在打浆过程中竹材纤维与木浆纤维截然不同，厚壁纤维与薄壁纤维的分层排列是打浆困难的主要原因。

光学显微镜切片及电镜观察发现，毛竹纤维可分为薄壁纤维和厚壁纤维，厚壁纤维具有ML.P.S.结构，而薄壁纤维为多层次结构，不同竹龄不同部位甚至每个维管束中的不同部分，多分层现象具有一定的规律，细胞多分层的层数与竹龄并没有明显对应关系。秆壁基部多分层纤维约占其总数的1/3，中央及梢部多分层纤维相近，约占1/5或更多。沿秆壁径向，靠近表皮侧维管束中，有多分层纤维，但为数很少，中部及内侧维管束中分层纤维较多；统计表明，毛竹纤维中多分层纤维约占纤维总数的1/4或更多。

（1）纤维细胞的超微结构：电镜观察表明，厚壁纤维细胞壁为典型的三层结构，胞间层和初生壁很薄，次生壁很厚，其中以S_2层最厚。

薄壁纤维的次生壁为多层复合结构，层数少的为4～5层，多的达11层，次生壁的多层结构是由宽层与窄层交替排列而成。

毛竹纤维纹孔为具窄缘纹孔，从横切面上看呈锥形，从细胞壁上看纹孔口为圆形或椭圆形。纹孔较小而数量较少。

扫描电镜观察，纤维细胞初生壁微纤维呈网状交织，构成疏松的结构。薄壁纤维的S_1层为窄层，微纤丝角近似垂直于轴向纤维；S_2层为宽层，微纤丝角与轴向纤维成30°；S_3层为窄层，微纤丝角与轴向纤维近似于垂直；总之，宽层微纤丝角小，窄层微纤丝角大。打浆过程中，纤维表面窄层容易暴露出来。打浆中纤维初生壁和次生壁外层容易起毛，由于纤维壁厚挺硬，打浆中易被切断，但不易分丝帚化。

（2）薄壁细胞超微结构：毛竹薄壁细胞也是多层结构，可以分为8～9个亚层，细胞次生壁也是由宽窄相间的薄层交替排列而成。

同样，薄壁细胞初生壁上的微纤丝为不规则的网状交叉排列。细胞壁上宽层微纤丝角为40°～50°，为S型或乙型螺旋状；窄层上微纤丝角为80°～90°，为S型螺旋状，毛竹薄壁细胞内壁有一瘤状层结构，即WL层，该层上面瘤状物分布很广。

7 我国主要木（竹）材的纤维形态比较

我国主要木（竹）材的纤维形态分别见表1-8、表1-9、表1-10。

表1-8 中国针叶材

树种名称	平均长度（mm）			弦向平均宽度（μm）			径向平均厚度（μm）		
	早材	晚材	晚/早	早材	晚材	晚/早	早材	晚材	晚/早
秦岭冷杉 *Abies chensiensis* Van Tiegh.	2.184	2.707	1.24	31	30	0.97	46	19	0.41
苍山冷杉 *A. delavayi* Fr.	4.094	4.333	1.06	40	39	0.98	46	19	0.41
黄果冷杉 *A. ernestii* Rehd.	4.149	4.118	1.06	45	40	0.89	48	19	0.40
冷杉 *A. fabri* Craib	2.930	3.312	1.13	34	31	0.91	45	18	0.40
巴山冷杉 *A. fargesii* Fr.	1.928	2.317	1.20	25	24	0.96	36	17	0.47
岷江冷杉 *A. faxoniana* Rehd. et Wils.	3.626	3.995	1.10	31	30	0.97	36	23	0.64
川滇冷杉 *A. forrestii* Rogers	4.137	4.487	1.08	38	35	0.92	44	24	0.55
长苞冷杉 *A. georgei* Orr.	2.857	3.238	1.13	31	31	1.00	40	23	0.58
杉松冷杉 *A. holopaylla* Maxim.	3.514	3.948	1.23	36	36	1.00	43	21	0.49
臭冷杉 *A. nephrolepis* Maxim.	3.036	3.276	1.08	32	31	0.97	48	24	0.50
紫果冷杉 *A. recurvata* Mast.	2.766	3.245	1.18	28	31	0.98	47	21	0.45
西伯利亚冷杉 *A. sibirica* Ledeb.	3.234	3.441	1.06	36	32	0.92	48	24	0.50
急尖长苞冷杉 *A. georgei* var. *smithii* Cheng et Fu	3.317	4.083	1.23	34	32	0.94	40	21	0.53
穗花杉 *Amentotaxus argotaenia* Pilg.	2.742	2.827	1.03	30	30	1.00	32	25	0.78
银杉 *Cathaya argyrophylla* Chun et Kuang	3.938	4.370	1.11	33	30	0.91	40	21	0.53
雪松 *Cedrus deodara* G. Don	2.666	2.934	1.10	27	25	0.93	39	21	0.54
柳杉 *Cryptomeria fortunei* Hooibrenk	3.262	3.596	1.10	31	30	0.97	39	21	0.54
台湾杉木 *Cunninghamia konishii* Hay.	3.443	3.794	1.10	38	36	0.95	46	23	0.50
杉木 *C. lanceolata* Hook.	4.409	4.858	1.10	37	34	0.92	41	23	0.56
翠柏 *Calocedrus macrolepis* Kurz	2.936	3.374	1.15	34	30	0.88	35	19	0.54
台湾翠柏 *C. macrolepis* var. *formosana* Cheng et Fu	4.337	4.613	1.06	37	39	1.05	39	23	0.59
红桧 *Chamaecyparis formosensis* Matsum.	4.243	4.748	1.12	47	46	0.98	47	21	0.45
日本扁柏 *C. obtusa* Endl.	4.007	4.285	1.05	37	33	0.89	35	17	0.49
台湾扁柏 *C. obtusa* var. *formosana* Rehd.	4.330	4.473	1.03	31	33	1.06	38	22	0.58
日本花柏 *C. pisifera* Endl.	2.098	2.320	1.11	28	24	0.86	32	16	0.50
冲天柏 *Cupressus duclouxiana* Hickel	2.139	2.286	1.07	26	25	0.96	27	17	0.63
柏木 *C. funebris* Endl.	2.251	2.488	1.11	33	30	0.91	38	24	0.63
三尖杉 *Cephalotaxus fortunei* Hook f.	2.370	2.798	1.18	27	26	0.96	27	24	0.89
粗榧 *C. sinensis* Li	2.379	2.849	1.20	33	30	0.91	34	19	0.56
陆均松 *Dacrydium pierrei* Hickel	3.065	3.637	1.19	35	35	1.00	36	26	0.72
福建柏 *Fokienia hodginsii* Henry et Thomas	4.010	4.380	1.09	41	38	0.93	46	30	0.65
银杏 *Gingko biloba* L.	3.884	4.482	1.15	35	34	0.97	35	24	0.69
刺柏 *Juniperus formosana* Hay.	1.640	1.829	1.12	23	23	1.00	21	13	0.62
杜松 *J. rigida* Sieb. et Zucc.	1.481	1.709	1.15	24	23	0.96	23	15	0.65
江南油杉 *Keteleeria cyclolepis* Flous	2.958	3.499	1.18	30	31	1.03	43	26	0.60
铁坚油杉 *K. davidiana* Beissn.	4.610	5.200	1.13	38	35	0.92	53	27	0.51
青岩油杉 *K. davidiana* var. *chien-peii* Cheng et Fu	4.588	5.148	1.12	41	38	0.93	54	29	0.54
云南油杉 *K. evelynianaa* Mast.	6.280	6.820	1.09	49	49	1.00	56	29	0.52
油杉 *K. fortunei* Carr.	4.796	5.155	1.07	45	42	0.93	54	29	0.54

的管胞形态

弦壁平均厚度（μm）			径壁平均厚度（μm）			壁腔比		腔径比		长宽比		密度（g/cm³）	
早材	晚材	晚/早	早材	晚材	晚/早	早材	晚材	早材	晚材	早材	晚材	基本	气干
2.5	3.4	1.36	2.2	3.6	1.64	0.17	0.32	0.86	0.76	70	90	—	—
2.5	3.3	1.32	2.5	4.0	1.60	0.14	0.26	0.88	0.79	102	111	0.401	0.439
2.6	4.0	1.54	2.4	5.2	2.17	0.12	0.35	0.89	0.74	92	103	0.355	0.425
2.1	3.6	1.71	2.1	3.8	1.81	0.14	0.32	0.88	0.75	86	107	—	0.433
1.8	3.0	1.67	1.7	3.3	1.94	0.16	0.38	0.86	0.73	69	97	0.319	0.391
3.4	4.3	1.26	3.3	4.4	1.33	0.27	0.42	0.79	0.71	117	133	—	0.447
3.2	5.4	1.69	3.0	6.0	2.00	0.19	0.52	0.84	0.66	109	128	0.353	0.436
2.9	4.6	1.59	2.9	4.4	1.52	0.23	0.40	0.81	0.72	92	104	0.425	0.512
2.4	4.0	1.67	2.2	4.4	2.00	0.14	0.32	0.88	0.76	98	110	—	0.390
2.9	4.4	1.52	2.7	4.2	1.56	0.20	0.37	0.83	0.73	98	106	0.316	0.384
2.5	4.4	1.76	2.4	4.1	1.71	0.21	0.36	0.83	0.74	99	105	—	—
3.2	4.8	1.50	3.8	5.1	1.34	0.27	0.47	0.79	0.68	90	108	—	—
3.6	4.6	1.28	3.2	5.2	1.63	0.23	0.48	0.81	0.68	98	128	—	—
4.4	4.0	0.91	3.9	4.0	1.03	0.35	0.36	0.74	0.73	91	94	0.694	0.748
2.4	4.0	1.67	2.2	5.5	2.50	0.15	0.58	0.87	0.63	119	146	—	0.633
2.3	4.1	1.77	2.4	3.9	1.63	0.22	0.45	0.82	0.69	99	117	—	—
2.5	4.2	1.68	2.5	4.3	1.72	0.19	0.40	0.84	0.71	105	120	0.294	0.352
3.5	5.4	1.54	3.1	5.9	1.90	0.19	0.49	0.84	0.67	91	105	—	—
2.8	4.3	1.54	2.8	4.4	1.57	0.18	0.35	0.85	0.74	119	143	0.300	0.369
2.9	3.5	1.21	2.9	3.6	1.24	0.21	0.32	0.83	0.76	86	112	0.445	0.533
3.9	5.1	1.31	3.9	6.1	1.56	0.27	0.46	0.79	0.68	117	118	—	—
2.6	4.5	1.73	2.7	5.3	1.96	0.13	0.30	0.89	0.77	90	103	—	—
2.3	3.0	1.30	2.6	3.9	1.50	0.16	0.31	0.86	0.76	108	130	—	—
3.4	4.2	1.24	4.0	5.2	1.30	0.35	0.46	0.74	0.68	140	136	—	—
2.3	3.2	1.39	2.4	3.0	1.25	0.21	0.33	0.83	0.75	75	97	—	—
3.0	3.0	1.00	2.7	3.4	1.26	0.26	0.37	0.79	0.73	82	91	0.430	0.518
4.0	4.5	1.26	3.7	4.6	1.24	0.29	0.44	0.78	0.69	68	83	0.474	0.567
3.8	4.2	1.11	3.2	3.9	1.22	0.31	0.43	0.76	0.70	88	108	0.522	0.629
3.1	3.1	1.00	3.0	3.6	1.20	0.22	0.32	0.82	0.76	72	95	—	—
4.3	4.3	1.00	4.3	4.8	1.12	0.33	0.38	0.75	0.73	88	107	0.534	0.643
3.2	5.9	1.84	3.4	5.4	1.59	0.20	0.40	0.83	0.72	98	115	—	0.452
3.2	3.9	1.22	3.7	4.2	1.14	0.27	0.33	0.79	0.75	111	132	0.451	0.532
2.1	2.3	1.10	2.3	2.8	1.22	0.25	0.32	0.80	0.76	71	80	—	—
2.4	2.5	1.04	2.3	2.5	1.09	0.24	0.28	0.81	0.78	62	74	—	—
3.0	5.7	1.90	2.7	5.6	2.07	0.22	0.57	0.82	0.64	99	113	—	—
2.4	6.2	2.58	2.4	6.6	2.75	0.14	0.61	0.87	0.62	121	149	—	—
2.8	5.7	2.04	2.3	5.8	2.55	0.13	0.44	0.89	0.69	112	135	—	—
2.7	6.3	2.33	2.9	6.9	2.38	0.13	0.39	0.88	0.72	128	139	0.418	0.526
3.1	5.7	1.84	3.5	6.1	1.74	0.18	0.41	0.84	0.71	107	143	—	0.552

树 种 名 称	平均长度（mm）			弦向平均宽度（μm）			径向平均厚度（μm）		
	早材	晚材	晚/早	早材	晚材	晚/早	早材	晚材	晚/早
太白红杉 *Larix chinensis* Beissn.	2.607	2.810	1.08	28	27	0.96	53	19	0.36
落叶松 *L. gmelini* Rupr.	4.254	4.901	1.15	44	42	0.95	67	35	0.52
西藏红杉 *L. griffithiana* Hort. et Carr.	4.195	4.593	1.09	41	38	0.93	63	21	0.33
四川红杉 *L. mastersiana* Rehd. et Wils.	3.957	4.541	1.15	46	43	0.93	61	23	0.38
黄花松 *L. olgensis* Henry	4.415	4.774	1.48	35	33	0.94	62	24	0.39
红杉 *L. potaninii* Batalin	4.287	4.648	1.08	37	35	0.95	54	20	0.37
大果红杉 *L. potaninii* var. *macrocarpa* Law	4.500	4.888	1.09	46	41	0.89	50	25	0.50
华北落叶松 *L. principis-rupprechtii* Mary	2.501	3.077	1.23	34	31	0.91	63	24	0.38
西伯利亚落叶松 *L. sibirica* Ledeb.	3.430	3.781	1.10	33	33	1.00	60	26	0.43
怒江红杉 *L. speciosa* Cheng et Law	3.747	4.257	1.14	43	40	0.93	62	23	0.37
水杉 *Metasequoia glyptostroboides* Hu et Cheng	3.770	4.242	1.13	49	44	0.90	55	26	0.47
白皮云杉 *Picea aurantiaca* Mast.	2.473	2.641	1.07	30	28	0.93	43	22	0.51
云杉 *P. asperata* Mast.	3.850	4.461	1.16	35	33	0.94	37	21	0.57
麦吊云杉 *P. brachytyla* Pritz.	3.554	3.973	1.18	34	30	0.88	45	18	0.40
油麦吊云杉 *P. complanata* Mast.	3.677	4.072	1.11	37	34	0.92	49	22	0.45
长白鱼鳞云杉 *P. jezoensis* var. *komarovii* Cheng et Fu	3.204	3.616	1.13	38	36	0.95	45	20	0.44
鱼鳞云杉 *P. jezoensis* var. *microsperma* Cheng et Fu	3.451	3.964	1.15	36	32	0.89	41	19	0.46
红皮云杉 *P. koraiensis* Nakai	4.407	4.935	1.12	37	33	0.89	44	21	0.48
丽江云杉 *P. likiangensis* Pritz.	3.263	3.620	1.12	33	31	0.94	53	24	0.45
林芝云杉 *P. likiangensis* var. *linzhiensis* Cheng et Fu	4.186	4.592	1.10	42	38	0.90	43	24	0.56
台湾云杉 *P. morrisonicola* Hay.	4.744	5.013	1.06	44	39	0.89	47	28	0.60
大果青杄（巴秦云杉）*P. neoveitchii* Mast.	4.031	4.545	1.13	40	35	0.88	48	25	0.52
紫果云杉 *P. purpurea* Mast.	3.399	3.787	1.11	39	36	0.92	48	24	0.50
天山云杉 *P. schrenkiana* var. *tianschanica* O. Bykov	3.270	3.633	1.11	35	34	0.97	33	21	0.64
长叶云杉 *P. smithiana* Boissn.	3.893	4.206	1.08	41	36	0.88	41	22	0.54
青杄云杉 *P. wilsonii* Mast.	3.163	3.744	1.18	38	33	0.87	38	27	0.71
华山松 *Pinus armandi* Fr.	3.855	4.230	1.10	47	43	0.91	53	23	0.43
白皮松 *P. bungeana* Zucc.	2.003	2.510	1.25	30	27	0.90	35	18	0.51
高山松 *P. densata* Mast.	2.193	2.619	1.19	42	39	0.93	46	22	0.48
赤松 *P. densiflora* Sieb. et Zucc.	3.882	4.291	1.11	42	40	0.95	50	26	0.52
乔松 *P. griffithii* McClelland	3.447	3.963	1.15	42	38	0.90	51	20	0.39
黄山松 *P. taiwanensis* Hay.	3.650	4.148	1.14	41	39	0.95	47	24	0.51
思茅松 *P. kesiya* var. *langbianensis* Gaussen	4.564	5.086	1.11	52	49	0.94	52	27	0.56
红松 *P. koraiensis* Sieb. et Zucc.	3.753	3.941	1.05	42	39	0.93	57	23	0.40
广东松 *P. kwangtungensis* Chun	3.733	4.012	1.07	45	43	0.96	57	30	0.53

（续）

弦壁平均厚度（μm）			径壁平均厚度（μm）			壁腔比		腔径比		长宽比		密度（g/cm³）	
早材	晚材	晚/早	早材	晚材	晚/早	早材	晚材	早材	晚材	早材	晚材	基本	气干
2.0	3.7	1.85	1.9	3.7	1.95	0.16	0.38	0.86	0.73	93	104	0.464	0.530
2.3	6.2	2.70	2.1	6.2	2.95	0.11	0.42	0.90	0.70	97	117	0.528	0.669
2.4	6.3	2.63	2.3	6.1	2.65	0.13	0.47	0.89	0.68	102	121	—	—
2.3	6.0	2.61	2.3	5.8	2.52	0.11	0.37	0.90	0.73	86	106	—	0.458
2.1	7.1	3.38	2.1	6.5	3.10	0.14	0.65	0.88	0.61	126	145	—	0.594
2.2	6.1	2.77	2.1	5.5	2.62	0.13	0.46	0.89	0.69	116	133	0.428	0.519
2.5	7.4	2.96	2.7	8.2	3.04	0.13	0.67	0.88	0.60	98	119	—	—
3.3	5.8	1.76	2.9	6.0	2.07	0.21	0.63	0.83	0.61	74	99	—	—
3.0	8.7	2.90	2.6	7.5	2.88	0.19	0.83	0.84	0.55	104	115	—	—
2.7	5.0	1.85	2.6	6.3	2.42	0.14	0.46	0.88	0.69	87	106	0.414	0.505
2.6	5.2	2.00	2.6	6.0	2.31	0.12	0.38	0.89	0.73	77	96	0.278	0.342
2.3	4.6	2.00	2.5	4.4	1.76	0.20	0.46	0.83	0.69	82	94	—	—
2.3	4.0	1.74	2.3	4.7	2.04	0.15	0.40	0.87	0.72	110	135	0.278	0.381
2.2	3.5	1.59	2.0	4.5	2.25	0.13	0.43	0.88	0.70	105	132	—	0.508
2.0	4.4	2.20	2.2	5.4	2.45	0.13	0.47	0.88	0.68	99	120	—	—
2.4	4.4	1.83	2.7	5.8	2.15	0.17	0.48	0.86	0.68	84	100	0.378	0.467
2.3	3.7	1.61	2.3	4.3	1.87	0.15	0.37	0.87	0.73	96	124	—	—
2.3	4.5	1.96	2.3	5.0	2.17	0.14	0.43	0.88	0.70	119	150	0.352	0.426
3.2	5.5	1.72	2.7	5.7	2.11	0.20	0.58	0.84	0.63	99	117	0.360	0.441
2.7	5.7	2.11	2.9	7.2	2.48	0.16	0.61	0.86	0.62	100	121	—	—
2.5	6.3	2.52	2.6	6.8	2.62	0.13	0.54	0.88	0.65	108	129	—	—
2.3	5.2	2.26	2.2	5.8	2.64	0.12	0.50	0.89	0.67	101	130	—	0.490
2.2	4.8	2.18	2.1	5.5	2.62	0.12	0.44	0.89	0.69	87	105	0.353	0.444
2.0	3.9	1.95	2.0	4.4	2.20	0.13	0.35	0.89	0.74	93	107	0.352	0.432
2.4	4.5	1.88	2.6	5.3	2.04	0.15	0.42	0.87	0.71	95	117	—	—
2.6	5.5	2.12	3.1	6.5	2.10	0.20	0.65	0.84	0.61	83	113	—	—
3.8	4.3	1.13	3.3	5.0	1.52	0.16	0.30	0.86	0.77	82	98	0.394	0.468
2.5	2.8	1.12	2.3	3.7	1.61	0.18	0.38	0.85	0.73	67	93	—	—
2.5	4.3	1.72	2.4	4.9	2.04	0.13	0.34	0.89	0.75	52	67	0.413	0.509
2.8	5.5	1.96	2.4	5.8	2.42	0.13	0.41	0.89	0.71	92	107	0.412	0.517
3.3	4.1	1.24	2.8	5.2	1.86	0.15	0.38	0.87	0.73	82	104	—	—
2.6	5.4	2.08	2.4	6.2	2.58	0.13	0.47	0.88	0.68	89	106	0.435	0.534
3.4	7.1	2.09	3.1	8.8	2.84	0.14	0.56	0.88	0.64	88	104	0.444	0.555
3.1	4.4	1.42	2.9	5.5	1.90	0.16	0.39	0.86	0.72	89	101	—	0.440
3.3	6.3	1.91	3.1	5.8	1.87	0.16	0.37	0.86	0.73	83	93	0.429	0.501

树种名称	平均长度（mm）			弦向平均宽度（μm）			径向平均厚度（μm）		
	早材	晚材	晚/早	早材	晚材	晚/早	早材	晚材	晚/早
南亚松 *P. latteri* Mason	3.373	3.627	1.08	44	42	0.95	57	29	0.51
马尾松 *P. massoniana* Lamb.	4.399	4.956	1.13	45	42	0.93	58	29	0.50
西藏长叶松 *P. roxburghii* Sarg.	4.236	4.652	1.10	51	44	0.86	60	29	0.48
西伯利亚五针松 *P. sibirica* Mayr	2.122	2.200	1.04	35	30	0.86	44	15	0.34
樟子松 *P. sylvestris var. mongolica* Litv.	3.783	4.225	1.12	41	39	0.95	44	20	0.45
油松 *P. tabulaeformis* Carr.	3.199	3.956	1.24	44	41	0.93	47	24	0.51
台湾松 *P. taiwanensis* Hay.	3.954	4.451	1.13	41	39	0.95	46	24	0.52
黑松 *P. thunbergii* Parl.	3.549	4.020	1.14	42	39	0.93	59	30	0.51
云南松 *P. yunnanensis* Fr.	3.053	3.505	1.15	37	33	0.89	37	26	0.70
金钱松 *Pseudolarix kaemferi* Gord.	3.599	4.089	1.14	43	39	0.91	64	29	0.45
华东黄杉 *Pseudotsuga gaussenii* Flous	2.505	2.812	1.12	31	28	0.90	37	19	0.51
黄杉 *P. sinensis* Dode	5.084	5.531	1.09	48	45	0.94	50	25	0.50
铁杉 *Tsuga chinensis* Pritz.	2.765	3.100	1.11	34	32	0.94	45	22	0.49
云南铁杉 *T. dumosa* Eichler	3.564	3.993	1.12	40	38	0.95	46	25	0.54
丽江铁杉 *T. forrestii* Downie	4.160	4.491	1.08	39	34	0.87	51	27	0.53
长苞铁杉 *T. longibracteata* Cheng	3.166	3.421	1.08	37	35	0.95	48	23	0.48
侧柏 *Platycladus orientalis* Franco	1.967	2.228	1.13	26	24	0.92	27	18	0.67
鸡毛松 *Podocarpus imbricatus* Bl.	3.541	3.992	1.13	38	34	0.89	42	21	0.50
罗汉松 *P. macrophyllus* D. Don	2.425	2.807	1.16	25	26	1.04	31	18	0.58
竹柏 *P. nagi* Zoll. et Mor.	3.637	4.345	1.19	33	29	0.88	38	23	0.61
竹叶松 *P. neriifolius* D. Don	2.543	2.866	1.13	27	27	1.00	30	30	1.00
白豆杉 *Pseudotaxus chienii* Cheng	2.736	2.857	1.19	27	27	1.00	31	23	0.74
圆柏 *Sabina chinensis* Ant	1.888	2.198	1.16	25	24	0.96	29	20	0.69
方枝柏 *S. salturia* Cheng et Wang	1.910	2.304	1.21	20	23	1.15	24	16	0.67
高山柏 *S. squamata* Ant.	4.475	5.033	1.13	33	31	0.94	35	17	0.49
罗汉柏 *Thujopsis dolabrata* Sieb. et Zucc.	2.194	2.333	1.06	25	22	0.88	26	17	0.65
秃杉 *Taiwania flousiana* Gaussen	3.459	3.651	1.06	43	39	0.91	48	23	0.48
台湾杉 *T. cryptomerioides* Hay.	5.346	5.532	1.03	54	48	0.89	67	27	0.40
落羽杉 *Taxodinm distichum* Rich.	2.654	2.823	1.06	34	31	0.91	42	18	0.43
红豆杉 *Taxus chinensis* Rehd.	2.660	3.051	1.15	29	28	0.97	30	23	0.77
南方红豆杉 *T. mairei* S. Y. Hu	2.994	3.307	1.10	32	31	0.97	31	26	0.84
东北红豆杉 *T. cuspidata* Sieb. et Zucc.	2.858	2.941	1.03	33	30	0.91	43	21	0.49
云南红豆杉 *T. yunnanensis* Cheng et Fu	1.926	2.037	1.06	22	21	0.95	24	20	0.83
榧树 *Torreya grandis* Fort.	3.554	3.829	1.08	33	32	0.97	36	24	0.67
水松 *Glyptostrobus pensilis* Koch	3.942	4.470	1.13	38	40	1.05	61	27	0.44

（续）

弦壁平均厚度（μm）			径壁平均厚度（μm）			壁腔比		腔径比		长宽比		密度（g/cm³）	
早材	晚材	晚/早	早材	晚材	晚/早	早材	晚材	早材	晚材	早材	晚材	基本	气干
3.3	6.7	2.03	4.0	7.0	1.75	0.22	0.50	0.82	0.67	77	78	0.530	0.656
3.0	6.2	2.07	2.5	5.9	2.36	0.13	0.39	0.89	0.72	98	118	0.430	0.536
3.1	5.6	1.81	3.3	6.0	1.82	0.15	0.38	0.87	0.73	83	106	—	—
2.3	2.5	1.09	2.1	2.7	1.29	0.14	0.22	0.88	0.82	61	73	—	—
2.0	3.5	1.75	2.0	5.3	2.65	0.11	0.37	0.90	0.73	92	108	0.376	0.467
2.6	4.6	1.77	2.6	5.4	2.08	0.13	0.36	0.88	0.74	73	96	0.360	0.485
3.4	5.3	1.56	3.3	6.2	1.88	0.19	0.47	0.84	0.68	96	114	—	—
3.0	6.5	2.17	2.7	6.7	2.11	0.15	0.52	0.87	0.66	85	103	0.450	0.557
2.8	6.1	2.18	3.1	6.2	2.00	0.20	0.60	0.83	0.62	83	106	0.483	0.594
2.3	6.5	2.83	2.2	6.0	2.73	0.11	0.44	0.90	0.69	84	105	0.415	0.497
1.8	4.0	2.22	2.2	4.3	2.15	0.17	0.44	0.86	0.69	81	100	—	—
2.1	5.9	2.81	2.3	7.2	3.13	0.11	0.47	0.91	0.68	106	123	0.470	0.582
1.9	4.7	2.47	2.0	5.1	2.55	0.13	0.47	0.88	0.68	81	97	0.460	0.526
2.4	4.8	2.00	2.5	5.0	2.00	0.14	0.36	0.88	0.74	89	105	0.377	0.471
2.7	5.8	2.15	2.4	6.5	2.71	0.14	0.62	0.88	0.62	107	132	0.466	0.564
2.3	5.0	2.17	2.3	5.6	2.43	0.14	0.47	0.88	0.68	86	98	0.542	0.661
2.2	3.4	1.55	2.2	3.1	1.41	0.20	0.35	0.83	0.74	76	93	0.507	0.615
3.8	3.8	1.00	4.1	4.1	1.24	0.28	0.32	0.78	0.76	93	117	0.429	0.516
2.6	2.9	1.11	2.7	3.1	1.15	0.28	0.31	0.78	0.76	97	108	—	—
3.2	4.2	1.31	3.5	4.5	1.29	0.27	0.45	0.79	0.69	110	150	0.419	0.529
2.8	3.8	1.36	3.1	4.1	1.32	0.30	0.44	0.77	0.70	94	106	—	—
3.2	4.3	1.34	3.2	4.4	1.38	0.31	0.48	0.76	0.67	101	106	—	—
3.2	3.4	1.06	2.8	3.4	1.21	0.29	0.40	0.78	0.72	76	92	0.513	0.609
2.1	2.7	1.29	2.6	3.1	1.19	0.35	0.37	0.74	0.73	96	100	—	—
2.4	2.9	1.21	2.8	3.7	1.32	0.20	0.31	0.83	0.76	132	162	—	—
2.8	2.9	1.04	2.1	3.1	1.48	0.20	0.39	0.83	0.72	88	106	—	—
3.0	4.0	1.33	2.7	4.2	1.56	0.14	0.28	0.87	0.78	80	94	0.295	0.358
3.9	6.3	1.62	3.8	8.1	2.13	0.16	0.51	0.86	0.66	99	115	—	—
3.3	3.5	1.06	3.1	4.0	1.29	0.22	0.35	0.82	0.74	78	91	—	—
2.8	3.6	1.29	3.0	4.5	1.50	0.26	0.47	0.79	0.68	92	109	0.582	0.692
3.6	5.0	1.39	3.5	4.7	1.34	0.28	0.44	0.78	0.70	94	107	—	—
2.3	4.6	2.00	2.4	4.5	1.88	0.17	0.43	0.85	0.70	87	98	—	—
4.1	3.8	0.93	3.4	3.7	1.09	0.46	0.55	0.69	0.65	88	97	—	—
3.6	4.4	1.22	3.0	4.7	1.57	0.22	0.42	0.82	0.71	108	102	0.417	0.499
2.4	6.0	2.50	2.5	7.1	2.84	0.15	0.55	0.87	0.65	104	112	0.469	0.578

表1-9 中国阔叶材的纤维形态

树种	平均长度(mm)	平均宽度(μm)	平均壁厚(μm)	长宽比(L/D)	壁腔比(2W/l)	腔径比(l/D)	密度(g/cm³)	
							基本	气干
相思树 *Acacia confusa* Merr.	0.79～1.16	15～12	—	52.6～52.7	—	—	0.732	0.854
色木槭 *Acer mono* Maxim.	0.76	18.1	4.1	41.9	0.82	0.55	0.616	0.749
白牛槭 *A. mandshuricum* Maxim.	0.71	16.4	3.1	43.2	0.60	0.62	—	0.680
紫花槭 *A. paeudo-sieboldianum* Kom.	0.64	16.3	4.0	39.3	0.96	0.51	—	0.740
青楷槭 *A. tegmentosum* Maxim.	0.68	19.2	2.8	35.6	0.41	0.71	—	0.490
花楷槭 *A. ukurunduense* Trautv. et Mey.	0.68	17.4	3.1	39.3	0.55	0.64	—	0.590
拧筋槭 *A. triflorum* Kom.	0.73	15.0	3.9	48.5	1.08	0.48	—	0.810
水团花 *Adina pilurifera* (Lour.) Fr.	1.06～1.72	17.0～25.0	—	62.3～68.8	—	—	0.917	1.005
臭椿 *Ailanthus altissima* (Mill.) Swingle	1.00	21.1	3.48	47.4	0.56	0.58	0.524	0.656
八角枫 *Alangium chinense* (Lour.) Harms	1.20～1.65	20.0～37.0	—	44.5～60.0	—	—	0.432	0.479
大叶合欢 *Albizia lebbeck* Benth.	0.80～1.15	18.0～24.0	—	44.4～47.9	—	—	0.417	0.517
油桐 *Vernicia fordii* Airy-Shaw	1.05～1.68	20.0～28.0	—	52.5～60.0	—	—	—	0.526
木油树 *V. mantana* Lour.	1.21～1.50	27.0～38.0	—	39.4～44.8	—	—	0.321	0.367
拟赤杨 *Alniphyllum fortunei* Perk.	1.60～2.54	30.0～37.0	—	53.3～68.6	—	—	0.359	0.445
辽东桤木(水冬瓜) *Alnus sibirica* Fisch.	1.04	25.4	4.30	41.0	0.51	0.67	—	0.490
江南桤木 *A. trabeculosa* Hand.-Mazz.	0.73～1.28	12.5～37.5	—	34.0～74.4	—	—	0.410	0.503
细柄阿丁枫 *Altingia chinensis* Oliv.	1.71～2.19	20.0～28.0	—	78.2～85.5	—	—	—	0.727
黄梁木 *Anthocephalus chinensis* A. Rich	1.20～2.30	30～35	—	40～68	—	—	0.308	0.372
糙叶树 *Aphananthe aspera* Planch.	1.05～1.34	15.0～21.0	—	63.8～70.0	—	—	0.525	0.647
枫桦 *Betula costata* Trautv.	1.35	20.8	4.6	65.2	0.79	0.50	0.570	0.698
黑桦 *B. dahurica* Pall.	1.55	24.2	5.8	64.4	0.92	0.52	—	0.720
岳桦 *B. ermanii* Cham.	1.28	19.4	4.4	66.0	0.83	0.55	—	0.620
白桦 *B. plntyphylla* Suk.	1.27	22.3	4.3	56.7	0.62	0.61	0.450	0.620
旱莲(喜树) *Camptotheca acuminata* Decne.	2.02	20～25	—	—	—	—	0.412	0.516
千金榆 *Carpinus cordata* Bl.	1.19	18.2	4.2	65.4	0.85	0.54	—	0.710
板栗 *Castanea mollissima* Bl.	0.80～1.19	15.0～27.0	—	44.0～53.3	—	—	0.565	0.689
锥栗 *C. henryi* Rehd. et Wils.	0.82～1.35	18.0～24.0	—	45.5～56.4	—	—	0.536	0.634
茅栗 *C. seguinii* Dode	0.90～1.99	14.0～23.0	—	64.4～86.9	—	—	0.505	0.598
米槠(小叶锥) *Castanopsis carlesii* Hay.	1.07～1.31	17.0～18.0	—	46.7～62.9	—	—	0.431	0.547

（续）

树种	平均长度(mm)	平均宽度(μm)	平均壁厚(μm)	长宽比(L/D)	壁腔比(2W/l)	腔径比(l/D)	密度(g/cm³)	
							基本	气干
甜槠 *C. eyrei* Tytch.	0.97～1.34	17.0～29.0	—	46.2～57.0	—	—	0.479	0.578
罗浮锥 *C. fabri* Hance	0.93～1.73	16.0～22.0	—	58.1～78.6	—	—	0.483	0.601
栲(锥树) *C. fargesii* Franch.	1.05～1.55	17.0～28.0	—	55.3～61.7	—	—	0.470	0.583
闽粤锥 *C. fissa* Rehd. et Wils.	0.96～1.27	12.0～29.0	—	43.7～80.0	—	—	0.420	0.518
南岭锥 *C. fordii* Hance	0.83～1.49	16.0～27.0	—	51.8～55.1	—	—	0.450	0.540
海南锥 *C. hainanensis* Merr.	0.91～1.40	17.0～27.0	—	51.8～53.5	—	—	0.634	0.787
红锥(赤皮锥) *C. hystrix* A. DC.	1.11～1.33	17.0～28.0	—	47.5～65.2	—	—	0.584	0.733
苦槠锥 *C. sclerophylla* Schott.	1.01～1.35	18.0～29.0	—	46.5～56.1	—	—	0.437	0.560
大叶锥 *C. tibetana* Hance	0.86～1.26	20.0～27.0	—	43.0～46.6	—	—	—	0.622
木麻黄 *Casuarina equisetifolia* L.	1.06	15～20	—	53～70	—	—	—	1.043
黑樱桃 *Cerasus maximowiczii* Kom	1.01	17.9	4.3	56.3	0.92	0.52	—	0.590
酸枣 *Choerospondias axillaris* Burtt et Hill	0.93～1.36	18.0～27.0	—	50.3～51.6	—	—	0.474	0.581
朝鲜柳 *Chosenia arbutifolia* A. Skv.	0.94	25.4	3.2	36.8	0.33	0.75	0.320	0.380
华南樟 *Cinnamomum austro-sinense* H. T. Chang	1.13～1.45	17.0～27.0	—	53.7～66.4	—	—	0.440	0.506
香樟 *C. camphora* Presl	1.05～1.35	16.0～27.0	—	50.0～65.6	—	—	0.448	0.558
福建青冈 *Cyclobalanopsis chungii* Hsü et Jen	1.07～1.47	15.0～25.0	—	58.8～71.3	—	—	0.780	—
青冈 *C. glauca* Oerst.	1.07～1.45	14.0～20.0	—	72.5～76.4	—	—	0.694	0.896
黄　檀 *Dalbergia hupeana* Hance	0.99～1.34	17.0～26.0	—	51.5～58.2	—	—	0.722	0.897
粉绿虎皮楠 *Daphniphyllum glaucescens* Bl.	1.50～2.29	70.0～30.0	—	75.0～113.9	—	—	0.536	—
蚊母树 *Distylium racemosum* Sieb. et Zucc.	1.29～1.64	16.0～22.0	—	74.5～80.6	—	—	—	0.828
华杜英 *Elaeocarpus chinensis* Hook f.	0.96～1.31	18.0～27.0	—	50.3～53.3	—	—	—	0.513
黄杞 *Engelhartia roxburghiana* Wall.	1.01～1.36	19.0～28.0	—	48.5～53.1	0.458	0.568	—	—
柠檬桉 *Eucalyptus citriodora* Hook.	0.80～1.02	15.0～20.0	—	51.0～53.3	—	—	0.774	0.968
大叶桉 *E. robusta* Smith	0.63～0.79	15.0～22.0	—	35.9～42.0	—	—	0.531	0.660
龙眼 *Dimocarpum longan* Lour.	0.87～1.18	17.0～28.0	—	43.1～51.1	—	—	0.910	0.963
野鸦椿 *Euscaphis japonica* Dippel	1.45～2.17	19.0～29.0	—	74.8～76.3	—	—	—	0.623
吴茱萸 *Evodia rutaecarpa* Benth.	0.97～1.37	33.0～45.0	—	29.3～30.4	—	—	—	0.505
高山榕 *Ficus altissima* Bl.	1.31～1.58	70.0～28.0	—	56.4～65.5	—	—	0.495	0.524
水曲柳 早材 *Fraxinus mandshurica* Pupr.	0.47	22.5	2.6	20.9	0.30	0.77	0.509	0.665
水曲柳 晚材	1.23	18.1	3.7	67.7	0.69	0.59		

（续）

树种	平均长度(mm)	平均宽度(μm)	平均壁厚(μm)	长宽比(L/D)	壁腔比(2W/l)	腔径比(l/D)	密度(g/cm³) 基本	气干
花曲柳 早材 F. rhynchophylla Hance	0.49	19.9	4.0	24.5	0.67	0.60	—	0.770
晚材	1.19	15.9	4.7	75.2	1.44	0.41		
云南石梓 *Gmelina arborea* Roxb.	1.32	20～30	—	44～66	—	—	—	0.538
山桐子 *Idesia polycarpa* Maxim.	1.19～1.60	20.0～32.0	—	50.0～59.5	—	—	0.424	0.481
核桃楸 *Juglans mandshurica* Maxim.	1.27	28.1	4.0	45.1	0.42	0.72	0.420	0.527
秋茄树 *Kandelia candel* Druce	0.93～1.22	16.0～25.0	—	48.8～58.1	—	—	0.557	0.595
枫香 *Liquidambar formosana* Hance	1.52～2.29	17.0～25.0	—	89.4～91.6	—	—	0.455	0.598
椆木(石栎) *Lithocarpus glaber* Nakai	0.75～0.95	15.0～22.0	—	43.1～50.0	—	—	0.535	0.659
鹅掌楸 *Liriodemdron chinensie* Sorg.	1.62	15—30	—	54—108	—	—	0.377	0.450
檵木 *Loropetalum chinensie* Oliv.	1.60～2.13	19.0～27.0	—	78.8～84.2	—	—	—	0.945
朝鲜槐 早材 *Maackii amurensis* Rupr. et Maxim.	0.55	19.3	2.6	28.3	0.36	0.74	—	0.530
晚材	0.93	15.2	3.8	61.5	1.00	0.50		
华润楠 *Machilus chinensis* Hemsl.	1.17～1.46	22.0～31.0	—	47.0～53.1	—	—	0.463	0.580
刨花楠 *M. pauhoi* Kanehira	1.04～1.41	17.0～28.0	—	50.3～61.1	—	—	—	0.511
山荆子 *Malus baccata* Borkh.	1.15	19.1	5.5	59.1	1.35	0.42	—	0.650
毛山荆子 *M. mandshurica* Kom.	1.17	17.6	4.9	66.4	1.25	0.44	—	—
苦楝 *Melia azedarach* L.	1.03～1.40	18.0～28.0	—	50.0～57.2	—	—	0.410	0.500
笔罗子 *Meliosma rigida* Sieb et Zucc.	1.27～1.75	22.0～29.0	—	57.7～60.3	—	—	0.581	0.710
水榆 *Sorbus alnofolia* K. Koch	1.28	17.1	5.5	75.2	1.80	0.36	—	0.640
杨梅 *Myrica rubra* Sieb. et Zucc.	1.35～1.66	22.0～28.0	—	59.2～61.3	—	—	—	0.808
紫树(蓝果树) *Nyssa sinensis* Clir.	1.65～2.70	19.0～26.0	—	61.3～103.8	—	—	0.499	0.667
斑叶稠李(山桃) *Padus maackii* Kom.	1.03	21.1	2.8	48.7	0.36	0.74	—	0.390
北亚稠李 *P. asiatica* Kom.	1.00	17.9	3.9	56.0	0.77	0.57	—	0.540
泡桐 *Paulownia fortunei* Hemsl.	0.95～1.23	25.0～32.0	—	38.0～38.4	—	—	0.247	0.310
黄波罗 早材 *Phellodendron amurense* Rupr.	0.62	24.9	2.4	24.8	0.23	0.81	—	0.449
晚材	1.16	17.9	2.7	64.4	0.43	0.70		
桢楠 *Phoebe zhennan* Lee et Wei	1.13～1.37	20.0～28.0	—	48.9～56.5	—	—	—	0.610
椤木 *Photinia davidsoniae* Rehd. et Wils.	1.10～1.50	14.0～22.0	—	68.1～78.5	—	—	0.700	0.903
化香 *Platycarya strobilacea* Sieb. et Zucc.	1.07～1.46	17.0～32.0	—	45.6～62.9	—	—	0.582	0.715
加杨 *Populus canadensis* Moench	1.10	18.5	2.19	59.5	0.33	0.71	0.379	0.458
小钻杨(大关杨) *P. X Xiaozhuanica* W. Y. Hsu et Liang	1.16	22.1	3.12	52.5	0.45	0.62	0.406	—
山杨 *P. davidiana* Dode	1.34	29.1	4.3	46.0	0.41	0.71	0.392	0.486

（续）

树　　种	平均长度(mm)	平均宽度(μm)	平均壁厚(μm)	长宽比(L/D)	壁腔比($2W/l$)	腔径比(l/D)	密度(g/cm^3)	
							基本	气干
香杨 *P. koreana* Rehd.	1.15	31.8	3.8	36.2	0.31	0.71	0.333	0.417
小叶杨 *P. simonii* Carr.	1.25	24.4	3.35	52.1	0.54	0.50	0.321	0.393
毛白杨 *P. tomentosa* Carr.	1.18	21.0	2.42	56.2	0.37	0.62	0.442	0.519
大青杨 *P. ussuriensis* Kom.	1.27	29.3	3.8	43.5	0.35	0.74	0.336	0.390
檫木 早材/晚材 *Sassafras tsumu* Hemsl.	0.63～1.18 0.99～1.22	15.0～32.0 20.0～30.0	—	36.8～42.0 40.6～49.5	—	—	0.627	0.834
枫杨 *Pterecarya stenoptera* C. DC.	1.02～1.22	17.0～28.0	—	43.5～60.0	—	—	0.355	0.419
蒙古栎 早材/晚材 *Quercus mongolica* Fisch.	0.68 1.13	21.9 15.8	5.1 5.3	30.8 71.2	0.87 2.03	0.53 0.33	0.603	0.757
辽东栎 早材/晚材 *Q. liaotungensis* Koiz.	0.55 1.18	16.4 16.3	5.0 6.4	33.5 72.4	1.56 3.65	0.39 0.21	0.613	0.774
鼠李 *Rhamnus dahuricus* Pall.	0.85	15.3	2.8	55.6	0.57	0.64	—	0.640
野漆树 *Toxicodendron succedaneum* Kuntze	0.87～1.19	17.0～27.0	—	44.0～51.1	—	—	0.536	0.612
大白柳 *Salix maximowiczii* Kom.	1.06	21.5	3.7	49.3	0.52	0.65	—	0.430
粉枝柳 *S. rorida* Laksch.	0.93	19.7	3.0	47.3	0.43	0.69	—	0.470
蒿柳 *S. viminalis* L.	0.88	19.1	3.1	46.3	0.48	0.68	—	—
山乌桕 *Sapium discolor* Muell-Arg.	1.17～1.69	26.0～39.0	—	43.3～45.0	—	—	0.427	—
乌桕 *S. sebiferum* Roxb.	1.07～1.50	25.0～30.0	—	42.8～50.0	—	—	0.458	0.561
鸭脚木 *Schefflera octophylla* Harms	1.13～1.60	15.0～27.0	—	59.2～75.3	—	—	0.364	0.450
荷木 *Schima superba* Gardn. et Champ.	1.47～2.04	30.0～40.0	—	49.0～51.0	—	—	0.502	0.624
无毛花楸 *Sorbus amurensis* Koehne	1.19	18.7	5.3	63.8	1.30	0.43	—	0.610
暴马子 *Syringa amurensis* Rupr.	0.98	21.6	5.5	45.5	1.03	0.49	—	0.560
厚皮香 *Ternstroemia gymnanthera* Sprague	1.39～1.85	17.0～28.0	4.5	66.0～81.7	0.42	—	0.656	0.723
紫椴 *Tilia amurensis* Rupr.	1.34	30.0	4.5	44.7	0.39	0.70	0.355	0.476
糠椴 *T. mandshurica* Rupr. et Maxim.	1.30	28.8	4.1	45.2	—	0.72	0.330	0.424
香椿 *Toona sinensis* Roem.	0.78～1.07	18.0～27.0	3.3	39.6～43.3	0.51	—	0.477	0.591
裂叶榆 早材/晚材 *Ulmus laciniata* Mayr	0.56 1.15	19.5 14.4	3.0 3.2	28.7 80.0	0.44 0.80	0.66 0.48	0.460	0.550
大叶榆 早材/晚材 *U. macrocarpa* Hance	0.69 1.21	18.0 13.1	3.0 3.2	38.4 92.5	0.50 0.95	0.67 0.51	0.460	0.550
春榆 早材/晚材 *U. davidiana* var. *japonica* Nakai	0.41 1.14	15.2 13.5	3.4 4.4	26.4 84.5	0.80 1.87	0.55 0.36	—	0.740

表1-10 中国竹材

种名	茎壁厚度(cm)	维管束(个/cm^2)	导管分子						韧		
			平均长度(cm)			平均宽度(μm)			平均长度(cm)		
			外部	中部	内部	外部	中部	内部	外部	中部	内部
长枝竹 *Bambusa dolichoclada* Hay.	—	—	—	—	—	—	—	—	茎(1/3高)	2.84	—
油簕竹（马蹄竹）*B. lapidea* Mccl.	12.25	6.6	0.61	0.57	0.59	57	97	161	2.37	2.36	2.43
孝顺竹 *B. multiplex* Raeusch.	3.60	8.1	0.48	0.65	0.82	18	66	110	1.95	2.40	2.25
凤尾竹 *B. multiplex* var. *nana* Keng f.	—	—	—	—	—	—	—	—	1.95	2.25	2.25
撑篙竹 *B. pervariabilis* McCl.	6.85	6.7	0.43	1.02	0.90	24	112	100	2.32	2.33	2.36
硬头黄（竹）*B. rigida* Keng et Keng f.	4.35	7.3	0.45	0.63	0.62	27	89	169	1.90	2.15	2.14
葪楠竹（车角竹）*B. sinospinosa* McCl.	8.35	5.3	0.55	0.51	0.59	40	114	207	2.36	2.53	2.46
簕竹 *B. blumearia* J. A. et J. H. Schult.	—	—	—	—	—	—	—	—	茎(1/3高)	2.77	—
青皮竹 *B. textilis* McCl.	3.25	7.9	0.75	0.79	1.49	41	93	132	3.02	3.22	2.89
短穗竹 *Brachystachyum densiflorum* Keng	—	—	—	—	—	—	—	—	2.03	2.25	2.25
黑刺竹 *Chimonobambusa mormorea* Makino	3.95	4.4	0.64	0.69	0.66	49	81	90	2.36	2.56	2.27
方竹 *C. quadrangularis* Makino	3.60	8.3	0.65	0.80	0.75	45	69	72	1.75	1.65	1.65
金佛山方竹 *C. utilis* Keng f.	6.15	5.1	0.61	0.79	0.72	41	90	100	2.35	2.43	1.92
牡竹 *Dendrocalamus strictus* Nees	6.20	7.3	0.35	0.60	0.57	36	100	150	2.40	3.04	2.95
阔叶箬竹 *Indocalamus latifolius* McCl.	—	—	—	—	—	—	—	—	茎	1.59	—
大箬竹 *I. migoi* Keng f.	—	—	—	—	—	—	—	—	2.25	2.25	2.25
单竹 *Bambusa cerosissima* McCl.	3.10	4.2	0.80	0.96	1.10	31	108	153	2.70	2.74	2.52
粉单竹 *B. chungii* McCl.	4.65	6.3	0.60	0.80	0.81	32	98	164	3.08	2.91	2.72
黄苦（石竹）*Phyllostachys angasta* McCl.	5.30	8.8	0.57	0.67	0.71	39	69	97	1.81	2.20	2.13
黄苦竹（木竹）*Phyllostachys angusta* McCl.	11.45（直径）	5.9	0.69	0.81	0.80	37	77	60	1.88	2.21	1.88
桂竹 *Ph. bambusoides* Sieb. et Zucc.	5.80	3.8	0.76	0.71	0.91	57	108	156	1.95	2.33	2.18
人面竹 *Ph. bambusoides aurea* A. et C. Riv	—	—	—	—	—	—	—	—	茎	1.51	—
黄金间碧玉竹 *Ph. bambusoides* var. *castillonis* Makino	—	—	—	—	—	—	—	—	茎	2.74	—
水竹 *Ph. heteroclada* Oliv.	3.80	5.9	0.58	0.67	0.61	31	71	93	2.16	2.64	2.46
台湾桂竹 *Ph. makinoi* Hay.	—	—	—	—	—	—	—	—	茎(1/3高)	3.02	—
紫竹 *Ph. nigra* Munro	—	—	—	—	—	—	—	—	茎	2.21	—
淡竹 *Ph. glauca* McCl.	3.12	5.5	0.91	1.02	1.04	28	91	116	1.95	2.25	2.10
毛竹 *Ph. edulis* H. de Lehai	8.50	3.6	0.71	0.93	0.74	25	122	147	2.03	2.48	2.25
刚竹 *Ph. sulphurea* var. *viridis* R. A. Young	—	—	—	—	—	—	—	—	茎	1.67	—
粉绿竹（鸡毛竹）*Ph. virdiglaucescens* A. et C. Riv.	2.95	7.4	0.44	0.52	0.73	34	88	105	2.05	2.20	2.21
苦竹 *Pleioblastus amarus* Keng f.	4.45	4.2	0.75	0.69	0.82	65	100	108	2.10	2.33	2.10
茶秆竹 *Arundinaria amabilis* McCl.	4.80	2.6	0.54	0.88	0.69	41	105	120	2.91	3.01	2.57
矢竹 *Pseudosasa japonica* Makino	3.35	7.0	0.80	0.73	0.65	31	63	65	1.88	2.10	2.10
沙罗单竹 *Schizostachyum funghomii* McCl.	5.98	5.0	0.60	0.80	0.81	41	103	178	2.72	2.94	2.86
山骨罗竹 *S. hainanense* Merr.	3.25	5.7	0.75	0.68	0.85	45	93	140	2.82	3.43	3.31
篾竻竹 *S. pseudolima* McCl.	3.75	6.0	0.65	0.74	0.96	24	53	105	2.46	2.90	2.63
茄子竹 *Semiarundinaria henryi* McCl.	4.25	5.7	0.59	0.75	0.91	41	89	105	2.10	2.34	2.34
倭竹 *Shibataea chinensis* Nakai	1.20	18.0				25	48	51	1.65	2.18	2.18
箭竹 *Sinarundinaria nitida* Nakai	3.10	6.3	0.79	1.01	0.76	40	74	79	2.25	2.48	2.04
慈竹 *Bambusa affinis* Chia et H. L. Fung	3.15	5.9	0.57	0.81	0.80	31	82	142	2.50	2.84	2.79
料慈竹 *B. distegius* Chia et H. L. Fung	4.10	6.1	0.72	0.82	0.84	36	101	169	2.75	2.78	2.49
麻竹 *Dendrocalamus latiflorus* Munro	10.65	3.5	0.78	1.10	0.89	49	116	188	2.89	2.89	2.86
吊丝竹 *D. minor* Chia et H. L. Fung	5.00	4.5	0.78	1.02	0.69	43	119	170	2.65	3.12	3.00
绿竹 *Bambusa oldhami* Munro	8.45	6.8	0.51	0.90	0.67	36	134	159	2.55	2.55	2.33

的纤维形态和组织比量

皮	纤	维					基本密度（g/cm³）	组	织比量	（%）
平均宽度（μm）			长宽比	平均腔径（μm）	平均壁厚（μm）	壁腔比		纤维	导管及原生木质部	筛管及薄壁组织
外部	中部	内部								
茎（1/3高）	17.4	163.2	—	—	—	—	—	—	—	—
9.4	13.0	10.0	221.29	5.59	11.46	2.05	0.64	44.4	6.1	49.5
14.0	15.75	12.3	157.10	2.78	13.02	4.68	0.51	29.6	4.9	66.1
12.3	12.3	12.3	—	—	—	—	—	—	—	—
9.8	16.50	9.5	196.14	4.18	14.04	3.36	0.61	44.1	5.1	50.8
10.8	12.8	11.2	177.58	5.77	7.06	1.22	0.36	35.4	9.0	55.6
12.75	18.0	17.2	153.31	7.34	10.06	1.37	0.49	50.9	4.9	44.7
茎（1/3高）	20.2	137.1	—	—	—	—	—	—	—	—
9.7	17.40	14.1	221.34	3.37	15.60	4.63	0.75	47.5	10.3	42.2
15.8	17.5	17.5	128.5 128.6	（外） （中、内）	5.3 7.0	（外） （中、内）	—	—	—	—
14.3	15.1	11.2	177.38	3.33	14.98	4.50	0.60	42.2	4.2	53.6
15.75	14.0	14.0	115.02	3.48	12.64	3.63	0.51	39.7	4.8	55.5
11.45	13.4	10.9	187.08	4.67	11.25	2.41	0.58	43.9	4.0	52.1
9.8	11.0	9.0	281.97	4.31	9.26	2.15	0.50	39.2	5.7	55.1
茎	12.9	—	122.9	—	—	—	—	—	—	—
14.0	14.0	14.0	160.7	—	7.0 5.3	（外） （中、内）	—	—	—	—
12.9	17.20	14.0	180.27	3.54	12.40	3.50	0.69	46.8	7.2	46.0
12.0	12.0	10.0	255.95	3.80	11.05	2.91	0.50	42.4	8.5	49.1
10.9	12.4	9.8	186.76	3.12	11.71	3.75	0.74	37.8	9.8	45.0
10.8	14.1	11.7	163.11	2.82	11.33	4.02	0.65	27.6	4.3	68.0
15.0	17.1	15.1	136.68	5.63	11.80	2.10	0.61	43.4	6.2	50.5
茎	10.8	—	140.3	—	—	—	—	—	—	—
茎	16.2	—	169.0	—	—	—	—	—	—	—
13.2	13.7	11.1	207.36	4.09	13.40	3.28	0.65	38.4	5.7	55.9
茎（1/3高）	19.4	155.7	—	—	—	—	—	—	—	—
茎	12.3	178.9	—	—	—	—	—	—	—	—
13.3	14.91	14.0	149.25	3.17	12.50	3.94	0.67	44.3	5.4	50.3
12.2	14.70	14.0	165.07	4.14	11.89	2.87	0.62	31.6	5.4	63.0
茎	13.9	—	119.8	—	—	—	—	—	—	—
10.6	12.9	11.4	184.87	3.18	13.81	4.34	0.83	44.5	8.6	46.9
13.7	17.2	14.4	144.33	2.49	14.39	5.78	0.64	40.6	5.2	54.2
13.0	20.0	13.0	184.60	3.81	19.93	5.23	0.73	53.2	5.1	42.4
15.8	15.8	15.8	125.95	2.57	15.87	6.18	0.63	48.1	2.4	49.5
12.0	18.0	11.0	207.75	4.74	11.03	2.33	0.55	38.4	5.2	56.5
11.7	16.9	17.0	209.87	5.04	10.35	2.05	0.46	38.5	6.8	54.8
10.7	13.3	10.9	227.93	4.29	7.60	1.77	0.48	44.4	7.2	48.4
13.0	17.0	17.0	148.00	3.21	10.88	3.39	0.60	31.4	7.8	60.8
8.8	10.50	10.50	198.96	2.33	9.61	4.12	0.71	46.2	5.1	48.7
12.6	10.9	11.6	193.60	2.79	12.64	4.53	0.58	33.6	4.6	61.8
10.8	17.0	13.1	198.83	4.82	9.15	1.90	0.41	47.8	5.7	46.4
14.1	17.9	15.6	158.26	3.28	16.50	5.03	0.66	33.2	9.2	58.4
10.1	19.0	12.9	205.74	3.53	15.02	4.25	0.68	37.8	4.7	57.5
8.4	10.6	11.0	292.00	3.82	11.46	3.00	0.50	43.2	5.9	50.9
13.0	15.4	12.9	180.10	4.46	11.98	2.69	0.56	36.8	4.9	59.3

第2章 木（竹）材的物理性质[3,4]

孙成志　李　萍

1　木材水分

木材中的水分，按其与木材的结合形式可分为化学水（构成水）、吸附水与毛细管水；毛细管水又分为大毛细管水（自由水、胞腔水或游离水）与微毛细管水（毛细管凝结水）。若按水分在木材中存在的位置，可分为胞腔水与胞壁水；胞壁水又分为化学水，吸着水与微毛细管水。一般既考虑水分与木材结合的形式，又考虑水分在木材中的位置，而分为化学水，自由水和吸着水，后两种为木材中的主要水分。

1.1　化学水

化学水系存在于木材化学成分中，与木材呈化学结合，结合最紧，在通常温度下的热处理无法除去。此种水分只有在木材化学加工（如干馏）时才起作用，且数量很少，一般不予考虑。

1.2　自由水

自由水系借液体在毛细管里的表面张力而存在于木材大毛细管系统，即细胞腔和细胞间隙中，与木材呈物理机械的结合。湿木材在空气中首先蒸发自由水，干木材只有当其与液态水接触时方可吸取自由水。木材中的自由水最多，随着木材孔隙度的增大而增多；其最大量取决于木材密度，随着木材密度的增大而减小，因为木材密度与木材孔隙度成反比。

木材细胞壁物质密度对于所有树种基本上一致，所以木材自由水最大量仅是一近似值，因而密度或孔隙度相同的木材，其自由水的最大量并不一定相同。而密度或孔隙度的大小，以及大毛细管系统有效性的高低，均随着木材解剖构造和化学组成而变化，不但因树种不同而异，即使同一树种的不同部位也不一致。因此自由水的最大量在不同树种之间，甚至在同一树种的不同部位之间变化也很大，一般在60%～70%至200%～250%。自由水含量增减时，仅对木材重量、燃烧及渗透性等有影响。

1.3　吸着水

吸着水系由吸附水和微毛细管水组成，但其数量不多，且在树种之间变化不大，通常约在23%～31%，平均为30%。吸着水在木材中不易排除，只有自由水蒸发完毕，木材中水蒸气压大于周围空气水蒸气压时，方可从木材中蒸发。它对木材性质的影响比自由水大；通常所谓水分对材性的影响多系指吸着水而言。

1.4　木材含水率

木材中所含的水分与其重量之比叫木材含水率（%）。新伐材中的水分与绝干材重量之比叫生材含水率，即绝对含水率（%）；与生材重量之比为相对含水率（%）。这两种含水率，以绝对含水率为准确，因为绝干材重量稳定，便于比较。而相对含水率则因木材的初重随着木材含水的多少而不固定，不宜作相互比较之用。通常应用绝对含水率，但有时也应有相对含水率，如木材作燃料时则采用相对含水率，因为木材的发热量随着相对含水率的增大而下降。

含水率的测定方法，通常采用炉干法。按照试验规程，将生材（或浸渍材）试样置于干燥箱中，循序烘干，最后在温度 103℃±2℃时烘至重量不变为止，然后根据下列公式求出木材含水率：

$$W(\%)=\frac{G_g-G_0}{G_0}\times 100 \tag{2-1}$$

式中：W——木材绝对含水率（%）；

G_g——生材试样重（g）；

G_0——绝干材试样重（g）。

其他测定方法还有电测法、蒸馏法、滴定法和温度计法等。

1.5　木材纤维饱和点

当生材（或浸渍材）置于空气中干燥、蒸发水分，直至胞腔内的自由水完全散失，而胞壁中的吸着水没有散失时；或干材吸收水分至胞壁中的吸着水达到饱和状态，但胞腔内完全没有水分时，这样的临界点叫木材纤维饱和点。它的含水率等于吸着水的最大量，如上所述，不同树种介于 23%～31%，通常以 30%作为纤维饱和点的含水率。

纤维饱和点是木材材性变异的转折点。木材含水率在纤维饱和点以上时，木材的强度不变；在纤维饱和点以下时，木材强度因含水率的减低而增加，反之，因含水率的增加而降低，直至达到纤维饱和点为止。同样，木材的胀缩性、导电性以及导热性也如此。

木材纤维饱和点的含水率具有很重要的实际意义，它是木材许多性质在含水率影响下发生变化的起点。在此饱和点以上，木材的许多性质近于不变，而在此饱和点以下，则随含水率的增减而发生显著的变化。

1.6　木材平衡含水率

当空气中的蒸汽压大于木材表面水分的蒸汽压时，木材自外吸收水分；反之，木材中的水分向外散失。如果空气中的蒸汽压等于木材表面水分的蒸汽压时，木材既不吸收水分，也不散失水分，这时木材所具有的含水率叫木材平衡含水率。木材平衡含水率是随着周围空气的状态而变化。如果木材实际具有的含水率小于平衡含水率，会呈现木材吸湿作用；反之，大于平衡含水率，就会发生蒸发作用。

木材平衡含水率的变异，主要决定于空气状况，其中以相对湿度的影响较大，温度也起一定的作用。其他如树种、心材和边材、锯制方向、尺寸大小等因子，对木材平衡含水率变异的影响均很小。

北京地区的木材，以冬（3 月份除外）、春两季干燥最快，夏季干燥最慢。木材平衡含水率室内和室外（荫棚内）的平均值分别为 9.4%和 11.3%，最大为 13.4%和 16.1%，最小为 6.2%和 7.0%。此项平均值为北京地区内木材干燥应达到的程度，竹材与木材相同。表 2-1 列

表 2-1　我国部分地区的木材平衡含水率

地　区	北　京		南　平		哈尔滨		昆　明	芜　湖	海　南		乌鲁木齐	成　都
	室内	室外	室内	室外	室内	室外			海　口	尖峰岭		
平均值	9.4	11.3	15.1	14.9	13.5	13.4	12.2	13.0	17.3	14.3	8.8	15.1

出了我国部分地区的木材平衡含水率。

2 木（竹）材密度及木材重量

2.1 木（竹）材密度

密度是指每个单位体积的质量，即物质的质量与其体积之比值，单位为 g/cm^3 或 kg/m^3。习惯上以单位体积木材的重量表示木材密度，其公式如下：

$$\rho=\frac{G}{V} \tag{2-2}$$

式中：ρ——木材密度（g/cm^3 或 kg/m^3）；

G——木材重量（g 或 kg）；

V——木材体积（cm^3 或 m^3）。

木材密度是木材性质的一项重要指标，具有很大的实用意义。可以根据它来估计木材的重量，在木材干馏及制浆材性质评估、蒸煮、装锅系数、单位木材出浆率等都有实际意义。因木材含水率不同，通常分为下列四种：

$$\text{基本密度 } \rho_j=\frac{\text{全干材重量}}{\text{生材（或浸渍）体积}}=\frac{G_h}{V_g} \tag{2-3}$$

$$\text{生材密度 } \rho_g=\frac{\text{生材重量}}{\text{生材（或浸渍）体积}}=\frac{G_g}{V_g} \tag{2-4}$$

$$\text{气干材密度 } \rho_q=\frac{\text{气干材重量}}{\text{气干材体积}}=\frac{G_q}{V_q} \tag{2-5}$$

$$\text{全干材密度 } \rho_o=\frac{\text{全干材重量}}{\text{全干材体积}}=\frac{G_h}{V_o} \tag{2-6}$$

上述四种木材密度，以基本密度和气干材密度两种最常用。基本密度因全干材重量和生材（或浸渍）体积较稳定，测定结果准确，最适于作材性比较之用，同时基本密度能简化计算工作，在木材防腐等工业中具有实用意义。气干密度常泛指气干木材任意含水率时的密度，因所处地区木材平衡含水率或气干程度不同而有一个范围，通常在含水率 8%～20%时试验的木材密度，均称为气干密度。但有关专业文献所指的气干密度，常专指一定含水率时的数值，我国及俄罗斯规定的含水率为 15%，欧美一些国家规定为 12%。我国常以木材气干密度为材性比较和生产应用的基本依据。

木材密度在不同树种之间差异很大，世界各种木材密度约为 0.24～1.40g/cm^3。我国木材的气干密度：针叶材约为 0.32～0.70g/cm^3，大小相差 2.2 倍，最小为广东乐昌的杉木（0.320g/cm^3）和福建永泰的柳杉（0.341g/cm^3），最大的为内蒙古的落叶松（0.696g/cm^3）和湖南的长苞铁杉（0.661g/cm^3）。阔叶材约为 0.240～1.130g/cm^3，大小相差 4.7 倍，最小为毛泡桐 *Paulownia tomentosa* Steud.（0.278g/cm^3）和国外引种的轻木 *Ochroma lagopus* Swartz（0.240g/cm^3），最大为蚬木 *Excentrodendron hsienmu* Chang et Miau（1.130g/cm^3）和海南紫荆木 *Madhuca hainanensis* Chun et How（1.110g/cm^3）。我国最轻的和最重的木材，都分布在南方的热带和亚热带地区。

（1）木材密度分级：根据我国木材气干密度的差异情况（如图 2-1），以气干密度（木材含水率为 15%）为标准，划分为五级：很小（<0.350g/cm^3）；小（0.351～0.550g/cm^3）；中

（0.551～0.750g/cm³）；大（0.751～0.950g/cm³）；很大（>0.951g/cm³）。

由图2-1可以看出我国主要树种的木材密度，针叶材基本属于小和中等两级，阔叶材为中等和大两级；而密度最大和最小的都是阔叶材。

（2）竹材密度分级：竹材基本密度的大小，依基秆壁厚度、维管束密度、纤维比量及胞壁厚度而异，其中以胞壁厚度与基本密度的关系最为显著；通常均在0.4～0.7，多数为0.5～0.6。据此将竹材基本密度分为五级（见表2-2）。

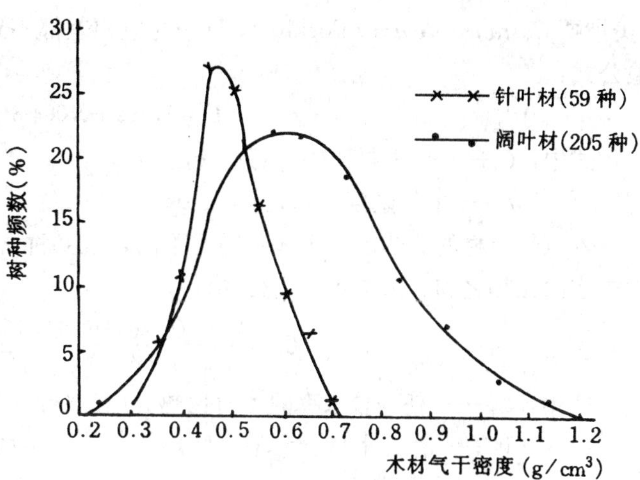

图2-1　我国主要树种木材密度的差异

表2-2　竹材密度分级　单位：g/cm³

Ⅰ级	Ⅱ级	Ⅲ级	Ⅳ级	Ⅴ级
0.4以下	0.4～0.5	0.5～0.65	0.65～0.80	0.80以上

2.2　木材重量

生材或气干材的重量，具有很大的实用价值，尤其在制浆造纸和木材干馏工业上意义最大，根据下列公式求得每立方米的生材重和气干材重：

$$W_g=S_g\times\left(1+\frac{M_g}{100}\right)\times1000 \tag{2-7}$$

$$W_a=S_a\times1000 \tag{2-8}$$

式中：W_g——生材重（kg/m³）；

W_a——气干材重（kg/m³）；

S_g——基本密度（g/cm³）；

S_a——气干密度（g/cm³）；

M_g——生材含水率（%）。

3　木（竹）材热学性质

木（竹）材热学性质的主要指标有比热、导热系数和导温系数等，是木材的基本参数。在以木材为原料的林产化工工艺设计中常用到这些参数。

3.1　木材比热

单位重量的物体温度变化1℃时所吸收或放出的热量，称为该物体的比热（或称热容量系数）。

绝干木材的比热基本上不受树种的影响，但树脂含量高的木材，其比热值常较大。据测定20种木材在0～106℃内绝干材平均比热的平均值为1.364kJ/（kg·℃），最大平均比热值为1.405kJ/（kg·℃）（长叶松 *Pinus palustris* Mill.），最小平均比热值为1.322kJ/（kg·℃）

（美洲栗 *Castanea dentata* Borkh.），与平均值相差都不到3%。并得出绝干木材真实比热的经验公式：

$$C_o=1.109+0.00484t \tag{2-9}$$

式中：C_o——绝干材比热［kJ/（kg·℃）］；

t——木材温度（℃）。

木（竹）材的比热因含水率不同而不同，在某种含水率时的比热即为绝干材的比热与木材中水的比热之和，通常用下列公式计算：

$$C_w=\frac{W+(0.266+0.00116t)}{W+1}\times 4.17 \tag{2-10}$$

式中：C_w——任一含水率的木材比热［kJ/（kg·℃）］；

W——任一木材含水率（%）；

t——木材温度（℃）。

木材的比热对木材蒸煮、干馏、防腐以及木材加工利用等方面具有重要的意义。

3.2 木材导热系数

木材的导热性以导热系数表示，即在单位时间（h或s）内，通过木材的单位面积（m^2）和单位长度（m），在木材两面间引起温度1℃的差异所需的热量，可用下式表示：

$$K=[S(1.39+0.028M)+0.165]\times 4.17 \tag{2-11}$$

式中：K——导热系数［kJ/（m·h·℃）］；

S——绝干密度（g/cm^3）；

M——适用于木竹材含水率（≤40%）。

若木材含水率超过40%时应为：

$$K=[S(1.39+0.038M)+0.165]\times 4.17 \tag{2-12}$$

上式计算的数值为木材横纹方向的导热系数，其结果与实测的不完全一致，但可供实际应用时参考。顺纹方向的导热系数较横纹方向约大2～2.5倍；径向比弦向稍大，可省略不计。

3.3 木材热膨胀

木材的热膨胀可以用线膨胀系数来表示，其计算公式如下：

$$L=L_0[1+a(t_1-t_0)] \tag{2-13}$$

式中：L——加热终了的长度；

L_0——加热开始的长度；

t_1和t_0——分别为加热终了和开始的温度（℃）；

a——木材的线膨胀系数。

木材是各向异性物体，不同纹理方向的线膨胀系数不同；顺纹方向的线膨胀系数最小，约为横纹方向的10%，径向略小于弦向。有人曾对加拿大黄桦 *Betula alleghaniensis* Britt. 等9种木材测定的结果，温度在−50～50℃内，顺纹方向热膨胀系数为2.98×10^{-4}～4.28×10^{-6}，径向为21.8×10^{-6}～30.7×10^{-6}，弦向为29.7×10^{-6}～42.7×10^{-6}。横纹方向热膨胀系数有随木材密度增加而增大的趋势，而顺纹方向热膨胀系数的大小与木材密度关系不明显。

4 木材渗透性质

木材为高度的多孔材料，液体在木材内的通路有大有小，差别很大。大的在肉眼或放大镜（10倍）下可以看见，如导管、胞间道（树脂或树胶道）等；小的需用显微镜才能看到，如木纤维、管胞的细胞腔和胞间隙（木射线细胞间的胞间隙很普遍）等；还有的需用电子显微镜才能看到，如细胞壁上纹孔膜的微孔，或细胞壁由于受膨胀剂（如水）而产生的毛细管暂时通路（存在于微晶体之间和无定型区域内），非膨胀剂（如甲苯）则无此种现象发生。

木材中液体通路的体积，占木材总体积的25%～85%，木材密度大的占其体积的百分率小，如密度为0.80g/cm^3，它的通路体积为45%；木材密度小的占其体积的百分率大，如密度为0.22g/cm^3，它的通路体积多达85%。

在化学制浆中，木材蒸解程度的高低，除与树种、蒸煮液本身特性有关外，木材的液体渗透性及其解剖特性，是蒸煮液在木材内运行的基本因素。

针叶材的液体渗透通道，最初常发生于管胞的末端断口而进入胞腔，经过胞壁纹孔扩散到邻近管胞，通过交叉场纹孔进入木射线细胞。木射线细胞常是径向渗透的重要途径，且以木射线薄壁细胞较木射线管胞容易渗透，但不是所有树种如此，另可经过其纹孔而通向管胞。药液通常是由胞腔向外渗透的，故以S_3层与药液接触较长，最后达到S_1，初生壁和中层，特别是角隅处，这里是木质素高度集中的区域。

胞壁纹孔既是细胞之间的通道，也是蒸煮液进入中层分离纤维的重要通道。在一些针叶材的具缘纹孔膜上常具有许多微孔，纹孔膜属初生壁，其微纤丝是任意排列的，自纹孔托向纹孔周围常有许多辐射的支持束，在这些束之间留下许多不同大小的微孔，松科木材的微孔约为0.2μm。而纹孔是否被阻塞与渗透关系有很大的影响。

针叶材中，常以早材管胞壁上纹孔较大而多，晚材管胞上较少且小；早材管胞壁上纹孔的平均数常较同种晚材管胞多达4～11倍以上，有的针叶材一个早材管胞壁上约有80～200个以上的具缘纹孔，而晚材管胞则少得多。

阔叶材的液体渗透通道，边材部分常首先进入导管，经过管壁纹孔进入木射线，由此再经过纹孔进入木纤维，但其他种类细胞的断口也可进入。心材部位常由于导管内具侵填体而使渗透变慢。可用提高蒸煮液（如亚硫酸蒸煮液、热碱等）温度进行短期预处理，渗透通道没有改变，但渗透程度增强了。

参考文献

1. Mork E. Die Qualitat des Fichtenholze Papier Fabrikant，1928，26～48
2. Marian Von J E，Stumbo D A. A New Method of Growth Ring Analysis and the Determination of Density by Surface Texture Mearsurements. Holz als Roh-und Workstoff，1960，287～296
3. 江西省木材工业研究所．人造板生产手册．北京：农业出版社，1977
4. 成俊卿．木材学．北京：中国林业出版社，1985
5. International Association of Wood Anatomists. Committee on Nomenclature. Tropical woods，1937，41：21
6. 朱惠方等．数种速生树种的木材纤维形态及其化学成分的研究．林业科学，1962，7（4）：255～267
7. 孙成志等．马尾松全树材性与制浆的研究．林业科学，1986，22（1）：49～53
8. 蔡少松．广东阔叶材造纸的研究．林业科学，1979，15（3）：199～204
9. 何天相．木材细胞壁超微结构．北京：中国林业出版社，1987
10. 島地谦等．木材の组织．森北出版株式会社，1977
11. Wardrop A B，Harada H. The Formation and Structure of the Cell Wall in Fibers and Tracheids. J. Exp. Bot，1965，16：356
12. 孙成志等．十种国产针叶树材管胞次生壁微纤丝角的测定．林业科学，1980，16（4）：302～303
13. 孙成志等．应用 x 射线（002）衍射弧法测定纤维次生壁的微纤丝角．林业科学，1982，18（1）：64～79
14. 中国科学院植物研究所．草类纤维（禾本科）．北京：科学出版社，1973
15. 朱惠方等．国产 33 种竹材制浆应用上纤维形态结构的研究．林业科学，1962，7（4）：255～267
16. 李正理等．12 种国产竹材的纤维测定．林业科学，1962，9（1）：67～72
17. 李正理等．几种国产竹材的比较解剖观察．植物学报，1960，9（1）：76～95
18. 中国科学院植物研究所形态细胞研究室比较形态组．松树形态结构与发育．北京：科学出版社，1978

第3篇

木（竹）材化学

第3章 木（竹）材的化学成分

潘定如　殷　宁　李民栋　邰瓞生

1　纤维素

纤维素是自然界资源最丰富的有机物质。从细菌、鞭毛虫、藻类到树木都含有纤维素，是木材主要组分之一，约占 40%～50%。它与半纤维素、木质素一起构成了木材细胞壁物质，是细胞壁的“骨架”，对木材的物理、力学和化学性质有着重要的影响。

在学术上把纤维素定义为在常温下不溶于水、稀酸和稀碱的D-葡萄糖以β-1，4苷键结合起来的链状高分子化合物。

木材中的纤维素为白色，相对密度为 1.55g/cm^3[1]，比热为 0.32～0.33kJ/（kg・℃）。

1.1　纤维素大分子的化学结构

纤维素大分子化学结构是在 20 世纪 30 年代初期确定的，确定的过程在很多专著中有详细的论述[2,3]。经元素分析 C=44.2%，H=6.3%，O=49.5%，化学实验式为（$C_6H_{10}O_5$）$_n$。$C_6H_{10}O_5$ 是葡萄糖基，其分子量为 162，n 是聚合度，其数值随纤维素的来源、制备方法和测定方法而异，可以达几百至几千甚至 10 000 以上。纤维素大分子属线型高分子化合物。

纤维素大分子化学结构式如下：

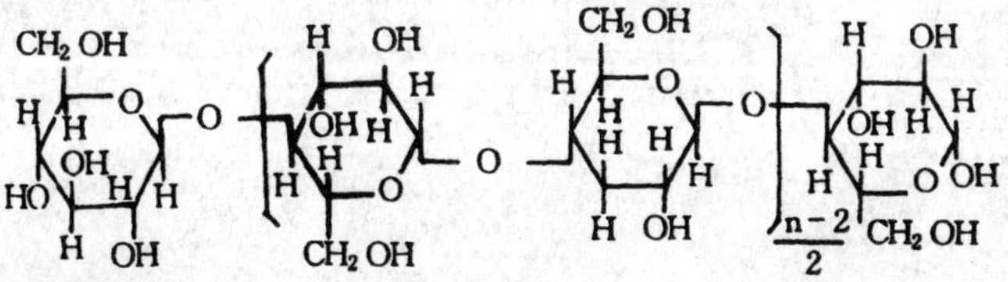

从下面几点可以得到证实：

（1）纤维素用强酸水解时，可得到近于理论得率的D-葡萄糖。

（2）纤维素用醋酸分解时，可得理论量约 40%的八乙酰基纤维二糖，如把它皂化，可分离出纤维二糖。

（3）在缓和条件下水解纤维素时，可得到由 3～7 个 D-葡萄糖构成的低聚糖。

（4）对纤维素进行深度乙酰化或甲基化时，则生成相当于每个葡萄糖基具有 3 个乙酰基或 3 个甲基的醋酸纤维素或甲基纤维素。水解此纤维素时，除定量地生成 2，3，6-三-O-甲基-D-葡萄糖外，还有由非还原性末端基而生成的 2，3，4，6-四-O-甲基-D-葡萄糖。

从以上事实说明纤维素的葡萄糖基在 2，3 及 6 位上具有羟基，而没形成支链结构。另外，由旋光度的加和性（Hudson 规则）、水解动力学、x 射线衍射等的研究，对纤维素化学结构的

注：本章第 1 节由潘定如、殷宁编著；第 2、4 节由李民栋编著；第 3 节由邰瓞生编著。

确定也起了积极作用。

纤维素大分子化学结构的特点是：

(1) D-吡喃式葡萄糖基是纤维素的结构单元，由β-1，4 苷键联接成线型的均一高聚糖，基环之间相互旋转 180°。

(2) 纤维素大分子中的每个基环均具有 3 个醇羟基，其中 C_2 和 C_3 上为仲醇羟基，而 C_6 上为伯醇羟基，其反应能力是不同的，可以发生氧化、酯化、醚化、交联、接枝共聚等反应，并能吸湿、润胀，分子间形成氢键，对纤维素的物理和化学性质有决定性的影响。

(3) 纤维素大分子的两个末端基，其性质不同。左端的基环 C_4 上多一个仲醇羟基，右端的基环 C_1 上多一个苷羟基。苷羟基上的氢原子最易转位，与基环上的氧桥上氧结合，使环式结构变成开链结构，C_1 原子变成醛基而显还原性。

(4) 纤维素大分子是线型结构，分子表面平滑，大分子可以弯曲，其弯曲程度与大分子之间的相互作用和排列方向密切相关。

(5) 纤维素大分子的 D-吡喃葡萄糖基的 6 个碳原子，并不在同一平面上，而是如同环己烷那样，为弯曲的六角环，具有不同的构象，以平伏椅式构象能量最低，也最稳定。纤维素大分子的椅式构象式如图 3-1。

图 3-1 纤维素大分子的椅式构象式

图 3-1 中氢和 C_6 上的氧没有表示出来。从原理上讲，$C_6—O_6$ 的方向可以有三种不同的构象，即：gt 构象，表示 $C_6—O_6$ 键绕 $C_5—C_6$ 键旋转，其位置位于 $C_5—O_5$ 键同侧并与 $C_5—C_4$ 键反向（g 表示同侧，t 表示反向）；tg 构象，表示 $C_6—O_6$ 键绕 $C_5—C_6$ 键旋转，其位置于 $C_5—O_5$ 键反向和 $C_5—C_4$ 键同侧；gg 构象，表示 $C_6—O_6$ 键绕 $C_5—C_6$ 键旋转，其位置对 $C_5—O_5$ 键和 $C_5—C_4$ 键都是同侧，如图 3-2。上述三种构象，涉及到原子间距离和氢键的形成。

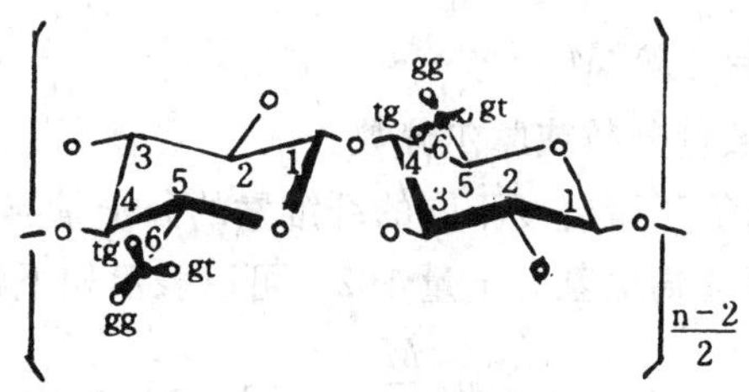

图 3-2 纤维素 $C_6—O_6$ 的三种构象（tg，gg，gt）

纤维素大分子可以用红外光谱来研究它的结构中所具有的基团，所用波长一般在 2.5～12.5μm（或波数 4 000～800cm^{-1}），图 3-3 为澳大利亚产王桉 *Eucalyptus regnans* F. Muell. 木材及其主要成分纤维素、半纤维素和木质素的红外光谱图[4]。

从图 3-3 中可以看出，对纤维素大分子在波长 3.45μm（2 900cm^{-1}）是 O—H 伸展振动，波长 7.02μm（1 425cm^{-1}）是 CH_2 剪切振动，波长 7.30μm（1 370cm^{-1}）是 CH 弯曲振动，波长 11.15μm（895cm^{-1}）是 C_1 的振动频率。

1.2 纤维素的分子量和聚合度

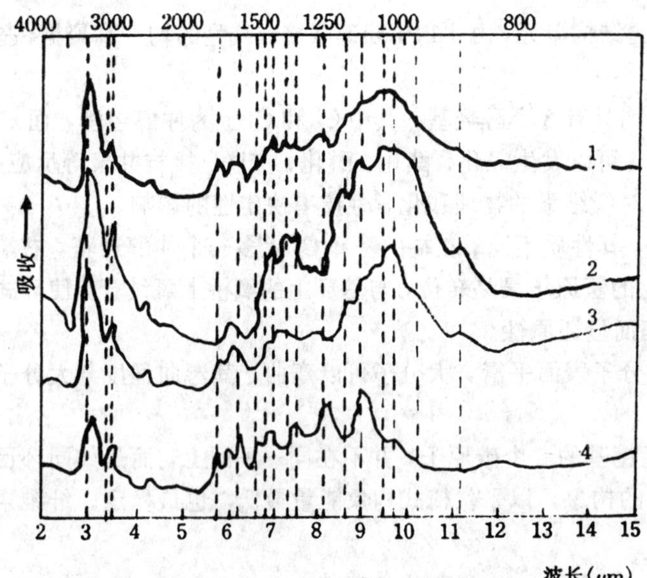

图 3-3 澳大利亚产王桉木材及其主要成分的红外光谱图

1. 木材；2. 纤维素；3. 半纤维素；4. 木质素

纤维素制品的机械性质，在很大程度上受构成纤维素的分子量 M 或聚合度 DP 及其分布的影响，分子量和聚合度的关系为：

$$DP = (M - 18)/162 \approx M/162 \tag{3-1}$$

纤维素是由不同聚合度和分子量的大分子组成，这种现象称多分散性或不均一性，所以纤维素的分子量和聚合度都是平均分子量和平均聚合度。

1.2.1 纤维素分子量和聚合度的统计方法

纤维素平均分子量和平均聚合度因统计方法不同而分为数均分子量和数均聚合度、重均分子量和重均聚合度、粘均分子量和粘均聚合度以及 Z 均分子量和 Z 均聚合度等不同平均分子量和平均聚合度。

数均分子量或数均聚合度是按分子的数量统计计算的分子量或聚合度。

1 个纤维素试样，如果其中分子量为 M_1、M_2、M_3……M_i 的纤维素分子的分子数分别为 n_1、n_2、n_3……n_i 个，并且 i 聚物重量 $W_i=n_iM_i$，则数均分子量 M_n 为：

$$M_n = \frac{\text{总的重量}}{\text{总分子数}} = \frac{\sum\limits_i W_i}{\sum\limits_i n_i} = \frac{\sum n_iM_i}{\sum n_i} = \sum \frac{n_i}{\sum n_i}M_i = \sum N_iM_i \tag{3-2}$$

式中：N_i——i 聚物的数量分数或摩尔分数。

也就是说，数均分子量等于聚合度不同的纤维素的分子量与摩尔分数的乘积之总和。

聚合度等于分子量除以葡萄糖基分子量 162，可以表示如下：

$$P_n = \frac{M_n}{162} = \frac{\sum n_i \dfrac{M_i}{162}}{\sum n_i} = \frac{\sum n_iP_i}{\sum n_i} = \sum N_iP_i \tag{3-3}$$

式中：P_n——数均聚合度；

P_i——i 聚物聚合度。

凡是由渗透压法和化学法等所测得的平均分子量，均为数均分子量。

重均分子量是以重量作统计单位所求出的平均分子量。重量分数 $W_i/\sum\limits_i W_i$ 与分子量 M_i 的乘积的总和，即为重均分子量 M_w。即：

$$M_w = \sum \frac{W_i}{\sum W_i}M_i = \frac{\sum n_iM_i^2}{\sum n_iM_i} \tag{3-4}$$

从上式可知，重均分子量不仅与分子数有关，更与分子量（即重量）有关。用粘度法、扩散法及超离心法等方法测出的分子量都是重均分子量。

重均聚合度 P_w 为：

$$P_w = \frac{M_w}{162} = \frac{\sum W_i M_i}{\sum W_i} \times \frac{1}{162} = \frac{\sum W_i \dfrac{M_i}{162}}{\sum W_i} = \frac{\sum W_i P_i}{\sum W_i}$$
$$= \sum W'_i P_i \tag{3-5}$$

式中：W'_i——重量分数$\left(W'_i = \dfrac{W_i}{\sum W_i}\right)$。

此外，平均分子量还可用粘均分子量，即 $M_v = \left(\dfrac{\sum N_i M_i^{1+a}}{\sum N_i M_i}\right)^{\frac{1}{a}}$ 及 Z 均分子量，即 $M_z = \dfrac{\sum N_i M_i^3}{\sum N_i M_i^2}$ 来表示。一般说来，平均分子量有 $M_n < M_v < M_w < M_z$ 的关系，但纤维素的粘均分子量 M_v，由于$a \approx 1$，因而可以认为用粘度法测定 M_v，可得到 M_w。如果试样是完全均一的，则 $M_n = M_v = M_w = M_z$。试样的不均性 U 可用（$\overline{M}_w / \overline{M}_n$）$-1$ 或（$\overline{DP}_w / \overline{DP}_n$）$-1$ 表示，均一性试样 U 为 0，U 最高时可近于 1[5]。

1.2.2　纤维素分子量的测定

纤维素分子量和聚合度的测定方法有化学法和物理法两大类。化学法的原理系根据纤维素分子链的两端的葡萄糖基，其性质均较为特殊，可用化学方法测定此具有特殊性质的末端的葡萄糖基的数量，即可求出在一定量的样品中有若干纤维素链分子，而得到数均分子量。但用化学法测定时，易发生链分子的降解和副反应，使测定结果难于正确，故一般不用此法测定纤维素的分子量。一般较常用的是渗透压法和粘度法。

(1) 渗透压法。此法多用纤维素衍生物（如纤维素硝酸酯）溶于有机溶剂中以测定渗透压而求分子量，所测得的为数均分子量。

根据理想溶液渗透压 π 与溶质的分子量 M、重量 W、摩尔数 n、溶液体积 V、浓度 C 及绝对温度 T 的关系可用范特荷夫方程式表示：

$$\pi V = nRT = \frac{W}{M} RT$$

$$\pi = \frac{WRT}{VM} = \frac{CRT}{M}$$

或

$$\pi / C = \frac{RT}{M} \tag{3-6}$$

π/C 称为比浓渗透压，当试样一定时，比浓渗透压应与溶液浓度无关。但纤维素溶液不是理想溶液，π/C 常随浓度 C 的增高而增大。而在稀溶液中，π/C 与 C 呈直线关系，故可用下式表示：

$$\pi / C = \frac{RT}{M} + bC \tag{3-7}$$

当浓度稀至近似于 0 时，$C \approx 0$，$bC = 0$，则：$\lim\limits_{C \to 0} (\pi/C) = \dfrac{RT}{M}$，$\pi/C$ 即等于直线在 π/C 轴上的截矩，如图 3-4。

因此，在稀溶液中变更浓度，测定几个渗透压数据，连接所测值各点得到直线。然后，再线性外推到浓度等于零，即得 π/C 之值。代入公式 $M=\dfrac{RT}{\pi/C}$，即可求出分子量 M。

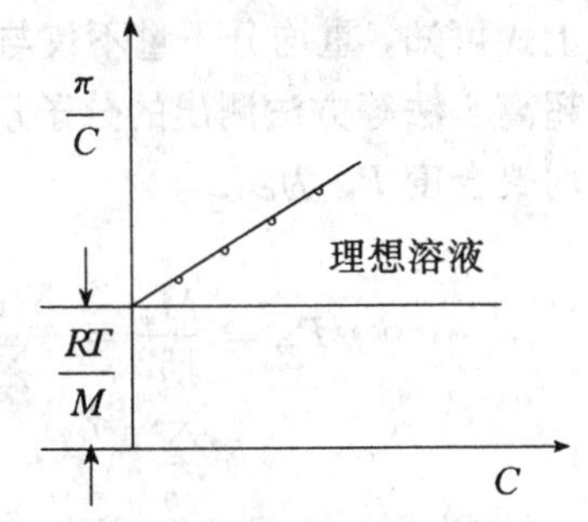

图 3-4 比浓渗透压 π/C 与浓度 C 的关系

(2)粘度法。粘度法是用纤维素或其衍生物溶解成溶液，然后测定溶液的粘度来计算纤维素分子量或聚合度的方法。根据 H. Staudinger 粘度法则[6]，在高分子溶液浓度极低时，溶液粘度与分子量，即与聚合度成正比关系。用粘度法可测得粘均分子量 M_v。

测定分子量或聚合度所用溶液的粘度常以下列几种形式表示：

① 相对粘度 η_r：

$$\eta_r=\frac{\eta}{\eta_0} \tag{3-8}$$

式中：η——溶液的粘度；

η_0——溶剂的粘度。

相对粘度表示溶液粘度比溶剂粘度大多少倍，是一个无因次量。

② 增比粘度（比粘度）η_{sp}：

$$\eta_{sp}=\frac{\eta-\eta_0}{\eta_0}=\eta_r-1 \tag{3-9}$$

η_{sp}是表示溶液粘度较溶剂粘度增加的百分数，亦为无因次量。

③ 比浓粘度 η_{sp}/C：

$$\eta_{sp}/C=\frac{\eta_r-1}{C} \tag{3-10}$$

比浓粘度是单位浓度的增比粘度，其数值随浓度不同而改变，其单位为浓度单位的倒数，如 L/g，dl/g，ml/g 等。

④ 特性粘度（极限粘度）〔η〕：

$$[\eta]=\lim_{C\to 0}\frac{\eta_{sp}}{C} \tag{3-11}$$

〔η〕表示在浓度为 C 的情况下，单个分子对溶液粘度的贡献。其数值不随浓度而改变，其因次是浓度因次的倒数。〔η〕的数值可用实验作图外推法求得截矩，即为〔η〕。

纤维素分子在溶剂中的形状是蜷曲的，特别是柔性大的分子链，蜷曲程度很大，形成线团，故马克提出〔η〕$=KM^a$ 或〔η〕$=KP^a$ 方程式，K 和 a 为常数。确定 K 和 a，必须先知〔η〕和 M 或 P。〔η〕可用粘度计测定，M 和 P 则必须借助于其他标准方法（如渗透压法）来测定。用于制定常数 K 和 a 的标准样品必须先进行重复分级，至接近单分散性程度，否则同一试样用不同标准方法测出的分子量各不相同，从而制定的常数也各不相同。

表 3-1 列举一些〔η〕$=KM^a=K'P^a$ 方程中的常数及应用条件，在具体选用时，要注意温度、溶剂体系、特性粘度单位、被测分子量范围和流速梯度等条件应相同。

表 3-1　〔η〕$=KM^a=K'P^a$ 中的常数表

聚　合　物	溶　　剂	t（℃）	$K\times10^5$ (dl/g)	$K'\times10^3$ (dl/g)	a	范围 P	方法①
纤　维　素	铜　　氨	25		8.0	0.81	90～3 500	LS，CN
	铜乙二胺			9.8	0.90	250～8 000	SD，CN
	铜乙二胺	25		17	0.80	320～900	K，OS
	镉乙二胺	25		18	0.77	310～5 800	LS
	镉乙二胺	20	5.93		0.94	520～2 500	CN
	镉乙二胺	25	93.3		0.72	1 900～4 400	CN
	镉乙二胺	25	38.5		0.76	60～5 800	LS
	锌乙二胺	20	5.85		0.936		OS，CN
	酒石酸铁钠 (FeTNa) (EWNN)	25		27.4	0.78	390～3 300	LS
纤维素醋酸酯	丙　　酮	20		6.71	1	78～540	SD
	氯　　仿	25		2.23	1.02	260～1 130	K，OS
纤维素硝酸酯	乙基乙酸酯	30	2.50		1.01	140～1 930	LS
	乙基乙酸酯	25	16.6		0.86	2 300～8 400	LS
	丙　　酮	20	2.8		1	44～8 400	SD
	丙　　酮	25		5.0	1	250～9 000	LS
	丙　　酮	20		8.2	1	<1 000	
甲基纤维素	二甲亚砜			44.6	0.76	>1 000	
				33.8	0.84		LS

①K——动力学；LS——光散射；OS——渗透；SD——沉降扩散；CN——经过硝化。

在纤维素的粘度测定中，最常用的是毛细管粘度计，其中以 Ostwald（奥氏粘度计）为常见（如图 3-5）。

用毛细管粘度计，系测定一定体积的纤维素溶液，由液面通过毛细管一定距离（上下刻度 $a\to b$）流出的时间。按下式计算粘度：

$$\eta = Kdt \tag{3-12}$$

式中：K——粘度计常数；

d——溶液（或溶剂）的相对密度；

t——溶液流出时间。

用粘度法需借助于测定分子量和聚合度的其他方法来测定 K 及 a 值，故不能独立地作为测定分子量和聚合度的绝对方法，这是其缺点。但此法测定设备简单，操作便利，又有相当好的实验精确度，故被广泛使用。

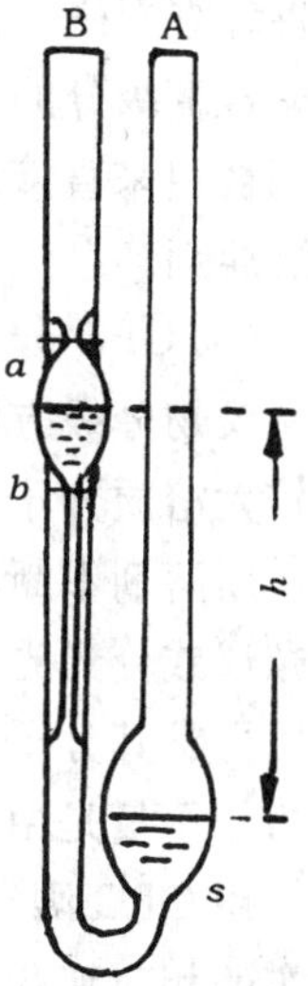

B　A　a　b　h　s

图 3-5　奥氏粘度计

1.2.3　纤维素的多分散性和分级

化学纯粹的纤维素是由具有相同的化学结构（即基环相同，且基环间的联接方式亦相同），但具有不同的长度（即分子量或聚合度不相同）的各种链分子组成的。这种性质称为纤维素的多分散性或不均一性。纤维素的这种多分散性影响它的反应性能和纤维素的机械强度。多分散性的纤维素可按不同的聚合度分成若干级分，叫分级。

以 U 表示多分散性，它与数均和重均两种平均分子量的关系可用下式表示：

$$U=\frac{M_w}{M_n}-1 \quad 或 \quad U=\frac{P_w}{P_n}-1 \tag{3-13}$$

即分子量或聚合度的两种平均值之比值愈大，则纤维素的多分散性愈大。测得分子量的两种平均值后，即可根据公式求出分子量的多分散性。

进行纤维素分级的方法有溶解分级法、沉淀分级法和GPC分级法三种，现分述如下：

（1）溶解分级法。将一种多分散性的纤维素样品分次用同一浓度的铜氨溶液去溶解而逐次将液比增加，则可经过逐次溶解，将不同聚合度的纤维素分成不同的级分，称为溶解分级法。表3-2是用含0.25%的铜及15%的NH_3的铜氨溶液，以各种液比处理具有平均聚合度844的纤维素，得到其多分散性的结果。

表3-2 用铜氨溶液的溶解分级法测定纤维素的多分散性的结果

液 比	相继溶解的各级分的重量（纤维素重量%）	聚合度
30	8.8	160
75	9.9	350
125	16.4	545
175	18.2	820
225	26.0	1 083
未溶残余	20.8	1 161

同样，用不同浓度的氢氧化钠溶液或同浓度的溶液在不同温度下处理纤维素也可将纤维素分级。粘胶人造丝其聚合度为300～350，因最后可完全溶解，可用此法达到分级的目的。天然纤维素虽不能完全溶解，也可进行部分的分级。

（2）沉淀分级法。将纤维素或其酯的溶液（如纤维素铜氨溶液）加入沉淀剂（如正丙醇或丙酮）降低原来溶剂的溶解能力，使聚合度较大的部分首先沉淀出来。将其分离后，再逐渐增加沉淀剂，使原来溶剂的溶解能力逐渐减少，使纤维素按聚合度大小依次沉淀出来，达到分级的目的，称为沉淀分级法。由于纤维素溶解后很易受到降解，一般都先将纤维素硝化制成硝化纤维素，然后再将其溶解，依次加沉淀剂加以分级。沉淀分级法对高聚合度级分的分级能力较强[6]。由于新溶剂的发现，酒石酸铁钠（FeTNa）和镉乙二胺两种溶剂被用来直接溶解纤维素，进行分级沉淀。并以甘油-水（1：3）为沉淀剂，也可用正丙醇为沉淀剂。

（3）GPC分级法。GPC是凝胶穿透色谱法的简称，是1964年才开始确立并逐步推广应用于高聚物分级方面的仪器分析方法。GPC的原理是：不能全部或部分进入色谱柱凝胶微孔中的较大溶质分子，比小的溶质分子首先由凝胶中被洗脱出来。在分级过程中，将样品打进GPC柱，用溶剂不断淋洗，定量地收集溶液，再用检测仪测定其中聚合物的浓度。常用的有示差折光仪或分光光度计，较先进的方法有红外光谱仪、紫外光谱仪等。每次收集的溶液浓度测出后再求其分子量。求分子量必须用已知分子量的样品与淋洗体积的峰值作图制出标准线。样品的分子量是由淋洗体积查标准线而得。

用GPC测定时所需试样量很少，在较短时间内能得到再现性良好的结果，对了解聚合度分布的相对变化非常有效。但还有待于研究出由分布曲线计算聚合度的普遍方法，而且还需要研究包括提高聚合度区域分级能力的测定条件等事项，这样GPC将被广泛采用作为纤维素的聚合度分布和聚合度测定方法。

纤维素多分散性的表示方法可以用表格表示，也可画成曲线图表示。表示聚合度分布的分布曲线一般有三种：即积分分布曲线（也称为累积重量分布曲线）、微分重量分布曲线和微分数量分布曲线。

根据上述分级方法得到各级分的重量 W_i 和各级分聚合度 P_i 的结果，见表 3-3。

表 3-3 聚合度分布测定结果及计算表

分级	聚合度 P_i	重量分数 W_i①	累积重量分数 $\sum W_i$	累积重量分布 $C(P_i)$②	累积重量分布差 $dC(P_i)$③	聚合度差 $d(P_i)$④	微分重量分布 $\frac{dC(P_i)}{dP_i}$	微分数量分布 $\frac{dC(P_i)}{P_i d(P_i)}$
1	160	0.01	0.01	0.005	0.005	160		
2	240	0.04	0.05	0.03	0.025	80	31×10^{-5}	1.3×10^{-6}
3	350	0.09	0.14	0.095	0.065	110	59×10^{-5}	1.68×10^{-6}
4	475	0.23	0.37	0.255	0.16	125	128×10^{-5}	2.7×10^{-6}
5	600	0.26	0.63	0.50	0.245	125	196×10^{-5}	3.27×10^{-6}
6	740	0.25	0.88	0.755	0.255	140	182×10^{-5}	2.46×10^{-6}
7	925	0.08	0.96	0.92	0.165	185	89×10^{-5}	0.96×10^{-6}
8	1 100	0.04	1.00	0.98	0.06	175	34×10^{-5}	0.3×10^{-6}

① 重量分数 W_i 是各级分的重量对原试样重量的比值；②$C(P_i)=\frac{1}{2}W_i+\sum_{1}^{i-1}W_i$；③累积重量分布差 $dC(P_i)=C(P_i)-C(P_{i-1})$；④聚合度差 $d(P_i)=P_i-P_{i-1}$。

聚合度分布曲线如图 3-6。

累积重量分布梯级曲线是将累积重量分数 W_i 对聚合度作图；累积重量分布曲线是将各梯级线段的纵向中点联接成平滑曲线（Ⅰ），各梯级线段的纵向中点即是 $C(P_i)$ 值，故称为累积重量分布曲线；微分重量分布曲线是将累积重量曲线微分即得微分重量分布曲线。是微分重量分布值对聚合度 P 作图而得到的曲线（Ⅱ）；微分数量分布曲线由微分重量分布曲线纵坐标 $\frac{dC(P_i)}{dP_i}$ 除以该点所对应的横坐标所代表的聚合度 P_i 即得微分数量分布，再与聚合度 P 作图，得曲线（Ⅲ）。

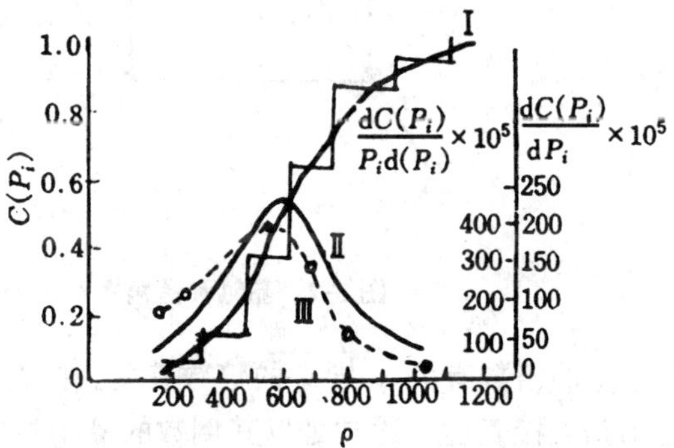

图 3-6 聚合度分布曲线

Ⅰ. 累积重量分布梯级曲线；Ⅱ. 微分重量分布曲线；Ⅲ. 微分数量分布曲线或称频数分布曲线

用分布曲线表示聚合度分布，能对聚合物分子量分散程度给予直观描述。当聚合物的分子分散性大时，分布曲线波峰较低，较宽。因此，分布曲线可反映样品中分子量分布宽度、分布的对称性、分子量集中的范围等。

1.3 纤维素的物理结构

纤维素的物理结构主要研究纤维素分子聚集状态即链分子的排列而形成的超分子结构。纤维素的物理性质或化学性质都与它的物理结构有关。研究物理结构的方法通常采用 x 射线、电子射线对高聚物的衍射现象来进行，较新的方法是使用电子显微镜结合衍射图谱的研究。

1.3.1 纤维素超分子结构理论

关于纤维素的超分子结构理论以前主要有两种学说，即两相体系理论和单相体系理论。至今得到普遍承认并沿用的为两相体系理论。

两相体系理论认为，纤维素是由结晶区与无定形区交错联接而成，二者无明显的界限，而是逐渐过渡的。在结晶区内纤维素链分子的排列具有完全的规律性，它呈现清晰的x射线图，在无定形区，链分子排列的规则性较差，但也不是完全无规则性，只是排列较不整齐，结合得较松驰而已。一个纤维素链分子可以穿过几个结晶区和无定形区。纤维素纤维还含有许多空隙，空隙的大小一般为1～10nm。

1.3.2 纤维素的结晶结构

晶体：是指内部质点（原子、离子或分子）呈现规律排列的固体。内部质点排列规律呈“空间格子”状。

晶胞：为“空间格子”的一个单位，是平行六面体，晶胞的形状大致可分为7种，即形成7种晶系，如单斜晶系、斜方晶系等。

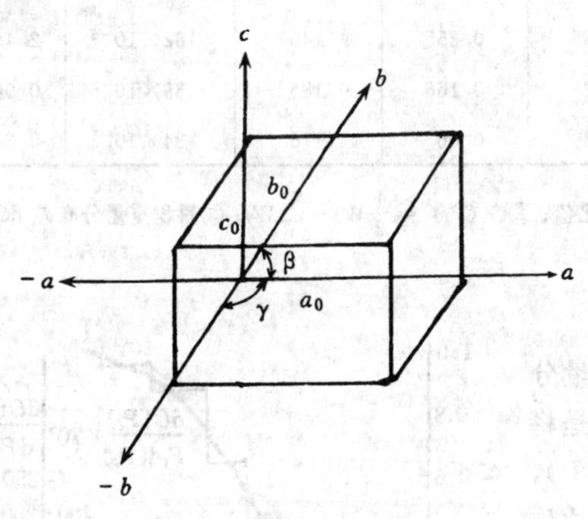

图3-7 晶轴和晶角

晶轴：是一种晶系，常被理解为一种由三个方向所组成的坐标数字，这三个方向被标志为晶轴。各晶轴方向内的位移周期就是单位周期，如图3-7中a_0、b_0、c_0。c轴直立方向，以向上为正，向下为负，a轴为左右方向，以向右为正，向左为负，b轴为前后方向，向后为正，向前为负。β和γ为晶角。

晶面指数：一个面在空间内的位置可以用晶面指数来表示。晶面指数又与“轴截矩”有关。晶面指数可以用h、k、l来表达，h与a_0倍数有关，k与b_0的倍数有关，l与c_0的倍数有关。在表达晶面指数时，只需以形成截矩的倍数比来表示，但不是直接表达，通常是以其倒数的最小整数比来表示。

表示纤维素晶体主要衍射面的晶面指数如图3-8。

面1在各晶轴形成的截矩的倍数的比值为$\infty:\frac{1}{2}:\infty$，其倒数的比值为0：2：0，即可写成晶面指数（020），与面1平行的面1′、面1″都为（020）。同理，面2的晶面指数为（002），与面2平行的面2′、面2″都为（002）。面3的晶面指数为（110）。

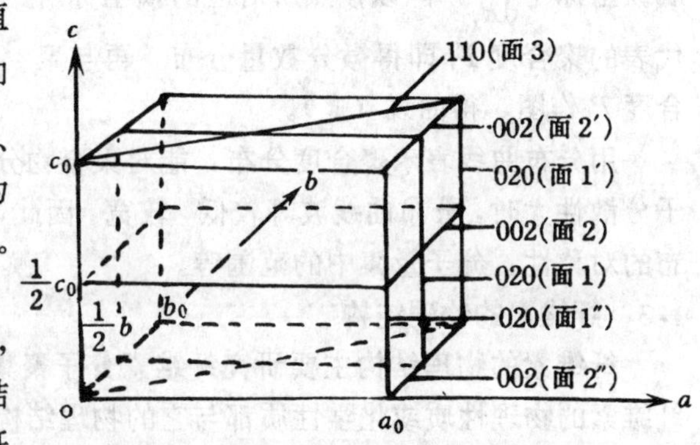

图3-8 晶面指数

纤维素的晶体属单斜晶系和斜方晶系，纤维素是同质多晶的大分子化合物，它的结晶结构的差异直接影响纤维性质的差异。纤维素有五种结晶形态，即纤维素Ⅰ、Ⅱ、Ⅲ、Ⅳ、Ⅴ。其中纤维素Ⅰ为天然纤维素，是生化合成的，通过各种处理可以转化为其他结晶结构。

据说最早假定纤维素Ⅰ的单位晶胞的研究者是Polany，但后来K.H.Meyer等[7]根据一系列 x 射线的研究，提出了纤维素的单斜晶体模型（Meyer-Misch 模型）（如图 3-9）。单位晶胞在各方面重复延展，形成结晶区。其单位晶胞参数为：$a=0.82$nm，$b=1.03$nm（纤维轴），$c=0.79$nm，$\beta=84°$。

在 b 轴方向，晶格四角各为一个纤维素分子链单位（纤维二糖）所组成，中心链与四角上的链分子在 b 轴方向高度上，彼此差半个葡萄糖基而方向相反。中心链单位属此单位晶胞所独有，而每角上的链单位则为四个相邻单位晶胞所共有。故每个单位晶胞有四个葡萄糖基。

此模型不足之处在于没有考虑以后才确立的葡萄糖基的椅式构型和分子内氢键。J. Blackwell以海藻纤维素为试样研究单位晶胞内分子链排列情况[8]，认为葡萄糖基的平面几乎与 ab 平面是平行的，并且认为位于单位晶胞四个角上的分子链和位于中心的分子链，是向着同一方向的平行链。此观点是与 Meyer 和 Misch 不同的。

J. Blackwell 纤维素Ⅰ模型如图 3-10[8]。纤维素Ⅰ是由平行分子链有规则排列组成的，在结晶中所有的链具有相同的方向（向上），链分子薄片平行于 ac 平面，所有的—CH_2OH 侧链为 tg 构象。中心链在高度上与角上链彼此相差半个葡萄糖基单位。图 3-10 中黑色中心链与原点链错开。

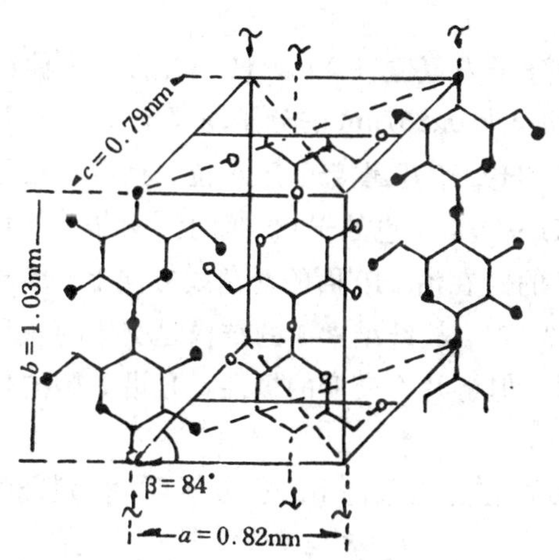

图 3-9　纤维素Ⅰ的单斜晶体模型
（*Meyer-Misch* 模型）

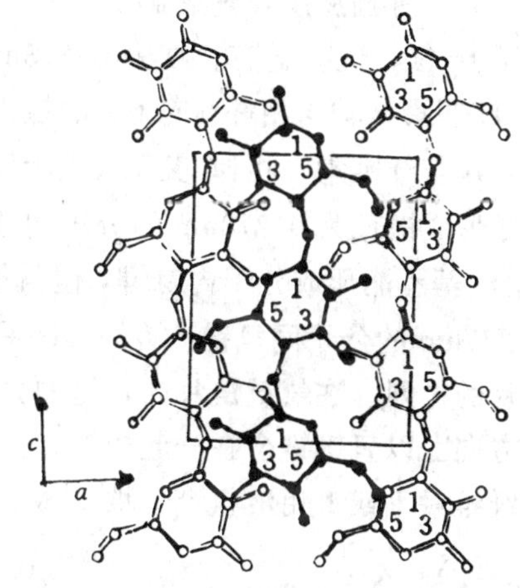

图 3-10　纤维素Ⅰ在 *ac* 面（*c* 纤维轴）上投影

纤维素Ⅰ中的氢键网如图 3-11。所有的羟基都形成具有合格键长和键角的氢键。在这种模型中，除确定键长为 0.275nm 的〔$O_{(3)}$—H⋯$O_{(5')}$〕氢键外，还存在键长为 0.287nm 的第二种分子内氢键〔$O_{(2')}$—H⋯$O_{(6)}$〕，这些分子内氢键蔓生于纤维素链的两边。此外，还存在着 $O_{(6)}$—H 和沿着 a 轴方向相邻分子链的 $O_{(3)}$之间的链间氢键，这种键长为 0.279nm。沿对角线方向上不存在氢键，而所有的氢键都在 020 面内，其结构可看成一系列氢键键合的链片，相邻接的链片是错开的，具相同方向。

纤维素Ⅱ是由天然纤维素Ⅰ经处理转化而来，又称水化纤维素，如粘胶纤维、铜氨纤维、玻璃纸等都属于纤维素Ⅱ。J. Blackwell 等所提出的纤维素Ⅱ单位晶胞如图 3-12[8]。其晶体常数为 $a=0.801$nm，$b=0.904$nm，$c=1.036$nm（纤维轴），$\gamma=117.1°$，它的四个角隅链和中心链是反向取向的。图 3-12 中黑色为中心向下链与角上“向上”链错开。

纤维素Ⅱ的氢键网比纤维素Ⅰ更加复杂。所有的羟基形成具有合格的键长和键角的氢键。每条链有〔$O_{(3)}$—H⋯$O_{(5')}$〕分子内氢键，键长为 0.269nm。中心“向下”的链，其—CH_2OH

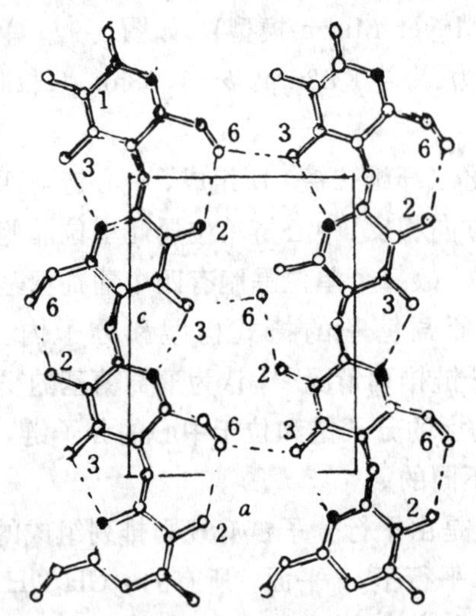

图 3-11 纤维素Ⅰ氢键（020）平面在 ac 平面投影（c 纤维轴）

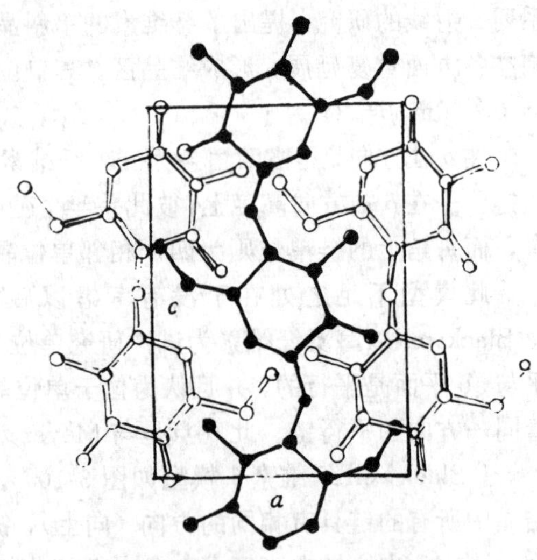

图 3-12 纤维素Ⅱ在 ac 平面投影

接近于 tg 位，这些链有长度为 0.273nm 的第二种分子内氢键〔$O_{(2')}$—H…$O_{(6)}$〕，这种链的 $O_{(6)}$—H 基沿 a 轴与相邻（向下）的链也形成一个键长为 0.267nm 的分子间氢键〔$O_{(6)}$—H…$O_{(3)}$〕，这与纤维素Ⅰ相似。关于"向上"角链，其—CH_2OH 基团接近于 gt 位，且沿 a 轴与相邻的链形成键长为 0.273nm 的分子间氢键〔$O_{(6)}$—H…$O_{(2)}$〕，也处于 020 面上。对于 gt 构象，$O_{(2)}$—H 基不能形成分子内氢键，但与相邻"向下"的链在沿 110 面的对角线方向上，形成键长 0.277nm 的分子间氢键〔$O_{(2)}$—H…$O_{(2')}$〕（如图 3-13）。故纤维素Ⅱ的结构是交错的一种氢键链片的排列，在氢键链片内，链的方向是相同的，但链片有交变的极性，且沿晶胞的长对角线方向上以氢键键合在一起[9]。

纤维素Ⅰ或Ⅱ用液氨[10]、肼[11]或乙胺[12]处理后再在适当条件下进行分解，可得到纤维素

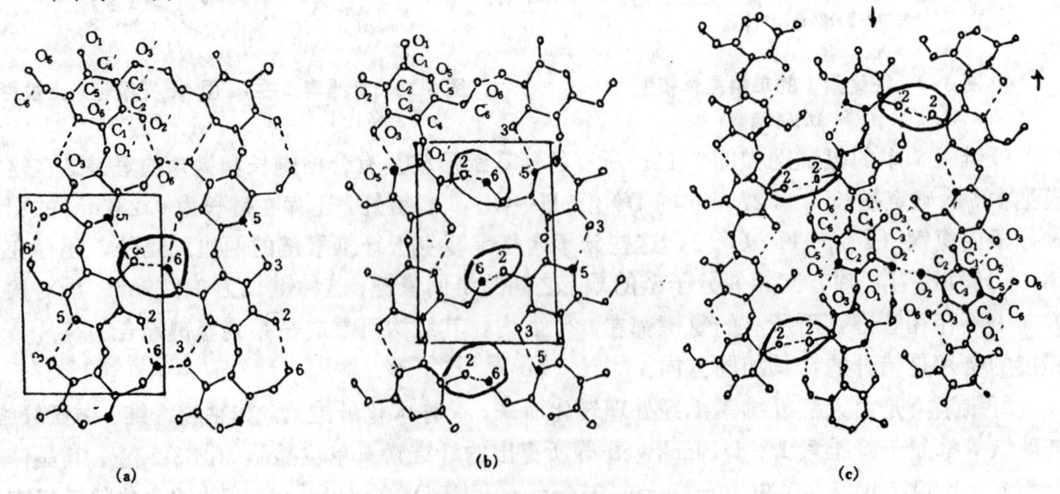

图 3-13 纤维素Ⅱ的氢键网

(a) 中心"向下"链在 020 平面内氢键网；(b) 角上"向上"链在 020 平面内氢键网；(c) 110 平面内反平行链间氢键

Ⅲ。其晶格常数为：$a=0.774\text{nm}$，$b=1.03\text{nm}$（纤维轴），$c=0.799\text{nm}$，$\beta=58°$，属于单斜晶系。

纤维素Ⅱ或Ⅲ在极性溶剂中，加热至250℃时，可得到纤维素Ⅳ。它的晶格常数为：$a=0.811\text{nm}$，$b=1.03\text{nm}$（纤维轴），$c=0.799\text{nm}$，$\beta=90°$，属斜方晶系。

纤维素Ⅴ是纤维素的新结晶变体。它是用浓盐酸（38%～40.3%）作用于纤维素而形成的，它的晶胞参数与纤维素Ⅳ基本相同。

1.3.3　纤维素的结晶度与到达度

纤维素纤维是由结晶区和无定形区构成的，结晶区占纤维素整体的百分率称为纤维素的结晶度。测定纤维素结晶度最常用方法是x射线法。它基于纤维素纤维的x射线衍射图或衍射强度分布曲线计算结晶度。结晶度增加则纤维的抗张强度、杨氏模数、硬度、比重及尺寸稳定性等均随之增加，而伸长率、吸湿性、染料吸着度、润胀度、柔软性及化学反应性等均减少。因此测定纤维素的结晶度对了解纤维素的性质有一定意义。

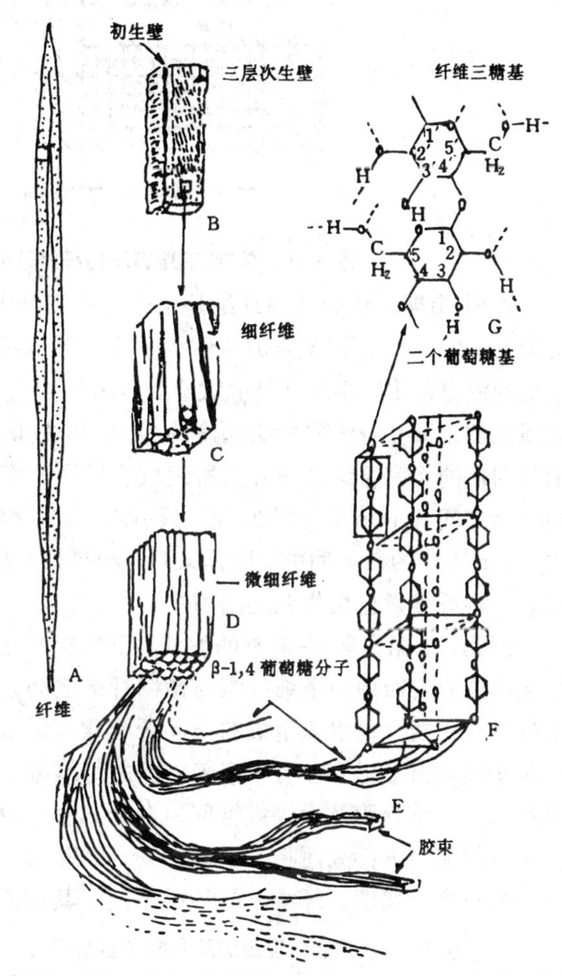

图 3-14　纤维素纤维构成

化学法测定纤维素的结晶度，系利用某些化学试剂只能进入纤维素的无定形区而不能进入结晶区，这些试剂可以到达并起反应的部分占其全体的百分率称为纤维素的到达度。到达度和结晶度的关系为：

$$A=\sigma a+(100-a) \tag{3-14}$$

式中：a——纤维素的结晶度（%）；

σ——结晶区表面部分的纤维素分数；

A——纤维素的到达度（%）。

化学法有水解法、重水交换法、甲酰化法等，用重水交换法测得纤维素的到达度为：棉花约40%，各种木浆50%～55%，纺织用人造丝68%，高韧度人造丝86%。

1.3.4　天然纤维素的原细纤维结构

根据对纤维素研究的结果，普遍认为纤维可用简单的打开分离出细纤维，细纤维通过振动打开还可分离出更小的微细纤维（如图3-14），通过超声波处理，在高倍电子显微镜下可以观察到微细纤维是由宽度为3.5nm的原细纤维有规则排列而成的。

这里主要介绍佛瑞-韦斯领（A. Frey-Wyssling）的研究成果[13]，如图3-15。

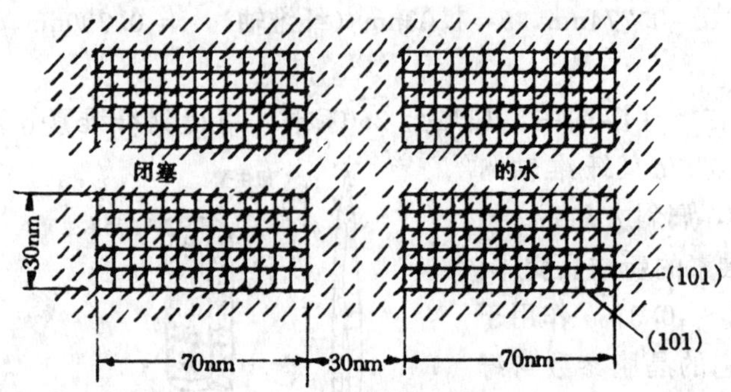

图 3-15　佛瑞-韦斯领原细纤维及微细纤维形象示意图（横切面）

佛瑞-韦斯领认为微细纤维是由若干原细纤维组成的，微细纤维的直径由电子显微镜测量出为15～25nm，可用超声波水解为更小的原细纤维，微细纤维与原细纤维的长度超过电子显微镜的测量范围。原细纤维的大小，测出约为 3nm×10nm，故为扁平形。佛瑞-韦斯领根据 x 射线法测出天然纤维素的结晶度约为 70%，故认为原细纤维是由结晶中心（3nm×7nm）和包围其四周的不完善结晶的外膜所组成。所谓不完善结晶的外膜即为无定形区。原细纤维与原细纤维之间有 1nm 大小的间隙，只有水、碱、碘等才能进入，而微细纤维与微细纤维之间有约 10nm 大小的较大间隙，胶体染料（刚果红）及胶体金属粒子可以进入，在木材纤维中，木质素、半纤维素也聚集在此间隙中。

因此，根据佛瑞-韦斯领的说法，不完善结晶的纤维素主要是以外膜的形状分布于原细纤维结晶中心的四周和微细纤维与微细纤维之间，但由于机械作用将微细纤维在其表面上分离出流苏状小线，比水解生成的结晶纤维素（即所谓微晶体）长得多，故认为在微细纤维纵向的某些横切面上仍存在有不完善结晶的纤维素（强酸水解时，即从此处断裂），不过其量远不及在原细纤维外膜及微细纤维间纵向分布多。表 3-4 为莫里赫德（Morehead）用水解法除去纤维素的无定形部分而将水解剩余物（结晶部分）用超声波分散再制成样品，在电子显微镜下测其长度和宽度。纤维素的种类不同，其微晶体的平均长度亦不同。

表 3-4　从铜氨粘度测出及用电子显微镜直接看到的在各种纤维素纤维内的微晶体大小

纤维素种类	平均聚合度（从铜氨粘度算出）	从聚合度算出的平均链长度（nm）	在电子显微镜下直接看见的微晶体长度（nm）			直接看见的微晶体	
			最小	最大	平均值	宽度（nm）	厚度（nm）
棉纤维素	280	144	91	208	144	5.0	6.4
木材纤维素	297	153	120	330	153	3.7	4.5
苎麻纤维素	251	129.3	112	140	120	3.5	4.0
皂抽纤维素（福弟生纤维）	65	33.5	—	—	33.4	2.7	5.0
粘胶人造丝	56～60	25.4～30.9	—	—	24	2.3	5.0

1.3.5　纤维素大分子间的氢键及其影响

氢键是纤维素大分子间的主要结合键型。氢键是当氢原子以主价键与另一电负性很强的原子结合后，再以副价键与另一电负性很强的原子结合所形成的键。在纤维素大分子中存在大量的羟基，当相邻纤维素大分子中的羟基相距在0.28～0.3nm 以下时，即可形成氢键。如下式(a)；当纤维素发生润胀时，如果水分子进入纤维素分子之间，氢键借助于水分子也可呈现出氢键如下式(b)。氢键的能量为 21～33.5kJ/mol，其随形成氢键的原子间的距离而异。如相邻的两个羟基的氧原子间的距离超过 0.3nm，则不能形成氢键，此时分子间仅存在范德华力。

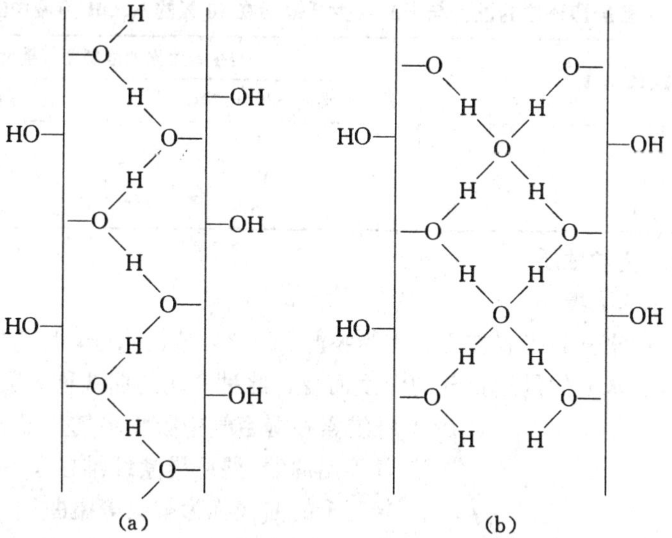

(a)　　(b)

在研究纤维素的结晶结构中，纤维素Ⅰ和Ⅱ所有羟基都形成氢键，由此推论，在纤维素纤维中结晶区内的羟基都已形成氢键，但在无定形区则有少量的羟基没有形成氢键而是游离的羟基，所以水分子可以进入无定形区而不能进入结晶区。水分子进入纤维素分子的无定形区与链分子上的游离羟基形成氢键，即在链分子间形成水桥，发生了润胀。

氢键的破裂和重新生成对纤维素物料的性质有重大的影响，尤其对纤维素的吸湿性、溶解度影响更大，而在许多情况下对其反应能力也有影响。

首先对吸湿性的影响。当纤维素分子中引入数量不多的乙酰基时，由于乙酰基的亲水性较羟基弱，理论上纤维素的吸湿性应降低，但事实上反而提高，随乙酰基的增加，吸湿性达到一最高值后又逐渐下降。当引入甲氧基或乙氧基后，也有类似的变化。此种吸湿性的变化可用氢键来解释。天然纤维素中的羟基基本形成了氢键，当引入体积较大的乙酰基、甲氧基或乙氧基后，大分子间的平均距离加大，破坏了大分子原已形成的氢键，生成游离的羟基使其吸湿性增加，后来随取代基的增加，游离羟基减少，势必使吸湿性下降。

其次，氢键对纤维素的溶解度影响更大。如醋酸纤维素在单相介质中以 0.1mol/L 的酸或碱进行部分皂化时，可以得到含乙酰基 9%～30%的产品，并完全溶解于水，说明在此时大分子间没有氢键形成。又如新形成的未经干燥的粘胶人造丝在 0℃时，几乎完全溶解于 8%的氢氧化钠溶液中，而同一人造丝在 80～90℃下干燥的则在同一溶解条件下仅能溶解 20%～40%。这说明在干燥过程中，首先是水分子间氢键断裂，水分子脱除后，纤维素表面相互靠近直到形成纤维素表面之间氢键，对 8%氢氧化钠水溶液溶解性降低。再生纤维素湿的和干的在聚合度低时也有显著不同（见表 3-5）。

再次，对反应能力氢键也有一定影响。如在乙酰化时，纤维素未经预先润胀处理破坏氢键乙酰化反应速度很慢，且常不能达到完全乙酰化，这是因为干燥的纤维素纤维生成大量氢键阻碍反应的进行，若先经过润胀，使大分子间距离加大，破坏了大分子间氢键，乙酰化速度快得多而且也易达到高度乙酰化。

此外，造纸要进行打浆，其目的是促使纤维细纤维化，使其表面露出更多的羟基，当纤维在纸机上成纸时，可以使纤维间形成氢键而使结合力增加。

表 3-5 从醋酸酯还原的湿的与干的再生纤维素在 10 %的 NaOH 溶液中的溶解度

纤维素的聚合度	再生纤维素的溶解度（重量%）	
	湿的再生纤维素	干的再生纤维素
600	10	10
400	40	15
300	70	18

1.4 纤维素的物理化学性质

1.4.1 纤维素对水的吸着

纤维素对空气中水分的吸着作用，称为吸湿。反之，放出水分，称为解吸。当温度不变，纤维素从空气中吸收水分的量随空气的湿度而变，此种变化的曲线称为吸附等温曲线。干的纤维素在湿空气中吸收湿气变湿的等温曲线，称为吸着等温曲线。湿纤维素纤维在干空气中蒸发，除去水分变干的曲线称为解吸等温曲线。如图 3-16。

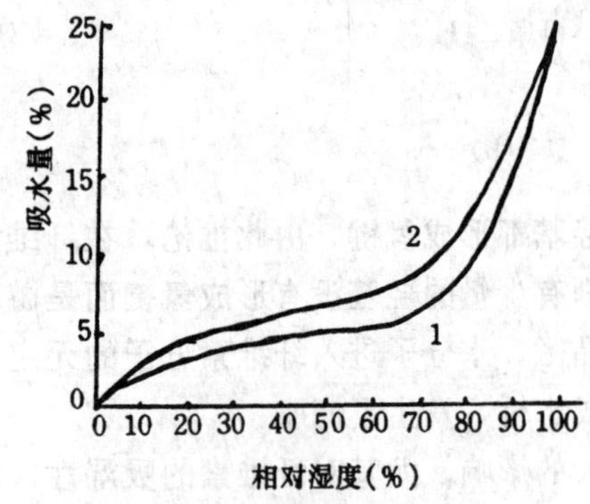

图 3-16 纤维素的吸附等温曲线

1. 吸着等温曲线；2. 解吸等温曲线

纤维素吸着机构，即吸着中心是游离羟基。纤维素无定形区分子链的羟基，部分形成氢键，部分处于游离状态。由于羟基为极性基团，易于吸附极性水分子，并与吸附的水分子形成氢键结合，这是纤维素吸着水的内在原因。在相对湿度低时，吸着中心只在纤维素分子中未结合的羟基上，并使纤维素开始润胀，当相对湿度增加时，使纤维素无定形区中部分氢键破裂，随着吸水量的增加，破裂的氢键游离出羟基形成新的吸着中心，继续吸着水分子。在高的相对湿度下，吸着水量迅速上升，是产生多层吸附水的缘故。

纤维素吸着水后，经干燥发现 x 射线图没有变化，说明吸着水只发生在无定形区，结晶区中的氢键并没有破坏。吸着水量的次序是天然纤维素＜碱处理过的纤维素＜再生纤维素。

在同一相对湿度时，吸着时水量小于解吸时的水量，称为滞后现象。这时，因为干燥的纤维素吸着发生在无定形区氢键被破坏的过程中，但遭到内部应力的抵抗，虽打开了部分氢键，但仍保持部分氢键，新游离羟基相对较少。解吸是已润湿了的纤维素纤维脱水发生收缩，无定形区的羟基部分地重新形成氢键，但遭到纤维素凝胶结构内部阻力的抵抗，被吸着的水不易挥发，氢键不是可逆的关闭到原来状态，故重新形成的氢键也较少，即吸着中心较多。只有相对湿度为零时，才回复到原来状态，此时吸着与解吸等温曲线才互相符合。

干纤维吸湿的过程具有放热现象，即产生热效应，放出的热称为吸着热或润湿热。纤维素纤维的吸着热以绝干吸湿时为最大，随着吸着水的增加而减少，直至吸水达到纤维饱和点时则放热降为零。达到纤维饱和点前所吸着的水分称为吸着水，在纤维饱和点以后所吸收的水分称为自由水或游离水。自由水存在于细胞腔或大毛细管中，不存在于无定形区之内，不使纤维发生润胀，也无热效应。在纤维饱和点处所含的水分为 25%～30%。

影响吸湿的因素主要是空气的温度和相对湿度。吸湿具热效应，空气温度高不仅不利于吸湿反而有利于解吸。相对湿度大，有利于吸湿。在相对湿度85%以下时，相对湿度不变，随温度升高，吸湿降低。在相对湿度85%以上时，由于温度与相对湿度的共同作用，大量高温水蒸气作用于纤维素，使分子链之间的氢键发生断裂，形成新的游离羟基，因而吸湿便随温度的升高而增大。

1.4.2 纤维素的润胀

当纤维素吸收极性液体之后，内部分子之间的内聚力减弱，而容积增大，变为柔软仍可保持外形，这种现象称为纤维素的润胀。被吸收的液体称为润胀剂。纤维素在对它没有亲和性的液体中，不发生润胀现象。如在苯、乙醚等非极性溶剂中，虽能吸入部分溶剂，但并不发生润胀。

纤维素的润胀分为有限润胀和无限润胀。有限润胀为纤维素吸收润胀剂的量有一定的限度，其润胀的程度亦有限度。而无限润胀是指进入纤维素无定形区和结晶区的润胀剂无一定限度，不形成润胀化合物，其结果必然导致溶解。纤维素的润胀种类和程度，主要取决于润胀剂的性质。

纤维素的有限润胀可分为结晶区之间的润胀和结晶区内润胀两种。前者是润胀剂渗透到微纤丝的无定形区或微纤丝之间的润胀，后者则相当于润胀剂渗透到微纤丝结晶区内部而发生的润胀。

(1) 因水而发生的润胀。纤维素随空气的相对湿度，吸附一定量的水分，从而使纤维素纤维的直径增加。纤维素在相对湿度为100%时，直径可增加20%～25%，当把它浸渍在水中时，其直径可再增加25%[14]。而纤维素的轴向润胀极小。

纤维素在甲醇、乙醇、苯胺、硝基苯等有机液体中发生结晶区之间的润胀，液体的极性愈大，纤维素的润胀也大，但较水小。

(2) 在酸、碱、盐类溶液中而发生的润胀。在稀酸、稀碱和盐类溶液中浸渍纤维素时，也只在结晶区之间发生润胀，其润胀程度较用水浸渍时强，此时x射线图没有变化。若把纤维素浸渍于某种浓度以上的强酸、强碱、盐类中时，则发生显著的润胀，x射线图也发生变化。这表明不止在结晶区间，而且在结晶区内部也发生了润胀。

纤维素于浓碱中浸渍时，纤维素的扭曲消失，长度也有些减少而直径则明显增大，内腔变狭。但是这时的润胀，如在酸、铜氨溶液、氯化锌等溶液中时，润胀并不无限进行。一般纤维素在大约13%苛性钠溶液中润胀最大，苛性钠的浓度再增加时，润胀反而减小。苛性钠溶液温度越低，则产生最大润胀度的苛性钠溶液的浓度，向低浓度方向转移。

纤维素在铜氨溶液〔$Cu(NH_3)_4(OH)_2$〕中浸渍时，在润胀与溶解的中间阶段，可产生特殊的念珠状润胀，其念珠主体是次生壁中层（S_2），它出现在次生壁外层（S_1层）上纤丝排列变为松弛或被切断的地方，如图3-17。

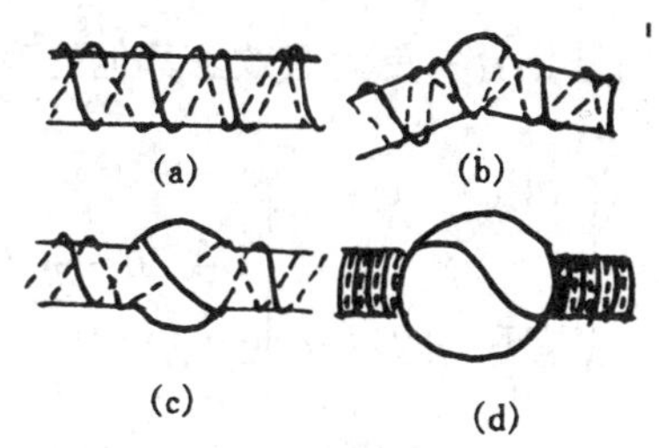

图3-17 纤维素纤维的念珠状润胀

（实线为S_1层Z型排列的纤丝；虚线为S_1层S型排列的纤丝）

(a) 为未润胀纤维的S_1层的横向纤丝；(b) 为发生念珠状润胀；(c) 为念珠状润胀扩展，使横向纤丝Z型或S型排列断裂；(d) 为典型念珠状润胀

1.4.3 纤维素的溶解

当润胀剂无限进入纤维素，必然导致纤维素的溶解，所以润胀是溶解的前提，溶解是润胀最后的结果。如棉纤维素在浓度为55%～75%H_2SO_4 中发生润胀，在75%以上时则溶解。磷酸在浓度75%以下时只润胀，但在81%～85%及92%～97%时则被溶解。纤维素溶剂可大致分为4大类，即纤维素作为碱与溶剂作用的、纤维素作为酸与溶剂作用的、溶剂与纤维素生成络合物及纤维素衍生物。如Turback[15]等的方法分类，见表3-6。

表3-6 纤维素溶剂

溶解机理	溶剂
纤维素作为碱发生作用	
（1）质子酸	硫酸大于75%，盐酸40%～42%，磷酸81%～85%及92%～97%，硝酸84%，三氟醋酸
（2）路易斯（Lewis）酸	硫氰酸的Ca、Sr盐，$ZnCl_2$ 水溶液
纤维素作为酸发生作用	
（1）无机碱	肼
（2）有机碱	氢氧化苄基三甲基铵，N-甲基吗啉化氧等

（1）将纤维素作为碱时：把纤维素作为碱考虑时，如：$\text{Cell—OH}+H^+\longrightarrow\text{Cell—O}+H_2$，纤维素与生成的质子作用而溶解，硫酸、磷酸、硝酸、盐酸、三氟醋酸等则相当于这种情况。强无机酸在溶解纤维素的同时，纤维素发生明显的水解作用。另外，硝酸浓度在69%以上时则发生硝化作用。

已知含有金属盐的一些水溶液，也可以作为纤维素的溶剂，纤维素的溶解度按下列阳离子（路易斯酸）次序增加：$K<NH_4<Na<Ba<Mn<Mg<Ca<Li<Zn$，这些离子成对的阴离子为$I^-$，$CNS^-$，$HgI_4^-$，可能是这些体积大的阴离子使纤维素在链间分离，因而促进了溶解作用[15]。

（2）纤维素作为酸与溶解发生作用的情况：由于纤维素有羟基，易与无机及有机的强碱化合物反应。Litt等在棉短绒或木浆中加入肼（$NH_2\cdot NH_2$），以150～200℃，0.25～0.45MPa压力下处理，制备出浓度为33%的纤维素溶液。制备纤维素的溶液常用的为氢氧化苄基三甲基铵及氢氧化苄基二甲基胺，这些化合物具有体积较大的苄基，对纤维素溶解较甲基、乙基或丙基化合物更为有效。其他的有机碱有三甲基胺化氧 $\left[(CH_3)_3N\rightarrow O\right]$ 或环己烷基二甲基胺化氧 $\left[(CH_3)_2(C_6H_{11})N\rightarrow O\right]$，在50～90℃下处理棉短绒纤维素时，可得到7%～10%的纤维素溶液。

另外，脂环族胺化氧的N-甲基吗啉化氧 $\left[O\leftarrow N(CH_3)(CH_2CH_2)_2O\right]$ 在110℃下处理滤纸时，可得到6%的纤维素溶液[16]。这种溶解，是由于纤维素链分子间氢键结合的开裂，进而胺化氧与纤维素羟基形成新的氢键。即：

$$\text{Cell—}\underline{\bar{O}}\text{—H}\cdots\cdots|\overset{\ominus}{\underline{O}}\text{—}\overset{\oplus}{\underline{N}}\text{—R}$$

(3) 生成络合物的情况：属于这一类的纤维素溶剂为金属-胺络合物，含有酒石酸的金属-碱络合物及金属-碱络合物三种[17]。

Schueizer 把氢氧化铜溶于氨得铜氨溶液，其组成为 $Cu(NH_3)_4(OH)_2$，这种 $Cu(NH_3)_4^{2+}$ 离子极为稳定。纤维素与这种铜络合物反应则生成纤维素的铜络合物而溶解。用铜乙二胺溶液则生成铜乙二胺络离子 $Cu(En)_2^{2+}$，也能使纤维剧烈润胀以至使纤维素大分子分散在络合溶液中生成铜乙二胺纤维素络合物。形成络合物可表示为：

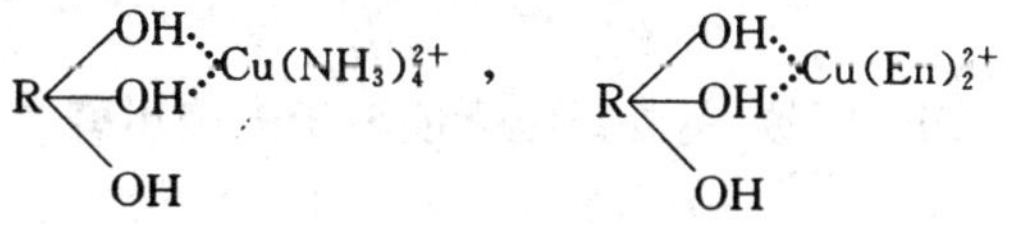

R(—OH)(—OH)(—OH)，其中两个 OH⋯$Cu(NH_3)_4^{2+}$ ， R(—OH)(—OH)(—OH)，其中两个 OH⋯$Cu(En)_2^{2+}$

或

两个 R(—OH)(—OH)(—OH) 各以一个 OH⋯$Cu(NH_3)_4^{2+}$ ， 两个 R(—OH)(—OH)(—OH) 各以一个 OH⋯$Cu(En)_2^{2+}$

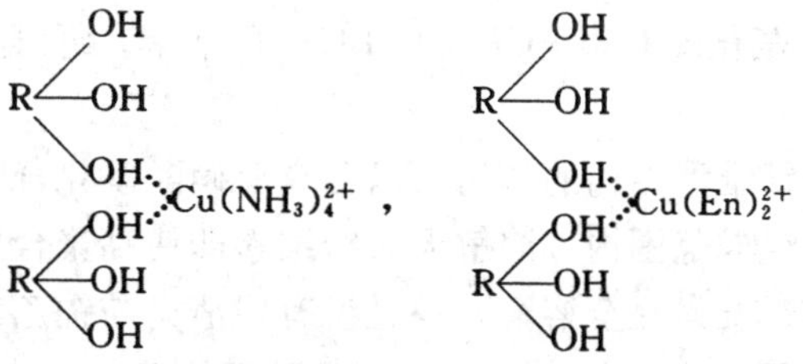

Jayme 提出镉、镍、钴、锌等金属的乙二胺络合物外，又发现了酒石酸铁钠溶液(EWNN)，它是以氢氧化铁：酒石酸：苛性钠＝1：3：6（摩尔比）的比例制备的，其组成为〔$(C_4H_3O_6)_3Fe$〕Na_6，这种溶剂能很好地溶解高聚合度纤维素，对纤维素又没有分解作用，纤维素粘度测定时常使用这种溶剂[18]。表 3-7 为生成纤维素络合物的 Jaym 溶剂。

表 3-7 生成纤维素络合物的 Jaym 溶剂

溶　剂	组　成	性　质	溶解性
镉乙二胺溶液	$Cd(En)_3(OH)_3$	无色，稳定	良好
钴乙二胺溶液	$Co(En)_3(OH)_2$	红紫色，不稳定	低
锌乙二胺溶液	$Zn(En)_3(OH)_2$	无色，不稳定	低
镍乙二胺溶液	$Ni(En)_3(OH)_2$	紫色	低
镍氨溶液	$Ni(NH_3)_6(OH)_2$	蓝色，不稳定	稍好
酒石酸铁钠溶液	$Fe(C_4H_3O_6)_3Na_6$	绿色，稳定	良好

(4) 生成衍生物的情况：Fowler[19]等在 1947 年发现在 N_2O_4 中加入硝基化合物，酯、芳族酮、腈、砜等有机溶剂，能使纤维素在较少遭受氧化的情况下溶解，从而打开了开发非水溶剂的新篇章。现在除 N_2O_4 体系的非水溶剂之外，还发现 SO_2-胺体系、三氯乙醛体系、多聚甲醛体系等多种非水溶剂。

非水溶剂是由所谓“活性剂”与有机液组成的。与纤维素链作用的活性剂要有较大过量，对纤维素完全溶解至少需要 1mol 葡萄糖单元对 3mol 活性剂的比率。有机液可用作活性剂的成分或用作活性剂的溶剂，能使溶液具有较高的极性。有机液主要有甲酰胺、二甲替甲酰胺(DMF)、乙醇胺和二甲亚砜（DMSO)。

纤维素在 N_2O_4 体系溶剂中由于生成亚硝酸酯（Cell—O—N＝O）而溶解。在 SO_2-胺体系溶剂中纤维素分别与 SO_2 和胺发生反应，还是与 SO_2-胺络合物发生反应目前尚未清楚，但可

认为纤维素是形成 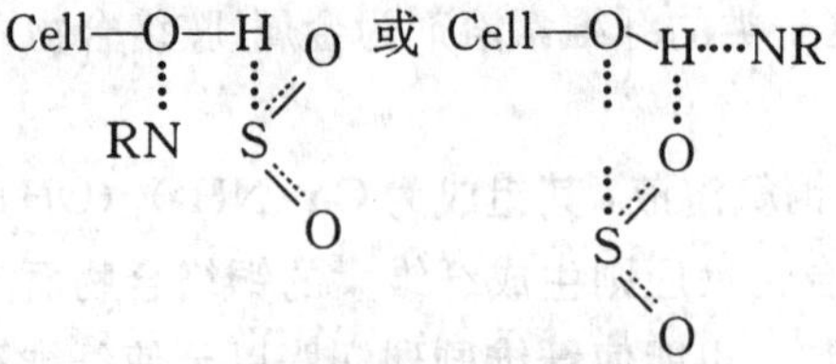 Cell—O—H（O 与 SO_2 的 S 配位，H 与 RN 配位）或 Cell—O—H…NR（O 与 SO_2 的 S 配位）之后而溶解的。Meyer 发现了由三氯乙醛（$CCl_3\cdot CHO$）和极性溶液混合而成的溶剂，纤维素的溶解是由于生成了三氯乙醛的半缩醛结构 Cell—O—CH(CCl_3)—OH 所致。另外纤维素能溶于多聚甲醛-二甲亚砜中，是由于纤维素 C_6 位上的伯醇羟基的羟甲基化即 Cell—CH_2OCH_2OH 而溶解。纤维素的聚合度愈低，愈能得到高浓度的溶液。

关于非水溶剂体系中纤维素结构的作用，以含有亚硝酰基化合物或硫的氧化物或氯氧化物的所有溶剂体系的适当组成范围内，溶解天然纤维素即使高聚合度的纤维素也是相当迅速的。如在室温下几分钟内纤维素完全溶解，并且没有残渣，与镉乙二胺溶解能力相似。但是二者相比较有区别：①应用非水溶剂，适合于完全溶解的溶剂组成的范围通常是比较窄的；②在含水溶剂中通常观察到中间阶段纤维素球状凸起的润胀，而在非水溶剂中，发现从纤维表面进行溶解的过程得到中间结构为纺锤状碎片；③在若干非水溶剂体系中，纤维素Ⅱ的溶解，即人造丝或碱纤维素经酸洗再生并烘干的纤维素之溶解，与聚合度高的天然纤维素样品相比较，溶解过程反而相当缓慢，并且在某些情况下，观察到所有再生纤维素样品即使经过几天也不溶解。

关于纤维素在非水溶剂中的溶解机理，纳考（Nakao）首先提出在溶剂中形成电子给予体-接受体（EDA）的络合物的假设，这个原理是：①纤维素氢氧基的氧原子与氢原子参与 EDA 的相互作用，O-原子起 π-电子对给予体作用，而 H-原子作为 δ-电子对接受体；②在溶剂体系的活性剂中存在一个给予体和一个接受体中心，两个中心在空间的位置适合于与羟基的 O 和 H 相互作用；③存在一定合适范围的 EDA 相互作用强度，引导给予体和接受体中心及极性有机液作用的空间到达 OH 基的电荷分离至适当量，而使纤维素链络合物溶解。如下式：

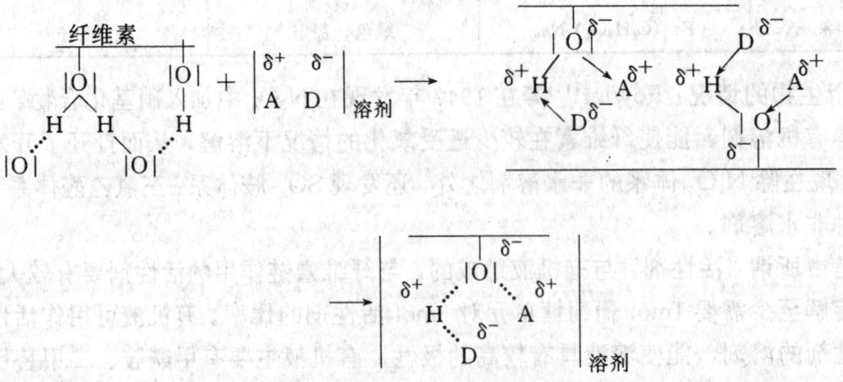

纤维素 |O|—H…|O|，|O|—H…|O| ＋ $\overset{\delta+}{A}$　$\overset{\delta-}{D}$ 溶剂 → $\overset{\delta-}{O}$、$\overset{\delta+}{H}$、$\overset{\delta+}{A}$、$\overset{\delta-}{D}$ 络合物 → 溶剂中 $\overset{\delta-}{|O|}$—$\overset{\delta+}{H}$…$\overset{\delta-}{D}$，$\overset{\delta+}{A}$

式中说明 EDA 互相作用的第一步，对于使纤维素转入溶液是决定性的，接着它可以通过—OH 基起永久酯化作用。

二甲亚砜-CH_3NH_2 二元体系与纤维素—OH 基之间 EDA 作用的几种方式，如下式：

纤维素
CH_3　|O—H　CH_3
S　N　CH_3
CH_3　O|⋯H　H⋯|O=S
CH_3

在上式中的作用是相当弱的，这种体系的溶剂作用是有限的。—OH基的氧原子作为电子给予体与二甲亚砜的接受体中心之间相互作用，作为一种最大可能机理，二甲亚砜本身被胺络合，而胺又与纤维素—OH基的氢原子附加键合。

纤维素与亚硝酸基化合物在强极性有机液中EDA作用如下式：

纤维素—Ō——H ⇌ 纤维素—O——H ⇌ 纤维素—O——H⋯EPD—液
$NO^{(+)}\overline{X}^{(-)}$　　$NO^{(+)}$ EPD—液　　$NO^{(+)}\overline{X}^{(-)}$
EPD—液　　$\overline{X}^{(-)}$

上式中以—OH基氧原子作为电子给予体，而NO^+离子则为强的电子接受体，它以自由离子或离子隅极形式存在，接受通过NO^+X^-离子隅极电荷分离并形成纤维素亚硝酸酯。

纤维素与$SOCl_2$-胺-极性有机液三元体系的EDA相互作用如下式：

纤维素—O—H⋯NR_3
O　$Cl^{(-)}$
$^{(+)}S$
R_3N　Cl　NR_3

纤维素含水溶剂与非水溶剂之间没有确定的界限。把EDA概念应用到聚合物-溶剂互相作用的第一步，可以认为作为n-电子对给予体是有机胺类、—OH基和NH_3以及无机酸的阴离子。作为δ-电子对接受体的是四烷基铵离子和无机阳离子以及SO_2、$SOCl_2$、SO_2Cl_2和羰基的碳原子。

1.4.4　纤维素的电化学性质

纤维素具有很大的比表面，其表面电化学性质对打浆、施胶、加填、漂白、染色等都有很大的影响。由于纤维素大分子中含有一些糖醛酸基，可使纤维素在水溶液中表面带负电。也有人认为纤维素分子中的极性羟基具有吸附离子的正价剩余力，因此在溶液中吸附了负离子而带负电。

分散在水中的纤维素由于带负电，与纤维素表面带相反电荷的正离子，由于热运动的结果，随着距离界面远近有一定的浓度分布，如图3-18。在靠近纤维素表面的地方，正离子浓度极大，随着与界面距离的增大，过剩的正离子浓度逐渐减少，直至零。图3-18中，a为双电层的内层，L为外层（L包括吸附层b和扩散层d），整个外层总电荷等于内层的表面电荷，而符号相反。由于在L处过剩正离子浓度为零，故设其电位为零，纤维素表面处的电位相对该处的电位称为电极电位，而纤维素表面并包括吸附层b在内的液层对该处的电位差称为动电电位或ξ电位。改变电解质浓度，对电极电位无影响，对动电电位影响很大。

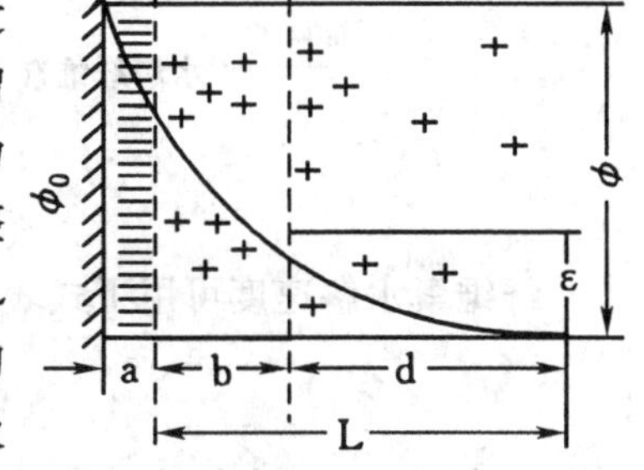

图3-18　纤维素的双电层

当溶液中加入足够电解质时，使ξ降至零，扩散层d也为零，此时纤维处于等电状态。ξ电位与纤维素表面水化程度有关，水化程度高的其ξ电位值大。ξ电位又与溶液的pH值有关，pH值高时ξ电位高，pH值逐渐下降时ξ电位也逐渐下降，当pH值降至2时，ξ电位接近于零。ξ电位与溶液中电解质的种类关系甚大，特别是阳离子的电价。铝及钍的盐类不仅可使ξ电位降至零，而且可改变其电性。如在施胶时，带负电的纤维与带负电的松香质点互相排斥，加入矾土[$Al_2(SO_4)_3$]，使带有负电荷的松香粒子和纤维减少电荷以致互相结合。此外纸浆染色时可以用碱性染料进行直接染色。但酸性染色因粒子带负电，不能被纤维吸附，必须加入媒染剂明矾，改变原来电性。

1.5 纤维素的分解反应

纤维素是大分子化合物，它在酸、碱、热、微生物和氧化剂的作用下，会发生分子链的断裂，聚合度下降，分子量降低。主要分解反应为酸性水解、碱性降解、氧化分解、生物分解和热解等。

1.5.1 纤维素的酸性水解

纤维素大分子的苷键对酸的稳定性较差，在适当的氢离子浓度、温度和时间下，会发生酸性水解。若水解条件不强烈时，其水解残渣称为水解纤维素，它的化学结构与原来纤维素并无区别，但是聚合度，机械强度降低，而还原性，溶解度增强，吸湿性也发生变化。若水解条件强烈时，可以完全水解，最终产物为葡萄糖。即：$(C_6H_{10}H_5)_n \xrightarrow[H^+]{H_2O} nC_6H_{12}O_6$

由于纤维素不溶于稀酸而溶于浓酸，所以纤维素水解反应有单相与多相之分，在稀酸中就以多相体系进行，在浓酸中以均相体系进行。二者在原理和影响因素上不尽相同，在实际中碰到的是多相水解，在此主要讨论稀酸水解。

(1) 水解机理和影响因素。纤维素的水解机理如图3-19。葡糖苷键a式先质子化成b式，再裂解成为环状结构的碳鎓离子c式，又形成半椅形结构d式，水与d式加成而成为新的还原性末端基。

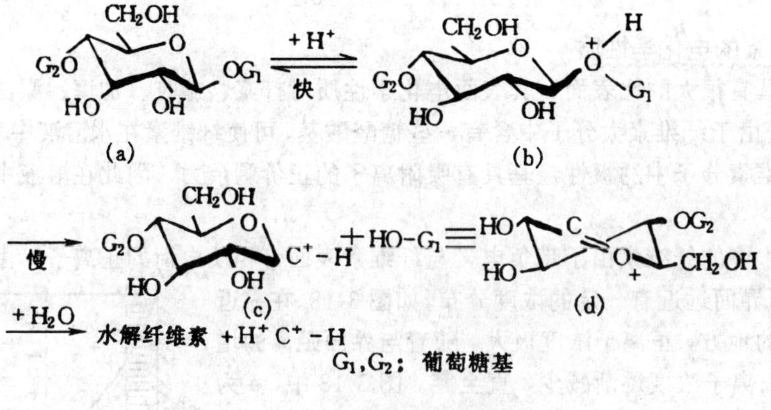

图3-19 纤维素的水解机理

纤维素水解速度可用下式表示：

$$\frac{dx}{dt}=K(a-x) \tag{3-15}$$

式中：K——水解速度常数；

a——水解前的纤维素数量；

x——经时间 t 后，发生水解的纤维素数量。

若将该式两边积分得，$x=a(1-e^{-Kt})$，从式中看出 a 为固定数字，与水解条件无关。纤维素水解数量 x 决定于 K 与 t 之积，K 值较大则水解速度较快，反之则较慢。

据研究结果，K 值受酸的种类、浓度、水解温度及纤维素材料性质等因素的影响。即：

$$K=aN\delta\lambda \tag{3-16}$$

式中：a——催化剂的活性常数，决定酸的种类；

N——催化剂的校准浓度；

δ——多糖水解性常数，决定于不同纤维素材料；

λ——温度常数。

不同酸的氢离子浓度不同，其催化作用也不同，据研究测定同样标准浓度的各种酸的催化剂的活性常数（见表3-8）。在工业上 H_2SO_4 广泛应用，HCl 也有一定应用。

在稀酸水解时，当其他条件固定而增加酸的浓度，则水解反应速度亦随之而增大。

纤维素原料本身的性质对水解有很大影响，各种原料的水解常数见表3-9。从表3-9中看出，棉花最难水解，草浆与木浆水解常数比棉花大1～1.5倍。

表3-8　催化剂的活性常数

酸的种类	a 值	酸的种类	a 值
HCl	1.0	H_2SO_4	0.5
HBr	1.14	CH_3COOH	0.025
HNO_3	1.0	H_3PO_4	0.06

表3-9　各种原料水解常数

原　料	δ 值
棉　花	1
木材、禾草	2.0～2.5
半纤维素	10～100

注：以棉花的 δ 值为1作基准。

关于水解温度的影响见表3-10。从表3-10中看出当温度升高水解速度增大，大约每升高10℃，水解速度加大1倍。然而温度升高，水解生成的单糖分解速度也增加，而且酸浓度愈高分解也快。所以一般水解温度在180℃左右进行。

据以上所述，可计算木材在0.05mol/L H_2SO_4 中，180℃下进行水解的水解常数为：

$$K=aN\delta\lambda=0.5\times0.05\times2.0\times6.85=3.43\times10^{-1}$$

表3-10　稀酸水解的温度系数和温度常数

温　度（℃）	温度系数 Q_{10}	温度常数 λ
160	2.10	1.20
170	2.37	2.88
180	2.22	6.85
190	2.22	15.9
200	2.08	35.3
210	1.90	73.5

注：当温度为200℃时，温度每升高10℃，其 $Q_{10}=\frac{K_{t^\circ+10}}{K_{t^\circ}}=\frac{K_{300}}{K_{190}}=2.08$。

（2）纤维素多相水解过程的基本规律。在多相介质内，纤维素水解速度在反应过程中变化很大。在水解初期，速度较大，经过一定时间后，反应速度大大降低，并在多数情况下维持恒定，直至反应终了。这个阶段，水解残渣的聚合度、结晶度、吸水量、铜值等也都大致成一定值。各种纤维素制品，其高速度的水解时间各不相同，从表3-11可看出纤维素的聚合度和生成单糖数量变化的不同的水解速度阶段。

表 3-11 水解过程中纤维素聚合度的变化

亚硫酸盐浆			经丝光化的亚硫酸盐浆		
水解时间 (h)	纤维素的聚合度	生成单糖量 (占称料的%)	水解时间 (h)	纤维素的聚合度	生成单糖量 (占称料的%)
0	1980	0	0	1960	0
1.5	570	6.8	1	125	8.8
3	510	9.3	2	109	12.5
4.5	490	11.3	4	101	18.7
6	460	13	6	98	21.5

出现上述规律原因，大多数人认为是由于纤维素具有两相结构。当纤维素在稀酸进行多相水解时，水解剂很快扩散到纤维素的无定形区，各处几乎同时进行水解，故水解速度很快。由于水解剂极难甚至根本不能进入结晶区，当无定形区纤维素链分子水解完毕以后，水解作用仅在结晶区表面少数链分子进行，故水解速度显得很慢而趋于稳定。

纤维素水解工业是利用纤维素酸性水解来制造葡萄糖并发酵生产乙醇及其他发酵产品。对造纸用浆，合适的水解，使木料容易打浆。在采用硫酸盐法制造人造丝浆粕时，常用稀酸作预水解。在进行酸性亚硫酸盐制浆时，当木质素已大部分除去后，要防止高温下长时间蒸煮以避免纸浆得率和聚合度下降，同时也避免水解产生的单糖进一步水解，以提高废液利用价值。

1.5.2 纤维素的碱性降解

纤维素的碱性降解包括碱性水解和剥皮反应。一般认为纤维素的苷键对碱是比较稳定的，但在高温下会发生碱性水解，使纤维素的糖苷键部分断裂，产生新的还原性末端基，聚合度下降，强度降低。其碱性水解程度与用碱量、蒸煮温度、时间等有关，尤其温度影响更大。在稀碱溶液中，一般来说 150℃以前碱性降解主要是剥皮反应，但若在 150℃以上时发生碱性水解，导致葡萄糖苷键无秩序的裂解。

所谓剥皮反应是在碱的影响下，纤维素具有还原性末端基的葡萄糖基会逐个掉下来，直到产生纤维素末端基转化为偏变糖酸基的稳定反应为止，掉下来的葡萄糖基在溶液中最后转化为异变糖酸，并以其钠盐的形式存在于溶液中。

纤维素的剥皮反应如图 3-20。纤维素先异构化为酮糖 (b)，经烯二醇 (c)，使 C_4 上葡萄糖苷键断裂生成 (d)，并变成二酮结构 (e)，然后由于重排生成葡萄糖异变糖酸 (f)。而 Gn—OH 具有新的还原性末端基，可继续进行上述反应，逐个不断地脱掉末端基，故称为剥皮反应。

这种裂解的机理是当葡萄糖末端基在碱作用下异构化变成酮糖 (b) 时，由于负电性集团的诱导效应，α-碳原子上的 H 原子酸性增强，而被强碱 B 所移去，接着发生电子对的转移，在两个碳原子间形成双键，同时使 β 位碳原子上的醚键发生所谓 β-分裂。如图 3-21。说明发生剥皮反应必须在碱性条件下，具有 β-烷氧基羰基结构时才会发生。

纤维素在碱性溶液中也可能进行另一种反应，如图 3-22 的终止反应。末端基脱除 α—CH，β—C—OH 即脱水形成新的 π 键烯醇结构 (b)，烯醇 (b) 活泼，排斥 π 键，烯醇羟基的 H 原子加或到 π 键上，形成 C=O 基 (C)，由于诱导效应，碳氧 π 键-C=O 被水加成得同碳二元醇 (d)，而同碳二元醇不稳定，进行分子重排，生成偏变糖酸 (e)，具有偏变糖酸末端基的纤

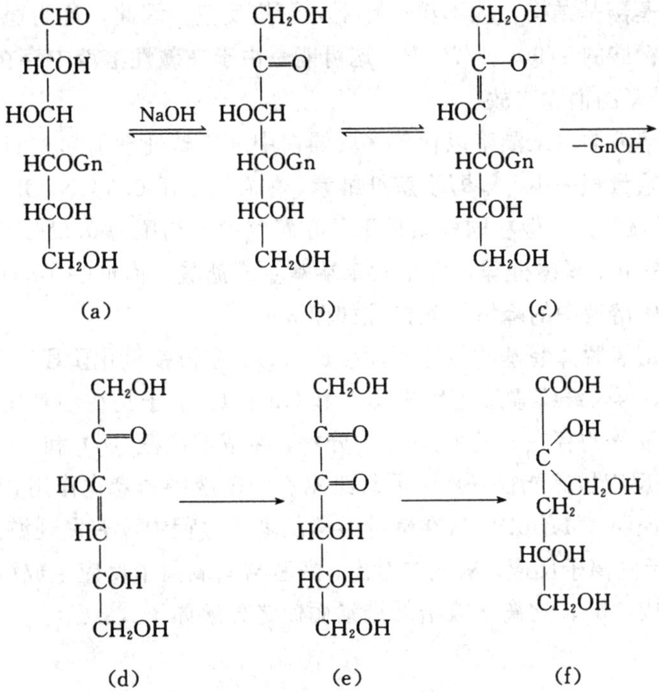

$$
\begin{array}{c}CHO\\ |\\ HCOH\\ |\\ HOCH\\ |\\ HCOGn\\ |\\ HCOH\\ |\\ CH_2OH\end{array}
\underset{}{\overset{NaOH}{\rightleftharpoons}}
\begin{array}{c}CH_2OH\\ |\\ C{=}O\\ |\\ HOCH\\ |\\ HCOGn\\ |\\ HCOH\\ |\\ CH_2OH\end{array}
\rightleftharpoons
\begin{array}{c}CH_2OH\\ |\\ C{-}O^-\\ \|\\ HOC\\ |\\ HCOGn\\ |\\ HCOH\\ |\\ CH_2OH\end{array}
\xrightarrow[-GnOH]{}
$$

(a)　(b)　(c)

$$
\begin{array}{c}CH_2OH\\ |\\ C{=}O\\ |\\ HOC\\ \|\\ HC\\ |\\ COH\\ |\\ CH_2OH\end{array}
\longrightarrow
\begin{array}{c}CH_2OH\\ |\\ C{=}O\\ |\\ C{=}O\\ |\\ HCOH\\ |\\ HCOH\\ |\\ CH_2OH\end{array}
\longrightarrow
\begin{array}{c}COOH\\ |\\ C(OH)(CH_2OH)\\ |\\ CH_2\\ |\\ HCOH\\ |\\ CH_2OH\end{array}
$$

(d)　(e)　(f)

图 3-20　纤维素的剥皮反应

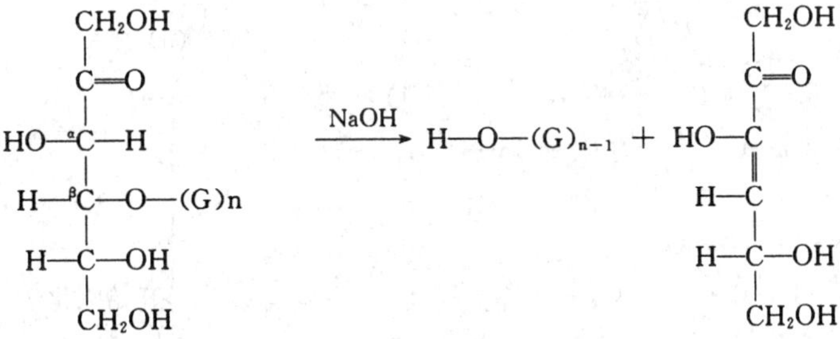

$$
\begin{array}{c}CH_2OH\\ |\\ C{=}O\\ |\\ HO{-}^{\alpha}C{-}H\\ |\\ H{-}^{\beta}C{-}O{-}(G)n\\ |\\ H{-}C{-}OH\\ |\\ CH_2OH\end{array}
\xrightarrow{NaOH} H{-}O{-}(G)_{n-1} +
\begin{array}{c}CH_2OH\\ |\\ C{=}O\\ |\\ HO{-}C\\ \|\\ H{-}C\\ |\\ H{-}C{-}OH\\ |\\ CH_2OH\end{array}
$$

图 3-21　β-烷氧基羰基结构

$$
\begin{array}{c}HC{=}O\\ |\\ HCOH\\ |\\ HCOH\\ |\\ HCOG_n\\ |\\ HCOH\\ |\\ CH_2OH\end{array}
\longrightarrow
\begin{array}{c}HC{=}O\\ |\\ C{-}OH\\ \|\\ CH\\ |\\ HCOG_n\\ |\\ HCOH\\ |\\ CH_2OH\end{array}
\longrightarrow
\begin{array}{c}HC{=}O\\ |\\ C{=}O\\ |\\ CH_2\\ |\\ HCOG_n\\ |\\ HCOH\\ |\\ CH_2OH\end{array}
\longrightarrow
\begin{array}{c}OH\\ |\\ C{=}O\\ |\\ C(OH)(H)\\ |\\ CH_2\\ |\\ HCOG_n\\ |\\ HCOH\\ |\\ CH_2OH\end{array}
$$

(a)　(b)　(c)　(d)

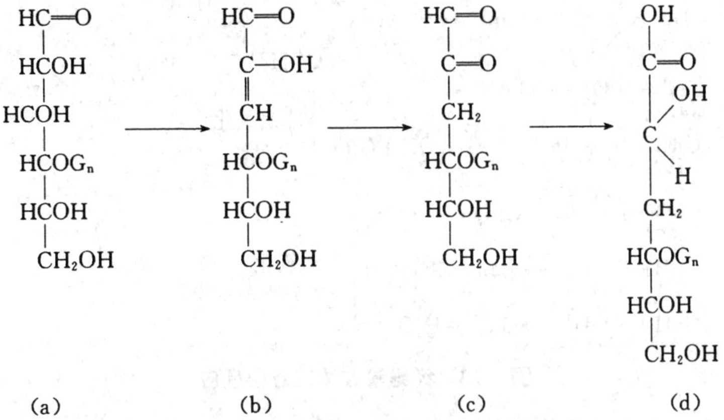

图 3-22　纤维素对稀溶液的终止反应

维素因无β-烷氧基羰基结构，故不再进行上述剥皮反应，因此，称为稳定反应。偏变糖酸的生成速度为异变糖酸的1/90～1/70[19]，这可能是由于在碱性溶液中存在有大量的羟基离子，妨碍了C_3位上羟基的消除之故。

最近用氧碱溶液漂白未漂浆以代替多段漂白中的氯碱处理引起人们注意。其特征之一是比无氧碱处理的重量损失少[20]。即水解纤维素，在氮气中用0.5%NaOH水溶液在100℃下处理2h的损失量为4.5%，但在同样条件下，在氧气中（初压力0.6MPa）处理时，其损失量只有2.5%。这是由于氧碱处理，纤维素末端基生成糖酸，而抑制了剥皮反应。

纤维素在浓碱溶液中的降解，其机理如图3-23。

初始反应是由氧脱掉醛基的氢原子而生成（a）。在链锁氧化阶段，Gn·和氧反应而生成过氧游离基（b），再与纤维素反应生成（c）和Gn·（a），于是在动氧化反应中，由于过渡性金属Co，Mn，Fe等的存在，发生（c）的分解，生成游离基（d）和（e）再攻击纤维素而生成Gn·。游离基反应虽然能很好地说明纤维素在浓碱液中的老化作用，但直到现在还没有生成游离基的直接证明。Mattor[22]从在碱纤维素的老化过程中没有发现游离基中间体的事实出发，提出下式所示的离子反应。从式中看出，醛基与氢氧离子反应生成络合物（a），由此双重离子化的醛基生成（b），此离子攻击纤维素而使之分解如下式：

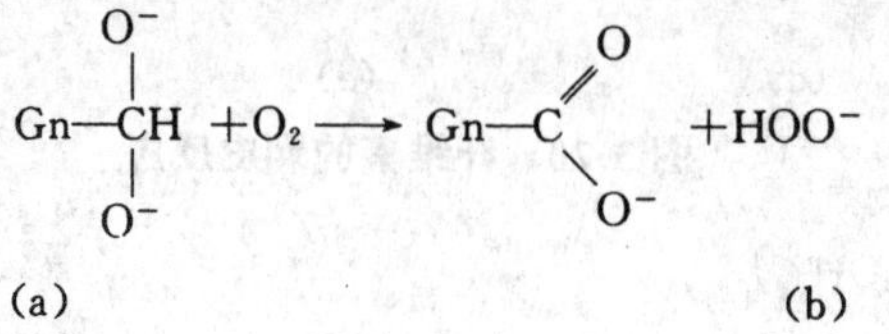

$$\underset{(a)}{Gn{-}CH(O^-)_2} + O_2 \longrightarrow \underset{(b)}{Gn{-}C(=O)O^-} + HOO^-$$

开始氧化：

$$Gn{-}C(=O)H + O_2 \longrightarrow Gn{-}\dot{C}{=}O + HOO\cdot$$

$$Gn{-}\dot{C}{=}O + O_2 \longrightarrow Gn{-}C(=O)OO\cdot$$

$$Gn{-}C(=O)OO\cdot + GnH \longrightarrow Gn{-}C(=O)OOH + Gn\cdot$$

链锁氧化：

$$\underset{(a)}{Gn\cdot} + O_2 \longrightarrow GnOO\cdot$$

$$\underset{(b)}{GnOO\cdot} + GnH \longrightarrow GnOOH + Gn\cdot$$

自动氧化：

$$\underset{(c)}{GnOOH} \xrightarrow{Co^{2+}等} GnO\cdot + \cdot OH$$

$$GnH + \underset{(d)}{GnO\cdot} \longrightarrow Gn\cdot + GnOH$$

$$GnH + \underset{(e)}{\cdot OH} \longrightarrow Gn\cdot + H_2O$$

图3-23 纤维素在浓碱液中反应

所以关于纤维素在浓碱液中降解，虽有游离基反应和离子反应两种学说，但可能后者较为合理。

纤维素的碱性水解，一般在150℃以上开始的，它与酸性水解完全不同，是由于环氧化作

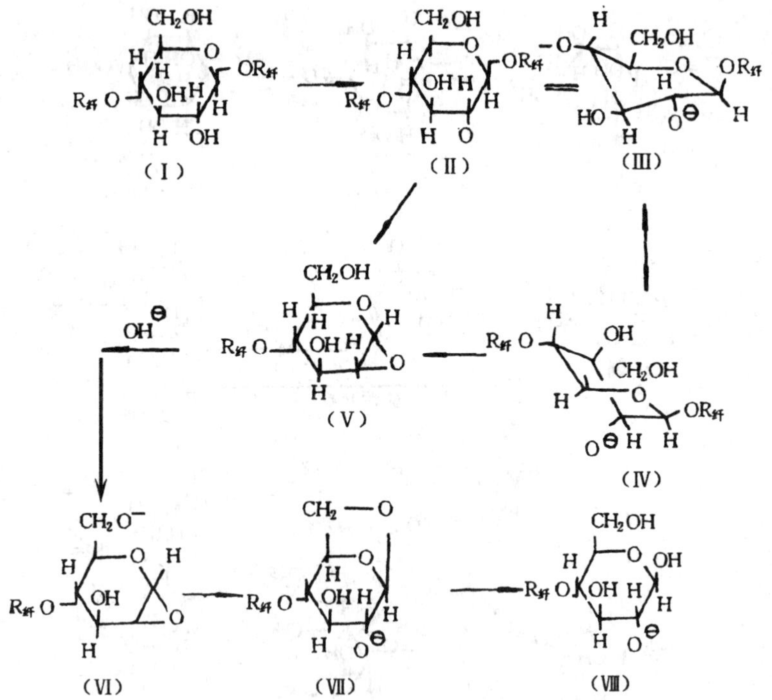

图 3-24　纤维素碱性水解过程

用而产生的，如图 3-24。从图 3-24 中可以看出纤维素（Ⅰ）发生碱水解，首先是 C_2 位置上的羟基发生电离（Ⅱ），但椅式构象（Ⅲ）是稳定的，不易发生水解反应。当椅式构象转变为船式构象（Ⅳ）（或互变）时，就容易发生环氧化反应（Ⅴ）而降解，最后形成降解产物（Ⅷ）。

在硫酸盐制浆中由于碱性水解，使纸浆平均聚合度下降，强度降低。同时碱性水解后的产物还能重新进行剥皮反应，使纸浆得率下降。

1.5.3　纤维素的氧化分解

纤维素的巨分子中存在大量的羟基和易被水解的苷键，它们的反应程度受氧化剂种类和反应液的 pH 值影响。根据不同氧化条件，可生成羰基或羧基，其结构和性质与原纤维素不同，故称为氧化纤维素。其中具有羰基的称为还原性氧化纤维素，具有羧基的称酸性氧化纤维素。

（1）氧化剂的类型及其氧化性能。氧化剂按其对纤维素不同羟基氧化有无选择性，可分为选择性氧化剂和非选择性氧化剂。如二氧化氮主要使伯醇羟基氧化成羧基，高碘酸使葡萄糖基的 C_2 和 C_3 上羟基氧化成醛基，二氧化氯使醛基在酸性介质中氧化成羧基。他们均具有良好的渗透性，作用缓和均匀，氧化后仍保持纤维状态，这类为选择性氧化剂。又如高锰酸钾，过氧化氢，次氯酸盐等，具有较强烈的氧化作用，氧化后使纤维素易失去强度变脆，这类为非选择性氧化剂。

（2）氧化的途径。通过对氧化纤维素功能团的分析，纤维素氧化可能途径，如图 3-25。其中（a）为纤维素还原性末端基 C_1 上氧化，纤维素末端基转化为葡萄糖首酸。一般纤维素与次氯酸或温和碱性次亚碘酸盐溶液作用，发生这种氧化作用。（b）为纤维素基环 C_2 和 C_3 位上羟基的氧化，一般先氧化成羟酮，然后在酸性介质中进一步氧化时，环开裂生成纤维素碳酸酯，在 pH 值为 4.0～4.5 时还能脱去 CO_2，使碳链变短，形成阿拉伯糖基末端，此途径还需进一

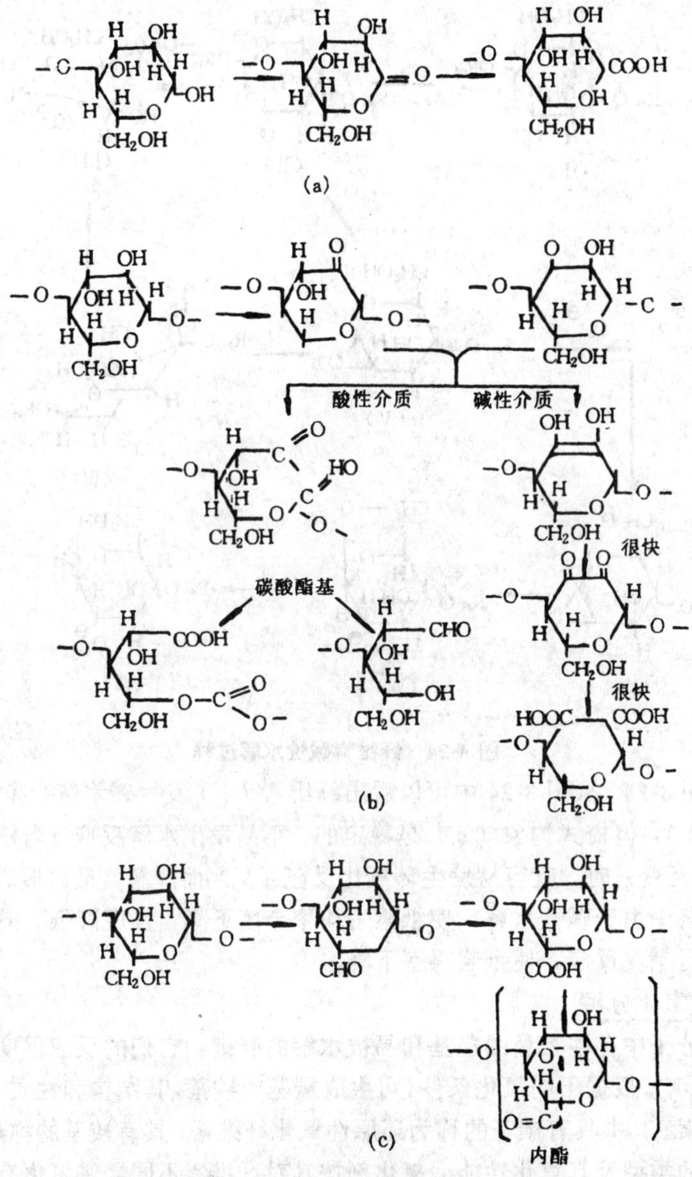

（a）

（b）

（c）

图 3-25 纤维素氧化途径

步了解。若在碱性介质中羟酮会起同分异构作用，而形成烯二醇，再氧化成二酮，进一步氧化使环开裂成羧酸。（c）为纤维素 C_6 上羟基氧化，先氧化成醛基，然后再氧化成羧基，但在酸性介质中主要为醛基，在碱性介质中主要为羧基。

（3）氧化降解。纤维素的氧化降解主要是由于氧化而引起的水解作用和分解作用。这是纤维素氧化后生成的醛基和羧基都是亲电取代基，这对聚糖苷键有一定的影响，尤其是醛基的影响最大。它能活化与之相近的苷键，使之容易水解而发生苷键的断裂，聚合度下降。纤维素漂白尤其如此，如图 3-26。（a）为氧化纤维素在碱性介质中，β-烷氧基羰基结构的位置。（b）为裂开的结果产生了各种分解产物，并进一步裂解为一些简单的有机化合物，如乙醛酸、甘油酸、草酸及 CO_2 等。苷键的断裂，按β-分裂原理进行。

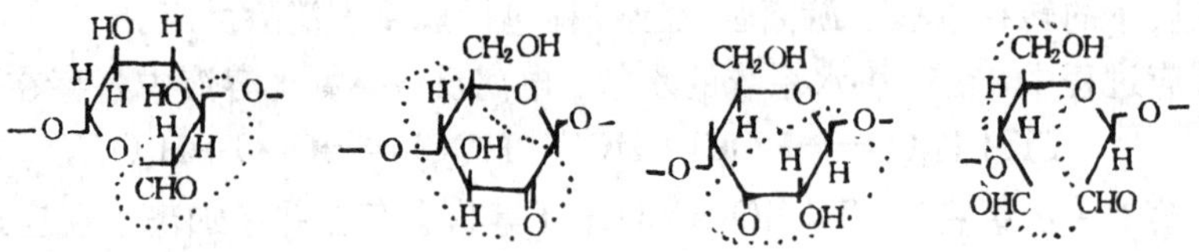

(a)

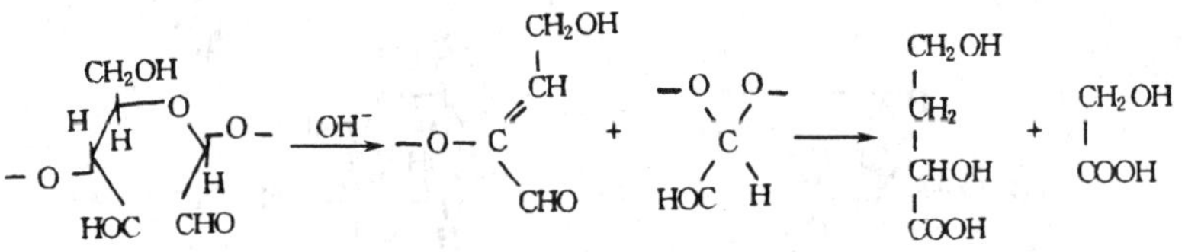

(b)

图 3-26　纤维素氧化降解反应

下面分别研究氧、氯、次氯酸钠对纤维素的降解。

氧碱漂白对纤维素的降解反应，主要是碱性氧化降解反应，其次是剥皮反应。纤维素受到分子氧的氧化作用，会在 C_2 位置（或 C_3，C_6）上形成羰基，从而导致糖苷键断裂，如下式：

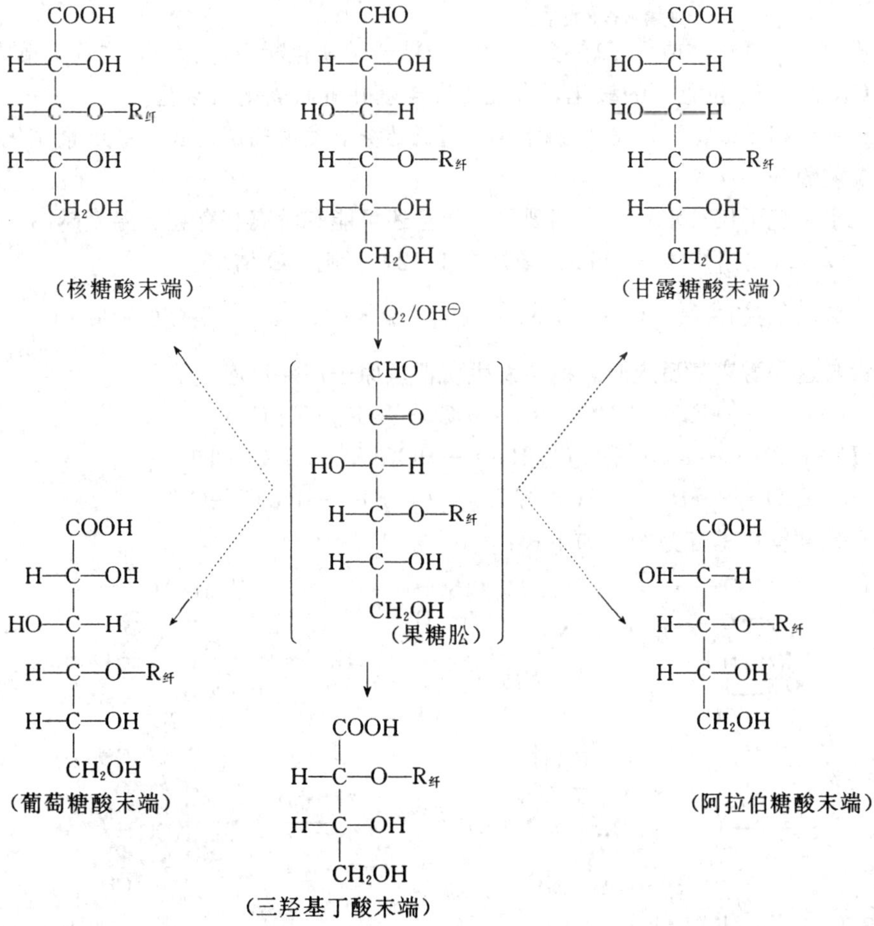

(核糖酸末端)

(甘露糖酸末端)

$O_2/OH^{\ominus}$

(果糖脎)

(葡萄糖酸末端)

(阿拉伯糖酸末端)

(三羟基丁酸末端)

氯对纤维素的降解反应过程有离子反应过程和游离基反应过程两个方面。离子反应过程包括氢化物或质子的转移过程。游离基反应过程包括氢原子消除反应。

在离子反应过程中，由于氯水系统的水解、电离反应，氯水溶液中将存在下列平衡反应：

$$Cl_2+H_2O \rightleftharpoons HOCl+HCl；2HOCl \rightleftharpoons Cl_2O+H_2O$$

因此氯水溶液中的氯将以 Cl_2，HOCl 和 Cl_2O 等状态存在并参加离子反应过程如下式（以β-葡萄糖甲基苷为例）：

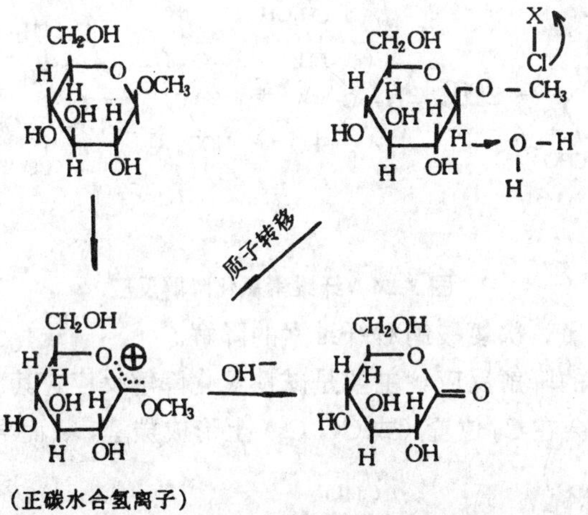

质子转移

（正碳水合氢离子）

从上式中看出氢化物或质子转移的结果，使糖苷键氧化断裂，并在 C_1 位置上形成羰基。同理在 C_2，C_3，C_4，C_6 位置上的氧化，也能出现羰基并进而氧化为羧基。

Alfredsson 和 Samuelson 曾用氯水氧化过纤维素，发现葡萄糖酸是纤维素氯化时形成的主要的末端羧酸基。

由于氯水系统不仅有水解、电离现象，而且还可能有游离基存在。温度越高，越容易产生游离基（以25℃以下较好），pH 值最好在1～2，否则 HO 增多。

$$Cl_2 \xrightarrow[h\gamma]{\triangle} Cl\cdot+\cdot Cl；HOCl \xrightarrow{\triangle} HO\cdot+\cdot Cl；Cl_2O \xrightarrow{\triangle} ClO\cdot+\cdot Cl$$

纤维素与这些游离基反应时，就会发生所谓氢原子消除反应：

①$R_{纤}H+Cl\cdot \longrightarrow R_{纤}\cdot+HCl；R_{纤}\cdot+Cl_2 \longrightarrow R_{纤}Cl+Cl\cdot$

②$R_{纤}H+HO\cdot \longrightarrow R_{纤}\cdot+H_2O；R_{纤}\cdot+HOCl \longrightarrow R_{纤}Cl+HO\cdot$

③$R_{纤}H+ClO\cdot \longrightarrow R_{纤}\cdot+HOCl；R_{纤}\cdot+Cl_2O \longrightarrow R_{纤}Cl+ClO\cdot$

若以β-葡萄糖甲基苷为例，如下式：

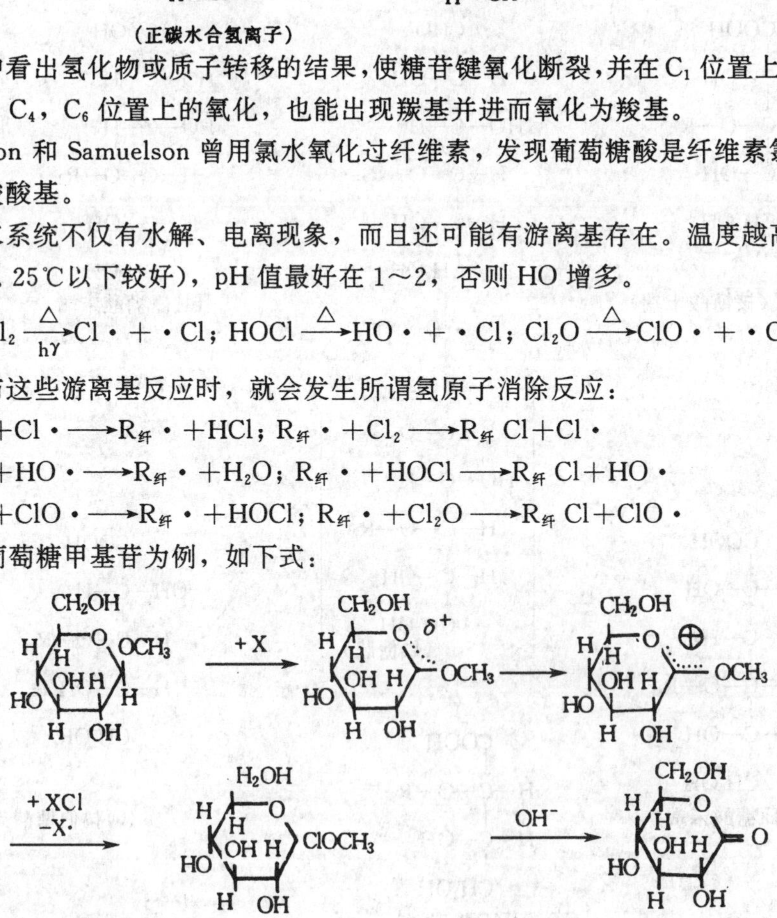

（式中 X 为 Cl，HO，OCl）

反应结果使糖苷键断裂、C_1 形成羰基。为减少纤维素降解，增强纸浆强度在氯漂纸浆时添加一些助剂如二氧化氯，NH_4Cl 等，主要能清除这种游离基氧化降解反应。

次氯酸盐对纤维素的反应，一般有三种：①纤维素的某些羟基氧化为羰基；②羰基进一步氧化为羧基；③降解为含有不同末端基的低聚糖甚至单糖以及相应的糖酸和简单的有机酸，它们都可以溶解于水中。①和②如图 3-25 中（b），而③反应极为复杂，就可溶于水的棉花纤维素次氯酸盐降解产物来说，有大量 2～7 个葡萄糖基的低聚糖，其中还有少量阿拉伯糖或赤藓糖的末端基。单糖以葡萄糖最多，其他还有阿拉伯糖、赤藓糖、少量木糖与甘露糖。而二糖酸、单糖酸、甲酸和乙二酸的含量更是大量存在。

为了阻止或减轻这种碱性氧化降解，人们发现可加入化学助剂如碱土金属碳酸盐 $MgCO_3$ 以及 Mg^{2+} 的一些络合物被认为是十分有效保护剂。作用原理如图 3-27。镁盐与具有羰基的氧化纤维素，形成相对稳定的络合物。也有人认为在氧漂中所生成羧基是生成过氧化物的引发剂，当 Mg^{2+} 存在时，就形成 Mg-过氧化物络合物，使过氧化物稳定，防止纤维素继续降解。关于纤维素在碱性条件下由过氧化氢漂白时氧化降解反应机理如图 3-28。

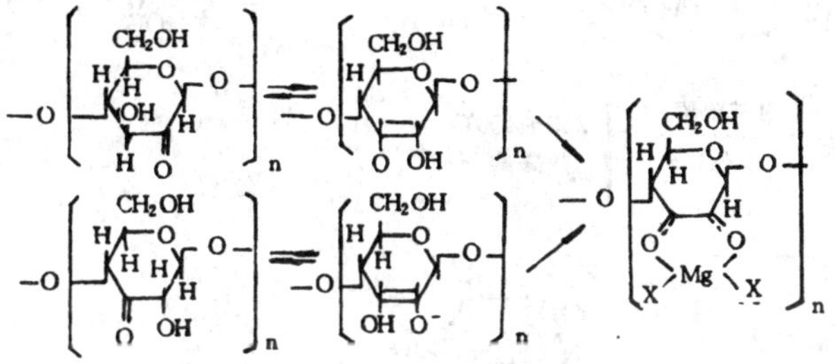

图 3-27 镁盐的保护作用

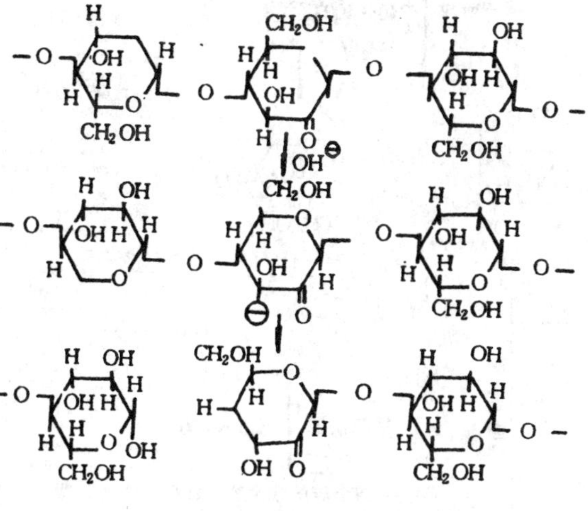

图 3-28 过氧化氢漂白时氧化降解反应

1.5.4 纤维素的热解

纤维素的热解就是纤维素在受热的作用时，产生的聚合度下降，严重时还产生纤维素的分解，甚至发生炭化反应或石墨化反应。在大多数情况下，纤维素热解时也发生纤维素的水解和氧化降解。

纤维素的降解、分解和石墨化过程分为四个阶段，如图 3-29。

1968 年 Shafizadeh 提出了石墨化反应的模式，认为石墨化反应是由于每个吡喃环经消除

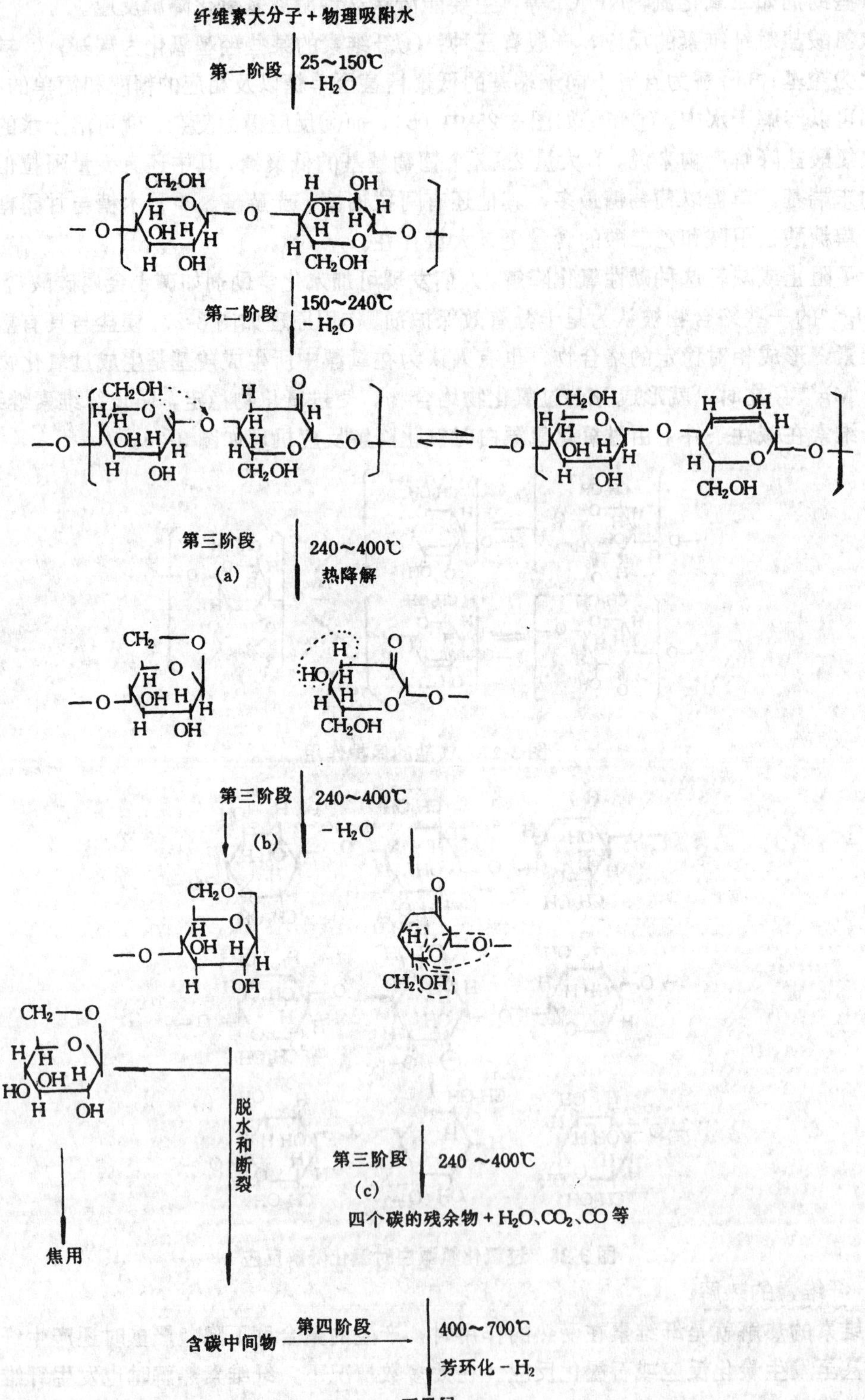

纤维素大分子＋物理吸附水

第一阶段 25～150℃ $-H_2O$

第二阶段 150～240℃ $-H_2O$

第三阶段 240～400℃ 热降解 (a)

第三阶段 240～400℃ $-H_2O$ (b)

脱水和断裂

焦用

第三阶段 240～400℃ (c)

四个碳的残余物＋H_2O、CO_2、CO等

含碳中间物 第四阶段 400～700℃ 芳环化 $-H_2$

石墨层

图 3-29 纤维素热解四个阶段

反应形成剩余四碳残余物，以及其他炭化中间产物经缩合而形成石墨结构。如图3-30。

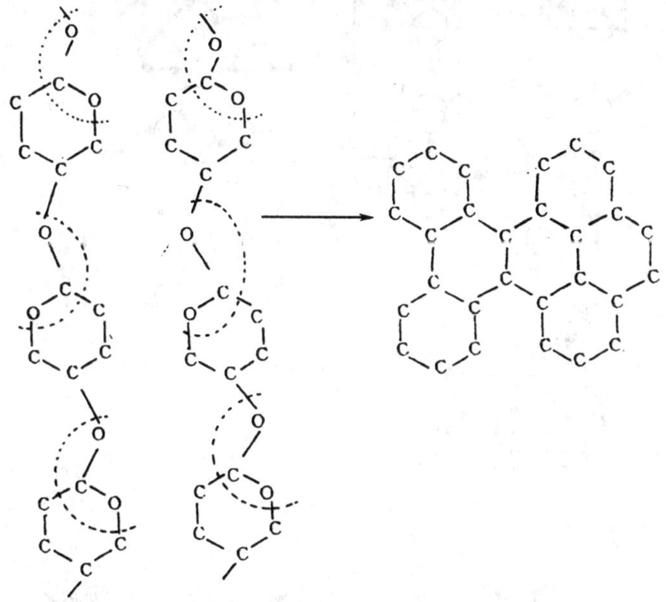

图3-30 纤维素石墨化

纤维素的结构变成石墨化结构时，它的长、宽方向都要收缩，这是因为不是纤维素分子中所有的原子都参加石墨化，而是一部分原子参加了石墨化缘故。纤维素石墨化在结构上的变化如图3-31。

纤维素石墨化的主要用途是制备石墨纤维或石墨纤维织物作耐高温的材料。

纤维素的热解机理：纤维素在300～375℃较窄的范围内发生热分解，如图3-32。图中差热分析法（D.T.A）、热重量（T.G）和差示热解重量分析（D.T.G）曲线，表示了样品在恒速加热下，一系列物理转变和化学反应[22]。

纤维素在高度真空下快速升温超过300℃时，能够得到大量的左旋失水葡萄糖。这是主要的热解一次产物，或称纤维素常压热解中间产物，它可进一步分解成一系列复杂产物，如图3-33。

Shafizadeh 和 Degroot 把纤维素和其他高聚糖的热解反应归纳成四类：①在300℃左右，高聚糖解聚，通过转糖苷作用，生成左旋失水葡萄糖，以及其他单糖衍生物，还有各种无规则连接的低聚糖的混合物，这些混合物通常属塔罗油级分。②与上述反应的同时，纤维素大分子中糖基脱水，得到不饱和化合物，如3-脱氢-葡萄糖烯酮，左旋葡萄糖烯酮，糠醛，其他呋喃衍生物，一部分存在于塔罗油中，另一部分在挥发物中。③在更高的温度下，糖基开裂，得到种种羰基化合物，如乙醛、乙二醛、丙烯醛等易挥发物质。④不饱和分解产物缩合，通过游离基的历程，侧链断裂，留下高活性的含复杂游离基的碳质剩余物。

Byrne 等提出了失水葡萄糖、呋喃和呋喃衍生物，以及由于吡喃环破裂而产生的低分子化合物（乙二醇醛、乙二醛、丙烯醛等）的生成途径。

Shafizadeh 等还证明了 $ZnCl_2$ 等添加剂对纤维素热解有促进作用。尤其对脱水和炭化反应。把纤维素和处理过的纤维素在600℃下的热解产物（对试样重的%）证实了这一点（见表

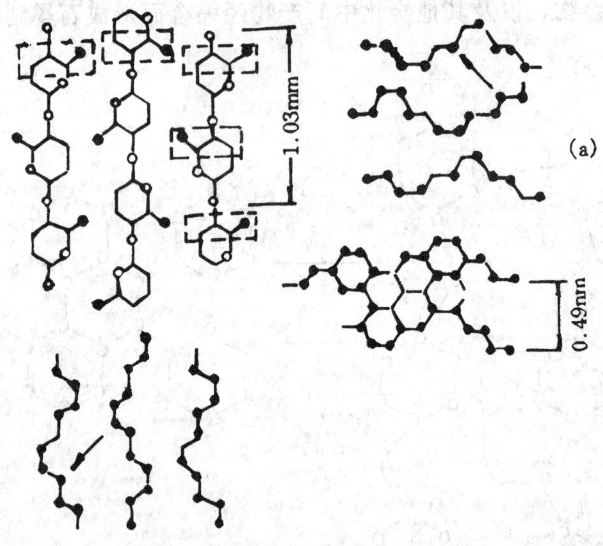

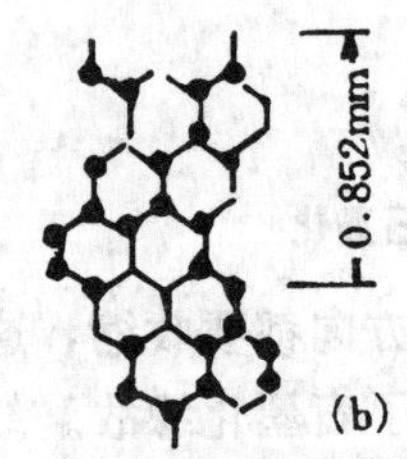

·表示碳原子 。表示氧原子

(a) 纤维素的石墨化的横向聚合过程收缩后，

长度为原长度的$\frac{0.49}{1.03}=48\%$；

(b) 纤维素石墨化的纵向聚合过程，收缩后

长度为原长度的$\frac{0.85}{1.03}=82.58\%$

图 3-31 纤维素石墨化在结构上的变化

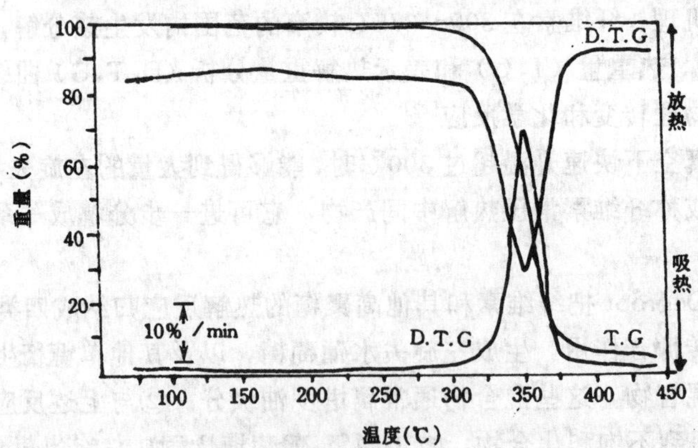

图 3-32 微晶质纤维素的热解曲线

3-12)。

从表 3-12 中看出合理使用活化剂可以提高炭的产量。

纤维素热解不仅引起分子链断裂，而且还有脱水、氧化等反应。由于羟基氧化，使羰基含量增加。Hernadi 发现醛基含量与返黄趋势有关。

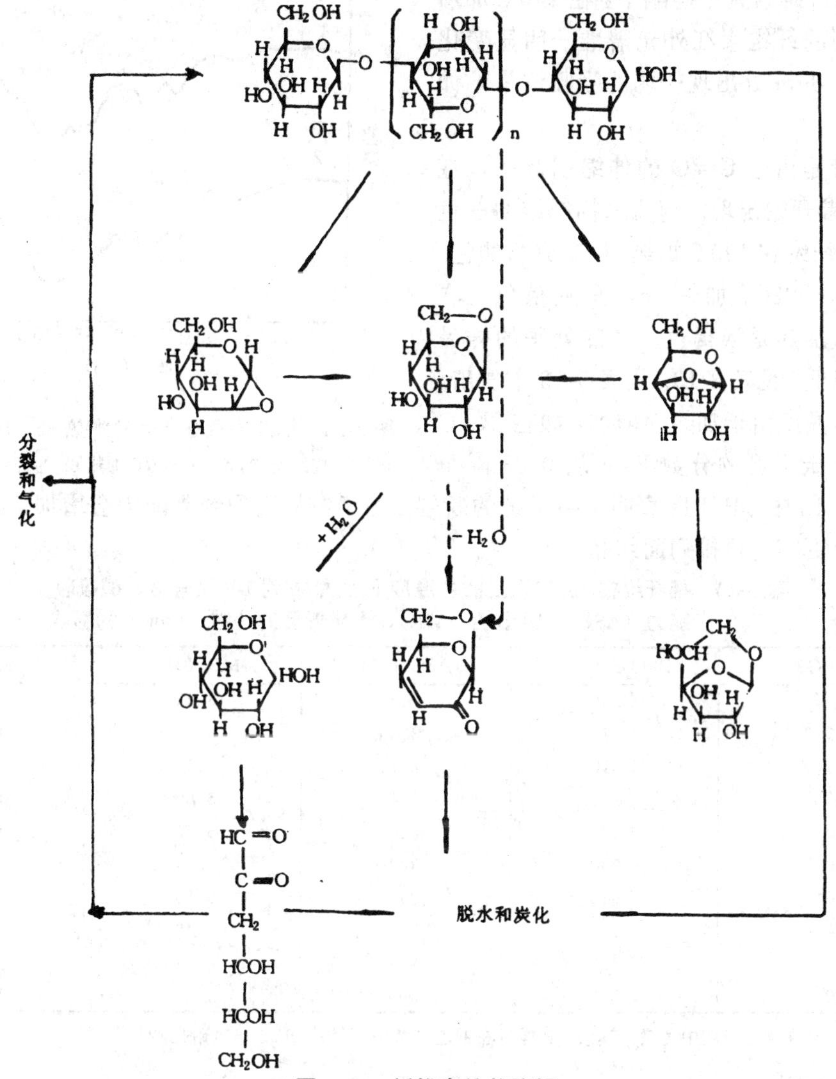

图 3-33　纤维素的热降解

表 3-12　纤维素和处理过的纤维素在 600 ℃下的热解产物

产　物	纯纤维素	+5%H_3PO_4	+5%（NH_4）$_2HPO_4$	+5%$ZnCl_2$
乙　醛	1.5	0.9	0.4	1.0
呋　喃	0.7	0.7	0.5	3.2
丙烯醛	0.8	0.4	0.2	—
甲　醇	1.1	0.7	0.9	0.5
2-甲基呋喃	—	0.5	0.5	2.1
2，3-丁二酮	2.0	2.0	1.6	1.2
1-羟基-2 丙酮	2.8	0.2	—	0.4
乙二醛	2.8	0.2	—	0.4
醋　酸	1.0	1.0	0.9	0.8
2-糠醛	1.3	1.3	1.3	2.1
5-甲基-乙糠醛	0.5	1.1	1.0	0.3
二氧化碳	6	5	6	3
水	11	21	26	23
炭	5	24	35	31
焦　油	66	41	26	31

若把棉纤维素置于硅酮中，在240℃加热6h，所得到的纤维素红外光谱惟一明显变化是在大约5.8μm处出现一弱的吸收谱带，如图3-34。

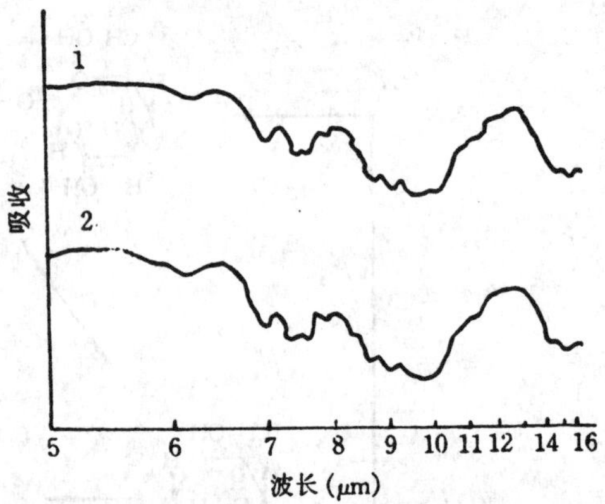

图3-34 棉纤维素在240℃加热6h的红外光谱

1. 棉纤维素；2. 在240℃加热6h的棉纤维素

此谱带是由于C=O的伸缩引起的。在210℃此谱带开始出现。与原来棉纤维的白色相对照，棉纤维在190℃加热6h变成奶油色。样品在200～220℃加热6h，是灰褐色。在230～240℃加热是淡褐色。经热处理的样品吸湿性均降低，见表3-13。从表3-13中看出，棉纤维的结晶度由于加热而增加，如在240℃下加热，无定形区的分数Fam从0.38降至0.30。表3-13中DP下降表明发生了链的断裂。由于链的断裂结晶能力会增加，因为这样使得棉纤维链更容易再排列而结晶。

表3-13 棉纤维在160℃以上的各温度下加热6h对DP聚合度、碱吸收能力（ASC）、吸湿性（MR）、无定形区的分数（Fam）的影响

温度（℃）	DP①	ASC（%）	MR（%）	Fam②
原试样	5 360	208	6.23	0.38
165	1 370	238	5.84	0.36
175	1 310	237	5.90	0.36
180	1 280	244	5.89	0.36
190	1 230	224	5.87	0.36
200	730	302	5.54	0.34
210	910	264	5.64	0.35
220	640	300	5.46	0.34
230	420	334	4.94	0.30
240	320	395	4.85	0.30

①原试样DP在镉乙二胺中测量，其余DP样品在铜乙二胺中测量；②Fam=吸附比/2.60。

1.5.5 纤维素的生物分解

纤维素在微生物作用下，尤其在细菌作用下发生分解，可得到一些有用物质。前苏联微生物学家阿梅杨斯基用析出的杆状细菌使纤维素发酵生成甲烷，另外他也分离出一种细菌 *Bacgllue faseicularums*，在它作用下纤维素分解得到4%氢气，29%碳酸，67%有机酸，如丁酸、醋酸、蚁酸、戊酸等。

纤维素的水解酶是由C_1酶及C_x酶构成的复合酶，根据其中加有纤维二糖酶（cellobiase）或β-葡糖苷酶（β-glucosidase），可使纤维素完全水解。C_x酶可杂乱无秩序地水解纤维素的β（1→4）键，所以称为葡聚糖内切酶（endoglucanase）。一般来说，C_x酶可水解可溶性纤维素（羧甲基纤维素，羟乙基纤维素）、磨碎的纤维素和用浓酸或碱润胀的纤维素等。但对于结晶度高的天然纤维素则不起作用。

C_1酶是结晶纤维素水解不可少的酶，它具有分解结晶纤维素间氢键，使之无定形化的作用。以及由非还原性末端基除去纤维二糖的作用，如把C_1和C_x酶混合起来，由于它们的协同作用，结晶度高的天然纤维素也可水解。

白腐菌对木材纤维素的水解作用，是在剥离木质素障碍物之后，在聚糖外切酶和内切酶作用下进行的。而褐腐菌虽然很容易分解纤维素，但它分解机理与白腐菌不同。褐腐菌能产生β-1，4-葡聚糖内切酶，但不产生β-1，4-葡聚糖外切酶（C_1 酶）。褐腐菌在分解结晶纤维素时，产生 H_2O_2，并扩散于木材纤维中，在 H_2O_2/Fe^{2+} 的作用下，氧化结晶纤维素，然后在β-1，4-葡聚糖内切酶作用下完全水解。

1.6　纤维素的衍生物

纤维素的衍生物主要包括两大类，即纤维素的酯和纤维素的醚。它们已广泛地应用到工业、农业、交通运输、文化教育，以及国防工业中去，其用途见表3-14。

表3-14　纤维素衍生物的用途

生产部门	用　途	衍生物种类
包　装	包装用薄膜	醋酸纤维素，再生纤维素①
纺　织	纤　维	醋酸纤维素，再生纤维素
	浆　料	羧甲基纤维素（CMC）
	无纺布粘结剂	羟乙基纤维素（HEC）
	涂膜剂	硝酸纤维素
塑　料	成　型	醋酸纤维素，醋酸-丁酸纤维素 醋酸-丙酸纤维素，乙基纤维素
照　相	胶　片	醋酸纤维素
表面涂层	喷　漆	硝酸纤维素，醋酸纤维素，乙基纤维素
	涂　料	CMC，HEC，甲基纤维素，乙基纤维素
国　防	炸　药	硝酸纤维素
飞　机	推进剂	硝酸纤维素
记　录	磁　带	醋酸纤维素
分散剂	农　药	CMC
化学药品	耐水性玻璃纸	硝酸纤维素
	乳液聚合剂	HEC
食　品	乳液稳定剂	CMC，羟丙基纤维素（HPC）
医　药	泻　剂	CMC
	乳液稳定剂	CMC
	颗粒粘结剂	甲基纤维素，HPC
	涂膜剂	羟丙基甲基纤维素，HPC
	肠溶药剂保护层	醋酸-邻苯二甲酸纤维素， 羟丙基甲基纤维素-邻苯二甲酸酯
医　疗	人造肾脏渗透膜	再生纤维素
	备品（药布、绷带）	氧化纤维素
化妆品	乳液稳定剂	CMC，甲基纤维素，HEC，HPC
香　烟	过滤嘴	醋酸纤维素
造　纸	浆　料	CMC，甲基纤维素
	涂膜剂	乙基纤维素
石　油	掘井用泥水混合剂	CMC
电　器	绝缘材料	苯甲基纤维素，氰乙基纤维素
印　刷	墨水稳定剂	乙基纤维素
土木工程	水泥添加剂	HEC
陶　器	粘结剂	甲基纤维素
皮　革	加工处理剂	甲基纤维素

① 由粘胶溶液再生。

制造纤维素衍生物，主要基于纤维素的以下性质：①酸性水解是在β-葡糖苷键处发生；

②纤维素是多元醇的线型高分子；③由于氢键形成结晶结构，在多相系统中的各种反应，是由非结晶区开始，逐渐到达结晶区；④游离基反应是由夺取$R_{纤}$—H开始的。

纤维素的羟基并不能全部作为反应对象，可用取代度（*D.S.*）来表示纤维素衍生物取代基的数量，它表示葡糖基的三个羟基中，被导入的取代基的平均值。如醋酸纤维素的*D.S.*2.5，乃表示葡糖基的羟基，平均有2.5个被乙酰基取代，0.5个是游离的。

纤维素衍生物的物理性质、化学性质，随取代基的种类、*D.S.*及分布、原料纤维素的平均聚合度、聚合度分布等而不同。

1.6.1 纤维素酯类

纤维素的多元醇能被各种酸、酸酐等酯化。酯类分为无机酸酯和有机酸酯两种，无机酸酯主要为硝酸酯和黄酸酯，有机酸酯有醋酸酯等。最近，在塑料领域，出现醋酸-丙酸酯，在医药领域使用醋酸-苯二甲酸酯等混合酯类。

(1) 硝酸酯。纤维素的硝酸酯俗称硝化纤维素或硝酸纤维素。它是用浓硝酸加浓硫酸在一定条件下将纤维素硝化，其反应为：

$$\text{Cell—OH} + HNO_3 \xrightarrow{H_2SO_4} \text{Cell—ONO}_2 + H_2O$$

硝化纤维素广泛采用的是棉绒浆和木浆，一般要求α-纤维素含量高（94%～96%），戊聚糖含量要低（1.0%～1.5%），浆的粘度要高。

硝化剂使用硝酸、硝酸和无机酸的各种混合酸、氮的氧化物（N_2O_5）等，在工业上仍使用硝酸和硫酸的混合酸。混合酸的组成见表3-15。浓硫酸用量较大，其原因是硝化反应为可逆反应，有水生成，必须即时去除，以防影响硝化的酯化度的提高。另外用浓硫酸吸收水时放出热量能促进酯化反应进行，并能帮助纤维素润胀，增加硝酸的扩散程度，加快反应。在使用浓硫酸同时，估计也生成硫酸酯，为了除去它使硝酸酯稳定，则用水、稀苏打水或乙醇进行煮沸处理。

表3-15 混合酸的组成（%）

用　途	H_2SO_4	HNO_3	H_2O
制火药用硝化纤维素	67	22	11
制胶片用硝化纤维素	60	20	20
制假漆用硝化纤维素	62	20	18

硝化温度一般控制在25～30℃。增加温度使酯化速度增加，但同时使副反应如氧化、水解等反应速度增加，粘度下降、溶解度增加。

酯化度除用取代度（*D.S.*）表示之外，也用含氮量（*N*%）表示。两者之间关系式为：

$$N\% = 31.1 \times D.S./(3.60 + D.S.)$$

硝酸纤维素的含氮量和用途的关系见表3-16。三硝酸纤维素的含氮量为14.14%。

表3-16 硝酸纤维素的含氮量和用途

含氮量（%）	溶　剂	用　途
10.7～11.2	丙酮，醋酸戊酯，乙醇	塑料，喷漆
11.2～11.7	丙酮，醋酸戊酯，乙醇	喷漆
11.8～12.3	丙酮，醋酸戊酯	喷漆，涂膜
13.0～13.5	丙酮，醋酸戊酯	火药

(2) 黄原酸盐（黄原酸酯）。纤维素黄原酸盐是纤维素在碱的存在下与二硫化碳反应而制得的，如下式：

$$\text{Cell—OH} + CS_2 + NaOH \longrightarrow \text{Cell—O—}\overset{S}{\overset{\|}{C}}\text{—SNa} + H_2O$$

纤维素一般采用木材化学浆，用氯系统漂白剂及苛性钠进行多段漂白高度精制的纸浆(α-纤维素为88%～96%)又称溶解浆。先将纤维素在17.5%的苛性钠溶液中常温浸渍1～2h，使之成碱纤维素，将其压榨到约3倍纤维素重之后粉碎而进行老化，以调整聚合度。其次在减压下加入约相当于纤维素重量30%～40%的二硫化碳，在常温下处理2～3h，生成橙黄色的黄原酸钠，一般消耗二硫化碳为添加量的50%～70%。

纤维素黄原酸钠的 $D.S.$ 为0.4～0.5，也用 γ 值来表示 $D.S.$，γ 值300相当于 $D.S.$ 3.0。

在纤维素黄原酸钠中加入稀苛性钠溶液，可得到粘稠液体称为粘胶，可制造人造丝或玻璃纸。由于 CS_2 有毒，纤维素黄酸盐在纺丝时释出 CS_2 影响人体健康，故国内外都在研究微毒纺丝，即将碱纤维素先羧甲基化，再进行低 CS_2（15%～20%）黄化制低酯化度粘胶。二者比较如下：

原来的纺丝反应：

$$\left|\begin{array}{l}\text{—O—C(=S)—SNa} \\ \text{—OH} \\ \text{—O—C(=S)—SNa}\end{array}\right. + H_2SO_4 \longrightarrow \left|\begin{array}{l}\text{—OH} \\ \text{—OH} \\ \text{—OH}\end{array}\right. + Na_2SO_4 + 2CS_2\uparrow$$

纤维素黄酸钠　　　　再生纤维素

微毒纺丝反应：

$$\left|\begin{array}{l}\text{—C—}CH_2COONa \\ \text{—OH} \\ \text{—O—C(=S)—SNa}\end{array}\right. + H_2SO_4 \longrightarrow \left|\begin{array}{l}\text{—OH} \\ \text{—OH} \\ \text{—OH}\end{array}\right. + Na_2SO_4 + CH_3COOH + CS_2\uparrow$$

醚化纤维素黄酸盐　　　　再生纤维素

(3) 醋酸酯。纤维素的醋酸酯俗称醋酸纤维素或乙酰纤维素。它是用醋酸酐作醋酸化剂，在催化剂如硫酸的作用下，在不同的稀释剂中生成不同酯化度的醋酸纤维素。如下式：

$$\text{Cell—OH} + \begin{array}{l}CH_3CO \\ \qquad\quad \rangle O \\ CH_3CO\end{array} \xrightarrow{H_2SO_4} \text{Cell—}OCOCH_3 + CH_3COOH$$

醋酸化剂可使用醋酸、乙酰氯、烯酮、醋酸酐等，工业上多采用醋酸酐-冰醋酸-硫酸的混合液进行乙酰化，其配方为每100份重纤维素，醋酸酐为250～300份重，醋酸280～350份重，硫酸（96%）8～12份重，反应温度20～30℃。

乙酰化时，用H_2SO_4作催化剂，与硝化时作用不同，它主要使醋酐变成醋酸化剂——乙酰硫酸，而起催化作用，故用量较少。反应如下：

$$(CH_3CO)_2O + HO-SO_2-OH \longrightarrow CH_3COO-SO_2-OH + CH_3COOH$$

（乙酰硫酸）

$$CH_3COO-SO_3-OH + Cell-OH \longrightarrow Cell-OCOCH_3 + H_2SO_4$$

放出的硫酸可再与醋酸作用生成乙酰硫酸。过氯酸也可作催化剂，一般在工业上用量为0.5%～1%，其优点无需进行安定处理就可制得较稳定的醋酸纤维素，因为过氯酸与硫酸不同，它不与纤维素形成酯类。

酯化程度除用$D.S.$表示之外，也用乙酰基%表示，两者之间关系如下式：

$$A\% = 142.9 \times D.S./(3.86 + D.S.) \tag{3-17}$$

使用稀释剂的目的是增加液比，促进乙酰化进行。所用稀释剂除冰醋酸外，还可用三氯甲烷、三氯乙烷、二氯甲烷等，反应开始为多相反应，后期变为单相反应，又称均态醋酸化。此时可得到高酯化度（$\gamma=300$）的产品，称三醋酸纤维素。用苯、甲苯、乙酸乙酯、四氯化碳等作稀释剂，反应开始和终了皆为多相反应，又称非均态醋酸化，酯化度较低（$\gamma=200$～270）。以上两种产品均称为第一醋酸纤维素，不能溶于丙酮。若将均态醋酸化纤维素进行部分水解，使γ降低到222～270，就变成第二醋酸纤维素，其产品可溶于丙酮制造人造丝或软片。醋酸纤维素的乙酰基量和用途的关系见表3-17。

表3-17 醋酸纤维素的乙酰基量和用途

乙酰基（%）	溶剂	用途
29.4	水	—
45.4～47.1	水，三氯甲烷，热乙醇	—
53.4～54.8	丙酮	喷漆，塑料，人造纤维
56.1～57.5	—	照像用胶片
60.0～62.5	—	人造纤维，电绝缘用

（4）混合酯。纤维素混合酯制造目的在于利用各种酯的特性，从而提高其利用价值。如酯酸-丙酸纤维素和醋酸-丁酸纤维素，其溶解性较醋酸酯好，可塑性及与其他树脂的互溶性也较好，可用于作塑料原料。

1.6.2 纤维素的醚类

纤维素的醇羟基与烷基卤化物或其他醚化剂在碱性条件下，起醚化反应生成相应的纤维素醚。

（1）甲基醚。制造纤维素甲基醚可用硫酸二甲酯、甲基氯、重氮甲烷等，工业上常用甲基氯与碱纤维素反应，如下式：

$$\text{Cell—ONa} + CH_3Cl \longrightarrow \text{Cell—OCH}_3 + NaCl$$

在以甲基化为中心的醚化反应中，葡糖基的 C_2，C_3 和 C_6 上羟基的相对反应速度比值见表 3-18。表 3-18 中以 C_3 上羟基的 K_3 为 1 进行比较的。反应速度受各羟基的酸度、醚化剂的体积、试样纤维素的润胀等显著影响。C_2 上羟基上的酸度较 C_3 上羟基高，所以反应速度快。C_6 上羟基由于位阻现象小，对于如环氧乙烷，一氯代醋酸等体积比较大的醚化剂比 C_2 和 C_3 上羟基醚化反应速度要快。

表 3-18　葡糖基各羟基的相对反应速度

醚　化　剂	K_2	K_3	K_6
硫酸二甲酯	3.5	1	2
甲　基　氯	5	1	2
重氯甲烷	1.2	1	1.5
氯　乙　烷	4.5	1	2
环氧乙烷	3	1	10
一氯代醋酸	2	1	2.5

纤维素甲基化后，具有表面活性和耐油性，其主要用于以使水泥浆增粘、保水及粘结为目的的建材方面，见表 3-19。

表 3-19　甲基纤维素的取代度和用途

D.S.	溶　剂	用　途
0.1～0.9	4%～10%苛性钠	薄膜，浆料
1.6～2.0	水	浆糊，洗涤剂
2.4～2.8	极性溶剂	增粘剂，保水剂，粘结剂

(2) 羟乙基醚。羟乙基纤维素是在碱存在下，用环氧乙烷或 α-氯乙醇反应制得。如下式：

$$\text{Cell—OH} + \underset{O}{CH_2—CH_2} \xrightarrow{NaOH} \text{Cell—OCH}_2CH_2OH$$

$$\text{Cell—OH} + ClCH_2CH_2OH \xrightarrow{NaOH} \text{Cell—OCH}_2CH_2OH$$

这个反应的特征不只限于纤维素的羟基，羟乙基的羟基也发生这种醚化反应，生成 Cell-$OCH_2CH_2OCH_2CH_2OH$，反应程度用反应摩尔数表示。其产品主要用于水溶性的领域，如无纺布粘结剂、乳液聚合剂、分散剂等。

(3) 羧甲基醚。羧甲基纤维素是用一氯代醋酸作用于碱纤维素制得，如下式：

$$\text{Cell—OH} + ClCH_2COOH \xrightarrow{NaOH} \text{Cell—OCH}_2COONa$$

$$Cl—CH_2COOH + NaOH \longrightarrow HOCH_2COONa + NaCl$$

此反应是把纤维素浸渍于一氯代醋酸后，再加入苛性钠溶液。由于有副反应生成乙醇钠，必须控制乙醇钠产生在最小限度内。为提高一氯代醋酸的反应效率，需要降低反应温度，苛性钠的加入量不能过剩。纤维素原料采用溶解浆。

羧甲基纤维素（CMC）为阴离子型高分子电解质，把它溶解于冷水或热水中时，成为粘稠的糊液。它对于热及光稳定，乳液分散性大。CMC 被用于作医药、化妆品及食物的乳液稳定剂、纺织品的浆料、洗涤剂的助剂、涂料的增粘剂等。羧甲基纤维素成品以钠盐形式存在，一般有高、中、低三种粘度，高粘度为1000～2000mPa·s，中粘度为500～1000mPa·s，低粘度为50～100mPa·s，粘度测定是将成品配成2%的水溶液，用粘度计在25℃测定，CMC的γ值越低粘度则越高，一般有25以下、40～120、120以上几种。

（4）其他醚类。纤维素的其他醚类有乙基纤维素、氰乙基纤维素及苄基纤维素，可分别用于浆糊、胶粘剂、电缘材料。反应式如下：

$$\text{Cell—ONa}+\text{Cl—CH}_2\text{CH}_3 \longrightarrow \text{Cell—OCH}_2\text{CH}_3+\text{NaCl}$$

$$\text{Cell—OH}+\text{CH}_2=\text{CHCN} \xrightarrow{\text{NaOH}} \text{Cell—OCH}_2\text{CH}_2\text{CN}$$

$$\text{Cell—ONa}+\text{C}_6\text{H}_5\text{—CH}_2\text{Cl} \longrightarrow \text{Cell—OCH}_2\text{—C}_6\text{H}_5+\text{NaCl}$$

1.7 纤维素的化学改性

纤维素的化学改性主要通过纤维素上的羟基，特别是具有乙二醇结构的羟基的接枝共聚反应和纤维素的交联反应。纤维素经改性后，吸湿性少了，耐磨性增加，湿强度提高，形状稳定性有了改进，挺度和不透明度增加，使纤维素取得更广泛用途。

1.7.1 交联反应

纤维素的交联反应是形成二醚或二酯的缩合反应，用于纺织品的防缩防皱，或增加纸板的挺度和防潮方面，增加纸和纸板的裂断长、耐破度和形稳性。

交联剂一般用甲醛、乙二醛，而三聚氰胺-甲醛树脂和脲-甲醛树脂作为湿强剂的作用，也是基于纤维素的交联反应。其他二卤化合物二异氰酸酯、二环氧化合物、二乙烯基砜也可作交联剂。甲醛与纤维素的交联反应如下式：

$$2\text{Cell—OH}+\text{CH}_2\text{O} \longrightarrow \text{Cell—OCH}_2\text{O—Cell}+\text{H}_2\text{O}$$

交联反应程度即使很小，对纤维素的性质和构造也有很大影响。用甲醛处理的α-纤维素含量为88.6%的木浆，其结合甲醛量为1.1%时，表现α-纤维素量即可增加到95.0%[23]。

又如：纤维素与氰脲酰氯的亲核取代反应也能形成交联的纤维素，从而增加纸或纸板的强度。

$$2\text{R}_{纤}\text{-O}^{\ominus}+\text{C}_3\text{N}_3\text{Cl}_3 \longrightarrow \text{C}_3\text{N}_3\text{Cl(O)(OR}_{纤}) + 2\text{Cl}^{\ominus} \longrightarrow \text{C}_3\text{N}_3\text{(OH)(OR}_{纤})(\text{OR}_{纤})$$

生成酯的交联可采用酸酐（如苯二甲酸酐和顺丁烯二酸酐）、酰氯、二羧酸（除了草酸、丁二酸、戊二醇反应性能很小外，可使用其他二酸）以及二异氰酸酯（如2，4-二异氰酸甲苯酯和2，6-二异氰酸甲苯酯）。如下式：

$$2\text{R}_{纤}\text{—OH}+\text{Cl—}\overset{\displaystyle O}{\overset{\|}{\text{C}}}\text{—C(CH}_2)_n\text{—}\overset{\displaystyle O}{\overset{\|}{\text{C}}}\text{—Cl} \xrightarrow[\text{DMF 液}]{\text{室温}} \text{R}_{纤}\text{—O—}\overset{\displaystyle O}{\overset{\|}{\text{C}}}\text{—C(CH}_2)n\text{—}\overset{\displaystyle O}{\overset{\|}{\text{C}}}\text{—OR}_{纤}+2\text{HCl}$$

1.7.2 纤维素的接枝共聚反应

接枝共聚是合成高分子的一种形式，是在纤维素主链上接上聚合物的支链，以提高它的性能。接枝共聚反应可在均相体系中进行，即将纤维素或纤维素衍生物溶在溶剂中，但一般在多相体系中进行研究，因此，反应效率显著受到微细结构的影响。接枝共聚反应按原理可分为三类，即：游离基引发接枝共聚、离子相互作用接枝共聚和缩合或加成接枝共聚。在此主要介绍应用较多的游离基引发的接枝共聚，游离基的产生主要用化学方法和辐射方法。

1.7.2.1 化学方法

（1）铈盐作为引发剂直接氧化接枝共聚：铈盐首先脱掉纤维素的氢原子而生成聚合物游离基，在它与乙烯单体共存情况下，开始进行接枝共聚反应[25]。

$$R_{纤}—OH+Ce^{4+}\longrightarrow R_{纤}O\cdot+3Ce^{3+}+H^{+}$$

此时由于游离基在纤维上，所以均聚物的生成较少。乙烯单体可以用丙烯腈、丙烯酸甲酯、丙烯酸、丙烯酰胺等，纤维素用增白浆。

（2）Fentons 试剂：它是一种含有过氧化氢和亚铁离子的溶液，是一个氧化还原系统[26,27]。

$$Fe^{2+}+H_2O_2\longrightarrow Fe^{3+}+OH^{-}+OH;\ R_{纤}HOH+\cdot OH\longrightarrow\cdot R_{纤}OH+H_2O$$

$$\cdot R_{纤}OH+M\longrightarrow 接枝共聚\ [M 为丙烯腈\ (CH_2=CHCN)]$$

本方法不受木质素阻碍作用，可以用于以不漂浆为原料的纸板或纸的接枝共聚。

1.7.2.2 辐射法

紫外线和高能辐射已经成功地用于纸浆和纸的接枝共聚。用紫外光照射的接枝共聚反应过程如下：

$$R_{纤}OH\longrightarrow R_{纤}O\cdot+H\cdot;\ R_{纤}O\cdot+M\longrightarrow 接枝共聚\ (M 为单体)$$

用高能辐射时的接枝共聚反应过程如下：

$$R_{纤}OH\xrightarrow[在空气中或 H_2O_2 中]{高能辐射}R_{纤}OOH;\ R_{纤}OOH\longrightarrow R_{纤}O\cdot+\cdot OH$$

$$R_{纤}O\cdot+M\longrightarrow 接枝共聚\ (M 为单体);\ \cdot OH+M\longrightarrow 均聚物\ (副反应)$$

假如加入还原剂（如 Fc^{2+}）则均聚体大量减少：

$$R_{纤}OOH+Fe^{2+}\longrightarrow R_{纤}O\cdot+Fe^{3+}+OH^{-}$$

辐射法也适用于含有木质素的纸浆，因为木质素也能受辐射引发接枝共聚。

此外，加入甲醇作化学引发剂能提高接枝率。M 单体可以为苯乙烯、醋酸乙烯酯及顺丁烯二酸酯。

纤维素接枝共聚时形成的支链一般是在 C_2 或 C_3 开始的，同时它是绕着纤维素大分子螺旋形前进的，如图 3-35[28]。图 3-35 中 A、B、C 表示不同条件下形成氢键的情况。

纸浆接枝共聚后，需要鉴定生成物的接枝程度。首先要先将生成物用索氏抽提器在适当溶剂中抽提，去除均聚物，留下纤维素的共聚物，这样就可以计算它的接枝程度。提取所用溶剂视单体不同而不同。如聚乙烯单体可用丙酮作溶剂。接枝效率计算如下：

$$接枝效率(\%)=\frac{A-B}{C}\times 100 \tag{3-18}$$

式中：A——聚合和抽提后的纸浆重（除去均聚物后重）；

B——原纸浆绝干重；

C——所用单体重。

纤维素接枝共聚后，由于纤维素大分子结构有了改变，羟基少了，增加了合成高分子的支链，使纤维素的超分子结构也改变了。因此，纤维素的性质，尤其是物理性质有了较大变化[28]（见表 3-20）。接枝所用单体不同，接枝纤维素的性质也不同（见表 3-21）。

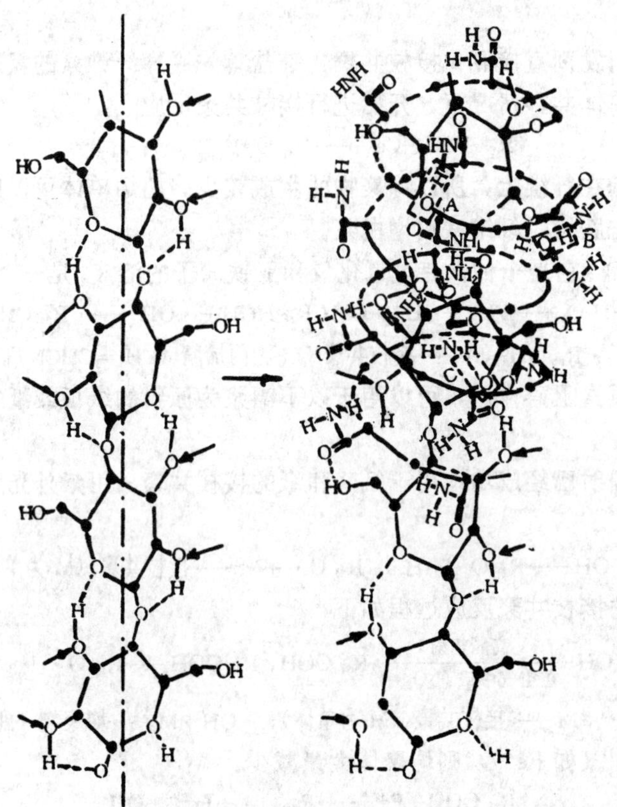

图 3-35 纤维素大分子接枝共聚示意图

表 3-20 接枝浆和纸的物理性能

单 体	接枝浆	接枝纸	干强	湿强	撕力	挺度	耐折度	耐破度	抗气候性	形稳性	介电性	抗热性
丙烯酰胺	△		↑	↑	↓	↑						
CH_2=CHCONH$_2$（AAm）		△	↑	↑		↑	↑	↑				
丙烯酸（AA）CH_2=CHCOOH		△	↑								↑	↑
甲基丙烯酸甲酯（MMA）	△		↓						↑			
丙烯酸甲酯（MA）		△	↓	↓								
丙烯酸乙酯（EA）		△	↓	↑	↑							
丙烯腈（AN）		△	↑						↑		↑	
CH_2=CH—CN	△		↓		↓		↓	↓				
乙烯醇（VOH）	△		↑		↓							
苯乙烯（ST）	△	△	↓				↓	↓	↑	↑	↑	

表 3-21　接枝纤维素性质与所用单体

编号	性　质	所用单体	编号	性　质	所用单体
1	抗腐烂和发霉	丙烯腈	7	阻燃性	含磷乙烯化合物
2	疏松和弹性	丙烯腈，甲基丙烯腈	8	吸收性	丙烯酸
3	可凝固性	甲基丙烯酸烷基酯	9	止血性	丙烯酸钙
4	抗肥料性	丙烯酸羟烷基酯	10	抑菌性	丙烯酸根和铜
5	抗水性	氟单体、单基丙烯酸三桂氟烷基酯	11	提高离子交换能力	丙烯酸、甲基丙烯酸、氨烷基酯
6	抗油性	氟单体	12	改进可染性	丙烯腈、丙烯酰胺

2　半纤维素

2.1　半纤维素的基本概念和命名法

2.1.1　基本概念

半纤维素这个名词是 1891 年由舒尔兹（E. Schulze）最先提出来的，当时指的是在植物中与纤维素共生的细胞壁聚糖，它可被碱水溶液抽提，酸水解较纤维素容易得多。根据此意，于是提出过不少半纤维素旧定义，以后由于糖类化学的发展，发现这一概念与这类高聚糖的通性并不完全符合；同时从研究木材化学组成来说，上述名词涵义不明确；从化学结构来说也含糊不清，因此许多学者赋予半纤维素很多新的定义，如木材多糖（Wood Polyoses）和非纤维素高聚糖（按惯例不包括果胶、淀粉、树胶和粘液），后者提出既有范围又有概括，从学术观点而论是较为合理的。最近范额尔（D. Fengel）教授为避免纤维素和半纤维素同属高聚糖在名词上的混淆，仍把非纤维素高聚糖称为多糖。

近 20 多年来，随着高聚糖分离纯化的改进以及各类色谱、红外光谱、核磁共振、质谱和电子显微镜等的应用，人们已掌握了木材半纤维素结构的有关知识。说明木材半纤维素绝大多数不是一种单糖基组成的均一高聚糖，而通常是由两种或两种以上糖基（包括中性、脱氧和酸性糖基），并常含有乙酰基和具有侧链或支链所组成的非均一高聚糖。由于每种木化植物的半纤维素都包含有几种非均一高聚糖，而且它们之间的结构差异很大，所以半纤维素是比纤维素更为复杂的一群非均一高聚糖的总称。

应该指出的是，鉴于半纤维素这个名词早已被不同工业和研究部门所采用，例如水解和制浆造纸与粘胶部门，分别把木质化植物易于水解和漂白化学浆在 20℃能溶于 17.5%苛性钠或 24%苛性钾溶液的高聚糖均称为“半纤维素”，因此，我们现在仍习惯地沿用。但工业上半纤维素和学术上半纤维素的概念是不相同的。

2.1.2　命名法

半纤维素为不均一高聚糖，其命名法有如下两种：

（1）第一种命名。是将不均一高聚糖中的各糖基都列出，侧（支）链糖基名列于前，主链糖基按量多至量少的次序排列，并于所列的最后糖基冠以“聚”字。如某不均一高聚糖（或半纤维素）具有如下结构：

```
… —Ⓐ—Ⓐ—Ⓑ—Ⓑ—Ⓑ—Ⓑ—…
            |
            Ⓒ
```

Ⓐ、Ⓑ、Ⓒ皆为糖基，故此不均一高聚糖按以上命名法可称为 C 糖基-A-B 聚糖。因本法命

名比较全面，故目前应用较广。

(2) 第二种命名。只提主链糖基而不提侧（支）链糖基，并于各糖基之后也冠以“聚”字。例如上述高聚糖命名为A-B聚糖。此种命名法虽较上法简单，但不能全面反映高聚糖的结构，有一定局限性。尽管如此，目前文献中仍经常沿用此种命名法。如木材半纤维素中的4-O-甲基-葡萄糖醛酸基-阿拉伯糖基-木聚糖，因其结构中由木糖基构成主链，故按本法命名为木聚糖。

2.2 半纤维素的分离和结构

2.2.1 半纤维素的分离

半纤维素存在于木质化植物纤维之中，在进行基础研究或应用理论研究中往往需要把它们分离出来，而且必须得率高、均一性好和变化最少。然而，由于半纤维素是一群非均一高聚糖的总称，加之木质化植物纤维原料含有多种组分，有的组分之间（如半纤维素和木质素之间）还有化学连接，所以半纤维素的分离是比较复杂的。

2.2.1.1 分离前的准备

植物纤维原料中含有少量提取物和若干复杂的水溶性高聚糖，因此在分离半纤维素之前，一般先用苯醇混合物提取，然后再用水提取。草类纤维原料一般含果胶较多，还要用草酸铵溶液提取以除去干扰分离半纤维素的杂质。

经提取后的无提取物试样，可用来分离半纤维素。分离方法随研究物料不同而异。如用氢氧化钾溶液可直接从阔叶材或草类纤维的无提取物物料中分离半纤维素，但一般得率较低、酰基脱落，特别是在抽提草类纤维时还有相当一部分木质素一并溶出，导致后续高聚糖分离纯化更加复杂化。因此目前对阔叶材或草类纤维半纤维素的分离，一般都与木质化程度较高的针叶材一样，需要先制备综纤维素，再从综纤维素中分离半纤维素。

制备综纤维素一般有3种方法：酸性亚氯酸盐法、氯-乙醇胺法和过醋酸法。鉴于前者操作容易，适宜大量制备，加之几经改进趋于完善，因此是目前最广泛采用的方法。

2.2.1.2 半纤维素的提取

碱提取是从综纤维素中提取半纤维素的主要方法。为了使提取较完全，而且尽量减少或避免发生有关的化学变化，必须选择诸如碱的种类、浓度和在氮气流、室温或更低温度下等的最佳提取条件。研究结果表明，氢氧化钾对木聚糖类提取效果较好；而提取葡萄-甘露聚糖类则用氢氧化钠最佳，尤其是在其中加入硼酸盐可明显地提高提取效率。此外，碱浓度对提取效率也有明显的影响。如用氢氧化钾提取木聚糖类时，对草类纤维和阔叶材一般分别用5%和10%的浓度；而对于针叶材葡萄-甘露聚糖则用分级提取法，往往第一步浓度是24%。此外，有时为了研究阔叶材木聚糖的均一性及其分布，常常使用逐渐增浓的多步提取法。然而，对于特定碱液而言，都有一个最佳浓度界限，以求达到提取的最大值。

由于半纤维素的特征官能团乙酰基在碱提取时必定脱落，因此一般常用有效的中性溶剂二甲亚砜和水连续提取含乙酰基的半纤维素。

2.2.1.3 半纤维素的提纯

碱提取得到的半纤维素为混合的高聚糖，需要进行提纯。其目的在于将混合高聚糖分离为单一的高聚糖，并使其在一定分子量范围内为均一组分。采用的纯化方法很多，目前常用的几种分述如下：

(1) 分级沉淀法：通常是根据不同高聚糖在不同浓度乙醇中具有不同溶解度的性质，逐次按比例由小而大加入乙醇进行分级沉淀。如乙醇和水〔80/20（体积比）〕可沉淀大部分高聚糖，仅少量短链高聚糖留在溶液中。还有利于碱提取液被中和而产生沉淀的性质，例如实验室常用醋酸中和漂白化学浆的 17.5%氢氧化钠提取液分离 β-和 γ-纤维素就是一个实例。

（2）金属络合物（或称配位化合物）法：根据不同高聚糖能与各种铜、钡和铅等离子形成络合物而沉淀的性质。常用络合剂有费林试剂、氢氧化钡和醋酸铅等。其沉淀情况见表 3-22。

表 3-22　木材半纤维素与金属离子的沉淀作用[29]

高　聚　糖	费林试剂	$Ba(OH)_2$		$Pb(CH_3CO)_2$	$Pb_2(CH_3CO)_3OH$
		≤0.03M	≤0.15M		
半乳-甘露聚糖(瓜尔胶)	+①	+	+	+	+
葡萄-甘露聚糖(针叶材)	+	+	+	+	+
半乳聚糖(应压木)	−②	±	+	+	+
葡萄糖醛酸基-阿拉伯糖基-木聚糖(针叶材)	−	−	−	−	+
葡萄糖醛酸基-木聚糖(桦木)	+	−	+	+	+
部分乙酰化葡萄糖醛酸基-木聚糖(桦木)	+	−	−→+③	−	+
阿拉伯半乳聚糖(落叶松)	−	−	−	−	−

① 表示从溶液中沉淀出来，② 表示溶解。③ 表示该试剂能脱乙酰基。

（3）季铵盐沉淀法：根据长链季铵盐能与酸性高聚糖成盐，形成水不溶高聚糖化合物的特性，以分离酸性和中性高聚糖。常用的季铵盐是十六烷基三甲胺的溴化物（CTAB）及其碱（CTA—OH）和十六烷基吡啶氯化物（CPC）。其沉淀示意如图 3-36。

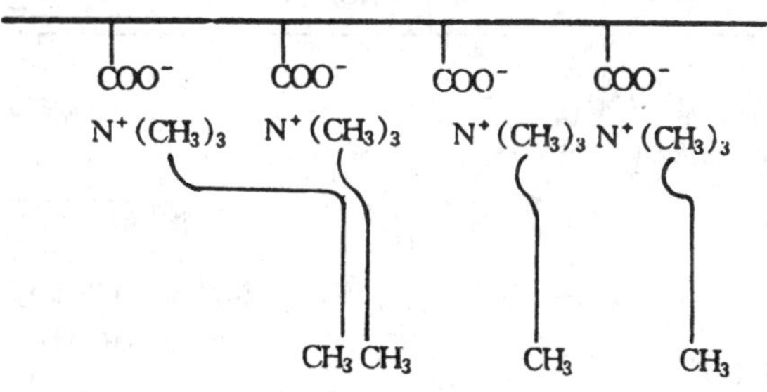

图 3-36　溴化十六烷基三甲胺沉淀酸性高聚糖[30]

（4）纤维素阴离子交换柱色谱：常用的交换剂为二乙胺乙基纤维素（DEAE-Cellulose）。此法适合于分离各种酸性和中性高聚糖。在 pH 值为 6 时，酸性高聚糖能吸附于交换剂上，中性高聚糖不吸附。然而用 pH 值相同离子强度不等的缓冲液将酸性强弱不同的酸性高聚糖分别洗脱出来。

（5）凝胶柱色谱法：它是根据高聚糖分子的大小和形状不同而达到分离的目的。常用的凝胶有葡聚糖凝胶及琼脂糖凝胶。

（6）制备性区域电泳法：不同高聚糖在电场作用下按其分子大小、形状及其所负电荷的不同而达到分离。载体通常是玻璃纸。

经上述方法纯化过的样品，其纯度标准不能用通常化合物的纯度标准来衡量，因为即使是高聚糖纯品，其微观也是不均一的，它的纯度只代表相似链长的平均配布。实质上是一定分子量范围的均一组分。目前常用纯度测定方法有旋光法、超离心、高压电泳、凝胶色谱和糖基恒定法等。通常要有两种或两种以上的测定结果方能肯定样品的纯度，这样可互相验证。

现以一种针叶材和阔叶材为例，说明高聚糖分离与纯化的步骤，如图3-37和图3-38。

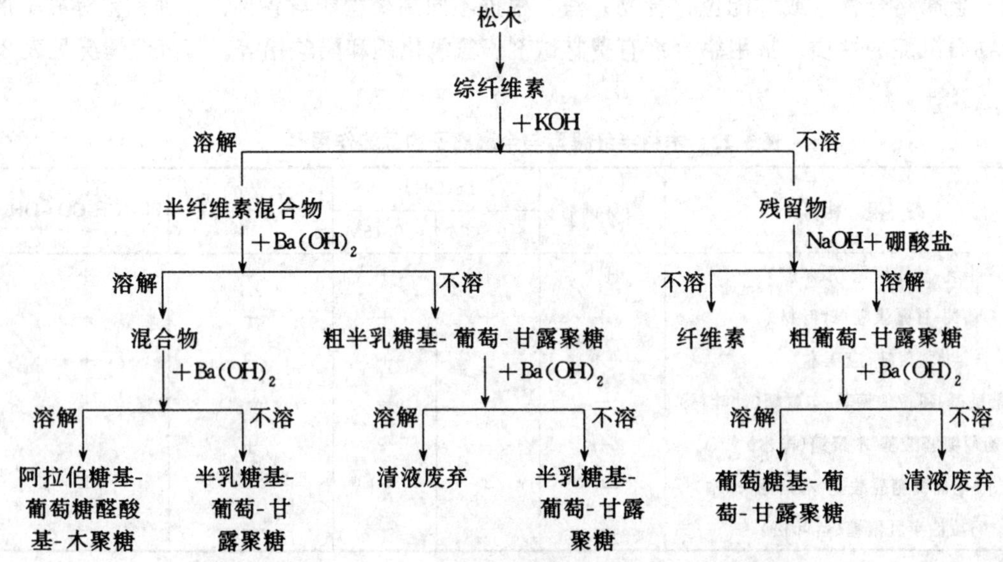

图3-37 富含甘露糖半纤维素的分离与纯化

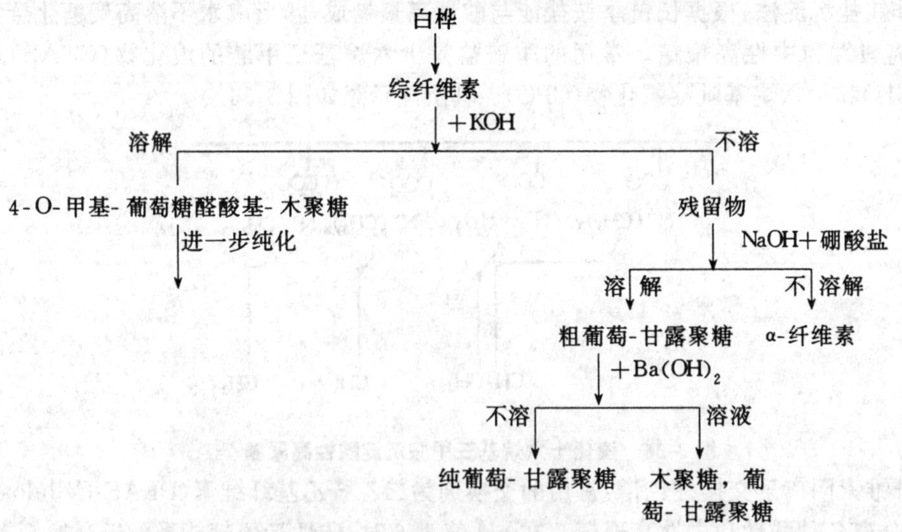

图3-38 白桦葡萄-甘露聚糖的分离与纯化

2.2.2 针叶材和阔叶材的半纤维素及结构

半纤维素通常占干材重的20%～30%。由于针叶材半纤维素组成特征不同于阔叶材，因此组成半纤维素糖基含量也不一样，见表3-23和表3-24。此外，在树干、树枝、树根和树皮等部位，半纤维素的含量和组成也存在相当大的差异。

2.2.2.1 针叶材半纤维素

(1)半乳糖基-葡萄-甘露聚糖：它是针叶材的主要半纤维素，约占干材重的20%。主链由1→4苷键连接的β-D-吡喃型葡萄糖基和β-D-吡喃型甘露糖基组成（如图3-39）。根据侧链半乳

表 3-23 不同木材中非葡萄糖基的含量(占脱抽出物%)[30]

树种	甘露糖	木糖	半乳糖	阿拉伯糖	糖醛酸	鼠李糖	乙酰基
香脂冷杉	10.0	5.2	1.0	1.1	4.8	—	1.4
欧洲落叶松	11.5	5.1	6.1	2.0	2.2	0.0	—
挪威云杉	13.6	5.6	2.8	1.2	1.8	0.3	—
欧洲赤松	12.4	7.6	1.9	1.5	5.0	—	1.6
西方金钟柏	7.4	3.8	1.5	1.7	5.8	—	0.9
红皮桦	2.0	23.9	1.3	0.5	5.7	—	3.9
疣皮桦	3.2	24.9	0.7	0.4	3.6	0.6	—
欧洲山毛榉	0.9	19.0	1.4	0.7	4.8	0.5	—
颤 杨	3.5	21.2	1.1	0.9	3.7	—	3.9
美国榆	3.4	15.1	0.9	0.4	4.7	—	3.0

表 3-24 日本针叶材和阔叶材的碳水化合物组成(相对%)[30]

树种	甘露糖	阿拉伯糖	半乳糖	木糖	葡萄糖	鼠李糖
冷 杉	19.9	1.6	3.6	7.3	67.6	—
落叶松	19.8	2.6	3.4	8.4	65.7	—
铁 杉	20.9	1.5	5.5	6.6	65.4	—
赤 松	20.6	5.4	5.6	5.9	62.4	—
柳 杉	14.7	2.3	2.6	8.8	71.6	—
扁 柏	19.1	1.6	2.7	6.5	70.0	—
山 杨	2.0	0.8	1.0	27.2	69.0	—
白 桦	3.3	—	1.3	34.2	61.2	—
桴 栎	2.0	1.0	2.3	25.9	68.8	0.1
栗 木	1.9	—	2.3	23.6	72.1	—
樟 木	1.9	0.7	1.3	21.4	74.7	—
山毛榉	2.1	0.9	1.6	33.3	61.6	0.5

糖基含量的不同,把半乳糖基-葡萄-甘露聚糖粗略地分为两类:在低半乳糖基的级分中,半乳糖、葡萄糖和甘露糖之比约为0.1∶1∶3;而高半乳糖基级分中,则相应为1∶1∶3。文献中常把前一级份称为葡萄-甘露聚糖。由于该高聚糖经部分水解得到甘露二糖、甘露三糖、甘露四糖、甘露-葡萄二糖、葡萄-甘露糖和纤维素二糖,因此说明主链糖基的分布是没有规则的。α-D-半乳吡喃糖基作为单一侧链通过1→6苷键连接到主链上。此外,该聚糖另一结构特点是甘露糖基和葡萄糖基中的C-2和C-3位上部分为乙酰基所取代,平均每3～4个己糖基有一个取代基。

(2)阿拉伯糖基-葡萄糖醛酸基-木聚糖:约占针叶材重的5%～10%,主链由β-D-吡喃型木糖基以1→4苷键连接而成,并且在部分木糖基的C-2和C-3位上分别为侧链的4-O-甲基-α-D-葡萄糖醛酸基和α-L-呋喃型阿拉伯糖基所取代。三者比例通常是10∶2∶1.3(如图3-40)。

(3)阿拉伯糖基-半乳聚糖:它是一种高分支度的水溶性高聚糖。一般针叶材仅占0.5%～3.0%。但在落叶松心材的管胞和薄壁细胞内腔含量特别高,约占绝干材重的10%～25%。主链由β-D-吡喃型半乳糖基以1→3苷键连接而成,每个半乳糖基C-6位上都带有一根支链,大

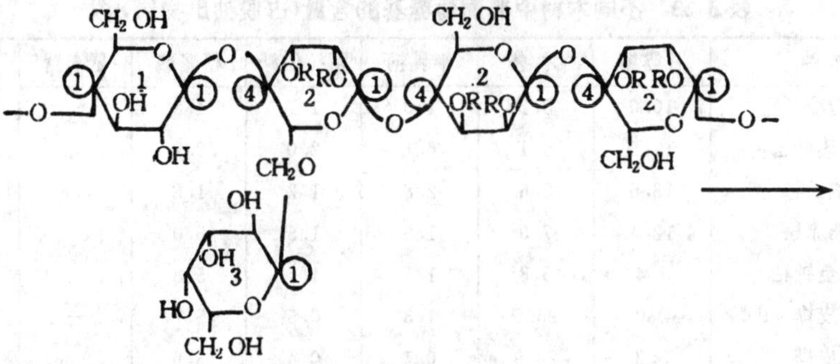

4-β-D-Glcp-1→4-β-D-Manp 1→4-β-D-Manp 1→4-β-D Manp-1→

6 ↑ 1 α-D-Galp　　2 3 ↑ Ac

图 3-39 半乳糖基-葡萄-甘露聚糖的结构

糖基：1. β-D-吡喃型葡萄糖(Glcp)；2. β-D-吡喃型甘露糖(Manp)；3. β-D-吡喃型半乳糖(Galp)，R=CH,CO 或 H。下面缩写式表示单位的比例(高半乳糖基级分)。

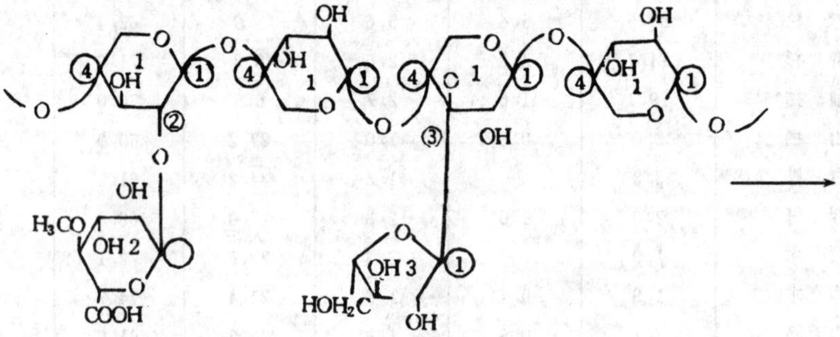

4-β-D-xylp1→[4-β-D-xylp1 (2 ↑ 1 4-O-Me-α-D-GlcpA)]→4-β-D-xylp1→4-β-D-xylp1 →[4-β-D-xylp1]$_5$ (3 ↑ 1 α-L-Araf)

图 3-40 阿拉伯糖基-葡萄糖醛酸基-木聚糖的结构

糖基：1. β-D-吡喃型木糖(xylp)；2. 4-氧-甲基-α-D-吡喃型葡萄糖醛酸(GlcpA)；3. α-L-呋喃型阿拉伯糖(Araf)。下面缩写式表示糖基的比例。

部分是两个 1→6 苷键连接的 β-D-吡喃型半乳糖基，也有阿拉伯糖基和少量葡萄糖醛酸基(如图 3-41)。

2.2.2.2 阔叶材半纤维素

(1)4-O-甲基-葡萄糖醛酸基-木聚糖：文献中往往把这种高聚糖与针叶材的阿拉伯糖基-葡萄糖醛酸基-木聚糖合称为木聚糖类。它是阔叶材半纤维素的主要高聚糖，含量随树种不同而异，一般占干材重的 15%～30%。由图 3-42 可见，主链由 β-D-吡喃型木糖基以 1→4 苷键连接而成。平均每 10 个木糖基有一个 4-氧-甲基-α-D-葡萄糖醛酸基侧链，通过 1→2 苷键连接到主链上。木糖基的 C-2 或 C-3 位大部分为乙酰基取代，平均每 10 个木糖基有 7 个取代基。此外，发现白杨中的这种聚糖还含有侧链的木糖基；而桦木则为L-鼠李糖基-α-D-半乳糖醛酸基-木聚糖。总之，阔叶材的木聚糖类的结构比较复杂。

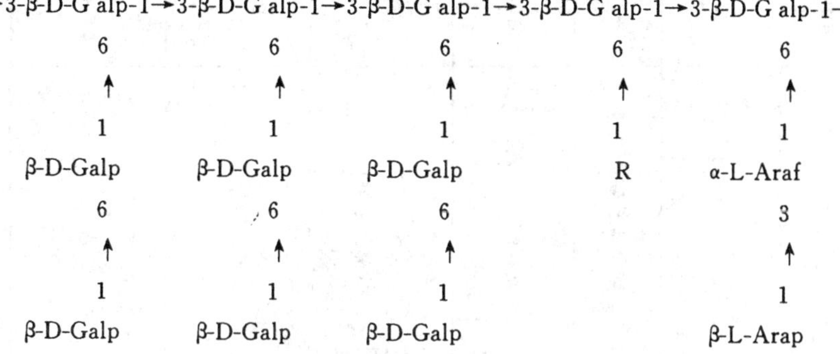

图3-41　阿拉伯糖基-半乳聚糖的缩写式

糖基：1. β-D-吡喃半乳糖（Galp）；2. β-L-吡喃阿拉伯糖（Arap）；3. α-L-呋喃阿拉伯糖（Araf）；
R＝β-D-吡喃半乳糖基或较少情况下是α-L-呋喃阿拉伯糖基，或β-D-吡喃型葡萄糖醛酸基

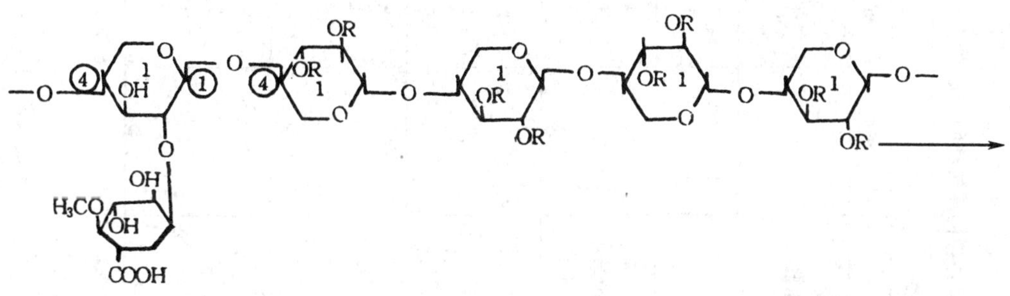

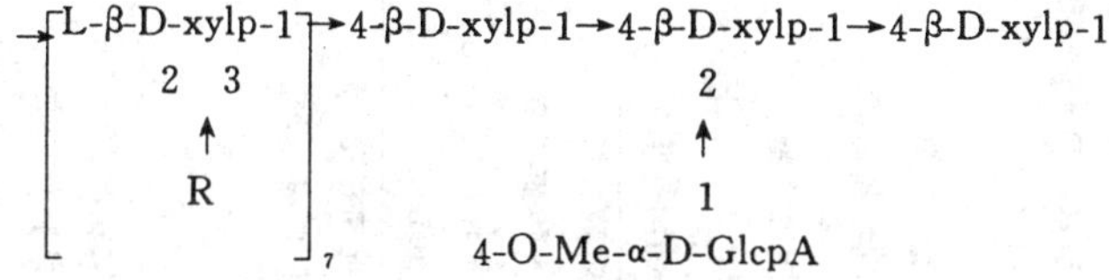

图3-42　4-O-甲基-葡萄糖醛酸基-木聚糖的结构

糖基：1. β-D-吡喃木糖（xylp）；2. 4-O-甲基-α-D-吡喃葡萄糖醛酸（GlcpA）；
R＝乙酰基（$CH_3C{=}O$）或H；下面缩写式表示单位的比例。

（2）葡萄-甘露聚糖：阔叶材半纤维素中，除木聚糖类外，还含有2%～5%葡萄-甘露聚糖。主链由β-D-吡喃型葡萄糖和β-D-吡喃型甘露糖基以1→4苷键连接而成（葡萄-甘露聚糖的缩写式）。多数葡萄糖和甘露糖的比例变化在1∶1.5～2.0。最高比例的葡萄糖为桦木（1∶1）；而最低的则为糖槭（1∶2.3）。

葡萄-甘露聚糖的缩写式为：

→4-β-D-Glcp-1→4-β-D-Manp-1→4-β-D-Glcp-1→4-β-D-Manp-1→4-β-D-Manp-1

2.2.3　木材半纤维素的各种高聚糖的组成概要

表3-25表示针叶材和阔叶材半纤维素各种高聚糖结构特征及其有关的物理化学性质。

2.2.4　若干禾本科植物纤维原料半纤维素的组成概要

表3-26表示若干禾本科植物纤维原料半纤维素主要高聚糖的化学结构。

表 3-25 木材半纤维素的各种高聚糖的组成[30,34]

聚糖	存在	占木材%	组成			溶解性	$\overline{DP}n$
			糖基	摩尔比	键型		
O-乙酰基-4-O-甲基-葡萄糖醛酸基-木聚糖	阔叶材①	10～30	β-D-吡喃木糖 4-O-甲基-α-D-吡喃葡萄糖醛酸 O-乙酰基	10 1 7	1→4 1→2	碱 二甲亚砜（部分溶解）	200
葡萄甘露聚糖	阔叶材	2～5	β-D-吡喃甘糖 β-D-吡喃葡萄糖	1.5～2.0 1	1→4 1→4	碱性硼酸盐	200
阿拉伯糖基-4-O-甲基-葡萄糖醛酸基-木聚糖	针叶材	7～10	β-D-吡喃木糖 4-O-甲基-α-D-吡喃葡萄糖醛酸 L-呋喃阿拉伯糖	10 2 1.3	1→4 1→2 1→3	碱 二甲亚砜（部分溶解） 水（部分溶解）	100
半乳糖基葡萄-甘聚糖（水溶性）	针叶材②	5～8	β-D-吡喃甘糖 β-D-吡喃葡萄糖 β-D-吡喃半糖 O-乙酰基	3 1 1 0.24	1→4 1→4 1→6	碱 水（部分溶解）	100
半乳糖基葡萄-甘聚糖（碱溶性）	针叶材②	10～15	β-D-吡喃甘糖 β-D-吡喃葡萄糖 β-D-吡喃半糖 O-乙酰基	3 1 0.1 0.24	1→4 1→4 1→6	碱性硼酸盐	100
阿拉伯糖基-半乳聚糖	落叶松	110～25	β-D-吡喃半糖 L-呋喃阿拉伯糖 β-D-吡喃阿拉伯糖 β-D-吡喃葡萄糖醛酸	6 $\frac{2}{3}$ $\frac{1}{3}$ 少量	1→3 1→6 1→6 1→3 1→6	水	200

①桦木为L-鼠李糖基-α-D-半乳糖醛酸基-木聚糖；②经测定中国水杉两种高聚糖的糖基分别为0.48：1.0：2.0和0.1：1.0：2.4；$\overline{DP}n$分别为86和113。

表 3-26　若干禾本科植物纤维原料半纤维素主要高聚糖的化学结构[30,34]

聚　　糖	存在	组　　成	摩尔比	键型	分子量
4-O-甲基-葡萄糖醛酸基-阿拉伯糖基-木聚糖	稻　草	β-D-吡喃木糖基	34(30)	1→4	22100
		4-O-甲基-α-D-吡喃葡萄糖醛酸基	1(1)	1→2	
		α-L-呋喃阿拉伯糖基	3(3)	1→3	
	麦　草（前苏联）	β-D-吡喃木糖基	85	1→4	16700
		4-O-甲基-α-D-吡喃葡萄糖醛酸基	21	1→2	
		α-L-呋喃阿拉伯糖基	21	1→3	
	麦　草（江苏高邮）	β-D-吡喃木糖基	73	1→4	$\overline{DP}n$=84
		4-O-甲基-α-D-吡喃葡萄糖醛酸基	4.4	1→2(3)	
		α-L-呋喃阿拉伯糖基	7.0	1→3(2)	
	桂　竹①	β-D-吡喃木糖基	25	1→4	$\overline{DP}n$=170
		4-O-甲基-α-D-吡喃葡萄糖醛酸基	1.0	1→2	
		α-L-呋喃阿拉伯糖基	1.3	1→3	
			（乙酰基含量占原料重 3.1%）		

①竹材木聚糖类虽然与针叶材木聚糖类为同种半纤维素，但其侧链糖基数，有否乙酰化和分子量范围均不一样；与阔叶材木聚糖类比较，后者无阿拉伯糖基，但在乙酰化和分子量范围有相似之处，因此竹材木聚糖类结构是介于针叶材和阔叶材木聚糖类结构之间，其大部分分子特性与禾亚科植物纤维原料木聚糖类一致。

2.3　半纤维素在木材中的分布及其与木质素的关系

2.3.1　半纤维素在木材中的分布

据研究，未成熟木材比成熟木材含较多的木聚糖类和较少的葡萄-甘露聚糖；正常针叶材中，早材比晚材含较多木聚糖和较少葡萄-甘露聚糖，此外，随细胞种类的不同，高聚糖的组成变化很大(见表 3-27)。

表 3-27　木质部各种细胞的高聚糖组成[30]

高　聚　糖	欧洲赤松		疣皮桦		
	纵行管胞（%）	薄壁细胞和横行管胞（%）	木纤维（%）	导管分子（%）	薄壁细胞（%）
纤维素	56	50	51	53	14
半乳糖基-葡萄-甘露聚糖	25	20	—	—	—
葡萄-甘露聚糖	—	—	2	—	1
4-O-甲基-葡萄糖醛酸基-阿拉伯糖基-木聚糖	17	28	—	—	—
4-O-甲基-葡萄糖醛酸基-木聚糖	—	—	46	45	84
其　他	2	2	1	2	1

从表 3-27 中看出，疣皮桦薄壁细胞 4-O-甲基-葡萄糖醛酸基-木聚糖含量最高。虽然针叶材木聚糖的绝对量并不多，但其薄壁细胞和横行管胞的木聚糖含量比半乳糖基-葡萄-甘露聚糖高。在偏光显微镜下，纤维分为 4 个层次：M＋P、S_1、$S_{2外部}$和 $S_{2内部}+S_3$，然后结合电子显微镜测定各层次密度和容积百分比，并用纸上色谱法分析各层高聚糖的组成，计算结果见表 3-28。

从表 3-28 看出，挪威云杉和欧洲赤松管胞各壁层的化学组成相似，仅略有差异，其原因是由于采用挪威云杉早材管胞与欧洲赤松晚材管胞所造成的。此外，针叶材 $S_{2外部}$中的木聚糖比

S_1 和 S_3 层低；而 S_2 层的半乳糖基-葡萄-甘露聚糖的含量最高；阔叶材 $S_{2外部}$ 的木聚糖含量最高。

表 3-28 纤维①壁各层高聚糖的组成(%)

聚 糖	M+P②	S_1	$S_{2外部}$	$S_{2内部}+S_3$
疣皮桦				
半乳聚糖③	16.9	1.2	0.7	0.0
纤维素	41.4	49.8	48.0	60.0
葡萄-甘露聚糖	3.1	2.8	2.1	5.1
阿拉伯聚糖③	13.4	1.9	1.5	0.0
葡萄糖醛酸基-木聚糖	25.2	44.1	47.5	35.1
挪威云杉				
半乳聚糖	16.4	8.0	0.0	0.0
纤维素	33.4	55.2	64.3	63.6
葡萄-甘露聚糖	7.9	18.1	24.4	23.7
阿拉伯聚糖	29.3	1.1	0.8	0.0
葡萄糖醛酸基-木聚糖	13.0	17.6	10.7	12.7
欧洲赤松				
半乳聚糖	20.1	5.2	1.6	3.2
纤维素	35.5	61.5	66.5	47.5
葡萄-甘露聚糖	7.7	16.9	24.6	27.2
阿拉伯聚糖	29.4	0.6	0.0	2.4
葡萄糖醛酸基-阿拉伯糖基-木聚糖	7.3	15.7	7.4	19.4

①指疣皮桦早材纤维、挪威云杉早材管胞和欧洲赤松晚材管胞；②M+P 层也含有高百分比的果胶；③不是均一的半乳聚糖和阿拉伯聚糖，而是从水解液中的单糖换算的。

新近从经亚氯酸盐处理的部分脱木质素试样中，分离单根纤维，然后在偏光显微镜下，用特殊镊子从细胞壁外部将纤维分为 3 个层次：M+P、M+P+S_1 和 S_2+S_3，然后分别完全水解，得到的单糖经乙酰化后，进行色谱分析，结果见表 3-29。

表 3-29 在云杉管胞中单糖的组成[30]

细胞壁各层	阿拉伯糖	木 糖	甘露糖	葡萄糖	半乳糖
M+P	73±2.6	10.1±3.6	17.6±4.0	57.4±4.3	7.6±2.3
M+P+S_1	2.2±0.4	11.6±1.9	15.5±3.6	65.9±4.1	2.9±1.3
S_2+S_3	3.2+1.3	10.8±2.4	16.2±5.2	65.0±5.2	4.8±1.6
木 材	3.3±0.7	12.6±2.2	19.7±1.8	60.9±2.0	3.6±0.9

所得结果与表 3-28 一样：M+P 层比其他各层含有较多的果胶(包括由阿拉伯糖基和半乳糖基组成)。另一方面，甘露糖和葡萄糖在各层的比例均有变化，也说明半纤维素和纤维素含量在各层中的比例是不相同的。

2.3.2 半纤维素与木质素之间的关系

半纤维素与纤维素之间仅存在次价结合力而无化学连接已趋向定论；而半纤维素与木质素之间除有次价结合力外，还存在化学连接。对此已有很多试验依据，例如在磨木木质素中总是含少量高聚糖，而在高聚糖组分中也总是含少量木质素残留物。此外，在木材硫酸盐浆或其蒸煮液中，发现部分木质素和部分半纤维素之间总是难以截然分开的。现已查明，它们之间确实存在着化学键，构成所谓木质素-碳水化合物复合体（简称 LCC）。其连接键型主要有下列几种：

（1）苯甲醚键：存在于木质素苯甲醇羟基与半纤维素的游离羟基之间（如图 3-43）。

木质素的生物合成中也有这种键的存在。它易被酸水解，但对碱性水解却比较稳定。

（2）酯键：存在于木质素苯甲醇羟基与酸性糖羧基之间（如图 3-44）。该键即使在温和的碱性条件下也易于水解。

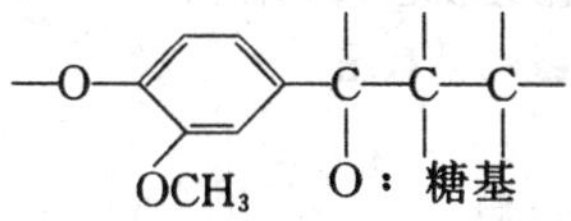

O
OCH₃
O：糖基

图 3-43　LCC 中苯甲醚键的简式

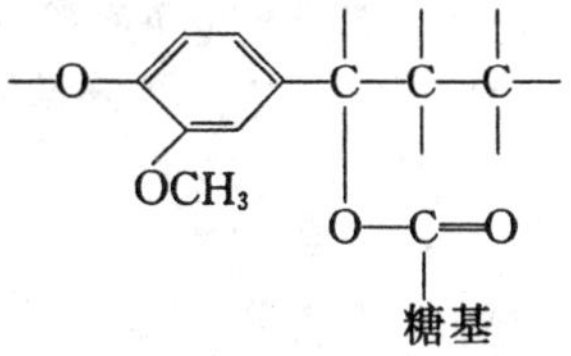

O
OCH₃
O
C
O
糖基

图 3-44　LCC 中酯键的简式

（3）苯基糖苷键：存在于木质素酚羟基和碳水化合物的苷羟基之间（如图 3-45）。该键易被酸水解，但比相应高聚糖的苷键较难水解。

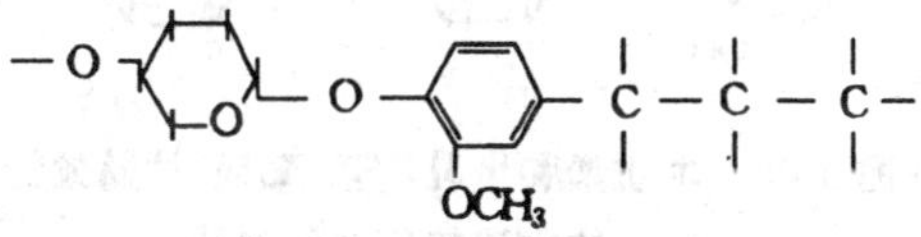

O
O
O
OCH₃

图 3-45　LCC 中苯基糖苷键的简式

（4）半缩醛与缩醛键：分别存在于碳水化合物醇羟基和木质素结构单元 C_β 或 C_γ 位的羰基之间（如图 3-46）。

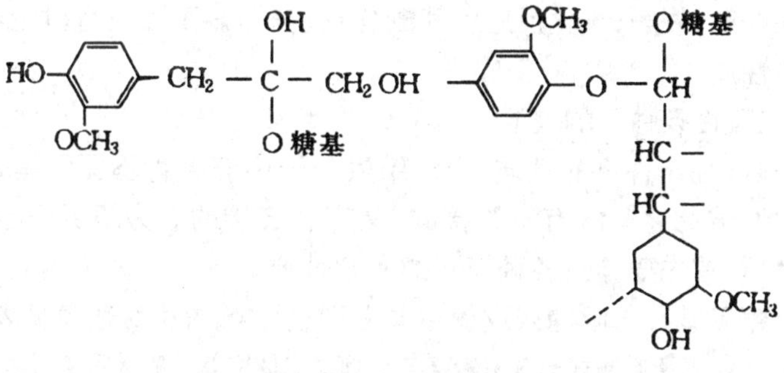

HO
OCH₃
CH₂
OH
C
CH₂OH
O 糖基
OCH₃
O
O 糖基
CH
HC
HC
OCH₃
OH

图 3-46　LCC 中半缩醛与缩醛键的简式

至于木质素和碳水化合物之间的连接部位，根据选择性酶解碳水化合物，而不分解 LCC 之间的键，以及结合 Smith 降解法进行的研究，其结果表明，对木聚糖的 LCC 来说，木质素以醚键连接到 4-O-甲基-葡萄糖醛酸基-阿拉伯糖基-木聚糖的阿拉伯糖基 C-2 或 C-3 位上（但不排除有可能连接到 C-4 位上）；另一方面，木质素同时以酯键连接到 4-O-甲基-葡萄糖醛酸基上，如图 3-47。

对于含葡萄-甘露聚糖的木质素-碳水化合物复合体来说，木质素以醚键连接到半乳糖基-葡萄-甘露聚糖中半乳糖基 C-3 位上，如图 3-48。

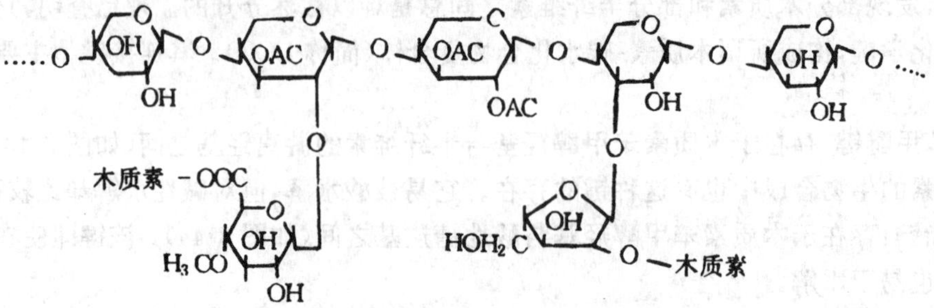

图 3-47 木质素和4-O-甲基葡萄糖醛酸基-阿拉伯糖基-木聚糖复合体中连接键的示意图

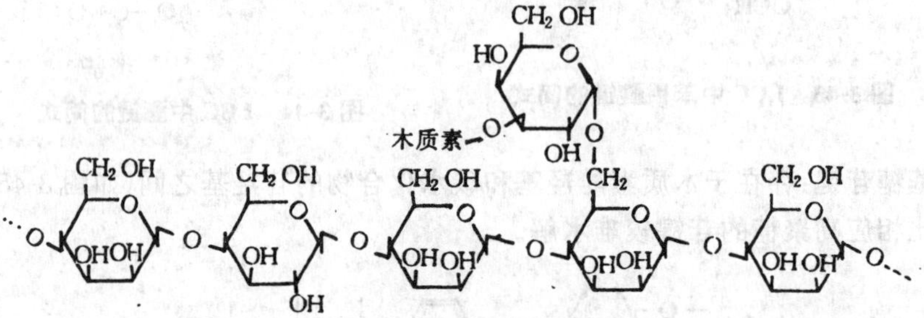

图 3-48 木质素和半乳糖基-葡萄-甘露聚糖复合体中连接键的示意图

2.4 半纤维素的化学性质

半纤维素与纤维素虽然同属于高聚糖，但差别仍很大，其原因主要是它们之间存在着不同的物理和化学结构。从总体来说，在外界条件影响下半纤维素要比纤维素容易发生化学反应（如酸性水解、碱性降解、热解、氧化反应和酯醚化反应等）。下面着重讨论半纤维素在酸性、碱性和加热条件下的性质。

2.4.1 半纤维素在酸性条件下的性质

（1）各种糖苷在酸性条件下的性质：半纤维素分子中有各种不同糖基，这些糖基既有呋喃式的，又有吡喃型的；彼此之间既有α-连接的，又有β-连接的。为子更好地理解半纤维素在酸性条件下的水解性质，首先要弄清各种糖苷的水解性质。

若干吡喃式已糖甲基苷与吡喃式戊糖甲基苷酸性水解的相对速率见表3-30。

表 3-30 若干吡喃式已糖甲基苷与吡喃式戊糖甲基苷的水解相对速率[30]

（用0.5mol/L 盐酸，75℃）

糖 苷	水解速率 K/K'（相对值）①	糖 苷	水解速率 K/K'（相对值）
α-D-葡萄糖甲基苷	1.0	β-D-半乳糖甲基苷	9.3
β-D-葡萄糖甲基苷	1.9	α-D-木糖甲基苷	4.5
α-D-甘露糖甲基苷	2.4	β-D-木糖甲基苷	9.0
β-D-甘露糖甲基苷	5.7	α-L-阿拉伯糖甲基苷	13.1
α-D-半乳糖甲基苷	5.2	β-L-阿拉伯糖甲基苷	9.0

①各种吡喃糖甲基苷之速率常数（K）与α-D-葡萄吡喃糖甲基苷速率常数 K' 的比例，$K'=1.98\times10^{-4}$/min。

由表 3-30 可知，己糖苷比戊糖苷难水解(除半乳糖甲基苷外)；多数情况下，α-型糖苷要比相应的β-型糖苷难水解。此外，从有关试验中知道，吡喃型糖苷比相应呋喃型糖苷难水解；酸性糖苷要比相应的非酸性糖苷难水解。

(2)木材中主要半纤维素在酸性条件下的变化：在酸性条件下，例如酸性亚硫酸盐和预水解硫酸盐法制浆中，阿拉伯糖基-半乳聚糖完全水解成单糖；而乙酰基-4-O-甲基-O-葡萄糖醛酸基-木聚糖则首先脱落乙酰基，然后木糖基之间的苷键水解，聚合度下降；针叶材阿拉伯糖基-4-O-甲基-D-葡萄糖醛酸基-木聚糖，由于阿拉伯糖苷易水解，因而迅速脱落，接着木糖基之间的苷键水解。上述两种半纤维素，即经过水解的 4-O-甲基-D-葡萄糖醛酸基-木聚糖，其糖基比起了变化，木糖基减少，4-O-甲基-D-葡萄糖醛酸基增加，同时其中多数溶于溶液中；侧链酸性糖基较少的木聚糖优先保留在浆中。因此，经酸法或预水解过的硫酸盐木浆中，4-O-甲基-D-葡萄糖醛酸基-木聚糖含量必然很低。

葡萄-甘露聚糖类要比木聚糖类难以水解。在半乳糖基-葡萄-甘露聚糖中，由于半乳糖苷键对酸不稳定性，在酸水解条件下转变为葡萄-甘露聚糖。因此在亚硫酸盐浆中极少存在半乳糖基-葡萄-甘露聚糖；此外，该类聚糖的乙酰基在酸性条件下也几乎除去。由于上述这些反应，最后保留在针叶材浆中主要是葡萄-甘露聚糖。

应该指出，以酸性亚硫酸盐或预水解硫酸盐法生产浆粕时，半纤维素的酸性水解产物一般以单糖状态存在，但也有一部分单糖进一步分解成糖醛、有机酸等。

此外，富含戊聚糖的植物纤维原料在生产糠醛条件下，其中木聚糖类经酸性水解和脱水反应，主要生成糠醛。以酯键连接乙酰基和侧链的 4-O-甲基-葡萄糖醛酸基和少量己聚糖类亦分别经水解、脱水等有关反应，生成醋酸、甲醇、二氧化碳和 ω-羟甲基糠醛等，成为糠醛生产中的副产物。

2.4.2　半纤维素在碱性条件下的性质

半纤维素在碱性条件下可以降解。碱性降解也包括水解和剥皮反应。在强烈条件下，如 5%氢氧化钠溶液在 170℃下糖苷发生碱性水解；在较温和条件下则发生剥皮反应。此外，半纤维素分子上的乙酰基比在酸性条件下更易脱落。

(1)各种糖苷在碱性水解条件下的性质：若干吡喃型己糖和戊糖甲基苷水解相对速率见表 3-31。

表 3-31　若干吡喃型己糖和戊糖甲基苷的水解相对速率[31]

(10%NaOH，170℃)

吡喃型糖甲基苷	水解相对速率	
	α	β
D-葡萄糖	1	2.5(反式)
D-甘露糖	2.8(反式)	1.1
D-半乳糖	1	5.7(反式)
D-木　糖	1.2	5.8(反式)
L-阿拉伯糖	10(反式)	1
D-葡萄糖醛酸	280	—

注：L-呋喃型阿拉伯糖甲基苷水解相对速率为 32。

由表3-31看出，各对糖苷中，凡苷元(指甲氧基)与第二位碳原子上羟基成反式的要比相应顺式的易于水解。另外，已知构成木材高聚糖的葡萄糖基、甘露糖基和木糖基均以β-糖苷形式出现；而半乳糖基、阿拉伯糖基和葡萄糠醛酸基则为α-糖苷，加之阿拉伯糖基总是以呋喃型出现的，因此木材中各糖基碱性水解反应性按下述次序递降：

半乳糖＜甘露糖＜葡萄糖＜木糖＜阿拉伯糖＜葡萄糖醛酸

这一规律与酸性水解明显不同，在碱性条件下高聚糖侧链的半乳糖基稳定性高，而且葡萄糖醛酸基具有最高的反应性。

(2)半纤维素的剥皮反应：半纤维素中各种高聚糖之间的连接键型要比纤维素复杂得多，除1→4苷键连接外，还有1→2、1→3和1→6连接。至于1→4连接的剥皮反应与纤维素类似。

1→2和1→6连接的高聚糖，由于烯醇化后，在—OR相应位置并不能生成必要的羰基，故在碱性条件下不会引起剥皮反应。

1→3连接的高聚糖，由于—OR已处于羰基的β-位，故无须烯醇化反应就可以发生烷氧基-阴离子的消去反应(即β-烷氧基消去反应)，生成偏变糖酸，反应要比1→4连接的高聚糖迅速。

(3)木材中主要半纤维素在碱性条件下的变化：①O-乙酰基-4-O-甲基葡萄糖醛酸基-木聚糖：在温度较低的碱性条件下，脱去乙酰基，并发生剥皮反应，但由于有些木糖基在C-2位上连接着4-O-甲基葡萄糖醛酸基，在低于100℃下，剥皮反应受到限制；较高温度下仅受到部分限制，只有上升到160℃左右，葡萄糖醛酸基由于碱性水解逐步脱落后，才能重新发生剥皮反应。此外，木聚糖还进行溶解和再吸附于纤维上的作用，所以到蒸煮结束时，蒸煮液中只有少量木聚糖。②阿拉伯糖基-4-O-甲基葡萄糖醛酸基-木聚糖：在较低温度的碱性条件下，发生剥皮反应，但由于有些木糖基在C-2连接的葡糖醛酸基，剥皮反应受到一定的限制；在高温条件下葡糖醛酸基脱去。此外，木糖基在C-3位上部分为阿拉伯糖基所取代，在剥皮反应过程中，阿拉伯糖基易于从主链上消去，同时生成偏变糖酸首端基，从而使链稳定，抗拒进一步发生剥皮反应，所以针叶材硫酸盐浆中含有阿拉伯糖基-木聚糖。③葡萄-甘露聚糖和半乳糖基-葡萄-甘露聚糖：均比木聚糖容易被碱降解。例如，甘露糖在硫酸盐法蒸煮约除去70％；在预水解硫酸盐法蒸煮中除去95％；而木糖在上述的两种蒸煮方法中除去的量分别为25％和87％。④阿拉伯糖基-半乳聚糖：易溶于碱，但抗碱性降解的能力较强。

2.4.3 木材半纤维素在制浆蒸煮中的变化

基于半纤维素中各种高聚糖在酸、碱条件下具有上述性质，因此，木材经酸性亚硫酸盐、硫酸盐以及预水解硫酸盐法制得的浆粕，其中所含半纤维素的组成就有差别，如图3-49。

为了解硫酸盐法制浆中碳水化合物的变化情况，已用纸上色谱法分析各糖在制浆过程中的溶解与降解作用(见表3-32)。

2.4.4 半纤维素的热解

半纤维素与纤维素和木质素一样，在加热条件下，首先软化。随后在软化点以上进行热解。用热解重量分析(TGA)和差热分析(DTA)研究半纤维素在真空加热条件下的变化，表明半纤维素开始热解的温度在三种主要成分中是最低的。如乙酰化-和脱乙酰化-半乳糖基-葡萄甘露聚糖、阿拉伯糖基-半乳聚糖以及葡萄糖醛酸基-木聚糖的热解温度分别为200、145、194和200℃。

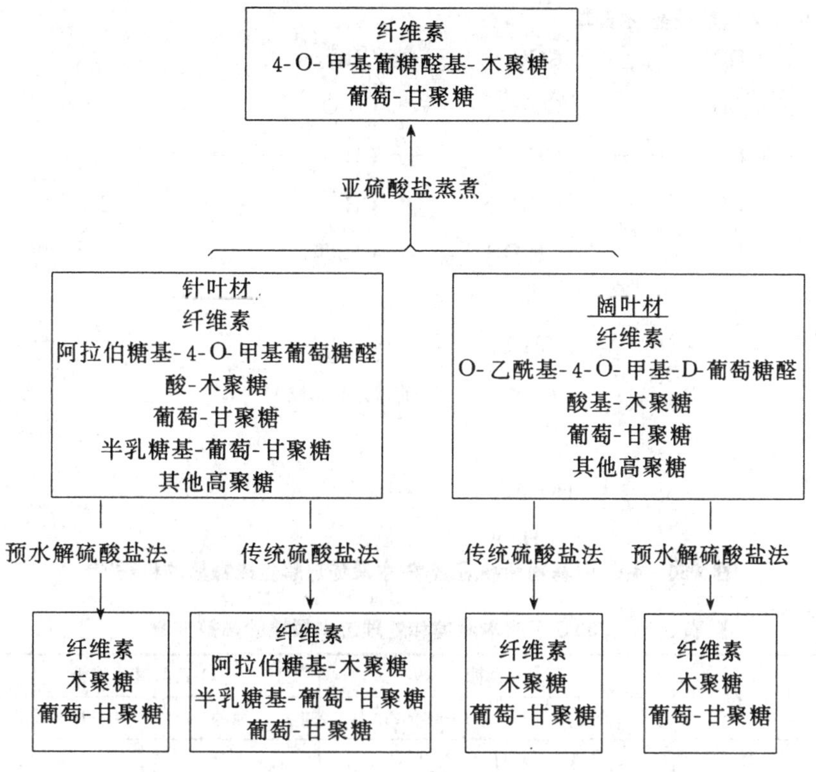

图3-49　木材半纤维素在制浆蒸煮过程中的变化简图[30]

表 3-32　木材中主要中性糖在硫酸盐法制浆中的溶解与降解作用[30]

糖　基	木材①（占绝干%）	浆（占绝干%）	溶解量（占绝干%）	黑液中的量（占绝干%）	溶解糖的降解（%）
葡萄糖	43.63	34.30	9.33	0.32	96.6
半乳糖	1.81	—	1.81	0.48	73.3
甘露糖	5.13	0.49	4.64	—	100.0
阿拉伯糖	0.55	—	0.55	0.13	76.3
木　糖	14.18	9.15	5.03	0.52	89.9

①试材为 60%杨木与 40%松木混合样。

半纤维素开始热解的反应与纤维素一样，首先是苷键开裂。已提出木聚糖类开始真空热解的三段机理，即：①开始进行无规则链开裂的反应；②链开裂生成的还原末端木糖基因剥皮反应而脱去；③不稳定末端基的稳定化作用——终止反应。实际上，在加热木聚糖的残余物和挥发性生成物中分别检出木糖和 3-脱氧-木糖脎。根据这些研究，认为木聚糖热解的主要产物之一——糠醛，它既可以直接经酸催化脱水形成，也可经 3-脱氧木糖脎中间体形成，如图 3-50。

此外，在木聚糖类真空热解产物中还得到高效率的 1，5-脱水木糖（木糖酐）。

阔叶材木聚糖和经氧化锌处理过的木聚糖在 500℃下的热解产物见表 3-33。

由表 3-33 可见，经氧化锌处理过的木聚糖热解后，水和炭得率明显增加，而焦油得率明显下降，这就进一步证实酸性添加剂可促进脱水和炭化反应。

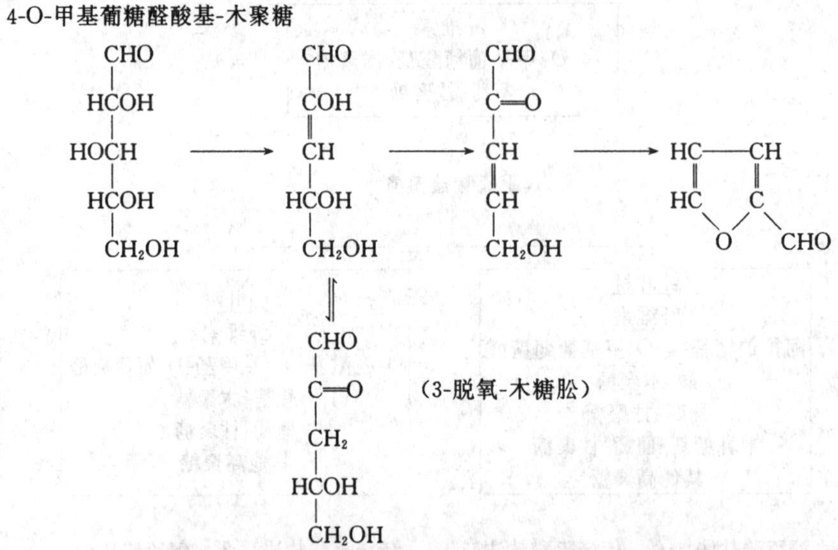

4-O-甲基葡糖醛酸基-木聚糖

CHO–HCOH–HOCH–HCOH–CH_2OH → CHO–COH=CH–HCOH–CH_2OH → CHO–C=O–CH=CH–CH_2OH → HC=CH–HC=C(CHO)–O（环）

⇅

CHO–C=O–CH_2–HCOH–CH_2OH （3-脱氧-木糖[illegible]INVALID）

图 3-50 4-O-甲基葡萄糖醛酸基-木聚糖热解生成糠醛的机理[34]

表 3-33 500℃下的木聚糖和处理过木聚糖的热解产物[30]

产 物	木聚糖		O-乙酰基木聚糖	
	纯的	+10%$ZnCl_2$	纯的	+10%$ZnCl_2$
乙 醛	2.4	0.1	1.0	1.9
呋 喃	痕量	2.0	2.2	3.5
丙 酮	0.3	痕量	1.4	痕量
丙 醛	0.3	痕量	1.4	痕量
甲 醇	1.3	1.0	1.0	1.0
2,3-丁二酮	痕量	痕量	痕量	痕量
1-羟基-2-丙酮	0.4	痕量	0.5	痕量
3-羟基-2-丁酮	0.6	痕量	0.6	痕量
醋 酸	1.5	痕量	10.3	9.3
2-糠醛	4.5	10.4	2.2	5.0
CO_2	8	7	8	6
水	7	21	14	15
炭	10	26	10	23
差额(焦油)	64	32	49	35

3 木质素

木质素是植物界中仅次于纤维素的最丰富和最重要的有机高聚物。它广泛分布于具有维管束的羊齿类植物以上的高等植物中，是裸子植物和被子植物特有的化学成分。木质素在木材中的含量为20%～40%。禾本科植物中木质素含量一般比木材低为15%～25%。

木质素是一类由苯基丙烷单元通过醚键和碳碳键相连接的复杂的无定形高聚物。它和半纤维素一起作为细胞间质填充在细胞壁的微细纤维之间，加固木化组织的细胞壁，也存在于细胞间层把相邻的细胞粘结在一起。木质化的细胞壁能阻止微生物的攻击，增加茎干的抗压强度，木质化能减小细胞壁的透水性，对植物中输导水分的组织也很重要。

3.1　木质素的分离

木质素、纤维素和半纤维素共存于木化植物中，为要研究天然存在于木化植物中的木质素（称为原本木质素）的结构和性质，往往需要从植物中将木质素分离出来。分离出的木质素只有在数量上和结构上都能代表原本木质素，并不含有其他组分时才能作为理想的研究试样。迄今为止，还未能分离到一种完全能代表原本木质素的分离木质素。其主要原因有以下几点：①木质素的不稳定性。木质素受到光照、温度、化学试剂及机械作用等，都会或多或少地发生一些变化；②木质素与纤维素、半纤维素之间错综复杂的关系，包括化学和物理上的连接；③木质素的化学结构中某些部分与高聚糖的相似性增加了分离的困难。木质素的结构单元——苯丙烷单元 C_6、C_3 中，侧链（C_3）的构造与糖类化合物丙糖苷相似，因此，要将高聚糖与具有苯丙烷单元结构的木质素完全分开，而又不改变木质素的化学结构是非常困难的。

3.1.1　分离木质素的分类

按照不同的分离原理，可把分离木质素分为以下两大类：

(1) 不溶性木质素。将木质素以外的成分溶解除去，把木质素作为分离的残渣保留下来。

(2) 可溶性木质素。直接溶解木质素而进行分离。

分离木质素的名称随着分离方法的不同而异。有的根据分离方法和分离试剂命名，也有以研究者的名字命名。木质素在分离过程中的变化和分离木质素的性质与分离方法密切有关，现将主要分离木质素的情况列于表 3-34。

表 3-34　分离木质素的分类和特征

分　离　方　法	名　　称	特　　征
把木质素作为不溶解残渣进行分离（不溶性木质素）	硫酸木质素	化学变化大
	盐酸木质素 氧化铜氨木质素 高碘酸木质素	发生化学变化
溶解木质素进行分离（可溶性木质素）	木质素磺酸 碱木质素 硫木质素 氯化木质素	发生化学变化，使用无机试剂的分离方法，与制浆有关
	乙醇木质素 二氧六环木质素 酚木质素 巯基醋酸木质素 醛酸木质素	发生化学变化，除二氧六环木质素外，试剂与木质素结合
	有机胺木质素	胺与木质素结合
	Brauns 天然木质素 丙酮木质素 酶木质素 磨木木质素	化学变化极少，用中性有机溶剂提出

3.1.2　将木质素作为不溶残渣的分离方法

属于这类分离方法的木质素制备物中以酸木质素最重要。其中包括硫酸木质素（即 Klason 木质素）和盐酸木质素（即 Willstälter 木质素）。在工业上，硫酸木质素是作为水解残渣而分离，称为水解木质素。

酸木质素的分离原理是用65%～72%H_2SO_4 或42%HCl处理脱脂植物原料，使高聚糖溶解，并以稀酸补充水解，保留下来的残渣即为酸木质素。硫酸木质素的分离方法是将浓硫酸（72%）处理脱脂的植物原料，在20℃下放置一定时间（如2h），加水稀释至3%浓度，加热回流数小时后，滤出的深褐色残渣为Klason木质素[39]。盐酸木质素是将脱脂木粉加入经冰水冷却的42%HCl，振动25h后，在冰水浴中放置过夜，再将残渣用5%H_2SO_4 煮沸5～6h后过滤洗涤而得[40]，颜色为浅褐色。即使在缓和的处理条件下，木质素对无机酸也极为敏感。因此，在酸木质素的分离过程中，原本木质素发生了相当程度的变化，主要是缩合反应。研究证明盐酸木质素的变化程度比硫酸木质素小些。硫酸木质素完全不适合于木质素的化学结构和反应性能的研究。硫酸木质素的分离方法被广泛用作植物原料中木质素的定量方法。

铜氨木质素（Freudenberg木质素）是将脱脂木粉以1%硫酸和氧化铜氨溶液（Schweizer试剂）反复处理数次，作为残渣而分离的[41]。此种木质素为淡褐色，含有少量高聚糖，其结构变化甚少，但分离手续复杂。

高碘酸盐木质素是以4.5%高碘酸盐处理木粉，使高聚糖氧化，再用热水提取。此步骤反复进行，高碘酸盐木质素（Purves木质素）以残渣形式被分离[42]。此种木质素有与原本木质素相近似的反应性能，但木质素的芳环有部分氧化开环，生成粘康酸结构。

3.1.3 以溶解木质素为原理的分离方法

包括以无机试剂、酸性有机试剂及中性溶剂分离木质素的方法。

(1) 无机试剂。分离的木质素制备物与制浆工业有关。用含有亚硫酸钙、镁、钠或铵的酸性亚硫酸盐溶液与木材一起加热，原本木质素被磺化，变为水溶性的木质素磺酸盐而溶出。木质素磺酸盐的分离可用超滤法，无机盐的沉淀法或盐析法、有机碱的沉淀法等。实验室中分离少量的木质素磺酸盐可用凝胶过滤法。工业上由亚硫酸盐纸浆分离木质素磺酸盐时，一般加石灰乳除去亚硫酸钙后喷雾干燥。

将木材与碱的水溶液共热后，由废液中分离的木质素称为碱木质素。可分为单独用苛性钠加热而得的碱木质素，和用苛性钠加硫化钠加热的硫木质素（或硫酸盐木质素）两种。碱木质素是在木材与苛性钠（或与$NaOH+Na_2S$）溶液共热后，在碱液中加无机酸沉淀而得。由于沉淀物中混有半纤维素。因而用二氧六环与乙醚进行提纯。硫木质素中含有1%～3%的硫。在工业上分离硫木质素时，将无机酸加入硫酸盐法制浆废液，调节pH值为9.0～9.5，将生成的沉淀物水洗过滤，这种硫木质素是盐式的。再加入无机酸成酸性后，过滤、水洗得到纯度较高的游离型的硫木质素。

(2) 使用酸性有机试剂的分离方法。此法是在有机溶剂如甲醇、乙醇、丁醇、异丁醇、戊醇、乙二醇、苯甲醇中加入少量无机酸作为催化剂来分离木质素。如将云杉木粉中加入10倍量的5%盐酸乙醇，加热回流6～10h后，将提取液浓缩后注入水中，可得到得率为6%～7%的褐色乙醇木质素[43]。在分离过程中引入木质素结构中的烷氧基多数结合于侧链的α-位上。除醇类外，也用二氧六环[44]、苯酚[45]等分离木质素。在酸性条件下用硫醇类、氢硫基醛酸处理木粉，则可分离出含有氢硫基和氢硫基醋酸的木质素。

(3) 使用中性溶剂的分离方法。原本木质素的一部分可溶于甲醇、乙醇、丙酮等中性溶剂。如以96%乙醇可分离出约占云杉木材木质素10%左右的木质素，称为布郎斯天然木质素(BNL)[46]；或用丙酮-水（17∶3）作为提取剂分离出丙酮木质素[47]等。但这些分离木质素的得率仅为原料木质素的1/4～1/3，即使在分离中变化很少，也不能作为研究原本木质素的结构和性质的试样。

在中性溶剂的分离木质素中以磨木木质素（MWL）最为重要。此木质素的分离方法是于 1957 年由 Björkman 提出的[48]，故又称为 Björkman 木质素。将脱脂木粉在高频振动球磨中磨碎，继以二氧六环∶水（9∶1）提取数次，可得到占原料中木质素 50%～70%的粗磨木木质素。经过 2～3 次纯化，可得到原料木质素 20%～35%的纯化磨木木质素。磨木木质素中含有一定量的糖。针叶材 MWL 中含 0.6%～5%，阔叶材 MWL 中含 3%～9%，禾草 MWL 中可高达 10%以上。若采用木质素的良溶剂和不良溶剂配合提取的方法，可将 MWL 中含糖量降至 1%以下，甚至可得到含糖量仅为 0.05%的 MWL 纯样[49]。磨木木质素是在不加酸、不加热的条件下用中性溶剂提取的木质素，它是一种浅乳酪色的粉末。磨木木质素是当前公认最接近于原本木质素的木质素制备物，已被广泛用于木质素的研究。由于在制备过程中可能发生轻度的脱甲基、氧化、裂解等反应，其结构或多或少与原本木质素有所差别。

另一种用作结构研究的较理想的木质素制备物是纤维素酶解木质素（CEL）。此种分离木质素的方法是由张厚民等于 1975 年提出的[50]。将脱脂木粉先置于振动球磨中研磨，再以具有很强的分解纤维素和半纤维素的高活力的酶制剂处理球磨过的木粉，后以 96%或 50%的二氧六环水溶液相继提取酶处理过的试样，得到两个不同级分的分离木质素。以云杉为原料，此两级分的得率各为原料木质素的 27.8%和 29.2%，含糖量相应为 4.3%或 9.8%。而用同样球磨条件分离的云杉 MWL 得率仅为 16.8%，含糖量 4.1%。如以美国枫香为原料，所得的纤维素酶解木质素为枫香 MWL 的 4 倍。精制后的酶解木质素得率为原料木质素的 50%～70%，且化学和光谱分析的结果均与磨木木质素相近，也是一种用作结构研究的较理想的木质素制备物。

3.2　木质素的生物合成

木质素是最复杂的天然高聚物之一。由于木质素化学结构的复杂性和不稳定性，以及在细胞壁中与高聚糖之间错综复杂的关系，给木质素的研究带来很大的困难。木质素的生物合成研究对于了解木质素的形成和确定其化学结构起了重大的作用。

Erdtman[51,52]从天然物的生源学出发，研究各种酚的氧化二聚作用，提出木质素是由松伯醇形式的苯基丙烷经过酶的作用脱氢生成的。1940～1970 年，Freudenberg 及其同事对木质素的生物合成进行了全面研究[53～56]。他们在 0.5%松伯醇的磷酸缓冲液中加入从伞菌中分离的虫漆酶，在 20℃下通入空气或氧气，数小时后产生白色沉淀，此沉淀为松伯醇的脱氢聚合物（DHP），得率为 60%～70%，它与针叶材木质素的结构很相似。又将松伯醇和芥子醇一起进行上述试验，则生成浅褐色的脱氢聚合物，其元素组成、化学和光谱性质都与阔叶材木质素相似。如用混合法将松伯醇溶液一次加入含有过氧化氢酶的溶液中，与用滴入法将松伯醇溶液在长时间内慢慢滴入酶溶液中所得到的人工合成木质素的化学结构和分子量都有很大的差别，后者接近于针叶材木质素。推论木质素是由其先体在酶的作用下按照滴入法的方式脱氢聚合而成的。

3.2.1　木质素先体的合成

生物合成的大量研究工作及示踪碳^{14}C进行的试验证明木质素的先体是松伯醇、芥子醇和对-香豆醇，如图 3-51。

木质素的 3 种先体是由葡萄糖经过莽草酸途径和肉桂酸途径合成的。在莽草酸途径中，葡萄糖先转化为此途径中最重要的中间体——莽草酸，再经过预苯酸，生成莽草酸途径的最终

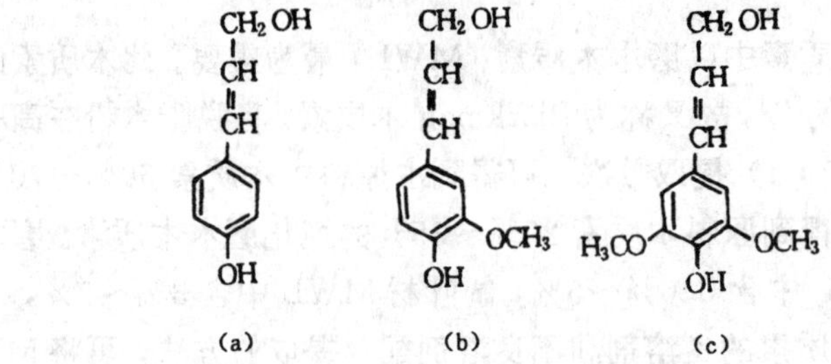

图 3-51 木质素的先体[33]

（a）松伯醇；（b）芥子醇；（c）对-香豆醇

产物——苯基丙氨酸和酪氨酸。这两种广泛存在于植物中的氨基酸又是肉桂酸途径的起始物，它们在各种酶的作用下，发生了脱氢、羟基化、甲基化和还原等一系列反应，最后合成了木质素的3种先体，即松伯醇、芥子醇和对-香豆醇。木质素先体的合成途径如图3-52。

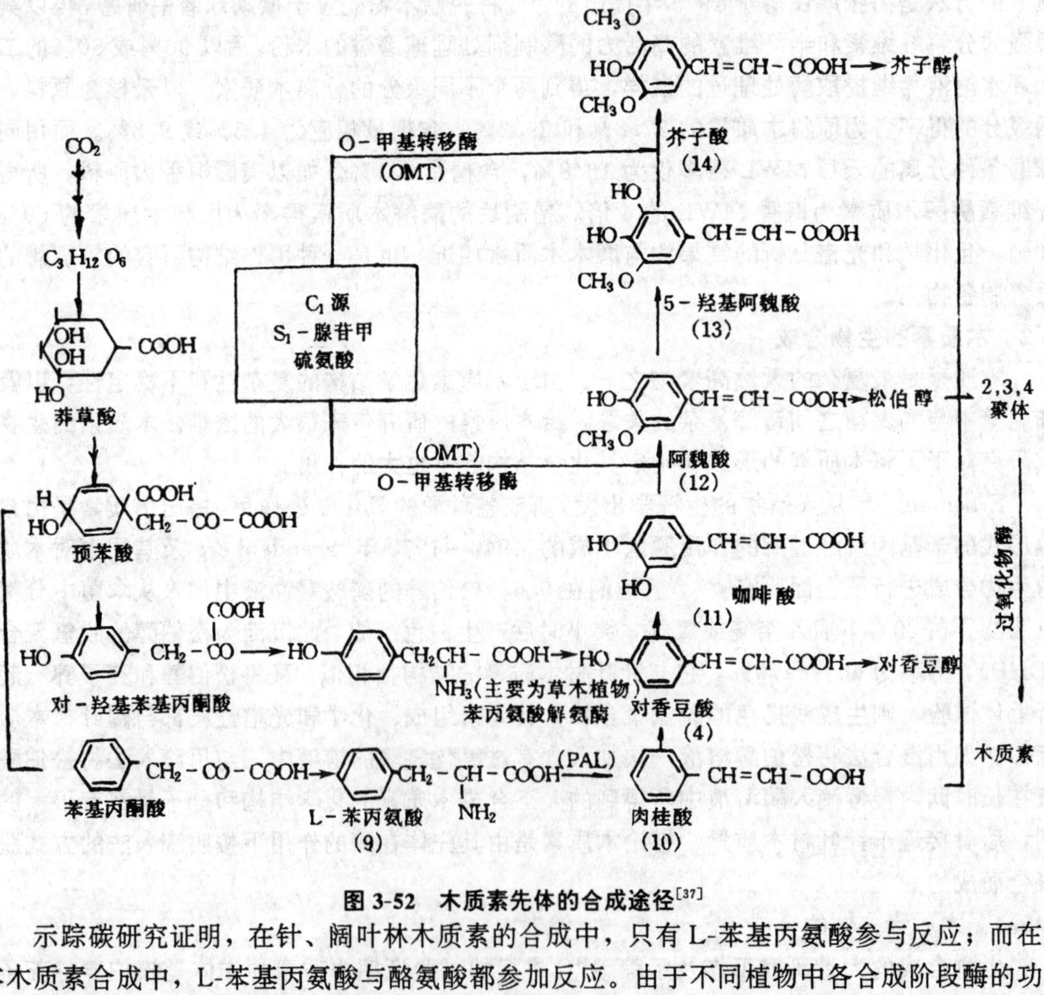

图 3-52 木质素先体的合成途径[37]

示踪碳研究证明，在针、阔叶林木质素的合成中，只有L-苯基丙氨酸参与反应；而在草本木质素合成中，L-苯基丙氨酸与酪氨酸都参加反应。由于不同植物中各合成阶段酶的功能和活性的差别，以及基质的差异性，使针、阔叶材和禾本科植物中木质素的3种先体有差别，最后导致针、阔叶材和禾草类木质素结构的差别。根据木质素生物合成的研究以及对木质素的化学分析，得出针叶材木质素是由其先体松伯醇脱氢聚合而成；阔叶材木质素是由松伯醇和芥子醇；禾草类木质素是由松伯醇、芥子醇和对-香豆醇的混合物脱氢聚合而成的结论。

3.2.2 木质素大分子的合成

木质素的3种先体各以其稳定的β-葡萄糖苷的形式存在于细胞壁中。经过β-葡萄糖苷酶的水解作用（如图3-53），降解成为相应的醇类参加木质素大分子的合成反应。

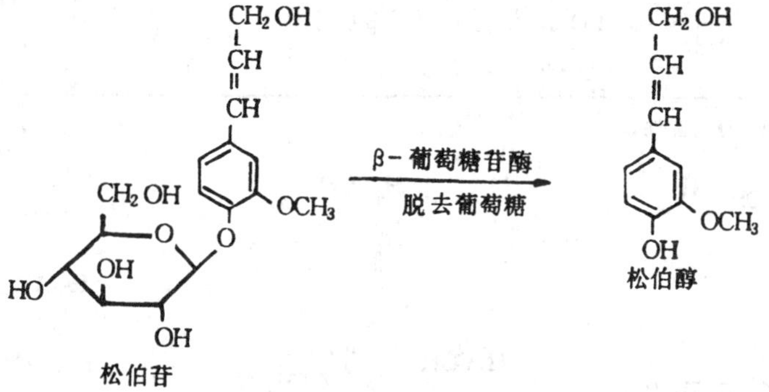

图3-53 松伯苷的水解[35]

（1）苯氧游离基和二聚木质酚的生成：木质素大分子合成的第一步是由其先体经过细胞壁中过氧化氢酶的催化作用，通过单电子传递，脱氢后生成稳定的共振苯氧游离基。现以松柏醇为例说明之。由松伯醇脱氢生成的苯氧游离基有5种共振形式如图3-54，分别为4-O-游

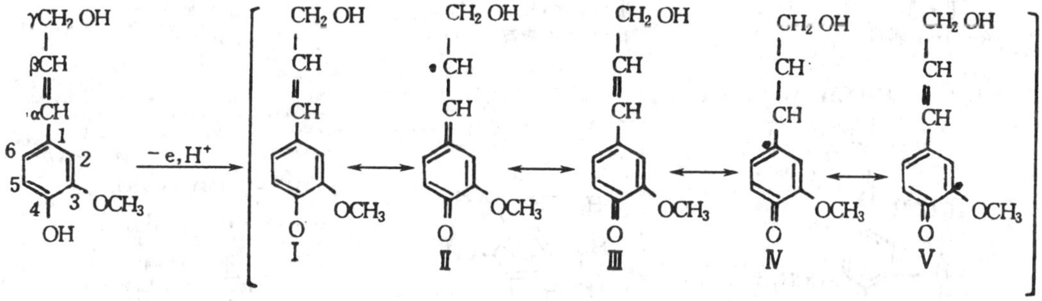

图3-54 松伯醇脱氢生成苯氧游离基[33]

离基（Ⅰ）、β-游离基（Ⅱ）、5-游离基（Ⅲ）、1-游离基（Ⅳ）和3-游离基（Ⅴ）。每两种游离基在电子云密度最大的位置相偶合，生成的二聚体即二聚木质酚。在图3-54所示的几种游离基中，Ⅰ→Ⅳ参与木质素的生物合成。可能由于空间阻碍或热力学不允许等原因，不存在Ⅴ与其他游离基偶合的二聚体。游离基间主要偶合方式列于表3-35。偶合后生成的主要二聚体如图3-55。

在偶合反应时，每个位置上发生偶合反应的相对几率是由它们的相对电子云密度决定的，电子云密度高的位置偶合几率大，生成的二聚体比例也高。由量子力学计算，得知在所有的苯氧游离基中最高电子云密度出现在酚的氧原子处，因而有利于生成芳醚键如β-O-4键。其他偶合方式生成的二聚体如β-5，β-1，4-O-5，β-β或5-5等的数量要比β-O-4少得多。

（2）木质素大分子的合成：在植物体中进行木质素的生物合成时，因细胞中单木质酚（即木质素的3种先体）的浓度低，单木质酚脱氢生成的各种游离基之间相互碰撞的机会少，而与已经形成的二聚体（即二聚木质酚）或三聚体等脱氢生成的苯氧游离基碰撞的机率高。因此在单木质酚生成的游离基之间偶合到一定程度后，生成的二聚木质酚主要是通过“末端聚

表 3-35 苯氧游离基的偶合方式[36]

	Ⅰ	Ⅱ	Ⅲ	Ⅳ
Ⅰ	不稳定的过氧化合物	β-O-4	4-O-5	1-O-4①
Ⅱ	β-O-4	β-β	β-5	β-1①
Ⅲ	4-O-5	β-5	5-5	1-5①
Ⅳ	1-O-4①	β-1①	1-5①	1-1①

①有其他选择可能性。

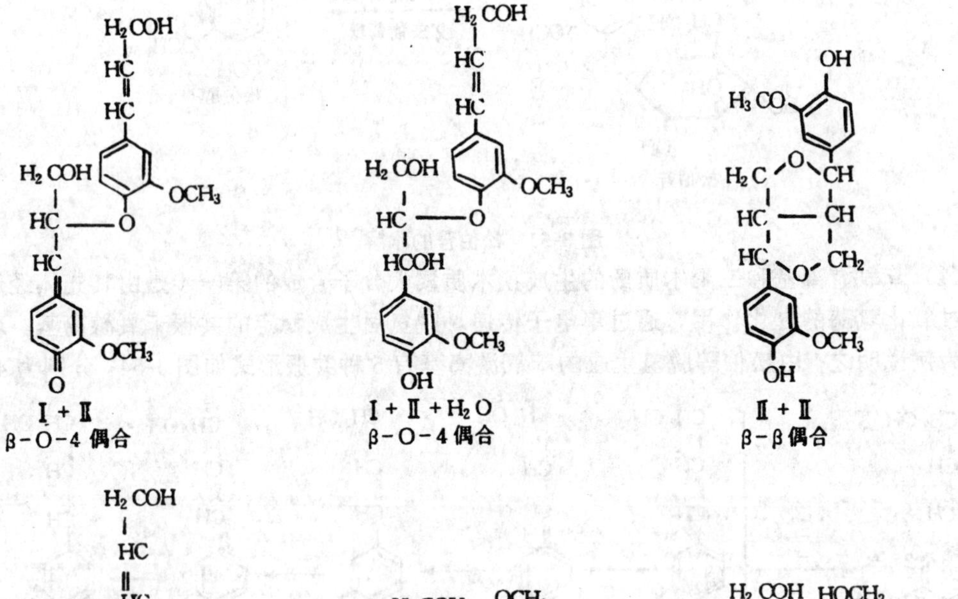

Ⅰ+Ⅱ
β-O-4 偶合

Ⅰ+Ⅱ+H_2O
β-O-4 偶合

Ⅱ+Ⅱ
β-β 偶合

Ⅱ+Ⅲ
β-5 偶合

Ⅱ+Ⅳ
β-1 偶合

Ⅲ+Ⅲ
5-5 偶合

图 3-55 典型的二聚木质酚结构[33]

Ⅰ+Ⅰ：醌甲基化合物；Ⅰ+Ⅰ+H_2O：愈创木基-甘油-β-松伯醚；Ⅱ+Ⅱ：D，L-松脂醇；
Ⅱ+Ⅲ：脱氢松伯醇；Ⅱ+Ⅳ：1，2-二愈创木基丙烷-1，3 二醇；Ⅲ+Ⅲ：脱氢双松伯醇

合”的方式继续增长。即与单木质酚（或多聚木质酚）的苯氧游离基偶合，生成线型分子结构，如β-O-4 和β-5 结构，构成了木质素大分子骨架。又通过 5-5 或 4-O-5 等偶合方式生成分枝结构。除上述的游离基偶合反应外，木质素大分子的合成过程中还有非游离基形式的偶合反应。如在α-碳上加入水分子或与另一个酚型末端相结合，生成苯甲基芳醚结构如α-O-4 分枝型结构，最后形成具有立体网状结构的木质素大分子。

木质素大分子的合成过程可用图 3-56 和图 3-57 来解释。在图 3-56 中，单木质酚（b）与

末端游离基(a′)偶合(即β-游离基与4-O-游离基偶合)，生成醌甲基化合物（a)。水分子加入（a）以后生成愈创木基-甘油-β-芳醚结构（d)。如以图 3-56 中左侧箭头所示，酚羟基与(a)中的α-位碳结合，生成愈创木基-甘油-α，β二芳醚结构（c)。在图 3-57 中，愈创木基-甘油-β-芳醚（a）脱氢生成的共振游离基（c）与松伯醇游离基（b′)（b′的结构式如图 3-56）发生β-5 偶合，产物为(c)。经过互变异构及分子内的环闭合，生成苯基香豆满结构（e)。木质素大分子主要经过“末端聚合”的方式合成已为大量的生物合成试验所证明。木质素结构中仅存在有限的不饱和侧链的事实又从另一方面证明木质素主要以“末端聚合”方式合成的。

3.2.3　分化细胞中木质素的沉积

近年来，以微量自动射线照相术结合选择性的放射元素标记法来研究分化木质部的特定形态区域中木质化的过程[57~61]。例如将芳环上 H^3 标记的单木质酚（木质素的 3 种先体）

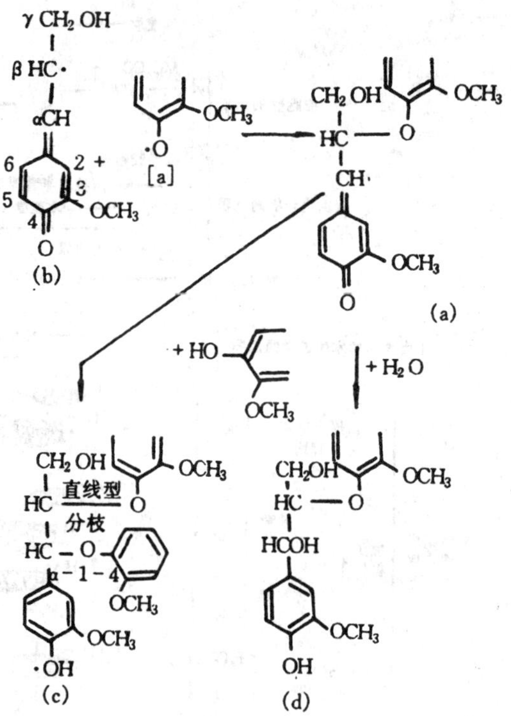

图 3-56　末端聚合作用[34]

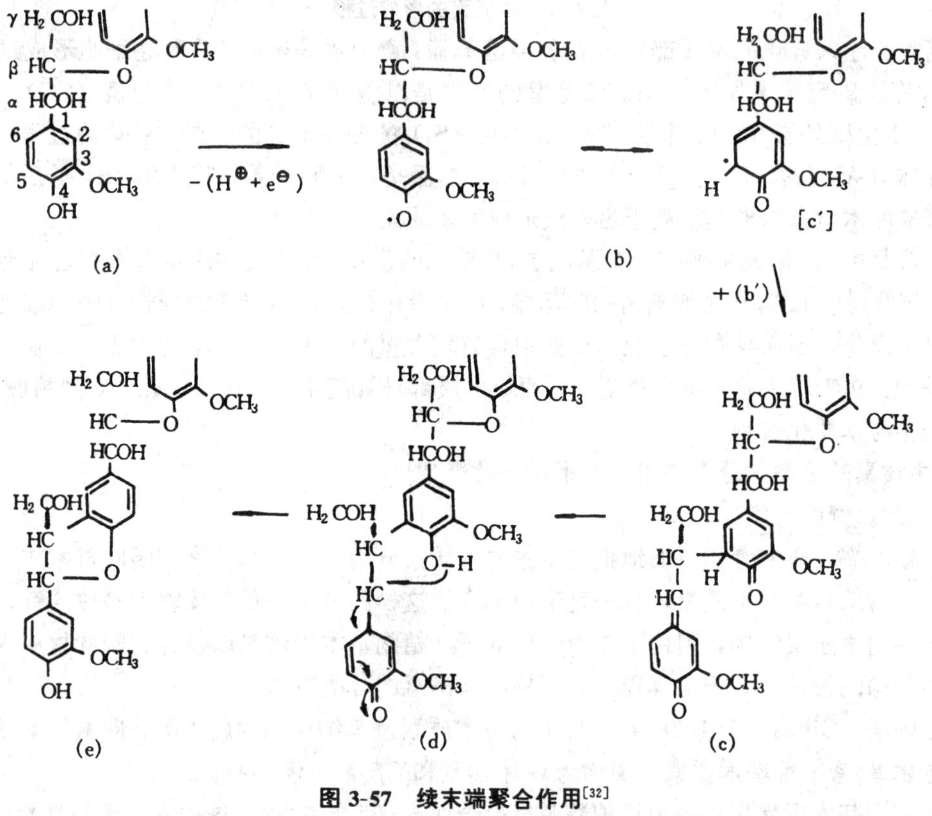

图 3-57　续末端聚合作用[32]

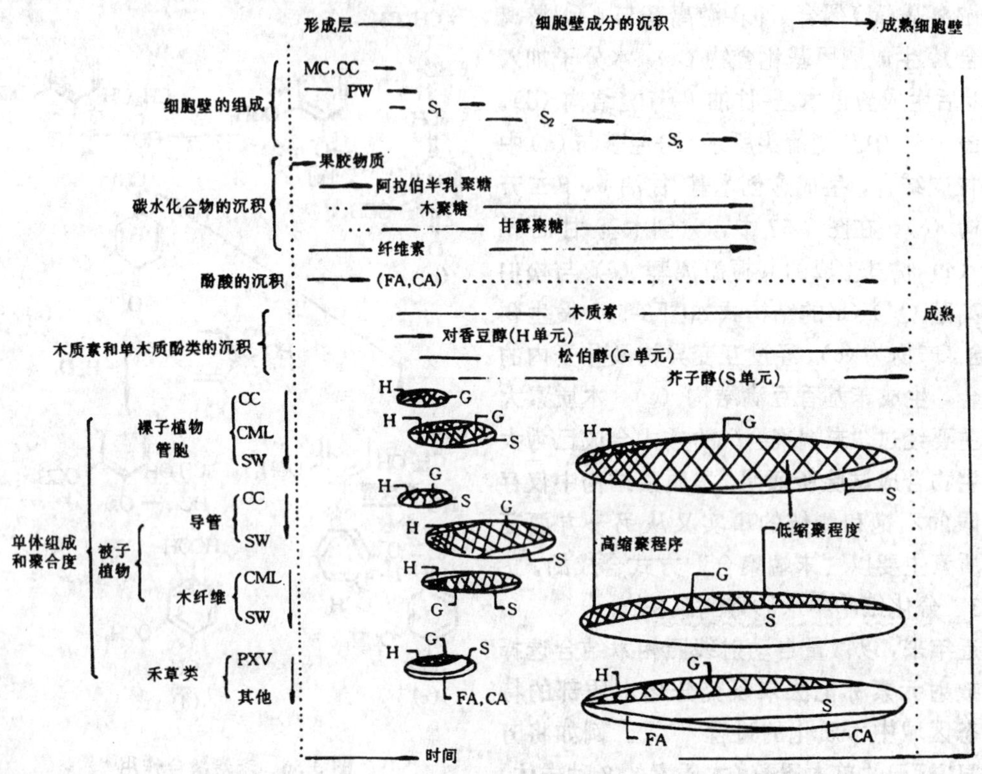

图 3-58 木质素的形成过程[61]

的葡萄糖苷注入分化的木质部，研究对-羟基苯基、愈创木基和紫丁香基在细胞形成过程中加入的顺序。研究结果如图 3-58。细胞壁的层次是以胞间层（ML）、细胞角（CC）、初生壁（PW）、次生壁外层（S_1）、中层（S_2）和内层（S_3）的顺序形成的。在木质化的过程中，木质素的先体对-香豆醇（H）先参与木质化过程，然后是松伯醇（G），芥子醇（S）最后加入。在早期形成的木质素缩聚程度高于后阶段形成的木质素。

针叶材中，H 单元主要在复合胞间层，S 单元的量很少，主要在次生壁中靠近细胞腔的 S_3 层中。阔叶材中 H 单元在细胞角和胞间层，次生壁中未发现 H 单元。导管分子的细胞壁比木纤维早木质化，因而导管分子壁木质素中含有较大量的 G 单元。S 单元主要沉积在木纤维的次生壁中。在禾草木质素沉积过程中，原始木质部导管壁木质化较早。此外，阿魏酸比对-香豆酸先参与木质化过程。

3.3 木质素的分类、分布与组成的不均一性[62~64]

3.3.1 木质素的分类

长期以来，研究者们习惯地把植物中的木质素分为针叶材木质素、阔叶材木质素和禾本科（或称为禾草类）木质素，且一直沿用至今。这样的分类法虽能反映大多数的针、阔叶材和禾本科的木质素结构，但由于未考虑到双子叶植物草本木质素以及针、阔叶材中少数树种木质素结构的特殊性，不能算作一种严格的和满意的分类方法。

盖勃斯（Gibbs）于 1958 年[62]将植物中木质素按其结构分为两大类，即愈创木基木质素和愈创木基-紫丁香基木质素。简称为 G 木质素和 GS 木质素。

愈创木基木质素主要是由松伯醇脱氢聚合而成，其结构均一。这类木质素呈现负的 Mäule

反应。硝基苯氧化仅生成极少量的紫丁香醛，一般小于 1.5%，对-羟基苯甲醛量在 5%左右。大多数针叶材都属于愈创木基木质素，但也有少数例外，如罗汉松属中的一些树种等，具有愈创木基-紫丁香基型木质素的结构特征。

愈创木基-紫丁香基型木质素是由松伯醇和芥子醇脱氢共聚而成，呈正 Mäule 反应。硝基苯氧化产生大量的紫丁香醛。大部分温带阔叶材及禾本科木质素都属于这一类型。温带阔叶材木质素硝基苯氧化产物中紫丁香醛占 20%～60%，对-羟基苯甲醛含量极少。但也有例外的情况，如刺桐和重阳木的木质素具有愈创木基木质素的特征。热带阔叶材木质素介于 G 木质素与 GS 木质素之间，更接近于 G 木质素。禾本科木质素的硝基苯氧化产物中紫丁香醛的平均含量低于阔叶材，而对-羟基苯甲醛的含量较高。

尼姆兹（Nimz）于 1981 年[65]根据木质素的 B_C 核磁共振波谱的研究结果，认为禾本科木质素中有较多量呈醚键连接的对-羟基苯丙烷单元，故把它分类为 GSH 木质素。应压木的木质素中含有比正常的针叶材高数倍的对-羟基苯丙烷单元，分类为 GH 木质素。

3.3.2　木质素的分布和组成的不均一性

木质素的分布可从在木材中整体分布和在不同细胞中的分布两方面来进行讨论。

3.3.2.1　木质素在木材中整体分布

木质素在木材中的分布是不均匀的。随着树种、树龄、取样部位的不同，在木质素的含量和组成上都有差别。针叶材木质素含量高于阔叶材和禾本科植物，不同材种间木质素含量的差别也很大，热带阔叶材中木质素含量与针叶材接近。同株木材中木质素的含量从上部到下部逐渐增加。相同的高度，一般是心材部分木质素的含量高于边材；同一年轮层中早、晚材的木质素含量亦有差别，针叶材的应压木中木质素含量明显增加。

除含量上差别外，树木各部位木质素的组成也有变化。如阔叶材成熟的木质部比初生木质部紫丁香基含量高；心材部分木质素紫丁香基丙烷含量高于边材；根部木材的木质素愈创木基丙烷含量增加。针叶材的树皮木质素含有较多的对-羟基苯丙烷；阔叶材树皮木质素的愈创木基丙烷含量比木材高。

3.3.2.2　各类细胞中木质素的组成与分布

木材中木质素的分布情况可用高锰酸钾选择性染色后，再用电子显微镜观察；也可用棕腐菌或氢氟酸除去高聚糖而留下木质素骨架进行研究，但上述方法都不能定量测定木质素在细胞中的分布。1954 年，兰奇（Lange）[64]首先用紫外显微镜研究木质素分布情况；1969 年，高林（Goring）[64]等人改进了此研究方法，制备木材的超薄横切面进行研究。确立了木质素在细胞中分布的定量研究法。近几年来，萨卡（Saka）[34]等在非水介质（$CHCl_3$）中将木质素溴化，再用扫描电镜和能量分析仪（SEM－EDXA）测定木材中各形态区域溴的浓度，从溴的相对量间接测定细胞不同部位木质素的组成和分布。以此法研究了针、阔叶材各形态区域，各类细胞及细胞不同部位的木质素组成和分布。

（1）针叶材中木质素的分布：

正常材：紫外显微镜对黑云杉 *Picea mariana* B. S. P 和北美黄杉 *Pseudotsuga menziesii* (Mirb.) Franco 中木质素分布的研究表明木材中大部分的木质素存在于次生壁而不是分布于胞间层。虽然针叶材管胞次生壁的木质素浓度比胞间层低得多，但由于次生壁所占的组织容积比胞间层大得多，因而 70%以上的木质素分布于次生壁中。紫外显微镜对黑云杉和北美黄杉木质素分布的研究见表 3-36。

表 3-36 紫外显微镜对黑云杉和北美黄杉木质素分布的研究[63]

木材	形态区域	组织体积（%）		总木质素（%）		木质素浓度（g/g）	
		黑云杉	北美黄杉	黑云杉	北美黄杉	黑云杉	北美黄杉
早材	管胞 S	87	74	72	58	0.23	0.25
	管胞 ML	9	10	16	18	0.5	0.56
	管胞 MLCC	4	4	12	11	0.85	0.83
	木射线薄壁细胞 S	—	8	—	10	—	0.40
	木射线管胞 S	—	4	—	3	—	0.28
晚材	管胞 S	94	90	82	78	0.22	0.23
	管胞 ML	4	4	10	10	0.60	0.60
	管胞 MLCC	2	2	8	6	1.00	0.90
	木射线薄壁细胞 S	—	3	—	4	—	—
	木射线管胞 S	—	1	—	2	—	—

注：S 为次生壁；ML 为胞间层；MLCC 为胞间层的细胞角隔。

扫描电镜与能量分析仪（SEM-EDXA）测定火炬松 *Pinus taeda* L. 木质素分布的情况见表 3-37。此法能测定次生壁各层 S_1、S_2 和 S_3 层中木质素的浓度。研究的结果与用紫外显微镜测定的相近，并得出次生壁 S_2 层木质素的浓度最低，S_1 层次之，S_3 层浓度最高的结论。木射线细胞约占木质部重量 5%，其木质素浓度高，约为 0.40g/g。

应压木：应压木中木质素分布情况见表 3-38。一般情况与正常材相似，但其木质素浓度较正常材高。应压木中 S_2 层中有一层木质化的 S_2（L）层，其木质素浓度与胞间层相近。应压木中细胞角隅处的胞间层无木质素存在，这是与正常材不同之处。表 3-38 为北美黄杉和库页冷杉*Abies sachalinensis* Mast. 应压木中各形态区域木质素的浓度。

表 3-37 SEM-EDXA 法测定的火炬松木质素分布[63]

木材	形态区域	组织体积（%）	木质素	
			总量（%）	浓度（g/g）
早材	S_1	13	12	0.25
	S_2	60	44	0.20
	S_3	9	9	0.28
	ML	12	21	0.64
	MLCC	6	14	0.64
晚材	S_1	6	6	0.23
	S_2	80	63	0.18
	S_3	5	6	0.25
	ML	6	14	0.51
	MLCC	3	11	0.78

表 3-38 应压木中木质素的分布[63]

形态区域	木质素浓度（%）	
	北美黄杉	库页冷杉
S_1	40	29
S_2（L）	54	42
S_2	36	26
ML	49	49
MLCC	75	65

(2) 阔叶材中木质素的分布：阔叶材木质素是由愈创木基丙烷和紫丁香基丙烷两种结构单元所构成。阔叶材不同形态区域的木质素中这两种结构单元的比例也不相同。用紫外显微镜（UV）和扫描电镜与能量分析仪（SEM-EDXA）测得的纸皮桦 *Betula Papyrifera* Marsh. 中木质素分布情况见表 3-39。研究结果表明木纤维次生壁的木质素主要是由紫丁香基丙烷组成，而导管单元次生壁的木质素主要由愈创木基丙烷构成。射线薄壁细胞的木质素用 UV 法测得是由紫丁香基构成，而 SEM-EDXA 测定的结果为紫丁香基与愈创木基各半。此外，两种方法测得的胞间层细胞角隅的木质素组成也有差别。

表 3-39 愈创木基和紫丁香基在纸皮桦中的分布[63]

形态区域	愈创木基：紫丁香基	
	溴化及 SEM-EDXA	UV
木纤维 S_2	12：88	紫丁香基
导管 S_2	88：12	愈创木基
薄壁细胞 S	49：51	紫丁香基
MLCC（F/F）	91：9	50：50
MLCC（F/V）	80：20	愈创木基
MLCC（F/R）	100：0	50：50
MLCC（R/R）	88：12	50：50

①F/F：木纤维/木纤维，F/V：木纤维/导管；②F/R：木纤维/木射线，R/R：木射线/木射线。

UV-EDXA 法测得的纸皮桦中木质素在各微区的分布情况见表 3-40。木纤维和导管单元次生壁各层木质素均匀分布，但导管分子中木质素浓度几乎为木纤维的 2 倍，薄壁细胞次生壁的木质素浓度比木纤维和导管单元都低。各微区中以细胞角的木质素浓度最高。由于木纤维的次生壁占总的组织容积 70%以上，因此，纸皮桦中的木质素主要存在于木纤维的次生壁中。

表 3-40 纸皮桦木质素的分布（UV-EDXA 法）[63]

细胞	形态微区	组织体积（%）	木质素浓度（g/g）
木纤维	S_1	11.4	0.14
	S_2	58.5	0.14
	S_3	3.5	0.12
	ML	5.2	0.36
	MLCC（F/F）	2.4	0.45
导管分子	S_1	1.6	0.26
	S_2	4.3	0.26
	S_3	2.3	0.27
	ML	0.8	0.40
	MLCC（F/V）	≃0	0.53
木射线薄壁细胞	S	8.0	0.12
	ML	2.0	0.38
	MLCC（F/R	≃0	0.47
	MLCC（R/R）	≃0	0.41

根据 SEM-EDXA 法对芦苇和麦秆中纤维细胞木质素分布的研究，发现与木材的情况大致相同，大部分的木质素存在于次生壁。木质素的浓度以复合胞间层最高，S_2 层最低。各微区的木质素的浓度的倾向为 $ML>S_1>S_3>S_2$。

3.4 木质素的降解研究

松伯醇在酶的作用下的脱氢聚合以及人造木质素（DHP）的合成研究，阐明了木质素大分子的生物合成途径，并提出了木质素基本结构单元间连接的主要键型。而木质素的降解研究，不仅为二聚体间连接的键型及相对数量提供信息，并证实和补充木质素生物合成提供的有关木质素化学构造的信息。

3.4.1 木质素研究的模型物方法

为阐明木质素的化学结构及其在降解及应用中的行为，选择适当的与木质素结构有关的模型物配合研究的方法，大大促进了木质素化学的进展。

由于木质素是一种复杂的天然高聚物，因而其模型物的选择有一定的困难。在木质素研究中根据从简单到复杂的原则，选择一系列已知结构的化合物作为模型物。将模型物、分离木质素及植物中的木质素在同样条件下进行化学反应或物理分析，研究结果可为木质素的结构和化学行为提供全面知识。

简单的模型物是一些能代表木质素某一结构特征的单体。通常是芳香族化合物，如带有烷氧基、伯醇羟基和仲醇羟基的酚类化合物；或选用一些能反映木质素结构中某种键的二聚体。木质素的模型化合物如图 3-59。

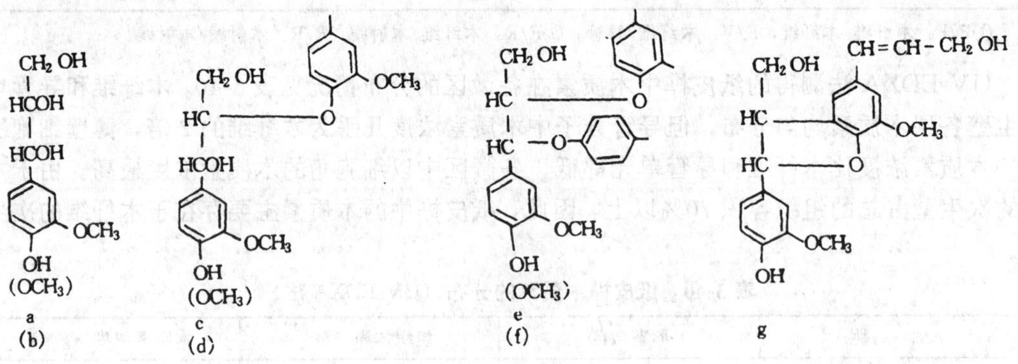

图 3-59 木质素的模型化合物[30]

(a) 愈创木基甘油；(b) 黎芦基甘油；(c) 愈创木基油-β-愈创木醚；(d) 黎芦基甘油-β-愈创木醚；(e) 愈创木基甘油-α,β-二芳基醚；(f) 黎芦基甘油-α，β-二芳基醚；(g) 脱氢二松伯醇

简单的模型物虽然能代表木质素结构的某种特征，但与木质素的真实结构还有很大的差距。人工木质素 DHP 可能是接近于真实木质素的一种较理想的模型物。

3.4.2 木质素的化学降解研究

为了解木质素的化学结构，采用了乙醇解、氢解、温和水解、酸解、硫代醋酸解、硫代酸解、核交换降解和氧化降解等方法对木质素的模型物和各种木质素进行了大量研究工作。近20年来，由于采用波谱、色谱、核磁共振和质谱等新技术，使分离和鉴定复杂的木质素降解产物成为现实，为木质素化学结构提供了大量的信息。现介绍几种重要的降解方法。

3.4.2.1 乙醇解和酸解

(1) 乙醇解：将针叶材或阔叶材的木粉或木质素用含 2.5%HCl 的乙醇液回流，得到一系列具有酮基的苯丙烷结构的酚类化合物，称为 Hibbert 酮[72]，结构如图 3-60。

采用模型物进行乙醇解，用图 3-59 中的模型物（a）和（b）能产生相应的“Hibbert 酮”。用模型物（d）（黎芦基甘油-β-愈创木基醚）则能生成黎芦基类的“Hibbert 酮”。乙醇解研究不仅证明木质素是由 C_6-C_3 构成，也说明了“Hibbert 酮”的来源。

（2）酸解：将木质素或木粉与含 0.2mol/L HCl 的二氧六环水溶液（9：1）加热回流，得到醚可溶油状产物和高分子量的木质素产物[73,74]。

用愈创木基甘油-β-愈创木基醚为试样进行酸解，经 4h 反应后β-醚键断裂，可分离出占产物 53％的 ω-羟基愈创木基丙酮［图 3-61 结构 (c)］。认为β-芳醚是经过苯甲醇玭离子［图 3-61 中 (a)］和对于酸水解敏感的烯醇芳醚 (b) 而断裂的。生成的主要产物 ω-羟基愈创木基丙酮再转变成类似

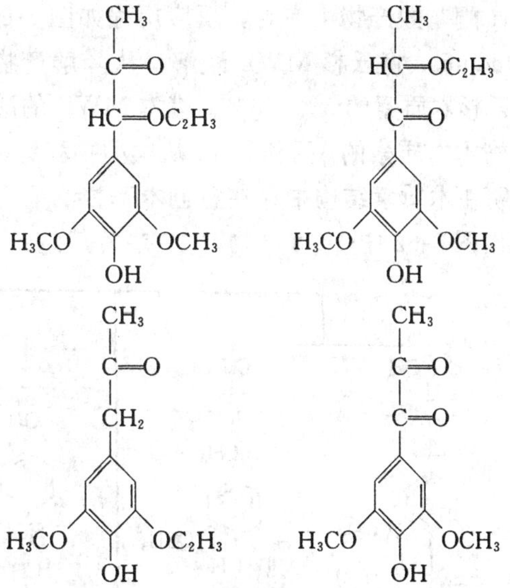

图 3-60 乙醇解产物 Hibbert 酮[30]

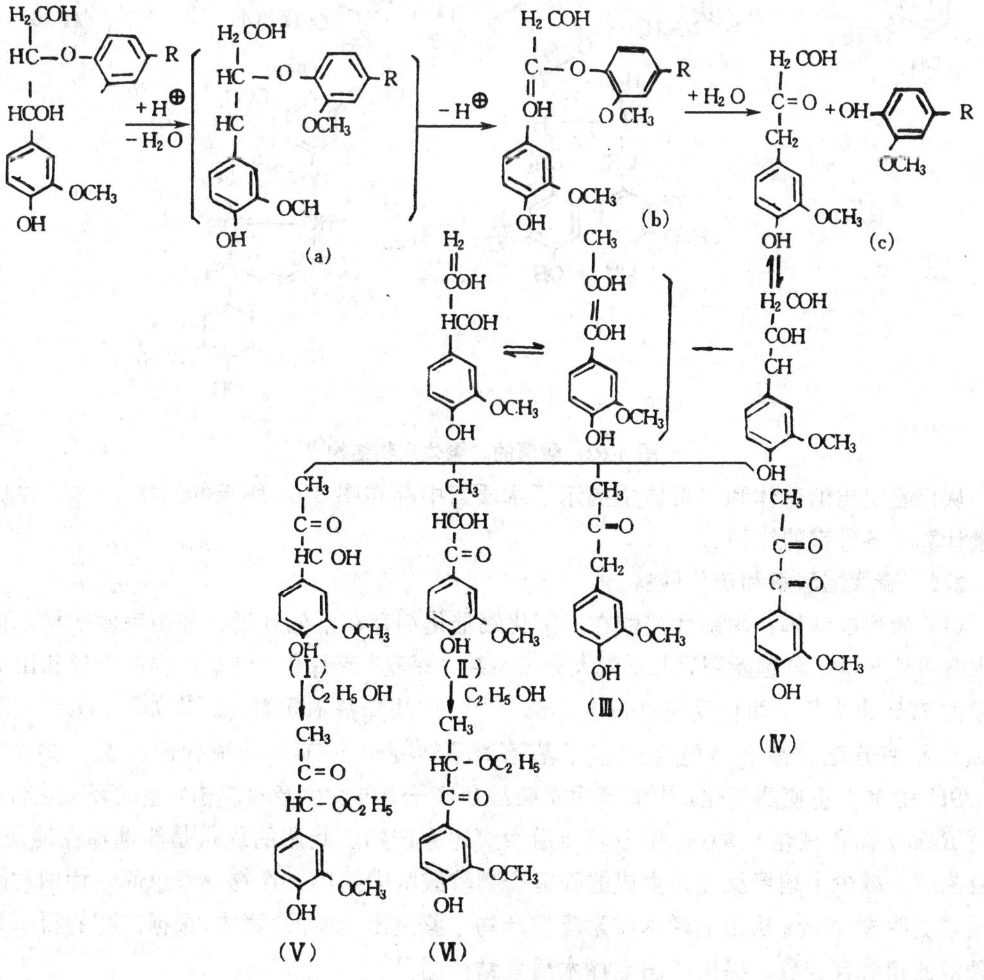

图 3-61 乙醇解和酸解机理[31]

“Hibbert 酮”的产物Ⅰ～Ⅳ，反应历程如图 3-61。

Lundquist 将云杉 MWL 酸解，从降解产物的单体级分中鉴定出 ω-羟基愈创木基丙酮（c）占云杉木质素的 5%～6%。桦木 MWL 的酸解产物中除（c）外，尚有紫丁香类产物，得率各为桦木木质素的 3%和 5%。从模型物和针、阔叶材 MWL 酸解产物的单体级分的鉴定结果，证明在木质素结构中存在愈创木基甘油-β-芳醚类的次级结构。从降解产物的二聚体结构中分离出图 3-62 中 1～8 产物。

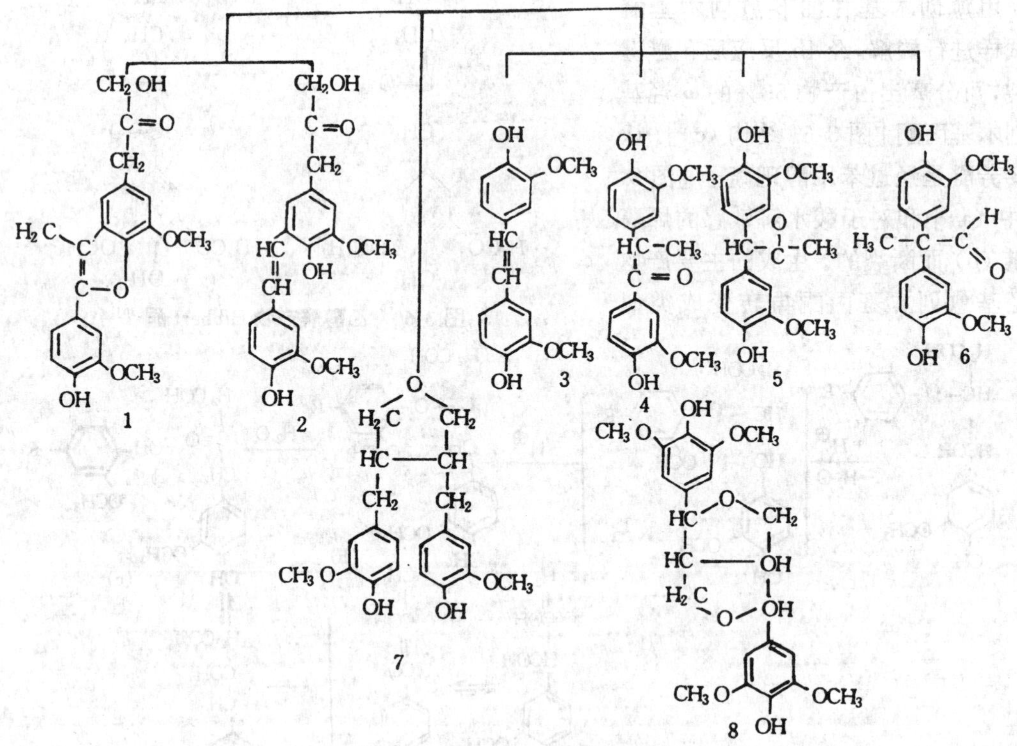

图 3-62 酸解的二聚体产物结构[38]

从已鉴定出的单体和二聚体中揭示了木质素中存在图 3-63 所示的结构 1～6，并从产物的量计算了各种键的比例。

3.4.2.2 硫代醋酸解和硫代酸解

（1）硫代醋酸解：用硫代醋酸在三氟化硼催化剂存在下处理云杉和山毛榉木材，再经碱性水解可使 β-O-4 醚键断裂，木质素大分子发生“深度”碎片化。降解产物占云杉和山毛榉木质素的 77%和 79%，简化反应过程图 3-64[38,75]。此法降解木质素的原理如下：①硫代醋酸和三氟化硼使芳基甘油-β-芳醚经过苯甲基锑离子转变成 S-苯甲基硫代醋酸酯；②以 2mol/LNaOH 在 60℃下使酯皂化，生成苯甲基硫醇负离子，再发生亲核攻击，生成环硫化合物；③经过 Raney 镍和碱在 115℃作用下脱硫后生成还原产物。此法的优点是能选择性地使 α 和 β 芳醚断裂，减少了缩聚反应，生成的降解产物较酸解中简单，产物得率也高，特别对阔叶材木质素更明显。Nimz 从山毛榉木质素降解产物中鉴定出 20 种二聚体，根据产物的得率计算了各种键的相对百分数，提出了出毛榉木质素结构图[75]。

（2）硫代酸解[76~81]：木质素或木粉与二氧六环-乙硫醇混合液（8.75∶1）和 0.2mol/L 三

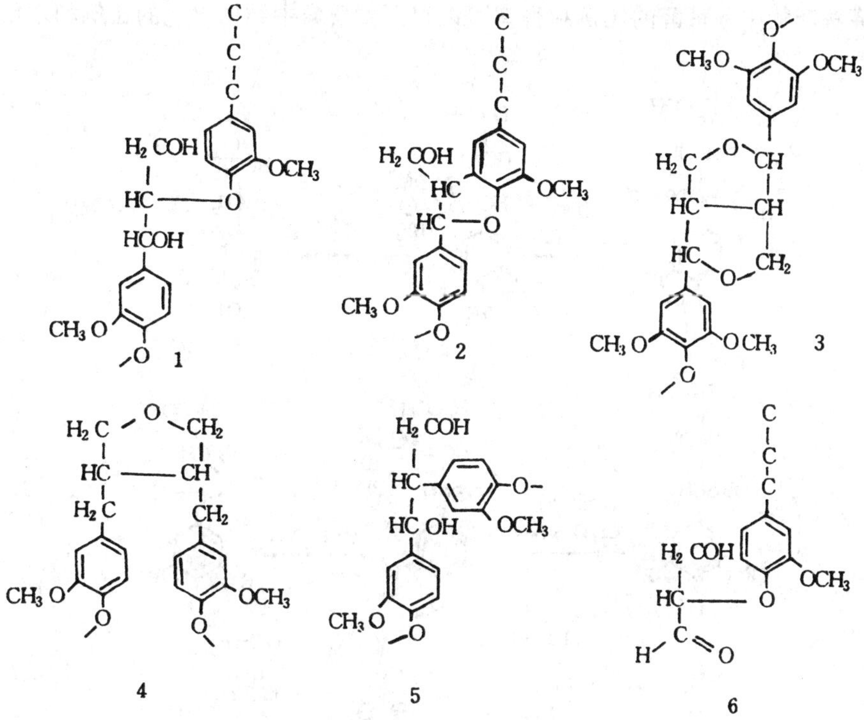

图 3-63 木质素中二聚体的结构[38]

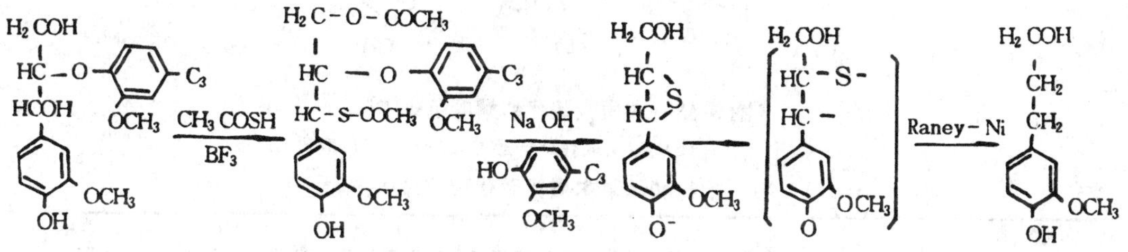

图 3-64 硫代醋酸解中 β-O-4 醚键的断裂[38]

氟化硼乙醚溶液反应。木质素结构中的烷芳醚键断裂。通过对降解产物的气相色谱和质谱鉴定，可得到木质素结构中侧链结构信息及缩聚的程度，此反应原理如图 3-65。

针、阔叶材和禾草木质素硫代酸解主要单体产物见表 3-41。通过对降解产物中二聚体的鉴定还能定量木质素结构中的缩聚单元见表 3-42。与酸解法相比较，硫代酸解法产物简单、操作简便且得率高，是研究木质素结构较好的方法之一。

3.4.2.3 碱性硝基苯氧化[82~85]

硝基苯是一种较温和的氧化剂，它能使木质素发生保留苯核的氧化反应。将针、阔叶材木粉或木质素在 2mol/L NaOH 溶液和硝基苯溶液中于 170～180℃反应 2～3h。木质素发生氧化降解，产生大量芳香醛，少量芳香酸及其他的氧化降解产物。以典型的针叶材挪威云杉为原料，经过硝基苯氧化后可得到大量的香草醛、少量的对-羟基苯甲醛和紫丁香醛，以及其他的降解产物见表 3-43。

阔叶材经硝基苯氧化，除生成大量香草醛外，还生成大量紫丁香醛和很少量的对-羟基苯甲醛[84]；草类原料的氧化产物中除有大量香草醛和紫丁香醛外，还有相当量对-羟基苯甲醛[84]。从降解产物中各种醛的比例和得率可以得到木质素中结构单元的比例和木质素缩聚程度的信息。

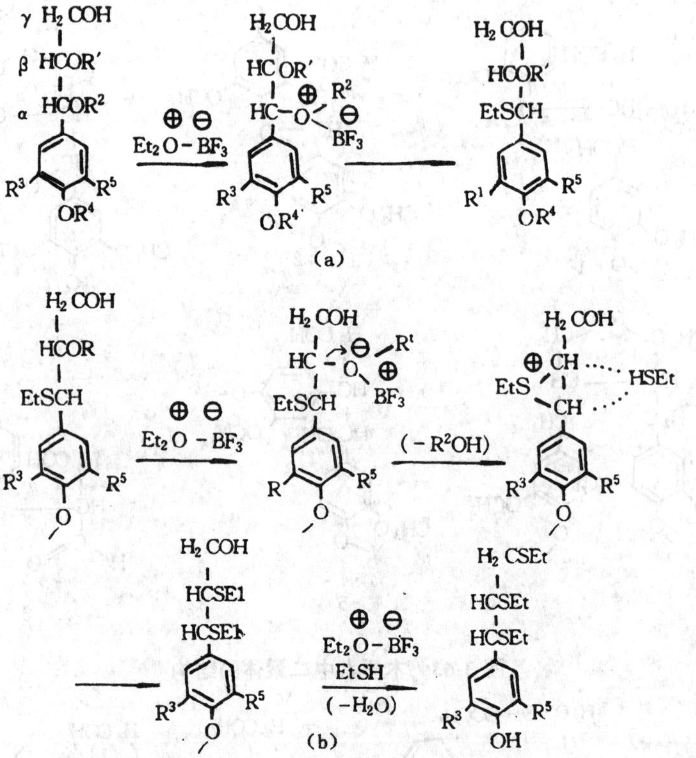

图 3-65 木质素硫代酸解的机理[76]

(a) C_α 上取代；(b) C_β 上取代，于通过邻基参与反应取代 Cr

表 3-41 木材和禾草木质素硫代酸解单体产物[76]

试 样	H	G	S	总 量	H/G	S/G
云 杉	痕量	1 006	痕量	1 006	—	—
松 木	25	992	痕量	1 017	0.03	—
杨 木	—	763	1 186	1 949		1.55
桦 木	—	525	1 341	1 866	—	2.55
麦 秆	43	457	636	1 136	0.08	1.07
稻 秆	95	287	251	632	0.33	0.87

表 3-42 天然和合成愈创木基木质素的硫代酸解得率[81]

试 样	云杉原本木质数	合成 DHP
G 单元总得率（μmol/g 木质素）		
单体	1 260	620
二聚体	310	202
G 单元二聚体相对百分数		
5-5	35	17
β-5	43	53
β-1	26	6
4-O-5	6	2
β-β	痕量	22

表 3-43　挪威云杉木粉硝基苯氧化产物①[82]

产　物	得率（%）	产　物	得率（%）	产　物	得率（%）
香草醛	27.5	紫丁香酸	0.02	对-羟基苯甲醛	0.25
5-甲酰香草酸	0.10	紫丁香醛	0.06	脱氢二香草酸	0.03
5-甲酰香草醛	0.23	5-羟基香草醛	1.20	脱氢二香草醛	0.80
乙酰香草酮	0.05	香草酸	4.8		

① 得率以 Klason 木质素为基准。

3.4.2.4　高锰酸钾氧化[86~89]

将植物原料或分离木质素先用热 NaOH 溶液在 CuO 存在下处理，使醚键断裂。接着用硫酸二甲酯（或硫酸二乙酯）甲基化（或乙基化）以保护酚羟基，然后加高锰酸钾和高碘酸钠的混合物在特丁醇中进行氧化反应；再以碱性过氧化氢处理氧化降解产物，使其中苯甲酰甲酸氧化为苯甲酸；并用重氮甲烷使羧基甲基化，最后以气相色谱和质谱分离和鉴定产物。反应过程如图 3-66。针、阔叶材甲基化木质素的氧化降解产物有数十种芳香酸，最主要的芳香酸如图 3-67。针叶材主要产物为 1～5，7 和 9；阔叶材木质素降解产物为 2～9。高锰酸钾氧化产物的鉴定不仅对木质素结构单元之间的连接形式给以启示，并可通过气相色谱分析各种降解产物的量来计算结构单元间键的相对数量。

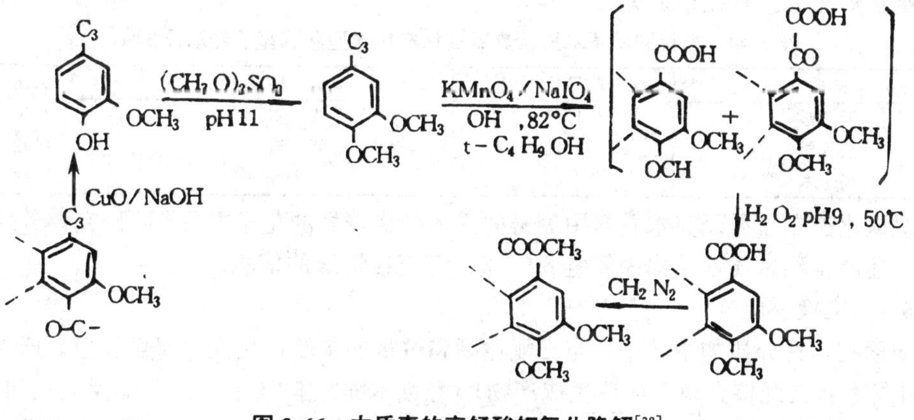

C_3　OCH_3　OH　$(CH_3O)_2SO_2$　pH11　OCH_3　OCH_3　$KMnO_4/NaIO_4$　OH，82℃　$t-C_4H_9OH$　COOH　CO　COOH　OCH_3　+　OCH_3　OCH_3　$CuO/NaOH$　H_2O_2 pH9，50℃　$COOCH_3$　CH_2N_2　COOH　OCH_3　O-C-

图 3-66　木质素的高锰酸钾氧化降解[38]

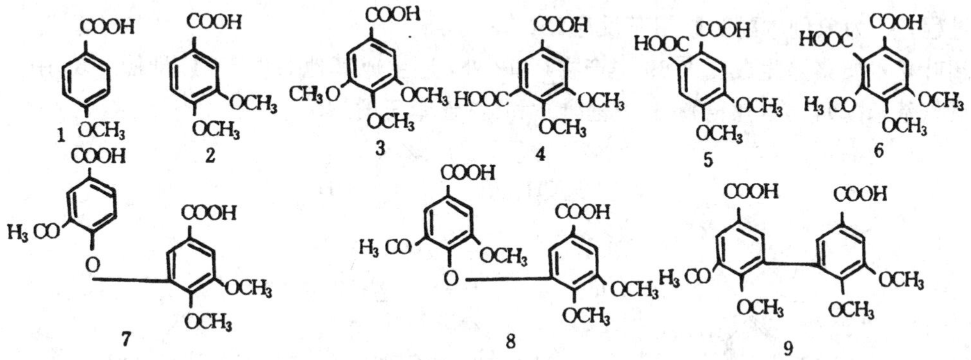

COOH　OCH_3　1　2　3　4　5　6　7　8　9　HOOC　H_3CO　CH_3O　O

图 3-67　高锰酸钾氧化降解的主要产物[38]

3.4.2.5　臭氧氧化[90~95]

碱性硝基苯氧化和高锰酸钾氧化能保留木质素中芳环的结构，侧链氧化断裂，生成醛或酸。臭氧能使木质素中芳环氧化降解，保留侧链的结构不变化，并使与侧链直接相连的芳环碳原子以羟基形式保留下来。氧化降解产物为多种单羧酸或二羧酸。通过对降解产物的鉴定，可得到木质素结构中侧链构造的信息。氧化降解产物中以两种丁糖酸-赤型丁糖酸（E）和苏型丁糖酸（T）为主，这两种丁糖酸是木质素中β-芳醚的氧化降解产物如图 3-68。

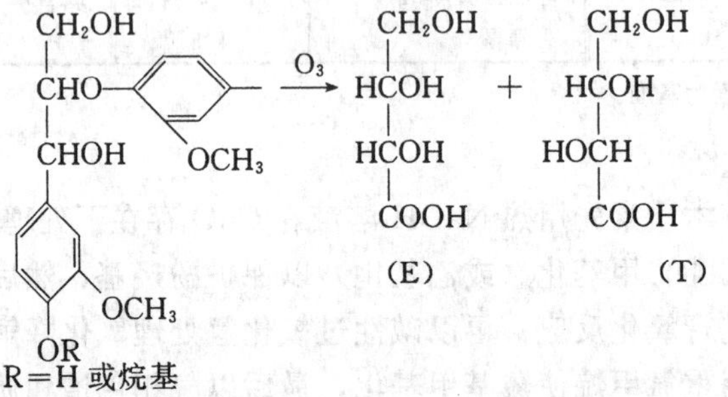

CH_2OH / CHO– / CHOH / OCH_3 / OCH_3 / OR $\xrightarrow{O_3}$ CH_2OH–HCOH–HCOH–COOH (E) + CH_2OH–HCOH–HOCH–COOH (T)

R=H 或烷基

图 3-68 赤型（E）和苏型（T）丁糖酸的生成[90]

各种植物原料中木质素被臭氧氧化后，生成的两种丁糖酸的比例都不相同。而这两种丁糖酸的比例与木质素的化学反应性能有很大的关系。根据对臭氧氧化产物中赤型和苏型丁糖酸的气相色谱鉴定，得出赤型和苏型丁糖酸的比例（E/T）以阔叶材为最高，针叶材较低而禾草类木质素则居中。研究结果见表 3-44。

表 3-44 木材和禾草木质素臭氧氧化产物赤型和苏型丁糖酸比例[95]

试样	E/T 比例	试 样	E/T 比例
云 杉	1.05	桉 木	2.60
铁 杉	1.12	蔗 渣	1.92
杨 木	3.03	麦 秆	1.88

臭氧氧化法是当前研究木质素中侧链的立体构造较好的化学方法，除研究β-芳醚的 E/T 比例外，还能得到木质素结构中侧链β-5，β-1 等连接情况的信息。

3.4.2.6 核交换反应

木质素在隋性介质如甲苯中，与三氟化硼和过量的苯酚作用发生降解反应，产物如图 3-69。针叶材木质素经核交换反应后生成产物1（愈创木酚）和2（邻苯二酚）。反应式如图 3-70，A 为愈创木基丙烷发生酚化，生成二苯甲烷结构；B 为愈创木基苯核在三氟化硼催化被苯酚置换的过程；C 为愈创木酚的脱甲基反应。

阔叶材木质素除生成图 3-69 中产物1 和2 外，还生成其他 3 种产物，即图 3-69 中3（2，6-二甲氧（基苯酚），4（焦倍酚-1-甲基醚）和5（连苯三酚）。

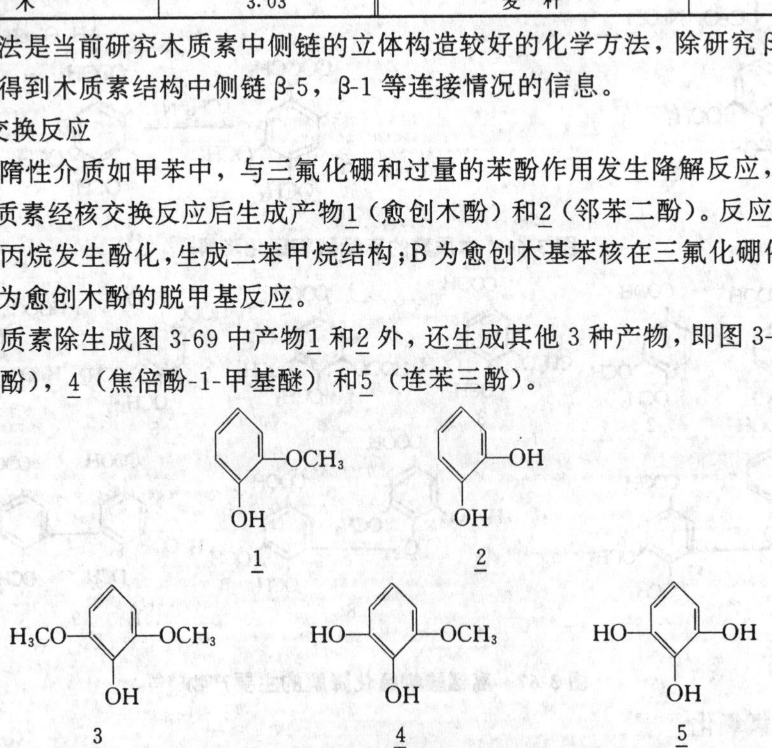

OCH_3 / OH — 1；OH / OH — 2

H_3CO / OCH_3 / OH — 3；HO / OCH_3 / OH — 4；HO / OH / OH — 5

图 3-69 针、阔叶材木质素核交换降解产物[90]

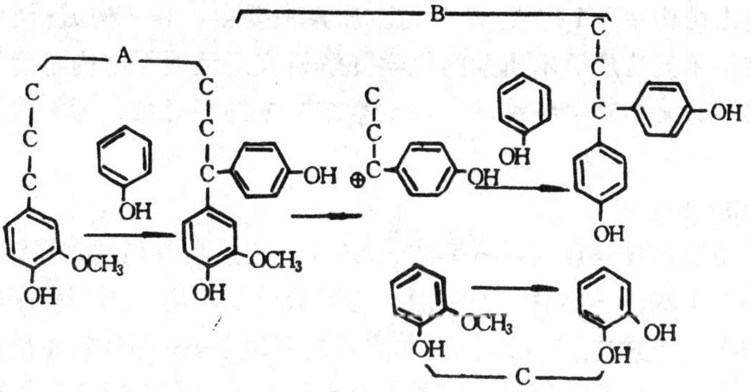

图 3-70　针叶材木质素核交换产物的生成[100]

核交换法可用于研究针、阔叶材木质素中缩聚与非缩聚单元的比例，阔叶材木质素中紫丁香基和愈创木基单元的真实比例。研究结果列于表 3-45 和表 3-46。表 3-46 中 S/G 的比例是包括缩聚和未缩聚的单元在内的比例，而以其他化学测定的一般都为未缩聚单元的比例不能代表木质素中结构单元的真实比例。此外，核交换法还能定量研究木质素中二苯基甲烷结构，对研究木质素在化学反应中及反应后结构的变化尤为重要。

表 3-45　针叶材木质素中缩聚与未缩聚单元的比例[97,100]

树　种	缩聚单元（%）	未缩聚单元（%）
冷　杉	50	50
铁　杉	55	45
云　杉	48	52
红　松	43	57
落叶松	55	45

表 3-46　阔叶材木质素中缩聚与未缩聚单元的比例[98]

树种	愈创木基丙烷（G）			紫丁香基丙烷（S）		S/G	S/V①
	未缩聚	缩聚	总数	未缩聚	总数		
槭木	22	17	39	61	61	1.56	2.82

①此数据为硝基苯氧化法测得。

木质素的化学降解研究，得出针、阔叶材和禾草类的木质素中的基本结构单元如图 3-71。

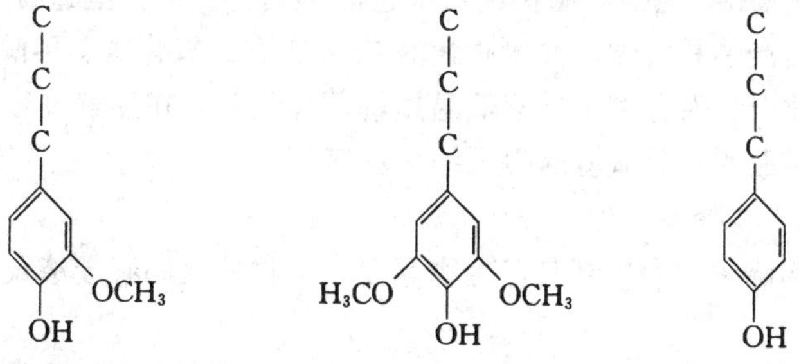

图 3-71　木质素的基本结构单元[31]

Ⅰ. 愈创木基丙烷；Ⅱ. 紫丁香基丙烷；Ⅲ. 对-羟基苯基丙烷

针叶材木质素主要由结构单元Ⅰ构成；阔叶材木质素主要由Ⅰ和Ⅱ构成；而禾草类木质素则由Ⅰ、Ⅱ和Ⅲ三种结构单元构成。木质素的化学降解研究还证明了结构单元间的连接方式，并从降解产物的种类和数量推算了各种键在木质素结构中的相对量，为木质素结构模型的建立提供了有力的依据。

3.4.3 木质素的热分解

木质素热解的主要产物是焦炭，得率约为55%，它是具有高度缩聚结构的化合物。

热解产物的第二个成分是热解的馏出液，主要成分是甲醇、丙酮和醋酸。针叶材木质素馏出液中甲醇得率占木质素的1%，来自于木质素的甲氧基。从阔叶材木质素得到的甲醇约为针叶材的两倍，且醋酸量也要高得多。醋酸是从苯丙烷的三碳侧链来的。丙酮的得率不超过甲醇和醛酸总量的1/10，它也是从侧链来的。

第三种产物是焦油。焦油状的热解产物约为木质素的15%，由一系列酚类化合物组成。主要化合物是苯酚、愈创木酚和2,6-二甲氧基苯酚的衍生物。在以上三种酚的羟基对位有甲基、乙基、丙基、异丙基、乙烯基、丙烯基、丙烯醇基、羧基及羧甲基等取代基。

从针叶材的热解焦油中分离出以下几种化合物如图3-72。

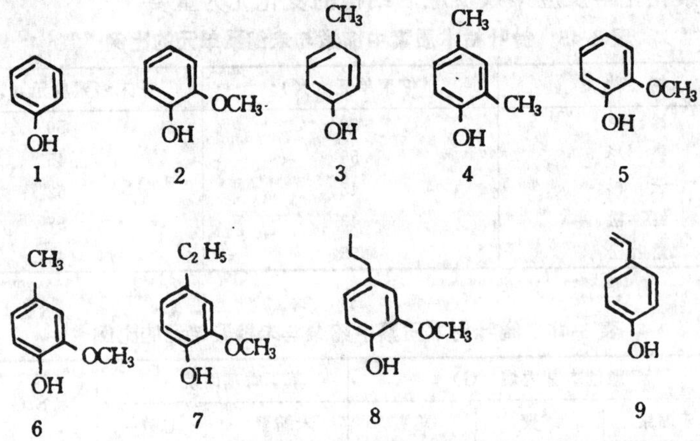

图3-72 针叶材木质素热解焦油的组成[30]

脱甲基和苯丙烷侧链的碳-碳键断裂需要不同的能量。在400～450℃对木质素破坏性蒸馏主要引起内部键的断裂；在900℃快速热解也能得到含有甲氧基的酚类。

木质素热解最后产物是气体，占木质素的12%。有二氧化碳、甲醇、一氧化碳和乙烷。

木质素的模型化合物及分离木质素低温热解研究证明，在热解过程中木质素芳醚键普遍断裂，还发生了侧链脱水，甲氧基断裂及缩聚反应等。

3.4.4 木质素的微生物降解[31,101]

木质素的微生物降解与生物制浆，生物漂白，生物处理制浆废液及木材的糖化处理密切有关。

木质素在植物中的功能之一就是保护植物细胞不受外界微生物的侵蚀。木质素本身不能被大多数微生物所分解。在已知能降解木质素的微生物中，研究得最多的是白腐菌对木质素的降解。

根据对白腐菌降解后的木质素碎片及低分子产物的结构研究以及对具有木质素基本构造

的模型物的生物降解产物的研究，证明白腐菌对木质素的降解主要有以下几种反应：

（1）侧链 C_α-C_β 氧化断裂，生成芳香酸，如香草酸，紫丁香酸等 10 种芳香酸及包括含芳香酸的木质素碎片，这是最重要的木质素生物降解的产物。

（2）侧链 C_β-C_γ 断裂生成具有（a）类结构的产物如图 3-73。

（3）β-芳醚断裂，侧链结构变化。

（4）芳香环氧化开裂，生成具芳氧乙酸，结构（b）和烷氧乙酸（c）的碎片。

（5）苯环上 C_3 和 C_5 脱甲基反应以及 C_4 上的甲基化反应，生成三种不同结构的芳香酸（d）、（e）、（f）及其他酸性化合物。

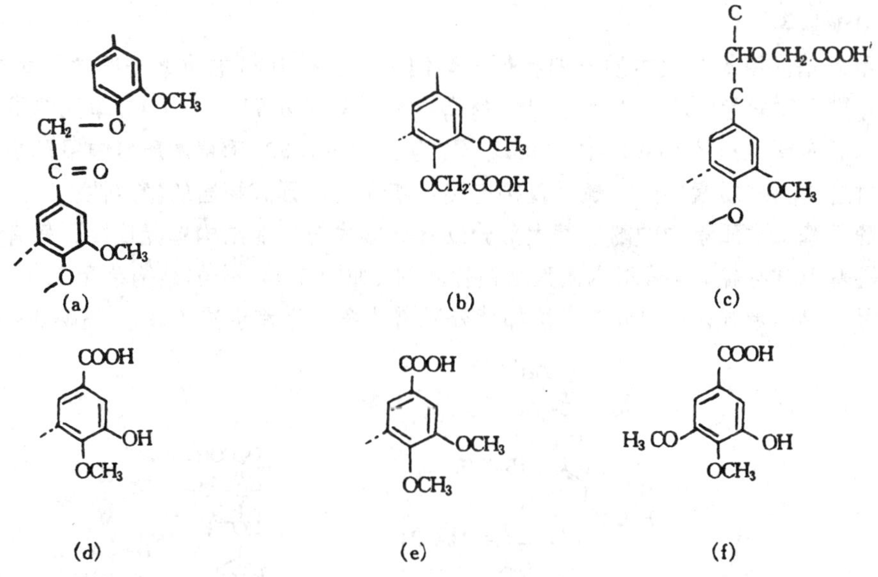

图 3-73　木质素微生物降解产物

3.5　木质素的化学结构

木质素是天然高聚物中最难搞清楚的一个领域。其主要原因有两方面：一是木质素结构单元之间除醚键连接外还有碳-碳键；另一方面是不可能把全部木质素以其天然状态分离出来。经过长达 100 多年的工作，特别是近 50 多年来以生物合成、化学降解并配合物理方法的研究，积累了大量的知识。目前对于木质素的结构，尤其对针叶材木质素的结构，已经到了可以相当具体论述的阶段。

3.5.1　元素组成和甲氧基

木质素由碳、氢和氧 3 种元素组成。由于木质素是芳香族的高聚物，因而其中碳的含量比木材或其他植物原料中的高聚糖要高得多。针叶材木质素中碳含量为 60%～65%，阔叶材为 50%～60%。由于阔叶材木质素中甲氧基含量高于针叶材，故阔叶材木质素的含氧量较针叶材高。一般认为木材中的木质素不含氮，但在禾草类分离木质素中含有少量氮，如麦秆 MWL 中含 0.17%，稻草 MWL 含 0.26%，芦竹 MWL 含 0.45%。各种分离木质素的元素含量随原料的品种和分离方法略有差别。

在表示木质素的元素分析结果时，常用除去甲氧基量的苯丙烷（C_6-C_3）单元作标准，以相当于 C_9 的各种元素量来表示，再加上相当于每个 C_9 的甲氧基数。现列举各种来源的磨木木

质素的平均 C_9 单元的元素组成于表 3-47。

表 3-47 磨木木质素的 C_9 单元

磨木木质素名称	C_9 单元式	磨木木质素名称	C_9 单元式
云 杉	$C_9H_{8.83}O_{2.37}$ $(OCH_3)_{0.96}$	稻 草	$C_9H_{7.44}O_{3.38}$ $(OCH_3)_{1.03}$
山毛榉	$C_9H_{7.10}O_{2.41}$ $(OCH_3)_{1.36}$	芦 竹	$C_9H_{7.81}O_{3.12}$ $(OCH_3)_{1.18}$
桦 木	$C_9H_{9.03}O_{2.77}$ $(OCH_3)_{1.58}$	蔗 渣	$C_9H_{7.34}O_{3.50}$ $(OCH_3)_{1.10}$
麦 秆	$C_9H_{7.39}O_{3.0}$ $(OCH_3)_{1.07}$	毛 竹	$C_9H_{7.33}O_{3.81}$ $(OCH_3)_{1.24}$

3.5.2 木质素的官能团

木质素结构中有多种官能团，其中影响木质素反应性能的主要官能团有甲氧基、酚羟基、苯甲醇基和羰基等。

(1) 甲氧基。甲氧基是木质素的特征官能团之一。针叶材木质素一般含甲氧基 12%～16%，阔叶材木质素为 16%～18%。针叶材磨木木质素（MWL）每个 C_9 单元中甲氧基值为 0.87～1.0，温带阔叶材的 MWL 中—OCH_3/C_9 为 1.20～1.59。禾草木质素中甲氧基含量介于针、阔叶材之间。木质素中的甲氧基直接连接于苯环上，具有相当的稳定性。

(2) 酚羟基。木质素中的酚羟基大部分以醚键形式与其他结构单元连接。只有一小部分以游离酚羟基形式存在，如云杉木质素结构片断图（如图 3-74）中的结构单元 5、11 和 15。其余大多数是酚醚的形式。不同分析方法如紫外光谱的离子化差示法（$\Delta\varepsilon_i$）、高碘酸盐法、非水

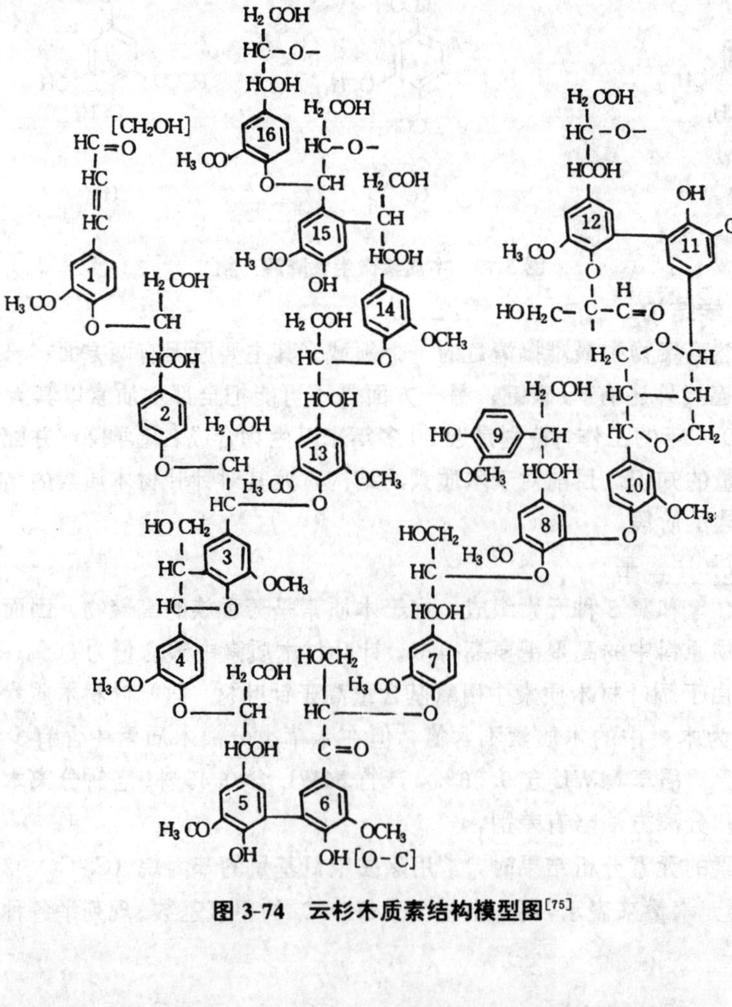

图 3-74 云杉木质素结构模型图[75]

溶液滴定法、氢核磁共振法等测得的酚羟基值都有差别。但可得出云杉原本木质素中每100个苯丙烷单元中具有游离酚羟基的结构单元数小于20。大部分的酚羟基都已醚化的结论。用高碘酸盐法测得云杉MWL和纤维素酶解木质素的酚羟基含量接近，为20.5酚$OH/100C_9$单元。美国枫香的MWL和两种纤维素酶解木质素（96%及50%二氧六环水溶液提取级分）的酚羟基各为14.5，13和9酚$OH/100C_9$单元。说明阔叶材木质素中酚羟基的醚化程度高于针叶材。又因在制备MWL的磨碎中会引起醚键断裂，故原本木质素中酚羟基含量低于实测值。

（3）苯甲醇和苯甲基芳醚基。苯甲醇和苯甲基芳醚基是与制浆反应有关的官能团。木质素中苯甲醇和苯甲基芳醚结构如图3-75。云杉MWL中每100个苯丙烷单元含有带游离酚羟基的苯甲醇基（a）2个（图3-74中的结构单元5）；酚羟基醚化的苯甲醇结构（b）（图3-74中2、8、14等单元）10个；具酚羟基的苯甲基芳醚（c）（图3-74中的单元15）2个；酚羟基醚化的苯甲基芳醚（d）（图3-74中的单元3）为5～7个。

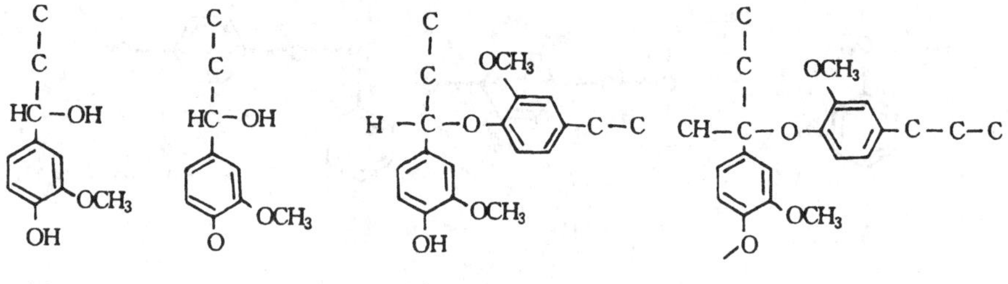

(a) (b) (c) (d)

图3-75 苯甲醇和苯甲基芳醚[38]

（4）羰基。木质素结构中存在少量的共轭和非共轭羰基。云杉MWL中每100个C_9单元的总羰基数约为20。其中包括酚羟基醚化的松伯醛结构（a）（如图3-76）和芳基-α-酮结构(b)[47]各为3个和6个；具有游离酚羟基的松柏醛和芳基-α-酮各一个。除了上述的各种形式的共轭羰基外，还存在非共轭的羰基，如存在于苯烷侧链β-位置上的酮基。关于阔叶材和禾草类木质素的官能团研究工作进行得较少，目前还不能提供较完整的定量的数据。

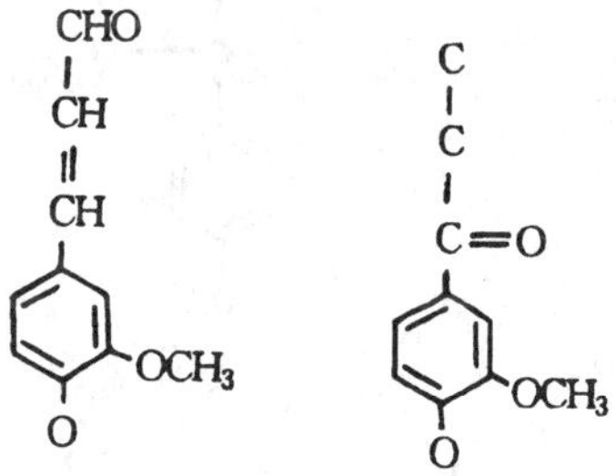

(a) (b)

图3-76 木质素中的主要羰基[30]

（5）羧基。木材的原本木质素中的羧基含量较少，据报道，云杉MWL中，羧基含量仅为0.12mg/g木质素。禾草木质素中因含有对-香豆酸醚键，羧基含量较木材木质素高些。每100个C_9单元约有13～21个羧基。

3.5.3 木质素结构单元的连接方式和主要键型的相对数量

木质素的生物合成和化学降解研究，已证明木质素的基本结构单元是苯丙烷，而这些苯丙烷单元是通过醚键和碳-碳键的方式连接成木质素大分子的。

（1）木质素中的主要醚键。木质素中的醚键包括酚醚键、烷醚键、二芳醚键和二烷醚建。据测定，木质素中的苯丙烷单元有2/3～3/4是以某种形式的醚键与相邻的结构单元连接的。①酚醚键连接的结构基团：根据木质素官能团分析结果，得知醚化的羟基数占70%～80%。在酚醚键中以愈创木基-甘油-β-芳基醚（β-O-4）数量最多，占酚醚的50%左右，如图3-74中的苯丙烷单元1-2，2-3，13-14之间的连接方式。其次是愈创木基-甘油-α-芳基醚（α-O-4），如

图 3-74 中 3-13，15-16 以及成环的α-芳醚键即苯基香豆满结构，如图 3-74 中 3-4 间的连接方式。②其他形式的醚键：除芳醚键外，木质素中还存在侧链间的连接即二烷醚，如松脂酚结构，以侧链的α与γ醚键形式相连，如图 3-74 中 10-11 间的连接方式。

此外，还有二芳醚 5-O-4 型连接，如图 3-74 中结构单元 8-10 的连接方式。

(2) 木质素中的碳-碳键。木质素结构中碳-碳键的连接类型主要有β-5，β-β，5-5，β-1，β-2（或 6）。分别见图 3-74 中结构单元 3-4，10-11，5-6，8-9 和 14-15 间的连接方式。

(3) 木质素结构中主要键的频率。木质素结构中主要键型的确定在相当程度上有赖于生物合成的研究。又在研究高锰酸钾氧化降解产物的基础上，确定并计算了各种主要键的频率。木质素中主要键的类型如图 3-77。

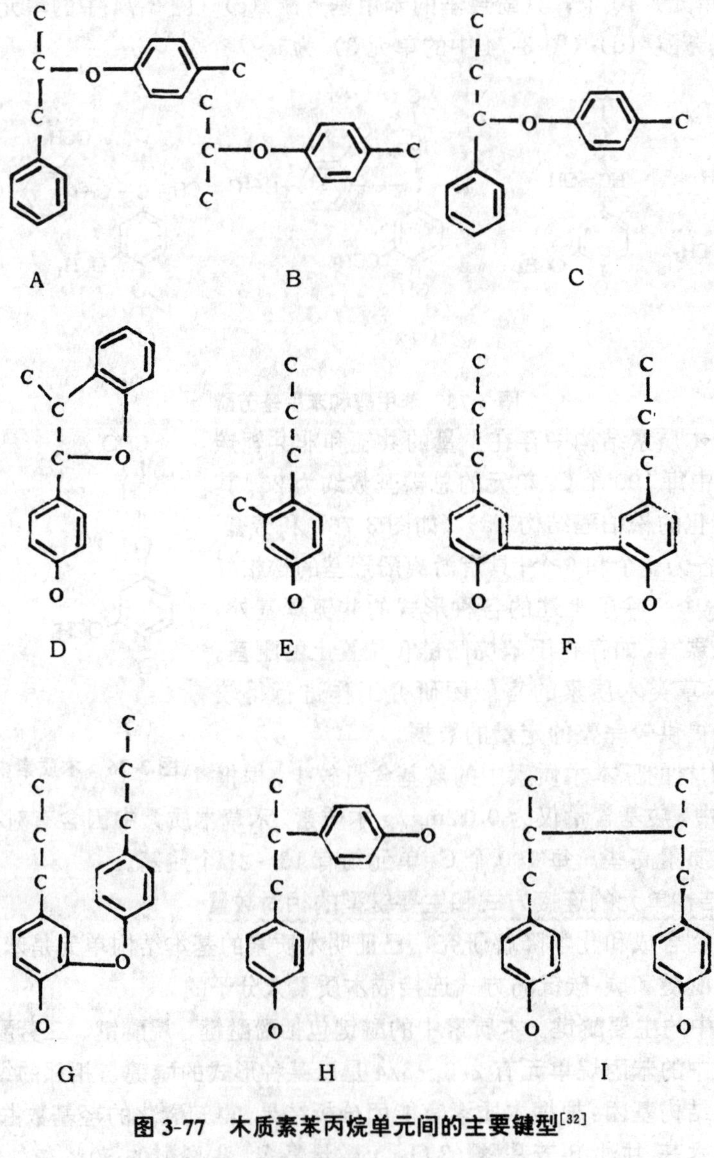

A B C

D E F

G H I

图 3-77 木质素苯丙烷单元间的主要键型[32]

云杉 MWL 和桦木 MWL 中各种主要键的比例见表 3-48。

表 3-48　云杉和桦木磨木木质素各种类型键的百分数[38]（%）

键　　型①	云杉 MWL	桦木 MWL
A（芳基甘油-β-芳基醚；β-O-4）	48	60
B（甘油醛-α-芳基醚）	2	2
C（非环苯甲基芳基醚；α-O-4）	6～8	6～8
D（苯基香豆满；β-5；α-O-4）	9～12	6
E（2位或6位的缩合型结构；β-2，β-6）	2.5～3	1.5～2.5
F（联苯结构；5-5）	9.5～11	4.5
G（二芳基醚结构；5-O-4）	3.5～4	6.5
H（1，2二芳基丙烷，β-1）	7	7
I（β-β连接的结构）	2	3

① A→I 结构式参见图 3-77。

从表 3-48 中数据看出，针、阔叶林 MWL 中主要的键是β-O-4 醚键，约占针叶材木质素的 50%左右。阔叶材木质素中此种的键数量更高。此外，针叶材木质素中苯基香豆满和联苯型结构，阔叶材中的 5-O-4 键，以及针、阔叶材木质素中的 α-O-4 键也占相当比例。

禾本科植物木质素中主要的键型与木材木质素相同。结构单元中主要的键型是β-O-4 醚键，其数量低于阔叶材木质素，与针叶材木质素接近。结构单元中碳-碳键如β-5 和β-β键占的比例高于阔叶材木质素。禾草木质素结构中的对-羟基苯丙烷单元有相当部分是以酯的形式与其他苯丙烷单元相连。如麦秆 MWL 中 60%的对-羟基苯丙烷单元以酯键形式连接。竹、蔗渣、芦竹和芦苇木质素中生成酯的对-香豆酸含量分别为 10%、10.1%、4.1%和 6%。竹木质素中的对-香豆酸有 80%左右与苯丙烷单元的 γ-碳成酯。此外，禾草类木质素中还存在少量的阿魏酸酯。

3.5.4　木质素的结构模型

从 20 世纪 60 年代起，在生物合成和化学降解两个方面大量研究工作的基础上，提出了多种针叶材木质素结构模型图。目前主要引用的是 1968 年 Freudenberg[54]以松伯醇脱氢聚合的研究为基础，结合化学分析的数据而提出的由 18 个苯丙烷单元组成的云杉木质素结构模型图和 Alder[38]根据木质素氧化降解研究于 1977 年提出的由 16 个苯丙烷单元构成的云杉木质素结构模型图（如图 3-74），因为这两种模型能比较完整地反映针叶材木质素结构的结构。

1980 年，Sarkakibara[102]根据二氧六环水溶液对木质素温和水解以及木质素氢解产物的研究，提出由 28 个 C_9 单元构成的针叶材结构模型，此图能符合大多数的分析数据，还考虑到木质素与高聚糖间的连接情况。

最大的针叶材木质素结构图是 Glasser[103]于 1981 年提出的。此模型由 94 个苯丙烷单元组成，分子量在 17 000 以上。这是将火炬松 MWL 研究中获得的大量数据用计算机统计综合而得。这些数据包括元素分析、糖和灰分的测定、H^1-NMR 谱测定的官能团数据、$KMnO_4$ 氧化产物、GC/MS 测定和 GPC 分析等方面的数据。

Nimz[75]鉴定了山毛榉木质素硫代醋酸解的产物，根据产物的量计算出山毛榉木质素中各种键的比例。并根据紫外、红外、氢核磁共振和^{13}C 核磁共振波谱法的研究，于 1974 年提出了山毛榉木质素结构模型如图 3-78[75]。此模型除反映结构单元间的键型和数量外，还考虑到山毛榉木质素中 3 种不同的结构单元的相对比例。

随着分离方法和分析技术的发展，提出了针叶材木质素的多种结构模型，并逐步完善。目

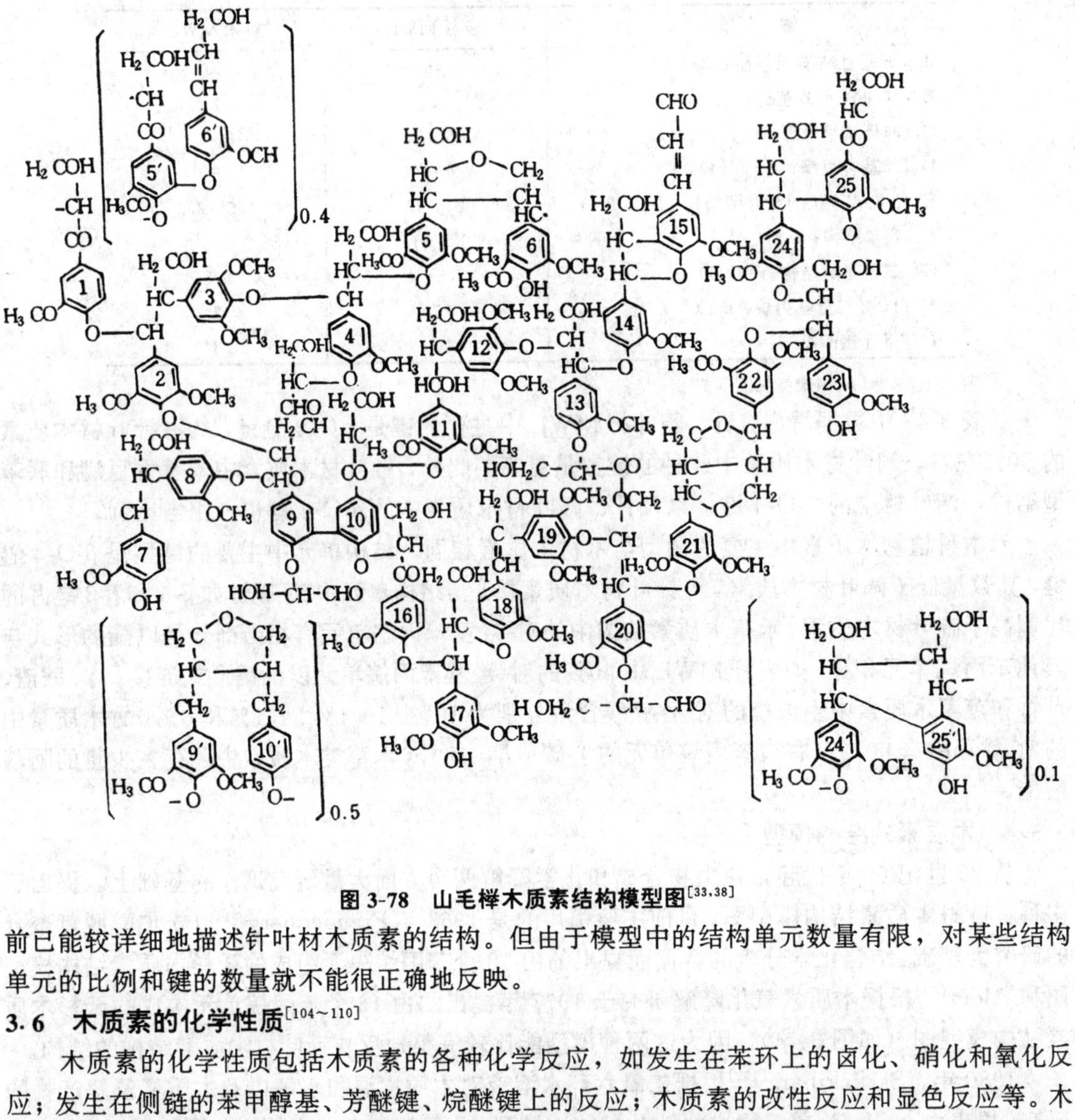

图 3-78 山毛榉木质素结构模型图[33,38]

前已能较详细地描述针叶材木质素的结构。但由于模型中的结构单元数量有限，对某些结构单元的比例和键的数量就不能很正确地反映。

3.6 木质素的化学性质[104～110]

木质素的化学性质包括木质素的各种化学反应，如发生在苯环上的卤化、硝化和氧化反应；发生在侧链的苯甲醇基、芳醚键、烷醚键上的反应；木质素的改性反应和显色反应等。木质素的化学反应与制浆工业、水解工业和木质素的利用都有极为密切的关系。本节着重介绍与制浆工业的蒸煮和漂白过程有关的重要反应以及木质素的显色反应。

木质素是由苯丙烷单元通过多种醚键和碳-碳键连接而成的高分子化合物。在苯丙烷单元中由于酚的氧原子上未共享电子对能与芳环的π-电子云交盖，在羟基或酚醚的邻对位生成高电子云密度的位置（δ^-），是亲电反应的中心。反之，如消去α-碳上的取代基（在酸性介质中消去中性分子，在碱性个质中消去阴离子）生成醌甲基化合物类型的中间体，形成低电子密度的位置（δ^+），此为亲核反应的中心。苯丙烷单元中主要亲核和亲电反应的位置如图 3-79。木质素在制浆和漂白中结构的变化是通过亲核和亲电两大类反应来实现的。

在木质素的各种结构基团中，以碳-碳键相连的和以二芳醚键相连的结构在制浆过程中具有较高的稳定性。只有α-芳醚键、α-烷醚键和β-芳醚键等易发生化学反应。以上述几种醚键连接的木质素结构基团如图 3-80。图中 R＝H 为酚型结构，R＝相邻结构单元则为非酚型结构。

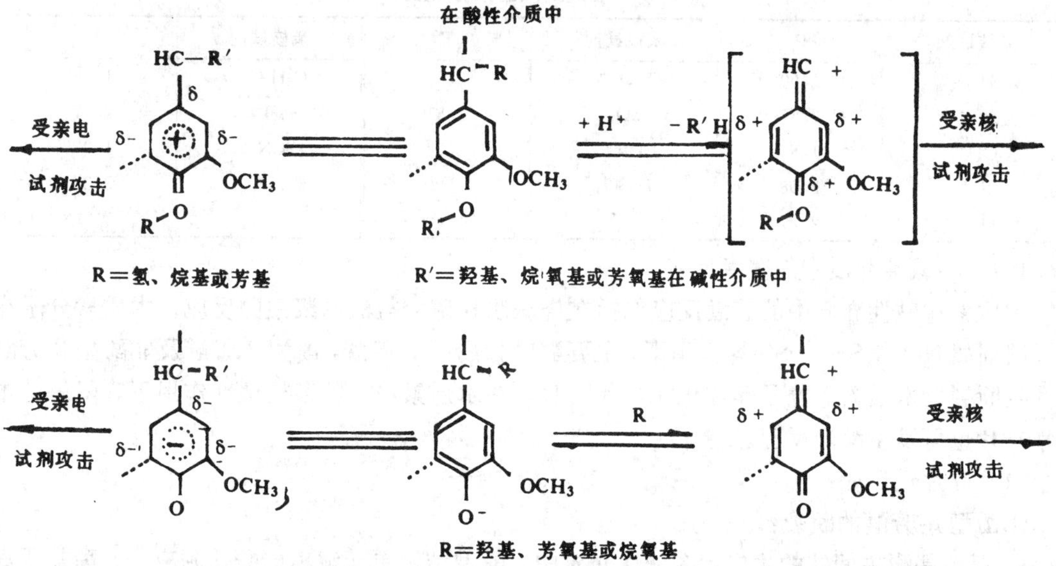

图 3-79 苯丙烷单元中主要亲核和亲电反应的位置[106]

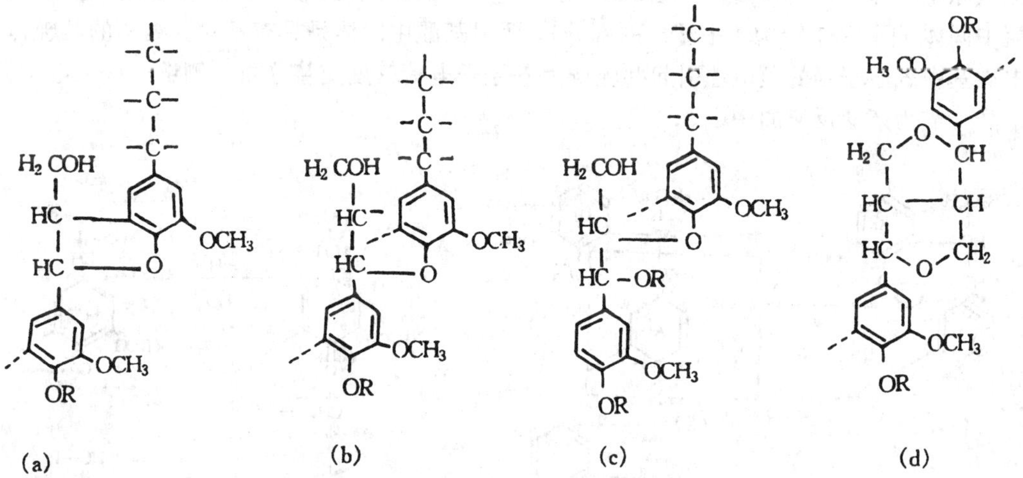

图 3-80 木质素中醚键的主要类型[30]

结构基团 (a) 与 (b) 皆为α-芳醚，当 R=H 时分别称为苯基香豆满和愈创木基-甘油-α-芳醚；结构 (c) 为β-芳醚，R=H 时称为愈创木基-甘油-β-芳醚；结构 (d) 为二烷基醚，R=H 时称为松脂酚。

3.6.1 木质素在蒸煮中的反应

木质素在蒸煮中的反应主要发生在三碳侧键上，反应的木质素是亲核反应。能和木质素发生亲核反应的试剂有多种，其亲核能力的强弱可用亲核性参数 E 来表示。一些主要的亲核试剂及其亲核性参数的数据见表 3-49。传统的制浆方法中主要的亲核试剂有 S^{2-}，HS^-，SO_3^{2-}，SO_3H^-，HO^- 和 SO_2 水溶液等。

表 3-49 亲核试剂的亲核能力[30]

亲核试剂	E	亲核试剂	E	亲核试剂	E
H_2O	1.00	$S_2O_3^{2-}$	2.52	$C_6H_5O^-$	1.46
SO_3^{2-}	2.57	SO_2	1.51	SH^-	2.57
OH^-	1.65	CH_3O^-	2.74	SCN^-	1.93
S^{2-}	3.08	H_2SO_3	1.99	$C_2H_5O^-$	3.28
SO_3H^-	2.27				

3.6.1.1 在碱性介质中的蒸煮反应

木质素在碱性介质中的蒸煮反应包括在烧碱法和硫酸盐法制浆中的反应。木质素分子在亲核试剂如 HO^-，SH^-，S^{2-} 等作用下，主要醚键如酚型α-芳醚，酚型β-芳醚及非酚型β-芳醚等发生断裂，木质素大分子碎片化。与此同时，在木质素内部的亲核试剂作用下，降解的木质素碎片也可发生缩聚反应。

（1）碎片化反应：

①酚型α-芳醚的断裂：

a．亚甲基醌中间体的生成：在碱性介质中，酚型结构单元解离成酚盐阴离子，酚盐阴离子氧原子带有负电荷，它具有很强的供电子能力。通过诱导效应和共轭效应影响苯环，使苯环上氧原子的邻对位明显活化，进而影响了C—O键的稳定性，使α-芳醚键断裂，生成了亚甲基醌中间体（图3-81结构Ⅱ中圈出的部分）。亚甲基醌中间体是具有不对称结构的共轭体系，其中羰基中氧原子强的负电性引起共轭链上各原子电荷密度交替分布，侧链α-C上电子云密度下降，成为亲核反应的中心。

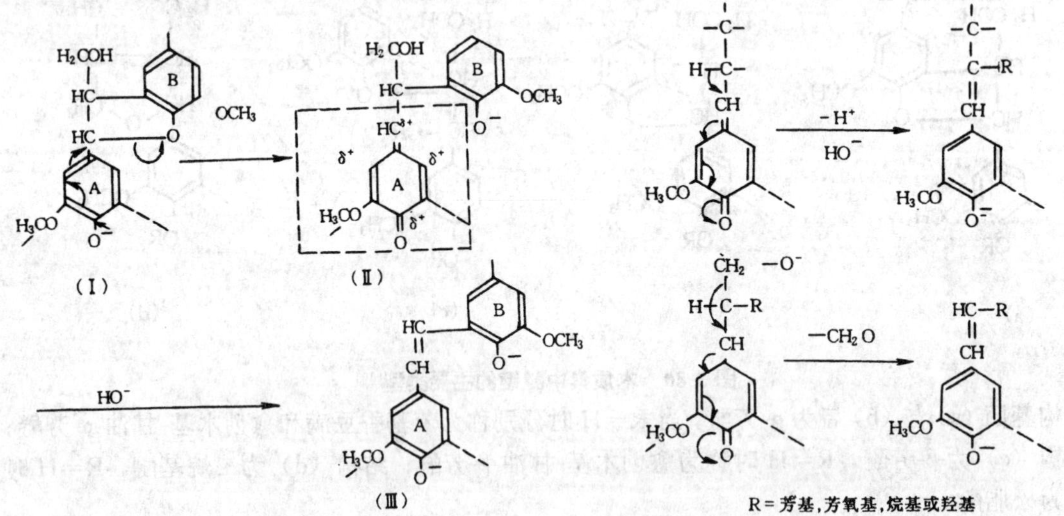

图 3-81 α-芳醚的断裂[111]

图 3-82 亚甲基醌中质子或甲醛的消去反应[104]

b．亲核试剂的加成反应和脱氢、脱甲醛反应的竞争：在亚甲基醌形成后，有两类互相竞争的反应。一是亲核试剂进攻α-C，生成加成产物；另一类是亲核试剂进攻β-C，发生β-质子消去反应或者γ-碳上脱甲醛反应，生成苯乙烯或二苯乙烯结构如图3-82。这两类反应都能使亚甲基醌芳环化。竞争的结果取决于亲核试剂的亲核性强弱和溶液碱度的高低。

②酚型β-芳醚的断裂：如图3-83，酚型β-芳醚的断裂可分为以下几步：

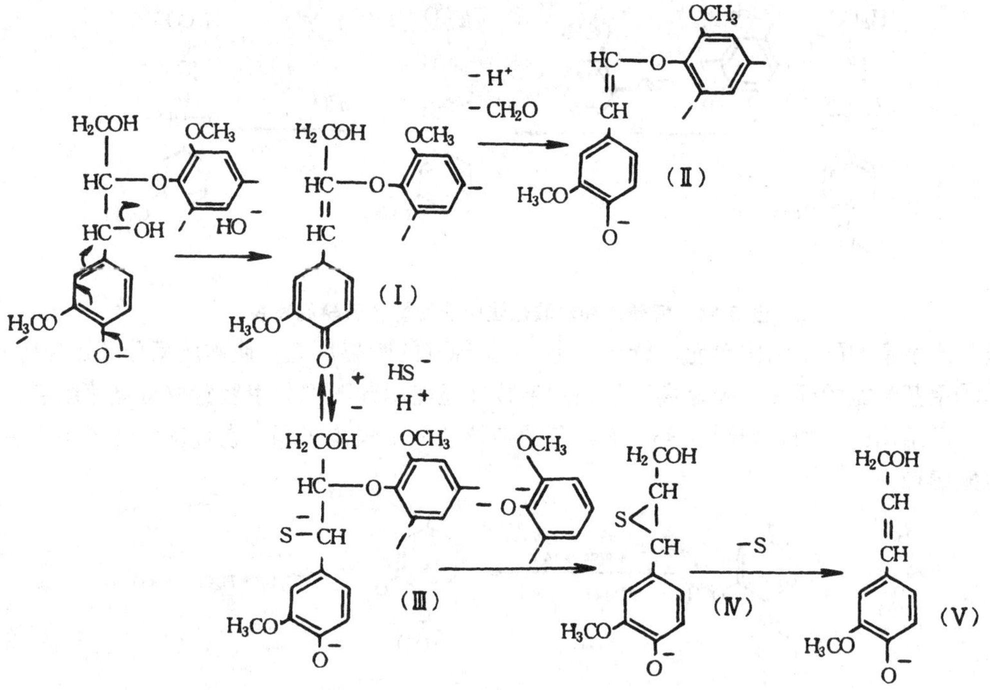

图 3-83　酚型的 β-芳醚键在烧碱法和硫酸盐法蒸煮中的反应[106]

a. 亚甲基醌中间体的形成：首先生成亚甲基醌中间体（Ⅰ），α-碳上醚键断裂或羟基脱落。

b. 亲核加成与脱甲醛的竞争反应：在烧碱法蒸煮中主要发生侧链 γ-碳上伯醇羟基脱氢，然后是脱甲醛反应，生成 β-芳氧基苯乙烯结构（Ⅱ），大部分酚型 β-苯醚不断裂。在硫酸盐法中，由于亲核试剂 S^{2-} 和 HS^- 的强亲核能力，迅速作用于亚甲基醌的 α-碳上，亚甲基醌芳环化，引进了亲核性基团，生成了苯甲基硫醇结构（Ⅲ）。

c. 邻基参与反应：由于强亲核试剂 S^{2-} 引入了木质素结构中，发生了木质素分子内部的亲核反应。在 β-碳邻位的亲核基团攻击 β-碳原子，生成了含三环化合物的中间体，β-芳醚键断裂，木质素大分子碎片化，这类邻位促进反应的速度比分子间的反应速度快得多。由于亲核试剂就在反应中心相邻的位置上，只需经过很小的熵的变化即可达过渡态。在溶液中，熵的影响超过了生成三环化合物的不利条件。邻基参与反应是木质素大分子重要的碎片化过程。

最后，环硫化合物中间体（Ⅳ）在高温下脱硫，生成对-羟基苯乙烯结构（Ⅴ）。

③非酚型 β-芳醚键的断裂：在碱法蒸煮中最重要的碎片化反应就是非酚型 β-芳醚键的断裂。此反应涉及 β-碳相邻的羟基的参与作用，需要参与的基团首先电离，因而只有在较强烈的条件（高碱度、高温）下才能发生。反应式如图 3-84。

此反应与酚型 β-芳醚的断裂相似，是由于邻基参与生成三环化合物中间体而发生的，在高碱度和高温度的溶液中，非酚型 β-芳醚结构中的 α-或 γ-碳上的羟基电离，产生了分子内的亲核基团，由于在 β-碳邻位的亲核基团对 β-碳的进攻，生成环氧化合物，β-芳醚键断裂，木质素碎片化。然后环氧化合物水解开裂，得到具有 α、β-乙二醇结构的产物。

酚型 α-，β-芳醚的断裂在蒸煮初期即可发生，而非酚型 β-芳醚断裂的速度则取决于蒸煮液的碱度和温度，与硫氢离子的存在无关。因此只有在蒸煮中期才能发生。由于非酚型 β-芳醚

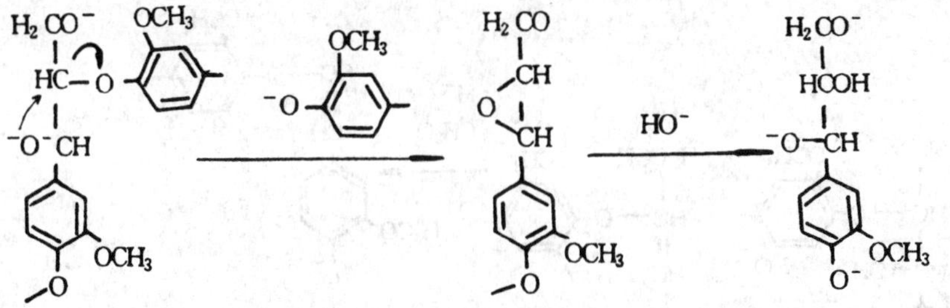

图 3-84 烧碱法和硫酸盐法中非酚型β-芳醚的断裂[106]

断裂，产生新的酚型结构单元，继续发生α、β-芳醚的断裂反应，使木质素分子迅速碎片化。

④甲基芳醚的断裂：硫氢离子的强的亲核性还能引起一部分甲基芳醚键迅速断裂，生成邻苯二酚结构的产物，如图 3-85。而羟基的亲核性较硫氢离子弱，在烧碱法蒸煮中断裂的甲基芳醚键较少。

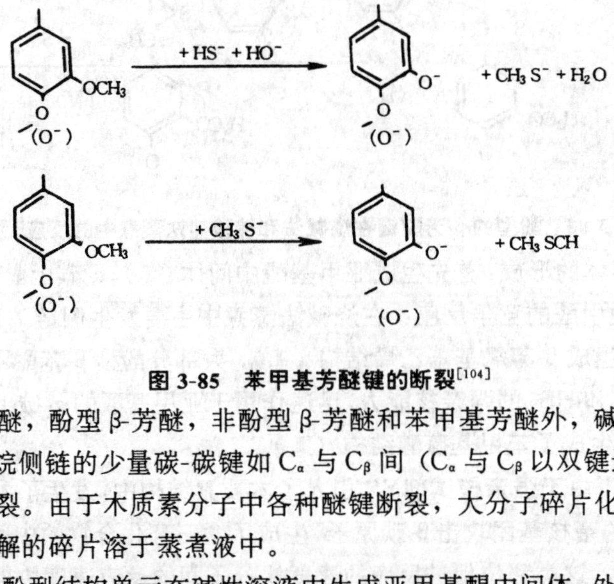

图 3-85 苯甲基芳醚键的断裂[104]

除了酚型α-芳醚，酚型β-芳醚，非酚型β-芳醚和苯甲基芳醚外，碱法蒸煮还能使二烷醚断裂。此外，苯丙烷侧链的少量碳-碳键如 C_α 与 C_β 间（C_α 与 C_β 以双键连接的）的键和 C_α 与苯环间的键也可断裂。由于木质素分子中各种醚键断裂，大分子碎片化，分子量下降，亲液性基团增加，使降解的碎片溶于蒸煮液中。

(2) 缩合反应：酚型结构单元在碱性溶液中生成亚甲基醌中间体。外部的亲核试剂如 HS^- 和内部的亲核试剂如酚类结构中的负碳离子竞争亚甲基醌中间体，发生缩合反应。亚甲基醌与酚型单元的缩合反应如图 3-86。

3.6.1.2 在中性介质中的反应

木质素在中性亚硫酸盐蒸煮中与亲核试剂 HSO_3^-，SO_3^{2-} 发生反应。木质素中的酚型α-芳醚键，α-烷醚键，β-芳醚键及甲基芳醚键发生断裂，同时引进 SO_3^{2-} 基团于降解的木质素碎片，部分木质素溶解于蒸煮液中。主要反应如下：

(1) 酚型α-芳醚的断裂：中性亚硫酸盐蒸煮中α-芳醚键的断裂几乎与硫酸盐法中相同，反应式如图 3-87。首先生成亚甲基醌中间体（Ⅱ），α-芳醚键断裂。然后加入亲核试剂生成具有α-磺酸结构的产物（Ⅲ）。由于碱度低，仅有少量的 1，2-二苯乙烯结构的产物生成。非酚型α-芳醚稳定，而α-烷醚可发生与α-芳醚类似的反应。

(2) 酚型β-芳醚的断裂：如图 3-88，酚型β-芳醚键的断裂先经过亚甲基醌中间体（I），然后 SO_3^{2-} 加入，生成α-磺酸结构（Ⅱ）。再通过对β-碳的亲核攻击，β-芳氧基除去，进一步磺

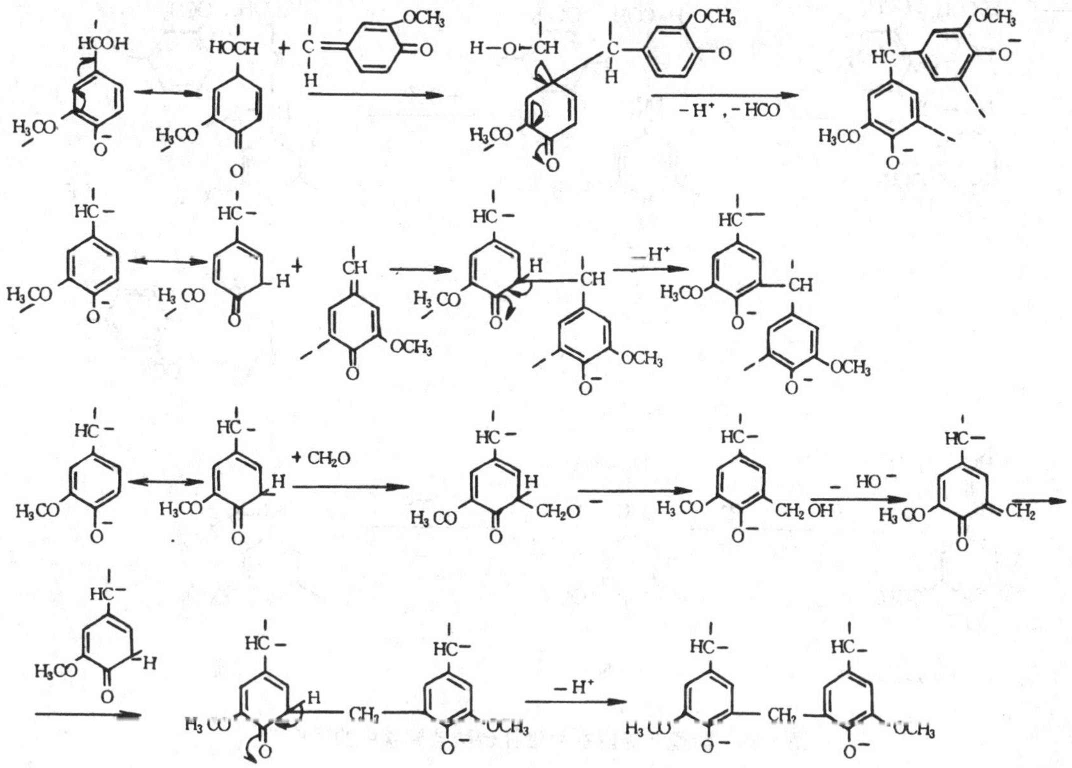

图 3-86　碱-催化的酚型单元的缩合反应[106]

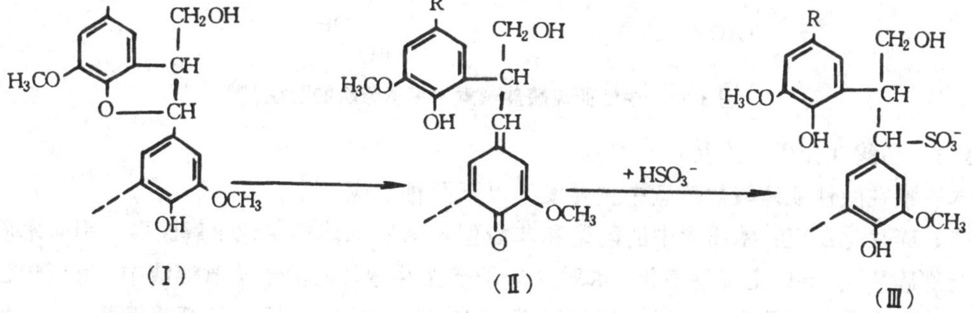

R = 侧链

图 3-87　酚型 α-芳醚在中性亚硫酸盐蒸煮中的反应[104]

化生成α、β-二磺酸结构（Ⅲ）（SN_2 类型的 β-芳醚断裂）。由于进一步生成亚甲基醌中间体（Ⅳ），α-磺基被除去。再经脱甲醛生成苯乙烯-β-磺酸的结构（Ⅴ）而稳定。此反应进行的程度与 pH 值有关。若最初 pH 值为 9～10，才能使反应进行到底，如最初接近中性，只能进行到生成产物（Ⅱ）为止。

非酚型 β-芳醚键在中性亚硫酸盐蒸煮中不发生断裂。这是由于在中性介质中苯丙烷侧链羟基不能离子化，也不能发生邻基参与反应，促使非酚型 β-芳醚断裂。

(3) 甲基芳醚的断裂：在中性亚硫酸盐蒸煮中酚型和非酚型的甲基芳醚都有一定程度的

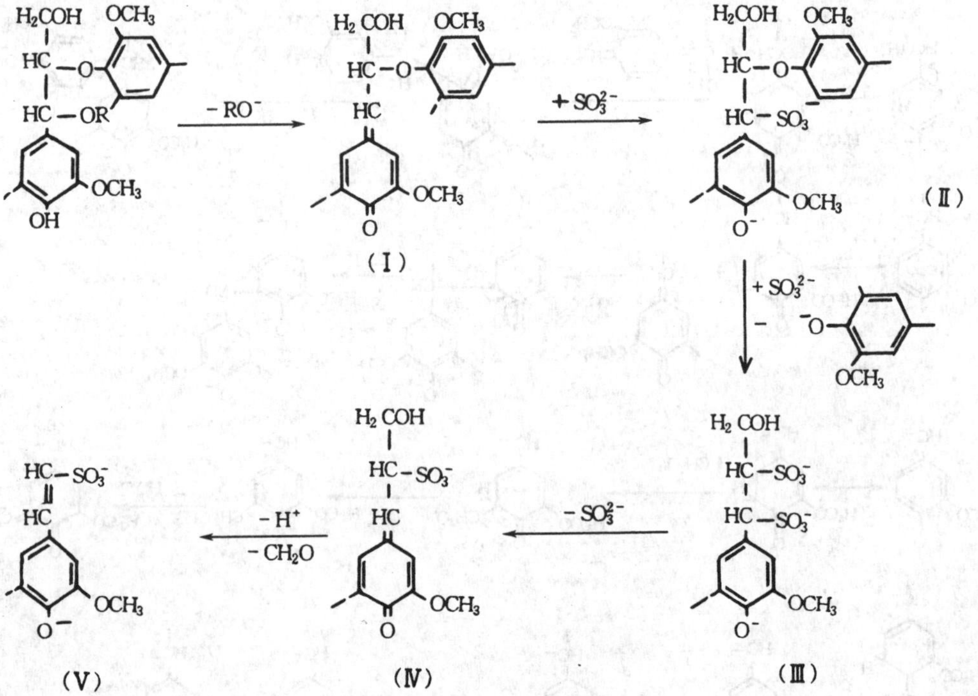

图 3-88 酚型β-芳醚在中性亚硫酸盐制浆中的反应[106]

断裂，反应式如图 3-89。

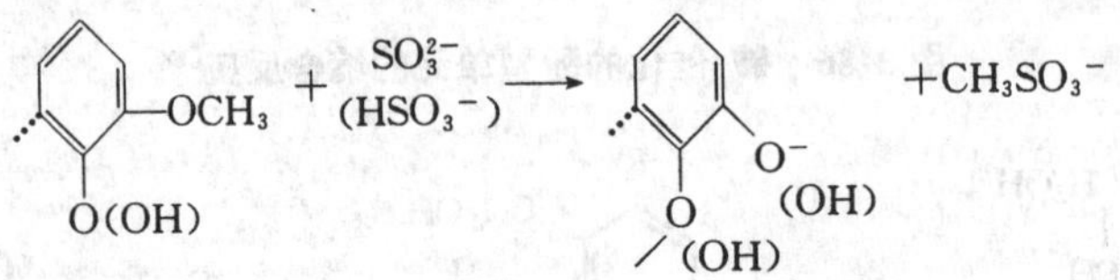

图 3-89 中性亚硫酸盐蒸煮中甲基芳醚的断裂[106]

3.6.1.3 在酸性介质中的反应

木质素在酸性亚硫酸盐蒸煮中主要发生以下两种反应：

(1) 碎片化反应：木质素中的酚型和非酚型α-芳醚都能很快地水解断裂，引起木质素大分子局部碎片化，α-C 上普遍磺化，木质素分子亲液性增加而溶于蒸煮溶液中，反应过程如图 3-90。反应的第一步是质子加到α-位的羟基（R＝H）或醚基（R＝芳基或烷基）上，生成相应的共轭酸（I），然后α-醚键断裂，生成正碳离子和锚离子的稳定共振结构（Ⅱ与Ⅲ）。再与弱的亲核试剂 SO_2 的水溶液发生亲核加成反应，生成α-磺酸结构（Ⅳ）。木质素大分子中部分醚键的断裂和降解产物亲液性的增加使一部分木质素溶于蒸煮液。

在酸性介质中，β-碳邻位的羟基不能电离，故不能发生邻基参与反应，生成环氧化合物，使非酚型β-芳醚断裂；又因 SO_2 水溶液是弱的亲核试剂，也不能像 HS^- 或 SO_3^{2-} 那样使酚型β-芳醚断裂。因此，木质素分子碎片化程度较小。

(2) 缩合反应：在酸法蒸煮中，外部的亲核试剂（$SO_2 \cdot H_2O$）与内部的亲核试剂（酚型结构中的负碳离子）共同竞争亚甲基醌，生成1，1-二芳丙烷的结构。反应式如图 3-91 和图 3-92。

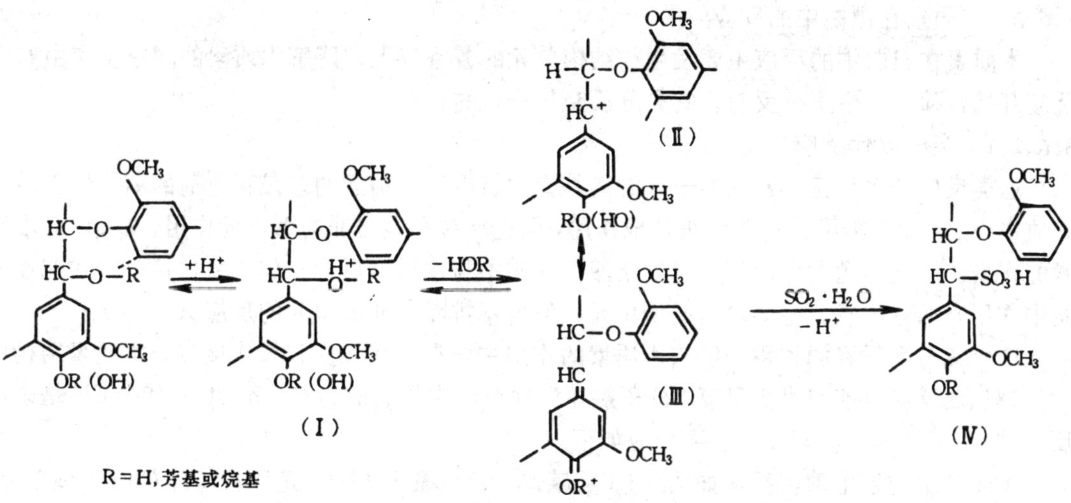

R = H, 芳基或烷基

图 3-90　酚型和非酚型 α-芳醚在酸性介质中的断裂[61]

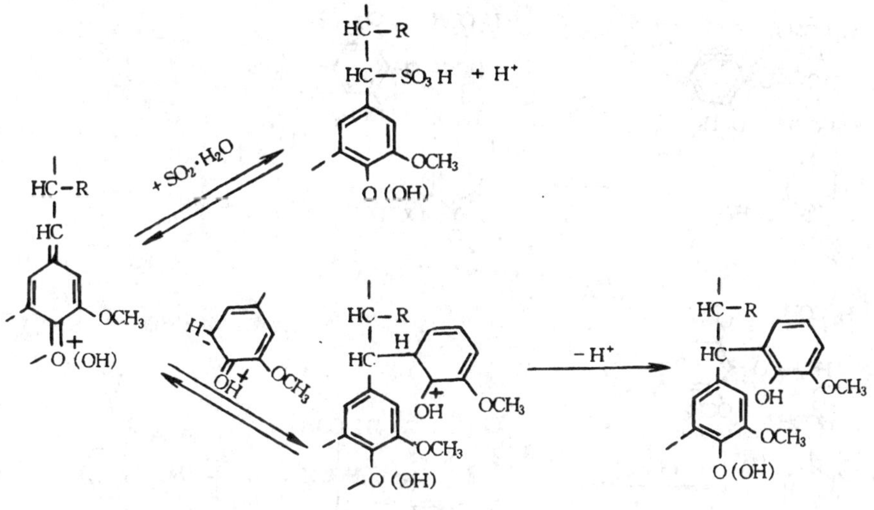

R = 芳氧基, 芳基, 烷基

图 3-91　磺化和缩聚反应的竞争[50]

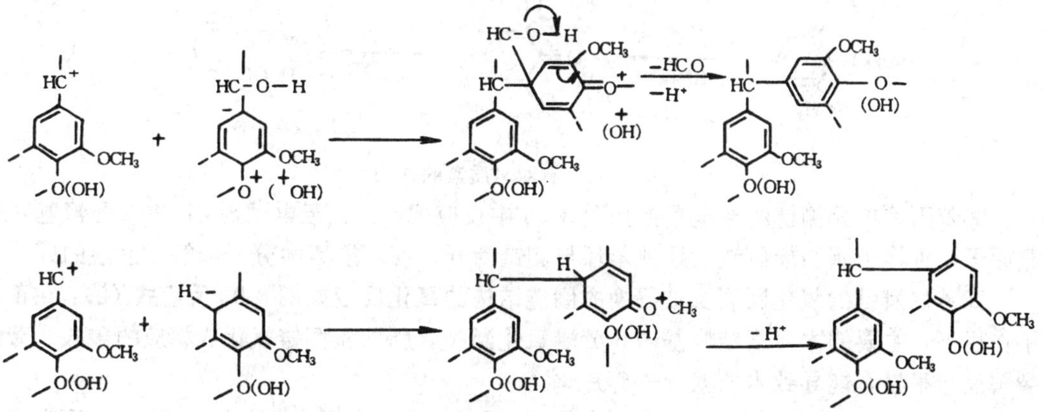

图 3-92　酸催化下的酚型和非酚型单元的缩合反应[104]

3.6.2 木质素在漂白中的反应

木质素在漂白中的反应主要发生在结构单元的芳香环上。降解木质素的漂白反应由亲电反应开始，随后发生亲核反应。它是分段交替进行的。

3.6.2.1 亲电取代反应

这类反应是由带正电荷的离子或游离基型的亲电试剂引起的。带正电荷的离子仅在酸性介质中稳定，能与酚型结构单元很快地作用，但也能缓慢地与非酚型单元作用，如 Cl^+ 对木质素的作用。游离基型的漂白试剂可以在酸性介质中与木质素反应，如二氧化氯；或在碱性介质中作用，如分子氧，主要攻击酚型单元，但也不排除与非酚单元的反应。

（1）氯与木质素的作用：氯与木质素的作用主要是取代反应和氧化反应。木质素结构中的双键加成反应也能引进少量氯。分子氯在酸性介质中异裂成为 Cl^+ 和 Cl^-，其中 Cl^+ 是亲电反应试剂。Cl^+ 与木质素作用主要反应如下：

①苯环上的亲电取代反应如图 3-93 反应式（1）：氯正离子迅速取代苯环 C_5（酚型单元）或 C_6 上的氢原子，生成氯化木质素。以 C_6 上取代反应占优势。

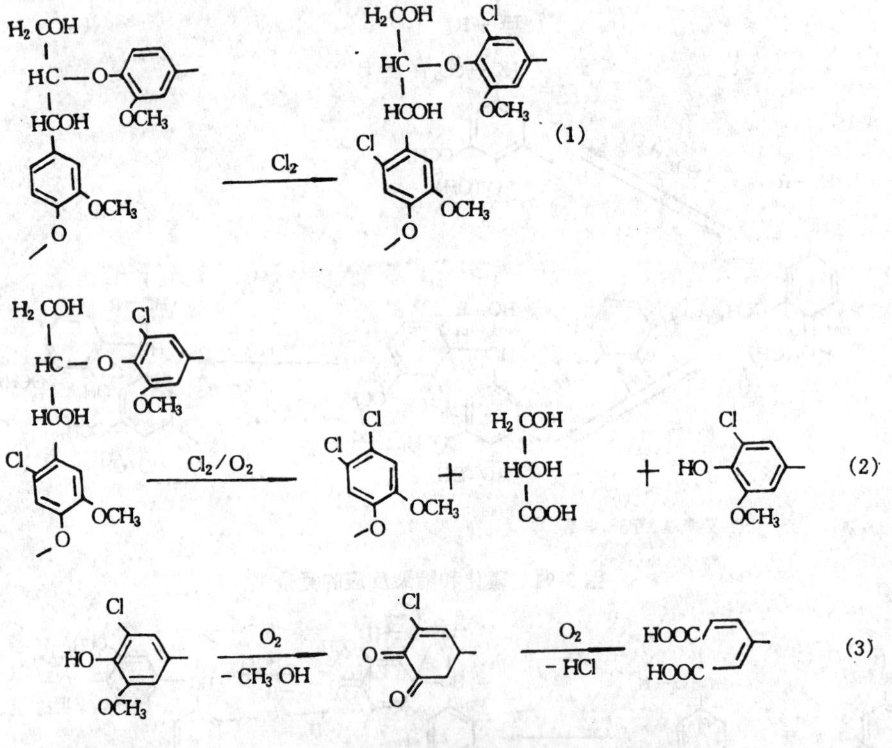

图 3-93 氯对木质素的作用[107]

②苯丙烷单元侧链的亲电置换如图 3-93 中反应式（2）：亲电试剂 Cl^+ 进攻酚羟基对位的碳原子，置换子脂肪族侧链，导致苯环与侧链断开，使木质素大分子降解成易溶的碎片。

③芳烷醚键的氧化断裂及被置换的侧链结构的氧化反应如图 3-93 反应式（2）：在正氯离子作用下，主要的木质素结构基团 β-芳醚氧化断裂，脂肪族侧链氧化成相应的羧酸。芳醚键裂解反应很慢，能导致木质素分子碎片化。

④芳环氧化分解成邻醌结构的化合物，最后氧化成二羧酸的衍生物如图 3-93 反应式(3)。

综上所述，木质素中酚型与非酚型结构单元受到亲电试剂 Cl^+ 作用，发生了苯环的迅速氯化反应，侧链的亲电置换，芳烷醚氧化裂解及降解碎片的进一步氧化，最后生成醌类和酸类化合物使木质素溶出，其中最重要的碎片化反应是侧链亲核置换和β-芳醚键氧化断裂。

在木质素的氯化反应中，还有少量氯加入与苯环共轭的不饱和侧链中去，生成氯取代产物。这类共轭结构如原本木质素中的松柏醇或松柏醛末端，残留木质素中的苯乙烯或 1，2-二苯乙烯类结构。氯对此类结构的加成反应速度可比与芳环发生的氯化反应还要快。

(2) 二氧化氯与木质素的作用：二氧化氯的本质是游离基。在酸性介质中它能很快地与木质素中酚型结构单元发生亲电反应，反应式如图 3-94。二氧化氯先吸取酚羟基上的氢原子，使生成苯氧游离基与环已二烯酮游离基。二氧化氯亲电加成到活化的酚羟基邻对位，生成不稳定的邻、对位醌醇的亚氯酸酯，经水解后生成己二烯二酸型的氧化产物。或转化成醌型结构，使侧链断裂，发生碎片化反应。

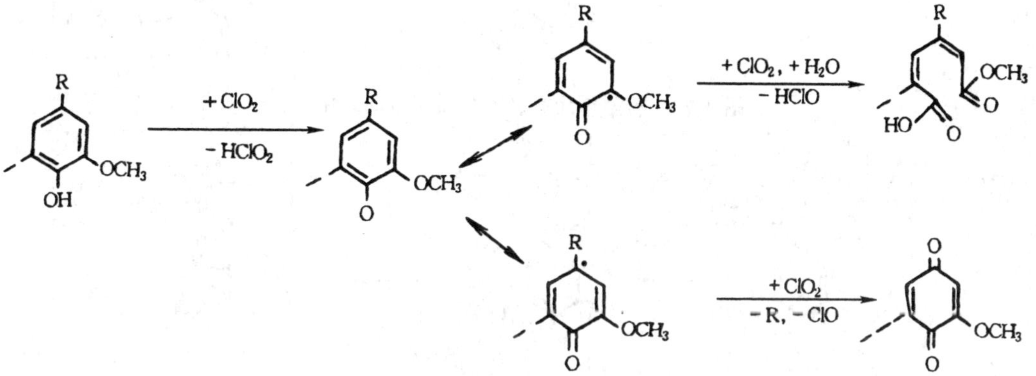

图 3-94　二氧化氯与木质素中酚型结构单元的反应[107]

二氧化氯也能与非酚型的木质素结构单元反应，但在室温下反应速度相当缓慢。由于二氧化氯的部分分解以及氧化还原反应，反应介质中还存在元素氯、氯酸盐、亚氯酸盐和游离基等，木质素与二氧化氯的反应实际上是非常复杂的。

二氧化氯和氯正离子攻击苯环上同样的活化中心。氯正离子的作用主要生成氯化降解产物，二氧化氯与木质素反应最后生成氧化产物，不生成任何氯取代产物。分子氯在异裂成氯正离子的同时也发生均裂反应，产生大量的氯游离基，使高聚糖降解。而二氧化氯能起游离基清除剂的作用，防止纤维素与半纤维素中的醇羟基氧化成羰基。

(3) 分子氧对木质素的作用：分子氧在基态时外层有两个不成对的电子，它的本质是双游离基。能和木质素的酚型结构单元发生亲电反应，生成过氧化物中间体（Ⅰ）与（Ⅱ），如图 3-95。中间体中的过氧阴离子对分子内的相邻原子亲核攻击，生成四环的过氧化物（Ⅲ）与（Ⅳ），反应式如图 3-96。经重排后得到环氧乙烷结构的化合物（Ⅴ）和己二烯二酸酯结构产物（Ⅵ）。

(4) 臭氧与木质素的反应：臭氧与木质素的反应由亲电反应开始。臭氧与木质素结构中苯环发生的反应如图 3-97：亲电置换，生成羟基化的环［反应式（1）］；甲氧基的氧化断裂［反应式（2）］；臭氧分子加入芳环，最后芳环破裂［反应式（3）］。其中以反应（3）最为重要。臭氧与木质素反应能生成 O_2 和 H_2O_2，后者在碱溶液中分解生成多种氧化试剂如羟基游离基 HO・和氢过氧游离基 HO_2・等，使臭氧与木质素的反应选择性较差。

臭氧与木质素结构中烯属结构发生反应，如臭氧很容易与苯乙烯和 1，2-二苯乙烯类的共

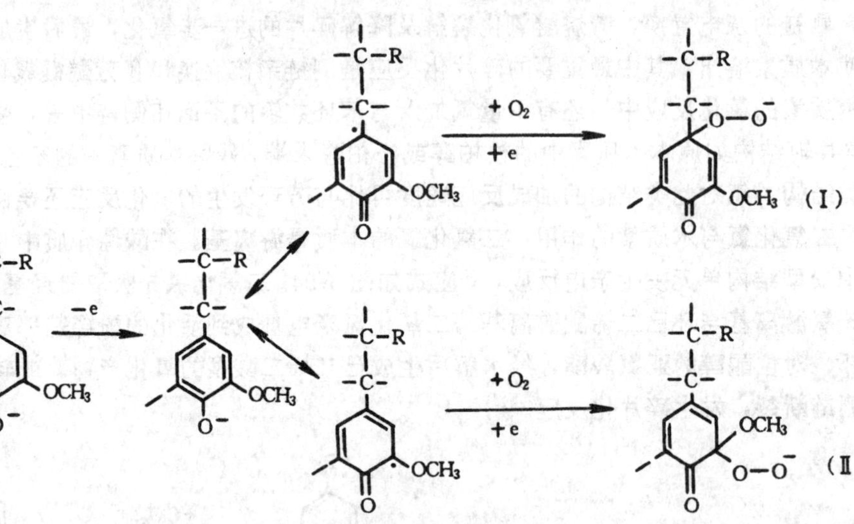

图 3-95 酚型单元在碱性介质中自动氧化[107]

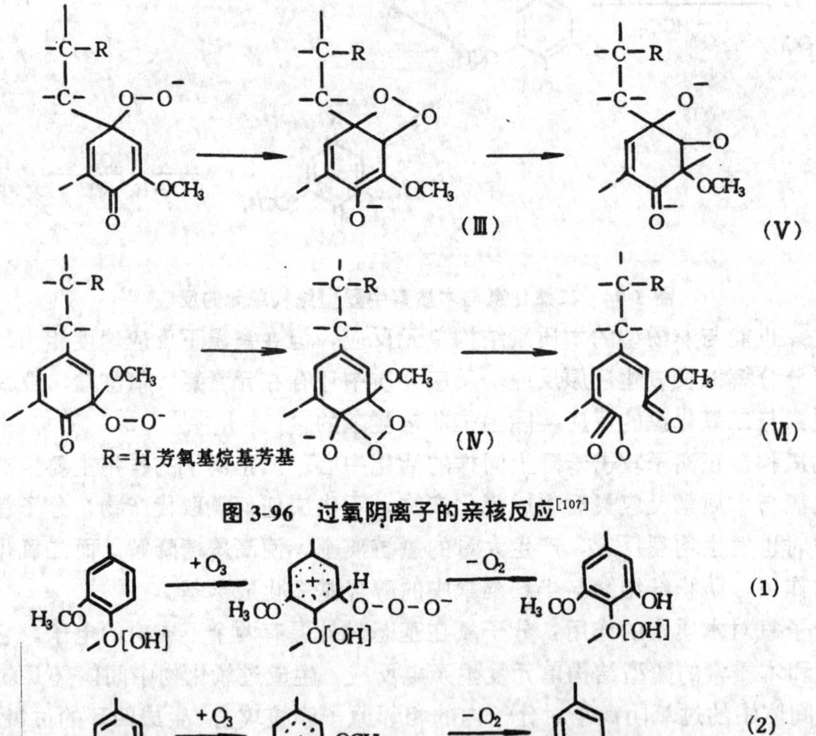

R=H 芳氧基烷基芳基

图 3-96 过氧阴离子的亲核反应[107]

图 3-97 臭氧与木质素的反应[107]

轭结构反应，生成含有羰基的木质素碎片。

3.6.2.2　亲核反应

氢氧离子、次氯酸盐离子和过氧化氢离子（HO^-，ClO^-和 HOO^-）都能够和降解的木质素碎片中有色结构如醌类化合物和含共轭体系结构的基团发生亲核反应，不同程度地破坏有色基团或增加亲液性。

（1）氢氧离子的亲核反应：氢氧离子可以置换氯化木质素碎片中的氯或加入醌型结构中去。氢氧离子的亲核反应用于氯化后的碱处理过程，以除去氯化木质素。反应式如图 3-98。

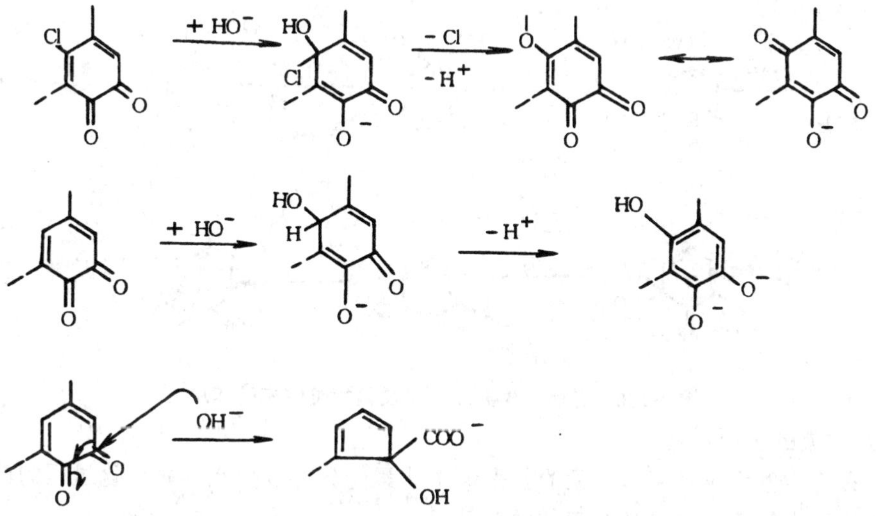

图 3-98　氢氧离子置换氯和加入醌型结构[107]

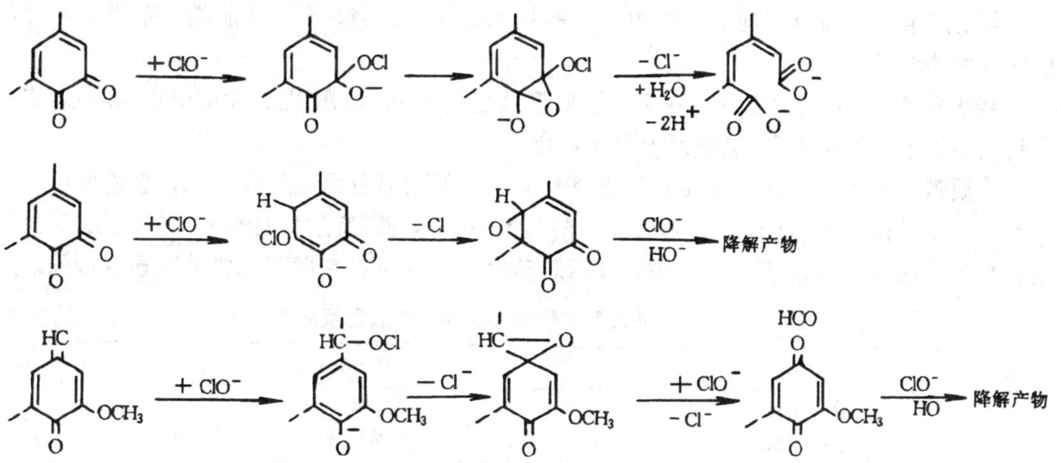

图 3-99　次氯酸盐离子加入烯酮或醌型结构[107]

（2）次氯酸盐离子的亲核反应：次氯酸盐阴离子是强的亲核试剂，它能很快与烯酮结构特别是臭醌类结构的化合物作用。此反应经过次氯酸盐酯，环氧化合物类的中间体，最后氧化成含有羰基和羧基的碎片。主要反应如图 3-99，次氯酸盐阴离子与木质素作用主要破坏有色结构，生成含有羧基的化合物。

（3）过氧化氢离子的亲核反应：过氧化氢离子与醌类和烯结构发生亲核反应，通过氢过氧化物、环氧乙烷等中间体，最后主要生成二羧酸类化合物及进一步氧化降解产物，如图3-100。

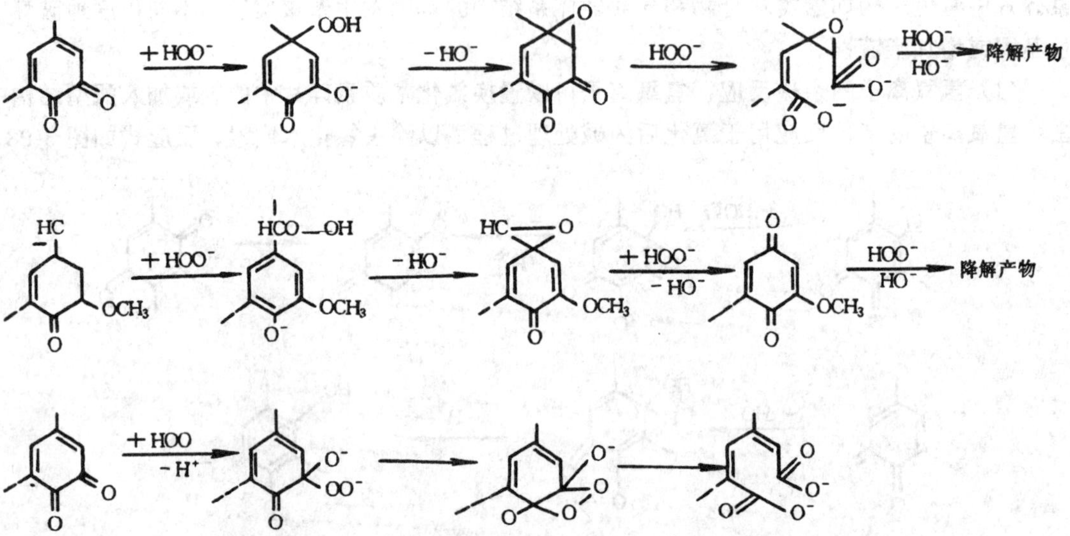

图3-100 过氧化氢离子与木质素醌类结构的作用[107]

3.6.3 木质素的显色反应

木质素的显色反应对于木质素的鉴别，木质素的分类及分布，木质化过程的研究和木质素中特定的结构基团的定量都有密切的关系。

3.6.3.1 显色试剂

与木质素发生显色反应的试剂可分为链状化合物、酚类、芳香族胺类、杂环化合物及无机化合物等5类。

某些醇类、酮类在少量酸存在下与木质素反应而显色。如用甲醇-盐酸或用丙酮-盐酸处理木粉时显红色；如用戊醇-硫酸处理则显蓝色。

木质素与酚类及芳胺类发生多种显色反应，主要的显色反应见表3-50。显色反应与显色试剂的化学结构有一定的关系。木质素与酚类反应显绿-蓝-紫色系的颜色，如羟基的对位被取代则显色反应减弱。木质素与芳香族作用时若氨基的对位存在硝基或氨基时显色增强。

表3-50 木质素与酚类和芳胺类的显色反应[44]

酚 类	显 色	芳 胺 类	显 色
苯 酚	蓝 绿	苯 胺	黄
邻、间-甲酚	蓝	邻-硝基苯胺	黄
对-甲酚	橙 绿	间、对-硝基苯胺	橙
邻、间-硝基苯酚	黄	磺胺酸	黄 橙
对-硝基苯酚	橙 黄	对-苯二胺	橙 红
对-二羟基苯	橙	联苯胺	橙
间-苯二酚	紫 红	哇 啉	黄
均-苯三酚	红 紫		
α-萘酚	绿 蓝		

木质素与呋喃、吡喃、吲哚类等杂环化合物在酸性条件下显色。与呋喃类显绿色色系，与吡咯类显红色色系。呋喃中的氧被硫取代成噻吩类则不显色。用吲哚类则显红色色系。

木质素与无机化合物的显色反应也有多种。木质素与无机化合物的主要显色反应见表 3-51。其中最重要的是缪勒（Mäule）显色反应和克劳斯-贝文（Cross-Bevan）显色反应。

表 3-51　木质素与无机化合物的显色反应[34]

试　剂	显　色	试　剂	显　色
浓盐酸，浓硫酸	绿	五氧化二钒-磷酸	黄褐
硫酸铁-赤血盐	深蓝	酸硫代氰酸钴	深蓝
氯-亚硫酸钠	黄褐、红紫	硫化氢-浓无机酸	红
高锰酸钾-盐酸-胺	黄褐、红紫		

3.6.3.2　显色反应机理

木质素与显色试剂发生的主要显色反应的机理如下：

（1）木质素与浓无机酸的缩合反应：木质素与浓无机酸发生缩聚反应，此反应涉及正碳离子的生成，引起颜色的变化。木质素与浓无机酸的缩聚反应如图 3-101（a），此反应用于木质素的定量测定。木质素与间苯三酚/盐酸（维斯纳 Wiesner 试剂）的反应如图 3-101（b）。以上的反应都与木质素结构中的松伯醛结构有关。与松伯醛有关的显色反应还有木质素与甲醇盐酸、酚类和胺类、和与硫化氢-浓无机酸的显色反应等。

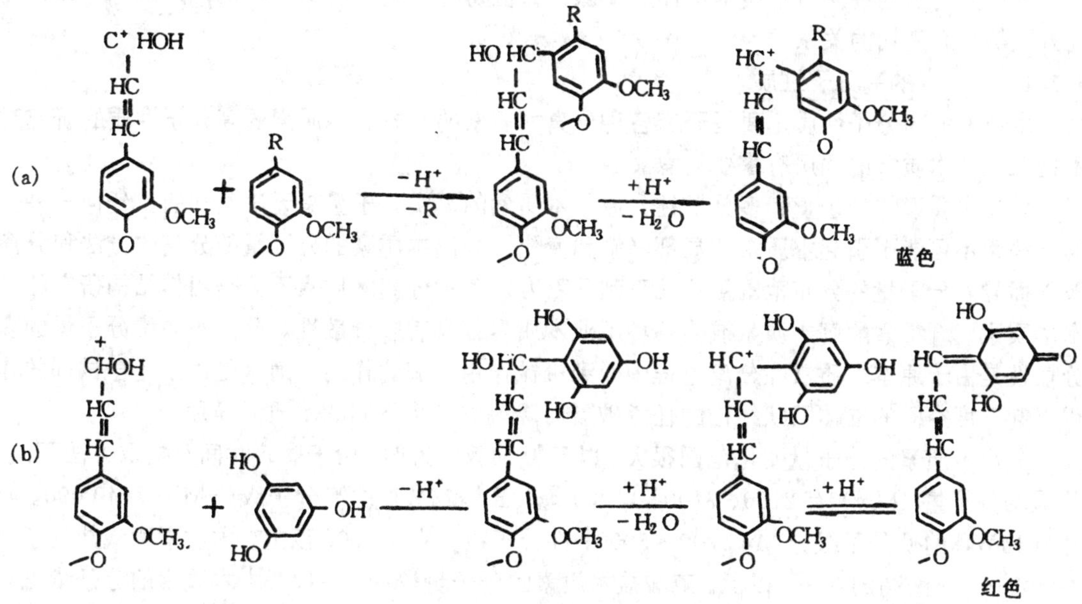

(a)　蓝色

(b)　红色

图 3-101　木质素与浓无机酸的缩聚反应[35]

（2）Mäule 显色反应：用高锰酸钾和盐酸处理木材，再以氨水处理，阔叶材木质素显红紫色。此反应可用于区别针、阔叶材木质素。反应式如图 3-102（a）。紫丁香环经 $KMnO_4$ 和 HCl 作用生成甲氧基邻苯二酚（Ⅰ），再用氨水处理生成甲氧基邻苯醌结构（Ⅱ）显红紫色。

（3）Cross-Bevan 反应：用氯气处理润湿状态下的无抽出物木材，木质素反应后生成氯化木质素，后用亚硫酸及亚硫酸钠处理，阔叶材木质素显红紫色。反应式如图 3-102（b）。阔叶材木质素中的紫丁香环结构基团，经氯化后生成具有 2，6-二氯焦棓酚环结构（Ⅲ），再用亚硫钠处理则生成醌型结构，显红紫色。

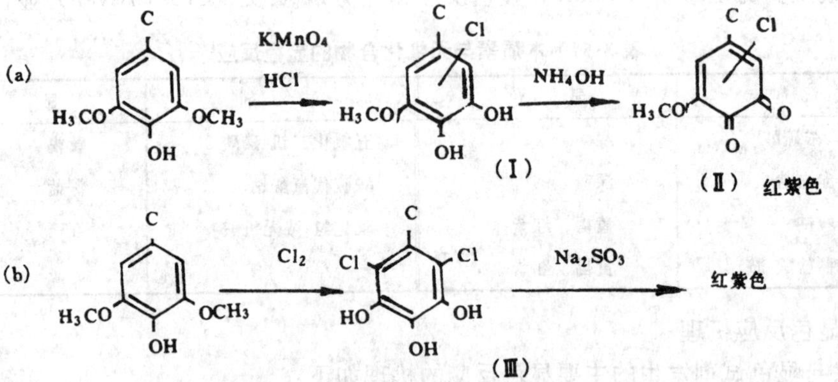

(a) C / H_3CO / OCH_3 / OH —$KMnO_4$, HCl→ C / Cl / H_3CO / OH / OH (Ⅰ) —NH_4OH→ C / Cl / H_3CO / O / O (Ⅱ) 红紫色

(b) C / H_3CO / OCH_3 / OH —Cl_2→ C / Cl / Cl / HO / OH / OH (Ⅲ) —Na_2SO_3→ 红紫色

图 3-102 Mäule 反应和 Cross-Bevan 反应[34]

(a) Mäule 反应；(b) Cross-Bevan 反应

3.7 木质素的物理性质

木质素的物理性质与木质素试样的来源，如植物的种类、组织和部位；试样的分离和提纯方法等都有密切的关系。

3.7.1 木质素的高分子性质[35]

木质素的高分子性质主要是研究各种分离木质素的性质。木质素的高分子性质的研究对木材工业及木质素的利用有重要的意义。

（1）木质素的分子量和多分散性：原本木质素的真实分子量是无法确知的。任何一种分离方法都不可能不引起木质素的局部降解和变化。分离木质素的分子量随分离的方法和分离条件而异，分子量的分布范围可从几百到几百万。各种分离木质素不论是用作结构研究的磨木木质素、纤维素酶解木质素或是各种工业木质素都具有多分散性。分离木质素分子量的多分散性是由于原本木质素在分离过程中受到机械作用，酶的作用，通常是由于化学试剂的作用引起三度空间的立体网状结构的任意破裂而降解成大小不同的木质素碎片。

分离木质素的分子量变化范围很大。以云杉 MWL 为例，由于磨碎时间及提取方法不同，其重均分子量（$\overline{M}w$）有 2100、7100、11000 等。云杉 MWL 的高分子级分 $\overline{M}w$ 为 40 000。阔叶材 MWL 的低分子级分 $\overline{M}w$3700～5000；高分子级分在 18 000 以上。木质素磺酸盐分子量在 10^3～10^5，最高的在 10^6 以上。硫酸盐木质素的分子量较低。各种磨木木质素的分子量见表 3-52。

木质素分子量的测定方法除可采用渗透压法、光散射法和超级离心法外，近些年来还采用凝胶渗透色谱（GPC）法，高压（或高效）液相色谱（HPLC）结合适当的标准样品（如不同分子量的聚苯乙烯）。对于不溶性的木质素如酸水解木质素的分子量可根据 log$\overline{M}$w 和热软化温度 Ts 之间的线型关系来测定。

表 3-52　分离木质素的分子量及其分布[30]

分离木质素种类	$\overline{M}w\times10^3$	$\overline{M}n\times10^3$	$\overline{M}w/\overline{M}n$
云杉 MWL	20.6	8.0	2.6
铁杉 MWL	15.2	2.6	5.9
雪松 MWL	15.9	5.8	2.8
桦木 MWL	18.2	7.3	2.5
柠檬桉 MWL	21.8	7.3	6.7
赤栎 MWL	16.4	3.2	5.1
芦苇 MWL	5.3	3.3	1.6
芦竹 MWL	8.3	3.9	2.1
稻草 MWL	8.7	3.5	2.5
麦草 MWL	7.5	3.4	2.2
蔗皮 MWL	8.5	2.8	3.0
毛竹 MWL	8.6	4.0	2.2
云杉二氧六环木质素	4.3～8.5		
云杉硫酸盐木质素	11.4～19.3	5.0～6.1	2.3～3.1
云杉碱木质素	10.0～14.0	5.5～5.8	1.8～2.4
云杉木质素磺酸盐	5.3～131		

(2) 木质素分子的形状：木质素溶液的主要特征是低粘度。从相同分子量的木质素制造物，高聚糖和合成高分子化合物特性粘度的比较见表 3-53，木质素的特性粘度仅为高聚糖的 1/40，为合成线型高聚物的 1/4。

表 3-53　重均分子量为 50 000 的可溶木质素和其他高聚物的结构粘度[32]

大分子名称	溶　剂	特性粘度（dl/g²）
二氧六环-盐酸木质素	吡啶	0.08
硫酸盐木质素	二氧六环	0.06
碱木质素	0.1mol 缓冲液	0.04
木质素磺酸盐	0.1mol NaCl	0.05
聚甲基异丁烯酸酯	苯	0.23
聚甲基苯乙烯	甲苯	0.24
木聚糖	铜乙二胺	2.16
纤维素	铜乙二胺	1.81

根据马克-荷温（Mark-Houmink）方程 $[\eta]=KnM^{a}$，各种木质素的指数 a 在 0.1～0.5。木质素分子的形状处于爱因斯坦球体和紧密蜷曲体之间。各种分离木质素溶液的低粘度及在沉降和扩散过程中的流体力学性质都与球形微粒凝胶一致。此外，电子显微镜对高分子量木质素磺酸钠的直接观察也证明了木质素大分子形状是近似于球状或块状的。

(3) 木质素的溶解性：木质素中存在着来源于羟基的分子内或分子间的氢键。木质素的溶解度与所用溶剂的希尔德布兰德（Hildebrand）溶解性参数和氢键能有密切关系。溶解性参数在此范围内的各种溶剂，其氢键形成能愈大，则对木质素的溶解性也最大。如二氧六环、甲基溶纤剂和吡啶。

用有机溶剂提取得到的分离木质素，其溶剂有二氧六环、二甲亚砜（DMSO）、甲酰胺、二甲基甲酰胺（DMF）、四氢呋喃（THF）、吡啶、二氯乙烷和乙二醇单甲醚。乙酰溴的醋酸溶液以及六氟丙醇也是木质素的良性溶剂。用缓和方法得到的分离木质素可部分溶于甲醇、乙醇、丙酮或某些混合溶剂中。碱木质素和木质素磺酸盐通常溶于水、稀碱、盐溶液和缓冲溶液。

（4）木质素的热性质：木质素是无定形的热塑性高聚物。在室温下稍显脆性，在溶液中不成膜。具有玻璃态转化性质。在玻璃化温度以下，木质素呈玻璃固态；但若在玻璃化温度以上，分子链发生运动，木质素软化变粘，并具有粘胶力。木质素的热性质与木材加工、制浆造纸，尤其与纤维板、刨花板、新闻纸及纸板的生产过程有密切关系。

分离木质素的玻璃化温度随树种、分离方法、分子量和含水率而异。绝干木质素的软化温度在127～129℃。随着木质素试样含水率的增加，软化温度明显下降。如绝干的高碘酸盐木质素软化点为193℃，当含水率为27.1%时，软化点降至90℃。水分在木质素中起了增塑剂作用，木质素的分子量高则软化点亦高，如分子量$\overline{M}w=85\ 000$和$\overline{M}w=4\ 300$的两种二氧六环木质素的软化点分别为176℃和127℃。

各种分离木质素的软化温度列于表3-54。

表3-54 各种分离木质素的软化温度[35]

分离木质素名称	软化温度（℃）	分离木质素名称	软化温度（℃）
云　杉　MWL	180～185	桦木高碘酸盐木质素	179
山毛榉　MWL	165～180	云杉二氧六环木质素	146
竹　　　MWL	162	白杨二氧六环木质素	134
云杉乙醇木质素	183～187	高分子量　DHP	175
云杉高碘酸盐木质素	193	低分子量　DHP	134

3.7.2 木质素的波谱特性

（1）木材和禾本科植物木质素的紫外光谱（UV）：各种来源的分离木质素的紫外光谱都很相似。典型的针、阔叶材紫外光谱，通常在波长280nm附近及200～208nm各有一极大吸收值。在230nm处有一肩峰，310～350nm有较弱吸收，260nm处有一极小吸收。禾本科植物木质素的紫外光谱除有上述特征外，在312～314nm附近还有一吸收峰或肩。针、阔叶材木质素和禾本科植物木质素的紫外光谱如图3-103和图3-104。

图3-103、图3-104中280nm附近的吸收峰是木质素中苯环的吸收带。针叶材木质素的最大吸收波长λ_{max}为280nm或略低一点，阔叶材木质素中由于有较多的高度对称性的紫丁香基单元而使最大吸收波长移至275～277nm；禾本科植物木质素如芦竹、麦草等λ_{max}都在280nm附近。但酯键含量较高的蔗渣和竹材木质素λ_{max}在315nm左右，这是由于对一香豆酸酯和阿魏酸酯的影响。经稀碱皂化后最大值移至280nm附近。

各种来源的木质素由于结构不同，消光系数也有较大的差别。典型的针叶材消光系数为18～20L/（g·cm）；温带阔叶材消光系数低于针叶材，约为12～14L/（g·cm）。木质素样品的消光系数随OCH_3/C_9值的增加而下降。热带阔叶材和禾本科植物木质素消光系数与针叶材接近。工业木质素由于结构变化，消光系数与同种来源的MWL差别大。硫酸盐木质素消化系数比同种来源的木质素磺酸盐高得多。各种分离木质素的消光系数见表3-55。

紫外光谱广泛用于木质素的定性和定量分析，某些官能团的定量以及木质素结构变化的研究。木质素的紫外光谱中280nm及200～208nm区域的消光系数都可用作木质素的定量，如乙酰溴法定量木质素以及酸溶木质素的测定。木质素在280nm的消光系数受到高聚糖的降

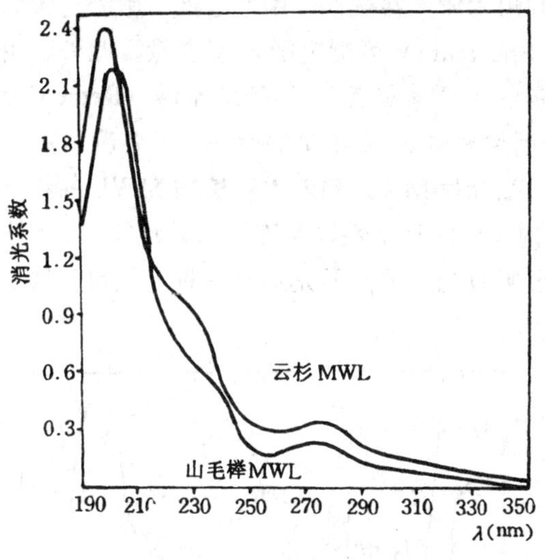

图 3-103　云杉和山毛榉 MWL 的 UV 光谱

（溶剂：六氟丙醇 C=0.0012%）

图 3-104　芦竹和蔗皮 MWL 的 UV 光谱

（溶剂：二氧六环/水）

解产物如糠醛和羟甲基糠醛的影响，而 200～208nm 区的消光系数很高，用于定量时易产生分析误差。

表 3-55　木质素的消光系数[33]

木质素种类	A_{280} [L/(g·cm)]	溶　剂
针叶材		
云杉　MWL	19.5	二氧六环
铁杉　MWL	17.7	甲基溶纤素/乙醇
北美黄杉 MWL	19.7	甲基溶纤素/乙醇
落叶松　MWL	20.2	甲基溶纤素/乙醇
温带阔叶材		
山毛榉　MWL	13.0	甲基溶纤素/乙醇
杨　木　MWL	14.2	甲基溶纤素/乙醇
桦　木　MWL	14.1	甲基溶纤素/乙醇
枫　树　MWL	12.9	甲基溶纤素/乙醇
热带阔叶材		
红柳桉　MWL	17.0	甲基溶纤素/乙醇/水
禾本科		
麦　秆　MWL	20.4	二氧六环/水
芦　竹　MWL	20.1	二氧六环/水
蔗　渣　MWL	18.6	二氧六环/水
工业木质素		
云杉木质素碘酸盐	11.9	水
山毛榉木质素磺酸盐	10.4	水
松木硫酸盐木质素	24.6	水

木质素中的各种官能团如酚羟基，与苯环共轭和非共轭的羰基以及侧链 α、β 碳间的双键和联苯结构都能影响木质素的紫外光谱。如酚羟基在碱性溶液中离解成酚盐离子，使在

280nm 的最大消光系统增加，且使 λ_{max} 移向长波。利用木质素在碱性和中性溶液中紫外光谱的差别——离子化差示光谱（Ionization Difference Spectrum）可测定酚羟基含量。此外，用 $NaBH_4$ 还原木质素，根据不同的还原时间所测定的木质素样品还原示差光谱（Reduction Difference Spectrum，ΔEr）可以分别木质素中苯丙烷侧链 α、β 和 γ 碳原子上的各种羰基。

（2）木质素的红外吸收光谱（IR）：典型的针、阔叶材 MWL 和禾本科植物 MWL 的红外光谱如图 3-105 和图 3-106。由于木质素中各种结构单元的复杂性以及连接的无规律性，木质素的红外光谱难以用基团理论来解释。木质素重要吸收光带的归属是通过多种方法研究得出的经验结果见表 3-56。

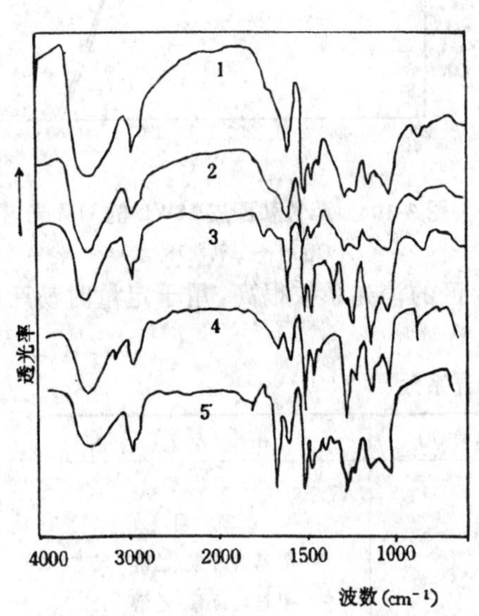

图 3-105 木材磨木木质素的红外光谱[33]

1. 云杉硫酸木质素；2. 云杉 TFA 木质素；3. 山毛榉 MWL；4. 云杉 MWL；5. 云杉乙醇木质素

图 3-106 蔗皮和芦竹磨木木质素的红外光谱

为确定木质素中官能团的类型，必须测定木质素衍生物和衍生物的红外光谱，选择适当的方法如通过重氮甲烷 CH_2N_2 和硫酸二甲酯 $(CH_3O)_2SO_2$ 甲基化，以 $NaBH_4$ 和 $LiAlH_4$ 还原，乙酰化，磺化或转变成盐类等，使原来的吸收峰位移消失，以确定羟基、羰基和羧基等官能团。

表 3-56 木质素主要的 IR 吸收带[33]

波数（cm⁻¹）	吸收光带归属	波数（cm⁻¹）	吸收光带归属
3 450～3 400	羟基伸缩振动	1 470～1 460	C—H 不对称弯曲振动
2 940～2 820	甲基、亚甲基、次甲基伸缩振动	1 430～1 425	苯环骨架振动
1 715～1 710	与苯环非共轭的羰基	1 370～1 365	C—H 对称弯曲振动
1 675～1 660	与苯环共轭的羰基	1 330～1 325	紫丁香环呼吸振动
1 605～1 600	苯环骨架振动	1 270～1 275	愈创木基环呼吸振动
1 515～1 505	苯环骨架振动	1 085～1 030	C—H，C—O，弯曲振动

不同原料的 MWL 中都混杂一定量的半纤维素。因此，木质素 IR 光谱中 1 735～1 740 cm^{-1}的吸收光带来自乙酸基和糖醛酸的酯基。心材中含有的多酚类物质对 IR 光谱也有影响。禾草类木质素的 IR 光谱在 1 160～1 170cm^{-1}及 1 700cm^{-1}附近各有一反映酚酸酯的吸收峰。

各种植物 MWL 的 IR 谱与植物分类学有密切关系。比较针、阔叶材 IR 光谱的各吸收峰强度，得出的基本规律见表 3-57。

表 3-57　典型针、阔叶材木质素的主要 IR 吸收峰的比较[47]

针叶材木质素　(cm^{-1})	阔叶材木质素　(cm^{-1})	针叶材木质素　(cm^{-1})	阔叶材木质素　(cm^{-1})
1 510>1 460	1 510<1 460	1 275 最强	1 130 最强
1 325 弱	1 325 强	1 130≤1 030	1 130>1 030
1 275>1 220	1 275<1 220～1 230	855，815 两个峰	835 一个峰

针叶材木质素 IR 光谱中反映愈创木基苯核的各吸收带很强，而阔叶材 IR 谱中，反映紫丁香核的各峰都很强见表 3-57。由于 1 500/cm 的吸收强度不易受苯环上取代基的影响，将吸收峰底部连接成基线，以 1 500/cm 强度为基准，用其他峰的强度与 1 500/cm 强度的比值来表示与愈创木基和紫丁香基有关的重要吸收带，结合硝基苯氧化产物的 S/V 值，可对各种植物的木质素进行分类。

（3）木质素的氢核磁共振谱（H′-HMR）：典型的针、阔叶材木质素和蔗皮木质素的 H′-NMR 谱如图 3-107 和图 3-108。由于木质素是一种极为复杂的体型高分子化合物，在进行 H′-NMR 谱测定时其分子运动受到阻碍，各种质子信号重叠，自旋—自旋偶合及空间影响等原因，整个谱中的信号都较宽。木质素 H′-NMR 谱中各峰的归属主要是依据研究与木质素结构单元有关的模型化合物的化学位移而确定的。为改变木质素的溶解性以及研究某些官能团的需要，常用乙酰化木质素为样品。乙酰化木质素的 H′-NMR 谱中各峰的归属见表 3-58。

山毛榉和红松乙酰化木质素的 H′-NMR 谱在芳香环的质子区、甲氧基和乙酰基的信号区有明显的差别如图 3-107。愈创木基型木质素一般在 6.9～7.0 处有一峰。愈创木基-紫丁香基型木质素在 6.6～6.7 处还有一个峰。山毛榉的 H′-NMR 谱中甲氧基氢核的峰以及反映 β-O-

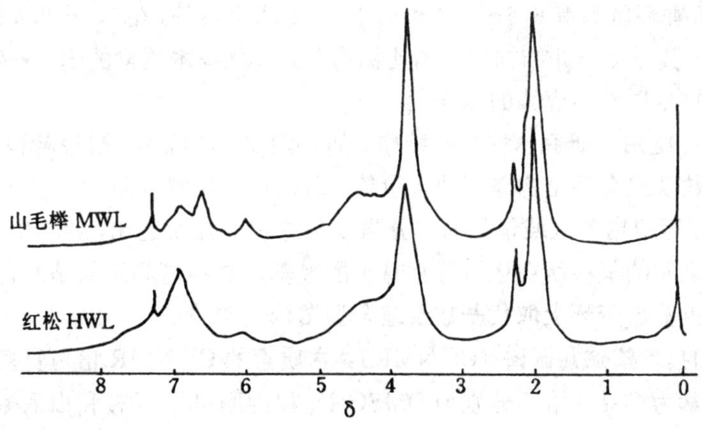

图 3-107　乙酰化木材木质素的 H′-NMR 谱[37]

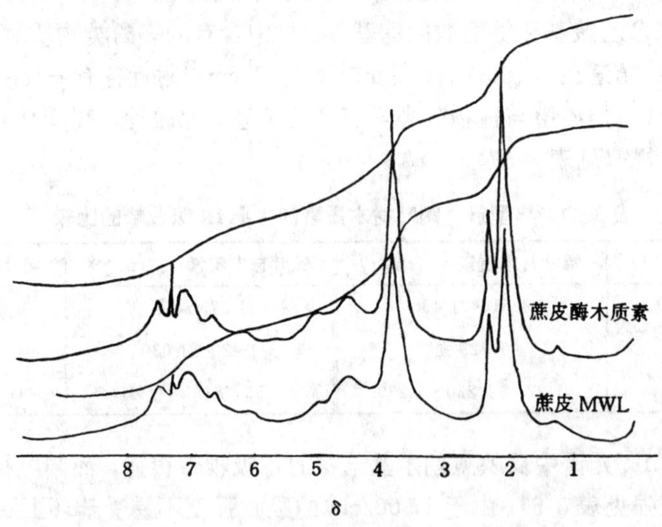

图 3-108 乙酰化蔗皮木质素的 H′-NMR 谱[30]

表 3-58 乙酰化木质素 H′-NMR 谱中各峰的归属[37]

区域	δ	质子的类型
1	11.5～8.00	羧基和醛基的氢核
2	8.00～6.28	苯环上的氢核，侧链 H_{α}（α 与 β 间共轭双键）
3	6.28～5.74	侧链 H_{α}（β-O-4 及 β-1），H_{β}（α 与 β 间共轭双键）
4	5.74～5.18	侧链 H_{α}（苯基香豆满）
5	5.18～2.50	甲氧基及大部分侧链上的氢核（3，4，5 区除外）
6	2.50～2.19	芳香族乙酰基的氢核
7	2.19～1.58	脂肪族乙酰基与二苯基连接处于邻位的乙酰基氢数
8	1.58～0.38	高度屏蔽的氢核

4 连接的 H_{α} 的峰都比红松强，但芳香族乙酰基的氢核峰比红松弱。禾草木质素的 H′-NMR 谱（如图 3-108）在芳香环区除有 6.6～6.7 和 6.9～7.0 两个峰外，在 7.4～7.6 还有一个反映对-羟基苯丙烷的峰，其强度与此结构单元的比例有关。如蔗皮木质素的 H′-NMR 谱中此峰的强度就比麦草和芦竹木质素相应峰的强度大。

H′-NMR 谱广泛用于研究木质素的结构，如官能团（总羟基、酚羟基和甲氧基）的测定，计算芳核取代基数及缩合型结构单元的含量等。通过对木质素样品的元素分析计算出每个 C_9 单元的总质子数。再根据各区域信号的积分强度与总积分强度之比，计算出各区域的质子数。如从乙酰基及甲氧基的氢核所在区可分别算出酚羟基、总羟基和甲氧基的含量；计算芳核质子区的质子数可推算出芳环上取代基数及缩合型结构的含量。

（4）木质素的 C^{13} 核磁共振谱（C^{13} NMR）：木质素的 C^{13} NMR 谱可直接用分离木质素也可用乙酰化木质素为样品，溶剂分别为 DMSO-D_6 和丙酮-d_6。云杉和山毛榉乙酰化 MWL 的 C^{13}NMR 谱如图 3-109 和图 3-110。

木质素的 C^{13}NMR 谱中有几十种碳核的信号，表 3-59 中主要峰的归属是根据木质素模型物 C^{13}NMR 的化学位移综合得来的。

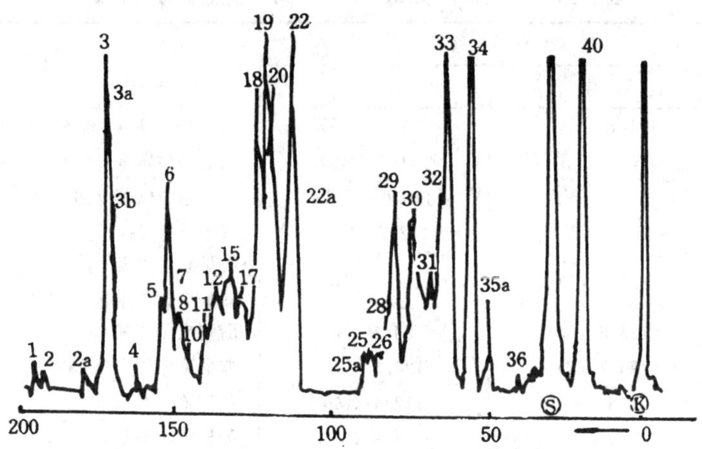

图 3-109　乙酰化云杉 MWL 的 C[13] NMR 谱[43]

（溶剂：丙酮-d_6：重水＝9：1）

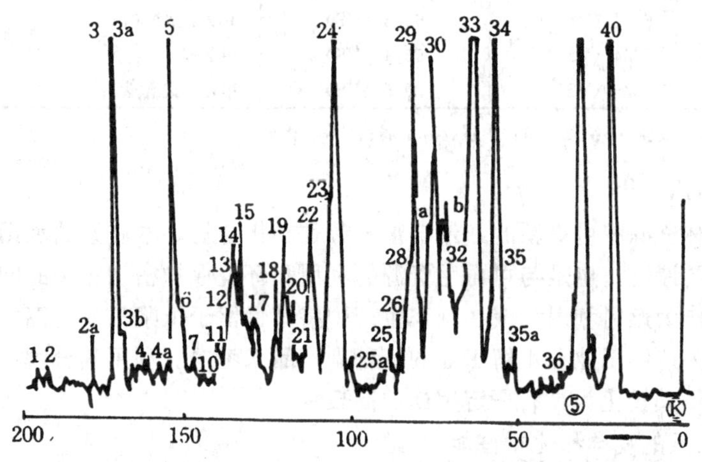

图 3-110　乙酰化山毛榉 MWL 的 C[13] NMR 谱[37]（溶剂：丙酮-d_6：重水＝9：1）

木质素的 C[13]NMR 谱一般可分为三个区域：①160～200：羟基中的碳，如松柏醛基的碳或羧基中的碳。②100～160：芳香环上的碳，此区域是木质素 C[13]NMR 谱研究的重点。图3-109 和图 3-110 中最明显的差别在于云杉的碳谱中紫丁香核 C_3，C_5 的信号 S 很弱，并缺少紫丁香核 C_2，C_6 的信号 23 和 24。可据此来区别针、阔叶材木质素。③50～90：三碳侧链和其他脂肪族的碳原子区域，此区域常受到碳水化合物的干扰。

禾草类木质素的碳谱与阔叶材木质素相似，有较强的愈创木基和紫丁香基的信号。此外，碳谱中还有反映对一羟基苯基的信号。

木质素的 C[13]NMR 波谱特性可用于鉴别不同类型的木质素，跟踪木质素的化学反应和生物降解过程。除能对木质素的结构作定性解析外，还能定量研究木质素的某些官能团如酚羟基、醇羟基和甲氧基，定量苯丙烷结构单元间主要的键型 β-O-4 醚键的比例；木质素中苯环的缩聚程度等。

表 3-59 乙酰化木材 MWL C^{13}NMR 谱主要峰的归属

峰号	化学位移		归属
	云杉	山毛榉	
3	171.7（VS）	171.7（VS）	乙酰基中羰基（伯醇羟基）
3a	170.5（VS）	181.0（VS）	乙酰基中羰基（伯醇羟基）
3b	169.5（W）	170.0（VW）	乙酰基中羰基（酚羟基）
5	153.5（W）	153.8（VS）	紫丁香核 C_3，C_5
6	151.4（S）	152.0（VW）	酚型愈创木基 C_3 非酚型愈创木基 C_4
18	123.6（S）	123.3（W）	酚型愈创木基 C_5
19	120.7（S）	120.5（M）	非酚型愈创木基 C_6
22	112.9（VS）	112.4（M）	愈创木基 C_2
23		106.9（M）	酚型紫丁香基 C_2，C_6
24		105.0（VS）	非酚型紫丁香基 C_2，C_6
29	80.7（S）	81.4（VS）	β-O-4 型结构 C_β
30	75.5（M）	75.5（VS）	β-O-4 型结构 C_α
33	64.1（VS）	63.6（VS）	β-O-4 型结构 C_γ
34	56.4（VS）	56.4（VS）	甲氧基
40	20.5（VS）	20.5（VS）	甲基（乙酰基中）

注：VS：极强；S：强，M：中强，W：弱；VW：极弱。

3.8 木质素的利用[35,112]

木质素是森林资源中可更新的，最丰富的芳香族化合物。木质素的利用不仅是木质素研究领域中一个重要课题，也是与可再生资源的利用和环境保护密切相关的问题。

木质素除可作为燃料利用，或在制浆生产中将其保留于纸浆只作为高木质素含量的浆料利用外，还可作为造纸工业和水解工业的一种副产品来考虑。利用其分解产物制备低分子量的化学试剂，或将其转化为具有一定用途的高聚物。

3.8.1 工业木质素的物理和化学性能

工业木质素一般指从制浆过程中分离的木质素，包括从亚硫酸盐废液分离的木质素磺酸盐，硫酸盐法和烧碱法蒸煮黑液经过酸化沉淀得到的硫酸盐木质素和碱木质素。

（1）木质素磺酸盐：木质素磺酸盐的化学结构和分子量是极不均一的。它可溶于不同 pH 值的水溶液中，但不溶于乙醇、丙酮及常用的有机溶剂。典型的针叶材木质素磺酸盐平均 C_9 式为 $C_9H_{8.5}O_{2.5}(OCH_3)_{0.85}(SO_3H)_{0.4}$；紫外最大吸收波长 λ_{max} 为 280nm，消光系数 E_{280} 为 3.0×10^3L·（C_9 单元重量）$^{-1}$·cm^{-1}，酚羟基含量为 0.5mg·mol/（L·g）。

木质素磺酸盐不能有效地降低水的表面张力以及降低液体间的界面张力，但它有很强的吸附和解吸性能。木质素磺酸盐若被吸附在悬浮粒子的表面，便能使粒子表面带上负电荷。由于带电质点之间的静电斥力使质点互相分离而不发生沉淀或凝聚。木质素的上述特性可作为分散剂使用，若能在其结构中引入长链烷基，则有助于提高表面活性。将木质素磺酸盐与硫酸盐木质素交联，使木质素与甲醛缩合，采用空气或氧气对处于碱性介质中的木质素磺酸盐进行氧化，均可制得性能优良的分散剂。

木质素磺酸盐能与多种金属离子如铁、铜、镁、镍、锰、锌、铝、钙等生成络合物，使金属盐在溶液中不沉淀，可作为络合剂使用。以环氧丁二酯、氰化物、臭氧或氯乙酸与木质素磺酸盐发生羧化反应，可以增强与金属的络合性。

（2）硫酸盐木质素：硫酸盐木质素的多分散性不如木质素磺酸盐大。它可溶于碱性水溶液（pH 值>10.5）、二氧六环、丙酮、二甲基甲酰胺等。典型的针叶材硫酸盐木质素的平均 C_9 式为 $C_9H_{8.5}O_{2.10.11}$ $(OCH_3)_{0.8}$ $(COOH)_{0.2}$，紫外最大吸收波长 λ_{max} 为 280nm，E_{280} 为 4.85×10^3 L·（C_9 单元重量）$^{-1}$·cm^{-1}，酚羟基含量为 3.1mg·mol/（L·g）。

硫酸盐木质素可与亚硫酸钠在高温（150～200℃）下反应，得到不同程度的磺化度。也可与亚硫酸钠和甲醛在低温（100℃以下）下反应引进磺甲基，还可与亚硫酸盐和氧气实现氧化磺化，反应式如图 3-111，图中 R 为木质素。经过磺化的硫酸盐木质素可作分散剂、乳化稳定剂和粘度降低剂等。

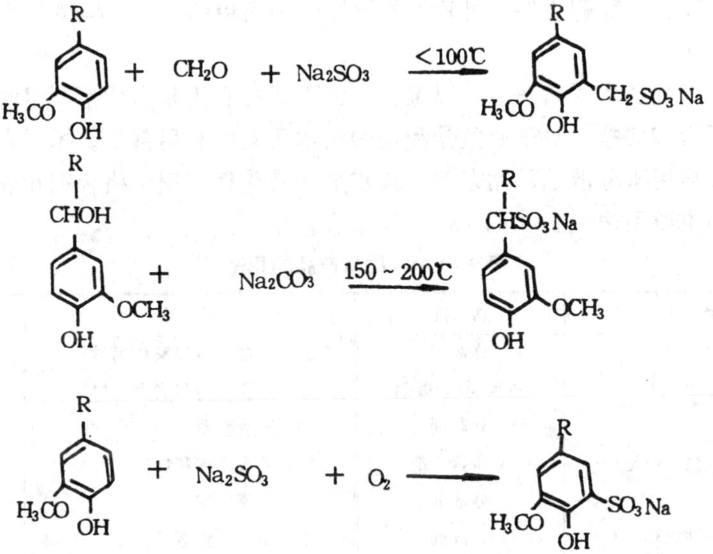

图 3-111　硫酸盐木质素的磺化反应

硫酸盐木质素与缩水甘油胺反应可得阳离子型木素胺。溶于水后可制备阳离子型沥青乳化液使用。

木质素磺酸盐和硫酸盐木质素在物理和化学性能方面都有较大的差异，见表 3-60。

表 3-60　木质素磺酸盐与硫酸盐木质素的性能比较[112]

性　能	木质素磺酸盐	硫酸盐木质素
分子量（$\overline{M}_w$）	2 000～50 000	20 000～3 000
多分散性（$\overline{M}_w/\overline{M}_n$）	6～8	2～3
磺酸盐基（meq/g）	1.25～2.5	0
有机硫（%）	4～8	1～1.5
溶解度	可溶于各种 pH 值的水溶液中，不溶于有机溶液	不溶于水，可溶于碱性介质（pH 值>10.5），丙酮，二甲基甲酰胺，甲基纤溶剂等
色　泽	浅褐色	深褐色
官能团	酚式羟基、羟基和儿茶酚基团均较少；不饱和侧链也很少	酚式羟基、羟基和儿茶酚基团均较多；有一些不饱和侧链

3.8.2 工业木质素的利用[35]

(1) 低分子量的木质素产品：木质素经过各种方法降解可得到多种低分子量的产物。已经工业化的木质素低分子产品有香蓝素和二甲亚砜。

①香草醛（俗名香蓝素）：以空气中的氧气在碱性介质中氧化针叶材的亚硫酸盐废液或木质素磺酸盐，可制得香草醛。也可用氧化铜、硝基苯、氧化汞或臭氧取代大气中的氧作为氧化剂。工业生产只以针叶材木质素为原料，阔叶材木质素磺酸盐反应后除产生香草醛外还有紫丁香醛，不能较好地与香草醛分离。香草醛也能由碱木质素生产，但得率相当低。

②二甲硫醚和二甲亚砜：以硫磺或硫化物与木质素磺酸盐在215℃下反应即可制得甲硫醚和甲硫醇。甲硫醚进一步氧化可制得二甲亚砜，这是一种用途广泛的工业溶剂。

据研究，在理想的氢解条件下可将木质素转化为简单的苯酚，得率可达50%，但尚未在实际工业生产中应用。

(2) 聚合物形式的木质素产品：以聚合物的形式被利用是木质素利用的最重要方面。目前主要利用木质素磺酸盐，对于硫酸盐和烧碱法木质素的利用甚少。木质素磺酸盐和磺化的硫酸盐木质素大多用于分散剂、粘合剂、减水剂、乳化稳定剂、络合剂和表面活性剂等。工业木质素产品的主要用途见表3-61。

表3-61 木质素产品的用途[112]

应用场合	功能	应用场合	功能
1. 炭黑和颜料	分散剂	15. 牲畜饲料和家禽饲料	丸粘化粘合剂
2. 水泥和混凝土	减水剂/分散剂	16. 陶瓷、砖和耐火材料	粘合剂
3. 染料配方	分散剂	17. 铸造型砂	粘合剂
4. 铅蓄电池和酸性蓄电池	寿命延长剂	18. 矿石浮选和煤砖	粘合剂
5. 石膏墙板	分散剂	19. 土壤调理	粘合剂
6. 可湿性和流动性农药	分散剂	20. 沥青乳化液	乳合剂/稳定剂
7. 石油钻井泥浆	分散剂	21. 石蜡	乳合剂/稳定剂
8. 锅炉用水和冷却水处理	络合剂/分散剂	22. 农药和肥料（释放控制）	吸附/解吸
9. 防腐蚀剂	络合剂/分散剂	23. 石油回收	吸附/解吸
10. 工业清洗剂	络合剂/分散剂	24. 橡胶	增强剂
11. 微养料	络合剂/分散剂	25. 烧火用木段	增强剂
12. 蛋白质沉淀剂	络合剂/分散剂	26. 灭火泡沫	表面活性剂
13. 胶合板和纤维板	粘合剂	27. 糖蜜调理	—
14. 玻璃纤维	粘合剂	28. 皮革	鞣剂

除表3-61中介绍的各种用途的木质素产品外，在用作橡胶增强剂、抗氧剂及胶粘剂方面也进行了大量的研究工作，取得显著成效。但大多尚未有工业上的实用价值。

由于工业木质素的用途极为广泛，且来源丰富，价格低廉（仅为石油化学制品价格的1/50～1/10)，还具有一些独特的性能如强的吸附能力，对人畜无毒性等。随着改进木质素制品性能的新技术日趋完善，木质素利用的前途是广阔的。

4. 木材提取物

4.1 提取物的概述与分类

木材中除纤维素及木质素构成细胞壁的主要成分外，还含有少量成分。它是指用极性和非极性有机溶剂、水蒸气或水可提取的物质。因此一般称为提取物、抽提（出）物或浸出成分。此外，有些文献也用内含物、非细胞壁组分和副成分（包括抽出成分和无机物）等表示。希利斯（Hillis）把这类物质称为细胞壁非结构组分，既符合这类物质天然存在于木材中的状态，从学术上来说也是十分严密而确切的。

提取物存在于边材薄壁细胞中，当木质化阶段一经结束，木纤维和管胞就死亡，而横向和纵向薄壁细胞（占木材体积 4%～5%）一直维持很多年仍生活着的，这些细胞作为水和无机盐类传导的通道，维持新陈代谢进程和贮藏养料，经过一定时间后死亡，并逐渐形成心材。在此过程中，木材内部发生各种变化，产生大量提取物沉积在细胞壁或填充在细胞腔和一些细胞组织中，并表明它们与构成细胞壁主要成分不呈化学结合。属提取物的有：萜（烯）类、脂肪酸类、色素、木酚素类、含氮物以及水溶性碳水化合物和无机盐等。总量除若干树种外，一般约占绝干材的 2%～5%。

木材提取物是林产化工、医药和轻化工等工业部门的重要原料。此外，其化学组成在不同树木的科、属，甚至树种之间是不相同的，因此在树木化学分类学上具有重要意义。另一方面提取物赋予木材一定的颜色、气味和耐腐等性质，但影响木材胶粘、干燥、切削、制浆和漂白等。据报道，采用酚类含量较高的桉树制浆时会发生下列几方面问题：降低纸浆得率、中和碱性蒸煮液、降低药液渗透性、产生深色纸浆、堵塞设备、妨碍药品回收、与铁反应造成腐蚀或着色。

尽管木材提取物包括种类繁多的有机化合物（1983 年公布的有 700 多种），但一般可把它们分为 3 大类：萜类化合物、脂肪族类化合物和酚类化合物。

4.1.1　萜类化合物

亦称萜烯类化合物。其碳架可看作是异戊二烯〔（半萜）或 2-甲基-丁烯-（1，3）〕的倍数及其含氧衍生物。通式为 $(C_5H_8)_n$，$n \geqslant 2$，而且一般总是一个异戊二烯分子的尾端和另一个异戊二烯分子的始端相连（异戊二烯定则），如下式：

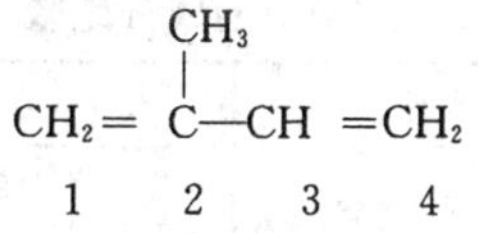

$$\underset{1}{CH_2}=\underset{2}{\overset{\overset{\displaystyle CH_3}{|}}{C}}-\underset{3}{CH}=\underset{4}{CH_2}$$

2-甲基-丁烯-（1，3）

$$\underset{1}{C}-\underset{2}{\overset{\overset{\displaystyle C}{|}}{C}}-\underset{3}{C}-\underset{4}{C} \xrightarrow[\triangle]{\triangledown} \underset{1'}{C}-\underset{2'}{\underset{\underset{\displaystyle C}{|}}{C}}-\underset{3'}{C}-\underset{4'}{C}$$

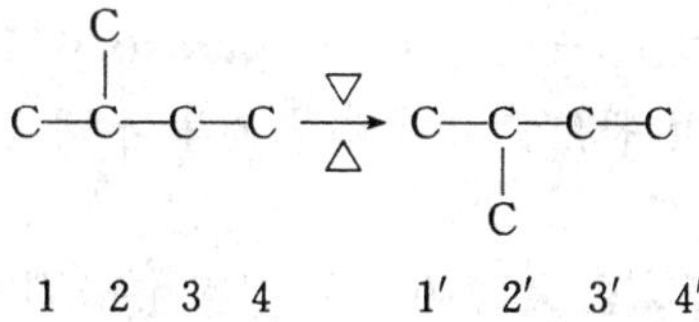

异戊二烯定则的简式

按所含异戊二烯骨架的多少，可分为单萜类（$n=2$）、倍半萜类（$n=3$）、二萜类（$n=4$）、三萜类（$n=6$）和多萜类等。根据分子结构是开链或环状，又可分为无环萜类、单环萜类、双环萜类、三环萜类等。萜类早已有各种习惯命名，特别是多萜烃一般都以其来源命名。

木材中萜类的结构和一般性质分述如下：

（1）单萜类：由两分子异戊二烯构成的一类天然产物，有开链的、单环的和双环的多种结构。木材和精油中主要单萜有下列几种：

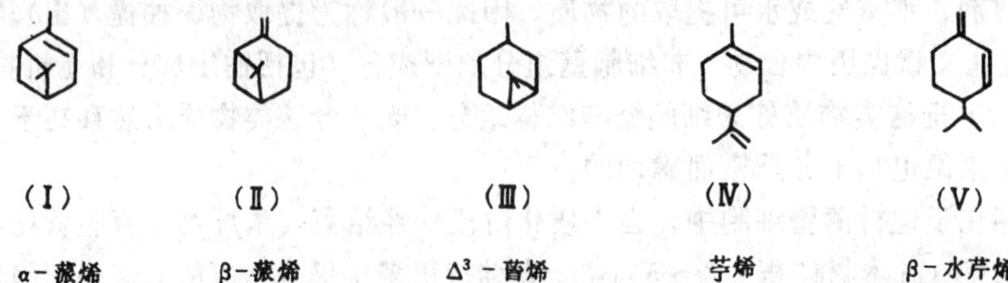

α-蒎烯（Ⅰ）：它是最重要的单萜。为各种松节油的主要成分，并存在于许多精油之中。其化学反应主要发生在一个双键（易被氧化、起加成作用等）和一个易受异构化的环上。

α-蒎烯加亚硝酰氧生成固体衍生物，常用作纯化和鉴定。在空气中它进行氧化和聚合反应，加氯化氢生成2-氯莰和若干二氢氧化苧烯。无机酸存在下，α-蒎烯易与水分子起加成作用，使四节环断裂而转变为水合萜二醇。热异构化生成双戊烯、莰烯和无环萜等。

β-蒎烯（Ⅱ）：它是α-蒎烯的同分异构体，亦具不对称碳原子，而且经常一道存在于各种松节油和许多精油之中。易异构化为α-蒎烯，加亚硝酰氯不生成结晶物，但可氧化为结晶的诺蒎酸。

脂松节油和浮油松节油中α-蒎烯和β-蒎烯的含量见表3-62和表3-63。

表3-62 主要产松脂国家的松节油成分比较（%）[30]

国别或地区	主要采脂树种	β-蒎烯	α-蒎烯
中国广东	马尾松	5.0	86.1
中国福建	马尾松	—	85
美　国	湿地松	28.1（33）	65.6（63）
俄罗斯	欧洲松	5.4	69.2
葡萄牙	海岸松	13.3	80.4
印　度	长叶松	7～10	20.25

表3-63 浮油松节油成分比较（%）[30]

国别或地区	α-蒎烯	β-蒎烯	其他萜烯
中国北方	60	10	30
美　国	60～70	20～35	5～12

Δ^3-蒈烯（Ⅲ）：是印度松、长叶松 *Pinus palustris* Mill. 等松节油的主要成分。具香味，在空气中易氧化，并呈树脂状细粒物，异物化为单环萜，加氯化氢转化为枞萜和双戊烯氢氯化物的混合物。

苧烯（Ⅳ）：也是单环萜最重要的一种。存在于刚松 *Pinus rigida* Mill. 等松节油和精油中。虽然它较稳定，但在空气中也会被氧化。水合作用生成不饱和萜品醇和水合萜二醇（1，8）。在甲酸铜催化和加热下，会发生歧化反应，生成对-伞花烃（对-异丙基甲苯）和对-蓋烯。

β-水芹烯（Ⅴ）：是若干种松节油的主要成分之一。存在于包括加拿大香脂在内的多种精油中。为不稳定化合物，常压蒸馏时易发生聚合作用。

上述单萜是针叶材的典型组成部分。此外，在柏科中还发现含有罕见的七环单萜（椟酚酮衍生物）。至于阔叶材方面，只有一些热带材才含有单萜，如桉树中含α-蒎烯、β-蒎烯、香叶烯和苧烯。香樟 *Cinnamum camphora*（L.）Presl 的樟脑也是已知的单萜衍生物（莰酮）。

（2）倍半萜类：由三分子异戊二烯构成的一类天然产物。由于含15个碳原子，故称倍半萜。该类化合物有开链、单环和双环的多种结构，一般都有俗名，也是针叶材的典型组分，广泛存在于各种精油之中。常见的有下列几种[30]：

（Ⅵ）杜松萜烯　（Ⅶ）雪松萜　（Ⅷ）长叶烯　（Ⅺ）罗汉柏烯　（Ⅹ）柏木脑

杜松萜烯（Ⅵ）：为杜松、杉木等精油的组分。沸点 275℃、密度 0.9185。

雪松萜（Ⅶ）：为雪松等木材精油的组分。无色液体，沸点 100℃/4666.3Pa），密度 0.9432。

长叶烯（Ⅷ）：为长叶松、马尾松等木材精油的组分。油状液体，沸点 250～256℃/93.3kPa，密度 0.9319。

罗汉柏烯（Ⅸ）和柏木脑（Ⅹ）：为我国侧柏木材精油的主要成分。

倍半萜在温带阔叶材中为罕见组分，但在很多热带阔叶材中却找到多种化合物，如图 3-112[113]。

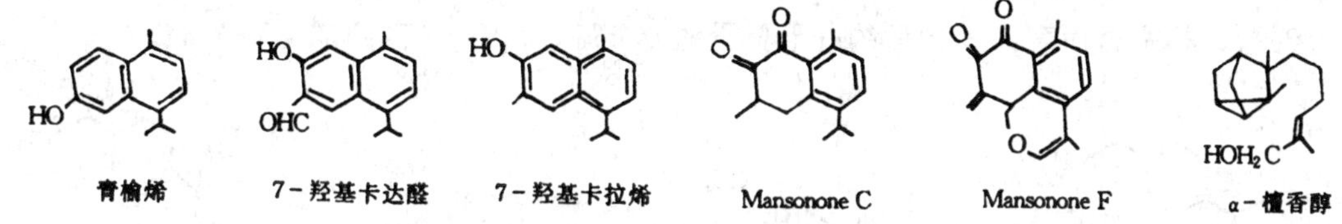

图 3-112　阔叶材的倍半萜

（3）二萜类：由四分子异戊二烯构成的一类天然产物。有开链、单环、双环和三环的多种结构。包括中性二萜和树脂酸（主要二萜酸），广泛存在于针叶材及其含油树脂之中，也是针叶材（特别是松属）的典型组分。

①中性二萜：包括二萜烃、氧化物、醇类和醛类化合物，如图 3-113[113]。

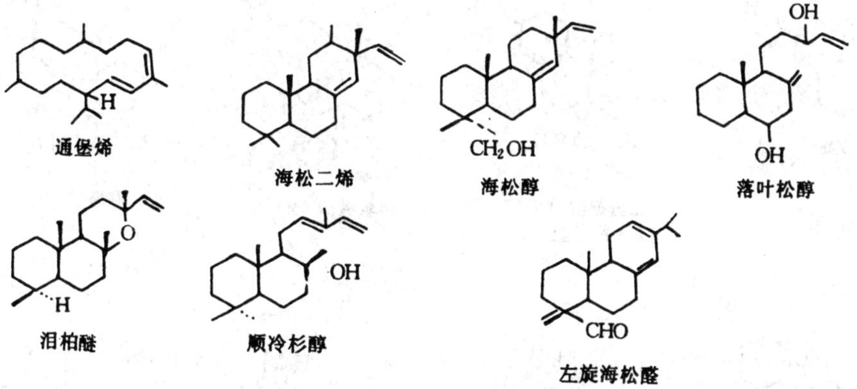

图 3-113　针叶材中的中性二萜

此外，20 世纪 80 年代起，联邦德国木材化学和工艺学研究所研究员、联合国粮农组织松香技术顾问魏斯曼（Weissmann）等对松脂和脂松香高沸点中性物组成进行分析，发现大多数为二萜羰基和羟基组分化合物，而且其中多数又以海松酸-异海松酸型的醛类和醇类化合物为主[114]。

②树脂酸：又称二萜酸。为烃化的氢化菲核一元酸。分子式 $C_{19}H_{20}COOH$，具两个双键和一个羧基，按菲结构位次 A、C、B 编号，针叶材和松脂树脂酸有下列两种类型（如图 3-114）。

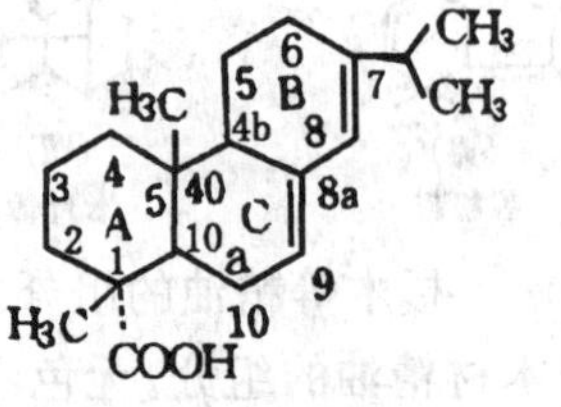

枞酸型的结构特点：C_7 位有一个异丙基侧链，大多具共轭双键。易受热或酸异构化，亦被空气中的氧所氧化；紫外线区域内显示强的吸收光谱；完全脱氢并脱羧生成惹烯（1-甲基-7-异丙基菲）；加氢时得到几种二氢异构体。属于这类的包括图 3-115 中的 a、b、c、d、e、f、g 共 7 种。

(a)　(b)

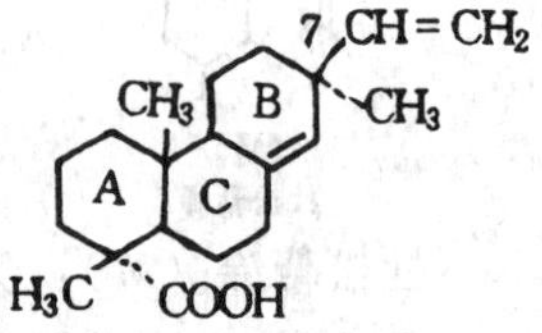

图 3-114　针叶材和松脂树脂酸的类型[30]

(a) 枞酸型　(b) 海松酸型

海松酸型的结构特点：C_7 位上有一个乙烯基和一个甲基；无共轭双链。对热或酸异构作用相对稳定；紫外线区域内显示弱的吸收光谱；完全脱氢和脱羧生成海松烯（1，7-二甲菲）。属于这类的包括图 3-115 中的 h、i、j、k 共 4 种。

对松、杉木材而言，其含量约占干材重的 0.2%～0.8%，其组成见表 3-64。

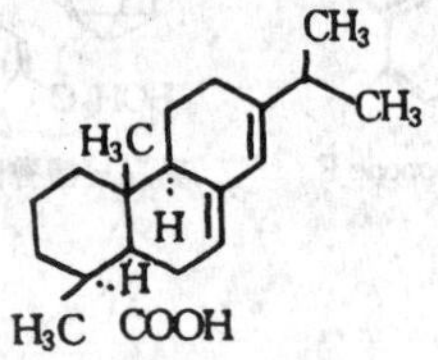

枞酸(a) 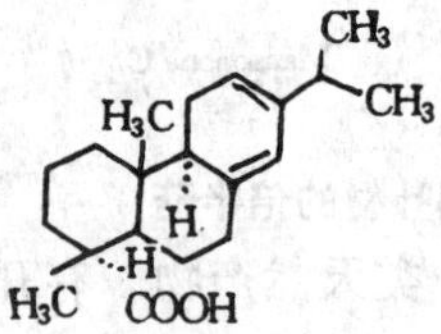　左旋海松酸(b) 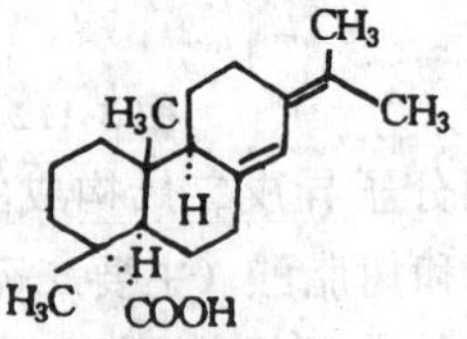　新枞酸(c) 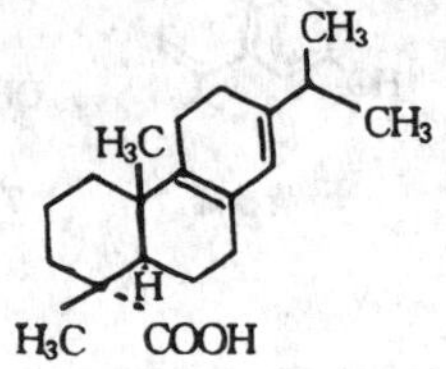　长叶松酸(d)

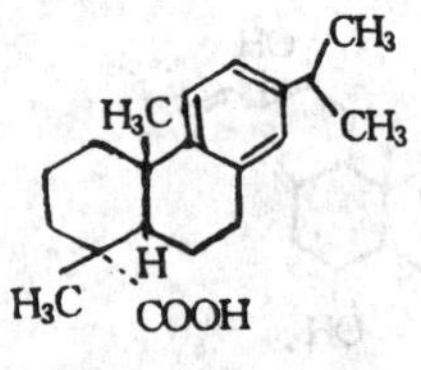

脱氢枞酸(e) 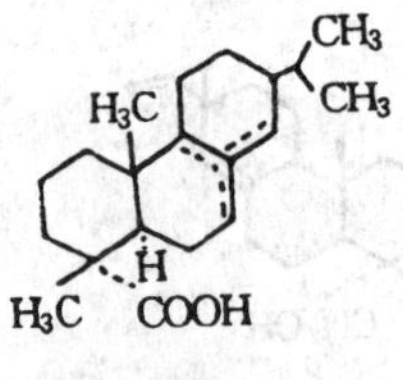　二氢枞酸(f)（三种可能）　四氢枞酸(g) 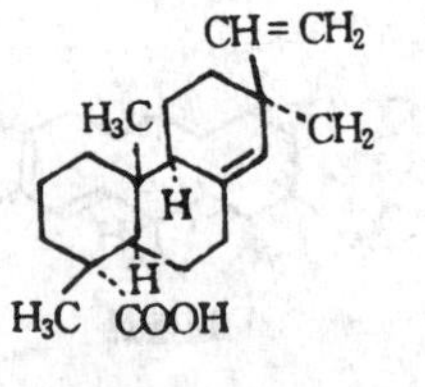　海松酸(h)

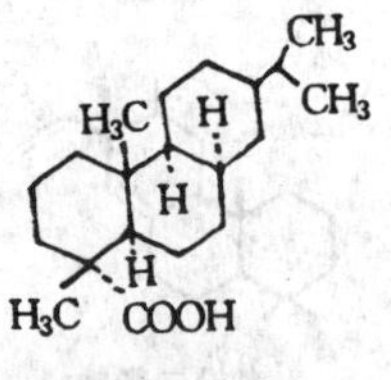

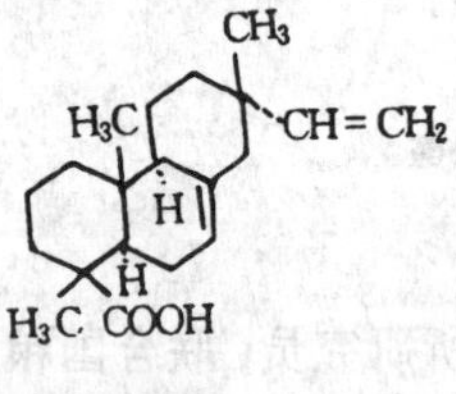

异海松酸(i) 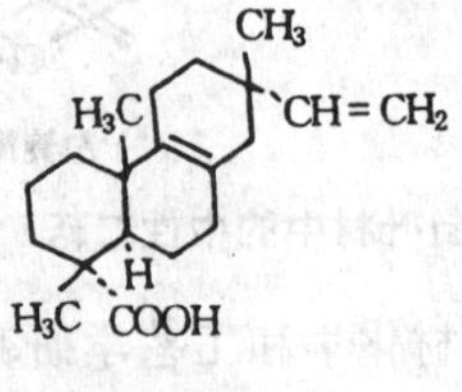　Δ8(9)异海松酸(j) 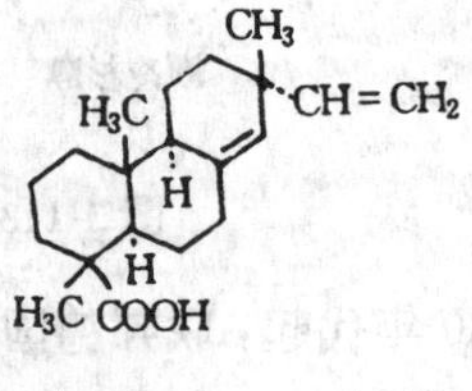　山达海松酸(k) 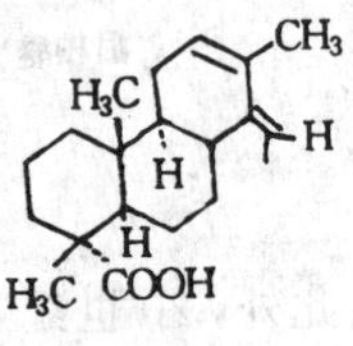　湿地松酸(l)

图 3-115　树脂酸结构式[30]

表 3-64　不同针叶树树脂酸组分的组成（%）[113]

树　种	海松酸	山达海松酸	长叶松酸	左旋海松酸	异海松酸	枞酸	脱氢枞酸	新枞酸
挪威云杉 *Picea abies*								
边　材	3.3	5.6	17.5	28.6	11.3	9.3	13.2	11.0
心　材	4.4	6.4	16.4	10.5	11.8	8.2	35.7	6.5
加拿大短叶松 *Pinus banksiana*								
边　材	6	2	13	1	6	15	51	3
心　材	7	2	11	痕量	8	29	35	4
美国黑松 *Pinus contorta*								
边　材	4	1	16	7	17	8	38	4
心　材	7	2	14	痕量	18	15	40	2
湿地松 *Prnus elliottii*	7.4	2.0	19.4	9.6	23.7	12.0	4.8	18.4
长叶松 *Pinus palustris*	6.0	1.8	15.2	27.9	5.0	15.1	15.3	13.7
边　材	9	2	10	5	15	17	31	8
心　材	9	2	20	2	10	28	15	13
北美黄杉 *Pseudotsuga menziesii*								
边　材	—	3.2	23.5	6.2	27.8	16.1	7.8	13.8
心　材	—	3.6	22.8	2.3	27.0	18.9	10.1	12.2

应该指出，树脂酸一般以游离态出现，但即使在活树中也有少部分被氧化或呈甲酯结构。树脂酸是松香的主要成分。中国脂松香树脂酸的色谱分析见表 3-65。

表 3-65　中国部分地区脂松香中树脂酸的组成[30]

试样来源	试样编号	松香中树脂酸总量①（%）	各树脂酸的含量（%）（以树脂酸总量为 100）							
			海松酸	山达海松	长叶松酸	左旋海松酸	异海松酸	脱氢枞酸	枞　酸	新枞酸
福建尤溪	1	81.00	9.15	3.20	22.09	—	3.56	6.00	41.80	14.17
福建尤溪	2	81.30	9.66	3.19	21.82	—	3.97	6.38	40.86	14.10
福建尤溪	3	80.60	9.88	3.09	19.51	—	3.94	5.60	43.95	14.00
福建尤溪	4	79.20	9.16	3.14	23.35	—	4.22	6.36	38.92	14.82
江西安远	1	79.30	9.20	2.60	19.50	—	2.60	4.70	46.30	15.00
江西安远	2	—	9.90	3.00	17.00	—	2.80	6.70	47.10	13.50
安徽宁国	1	—	8.80	2.80	25.60	—	3.40	4.80	38.40	16.10
安徽宁国	2	—	8.60	3.00	28.90	—	3.60	5.00	34640	16.50
安徽宁国	3	—	9.60	3.20	27.50	—	3.30	4.90	35.80	15.60
安徽宁国	4	—	9.10	3.10	27.50	—	3.50	5.30	36.50	15.40

①按 ASTM D803—65 法测定，回流时间 2h，结果偏低。

（4）三萜类：由六分子异戊二烯构成。有开链、回环和五环等多种结构。针、阔叶材均有链状的角鲨烯（三十碳六烯）和与三萜紧密相关的甾醇。前者为环状三萜的先体。有关结构式如图 3-116。

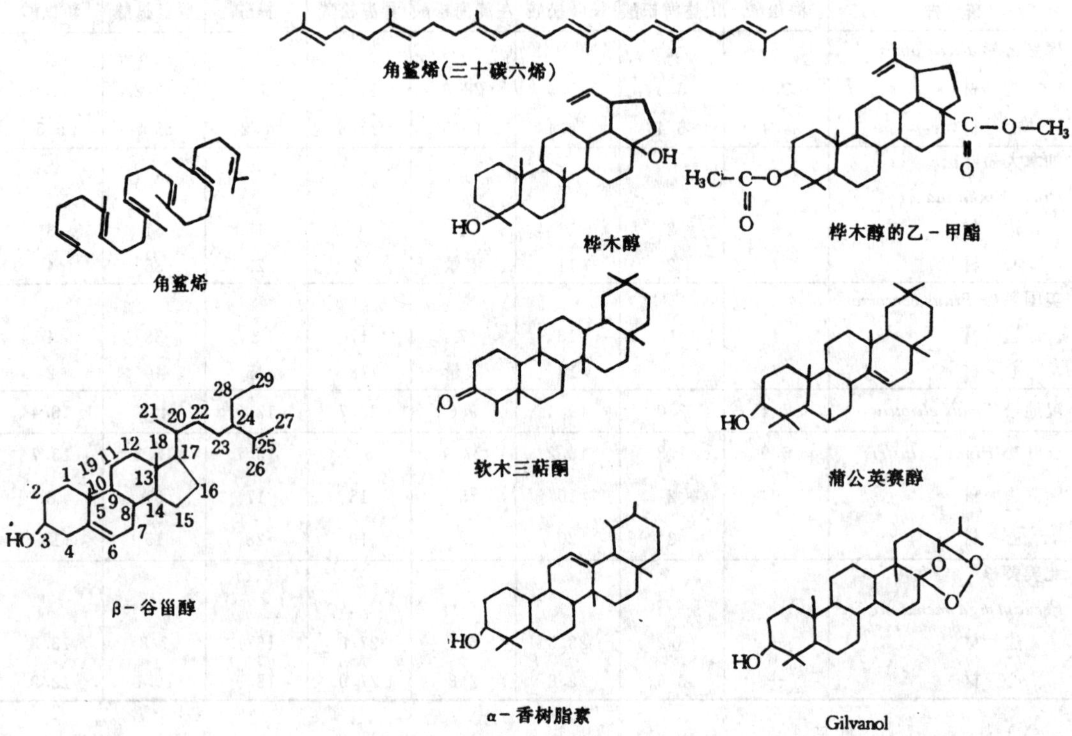

角鲨烯(三十碳六烯)

角鲨烯

桦木醇

桦木醇的乙－甲酯

β－谷甾醇

软木三萜酮

蒲公英赛醇

α－香树脂素

Gilvanol

图 3-116 针、阔叶材的三萜化合物[113]

甾醇为甾类在C_3位具有羟基的不饱和仲醇。一般植物油脂经皂化反应后转为可溶于水的肥皂后，其中不溶于水、能溶于有机溶剂（如乙醚）中的所谓不皂化物质，就含有多量甾醇。β-谷甾醇如图 3-116。其结构特点为：C_3位有一仲醇羟基；C_5与C_6间有一双链；C_{10}、C_{13}各有一个甲基；C_{17}侧链是 10 个碳原子的脂肪烃。因此从结构上看，β-谷甾醇亦可视为四环三萜的降解产物之一。

β-谷甾醇在木材和树皮中分布很广，为松树、云杉、落叶松和杨树等树种的主要甾醇。白色片状结晶，溶于乙醚和热醇，微溶于冷醇。其熔点 137～139℃。比旋光度 $[\alpha]_D^{20}-33.23°$。已发现木材中有游离型和结合型（如：β-谷甾醇-D-葡萄糖苷等）两种。β-谷甾醇也可从松木浮油和松针等不皂化物中分离和提取。经分析木浆浮油含 1.5%～3.0%的甾醇，其中β-谷甾醇占 60%以上，俄罗斯某纸厂分析竟高达 87.6%。它是一种珍贵药剂，用来预防和治疗动脉粥状硬化，而且是制造生物激素的重要原料。

应该指出，若干热带材还含有一种特殊的三萜苷——皂苷。它是一种天然防腐剂，并且在水中能起泡，故在医药上和工业上用作起泡剂和防腐剂。非洲捕鱼时也作麻醉剂使用。

(5) 多萜：由八个以上异戊二烯构成的一类天然产物。一般都有俗名。最常见的是具有经济价值的一些热带树种胶乳，内含马来树胶、杜仲胶和橡胶。这三种化合物均是以 1→4 连接的异戊二烯聚合物，但在聚合度和分子构型方面不同。就后者而言，前两种化合物是 1，4-反式聚异戊二烯；而橡胶为 1，4-顺式聚异戊二烯，故有弹性。

对 150 种树木木质部的橡胶含量进行测定，发现只有 8 种含有胶乳，其中 4 种含量≥1%。

4.1.2 脂肪族类化合物

这类物质在木材中主要包括脂肪、蜡及其组成的化合物，水溶性碳水化合物和含氮化合物等。

(1) 脂肪、蜡及其组成的化合物：脂肪是高级脂肪酸的甘油酯；蜡则是高级脂肪酸与高级脂肪醇所形成的脂〔$CH_3-(CH_2)_n-O-CO-(CH_2)_m-CH_3$〕，两者在木材中的含量分别低于0.5%和0.1%。此外，还存在它们的组成物，即游离脂肪酸和高级醇。至今已鉴定出木材中含有20种以上的脂肪酸，它们主要是12～24个碳原子饱和和不饱和的一元羧酸。木材中脂肪酸的种类和若干性质见表3-66。

表3-66 木材中脂肪酸的种类和性质

名称	碳原子数/不饱和双键数	分子量	酸值	碘价	熔点（℃）
饱和酸					
十二（烷）酸（月桂酸）	12/0	200.3	280.1	0	44.2
十四（烷）酸（肉豆蔻酸）	14/0	228.4	245.7	0	53.9
十六（烷）酸（棕榈酸）（软脂酸）	16/0	256.4	218.8	0	63.1
十八（烷）酸（硬脂酸）	18/0	284.5	197.2	0	69.6
廿（烷）酸（花生酸）	20/0	312.5	179.5	0	75.3
廿二（烷）酸（山　酸）	22/0	340.6	164.7	0	79.9
廿四（烷）酸	24/0	368.6	152.2	0	84.2
不饱和酸					
十六(烷)烯-(9)-酸(棕榈油酸)	16/1	254.4	220.5	99.8	0.5
十八(烷)烯-(9)-酸(油酸)	18/1	282.4	198.1	89.9	13.4
十八(烷)二烯-(9,12)-酸(亚油酸)	18/2	280.4	200.1	181.0	−5
十八(烷)三烯-(9,12,15)-酸(亚麻酸)	18/3	278.4	201.5	273.5	−10→11.3

云杉和桦木乙醚抽出物中脂肪酸的分布，若干针、阔叶材和松根乙醚抽出物的组成分别见表3-67、表3-68和表3-69。

从表3-67、表3-68、表3-69中看出，多数脂肪是不饱和的，而且以脂化型的为主。

天然存在的不饱和脂肪酸，大多是顺式的，经过热或化学处理后，可转变为反式。不饱和脂肪酸分子中的双键是不稳定的，受高温或伴随高温产生化学反应的影响，双键可能发生位移或部分发生氧化和结合；大多数含两个或三个双键的不饱和脂肪酸，分子中的双键不呈

表3-67 云杉和桦木乙醚抽出物中脂肪酸组成[30]

树种	总脂肪酸（占乙醚抽出物%）	饱和酸（C_{16}～C_{18}）	油酸	亚油酸	亚麻酸	总（C_{16}～C_{18}）	其他酸
斯堪的纳维亚云杉	49	4	16	41	0.5	61	39
白桦	72	约8	约3	约75	约6	92	8
银桦	85	14	3	67	10	95	5
银桦	63	14	8	54	3	80	20

表 3-68 若干针、阔叶材乙醚抽出物的组成[30]

树 种	树脂酸（%）	游离脂肪酸（%）	脂 肪（%）	不皂化物（%）
挪威云杉 *Picea abies* (L.) Karst.	24	9	41	20
美国短叶松 *Pinus banksiana* Lamb.（心材）	67	13	8	12
美国短叶松 *Pinus banksiana* Lamb.	37	10	40	12
短叶松 *Pinus echinata* Mill.	23	68	—	9
短叶松 *Pinus echinata* Mill.	67	19	—	14
短叶松 *Pinus echinata* Mill.	40	16	36	9
湿地松 *Pinus elliottii* Engelm.	47	34	—	14
湿地松 *Pinus elliottii* Engelm.	26	14	46	13
长叶松 *Pinus palustris* Mill.	36	6	49	9
晚 松 *Pinus serotina* Michx.	40	18	28	14
欧洲赤松 *Pinus sylvestris* L.	56	34	—	10
火炬松 *Pinus teada* L.	44	11	38	6
矮 松 *Pinus virginiana* Mill.	44	9	40	7
平 均（针叶材）	42	12	35	11
纸皮桦 *Betuia papyrifera* Marsh.	(2)	9	52	32
纸皮桦 *Betuia papyrifera* Marsh.	—	22	61	16
纸皮桦 *Betuia papyrifera* Marsh.	(1)	1	59	36
疣皮桦 *Betuia pendula* Roth.	—	6	58	32
疣皮桦 *Betuia pendula* Roth.	—	3	92	6
疣皮桦 *Betuia pendula* Roth.	—	3～12	69～87	10～19
美国枫香 *Liquidambar styraciflua* L.	—	57	31	11
水紫树 *Nyssa aquatica* L.	—	52	16	32
美国紫树 *Nyssa sylvatica* Marsh.	—	47	16	37
颤 杨 *Populus tremuloides* Michx.	(2)	72	2	18
颤 杨 *Populus tremuloides* Michx.	(2)	5	66	19
平 均（阔叶材）	—	19	55	24

表 3-69 松根乙醚抽出物的组成[30]

乙醚抽出液组成	30 年以上腐朽过的松树伐根	
	试样 I （平均值）	试样 I （平均值）
中性物	9.72	7.43
脂肪酸	9.68	14.20
树脂酸	80.68	78.37

共轭体系，但在热碱作用下可发生异构化作用，使之变成共轭状态，如浮油中部分亚油酸异构成为具共轭双键的异构体。

（2）水溶性碳水化合物：包括单糖和低聚糖、部分淀粉、果胶以及糖醇类等。

①单糖和低聚糖：除水溶性高聚糖外，通常在针、阔叶材的边材中含有蔗糖、葡萄糖和果糖，据测定，挪威云杉约含 3～4mg/g 木材。此外，有些材种心材则发现有少量 L-阿拉伯糖、D-木糖和 D-甘露糖。但松木和侧柏等多种针叶材的心边材都含有阿拉伯糖。有些树种

（如欧洲白桦等）和树芽中含有少量棉子糖、水苏糖和毛蕊糖。它们分别为非还原性的三糖、四糖和五糖。

此外，有时糖类与酚类或其他羟基化合物结合成可溶性糖苷，但多存在于内皮层，木材中较少。

②淀粉：很多阔叶材边材中含有储备的营养物质淀粉，通常不溶于一般中性溶剂，但有时可从细木粉中洗出淀粉粒。主要储存在木薄壁组织、木射线和髓部中，含量在 0.5%～5%，随材种和采伐季节变化而异（见表 3-70）。

表 3-70　不同阔叶材的淀粉含量[30]

材　种	采伐月份	淀粉含量（%）	材　种	采伐月份	淀粉含量（%）
美国桦	5	4.9～5.4	桤　木	1	3.0
美国桦	10	3.5～3.7	糖　槭	10	1.7～2.4
桦（边材）	—	0.8～1.9	美国栎	—	1.3
桦（心材）	—	1.3	榛　木	—	0.4
李	—	3.4～4.1			

③果胶：果胶酸是构成果胶的主要成分，它是由 α-D 吡喃型半乳糖醛酸基通过 1-4 苷键连接的线型高分子化合物。不溶于水。分子中部分或大部分糖基上的羧基酯化成甲酯，部分被中和成盐，使其变成部分可溶于水的物质，称为果胶素或果胶。如果含有 75%甲酯酯化度，则其分子结构如图 3-117。

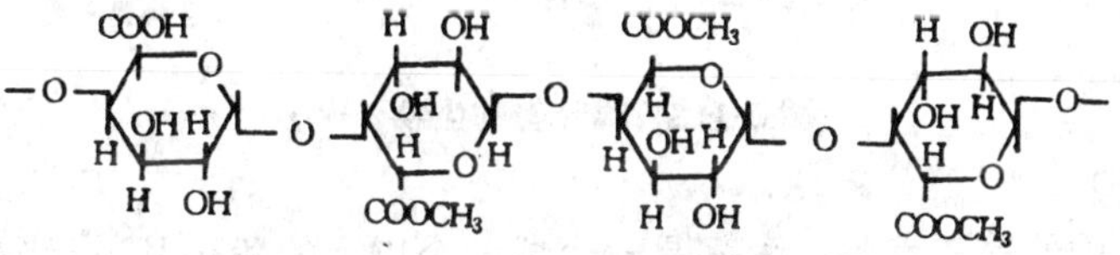

图 3-117　75%甲酯酯化度的高甲氧基果胶结构式[30]

存在于植物中的天然果胶（即原本果胶）是不溶于水的，这是由于多价金属离子（如 Ca^{2+}、Mg^{2+} 等）与未甲酯化羧基的作用，将果胶链分子连接成网状结构，使之成为不溶于水的原本果胶。原本果胶经水解可形成果胶。

果胶分子量大约为 5 000～180 000。它在水中溶解度取决于聚合度和酯化度。聚合度恒定时，酯化度越高，溶解度越大。酯基皂化后析出羧基会提高果胶的胶凝力。

应该指出的，有些果胶主链中含有 L-鼠李糖基。此外，少量 D-木糖、L-阿拉伯糖和 D-半乳糖作为侧链部分或以伴随中性高聚糖状态出现。木材果胶除主链为上述分子结构外，尚有 D-半乳糖基和 L-阿拉伯糖基侧链。

成熟木材的果胶含量很少，一般少于 1%，如云杉和松木仅含 0.5%～1.0%。其中仅少部分溶于冷水，大部分甚至全部溶于稀碱、稀酸和草酸铵溶液。

④糖醇和环醇类化合物：从定义上来说，这两类化合物不属于碳水化合物，但由于它们的化学性质类似于单糖类，故习惯上仍归入碳水化合物中。

糖醇是多羟基烷烃，一般由醛糖或酮糖还原而得。木材中最简单的糖醇是甘油，以脂肪酸甘油酯形式出现。已糖醇类在木材中不常见，但甘露糖醇则为白蜡树渗出液的主要成分。

环醇类主要包括环已六醇（肌醇）和环已五醇。前者存在于包括欧洲白桦在内的多种木材中；而后者则有栎醇的俗称。此外还发现有环糖醇与环醇的性质相似，多数有甜味；能溶于水以及含水的乙醇和丙酮中，而不溶于无水乙醇和丙酮；可形成硼酸复盐。

（3）含氮化合物：一般包括蛋白质和生物碱（指一类含氮有机碱，其碱性是由于含一个或一个以上的氮原子，并且多数以杂环形式出现）。

云杉属、松属和冷杉属木材的蛋白质含量为0.2%～0.8%；但心材仅含0.2%～0.4%。对欧洲赤松蛋白质的组成进行了分析，发现其中有16种氨基酸，但没有普通的四种氨基酸（氨羰丙氨酸、谷酰胺、色氨酸和胱氨酸）。蛋白质含量随木材老化而降低，然而即使经300年后，仍可测出相当少量的蛋白质。

欧洲山毛榉属、桦属和桉属木质部都含有游离氨基酸和蛋白质。根据分析结果，阔叶材蛋白质组成，除存在羟基脯氨酸外，都与其他植物蛋白一样。但其含量很低（多数木材含氮量低于0.1%），并且有迹象表明它也参与细胞壁的构造。对于很多热带阔叶材而言，含氮物还包括生物碱。对125种树木木质部的生物碱进行研究，发现除了紫杉外，针、阔叶材都含有生物碱，而且具有67种不同化学结构。其中4种如图3-118。

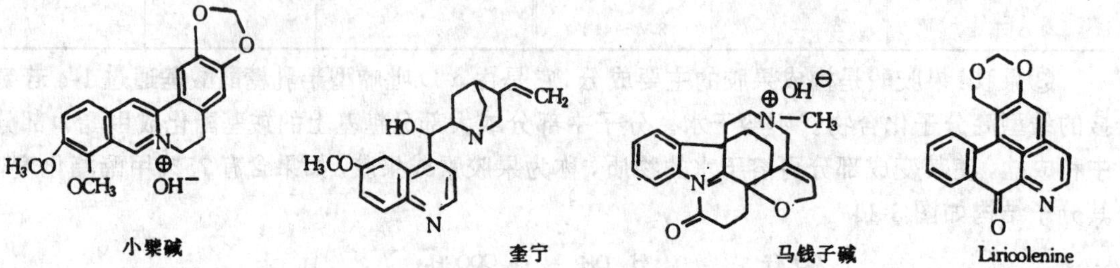

图3-118 阔叶材的生物碱[113]

4.1.3 酚类化合物

为木材提取物中的第三大类。大多是一个或一个以上的酚羟基取代和具有侧链的酚类化合物。它们一般在乙醚中的溶解度很低，但溶于乙醇、乙醇-水和水中。木材组织中这类化合物有很多类型。现就主要碳骼为$C_6C_2C_6$（芪）、$C_6C_3C_3C_6$（木酚素类）和$C_6C_3C_6$（黄酮类化合物）的结构和一般性质分述如下：

（1）芪类：为α、β-二苯乙烯类化合物。有顺式和反式两种。从已确定木材的23种化学结构中看出，多数呈游离形式，而且苯环上往往为羟基和（或）甲氧基所取代；仅8种与糖结合成苷。

松木心材和树皮含有少量芪的衍生物，名3，5-二羟反芪，俗称银松素或欧洲赤松素。该化合物及其单甲醚的熔点分别为155～156℃和122～123℃。与重氮联苯胺作用生成血红色含氮化合物，为鉴别松木心材提供一个简便的显色试验。由于这种化合物具有杀菌能力，能抑制真菌生长，故增加心材的耐腐性。

芪的衍生物还存在于许多阔叶树的心材中。如假山毛榉心材中含欧洲赤松素和3，5，4′-三羟基芪；桉树心材中除含有3，5，4′-三羟基芪外，还含有3，5，4-三羟基芪-β-D-葡萄糖苷；桑树心材中含有3，5，2′，4′-四羟基芪；紫檀心材中则含有具抗糖尿病作用的紫檀芪（3，5-二个氧基-4′-羟基芪）。

（2）木酚素类：系指两个苯丙烷碳骼结构通过侧链β-β′碳原子进行偶合的一类二聚物。侧链α-碳原子通常被氧化，并以醇、醚或内酯等形式出现。苯环上常带有1～2个羟基或甲氧基，而且一般都有1个或1个以上的不对称碳原子，因此均呈光学活性。木酚素主要有三大结构类型，如图3-119。

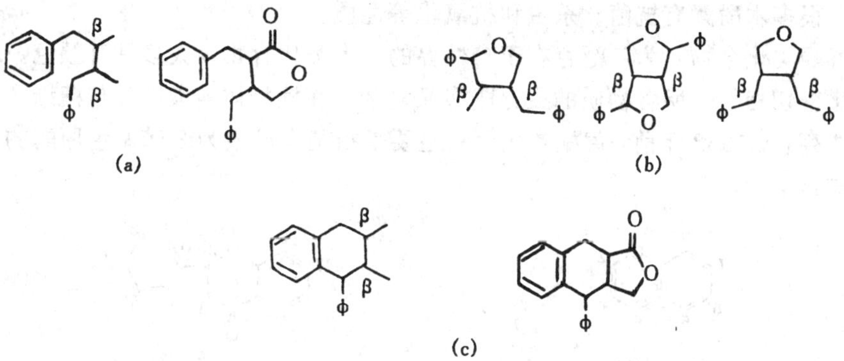

图 3-119 木酚素类三大结构类型[30]

(a) 二芳基丁烷结构；(b) 四氢呋喃结构；(c) 四氢萘结构

图3-119中所述的主要结构类型代表物的结构及其有关物理常数，分别见表3-71和如图3-120。

表 3-71 常见木酚素的物理常数[30]

名称和结构式	熔点（℃）	旋光度 $(\alpha)_D$	存在的属
落叶松树脂酚	167～168	+20°（丙酮）	落叶松、云杉
松树树脂酚	130～131	+84.4°（丙酮）	松、云杉
铁杉脂素	255～256	−54.5°（丙酮）	铁杉、云杉、冷杉
愈创木树脂酚	99～100	−94°（乙醇）	愈创木树脂

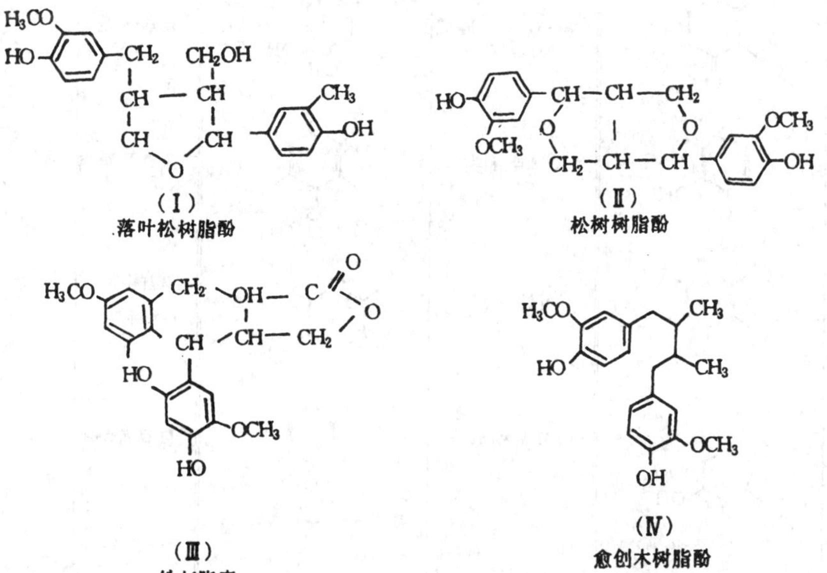

（Ⅰ）落叶松树脂酚

（Ⅱ）松树树脂酚

（Ⅲ）铁杉脂素

（Ⅳ）愈创木树脂酚

图 3-120 常见木酚素的化学结构[30]

这类物质的含量，随树种不同变化很大，在占干心材重的1%～30%之间变动。一般仅微溶于冷水。很多木酚素有抗菌、杀虫和抗氧化等性质。

（3）黄酮类化合物：为广泛存在于自然界的一大类化合物，大多具有颜色。而且其分布与植物进化密切相关，所含物质的成分既多又复杂。在植物体内大部分与糖结合成苷，部分以游离形式存在。1952 年前，黄酮类化合物主要是指基本母核为 2-苯基色原酮的一系列化合物，如下式：

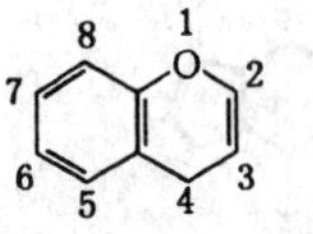

色原酮 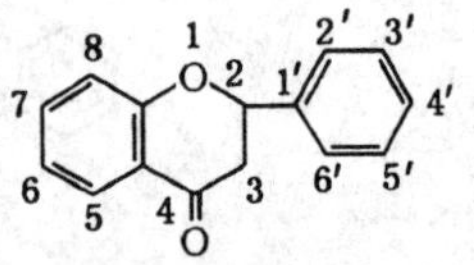　　　　2-苯基色原酮结构[115]

天然黄酮类化合物母核上常有—OH、—OCH_3 等取代基。由于这些助色团的存在使该类化合物多显黄色，且结构中具碱性氧原子，所以过去曾把黄酮类化合物称作黄碱素化合物。

目前黄酮类化合物是泛指两个芳环（A 与 B）通过三碳链相互连接而成的一系列化合物，基本结构如下式：

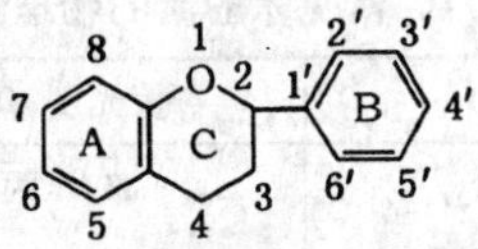

根据三碳链氧化程度、B 环（苯基）连接位置（2-或 3-位）以及三碳链是否构成环状等特点，可将重要的天然黄酮类进行分类，见表 3-72。

表 3-72　天然黄酮类化合物的主要结构类型[116]

名　称	三碳链部分结构	名　称	三碳链部分结构	名　称	三碳链部分结构
黄酮类	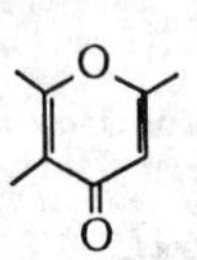	黄烷-3，4-二醇类	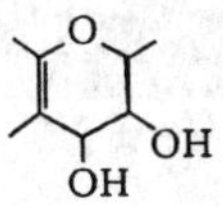	查耳酮类	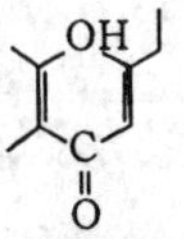
黄酮醇	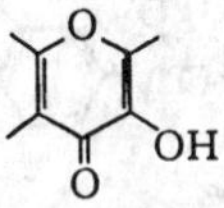	双苯吡酮类	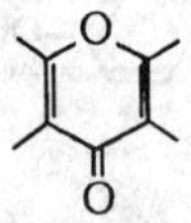	二氢查耳酮类	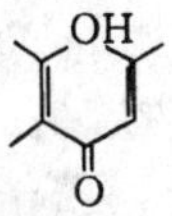
二氢黄酮类	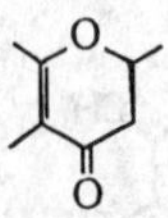	黄烷-3-醇	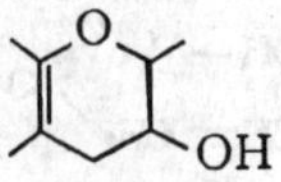	橙酮类（噢哢类）	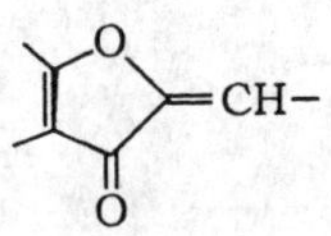
二氢黄酮醇	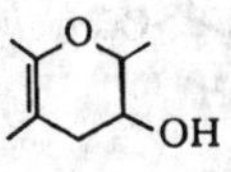	异黄酮类	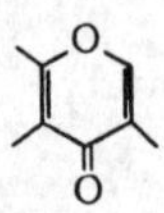	二氢异黄酮类	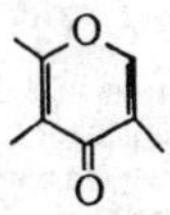
花色素	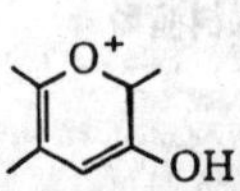				

从针、阔叶材中分离和鉴定的黄酮类化合物，分别如图 3-121 和见表 3-73。

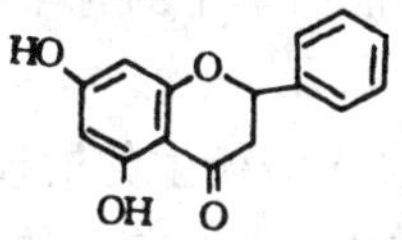

柯固 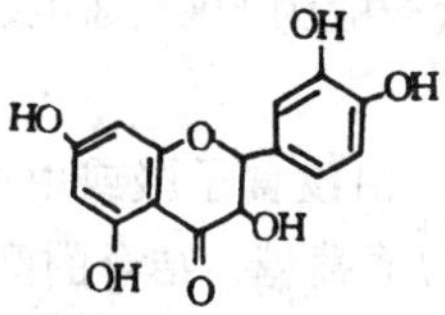　紫杉叶素 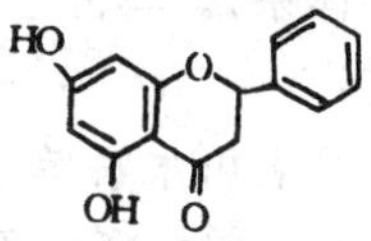　松属素

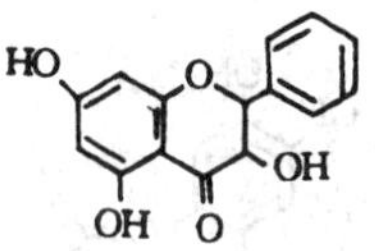

短叶松素 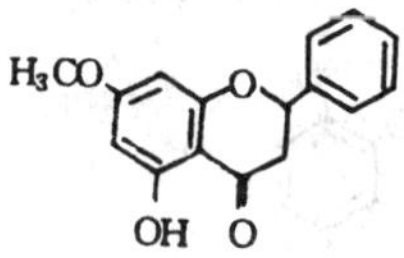　乔松酮 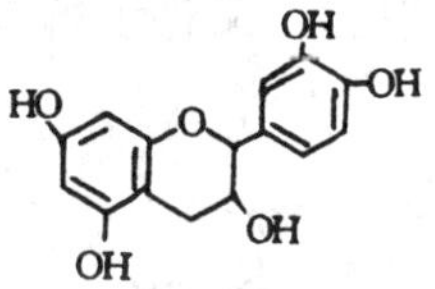　儿茶素

图 3-121　针叶材的黄酮类化合物[113]

表 3-73　从各种阔叶材分离的黄酮类化合物[113]

主要结构	羟基-（甲氧基）-位置	名　称	存　在
黄酮类	3、7、3′、4′	非瑟素	金合欢属、漆树属、破斧木属
	3、5、7、4′	山奈酚	缅茄属
	3、7、3′、4′、5′	刺槐乙素	金合欢属、刺槐属、破斧木属
	3、5、7、3′、4′	槲皮素	金合欢属、七叶树属、栎属
	3、5、7、2′、4′	桑色素	*Chlorophora*
黄烷醇类	3、7、3′、4′	非瑟酮醇	金合欢属
	3、4、7、3′、4′	黑荆素	金合欢属、皂荚属
	3、5、7、3′、4′	儿茶素	金合欢属、破斧木属
	3、4、5、7、3′、4′	白矢车菊苷元	破斧木属
二氢黄酮类	7、3′、4′	紫柳黄酮	金合欢属
	3、7、3′、4	黄颜木素	金合欢属、破斧木属
异黄酮类	5、4′、(7)	洋李素	李属、紫檀属
	5、3′、4′、(7)	紫檀酸	紫檀属、檀香属
香耳酮类	3、4、2′、4′	紫铆因	金合欢属、假油楠属
	3、4、2′、3′、4′	(Okanin)	*Cycicoodiscus*
	α、3、4、2′、4′	五羟基-查耳酮	*Peltogyne*、*Trachylobium*
噢[illegible]States类	6、3′、4′	(Sulfuretin)	假油楠属
	6、3′、4′、(4)	(Rengasin)	*Melanorrhoea*、假油楠属
	2、6、3′、4′	四羟苯并二氢呋喃-3-酮	破斧木属
	2、6、3′(4′)	甲氧基三羟基苯并二氢呋喃-3-酮	破斧木属

就紫杉叶素（或称二氢槲皮素）而言，北美黄杉和西部落叶松心材含量分别在 0～1.5%和0～1.8%变动，但两种木材的边材为 0～0.6%。此外，日本落叶松、西伯利亚落叶松和兴安落叶松的心材含量分别为 2%～4%、1.5%～2.5%和 4.2%。

(4) 单宁：又名植物鞣质，是水抽提物中的一类能使生皮成革的多元酚物质（包括简单酚类和综合黄酮类体系）。其分子量一般为500～3 000。根据单宁的化学组成和化学键特征，通常分为下列两类：

①水解单宁：又名可水解单宁。由没食子酸或由没食子酸衍生的酚羧酸（如双没食子酸或六羟基联苯二酸）与单糖（主要为葡萄糖）结合的酯类化合物。前者的结构如图3-122。由于组分中具有酯键，故易被酸或酶水解为单糖和多元酚羧酸。根据所得多元酚羧酸的不同（如没食子酸或鞣花酸），又将水解单宁再分为没食子单宁和鞣花单宁两类。

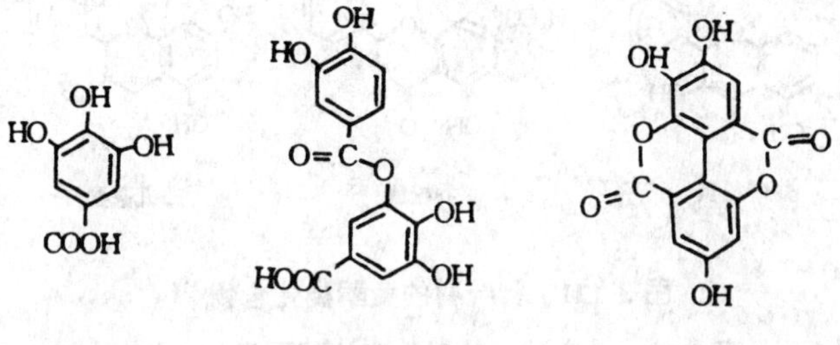

(Ⅰ) (Ⅱ) (Ⅲ)

图3-122 没食子酸（Ⅰ）及其二聚体双没食子酸（Ⅱ）和鞣花酸（Ⅲ）[113]

没食子单宁类中的五倍子单宁，国际上称为中国鞣质，中国药典上称为鞣酸。五倍子是五倍子蚜（虫）寄生在漆树科植物盐肤木等叶翅上所形成的或另外的蚜虫寄生在同属植物的小叶背上所形成的虫瘿，其主要成分为鞣质。含量约60%～70%，有的可达78%。

五倍子鞣质为白色无定形粉末，$[\alpha]_D^{20}+12.1°$（丙酮）。它是由一分子葡萄糖与5～12个没食子酸结合所成的酯的混合物，如图3-123。

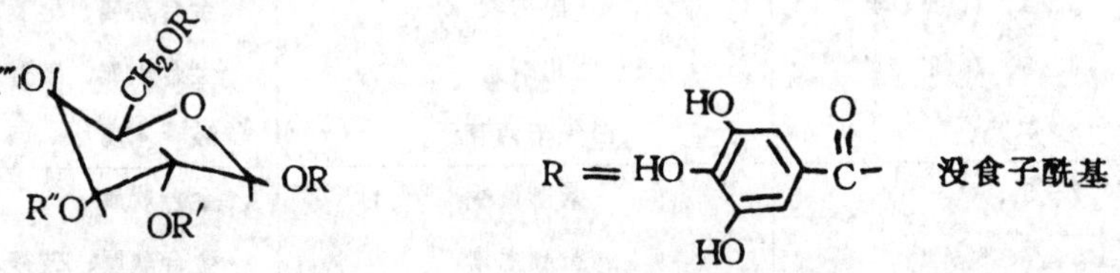

R = 没食子酰基

图3-123 五倍子鞣质[115]

欧洲栗 *Castanea sativa* Mill. 和无梗花栎 *Quercus petraea* Liebl. 的水解单宁由4种主要化合物组成。其中有栗木鞣花素和甜栗素，都属鞣花单宁类。

桉木含鞣花单宁，白栎和赤栎的心边材的没食子单宁为金缕梅单宁。

上述若干水解类单宁的结构如图3-124。

②缩合单宁：有时也称难水解单宁。主要缩合单宁是由黄烷-3-醇和（或）黄烷-3，4-二醇缩聚形成的。其分子的苯核均以碳-碳键〔 —C—C 〕相加。在水溶液中不受酸或酶水解，但与稀酸共热时则缩合为高分子无定型物质，俗称红粉。上述黄酮类化合物结构单元及红粉结构如图3-125。

由于黄烷醇的A环为羟基和氧杂环的间位取代，即以5，7-间苯二酚型出现，于是在6和8位上产生强的亲核中心。因此缩合单宁结构单元（黄烷醇）之间主要是通过4，6-和4，8-

栗木鞣花素

甜栗素

桉树鞣花单宁

金缕梅单宁

图 3-124　若干水解类单宁的结构[113]

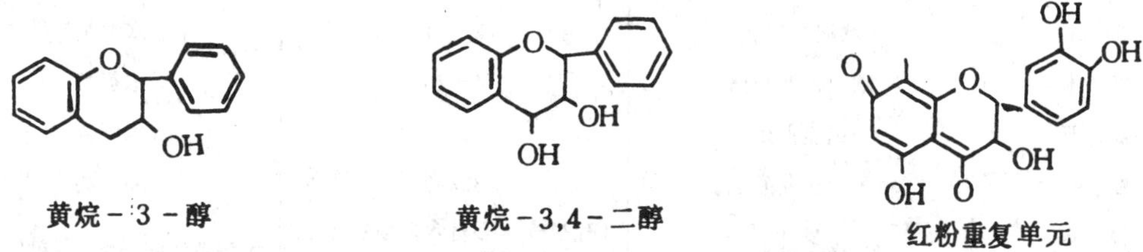

图 3-125　缩合单宁的结构单元和红粉[30]

键连接。综合反应的第一步是生成双黄酮类化合物（或称原花色素类）。从阔叶材分离的这类化合物如图 3-126。从图 3-126 看出，Ⅰ、Ⅱ、Ⅲ、Ⅳ化合物分别以 4，6-和 4，8-键进行连接。金合欢属、*Colophospermum* Kirk、桉属和破斧木属心材中各类型黄酮类化合物在其组成〔包括5，7，3′，4′-四羟基黄烷-3-醇（棓儿茶素）、5，7，3′，4′，5′-五羟基黄烷-3-醇（棓儿茶素）、7、3′，4′-三羟基-黄烷-3，4-二醇（白漆苷元）和7，3′，4′，5′-四羟基-黄烷-3，4-二醇（无色刺槐亭）及其连接键型（4，6、4，8-）］和空间排列都有差别。由3～8个黄酮类化合物结构单元组成的缩合单宁类主要结合示意如图3-127。与前述双黄酮化合物一样，其组成和空间排列也是不同的。

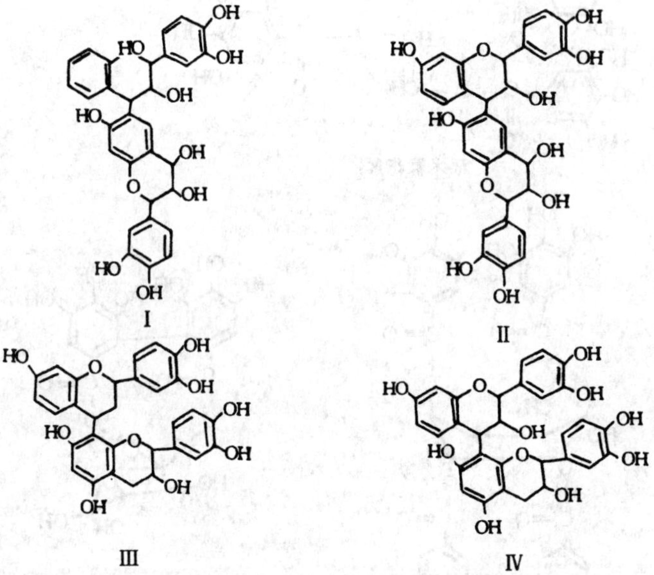

I II III IV

图3-126 阔叶材的双黄酮类化合物[113]

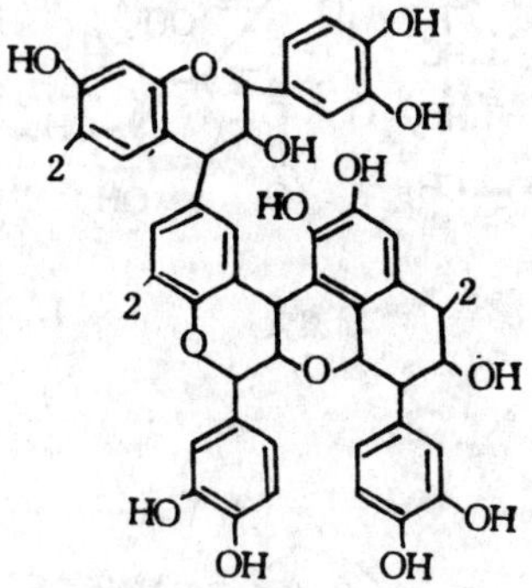

图3-127 缩合单宁的结构[113]

一般木材中含单宁很少，而且缩合类单宁的分布比水解类单宁广泛。如常见的松木、云杉、白桦和赤杨等均含缩合类单宁。但若干材种含量较大，并有工业利用价值。其含量和结构类型，见表3-74。

表3-74 若干木材单宁的含量和结构类型[113]

材 种	产 地	单宁含量（%）	单宁类别
坚 木	阿根廷、巴拉圭	16～28	缩合类
栗 木	欧洲、美洲	8～14	水解类
栎 木	欧洲、北美洲	4～16	水解类
红钩栗	福建得乐	12.12	水解类
油 茶	浙江龙泉	33.92	缩合类
桉 木	澳大利亚	（有些桉木心材含多酚类超过30%，其中刚果桉的鞣花酸含量1.6%）	水解类和缩合类（据单体化合物而定）

（5）灰分：木材中含有少量无机物，经燃烧和灰化后产生灰分。其含量和组成与树种、树龄、立地条件、采伐和运输方法等有关。温带木材灰分含量为0.3%～1.0%。中国主要工业用材中，除泡桐和青杨外，一般都在1%以下。但多数热带材超过1%，有些甚至可达5%。

从元素组成看出，主要为 Ca、K、Mg。在多数木材中，Ca 占元素组成的 50%以上；其次为 Mn、Na、P 和 Si 等。详见表 3-75。对于低于 50μg/g 的痕量元素也进行了分析，例如红果云杉 *Picea rubens* 含有几十种痕量元素。与温带材比较，许多热带材含高比例的 Si，有些甚至超过 Ca 的含量。

按水溶性情况，灰分可分为两类：一类溶于水，约占全部灰分的 10%～25%，其中主要为 K 和 Na 的碳酸盐类(约占整个溶解部分的 60%～70%)；另一类不溶于水，其中主要为 Ca、Mg 的碳酸盐、硅酸盐和磷酸盐。

表 3-75　木材中灰分组成（%）[30]

树　种	K_2O	Na_2O	CaO	MgO	Fe_2O	MnO_2	P_2O	SO_3	SiO_2	Cl_2
山毛榉（50～90 年生）	28.62	1.91	37.65	11.23	1.25	5.08	6.76	1.37	5.98	0.01
栎木（50 年生）	33.17	8.30	29.90	6.93	1.50	0.64	11.48	2.14	5.17	—
栎木（20 年生）	35.96	4.22	24.51	11.60	1.35	—	15.87	5.06	2623	—
阔叶材（11 种平均）	8.88	2.43	71.52	5.34	1.82	0.34	4.18	1.84	3.75	—
松木（100 年生）	14.31	0.99	53.64	10.69	0.11	3.34	6.05	3.51	3.61	—
落叶松	23.57	1.70	45.14	13.20	3.04	—	7.68	2.05	3.23	0.07
云　杉	19.66	1.37	33.97	11.27	1.42	23.96	2.46	2.64	2.73	—
冷　杉	39.87	0.90	11.14	9655	0.73	28.56	6.13	1.80	1.33	—

4.2　提取物在木材中的分布与变化

木材提取物虽然是由大量不同化合物组成的，但迄今尚未发现一种木材含有所有类型的化合物。它的含量和组成不但受树木的属、种所决定，而且还随产地、采伐季节、取样部位、存放时间、运输方式和提取条件等不同而异。因此要真实地反映主要工业用材提取物的含量与组成的变化尚需进行大量的深入研究。现就有关提取物在不同树种、不同部位以及内部细结构中的分布和变化作一扼要阐述。

(1) 提取物在不同树种中的分布与变化：温带木材溶于有机溶剂部分仅占百分之几，但在热带和和亚热带木材含有相当数量，见表 3-76。

表 3-76　若干重要热带木材苯-醇抽出物的含量[30]

材　种	商品名	学　名	苯-醇抽出物（%）
泰国柚木	Teak	*Tectona grandis* L. f.	10.4
巨　桑	Troko	*Chlorophora excelsa* Benth. et Hook. f.	13.8
西非红豆树	Afromosia	*Afrormosia elata* Harms	6.9
缅　茄	Afzelia	*Afzelia africana* Smith ex Pers.	9.1

在造纸工业上把木材乙醚抽出物称为木材树脂含量。它由树脂酸、游离脂肪酸和中性物(脂肪酸酯类和包括碳氢化合物、醇类、蜡、氧化物等在内的不皂化物）组成。在针叶材中以松属马尾松、油松、长叶松、美国西部黄松等含量较多；而阔叶材则以桦、杨和椴木等含量较多。表 3-77 表明不同树种抽出物的含量和组成。

从表 3-77 中看出，阔叶材树脂主要是由中性物和游离脂肪酸组成，几乎不含树脂酸；而多数针叶材树脂（特别是松属和云杉属）的树脂酸含量可达 30%～40%，这是针叶材和阔叶材树脂最显著的区别。

新采伐木材经储藏后，树脂含量要下降，同时由于空气氧化、酶水解、异构化等反应，其组成也发生变化。就酸性亚硫酸盐法制浆而言，这种改变是有益的，减少“树脂障碍”和浆中的树脂含量。但在硫酸盐法制浆下，木材经储存后会引起不利的后果，不但降低浮油松香和松节油的产量，而且还影响产品的质量。

表 3-77 不同树种抽出物的含量和组成[113]

	挪威云杉（%）	欧洲赤松（%）	疣皮桦（%）	欧洲山杨（%）
丙酮抽出物	2.22	3.10	3.46	4.53
乙醚不溶物	0.9	0.68	1.43	2.01
乙醚可溶物	1.24	2.42	2.03	2.30
石油醚不溶物	0.15	0.08	—	0.04
石油醚可溶物	1.04	2.29	2.03	2.27
游离脂肪酸	7.52	7.55	—	4.46
树脂酸	27.37	29.03	0.30	0.75
中性物	62.13	60.59	99.70	94.58
碳氢化合物	1.84	3.21	1.99	5.01
蜡	8.41	3.64	9.67	13.53
甘油三酸酯	18.67	33.17	39.88	45.68
高级醇	9.55	6.06	7.68	10.59
甘油二酸酯	5.26	1.39	8.48	2.55
甘油单酸酯	5.26	0.79	11.07	5.20
氧化物	13.05	1.89	14.48	6.72

图 3-128 和图 3-129 分别说明，云杉和桦木木片经储藏后树脂组成的变化。

（2）提取物在树木不同部位的分布与变化：不同树种抽出物含量和组成是不一样的，即使同一树种处于不同部位，其含量和组成也会发生变化。例如长叶松边、心材含树脂分别为

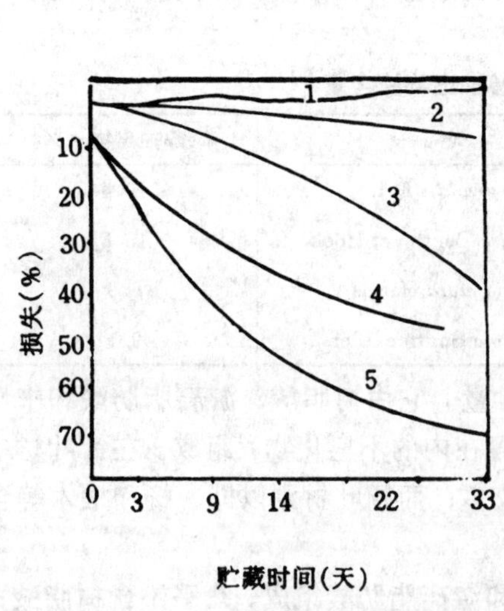

图 3-128 云杉木片储藏阶段树脂酸的变化[116]

1. 树酯酸类；2. 不皂化物；3. 抽提物含量；4. 中性树脂成分；5. 酯化酸

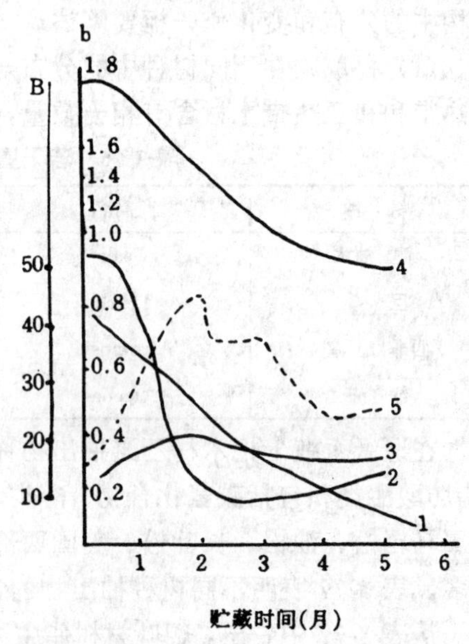

图 3-129 桦木木片储藏阶段树脂的变化[117]

1. 游离酸； 2. 结合酸； 3. 不皂化物；4. 醚溶树脂； 5. 木片温度

2%和7%～10%；而近根株部分的心材和成熟老根株心材的树脂含量分别为15%和25%。就树干横切面而言，树脂含量和组成在不同部位中也发生变化（如图3-130）。

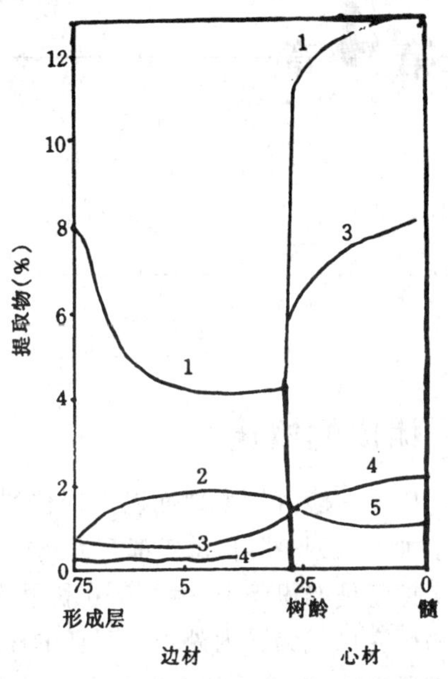

图3-130　欧洲赤松提取含量和组成沿径向的变化[116]

1. 总抽出物；2. 甘油三酸酯类；3. 树脂酸类；4. 脂肪酸类；5. 欧洲赤松素及其单甲醚

我们知道，随树龄增加，边材向心材移行时，除木材颜色发生变化外，木材内部还发生各种变化，这些变化通称为心材化现象，其中之一是提取物（特别是酚类化合物）大量增加，因此酚类化合物是特征的心材成分。松属提取物含量大约从4%增到12%～14%。有关心、边材抽出物含量和组成的差别见表3-78。

(3) 提取物在木材内部细结构中的分布与变化：一般来说，木材提取物主要沉积在树脂道和射线薄壁细胞；较低量的也存在于细胞间隙、胞间层、管胞和木纤维的细胞壁及其毛细管内。例如两种针叶材树脂含量其分布见表3-79。阔叶材树脂则几乎完全存在于射线薄壁细胞，纵向薄壁细胞很少。虽然心材导管中含有相当数量的树脂，边材导管中则不含树脂。这可能是由于在射线薄壁组织与空的心材导管接触处，生活的薄壁细胞具有很高的压力，致使树脂从射线细胞侵入心材导管。

表3-78　心、边材提取物含量和组成的差别[33]

抽出物类型	边　材	心　材
糖　类	较多（葡萄糖、蔗糖、果糖、淀粉）	较少（木糖、阿拉伯糖、甘露糖）
树脂及脂肪类	脂肪酸为多（以酯型占多数）	树脂酸为多（以游离型占多数）
脂类化合物	少量（糖苷型、还原型）	大量（苷元、氧化型）

表3-79　2种针叶材树脂含量及其分布[116]

树脂含量（占干材重的%）	欧洲云杉	挪威云杉
分布于：		
薄壁细胞	30	55
树脂道	70	45

心材化现象的结果产生大量的酚类物质，这些物质浸透包括管胞在内的整个心材部位；此外，松属边材和心材的纹孔塞分别由纤维素、果胶和酚类、木质素组成。

研究还表明，木材的果胶主要存在于胞间层和具缘纹孔的纹孔塞上。

经仔细灰化木材横切面，以产生灰分骨架，供光显微镜和电子显微镜观察，发现树脂道和射线细胞内有灰分沉积；在管胞壁内，无机物主要存在于复合胞间层和次生壁中，但阔叶材导管的纹孔和螺纹加厚也含无机物。在热带材、冷杉属、槭属和白杨属中，发现无机物不仅渗入细胞壁中，也沉积在薄壁细胞和韧型纤维的胞腔中，其组成主要为不同形状的碳酸钙、草酸钙和硅酸钙。硅主要以粒状或粒状聚集体出现；其他无机物则以针形和棱形等结晶体出现。

第4章 树皮化学

李民栋

1 树皮的概述

树皮一般占树木地面以上部位的10％～20％，不论在森林采伐或木材加工(包括机械和化学加工)工业部门，每年都有大量树皮产生。长期以来树皮被认为是一种令人厌烦的废物，不是烧掉就是堆积起来。为了充分利用资源，减少环境污染以及提高木材综合利用率，目前，对树皮的研究已成为国内外木材工业的注意中心，除对北美黄杉、火炬松、湿地松和杨树皮等进行系统研究外，在综合利用方面也取得明显经济和社会效益，归纳概述见表4-1。

表4-1 树皮综合利用途径

原料状态	利用途径
原形	燃料（包括直接燃烧或做燃料棒、固体成型燃料等）、过滤材料、建筑材料、发酵介质、堆肥、土壤改良剂、吸油剂和合成树脂填充剂等
经化学加工	栲胶、蜡、粘合剂、减水剂、分散剂、表面活性剂、杀虫剂、饲料添加剂、桦皮漆、软木砖和软木纸等；造纸、人造板和纺织原料；树皮炭和引火炭等；药用（包括杜仲、黄柏、肉桂、厚朴、苦楝、金鸡纳树等的树皮中药和杨树皮类脂物的药用等）

综上说明，树皮是林产化工的主要资源之一。此外，不少树种的树皮都含有宝贵的有用成分，而且从某些树皮里可获得一些目前自然界稀有的，或者现在还难以合成的珍贵化学产品。

2 树皮的化学成分

2.1 树皮的化学组成

树皮除解剖上较木材复杂外，在化学组成方面也差别很大。树皮含有大量聚酚酸类和木质素、提取物、灰分和软木脂(或称栓皮脂)，但综纤维素含量明显降低，见表4-2、表4-3。

表4-2 4种树皮的化学成分[30]

组成（%）	松树		云杉		桦树		杨树	
	内皮	外皮	内皮	外皮	内皮	外皮	内皮	外皮
纤维素（无戊聚糖）	18.2	16.4	23.2	14.3	17.4	3.9	8.3	—
戊聚糖	12.1	6.8	9.7	7.1	12.4	4.8	11.8	—
己聚糖	16.3	6.0	9.3	7.7	5.1	—	7.0	—
糖醛酸	6.0	2.2	6.0	4.0	7.4	2.2	3.6	—
除木质素外的甲氧基	1.8	3.7	1.9	2.9	0.7	2.6	3.8	—
水提取物	20.6	14.2	33.1	27.9	21.4	5	31.3	—
乙醇提取物	3.9	3.5	1.7	2.6	13.1	24.8	7.5	—
挥发酸	1.7	1.3	1.1	0.7	0.8	1.1	1.6	—
软木脂	0	2.9	0	2.8	0	34.4	—	—
聚酚酸类和木质素	17.1	43.6	15.6	27.4	24.7	—	27.7	—
灰分	2.2	1.4	2.3	2.3	2.4	0.5	2.7	—

表 4-3　8 种树皮及材部的化学组成（占绝干%）[118]

树种	部位	乙醚抽出物	苯-醇抽出物	冷水抽出物	热水抽出物	1%NaOH抽出物	戊聚糖	综纤维素	纤维素	木质素	单宁	含氮量	灰分
赤松	内皮	9.0	24.7	36.4	43.6	70.4	13.0	44.2	24.8	20.4	12.7	0.32	2.2
	外皮（内层）	3.9	15.1	10.3	13.8	50.4	12.0	36.9	23.4	55.8	6.8	0.02	1.1
	外皮（外层）	2.1	8.5	3.0	8.6	54.3	10.0	—	—	65.3	1.9	0.02	1.3
	边材	2.0	3.5	1.2	3.5	12.5	12.3	69.7	55.6	26.9	—	0.11	0.2
杉木	内皮	6.2	16.2	13.3	26.7	37.1	10.9	42.3	27.1	23.6	3.1	0.38	3.3
	外皮	5.7	7.0	2.9	3.5	32.4	10.6	40.3	26.8	42.6	1.0	0.08	1.1
	材部	2.0	2.0	1.5	2.3	14.7	11.7	—	53.5	33.1	—	—	0.6
扁柏	内皮	7.9	15.8	19.4	25.1	37.2	7.9	48.3	28.1	26.4	2.2	0.37	3.7
	外皮	4.4	6.7	2.5	5.0	34.0	6.6	44.5	28.3	56.8	1.4	0.09	2.5
	材部	1.1	2.0	1.8	2.9	8.2	9.1	—	54.7	29.9	—	0.11	0.4
鱼鳞松	内皮	9.2	19.1	24.5	31.0	52.4	7.6	42.9	27.3	30.2	12.2	—	2.8
	外皮	7.9	17.9	14.3	21.0	40.6	4.8	36.0	21.3	35.6	9.8	—	3.0
	材部	1.4	2.5	2.6	3.6	12.3	9.7	—	56.8	28.9	—	0.07	0.4
椴松	内皮	8.4	16.8	11.6	16.7	50.4	9.6	52.1	31.2	19.1	0.4	—	1.7
	外皮	12.0	18.9	8.7	11.3	41.3	6.8	47.1	24.0	26.0	3.8	—	1.7
	材部	1.3	3.7	2.0	3.9	11.3	8.3	—	55.1	28.7	—	0.10	0.5
落叶松	内皮	2.4	16.8	25.2	37.3	64.1	7.4	41.9	24.9	19.5	—	—	2.8
	外皮	3.5	8.9	7.3	14.2	56.4	6.8	40.8	23.0	38.6	—	—	2.1
	材部	0.6	3.2	4.7	6.4	16.0	10.5	—	54.2	29.6	—	0.13	0.3
白桦	内皮	—	5.0	18.4	18.5	35.0	28.1	—	54.2	—	0.9	0.44	0.6
	外皮	—	35.0	5.3	28.4	22.6	5.6	—	41.1	—	0.6	0.42	1.4
	材部	—	2.9	1.3	3.2	19.4	24.0	—	57.3	21.5	—	0.11	0.3
栓皮栎	外皮	4.1	5.7	1.6	4.8	54.5	16.2	—	55.0	62.2	0.5	0.61	1.1

从表 4-2 和表 4-3 也可看出，即使是同一种树皮，内皮和外皮的化学组成也不同。与外皮比较，内皮含有较多提取物、糖醛酸、戊聚糖以及较少的聚酚酸类和木质素。同时内皮不含软木脂。

2.2　树皮的提取物

其组成比木材更为复杂，含量也大得多，一般约占树皮重的 30%～40%。同一种树皮，内皮和外皮的含量和组成也明显不同；此外，还因树龄、生长条件、剥皮后的经过以及抽提条件等不同而异。

在对树皮进行提取时，为了区别提取物组成的差异，一般采用连续提取，其顺序有两种：乙醚-95%乙醇-热水（或正己烷-苯-乙醇-热水）和苯-醇混合液-95%乙醇-热水。有时为了提取聚酚酸类等物质，在上述各顺序的最后一步，还用 1%NaOH 溶液进行提取。

用上述溶剂进行连续提取能部分分离的一般化合物和得率分别见表 4-4、表 4-5、表 4-6。

表 4-4 溶剂连续提取物中化合物的主要类别[33]

溶 剂	提取物中化合物的主要类型
乙 醚	蜡类、脂肪酸类、脂肪类、树脂酸类、植物甾醇类和萜类
乙 醇	缩合类单宁、黄酮类、酚类
热 水	缩合类单宁、水溶性碳水化合物
1%NaOH	“酚酸类”、半纤维素、软木脂单体类

表 4-5 针叶树提取物的得率（%）[33]

树 种	溶 剂						
	正己烷（或石油醚）	苯	乙醚	乙醇	热水	1%NaOH	总提取物
北美黄杉							
新 采			9.0	16.9	4.6	28.7	59.2
经贮藏			5.4	11.2	3.0	38.2	57.8
火炬松①	1.5～4.5		0.8～2.4	0.4～1.7	7.0～13.3		9.7～21.9
北美刺果松②	1.7	1.3	1.3	2.0	1.9	19.3	27.5
萌芽松②	2.6	1.2	1.1	4.4	2.9	17.2	29.4
矮松②	1.5	1.0	1.0	3.5	1.9	19.3	28.2
湿地松①	1.8～2.9		1.0～2.5	0.5～1.2	8.1～13.5		11.4～20.1
湿地松②	2.1	2.0	1.2	7.3	3.3	19.9	35.8
土耳其松		5.0		25.7	17.8	19.7	68.2
短叶松		8.0		12.4	3.0	41.3	64.7
欧洲赤松③④		6.3	1.0	1.8	12.9	51.6	73.6
欧洲赤松⑤			4.6	1.2	4.8	39.1	49.7
美国黑松		28.7		10.9	5.6	24.8	75.0
欧洲黑松			2.6	3.1	3.9	27.7	37.3
地中海白松⑥			2.5	10.0	8.6	33.3	54.4
地中海松⑦			2.5	20.8	9.8	16.9	50.0
辐射松	1.5	1.5	4	5	13	45	70
美洲云杉		5.2		25.9	10.9	22.2	64.2
挪威云杉③④		6.6	0.5	2.9	14.0	45.3	69.3
挪威云杉⑤			9.3	19.8	11.2	21.7	62.0
日本落叶松			3.7	28.4	18.0	17.3	67.4
L. eurolepsis			4.8	13.4	10.7	27.2	56.1
欧洲落叶松			4.5	14.9	9.0	25.0	53.4
香脂冷杉		13.2		3.3	2.7	30.6	49.8
加拿大铁杉		2.8		21.9	3.3	24.6	51.9

① 提取的顺序为石油醚、热水、乙醚和95%乙醇；② 三个试样平均值；③ 苯、乙醚、水、乙醇、1%NaOH；④、⑤、⑥、⑦ 表示树皮试样分别采自芬兰、德国、南斯拉夫和阿尔及利亚。

表 4-6 阔叶树提取物的得率（%）

树种	溶剂					
	苯	乙醚	乙醇	水	1%NaOH	总提取物
裸根木榄	—	1.6	8.1	19.9	23.5	53.1
柱花红树	—	0.7	6.5	17.8	20.9	45.9
欧洲水青冈	—	6.0	13.6	14.4	26.0	60
疣皮桦 内皮	—	1.7	13.7	—	—	15.4
疣皮桦 外皮	—	38.1	5.6	—	—	43.7
加拿大桦	4.3	—	10.8	2.3	28.4	45.8
纸皮桦	9.4	—	10.5	2.5	25.1	47.5
红枝桤木	2.3	—	3.9	3.7	27.5	37.4
颤杨	4.0	—	11.6	4.7	22.0	42.3
美洲白栎	2.7	—	4.4	5.8	26.5	39.4
美国红栎	4.8	—	7.9	3.6	22.3	38.6

树皮提取物的一般常见化合物包括：蜡质、高级脂肪酸和醇类、萜类、甾类、生物碱、黄酮类、单宁与红粉等多酚类、糖类及其苷等。

2.2.1 蜡

蜡是长链脂肪酸和长链一元醇（包括少量二元醇）所组成的酯。室温下通常为固体，不溶于水。工艺上将先用苯抽出的物质称为苯蜡；而后再用正己烷抽出的称为正己烷蜡等。北美黄杉和铁杉树皮的苯蜡含量分别为 5.5%和 2.5%。

蜡的组成随树皮种类和所用溶剂等不同而异。北美黄杉全皮的正己烷蜡是甾醇和阿魏酸组成的酯；而用 10%～15%脂肪烃和芳香烃类混合中性溶剂（代号 SOCAL No. 226）提取的北美黄杉树皮蜡，其熔点 60℃，皂化值 180～200，酸值 50～75，硬度 3～4。经皂化后的化学组成为：十六（烷）酸、廿三（烷）酸、十六（烷）二羧酸、甾醇和酚类。

2.2.2 萜类

萜类中含量最丰富、最有代表性的物质是桦皮醇，俗称桦皮脑。为三萜化合物，分子式为$C_{30}H_{48}(OH)_2$。结构式如下：

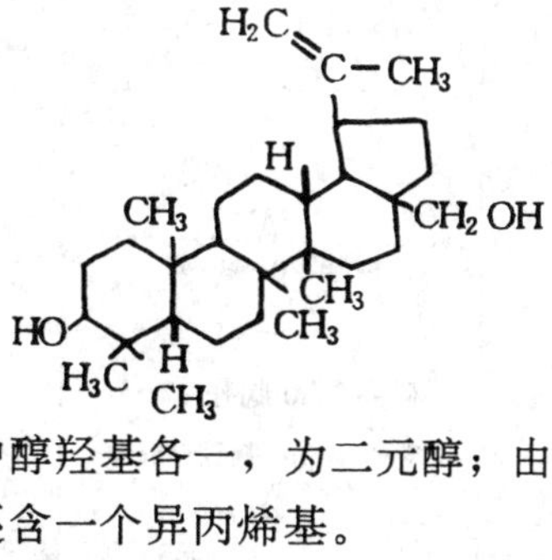

可见，它具有伯醇羟基和仲醇羟基各一，为二元醇；由五个脂肪族环核（其中四个六环和一个五环）组成。化合物中还含一个异丙烯基。

桦皮醇溶于乙醚、乙醇、丙酮等有机溶剂。溶点 258℃，$[\alpha]_D^{15}+19.96$（吡啶中）。

桦皮醇为桦皮主要提取物。白桦皮中桦皮醇的含量随树木生长条件、树龄和季节变化不同而异，一般在 10%～30%变动，外皮含量高达 35%，但内皮含量少于 2%。由于它的存在使白桦外皮发白。桦皮醇是生产桦皮漆的主要成分之一。

树皮中常见的四环三萜降解产物植物甾醇，包括β-谷甾醇、二氢-β-谷甾醇和α-谷甾醇等。从榆树皮和白蜡树皮中还分离出豆甾醇（$C_{29}H_{46}O$）。植物甾醇在树皮中的含量一般为树皮重的

0.1%。但北美刺果松和火炬松树皮则含 0.27%，而且以β-谷甾醇为主要成分。

2.2.3　聚酚类和单宁

树皮的聚酚类主要来自黄烷类衍生物。根据分子量和溶解度可分为三类：

第一类是最低分子量的原花色苷元。包括二聚和三聚的黄烷醇类。这些化合物溶于甲醇、热水和乙酸乙酯。对若干松树皮的原花色苷元进行研究，表明它是由两个儿茶素（四羟基-黄烷-3-醇）结构单元通过 C_4-C_6 或 C_4-C_8 连接而成的。类似结构的二聚和三聚黄烷醇类也从日本柳杉树皮分离得到，如图 4-1。

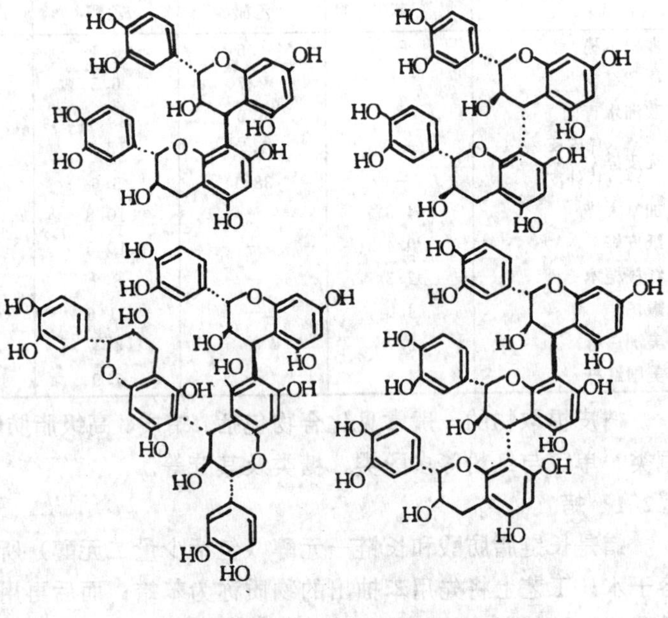

图 4-1　辐射松和日本柳杉树皮的双黄酮类和三黄酮类化合物

黑荆树树皮抽出物中含有由儿茶素、没食子儿茶素、白漆甙元（7，3′，4′-三羟基-黄烷-3，4-二醇）和白刺槐定（7，3′，4′，5′-四羟基-黄烷-3，4-二醇）组成的三聚黄烷醇类化合物。

第二类是结构上类似，但分子量较高的缩合类单宁。溶于热水，分子量为 1 000～3 000，相当于 4～11 个黄烷醇聚合的分子量。国内外树皮单宁含量变动很大，详见表 4-7、表 4-8。

表 4-7　中国常见树皮的缩合类单宁含量[119]

科　名	普通名	样品采集条件	单宁含量（%）	产　地
松　科	兴安落叶松	树龄 80～120 年	7.64～16.09	内蒙古
松　科	西伯利亚落叶松	树龄 52～56 年	9.62	新　疆
松　科	红　松	—	5.44	黑龙江
松　科	云　杉	—	7.79	黑龙江
松　科	马尾松	—	2.90	浙　江
木麻黄科	木麻黄	树龄 20～30 年	12.95	广　东
壳斗科	青冈栎	—	16.00	安　徽
壳斗科	栲　树	树高 15m 胸径 27cm	18.63	福　建
含羞草科	相思树	树高 4.5m 胸径 18cm	25.54	福　建
含羞草科	黑荆树	—	44.64	广　西
大戟科	油　柑	—	28.00	广　东
蔷薇科	金樱子	根皮	11.00	浙　江
红树科	海　莲	树龄 31 年	33.15	海　南
红树科	红茄冬	树龄 18 年	17.14	海　南
红树科	角果木	胸径 6～8cm	27.67	海　南
桃金娘科	蓝　桉	—	4.61	四　川

表 4-8　不同树皮水溶性缩合单宁的得率[30]

树　　种	得率（%）	树　　种	得率（%）
白桦　*Betula platyphylla* Suk.	10～15	西黄松　*Pinus ponderosa* Dougl. ex Laws.	5～11
欧洲栗　*Castanea sativa* Mill.	8～14	辐射松　*Pinus radiata* D. Don	17～18
褐槌桉　*Eucalyptus astringens* Maiden	40～54	欧洲赤松　*Pinus sylvestris* L.	16
温多桉　*Eucalyptus wandoo* Blakely	13～15	北美黄杉 *Pseudotsuga menziesii* (Mirb.) Franco	5～25
欧洲落叶松　*Larix decidua* Mill.	5～20	欧洲白栎　*Quercus robur* L.	12～16
日本落叶松　*Larix kaempferi* (Lamb.) Carr.	10～25	刺槐　*Robinia pseudoacaia* L.	7
挪威云杉　*Picea abies* (L.) Karst.	5～18	北美红杉　*Sequoia sempervirens* (Lamb.) Endl.	2～8
西加云杉　*Picea sitchensis* (Bong.) Carr.	11～37	加拿大铁杉　*Tsuga canadensis* Carr.	10～11
赤松　*Pinus densiflora* Sieb. et Zucc.	6	异叶铁杉　*Tsuga heterophylla* (Raf.) Sarg.	15～16

上述缩合类单宁主要由儿茶素、没食子儿茶素和其他黄烷醇类构成，但也含有黄酮醇类和查耳酮化合物。

第三类是聚酚酸类化合物。与上述两类物质不同，这类物质只有用 1%NaOH 溶液在 100℃下才能全部抽提出。抽提液经无机酸沉淀后，部分溶于水和极性有机溶剂。

2.2.4　黄酮类化合物

上述热水提取物中，除含二、三和低聚黄烷类衍生物外，还含有单体的黄烷和黄酮类化合物（包括儿茶素、杨梅黄酮、槲皮素、紫杉叶素、花青素等），其中多数存在于针叶树树皮之中，如老北美黄杉内皮的双氢槲皮素含量高达 22%。杨梅树皮中的杨梅黄酮，分子式为 $C_{15}H_{10}O_8$，为 3，5，7，3′，4′，5′-六羟基去氢黄酮，浅黄色针状结晶物，熔点 357～360℃。

2.2.5　含氮化合物

主要包括蛋白质和生物碱两类：①蛋白质：其含量随季节变化而异，冬季贮藏量最多。根据含氮量乘以校正因子 6.25 计算的蛋白质，桦树内、外皮含量分别为 5.0%和 3.8%。刺槐内皮含量特别高，平均竟高达 21.6%，但这一含量多数情况下还要考虑其他含氮物的含量。②生物碱：主要存在于被子植物，特别是双子叶植物中，通常只存在于某种特定组织内。绝大多数生物碱能与柠檬酸、鞣酸、草酸、磷酸等形成固态盐类。有些生物碱也可能以苷类或酯类形式存在。树皮中分离的生物碱见表 4-9。

表 4-9　树皮中分离的生物碱[30]

生物碱类	单一生物碱名称	植物来源
小檗生物碱及白毛茛生物碱类	小檗生物碱 氢化小檗碱 白毛茛生物碱 小檗胺	小檗科 毛茛科、芸香科
金鸡纳生物碱类	奎宁 辛可宁 奎尼定 阿锐素	金鸡纳属 茜草科

（续）

生物碱类	单一生物碱名称	植物来源
箭毒生物碱类 （胡芦箭毒）	木兰箭毒碱	毒马钱子
荷苞生物碱类	庚丝碱 止泻木碱	荷苞属
石榴生物碱类	石榴皮碱 伪石榴碱	石榴
马钱子生物碱类	土的宁或马钱子碱	马钱子属
育亨宾 及白坚木生物碱类	育亨宾 白坚木生物碱	茜草科 夹竹桃科
萝芙木生物碱类	萝芙碱 萝芙素	夹竹桃科

2.2.6 碳水化合物

树皮中除纤维素和半纤维素外，还含有一些能完全或部分溶于水的碳水化合物。这类物质包括单糖及其苷、低聚糖、树胶、粘液和果胶等。

（1）单糖及其苷、低聚糖：很多树皮都含有少量游离单糖和低聚糖。松树和云杉树皮的含量分别为1.87%和1.32%。经鉴定，栎树皮水提取物中的游离单糖和低聚糖包括阿拉伯糖、果糖、半乳糖、葡萄糖、乳糖、麦芽糖和鼠李糖。杨属树皮中分离的糖苷为水杨苷、白杨苷等6种。

（2）树胶（或称碳水化合物胶）：树皮受伤后，或在某些病理现象时，分泌出粘稠的液体称为树胶。在空气中树胶失水后，成为脆性透明胶块，能溶于水，形成粘胶状溶液，但不溶于乙醇。绝大部分树胶由碳水化合物组成，如红冷杉内皮含16%树胶，经完全水解后，主要得到阿拉伯糖、半乳糖与少量葡萄糖醛酸内酯、醛二糖酸和两种未知脱氧糖。

金合欢属 *Acacia* sp. 树皮受伤后分泌流出的树胶，长期来多用作胶粘剂，不同种的金合欢树胶水解后生成不同比例的鼠李糖、阿拉伯糖、半乳糖和葡萄糖醛酸。

（3）粘液：非病理的分泌树胶。树木中作为贮藏营养和保护胶的作用，能在水中膨胀形成胶体溶液，而且能保留水分。它存在于细胞膜和液泡中，红榆树皮粘液经完全水解后，可得到半乳糖醛酸、半乳糖、3-甲基半乳糖和L-鼠李糖。上述树胶的酸性糖为D-葡萄糖醛酸，而多数情况下，粘液的酸性糖为D-半乳糖醛酸。但非酸性的粘液在植物中亦已发现。

（4）果胶：与木材果胶含量比较，树皮果胶含量极高，一般占4%～5%。其组成除具有与木材相同的典型果胶结构外，还有半乳聚糖（由β-D-吡喃型半乳糖基以1→4苷键连接而成的高聚糖）、半乳聚糖醛酸（由α-D-吡喃型半乳糖醛酸基以1→4苷键连接而成的酸性高聚糖）和阿拉伯聚糖（由α-L-呋喃型阿拉伯糖基以1→5苷键连接构成主链，其中一些糖基的 C_3 位连接侧链α-L-呋喃型阿拉伯糖基）。

银柳 *Salix alba* L. 和黄波罗 *Phellodendron amurense* Rupr. 树皮果胶均由α-D-吡喃型半乳糖醛酸基、β-L-吡喃型鼠李糖基、D-吡喃型半乳糖和L-呋喃型阿拉伯糖基组成，而且后者的糖基摩尔比为4∶4∶3∶2。

2.2.7　灰　分

其含量比相应木材高得多，元素组成也不同。从分析美国不同阔叶树树皮和木材无机物含量和组成中（见表 4-10），发现树皮灰分含量通常高于 10%，比相应木材灰分含量高 10 倍以上。主要元素为钙，其次钾、钠、镁、锰、锌和磷等；通常树皮灰分组成中，钙占 50%～60%（或更高），其次除上述元素外，还含有铝和硅等元素。据某地计算，每公顷成熟云杉树皮约含 200m^3 干皮，从中可得到 130kg 钙、32.5kg 氮、23.5kg 铝、18.2kg 镁、15.6kg 硅、9.1kg 磷、7.8kg 钾、6.5kg 锰等。树皮灰分可作为树木生长养分。

表 4-10　美国不同阔叶树树皮和木材的无机物含量（%）[30]

树种组织		灰分①	Na	K	Ca	Mg	Mn	Zn	P
柳　树	外　皮	11.5	0.82	6.41	88.80	2.24	0.79	0.39	0.53
	内　皮	13.1	0.91	14.01	81.50	1.31	0.53	0.30	1.08
	边　材	0.9	4.89	52.07	26.42	2.82	2.24	0.88	10.53
美国枫香	外　皮	10.4	0.45	2.07	94.42	1.98	0.38	0.18	0.51
	内　皮	12.8	0.46	5.29	90.64	2.45	0.22	0.16	0.77
	边　材	0.5	3.38	43.80	27.98	10.63	0.63	4.71	8.88
赤　栎	外　皮	8.9	0.31	3.45	92.00	2.58	0.97	0.09	0.54
	内　皮	11.1	0.26	2.58	95.00	1.24	0.34	0.07	0.51
	边　材	0.9	2.22	42.14	40.34	6.12	0.53	0.57	8.07
白蜡树	外　皮	12.3	0.22	5.37	90.38	—	—	0.50	0.45
	内　皮	12.1	0.23	12.90	32.44	—	—	0.40	1.21
	边　材	0.9	5.09	49.34	30.13	—	—	0.45	11.51

①占绝干试样%。

2.3　无提取物树皮

树皮经水和有机溶剂提取后，一般还有占树皮重 60%～80%的残留物，这些物质称为无提取物或脱提取物树皮。它由软木脂、聚酚酸类和木质素（两者合称“木质素”）以及高聚糖等三类物质组成。

2.3.1　软木脂

也称栓皮脂。主要由彼此以酯键连接的 ω-羟基单元酸组成。此外，还含有二元酸、阿魏酸和芥子酸。链长不定，一般含 16～18 个碳原子，通过分子中羟基和双键可形成酯和醚的交联键，故亦可视为聚酯交酯。其组成随树种不同而异，见表 4-11。

表 4-11　欧洲栓皮栎和疣皮桦软木脂的组成（%）[120]

组　　成	欧洲栓皮栎	疣皮桦
中性分：		
链烷烃-1-醇类（C_{22}-C_{28}）	2.7	—
未鉴定	3.4	10.3
酸性分：		
单元酸（C_{16}-C_{26}）	1.9	—
α，ω-二元酸（C_{10}-C_{26}）	7.6	8.5
ω-羟基-十八烷酸	47.4	21.3
二羟-十六烷酸	—	1.3
二羟-十六烷酸	—	3.6
9，10-二羟-十八烷-1，18-二元酸	15.4	1.3
9，10，18-三羟-十八烷酸	7.7	42.7
9，10-环氧-18-羟-十八烷酸	—	1.8
未鉴定	13.9	9.2

从表4-11中看出，两者的软木脂组成及其相对含量相差很大。

软木脂是以游离态包围在木栓细胞的外层，为木栓细胞壁的组成部分，但它与纤维素无化学连接。各类树皮软木脂含量变化相当大。杉、松、杨和栎树皮含2.6%～8.3%；而各种桦树皮为19.7%～50%；欧洲栓皮栎、白桦和疣皮桦三者含量高达40%～45%。

软木脂除使树皮栓化层具有不透气、不透水、高弹性和抗酸性等特征外，也是生产桦皮漆的主要成分之一。

2.3.2 聚酚酸类和木质素（合称“木质素”）

（1）聚酚酸类：它与二、三聚黄烷醇类和缩合类单宁不同。是一类仅能用1%NaOH溶液在100℃下才能全部抽提出的物质。一般来说，其结构特点是含有1%～4%脂肪族羟基和低于2%的甲氧基，分子量较高，火炬松树皮聚酚酸类分子量为1 500～6 700；而欧洲云杉和土耳其松树皮的聚酚酸 $\overline{M}w$ 分别为2 700和3 800。多分散性（$\overline{M}w/\overline{M}n$）约2。湿地松树皮聚酚酸实验式：$[C_{15}H_{11}O_4(OCH_3)_3]_{17}$。针叶树树皮聚酚酸类的温和酸性降解产物是儿茶素、花色素类的矢车菊苷元和飞燕草苷元等，从而说明其结构与红粉类似。在1%NaOH提取时溶解度的变化可能是由于在碱性条件下分子重排的结果。

针叶树树皮的聚酚酸类物质含量高达35%～40%，如湿地松树皮中约含50%～55%的芳香族化合物，其中聚酚酸类约占70%。它存在于薄壁细胞和栓皮之中，在树木生长时，聚酚酸类起保护树皮组织防御细菌侵害的作用。工业上聚酚酸类早已得到应用，如作分散剂等。

（2）木质素：一般认为，如用Klason方法直接测定树皮木质素含量，一般在30%～50%，显然其中含有大量上述聚酚酸类化合物，为此，有些学者认为采用1%NaOH进行预先抽提，然后再用Klason方法进行测定和校正，所得木质素称为树皮抗碱Klason木质素。如疣皮桦树内皮的Klason木质素含量为44.5%，其中聚酚酸类占40%，抗碱Klason木质素仅占4.5%，而且后者甲氧基含量也较相应树皮木质素中的低，两者分别为13.9%和21.5%。

在树皮木质素结构研究方面，针叶树树皮木质素研究较多，用各种研究方法均证明它主要是由愈创木基丙烷衍生物构成，但所含的对-羟基苯丙烷结构单元比相应木材木质素为多。

至于阔叶树树皮木质素研究方面，20世纪70年代初才有报道，其中对杨树皮研究较充分。杨树皮和杨木分离木质素组分的得率、元素和官能团分析以及碱性硝基苯氧化产物的得率见表4-12和表4-13。

表4-12 分离木质素的得率、元素和官能团分析[30]

木质素组分	得率（%）	Klason木质素（%）	C（%）	H（%）	OCH_3（%）	酚羟基与烯醇基（%）	总OH基（%）	实验式
A	2.93	10.0	62.17	6.10	17.48	2.62	11.6	$C_9H_{8.55}O_{2.76}(OCH_3)_{1.13}$
B	11.00	370	60.69	6.05	18.95	2.51	10.0	$C_9H_{8.55}O_{2.93}(OCH_3)_{1.23}$
C	19.6	6.6	63.28	5.89	21.08	1.30	9.9	$C_9H_{7.60}O_{2.46}(OCH_3)_{1.30}$
D	10.30	34.7	62.69	5.99	19.20	2.30	10.6	$C_9H_{8.05}O_{2.61}(OCH_3)_{1.21}$
W_1	7.00	33.6	61.59	6.19	21.55	1.62	9.7	$C_9H_{8.27}O_{2.66}(OCH_3)_{1.41}$
W_2	2.40	13.3	61.66	6.04	21.50	1.62	9.7	—

注：①组分A为经1%NaOH抽出内皮石细胞的木质素组分；②组分B为抽出0.5h的石细胞二氧六环木质素；③组分C为经1h提取过的石细胞二氧六环木质素；④组分D为未经1%NaOH提取过的石细胞二氧六环木质素；⑤组分 W_1 为抽出0.5h的杨木二氧六环木质素；⑥组分 W_2 为抽出1h的杨木二氧六环木质素。

表 4-13 碱性硝基苯氧化产物的得率① (%)[30]

组 分	香草醛	紫丁香醛	对-羟基苯甲醛
石细胞	15.8	14.2	痕量
A	1.3 (13.3)	0.46 (9.6)	痕量
B	4.3 (11.5)	5.0 (13.4)	痕量
C	0.75 (11.3)	0.83 (12.5)	痕量
杨 木	11.7	30.8	0.20
杨木木质素	5.5	13.6	—

①得率是以石细胞 Klason 木质素百分含量表示的；括号内数字则为各组分的百分含量。

从表 4-13 看出，除组分 A 外，树木木质素碱性硝基苯氧化得到的香草醛和紫丁香醛比均约为 1∶1，而木材约为 1∶3。其他种树皮木质素亦有类似得率。说明阔叶树树皮木质素是紫丁香基-愈创木基型的，但愈创木基含量比相应木材中为多。

2.3.3 高聚糖（包括纤维素和半纤维素）

（1）纤维素：用红外光谱、x 射线衍射以及化学分析方法都证明树皮纤维素大分子组成和结构均类似于木材纤维素。但树皮纤维素含量、聚合度和结晶度都较低。若干种树皮纤维素含量和聚合度见表 4-14。

表 4-14 若干种树皮纤维素含量和聚合度[30]

项 目	山地松	银 杏	纸皮桦	颤 杨	欧洲赤松（内皮）
纤维素含量（%）	30.4	37.6	28	29	16.5
平均聚合度（$\overline{DP}$）	702	500	318	—	575

（2）半纤维素：树皮半纤维素与木材半纤维素比较，两者的种类与结构特征均类似，只是若干种类半纤维素含量较低或糖基比与聚合度有些变化。此外，从树皮中还分离出一些木材中没有的高聚糖，见表 4-15。

表 4-15 若干种针、阔叶树树皮的半纤维素种类和结构[30]

高聚糖名称	树 种	含量（%）	糖 基	比 例	连接键型	比旋值 $[\alpha]_D$	平均聚合度（$\overline{DP}$）
4-O-甲基葡萄糖醛酸基-木聚糖	纸皮桦		β-D-吡喃型木糖	10	1→4	−68	234
			4-O-甲基-α-D-葡萄糖醛酸	1	1→2		
	颤 杨	18～20	β-D-吡喃型木糖	12	1→4	−84.6	216
			4-O-甲基-α-D-葡萄糖醛酸	1	1→2		
	银 柳	3.7	β-D-吡喃型木糖	9	9	−57.5	171
			4-O-甲基-α-D- 葡萄糖醛酸	1	1		
阿拉伯糖基-4-O-甲基葡萄糖醛酸基-木聚糖	美国冷杉	2.1	β-D-吡喃型木糖	60	1→4	−57	124
			4-O-甲基-α-D-葡萄糖醛酸	10	1→2		
			L-呋喃型阿拉伯糖	6	1→3		
	恩氏云杉	3.7	β-D-吡喃型木糖	45	1→4	−35	—
			4-O-甲基-α-D-葡萄糖醛酸	5	1→2		
			L-呋喃型阿拉伯糖	7	1→3		
葡萄糖-甘露聚糖	银 柳	1.57	甘露糖	1.4	—	−6.6	32
			葡萄糖	1			

（续）

高聚糖名称	树 种	含量（%）	糖 基	比 例	连接键型	比旋值 $[\alpha]_D$	平均聚合度（$\overline{DP}$）
半乳糖基-葡萄糖-甘露聚糖	颤 杨	低	β-D-甘露糖	1.3	1→4	+10	50
			β-D-葡萄糖	1	1→4		
			α-D-半乳糖	0.5	1→6		
	白云杉	低	β-D-甘露糖	9	—	−12	45
			β-D-葡萄糖	2			
			α-D-半乳糖	1			
	美国冷杉	3	β-D-甘露糖	2.5	1→4	−34	70
			β-D-葡萄糖	1	1→4		
			α-D-半乳糖	0.1	1→6		
	恩氏云杉	2	β-D-甘露糖	3	1→4	−43	80
			β-D-葡萄糖	1	1→4		
			α-D-半乳糖	0.2	1→6		
	欧洲赤松	2.6	β-D-甘露糖	17	1→4	−33	60
			β-D-葡萄糖	1	1→4		
			α-D-半乳糖	0.08	1→6		
葡萄聚糖	恩氏云杉	1.2	β-D-吡喃型葡萄糖	4	1→4	+35	—
			β-D-吡喃型木糖	4	1→4		
			D-吡喃型半乳糖	1	1→6		
阿拉伯-半乳聚糖	银 柳	—	—	—	1→4	+49.5	33
	白云杉	低	（半乳糖）（阿拉伯糖）	10∶1	1→6	−22	—
阿拉伯聚糖	颤 杨	低	α-L-阿拉伯糖	—	1→5	150.3	45
					1→2.3	—	—

第5章

木（竹）材化学分析方法[121～124]

谢国恩　房桂干

木（竹）材原料的合理利用，首先是根据它的化学组成来决定的。例如，某种木材原料用于制浆造纸，从纤维素含量多少，就可以测知它在制浆时的得率；从木质素含量的多少，就可以估计蒸煮时所需的化学药品用量；已知半纤维素的类别与含量高低，可以估计出制浆时化学药品用量与成纸的透明性；已知灰分含量的高低，就可以测知纸的绝缘性等。

木（竹）材的化学分析是造纸等林产化学工业生产过程中一项重要的工作，对于判定原料利用价值，控制生产过程，保证成品质量起着重要作用。

木材或竹材进行化学分析必须遵照一定的顺序，一般的顺序是先测定水分，再测定灰分；测定提取物时，首先测定有机溶剂提取物，然后测定冷水、热水和1%NaOH提取物；经有机溶剂提取过的试样才能用于测定木质素、综纤维素或克-贝纤维素；测定α-纤维素应该使用综纤维素为试样；冷水、热水、1%NaOH提取物、木质素和综纤维素应扣除灰分；综纤维素测定值还要扣除残留木质素，戊聚糖含量测定采用容量法可以直接采用原试样。

1　取样和制备

化学分析用试样的选择和制备十分重要，它直接影响分析结果的代表性和准确性。一般要求取同一产地同一树种，生长状况正常的树木3～4株，同时应标明原木的树种、树龄、产地、砍伐期及外观品级等。造纸原料用分析试样的采取详见国家标准GB2677.1—81。

2　水分的测定

木（竹）材原料中的水分包括结合水和游离水。其含量多少，将影响到药液对原料的浸透速度，在制浆造纸工业生产过程中，首先必须测定原料的水分，以此作为计算和控制生产的依据；另外在原料分析中，各种成分的百分含量均需按原料的绝干重量来计算，故水分测定是其他化学成分测定的基础。

将处理后的试样在105±3℃烘干至恒重，所失去的重量即为水分。烘干法测定水分，除水分外，尚可能使存在于试料中的其他挥发成分被除去，而且，到达恒重后，试料中结合水还可能有少许未被除去，其测定结果含有一定误差。测定方法详见国家标准GB2677.2—81。

3　灰分的测定

测定方法是将试样灼烧，使其中有机物变成二氧化碳及水而挥发，剩下的矿物性残渣即为灰分。木(竹)材中所含灰分较少，很少有超过1%以上的，但竹类灰分含量较高，达1.35%～5.04%。其主要成分是CaO、K_2O及Na_2O。灼烧灰分时温度很重要，要控制在575±25℃，过高过低都有影响。温度过高，则其中所含无机物如碱金属的氯化物和碳酸盐可能挥发，碱土金属的碳酸盐亦可能部分分解。温度过低，则有机物不能全部燃烧尽。造纸原料灰分含量的测定方法详见国家标准 GB2677.3—81。

4 水提取物的测定

木（竹）材中所含有的部分无机盐类、糖、植物碱、环多醇、单宁、色素以及多糖类物质如胶、果胶质等均能溶于水。冷热水提取的物质大体相同，不同的是后者的量较前者为多。一般测定提取物的方法为，以一定量的水，在一定时间内，处理一定量的试样，根据试样减轻的重量作为水提取物量。也有根据蒸干部分提取液，从而确定其提取物含量，后者因操作手续较繁，因此不常采用。造纸原料水提取物含量的测定方法详见国家标准 GB2677.4—81。

5 1%NaOH 溶液提取物的测定

1%氢氧化钠溶液提取物的含量在一定程度上，可以说明原料受到光、热、氧化或细菌等作用而变质或腐朽的程度，因此这一指标可以作为木（竹）材原料腐朽程度的参考。热的1%氢氧化钠溶液除能溶出原料中能被冷热水溶出的物质外，还能溶解一部分木质素、戊聚糖、己聚糖、树脂酸及糖醛酸等。测定方法是用1%氢氧化钠溶液处理试样，经洗涤烘干后，从而确定其被提取物的含量。

造纸原料1%氢氧化钠提取物含量的测定方法详见国家标准 GB2677.5—81。

6 有机溶剂提取物的测定

在木（竹）材组织中，除含碳水化合物及芳香族化合物等主要成分外，还含有树脂、蜡、脂肪以及植物甾醇、萜烯、酚类化合物、可溶性单宁、香精油、色素以及不挥发性碳氢化合物等。通常对这些少量成分不单独测定每一成分的含量，因为测定这些成分有的操作手续麻烦费时间，同时分析出单个成分的含量对生产实际的指导意义也不大。因此一般采用有机溶剂提取物来表示这些少量成分的综合数值。常用的有机溶剂有乙醚、苯、乙醇、苯-醇混合液、二氯甲烷、二氯乙烷、石油醚、四氯化碳、三氯甲烷、丙酮等。有机溶剂提取物量的多寡，可以反映出原料中所含脂肪、蜡、树脂的含量，以便于在生产过程中采取措施，预防由于树脂所引起的障碍。

石油醚及二氯乙烷对脂肪、蜡、树脂溶解力较乙醚强，而且二氯乙烷具有不燃性的优点，但它遇水则发生水解，生成盐酸使试样分解，又因其价格较贵有剧毒，故较少采用。

苯溶解树脂、蜡、脂肪及香精油的能力甚大，但由于苯不溶于水，对含水试样的渗透性较差，因此对树脂的溶解能力不如乙醚。酒精对树脂的溶解能力与乙醚及苯相差不大，同时还能溶出单宁、色素、部分碳水化合物和微量的木质素。

乙醚能溶解试样中所含有的脂肪、脂肪酸、树脂、植物甾醇、蜡及不挥发性的碳氢化合物。同时还因其能与少量水混和，因此对用以提取含有水分的试样渗透性较好。但缺点是沸点低，在提取过程中易于挥发散失。此外还由于乙醚在贮存过久或见光易于生成过氧化物，在提取完毕、进行蒸发时有发生爆炸的危险。

测定有机溶剂提取量，可采用蒸干提取物中过剩溶剂，烘干后称其提取物量；亦有将已提取过的试样烘干称重、测定其提取后失重从而求得提取物量。两种方法比较，以前一种方法易得到较准确结果。

苯-乙醇混合液，提取树脂的能力甚强，对试样的渗透性较苯单独作溶剂为好，同时除能溶解乙醚能溶的物质外，还可提取原料中可溶性单宁及色素等，此外这两种试剂价格低廉、易于购买，因此多采用苯-乙醇作为溶剂测定其提取物。苯-乙醇溶液的混合比例，有采用等体积苯与乙醇混合使用的，亦有采用33份乙醇与67份苯混合使用。后一种配法可得到恒沸点溶剂，在提取过程中，其组成不会变更，因此，较前一配比为佳。

造纸原料乙醚抽出物含量及造纸原料苯醇抽出物含量的测定方法分别见国家标准GB2677.6—81和GB2677.7—81。

7　纤维素含量的测定

纤维素是一切植物纤维原料细胞壁的主要成分。它是一种不溶于水和有机溶剂，性质稳定的高聚糖。

纤维素的测定方法很多，但迄今为止，还没有一个理想的定量测定法，因为在测定过程中，一方面原来的纤维素不可避免地要遭到一些破坏；另一方面一些非纤维素成分也会伴随纤维素出来。故所制得的纤维素中或多或少总含有一些像半纤维素等的非纤维素多糖成分。

现有测定纤维素的方法，不外有间接法和直接法两类。

间接法又主要分为两种。一种为测定原料中非纤维素的各个成分，最后从原料重量中减去非纤维素成分的重量，求得纤维素的含量。此法不仅操作复杂，而且结果亦极不准确，故很少应用。另一种间接法，是用强酸水解纤维素，使其成为还原糖，根据测得的还原糖含量再换算为纤维素含量。在强酸水解前，须先用稀酸及碱处理，以除去试样中的半纤维素，此法也很繁杂，同时由于试料中非纤维素成分亦可水解，生成部分还原糖，导致结果不准确。因此也很少采用。

直接法测定纤维素含量的原理是基于利用化学试剂处理试样，使纤维素与其他非纤维素杂质如木质素、半纤维素、有机溶剂提取物等分离，最后测定纤维素的含量。由于此法较简便准确，并与制浆方法基本一致，对生产实际有一定指导意义，故被广泛采用。直接法很多，最常用的是氯化法和硝酸乙醇法。

7.1　克-贝纤维素

氯化法是由Cross和Bevan首先提出，故用此法测得的纤维素通常称为克劳司-贝文纤维素，简称克-贝纤维素。

本方法是用氯水连续处理无抽提物试料，使试料中的木质素氯化生成氯化木质素而溶于热的亚硫酸钠溶液中，剩余残渣经过滤、洗涤并烘干，称重，计算的结果即作为原料中克-贝纤维素含量。克-贝纤维素降解较综纤维素稍多，但与工业纸浆中的纤维素相比，其降解程度较小，它包含着纤维素与一部分非纤维素碳水化合物。克-贝纤维素的木质素含量一般为0.1%～0.3%。

7.2　硝酸-乙醇法测定纤维素

测定方法是基于用20%硝酸及80%乙醇混合液处理试料，使试料中木质素变为硝化木质素和氧化木质素而溶于乙醇中。与此同时亦有大量的半纤维素被水解、氧化而溶出。剩余残渣过滤后，用水洗涤并烘干，测定其重量即为硝酸乙醇纤维素的含量。结果较克-贝纤维素为低。

7.3 化学浆的α-纤维素、β-纤维素和γ-纤维素

漂白化学浆用17.5%NaOH（或24%KOH）溶液在20℃处理，不溶解的残渣称为化学浆的α-纤维素。所得溶解部分，用醋酸中和沉淀出来的部分，称为β-纤维素，不沉淀部分称为γ-纤维素。

α-纤维素包括漂白浆中的纤维素与抗碱的半纤维素。β-纤维素为高度降解的纤维素与半纤维素。γ-纤维素全为半纤维素。β-纤维素与γ-纤维素包含了植物原料制成漂白浆后留在浆内的天然半纤维素的主要组成部分，也有一部分是蒸煮、漂白中纤维素降解产物。习惯上把β-与γ-纤维素称为工业半纤维素，以区别于天然的半纤维素。

α-纤维素的测定方法，有重量法和容量法。容量法是用重铬酸钾氧化经17.5%氢氧化钠溶液分离出来的α-纤维素，根据重铬酸钾的耗用量求得α-纤维素量，或者用重铬酸钾氧化经17.5%氢氧化钠溶液处理而溶解的成分，根据重铬酸钾的耗用量，求得此溶解部分的含量；再将其与试料用量相减差额即为α-纤维素。容量法的主要优点可避免繁复的烘干至恒重操作手续，较重量法迅速，但是平行试验间误差较重量法为大，而且所得α-纤维素量一般比重量法稍高，因此一般多采用重量法。纸浆α-纤维素的测定方法见国家标准GB744—89。

8 综纤维素含量的测定

综纤维素是指木（竹）材经脱脂后，再除去木质素后所得的全部高聚糖，即纤维素和半纤维素总和。由综纤维素定义可知，所拟定的分离和定量测定综纤维素的方法，要求达到木质素除去最完全、半纤维素全部保留、纤维素不受破坏。

目前所采用的测定原料纤维素的方法，由于非纤维素成分除不净，而且纤维素本身又有降解，使测定结果不能正确反映原料中纤维素的真正含量，因此现在趋向于不单独测定原料的纤维素含量而测其综纤维素的含量，以此来表示原料的使用价值。

实际所采用的方法中并不能完全满足综纤维素定义要求，有的方法使少量半纤维素被抽出，有的方法使综纤维素中含有少量木质素。

测定综纤维素的方法很多，有：亚氯酸钠法、氯-乙醇胺法、氯-乙醇胺-1，4二氧六环法、过醋酸法以及过醋酸-$NaHB_4$法。

以上各种方法中，以过醋酸-$NaHB_4$法与氯-乙醇胺法分离的综纤维素较纯，平均聚合度较高，而亚氯酸钠法分离的综纤维素其中木素含量在2%～4%，氧化降解程度稍高。但由于亚氯酸钠法分离操作比较方便，木质素能较迅速除去，而且适用于木（竹）材纤维原料，因此目前多采用亚氯酸钠法。在计算时，应另行测定木质素和灰分含量，予以扣除。

造纸原料综纤维素含量的测定方法见国家标准GB2677.10—81。

9 木质素含量的测定

木质素是木（竹）原料中的另一主要成分，其含量随材种的不同波动在15%～35%。

原料中木质素含量的高低直接反映为木质化程度的高低，测定原料中木质素含量对制浆工业是十分有用的，它对制定合适的工艺条件（如用药量、蒸煮时间和温度等）有直接的指导意义。因此精确地测定原料木质素含量就显得尤为重要。

目前，国内常采用硫酸法（用此法测得的木质素称Klason木质素），它具有精确性高，再现性好，易于操作等优点。但是，操作手续较繁琐费时，而且在酸水解碳水化合物过程中有

少量木质素溶于酸液中，因而其分析结果不能代表原料或浆料中的实际木质素含量，而紫外分光光度法则能准确而迅速地对木质素进行定量分析，与 Klason 方法相比，大大缩短了分析时间，其结果能更确切地反映木质素的真实含量。紫外光谱法不仅可以测定原料和纸浆的总木质素含量，而且能测定酸溶木质素含量。

Klason 木质素测定方法详见国家标准 GB2677.8—81《造纸原料木质素含量的测定》。

作为一种新的方法，这里对紫外分光光度法作一简单介绍。

从光谱的观点来说“基本的木质素光谱单元是 4-羟基，3-甲氧基，1-丙基苯”，此单元代表一个多取代基的苯环，具有一定的特征光谱性质，当在它的丙烷侧链上引进一定的取代基，就会产生重大影响。一个单一的没有取代基的苯环，在紫外光波长范围内，有三个吸收峰，第一个吸收峰在远紫外区（$\lambda=179nm$），由于在这个波长范围内试验困难，通常在吸收光谱曲线上不表示，第二个吸收峰在波长 185～202nm，第三个吸收峰在波长 260nm。当在苯核上引入含氧取代基（如羟基，或烷氧基）时，它的电子转移受苯环的 π 电子的强烈影响，使吸收光带向长波方向移动。当引进烷基时，则光带位置和强度上的变化很小。

木质素光谱单元是苯核上引入含氧基和烷基两种取代基的结合，它的光谱在 280nm 处有一典型的峰值。因此，木质素的含量一般以 280nm 波长的吸收强度来测定。

9.1 测定原理

经粉碎机粉碎后过筛的造纸原料，用苯-醇提取液提取，以排除色素等干扰物。然后称取一定量苯-醇提取后的试样，用含有 25％的溴乙酰冰醋酸溶液加热溶解，过量的试剂用氢氧化钠溶液分解。而溶解反应过程中新产生的溴及溴化物可加入盐酸羟胺还原，以排除干扰。溶解后的样品用冰醋酸稀释到一定体积。用紫外分光光度计以空白溶液作参比的波长 280nm 处测定吸光度。根据比尔-朗伯关系式计算木质素含量。

9.2 仪器与试剂

反应试管：直径 18mm，长 160mm 带塞试管，塞上留有出气孔（也可以用不带塞的普通试管，但直径应在 18mm 左右，以便摇匀内盛物）。

恒温水浴：70±0.5℃温度控制精度越高越好。

紫外分光光度计：波长 200～1000nm。

苯-醇提取液：苯与乙醇按 2：1 混合配制而成。

溴乙酰：分析纯试剂。使用前在索氏抽提器中蒸馏，水浴温度控制在 90℃左右，要求蒸出的溴乙酰是无色透明的，使用时用冰醋酸稀释成 25％的溶液（按体积计），当天配制当天使用，蒸馏和配制均在通风柜中进行。

2 mol/L 氢氧化钠溶液：优级纯试剂，用蒸馏水溶解。

7.5 mol/L 盐酸羟胺：分析纯试剂用蒸馏水配成。

冰醋酸：分析纯试剂，经重新蒸馏后使用。

9.3 测定方法

(1) 样品准备：样品经粉碎机粉碎，粒度 40～60 目，然后根据国家标准 GB2677.7—81 在索氏抽提器中用苯醇溶剂抽提，抽提后的试样经 65℃烘箱干燥，并保存在干燥器中备用。

(2) 测定步骤：在反应管中称取一定量（约 10mg）经苯醇提取后的试样，将提取后的样重换算成原始原料重（木质素含量 3.0～6.0mg），加入 25％溴乙酰溶剂 10ml，加盖，对好盖上的出气孔，以便管内的气体逸出，然后放进 70±0.5℃的恒温水浴中加热 30min，每隔 10min

左右轻轻地摇动试管，使管内的反应物混合均匀，促使其充分溶解。30min后迅速取出，放在约15℃的冷水浴中冷却，然后迅速移入预先放有2mol/L氢氧化钠溶液18ml和冰醋酸50ml的200ml容量瓶中。用少量的冰醋酸洗涤试管，加入7.5mol/L的盐酸羟胺溶液1ml，继续冷却并用冰醋酸稀释到刻度，摇匀。用紫外分光光度计在波长280nm处测定吸光度，并以空白试验溶液作参比。

9.4 结果计算

按比耳-朗伯定律：

$$A = \log \frac{I_0}{I_1} = KCL \tag{5-1}$$

式中：A——试样测定时的吸光度（若使用单光束的紫外分光光度计时，则必须减去空白溶液的吸光度 A_0）；

L——石英比色皿的厚度（cm）；

C——木质素的浓度（g/L）；

K——木质素的吸光系数〔L/（g·cm）〕；

I_0——入射光强度（cd）；

I_1——透射光强度（cd）。

根据轻工部北京造纸研究所测得我国造纸工业常用植物原料以总木质素计的木质素吸光系数平均值为：针叶材：23.8L/（g·cm）；阔叶材：21～22L/（g·cm）；草类原料：26.0L/（g·cm）。

9.5 注意事项

（1）紫外分光光度计为贵重精密仪器，使用时，应严格按仪器操作规程进行。

（2）溴乙酰性质不稳定，使用后注意密封。溴乙酰气味难闻，且有强的腐蚀性，应在通风柜中操作，操作时要带防护手套，防止触及皮肤。

（3）经溴乙酰溶解的溶液，转移到容量瓶后，木材原料的溶液几乎是无色透明的液体，而草类原料的溶液还略带黄色。为了防止溶液稳定性变化，容量瓶从冷水浴中取出后，1h内测定完毕。随着时间的延长，吸光度将慢慢减少。溶液中尚留的不溶残渣对吸光度的影响可忽略不计。

（4）当用于草类原料测定时，采用100ml的容量瓶进行稀释。

造纸原料和纸浆中木质素含量的测定，一般采用72%硫酸法（国家标准GB2677.8—81）。这种化学分析法所测到的仅是试样中木质素的一部分，因为当用硫酸水解植物原料的碳水化合物时，有一部分木质素溶解在酸溶液中，根据色层分析研究表明，在酸溶液中溶解的酸溶木质素的组成中，含有对羟基苯甲酸、香草酸、紫丁香酸、对羟基苯甲醛、香草醛和紫丁香醛等。因此，实际所测到的残渣仅为酸不溶木质素，并非木质素的总量，要反映试样中的木质素总量，必须先测出酸不溶木质素，然后再加上酸溶木质素的量。这对正确判断和控制工艺过程是非常重要的。

酸溶木质素是溶解在测定酸不溶木质素的滤液中，根据木质素的结构特征，在紫外光区有特定的吸收峰。

根据酸溶木质素的紫外吸收光谱可知在波长250nm和280nm处有吸收峰。由于滤液中与酸溶木质素共存的还有被酸水解的碳水化合物及其降解产物（如糠醛，5-羟甲基糠醛等）在

280nm 处也有吸收峰，会干扰木质素的测定结果，因此，酸溶木质素的光度测定，选用短波长 205nm。

称取 1g 无提取物的木（竹）材试料，制取 Klason 木质素，将其滤液置于瓶中，用 3%硫酸溶液进行稀释，根据原料不同选择其稀释倍数，以保证吸收值在 0.2～0.7。否则，应改变稀释倍数，进行调整，一般针叶材稀释前后体积比为 1∶2，阔叶材为 1∶1。

取一定量稀释好的试液于样品池内，用紫外分光光度计测量波长 205nm 处的紫外光的吸收值，用 30%硫酸溶液作参比。

溶液中木质素含量 C 按下式计算：

$$C = \frac{A}{K} \times D \quad (\text{g/1000ml}) \tag{5-2}$$

式中：A——吸收值；

K——酸溶木素的吸收系数（$\text{g}^{-1} \cdot \text{cm}^{-1}$），对木（竹）材 $K=110$；

D——滤液的稀释因子。

原料中酸溶木质素含量按下式计算：

$$\text{酸溶木质素}(\%) = \frac{B \times V}{1000W} \times 100 \tag{5-3}$$

式中：B——溶液中木质素浓度（g/1000ml）；

V——滤液总体积（575ml）；

W——试料绝干重（g）。

10　戊聚糖含量的测定

戊聚糖是木（竹）材原料中，半纤维素的主要成分。各种植物原料中都含有数量不等的戊聚糖。一般来说非木材原料戊聚糖含量多于木材，阔叶树含量多于针叶树。测定原料的戊聚糖含量，对制浆造纸及水解工业等有重要意义。例如，造纸过程制定工艺条件以及了解所用原料对成纸性能的影响都有参考作用。

到目前为止，尚未找到从原料中直接分离出纯净戊聚糖的办法，只能采用间接方法对戊聚糖进行测定。一种是将原料通过酸水解而成单糖，然后用比色法进行测定；一种是容量分析方法。通常采用后者。

该方法中，使原料与 12%HCl 溶液共同加热，以使其中戊聚糖转化为糠醛，并用容量法测定蒸馏出来的糠醛来换算得戊聚糖含量。

造纸原料戊聚糖含量的测定方法详见国家标准 GB2677.9—81。

11　木（竹）材中糖类组分的气-液及气相色谱法测定

造纸等植物纤维原料的主要成分是纤维素、半纤维素与木质素，纤维素与半纤维素都属于聚糖类，二者之和为综纤维素。木（竹）材的综纤维素主要是由：葡萄糖、木糖、阿拉伯糖、半乳糖、甘露糖、葡萄糖尾酸和半乳糖尾酸等糖基组成。综纤维素在充分水解的条件下，聚糖可以水解成单糖，这些单糖极性强结构又相似，分离测定都很困难，一般化学分析方法已不能适应，由于色谱技术的发展，使单糖的分离测定方法日趋完善。

色谱法是一种物理的分离方法，利用混合物中各组分的物理化学性质的差别，使各组分以不同程度分布在两相中，其中一相为固定相另外一相为流动相。当作为流动相的液体或气体，从由液体或固体组成的固定相的间隙中通过时，由于混合物中各组分在固定相和流动相之间的分配系数不同，使各组分以不同速度移动，从而达到分离的目的，然后进行定性与定量分析。

气相色谱是采用气体作为流动相的一种色谱法，即载气载着欲分离的试样，通过色谱柱中的固定相使试样中各组分分离，然后分别检出，载气是不与被测物作用的。用来载送试样的惰性气体有 N_2、H_2 等；色谱柱有两种，一种内装固定相的称为填充柱，通常为金属（不锈钢或铜）或玻璃制成的内径 2～4mm、长 1～10m 的螺旋形成 U 形管。另一种将固定液直接涂在毛细管的内壁称为空心毛细管柱，通常为用不锈钢或玻璃制成的内径 0.1～0.5mm、长30～50m 的毛细管柱。

目前尚无统一标准，附测定方法如下：

11.1 试样的制备

（1）综纤维素水解液的制备：按国家标准 GB2677.10—81《造纸原料综纤维素含量的测定》方法，制取综纤维素。

称取 0.5g 综纤维素于 100ml 烧杯中，加入 5ml 冰冷却的 72%硫酸，搅匀后放入干燥器中于室温下静置 4h。待到规定时间后，将烧杯内容物移入容量 500ml 锥形瓶中，用蒸馏水冲洗所用烧杯，所有残渣全部洗入 500ml 锥形瓶中，共用蒸馏水 160ml，装上回流冷凝器，回流煮沸 6h。回流结束取下锥形瓶，加固体氢氧化钡中和至 pH 值为 5，离心除去硫酸钡沉淀，然后将中和过的水解液用真空蒸发器（水浴温度 55℃）进行浓缩，并将浓缩液注入 50ml 容量瓶中，用蒸馏水加至刻度，水解液浓度约 1%。

（2）半纤维素水解液的制备：取综纤维素 5g（绝干），放在 500ml 烧瓶中，加入 100ml5% KOH 溶液，在 25℃摇动 8h 进行半纤维素的提取，提取完毕用 1G3 玻璃过滤器抽滤之，滤尽用少量水洗涤，滤液和洗液合并后用冰醋酸（接近中点时用 2mol/L HAc）中和至 pH 值为 7。此时，如有少量沉淀出现，不用分离，即可加入 2.4 倍体积的 5%乙醇，使半纤维素沉淀析出。悬浮液用离心机分离之，从离心管中倾出清液，沉淀用 75%乙醇 50～100ml，95%乙醇 50～100ml 和乙醚 10ml 依次洗涤脱水，倾出清液，沉淀经风干或在 50℃下真空干燥后供水解用。

称量风干半纤维素 0.5g，放在 250ml 三角烧瓶中，加入 72%H_2SO_4 溶液 2.5ml，用玻璃棒搅匀，在室温进行浓酸水解 1h，然后用水使硫酸溶液浓度稀释至 3%，回流 4h，进行稀酸水解。冷却后，若有沉淀分离之，然后用 $Ba(OH)_2$ 饱和溶液中和至 pH 值 5.0 硫酸钡沉淀用离心法分离之，清液经 24h 异构平衡后，供硅醚化使用。

11.2 糖的硅醚化及气-液色谱分析

11.2.1 硅醚化

（1）试剂：无水吡啶（色谱纯或 AR）；六甲基二硅胺（AR）；三甲基六硅烷（AR）。

（2）制备：水解液经 24h 异构平衡后，取相当于 30mg 单糖的水解液于烧瓶中，在 55℃真空蒸发至干，然后加入无水吡啶 1ml 摇动使单糖溶解后加入六甲基二硅胺 0.4ml 和三甲基氯硅烷 0.2ml，强烈摇动 30s，离心分离沉淀后，清液在室温下至少放置 5min 或较长时间供气-液色谱分析用。若需长时间的保存，则最好置于冰箱中贮存之。

11.2.2 气-液色谱分析

（1）仪器：SP2305 全型气相色谱仪（北京分析仪器厂）使用氢火焰离子检测器；色谱柱

为不锈钢柱，内径∅4mm，柱长3000mm；记录仪——大型长图自动平衡记录仪。

(2) 色谱柱的准备：固定液为15%聚丁二酸乙二醇酯（氯仿或二氯甲烷为溶剂）；担体为102酸洗白色担体60～80目。

称约36g102酸洗白色担体，用15%聚丁二酸乙二醇酯使担体刚好浸没，在轻轻搅拌下，于通风柜中使溶剂挥发至干燥为止，用真空抽吸的方法装进色谱柱中，柱子接入系统老化约24h后使用。

(3) 操作条件：色谱柱温度：150℃进样，恒温5min后以（1.47℃/min）的速度升温至175℃恒温；汽化室温度：260℃；检测器温度：270℃；气体流量：载气$N_2$32ml/min，$H_2$50ml/min，空气450ml/min；试样注射量；2～4μl；记录衰减：4；记录纸速度：300mm/h。

11.3 糖腈醋酸酯的制备及气相色谱分析

11.3.1 糖腈醋酸酯的制备

(1) 试剂：无水吡啶（色谱纯或AR）；盐酸羟胺（AR）；醋酸酐（AR）；三氯甲烷（AR）。

(2) 制备：取相当于100mg单糖的试样溶液，置于烧瓶中，在55℃下真空蒸发至干，加入无水吡啶4ml，摇动使糖溶解后，加入盐酸羟胺200mg，在90℃水浴中加热1h，加热期间经常摇动烧瓶，使反应均匀，将烧瓶取出冷却后，加入醋酸酐4ml，继续加热1h，取出冷却并加入蒸馏水50ml，以除去多余的醋酸酐。将混合物转移到分液漏斗中，用三氯甲烷提取糖腈醋酸酯三次，以进一步除去残留醋酸酐和吡啶，将提取物浓缩至约1ml供气相色谱分析用。

11.3.2 气相色谱分析

(1) 色谱柱的准备：固定液——1.5%聚丁二酸乙二醇酯＋1.5%×E－60（溶剂为氯仿）；担体——102酸洗白色担体。

称量约36g担体，用固定液浸没，在通风柜中轻轻搅拌，使溶剂挥发至干，用真空泵抽吸的办法装进色谱柱中，柱子接入系统中老化24h后可以使用。

(2) 操作条件：色谱柱温度：200℃；汽化室温度：240℃；检测器温度：260℃；气体流量：载气$N_2$35ml/min，$H_2$30ml/min，空气450ml/min；试样注射量：1μl；记录纸速度：300mm/h。

第6章

中国主要木（竹）材化学组成[125,126]

房桂干　谢国恩　李　萍

木（竹）材是天然的有机组织，无论从其结构或从化学成分分布来说都是很不均匀的，不同品种和不同产地的木（竹）材其化学组成都有差异。

中国主要木（竹）材的化学成分分别见表6-1至表6-3。

根据表6-1、表6-2数据比较可看出：

灰分含量：针叶材较低（最低为江西杉木0.17%，最高为柳杉0.66%）；阔叶材次之（最低的是千年桐0.10%，最高的为青杨1.50%）；竹材最高（最低者7年生毛竹0.52%，最高者为3年生唐竹达5.06%），平均含量为1.69%。

冷水抽出物含量：木、竹材种间差别较大，针叶材平均为2.38%（最低为广西马尾松0.90%，最高为黄花落叶松达11.48%）；阔叶材平均约为3.21%（最低是苦楝0.52%、加拿大杨0.54%，最高者毛泡桐10.30%）；竹材平均值为7.46%，比木材高得多（最低是苦竹的中部2.21%，最高为芦竹14.01%、1年生水竹13.57%）。

热水抽出物含量：针叶材平均为4.24%（最低为安徽霍山杉木1.94%，最高者黄花落叶松11.48%）；阔叶材4.66%（最低是光皮桦1.32%，最高者盘壳青冈13.65%）；竹材平均8.81%，平均值较木材高（最低是半年生毛竹3.26%，最高者为3年生水竹达15.94%）。

1%NaOH抽出物含量：针叶材平均含量为15.08%（最低的是江苏句容杉木10.23%，最高为水杉22.35%）；阔叶材平均含量19.71%（最低为绿兰10.24%，最高的是毛泡桐29.55%、杨梅28.17%）；竹材含量最高，平均达29.17%（最低为苦竹中部22.00%，最高为方竹达37.66%）。

苯-醇抽出物含量：针叶材平均含量为3.71%（最低的是江西武功山杉木0.88%，最高者为海南五指山马尾松达9.93%）；阔叶材平均含量为3.83%（最低者加拿大杨1.19%～1.99%、水青冈1.65%，最高的毛泡桐9.84%、大果木姜9.76%）；竹材平均含量为5.76%（最低者半年生毛竹1.60%，最高者三年生水竹9.11%）。

克-贝纤维素含量：针叶材的平均含量约57%（最低的为黄花落叶松52.11%和落叶松52.63%，最高的是安徽霍山的马尾松61.94%和歙县黄山松60.84%）；阔叶材平均含量为57.7%（最低的是杨梅50%，最高的为苦槠69.43%、加拿大杨为63.84%～64.10%）；竹材平均含量较低约53.5%（最低者箭竹仅44.99%，最高者牡竹59.99%）。

α-纤维素参见纤维素测定方法含量：针叶材含量平均为42.21%（最低者红松37.68%，最高为卡苞铁杉44.96%）；阔叶材平均含量43.67%（最低的杨梅36.89%，最高为山枣49.04%）；竹材平均含量较高，约48.37%（最低的3年生水竹38.96%，最高者半年生毛竹61.97%）。

表 6-1　中国主要针叶树木材的化学组成（%）

树　　种	灰分	冷水抽出物	热水抽出物	1%NaOH抽出物	苯-乙醇抽出物	克-贝纤维素	克-贝纤维素中α-纤维素	木质素	戊聚糖	木材中α-纤维素	产　　地
东陵冷杉 *Abies nephrolepis*（Trautv.）Maxim.	0.50	3.06	3.86	13.34	3.37	59.21	69.82	28.96	10.04	41.34	黑龙江大海林
柳杉 *Cryptomeria fortunei* Hooibrenk ex Otto et Dietr.	0.66	2.18	3.45	12.68	2.47	55.27	77.86	34.24	11.18	43.03	安徽休宁
杉木 *Cunninghamia lanceolata*（Lamb.）Hook.	0.26	1.19	2.66	11.09	3.51	55.82	78.90	33.51	8.54	44.04	福建三明忠山伐木场
杉木 *Cunninghamia lanceolata*（Lamb.）Hook.	0.26	0.99	1.94	11.58	2.87	55.88	76.01	32.44	9.48	42.47	安徽霍山
落叶松 *Larix gmelinii*（Rupr.）Rupr.	0.38	9.75	10.84	20.67	2.58	52.63	76.33	26.46	12.18	40.17	黑龙江带岭北列林场
黄花落叶松 *Larix olgensis* Henry	0.28	10.14	11.48	20.98	3.37	52.11	76.71	26.21	11.96	39.97	黑龙江大海林
鱼鳞云杉 *Picea jezoensis* var. *microsperma*（Lindl.）Cheng et L. K. Fu	0.29	1.69	2.47	12.37	1.63	59.85	70.98	28.58	10.28	42.48	黑龙江带岭北列林场
红皮云杉 *Picea koraiensis* Nakai	0.24	1.75	2.79	13.44	3.54	58.96	72.18	26.98	9.97	42.56	黑龙江大海林
黄山松 *Pinus hwangshangensis* Hsia	0.20	2.61	3.85	15.59	4.89	60.84	71.47	25.68	9.82	43.48	安徽歙县
红松 *Pinus koraiensis* Sieb. et Zucc.	0.30	4.64	6.53	19.50	7.54	53.98	69.80	25.56	9.48	37.68	黑龙江大海林
马尾松 *Pinus massoniana* Lamb.	0.18	1.61	2.90	10.32	3.20	61.94	70.15	26.84	10.09	43.45	安徽霍山
马尾松 *Pinus massoniana* Lamb.	0.42	1.78	2.68	12.67	2.79	58.75	73.36	26.86	12.52	43.10	广州龙眼洞
马尾松 *Pinus massoniana* Lamb.	0.27	2.46	4.05	21.57	9.93	56.14	77.48	24.69	9.78	43.47	广东乳源五指山
鸡毛松 *Podocarpus imbricatus* Bl.	0.42	1.06	2.03	11.76	2.11	56.88	74.66	31.54	5.99	42.47	海南
金钱松 *Pseudolarix amabilis*（Nelson）Rehd.	0.28	1.59	3.47	12.26	2.67	57.55	70.13	31.20	11.27	40.62	安徽歙县
长苞铁杉 *Tsuga longibracteata* Cheng	0.18	1.65	2.89	14.13	3.47	55.79	80.58	31.13	7.65	44.96	湖南莽山相思坑
杉木 *Cunninghamia lanceolata*（Lamb.）Hook.	0.21	—	2.37	10.84	1.52	—	—	33.21	8.87	—	广西柳州
杉木 *Cunninghamia lanceolata*（Lamb.）Hook.	0.17	—	2.17	10.31	0.88	—	—	32.83	8.71	—	江西武功山
杉木 *Cunninghamia lanceolata*（Lamb.）Hook.	0.37	—	2.48	11.28	1.44	—	—	33.68	9.41	—	四川邛崃
杉木 *Cunninghamia lanceolata*（Lamb.）Hook.	0.22	—	2.17	10.23	1.12	—	—	33.55	8.98	—	江苏句容
水杉 *Metasequoia glyptostyoboides* Hu et Cheng	0.40	—	2.49	22.35	2.08	—	—	32.92	9.05	—	南京林业大学校园
马尾松 *Pinus massoniana* Lamb.	0.29	1.14	2.28	12.36	1.78	—	—	29.43	12.40	—	浙江鄞县
马尾松 *Pinus massoniana* Lamb.	0.19	1.01	2.31	13.13	2.04	—	—	28.56	12.42	—	江西安福
马尾松 *Pinus massoniana* Lamb.	0.27	0.90	2.26	12.73	1.66	—	—	28.60	12.11	—	广西南宁

表 6-2 中国主要阔叶树木材的化学组成(%)

树 种	灰分	冷水抽出物	热水抽出物	1%NaOH抽出物	苯-乙醇抽出物	克-贝纤维素	克-贝纤维素中 α-纤维素	木质素	戊聚糖	木材中 α-纤维素	产 地
色木槭 *Acer mono* Maxim.	0.51	3.30	4.14	18.33	3.82	59.02	73.75	22.46	25.31	43.53	黑龙江大海林
臭椿 *Ailanthus altissima* (Mill.) Swingle	0.12	5.49	5.53	21.62	2.49	58.98	77.39	21.22	27.28	45.64	—
臭椿 *Ailanthus altissima* (Mill.) Swingle	0.82	3.48	5.09	22.57	2.14	59.51	72.84	21.44	27.54	43.35	安徽宿县
千年桐 *Aleurites montana*	0.10	2.11	2.68	21.78	2.02	59.21	72.59	23.22	23.45	42.98	福建三明
拟赤杨 *Alniphyllum fortunei* (Hemsl.) Makino	0.40	1.51	2.21	18.82	2.41	58.70	78.52	21.55	22.95	46.10	湖南莽山
蕈树 *Altingia chinensis* (Champ.) oliv. ex Hance	0.51	3.17	4.39	17.50	3.23	56.76	76.27	24.45	23.31	43.29	福建顺昌曲村伐木场
糙叶树 *Aphananthe aspera* Planch.	0.98	2.96	4.03	16.40	2.27	61.86	77.28	25.23	21.91	47.81	黑龙江带岭大青川林场
光皮桦 *Betula luminifera* H. Winkl.	0.27	1.34	2.04	15.37	2.23	58.00	73.17	26.24	24.94	42.44	湖南莽山
棘皮桦 *Betula dahurica* Pall.	0.32	1.56	2.22	23.24	3.39	59.72	71.84	18.57	30.12	42.90	黑龙江带岭
白桦 *Betula platyphylla* Suk.	0.33	1.80	2.11	16.48	3.08	60.00	69.70	20.37	30.37	41.82	黑龙江大海林
苦槠 *Castanopsis sclerophylla* (Lindl.) Schott.	0.40	3.59	5.46	17.23	2.55	59.43	78.36	23.46	22.31	46.57	福建南靖
山枣 *Choerospondias axillaris* (Roxb.) Burtt et Hill	0.50	3.86	6.05	21.61	6.47	58.77	83.45	21.89	22.04	49.04	福建三明
华南桂 *Cinnamomum austro-sinense* H. T. Chang	0.40	1.97	3.49	16.76	2.81	61.57	77.13	21.20	23.41	47.46	海南
香樟 *Cinnamomum camphora* (L.) Presl	0.12	5.12	5.63	18.62	4.92	53.64	80.17	24.52	22.71	43.00	福建顺昌
香樟 *Cinnamomum camphora* (L.) Presl	0.89	4.29	5.80	15.74	4.02	55.70	72.44	25.08	20.09	40.35	安徽黟县
黄樟 *Cinnamomum porrectum* (Roxb.) Kosterm.	0.53	2.47	3.81	18.75	6.72	56.79	77.00	23.78	22.35	43.73	湖南莽山
盘壳青冈 *Cyclobalanopsis patelliformis* (Chun) Chun	0.97	4.76	13.65	22.71	4.01	54.37	80.04	29.61	15.25	43.52	海南
杨梅蚊母树 *Distylium myricoides* Hemsl.	0.36	2.60	3.96	17.06	1.78	54.29	78.30	27.59	23.99	42.51	福建三明
大叶桉 *Eucalyptus robusta* Smith	0.56	4.09	6.13	20.94	3.23	52.05	77.49	30.68	20.65	40.33	福建龙溪
吴茱萸 *Evodia rutaecarpa* (Juss.) Benth.	0.62	4.02	5.05	17.45	3.52	59.61	78.52	22.73	21.70	46.81	福建南靖
马蹄荷 *Exbucklandia populnea* (R. Br.) R. W. Brown	0.36	3.78	5.81	18.92	5.56	58.24	71.74	21.33	20.40	41.78	广东乳源

（续）

树　　种	灰分	冷水抽出物	热水抽出物	1%NaOH抽出物	苯-乙醇抽出物	克-贝纤维素	克-贝纤维素中α-纤维素	木质素	戊聚糖	木材中α-纤维素	产　　地
水青冈 *Fagus longipetiolata* Seem.	0.53	1.77	2.51	15.52	1.65	55.79	78.46	27.34	23.33	43.77	湖南莽山
水曲柳 *Fraxinus mandshurica* Rupr.	0.72	2.75	3.52	19.98	2.36	57.81	79.91	21.57	26.81	46.20	黑龙江大海林
核桃楸 *Juglans mandshurica* Maxim.	0.50	2.47	4.72	22.35	5.39	59.65	77.22	18.61	22.69	46.06	黑龙江带岭
大果木姜 *Litsea lancilimba*	0.26	1.85	2.99	13.26	9.76	54.26	78.05	32.30	17.30	42.35	海南
广东润楠 *Machilus kwangtungensis* Yang	0.67	1.80	2.86	14.86	3.77	61.41	79.45	22.71	21.88	48.79	福建南靖
绿楠 *Manglietia hainanensis* Dandy	0.41	1.02	1.67	10.24	1.99	53.48	83.99	33.09	14.96	44.92	海南
苦楝 *Melia azedarach* L.	0.52	0.52	1.88	15.07	1.79	57.58	74.82	25.30	19.62	43.08	安徽东至
杨梅 *Myrica rubra* (Lour.) Sieb. et Zucc.	0.76	7.51	10.64	28.17	9.45	50.00	73.77	25.79	24.09	36.89	福建南靖
香果新木姜子 *Neolitsea ellipsoidea* Allen	0.30	2.43	4.47	16.48	3.60	56.54	80.62	27.55	15.94	45.58	海南
木荚红豆 *Ormosia xylocarpa* Chun ex Chen	0.27	4.52	7.41	21.29	7.03	55.01	77.61	23.48	22.00	42.69	福建三明
毛泡桐 *Paulownia tomentosa* (Thunb.) Steud.	1.13	10.30	13.02	29.55	9.84	58.92	75.18	21.37	21.32	44.30	安徽宿县
黄波罗 *Phellodendron amurense* Rupr.	0.49	4.09	5.12	24.47	4.55	55.28	79.00	20.89	23.70	43.67	黑龙江带岭
闽楠 *Phoebe bournei* (Hemsl.) Yang	0.77	6.70	8.77	21.15	7.37	50.62	79.22	29.18	18.11	40.10	福建三明
椤木石楠 *Photinia davidsoniae* Rehd. et Wils.	0.63	2.06	3.18	18.28	2.29	53.97	79.91	26.20	22.53	43.08	福建顺昌
黄连木 *Pistacia chinensis* Bunge	1.14	5.41	7.62	22.74	5.94	55.08	73.16	18.22	30.83	40.29	安徽萧县
化香树 *Platycarya strobilacea* Sieb. et Zucc.	0.84	5.30	6.55	21.40	6.43	59.06	75.27	19.28	24.69	44.45	安徽滁州
响叶杨 *Populus adenopoda* Maxim.	0.48	1.55	2.47	15.66	3.49	62.52	72.45	25.06	22.44	45.29	安徽东至
加杨 *Populus*×*canadensis* Moench	0.78	2.45	3.20	19.37	1.99	63.85	74.11	21.19	23.47	47.32	北京
加杨 *Populns*×*canadensis* Moench	0.58	0.54	2.22	19.36	1.19	64.10	72.11	22.16	23.20	46.27	北京
青杨 *Populns cathayana* Rehd.	1.50	1.70	3.20	22.09	3.33	61.48	72.49	24.28	21.54	44.57	—
大关杨 *Populns*×*xiaozuanica* W. Y. Hsu et Liang	0.82	2.30	2.66	21.44	2.58	59.71	71.96	25.11	24.38	42.97	河南中牟
钻天杨 *P. nigra* var. *italica* (Moench) Koehne	0.88	1.45	2.65	21.07	4.06	60.18	71.02	23.70	20.53	42.74	—

（续）

树种	灰分	冷水抽出物	热水抽出物	1%NaOH抽出物	苯-乙醇抽出物	克-贝纤维素	克-贝纤维素中α-纤维素	木质素	戊聚糖	木材中α-纤维素	产地
小叶杨 *Populns simonii* Carr.	0.84	1.73	2.73	18.80	2.93	59.47	73.89	25.22	22.62	43.94	河南中牟
毛白杨 *Populns tomentosa* Carr.	0.54	3.36	4.76	19.62	4.45	59.36	76.70	21.38	24.15	45.33	北京西郊
毛白杨 *Populns tomentosa* Carr.	0.49	3.96	4.44	18.88	4.65	60.02	74.22	23.03	24.61	44.55	安徽萧县
大青杨 *Populns ussuriensis* Kom.	0.45	2.30	3.57	21.21	3.97	61.80	74.49	18.49	26.60	46.03	黑龙江
豆梨 *Pyrus calleryana* Decne.	0.34	1.52	2.57	16.41	2.10	54.13	78.19	28.15	26.24	42.32	福建三明
麻栎 *Quercus acutissima* Carr.	0.99	2.39	4.16	17.02	2.06	61.30	71.45	21.59	27.77	43.80	安徽肥西
柞木 *Quercus mongolica* Fisch.	0.55	4.39	6.04	20.87	4.04	57.96	77.49	21.72	26.89	44.91	黑龙江大海林
栓皮栎 *Quercus variabilis* BL.	1.41	3.34	4.12	21.70	2.82	57.81	70.39	23.53	25.69	40.69	安徽肥西
刺槐 *Robinia pseudoacacia* L.	1.30	5.68	9.17	22.70	8.16	49.96	71.78	21.80	24.80	35.86	安徽萧县
旱柳 *Salix matsudana* Koidz.	0.72	3.61	3.92	20.68	2.43	59.32	68.58	20.84	26.66	40.68	安徽萧县
檫木 *Sassafras tzumu* (Hemsl.) Hemsl.	0.17	2.66	3.73	20.05	6.12	54.90	78.16	23.57	22.08	42.91	福建三明
鸭脚木 *Schefflera octophylla* (Lour.) Harms	0.94	4.57	6.26	19.05	3.48	55.68	78.12	21.65	24.14	43.50	福建南靖
木荷 *Schima superba* Gardn. et Champ.	0.37	1.62	2.28	16.37	2.07	57.22	81.48	25.69	22.19	46.62	福建南靖
槐树 *Sophora japonica* L.	0.97	2.98	5.11	18.92	7.03	54.98	78.41	23.47	22.93	43.11	安徽萧县
线枝蒲桃 *Syzygium araiocladum* Merr. et Perry	0.47	4.32	4.14	22.71	3.62	55.68	81.53	27.94	17.39	45.40	海南
紫椴 *Tilia amurensis* Rupr.	0.44	3.12	3.69	24.47	8.83	54.97	76.11	17.81	23.52	41.84	黑龙江大海林
糠椴 *Tilia mandshurica* Rupr. et Maxim.	0.56	1.98	2.89	22.87	5.02	59.47	72.33	18.22	24.07	43.01	黑龙江带岭
香椿 *Toona sinensis* (A. Juss.) Roem.	0.56	4.52	8.81	26.13	7.65	52.97	74.31	23.72	20.89	39.36	安徽东至
柠檬桉 *Eucalyptus citriodora* Hook. f.	0.44	—	3.22	14.24	2.39	—	—	19.27	22.85	—	广东雷州
窿缘桉 *Eucalyptus exserta* F. Muell.	0.18	—	5.87	15.69	2.46	—	—	28.16	16.33	—	广东雷州
雷林1号桉 *E. leizhou* No. 1	0.30	—	3.60	12.26	1.88	—	—	26.73	16.42	—	广东雷州
雷林1号桉 *E. leizhou* No. 1	0.35	—	3.69	12.61	1.90	—	—	26.53	18.55	—	广东雷州

（续）

树　　种	灰分	冷水抽出物	热水抽出物	1%NaOH抽出物	苯-乙醇抽出物	克-贝纤维素	克-贝纤维素中α-纤维素	木质素	戊聚糖	木材中α-纤维素	产　　地
草律桉 *E. tsaulyuh* No. 2	0.21	—	3.35	11.87	1.84	—	—	25.13	17.08	—	广东雷州
泡桐 *Paulownia fortunei* (Seem.) Hemsl.	0.42	—	8.54	—	7.32	—	—	20.69	18.43	—	南京林业大学校园
大关杨 *Populus*×*xiaozuanica* W. Y. Hsu et Liang	0.61	—	2.19	21.12	2.13	—	—	22.76	25.96	—	南京林业大学校园
63 杨 *P.* ×*deltoides* (ex *I*-63/51)	0.61	—	2.14	17.84	1.84	—	—	23.10	26.87	—	南京林业大学校园
69 杨 *P.* ×*deltoides* (ex *I*-69/55)	1.03	—	3.15	20.12	2.01	—	—	22.37	27.14	—	南京林业大学校园
69 杨 *P.* ×*deltoides* (ex *I*-69/55)	0.50	—	2.49	18.93	1.95	—	—	22.22	25.75	—	南京林业大学校园
胡杨 *Populus euphratoca* Oliv.	0.71	—	3.19	22.30	2.62	—	—	23.50	24.01	—	新疆天然林
胡杨 *Populus euphratoca* Oliv.	0.62	—	4.65	22.24	3.00	—	—	22.69	22.05	—	新疆人工林
72 杨 *P.* ×*euramericana* (ex *I*-72/58)	0.52	—	2.56	20.84	2.14	—	—	23.40	24.48	—	南京林业大学校园
72 杨 *P.* ×*euramericana* (ex *I*-72/58)	0.47	—	3.29	19.07	1.74	—	—	22.34	26.22	—	南京林业大学校园
214 杨 *P.* ×*euramericana* cv.	0.67	—	3.45	21.88	2.24	—	—	22.97	25.55	—	南京林业大学校园
214 杨 *P.* ×*euramericana* cv.	0.66	—	2.75	20.15	3.01	—	—	19.77	20.15	—	南京林业大学校园
德杨 *P.* ×*euramericana* No. 158	0.58	—	3.55	29.00	2.67	—	—	18.41	22.34	—	南京林业大学校园
小意杨 *P. nigra* var. *italica*	1.06	—	3.24	23.96	3.50	—	—	20.91	19.39	—	南京林业大学校园
小意杨 *P. nigra* var. *italica*	0.75	—	3.80	22.26	3.35	—	—	22.23	22.04	—	南京林业大学校园
健杨 *P.* ×*robusta*	0.69	—	2.87	18.73	2.29	—	—	20.05	20.73	—	南京林业大学校园
刺槐 *Robinia pseudoacacia* L.	—	—	6.80	19.07	6.02	—	—	19.31	24.32	—	南京林业大学校园

表 6-3 中国主要竹材的化学组成(%)

竹种	部位或生长年龄	灰分	冷水抽出物	热水抽出物	1%NaOH抽出物	苯-乙醇抽出物	克-贝纤维素	克-贝纤维素中α-纤维素	木质素	戊聚糖	α-纤维素	综纤维素	产地
单竹 *Lingnania cerosissima* (McClure) McClure	梢部	1.54	8.81	12.84	29.53	8.18	51.38	79.01	21.10	25.66	40.60	—	广东清远
	中部	1.62	8.75	11.94	27.61	8.10	53.86	82.29	21.08	25.23	44.32	—	
	基部	0.98	8.28	10.34	26.24	7.98	54.76	80.10	22.71	25.26	43.86	—	
刚竹 *Phyllostachys bambusoides* Sieb. et Zucc.	梢部	1.12	4.91	6.57	30.02	5.47	52.96	80.22	24.86	32.00	42.48	—	浙江临安
	中部	1.30	7.61	8.90	29.97	7.45	54.43	79.91	23.62	28.72	43.50	—	
	基部	1.80	9.65	10.55	30.52	8.08	54.03	81.19	23.69	28.69	43.87	—	
	半年生	2.22	4.62	5.93	27.60	1.81	—	—	24.51	22.69	48.92	76.11	浙江安吉
	1年生	1.25	10.49	8.97	29.93	7.31	—	—	22.39	22.46	56.74	72.65	
	3年生	0.98	6.11	7.32	31.33	5.86	—	—	25.15	22.65	42.92	65.39	
台湾石竹 *Phyllostachys lithophila* Hayata	梢部	0.80	6.99	8.70	29.11	8.46	52.25	76.12	25.08	30.63	39.77	—	浙江临安
	中部	1.28	5.58	7.38	27.52	7.00	53.72	79.29	24.86	29.98	42.59	—	
	基部	2.40	4.02	8.70	25.86	6.41	53.51	81.11	26.03	31.21	43.04	—	
淡竹 *Phyllostachys glauca* McClure	梢部	2.06	5.35	7.05	25.70	6.59	52.06	79.98	25.68	32.79	41.64	—	浙江临安
	中部	1.30	6.11	7.53	25.50	6.88	55.68	76.90	24.57	32.40	42.82	—	
	基部	1.10	5.00	6.37	23.34	6.15	53.29	79.27	25.65	27.30	42.24	—	
	半年生	1.68	3.69	5.15	27.27	1.81	—	—	23.58	21.95	49.97	78.47	浙江安吉
	1年生	1.29	10.79	8.91	34.28	7.04	—	—	23.62	22.35	57.88	72.84	
	3年生	1.85	8.81	12.71	35.32	7.52	—	—	23.35	22.19	39.05	62.40	
毛竹 *Phyllostachys pubescens* Mazel ex H. de Lehaie	梢部	1.22	5.59	7.00	25.26	5.99	54.14	76.13	24.73	31.84	41.22	—	浙江临安
	中部	1.20	7.10	8.48	27.62	7.35	53.62	78.98	24.49	30.80	42.35	—	
	基部	1.10	7.82	9.25	28.75	7.39	54.39	78.86	23.97	32.84	42.89	—	
	半年生	1.77	5.41	3.26	27.34	1.60	—	—	26.36	22.19	61.97	76.62	浙江安吉
	1年生	1.13	8.13	6.34	29.34	3.37	—	—	24.77	22.97	59.82	75.07	
	3年生	0.69	7.10	5.41	26.91	3.88	—	—	26.20	22.11	60.55	75.09	
	7年生	0.52	7.14	5.47	26.83	4.78	—	—	26.75	22.04	59.09	74.98	

（续）

竹种	部位或生长年龄	灰分	冷水抽出物	热水抽出物	1%NaOH抽出物	苯-乙醇抽出物	克-贝纤维素	克-贝纤维素中α-纤维素	木质素	戊聚糖	α-纤维素	综纤维素	产地
苦竹 *Pleioblastus amarus* (Keng) Keng f.	梢部	1.38	2.45	4.10	23.83	3.09	52.68	79.55	27.81	28.41	41.91	—	浙江临安
	中部	1.30	2.21	4.25	22.00	2.97	57.81	82.49	26.26	28.78	47.69	—	
	基部	3.20	3.11	5.15	22.06	3.01	58.31	82.87	25.69	28.19	48.32	—	
茶秆竹 *Pseudosasa amabilis* (McClure) Keng f.	梢部	1.75	8.16	10.81	28.51	7.41	52.71	70.16	22.79	24.25	40.14	—	广东怀集
	中部	1.26	7.86	10.07	27.52	7.95	54.70	79.13	21.88	26.04	43.28	—	
	基部	1.19	9.56	11.71	28.15	8.63	54.06	76.80	22.11	27.37	41.52	—	
麻竹 *Sinocalamus latiflorus* (Munro) McClure	梢部	1.71	10.12	12.90	30.50	9.01	50.95	80.26	22.85	25.42	40.89	—	广东清远
	中部	1.26	12.77	16.21	31.86	8.84	49.22	80.13	21.69	20.60	39.44	—	
	基部	1.37	13.56	15.77	32.51	8.88	50.75	79.89	22.17	22.67	40.67	—	
青皮竹 *Bambusa textilis* McClure	半年生	2.39	6.64	8.03	32.27	4.59	—	—	18.67	22.22	51.96	77.71	广州市郊
	1年生	2.08	6.30	7.55	30.57	3.72	—	—	19.39	20.83	50.40	79.39	
	3年生	1.58	6.84	8.75	28.01	5.47	—	—	23.81	18.87	45.50	73.37	
粉单竹 *Lingnania chungii* (McClure) McClure	半年生	2.73	8.10	9.70	35.17	4.16	—	—	17.58	23.91	47.63	79.00	广州市郊
	1年生	2.10	8.07	9.46	29.97	4.35	—	—	21.41	18.72	47.76	73.72	
	3年生	1.50	6.34	9.24	30.57	3.98	—	—	22.70	18.88	43.65	71.70	
撑篙竹 *Bambusa pervariabilis* McClure	半年生	2.16	4.93	6.35	27.71	2.14	—	—	20.92	21.47	52.63	79.41	广州市郊
	1年生	2.29	7.64	7.71	29.99	2.15	—	—	21.43	20.26	48.15	73.34	
	3年生	2.65	9.51	9.25	30.63	6.42	—	—	22.02	19.22	45.33	69.14	
车筒竹 *Bambusa sinospinosa* McClure	半年生	2.69	7.29	8.23	29.98	4.23	—	—	19.90	21.84	52.58	78.29	广州市郊
	1年生	1.92	8.98	9.91	30.25	5.49	—	—	20.54	20.72	49.15	74.46	
	3年生	1.84	9.07	9.27	26.92	5.88	—	—	24.17	19.72	47.10	72.77	
水竹 *Phyllostachys heteroclada* Oliver	1年生	1.24	13.57	9.60	30.89	5.38	—	—	22.42	20.43	58.15	71.98	浙江安吉
	3年生	1.27	9.68	15.94	34.84	9.11	—	—	22.72	21.83	38.96	59.92	
	半年生	1.98	6.72	8.30	31.83	4.12	—	—	28.49	22.24	45.38	70.77	

(续)

竹种	部位或生长年龄	灰分	冷水抽出物	热水抽出物	1%NaOH抽出物	苯-乙醇抽出物	克-贝纤维素	克-贝纤维素中α-纤维素	木质素	戊聚糖	α-纤维素	综纤维素	产地
紫竹 *Phyllostachys nigra* (Lodd. ex Lindl.) Munro	1年生	1.84	10.69	8.53	33.24	5.29	—	—	23.99	22.08	58.85	73.61	浙江安吉
	3年生	1.71	6.50	8.36	33.65	5.58	—	—	25.00	22.39	43.70	68.64	
	半年生	3.24	6.72	8.57	33.36	2.25	—	—	26.74	21.98	42.23	72.83	
早竹 *Phyllostachys praecox* C. D. Chu et C. S. Chao	1年生	1.96	11.21	7.68	32.84	3.80	—	—	24.68	22.24	56.13	73.31	浙江安吉
	3年生	2.28	7.18	9.09	33.26	5.64	—	—	25.65	22.39	40.81	65.77	
箭竹 *Sinarundinaia nitida* (Mitford) Nakai	杆	1.76	—	7.78	28.12	3.46	44.99	—	22.33	14.93	—	—	四川
慈竹 *Bambusa omeiesis* Chia et H. L.Fung	3年生	3.30	—	—	32.32	4.31	—	—	21.58	21.39	—	74.21	成都望江公园
	1年生	3.37	—	—	29.30	3.09	—	—	24.60	23.29	—	69.70	
斑苦竹 *Pleioblastus maculatus* (McClure) C. D. Chu et C. S. Chao	2年生	1.45	—	—	26.06	2.56	—	—	26.53	21.26	—	71.86	南京林业大学竹类标本园
	3年生	1.36	—	—	25.86	3.08	—	—	25.45	23.38	—	70.80	南京林业大学竹类标本园
中华大节竹 *Indosasa sinica* C. D. Chu et C. S. Chao	3年生	2.13	—	—	27.68	3.81	—	—	25.21	21.83	—	72.84	南京林业大学竹类标本园
唐竹 *Sinobambusa tootsik* (Sieb.) Makino	3年生	5.04	—	—	28.47	4.20	—	—	26.33	19.88	—	72.07	南京林业大学竹类标本园
毛金竹 *Phyllostachys nigra* var. *henonis* (Mitf.) Stapf ex Rendle	3年生	1.35	—	—	26.78	5.45	—	—	24.59	22.59	—	72.55	南京林业大学竹类标本园
孝顺竹 *Bambusa multiplex* (Lour.) Raeuschel	3年生	1.72	—	—	26.47	3.96	—	—	22.25	20.56	—	75.27	南京林业大学竹类标本园
牡竹 *Dendrocalamus strictus* (Roxb.) Nees	杆壁	1.80	5.15	7.85	23.18	1.80	59.99	—	23.89	15.84	—	—	广东
方竹 *Chimonobambusa quadrangularis* (Fenzi) Mankino	杆壁	1.59	10.58	12.24	37.66	3.41	57.69	—	21.49	30.75	—	—	浙江杭州
芦竹 *Arundo donax* L.		3.30	14.01	15.07	37.55	3.71	58.20	—	19.19	27.86	—	—	北京

木质素含量：针叶材中最低的是马尾松 25.56%～26.86%，红松 25.56%，最高的是四川邛崃杉木达 33.68%；阔叶材平均含量 24.14%（最低为线枝蒲桃 17.39%，最高者绿兰 33.09%）；竹材平均含量 23.57%略低于阔叶材（最低为半年生粉单竹 17.58%，最高者半年生紫竹达 28.49%）。

戊聚糖含量：针叶材平均含量为 10.01%（最低为鸡毛松 5.99%，最高为广东龙眼洞马尾松 12.52%）；阔叶材含量较高，平均为 21.35%（最低的盘壳青冈 15.25%，最高的黄连木达 30.83%、白桦 30.37%）；竹材平均含量为 24.87%，比阔叶材高（其中最低的箭竹 14.93%，最高的毛竹基部达 32.84%）。

竹材的化学组成按平均统计数比较，冷水、热水提取物，α-纤维素含量从基部到梢部逐渐下降，而 1%NaOH 和苯-醇提取物，克-贝纤维素含量则逐渐上升；灰分含量，基部>梢部>中部；木质素含量，中部>基部>梢部；戊聚糖含量，梢部>基部>中部。

一般讲，针叶树心材比边材含有较多的提取物及较少的木质素和纤维素，而阔叶材则无规律。因为晚材的次生壁比早材厚，而复合胞间层则相应地较薄，结果晚材中纤维素含量较早材多，木质素的含量则较少。

枝材纤维素的含量较干材稍少，提取物含量较多。其他成分与干材无明显差别。

随着树龄的增加，灰分、木质素及有机溶剂提取物增加，纤维素及戊聚糖含量减少。

参 考 文 献

1. 渡辺治人．木材理学总论．农林出版株式会社，1978
2. Ward K. Cellulose and Cellulose Derivatives，Part I，54
3. Immergut E H. The chemistry of wood，1963，(wileg) 103
4. Hannington K J et al. Holzforschung Bd，1964，18：108
5. 松崎啓，祖父江寛. 工化誌. 1951，54，289
6. Standinger H. Papierfabrikant，1938，36，373，481
7. Meyer K H，Mark H Z. Physik. Chem ，1929，2，115
8. Blackwell J，Kolpek F J，Gardner K H. Tappi，1978，61 (1)：71
9. 小阿瑟 J C主编. 纤维素化学与工艺学. 陈德峻等译. 北京：轻工业出版社，1983
10. Hess K，Trogus：C. Ber，1935：68B，1986 Legrand：C. J. Polymer Sci，1951，7：333
11. 渊野桂六．理研彙报，1931，20：905
12. Segal L，Loeb L，Creely K J. Polymer Sci，1954，13：193
13. Frey-Wyssling A，Muhlethaler：K. Mikroskopie，1949，4，257
14. Morehead：F F，Teatile Research J. 1952，22，535
15. Turback A F，Hammer R B，Davis R E et al. Chemtech，Tan，1980，51
16. Graenacher C，Sallmann R. U. S. P. 1939，2179，181
17. Johnson. D L. U. S. P. 1970，3508，941
18. Jayme G. Cellulose and Cellulose Derivativis. Imtenseience Wiley，New York，1970，5，381
19. Fowler W F，Vnruh C C，Mcgee P A et al. J. Amer. Chem. Soc，1947，69，1636
20. Albertsson U，Samuelson O. Svensk Papperstidn，1962，65，1001
21. 石津敦．紙パ技協誌，1973，27，371
22. Mattor J A. Tappi，1963，46，586
23. 右田伸彦，中野準三. 山本蕃．纤维誌，1951，7，437
24. Ogiwara Y et al. Tappi 1970，53，1685
25. Hermans J J. Proceeding of wood chemistry Symp，Montzcal，Ouebec (August，1961)
26. Chen－Ten Su et al. Tappi，1972，55，1318
27. Bückman W J. Tappi，1973，56，97
28. Simionesull C，Oprea，S. Cellulose Chem Technol，1970，4，471
29. Browning B L. The Chemistry of Wood，1963，102～201
30. 南京林业大学．木材化学. 北京：中国林业出版社，1990
31. David N. Nobuo Shiraishi，Wood and Cellulosic Chemistry. Marcel Dekker Inc. 1991：177～214
32. Sjostrom E. Wood Chemistry，Fundamental and Applications，Academic Press，Inc. New York，1981
33. Fengel D，Wegener G. Wood Chemistry，Ultrastructure，Reaction；Water de Grugter Berlin，1984
34. 中野準三等著. 木材化学. 鲍禾等译．北京：中国林业出版社，1989
35. Sarkanen KV，Ludwig C H. Lignin. Occurrence Formatcon，Structure and Reaction；Wiley Intersci；New York，1971：43～85，165～228，241～340，575～583，833～857
36. Glasser W G. Lignin. In：Pulpand Paper，Chemistry and Chemical Technology，(J. P. Casey Ed.) Vol. I，Third Editcon，Jogn Wiley and Sons，Inc. New Yord，1980：39～111
37. 中野準三編．リワニの化学，基礎と応用．东京：ユニ報株式会社，1978
38. Alder E. Wood Sci. Technol，1977，11：169～218
39. Ritter G J，Seborg R M，Mitchell R L. Ind. Eng. Chem. Anal. Ed，1932，4，202
40. Willstatter R，Zechmeister L. Ber，1913，46，2401
41. Freudenberg K，Zocher H，Dürr W. Ber，1929，62，1814
42. Ritdnie P F，Purves C B. Pulp Paper Mag. Can，1947，48，12，74

43. Patterson R F, West K A, Lovell E L et al. J. Am. Chem. Soc, 1941, 63, 2065
44. Pepper J M, Siddigueullah M. Can. J. Chem, 1961, 39, 390, 1454
45. Clark J C, Brauns F E. Paper Trade J. , 1944, 119, 6, 33
46. Brauns F E. J. Amer. Chem. Soc, 1939, 61, 2120
47. Freudenberg K. Angew. Chem, 1956, 68, 508
48. Bjorkman A. Svensk Papperstid, 1956, 59, 243, 477
49. Lundguist K L, simonson R. Svensk Papperstidn, 1975, 78, 390
50. Chang H M, Cowling E B, Brown W *et al.* Holzforschung, 1975, 29: 153
51. Erdtman H. Svensk. Papperstidn, 1939, 42, 115
52. Erdtman H. 1950, Research 3, 63
53. Freudenberg K. Science, 1965, 148, 596
54. Freudenberg K, Neish A C. Constitution and Biosynthesis of Lignin; Springer—Verlag, Berlin, Heidelberg, 1968, 47～122
55. Freudenberg K, Harkin J, Reichert M et al. T. Fukuzumi; Chem. Ber, 1958, 91, 581
56. Freudenberg K, Jones A, Renner H. Chem. Ber, 1963, 96, 1844
57. Terashima N, Fukushima K, Takabe K. Holzforschung, 1986, 40: Suppl. 101
58. Terashima N, Fukushima K, Sano Y et al. Holzforschung, 1988, 42: 347
59. Terashima N, Fukushima K. Wood Sci. Technol, 1988, 22: 259
60. L.—F. He, Terashima N. Zokuzai Gakkaishi, 1989, 35: 116
61. Terashima N. Proceedings of 7th International Symposium on Wood and Pulping Chemistry, Beijing, 1993, I: 24
62. Gibbs R D. In《The physiology of Forest Treees》E. Thimann, Ed, 1958, 269～312
63. Saka S, Goring D A I. "Localization of Lignins in Wood Cell Walls", in《Biosynthesis and Biodegradatwin of Wood Componento》. T. Higuchi Ed; Academic Press, Inc, 1985; 51～62
64. Saka S. "Electro Microscopy", in《Methods in Lignin Chemistry》. S. Y. Lin and C. W. Dence Eds; Springer—Verlag Berlin Heidelberg, 1992. 133～145
65. NiMz H, Robert D, Faix O et al. Holzforschung, 1981, 35: 16
66. Saka S, Thomas R J. Wood Sci. Technol. 1982 a, 16: 1
67. Saka S, Thomas R J. Wood Sci. Technol, 1982 b, 16: 167
68. Saka S, Thomas R J, Gratzl J S. Tappi, 1978, 61: 73
69. Saka S, Thomas R J, Gratzl J S. Wood Fiber, 1979, 11: 99
70. Fergus B J, Goring D A I. Holzforschung, 1970 a, 24: 118
71. Fergns B J, Goring D A I. Holzforschung, 1970 b, 24: 113
72. West E, Maclnnes A S. Hibbert H. J. Amer. Chem. Soc, 1943, 65: 1187
73. Pepper, J M, Bayles P E T, Alder E. Can. J. Chem. 1959, 37: 1241
74. Lundquist K. "Acidolysis", in《Methods in Lignin Chemistry》. Stephen Y. Lin, Carlton W. Dence Eds. springer—Verlag Berlin Heidelberg, 1992, 287～298
75. Nimz H. Angew. Chem. Int. Ed. Engl, 1974, 13: 313
76. Rolando C, Monties B, Lapierre C. "Thioacidolysis", in《Methods in lignin chemistry》. S. Y. Lin and C. W, Dence Eds. springer—Verlag Berlin Heidelberg, 1992, 334～348
77. Lapierre C, Monties B, Rolando C. Holzforschung, 1986 a, 40: 113
78. Lapierre C, Monties B, Rolando C. Holzforschung, 1986 b, 40: 47
79. Lapierre C, Monties B, Rolando C. Holzforschung, 1988, 42: 409
80. Lapierre C, Rolando C, Holzforschung, 1988, 42: 1
81. Lapierre C, Pollet B, Tollier M T, *et al.* Proceedings of 7th International Symposium on Wood and Pulping Chemistry, Beijing, 1993, Ⅱ: 818
82. Leopold B. Acta Chem Scand, 1952, 6: 38
83. C.—L. Chen, "Nitrobenzene and Cupric Oxide Oxidations", in《Methods in Lignin Chemistry》. S. Y. Lin and C. W. Dence Eds. springer—Verlag Berlin Heidelberg, 1992, 301～319

84. Creighton RHJ, Gibbs R D, Hibbert H. J. Am, Chem, Soc, 1944, 66: 32
85. Higuchi T, ITO Y, Shimada M *et al.* Phytochemistry, 1967, 6: 1551
86. Larsson S, Mikshe G E. Acta Chem Scand, 1967, 21: 1970
87. Larsson S, Mikshe G E. Acta Chem Scand, 1971, 25: 673
88. Larsson S, Mikshe G E. Acta Chem Scand, 1972, 26: 2031
89. Gellerstedt G. "Permanganate Oxidation", in《Methods in Lignin Chemistry》S. Y. Lin and C. W. Dence Eds, springer—Verlag Berlin Heidelberg, 1992, 322～332
90. Taneda H, Habu N, Nakano J. Holzforschung, 1989, 43: 187
91. Habu H, Matsumoto Y, Ishizu A et al. Holzforschung, 1990, 44: 67
92. Matsumoto Y, Ishizu A, Nakano J. Holzforschung, 1986, 40: suppl, 81
93. Matsumoto Y, Ishizu A, Nakano J. Mokuzai Gakkaishi, 1984, 30: 74
94. Tsutsumi Y, Islam A, Anderson C et al. Holzforschung, 1990, 4: 59
95. Sarkanen K V, Islam A, Anderson C. "Ozonation", in《Methods in Lignin Chemistry》S. Y. Lin and C. W. Dence Eds. Springer—Verlag, 1992, 387～404
96. Funaoka M, Abe I. Wood Sci. Technol, 1987, 21: 261
97. Chiang V L, Funaoka M. Holzforschung, 1988, 42: 385
98. Chiang V L, Funaoka M. Holzforschung, 1990 a, 44: 147
99. Chiang V L, Funaoka M. Holzforschung, 1990 b, 44: 309
100. Funaoka M, Abe I, Chiang V L. 》Nucleus Exchange Reaction", in《Methods in Lignin Chemistry》, S. Y. Lin and C. W. Dence Eds; 1992 369～386; springer—Verlag Berlin Heidelberg
101. C. —L. Chen, H. —m. Chang "Chemistry of Lignin Biodegradation", in《Biosynthesis and Biodegradation of Wood Components》T. Higuchi Ed, 1985, 535～556
102. Sakskibara A. Wood Sci. Technol, 1980, 14: 89
103. Glasser W G, Glasser H R. Pap. Puu 1981, 63: 71
104. Gierer J. Wood Sci. Technol, 1985, 19: 289
105. Gierer J. Wood Sci. Technol, 1986, 20: 1
106. Gierer J. Holzforschung, 1982, 36: 43
107. Gierer J. Holzforschung, 1982, 36: 55
108. Gierer J. Holzforslung, 1990, 44: 387
109. Gierer J. Holzforschung, 1990, 44: 395
110. Gierer J. Holzforschung, 1980, 34: 197
111. Concise Encyclopedia of Wood and Woodbased Materials Ed. Aron P. Schniewind, Pergamon Press, USA
112. Lin S Y. Progress in Biomass Conversion, Academic Press, Inc, New York, 1983, 4: 32～74
113. Fengel D, Wegener G. Wood (Chemistry Ultrastructure Reactions), 1984, 182～222
114. 李民栋．松脂和脂松香高沸点中性物组成分离分析方法综述．林产化工通讯，1992，6：29～31
115. 北京医学院，北京中医学院．中草药成分化学．北京：人民卫生出版社，1980
116. Eero Sjostrom. Wood Chemistry (Fundamentals and Application), 1981, 83～98
117. НИКИТИН В М. Хцмця Дреьесцны ц Цецюлоз, 1978, 206～216
118. K·伊梢著. 种子植物解剖学（第二版）. 李正理译. 上海：上海科学技术出版社，1982，112～115
119. 中国林业科学研究院林产化学工业研究所栲胶研究室. 国产一些鞣料植物鞣质含量表. 林产化学与工业，1981，1（1）：39～45
120. Fengel D, Wegener G. Wood (Chemistry Ultrastructure Reactions), 1984, 240～265
121.《纤维素科学与技术》编辑部. 纤维素科学与技术. 1993，1（1，2）
122. 轻工业标准出版委员会. 造纸工业测试方法标准汇编. 1990
123. Laboratory Methods, 11 CSIRO Division of Forest Products, Australia
124. 屈维均. 制浆造纸实验. 北京：轻工业出版社，1990
125. 邬义明. 植物纤维化学. 北京：轻工业出版社，1991
126. 成俊卿. 木材学. 北京：中国林业出版社，1988

第4篇

制　浆

第7章 造纸材资源

李启基

1 中国的森林资源

1.1 有林地面积[1]

中国幅员辽阔，气候条件良好，适宜各种树木生长。根据全国第四次清查资料统计，全国木本植物约8 000多种，其中乔木树种约2 000种，灌木约6 000余种。乔木树种中引种成功的国外优良树种约100种[2]。全国有林地面积为133 703.5×10³hm²，森林覆盖率13.92%。

全国除台湾省和西藏自治区控制线外的有林地面积128 527.8×10³hm²，其中：林分面积108 638.2×10³hm²；经济林面积 16 098.8×10³hm²；竹林面积 3 790.8×10³hm²。

在林分面积中，其林分结构、林龄结构、针叶林和阔叶林的结构分别见表7-1至表7-3。

表7-1 中国森林的林分结构

林 分	面积（×10³hm²）	比例（%）
全 国	108 638.2	100.00
用材林	84 928.6	78.18
防护林	16 072.9	14.79
薪炭林	4 288.6	3.95
特用林	3 348.1	3.08

表7-2 中国森林的林龄结构

林 龄	面积（×10³hm²）	比例（%）
全 国	108 638.2	100.00
幼龄林	41 333.1	38.05
中龄林	36 131.4	33.26
近熟林	11 061.0	10.18
成熟林	12 688.6	11.68
过熟林	7 424.1	6.83

表7-3 中国森林的针、阔叶林结构

针、阔叶林	面积（×10³hm²）	比例（%）
总 计	108 638.2	100.00
针叶林	55 032.6	50.66
阔叶林	53 605.6	49.34

人工林已成林的面积为34 251.6×10³hm²，占全国有林地面积的26.65%。

1.2 活立木蓄积量[1,3]

全国除台湾省和西藏自治区控制线外的活立木总蓄积量 10 735 653.2×10³m³，其中：森林蓄积量9 087 167.1×10³m³，占84.64%；疏林地蓄积量544 901.7×10³m³，占5.08%；散生木蓄积量771 442.4×10³m³，占7.19%；四旁树蓄积量332 142.0×10³m³，占3.09%。

在森林蓄积量中，各类林分、林龄和针叶林、阔叶林所占的蓄积量分别见表7-4至表7-6。

表7-4 中国森林各类林分的蓄积量

类 别	蓄积量（$\times 10^3 m^3$）	比例（%）
全 国	9 087 167.1	100.00
用材林	6 743 386.9	74.20
防护林	1 777 977.0	19.57
薪炭林	69 167.4	0.76
特用林	496 635.8	5.47

表7-5 中国森林各种林龄的蓄积量

林 龄	蓄积量（$\times 10^3 m^3$）	比例（%）
全 国	9 087 167.1	100.00
幼龄林	1 023 176.4	11.26
中龄林	2 660 342.0	29.28
近熟林	1 221 421.4	13.44
成熟林	2 203 708.9	24.25
过熟林	1 978 518.4	21.77

表7-6 中国森林针、阔叶林的蓄积量

针、阔叶林	蓄积量（$\times 10^3 m^3$）	比例（%）
全 国	9 087 167.1	100.00
针叶林	5 112 159.3	56.26
阔叶林	3 975 007.8	43.74

1.3 中国的森林分布[1]

中国的森林资源在地理上的分布极不均衡。按蓄积量计算，73%的森林集中在东北和西南地区；按有林地面积计算，亦约有50%分布在东北和西南；森林覆盖率则以南方的集体林区为最大。现分为“东北、内蒙古”（含黑龙江、吉林、内蒙古三省区，下同），“四川、云南”，“西藏”，“南方集体林”（含广东、海南、湖南、湖北、江西、福建、贵州、浙江、广西、安徽10省区，下同）和“其他”（含甘肃、新疆、陕西、辽宁、河南、河北、山东、宁夏、山西、北京、天津、江苏、青海、上海14个省市区，下同）五大片，各片森林资源情况见表7-7。

表7-7 中国森林资源分布情况

地 区	森林蓄积量（$\times 10^8 m^3$）/所占比例（%）	有林地面积（$\times 10^3 hm^2$）/所占比例（%）	森林覆盖率（%）
全 国	90.87/（100.00）	128 527.8/（100.00）	13.92
东北、内蒙古	30.03/（33.04）	36 574.6/（28.46）	20.3
四川、云南	24.11/（26.53）	20 936.0/（16.29）	22.1
西 藏	12.31/（13.55）	3 963.7/（3.08）	3.5
南方集体林区	14.58/（16.04）	46 643.2/（36.29）	30.1
其 他	9.84/（10.84）	20 410.3/（15.88）	5.1

竹林主要分布在中国的南部和西南部，总面积为3 790.8×$10^3 hm^2$（不含台湾省和西藏自治区控制线外）。其中毛竹 *Phyllostachys pubescens* Mazel ex H. de Lehaie 林面积为2 602.3×$10^3 hm^2$，占竹林总面积的68.65%。竹林资源分布情况见表7-8。

表7-8 中国竹林资源分布情况 面积（$\times10^3hm^2$）、比例（%）

地 区	竹 林		毛竹林		其他竹林	
	总面积	比 例	总面积	比 例	总面积	比 例
全 国	3 790.8	100.00	2 602.3	68.65	1 188.5	31.35
浙 江	509.8	13.45	451.9	11.92	57.9	1.53
安 徽	203.4	5.37	152.7	4.03	50.7	1.34
福 建	680.7	17.96	632.6	16.69	48.1	1.27
江 西	551.6	14.55	548.4	14.47	3.2	0.08
湖 北	121.0	3.19	68.2	1.80	52.8	1.39
湖 南	506.0	13.35	499.6	13.18	6.4	0.17
广 东	355.0	9.36	95.9	2.53	259.1	6.84
广 西	240.1	6.33	86.4	2.28	153.7	4.05
四 川	345.6	9.12	22.5	0.59	323.1	8.52
云 南	124.8	3.29	9.6	0.25	115.2	3.04
其 他	152.8	4.03	34.5	0.91	118.3	3.12

2 中国主要造纸材资源

2.1 落叶松资源[1,3]

在中国主要有：落叶松（兴安落叶松）*Larix gmelini* Rupr.、长白落叶松 *L. olgensis* Henry、华北落叶松 *L. principis-rupprechtii* Mayr、新疆落叶松 *L. sibirica* Ledeb.、西南落叶松 *L. potaninii* Batalin，以及日本落叶松 *L. leptolepis* (Sieb. et Zucc.) Gordon 的变种：红果日本落叶松 *L. leptolepis* var. *rubescens* Inokuma、杂果日本落叶松 *L. leptolepis* f. *variegata* Lintu、大果日本落叶松 *L. leptolepis* f. *macrocarpa* Lintu 等，总蓄积量为871 968.1×10^3m^3，分布情况见表7-9。

表7-9 落叶松资源分布情况

地 区	蓄积量（$\times10^3m^3$）	比例（%）
全 国	871 968.1	100.00
内蒙古	412 706.9	47.33
黑龙江	325 465.6	37.33
吉 林	27 128.6	3.11
辽 宁	17 828.1	2.04
山西、河北、北京、山东、河南	7 053.5	0.81
四川、云南	24 394.7	2.80
陕西、甘肃、青海、宁夏	1 140.9	0.13
新 疆	56 249.8	6.45

从表7-9可知，落叶松的蓄积量87.77%集中在东北、内蒙古林区，运输条件好，便于采伐利用。

落叶松又是速生树种之一。根据中华人民共和国专业标准 ZB B64002—86规定，长白落叶松和兴安落叶松在严寒的东北等地的Ⅰ类产区种植，16年林龄的平均胸径（DBH）11.1cm，平均年生长量8.4m³/hm²；到20年林龄时平均胸径和年生长量可分别增加到13.2cm 和8.8m³/hm²。

在中国，过去落叶松主要用于生产纸袋纸和牛皮包装纸等的原料。近年来经国内外的研究，落叶松可制高白度的化学浆，性能可与美国南方松浆相媲美，用途广阔。

2.2　云杉资源[1,3]

在中国主要有：云杉 *Picea asperata* Mast.、青海云杉 *P. crassifolia* Kom.、天山云杉 *P. schrenkiana* Fisch. et Mey. 和红皮云杉 *P. koraiensis* Nakai 等，总蓄积量为1 126 705.2×10³m³，分布情况见表7-10。

表7-10　云杉资源分布情况

地　区	蓄积量（×10³m³）	比例（%）
全　国	1 126 705.2	100.00
黑龙江、吉林、内蒙古	30 241.3	2.68
河北、山西、辽宁	2 877.6	0.26
四　川	207 006.9	18.37
云　南	37 091.6	3.29
西　藏	699 201.7	62.06
甘肃、青海、宁夏	45 628.7	4.05
新　疆	104 657.4	9.29

从表7-10可知，中国现有的云杉蓄积量83.72%集中在西藏、四川和云南三省区，不可采伐和暂不可采伐的资源较多；在运输条件好的东北林区却很少。

云杉生长极慢，材积连年生长量最大值的到来，在立地条件好的林地约需110年，而立地条件差的林地则需220年。

因此，云杉尽管是国内外公认的优良造纸材树种，广泛用于抄造各类高档纸张，但在我国短时期内仍难于扩大来源。

2.3　冷杉资源[1,3]

冷杉 *Abies fabri*（mast.）Craib. 连同辽东冷杉 *A. holophylla* Maxim. 和东陵冷杉 *A. nephrolepis*（Trautv.）Maxim. 在内，全国蓄积量为1 075 181.7×10³m³，分布情况见表7-11。

表7-11　冷杉资源分布情况

地　区	蓄积量（×10³m³）	比例（%）
全　国	1 075 181.7	100.00
黑龙江、吉林	27 170.3	2.53
四川、云南	695 318.4	64.68
西　藏	297 187.7	27.65
其　他①	55 505.3	5.14

① 包括新疆、甘肃、陕西、青海、湖北和辽宁。

从表7-11可知，冷杉蓄积量92.33%分布在四川、云南和西藏，更集中在边远林区，不可采伐和暂不可采伐的资源较多。

冷杉生长亦很缓慢，人工林生长虽较快，但15年生的冷杉，树高亦只有约4m，胸径约5cm。

因此，尽管冷杉亦是十分优良的造纸材树种，但在短时期内亦很难扩大其来源。

2.4 红松资源[1,3]

红松 *Pinus koraiensis* Sieb. et Zucc. 按树皮特征分类，有细皮红松 *P. koraiensis* f. *leptodermis* Wang et Ghi 和粗皮红松 *P. koraiensis* f. *pachidermis* Wang et Ghi 两种，全国现存蓄积量56 307.2×10^3m^3，其中：黑龙江为52 127.4×10^3m^3，占92.58%；吉林为2 573.7×10^3m^3，占4.57%；辽宁为1 101.0×10^3m^3，占1.95%；新疆为505.1×10^3m^3，占0.90%。

红松基本上集中在黑龙江、吉林等主要林区，运输条件好，便于采伐利用。但红松不仅是优良的造纸材树种之一，而且是珍贵的用材树种之一，因此红松的资源消耗量多年来均大于生长量。据林业部1989～1993年清查结果，红松的蓄积量已比1984～1988年时减少了38.6%。

红松的人工造林技术已经成熟，但亦需30～40年才可培育成中、小径材，再加上用材行业的竞争，亦难于指望作为造纸材的重要来源。

2.5 樟子松资源[1,3]

樟子松 *Pinus sylvestris* var. *mongolica* Litv. 现存蓄积量51094.7×10^3m^3，其中：内蒙古为24 302.0×10^3m^3，占47.56%；黑龙江为22 383.0×10^3m^3，占43.81%；吉林为3 303.7×10^3m^3，占6.47%；河北、辽宁、湖北为1 106.0×10^3m^3，占2.16%。

樟子松与欧洲赤松同属一类树种，是芬兰等国重要的优良造纸材树种之一。在我国，樟子松虽尚未成为重要的造纸材来源，种植地区亦较窄，但经研究证明中国的樟子松亦是优良的造纸材树种，在有条件的地区很值得栽培利用。

樟子松的生长情况因立地条件不同相差很大。辽宁省20年生的人工林，立地条件好的胸径达12.7cm，立地条件差的胸径只有9.2cm。

2.6 马尾松资源[1,3]

马尾松 *Pinus massoniana* Lamb. 是我国南方最主要的造纸材树种，现有蓄积量430 206.7×10^3m^3，分布情况见表7-12。

表7-12 马尾松资源分布情况

地 区	蓄积量（×10^3m^3）	比例（%）	地 区	蓄积量（×10^3m^3）	比例（%）
浙 江	49 441.5	11.49	广 东	31 934.1	7.42
安 徽	17 259.8	4.01	广 西	59 096.0	13.74
福 建	92 659.5	21.54	四 川	40 544.3	9.42
江 西	31 840.4	7.40	贵 州	21 923.7	5.10
湖 北	38 909.0	9.04	其 他①	9 791.2	2.28
湖 南	36 807.2	8.56	全 国	430 206.7	100.00

① 包括江苏、海南、河南、陕西。

马尾松是我国松树中分布最广的树种，也是速生丰产树种之一。高生长量一般每年可达50～100cm，最快达2m 以上；高、径生长旺期为15～25年林龄；材积生长最盛期为30～40年林龄。近几年发现，广西的桐棉和古蓬的马尾松是优良的种源，比一般的马尾松生长更快，已在江西、福建、湖北等地试种，引起了各方面的注意。

马尾松在南方主要用于制造漂白浆和纸袋纸等高强度的纸张，是我国当前和今后十分重要的造纸材树种。

2.7 云南松、思茅松资源[1,3]

云南松 *Pinus yunnanensis* Franch. 主要集中在云贵高原，现有蓄积量240 122.6×10^3m^3，其中：云南为167 119.1×10^3m^3，占69.60%；四川为66 917.7×10^3m^3，占27.87%；贵州、广西为6 085.8×10^3m^3，占2.53%。

云南松是速生丰产树种。但前10年生长也不快，Ⅰ地位级10年生云南松平均胸径为5.2cm，10～20年分化强烈，20～40年生是生长最旺盛时期。

思茅松 *Pinus khasya* var. *langbianensis* (A. Chev.) Gaussen 总蓄积量69 834.3×10^3m^3，基本上全集中在云南省亚热带、准热带地区。现四川和广东等已有引种。

思茅松幼林生长比云南松快。一般4～5年幼林即开始郁闭成林，10～30年为树径生长旺盛期，40年生的平均胸径20～30cm，已接近用材林的主伐阶段。

作为造纸原料，均认为云南松和思茅松的制浆造纸性能比马尾松、落叶松优越。

2.8 湿地松、火炬松和加勒比松的引种栽培[4]

湿地松 *Pinus elliottii* Engelm.、火炬松 *P. taeda* L.、加勒比松 *P. caribaea* Morelet 统称为南方松。

湿地松原产美国，在20世纪30年代初引入中国，60年代初扩大引种试验范围，1973～1988年大量进口种子开展大面积栽植，到1988年全国营造的湿地松面积已达910.26×10^3hm^2，具体分布情况见表7-13。

表7-13 中国湿地松造林面积分布情况

地 区	面积（×10^3hm^2）	地 区	面积（×10^3hm^2）	地 区	面积（×10^3hm^2）
浙 江	9.87	广 西	46.6	四 川	47.3
福 建	30.0	安 徽	16.0	湖 南	92.0
河 南	5.79	江 西	158.0	江 苏	6.4
湖 北	31.7	广 东	466.6	全 国	910.26

湿地松在中国的生长表现，因气候条件不同有较大的差别。最适宜的气候带为南亚热带和中亚热带，湿地松在这两个气候带的胸径年生长量达1cm以上，已成为这些地区低山、丘陵营造速生丰产林的主要树种之一。但湿地松在热带（北纬22°以下）地区不如加勒比松生长快，在北亚热带（北纬30°～33°以上）则不如火炬松生长快。

湿地松在美国是主要的造纸材树种之一。中国亦在开发利用中，初步研究，湿地松纤维的细胞壁较厚，因此撕裂度较高，其他强度指标不高，不适于做电器用纸。

火炬松原产美国，是美国南方松中分布最广、蓄积量最大的树种。中国引种和推广火炬松的时间大体上与湿地松同时进行。据不完全统计，到1988年，中国营造火炬松的面积为245.83×10^3hm^2，分布情况见表7-14。

表7-14 中国火炬松造林面积分布情况

地 区	面积（×10^3hm^2）	地 区	面积（×10^3hm^2）	地 区	面积（×10^3hm^2）
四 川	34.7	广 西	0.60	湖 南	61.3
福 建	20.0	河 南	14.3	山 东	2.0
江 苏	9.1	江 西	42.0	全 国	245.83
湖 北	20.7	广 东	15.0		
浙 江	2.13	安 徽	24.0		

从雷州半岛至山东半岛都能种植火炬松。但在热带地区种植不多，在南亚热带生长良好，平均胸径年生长量为1.2cm；在中亚热带的生长表现大致与湿地松相同，是本地带的重要速生树种；在北亚热带的生长速度明显超过湿地松；在暖湿带南部也可用耐寒的种源种植。

火炬松是良好的造纸材。美国南部用火炬松和湿地松生产的纸板和新闻纸，分别占美国全国同类产品总产量的62%和52%，其中又以火炬松为主要原料。据中国造纸工业研究所的试验结果：中国引种繁殖的火炬松，木材的基本密度小，晚材率低，纤维的细胞壁薄，粗度小。因此，尽管火炬松纤维的平均长度比湿地松短，但用它生产的纸，除撕裂度外，其他强度指标均优于湿地松，可用以制造电器用纸、纸袋纸和各种中高档文化用纸，是一种很值得发展的原料。

加勒比松，原产中美洲，共有3个种，即：加勒比松本种 *P. caribaea* Morelet var. *caribaea*，洪都拉斯加勒比松 *P. caribaea* Morelet var. *hondurensis* (Senecl.) Barr. et Golf，巴哈马加勒比松 *P. caribaea* var. *bahamensis* (Griseb) Barr et Golf。引种到我国已有15～25年的历史，其中以加勒比松本种的时间最早。到1988年底，全国加勒比松的人工林面积约有21 800hm^2，绝大多数为加勒比松本种，其中：广东$10\times10^3hm^2$；海南$9.33\times10^3hm^2$；广西$2.44\times10^3hm^2$。

调查表明，加勒比松本种，在我国的热带和南亚热带地区，在相同的立地条件下，与湿地松和马尾松等相比较，表现得更为速生。胸径生长量，在中等立地条件的地区，每年可达0.9～1.3cm。但在北纬24°以北，生长速度下降，与湿地松无明显差别，甚至不如湿地松。

加勒比松亦是速生造纸材树种之一。初步研究表明，雷州半岛栽植的加勒比松，它的制浆造纸性能均不亚于同龄的马尾松造纸材。

2.9 桦木资源[1]

白桦 *Betula platyphylla* Suk. 及其他种类的桦木是东北、内蒙古林区主要的阔叶材树种。它萌发力强，是森林采伐迹地更新的优良树种，现有蓄积量为$672\ 156.7\times10^3m^3$，主要集中在内蒙古、黑龙江，其次是四川和云南（见表7-15）。

表7-15 桦木资源分布情况

地 区	蓄积量（$\times10^3m^3$）	比例（%）
全 国	672 156.7	100.00
内蒙古、黑龙江	513 141.9	76.35
吉 林	14 581.2	2.16
四川、云南	85 801.5	12.77
其 他①	58 632.1	8.72

① 包括陕西、甘肃、青海、宁夏、新疆、河北、山西、北京、辽宁、湖北、贵州。

桦木是造纸的优质阔叶材原料，桦木纸浆在国际市场上有很高的声誉，在我国亦是短纤维的重要资源。

2.10 杨树资源[1,3,5,6]

杨树属杨柳科 SALICACEAE 杨属 *Populus*。据报道，世界上杨属的天然种类有100多种，分属于5个派，即：白杨派 Sect. *Leuce* Duby、大叶杨派 Sect. *Leucoides* Spach、青杨派 Sect. *Tacamahaca* Spach、黑杨派 Sect. *Aigeiros* Duby 和胡杨派 Sect. *Turanga* Bunge。其中真正有生产价值的主要是白杨派、青杨派和黑杨派中的某些种以及它们之间的杂交种。

我国有杨树53种（含3个存疑种），其中主要的种类有：在天然次生林中有山杨 *Populus*

davidiana Dode、大青杨 *P. ussuriensis* Kom、青杨 *P. cathayana* Rehd.、银白杨 *P. alba* L.、黑杨 *P. nigra* L.、密叶杨 *P. talassica* Kom 和甜杨 *P. suaveolens* Fish. 等；在人工林中有毛白杨 *P. tomentosa* Carriere、小叶杨 *P. simonii* Carriere、新疆杨 *P. bolleana* Lauche、北京杨 *P. beijengensis* W. Y. Hsu；从国外引进的种类有沙兰杨 *P. euramericana* cv. 'Sacrau' 79′、I-214杨以及南京林业大学从美洲黑杨和欧美杨无性系中经过选择和区域化试验选出的I-63杨 *P. deltoides* Bartr. cv. 'Harvard'（I-63/51）、I-69杨 *P. deltoides* Bartr. cv. 'Lux'（I-69/55）和I-72杨 *P. xeuramcricana* (Dode) Guinier cv. 'San Martino'（I-72/58）等。全国杨树的总蓄积量为281 786.0×10^3m^3，分布情况见表7-16。

表7-16　中国杨树资源分布情况

地　区	蓄积量（×10^3m^3）	比例（%）	地　区	蓄积量（×10^3m^3）	比例（%）
黑龙江	67 990.6	24.13	青海、宁夏、新疆	29 056.0	10.31
吉　林	31 595.0	11.21	甘　肃	9 770.0	3.47
内蒙古	65 092.1	23.10	其　他①	44 316.6	15.73
四　川	13 343.3	4.73	全　国	281 786.0	100.00
陕　西	20 622.4	7.32			

① 含北京、天津、山西、河北、河南、江苏、山东、浙江、辽宁、安徽、湖北、湖南、贵州。

杨树在我国，除海南和台湾外，虽均可种植。但今后发展的重点主要放在广大的中部平原、长江中下游平原和华北平原等地，东北、西北亦可选择适宜的杨树种植。但现有杨树蓄积量仍主要集中在东北和内蒙古林区，其次在西北和四川，其他地区的蓄积量目前尚少。

杨树是我国重要的速生丰产树种。它的生长表现因不同的树种、不同的气候和不同的立地条件有很大差别。现将中华人民共和国专业标准 ZB B 64006—88规定的几种杨树的最低生长指标列于表7-17。

表7-17　几种杨树的最低生长指标

杨　树	栽培区①	胸径（cm）	年均生长量②（m^3/hm^2）
北京杨	$Ⅰ_1$	22.9	12.75
北京杨	$Ⅱ_2$	24.1	14.70
北京杨	$Ⅳ_1$　$Ⅳ_3$	20.7	12.15
毛白杨	Ⅱ	19.4	8.55
毛白杨	Ⅲ	17.5	6.45
沙兰杨、Ⅰ-214杨	Ⅱ	24.6	19.80
沙兰杨、Ⅰ-214杨	Ⅲ	24.6	19.80
新疆杨	$Ⅳ_1$	15.9	10.80
新疆杨	$Ⅳ_2$	17.8	13.95

① 栽培区表示范围：$Ⅰ_1$为东北、内蒙古及三江平原亚区；Ⅱ为华北区；$Ⅱ_2$为华北的冀鲁亚区；Ⅲ为黄土高原区；$Ⅳ_1$为西北区的北疆及河西走廊亚区；$Ⅳ_2$为西北区的南疆亚区；$Ⅳ_3$为西北区的青海高原亚区。②"年均生长量"是按标准林龄，毛白杨13年，新疆杨15年，北京杨13年，沙兰杨和Ⅰ-214杨11年计算的。

据南京林业大学的试验研究，黑杨派南方型无性系杨树Ⅰ-63、Ⅰ-69、Ⅰ-72栽植的适宜地区为长江中下游平原和华北平原中南部等地。如营造小径级的纸浆用材林，株行距采用4m×4m，轮伐期约5年左右，预计立木蓄积量能达100m^3/hm^2。

杨树是造纸工业短纤维原料的重要来源之一，基本密度一般较小，颜色较浅，适于做机械浆、高得率浆的原料。高密度的杨树也可用于制化学浆。

2.11 桉树资源[1,3,7,8]

桉树属桃金娘科 Myrtaceac，全世界有600多种，除剥桉 *Eucalyptus deglupta* Bl. 和尾叶桉 *E. urophylla* S. T. Blake 外，均原产大洋洲。我国引种桉树历史已过百年，有15个省、区、市共引种桉树300多种，进行过育苗造林的211种，但作为生产性栽培的目前仅10多种，主要在广东、海南、广西、福建、四川、云南等地，面积较大[1]。现已有一定蓄积量的地区有广东、广西、海南、四川等地。全国总蓄积量8 155.8×10³m³，其中：广东为4 226.8×10³m³，占51.82%；广西为667.1×10³m³，占8.18%；海南为2 981.0×10³m³，占36.55%；四川为224.8×10³m³，占2.76%；云南为56.1×10³m³，占0.69%。

各地栽培的桉树主要有[11]：窿缘桉 *E. exserta* F. Muell、柠檬桉 *E. citriodra* Hook f.、野桉 *E. rudis* Endl.、大叶桉 *E. robusta* Smith、蓝桉 *E. gloulus* Labill.、直干蓝桉 *E. maidenii* F. V. M.、赤桉 *E. camaldulensis* Dehnh.、葡萄桉 *E. botryoides* Smith，以及60年代选育出来的雷林1号桉 *E. Leizhou* No. 1、蓝大桉 *E. globulus*×*E. robusta* 等杂交桉，其次为薄皮大叶桉 *E.* ×*crawfordii* Maiden et Blakely、针叶胶桉 *E. kirtoniana*、细叶桉 *E. tereticornis* Smith、柳桉 *E. saligna* Smith、圆锥花桉 *E. paniculata* Smith、多枝桉 *E. viminalis* Labill.、广叶桉 *E. amplifolia* Naudin 等。

在我国的现有桉树种类中，已有了一定资源或可进一步发展为造纸原料的树种，其主要种植地区和生长概况如下：

(1) 窿缘桉：主要在华南地区种植，是广东、广西的主要桉树树种。在这些地区窿缘桉生长迅速，伐后萌条1年生高3.5～4.0m，胸径2.5～2.8cm，萌芽更新林龄最好为6～8年。窿缘桉的木材褐色、坚实，虽不是优质的造纸原料，但可用来制溶解浆。

(2) 雷林1号桉：是广东省雷州林业局在60年代初从30多种桉树的101株树中评比选出的自然杂交良种之一。生物学特性与窿缘桉相近，已在广东、海南和广西广泛种植，四川、云南、浙江等亦有栽培。雷林1号桉的木材用作造纸原料，比窿缘桉的木材优越。

(3) 柠檬桉：很适于在南方种植，以福建和广东的南部，以及广西的中部较多，并多作为速生丰产林种植。培育小、中、大径级的木材，其轮伐期分别为7、16、26年。在不同地区的丰产指标可见中华人民共和国专业标准 ZB B 64004—87标准。作为造纸原料，柠檬桉的木材优于窿缘桉和雷林1号桉。但柠檬桉树干直、高大，出材率高，木材的纹理好，故又为制材和建筑业所乐用。

(4) 蓝桉：早在19世纪末和20世纪初引入中国。根据长期观察，其生长情况以云南、四川的南部最为良好，10年生的直径为20～30cm；广西、贵州、江西等均有栽培；但在广东生长不佳。蓝桉木材是极优的短纤维造纸原料，很值得推广。

(5) 直干蓝桉：在云南、四川、广东、广西等地均有栽培，生长亦很迅速。经验证明，直干蓝桉与当地的蓝桉相似，也是造纸的优质短纤维原料。

此外，柳桉、巨桉、尾叶桉等，亦是很有发展前景的造纸原料，但目前数量还很少。实际上，中国的桉树资源，现以窿缘桉为最多，存在着优良品种的培育和推广等问题。

2.12 其他阔叶树类资源

其他阔叶树资源主要还有栎类、台湾相思树 *Acacia confusa* Merr.、泡桐 *Paulownia*

elongata S. Y. Hu 和一些小乔木等。据林业部1989～1993年清查，仅栎类的蓄积量全国就达1 208 686.4×10^3m^3，随着造纸生产技术的发展，阔叶材的利用越来越引人注目。

2.13　竹类资源[1,3]

竹类是森林资源的重要组成部分。竹类主要靠竹鞭发芽出笋繁殖，一般竹笋出土约60天后即可成竹，3～5年便可成材，是森林资源中繁殖最快的一类植物，是造纸工业界十分重视的一类原料来源。我国是世界上竹类资源最多的国家之一，而木材资源相对不足，因此利用竹类资源发展造纸工业，更应引起足够的重视。

我国现已查明的竹类，全国至少有25个属（含3个引种属），约350种；竹林的总面积达3 790.8×10^3hm^2，其中毛竹林面积占68.65%，其他竹林面积占31.35%，主要分布在我国的南部和西南部的一些省区。

竹类属中长纤维，现已在我国造纸工业中大量使用，经科学研究证明适于造纸的几种竹类的主要产地，见表7-18。

表7-18　适于造纸的主要竹类产地

竹　类	主要产地
慈竹 *Bambusa omeiensis* CHia et H. L. Fung	云南、贵州、广西、湖南、湖北、四川、陕西
粉单竹 *Lingnania chungii* McClure	广东、广西、湖南等
毛金竹 *Phyllostachys nigra* var. Heonis (Mitf) Stapf ex Rendle	长江流域以及河南、贵州、甘肃等
撑高竹 *Bambusa pervariabilis* McClure	珠江流域中下游地区
硬头黄竹 *B. rigida* Keng et Keng f.	四川、湖南、江西、福建、广东、广西
黄竹 *B. textilis* var. *glabra* McClure	广东、广西
淡竹 *Phyllostachys glauca* McClure	长江、黄河中下游各地，以江苏、山东、河南、陕西较多
桂竹 *P. bambusoides* Sieb. et Zucc.	东自江苏、浙江，西至四川，南自广东、广西北部，北至河南、河北
巴山木竹 *Arundinaria fargesii* E. G. Camus	秦岭南北

毛竹在一些地区亦有用于造纸的，但毛竹材质好、用途广、价格高，主要供建筑等使用。

我国用竹材造纸始于晋代，距今已有1700多年，但用于生产机制纸主要在20世纪40年代才有较大发展。产品有各种书写印刷纸、薄页纸和纸板等。用竹材造纸可以丰富造纸原料的来源，减少木材的消耗，很值得重视。

3　造纸原料林基地

3.1　林纸一体化的原料林基地[7,9]

随着森林经营战略目标的转变，工业用木材的来源，已由过去主要依靠天然林资源转变为主要依靠速生丰产人工林，实行工业原料林基地化。造纸工业是使用木材最多的部门之一，造纸原料林基地的建设，在工业原料基地化建设中占着极为重要的地位，其中最值得注意的一种模式是林纸一体化经营的联合企业。瑞典的纤维公司、美国 Weyerheauser 林木公司、巴西的 Aracruz 纸浆公司，以及澳大利亚的造纸公司（APM）和制浆造纸公司（APPM）等大型企业，均属于这一模式。它们的特点是拥有自己的大面积的原料林基地，或者说都是在原料林基地的基础上建立起来的工业集团。Weyerheauser 公司就是一个以240万 hm^2林地为基础，由木材生产、制材、人造板、制浆造纸等多种工业构成的林纸企业集团。各个企业在集团的统一安排下，使用着本集团生产的不同材种、不同径级的木材，做到大材大用，小材、次材也得到充分合理地利用的好效果。意大利营造的杨树林基地，有的亦建立起木材生产、木材加工、制浆造纸等完整的生产体系，把大径原木用作胶合板材，把直径10cm 以上的中、小原木用作制浆造纸的原料，直径不到10cm 的木材用作纤维板或刨花板的原料，大大提高了木材综合利用的水平和单位面积林地创造的财富。

在我国，林纸一体化经营的原料林基地正在逐步展开，大规模的纤维原料林建设亦已纳入全国速生丰产林的计划。

3.2 合约经营的原料林[7,9]

林纸企业集团的木材自给率各不相同。有的可以自给有余，如澳大利亚的制浆造纸公司生产的木材，除了自用外还大量削成木片出口到日本；有的企业集团生产的木材不能满足本企业的需要，需从外部得到补充。其中一种是通过“合同”关系从小业主经营的林场中得到补充。尽管这种关系是松散型的（林场的主权仍属于小业主），但在经营上已成为造纸企业服务的原料林。据美国俄勒冈州州立大学的调查，美国北部制浆造纸厂的木材自给率平均为45%，个别达90%。其余部分，主要通过美国森林协会发起的“标准林场”活动得到补充。即森工或造纸企业给林主以财政和技术的援助，林主则必须按照美国森林协会的“标准林场”要求，做到对林场进行防火、防治病虫害、避免破坏性放牧，林场必须实行永续经营，不能改作他用，采用的采伐方式，必须有利于改善林地的条件，生产的木材由森工或造纸企业优先收购。尽管这种经营形式是松散的，但双方都有利，能取得很快的发展。在美国现有这类林场4万个，经营的林地面积达3 000万 hm^2。在中国南部亦曾开展过类似的活动。

4 木材纤维形态与造纸

纤维形态与造纸的关系，过去有不少文献论述过，尽管观点不尽相同，但在主要方面的看法已接近一致。

(1) 纤维长度：传统的观念认为纸张的各种强度是由原料的纤维长度决定的。现代的观点是：纸张的撕裂强度与其原料的纤维长度成正比例关系，抗张强度等则与纤维结合力因数的关系更为密切。毫无疑问，生产纸袋纸、强韧箱板纸等强韧纸和纸板，需要用长纤维纸浆。针叶材纤维的平均长度多在3mm 以上，一般认为能满足生产高强度纸张的需要；阔叶材纤维的平均长度约为针叶材的1/3～1/2，能广泛满足生产书写印刷纸的需要。使用太长的纤维造纸，不但对纸的强度无益，有时反而有害。如棉花和亚麻等非木材纤维的平均长度多在5mm 以上，用它制浆并在正常的纸机上抄纸，会产生纤维絮凝，并在纸中结成浆块，损伤了纸张的匀度和强度。如欲消除这些毛病，反而需在打浆过程中先把它切短，才能生产出符合要求的纸张。

造纸不但要求纤维要有适当的长度，还要求纤维的长短能比较均一，以利纸张有较好的形稳性。

使用长纤维造纸的另一优点是：长纤维纸浆的滤水性较好，能适应现代化高速度纸机运行的需要。阔叶浆经打浆后达到最佳的强度时，游离度要比针叶浆的低50～100ml，滤水性较差，纸机的车速需降低，费用则较高。

(2) 纤维的长宽比（L/D）：这一比值常用以评价纤维的综合性能，$L/D<50$就不是好的造纸原料，但在实际生产中常有例外。如马尾松和落叶松的纤维长宽比要比鱼鳞松的大，但在实际应用中，纤维的交织和结合等方面却不如鱼鳞松的好。因此不能把这一比值作为判断原料

优劣的惟一标准，还必须与纤维细胞壁的厚度等结合起来考虑，才能接近实际。

(3) 壁腔比：纤维细胞壁厚度对纸张性能的影响，引起了人们的重视。一般认为纤维的细胞壁薄、细胞腔直径大，纤维易被压溃成带片状，抄纸时纤维间的互相结合是面的结合〔如图7-1 (a)〕，因此，纸张的组织紧密、表面平滑，纸张强度除撕裂度较低外，其他强度，如抗张强度、耐破度、耐折度等都较高。相反，纤维的细胞壁厚，细胞腔小，则纤维僵硬，在生产中纤维较难被压溃，纤维间的相互结合，如处理不好，多成为管状的结合〔如图7-1 (b)〕，因而造成纸的结构疏松、表面粗糙，纸张强度除撕裂度较高外，其余强度都较差。但厚壁细胞纸浆的滤水性能比薄壁细胞纸浆为好。

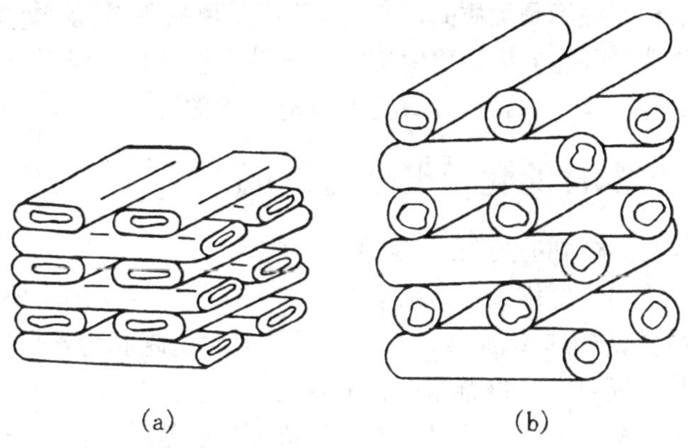

图7-1　薄壁细胞和厚壁细胞纤维结合示意图

(a) 薄壁细胞纤维；(b) 厚壁细胞纤维

对壁腔比的关系，Runkel 提出如下的意见：

$$\text{Runkel 值} = \frac{2\times(\text{径向细胞壁厚度})}{\text{细胞腔直径}} \tag{7-1}$$

当 Runkel 值≤1时为好的原料。

早材与晚材的纤维形态有一定的差别。晚材纤维具有较厚的细胞壁和较小的细胞腔，因此晚材纤维的 Runkel 值大，纤维较僵硬。由于在生产中尚无简便方法把早材和晚材分离开，故此规律仅供理论探讨。

(4) 纤维的柔软性：纤维的柔软性直接影响纸张的性能，表示的方法除了前述的 Runkel 值外，还有纤维的粗度，即同一纤维连接成100m 长的毫克 (mg) 重量，其值小，表示它的细胞壁薄，有利于纤维间的互相交织，反之则取得相反的结果。纤维的柔软性亦有用纤维长度 (L) 及其细胞壁厚度 (T) 的比值 (L/T) 表示的，但有人认为用纤维的粗度表示更好。

(5) 单根纤维强度、纤丝角：单根纤维强度的重要性尚未被明确地确认，但在纸浆经充分打浆后制成的纸张中，单根纤维强度起着重要的作用。而次生细胞壁的纤丝角（纤丝走向与纤维轴的夹角）又与单根纤维的强度密切相关。一般认为针叶材次生细胞壁的纤维角为25°，可提供较好的强度。纤丝角加大，单根纤维强度会随之降低，次生细胞壁的 S_2层是三层次生细胞壁中最厚的一层，故纤丝的走向一般以 S_2层为代表。

阔叶材的纤维形态和粗度与纸张性能的关系，不能像针叶材那样清楚地解释。因为阔叶材纤维含有导管和不同比例的杂细胞。

造纸材中的杂细胞对纸的强度和不透明度有坏的影响，而且在制浆造纸过程中还会带来脱水困难、湿纸胚易断头和粘辊等缺点。非杆状的和体积小的杂细胞又比杆状的和体积大的杂细胞产生更坏影响。

总之，纸的品种很多，各种纸种所应具有的性能各不相同。有些纸种最好用细胞壁厚的粗纤维来制造，而另一些纸种又最好用细胞壁薄的纤维制造。为了确保各种纸张质量和性能的需要，造纸厂往往需要选择多种原料和浆种，并以适当的配比进行生产。所谓优质造纸原料，是对某一或某些指定的纸种而言，并不是对所有的纸种都称得上是优质的原料，很可能对另一纸种来说不是优质的，甚至是不应采用的原料。这些知识和规律，对全部原料都需从市场购买的造纸厂在实际应用中有时可能没有主动权，但对建立造纸原料基地，选择优质树种定向培育速生丰产林，则具有很大的指导意义。

5 木材的化学组分与造纸[10～13]

5.1 木材的主要化学组分

(1) 纤维素：纤维素是构成木材纤维骨架的主要化学组分，是纸厂生产所要应用的主要物质。作为造纸原料，木材的纤维素含量越高越好，这是不言而喻的。如作为生产溶解浆的原料，还要求α-纤维素的含量要高。

木材等纤维原料的强度等特征，也与纤维素分子的聚合度（DP）有关，当纤维素的聚合度降解到一定程度，纤维的强度就会降低。天然木材纤维素的聚合度平均值（$\overline{DP}$）在14 000左右，造纸纸浆纤维素的$\overline{DP}$绝大多数要求在600～1500，在制浆过程中只要注意监测和控制均能满足需要。

(2) 半纤维素：半纤维素是木材的另一主要化学组分。与纤维素相比较，半纤维素在制浆过程中容易被降解和溶解，特别是制溶解浆时半纤维素几乎被全部除去。所以作为制浆造纸的原料，木材中的半纤维素含量不宜太多。

但半纤维素是亲水性物质，打浆时在纸浆中吸水润胀，起着内部润滑剂的作用，有利于提高纸浆打浆的质量，同时可以提高纸张的紧度；半纤维素又是纤维素的粘合剂可提高纸的强度（但干燥后又会发硬和角质化），因此有适量的半纤维素存在，对改进纸浆的性能亦有好处。

(3) 木质素：在制化学浆时，木质素是被除去的对象，同时，木质素是接近疏水性的物质，在纸浆中含量多了也会影响纸浆的吸水润胀，不利于打浆。但木质素具有热塑性，在生产磨木浆、机械浆时，它会受高温软化。

5.2 提取物

这类物质数量不多，但对造纸有多种影响，现分述如下：

(1) 松脂类：松树类和落叶松等木材中均含有松脂物质，在用硫酸盐法制浆时，松脂中的树脂酸和脂肪酸将转变为钠盐和其他中性物质。故在蒸煮液中需考虑这一方面的耗碱量，在纸浆漂白、洗涤过程中需注意消除这类物质的影响；在用酸性亚硫酸法制浆中，松脂的障碍需用大气氧化和酶水解等老化的办法，把松脂中的有关成分转变为更加亲水性的物质除去，或用化学方法尽可能减少残留在纸浆中的提取物。

(2) 薄壁组织树脂：这类物质沉积在各种薄壁组织的各个封闭的细胞中，而且化学性质复杂。如针叶材中的固醇类、阔叶材中的三萜烯酯等，即使在强碱性的硫酸盐蒸煮液中亦难以溶解和破坏，在生产过程中可能会出现树脂障碍等难题，在非碱法生产中问题就更多，需加入表面活性物质于蒸煮液中加以防止。

(3) 酚类物质：这类提取物主要是具有酚类性质的混合物，单宁是其中的一种。酚类物质使木材的颜色加深，给纸浆的蒸煮漂白增加了难度。

5.3 灰 分

灰分是木材等纤维原料在高温烧灼后剩下的无机物质，对造纸有害无益，特别是灰分中的硅会在管道和设备中结垢，带来的害处更大。因此，灰分含量的高低亦是评价造纸材优劣的一项指标。

6　木材的物理性能与造纸的关系[10～13]

6.1　木材水分

在造纸工业中，木材含水量的高低除了与木材的计量、剥皮和调整木片蒸煮时的液比等有关外，最重要的是对制浆工艺的影响。一般新鲜的木材在纤维细胞中还充满着水分，仍处于润胀状态，对木材的剥皮和削片都有利。用新鲜的木片制化学浆，不论采用那一种方法，都比用干燥的木片制浆容易得多。因为木材在干燥过程中，针叶材纤维相互之间的纹孔会闭塞，阔叶材导管会产生程度不同的侵填体，均妨碍了化学药液在纤维细胞中的流动，增加了制浆的困难；过度干燥的木材，还需用特殊的方法把药液渗入到纤维的细胞内。生产磨木浆和热磨机械浆等，将木材先充满水分，也是一个必要的先决步骤。但木材中的水分在高寒地区的严冬季节会冻结成冰块，对木材的剥皮、削片、蒸煮都带来困难。

6.2　木材相对密度和基本密度

木材相对密度和基本密度都是与木材的硬度相对应的。木材相对密度或基本密度大，木材就硬，削片消耗的能量就多，反之，木材就软，削片的能耗就少。

木材的相对密度或基本密度大，则同一容积的蒸煮器装入的木材就重，生产同一得率的纸浆产量也就多。反之则少。

木材的相对密度或基本密度也是纤维的粗度及其细胞壁厚度的反映。相对密度或基本密度大的木材，也是纤维粗和细胞壁厚的木材。反之，则为纤维细和细胞壁薄的木材。

6.3　木材的机械强度

木材机械强度中与造纸关系最密切的是木材的抗压强度和抗剪切强度。这两种力量都是要在削片和在木材磨木浆、木片磨木浆生产中需要克服的力量。这两种机械强度越大，削片、磨浆消耗的能量就大，反之则小。因此，木材的机械强度对主要依靠机械能分解木材纤维的制浆方法影响最大。

7　应力木造纸[10,11,13]

7.1　应压木

应压木与正常的木材比较，木材的颜色较深、相对密度较大、纤维素含量低、木质素含量高，而且很坚实，因此不适于做机械浆的原料。用应压木制化学浆，则纸浆的得率低、漂白较难、打浆的能耗大；同时纤维较短、次生细胞壁 S_2层的纤丝角（30°～50°）比正常木的大得多，聚合度平均值较小，所制的纸浆抄成纸，强度较低，形稳性也差。

应压木更不适于制酸性亚硫酸盐法纸浆。

7.2　应拉木

应拉木与正常木相比较，木材的颜色较浅、纤维素含量较高、木质素和木聚糖的含量较低，适于做机械浆和溶解浆的原料。

应拉木制化学浆造纸，主要缺点是纸的强度较低，其原因是应拉木的纤维层状结构比正常木多了一层凝胶层（G 层），使应拉木浆尽管经过打浆，在抄纸时仍难把它很好地压溃成带片状，提高纤维的结合力；而且 G 层的存在，也使应拉木浆在打浆时难以帚化，这也是造成纤维的结合力差，纸张强度低的主要原因。

8 幼龄材造纸[12,13]

8.1 幼龄材

树木在幼龄期（栽植后5～20年）因树种、气候、环境、森林经营方式等不同而生长的木材（幼龄材），与同一树木成熟后（具有开花能力后）生长的木材（成熟材）相比较，在木材材质、纤维形态、化学组分等方面都有所不同，到了老年又有差别，这些现象在针叶材中尤为明显。总之，绝大部分的幼龄材，木材的相对密度较小，早材的密度比较大，年轮较宽；木材的纤维比较短和细，纵向收缩性较强，S_2层的纤丝角较大；在化学性能方面，木材的纤维素含量略低，半纤维素和木质素的含量较高。因而用幼龄材制浆造纸与成熟材有一定差别。

8.2 幼龄材及其产品

研究工作表明，用幼龄针叶材制造的纸，在耐破度、抗张强度、耐折度、平滑度和适印性能等方面都能达到满意的水平；纸的紧度也好；但纸的撕裂度、不透明度、透气度等则略低，对纸的形稳性影响不太明显。总之，对生产具有较高耐破度和抗张强度的纸张，用幼龄材为原料是适合的。但用幼龄材制化学浆，纸浆的得率相对偏低、化学药品的消耗略多；有利的一面是纸浆易漂白，打浆亦较易。幼龄材用于制磨石磨木浆、热磨机械浆、木片磨木浆等是很合适的，可以减少能源的消耗。

幼龄阔叶材的木材结构、纤维形态、化学组分等，虽然也与同一棵树的成熟材有差别，但不如在针叶材中的表现那么明显，因此用幼龄阔叶材制浆造纸，对纸浆和纸的质量和性能基本没有影响。如采伐的树龄适当，可同成熟材的纸的质量相媲美；但如树龄太小（2～5年），对产品得率和质量都有不利的影响。

因此，有的文献[12]认为：幼龄材如果不含腐朽木，用于制浆造纸是令人满意的，造纸工业应该采用它，不必持保留态度。

8.3 幼龄材的未来

为了适应不断增长的对木材和造纸纤维原料的需要，全世界对幼龄材的生产和利用都给予很大的重视，估计今后造纸工业的纤维原料来源，不论是针叶材或阔叶材，很大一部分都将来自速生丰产人工林。随着造林育林技术的发展、优良树种的选育和最佳轮伐期的确定，以及制浆造纸工艺、设备的改进，幼龄材及其产品质量还将得到不断的改进和提高，有着极其广阔的前途。

第8章 备料及木片生产

汤洪良

1 木材的贮运

1.1 木材运输

1.1.1 木材运输的方式

木材运输方式有3种，即陆运、水运和空运[14,15]。

木材陆运主要由道路、牵引机械和车辆三部分组成，因此，亦可按每个组成部分进一步分类。若按牵引机械可分为汽车运输、火车运输、拖拉机运输等；按车辆可分为单车运输、列车运输、畜力车运输、板车运输等；按道路可分为公路运输、森林铁路运输、平车道运输、索道运输、冰雪道运输等。木材陆运的一般分类法是根据道路构成划分的。我国的木材陆运以林区公路运输和森林铁路运输为主，两者均可承担木材的全程陆运。近年来，由于伐区作业进入森林纵深部位，自然地表坡度较陡，森铁车辆难以上下运行，从而出现了汽车、拖拉机进行短途接运的联合运输方式。此外，索道运输和缆曳铁路运输亦常用于陡坡的短途接运。平车道运输可担负全程运输或短途运输，目前仅在南方尚有使用。北方的冰雪道运输现已少见，而较广泛地采用冻板道运输。

木材水运则根据自然条件，分为小河流送和大河（湖海）水运。小河流送一般为赶羊流送（或称单漂）或小排浮送；大河（湖海）水运一般为排运或船运。在美国北部及其邻近的加拿大地区，过去都是在冬季砍伐，原木被滑送到最近的河岸，到春天冰雪融化，河水涨至最高水位时，将原木沿河流而下浮送到厂。由于浸没，许多沉木损失掉了，而且时常会发生原木阻塞河道的问题。针对这种情况，必须用人工或用炸药去打破它。由于森林的消耗以及由于河水污染受到的限制，这种方法已经越来越少使用。大河水运通常用的是木排拖在驳船后面的形式，也可原木装船运输，采用专用船只，这类船只为使其卸货迅速操作量最小，故要求能够倾斜、倾倒、或是部分浸在水中。

木材空运则根据空运手段不同分为气球运材、直升飞机运材和飞艇运材等。在森林内，用气球和直升飞机进行有限的空中输送，显然费用是昂贵的，因此只局限短途运输中使用。这种方法只用在难以进行正常陆地运输的场合，且采用的是选择性伐木，而原木的移动对环境的损害又必须是最小的情况下。目前，国外有些地区正在研究利用飞艇运材技术。美国、俄罗斯、加拿大、挪威等国家把该技术应用于集材，已经取得了一定的成效。

由于各地森林分布等自然条件和经济、技术水平差异很大，试图采用某一通用的运材方式或运输类型来解决所有的木材运输问题是不可能的。因此，要因地制宜，根据具体情况选择适宜的木材运输方式。目前，我国广泛采用木材陆运与水运，二者比例约为4:1。在南方水力资源丰富，木材水运占有较大比重，约47%，陆运为53%；北方林区的木材运输几乎全部采用陆运。空运在我国尚处于试验阶段。

1.1.2 木材运输的特点

木材运输与一般工业企业运输相比，具有规模大、距离远的特征。在北方林区，一个年产30万 m^3的陆运林业局，每年运材量和货运量最少达30万 t。如果平均运距按50km 计，则每年周转量约达1 500万 t·km。在南方林区，一个年运材量为30万 m^3的水运林业局，如果平均运距按200km 计算，其年周转量约等于5 400万 t·km。为了完成如此庞大的运输量，必须根据当地条件作出选择，一般可考虑修建林区公路、森林铁路或疏通河道、设立水运工程设施，以适应这一需要。

木材作为一种运输货物，与一般货物相比，具有长、大、沉重的特性。为了适应这种特性，在选择运输工具时，要采用适于运输长货的车辆；车辆承载装置的容量要适当；车辆结构要坚固、可靠和耐用，且便于装卸。

大多数木材在水中具有漂浮性，因此，可不用水上运输工具而直接利用水流动力进行运输，经过清理和整治的河道，均可进行水运。运输前，先将集运到河边楞场的木材推入河中，或串坡来的木材直接进入河中，随水流送，这种流送形式称为木材“赶羊”流送或称散漂流送或单漂流送。在较小的河道中，也可将木材编扎成小排，由人工操作顺流放运，称为小排流送。在江河湖海中，可用编排机也可由人工将木材编成大排，用驳船拖运，称为木排拖运。赶羊流送、小排流送、大排拖运等水运形式都是利用木材在水中的漂浮性能，这也是木材水运成本较低的主要因素。对于落叶松、胡桃楸、桦木、榆木、水曲柳、色木、柞木等密度较大的木材，由于它们在水中漂浮性较差，如果需要水运，只能采取与密度较小的木材混编成排或采用托排进行或装船运输。

1.2 贮木场

制浆原材料的传统贮存方式是把原木加以贮存。原木的贮存，有水上贮存和陆上贮存两种方式[16]。我国南方因气候温湿，木材易腐朽，原木大多采用水上贮存；而北方因气候干燥，木材不易腐烂，原木大多采用陆上贮存。

贮木场所需面积的大小，取决于原木的正常贮存量。而贮存量则又由工厂每日生产的需要量及运输条件决定。制浆造纸厂的原木安全贮备量，我国习惯上认为2～3个月以上为宜；若生产树脂含量低的化学浆时，其安全贮备量应为4～5个月；生产人造丝用化学木浆，则应为6～8个月。但是，当今国际上趋向于采用新鲜木材，贮存时间一般在20～40天，最短的1周左右；特别是在夏季，最好不超过2周。

1.2.1 水上贮木场

水上贮木场的设置必须结合地形，利用湖泊或河湾，或者利用天然谷地筑堤设坝封闭，使上游水汇集成人工贮存湖。在通航的河流上不许也不易设大面积的贮木场，则应考虑部分的分散的水上贮木场。

水上贮木的优点是：可减轻繁重的运搬操作，提高劳动生产率；均匀水分，防止木材蓝变和腐烂（特别是我国南方的马尾松）；水分大，磨浆白度好；无火灾。其缺点是：原木树脂成分难以降低，对亚硫酸盐蒸煮不利；原木易沉底，原木上沾带污泥较多。

水上贮木场的面积，可根据贮存时间和安全贮备量计算。每立方米原木所需水面面积可参考如下数据：

散放 ………………………………………………………………… 8～10（m^2/实积 m^3）
单层木排………………………………………………………………… 7～9（m^2/实积 m^3）
双层木排………………………………………………………………… 4～5（m^2/实积 m^3）
多层木排（倾斜角<20°）　………………………………………… 1.6～3（m^2/实积 m^3）
扎捆………………………………………………………………… 1.5～1.6（m^2/实积 m^3）

1.2.2　陆上贮木场

陆上贮木场宜选择较干燥的场地，地面必须平坦，最好具有滤水性较好的土壤。在堆垛时，通常在地面上铺设一层煤渣或粗砂，然后再用垫木或垫石，使原木堆放高出地面25～30cm，以保证通风透气。贮木场还应掘设排水沟，提供良好的排水条件。为了通风干燥，原木垛应顺着主导风向进行排列。

陆上贮木的优点是：除通过风干降低原木的水分外，还能达到降低原木树脂成分的目的。如果使用未经风干的木材制浆，在制浆造纸厂会发生严重的树脂障碍。这一点，对生产亚硫酸盐化学木浆尤为重要。其缺点是：要增设搬运机械，否则就不能摆脱繁重的体力劳动；南方夏季空气潮湿，原木易腐烂或蓝变。

陆上贮木场的总面积可按下式估算[17]：

$$F=xdL \tag{8-1}$$

式中：F——贮木场的总面积（m^2）；

d——每垛间相隔的距离（m）；

L——木材堆垛的长度（m）（一般不超过300m；人工堆垛时不超过100m）；

x——木材堆垛个数，可用下式计算：

$$x=\frac{Q}{Q_1} \tag{8-2}$$

式中：Q——贮木场中原木最大贮备量（m^3）；

Q_1——每堆原木贮量（m^3），可用下式计算：

$$Q_1=Lhbk_1k_2 \tag{8-3}$$

式中：L——木材堆垛的长度（m）；

h——每堆的高度（m）（机械堆垛时为8m，人工堆垛时为4m）；

b——堆垛的宽度（即原木长度）（m）；

k_1——木垛两端凸出部分占其容积的计算系数，可取0.96；

k_2——堆积密度系数（实积系数），用成捆堆垒木材的方法时可取0.6。

应该注意的是，不同堆垛方法的堆积密度系数 k_2（又称实积系数，指单位堆积体积中原木的实积数的比率，以小数或百分数表示）不同，如层叠式堆垛法〔如图8-1（a）〕的实积系

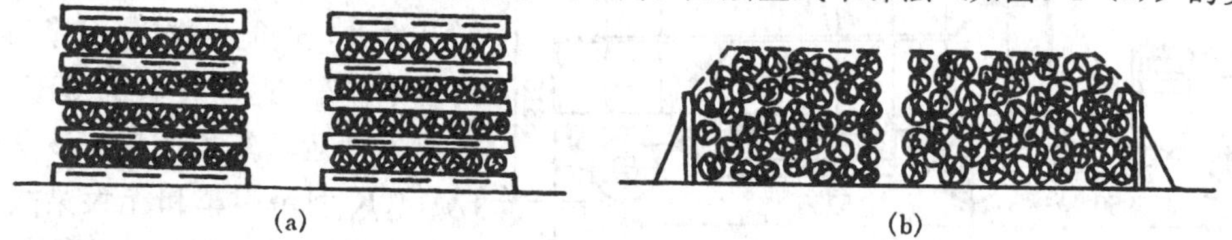

图8-1　原木堆垛方式

（a）层叠式；（b）平列式

数为0.46～0.52；平列式堆垛法〔如图8-1 (b)〕的实积系数为0.6～0.7。由于层叠法的实积系数随着原木直径减小和原木长度的增加而变小，因此，所需贮木场面积会增大。

2 木片的贮运

2.1 木片的运输

我国木片运输以陆运为主要方式。陆运包括铁路运输和公路运输。前者适用于木片的长途运输，后者常用于木片的中短距离运输。水运则用于南方江河沿岸地区，或用于进出口木片的远洋运输。

铁路运输木片常采用以下4种方式：

(1) 木片散装，麻袋封顶，人力装车。在装满木片的普通货车上面，用装满木片的麻袋或尼龙编织袋封顶，以防止木片散落。采用此法，40人约3h 可装满一车，劳动强度大，运输费用高。

(2) 麻袋或尼龙编织袋包装，皮带输送机装车。40人用1.5～2h 可装一车。与前一方式相比，劳动强度较低，效率有所提高。

(3) 采用木片运输专用车厢，气力装车。该法所用专用车厢可比普通货车提高装载量1.5～3倍，且装车方便，有效地降低运输成本和劳动强度。

(4) 集装箱运输。采用此法，全程只需一次装卸，省工省时，运输成本低。

公路运输木片大多采用普通中型载货汽车，个别地区有采用拖拉机或手扶拖拉机为运输工具。这种运输方式，劳动强度大，运输效益低。

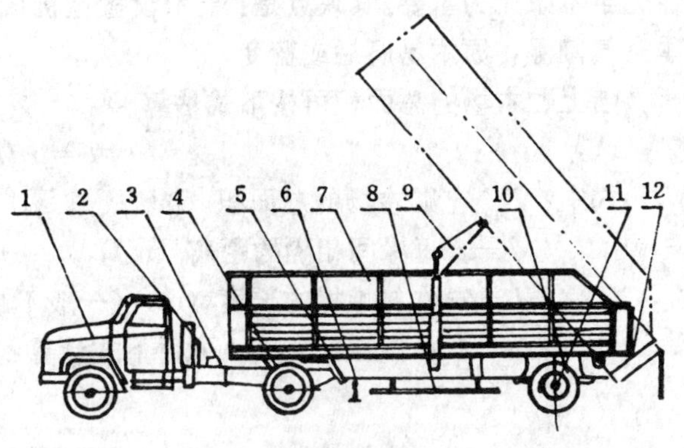

图8-2 GBX10型木片运输车总体布置图

1. 牵引车；2. 备胎架；3. 平台；4. 牵引支座；5. 制动系统；6. 辅助支承；7. 车厢；8. 防护栏；9. 液压举升机构；10. 车架；11. 悬架后轴；12. 开闭机构

为提高木片公路运输效益，国内已研制出两种木片运输专用车，即 GBX10型和 GBW10型木片运输车[18]。GBX10型木片运输车总体布置图如图8-2。该车选用东风 EQ140K 型牵引车，后桥速比为6.83、短车架，因此，牵引力大，转弯灵活，配置有半挂自卸车，适用于三级以上公路运行。可进入林区与流动式削片机配套使用。削片机削出的木片直接喷入该车车厢，省去装卸作业，运输成本低。车厢容积32m³，载重10t；卸车方式向后；举升角度50°。该车的半挂车设有前置式液压举升机构，重量轻，举升力大，性能可靠。每台牵引车配备两台半挂车，运输效率高。GBW10型无大梁木片运输车如图8-3。该车由东风 EQ140K 型牵引车和无大梁式半挂自卸车组成。其作用及主要技术参数与 GBX10型木片运输车相同。其特点是半挂自卸车设有牵引-承载车架，并采

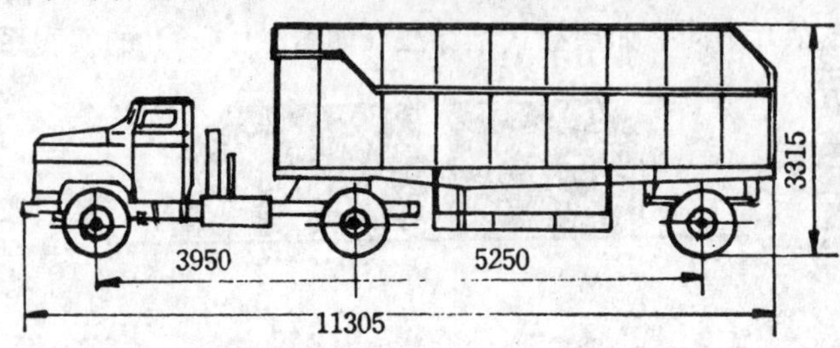

图8-3 GBW10型无大梁木片运输车

用多节油缸直接举升式卸车机构。与同吨位普通车型相比，半挂车自重减轻1500kg；采用双管路制动系统，安全可靠。

2.2　木片的贮存

目前，国外的木片工业非常发达，许多国家的制浆造纸厂基本上以外购木片作原料。因为以木片为原料有许多优点，并且可以促进工艺木片的生产，但是，木片贮存也还存在一些问题有待解决，如大量的木片贮存中木片质量下降问题。

2.2.1　木片的室外贮存

在我国常采用露天贮存和棚下堆放两种方式。露天贮存比较经济，贮存量大，受自然条件影响较小。木片堆场多采用混凝土地面，也有用厚木板铺成地面。木片归堆方法有移动式皮带输送机和气力归堆等。比较普遍的是用气力归堆，采用固定吹出口，在鼓风机的能力范围内，堆成木片堆。为了使归堆作业方便，并考虑到防火，每堆容积一般不超过1万 m^3，堆与堆间距为5m。每堆外形尺寸一般为50m×50m×5m，每4堆为一组。组间纵向留有30m，端面留有20m的防火距离。

国外制浆造纸厂大量使用的外购木片，一般使用船运或铁路运输到厂，并立即进行分堆贮存。堆存的方法大致有两种：一是采用真空吸木片装置卸料并用鼓风机送料。先用真空吸木片装置从顶部敞开的火车车厢将木片吸送到旋风分离器，然后用鼓风机将木片送到木片堆存场中。这种卸料方法的卸料速度，每小时卸3节车厢（每节113m^3）的木片。二是采用胶带输送机将木片归堆贮存。可直接用活动型胶带输送机卸船运木片。火车运来的木片可通过回转或车厢倾倒装置将木片倒出，然后由胶带输送机将木片归堆贮存。从木片堆输送木片到车间时，可通过移动式木片耙动器逐步将木片耙至胶带输送机，再将木片送至筛选系统和木片洗涤系统，然后送生产线使用。

木片室外贮存的优点是：比原木贮存节省场地、节约劳动力和减少备料费用；不同材种的木片，可分开堆放；木片堆较散堆的原木易于计量；多树脂的原木削片后贮存，有利于树脂成分的降低；贮存木片，不致因备料发生故障而影响生产；新伐原木在林区就地剥皮和削片，较原木运厂后剥皮和削片损失少。其缺点是：木片易受到污染，投入生产前必须经过适当处理（如木片洗涤）；在刮风时可能造成对周围环境的污染；木片室外贮存时间过长时，木片质量下降，对纸浆质量和得率有一定的影响。

2.2.2　木片的仓内贮存

尽管木片可以从室外贮存的木片堆直接供送到生产线上，但是，多数用外购木片的工厂还采用中间贮料仓（或称木片仓），以便于计量和配料。特别是需要将两三种不同树种木片准确而又连续地混合配料时，木片仓更是必不可少。在以原木为木材原料的工厂，为了保证连续生产的供料需要，以及为了改善工人劳动条件，在削片与蒸煮之间常设有贮料仓。

木片贮料仓的造型一般有两类。一类是矩形，另一类是圆筒形，均为直立设置，且下端带有锥底，下锥部的斜边与水平面的夹角一般不小于55°。矩形木片仓应用较广，布置和施工都较方便，搭桥现象少，使用效果较佳，是一种成熟可靠的料仓。其缺点是建设费用较高。圆筒形木片仓具有贮存量大，用材省，造价低等优点，但若用于北方，冬季来临因木片结冰和树脂等原因，更易于搭桥。

木片仓通常有两种布置方式，一种是设置在蒸煮器顶上，另一种是设置在地面上。一般情况下，为了减少造价，方便管理，又在地形和面积允许的条件下，大多在地面上设置木片仓，其容积应能满足蒸煮工段两班生产所需的木片量。设置在蒸煮器上面的木片仓的容积较小，约为蒸煮锅容积的1.5～2.0倍。

3 木片生产

3.1 木片质量及其对制浆过程的影响

3.1.1 木片质量指标

木片质量指标主要包括木片尺寸及筛分合格率；水分含量；树皮含量；腐朽木片、木节、碎木片及木屑的含量；其他杂质含量等。对木片质量的要求，取决于拟生产浆料的性质、最终产品的质量、制浆方法及工厂所用设备等因素。无论用哪种原料、生产哪种浆料，都要求木片尺寸比较均匀、合乎一定的规格，否则将直接影响浆的质量、产量和原材料的消耗。

我国造纸木片（商品木片）的质量标准和检测方法详见国家标准GB7909—87。

制浆造纸厂自制木片，因用途和具体条件不同，各厂都订有不同的木片质量标准。现举例如下[16]：

(1) 白松和杨木预热木片磨木浆用木片质量要求：①木片长和宽各为18～25mm，厚3～6mm。②木片的均一度：通过40mm×40mm 筛孔的木片不低于70%；通过18mm×18mm 筛孔的木片不高于30%；不准有过大木片和木屑。③木片合格率大于95%。④木片水分大于40%。

(2) 红松、落叶松、板皮等硫酸盐浆木片质量要求：①木片长度：18～25mm。②木片厚度：3～10mm。③均一度：通过30mm×30mm 筛孔的木片不少于60%；通过15mm×15mm 筛孔的木片不少于30%；通过5mm×5mm 筛孔的木屑不多于5%；不能通过30mm×30mm 筛孔的过大片不多于5%，不能有大条木片；合格率：通过30mm×30mm 筛孔和15mm×15mm 筛孔的木片总数必须大于90%。④老皮不超过0.1%。⑤削片时应按材种分削，不得混削；入库木片按材种分开，分别装库，不得混装。

(3) 马尾松硫酸盐浆木片质量要求：①通过22mm×22mm 网目而留在5mm×5mm 网目上的木片为合格木片。其合格率：原木削片时应>85%，板皮削片时应>75%。②大于50mm×50mm 的粗条不准有。

(4) 瑞典 SUNDS DEFIBRATOR 公司为我国某项目提出的杨木 BCTMP 木片质量要求：①木片长度：20～25mm。②木片厚度：2～6mm。③过大木片（不能通过∅45mm 圆孔的）含量应<1.5%（以重量计）。④木屑（通过∅3mm 圆孔的）应<25%。⑤树皮含量：<1%。

对木片规格的分析，一般采用筛分法进行。采用的筛分设备有多种，较早使用的威廉木片筛分器（如图8-4)，曾是国际上最普遍采用的。它具有多层圆孔筛盘，能将木片按尺寸进行分级，但不能区别木片的长度、厚度和宽度。

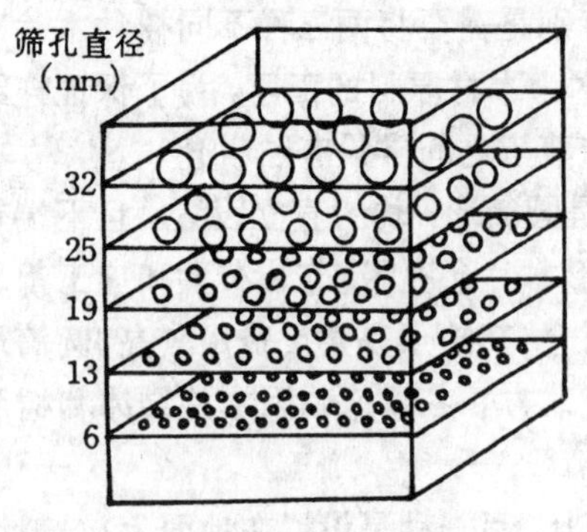

图8-4 威廉木片筛分器

我国木片筛分器常用40mm×40mm、30mm×30mm、15mm×15mm 及5mm×5mm 网目的筛板。若无筛分器时，亦可用相同筛孔的标准筛进行筛分。对于硫酸盐法制浆，一般不许有留在40mm×40mm 筛板上的木片，留在30mm×30mm 筛板上的为大木片，留在15mm×15mm 筛板上的为标准木片，留在5mm×5mm 筛板上的为小木片，通过5mm×5mm 筛板的为木屑。

3.1.2　木片质量对制浆过程的影响

3.1.2.1　木片尺寸

在硫酸盐法蒸煮过程中，浸透作用是化学蒸煮液渗入木片中去的主要方式。由于强碱经木片带来的润胀作用，硫酸盐药液显然能无差别地从所有方向渗进木片。因此，对于硫酸盐法，木片的厚度是最关键的参数，木片厚度的均一性比其长度的均一性更有助于确保药液的均匀渗透，以及后产生的均匀的脱木素作用[15]。若采用厚度不均匀的木片蒸煮，其结果必然是某些木片过煮，而另一些木片则未煮透。这样，既影响浆料质量和得率，同时浆渣很高，又影响到洗浆，还将增加污染负荷。

如同硫酸盐法制浆一样，木片厚度对TMP制浆过程起决定性作用。优质木片组分（通过8mm宽的筛缝而不能通过7mm圆孔的木片的含量）对TMP浆撕裂指数具有一定的影响。木片尺寸的均一性是TMP和其他类型盘磨制浆法浆料质量的关键因素。不能通过8mm筛缝的过厚木片一般含有大量的木节和枝桠桩，实践证明，除去木片中的过厚组分，对TMP等浆料质量是大有裨益的。除去尺寸过小的木片组分（通过3mm圆孔的），也是极其重要的，可有效地减少尘埃。较细木片（通过7mm圆孔但不能通过3mm圆孔）对制浆的影响不大，但若将其除去，则浆料质量将会略有改善。

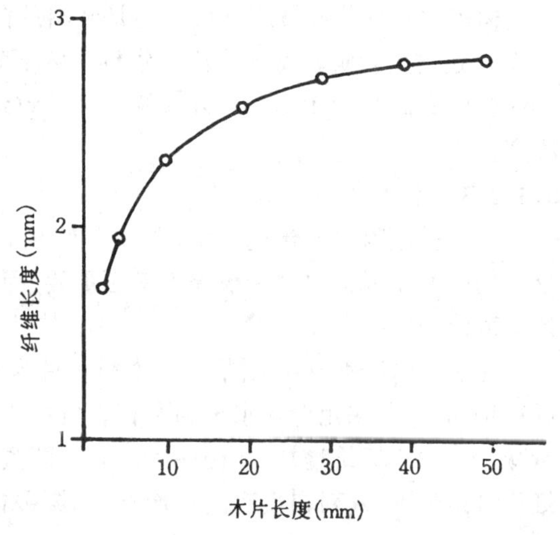

图8-5　纤维平均长度与木片长度之间的计算关系

一般认为，亚硫酸盐药液向木材浸透首先是沿纵向方向，平行于纤维轴的。纤维细胞腔会逐渐充满药液，然后药液通过把纤维连接在一起的纹孔进入邻近的另一纤维，这样，木片尺寸的重要指标应是其长度，而木片的宽度及厚度则被认为是次要的。因此，用于亚硫酸盐蒸煮的木片厚度没有很严格的要求，而木片的顺纹长度是关键性的。木片长度与纸浆的平均纤维长度之间存在的关系如图8-5。木片在顺纹方向的长度越短，表明在削片过程中纤维被切割的次数越多，从而使纤维的平均长度变短。由于较长的纤维有助于提高纸浆强度性能，因此亚硫酸盐制浆工厂通常采用较长的木片。例如，一般硫酸盐法木片长度不超过30mm，而亚硫酸盐法通常可达35～40mm。但过长的木片将导致装锅量下降以及药液渗透方面的种种困难，这是由于亚硫酸盐蒸煮液主要是沿着纤维轴线渗透的。

木片尺寸的绝对标准随不同的工厂而有所不同。对于一个工厂而言，确定木片尺寸的标准除了考虑到制浆方法以外，还要考虑蒸煮设备、洗涤设备、漂白技术条件以及产品的技术规格等因素。例如，卡米尔连续蒸煮器不许有小木片及木屑。因为细小木屑有在连续蒸煮器内堵塞药液循环滤网的可能性。其他连续蒸煮器对于木屑的存在就不太敏感。间歇蒸煮设备对此的敏感性也较弱，特别在直接通汽情况下更是如此。一般地说，锯末生产出的纸浆强度比合格木片生产的要低，因此，强度要求高的纸浆应避免使用锯末。

3.1.2.2　树皮含量

在制浆生产中，允许的树皮含量通常在0～4%，这取决于生产过程和产品质量要求，而且亦取决于树种及树龄。一般幼龄树的树皮比老龄树的危害小一些。

树皮含量对于硫酸盐制浆法没有机械法那么重要。但是，要生产高档次产品，树皮含量必须尽可能低些，最好小于1%。对于低级纸，如纸袋纸等，树皮含量可高达10%[19]。未剥皮针叶材木片的硫酸盐法制浆研究表明，可以获得合格的漂白浆或未漂浆。尽管蒸煮得率和生产能力有所降低，但总体的纸浆得率还是可以的，因为避免了剥皮作业中的木材损失，而且从树皮中也可获得一定量的纸浆。树皮在木片中占10%左右的比例是可行的，不会引起纸浆强度性能的明显变化，但是要消耗较多的蒸煮及漂白化学药品，还需要配置高效率的离心净化系统。因此，树皮含量对硫酸盐法生产过程经济效益的影响比对浆料质量的影响更大。

树皮对机械浆质量影响最大的是浆料的白度。一般树皮含量每增加1%，浆料白度降低2%（ISO）。在树皮含量较低的阶段，浆料白度下降的趋势更大。此时，每增高1%的树皮含量，浆料的白度降低3%（ISO）。此外，树皮会导致纸上出现尘埃点，还会降低浆料的脱水能力或游离度。

3.1.2.3 木片水分

就木材原料水分含量而言，机械制浆法比化学法的要求更高。在硫酸盐法蒸煮中，木片水分的均一度比真正的木片水分含量更重要。因为木片中水分分布均一，制浆药液就能快速均匀地扩散渗透。

对于 TMP 和 SGP 制浆法，木材水分含量应分别高于35%和45%。水分含量最好能高于纤维饱和点。若采用低含水量的木材，机械浆将受到以下影响：①小碎片含量增多。②长纤维量减少，细小纤维增加。③松厚度增高，即紧密度降低。④对白度虽无直接影响，但是，由于细小纤维的增多，对白度有间接影响。⑤撕裂指数和抗张指数降低。⑥印刷掉粉问题。⑦吨浆能耗上升。

若采用水分含量高于纤维饱和点的木材制机械浆，可获得如下效果：①改善纸张抄造性能和纸页质量。②抄造新闻纸、铜版纸（SC）和轻定量涂布纸（LWC）时可少配用化学浆。③纸机断头较少，并可相应改善压榨操作，改善纸页印刷性能。④印刷时掉毛掉粉少。

3.1.2.4 腐朽木片

木片的腐朽主要是由腐朽菌造成。根据材质的劣化情况，大体上可分成褐色腐朽和白色腐朽。褐色腐朽主要引起木材碳水化合物降解，而白色腐朽则直接侵害了碳水化合物和木质素。因此，褐色腐朽的木材，一般比优质或白色腐朽的木材具有较高含量的木质素。两种类型的腐朽都会使木材变得软弱，密度减小。褐色腐朽的木材，综纤维素内的α-纤维素与β-纤维素之比小于5；而白色腐朽木该值大于10。褐色腐朽木材的1%NaOH 抽出物急剧增高；白色腐朽对1%NaOH 抽出物增高较少。褐色腐朽严重地降低了纤维素的聚合度，造成浆料强度下降，特别是撕裂度下降。白色腐朽造成纤维素聚合度下降较小，因而对成浆强度的影响也很小。两种类型的腐朽都将引起成浆得率的下降，特别是褐色腐朽的木材，其得率减少更为严重。

3.2 木材原料的去皮

木材原料去皮的目的主要在于除去纤维含量较低和灰分含量较高的树皮，从而降低化学药品的消耗和纸浆的尘埃度。

去皮可分为削片前的原木剥皮和削片后的木片去皮两种方式。

3.2.1 原木剥皮

一般有人工剥皮、化学剥皮和机械剥皮等方法。

3.2.1.1　人工剥皮

通常采用铲子或弯刀沿木材长度方向进行剥皮，或采用简易的靠滚式机具进行手工剥皮。人工剥皮的生产能力主要取决于原木的种类、性质、规格、水分含量和操作工人的熟练程度，一般每人每日可处理的原木约为3～5m^3。

人工剥皮的优点是去皮干净、木材损失少，但劳动强度大，劳动生产率低，成本高，因此，不适用于大规模生产。目前此法大多用于木材补充去皮，或处理弯曲度大的枝桠材和小径木。

3.2.1.2　化学剥皮

化学剥皮是利用化学药品处理活立木，使其便于剥皮，是现代制浆造纸方面的新成就之一。具体方法是在距地面约1.2m 的树干上剥掉一圈树皮，圈宽一般与材径相等，在这一圈木材上涂以20%～40%的砷酸钠溶液。经过处理的树木，1～2周后死去，砍伐后易于剥皮。这种化学处理方法，对于鱼鳞松、铁杉、白杨、桦木等最为有效，但在南方温湿地区和其他树种尚不甚适宜。

3.2.1.3　机械剥皮

机械剥皮是用剥皮机进行去皮作业的方法。剥皮机的种类很多，按工作原理可分为摩擦式剥皮机、刀式剥皮机、锤式剥皮机和水力剥皮机等四大类。

摩擦式剥皮机是应用最广泛的一类剥皮机。这类剥皮机是根据原木与原木摩擦和原木与金属相互摩擦的原理进行去皮的。按照运行情况，又分为间歇式和连续式两种。刀式剥皮机至今仍是一种尚未被其他剥皮机所完全代替的剥皮机，尽管其剥皮木材损失率较高，劳动生产率低，但它能有效地剥去大直径原木结合得比较牢固的树皮。锤式剥皮机是为解决刀式剥皮机木材损失率高而推出的一种剥皮机，其结构与刀式剥皮机相似。水力剥皮机是借助高压水的冲击力进行剥皮的，这类机械曾经一度颇受欢迎，但由于动力消耗过大等原因，现已基本上不用。

目前，较典型的剥皮机有以下几种：

(1) 连续式圆筒剥皮机是摩擦剥皮的一种典型设备。目前已为国内外造纸行业普遍采用。其特点是对原木品种的适应性较广，去皮效果较好，原木的损耗较低，设备本身便于维护保养。

连续式圆筒剥皮机由圆筒体、滚圈及支承传动装置、水槽和出料闸门等部分组成（如图8-6）[20]。

圆筒体是此类剥皮机的主体，其规格根据剥皮方式、原木段的长短和生产能力来确定。对于原木在筒体内作不规则翻滚的连续式短原木剥皮机，其圆筒直径应大于原木的长度，一般不小于2m，多为3～5m。筒体的长度一般是直径的2.5～6倍，也有的长达7～8倍。对于原木在筒体内沿圆筒轴线方向平行移动并绕自身轴线滚动的长原木剥皮机，其圆筒直径应小于或接近原木长度，但长度较长，一般为直径的10倍以上。

筒体结构及其支承有两种不同形式：一种筒体是平板型结构，配置滚圈、托轮支承（托轮有钢轮和橡胶轮两种）；另一种筒体是栅板结构，配置液力轴承（液力轴承有水膜轴承和油膜轴承两种）。前者为浇水式，运行时用水管向圆筒内浇水；后者为浸入式，圆筒体的下半部浸入水槽之中。结构如图8-7。

连续式圆筒剥皮机也可用于干法剥皮。在采用干法剥皮时，圆筒长度必须增加，但辅助设

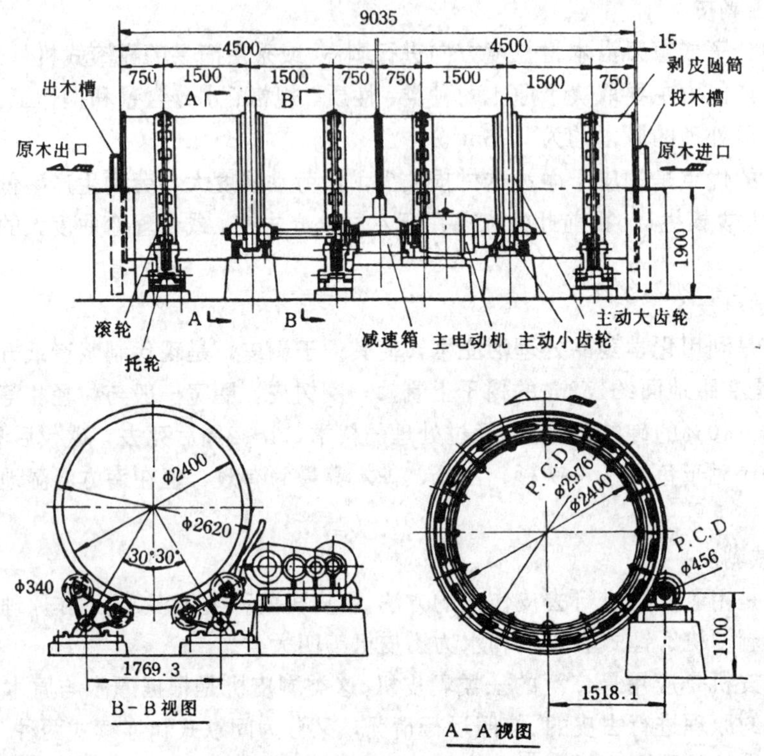

图8-6 配置托轮的圆筒剥皮机

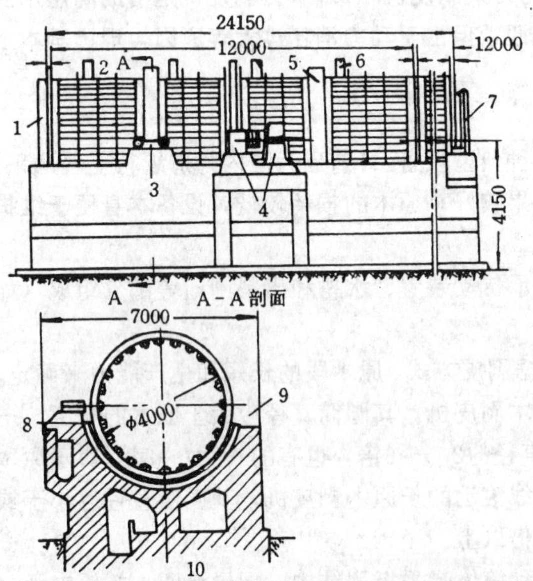

图8-7 配置水力轴承的圆筒剥皮机

1.原木入口；2.固定环；3.挡轮；4.传动装置；5.滚圈；6.桨叶；7.原木出口；8.压力计接管；9.水力轴承进水管；10.排水管

备大大减少，投资费用、厂房面积和占地面积都相应减少，维修费用也减少。剥下的树皮热值高，且利用方便。但是在低温条件下（低于－10℃），剥皮机生产能力急剧下降，剥皮损失很高。其主要原因是，木材剥皮时，使树皮和木质部脱离所必需的力，在温度低于－3℃时开始剧烈上升，而在－10℃时要比0℃时大3倍，这时剥皮质量下降，剥皮时间延长，剥皮机生产能力下降。此外，木材在低温下脆性增大，造成剥皮损失高达20％～30％。

为了减少由于低温造成的剥皮损失和提高剥皮能力，可以采取在圆筒剥皮机中进行热法剥皮的措施。所谓热法剥皮，即用10～20kPa 的饱和蒸汽在圆筒前端壁通入（筒壁用保温层保温），可达到良好效果（见表8-1）。

表8-1 热法剥皮效果

剥皮方式	未采用热法剥皮	热法剥皮
产量（m^3/h）	1.4～1.6	3.5
返剥率（%）	80～90	17～45
剥皮损失（%）	16～20	7.5

（2）环式剥皮机是利用金属体与原木相互摩擦剥皮的一类剥皮机。这类设备有一个共同的特点，即被剥皮的原木单根地沿轴向送进一个空心转子里，空心转子呈环形，故称之为环式剥皮机。这类剥皮机包括链条式剥皮机、卡盘式剥皮机、坎比奥（CAMBIO）剥皮机和VK型剥皮机等。坎比奥剥皮机可作为环式剥皮机的代表，其外形如图8-8[20]。

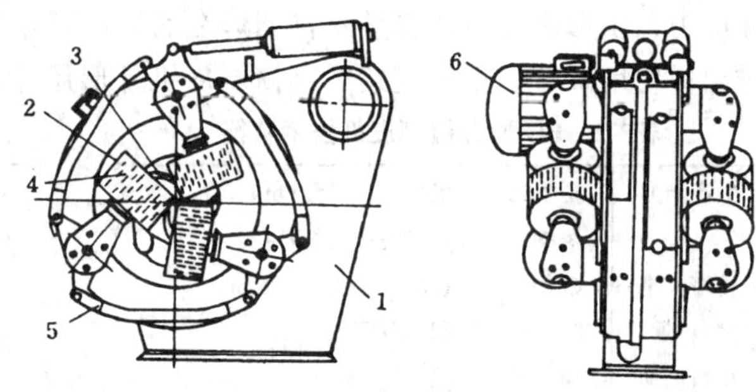

图8-8 坎比奥剥皮机

1.机座；2.刀盘；3.剥皮刀；4.喂料刺辊 5.喂料装置的调整杠杆；6.电动机

环式剥皮机的空心转子上装有若干把卡头型的、链条型的或爪型剥皮刀具，它们随转子一起转动，并压紧在原木上，借此压力及摩擦作用剥掉树皮。

环式剥皮机有以下特点：①由于它是单根原木与金属件摩擦去皮，而去皮又是从切线方向压入原木表面，因此，剥皮损失率低。②仅宜于处理规格一致且较直的原木，对弯曲度大、枝桠多或直径特别大的原木使用上受到限制。③设备比较轻巧、紧凑，便于搬运，适宜林区就地采伐，就地剥皮。④设备较复杂，剥皮工作条件差，设备维修工作量大。

（3）滚刀式剥皮机是刀式剥皮机的一种，是利用刀辊或刀盘把原木树皮削去的一种剥皮机。其工作原理如图8-9[21]。该机主要由喂料机构、压紧和翻转原木机构、刀辊或刀盘等组成。喂料机构是使原木连续而均匀地喂至刀盘或刀辊，若原木不移动时则代之以走刀机构；压紧和翻转机构是使原木固定，当某一部分树皮剥干净后把原木翻转；在刀辊或刀盘上装有剥皮刀是剥皮机的切削部分，借刀辊或刀盘的旋转削下树皮。

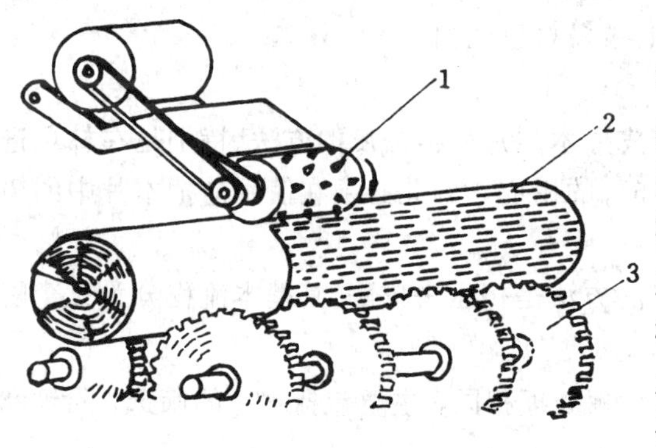

图8-9 滚刀式剥皮机工作原理

1.刀辊；2.原木；3.翻滚原木的齿轮

滚刀式剥皮机是一种半机械化剥皮设备，这类剥皮机可有效地用于北方的冻结木材和树皮粘着力较强的树种的剥皮。它具有结构简单、维修方便、操作容易等优点。但需劳动力较多，劳动生产率低，剥皮损失大，不适宜大规模生产。

3.2.2 枝桠材的剥皮

由于枝桠材径级小、弯曲度大、形状不规则，因此，至今尚无完善的剥皮机械。我国曾用环式剥皮机和圆筒剥皮机进行过大量试验，取得一定成效。试验表明，VK型环式剥皮机对通直小径材的剥皮是适用的，但对弯曲度大的枝桠材效果差。为解决林区枝桠材剥皮，我国研制成功圆筒式干法剥皮机，又称枝桠材圆筒剥皮机。有BG型和LB型两种型号，使用效果尚好。其主要技术特征见表8-2和表8-3[16]。BG型为干法间歇式操作，可移动式结构；LB型为连续操作，固定式结构。LB型属于翻滚式干法圆筒剥皮机，与一般圆筒剥皮机相似，它也是由圆筒体、滚圈、托轮、传动装置、进出料闸板等部分组成，但由于枝桠材剥皮较困难，需造成圆筒内物料的剧烈翻动、摩擦，所以在筒体内装有“山”形剥皮刀及设有中心刀轴装置（上有螺旋刀）。山形剥皮刀按棋盘式排列焊在筒体内壁，在剥皮刀下面，筒体的壁上开有长孔，供排出树皮用。LB型干法连续式圆筒剥皮机外形尺寸及安装尺寸如图8-10。

表8-2 BG型圆筒剥皮机技术特征

生产能力	夏季18～20层积 m^3/（台·班） 冬季12～14层积 m^3/（台·班）
枝桠大小	Ø40mm以上，长度500～700mm
装料量	2.5～3.0层积 m^3/筒
运转周期	45～55min/筒
圆筒尺寸	Ø1 800（内径）mm×1 800（长）mm
圆筒转速	24～26r/min
刀轴转速	48～52r/min
剥皮刀数量	筒壁上“H”形刀52把； 刀轴上扁平刀13把
动 力	2 100型柴油机，16.2kW， 1 500r/min，供林场现场使用

表8-3 LB型圆筒剥皮机技术特征

生产能力	100～120层积 m^3/（台·班）
枝桠大小	Ø20mm以上，长度1 000mm以下
圆筒尺寸	Ø2 352（内径）mm×6 000（长）mm
圆筒转速	12r/min
刀轴转速	分三种速度：一速：150r/min， 二速：290r/min；三速：440r/min。
剥皮刀数量	筒壁上“山”形刀176把； 刀轴上为螺旋刀
驱动圆筒电机	JO_3-200M-6，30kW，970r/min
驱动刀轴电机	JO_3-160M，15kW，970r/min 供林业基地或造纸厂使用

这两种剥皮机适用范围较广，不仅气候温暖时好用，而且在东北寒冷地区的冬季也能应用，但效率将降低；直径20～200mm的枝桠材、小径材、小原木及板皮均可应用，且不受枝桠形状复杂、弯曲度大的限制，树杈、树节多的枝桠材也能用。

3.2.3 木片去皮

随着木片工业的发展，造纸行业正在发展带皮原木削片后再去皮的方法。特别是在林场进行全树削片以来，由于全树木片中含有10%～15%的树皮，因此必须在使用前把木片中的树皮分离出来，否则将影响生产过程和纸浆质量。

要把木片中大量树皮分离出来，目前已投产的方法是挤压去皮法。其基本流程分为三个阶段[16]：

（1）木片预处理阶段。这个阶段与传统的木片预处理相同，主要包括木片的筛选、除铁和计量等。

（2）挤压去皮阶段。木片经筛选、除铁、计量后进入预汽蒸管（蒸汽压200～300kPa）预汽蒸5min左右（预汽蒸汽压与时间要根据材种和当地气温条件而定）。预汽蒸的目的是使木片软化，树皮稍带粘性，以便挤压时树皮与木片易于分离。预汽蒸后的木片喷放到木片喂料箱，这个喂料箱起到缓冲作用，并使木片均匀地喂到挤压去皮机。木片喂料箱底部设有一条慢速胶带运输机（线速为25m/min）将箱内木片连续送出。在出料口装有一条向上倾斜的刮料机（可调刮板链），起到限量作用，控制堆集在慢速胶带机上的木片厚度，将过厚的木片料层向后刮耙，使木片按一定数量落到下面的快速胶带运输机上。快速胶带运输机线速度为200m/min。堆集在慢速胶带运输机上的木片约为四层，因快慢速度不一致，木片掉入快速胶带运输机后，即

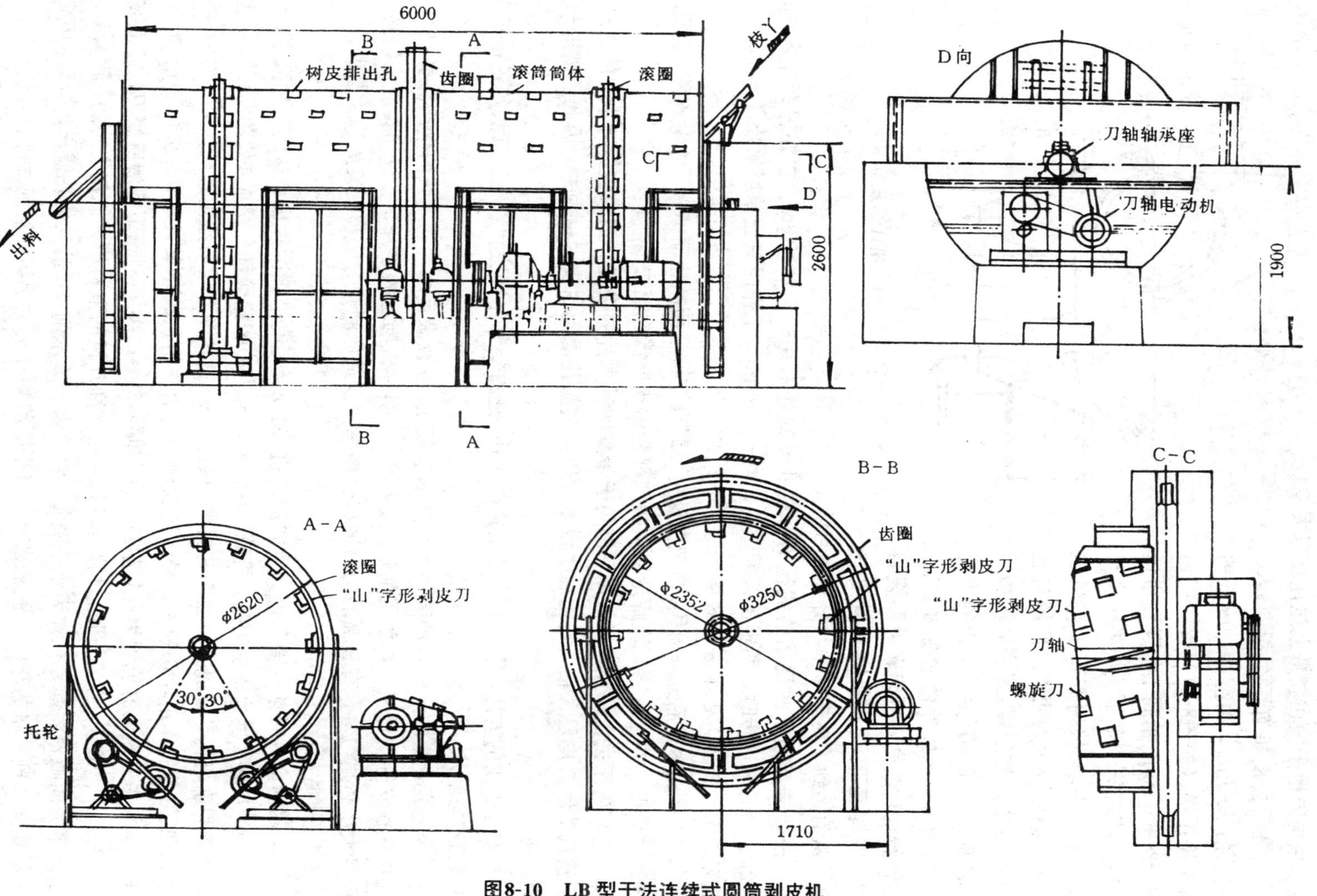

图8-10　LB型干法连续式圆筒剥皮机

能单层均匀地平铺在胶带上送往挤压去皮机。

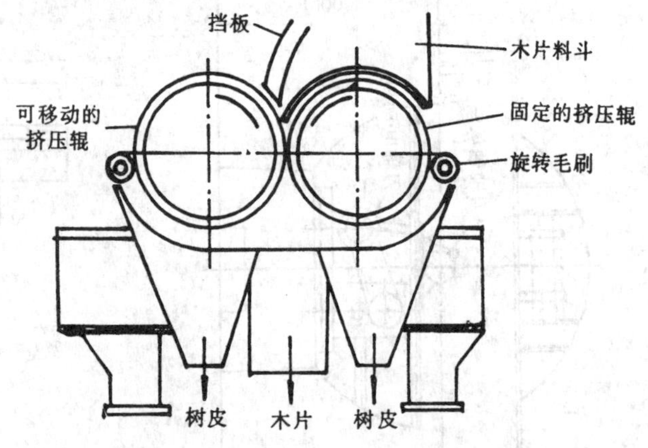

图8-11 挤压去皮机

挤压去皮机有两个相向转动的直径1 200mm，面宽1 600mm 的铸钢挤压辊（如图8-11)。辊面线速均为250m/min（稍高于快速胶带运输机)，其中一个辊固定，另一个辊可以水平移动。快速胶带运输机送来的单层木片掉入两辊之间经挤压后，无皮木片被压裂，因表面粗糙不能被辊面粘住而直落入下面的木片料槽。树皮被压碎并粘附在两辊上，随辊转过120°角后由旋转毛刷辊将树皮从辊面上刷下来掉入树皮料槽，从而达到了树皮与木片分离的目的。

挤压去皮时，两辊间的线压力，在处理阔叶木片时为2kN/cm，在处理针叶木片时为1.2kN/cm。未运转时，两辊压区间隙为0.4±0.05mm，工作时只让单层木片进行挤压，不能让多层木片挤压，否则去皮效果不好。

(3) 去皮木片后处理阶段。由于少量树皮屑没有被辊面粘住而掉入了木片料槽，因此必须进行后处理，即进行第二次筛选以便将这部分树皮屑清除出去。

这套挤压去皮装置，目前尚只能用于带皮阔叶木片的去皮，而带皮针叶木片的去皮，由于预汽蒸后树皮层太粘，挤压后少量木片也会被粘住混到树皮料槽中去，因此还需进一步研究改进。

木片去皮的方法，除了上述挤压去皮法外，还有空气浮选法和真空沉降法等正在研究中。

3.3 木材削片

为适应化学木浆和各种高得率化学木浆蒸煮，以及满足木片磨木浆的生产需要，原木、枝桠材或板皮等木材原料都要用削片机进行削片。削片机削出的木片，不仅切口应该匀整平滑，而且大小必须均匀，有较高的匀整度和合格率，以适应制浆方法和纸浆质量的要求。

3.3.1 削片机

木材的削片目前主要采用刀盘式削片机。此外，还有鼓式削片机和螺旋削片机等。

(1) 刀盘式削片机由刀盘、机壳、喂料槽以及传动装置等部分组成（如图8-12)。刀盘是削片机的切削机构，普通式刀盘削片机的刀数为3～5把；多刀式刀盘削片机为8～12把，最多可达16把。刀盘的作用除切削木片外，还起到飞轮的作用，故要求刀盘有较大的重量。削片机的飞刀安装在刀盘上的位置为自辐射位置向前倾斜8°～15°，喂料槽下方装有底刀，侧面装有旁刀。飞刀片、底刀、旁刀一同起切削作用。普通式削片机的喂料槽是倾斜安装的，称为斜喂料。从水平方向喂料的削片机称为水平喂料，它可供长原木削片，故又称长原木削片机。从削出木片的质量和削片机的车间布置来比较，水平喂料削片机优于斜喂料削片机。

多刀削片机的构造与普通式刀盘削片机相似，只是刀片数量多，刀片的安装方式和木片的排出方法不同。在普通削片机中只能喂入长度较短的原木，每根原木切削最后一小段时会在喂料槽内产生剧烈的跳动，影响木片的匀整度。多刀削片机因经常有刀片切入原木，原木一直

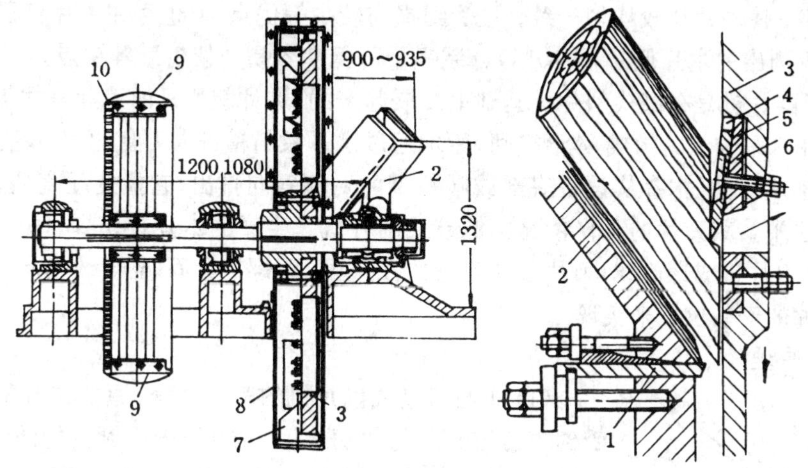

图8-12　刀盘式削片机

1. 喂料槽底刀；2. 喂料槽；3. 刀盘；4. 调整垫块；5. 飞刀片；6. 楔形垫块；7. 叶片；8. 机壳；9. 皮带轮；10. 转动装置

受到牵引力的作用，消除了跳动现象，改善了削片的操作工况。多刀削片机转速比普通削片机高，不利用刀盘叶片抛出木片，削出的木片直接落在刀盘下面的运输带上送出，碎片率较低。

(2) 鼓式削片机由刀鼓、机壳、筛网、进料机构和传动装置等部分组成（如图8-13）[22]。刀鼓是削片机的切削机构，一般刀鼓上装有2～4把飞刀，飞刀和底刀一同起到切削作用，当原料由喂料机构送入时，即被切削成木片。鼓式削片机进料槽的形状大多呈矩形，料槽口的高度小而宽度大，因此，对原料形状的适应性较强。鼓式削片机具有容易控

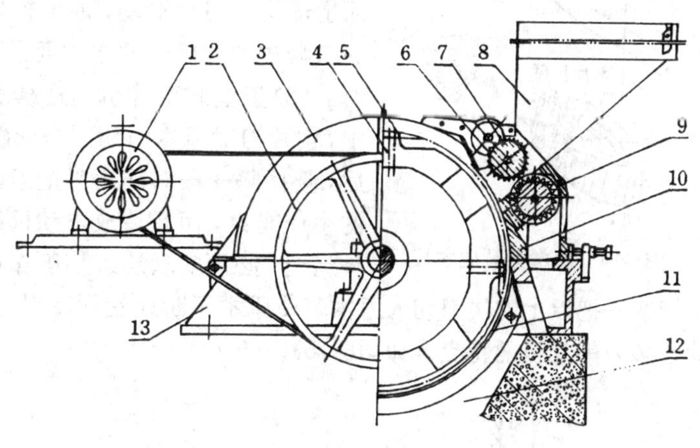

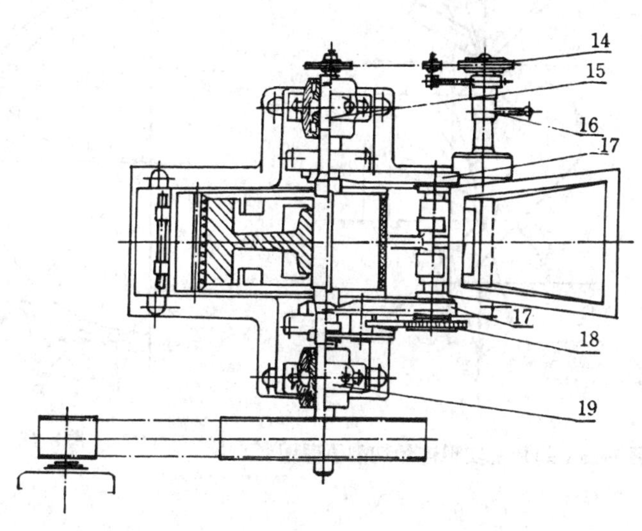

图8-13　鼓式削片机

1. 电动机；2. 皮带轮；3. 罩壳；4. 刀鼓；5. 飞刀；6. 上进料辊；7. 下进料辊；8. 进料槽；9. 底刀；10. 底刀座；11. 筛网；12. 出料口；13. 机座；14. 下进料辊传动链；15. 主轴；16. 手动润滑器；17. 摇臂；18. 上进料辊传动齿轮；19. 轴承

制木片的规格、使木片比较均匀一致、且受到损伤较少等优点。但也存在木片容积重量小（比刀盘式削片机削出的木片低8%～10%），装锅量降低和容易“架桥”等缺点。

(3) 螺旋削片机是在鼓式削片机基础上发展起来的。这种削片机的刀盘呈截头圆锥体，两盘相对安装在水平轴上，构成V形空间。原木通过水平喂料槽进入刀盘的V形空间，被刀盘上的刀片切削成木片。木片从设备底部或喂料槽的对侧斜向排出。它能处理直径450mm以下任意长度的原木，其刀片的工作情况也像鼓式削片机，生产的木片损伤少。每个刀盘上装有2～3排刀片，刀片排成螺旋线。刀片装在刀盘的孔穴里，用螺栓紧固。若要改变木片的大小，可通过调节刀片的安装位置来实现。

3.3.2 削片原理

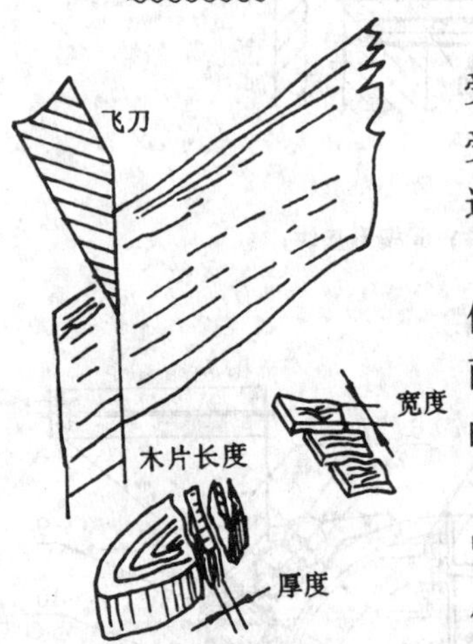

图8-14 原木分裂成木片

(1) 普通刀盘式削片机的削片过程：原木在刀盘式削片机中受到飞刀与底刀的剪切作用，被切下一个圆饼的同时，由于木饼受到飞刀给予的沿纤维方向的挤压力，木饼受剪而分裂成木块，进而分裂成一定规格的木片（如图8-14）。

刀盘式削片机切削时，切削力在原木进料方向的分力，始终使木料紧贴刀后面移动，直到和刀盘接触为止，而后原木被切端面上部紧贴刀盘滑动，原木被切端面形成折面。无强制喂料装置的刀盘式削片机，原木主要是靠此分力进料的。

(2) 刀盘式削片机的连续削片：普通刀盘式削片机削片过程中，削片刀对原木的切削是间歇进行的，即当第一把刀离开原木后，要间隔一段时间第二把刀才开始切削。这样不但影响削片机的生产能力，而且造成电动机载荷不稳和原料的跳动。为改善这种情况，必须实现连续切削作业，即在切削过程中，始终保持有一把或一把以上的飞刀切入原木，使原木不断地受到牵引力作用，并连续被切削成木片，这就是多刀削片机的特点（如图8-15）。

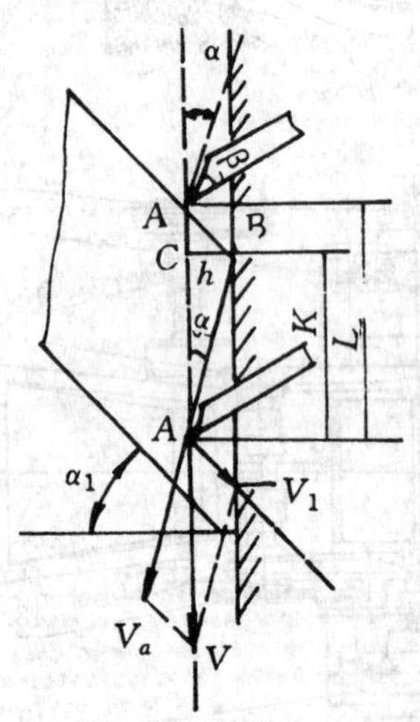

图8-15 削片机实现连续切削原理图

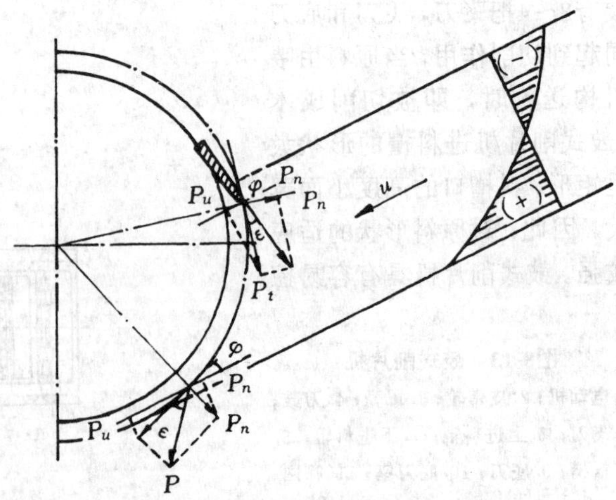

图8-16 鼓式削片机切削过程原理图

多刀削片机实现连续切削时，由于切削过程中至少有一把刀切入木材，这就减少原木在喂料槽中的跳动，所以削片质量较高。由于切削是连续进行的，所以多刀削片机的生产能力要比普通刀盘削片机高。

利用多刀削片机切削直径不大的枝桠材或板条时，不能形成连续切削，为充分发挥其作用，最好采用成捆进料。

（3）鼓式削片机的削片原理：根据木材切削学，鼓式削片机的切削方式属铣削类，切削运动轨迹为摆线。在切削过程中，切削平面是随刀刃的位置而变化，这是鼓式削片机切削区别于刀盘式削片机切削的最主要特征（刀盘式削片机在切削过程中其切削平面是固定不变的）。图8-16为鼓式削片机切削过程的原理图。由图8-16可见，切削力 P 的方向随着飞刀位置的变化而变化，因而由切削力引起的在进料方向的分力 P_u 的数值及方向也有变化，它们之间的关系为：

$$P_u = P\ (\cos\varepsilon\cos\varphi - \sin\varepsilon\sin\varphi) \tag{8-4}$$

式中：P——切削力（N）；

P_u——切削力在进料方向分力（N）；

ε——主运动速度和切削速度之间的夹角（°）；

φ——主运动速度和木材纤维方向（即料槽底面）间的夹角（°）。

当 $\varphi=90°$时，$P_u=-P\sin\varepsilon$；当 $\varphi=0$时，$P_u=P\cos\varepsilon$。由此可见，鼓式削片机在切削过程中，切削力在进料方向上的分力有时成为木材进给的阻力（推出力），有时成为木材的牵引力（拉入力）。因此，若鼓式削片机的刀鼓直径、被加工原料的最大厚度、进料槽的倾斜角度等参数选择恰当，使 φ 角的最大值小于90°，则鼓式削片机也可不用强制进料装置。林区用的移动式削片机，为了减轻重量，可以采用无强制进料装置的鼓式削片机。但是，由于鼓式削片机的切削过程是间歇进行的，这就造成切削过程中木料的跳动，所以一般应采用强制进料装置，以减小木料跳动，保证削片质量。此外，φ 角的数值愈小愈接近纵向切削，φ 角数值愈大愈接近横向切削，为减少动力消耗，应尽可能使 φ 角在较小的数值范围内变化。在一定的刀鼓直径下，被加工材料愈厚 φ 角变化范围愈大，剪切作用愈差，所以鼓式削片机不适于切削大直径的原木，其喂料口大多设计成高度小、宽度大的长方形状。

3.4 木片的净化

从削片机出来的木片，不一定都合乎规格，因此要把过大和过小的木片筛选出。过大木片还要进行再碎、再筛，以达到充分利用的目的。过小木片一般作废料处理。木片中常混有砂、石、金属块等杂物，在进入制浆生产前，也必须清除。

3.4.1 木片筛选

过去多用圆筛和高频振框式平筛，现时则主要采用摇摆式筛片机，但有向多边形筛的发展趋势。最近，又出现了全新的筛片设备——盘式筛片机[16]。

（1）摇摆式筛片机：其主要技术特征见表8-4。

（2）多边形筛片机：是一种周边喂料的新式高产木片筛。筛子被划分成若干三角形（扇形），SCL Ⅰ 和 SCL Ⅱ 是分成6块。筛子形成三角形就能够充分地利用筛板全面积。木片是从筛板喂料边——三角形底边进入，逐渐移向三角形的顶部，即向中心移动而进行筛选。随着在筛子上面的木片数量逐渐减少，筛板面积也逐渐缩小。其结构如图8-17。

全封闭的功率约为7.5kW 的齿轮传动电机6安装在筛的中央，可旋转托臂7安装在齿轮箱

表8-4 摇摆式筛片机主要技术特征

型 号	ZMS_1	ZMS_2
生产能力（m^3/h）	—	85（堆积）
筛面积（m^2）	2.4	4.6
上层筛孔（mm）	50×30	50×25；40×40
中层筛孔（mm）	—	12×12
下层筛孔∅（mm）	5	5
振幅（mm）	40～120	90
频率（r/min）	200（惯性轮转数）	—
主轴转速（r/min）	—	180
外形尺寸（mm）	1 800×1 500×1 360	4 560×3 800×3 300
设备重量（kg）	800	5 900
电动机	$JO_2$21-4，1.1kW，1台	JO_{52}-4，5kW，1台

轴出轴端，振幅是靠附加在旋转托臂上的平衡重锤调节。筛子底部有三个出口：合格木片由出口8排出，大块由9排出，而碎屑由10排出。整个筛子用3～4根缆绳11悬吊起来。

木片通过螺旋喂料器14后，呈螺旋状散落在分布帽上，再由导板均匀地向边缘扩散，然后落到各三角形筛板上。筛板以低速度、大振幅作平面振动。

（3）盘式筛片机：美国 Rader 公司创制了盘式筛片机。它不同于一般网式平筛。主要用于筛选木片，也可以用来筛选苇片。其特点是不会堵塞（料片水分大时也不会堵塞），单位面积处理量大，动力消耗少，料片在跳动状态下进行筛选，分离效果好。此外，尚具有结构简单、

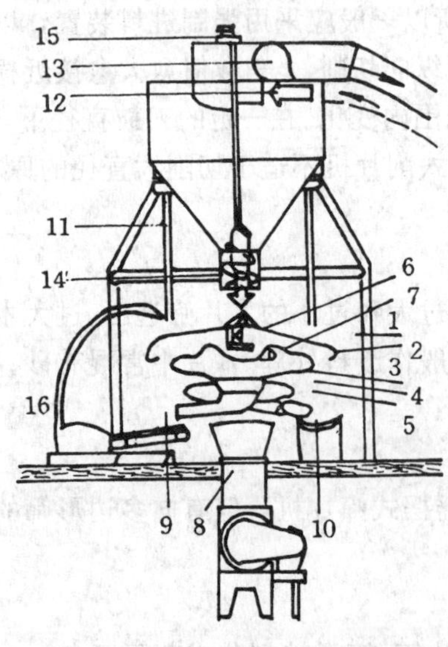

图8-17 多边形筛片机的结构图

1.辐射板；2.导板；3.筛板；4.碎屑筛板；5.底板；6.齿轮转动电机；7.可旋转托臂；8，9，10.木片出口；11.缆绳；12.木片吹送管；13.回风管；14.立式螺旋喂料器；15.齿轮传动电机；16.再碎机

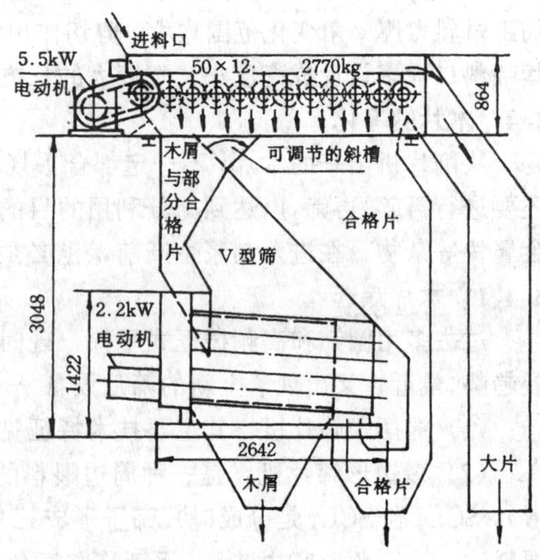

图8-18 平型盘式筛片机和V型盘式筛片机组合安装图

易于维修、使用寿命较长等优点。

盘式筛片机由许多同向回转的平行轴组成，轴上装有许多圆盘片，轴与轴靠拢后，圆盘片相互交叉在一起，但可根据筛选物料及筛选要求调整轴与圆盘之间的间隙，以便使木屑（或渣屑）与合格木片分离。

盘式筛片机有两种：一种是平型盘式筛片机(Rader Disk Screen)（如图8-18），圆盘轴是同一水平方向排列，同一方向回转，料片由一端加入，大片则从另一端排出。另一种是V型盘式筛片机(Rader "V" Screen)（如图8-19），V型盘式筛片机的圆盘轴排成V型，轴中心线均向一侧倾斜10°～11°，料片由高的一端进入，木屑向筛下面掉落，大片则由另一端排出。平型和V型盘式筛片机可以组合成一套（两道）木片筛选系统。

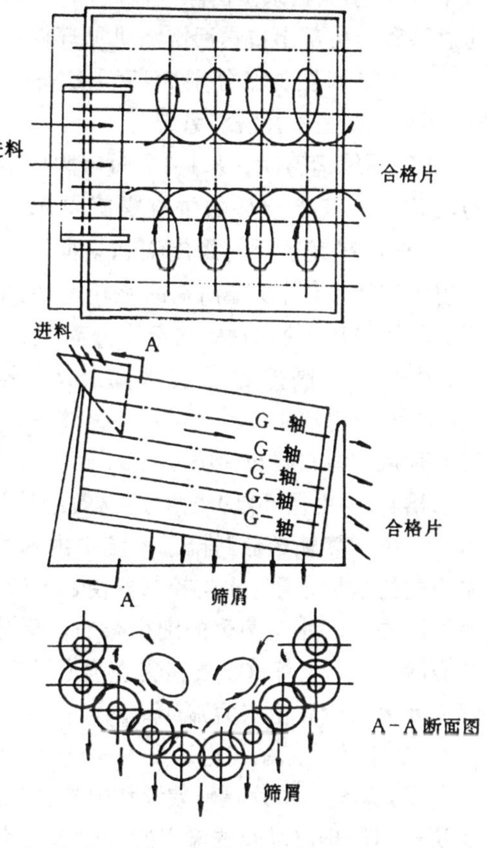

图8-19　V型盘式筛片机示意图

3.4.2　粗大木片的再碎

筛片机筛选出来的粗大木片，需要重削片或再破碎成合格木片，送回削片机再处理。所采用的设备有再碎机和小型削片机。目前以采用小型削片机处理粗大木片为发展趋势，因为其处理效果较好。但在实际生产中，再碎机的应用仍然很多。

锤式再碎机是目前国内常用的粗大木片再碎设备。它由机壳、格栅、转子及传动部分组成。在转子的主轴上安装有若干块钢质圆盘，盘上安装有活动铁锤。在密封的机壳内安装有固定的底刀或铁锤，运行时高速旋转的铁锤产生很大的离心锤击力，将由入口进来的粗大木片打碎，碎木片通过机壳上的格栅缝隙经卸料口排出。未经击碎的木片被格栅阻挡，再次或多次受锤头撞击，直到破碎通过格栅。锤式再碎机具有动力消耗小，操作安全，设备维修及更换磨损零件简便等优点。存在的主要缺点是，由于高速锤击作用，对纤维损伤较大；再碎作用主要是沿着木片纵向将大片撕裂，长度方向的切断作用较小，因而难以达到蒸煮所需木片尺寸的要求。

3.4.3　木片洗涤

所有用于连续制浆生产的木片，尤其是制备磨木浆的木片，都应进行彻底的洗涤。作为制备高得率木片磨木浆的木片，在进入盘磨之前，必须除去其中的砂、石、金属等杂物，以保证磨浆设备正常运转、延长磨盘寿命。为适应制浆工艺的要求，保证浆料质量，木片须含有一定量的均匀水分，因此木片的洗涤可设计成以水为介质的洗涤系统。

图8-20为瑞典 Defibrator 设计的木片洗涤系统。该系统是以循环水流漂浮木片的原理来清除杂质的。木片从入口1进入洗涤机，通过杂物分离辊2把木片压入水中，泥砂、金属等杂质沉降于杂物收集器3中（由定时阀排出），木片则随水流入木片脱水输送螺旋4，污水通过滤网5经污水出口6流出，水洗后的含有一定水分的木片经出口7排出。污水则由泵8送到涡旋除砂器

9，泥砂等小颗粒杂质由除砂器底部排出，较清净的水通过除砂器头部出口送回洗涤机循环使用。

图8-21和图8-22分别为芬兰 ENSO 公司推出的 SD 型和 RD 型木片洗涤系统。

SD 系统运行时，木片1通过喂料螺旋被送入分离器2。位于分离器顶部的垂直螺旋将木片压到水面以下。在垂直螺旋底部的螺旋桨和切向进入的水流共同作用下，产生木片洗涤所需的旋转运动。木片与旋转水流的相互作用，使木片中的杂质分离，沉向底部的捕集器，并由定时阀排出。逆向水流由分离器锥形底部进入，将该处的木质材料冲回到主流体中，以免损失。洗后木片从溢流口排出至振动筛3，筛子脱出的水落入循环水槽4，再由循环泵9送回分离器。经洗涤、脱水后的木片，由螺旋输送器7排出。系统中由木片和废物带走而损失的水量，通过水位控制器由10补充到循环水槽。为了除去循环水中集聚的细小杂质，部分回用水经过离心除砂，泥土等重杂质捕集在离心除砂器的渣室5，并由定时阀排出；混在水中的轻质木材细末和废树皮则由水力筛6除去。

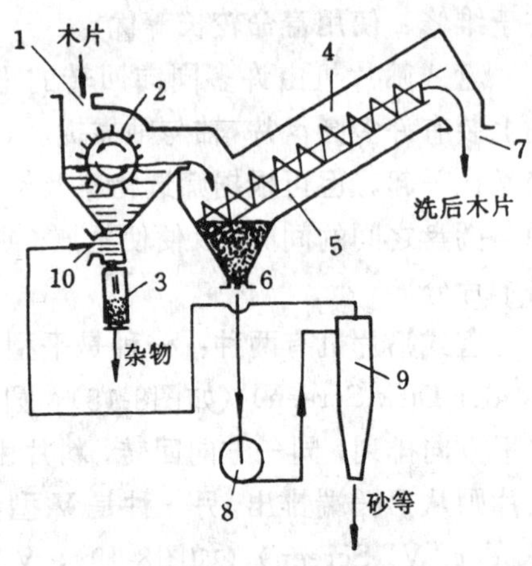

图8-20 木片洗涤系统

1. 木片入口；2. 杂物分离辊；3. 杂物收集器；4. 木片脱水输送螺旋；5. 滤网；6. 污水出口；7. 木片出口；8. 污水泵；9. 除砂器；10. 循环水入口

SD 木片洗涤系统也可用于净化锯末和其他形式的细小木质原料。

RD 系统的木片喂料装置和分离器的运行原理与 SD 系统相同。所不同的是，该系统中木片从分离器排出以及洗涤水的脱除都是由倾斜安置在分离器2上端的螺旋机完成的。洗后木片

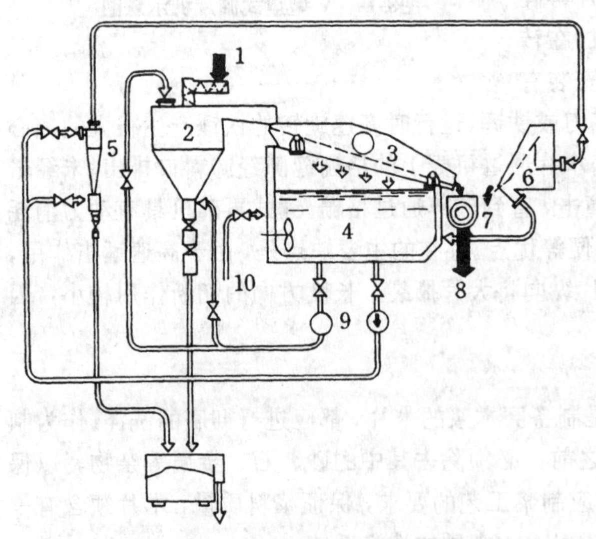

图8-21 SD 型木片洗涤系统

1. 木片；2. 分离器；3. 振动筛；4. 循环水槽；5. 净化器；6. 水力筛；7. 螺旋输送器；8. 洗后木片；9. 泵；10. 水

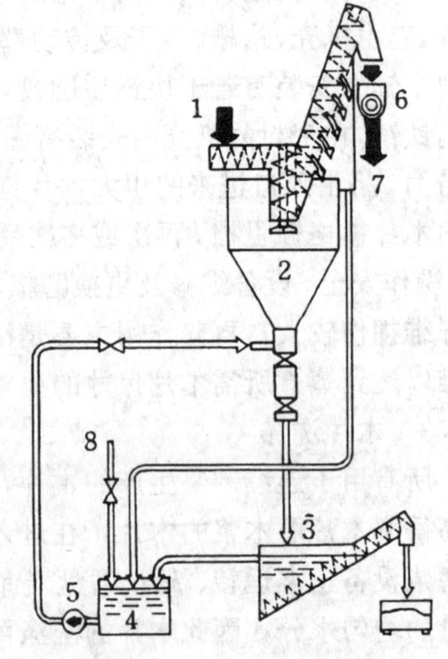

图8-22 RD 型木片洗涤系统

1. 木片进料；2. 分离器；3. 除渣；4. 洗液槽；5. 泵；6. 螺旋输送器；7. 洗后木片；8. 洗液

在螺旋机中慢慢地排出分离器，其间，大部分洗涤液通过螺旋机的多孔管壳脱排回分离器，少量洗涤液排入水槽4，再由泵5回送到分离器底部，以使较重质的木材原料上浮到木片主流中。分离器捕集的废渣排放到洗涤液回收装置3，澄清的洗涤液溢流到水槽4再用。

RD 木片洗涤系统具有用水量少，能量消耗小，结构紧凑等优点。该系统的分离器仅需制浆生产中所必需的液量便可正常运行。这就避免了由于洗涤木片附加清水而可能对化学浆生产不利的后果。

3.5 工艺木片生产[18,23]

工艺木片通常是指利用各种木材剩余物和低质材为原料削制而成的木片。因其常用于人造板工业和制浆造纸工业，故亦可称作工业木片。

国外工艺木片生产起步较早，自20世纪60年代兴起以来得到迅速发展。80年代以来，苏联每年生产近450万 m^3制浆造纸用工艺木片，用薪炭材和剩余物生产工艺木片每年达620万 m^3；美国每年生产1.14亿 t 工艺木片，并出口木片753.2万 m^3；加拿大每年出口木片145万 m^3；芬兰出口24万 m^3；瑞典年生产木片近600万 m^3。

我国林区三剩资源较丰富，每年有采伐剩余物约1300万 m^3，营林剩余物220万 m^3，造材剩余物近310万 m^3，加工剩余物620万 m^3，年总计有近2500万 m^3。自60年代中期，开始进行木片生产。近年来，年木片生产量达20万 m^3以上，除供国内使用外，有部分出口。尽管木片生产取得了一定成效，木材剩余物得到一定利用，但利用率仍然很低，仅为10%左右。而一些发达国家的木材加工剩余物的工业利用率已超过50%，其中北欧达85%，英国、日本已超过90%。

目前世界森林总面积为40.8亿 hm^2，我国占3.1%。世界森林蓄积量为3100亿 m^3，我国占3%左右。我国的森林资源较少，木材供需矛盾较为突出，制浆造纸工业木材原料来源匮乏。因此，开发利用林区三剩资源，大力发展工艺木片生产势在必行。

工艺木片的生产，按其生产作业方式可分为固定式削片生产和移动式削片生产。在移动式削片生产中，一些林业发达国家正大力发展全树削片生产工艺。

3.5.1 固定式削片生产

生产设备固定在一定场所，不需要移动作业。一般又分制材剩余物木片生产和贮木场木片生产两大类。

(1) 制材剩余物木片生产：在国外相当普遍，技术比较成熟。现介绍一实例——前苏联利用制材块状剩余物生产工艺木片的工艺流程和设备。

生产工序：剩余物的收集和集中；向削片机给料，同时分离块状剩余物中的金属物和杂质；削片并向木片筛给料；木片筛选，分离出大片和锯屑；大片返回再削、再筛，或经再碎后返回再筛；采集木片样品，评定木片质量；合格木片和不合格木片厂内运输；木片输送到料仓或露天料场，向专用运输车装车。其工艺流程如图8-23。

图8-23 (a) 为流水式作业工艺，即每一条制材生产线上的剩余物与一削片生产线相连接，每条生产线上配备一台削片机。木片筛的配备，可以每条流水线配一台，也可采用几条削片生产线共用一台。分离出的大片回到装于削片机上的附加刀盘进行再碎。如某一流水线上的削片机停工时，该线的进料可临时转送到另一条流水线上。最后，合格木片进入料仓或露天料场，不合格木片送入废料斗中。

图8-23 (b) 为集中式生产工艺，即几条制材线的剩余物集中供给一条削片生产线，并配有备用的削片机和木片筛。该工艺可减少削片机台数，占地面积小，削片机的使用效率、劳动

生产率均较高。配置备用削片机和备用木片筛，可改善机械的维修条件，减少停产时间，降低生产成本。

图8-23（c）为专用式生产工艺，即按制材剩余物的形状特征，分别用相应的削片机削片。采用专用式生产工艺可提高工艺木片的质量和出片率，但它只适用于产量较大，且每种剩余物量均较大的制材车间。

图8-23（d）为联合式生产工艺，是上述三种工艺的组合方式。

图8-23（e）为削片制材机组合式生产工艺，其特点是采用了削片制材联合机，将原木一次加工成锯材和工艺木片。该生产线无需单独的削片机，只需配备木片筛和再碎机。

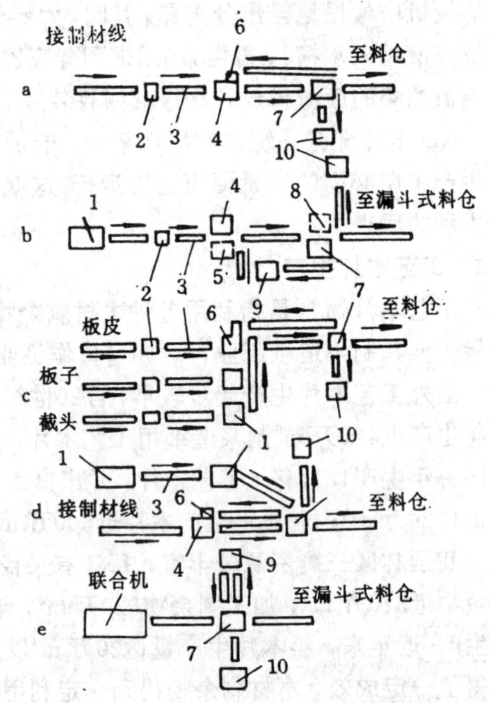

图8-23 五种形式木片生产工艺流程框图

（a）流水式；（b）集中式；（c）专用式；（d）联合式；（e）削片制材机组合式

1. 剩余物蓄积器；2. 金属分离器；3. 皮带运输机；4. 削片机；5. 备用削片机；6. 附加刀盘；7. 木片分选机；8. 备用木片分选机；9. 木片再碎机；10. 碎末料斗

削片制材机是当代制材工艺和设备上的一大突破，也是国外木片工业最新技术成就之一。它的特点是制材和削片合并在一台机器上进行。以削片代替锯割作业，直接将原木（毛方、毛边板）上的板皮切削成工艺木片，剩余部分即形成方材（或整边板材），或同时被制成板方材，大大简化了制材工艺。

削片制材机主要有两类：一是削方机，包括两面、三面和四面削方机，及将原木制成台阶状断面的削片整形机；另一类是锯削联合机，包括四面削片整形——多锯片圆锯联合机、两面削方——多联带锯联合机、两面削方——多片圆锯联合机等。此外，还有原木环形削片整形机、原木单面削片机和板材削片齐边机等。一些国家的削方机和锯削联合机主要技术特征见表8-5。

表8-5 削方机和锯削联合机主要技术特征

	国别、型号	切削工具		加工原木直径(cm)	进料速度(m/min)	产品(%)			工艺木片和刨花用途	总功率(kW)
		刀具型式和刀数	锯片数			锯材	工艺木片和刨花	锯屑		
削方机	瑞典柯肯240-12	锥形圆盘刀头64个	—	<50	35	—	—	—	纸浆用木片	125
削方机	瑞典柯肯240-15	锥形圆盘刀头114个	—	<60	52	—	—	—	纸浆用木片	155
削方机	法国日力CC1260-35E	锥形圆盘刀头8个V形刀	—	<50	最大120	—	—	—	标准木片	135
锯削联合机	加拿大契珀·恩·索V-6①	圆柱形刀头1(2)个	最多10个	15~38	—	32~46	50~36	14~16	80%为标准木片，其余用于人造板	440
锯削联合机	加拿大契珀·恩·索	圆柱形刀头	最多5个	12~36	45	—	—	锯路4~7mm	—	520

（续）

国别、型号		切削工具		加工原木直径(cm)	进料速度(m/min)	产品(%)			工艺木片和刨花用途	总功率(kW)
		刀具型式和刀数	锯片数			锯材	工艺木片和刨花	锯屑		
锯削联合机	瑞典柯肯245A	锥形圆盘刀头114个	带锯2	<60	40,50	44～48	35	—	标准木片	290
	美国斯太特松-洛斯5-R14①	圆柱体形刀头1个	两侧最多10个	9～36	30～90	46～52	33	—	60%标准木片	289:465
	美国斯太特松-洛斯 S-R24①	圆柱体形刀头1个	两侧最多10个	12.8～62	30～90	46～52	33	—	60%标准木片	244:462

① 为整形削片。

(2) 贮木场木片生产：是指将低质材剩余物加工成工艺木片。因世界各国森工企业的木材生产方式不同，所以贮木场木片生产体系也不尽相同。现简要介绍前苏联研制的适用于贮木场生产工艺木片的三种机械化系统。

НЩ-1型系统（如图8-24），主要用于森工企业的贮木场，利用小径木和梢头木生产工艺木片。台班产量为20m³木片，由4名工人操作。贮木场的低质材和剩余物年产量应不少于7000m³。НЩ-2型系统（如图8-25），台班产量为40m³木片，由5人操作。适用于年产1.5万 m³低质材和剩余物的贮木场。НЩ-3型系统（如图8-26）适用于专业化贮木场，利用原条梢头以及有缺陷的整根原条和小径木生产工艺木片，其特点是生产率高，台班产量为80～100m³木片。

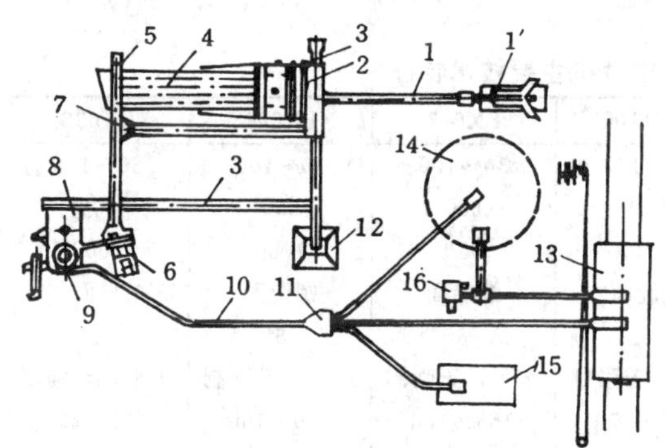

图8-24　НЩ-1机械系统平面布置示意图

1′. ЛО-46液压劈木机；1. 链式进料传送机；2. КБ-3А 滚筒剥皮机；3. 废料皮带运输机；4. 传送-拨木机；5. 皮带运输机；6. МРНЦ-10削片机；7. 木材二次剥皮用链式传送机；8. СШМ-60木片分选机；9. ПНТУ -2气力装车机；10. 气力输送管道；11. 三位管道转换开关；12. 废料仓；13. 铁路木片车厢；14. 木片露天仓库；15. ЛТ-7木片汽车；16. ВО-59木片装车机

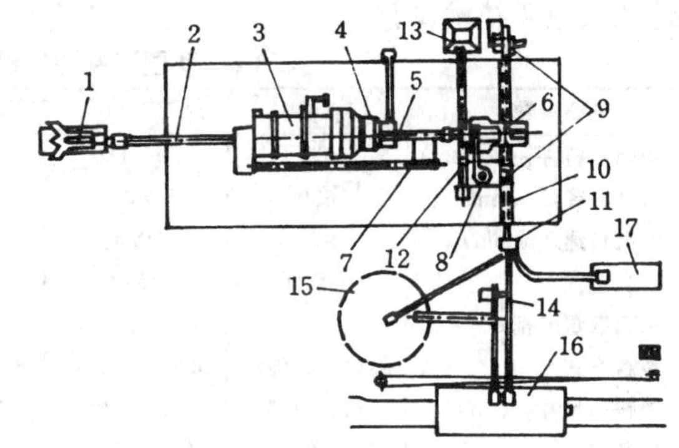

图8-25　НЩ-2机械系统平面布置示意图

1. ЛО-46劈木机；2. 链式进料传送机；3. КБ-6А 滚筒剥皮机；4. 闸阀；5. 双带式运输机；6. МРНП-30削片机；7. 木材二次剥皮用链式运输机；8. СЩ-1М 木片分选机；9. 气力装车机；10. 气力管道；11. 管道开关；12. 废料皮带运输机；13. 废料仓；14. ВО-59气力装车机；15. 木片露天料场；16. 铁路木片车厢；17. ЛТ-7木片汽车

近年来，美国、加拿大、澳大利亚等国家也都建立了生产工艺木片的专业化企业，在贮木场可将整根原条、梢头和原木加工成木片。

3.5.2　移动式削片生产

移动式削片生产是指生产设备可移动使用的木片生产方式。按作业场所，又可分成两大类：一类是在伐区集材道旁进行削片生产；另一类是在楞场进行削片生产。较先进的工艺流程基本上可归纳为：自行式机械收集枝桠—自行式机械集运枝桠—移动式削片机在集材道旁或

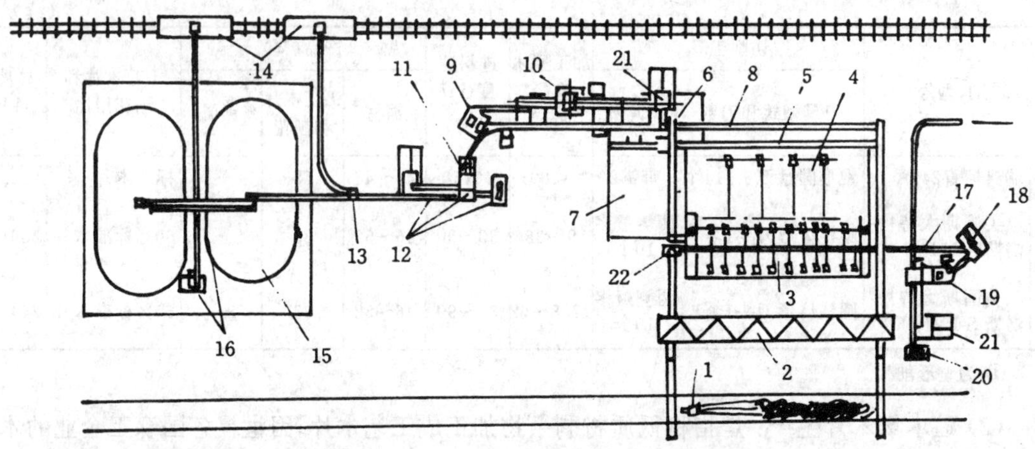

图8-26 НЩ-3机械系统平面布置示意图

1.运材车；2.卸车起重机；3.МСГ型打枝剥皮机组；4.链式拨木机；5.纵向链式传送机；6.АЦ-3С造材锯；7.原木存材框；8.造材截头纵向链式传送机；9.МРГ-40或МРГ-100削片机；10.ОК-63剥皮机；11.СЩ-120木片分选机；12.气力运输机；13.气力管道；14.铁路木片车厢；15.露天木片料场；16.气力装车机；17.废料传送机；18.ЛО-56削片机；19.木片分选机；20.气力运输机；21.铲斗装载机；22.热发生器

楞场削片—专用汽车装运木片。所采用的削片机分别是以农业拖拉机、自装集运机和以汽车为主机的三种型式的移动式削片机。表8-6为我国林业机械研究所历年来研制的移动式削片机的性能及主要技术参数。

表8-6 我国研制的移动式削片机主要技术特征

主要参数	LX650	YX950	BX6110C	BX617	BX637	BX638
切削木料直径∅(mm)	140以下	30～160	30～140	30～120	30～100	30～150
刀盘直径∅ (mm)	650	950	950	650	650	800
刀盘转速 (r/min)	970	1 000	930	950	1060	1000
刀盘型式	螺旋面	螺旋面	螺旋面	螺旋面	螺旋面	平面
飞刀数量 (把)	6	6	6	6	6	4
喂料方式	斜口，无强制	水平，无强制	水平，无强制	水平，无强制	水平，无强制	水平，无强制
喂料口尺寸 (mm)	140×155	169×205	160×170	165×180	140×150	170×200
出料方式	上	上	上	上	上	上
移动方式	爬犁拖挂式	单轴拖挂式	自带动力移动式	自带动力移动式	自行	自行
动力来源	东方红-75拖拉机	65拖拉机	4135AN柴油机	495G柴油机	CJ-40集材机	集材-50拖拉机
重量 (kg)	1 200	1 837	3 755	1 650	3 800	6 454
外形尺寸 (mm)	3 100×1 890×2 750	3 025×1 900×2 737	5 065×1 970×2 645	3 500×1 450×2 000	4 516×1 897×2 420	5 400×2 088 2 400
备 注	削片、筛选、风送联合作业，适于伐区楞场及山下木片生产	适于伐区楞场削片作业	适于伐区楞场削片作业	适于城市园林部门对行道树修剪后的枝丫处理	适于伐区楞场并可深入伐区腹部进行削片作业	适于伐区集材道旁或装车场的削片作业

楞场削片生产，除了应选用结构性能良好的设备以外，还需选择好作业场地。楞场是移动式削片与运输装车的作业场所，必须选择在地形平坦、排水良好的地方。削片场地应宽敞，既要考虑削片作业，又应考虑木片的运输作业和集材堆放的场地。

全树削片生产，目前大都采用移动式削片生产方式。所谓全树削片，就是把树木的所有地面以上部分都削成木片。

全树削片生产工艺的特点是，树木的地上部分全部利用，大大提高了出材率（针叶树提高15%～40%，阔叶树提高30%～50%）；机械化程度高，从而提高了木材采运劳动生产率〔达29m^3/（人·日）〕，简化了作业工序，降低了生产成本。采用全树削片后，伐区迹地整洁，有利于森林更新作用。但是，全树削片需解决的主要问题是：①由于全树削片，造成林区地力衰退。②全树木片含有树皮和其他杂质，木片去皮和净化负荷大，势必增加工厂的加工费用。

3.5.3　工艺木片生产技术的发展趋势

世界林业发达国家在剩余物利用方面起步较早，且发展迅速，分别采用了工厂化固定削片生产工艺、移动式削片生产工艺以及全树削片生产工艺，并配备了相应的成套设备，形成了工艺木片专业化生产体系，并进一步在伐根利用、针叶利用方面开展试验研究工作，使工艺木片生产系统更加完善。

当前，世界各国的制浆造纸和人造板工业用原料，主要是利用小径木和加工剩余物生产的工艺木片，今后将大力推广削片制材联合生产工艺。为适应生产的发展，必须开辟新的原料基地，向尚未充分利用而潜力巨大的采伐剩余物进军。全树削片和立木削片是利用采伐剩余物的理想生产工艺，是经济效益最好的生产途径。

我国利用剩余物生产工艺木片的规模和机械化水平，远不如世界林业发达国家。尽管固定式削片生产开展较早，但大部分生产工序仍为手工作业，劳动生产率低，生产成本高。当前，从木片生产工艺的发展看，移动式削片比重明显增加，而且还会有更快的发展。这是因为移动式削片与固定式削片相比，具有枝桠利用率和木片合格率高，生产环节少、成本低等优点；而且，生产技术和配套设备均已逐步趋于完善。移动式削片已成为一种实用的生产方式。

加工剩余物，一般质量较好，由它生产的木片纤维质量高，既是人造板的原料，也是制浆造纸的原料。我国每年约有600多万m^3加工剩余物，目前绝大部分未充分利用起来，工业利用的潜力很大。从能源和生产条件看，用加工剩余物生产木片是工厂化生产，因而必将发展成为专业化生产，实现机械化、半自动化，逐步形成原料剥皮、加工（削片）、筛选及木片运输等一套完整的生产线。

伐区剩余物加工利用事业的发展，尤其是近年来移动式削片生产的迅猛发展，为工艺木片生产积累了好的经验。又由于剩余物收集运输、装车场削片、木片专用运输车运输等几个环节形成的先进适用的生产工艺试点的成功，显示了突出的优越性，必将在几个大林区形成移动式削片生产基地，并逐渐形成枝桠收集、运输、剥皮、削片、筛选、木片运输的机械化生产线。

为解决人造板工业、制浆造纸工业的原料问题，我国正在大力营造人工速生丰产林和造纸用材林。在这样的林区内，实行分片轮流间伐易于实现机械化作业，因而必将采用全树削片或立木削片，实现全树利用。

为充分利用现有的伐区剩余物，人们的注意力已经转向伐根的利用。伐根约占树干重量的15%～35%，是重要的木材资源之一。在国际上，伐根利用的技术问题已经基本解决，树根的挖掘设备及树根的切短机、削片机和木片的净化设备均已研制出来。据研究，树根材质与树干材相近，这两种木片适于混合制浆，有些厂生产本色和半漂硫酸盐浆，树根掺用量占总原料量的3%，还准备提高到5%～6%。我国一些林区相继进行过伐根的采集试验，尽管困难很大，但已预见伐根的采集、加工利用将成为一个具有实用价值的新课题。

第9章 碱法制浆

李忠正

1 碱法浆的制造方法、品种、特征及发展趋势

碱法制浆是目前化学制浆的主要生产方法，其蒸煮液 pH 值为 11～14，主要有石灰法、苛性钠（烧碱）法、硫酸盐法和碱性亚硫酸盐法等。近年来研究提出的多硫化钠法、氧碱法也属于碱法制浆。本节主要介绍硫酸盐法。

1.1 碱法浆的制造方法

(1) 石灰法：蒸煮液为 $Ca(OH)_2$，除用于手工抄纸外，主要用于草类原料生产纸板及废棉、破布的脱色、脱脂、去污，用于麻类脱胶也较好，其脱色、去污、脱胶的能力较强且成本低，但不能用于处理木材原料。

(2) 烧碱法：1851 年英国的 C. Watt 和 H. Burgess 首先发明了用烧碱法制化学木浆，该法于 1855 年在美国进行工业化生产[24]。蒸煮液的主要成分为 NaOH，此法适用于草类、棉、麻等非木材原料，也可用于木材，但浆得率低，漂白困难，浆物理强度低。

(3) 硫酸盐法：起源于 1879 年，德国人 C. F. Dahl 发明了用烧碱和硫化钠为蒸煮药剂，并在碱回收中以芒硝作为药品补充的硫酸盐制浆法[25]。此法原料适应性强，可应用于针叶材、阔叶材及各种非木材纤维原料。硫酸盐浆强度大、成浆色深，初期仅用于抄造牛皮纸和纸袋纸。进入 20 世纪以后，由于碱回收技术不断成熟，并发明了多段漂白法和高浓漂白设备，使硫酸盐浆的漂白问题得到解决。特别是 1946 年将二氧化氯用于硫酸盐浆的漂白，硫酸盐浆得以进入到高白度浆的领域，使该浆种得到快速发展，成为化学浆的主要制浆法。该法的缺点是纸浆得率低、成浆色深、漂白难度大，投资较大，对大气和水域有污染，需要注意治理。因此硫酸盐法的发展方向是进一步提高得率，减少污染。

1.2 碱法浆的特性

不同方法制出的纸浆特性不同。石灰法由于脱木质素能力低，纸浆粗硬，强度低，无机质含量高，所以一般仅用于草类纤维原料制黄板纸或处理破布、废棉等。

烧碱法纸浆柔软，吸水性好，但其强度比硫酸盐法纸浆低，这主要是由于烧碱法制浆时纤维素受到的损伤较硫酸盐法严重，因此烧碱法多用于非木材原料制浆，抄造一般文化用纸。

硫酸盐浆具有较其他制浆方法更高的物理强度，但其色泽深暗，不透明性较亚硫酸盐浆差。硫酸盐浆的用途广泛，未漂浆主要用于生产牛皮纸、纸袋纸、电缆纸、包装纸、牛皮箱板纸、牛皮卡纸等。漂白硫酸盐浆可用于生产各种文化用纸，高级纸，工业技术用纸，各种情报用纸等。预水解硫酸盐浆可用于制人造丝及其他纤维素产品。

1.3 碱法制浆的发展趋势

硫酸盐法已成为最主要的化学制浆方法，由于它的纸浆强度高，药品回收技术成熟，对原料适应性强，能源利用率高等优点，至今还没有找到一种能与硫酸盐法相媲美的新制浆方法。但由于它的纸浆得率低，对大气和水有污染，为了与当今节约木材资源、环境保护等呼声很高的现代社会相适应，已出现了一些改进方法。预计今后相当一段时间内硫酸盐法仍将会是化学浆的主要生产方法。改进方法主要有：

(1) 添加蒸煮助剂[26]：减少用碱量，降低蒸煮液的硫化度达到提高得率，减少臭气排放量等效果。我国常用的蒸煮助剂为蒽醌（AQ），国外常用的助剂为1，4-二氢-9，10-二羟基蒽（DDA），实验证明DDA的效果比AQ好。

(2) 深度脱木质素蒸煮或称改良硫酸盐法[27,28]：这种蒸煮方法可改善纤维原料脱木质素的选择性，在相同纸浆粘度时卡伯值比常规法下降5～7，降低了纸浆漂白时漂白剂的消耗和废水污染程度，此法已在美国、瑞典、芬兰等国推广使用。

(3) 多硫化钠蒸煮[29]：多硫化钠的作用是使碳水化合物的末端醛基氧化成羧基，以避免剥皮反应，达到保留碳水化合物提高纸浆得率的目的。它可使针叶材纸浆得率提高5%，阔叶材浆提高幅度较少为1%～2%，目前在西欧和日本已有若干家硫酸盐浆厂采用多硫化钠法。

(4) 冷喷放和快速置换加热蒸煮[30～33]：冷喷放是在硫酸盐蒸煮达到终点后用洗涤水置换锅内的热黑液使锅内温度降至100℃，然后用压缩空气进行喷放或用泵送的方法，被置换的热黑液可用来预热白液。冷喷放可明显的提高纸浆强度，并可节约能耗40%～50%[34]。

快速置换加热蒸煮（RDH）法是由美国Beloit公司开发的改良硫酸盐制浆法，适用于间隙式蒸煮器。该法在蒸煮结束后用洗涤系统稀黑液置换锅内的黑液，并将不同温度的置换液收集于不同压力的黑液贮槽内，直至置换液温度达到80℃为止，锅内浆料用压缩空气喷放。木片装锅时加入温黑液（温度为93℃）以预热木片并增加装锅密度，因而增加了装锅量。升温时先用温热黑液（130℃）加热木片，然后加入预热至157℃的白液和165℃的热黑液，再通入蒸汽升温至170℃，保温至规定的H-因子值。目前世界上已有工厂将RDH法与深度脱木质素法结合使用，这种工艺可使针叶浆的卡伯值由33降至18.9，而不降低纸浆粘度，因而使漂白用氯量减少26%，提高纸浆生产能力15%，节约蒸汽60%～65%，并使洗浆的洗涤因子由原来的$3m^3/t$浆以上降至$1.5～2.0m^3/t$浆，节约了洗涤用水，减少了废水的污染负荷。

(5) 蒸煮连续化大型化：连续蒸煮器自50年代出现以来在工业中迅速推广使用[35,36]。硫酸盐法化学制浆使用最多的是卡米尔（Kamyr）连续蒸煮器。该装置从50年代建立第一套50t/d硫酸盐浆生产设备，至今世界已有几百套投入使用，其中最大生产能力已达1350t/d纸浆，卡米尔连续蒸煮器生产的化学浆产量已达世界化学浆总产量的50%以上。连续蒸煮的优点是：①设备投资费用低，特别对150t/d以上的生产规模，连续蒸煮装置的总投资较间歇式低，这主要是由于它的建筑面积小，附属设备（如木片仓、贮槽、泵、热交换器）的容积和能力较小的原因；②操作人员少；③蒸汽消耗小、电耗少等。

2 碱法制浆的生产流程

碱法制浆可用间歇式蒸煮器生产各种质量要求的纸浆。近年大型连续蒸煮装置得到普及，其典型流程如图9-1。

筛选后的木片经木片仓或直接由备料车间用皮带运输机送至蒸煮锅顶部，经称量后装锅，

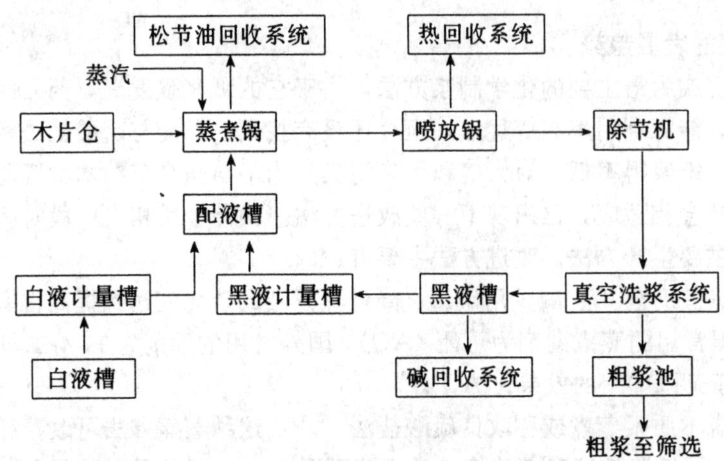

图9-1 硫酸盐制浆流程示意

同时送入经预热的蒸煮液。用直接蒸汽或间接蒸汽将锅内温度升至160～180℃，然后保温一定时间。蒸煮条件根据所用材种和所制纸浆用途不同而异。如：①当制牛皮纸和纸袋纸用本色浆时，则尽可能使纤维素和半纤维素不被破坏，以制取高强度纸浆为目的；②制取漂白纸浆时，则应强化脱木质素过程，提高其易漂性；③制造人纤浆时，则不仅要求脱木质素程度高，而且要除去半纤维素，得到一定粘度范围的纤维素。蒸煮后纸浆在锅内压力下喷放至喷放锅中，然后经筛选除去纸浆中的未蒸解部分。除节后的粗浆送洗浆系统分离黑液，完成洗浆。

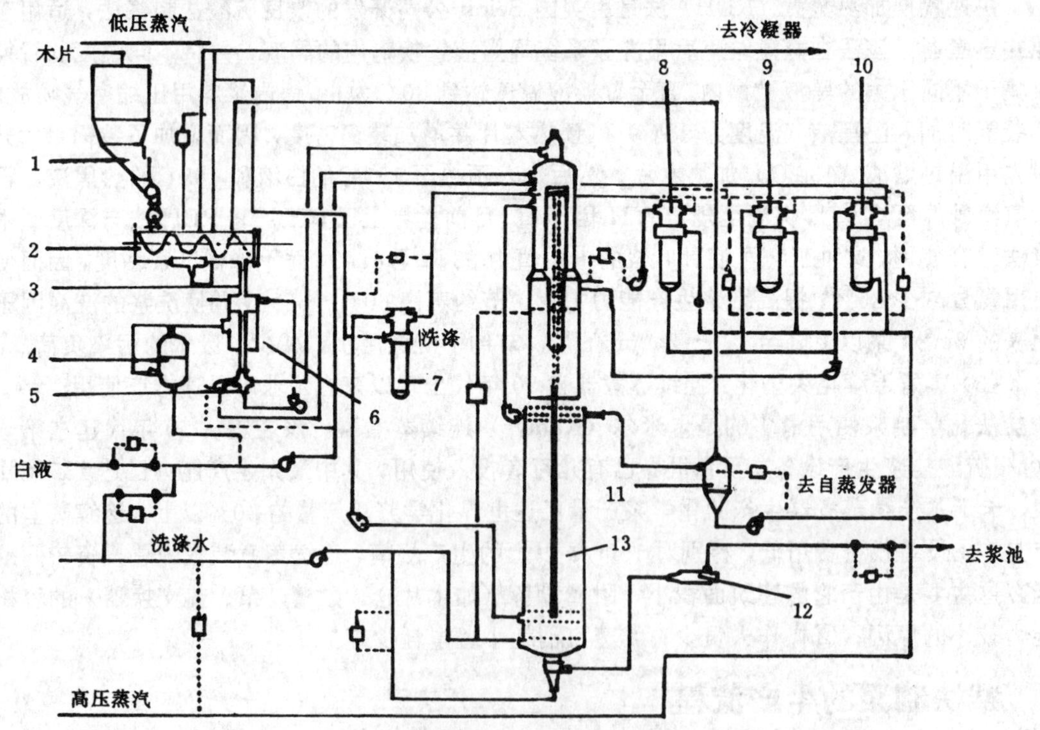

图 9-2 典型的卡米尔连续蒸煮系统

1. 木片计量器；2. 低压进料器；3. 预汽蒸管；4. 液位槽；5. 高压进料器；6. 木片槽；7. 洗涤水加热器；8. 高位加热器；9. 备用加热器；10. 低位加热器；11. 自蒸罐；12. 排料阀；13. 蒸煮锅

黑液经稀黑液槽送碱回收系统，部分稀黑液送至配液槽配制蒸煮液。洗净的粗浆送筛选工段。蒸煮工段的粗浆得率根据纤维原料和纸浆种类，一般为 40%～60%。

硫酸盐法连续蒸煮流程因所用连续蒸煮器型式不同而异。在硫酸盐法制浆中常用的连续蒸煮设备有鲍尔（Bauer M&D）和卡米尔（Kamyr）蒸煮器。其中被广泛应用的是卡米尔蒸煮器（如图 9-2）。

木片由木片仓经木片计量器和低压加料器送入预汽蒸管，在 103kPa 压力下预热木片并驱赶木片中的空气，预热木片经木片溜槽由高压送料器送入蒸煮锅顶部，同时加入蒸煮药液，锅顶压力为 1137kPa，木片由顶部向下均匀移动。锅顶部为浸透区，在 105～130℃停留 45min，然后进入加热区，用双程外循环热交换器加热蒸煮液。第三区为蒸煮区，注入热洗涤水以终止蒸煮反应，被洗涤水置换的黑液，经闪急罐产生低压蒸汽后送碱回收系统，蒸煮后的浆料经洗涤区，温度逐渐降至 70℃，由喷放阀喷放至料仓。

3　硫酸盐蒸煮的药液组成

烧碱法蒸煮液的主要成分是氢氧化钠，并含有少量碳酸钠或氯化钠。

硫酸盐法蒸煮液又称白液，其主要成分是氢氧化钠和硫化钠。木材蒸煮时的白液浓度 NaOH 约为 1.0mol/L，Na_2S 约为 0.2mol/L，pH 值为 13.5～14.0。硫酸盐木浆厂所用白液组成见表 9-1。

Na_2CO_3 的存在是由于碱回收苛化的不完全，$Na_2S_2O_3$ 是由于碱回收时硫化钠被氧化所造成。此外，白液中还含有少量钙离子，这是由于苛化所用 $Ca(OH)_2$ 所致。白液的有效成分是 OH^- 和 SH^-，其离子浓度对制浆有很大影响。蒸煮液通常是由碱回收系统送来的白液和一定量的黑液配制而成。

表 9-1　一般硫酸盐木浆厂白液组成

组成	平均值（g/L，以 Na_2O 计）	一般范围（g/L，以 Na_2O 计）	占总量的百分比（%）
NaOH	95	81～120	53
Na_2S	38	30～40	21
Na_2CO_3	26	11～44	15
Na_2SO_3	4.8	2.0～6.9	3
Na_2SO_4	9.1	4.4～18	5
$Na_2S_2O_3$	6.0	4.0～8.9	3

在硫酸盐蒸煮液中，硫化钠通常以三种形式存在，即 S^{2-}、HS^-、溶解的 H_2S。三者在溶液中形成平衡。

$$S^{2-}+H_2O \xrightleftharpoons{K_1} SH^-+OH^-$$

$$K_1=\frac{[SH^-][OH^-]}{[S^{2-}]} \tag{9-1}$$

$$SH^-+H_2O \xrightleftharpoons{K_2} H_2S+OH^-$$

$$K_2=\frac{[H_2S][OH^-]}{[HS^-]} \tag{9-2}$$

K_1，K_2 受温度、离子强度的影响。

生成的 H_2S，部分溶于溶液中，溶解 H_2S 与气相中的 H_2S 保持平衡。

$$H_2S \rightleftharpoons H_2S\text{（气）}$$

$$K_g=\frac{[H_2S]_g}{[H_2S]} \qquad (9\text{-}3)$$

式（9-3）的平衡常数受温度和硫化物浓度影响。在HS^-浓度较低时，温度增加H_2S溶解度下降，而在HS^-浓度较高时，温度增加H_2S溶解度增加[37]。

同样，溶液中［OH^-］增加，即pH值增加时，H_2S生成量很少，而且气相中H_2S浓度下降，并较式（9-2）和（9-3）的计算值更低。因此在一般蒸煮液的pH值范围内，H_2S量可以忽略不计。

在硫酸盐蒸煮的条件下，蒸煮液中的硫化物主要以HS^-形式存在。

根据式（9-1）的平衡常数K_1，

$$pK_{a_1}=-\lg K_1$$

$$\lg K_1=\lg[OH^-]+\lg\frac{[SH^-]}{[S^{2-}]}$$

$$\therefore\quad pK_{a_1}=14-pH-\lg\frac{[SH^-]}{[S^{2-}]}\doteq 0.5$$

由此可见，在蒸煮初期，pH值=14左右时，［S^{2-}］大于［SH^-］。

当蒸煮后期时，pH值=10左右，

$$\lg\frac{[SH^-]}{[S^{2-}]}\doteq 3.5 \qquad (9\text{-}4)$$

即［SH^-］≐［S^{2-}］×$10^{3.5}$，此时［SH^-］占绝对优势，在此情况下，根据式（9-2）也可能有某种程度的［H_2S］产生。

不同pH值条件下蒸煮液中各离子浓度的平衡关系如图9-3（室温下）[38]。

因此，蒸煮过程中［HS^-］和［S^{2-}］的比受［OH^-］影响，即：

$$[HS^-]/[S^{2-}]=\frac{K_w}{K_a}\frac{1}{[OH^-]} \qquad (9\text{-}5)$$

式中：K_w——水的离子解离常数，$pK_w\doteq 14.0$（25℃）

K_a——［S^{2-}］［H^+］/［HS^-］

其关系曲线如图9-4。

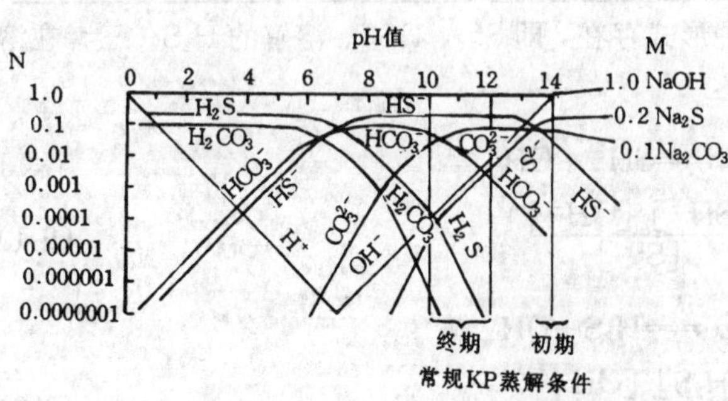

图9-3 不同pH值条件下蒸煮液各离子浓度

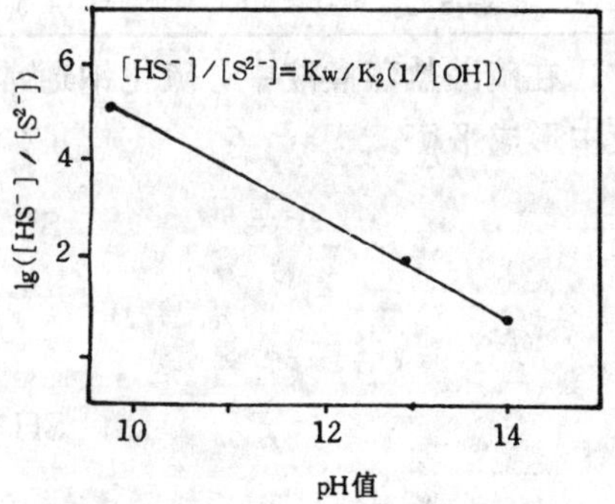

图9-4 HS^-和S^{2-}比与pH值的关系

（$pK_w=14.0$，$pK_a=15.0$）

4　药液的浸透过程

蒸煮过程是一个复杂的物理和化学过程，它的复杂性主要反映在其系统的非均相性。这主要是由于植物纤维原料在形态结构上的不均一性和主要组分在细胞结构分布的各向异性，以及固体的纤维原料与液体的药液反应所致。

根据一般多相反应理论，蒸煮过程可以划分为以下 5 个过程(如图 9-5)：①蒸煮药剂由蒸煮液扩散至木片表面；②蒸煮药剂由木片表面向木片内部的浸透和扩散；③蒸煮药剂与木材组分的化学反应；④反应产物由木片内部向外部扩散；⑤反应产物由木片表面向蒸煮液中扩散。

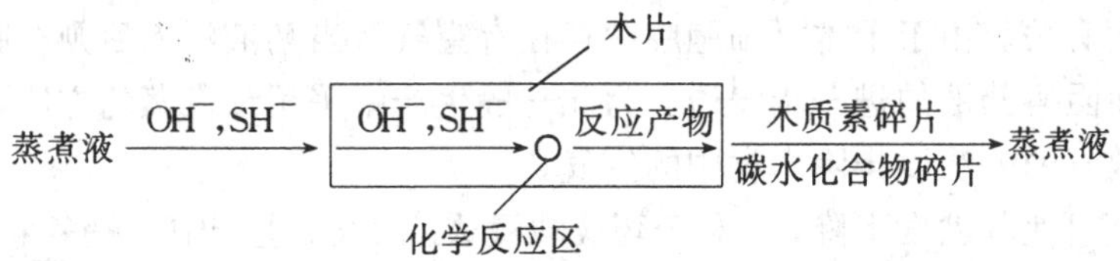

图9-5　硫酸盐蒸煮时的反应过程

上述各阶段都有自己的速度常数 K，整个蒸煮过程的速度受各阶段中最慢速度阶段控制。一般在蒸煮初期，药液的浸透速度控制总反应速度，然后则是化学反应速度控制总反应速度。在一般情况下，第①、⑤阶段对整个蒸煮过程并不重要，但第②、④阶段对蒸煮过程影响很大，除非木片厚度小于 3mm[39,40]。

根据上述化学制浆特点，希望使药剂与木材组分发生剧烈化学反应之前，使蒸煮液能均匀浸透到木片内部，特别是木片中数百万根纤维细胞的胞间层中，以脱除此部分的木质素，使木材纤维分离。否则将使蒸煮不均匀，纸浆强度下降，得率下降，筛渣量增加。因此，提高蒸煮均匀性，加强药液的浸透是蒸煮工艺的重要环节。

4.1　木片的浸透机理

药剂向木片内部的扩散，主要通过两种途径：蒸煮药液向木片内部的浸透和蒸煮药剂向反应区的扩散。即毛细管作用阶段和扩散作用阶段。

(1) 毛细管作用：蒸煮药剂通过木片内部的毛细管系统浸入细胞壁和胞间层，毛细管作用的动力主要来源于液体的表面张力或外压力。

其浸透速度可用帕苏勒（Poisenille）公式说明：

$$v = V/t = K\frac{nr^4\Delta P}{L\eta} \tag{9-6}$$

式中：v——浸透速度（单位时间浸透的液体量）；

V——t 时间内浸透液体量；

K——常数；

n——毛细管数量；

r——毛细管直径；

L——毛细管长度；

η——液体粘度；

ΔP——毛细管内外压力差。

由上式可见，蒸煮液的浸透速度与木材毛细管的根数和其半径的四次方成正比，因此，植物原料毛细管的发达程度是影响浸透的主要因素，而不同树种和不同材种的制浆原料，其毛细管系统有很大差别。一般来说，针叶材易于阔叶材。阔叶材虽有直径较大的导管可以较快的浸入药液，但由于它的细胞间的纹孔是封闭的，液体难以通过纹孔进行横向浸透；针叶材则相反，细胞腔内的药液可以通过纹孔进行横向浸透，同时，春材易于秋材，边材易于心材。木材的相对密度对浸透也有很大影响，在一般情况下液体进入绝干木材内部的速度，纤维轴向要比径向快100～200倍[41]。因此纹孔结构则成为控制液体流动速度的主要因素。对湿木材，这种速度差要小些，其速度差取决于木材的含水量。

此外，由式（9-6）还可看出，在原料固定的情况下，药液的浸透速度只与毛细管内外的压力差和药液粘度有关。由于干木材细胞腔中存在有空气，当药液浸入后则在胞腔内形成一定的内压力，从而阻碍药液的进一步浸透。为此一般生产中采用预汽蒸的方法，蒸汽装锅及升温过程中用小放气的方法以排除木材中的空气。

提高药液温度可使其粘度下降，有利于药液的浸透。因此，生产中一般多采用热碱（90℃以上）浸透，在白液中配用部分黑液也有利于提高蒸煮液的浸透性，因黑液中含有表面活性剂可降低药液粘度。

（2）扩散作用：当木片被液体充满之后，化学药剂的传递主要靠扩散作用。根据工厂的经验，木片预汽蒸后含水量已达60%，此时细胞腔已被水充满，化学药剂则主要以扩散方式由蒸煮液浸入到木片内部。扩散作用的推动力是木片内外的离子浓度梯度。药剂在某一方向的扩散量可由Fick定律表示。

$$j = -\left(D\frac{\partial c}{\partial y}\right) \tag{9-7}$$

式中：j——传质量；

D——扩散系数；

c——药剂浓度；

y——扩散距离。

根据爱因斯坦扩散系数公式：

$$D = \frac{RT}{\tilde{N}}\frac{1}{6\pi\eta r} \tag{9-8}$$

式中：R——气体常数；

T——绝对温度；

$\tilde{N}$——阿佛加德罗常数；

η——液体粘度；

r——药剂离子半径。

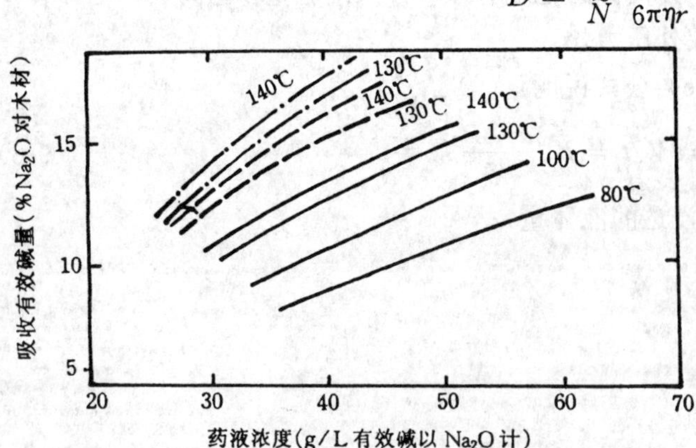

图9-6 碱浓和药液温度、液比对药剂扩散的影响

液比图例：——1∶10；———1∶20；—·—1∶40

由上式可见，药剂的扩散速度除与木片内外的浓度梯度有关外，药液温度有明显影响，提高温度使扩散系数增加，药液粘度下降，有利于扩散作用[42]，如图9-6。

由于木材在强碱溶液中润胀，其润胀度受碱浓度影响，而碱的扩散又受其润胀度影响，而且随着蒸煮的进行木材组分被溶解，其扩散系数也发生变化。

药剂对木材扩散的各向异性被 N. Hartler[39]和 Stone[43]研究所发现，他们用“毛细管有效截面积”（ECCSA）指标定量研究木材各方向的扩散性能。ECCSA 说明每单位木材截面积上的未被堵塞的毛细管截面积，ECCSA 愈大则木材的扩散系数也愈大。其结果如图 9-7 和图 9-8。

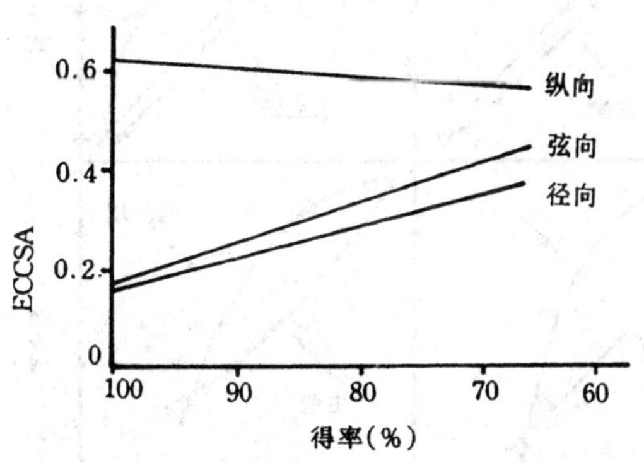

图 9-7　硫酸盐蒸煮过程中药剂对木材扩散性的变化（pH 值 13.2）

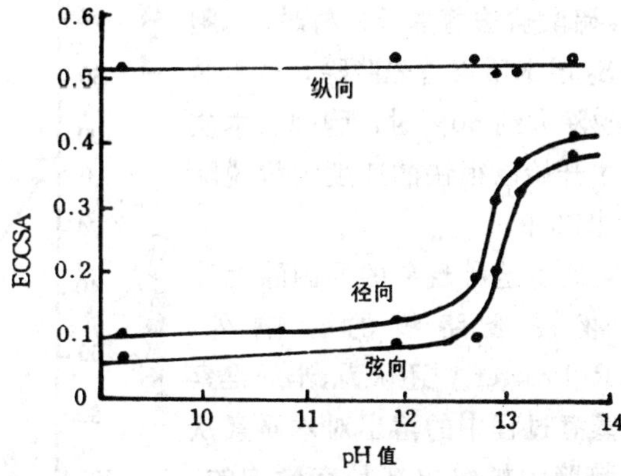

图 9-8　杨木在不同 pH 值条件下各方向的扩散性能的变化（浸渍 24h 后）

图 9-7 说明，没有蒸煮的木材的纵向扩散速度很快，径向和弦向的速度较慢且具有相同的扩散性。随着蒸煮的进行纵向扩散速度稍有降低，这可能是由于细胞壁的润胀而使胞腔直径减小，而径向和弦向的扩散性明显增加。类似的结果由 Stone 所得（如图 9-8），即 pH 值对木材纵向扩散效果影响不大，但当 pH 值大于 12.5 时径向和弦向扩散速度明显增加，使木材三切面的扩散性几乎相同。因此，在蒸煮过程中碱主要是通过距离最短的方向，即木片厚度方向传递，对厚木片来说，由于化学品的消耗速度比其扩散到木片内部的速度快，因而即使药液浸透充分的木片，也可能出现蒸煮不均现象。研究结果指出，在整个蒸煮过程中，木材脱木质素所需的碱，大约 2/3 是通过扩散作用进入木片的，如果木片很厚，木片的碱耗速度则大于扩散速度，因此一些科学家认为木片的极限厚度应为 3mm[39]。

根据以上所述，现将浸透和扩散作用的比较归纳列于表 9-2。

表 9-2　药液浸透和药剂扩散作用比较

浸　透　作　用	扩　散　作　用
1. 阔叶材通过导管，针叶材通过管胞胞腔及纹孔，其推动力为毛细管作用	1. 有水存在，并有药剂浓度梯度时即可发生
2. 适于较干的木片，发生在蒸煮化学反应剧烈之前	2. 适于水分饱和木片，在整个蒸煮过程中皆可发生
3. 沿木纹方向可长距离浸透	3. 仅在短距离内有效
4. 木片纵向浸透速度远大于横向	4. 木材三切面各方向的扩散速度相等
5. 不同树种、边材与心材、春材与秋材浸透速度不同	5. 不同材种差别不大
6. 药液组成影响不大	6. 药液组成影响较大

4.2　药液浸透的途径

药液对针叶材的浸透首先由切口的管胞胞腔进入木片内，然后经纹孔进入相邻的管胞。进入管胞胞腔的碱液使细胞壁发生润胀，并通过细胞壁上的微细毛细管系统进入细胞壁再进入胞间层。对阔叶材的浸透是通过导管和纤维的胞腔，其横向的浸透主要通过木射线，胞腔内的碱液再通过润胀了的细胞壁进入胞间层，因此，在碱法蒸煮中细胞壁木质素先于胞间层木质素被脱除[44]。D. A. I. Goring 等[44,45]用超薄切片的紫外显微镜观察发现，硫酸盐法蒸煮云杉材时，细胞壁 S_2 层木质素首先脱除，当木质素脱除大约 50%时，胞间层木质素才开始以很快的速度大量脱除（如图 9-9）。

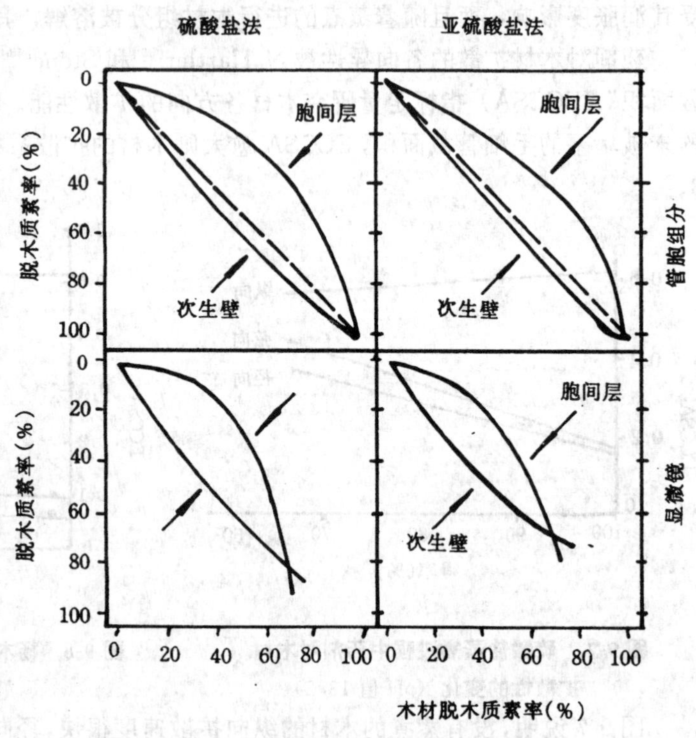

图 9-9 细胞结构内木质素的溶出过程

产生这种现象的原因除上述药液浸透路线的影响外，A. R. Procter[46]还认为，半纤维素在蒸煮过程中的溶出对木质素从细胞壁中扩散出来是有影响的，即木材中半纤维素的脱除增加和扩大了细胞壁的毛细管系统的数量和大小，使次生壁的“孔道”扩大，从而加速了药液的浸透和木质素降解产物的扩散，提高了次生壁木质素的脱除速度。胞间层木质素溶出较慢还由于其木质素浓度高，次生壁半纤维素的脱除对胞间层产生多孔结构的影响较小。

此外，脱除木质素的快慢还受细胞壁与胞间层木质素结构的影响。

5 碱法制浆机理

化学制浆是蒸煮药剂与木材组分化学反应的过程，主要是脱除木质素的过程。制浆机理主要研究木材各组分在蒸煮过程中的脱除程序；木质素在碱液中的反应规律和在脱木质素过程中伴随的碳水化合物的降解和溶出。

5.1 碱法蒸煮的化学反应历程

蒸煮反应历程主要研究木材在蒸煮过程中各组分的变化规律，从而指导人们正确掌握蒸煮过程和条件，达到既能有效地除去木质素又能使纤维素和半纤维素减少损伤的目的。

木材各组分在烧碱法和硫酸盐法中的总反应历程如图 9-10 和图 9-11[47]。

两种方法蒸煮所用活性碱量和浓度相同。

由图 9-10 和图 9-11 可以看出：

(1) 在蒸煮温度至 100℃时（蒸煮的第 1h），两种情况下木材都有 6%～8%的物质溶解，溶出物质主要是果胶、低分子多糖类及其他酸性成分，而木质素基本上没有溶出。当蒸煮温度升至 160℃（蒸煮至第 3h）时，硫酸盐法已溶出约 60%木质素，纸浆得率为 54%，说明此时伴随有不少半纤维素溶出，与此同时烧碱法蒸煮木质素才刚刚开始溶出，纸浆得率为 73%。显然，烧碱法此时溶出的物质中有大量半纤维素，随后缓慢升温到最高温度（172℃）时，在两种蒸煮方法中木质素都迅速溶出，而纸浆得率曲线下降，但硫酸盐法的得率曲线下降缓慢。

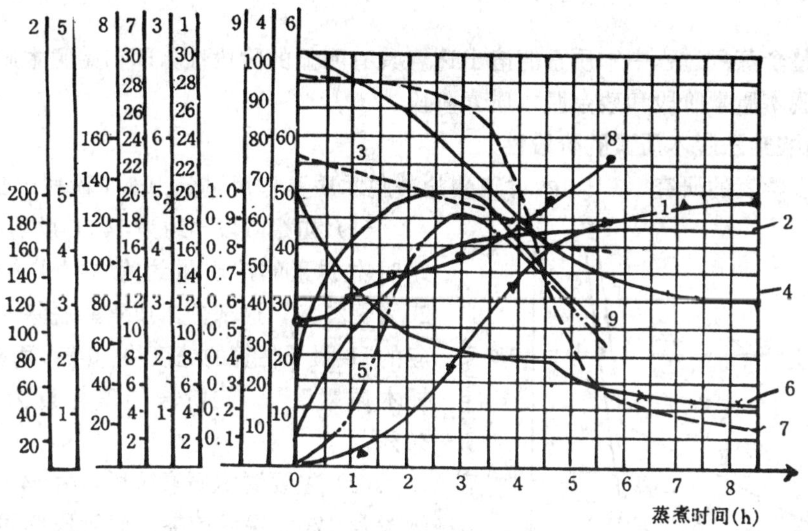

图 9-10　云杉烧碱法蒸煮中纸浆成分和蒸煮液成分的变化

1. 蒸煮液中木质素；2. 蒸煮温度；3. 纸浆中戊聚糖；4. 纸浆得率；5. 蒸煮液中戊聚糖；6. 蒸煮液中活性碱浓度；7. 纸浆中木质素；8. 黑液中干物质量；9. 纸浆中灰分含量

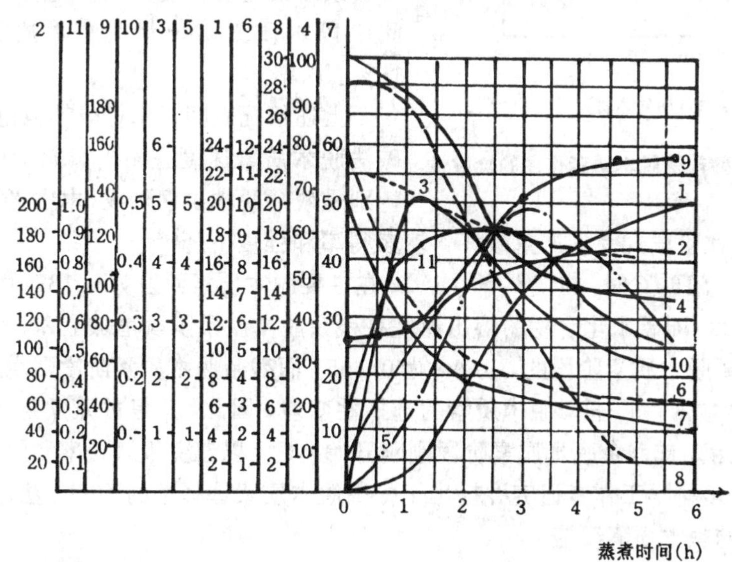

图 9-11　云杉硫酸盐法蒸煮纸浆成分和蒸煮液成分的变化

1. 蒸煮液中木质素；2. 蒸煮温度；3. 纸浆中戊聚糖；4. 纸浆得率；5. 蒸煮液中戊聚糖；6. 蒸煮液中 Na_2S；7. 蒸煮液中活性碱浓度；8. 纸浆中木质素；9. 黑液中干物质量；10. 纸浆中硫含量；11. 纸浆中灰分含量

综上所述，在碱法蒸煮中，木材主要组分的溶出顺序，首先是酸性成分及易溶半纤维素，然后是木质素，在木质素溶出的同时半纤维素也不断溶出，最后是难溶半纤维素和纤维素。

(2) 在蒸煮条件相同的情况下，硫酸盐法蒸煮时木质素溶出速度远比烧碱法快，因而蒸煮时间短，纸浆得率高（木质素含量相同），纸浆物理强度好。

(3) 蒸煮过程中活性碱的变化曲线或多或少平行于纸浆得率曲线，说明活性碱在蒸煮过程中主要消耗于聚糖的降解和破坏。在硫酸盐蒸煮过程中 Na_2S 在蒸煮初期消耗较快，随后则变慢。

(4) 在整个蒸煮过程中木质素的溶出速度具有明显的阶段性，即初始脱木质素阶段，主要（大量）脱木质素阶段和残余脱木质素阶段。

5.2 木材硫酸盐法脱木质素的阶段性

根据许多学者的研究[48~51]，木材硫酸盐法脱木质素作用可分为3个阶段（如图9-12）：

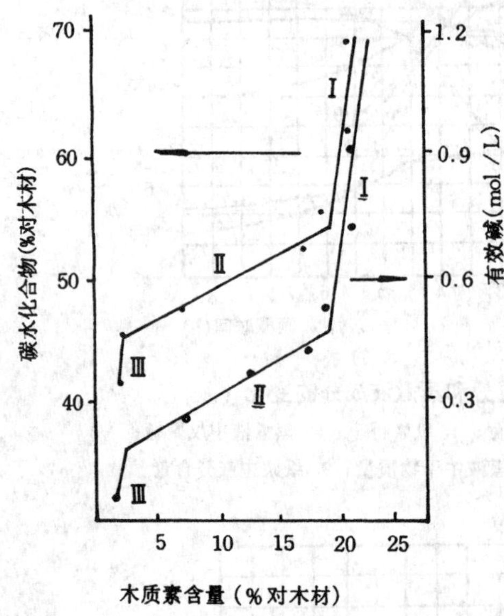

图9-12 木材硫酸盐法脱木质素作用的阶段性

(1) 初始阶段，约为140℃以前的升温阶段。此时木质素的溶出量约为木材中木质素总量的20%～25%，这部分木质素的脱除速度大约比相应的H-因子估算的速度快10倍，而被称为“可抽提木质素”[25]。此阶段的碱耗量为总碱耗量的60%。

(2) 主要脱木质素阶段，由140～170℃升温阶段及170℃保温前期。此阶段约可脱除60%～70%木质素。

(3) 残余脱木质素阶段，为170℃保温后期。木质素溶出速度很慢，并有大量碳水化合物降解，此阶段木质素溶出量为总木质素量的10%～15%。

上述情况表明，木材或其他植物纤维原料的碱法脱木质素速度在不同蒸煮阶段有很大差别。特别是残余脱木质素阶段，木质素溶出速度很慢，而碳水化合物在此阶段却受到严重破坏，使浆得率和强度下降[52]。

在蒸煮温度为160℃时，曲线斜率$\Delta y/\Delta x$在主要脱木质素阶段为0.187，而在残余脱木质素阶段则为0.429。即碳水化合物的溶出速度在残余脱木质素阶段增加了2.3倍。当蒸煮温度为170℃时，主要脱木质素阶段的$\Delta y/\Delta x$为0.665，而残余脱木质素阶段则增加为7.455，即聚糖的溶出速度增加了11倍，脱木质素的选择性变差。因此，正常的蒸煮终点应选择在主要脱木质素阶段结束，或残余脱木质素阶段刚刚开始之时，以避免纸浆得率和强度过多的损失，因而近年来有许多科学工作者研究并提出了提高脱木质素选择性的工艺方法[53~55]。

5.3 碱法蒸煮的脱木质素反应

蒸煮过程中化学药剂与木材组分的化学反应主要是脱除木质素的反应。此外还有半纤维素和纤维素的溶出和降解反应，在硫酸盐蒸煮中（纸浆得率为50%时），半纤维素的溶出约损失原木材重量的20%[33]，纤维素的抗碱性虽较其他木材组分强，其分子链也会发生某些解聚作用使聚合度下降，并造成木材损失约5%[33]。

木质素在碱性介质中的反应，除分子量较小的木质素（特别是酚型木质素）可直接溶于碱液外，首先是由于大分子木质素结构单元间的键（如醚键）的断裂而产生碎片化和引入亲水性基团，提高了木质素在碱液中的溶解性。

脱木质素过程还包括区域化学，即化学药剂对细胞不同区域的可到达度及不同区域木质素特性的差异以及脱木质素动力学等问题。

近年来J. Gierer等人[57~62]对硫酸盐法制浆过程中的木质素化学反应进行了系统的研究，

并已基本搞清了其反应过程。研究表明，针叶材木质素结构单元间的连接键型有 48%为β-芳基醚键[63]，8%为α-芳基醚键（非环状）[64]，阔叶材约 60%键型为β-芳基醚键，6%为α-芳基醚型[64]，这些醚键在制浆过程中可以断裂，使木质素大分子碎片化，并形成较多的亲水性基团，提高了木质素的碱可溶性。而木质素大分子中的碳-碳连接占 17.5%～20%（针叶材）和 16%（阔叶材），这些键在蒸煮中比较稳定（见表 9-3）。

表 9-3 木质素大分子结构单元间的联接键型及含量

键 型	Bjökman 木质素中苯丙烯单元（%）	
	云杉	桦木
β-芳基醚键	48	60
α-芳基醚键（非环状）	6～8	6～8
α-芳基醚键（环状）	9～12	6
5-5′碳-碳键	9.5～11	4.5
4-O-5′醚键	3.5～4	6.5
β-1 碳-碳键	7	7
β-β′碳-碳键	2	3

由于木质素大分子中β-芳基醚键含量较大，所以这种键型的断裂是碱法蒸煮的重要反应。在碱液中酚型β-芳醚结构很容易脱除α-取代基形成亚甲基醌中间体（如图 9-13）。

在烧碱法蒸煮中β-消除质子和甲醛而生成稳定的二苯乙烯结构，此时木质素大分子并不产生醚键断裂，即木质素不产生碎片化。同时OH^-也可作为亲核试剂攻击α-碳原子而发生亲核加成反应使β-芳基醚键断裂，但这一反应在烧碱法蒸煮中为副反应，反应速度慢，其主反应为β-消除反应。这就是烧碱法脱木质素速度慢，且当温度达到 140℃时，木质素溶出 1/3 以后则很少再溶出的原因。

但在硫酸盐蒸煮液中，除有OH^-外，还有亲核能力较强的HS^-，因此在硫酸盐蒸煮中除

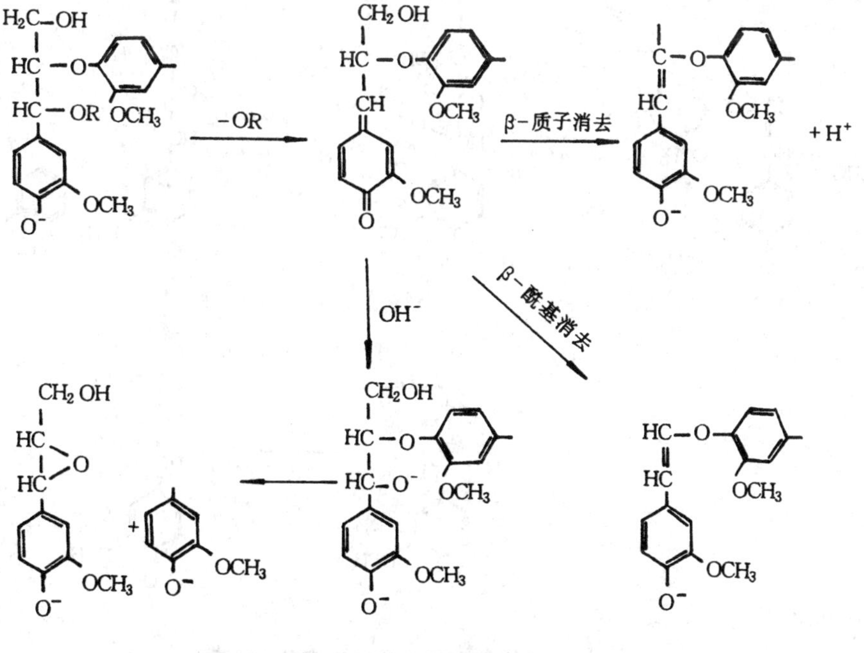

图 9-13 酚型β-芳基醚键在烧碱法中的反应

有烧碱法的木质素反应外，HS^-还可与酚型β-芳醚结构形成环硫化物，从而抑制了OH^-对亚甲基醌的烯醇化(β-消除反应)，促使β-芳基醚键断裂，这种环硫化合物的形成也可在一定程度上防止木质素的缩合，加快了脱木质素的作用。图 9-14 用模型物对烧碱和硫酸盐蒸煮液中β-芳基醚键断裂速度表明，在 170℃温度下，烧碱法（2mol/L NaOH）只有 35%左右的醚键开裂，而在硫酸盐法（35g/L NaOH，10g/L Na_2S）中在初始的 20min 内则有近 90%醚键开裂，只有很少量的二苯乙烯化合物产生。证明硫酸盐法比烧碱法脱木质素速度快的原因。具体反应如图 9-15。

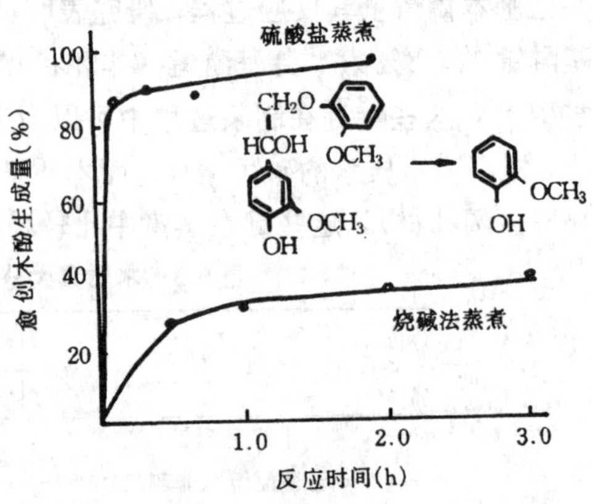

图 9-14 木质素模型物β-醚键断裂速度

J. Gierer 等[65]用木质素模型物反应测定了碱法（烧碱法和硫酸盐法）各反应阶段的速度常数（如图 9-16），得到如下结论：

(1) 在烧碱法蒸煮中：①K_3 远小于 K_2，因而此时的主反应是β-消除反应，生成的主产物

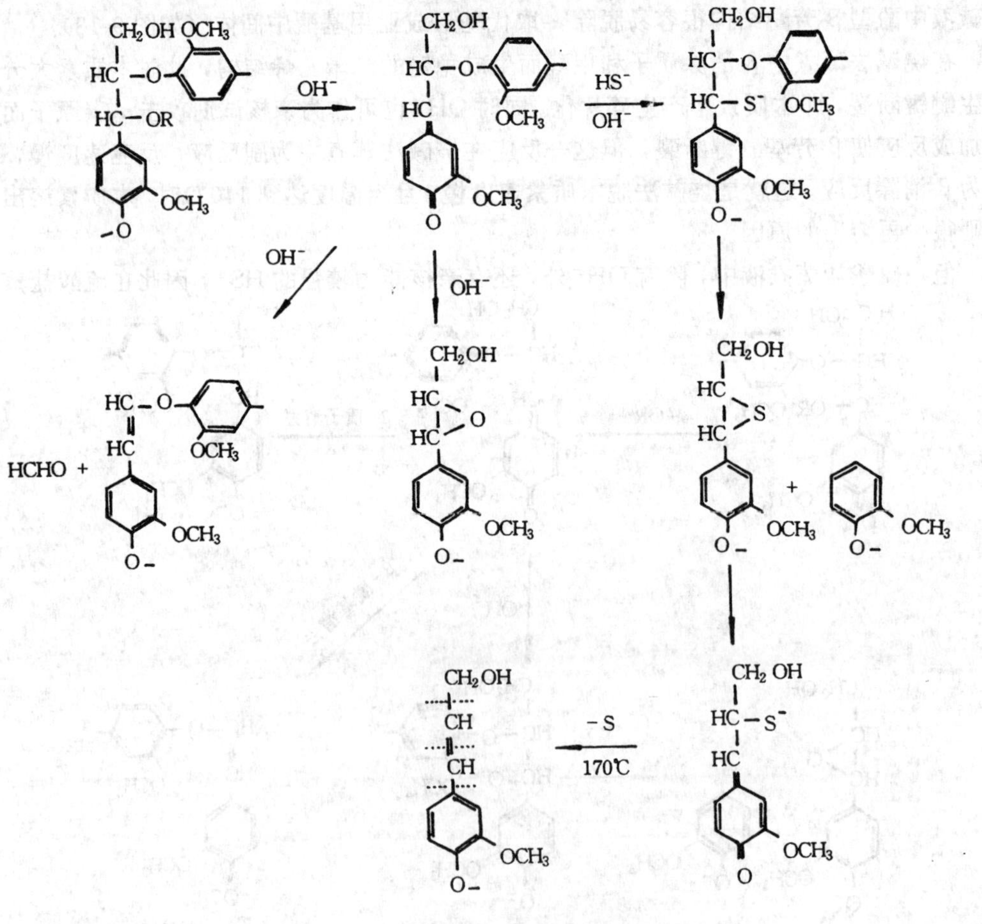

图 9-15 β-芳基醚键在硫酸盐蒸煮中的反应

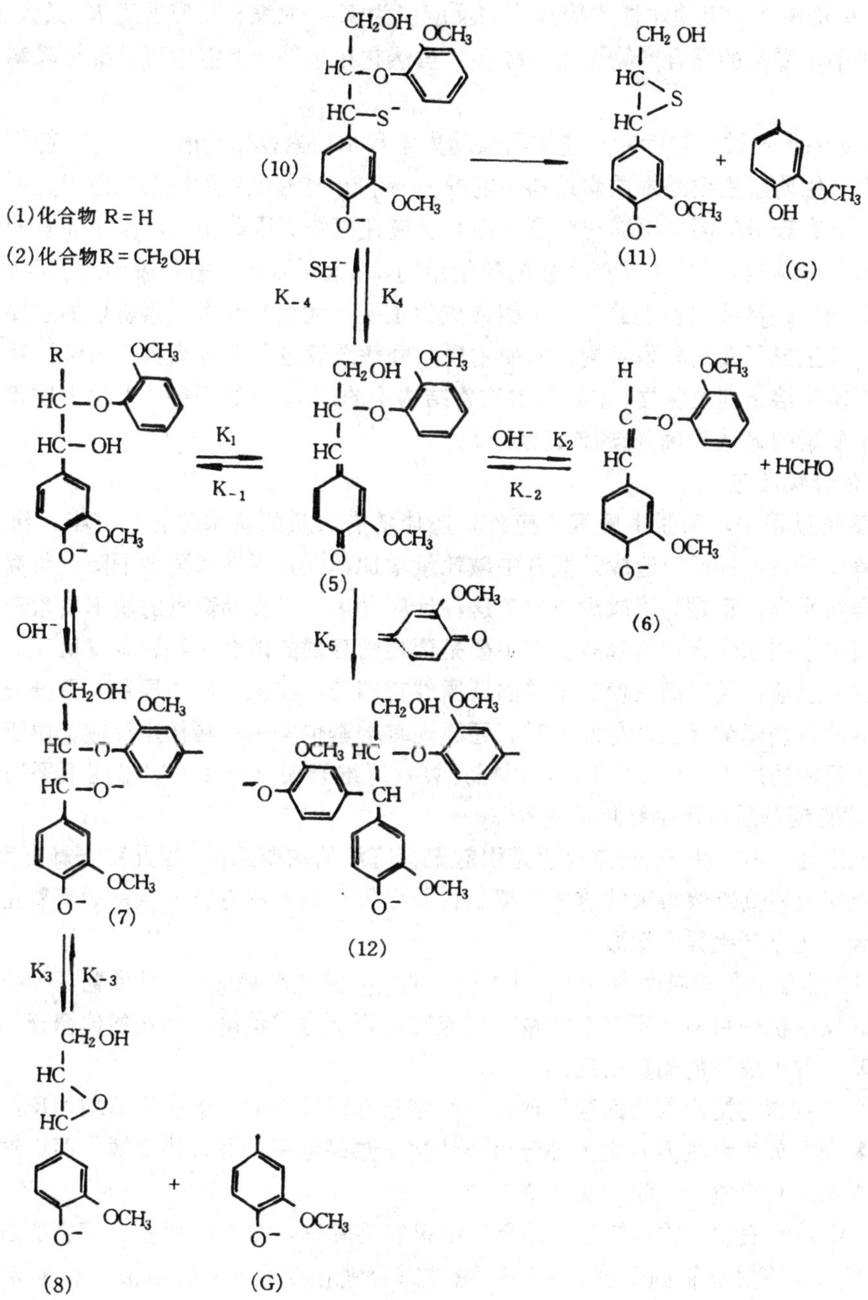

图 9-16　碱法蒸煮中木质素模型物的反应动力学

为二苯乙烯结构；②化合物（2）在烧碱法中的 K_2 大于化合物（1），说明β-质子消除反应速度小于β-醛基消除。

（2）在硫酸盐蒸煮中：①硫化木质素的生成速度 $K_4 \gg K_2$，说明硫酸盐法的木质素反应的主反应为β-芳基醚键断裂，$K_4 \gg K_2 > K_1$，即决定总反应速度的阶段为亚甲基醌的生成速度 K_1；②在硫酸盐蒸煮中木质素的缩合反应速度 $K_5 \ll K_4$。

总之，在碱法蒸煮中的各阶段反应速度的顺序是 $K_4 \gg K_5 > K_2 > K_1 > K_3$（在高碱浓时

$K_3>K_2$)；在烧碱法中能使木质素碎片化的反应仅为K_3，而缩合反应速度K_5又大于K_3，因此在烧碱法中木质素的缩合产物会生成较多。虽然它在进一步蒸煮中可以继续降解，但速度较慢。

S. Ljunggren 通过比较针叶材脱木质素动力学和木质素模型物醚键断裂反应[66]，认为在硫酸盐蒸煮初始阶段主要是木质素结构中的酚型α-和β-芳基醚键的断裂，由于这些键型的键能较低，所以在较低的温度下即可断裂，而且反应速度快。因此初始阶段木质素的降解仅涉及木质素的酚型结构，反应中又产生新的酚型结构，为大量脱木质素阶段创造了良好条件。非酚型β-醚键的断裂需要更剧烈的条件，因此成为主要（大量）脱木质素阶段的主要反应，由于这种反应又生成了新的酚型结构，而使木质素降解继续进行并提高其溶解性。残余脱木质素阶段的木质素溶出速度很慢，主要是木质素结构中的碳-碳键的开裂并发生木质素的缩合反应及缩合木质素的碱性裂解（碳-碳键断裂）。

5.4 碳水化合物反应

碱法蒸煮过程中，除脱木质素反应外，还伴随有大量的碳水化合物（半纤维素和纤维素）的降解反应，这种反应造成了蒸煮中碱耗量增加，纸浆得率和强度下降。研究蒸煮过程中碳水化合物反应，正是为了减少或避免这种反应发生，以提高蒸煮的脱木质素选择性。目前，碱法蒸煮中碳水化合物的降解反应主要是葡萄糖苷键的碱性水解和剥皮反应。

(1) 剥皮反应：始于高聚糖分子链的还原性首端基，在碱介质中导致高聚糖分子的首端逐个被剥落的首端降解反应，与此同时，还原性首端基也发生首端稳定反应。由于剥皮反应速度较终止反应速度大 70～90 倍[67]，根据计算，纤维素大分子在不同温度下平均大约剥离 65～70 个葡萄糖基后可产生终止反应[68]。

蒸煮温度在 150℃以下，剥皮反应是引起聚糖降解的主要原因，因此防止剥皮反应，则成为从理论上研究提高纸浆得率的重要依据。目前已提出的方法有将还原首端基氧化，还原葡萄糖苷化等以防止产生异变糖酸。

(2) 碱性水解：蒸煮温度在 150℃以上时，也发生碱性水解反应，招致葡萄糖苷键无秩序的断裂。其反应机理目前尚不完全清楚，反应结果可能生成糖酐，反式葡萄糖苷化和新的还原性首端基，并形成新的剥皮反应。

(3) 半纤维素的溶出与“回吸”现象：纤维素在碱液中的降解多为非均相反应，但聚合度较低的聚糖（如半纤维素）则大部分可很快溶于热碱液中，并很快降解。西方铁杉在常规硫酸盐法中碳水化合物损失情况见表 9-4[69]。

表 9-4 中数据表明，酸性糖基在碱介质中很容易降解，如 4-O-甲基葡萄糖醛酸和半乳糖醛酸等。另外含有甘露糖的聚糖，如葡萄糖甘露聚糖在 5% NaOH 溶液中和 170℃条件下，30min 则可完全降解[70]。与此相对应，阔叶材中大约 70%的 4-O-甲基葡萄糖醛酸木聚糖可在上述条件下降解[71]。

含有 4-O-甲基葡萄糖醛酸基的木聚糖在碱液中也是不稳定的。在 C-2 位置上取代有末端糖醛基的木聚糖，由于它可阻止形成离子而可防止剥皮反应，但即使在 100℃以下糖醛酸基攻击末端木糖基而使其在碱液中断裂，并很难终止[72]。针叶材和阔叶材的木聚糖在碱液中的相对稳定性只有在分子链中存在半乳糖醛酸——木糖和鼠李糖基以封闭其分子末端时才发生。在 C-2 位上联接的半乳糖醛酸支键可在剥皮反应中促使生成稳定的羧基[73]。

针叶材和阔叶材木聚糖键中的 4-O-甲基葡萄糖醛酸基不论分布在分子链的末端还是中

表 9-4　西方铁杉在常规硫酸盐法中碳水化合物损失情况①

	碳水化合物含量（%）		损失（%）（对原木材中组成）
	纸浆中	换算为原木材	
半乳糖	0.6	0.3	90
甘露糖	9.3	3.9	70
阿拉伯糖	0.5	0.2	71
木　糖	5.7	2.4	23
鼠李糖	0	0	100
4-O-甲基葡萄糖醛酸	0	0	100
半乳糖醛酸	0	0	100
纤维素	81	34	21
总碳水化合物	100	42	35

①废液 pH 值为 12～13；温度为 160～175℃。

间，在适宜的温度和 pH 值条件下都会以较快的速度被除去。

在 170℃和 pH 值为 11 以下时，木聚糖中的 4-O-甲基葡萄糖醛酸基大约有 50%可以保留。I. Croon 等[74]测定了在 pH 值为 10～11 碱液中制备的桦木浆中的残留木聚糖发现，其中含有 3%～5% 4-O-甲基葡萄糖醛酸。

但是在硫酸盐蒸煮过程中溶出的木聚糖，在蒸煮后期又可被“回吸”到纤维上，这是由于溶出的木聚糖在碱液中比较稳定；同时它在蒸煮液中的溶解度随着碱的消耗及其分子链上的糖醛酸的脱除而下降。

1956 年 S. Yllner 和 B. Enstrom 等[75]曾在桦木硫酸盐蒸煮液中放入棉花或精制的亚硫酸盐浆，可以从蒸煮液中吸附其重量 12%的木聚糖，其中 20%的木聚糖是难以用 10%～20%浓度的冷碱抽提掉的，被吸附的木聚糖分子上糖醛酸的含量很少，也不能被非均相酸水解除去，这说明被吸附的木聚糖在纤维表面形成了共结晶。

研究表明，木聚糖与纤维表面没有化学结合，其回吸的木聚糖量随条件而异。桦木蒸煮时，纸浆的最大回吸量为纸浆重量的 3%[76]。

半乳糖基葡萄糖甘露聚糖的吸附活化能仅 12.51～16.68kJ/mol，木聚糖为 26.27kJ/mol，这样低的活化能也说明此半纤维素与纤维表面是物理吸附[77]。

(4) 纸浆中的聚糖组成：在不同 pH 值条件下制备的纸浆的聚糖组成如图 9-17。其具体含量取决于所用的树种和蒸煮条件。如在酸性条件下制备的云杉浆中的主要半纤维素为葡甘露聚糖，而 pH 值在 7 以上时，木聚糖则为主要成分。由图 9-17 可见，浆中残余半纤维素的组成在整个 pH 值范围内是不同的，特别在 pH 值为 7 左右时葡聚糖量减少。纸浆强度大约在 pH 值为 11 时最大。

5.5　硫酸盐蒸煮中木质素和聚糖反应的相关性

Gierer 等[78]总结了上述的木质素和聚糖反应，发现两者在蒸煮过程中有非常类似的反应（表 9-5）。

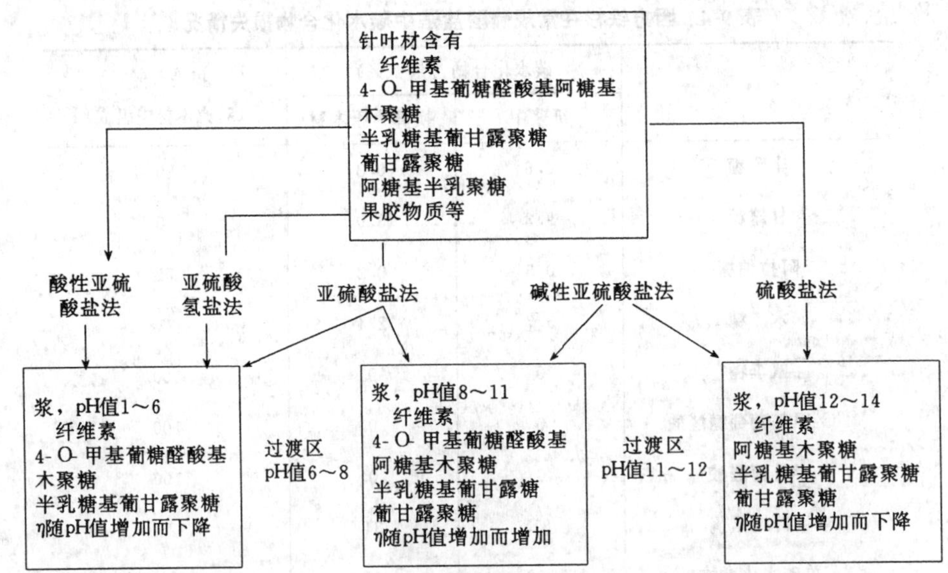

图9-17 不同制浆方法云杉浆的聚糖组成

表 9-5 木质素和聚糖在硫酸盐蒸煮过程中的反应

蒸煮阶段	木质素反应	聚糖反应	反应类型
初始阶段	酚型结构 α-芳醚键断裂 酚型结构 β-芳醚键断裂 缩合反应	剥皮和终止反应	β-消除反应 经硫杂丙环的分子内亲核取代反应 共轭加成反应
主要脱木质素阶段	非酚型结构 β-芳醚键断裂 酚型结构 α-芳醚键断裂 酚型结构 β-芳醚键断裂 缩合反应 碳-碳键断裂	苷键的碱性水解 剥皮和终止反应 碳-碳键断裂	经由氧杂环的分子内亲核取代反应 β-消除反应 经由硫杂环的分子内亲核取代反应 共轭加成反应 逆醇醛反应
残余脱木质素阶段	碳-碳键断裂 缩合反应	碳-碳键断裂	逆醇醛反应 共轭加成反应

5.6 硫酸盐蒸煮动力学

硫酸盐蒸煮过程是一个非常复杂的化学的和物理的过程。

蒸煮反应动力学是研究木材组分的反应速度和影响反应速度诸因素（如温度、蒸煮时间、用碱量等）之间的关系，这个关系确定蒸煮过程的特征。动力学的研究结果可以提供改进蒸煮过程的意见，可更有效地控制蒸煮过程。

如前所述，蒸煮反应为非均相反应，由蒸煮药液离子向木片内部的浸透和扩散；化学反应；反应生成物由木片内部向液体扩散等过程组成。蒸煮总反应速度是由上述过程中速度最慢的过程控制。药液和反应生成物的扩散只有当木片厚度在 3mm 以下时才显得不重要[78]。

一般蒸煮动力学的研究都是将扩散的影响降至最低限度，因此多采用木粉、刨花或薄片作为试料，如此所得的反应速度公式有时可与扩散因素结合以估计木片大小和药液浓度的影响。但即使消除了扩散现象的速度公式，表达式也是复杂的，这是由于木质素和碳水化合物本身性质的复杂性。在蒸煮的 3 个不同的脱木质素阶段有不同的反应速度规律和不同的数学模型表示。

硫酸盐蒸煮反应在一定的条件下可视为均相反应，即反应温度在 180℃以下及木片厚度在 3mm 以下时[79]，其脱木质素速度与残留在木材中的木质素浓度为简单的假一级反应。而且在化学反应速度为控制阶段的蒸煮过程中，温度对反应速度的影响较扩散为控制阶段者更为敏感。

硫酸盐蒸煮脱木质素动力学方程可表示为[80,81]：

$$-\frac{dL}{dt} = \Delta K[OH^-]^a[SH^-]^b L^n \tag{9-9}$$

式中：L——木材中残余木质素含量（以原木材为基准）；

t——蒸煮时间（min）；

K——反应速度常数；

a、b、n——反应级数。

由于脱木质素速度对木材中残余木质素浓度为假一级反应，故 $n=1$。反应级数 a、b 在不同蒸煮阶段有不同数值。

反应速度常数 K 与温度的关系为：

$$K = Ae^{-E/RT} \tag{9-10}$$

式中：A——频率常数；

E——活化能（kJ/mol）；

R——气体常数〔8.32×10^{-3}kJ/（mol·K)〕；

T——绝对温度（K）。

5.6.1　初始脱木质素阶段反应动力学

L. Olm 等[82]对硫酸盐法初始脱木质素阶段动力学进行了研究，结果表明：此阶段的［OH^-］和［SH^-］对反应速度皆为零级反应，即 a、b 皆为零。其脱木质素速度可表示为：

$$-\frac{dL}{dt} = K_{x_1}L \tag{9-11}$$

式中：K_{x_1}——初始阶段反应速度常数（是药液组成和温度的函数）。

研究指出，初始阶段的化学反应速度大于药液或反应产物的扩散速度。Olm 测定了初始阶段温度系数，见表 9-6。

表 9-6　初始阶段平均温度系数

	K_{120}/K_{110}	K_{130}/K_{120}	K_{140}/K_{130}	K_{150}/K_{140}
水浸透木片	1.27	1.34	1.34	1.53
干木片	—	1.47	1.25	—

一般化学反应的温度系数为 2～3[83]，而扩散过程的温度系数一般为 1.2～1.5。由此也可说明硫酸盐蒸煮初始阶段脱木质素速度是由蒸煮反应产物从木片内部向外扩散的速度所控制。

温度与扩散速度的关系式为：

$$D = A\sqrt{T}e^{(-E/RT)} \tag{9-12}$$

或 $$\ln D/\sqrt{T} = \ln A - E/RT \tag{9-13}$$

式中：D——扩散速度常数；

T——绝对温度（K）；

E——反应活化能（kJ/mol）；

R——气体常数；

A——频率常数。

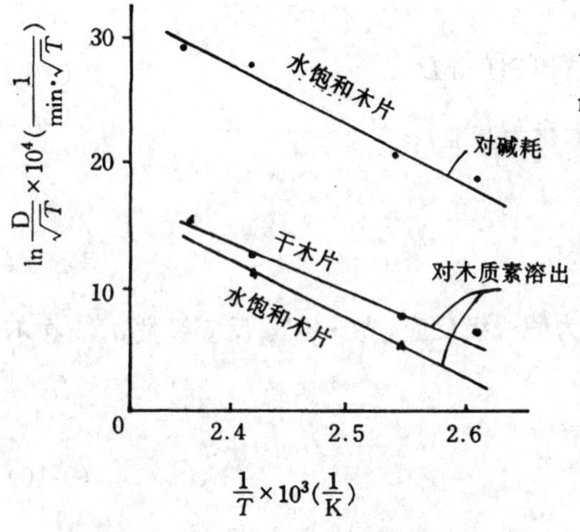

图 9-18 松木初始阶段脱木质素活化能

由式（9-12）估算的初始阶段木质素扩散的活化能 E 为 32kJ/mol（干木片），饱和木片为 40kJ/mol；碱扩散的活化能为 41kJ/mol（如图 9-18）。

根据一般化学反应动力学的概念认为，如果一多相化学反应的活化能 E 小于 40～60kJ/mol 时，该反应阶段则受扩散速度控制。因此由活化能测定也可证明硫酸盐蒸煮的初始阶段脱木质素反应亦为扩散过程控制反应速度。

如前所述，初始阶段的脱木质素速度不受有效碱浓度和硫化碱浓度影响。即在 $[OH^-]$ 和 $[SH^-]$ 一定范围内，脱木质素速度不受 $[OH^-]$、$[SH^-]$ 浓度影响，但在初始阶段聚糖的溶出速度却随 $[OH^-]$ 增加而略有增加。根据 P. Axegärd 等的研究，初始阶段 $[SH^-]$ 虽对本阶段脱木质素速度影响不大，却可使主要脱木质素阶段的脱木质素速度增加，而且使浆中残余木质素含量减少，这种现象被称为 $[SH^-]$ 脱木质素的"记忆效应"(Memory Effect)[80]。

图 9-19 表明，初始阶段 SH^- 浓度增加可提高蒸煮过程的脱木质素率，减少纸浆中残余木质素量。

R. Kondo 和 K. V. Sarkanen[84] 用西方铁杉木粉在 80～150℃详细研究了硫酸盐蒸煮初始阶段脱木质素动力学。研究表明，初始阶段不是一个简单的假一级反应，而是由两个阶段组成的，即不定动力学级数的快速阶段（ID_1）和遵守一级反应动力学公式的较

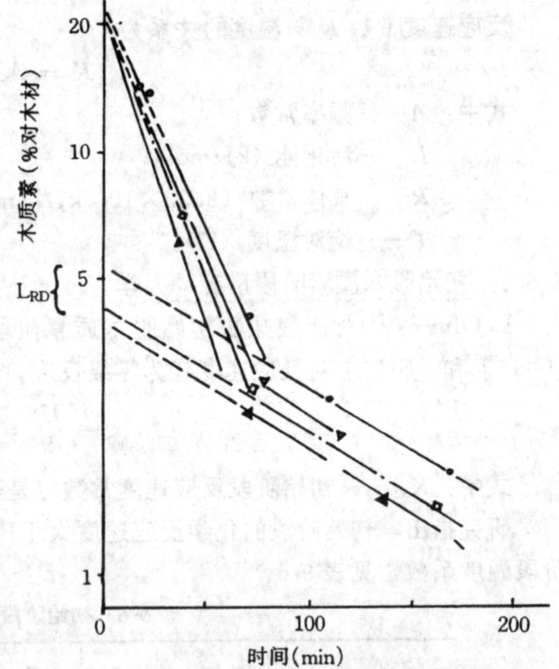

图 9-19 初始阶段 $[SH^-]$ 对主要脱木质素阶段及残余脱木质素阶段的影响

初始阶段	
$[OH^-]$ (mol/L)	$[SH^-]$ (mol/L)
—○— 0.4	0
—▼— 0.4	0.1
—□— 0.4	0.2
—△— 0.4	0.4

主要脱木素阶段的蒸煮液成分为 NaOH 0.3mol/L，Na_2S 0.2mol/L，蒸煮温度为 170℃。初始阶段蒸煮后，将上述蒸煮液注入以置换出初始阶段蒸煮液

慢的脱木质素阶段（ID_2）（如图9-20）。

不同反应温度所得的ID_2阶段，外插至纵坐标时可交于一点，此时溶出的木质素量为木材中总木质素量的13%，即在ID_1段溶出了总木质素量13%的木质素。同样亦可得出各温度下主要脱木质素阶段（BD）的外插值为24%，则在ID_2段溶出了总木质素量11%的木质素。根据粗略估算ID_1段的活化能为50kJ/mol，因此控制这一阶段速度的因素除扩散速度外，还包括有一定的化学反应因素。据测定ID_2阶段的活化能为73kJ/mol，这一数值已排除了扩散因素控制的可能性。

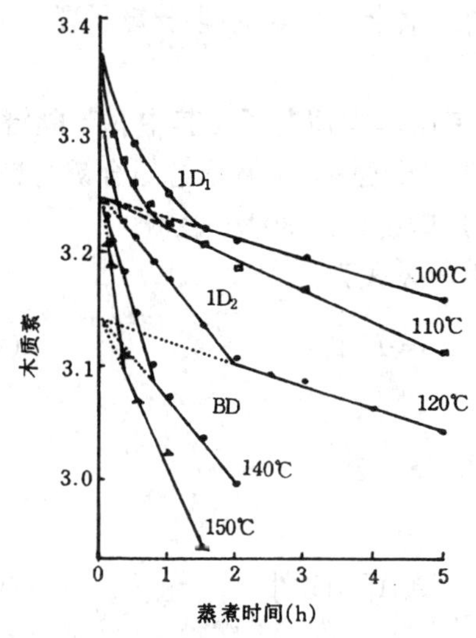

图9-20 西方铁杉在100～150℃的脱木质素初始阶段反应动力学

ID—初始脱木质素阶段；BD—主要脱木质素阶段

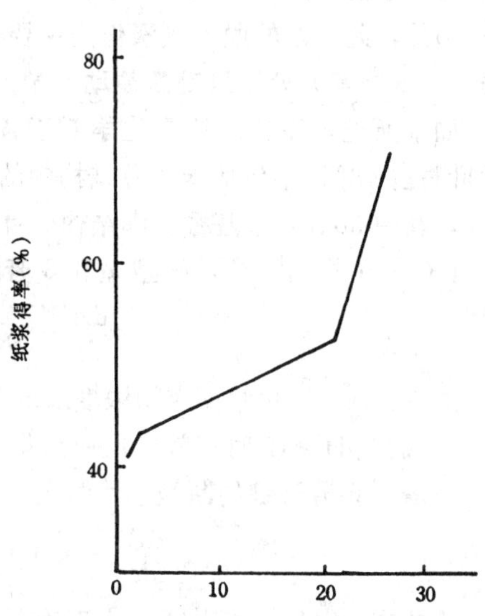

图9-21 由浆得率和木质素含量划分脱木质素阶段

5.6.2 主要脱木质素阶段

主要脱木质素阶段是蒸煮过程中大量脱除木质素并具有较初始阶段和残余脱木质素阶段更高的脱木质素选择性的阶段。由初始脱木质素阶段向主要脱木质素阶段的转折点可由脱木质素动力学图找到（如图9-20），也可由浆中木质素与有效碱耗量和浆得率对浆中木质素含量作图得到（如图9-21）。

许多研究报告指出，主要脱木质素阶段的脱木质素速度与木材中的木质素含量为一级反应[85~87]，考虑OH^-和SH^-浓度的影响，Wilder等[85]提出的公式（假定S^{2-}不水解）为：

$$-\frac{dL}{dt}=K_1L[OH^-]+K_2[SH^-]^{0.687}L \tag{9-14}$$

考虑到S^{2-}部分水解为SH^-，则上式可写为：

$$-\frac{dL}{dt}=K_1L[OH^-]+K_2L[S^{2-}]^{\alpha}[OH^-]^{\beta} \tag{9-15}$$

Lemon用松木实验$\alpha=0.5$，$\beta=0.4$，桦木的α和β值分别为0.66和0.49。

实际上在蒸煮过程中S^{2-}基本上完全水解为SH^-，所以Norden等[88]又提出一项方程式。

$$-\frac{dL}{dt}=K[OH^-]^{a}[SH^-]^{b}L \tag{9-16}$$

并测定$a=0.7$～0.8，$b=0.1$～0.4，此阶段活化能$E=150$kJ/mol。M. Kubo等测定阔叶

材 $a=0.72$，$b=0.31$[89]。

5.6.3 残余脱木质素阶段

残余脱木质素阶段是在最高蒸煮温度下的最后蒸煮阶段，其脱木质素速度较其他阶段低，且选择性差。T. N. Klienert[90]指出，该阶段对木质素含量仍为假一级反应，其反应速度仅与温度和 $[OH^-]$ 有关，与 $[SH^-]$ 无关。其活化能为主要脱木质素阶段的 2/3（即 90～100kJ/mol），也有资料介绍为 120kJ/mol[89]。目前对此阶段的动力学研究较少，脱木质素速度慢的原因可能是由于这个阶段的碱浓较低，而木质素的溶出及降解却需要在较高的碱浓条件下进行；另外，此阶段的脱木质素作用主要是使原本木质素或缩合木质素的碳-碳键断裂。

5.6.4 木质素大分子醚键断裂动力学

如前所述，现代木质素化学对于各种醚键的存在率已基本清楚了。其中β-芳醚键最多（针叶材占 48%，不包括苯甲醇结构中的β-醚键），其次是α-芳醚键，大约是总结合键的15%～20%，其中 50%是苯基香豆满结构。针叶材木质素中碳-碳键约占 30%。

J. Gierer 指出[91,92]，酚型α-和β-芳醚键的断裂动力学公式为：

$$-\frac{dA}{dt}=KA[OH^-]^0[SH^-]^0=KA \tag{9-17}$$

式中：A——初始反应物浓度（mol）。

上式在 pH≥12 时有效。反应活化能 $E_a=121\pm14$kJ/mol。

非酚型β-芳醚键的断裂动力学公式为：

$$-\frac{dA}{dt}=KA[OH^-]^{1.0}[SH^-]^0=KA[OH^-] \tag{9-18}$$

上式在 $[SH^-]\leqslant[OH^-]$ 时有效。反应活化能 $E_a=123\pm9$kJ/mol。

酚型和非酚型β-芳醚键断裂动力学公式说明，断裂速度与反应物浓度是一级反应。α-、β-芳醚键的断裂速度与 $[OH^-]$ 和 $[SH^-]$ 无关，这与初始脱木质素阶段的动力学公式非常相似。不一致的仅是木材硫酸盐蒸煮初始脱木质素阶段的活化能低，这种现象可以解释为初始阶段主要由扩散速度控制的结果。非酚型β-芳醚键的断裂速度与 $[OH^-]$ 有很大关系，而与 $[SH^-]$ 无关。

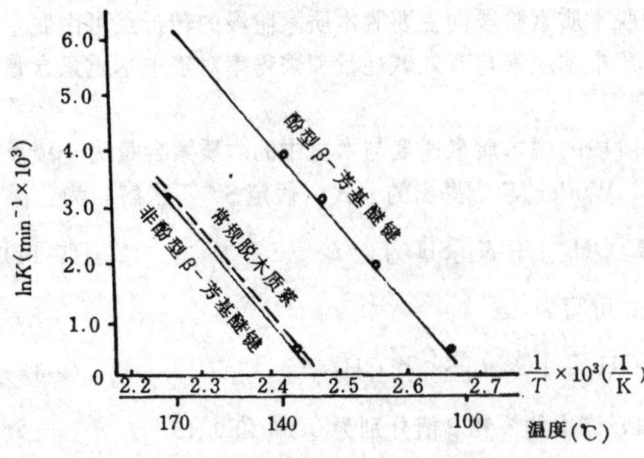

图 9-22 硫酸盐法主要脱木质素阶段的脱木质素速度与β-芳醚键模型物断裂速度的比较

（有效碱用量 20%～25%，硫化度 10%～12%）

模型物醚键断裂动力学与常规蒸煮初始脱木质素阶段比较[93]，酚型α-芳醚键的断裂速度常数比硫酸盐法脱木质素速度常数大10^2～10^3 倍；酚型β-芳醚键模型物断裂速度常数比硫酸盐法脱木质素速度常数，在 100℃以下时稍小，100℃以上时则大 1～10 倍；非酚型β-芳醚键断裂速度则比硫酸盐法脱木质素速度慢得多。在硫酸盐蒸煮主要脱木质素条件下比较，酚型β-芳醚键的断裂速度比脱木质素速度快 10～30 倍，而非酚型芳醚键断裂速度则与脱木质素速度基本相等（如图 9-22）。

由上述研究结果可以推论，在硫酸盐蒸煮初始脱木质素阶段的初期，由于酚型 α-醚键模型物的断裂速度比脱木质素速度高得多，说明在此期间溶出的木质素是分子量小的碱易溶木质素碎片，这些碎片可能是由于酚型 α-醚键断裂所产生的，也可能是木材中原有的低分子量的木质素。此阶段的反应活化能较低，说明控制脱木质素速度的因素是木质素碎片从细胞壁内向外扩散的速度。

初始脱木质素阶段后期，当温度由 100℃增至 150℃时，脱木质素速度与酚型 β-芳醚键模型物断裂速度相差不大，说明此阶段木材中的或蒸煮中新生的酚型 β-醚键断裂，这些键的断裂使木质素降解和溶解，并产生新的酚羟基。这种断裂可发生在木质素大分子内部的酚型末端上，也可能发生在大分子界面的酚型末端上，产生大小不等的碎片。

在温度达到主要脱木质素阶段的条件下，非酚型 β-醚键模型物的断裂速度与脱木质素速度相近，说明此时主要发生非酚型 β-醚键的断裂。这种键的断裂使木质素大分子的网状结构产生不规则的破裂，同时也出现新的酚羟基，造成了木质素在主要脱木质素阶段的大量降解和溶出。

由于木质素模型物降解动力学是在均相条件下进行的，其醚键的断裂速度应比在非均相条件下快，特别是苏型和赤型混合的模型物中 β-醚键断裂速度并不一定相同。此外，木材的脱木质素速率还受反应物的聚合性质、胶体性质、纤维表面性质和孔隙结构等因素的影响，因此模型物动力学仅从理论上推论木材木质素的脱除动力学规律[94]。

5.6.5　碳水化合物溶出动力学

硫酸盐蒸煮的聚糖溶出动力学研究较少。K. V. Sarkanen 等[95,96]用水解纤维素和直链淀粉研究了聚糖的降解动力学。得到了：

$$K_1 t = \overline{X_n}\ln[c_\infty/(c_\infty - c)] \tag{9-19}$$

式中：K_1——降解速度常数；

t——反应时间；

$\overline{X_n}$——可能分解的数均链长；

c_∞，c——t_∞和 t 时间后，由于降解而损失的重量。

针叶材中葡甘聚糖的碱性降解活化能 E 为85～103kJ/mol，实验测定在初始脱木质素阶段，当$\overline{X_n}=100$，$c_\infty=18.5$ 时，$E=93$kJ/mol，与分离的葡聚糖的活化能非常相近。

由式 (9-19) 可知，在初始脱木质素阶段各种温度下，将 ln [c_∞/ ($c_\infty-c$)] 对蒸煮时间 t 作图 (如图 9-23)，所得直线斜率则为速度常数 K_1。

终止反应速度常数 $K_2=K_1/\overline{X_n}$，当$\overline{X_n}=100$ 时，K_2 比 K_1 小 100 倍。实验结果表明，烧碱法和硫酸盐法具有相同的剥皮反应速度，[SH⁻] 对半纤维素降解没有影响。

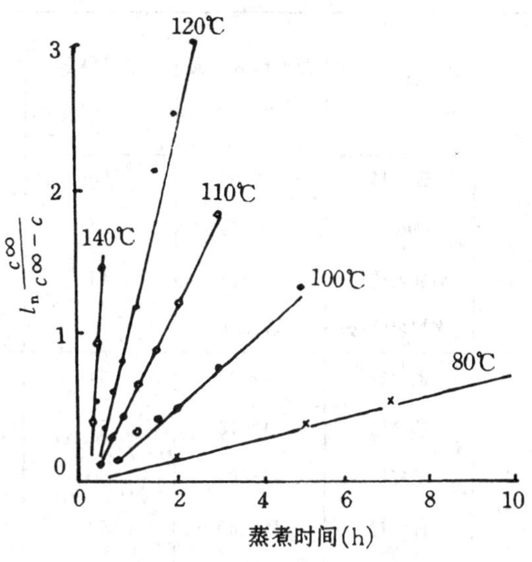

图 9-23　蒸煮初始阶段半纤维素降解反应动力学图

6 碱法制浆的影响因素

影响硫酸盐法制浆质量和得率的因素很多，其中重要的有木材的种类、蒸煮液的化学组成、药液添加量、药液浓度、升温和保温时间、木片质量等，这些因素的影响效果主要表现在纸浆得率、纸浆木质素含量（通常以纸浆硬度——卡伯值或高锰酸钾值表示）、纸浆的物理强度及其光学性质上。正确的选择并准确控制这些影响因数，可获得高产、优质、低消耗的经济效益。

6.1 木材种类及木片尺寸

各种针叶材和阔叶材都可使用硫酸盐法制浆，其他非木材纤维原料，如竹类、蔗渣、禾草类纤维也可广泛应用硫酸盐法。因此，硫酸盐法具有可应用原料广泛的特征。但不同原料的物理的和化学的性质是不同的。主要表现在：①纤维的形态结构（纤维平均长度、宽度、细胞壁厚度、纤丝角等）；②化学组成和化学结构，如木质素和半纤维素含量及其化学结构特性，抽提物的含量和特性等；③木材相对密度，心材比例。

这些差异将造成纸浆性质和制浆过程的明显不同，因此不同材种的蒸煮参数也将有很大差别。

6.1.1 木材种类

针叶和阔叶材的重要物理差别表现在纤维的平均长度上，阔叶材一般纤维平均长度为0.9～1.5mm，而针叶材则为3～5mm。由于纤维长度对纸张的物理强度，特别是撕裂因子有重要影响，因此制造高强度纸和纸板或特种纸时则多采用针叶材为原料。纤维的细胞壁厚度对纸浆性质也有重要影响，如南方松（湿地松、火炬松、辐射松等）、马尾松、落叶松的纤维细胞壁较厚，造成其打浆困难，纸页强度也较薄壁纤维原料低。表9-7为不同树种未漂硫酸盐纸浆强度的比较。由表9-7可见，阔叶材的纸浆得率一般较针叶材稍高，这是由于阔叶材综纤维素含量较高、抗碱木聚糖较多所致，但其纸浆物理强度约为针叶材的65%～85%。

表9-7 针叶材和阔叶材未漂硫酸盐浆强度比较[97]

材种		绝干相对密度 (kg/m^3)	细浆得率 (%)	纸浆强度（以云杉浆为100）			
				耐破度 (%)	撕裂度 (%)	耐折度 (%)	抗张强度 (%)
针叶材	云杉	117.06	50	100	100	100	100
	香脂冷杉	102.29	50	96	91	100	105
	加拿大铁杉	117.06	45	96	112	—	94
	美加短叶松	117.06	51	90	92	94	96
阔叶材	颤杨	107.30	54	65	65	30	87
	杂交杨	112.18	55	64	88	—	73
	纸皮桦	165.83	50	77	62	41	86
	黄桦	165.83	53	66	79	33	72
	美洲山毛榉	165.83	49	53	69	9	51

6.1.2 木材相对密度

木材密度是影响造纸工业的重要经济指标，对制浆设备及过程的生产能力有重大影响，因为目前购进造纸材仍多以立方米（m^3）为计算单位，而纸浆得率的计算则又以单位木材重量为基准。通常制浆工厂又以单位纸浆产量（t）的木材消耗（m^3）作为评价经济效益的技术经济指标，为此则需知道木材的体积（m^3），木材相对密度（kg/m^3）和纸浆得率（%）。不同材种的木材相对密度有很大差别。用相对密度较大的木材制浆，在相同纸浆得率条件下，可得到较低的木材消耗量（m^3）。同时，对一定容积的间歇式蒸煮锅的装锅量增加，使单位蒸煮锅容积的纸浆产量增加，对连续蒸煮器来说，相对密度大的木材可使蒸煮器单位停留时间的浆产量增加。

一般针叶材的相对密度较阔叶材小，故常称针叶材为软木，阔叶材为硬木，实际上这种称法并不科学，因阔叶材中也有相对密度小的“软木”。相对密度较小的针叶材，如杉木、枞木为0.32～0.37，相对密度较大者，如北美黄杉和南方松为0.45～0.50，落叶松则大于0.5。阔叶材为0.35～0.65，某些热带阔叶材的相对密度还要更高些。

众所周知，心材率较大的木材，或晚材率较高的木材相对密度比较大，这是由于心材含有较多的浸填物，而晚材的细胞壁较厚，壁腔比较大，使蒸煮药液的浸透困难，因此，相对密度大的木材的蒸煮需强化药液的浸透措施。此外，由于相对密度大的木材装锅量大（重量），如采用相同的液比则必须提高药液浓度，如保持相同的药液浓度则须增大液比或用碱量，因而须相应调整其他蒸煮条件。

6.1.3 木片尺寸

木片大小对蒸煮速度和蒸煮均匀性有重要影响。如前所述，蒸煮药液需在蒸煮反应发生之前均匀地浸透到木片内部，如果药液的浸透速度小于化学反应速度，或木片过厚，木片内部则难以蒸煮，形成“生片”，造成筛渣，使纸浆得率下降。因此在蒸煮过程中存在着药液浸透速度、木片厚度和化学反应速度之间的平衡，而药液浸透速度和化学反应速度受药液浓度和温度的影响，因此，最适宜木片厚度受蒸煮温度和药液浓度影响。

由于在碱性蒸煮条件下，药液的浸透速度在木材的3个方向（径向、弦向、横向）是相等的，因此大量化学药剂通过木片是3个方向的最小尺寸向木片内部浸透，即木片厚度[98,99]、木片的长度和宽度对药液到达木片中心的时间不发生实际影响。木片愈薄，由于木片中心化学药品的消耗速度小于其到达木片内部速度，因而得到均匀的浆料。近年来一些研究工作者认为木片的临界厚度为3mm[100]。图9-24表示不同厚度木片在下列蒸煮条件下蒸煮后期（250min）木片厚度方向的木质素分布。

厚木片在生产中易造成蒸煮不匀，筛渣量增大，影响纸浆得率。

由图9-25看出，木片厚度小于5mm是完全必要的，木片厚度在3mm以下时，可以完全排除化学药品扩散阶段的影响[101]。

A. F. M. Akhtaruzzaman等[102]详尽研究了商业松木片尺寸（木片厚和木片长）对纸浆得率、筛渣量、碱耗量、纸浆粘度、纤维长度和纸浆强度（撕裂度、耐破度、裂断长）的关系时指出，木片厚度对纸浆强度有重要影响。由于厚木片蒸煮不均匀，木片的表面纤维已经过煮，木片中间的纤维尚未与药液接触，因而使浆的强度下降。A. F. M. Akhtaruzzaman等将木片尺寸对各指标的影响回归为一系列方程，以便定量的观察其影响程度。如：

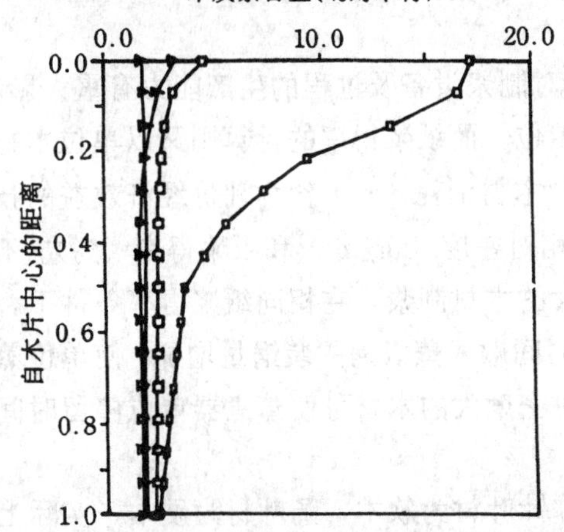

图 9-24 硫酸盐蒸煮后期不同厚度木片的木质素含量分布

蒸煮条件：有效碱 16%（Na_2O）；硫化度 20%；

最高温度 170℃；升温时间 45min；保温时间 210min

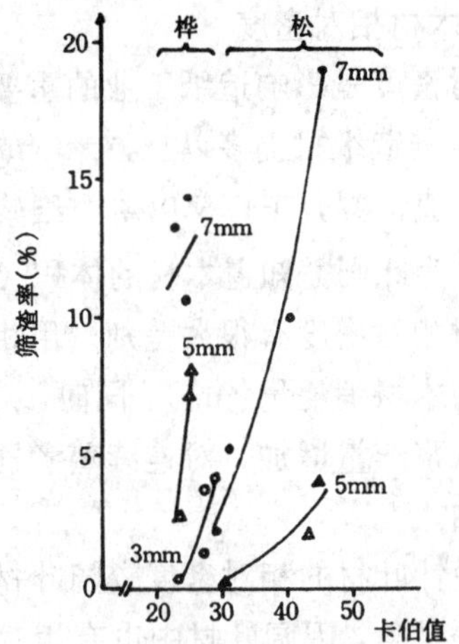

图 9-25 松木和桦木木片厚度与卡伯值及筛渣量的关系

$$粗浆得率（\%）=68.0276-2.35678E+9.03982\times10^{-2}K-2.68340\times10^{-2}T+4.49259\times10^{-2}E^2-3.09941\times10^{-3}K^2+1.04984\times10^{-2}EK-1.94511\times10^{-3}EL-7.55615\times10^{-3}ET+1.68428\times10^{-3}KL+7.94403\times10^{-3}KT\cdots\cdots \quad (9\text{-}20)$$

$$筛渣量（\%）=1.35090-1.28824T-3.95571\times10^{-4}K^2+7.31789\times10^{-4}L^2+6.12322\times10^{-2}T^2+2.77924\times10^{-2}KT\cdots\cdots \quad (9\text{-}21)$$

$$纸浆粘度（cm^3/g）=14.2828-75.7693E+20.6089K+1.49149E^2-0.188535K^2-1.03349T^2-0.290954ET+1.68513\times10^{-2}KL+0.317854KT\cdots\cdots \quad (9\text{-}22)$$

$$撕裂因子（30°SR）=78.8505+3.88984L-6.84189T+1.33024\times10^{-2}E^2-6.36745\times10^{-2}L^2+0.351087T^2+1.19172\times10^{-2}EK-6.69570\times10^{-3}EL-2.06589\times10^{-2}KT\cdots\cdots \quad (9\text{-}23)$$

$$裂断长（km）（30°SR）=3.88413+0.543357E+1.64310\times10^{-2}K+0.134005T-1.41493\times10^{-2}E^2-8.62890\times10^{-3}T^2-7.70266\times10^{-4}EK+1.07274\times10^{-3}EL-4.43964\times10^{-3}ET+7.64296\times10^{-5}KL-5.75308\times10^{-4}KT+1.56233\times10^{-4}LT\cdots\cdots \quad (9\text{-}24)$$

$$耐破因子（30°SR）=-9.87901+6.49585E+0.616309K+0.424853L+2.69737T-0.140507E^2-7.63297\times10^{-3}K^2+3.82689\times10^{-3}L^2-0.215265T^2-1.50371\times10^{-2}EL-5.52694\times10^{-2}ET-2.69807\times10^{-3}LK+8.52512\times10^{-3}KT\cdots\cdots \quad (9\text{-}25)$$

式中：E——用碱量 19%～25%（NaOH）；

K——筛后浆卡伯值 25～40；

L——木片长 16～33mm；

T——木片厚 3～12mm。

由上述可见，木片厚度对制浆过程的最优化非常重要，控制木片厚度的直接方法是掌握好切片工序，然而目前制浆材中有大量木材加工剩余物，木片质量的控制比较困难，因此近年来各制浆厂正逐步采用木片厚度筛[103]。

在实际生产中至今还没有生产厚度在3mm以下的木片，因为薄木片的切片过程将同时造成木片过短，动力消耗增加，碎片及木屑量增大。同时木片大小对装锅量也有很大影响，薄木片将使蒸煮锅生产能力下降。因此木片厚度的确定应考虑多种因素。

6.2　用碱量

用碱量（以 Na_2O 计）是指活性碱用量对绝干木材的百分数（硫酸盐法蒸煮时为 $NaOH+Na_2S$）。

6.2.1　用碱量的确定

用碱量的多少主要根据：①木材原料的种类，如木质素含量较多的针叶材则需较多的用碱量（14%～16%，Na_2O 计），阔叶材为11%～14%，竹材为10%～13%；②取决于对浆种的要求，制漂白浆则需较高的用碱量，制本色浆则可减少碱用量；③其他蒸煮条件的配合情况，如蒸煮温度、时间、液比等，以及有无碱回收过程及其回收效率等。

蒸煮过程中碱的大部分消耗于碳水化合物的降解生成的有机酸中，木质素的溶出和降解仅消耗其中的少部分。另外，为了保持已经溶出的木质素不沉淀，蒸煮后的黑液中仍需保持一定量的残碱。F. E. Brauns 等[104]测定云杉碱法制浆中碱耗量的分配时发现，当用碱量为19%（Na_2O 计）情况下，碱耗的12.5%消耗于脱除木质素至2.8%（对纸浆），其中2.3%～3.0%消耗于木质素溶出，1.3%消耗于木材中甲酰基和乙酰基的水解。残碱为8.2%～8.9%，其中少部分被浆所吸附；其余的大部分碱消耗于碳水化合物降解所产生酸性物质的中和上。

用碱量的改变可以通过两种方法：①改变液比而保持蒸煮液的药液浓度；②改变药液浓度，液比不变，在一般工业生产中，间歇式蒸煮器的液比为3.5～4：1，低于3：1，对药液的浸透不利，但在蒸煮比重较大的阔叶材时，液比可降至2.8：1。低液比蒸煮可以降低蒸煮的蒸汽消耗，提高黑液固形物浓度，有利于黑液蒸发。

A. J. Kerr 等人[105,106]发现蒸煮过程中有效碱与浆中木质素含量有很好的线性关系（如图9-26）。

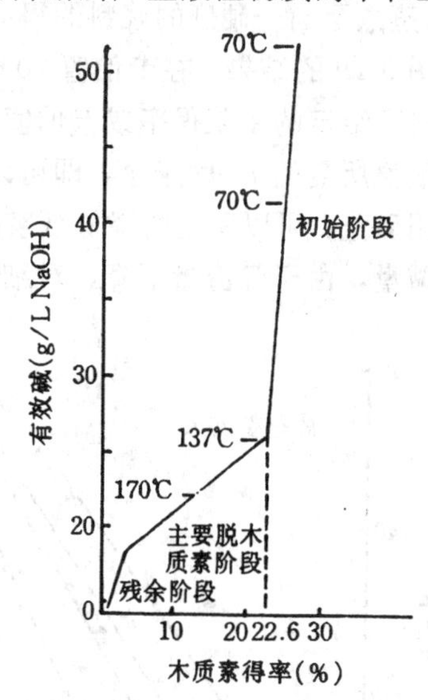

图9-26　纸浆中木质素含量与有效碱浓度的关系

活性碱18%（Na_2O 计）；碱化度30%；木片量125g（绝干）；浸渍时间15min；加热时间90min；液比3.8：1

蒸煮的初始阶段，大量碱被迅速消耗于中和木材中的酸性成分，浸透入木片内部以及碳水化合物的溶解和分解，此时脱木质素作用很少。因此，这个阶段的反应程度和碱耗量大小主要取决于木材本身的特性。

主要脱木质素阶段时，木片中的有效碱浓度基本接近蒸煮药液的浓度，此阶段的耗碱速度已明显减慢，这部分碱主要消耗于木质素的溶出和降解及部分碳水化合物的降解反应，脱木质素速度主要决定于木片内的有效碱浓度。

残余脱木质素阶段的碱耗速度又会明显加快，主要是在此阶段中碳水化合物降解反应加剧。

在液比保持恒定时，用碱量增加可以加快蒸煮的脱木质素速度，同时也加快了碳水化合物的溶出和降解速度。特别是在高用碱量时，这种倾向非常明显，这时，纸浆得率、粘度和α-纤维素含量都会明显下降（如图9-27和图9-28）。

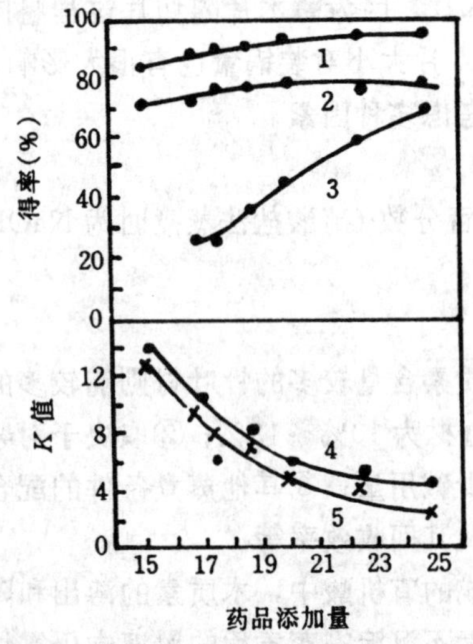

图9-27 用碱量对纸浆质量的影响

1. 综纤维素；2. α-纤维素；3. 使用25%漂剂时的白度；4. 氯价；5. 木质素量

图9-28 用碱量与蒸煮时间和纸浆得率的关系

（西方铁杉）

图9-29为不同用碱量时纸浆得率和卡伯值的关系：在其他条件不变时，随着用碱量的增加，蒸煮至同一硬度的浆料的得率有某些下降。J. V. Hatten等人[107]用杂交物的实验结果也得出图9-29的结果。在卡伯值30时，用碱量每增加1%，粗浆得率下降0.55%，图9-30说明为得到给定的纸浆得率或卡伯值，有效碱用量与H-因子间的关系。当用碱量大时，达到同一卡伯值所需的H-因子小，即可以减少蒸煮时间或降低蒸煮温度。相反，如固定H-因子，增加用碱量，可以明显的降低纸浆的卡伯值，同时粗浆得率下降，但在卡伯值15～25时，增加用碱量，由于筛渣量下降，对细浆得率并无影响。

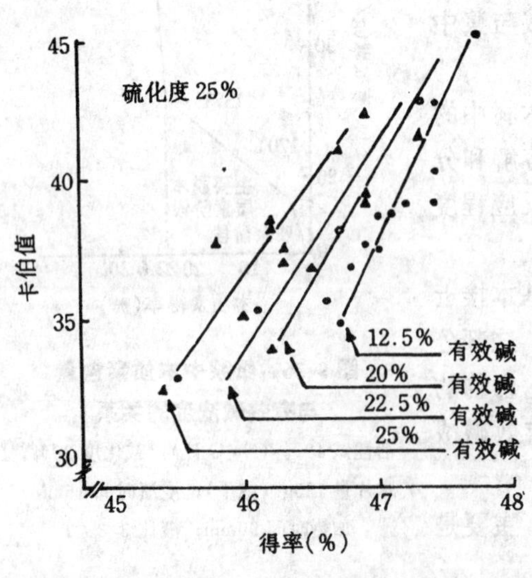

图9-29 不同用碱量时得率与卡伯值的关系

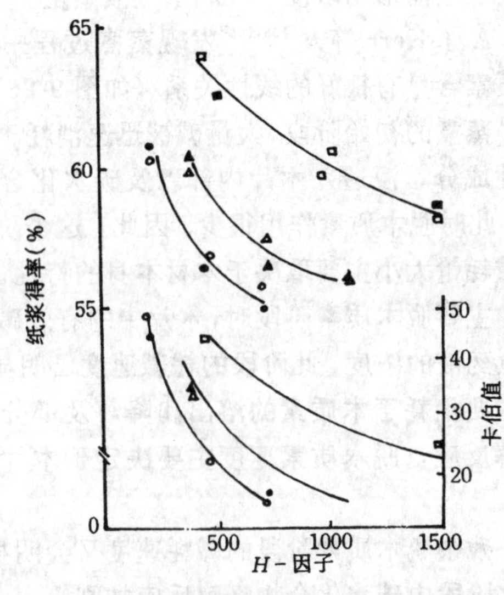

图9-30 用碱量与粗浆得率、卡伯值、H-因子的关系

6.2.2　药液浓度

一般进入蒸煮器的有效碱浓度称之为药液浓度，由用碱量和液比决定，它是决定蒸煮反应速度的重要因素。由于溶液中［OH^-］增加，脱木质素速度和碳水化合物溶出和降解速度都可增加，可由前述的反应动力学公式充分证明。

R. Aurell 等[108]用斯堪的纳维亚松木片在 170℃温度下，用碱量在 13.6%（Na_2O 计）至 15.5%变化时，得到的结果如图 9-31。

图 9-31 指出，碱浓增加（液比一定，用碱量增加）要得到相同卡伯值的浆料，所需蒸煮时间减少，同时浆得率下降。此外，随着碱浓增加，浆料中木聚糖含量下降，葡甘露聚糖含量增加；未漂浆的白度增加；为达到给定的裂断长或打浆度时打浆时间增加；裂断长有某些下降。实验还证明，碱浓对纸浆强度的影响较蒸煮温度更为明显。为生产同一卡伯值的浆料，适当降低碱浓，提高温度所得纸浆的强度有所提高，但未漂浆白度有所下降。

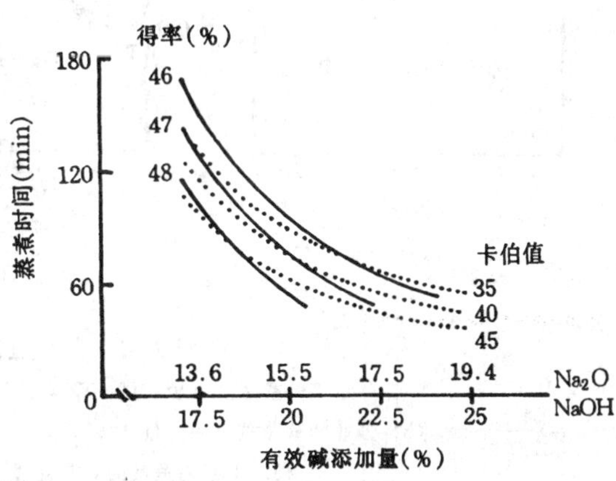

图 9-31　不同碱浓度、不同蒸煮时间、得率和卡伯值的关系

如前所述，为了使已经溶出的木质素始终保持溶解状态，蒸煮后期蒸煮液中仍应维持一最低碱浓度，在一般条件下，此时的蒸煮液 pH 值应在 12 以上，否则已经溶出的木质素则沉淀并被吸附于纤维表面，使浆料卡伯值增高，浆料颜色呈暗褐色，漂白性能下降。

蒸煮末期 pH 值的下降同样引起已溶出的半纤维素的再吸附，而使碳水化合物的得率提高 1.0%～1.5%。

应该注意的是，不同类型的蒸煮器所需的液比不同，导致其碱液浓度不同。蒸球一般可用较小的液比（2.8～3.2：1），因而其碱浓较立锅为高（液比一般为 3.8～4.2：1）；另外，直接加热与间接加热所用液比也不相同。

6.3　蒸煮液的硫化度

$$硫化度（\%）=\frac{Na_2S}{Na_2S+NaOH}\times 100（以 Na_2O 计）\qquad (9\text{-}26)$$

在工厂实际操作中，蒸煮液的硫化度受碱回收工段药品回收平衡的限制。如果与钠的回收率相比，硫的回收率下降，则蒸煮液的硫化度下降，相反则硫化度增高。硫主要在蒸煮、洗涤、蒸发、燃烧等工序中以气体形式损失。

众所周知，硫化钠在蒸煮液中有三种形态，即 S^{2-}，HS^- 和溶解的 H_2S，三者在溶液中形成平衡状态，其相对量决定于溶液中的 OH^- 浓度和平衡常数，而平衡常数又受温度和离子强度影响。

$$S^{2-} + H_2O \rightleftharpoons HS^- + OH^- \qquad (9\text{-}27)$$

$$HS^- + H_2O \rightleftharpoons H_2S + OH^- \qquad (9\text{-}28)$$

D. Tormund 和 A. Teder[109]研究指出，硫氢离子在蒸煮初期黑液中有两种存在形式，即弱结合 SH^- 和完全游离的 SH^-，而很少有有机结合硫（化学结合硫）和硫代硫酸盐。但随着蒸

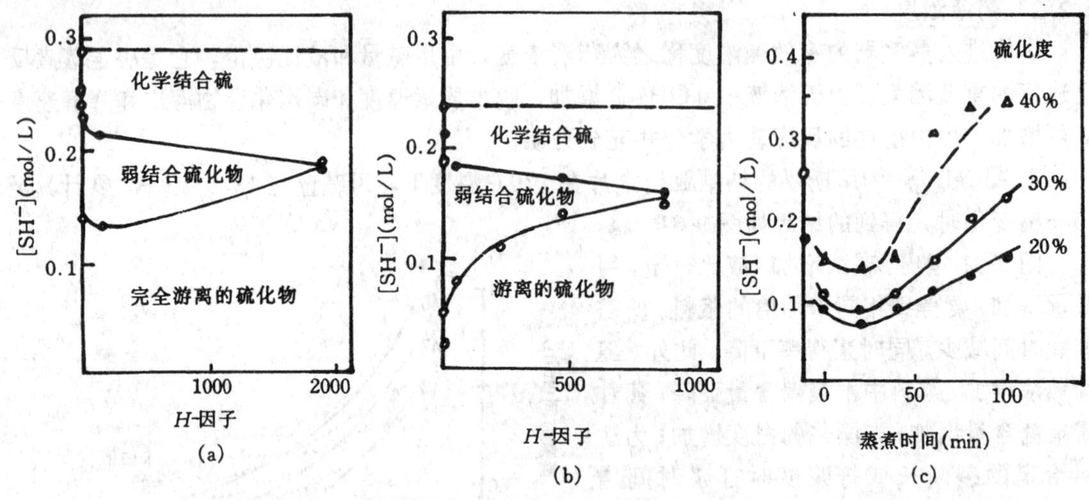

图 9-32 蒸煮过程中硫的分布

(a) 实验室蒸煮（硫化度 40%，液比 4∶1，卡伯值 30，不加黑液）；

(b) 工业间歇蒸煮（硫化度 30%，液比 4.5∶1，卡伯值约 35，有黑液回用）；

(c) 不回用黑液时，硫化度对游离 SH^- 浓度的影响。

煮的进行，化学结合硫很快增加。蒸煮过程中硫的分布如图 9-32。

从图 9-32 (a) 可见，在蒸煮开始时，弱结合硫的量增长很快，然后逐渐减少，在蒸煮后期减少至零。在工厂的间歇蒸煮中，回用部分黑液，因此蒸煮初始时弱结合硫量较多，然后逐渐减少〔如图 9-32 (b)〕。完全游离 SH^- 在蒸煮开始时最少，然后逐渐增加〔图 9-32 (a)、(b)〕。采用高硫化度蒸煮时，蒸煮液中的游离 SH^- 浓度较高，特别当蒸煮进行之后，其 $[SH^-]$ 很快增加〔如图 9-32 (c)〕。研究表明，弱结合 SH^- 实际上即为被木材吸附的硫。实验还证明，当用硫化钠溶液处理木片时，在某个阶段会吸收较多的硫。

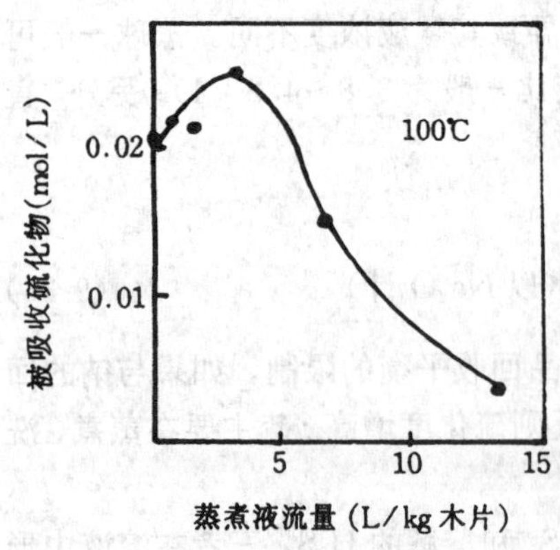

图 9-33 黑液通过木片层时木片对硫的吸附曲线

图 9-33 表示典型的蒸煮液通过木片层时，木片吸附 SH^- 的曲线，曲线所包围的面积即木片吸附的硫氢离子量。当然被吸附的 SH^- 量受温度和蒸煮液通过速度的影响。

关于蒸煮初始阶段 $[SH^-]$ 对蒸煮速度的影响，有相互矛盾的研究结果。近来的研究表明[100]，初始阶段的 $[SH^-]$ 对蒸煮后期浆中残余木质素量有明显影响，认为初始阶段木片对 $[SH^-]$ 的吸附对提高硫酸盐蒸煮的脱木质素选择性是非常必要的[109]。SH^- 与木质素的降解反应可降低纸浆中残余木质素量，而残余木质素在蒸煮后期是很难脱除的。但在蒸煮初期 $[SH^-]$ 较高的情况下，这种降解反应可能提前到主要脱木质素阶段的前期发生。

当活性碱量一定时，增加硫化度引起有效碱量减少，使制浆过程变坏。Na_2S 用量虽对木质素的脱除有利，但木质素的降解和溶出也必需有足够量的 NaOH，否则脱木质素过程也难以进行。

表 9-8 数据表明，斯堪的纳维亚云杉在相似得率的硫酸盐法蒸煮中，硫化度对蒸煮时间和浆中木质素含量有明显增加，提高硫化度可以明显地缩短蒸煮时间，加快脱木质素速度，提

高脱木质素的选择性。这种倾向由前述的反应动力学中已经得到证明，即溶液中 $[SH^-]$ 浓度对主要脱木质素阶段的木质素脱除速度有明显影响。Legg 和 Hart[111] 用颤杨木 *Populus tremuloides* Michx. 蒸煮，得到了类似的结果。

表 9-8　在得率相似时硫化度对蒸煮时间的影响

蒸煮时间 (h)	硫化度 (%)	有效碱 (Na_2O%)	NaSH (Na_2O%)	得　率 (%)	浆中木质素含量 (对绝干木材%)
10	0	18.75	0	48.8	5.0
7	5.26	18.25	0.5	49.1	5.0
6	15.6	16.29	1.5	49.0	3.4
5.5	31.0	15.85	2.9	49.3	3.1

注：活性碱 18.75%（Na_2O），160℃，升温时间 2h，液比 6∶1。

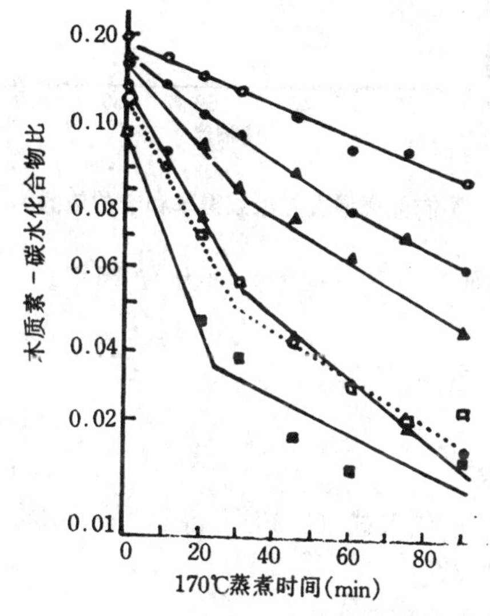

图 9-34　颤杨木硫酸盐蒸煮时硫化钠添加量对木质素-碳水化合物比的影响

硫化度（%）：—○— 0.0；—●— 1.0；—△— 2.0；—▲— 3.2；—□— 4.5；—■— 10.0

图 9-35　硫化度对不同有效碱用量杨木蒸煮速度的影响（蒸煮温度为 170℃）

有效碱（%）：—▲— 10.0；—△— 12.0；—●— 14.0；—○— 16.0

由图 9-34 可见，当有效碱量固定，硫化度为零时，木质素-碳水化合物比的变化在整个蒸煮过程中是一定的。硫化物量增加时，初始脱木质素增加，但 30min 后脱木质素速度减慢（曲线斜率）减少，与不加硫化钠时的速度相似。图 9-34 中曲线的斜率可以估计各硫化度时的脱木质素平均相对速度。当有效碱用量不同时，硫化度对蒸煮相对速度的影响如图 9-35。图线说明，在给定的有效碱用量时，硫化度增加到一定程度后，则对蒸煮速度没有影响；当有效碱用量高时，达到蒸煮速度平稳状态所需的硫化度减小。

一般生产中，针叶材所需的硫化度较阔叶材高（阔叶材一般硫化度为 15%～20%，针叶材为 25%～30%）。由于硫酸盐浆厂的臭味问题，目前有些工厂不论针叶材或阔叶材皆尽量减少硫化度。

6.4　最高蒸煮温度及 *H*-因子

实验证明，在蒸煮的诸因素中，最高温度是影响纸浆得率和脱木质素速度的最敏感的因素[112]。与其他化学反应一样，在普通的温度范围内，温度每提高 10℃，蒸煮时间可缩短一半。

因此，为达到一定的脱木质素反应速度，木材的硫酸盐蒸煮温度应在160℃以上。J. V. Hatten等用西方铁杉研究了不同蒸煮温度时粗浆得率和卡伯值的关系指出（如图9-36）[113]，在给定的纸浆卡伯值时，纸浆得率是蒸煮温度的函数。在卡伯值小于30时，随着蒸煮温度的提高，碳水化合物的降解速度增加，纸浆得率下降，但当卡伯值大于30，在相同的卡伯值时，纸浆得率随蒸煮温度提高而增加，说明在高温蒸煮的初期阶段脱木质素速率比碳水化合物降解速率较低温条件下快得多。曲线的斜率告诉我们，160℃时碳水化合物损失最少，但为达到同一卡伯值所需的蒸煮时间要比180℃长得多。

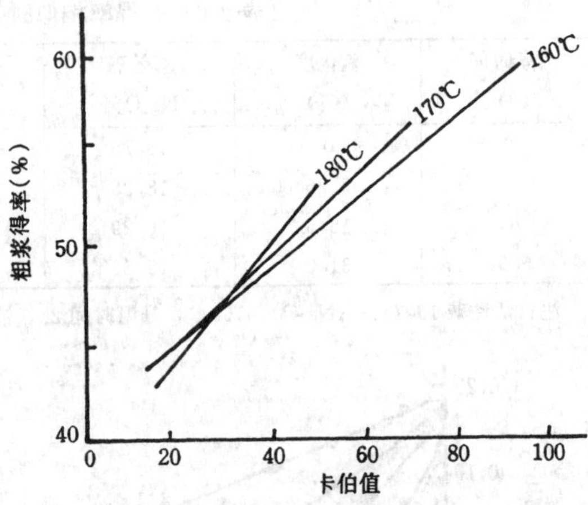

图9-36 不同蒸煮温度时纸浆得率和卡伯值的关系

K. E. Vroom[114]将蒸煮最高温度和在最高温度下的保温时间复合成为单一的控制因素——H-因子。他设定100℃时的反应速度常数为1.0，用以计算其他温度时的相对反应速度常数，以蒸煮过程中的不同蒸煮温度时的相对速度常数对蒸煮时间作图，曲线下所包围的面积（积分面积）即为H-因子。

如前所述，反应速度常数K可表示为：

$$K=Ae^{-E/RT} \tag{9-29}$$

将式（9-29）两端取自然对数，则

$$\ln K=\ln A-E/RT \tag{9-30}$$

设100℃时$K=1$，并取$E=134\text{kJ/mol}$（针叶材）；代入式（9-30），得$\ln A=43.2$，

$$\ln K=43.2-16113/T \tag{9-31}$$

由式（9-31）计算出的各温度下的相对速度常数列于表9-9。

图9-37为不同蒸煮温度时的相对反应速度常数。值得注意的是，160℃以后，相对速度常数增长非常快。

根据H-因子的定义，可用下式表示：

$$H\text{-因子}=\int_0^t k\mathrm{d}t \tag{9-32}$$

$$H\text{-因子}=Ae^{-E/RT}\int_0^t \mathrm{d}t \tag{9-33}$$

将式（9-31）代入式（9-33）

$$H\text{-因子}=\int_0^t e^{(43.2-16113/T)}\mathrm{d}t \tag{9-34}$$

如果脱木质素速度以下式表示：

$$-\frac{\mathrm{d}L}{\mathrm{d}t}=C^m L^n Ae^{-E/RT} \tag{9-35}$$

将上式积分

$$-\int_{L_0}^{L_t}\frac{1}{C^m L^n}\mathrm{d}L=\int_0^t \mathrm{A}e^{-E/RT}\mathrm{d}t=H\text{-因子} \tag{9-36}$$

表 9-9 100～199℃的相对速度常数

温度（℃）	相对速度常数	温度（℃）	相对速度常数	温度（℃）	相对速度常数	温度（℃）	相对速度常数	温度（℃）	相对速度常数
100	1.0	120	9.0	140	65.6	160	397.8	180	2 056.7
101	1.1	121	10.0	141	72.1	161	433.4	181	2 224.3
102	1.3	122	11.1	142	79.2	162	472.0	182	2 404.8
103	1.4	123	12.3	143	86.9	163	513.9	183	2 599.0
104	1.6	124	13.6	144	95.4	164	559.2	184	2 807.9
105	1.8	125	15.1	145	104.6	165	608.3	185	3 032.6
106	2.0	126	16.7	146	114.7	166	661.5	186	3 274.2
107	2.2	127	18.5	147	125.7	167	719.1	187	3 533.8
108	2.5	128	20.4	148	137.7	168	781.3	188	3 812.8
109	2.8	129	22.6	149	150.8	169	848.7	189	4 112.5
110	3.1	130	24.9	150	165.0	170	921.4	190	4 434.2
111	3.5	131	27.5	151	180.6	171	1 000.1	191	4 779.6
112	3.8	132	30.4	152	197.4	172	1 085.1	192	5 150.2
113	4.3	133	33.5	153	215.8	173	1 176.9	193	5 547.7
114	4.8	134	36.9	154	235.8	174	1 275.9	194	5 974.1
115	5.3	135	40.7	155	257.5	175	1 382.8	195	6 431.2
116	5.9	136	44.8	156	281.2	176	1 498.1	196	6 921.1
117	6.6	137	49.3	157	306.8	177	1 622.5	197	7 445.9
118	7.3	138	54.3	158	334.7	178	1 756.6	198	8 008.1
119	8.1	139	59.7	159	365.0	179	1 901.1	199	8 610.1

式中：C——药液浓度；

L——纸浆中木质素含量；

m、n——反应级数。

已知反应速度对木质素浓度为一级反应，则 $n=1$，所以式（9-36）可写为

$$-\int_{L_0}^{L_t}\frac{1}{C^m L}\mathrm{d}L = H\text{-因子}$$

$$-\int_{L_0}^{L_t}\frac{\mathrm{d}L}{L} = HC^m \qquad (9\text{-}37)$$

$$L_t = L_0 e^{-C^m H} \qquad (9\text{-}38)$$

式（9-38）说明，一定的材种在蒸煮 t 时间后纸浆中的木质素含量 L_t，在药液浓度 C 不变时，只与 H-因子成函数关系。所以同一原料，在用碱量、硫化度、液比等参数相同时，控制相同的 H-因子，则可得到相同蒸煮硬度的浆料。用云杉作原料，以不同蒸煮温度构成的 H-因子，检验证明，当 H-因子相同时，皆可得到相同得率和硬度的纸浆（如图 9-38）。

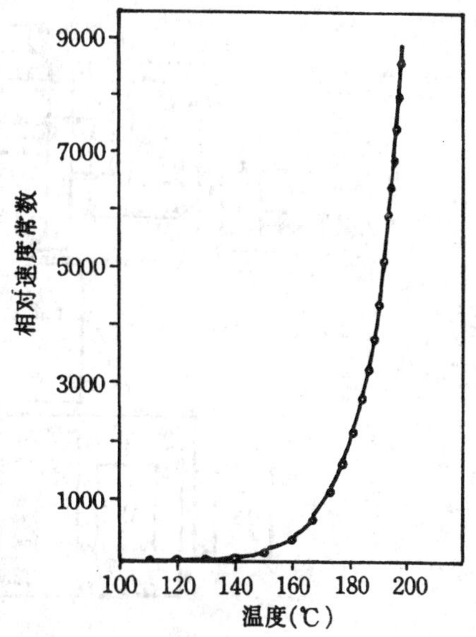

图 9-37 蒸煮温度与相对速度常数的关系

目前 H-因子已被广泛用于制浆的科学研究和蒸煮的计算机控制，发挥了极其重要的作用，但 H-因子的概念还仅限于说明输入到蒸煮系统中的物理能——温度和时间的变化，而不包括化学能——用碱量、硫化度、液比等的变化。因此后来又发展有 τ-因子和 ε-因子等概念，试图以此全面表示输入至蒸煮系统中的总能量（物理能和化学能）的变化。

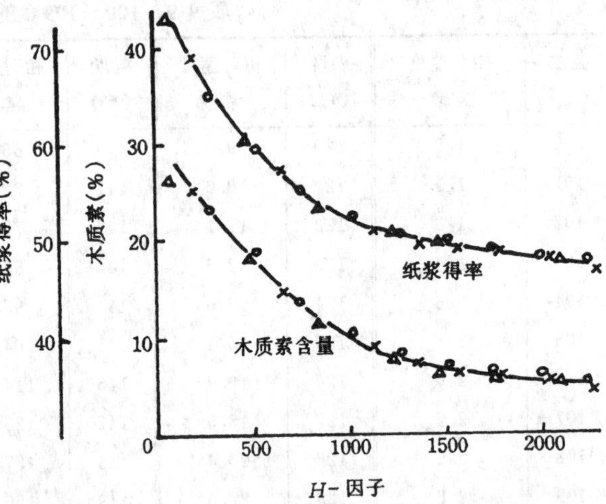

图 9-38 H-因子与纸浆得率和硬度的关系（硫化度 31%）
—○— 150℃；—△— 160℃；—×— 170℃

7 蒸煮流程及设备

蒸煮流程是在蒸煮器内加入木片和蒸煮药液加热反应，使纤维解离的过程，是制浆厂的关键流程。一般可将蒸煮流程分为 4 个部分：木片的输送和装料；蒸煮药液的输送；在蒸煮器内进行化学反应（间歇式和连续式）；浆料的喷放与热回收。

一般将蒸煮设备按其操作程序分为间歇式和连续式两大类。

7.1 间歇式蒸煮流程及设备

间歇式蒸煮设备的主体是蒸球或蒸锅，蒸球多用于中小型工厂碱法，硫酸盐法或中性盐法化学浆或半化学浆的生产设备，立式蒸锅多用于大中型工厂。间歇式蒸煮流程如图 9-39。

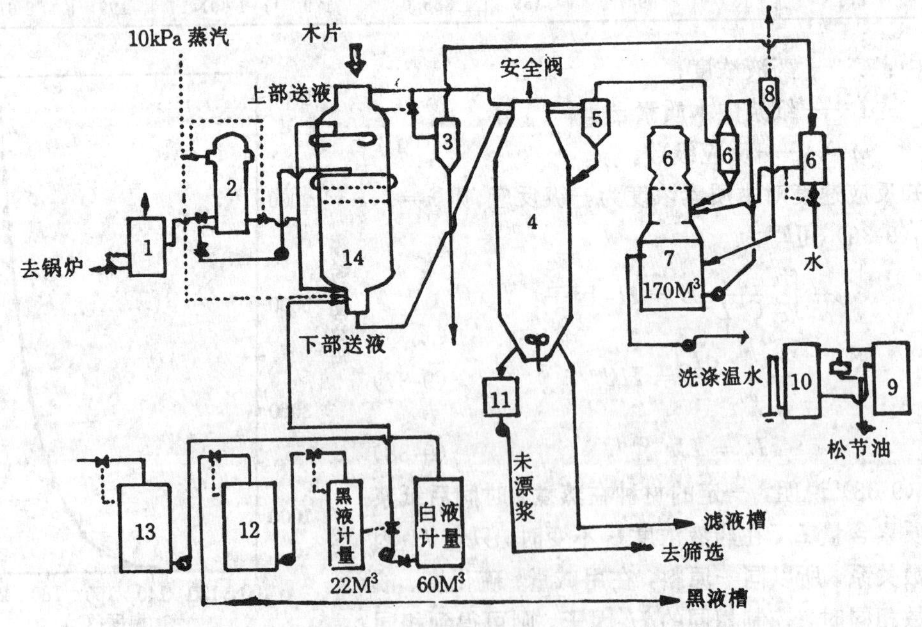

图 9-39 间歇式蒸煮流程图

1. 冷凝小槽；2. 加热器；3、5、8. 分离器；4. 喷放锅；6. 冷凝器；7. 温水槽；9. 一次倾析器；10. 再倾析器；11. 捕集器；12. 黑液槽；13. 白液槽；14. 蒸煮锅

木片仓中贮存的木片直接或通过皮带输送器，经计量后装锅，同时由蒸煮液系统将定量的蒸煮液泵送至锅体上部，并由蒸锅下部通入少量蒸汽，木片装锅后由蒸锅下部按所需药液由泵送入白液和黑液，或事先将白液和黑液在混合槽中混合后送入，当药液液位达到循环带时，开动循环泵使药液循环。通蒸汽的方法有直接通汽和间接通汽两种方法，将蒸汽由锅底直接通入锅内升温为直接通汽法；将蒸汽通入药液循环加热器中加热药液使之升温的方法为间接通汽法，一般蒸煮升温时多采用直接通汽或直接与间接通汽并用。蒸煮结束后打开喷放阀，将浆料在蒸煮压力下喷入喷放仓内，浆料温度由170℃降至100℃，而排出大量热量，一般每吨风干浆大约可排出 2.3×10^6kJ，一般多用喷淋式冷凝器回收此热量，产生50～70℃的热水供洗浆用。

7.1.1 蒸 球

蒸球为一回转式球型压力容器，两端以轴头支承在轴承上，经传动装置拖动而回转。

蒸球由球壳、轴头、轴承、传动装置及管线组成。其设计最高工作压力为0.8MPa，水压实验压力为1.1MPa。球壳上有600mm×900mm椭圆孔，供装料、送液及检修用。轴头为空心，一端有蒸汽管通入，蒸汽由带有孔眼的中心管喷出以加热物料和药液；另一端沿球壳内表面固定一条弯曲的喷放管，空心轴头外端由喷放阀及管线与喷放锅连接，球壳上还接有一直径65mm接管，用于抽取药液。蒸球旋转线速度为5～6m/min，以保证物料在球内翻转与混合。

我国目前制造的蒸球有3种型号，即ZJQ1、ZJQ2、ZJQ3，其容积分别为14m³、25m³、40m³。

蒸球的优点是操作简便，物料在球内混合均匀，液比小，蒸煮均匀性好；不需高层建筑，设备投资低，安装维修简单。其缺点是生产能力低，蒸煮工艺受蒸汽质量影响较大，占地面积大，故多为中小型厂采用。

7.1.2 立式蒸煮锅

立式蒸煮锅是我国大中型硫酸盐浆厂的主要生产设备，其主要优点是锅容积大，生产能力大，与同容积蒸球相比，占地面积小，但需高层厂房，设备投资较大。国产硫酸盐法立式蒸锅规格主要有ZJG1、ZJG2和ZJG3 3种，其有效容积分别为50m³、75m³、110m³，工作压力为0.8MPa，高度与直径之比在3.3～4.0，此比值对蒸煮质量影响很大，如果比值过小，可能造成药液循环在整个锅截面上分布不匀，液流形成短路，因而使锅内物料升温不均匀，造成蒸煮不匀，纸浆得率下降。反之，如比值过大，则会使蒸锅高度过高，厂房建筑投资增加。

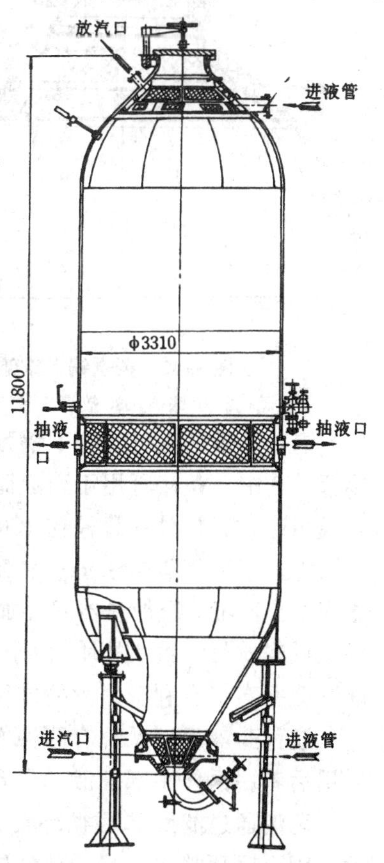

图9-40 硫酸盐蒸煮锅

锅体由上锥部、圆筒部和下锥部组成，其结构如图9-40。锅的上锥角一般取90°，下锥角为60°。上、下锥角大小对蒸煮锅的装料、送液、喷放、通汽等操作均有一定影响。如上锥角过大，则会降低装锅的填充系数；下锥角过大，则影响浆料喷放及通汽的均匀性，造成局部区域升温较慢，影响成浆的均匀性。反之，上、下锥角过小，在同样锅容积时，锅

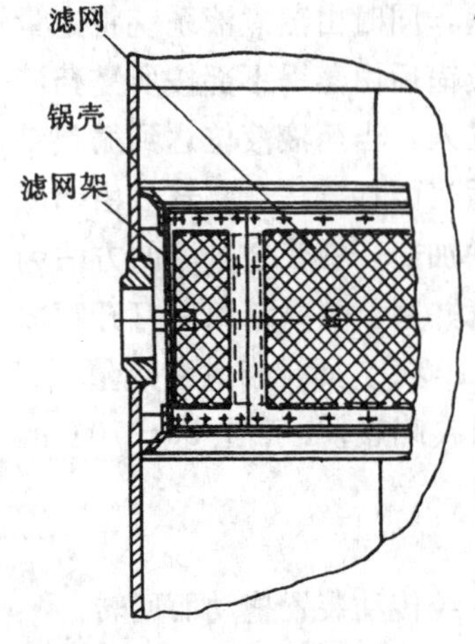

图 9-41 锅体圆筒部滤网结构

体高度增加。

为使药液在锅体内循环，在锅体圆筒部设有对称的两个药液抽出接管，并在对应的锅体内壁上装有环形滤网，其结构如图 9-41。一般锅壳与滤网之间的距离为 120～150mm，滤网用 4～6mm 钢板制造，网孔直径为 3～8mm，为防止网孔被木片或浆料堵塞，滤网开孔面积取为抽液管面积的 10 倍，而且对着抽液管的滤板上应在大于接管开孔面积两倍的区域内不开孔。我国所用 50m^3、75m^3、110m^3 蒸锅所设抽液滤网开孔面积分别为 0.89m^2、1.26m^2 和 1.6m^2。

锅体上锥部亦装有两组锥形滤网，如图 9-42，上面一组用于排气时防止物料被气带出，下面一组用于将加热器送来的药液均匀分布在锅的整个截面上。但容积较小的蒸锅一般不用下面一组滤网，而在上循环的送液管上装有一个溅液板，将药液分散于整个蒸锅截面上。上锥部上端与下锅颈相接，上锅颈直径通常为700～800mm，近年来使用球阀盖的上锅颈直径为 450～600mm。

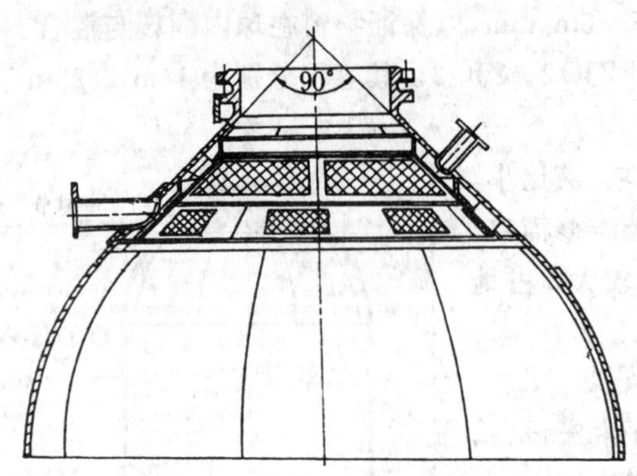

图 9-42 蒸煮锅上锥部

1. 上锥壳；2. 上锅颈；3. 放汽滤网；4. 送液滤网

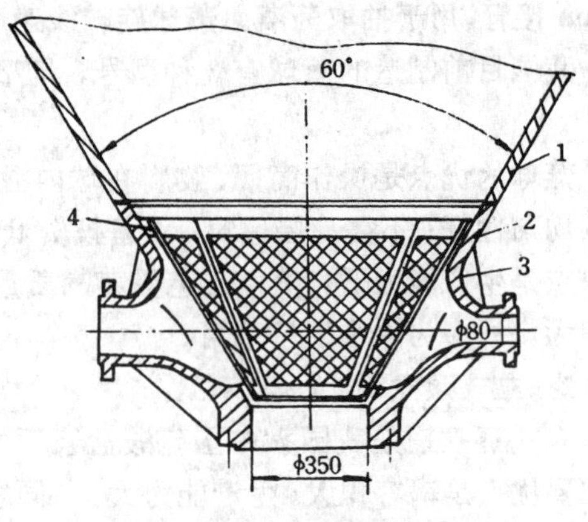

图 9-43 蒸煮锅下锥部

1. 下锥壳；2. 滤网；3. 下锅颈；4. 滤网架

锅体下锥部由锥体和下锅颈组成，如图 9-43，其内表面也有一组滤网，下锅颈两侧有两条接管，其中一条接管用于药液循环系统，另一条用于送入蒸汽，下锅颈下口与喷放阀及放料管线相连，通常放料管径在 200～350mm，视锅容积大小而定。

绝大多数硫酸盐法蒸煮锅都设有间接加热药循环系统，升温时用循环泵连续从锅体中部滤网抽出药液，经加热器间接加热后再送回锅内，从而使锅内物料升温均匀，药液浓度一致，保证纸浆质量一致。同时，由于间接加热药液没有蒸汽冷凝水冲稀，使实际蒸煮液比下降，药液浓度提高，有利于蒸煮的进行，并使所得黑液浓度高，可降低碱回收蒸汽消耗量。

这种药液循环系统有两种方式：即底部抽液循环系统和中间抽液循环系统，目前国内多采用后者。锅体中部抽液循环系统如图 9-44。

药液通过滤网 E 用循环泵 F 送入加热器 A，以间接蒸汽加热，加热后的药液一部分经上循环管至锅顶喷出，另一部分送入锅底，两部分的液量大致相等。这种循环系统由于滤网位置较高，孔眼不易堵塞，且由于较大量药液由锅底送入，可使下部浆料始终保持疏松状态。循环泵多用双汲式离心泵，扬程 10～20m，送液能力应能使锅内药液循环 8～12 次/h。加热器多用列管式或板式热交换器。加热面积通常每立方米锅容积选取 0.7～1.0m^2，国外有用 0.5～0.6m^2。为防止传热面结垢，液体流速一般取 2.5～3.0m/s。我国所用 50m^3、75m^3、110m^3 蒸煮锅，其列管加热器加热面积为 40m^2、65m^2、90m^2。

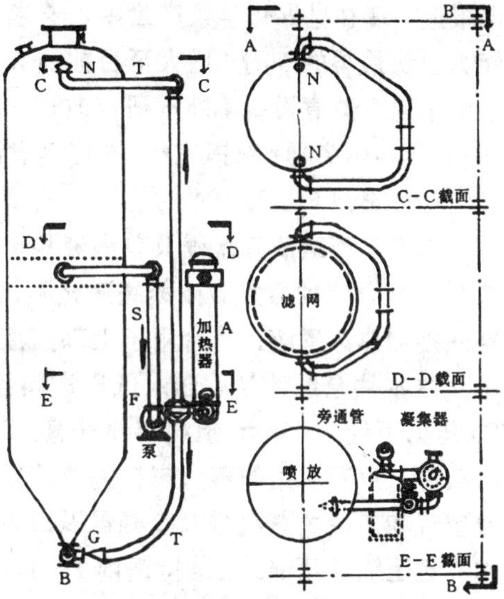

图 9-44 锅体中部抽液循环系统

7.1.3 蒸煮锅产量计算

根据蒸锅有效容积可计算其每小时的粗浆产量 q (kg/h，BDT)，即：

$$q=\varphi VA \tag{9-39}$$

式中：V——蒸锅有效容积 (m^3)；

A——蒸锅单位容积每小时粗浆产量〔kg/ (m^3 · h)〕；

φ——充满系数，一般取 0.9 左右。

A 取决于装锅量、蒸煮周期和粗浆得率，即：

$$A=\frac{\gamma Y}{90H} \tag{9-40}$$

式中：γ——装锅密度 (kg/m^3) (装锅密度受原料相对密度和装锅方法影响，一般根据实际生产数据而定)；

Y——粗浆得率 (%)；

H——蒸煮周期，包括装料、送液、升温、保温、喷放等工序所需时间的总和 (h)；

90——纸浆绝干重换算为风干重。

将式 (9-40) 代入式 (9-39) 得：

$$q=\frac{\gamma Y\varphi V}{90H} \tag{9-41}$$

7.2 连续蒸煮流程及设备

20 世纪 30 年代以来，制浆过程的连续化得到飞速的发展，目前已经达到很高的技术水平和广泛的应用，今后连续蒸煮将会得到更大的发展。

连续蒸煮与间歇蒸煮相比，有以下优点：①蒸汽消耗为间歇蒸煮的 60%，但电耗稍有增加；②由于生产中蒸汽、电、白液等用量稳定，因此动力装置、白液槽、喷放仓容量可以减小；③劳动生产率高，单位锅容积产浆量高；④由于采用全封闭生产，臭气污染小；⑤易于实现生产自动化，浆质量均匀稳定；⑥对大型工厂更适宜，吨浆设备投资低，占地面积小。

由于原料、制浆方法和浆种不同，连续蒸煮设备也有多种型式。对硫酸盐法制化学浆来说，主要用卡米尔式 (Kamyr)，M & D 鲍尔式 (Messing and Durkee)，也有用潘迪亚式 (Pandia)，其中以卡米尔式使用最多。

7.2.1 卡米尔连续蒸煮

从 1950 年第一台卡米尔蒸煮器投产以来，目前已成为硫酸盐制浆法中使用最多的生产设备。据报道，现在世界化学浆产量中，卡米尔蒸煮器生产的纸浆已占50%左右。每台设备的生产能力也从最早的50t/d增大至目前的2 800t/d（阔叶材）和2 050t/d（针叶材）[116]。几十年来卡米尔连续蒸煮设备不断地研究改进，目前已经发展成第6代产品，即单锅液相蒸煮器；单锅气相/液相蒸煮器；双锅气相/液相蒸煮器；双锅液相蒸煮器；改良连续蒸煮器（MCC）和EMCC（Extended MCC）。

（1）卡米尔连续蒸煮流程及单锅液相蒸煮器：最早的也是现在用量最大的单锅液相蒸煮流程如图9-45。这种蒸煮器被蒸煮液充满，锅内压力以高压进料泵维持，蒸煮加热采用两台加热器间接加热蒸煮液，一台用于上部药液循环，另一台用于下部循环。

木片由木片仓经计量后送入低压进料器，木片连续送入汽蒸室，在100～120℃，70～150kPa压力下经2～3min预汽和预汽蒸，以排除木片中的空气、提高木片温度，如改善药液的渗透条件。汽蒸所用的蒸汽来自闪急蒸发罐产生的自蒸发蒸汽，预汽蒸产生的松节油等挥发物及空气和多余的蒸汽排入冷凝器以回收松节油。预汽蒸后的木片经油槽进入高压进料器，并将木片送至锅体顶部，并维持锅内1～1.2MPa的蒸煮压力（此压力较蒸煮温度的相应压力高0.3～0.4MPa，以保证液相蒸煮）。木片在锅顶分离器（如图9-46）内使多余的药液分离，此部分药液经滤网，再由上循环泵送至高压送料器，新蒸煮液则由高压泵直接送至锅顶。木片靠自重落入锅上部。

蒸锅自上而下分为浸透区、升温区、蒸煮区、扩散洗涤区和冷却区（如图9-47）。各区的划分均按锅内药液循环滤网的位置而定。

木片与药液由锅顶先进入浸透区，浸透温度由105℃升至130℃，浸透时间约为45min。而后进入升温区，该区由上、下药液循环滤网构成。由升温区上部循环带（滤网）抽出的药液

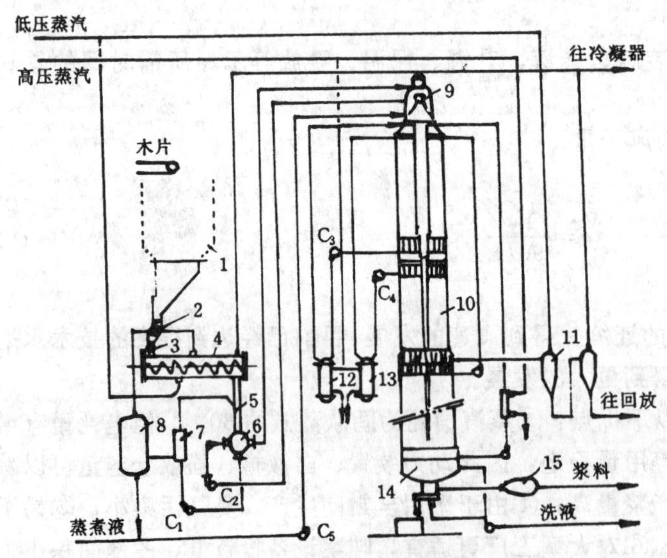

图9-45 单锅液相连续蒸煮流程

1. 木片仓；2. 计量器；3. 低压进料器；4. 汽蒸室；5. 油槽；6. 高压进料器；7. 过滤器；8. 平衡槽；9. 蒸煮锅分离器；10. 蒸煮锅；11. 闪急蒸发罐；12、13. 药液循环加热器；14. 排料装置；15. 浆料浓缩器

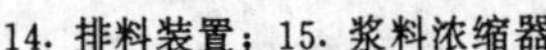

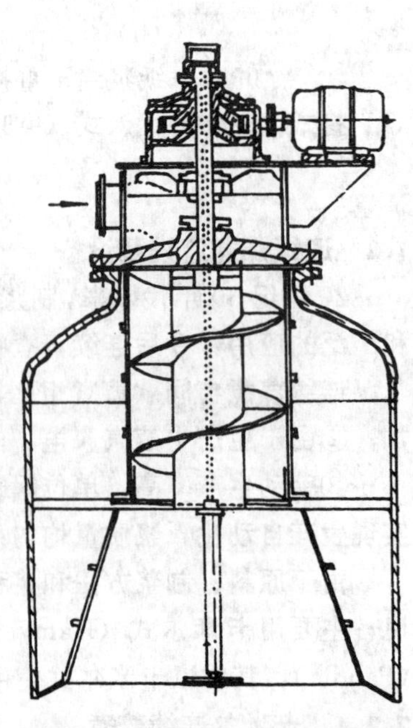

图9-46 连续蒸煮锅锅顶分离器

用泵经加热器加热至 150℃，再经锅中心装设的外套管送回升温区上部。由升温区下部的循环带抽出的药液经加热器加热至 170℃后经锅中心装设的第二层套管送回升温区下部。随后，木片进入蒸煮区，蒸煮时间约 60min。为了使到达蒸煮区底部的浆料达到蒸煮要求，操作中要调整蒸煮区温度或药液温度。

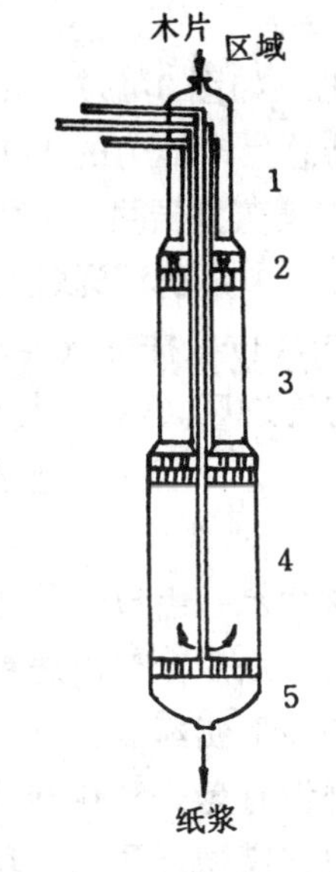

图 9-47　卡米尔蒸煮锅的各区分布

1. 浸透区；2. 加热区；3. 蒸煮区；4. 洗涤区；5. 冷却区

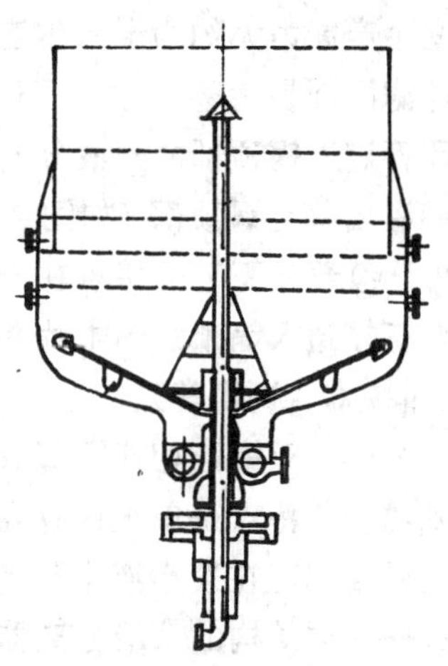

图 9-48　连续蒸煮锅排料装置

木片通过蒸煮区后即进入扩散洗涤区，热扩散洗涤是用热稀黑液与木片逆流运动进行扩散洗涤。其过程是：将洗涤工段的稀黑液用泵打入锅底冷却区，木片则被冷却后由排料阀排出，稀黑液则由锅底滤网抽出，经加热器加热至 120～130℃后由锅内中心套管送回该滤网上部，而后向上流动，进行逆流洗涤。当此洗涤黑液上升至洗涤区上端的下滤网时，用泵抽出，再经锅中心套管送至蒸煮区下端，与木片一起下行的浓黑液混合并置换，由洗涤区上滤网排出，至闪急蒸发器降压至 0.1MPa 左右。此时产生的自蒸发蒸汽用于汽蒸木片。为进一步降低黑液压力，将由第一闪蒸罐排出的黑液再送至第二闪蒸罐，使压力降至 0.04MPa 左右，水分进一步汽化，黑液送碱回收工段。热扩散洗涤时间一般为 1.5h 以上。锅底部设有缓慢转动的刮料器（如图 9-48），以保持锅底浆流均匀，易于排放，75～80℃的稀黑液即通过轴心管和锅底周围喷嘴喷入以冷却浆料。在锅内设扩散洗涤区并冷却浆料进行冷喷放的技术是 1962 年由卡米尔公司开发出来的，这种技术除可提高浆料的洗涤效率，减少洗涤水用量外，比“热喷放”提高纸浆物理强度 10%～15%。

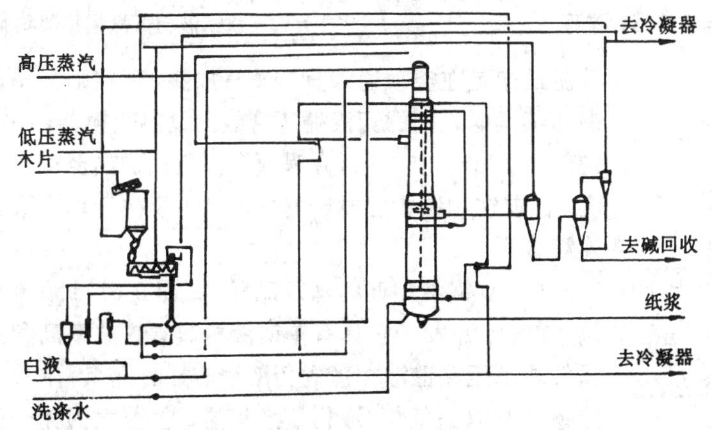

图 9-49　单锅气相/液相连续蒸煮流程

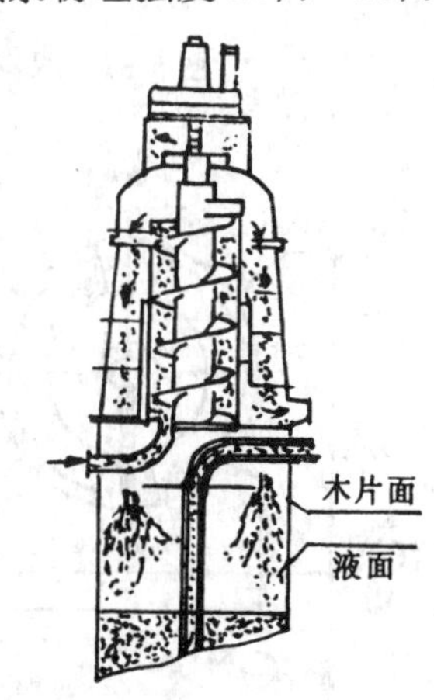

图 9-50　单锅气相/液相连续蒸煮器锅顶部

(2) 单锅气相/液相连续蒸煮流程（如图 9-49）：该蒸煮器为1966年开发，现已投产的该型生产能力大约为卡米尔连续蒸煮器总生产能力的1/10。由于单锅液相连续蒸煮器的药液循环滤网部易堵塞、结污，气相/液相连续蒸煮器可以克服这些缺点。木片由高压进料器经上循环管进入锅顶部的药液分离器的下部，多余药液通过滤网为循环泵抽回，木片则由分离器上部溢出落至锅顶部（如图 9-50），锅内液位根据蒸煮要求可以控制在任何高度，液比较小。这种连续蒸煮工艺的特点在于锅内没有浸透区，只在上循环系统和分离器内进行短时间浸透，蒸汽直接通入锅顶加热木片并进行蒸煮。这种型式的连续蒸煮适合于容易被药液浸透的阔叶材（如桉木、杨木等）。

(3) 双锅液相连续蒸煮[94,95]：该技术是由单锅气相/液相蒸煮发展而来，于1970年开发成功。其特点是单独设有高压浸透锅。木片由高压送料器送入预浸透锅的顶部，使其通过浸透锅期间，在最小液比及高压低温条件下使药液充分浸透于木片内部，浸透锅上部设有同蒸煮锅同样结构的药液分离器。锅底部设有盘式刮料器及假底。当木片下行至底部时，由刮料器将木片刮入假底下面的排料室，由此借循环泵把循环药液冲送至蒸煮锅顶。木片在浸透锅停留40～60min，压力为1MPa，温度为90～104℃，这样可使难以浸透的树种和不同大小的木片得到均匀的浸透，并使蒸煮液比减小，蒸煮质量提高。该工艺蒸煮锅上部为汽相，蒸煮升温最初是在釜顶通入直接蒸汽加热，现在则在浸透锅和蒸煮锅之间的药液循环管线上设热交换器，间接加热至128～145℃，再由锅顶直接蒸汽加热至蒸煮温度。目前这种装置已投产的生产能力仅次于单锅液相连续蒸煮。

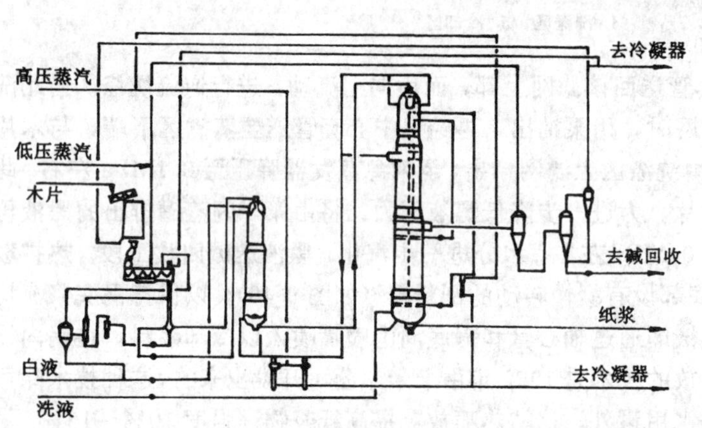

图 9-51 双锅液相连续蒸煮流程

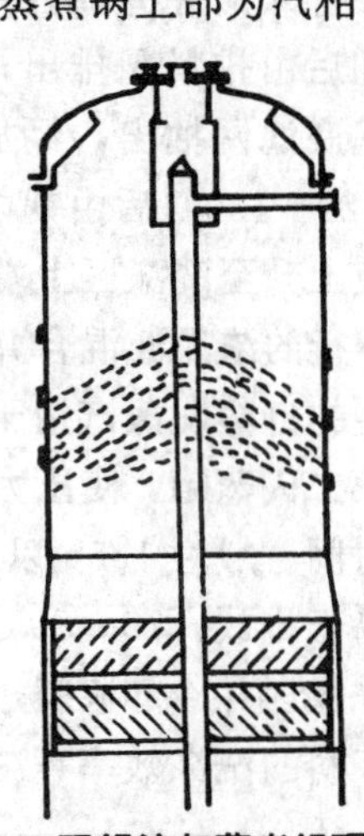
图 9-52 双锅液相蒸煮锅顶部结构

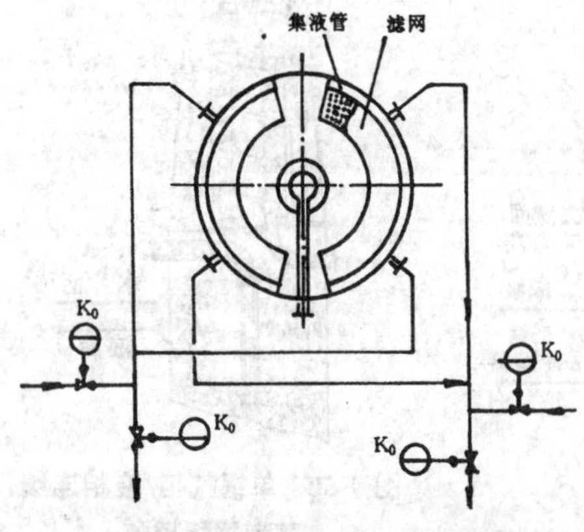

图 9-53 双锅液相蒸煮锅顶部滤网

(4) 双锅液相连续蒸煮流程（如图 9-51）：该流程系1978年开发，它具有单锅液相蒸煮热效率高和双锅气相高压浸透液相蒸煮药液浸透好的优点。木片供给系统与双锅气相/液相蒸煮相同，但蒸煮锅完全被药液充满，锅内压力由高压送料泵维持，蒸煮的升温在浸透锅和蒸煮锅之间的药液循环管线上设置加热器以间接加热，为此用两台加热器串联，蒸煮锅顶部不装设分离器（如图 9-52 和图 9-53）。木片和药液通过顶部圆筒管进入锅内，木片由重力下降，药液则上升至锅顶滤网回流至浸透锅底，由于锅顶没有螺旋分布木片，因此该蒸煮锅设计时使木片降落速度为液体上升速度的 10 倍，以便木片与液体能很好分离。顶部滤网（如图 9-53）分四个区，工作时，由相对的两个区同时抽出药液，另两个区休止，每 90s 交替一次，滤网孔径为 19mm，这样可以防止滤网的结污堵塞。木片在锅内的高度可由锅内设置的木片水平高度计测量。

双锅液相连续蒸煮装置由于药液浸透好，升温均匀，锅内热分布均匀，因此，蒸煮质量好，热效率高，同时锅顶没有回转装置，维修、保养简单，可以适用于各种原料。

7.2.2　M & D 连续蒸煮

又称斜管式连续蒸煮器，最初主要用于冷碱法制半化学浆，以后逐渐推广至中性盐法制浆和硫酸盐化学浆，由于发明者为 Messing 和 Durkee，故被称为 M & D 连续蒸煮器。其流程如图 9-54。

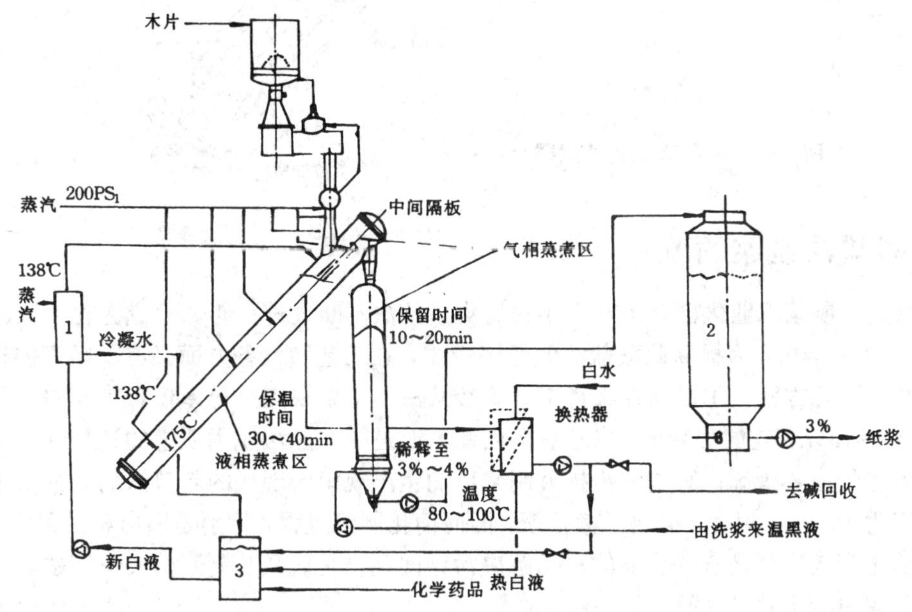

图 9-54　M & D 连续蒸煮流程

1. 加热器；2. 喷放仓；3. 混合槽

该蒸煮器为 45°倾斜的圆筒（如图 9-55），内部用中间隔板分为上下两部分，装有循环转动的刮板输送器。给预气蒸的木片由高压进料器送入斜管上部入口与药液混合并充满了刮板之间的间隙，在中间隔板的上方被刮板推向斜管蒸煮器的底部，然后在中间隔板的下方被刮板推向蒸煮器顶部的排料口。物料在蒸煮器内用直接蒸汽加热至蒸煮最高温度。蒸煮时间可根据需要调整刮板输送器的速度控制，一般为 30～40min，然后物料由排料口进入立式蒸罐中继续保温 10～20min，蒸煮罐底部用洗涤工段送来的稀黑液将浆料稀释至 3%～4%，由喷放阀连续喷放至喷放仓。蒸煮黑液在物料运行至排料口前经滤网由泵抽出，再经换热器后送碱回收工段。

该连续蒸煮器多用于高得率浆生产，也可用于化学浆，其生产规模受斜管蒸煮器容积所限，一般在80～400t/d，目前已投产的最大直径为 3m，蒸煮器容积为 14～133m^3。

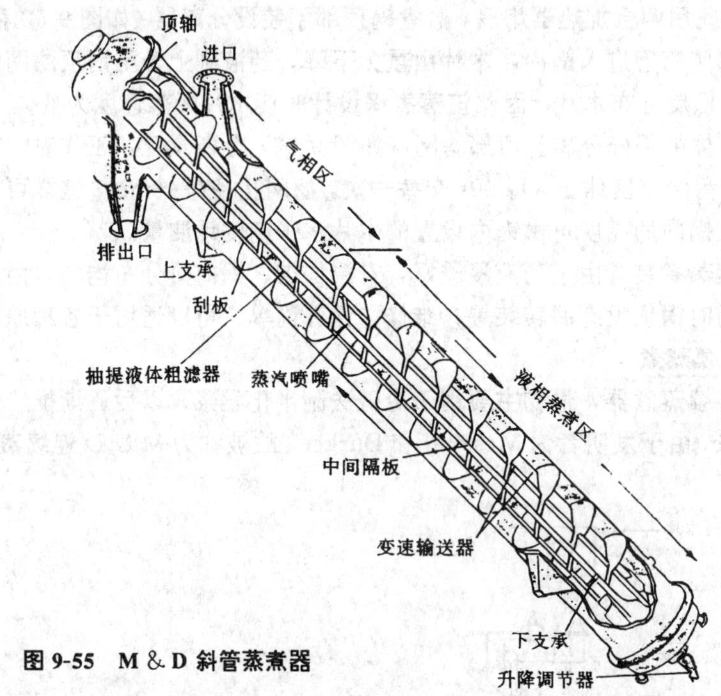

图 9-55 M & D 斜管蒸煮器

8 硫酸盐法制浆的改进

硫酸盐法制浆工业化已有100多年的历史，该法不断改进完善，已成为化学浆的主要生产方法。20多年来，为提高硫酸盐法的经济效益，在工艺和设备方面又有了显著的进展，主要表现在以下几方面：①提高纸浆得率。硫酸盐法的主要缺点是得率低，其漂白浆得率一般仅为40%～45%，较酸法浆低5%左右。因此，改进硫酸盐法脱木质素的选择性，是提高该法经济效益的重要措施；②进一步扩大制浆厂的生产规模。现代的趋势认为硫酸盐浆厂的经济规模应为1000t/d以上，需要巨额投资，因而简化制浆过程，特别是漂白和碱回收过程，提高制浆的生产效率都是非常重要的；③解决污染问题仍是硫酸盐制浆的关键问题。特别是空气污染和漂白废水的毒性问题。

8.1 碱-蒽醌蒸煮

蒽醌类化合物作为蒸煮助剂自20世纪70年代工业化以来，已被世界各国广泛应用，由于这种方法不需要改变原有流程和设备，即可达到提高纸浆得率、降低消耗，甚至有可能代替部分或全部硫化物，消除或减少硫酸盐恶臭的效果，因此发展很快，特别在木材资源和能源紧张的国家已相当普及，蒽醌在蒸煮反应中的作用也已基本搞清。实验证明，蒽醌对任何原料的碱法蒸煮都产生明显效果。

8.1.1 目前使用的蒽醌类化合物及其效果

目前使用的蒽醌类化合物如下：

蒽醌（AQ）
(Anthraquinone)

1，4，4α，9α-四氢-9，10-蒽醌（THAQ）
（1，4，4α，9α-Tetrahydro-9，10-Anthraquinone）

1，4-二氢-9，10-二羟基蒽醌钠（DDA）
（Disodium Salfot1，4-Dihydro-9，
10-dihydroxy-Anthraquinone）

DDA 是蒽醌类化合物中效果最好的助剂，它溶于水，因此可以精确的添加并且混合均匀，而蒽醌（AQ）则不溶于碱和水中，但它可在蒸煮初期被糖类等还原性物质还原为氢醌（HAQ）而溶于水。蒽醌类化合物的蒸煮效果可综合如下：

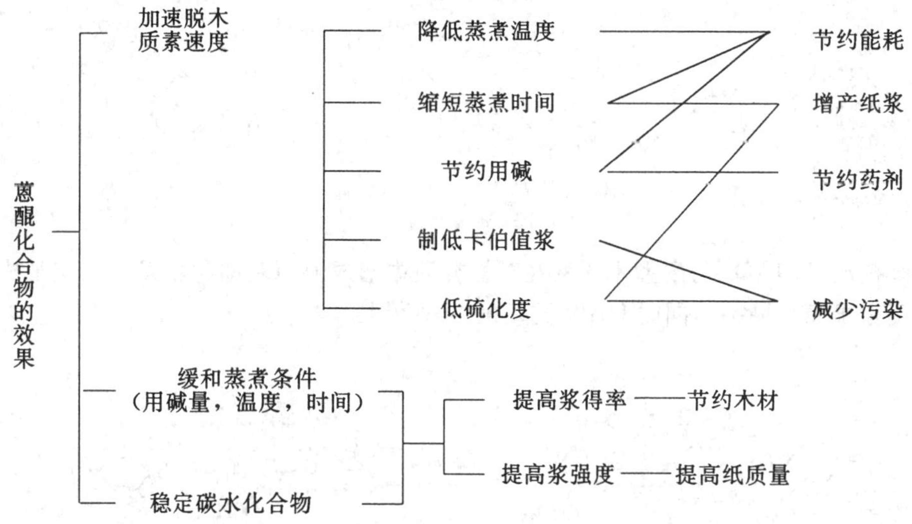

由此可见，蒽醌的效应主要表现在提高纸浆得率，节约能耗和减轻大气污染等方面。

8.1.2　碱-蒽醌蒸煮化学

近年来，对蒽醌促进脱木质素反应，提高脱木质素选择性的理论研究已基本成熟。研究表明[119]，蒽醌在蒸煮过程中与聚糖和木质素形成了一个完整的氧化还原系统，如图 9-56。

（1）AQ 被碳水化合物末端基和木质素还原：碳水化合物还原性末端基被氧化为羧基可以阻止“剥皮反应”的进行，保护了纤维素和半纤维素，其直接效应是提高了纸浆的得率。

侧键 α-，γ-位具有醇羧基的酚型或非酚型木质素结构，醇羟基亦可被 AQ 氧化为醛基，并使木质素大分子碎片化。其碎片化反应如图 9-57。

反应的结果造成对碱稳定的非酚型 α-芳基醚键开裂及 α-，β-之间的碳键断裂。这种 C_{α}-C_{β} 键的断裂是 β-1，β-5 和 β-β 型木质素降解的方式之一。

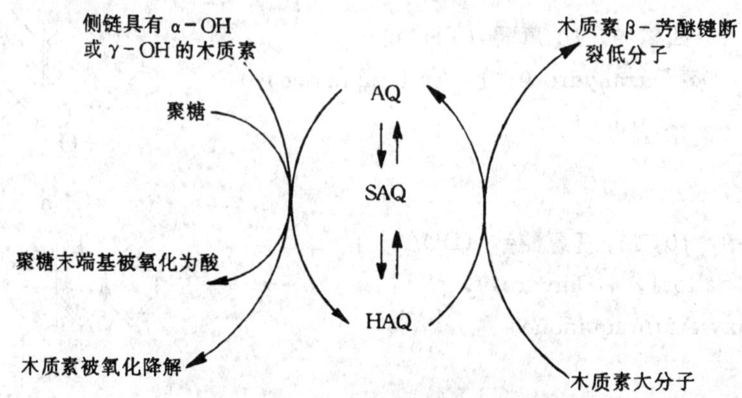

图 9-56 AQ-HAQ 氧化还原系统

(2) HAQ 被木质素氧化为 AQ：AQ 在碱介质中的电化学变化如下[120]：

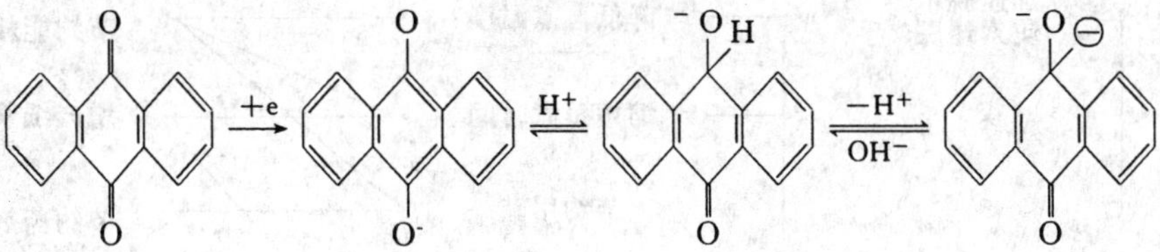

Gierer 提出了 HAQ^- 与酚型木质素在碱性介质中形成亚甲基醌化物发生亲核加成反应，促进了 β-芳基醚键的断裂，同时 HAQ 被氧化为 AQ[121]。

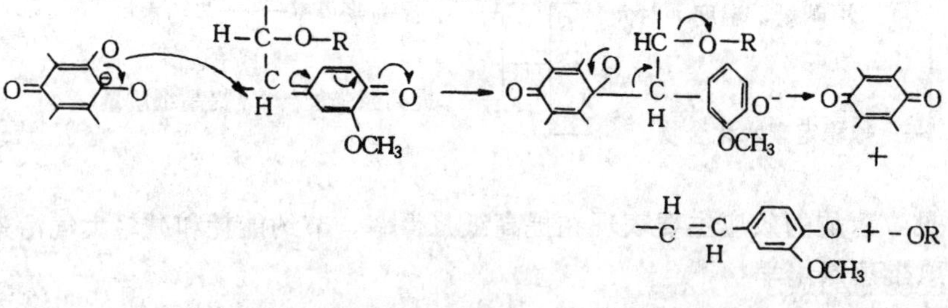

Gratzed 等发现[122]，具有 α-羰基的非酚型木质素的 β-芳基醚键在 HAQ^- 的作用下亦可断裂。

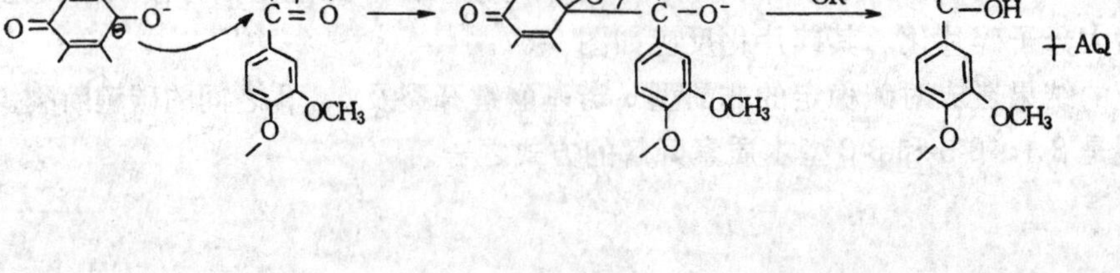

图 9-57　AQ 对非酚型木质素的氧化反应

8.1.3　添加蒽醌的纸浆得率和质量

添加蒽醌后纸浆得率增加的效果如图 9-58 至图 9-61。

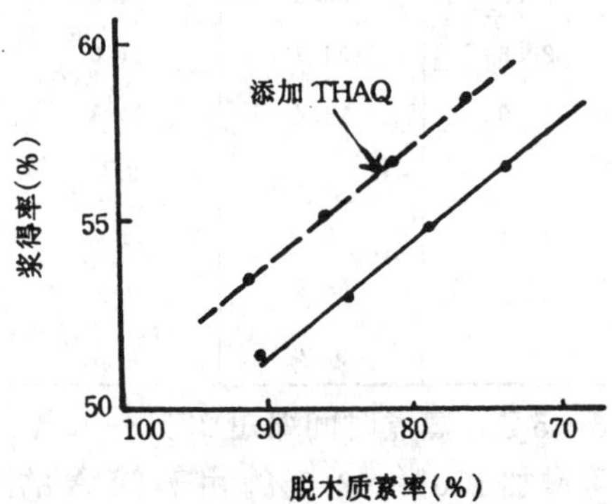

图 9-58　桦木烧碱-AQ 法脱木质素率与纸浆得率的关系

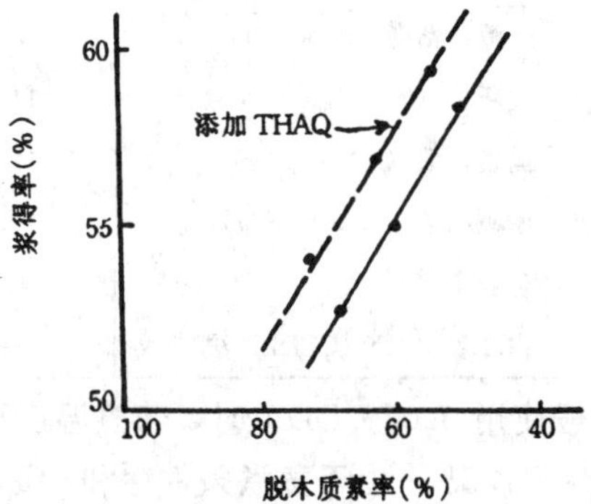

图 9-59　桦木 KP-AQ 法脱木质素率与纸浆得率的关系

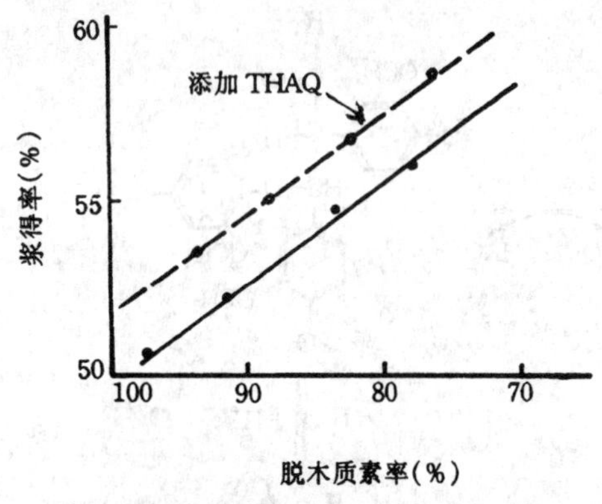

图 9-60 云杉烧碱-AQ法脱木质素率与纸浆得率的关系

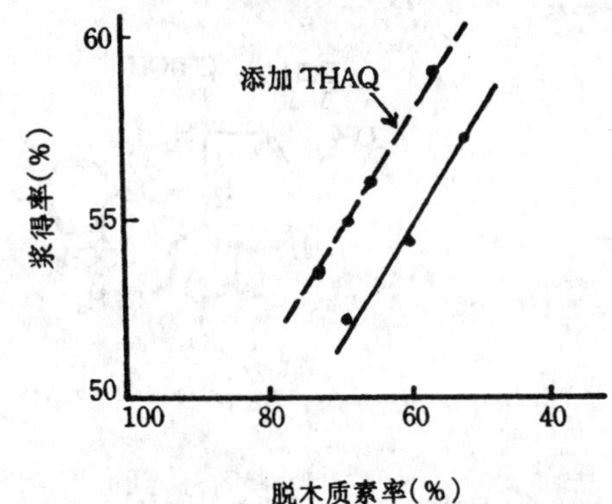

图 9-61 云杉硫酸盐-AQ法脱木质素率与纸浆得率的关系

由图 9-58 至图 9-61 可见，桦木硫酸盐蒸煮时，添加蒽醌类助剂可提高得率 2%，苛性钠法可提高 2.5%；云杉材硫酸盐蒸煮提高 2.5%，苛性钠蒸煮可提高 3%，草类原料添加蒽醌后，在相同脱木质素率条件下也可提高纸浆得率 2%左右。

添加蒽醌后纸浆的物理强度与未添加蒸煮基本相同。如云杉硫酸盐-蒽醌法浆的物理强度，除撕裂度比硫酸盐浆低 12%～15%外，其他强度基本相同。

苛性钠-蒽醌法与硫酸法比较，在蒽醌添加量为 0.25%（对云杉材）时，分析数据见表 9-10。

由表 9-10 可见，在总得率相同时，烧碱-蒽醌（AP-AQ）法的纸浆硬度较硫酸盐法（KP）低，漂白浆的裂断长与 KP 相同，但撕裂指数约低 7%，漂白性能有所下降。

近年来日本各纸浆厂多使用 DDA 代替 AQ，由于 DDA 可直接溶于白液中，易于均匀的被吸收到木片内部，因而其效果也较 AQ 为佳[123]。

表 9-10 云杉材硫酸盐法与烧碱-蒽醌法比较

项 目	未漂白		漂白浆	
	KP	AP-AQ	KP	AP-AQ
总得率（%）	48.2	48.6	48.5	48.5
卡伯值	31.2	29.3	30.5	30.5
未漂浆粘度（mPa·s）	32.4	20.6	34.7	21.0
裂断长（km）	14.9	14.0	14.4	14.3
撕裂指数（mN·m²/g）	12.0	9.4	9.5	8.8
耐破指数（mPa·m²/g）	12.3	11.1	12.0	11.2
伸长率（%）	4.0	3.2	3.9	3.5
白 度（%）（CEDED法）	—	—	90.0	85.7

一般使用 0.03%DDA 时，蒸煮温度可降低 3～5℃，蒸煮时间缩短 20%～30%，活性碱节约 1%～1.5%；由于蒸煮条件缓和，纸浆得率可增加 1.0%～2.0%。由于 DDA 的添加，硫酸盐蒸煮可向低硫化度方向发展而不影响纸浆强度，并使制浆工业臭气得到缓和。如采用 0.02%DDA 和 5%硫化度蒸煮，臭气发生量仅为 30%硫化度蒸煮的 5%[101]。

8.1.4　碱-蒽醌蒸煮时黑液蒸发器的结垢问题

使用蒽醌类助剂蒸煮的黑液中约残存 15%～30%的蒽醌，黑液蒸发时此部分蒽醌可被蒸汽带出，蒸发温度愈高，蒽醌被带出量愈大，这部分蒽醌是与黑液中的有机物（油状物）结合被蒸发出来的，它在温度降低时（特别在末效）析出，成为污垢附在蒸发器的汽室和二次蒸汽管壁，这些污垢大约由 65%的蒽醌和 35%的油脂形成的粘性柔软的附着物。现已有处理办法[124]，即用 9%NaOH 溶液在 80℃温度以上循环洗涤即可除去。也可在碱性条件下用 $Na_2S_2O_3$ 还原溶解[125]。

8.2　多硫化钠蒸煮

多硫化钠（PS）蒸煮是硫酸盐法的改良法，其目的在于通过在蒸煮白液中添加少量多硫化钠（Na_2S_x）使碳水化合物还原性末端基氧化，以防止其在碱性介质中的剥皮反应，达到提高纸浆得率的目的。该法最早由瑞典科学家 Hägglund（1946 年）提出，20 世纪 60 年代进行了不少研究，是一种很有工业化希望的方法，但恶臭问题迟迟未能解决。80 年代，由于科学技术的进步，恶臭问题已有解决办法，因此此法在挪威和日本已有工厂采用。

8.2.1　多硫化钠的性质

多硫化钠（Na_2S_x）是 Na_2S 溶液添加硫磺在 80～90℃加热溶解而生成的黄红色溶液。其反应式为：

$$Na_2S + (x-1)\,S \rightleftharpoons Na_2S_x$$

其副反应为：

$$6NaOH + 2(x-1)\,S \rightleftharpoons 2Na_2S_x + Na_2S_2O_3 + 3H_2O$$

$$2NaSH + (x-1)\,S \rightleftharpoons Na_2S_x + H_2S$$

Na_2S_x 中的 x 为 3～5，随着 x 的增大，溶液由黄色变为红色。因而 Na_2S_x 的生成是以两价硫的阴离子为中心形成错离子的结果。

PS 在室温下比较稳定，但随着温度增加而迅速分解（如图 9-62），其可能的反应为：

$$2Na_2S_3 + 6NaOH \xrightarrow{>130℃} 4Na_2S + Na_2S_2O_3 + 3H_2O$$

图 9-62　白液中 PS 浓度与温度的关系

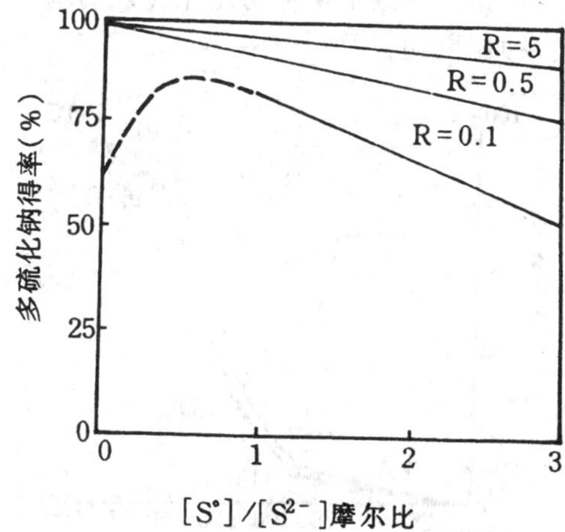

图 9-63　影响多硫化钠生成的因素

（R＝［S^{2-}］/［OH^-］，温度 50～80℃）

PS 在空气中氧化可以生成 $Na_2S_2O_3$ 或游离硫。在有过量 NaOH 存在时，PS 亦可分解为

Na_2S 和 $Na_2S_2O_3$，所以按上式生产PS时，由于在NaOH液中只加入少量S，所以一旦生产PS后立即分解，实际上得不到PS。

8.2.2 多硫化钠的制备

多硫化钠的制备主要有以下两种方法：

(1) 二氧化碳法[126]：将碱回收绿液浓缩，使 Na_2CO_3 结晶析出，分离。然后将 Na_2S 溶液通入 CO_2 使其酸化而生成 H_2S，然后将 H_2S 用 O_2 氧化为元素硫，以 S 与 Na_2S 反应生成 Na_2S_x。

硫转化为多硫化钠的转化率受 $[S^{2-}]/[OH^-]$ 和 $[S^0]/[S^{2-}]$ 摩尔比的影响。其结果如图 9-63。由图 9-63 可见，当 R 增加时，多硫化钠得率增加，即白液的硫化度高时，多硫化钠浓度高，而 S^0 的量高时，转化率下降。

(2) MOXY 法：20 世纪 70 年代中期由美国 Mead 公司开发[127]，目前世界至少有四套装置在运转。该法以空气氧化白液而生成多硫化钠。在氧化塔中白液经过用耐水剂处理后的颗粒活性炭作催化剂与空气中的氧反应，其反应式为：

$$2Na_2S+O_2+H_2O \longrightarrow 2S^0+4NaOH$$

生成的 S^0 再与 Na_2S 反应则产生 Na_2S_x。与上式相竞争的副反应为：

$$2Na_2S+2O_2+H_2O \longrightarrow Na_2S_2O_3+2NaOH$$

活性炭催化反应可以抑制副反应的进行，多硫化钠的生成率受 O_2 与 Na_2S 摩尔比的影响。研究表明，随着 O_2/Na_2S 摩尔比增加，多硫化钠反应率增加，当摩尔比达 0.3～0.4 时，达极大值，此时大约 65%Na_2S 转化为 Na_2S_x，摩尔比再增加则反应效率下降，此时 $Na_2S_2O_3$ 生成量加大。

如将硫化度为 30%的白液，用 MOXY 法氧化时，可得到 5～7g/L 浓度的 Na_2S_x 溶液。

8.2.3 多硫化钠蒸煮[128]

含有 PS 的蒸煮白液与硫酸盐蒸煮没有很大差异，只是由于 PS 的存在，其脱木质素速率较硫酸盐法稍快（如图 9-64）。

同时 PS 对碳水化合物还原性末端基的氧化，而使纸浆得率增加，PS 添加量与纸浆得率的关系如图 9-65。

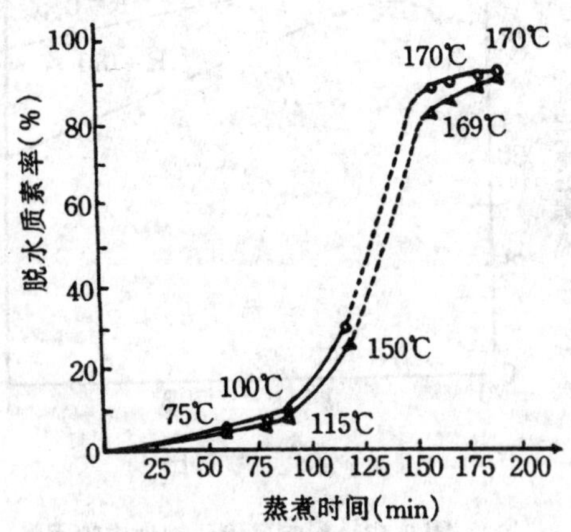

图 9-64 云杉 PS 法与 KP 法脱木质素速率比较

—○—PS 蒸煮；—△—KP 蒸煮

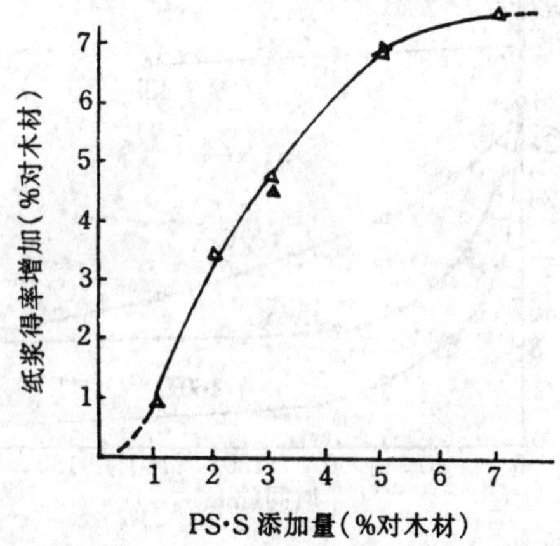

图 9-65 云杉材 PS 添加量与浆得率的关系

(卡伯值 36.5)

图 9-66 为蒸煮药液单独处理和有木材蒸煮时的硫化物浓度的变化。可见，有木材存在和无木材存在 PS 浓度变化没有很大的差别，这说明木材组分与 PS 的反应量并不大。另外蒸煮温度达到 120℃以上时，有木材与无木材比较，Na_2S 浓度的变化较大。木材组分与 PS 的反应由 80～90℃开始，至 140℃时反应结束，温度较高时 PS 则完全分解，因此最佳反应温度为 130～140℃，温度低虽可增加得率，但蒸煮时间过长，没有实用价值。因此 PS 蒸煮应以抑制 PS 分解，使其与木材充分反应，慢速升温的工艺条件方可得到较高的纸浆得率。

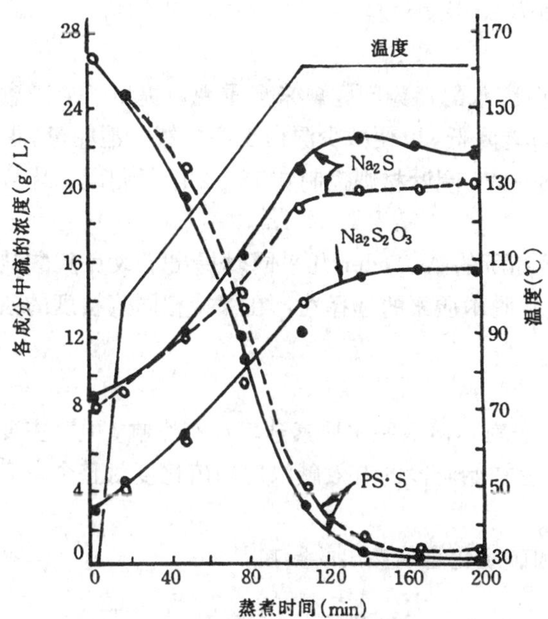

图 9-66　火炬松蒸煮中硫化物的变化

—○—无木材；—●—有木材

蒸煮条件：硫化度 28%，活性碱 25%，PS12%，液比 4∶1

研究表明，得率的提高程度受材种的影响较大。针叶材的 PS 蒸煮得率的提高，主要是由于葡甘聚糖的增加（如图 9-67）。

而阔叶材纸浆得率的增加，主要由于木聚糖的含量增加（如图 9-68），纤维素和葡甘聚糖

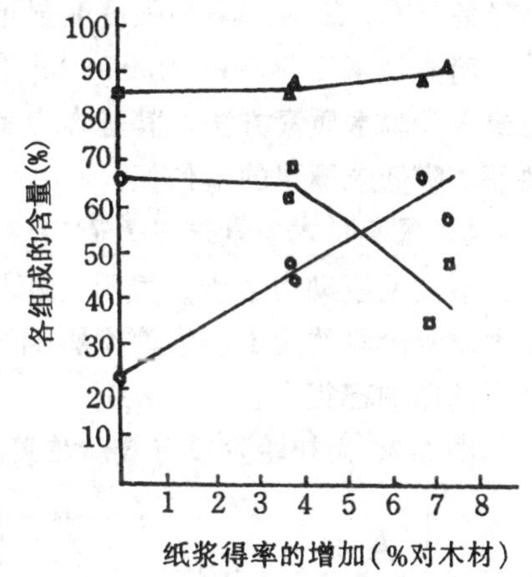

图 9-67　云杉 PS 法纸浆得率与浆中聚糖含量的关系

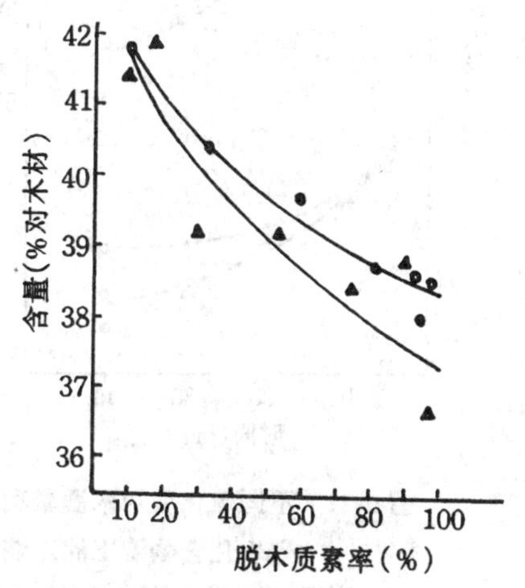

图 9-68　桦木 PS 蒸煮与 KP 蒸煮浆中纤维素含量的比较

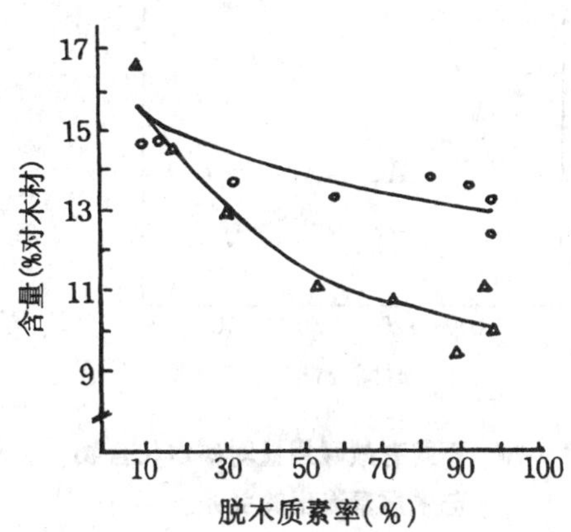

图 9-69　桦木 PS 与 KP 蒸煮浆中木聚糖含量的比较

也有增加（如图9-69）。阔叶材与针叶材相比，PS浆得率增加较少，这主要是由于PS对葡甘聚糖的保护为主，而阔叶材的中葡甘聚糖含量较少[129]。

另外，PS法纸浆得率的增加，除PS氧化聚糖的还原末端基，使聚糖破坏减少外，PS法蒸煮初期蒸煮液中的有效碱量较KP法稍高，而蒸煮后期又较低，防止了聚糖的渗出[130]。

8.2.4 PS浆质量

来源PS浆较KP浆色深，但漂白性能没有变化[131]。浆的物理强度与KP浆基本相同，由于PS浆中聚糖含量较高，因此打浆容易，纸张的撕裂度稍差。

8.3 深度脱木质素技术

20世纪70年代世界各工业发达国家对漂白废水的污染问题愈来愈重视，提出了愈来愈高的要求，希望未漂浆中残余木质素的含量尽可能降低，以便减少漂白工序的氯的消耗量。但常规硫酸盐蒸煮中针叶材一般卡伯值不低于28～32，阔叶材则控制在18～22，否则碳水化合物降解严重，纸浆得率和强度明显下降。

瑞典皇家工学院的N. Hartler和林产品研究所的A. Teder几乎同时提出了改良硫酸盐法或深度脱木质素方法。其基本点都是提高蒸煮脱木质素的选择性，在保持相同浆粘度的条件下，降低未漂浆的卡伯值。

8.3.1 深度脱木质素理论基础

蒸煮反应动力学研究表明，初始段[SH^-]虽对本阶级脱木质素速率没有影响，但对主要脱木质素阶段的脱木质素速率影响很大，实际上初始阶段的有效碱浓度和硫化度对整个蒸煮过程的影响都很大。

图9-70为初始阶段有效碱浓度对木质素和碳水化合物渗出的影响[132]。

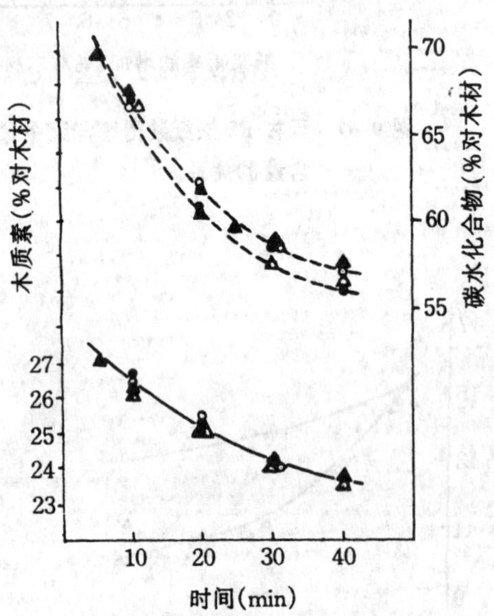

图9-70 不同有效碱用量对碳水化合物与木质素渗出的关系

（硫化度 30%，温度120℃）

有效碱：—○—12.7%；—▲—17.5%；—△—25%；—●—41.4%

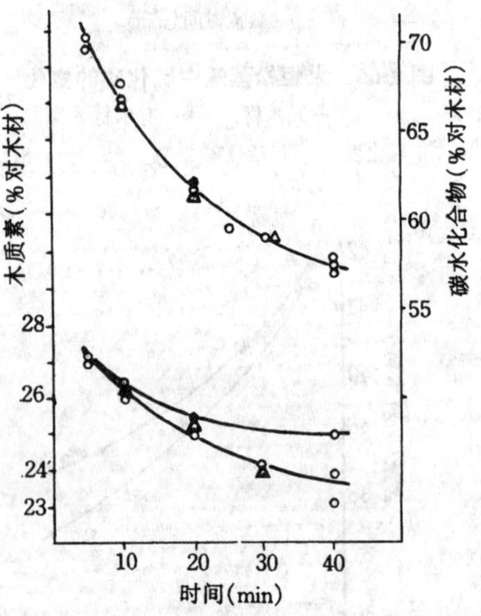

图9-71 不同硫化度对木质素和碳水化合物渗出的影响[132]

（有效碱 17.5%，温度120℃）

硫化度：—●—0%；—○—30%；—△—35%

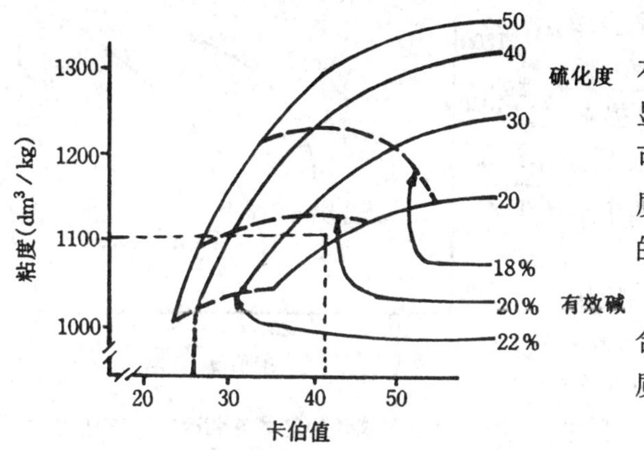

图 9-72 有效碱和硫化度与浆料卡伯值和粘度的关系

数据表明，初始阶段碱浓的变化对脱木质素速率影响不大，但碱浓的增加，却明显地加速了碳水化合物的溶出速度。由此可见，蒸煮初期的低碱浓有利于提高脱木质素的选择性。而在常规碱法蒸煮中初期的碱浓在整个蒸煮过程中是最高的。

蒸煮初始阶段硫化度的变化对碳水化合物的溶出影响不大，但在高硫化度时，木质素的渗出速度增加（如图 9-71）。

G. Annergren 的研究指出[133]，蒸煮液中硫化度是非常重要的，蒸煮初始阶段采用高硫化度有利于提高脱木质素的选择性，而下一阶段的硫化物浓度则可以降低。

由图 9-72 可见，有效碱用量对浆料粘度有非常明显的影响，而在相同有效碱用量时，硫化度对浆料卡伯值影响甚大，因此在相同用碱量情况，采用高硫化度有利于选择性地脱木质素。

此外，随着蒸煮的进行，蒸煮液中木质素浓度增加，也将使脱木质素速度减慢，并使脱木质素的选择性降低（如图 9-73）[134]。

综上所述，脱木质素的选择性可以通过提高初始阶段的 [SH^-]，降低 [OH^-] 以及降低蒸煮后期蒸煮液中的木质素浓度得到改善。研究表明，提高蒸煮初始阶段的 [SH^-] 所发挥的作用比在主要脱木质素阶段更为重要。

图 9-74 为常规硫酸盐蒸煮与初始阶段提高 [SH^-]，降低 [OH^-] 蒸煮结果的比较。在卡伯值为 35 时，两种浆料的粘度相差约 170dm³/kg[135]。

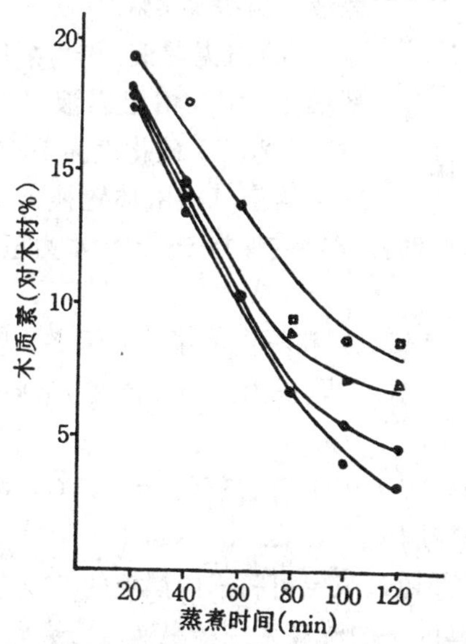

图 9-73 蒸煮液中木质素浓度与脱木质素率的关系

木质素（g/L）：—●—0；—○—30；—△—50；—□—70

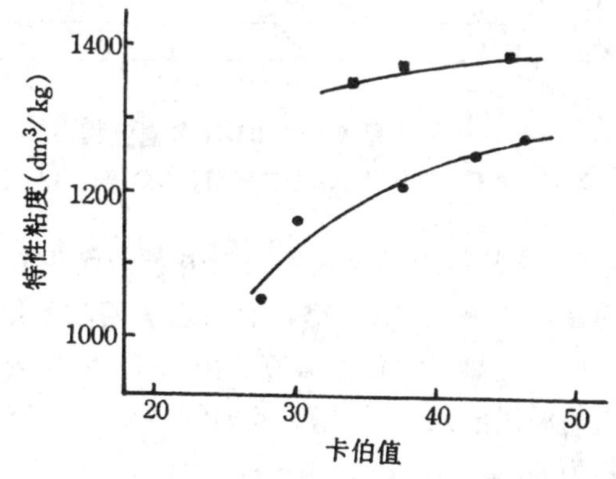

图 9-74 常规蒸煮与改良蒸煮的纸浆粘度和卡伯值的关系

—●—常规蒸煮：有效碱用量 18%；硫化度 40%；有效碱浓 4.5mol/kg 绝干材；硫化物离子 1.1mol/kg 绝干材。

—■—改良蒸煮：总有效碱用量 4.5mol/kg 绝干材，初始阶段加入有效碱 3.4mol/kg 绝干材，硫化物离子 2.1mol/kg 绝干材降低蒸煮后期蒸煮液中木质素浓度，适当增加[OH⁻]，可以改善最终脱木质素的选择性。图 9-75 说明蒸煮后期降低木质素浓度和提高[OH⁻] 对提高后期脱木质素选择性的效果[135]。由图 9-75 可见，当卡伯值为 25 时，改良法纸浆粘度约比常规法增加 200dm³/kg。

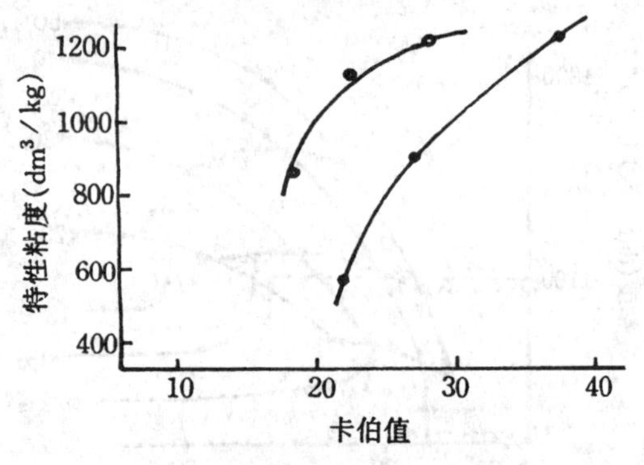

图 9-75 常规硫酸盐蒸煮和改良蒸煮纸浆粘度与卡伯值的比较

—●—常规蒸煮：有效碱 21.5%；硫化度 40%；有效碱 4.0mol/kg 绝干材；硫化物离子 1.4mol/kg 绝干材

—○—改良法：蒸煮后期降低木质素浓度，提高 [OH⁻]，初始阶段加入有效碱 3.0mol/kg 绝干材，硫化物离子 1.4mol/kg 绝干材

8.3.2 深度脱木质素技术在间歇蒸煮中的应用

目前在间歇蒸煮中运用深度脱木质素理论，已工业化并被积极推广的方法有美国 Beloit 公司的 RDH（Rapid Displacement Heating）即快速置换加热法，这是将深度脱木质素技术与节能相结合的方法。另外，瑞典的 Sunds Defiberator 公司也开发了与 RDH 相类似的超间歇蒸煮法（Super Batch Cooking，SBC）。

RDH 流程（如图 9-76）的主要设备为具有顶部抽出黑液滤网的蒸煮器；热黑液槽，温黑液槽和热白液槽，白液/黑液热交换器。一套贮槽和热交换器可以配装若干台蒸煮锅。

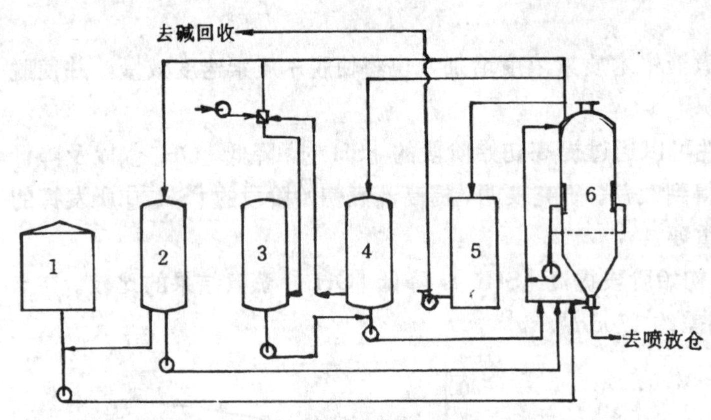

图 9-76 RDH 蒸煮流程

1. 洗涤水槽；2. B 槽；3. 热白液槽；4. C 槽；5. A 槽；6. 蒸煮器

其简要操作程序如下：

(1) 装锅：可采用蒸汽装锅或进液装锅，蒸汽装锅可提高装锅量 25%，进液装锅（用“A”槽温黑液）可提高 6%。

(2) 进温黑液：先用泵从锅底部送进“B”槽温黑液（温度为 115～125℃）硫化度为 100%，木片中的空气被液体置换，并由锅顶排出，木片被温稀黑液预浸透并预热至 120℃左右，此时蒸煮锅内保持 550kPa 水力压力，过量的温黑液送入“A”槽，然后送碱回收系统。

(3) 进热白液和热黑液：由“C”槽送入热黑液（165℃）和热白液泵送入锅底，以置换锅内的温黑液入“B”槽，此时锅内温度逐渐升至 155～160℃，锅内压力保持在 700kPa，硫化变为 40%。

(4) 升温与保温：用蒸汽加热使锅内温度升至 170℃，由于只需升温 10～15℃，故蒸汽消耗量仅为常规消耗量的 40%。保温时间由 H-因子控制。

(5) 置换：蒸煮达到终点后，泵送洗浆液至锅底部通过浆层可将锅内黑液的 70%置换至“C”槽，温度保持为 165℃。然后将相当于所要求稀释因子的洗涤系统稀黑液注入锅内，被置换的黑液转入“B”槽，此时黑液的平均温度为 120℃左右，最后低于 95℃的低温黑液转入“A”槽，此槽内黑液的平均温度为 85～90℃，锅内浆料被冷却到 95℃。

(6) 预热白液："C" 槽的部分热白液，经热交换器加热冷白液至 155℃，贮存于热白液槽被冷却的黑液进入 "B" 槽。

(7) 冷喷放或泵送：当洗涤液置换黑液至锅内温度降至 95℃后，由压缩空气经锅顶注入锅内将浆料喷放至喷放仓，或用泵送到喷放仓，泵送时用稀黑液冲稀浆料至 4%～6%。泵送的优点是料浆的强度损失比冷喷放少，动力消耗也比压缩空气喷放少，且节约时间，投资省，没有泡沫。

8.3.3　RDH 的效果

如前所述，RDH 是深度脱木质素技术与低能耗制浆相结合的新制浆工艺，它使间歇蒸煮的缺点得到了明显的改善，即在能源消耗、产品质量、自动控制等方面与连续蒸煮处于相竞争的地步。

(1) 蒸煮器的单位生产能力提高：RDH 蒸煮虽较常规蒸煮复杂，操作过程较繁，但由于操作自动化程度高，升温时间很短，因此总蒸煮周期较常规法缩短，如美国 Georgia Valdsta 纸板厂的蒸煮周期，RDH 较常规法缩短了 12.5%，即由常规法的 165min 缩短为 140min[136]。

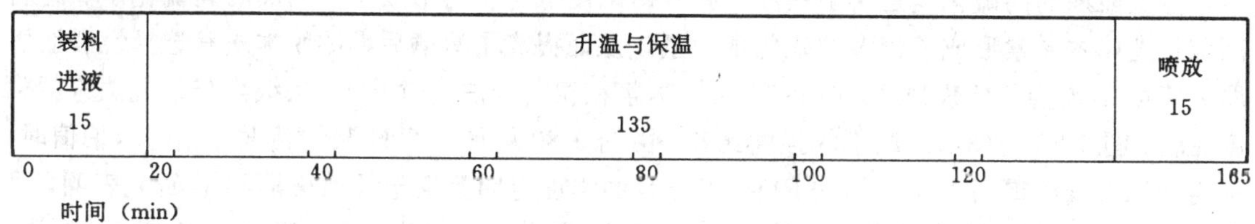

(2) 纸浆质量提高：由于该法在整个蒸煮过程中碱浓分布均匀，特别在蒸煮初期碱浓较低，硫化度却比常规法高 3～4 倍，而蒸煮药液的总硫化度与常规法相同，为 30%～32%。图 9-77 和图 9-78 为 RDH 蒸煮有效碱浓和硫化度在蒸煮过程中的变化情况[137]。

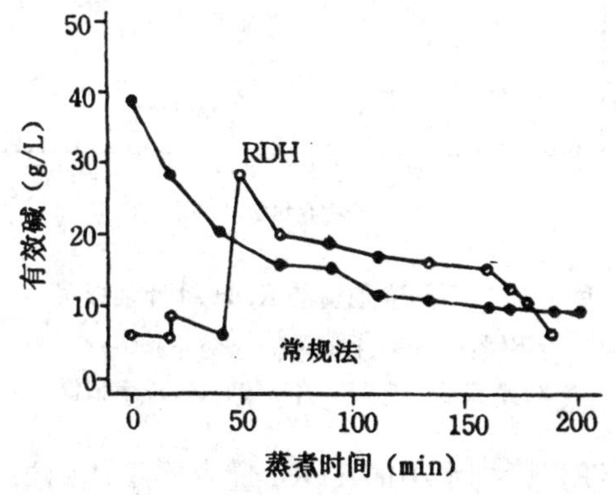

图 9-77　RDH 蒸煮药液有效碱变化情况

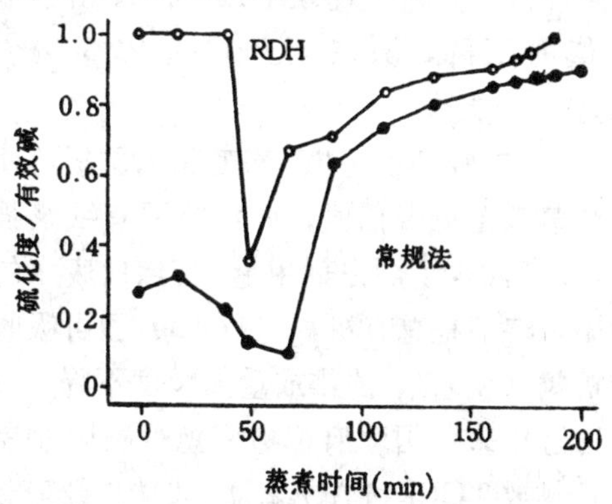

图 9-78　RDH 蒸煮药液硫化度的变化

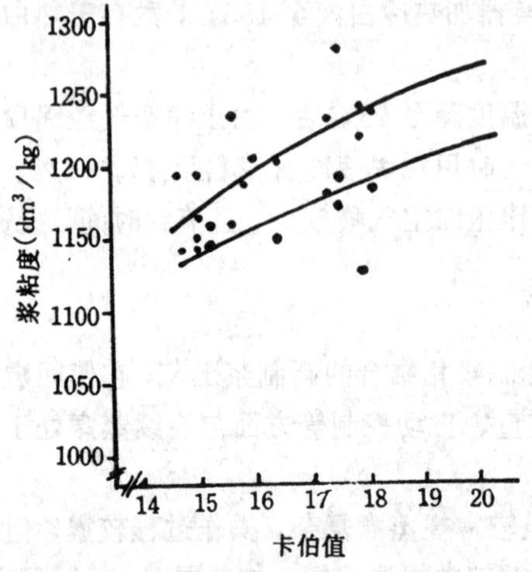

图 9-79 RDH 法桦木浆与常规法浆粘度比较

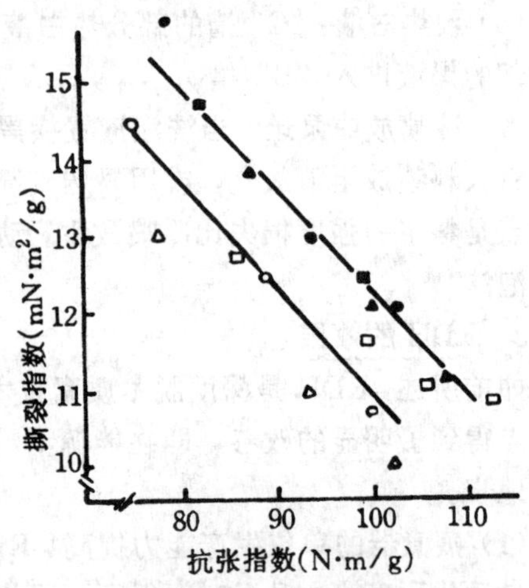

图 9-80 RDH 法未漂浆与常规法浆强度比较

●▲■RDH 蒸煮；○△□常规法

蒸煮前期的高硫化度是由于黑液中有效碱浓度低，自然形成了蒸煮液的高硫化度。这种高硫化度使木质素形成了较多的硫化木质素，从而提高了蒸煮后期的脱木质素选择性和脱木质素速度，改善了纸浆强度。图 9-79 为桦木浆在相同卡伯值时 RDH 法纸浆与常规法浆的粘度比较，图 9-80 为桦木未漂浆的强度比较。由图 9-80 可见，RDH 浆的粘度在相同卡伯值时，平均约比常规法提高 10%，因此 RDH 未漂浆的强度也明显高于常规法浆[138]。研究表明，漂白后 RDH 浆的强度仍较常规法浆高 10%。而且，这种强度的改善还表现在低卡伯值的纸浆，即在生产低卡伯值的纸浆时，RDH 法并不影响纸浆强度的改善（如图 9-81）。特别在卡伯值16～34 的浆料强度相差不大，这是深度脱木质素技术的重要成就之一[139]。因此，用 RDH 法蒸煮阔叶材时，卡伯值可由常规法的 14～18 降至 8～10，同时节约 1% 有效碱和 33%H-因子。针叶材卡伯值则可由常规法的 28～32 降至 16～18，同时节约与阔叶材相似的有效碱和 H-因子。由于卡伯值的下降，漂白药剂可节约 30%～50%[137]。

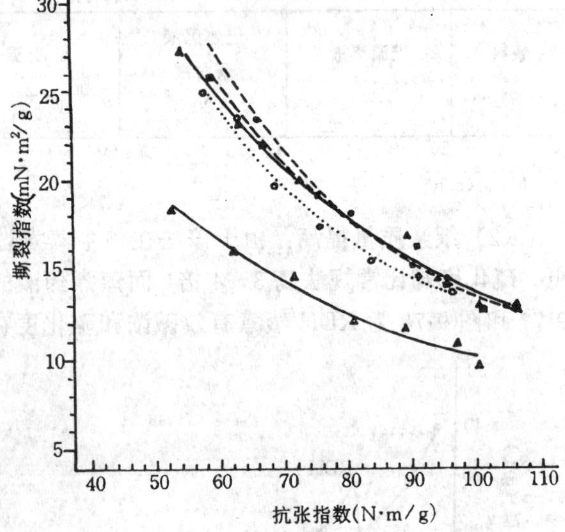

图 9-81 不同卡伯值的 RDH 针叶浆强度

KRDH：-■-45 卡伯值；-▲-33 卡伯值；-●-25 卡伯值；-○-16；常规法：-△-33 卡伯值

(3) 减轻环境污染：深度脱木质素可使浆料蒸煮至低卡伯值，而保持原有纸浆强度，从而减少了漂白剂用量，使漂白废水的污染，特别是总有机氯（TOCl）和可吸收有机氯（AOCl）的排放量大幅度下降。

近年来各国政府都愈来愈严格限制制浆厂排放 TOCl 和 AOCl 量。如瑞典政府规定，各纸浆厂排水中的 TOCl 量应逐年达到表 9-11 所列要求[137]。

表 9-11　瑞典政府规定纸浆厂排水中的 TOCl、AOCl 量指标

年　份	TOCl（kg/t 浆）	AOCl（kg/t 浆）
1975	5～6	6～7.2
1984	3.5	4.2
1988	1.5～3.5	1.8～4.2
1992	1.5	1.8
2005	0.4～0.5	0.5～0.6

目前美国纸浆厂 TOCl 排放量多在 3.5～6.0kg/t 浆[138]。

RDH 法蒸煮漂白废水中 TOCl 排放量见表 9-12。

表 9-12　RDH 法漂白废水中 TOCl 排放量与常规法比较

蒸煮方法	材种（卡伯值）	TOCl 排放量（kg/t 浆）		
		C_{90}/D_{10}	C_{50}/D_{50}	C_{10}/D_{90}
常规法	针叶材（30）	5.9	3.7	2.2
	阔叶材（18）	3.1	1.9	1.0
RDH 法	针叶材（16）	3.3	2.1	1.1
	阔叶材（10）	1.8	1.2	0.6
RDH+O_2	针叶材（9）	2.0	1.3	0.6
	阔叶材（8）	1.5	1.0	0.5

注：C_{90}/D_{10}——氯化段 ClO_2 取代量为 10%；C_{50}/D_{50}——氯化段 ClO_2 取代量为 50%。

由此可见，为使 TOCl 排放量降低至 1.5kg/t 浆以下时，可采用 RDH 蒸煮后用氧脱木质素，阔叶材浆漂白氯化段 ClO_2 取代率在 10%以上，针叶材浆在 50%以上时即可达到。

(4) 节约能源：由于 RDH 法充分利用了黑液的热量加热木片和预热白液，使蒸汽的消耗明显低于常规法蒸煮，其热量消耗比较见表 9-13。

表 9-13　RDH 蒸汽消耗和可用于热水回收的热量和常规间歇蒸煮与连续蒸煮的比较（生产漂白浆）

蒸煮方法	蒸汽消耗（kg/t 浆）	可回收热水的热量（MJ/t 浆）
常规间歇蒸煮	1650	3500
连续蒸煮	720	1500
RDH 蒸煮（不包括蒸汽装锅）	410	260

由此可见，RDH 法较常规法约节约 75%蒸汽。

另外，由于在锅内进行浆料热洗涤，洗涤效率高，如在 120m^3 蒸煮锅内的洗涤效率和稀释因子的关系如图 9-82。图 9-83 为 RDH 蒸煮锅内洗涤后再用现行的真空洗涤机组洗浆时的洗涤损失与常规洗涤的比较[138]。

由图 9-83 可见，在 RDH 蒸煮锅内，即使稀释因子为 1.0 时，其洗涤效率也可达到近 90%。其总稀释因子由常规法的 3.0 降至 2.0，其固形物损失仍可与常规洗涤相同。由于 RDH 法用洗涤水量少以及蒸煮中蒸汽冷凝量少，黑液中固形物浓度高，因而使蒸发负荷降低 17.5%[138]。

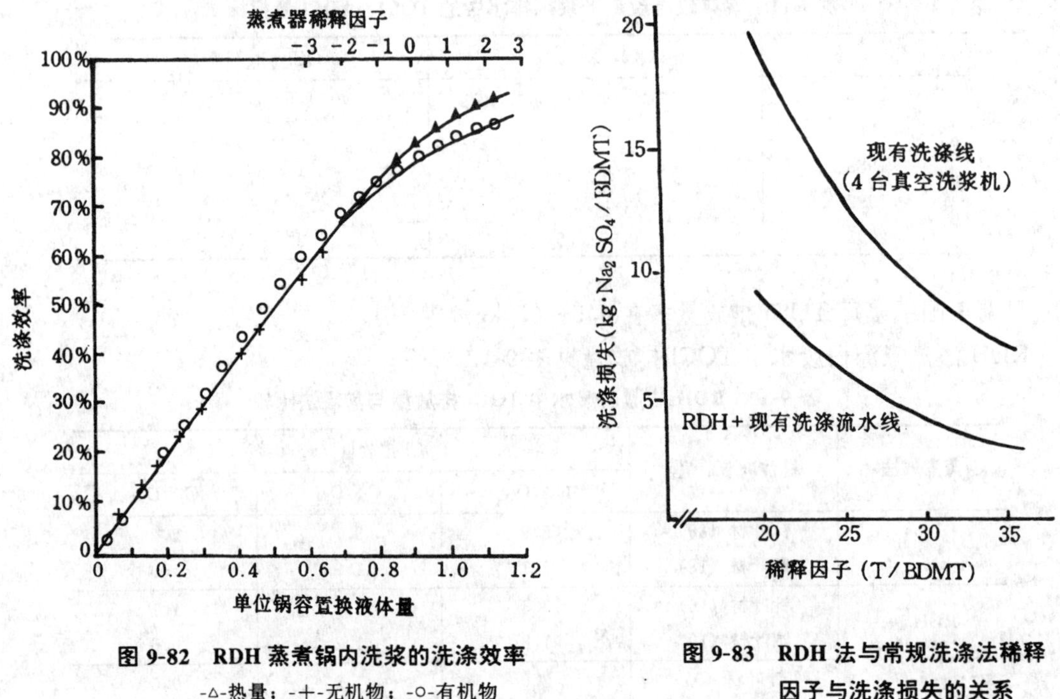

图 9-82 RDH 蒸煮锅内洗浆的洗涤效率

-△-热量;-+-无机物;-○-有机物

图 9-83 RDH 法与常规洗涤法稀释因子与洗涤损失的关系

此外,由于采用稀黑液置换锅内黑液及冷喷放或泵送浆料的办法,使臭气问题得到明显缓解。

瑞典的 Sunds Defibrator 公司于近年提出了一套与 RDH 相似的"Super Batch Cooking"超间歇蒸煮的方法,其操作过程有所简化,但原理及所得结果均与 RDH 相似[140]。

8.4 连续蒸煮的改进

为了适应当代社会对环境的要求,连续蒸煮技术也在不断改进其工艺和设备。现代连续蒸煮的特征是,在保持原有的纸浆强度和改善浆料漂白性能条件下,得到低卡伯值浆料;浆料质量均匀,强度好;低的操作费用和投资。

8.4.1 改良连续蒸煮(MCC)[141,142]

改良连续蒸煮(MCC)又称 Kamyr Fibre Line,这个流程包括蒸煮、洗涤、筛选、氧脱木质素、漂白全过程,其特点是在保证纸浆质量和环境的条件下,尽可能降低投资和操作费用,在保证纸浆强度的条件下,降低未漂浆卡伯值。其基本原理是:常规连续蒸煮将药液一次加入到预浸器内,在蒸煮器中只进行"顺流蒸煮"和"高温扩散逆流洗涤"改为 MCC 的"顺流蒸煮","逆流蒸煮"和"高温逆流扩散洗涤"三个区,其流程如图 9-84。

MCC 是双锅气相液相或双锅液相蒸煮,总蒸煮时间为 2h,最初 1h 为顺流蒸煮(即药液流动方向与木片方向相同),后 1h 为逆流蒸煮(药液流动方向与物料移动方向相反)。其特点是,药液分三次加入到蒸煮器内(如图 9-84),总有效碱的 61.5%在浸透罐顶部加入,18%的有效碱在蒸煮罐顶部加入,其余 20.5%的碱在蒸煮后期(逆流蒸煮起始处)加入。因此蒸煮初期的碱液浓度较低,而后期碱浓则稍高于常规蒸煮,同时由于蒸煮后期在逆流蒸煮区进行,所以蒸煮液中的木质素浓度较常规法低,这有利于后期的脱木质素选择性的提高。

MCC 法在蒸煮器高度上碱浓和蒸煮液中木质素浓度的分布与常规连续蒸煮的比较,如图

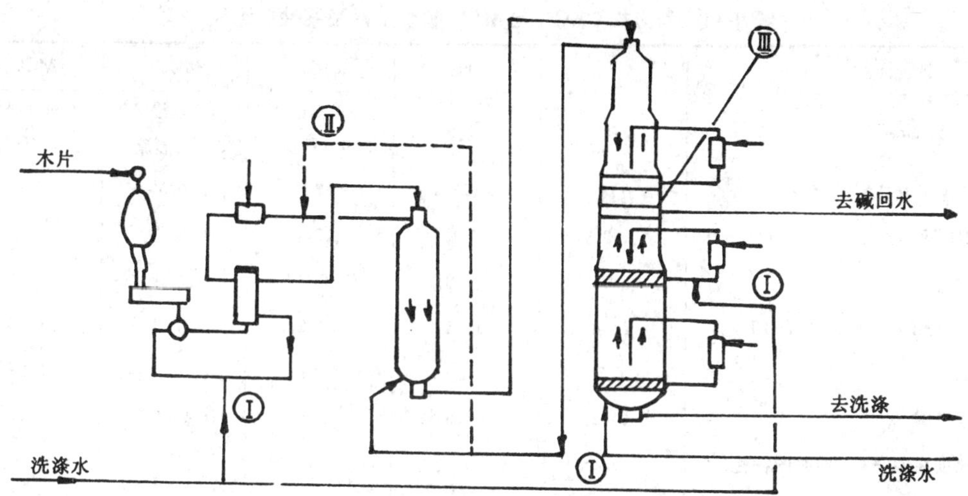

图 9-84 MCC 原理流程

① 添加白液；Ⅱ 再循环液；Ⅲ 逆流区

9-85。黑液在两个蒸煮区之间抽出。

MCC 可使针叶材纸浆在保持强度不变情况下卡伯值降至 20～24，阔叶材降至 14～16[142]。

南方松 MCC 与常规连续蒸煮（CKCC）蒸煮条件和纸浆特性见表 9-14[143]。

说明 MCC 浆在卡伯值相同时，粘度高于常规蒸煮。

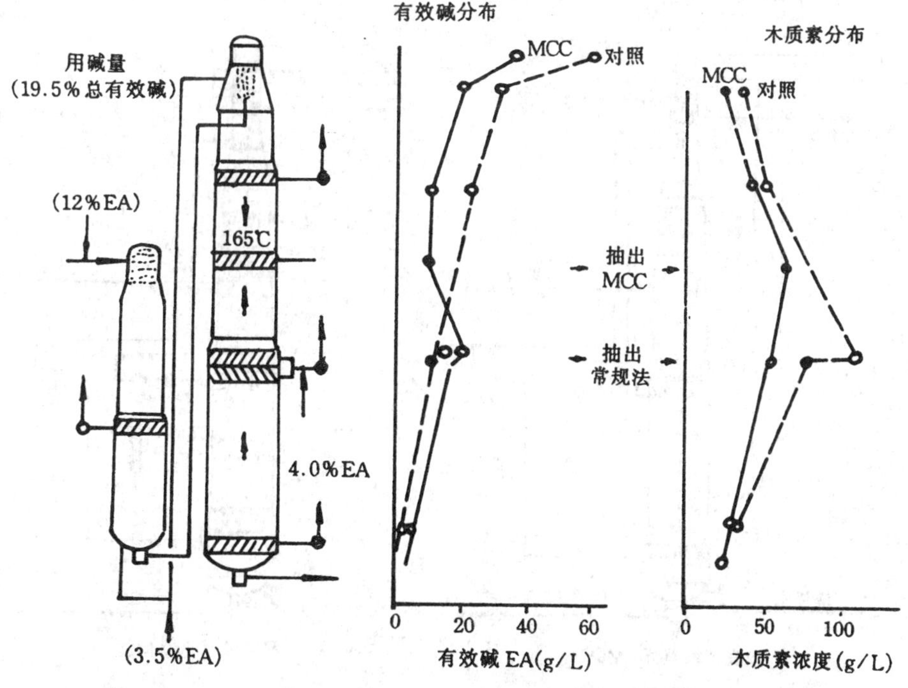

图 9-85 MCC 蒸煮药液碱浓和木质素浓度分布与常规连续蒸煮比较

表 9-14 南方松 CKCC 与 MCC 制浆条件及浆性质比较

指 标	CK_1	CK_2	MCC_1	MCC_2	MCC_3
EA（% Na_2O）	16.5	14.9	10.9（浸渍） 3.9（顺流）	10.1（浸渍） 3.1（顺流）	10.9（浸渍） 3.1（顺流）
最高温度（℃）	172	172	172	170	170
保温时间（min）	93	77	186	180	120
卡伯值	17.5	25.8	10.7	15.1	21.1
粘度（mPa·s）（0.5%CED）	22.8	37.5	16.3	27.2	33.5
V/K①	1.3	1.45	1.52	1.80	1.59
筛浆得率（%）	44.2	46.5	41.5	43.6	45.5
游离度在 400CSF 时浆的特性					
撕裂度（$mN·m^2/g$）	15.9	17.8	17.8	17.6	18.4
抗张强度（N·m/g）	96.1	90.2	88.3	90.2	95.2
T+B②	23.0	23.0	24.9	25.2	25.8

①V/K 为粘度/卡伯值；②T+B=撕裂度+耐破度（$kPa·m^2/g$），下同。

8.4.2 深度脱木质素改良连续蒸煮（EMCC）

EMCC 是近年来连续蒸煮在 MCC 基础上的又一改进。其特点是将卡米尔蒸煮器的高温扩散逆流洗涤区与逆流蒸煮区合并，即把高温热扩散逆流洗涤区的温度提高到逆流蒸煮区的温度，MCC 法在逆流蒸煮区前加入的 20%白液改在原高温扩散洗涤区加入（如图 9-86）。其

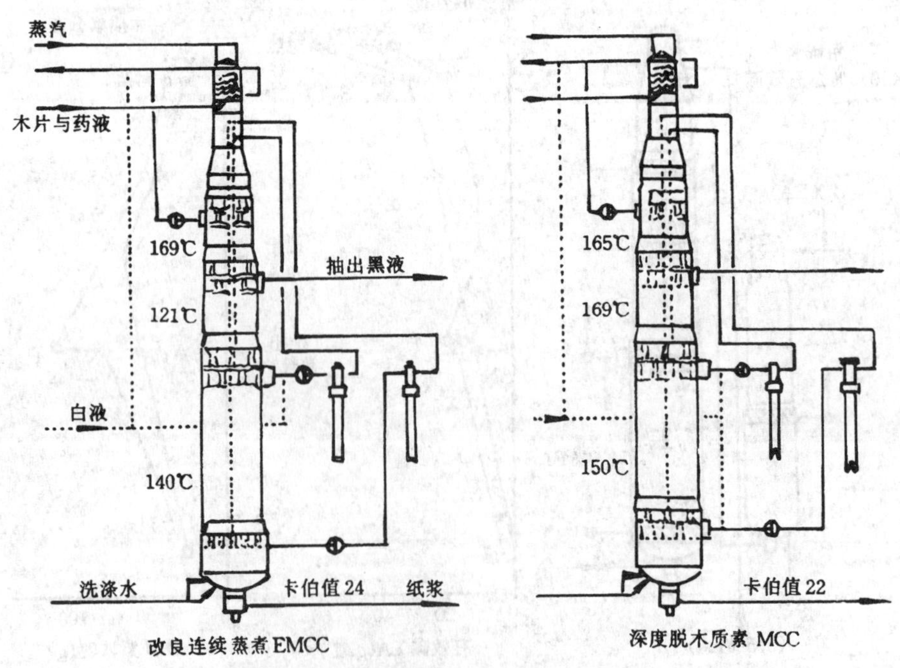

图 9-86 EMCC 和 MCC 的蒸煮温度分布及药液加入点比较

目的是延长逆流蒸煮时间，降低逆流蒸煮温度，其结果可使卡伯值较 MCC 低 2～3 个单位。南方松 EMCC 的制浆条件和纸浆质量见表 9-15[143]。

表 9-15　EMCC 纸浆特性与制浆条件

指　标	EMC_1	EMC_2	EMC_3	EMC_4
EA（%Na_2O）				
浸渍	10.9	10.1	10.1	10.1
顺流	3.9	3.1	3.1	3.1
最高温度（℃）	165	163	160	157.7
保温时间（min）	300	300	300	300
卡伯值	11.9	18.5	23.5	30.6
粘度(mPa·s)（0.5%CED）	24.1	39.0	47.4	53.3
V/K	2.03	2.11	2.03	1.74
筛浆得率（%）	42.6	44.8	45.8	46.8
纸浆特性（游离度 400CSF）				
撕裂度（mN·m^2/g）	15.6	18.4	17.9	17.4
抗张强度（N·m/g）	90.2	97.1	92.2	92.2
T+B	22.4	25.6	25.8	24.5

具有较低温度逆流蒸煮区的 EMCC 粘度/卡伯值为 2.0～2.1（除 EMC_4 外）比 MCC 和 CK 大得多。表明 EMCC 浆在相同粘度条件下卡伯值比 CK 浆约低 10 个单位。

EMCC 蒸煮过程有较均匀的碱浓分布，再与较低温度、逆流蒸煮、延长保温时间等因素相结合是产生有较高强度和粘度纸浆的原因。这是因为，大量脱木质素作用发生在逆流蒸煮区，此区的蒸煮液中木质素浓度低，有利于降解木质素的扩散和溶出，改善了脱木质素的选择性；在 EMCC 蒸煮末期纸浆处于溶解木质素浓度低与扩散时间长的条件下，改善了纸浆中残余木质素向外扩散的条件，降低了纸浆中的木质素含量，根据动力学研究，纤维素大分子在碱性条件下降解的活化能为 180kJ/mol，远高于大量脱木质素阶段和残余脱木质素阶段的活化能（前者为 140～150kJ/mol，后者为 120kJ/mol），所以从动力学观点出发，在较低温度下长时间蒸煮有利于提高脱木质素的选择性，结果使浆的粘度提高。不同连续蒸煮纸浆的强度性质比较如图 9-87。

8.4.3　等温连续蒸煮（ITC）

近年 Kamyr 公司又发展了一种新的连续蒸煮方法——等温蒸煮（ITC）。其特点是除与 MCC 法的添加碱方法相同外，整个蒸煮器的各区域的温度相同，并较 MCC 蒸煮温度下降约 10℃（如图 9-88）。从而降低了蒸煮过程的蒸汽消耗。

由图 9-89 可见，瑞典松 ITC 蒸煮的纸浆得率在卡伯值相同时，比 MCC 法约高 1.5%。碱耗减少（如图 9-90），在相同卡伯值时纸浆粘度提高（如图 9-91），因此 ITC 与 CK 比较在相同纸浆粘度时，卡伯值可以降低 14～15 个单位。图 9-92 说明，在相同卡伯值时 ITC 浆的撕裂度比 MCC 和 EMCC 高 10%，而且其强度的最高值向低卡伯值方向转移。

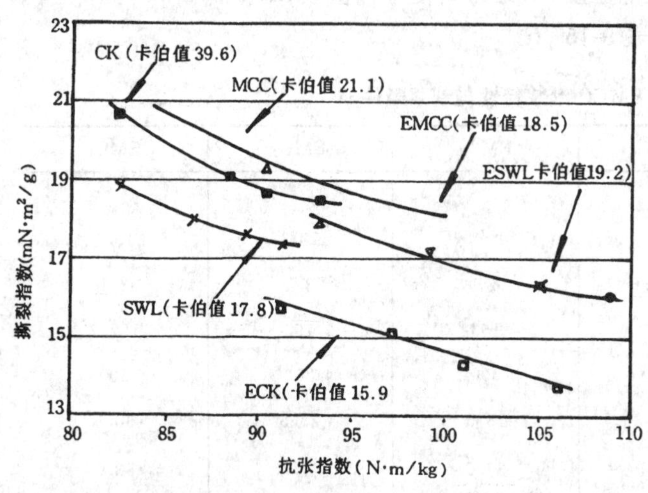

图 9-87 各种连续蒸煮浆料撕裂度与抗张强度的关系

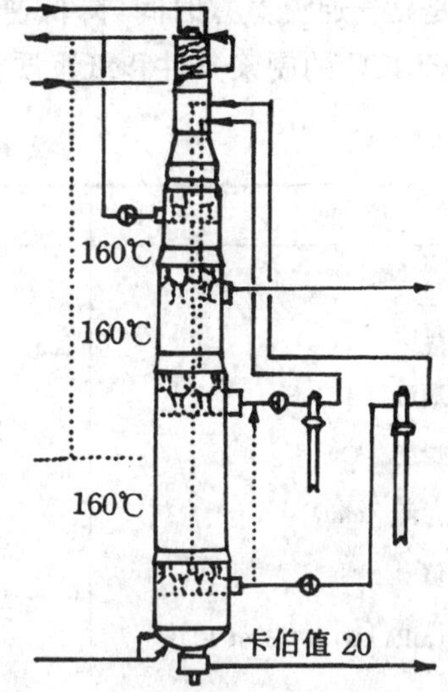

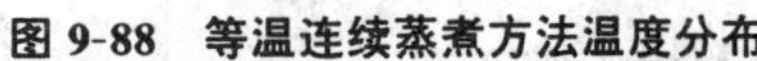
图 9-88 等温连续蒸煮方法温度分布

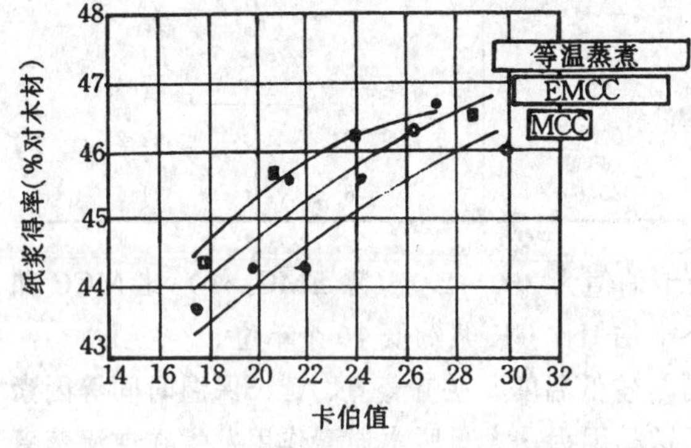

图 9-89 MCC，EMCC 和 ITC 纸浆得率比较

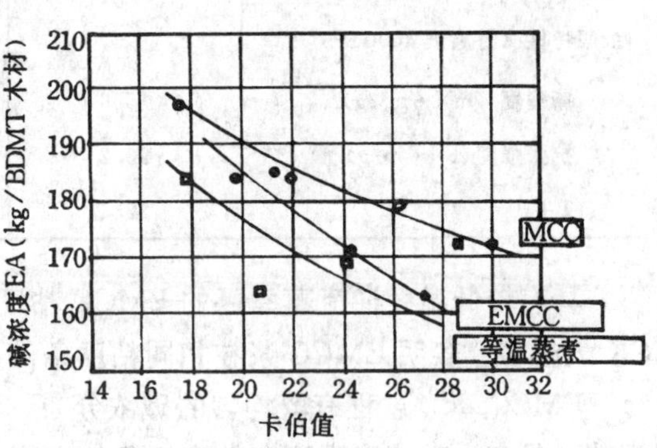

图 9-90 MCC，EMCC 和 ITC 碱耗量比较

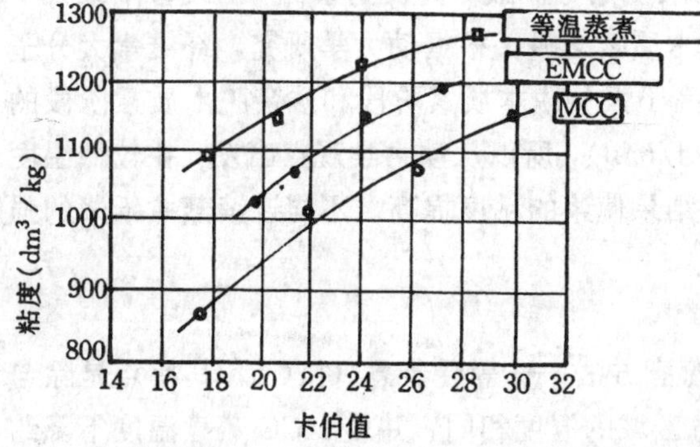

图 9-91 MCC，EMCC 和 ITC 纸浆粘度比较

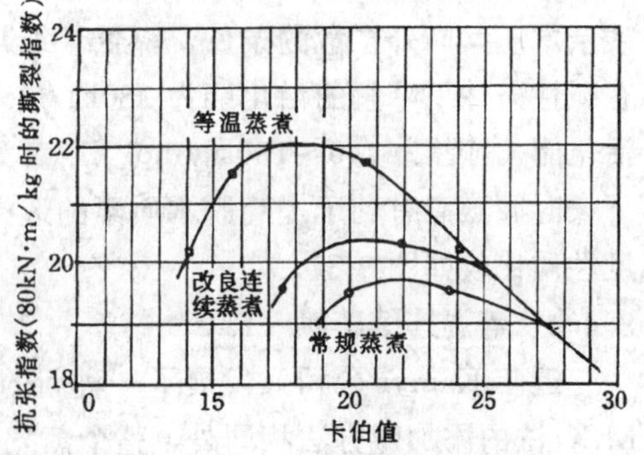

图 9-92 MCC，EMCC 和 ITC 纸浆强度比较

总之，采用 ITC 法蒸煮针叶材可以获得卡伯值 17～19 的浆料，阔叶材浆卡伯值可达 13，而纸浆强度不变。

9　蒸煮过程的自动控制

9.1　自动化系统的基础知识[144~151]

9.1.1　自动化系统

9.1.1.1　生产过程自动化及自动化技术的发展概况

生产过程自动化是现代技术的主要趋势。实现制浆生产过程自动化可以提高产量，稳定质量，减少消耗，节约能源，降低生产成本，改善劳动条件，是实现制浆造纸工业现代化的重要条件。

所谓生产过程自动化系指用各种自动化仪表、装置，将生产过程中的各种有用信息检测出来，并通过它们对生产进行有效的控制，使生产在无需人的直接干预或很少干预下优质高产地运行。

自动化技术的发展大致可以分为 4 个主要阶段：

(1) 单参数检测阶段（20 世纪 30 年代以前）。它以人工现场操作，在设备附近安装基本参数（温度、压力、流量等）的测量仪表为标志。有的还带有简单的报警和调节装置。操作人员有可能通过检测仪表了解主要主设备的运转情况，以便在必要时采取措施，保证产品质量，维持生产安全。

(2) 局部自动化，又称单机自动化阶段（40 年代至 50 年代初）。这一阶段的主要标志是对单机（或工段）的主要参数进行自动调节。主要采用大型电子显示仪表（附有各种功能的辅助装置）和气动仪表。

(3) 综合自动化阶段（50 年代中期至 60 年代）。这一阶段中，主要应用电动、气动单元组合仪表，对几台单机或整个车间实现多种参数的自动调节。操作人员可以在控制室或仪表盘前监视和操作。但是，开机、停机、事故预报和处理以及附属设备的操作等还要由工人来完成。

(4) 全盘自动化阶段（70 年代以后），这是综合自动化的更高形式。在这一阶段中，对主设备、附属设备甚至整个生产过程和非生产过程都实现了自动化。这一阶段的主要特点是电子计算机（特别是微型电子计算机）作为十分有用的控制工具正在逐渐取代所谓常规仪表（指前面阶段所使用的仪表），使生产过程的自动控制发生了巨大的变革。计算机能对各种参数进行巡回检测、自动控制，能自动开机和停机，并预报和处理生产的异常状态，实现企业管理和生产控制的综合自动化，整个企业的生产能基本上保持高效率、低消耗、安全可靠的最佳状态。1961 年美国率先应用电子计算机对制浆造纸生产过程进行控制。1970 年全世界仅有 50 台计算机用于纸机控制，1980 年则发展为 1600 台。市场上也出现了一批专供制浆造纸生产过程自动控制用的电子计算机，如 Honeywell 公司的 TDC-2000；Foxboro 公司的 Fox3；Taylor 公司的 MOD Ⅲ 等。

9.1.1.2　自动化系统的种类

按照生产过程对各种参数的不同要求，自动化系统主要分为 4 类：

(1) 自动检测：自动检测是用各种仪表自动检测和指示（或记录）生产过程中各种参数的变化情况，其组成如图 9-93。生产过程的自动化检测系统可以统计各种消耗和产品的数量，检查产品的质量，核算成本，还可以根据仪表的测量值分析生产情况，制定和实行合理的工艺规程。因此，自动检测是应用最普遍和最基本的自动化形式。

图 9-93 自动检测系统

(2) 自动信号和连锁保护：在生产过程中，当某些参数超过一定限度时，就会影响生产，甚至会发生各种事故。该系统专门适用于上述情况。届时，自动信号装置能自动地发出报警信号以引起操作人员的注意和及时处理。自动保护装置则能在发生事故之前自动地采取措施，避免事故的发生。通常，该系统的组成如图 9-94。

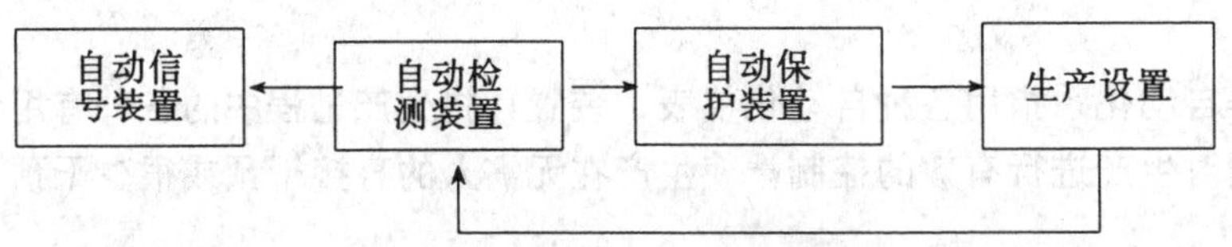

图9-94 自动信号和连锁保护系统

(3) 自动操纵（程序控制）：在生产过程中，有些机器设备是按一定时间顺序和规律重复运行的。采用该系统可按预先规定的步骤（程序），由自动机器（程序信号发生器）发出控制信号，通过执行机构，自动地对生产设备进行周期性的重复操作，从而减少了工人的重复劳动。该系统的组成如图 9-95。

自动机	控制信号 →	执行机构	调节剂 →	生产设备

图 9-95 自动操纵（程序）系统

(4) 自动调节：该系统通过各种自动化仪表和装置使生产过程的各种参数按工艺要求保持在某一规定值上，或按特定的规律变化的技术措施称为自动调节。与上面三种系统相比，该系统是比较完善的，功能较强。按规定值的不同，通常可分为 3 类：①定值调节系统。其特点是被调参数稳定在一个规定值上。由于生产过程中大多数参数都要求保持在一个恒定的指标上，所以该系统是最基本的调节系统。②随动调节系统。其特点是被调参数严格地、及时地随着另一参数的变化而变化。③程序调节系统。被调参数严格地随着某一时间程序而变化（规定值为一时间程序曲线）。间歇蒸煮过程温度曲线的自动调节就是这类系统的范例。

9.1.1.3 自动调节

(1)自动调节系统的举例：图 9-96 为锅炉汽仓液位自动调节系统的示意图。随着不同的蒸汽消耗，汽仓液位在上下波动，为了保证工艺对象（汽仓）的正常工作，必须通过改变锅炉进水来维持汽仓液位恒定。通常，在自动化领域中，把汽仓称为“对象”，把汽仓液位称为“被调节参数”，把测量被调节参数的自动化仪表称为“变送器”，把控制锅炉进水的阀门称为“调节阀”，定值器将根据工艺的要求产生一个恒定的最佳液位信号，而调节器则把变送器送来的测量信号与给定值信号进行比较，得出偏差，并按预定的调节规律发出调节信号，指令调节阀动作，最终达到维持锅炉汽仓液位恒定的要求。

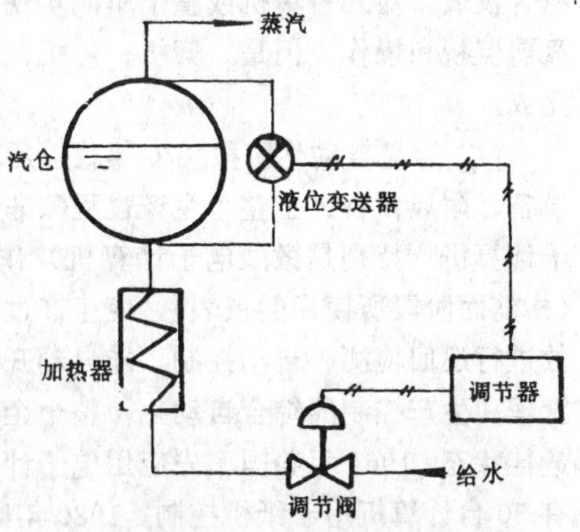

图 9-96 锅炉液位自动调节原理

——工艺管线； ++++++信号线

(2) 自动调节系统的组成与特点：图 9-97 简单明了地表示自动调节系统各组成部分及其相互关系。图中每一方框代表系统的一个组成部分，各个方框之间用箭头线表示二者的相互联系和信号的传递方向。自动调节系统的基本概念见表 9-16。

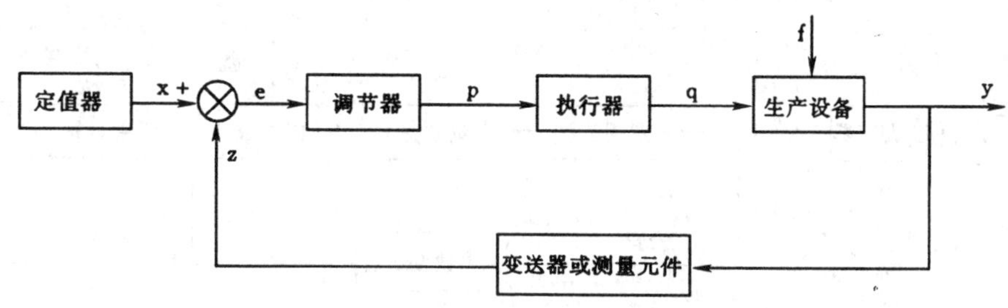

图 9-97　自动调节系统组成原理

表 9-16　自动调节系统的基本概念

	名称	符号	物理意义，或在系统中的作用	对照图 9-96 中的实物
对象部分	调节对象		被控制的生产设备或机器	锅炉汽仓
	被调参数	y	对象中反映设备运行情况，需要加以调节的工艺参数	液位
	给定值		工艺上规定的被调参数指标	工艺规定的液位高度
	干扰作用	f	引起被调参数偏离给定值的外来因素	蒸汽用量的改变
	调节量	q	受调节阀直接控制的参数	进水量的改变
仪表部分	变送器	b	测量出被调参数并转换成与之相对应的统一信号	差压变送器
	测量信号	z	代表被调参数大小的由变送器测出的信号	变送器的输出信号
	定值信号	x	代表给定值大小的信号	定值器的输出信号
	偏差信号	e	e=x−z，代表给定值与测量值之差值大小的信号	
	调节器		比较出偏差，并根据偏差的大小按一定的规律发出控制信号	调节器
	控制信号	p	由调节器输出的用以控制执行机构（调节阀）的信号	调节器的输出信号
	执行器		完成“执行”任务、举动阀门动作的设备	气动调节阀
	调节作用	q	受调节器直接控制、用以克服干扰的作用	阀门开度的变化

显然，自动调节系统的特点可以归纳如下：①自动调节系统是按照偏差（e）的大小进行调节的。没有偏差，便没有调节作用。存在偏差，则调节器根据偏差的大小，按预定的调节规律去控制调节阀，以增大或减小调节量，直至消除（或减小）偏差为止。②自动调节系统由封闭回路(简称闭环)组成。即系统的信号沿着箭头方向前进，最后又回到原来的起点。③自动调节系统具有负反馈。图 9-97 中，系统的输出量是被调参数，但是它经过变送器后又返回到系统的输入端，这种把系统的输出信号引回到输入端的做法称为反馈。调节对象通过反馈向调节器反映被调参数的情况，为正确的调节作用提供必要的依据。在反馈信号与给定信号比较时，如果给定信号作为正值，而反馈信号极性与其相反（为负值），则称为负反馈。在自动调节系统中都采用负反馈，不允许单独采用正反馈。

自动调节系统只有一个被调节参数、一个变送器、一个调节器和一个调节阀，通常称为简单调节系统，是应用最为普遍的基本形式。

9.1.1.4　复杂调节

随着生产的发展，导致各参数之间的相互关联，对操作条件的要求更加严格，为了适应新的要求，在简单调节系统的基础上，发展了串级调节系统、比值调节系统、多冲量调节系统以及前馈调节系统等复杂调节系统。

(1) 串级调节系统：如果对象有两个干扰作用，而且影响强烈，对象的滞后和时间常数都较大，例如纸机中定量和水分的调节，则可采用串级调节系统。串级调节系统的方块图如图 9-98。

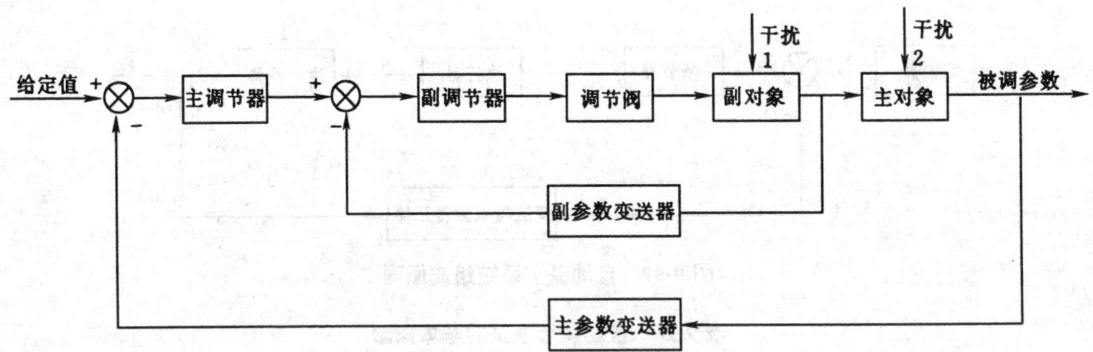

图 9-98 串级调节系统方块图

串级调节系统有两个特点：①具有主、副两个串联的调节器，有主、副两个被调参数。副调节器的给定值由主调节器自动校正。②调节对象被分成主、副对象，组成主、副两个调节回路。副回路调节作用快，用于消除主要干扰，可将主要干扰在未进入对象之前或进入对象之后不久就立即加以克服，而副回路不能克服的其他次要干扰由主回路加以消除。因此，串级调节系统具有调节质量比较高，抗干扰能力比较强的优点。但是它所用的仪表较多，而且参数整定比较麻烦，这是不利的一面。

(2) 比值调节系统：比值调节系统用来解决生产中要求二种或几种物料的自动配比问题。例如锅炉（或燃烧炉）燃烧时燃料（或黑液）与空气之间的配比，施胶时浆料与胶料、明矾的配比等，均可用比值调节系统实现生产中不同物料之间的配比。

比值调节系统有多种不同的组合，一般情况下，总是将生产中的主要物料的流量定为主流量，其他流量作为从动流量。或者以不可调节的物料为主流量，可调节的物料为从动流量。图 9-99 是三物料 Q_1，Q_2，Q_3 的配比调节系统，例如浆料、胶料、明矾的连续施胶配比

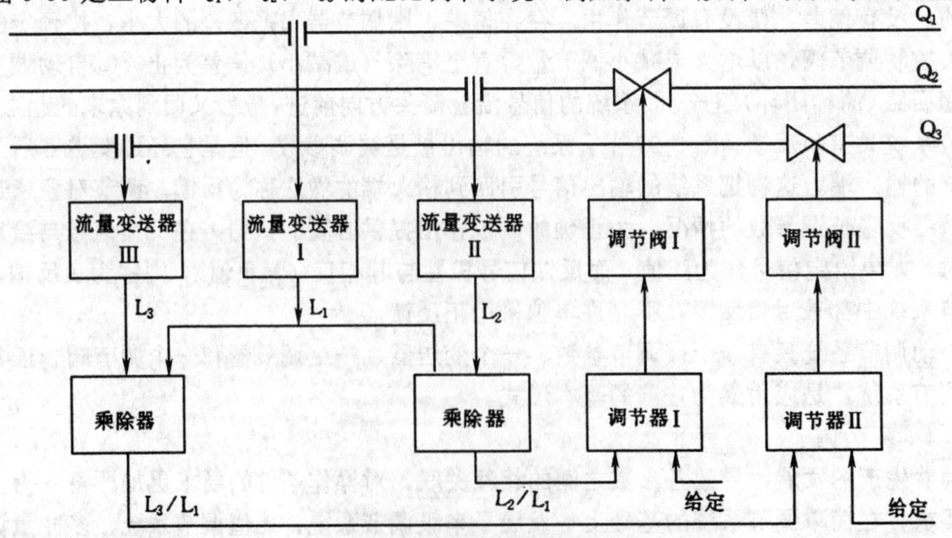

图 9-99 配比调节系统方块图

调节。Q_1（浆料）是主流量，浆流量信号 L_1 和胶料流量信号 L_2 进入乘除器进行除法运算，得到比值 L_2/L_1，作为调节器 I 的测量信号，与给定值比较后，调节器控制流量 Q_2，使 Q_2 与 Q_1 之间的比值保持不变。调节器 Ⅱ 则控制流量 Q_3，使 Q_3 与 Q_1 的比值不变。

(3) 多冲量调节系统：生产过程中，有时为了提高系统的调节质量，把互相有关的几个测量信号同时引入调节系统。所谓"冲量"是指引入调节系统的测量信号。锅炉汽仓水位的调节是最常见的多冲量调节系统。其原理如图 9-100、图 9-101。

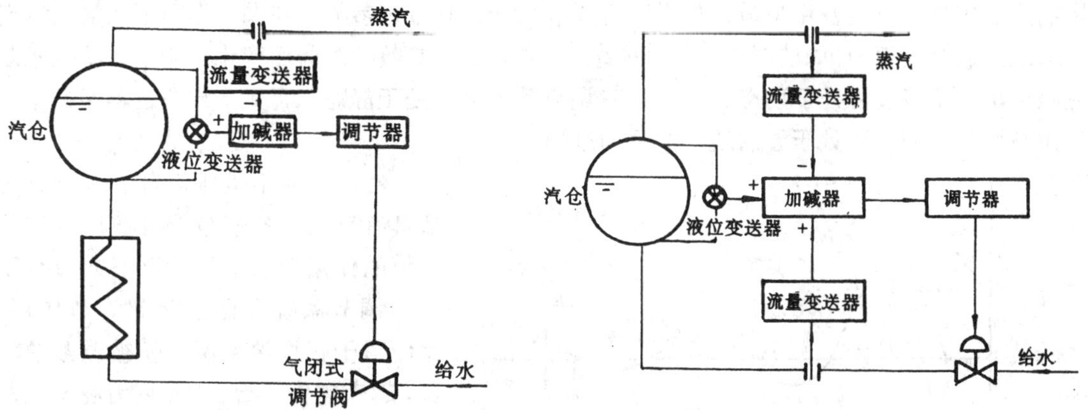

图 9-100　双冲量液位调节系统　　图 9-101　三冲量液位调节系统

(4) 前馈调节系统：前馈调节的概念是针对反馈调节的缺点而提出来的。我们知道，反馈调节的特点是按照被调参数与给定值的偏差值进行调节的，即必须在被调参数出现偏差后，调节器才进行调节，以克服干扰对被调参数的影响。如果干扰虽已发生，而被调参数还未变化，偏差还未出现，则调节器不会进行调节。所以反馈调节作用总是落后于干扰作用。对象的滞后性越大，这种"落后性"更明显，这对生产是不利的。而前馈调节是按照干扰作用的大小进行调节的。当干扰发生后，即使被调参数尚未变化，但调节器却能进行调节。这样就克服了调节作用落后的现象，甚至被调参数不会因干扰出现而产生偏差，这对于生产过程是极为有利的，其原理如图 9-102。

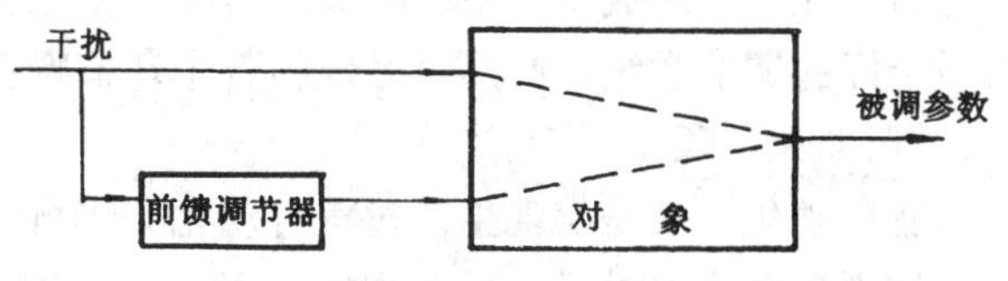

图 9-102　前馈调节系统方框图

前馈调节需要掌握调节对象的动态特性即输出与输入参数关系的数学模型并根据这种模型特制出不同的调节器。由于电子计算机的应用，在纸机纸张水分和定量调节系统中，已使用了前馈加反馈的调节系统。

最后必须指出，复杂调节系统虽然有各自的优点，但是任何事物的优越性都是相对的，有条件的，它们只是在某些特殊情况下应用才有较为明显的效果。在选择自动调节系统时，必须坚持一个原则：能用简单调节系统解决问题时，就不要用复杂调节系统。简单调节系统是用得最多，最基本的调节系统。

9.1.1.5　自动调节过程

应用自动调节系统调节参数时，最理想的情况是被调参数永远保持在给定值上不变，但实际上这是办不到的。由于在生产过程中存在种种干扰因素，被调参数总是不断地变化。调节系统的任务就是在被调参数发生变化（即存在偏差）时，自动地动作起来克服干扰，使被调参数回复到给定值上。我们称被调参数处于给定值状态的情况为静态或稳态，而把被调参数偏离给定值，调节系统正处于克服干扰的调节过程称为动态或过渡过程。如图 9-103，在时间 t_0～t_1 内，被调参数处于给定值上，调节过程处于静态。假设在 t_0 时间由于干扰作用被调参数偏离给定值，此时，如果没有调节作用则被调参数会随意增大（或减少），如曲线 2，轻者影响产品质量，重则发生事故。如果装有调节系统，则被调参数能在调节作用下回复到给定值（或接近给定值），如曲线 1。在时间 t_1～t_2 内，被调参数随时间而变化，调节系统在不断克服干扰，调节过程处于动态。直到 t_2 时调节系统重新处于静态，可见，调节过程就是干扰作用与调节作用不断处于矛盾统一的运动过程。

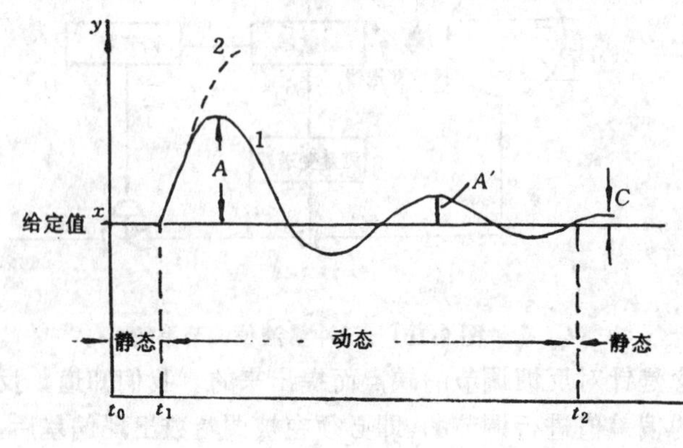

图 9-103 调节过程

然而，并不是任何自动调节系统都具有克服干扰使被调参数回复到给定值的作用。有些设计不好或调整不好的调节系统不但不能起调节作用，反而对干扰推波助澜，使被调参数发散，越来越偏离给定值，或者在一定范围内等幅振荡，这是不允许的。一个比较好的调节系统一般都能做到：①调节的结果是稳定的，即系统的静态被干扰破坏后，通过调节作用能回复到新的静态，这就要求过渡过程是衰减振荡过程；②衰减振荡一般上下各波动二次就能达到新的稳态，调节过程的动态时间即过渡时间（图 9-103 中 t_1～t_2）不太长；③静态偏差（余差，即达到新的稳态值时被调参数与给定值的差值，图 9-103 中的 C 值）较小或能满足工艺要求。

应该指出：自动调节系统调节质量的好坏，即能不能达到上述要求，主要取决于调节系统本身的特性，即组成调节系统的调节对象，变送器、调节器和调节阀的特性。因此，要想得到一个好的调节系统，必须对系统的各个环节特性以及系统的特性有所了解。

9.1.2 自动化仪表

工业自动化仪表是实现生产过程自动化必不可少的工具。随着我国仪表工业的迅速发展，为生产过程自动化提供了多种多样的仪表。

仪表按其工作能源分有三大类：以压缩空气为能源的气动仪表；以高压液体为能源的液动仪表；以电源为能源的电动仪表。

按其作用的组合方式分有两类：基地式和单元组合式仪表。

基地式仪表是把测量、记录、调节、定值等作用环节制成一个整体仪表，是多种作用的“基地”。例如“04”型气动调节器，XWC-400，XQD-400 等电子基地式仪表等。

单元组合仪表是按自动调节系统各环节的职能作为独立作用的单元制成仪表，各单元之间用统一信号互相联系。单元组合仪表根据所起的作用不同分为 8 大类单元：变送单元（B），给定单元（G），调节单元（T），显示单元（X），计算单元（J），转换单元（Z），辅助单元（F），执行单元（K）。

采用单元组合的方式，可以利用品种为数不多的单元仪表，根据不同的要求组成各种各样简单或复杂的调节系统，仪表的通用性强，使用灵活。各单元仪表结构上采用了力矩平衡或电平衡等原理，工作位移少，仪表的精度和灵敏度较高。电动单元和气动单元仪表之间还可以通过转换单元互相配合使用。目前，单元组合仪表已成为现代工业生产中一套相当重要的自动化仪表，使用最多。电动单元和气动单元组合仪表的性能见表 9-17。

表 9-17　气动、电动单元组合仪表性能

性能特点	气动单元组合仪表（QDZ）	电动单元组合仪表（DDZ）
统一信号	0.02～0.1 MPa	0～10（4～20）mADC
仪表精度	1.0 级	0.5 级
能　源	0.14MPa 净化气源	50Hz、220V 交流电源
信号传递时间	传递时间较长，距离不宜长	传递速度快，距离可达几千米
防爆性能	有天然防爆性，防电磁场干扰	防爆性差，受电磁场干扰
执行机构	薄膜调节阀，简单、工作可靠，耐高温	机构复杂，性能较差，不耐高温，价格偏高
使用维护	操作简单，维护水平要求低，但仪表调整困难	操作方便，反应迅速，维护水平要求高，较易调试
投资费用	投资少，安装较复杂	投资费用多，安装费用较低
其　他	品种全，工作较稳定	可直接与计算机配套

我国生产的气动、电动单元组合仪表从 20 世纪 60 年代发展到现在，已经系列生产出Ⅰ型、Ⅱ型、Ⅲ型仪表，是常规仪表的最主要部分，广泛应用于各种工业生产流程中。各型气动、电动单元组合仪表的主要特点见表 9-18。

表 9-18　气动、电动单元组合仪表的特点

型　号	QDZ　（气动）	DDZ　（电动）
Ⅰ　型	以膜片为基本元件， 力平衡为工作原理。 传输信号：0.02～0.1MPa	60 年代初生产过以电子管元件为基础的电动仪表，由于笨重易燃易爆，很快被淘汰。
Ⅱ　型	以波纹管为基本元件， 力矩平衡为工作原理。 精度较高。 传输信号：0.02～0.1MPa	以半导体元件、印刷电路为基础。 输出为 0～10mADC 有防爆防腐产品
Ⅲ　型	采用文丘里负压喷嘴、印刷气路等新型气动元件的集装式气动仪表。	采用线性集成电路，采用国际标准信号 4～20mADC。通过 250Ω 电阻转换成 1～5V 的信号，便于与计算机相联。

9.1.2.1　变送单元（B）

变送单元又称变送器，其作用是测量参数的大小并把它转换成与之成比例的统一（标准）信号。图 9-104 是气动差压变送器（QBC）原理图，其作用是测量压力差，同时将压力差的大小转换成与之成比例的统一信号（0.02～0.1MPa）。

图 9-105 是电动差压变送器（DBC）原理图，其工作原理与 QBC 相似，也是根据力矩平

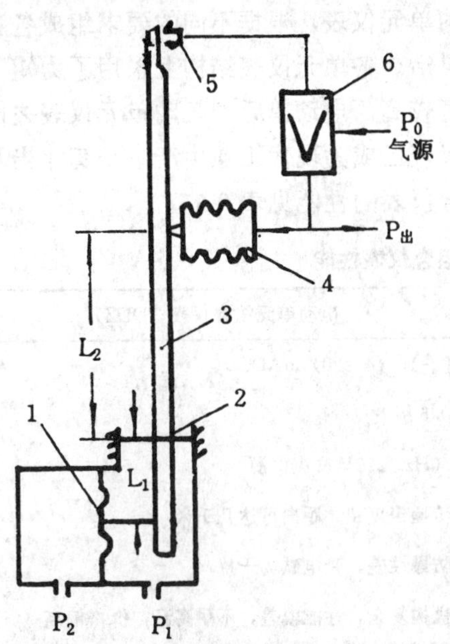

图 9-104 气动差压变送器（QBC）原理

1. 膜片；2. 密封支点；3. 主杠杆；4. 反馈波纹管；5. 喷嘴；6. 气动功率放大器

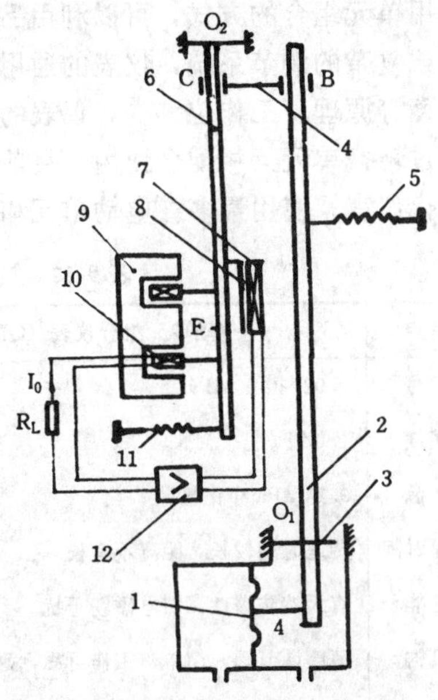

图 9-105 电动差压变送器（DBC）原理

1. 膜片；2. 主杠杆；3. 密封支点；4. 连接簧片；5. 迁移装置；6. 副杠杆；7. 位移检测线图；8. 铝检测片；9. 永磁钢；10. 反馈动圈；11. 调零螺钉；12. 电子放大器

衡原理工作的，只是它们的结构部件不同，输出信号不同（0～10mA DC），见表 9-19。图 9-106 是它们的原理方块图。

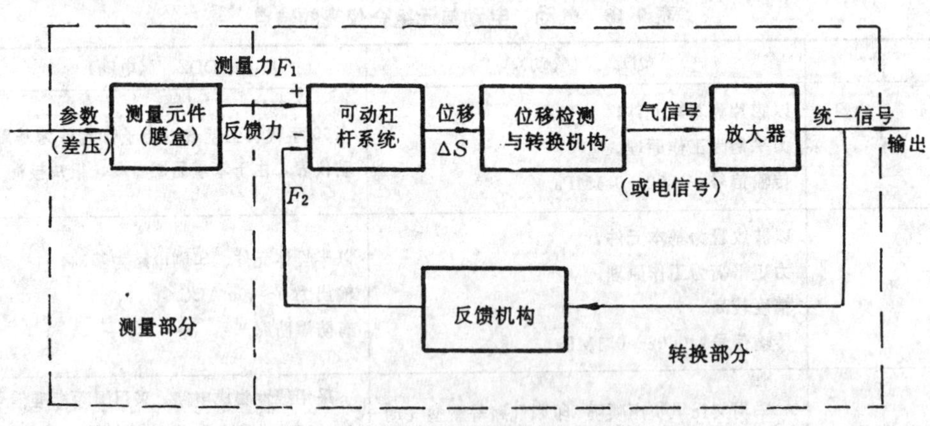

图 9-106 电动差压变送器方块图

仪表制造厂为了设计和生产的方便，许多参数的变送器都具有相同结构原理的转换部分。因此，更换测量部分，就能构成不同参数的变送器。例如压力变送器利用弹簧管作为测量元件，把压力变成测量力 F_1；靶式流量变送器利用“靶”把流量变化变成测量力 F_1；大刀式纸浆浓度变送器利用“大刀”把纸浆浓度变成测量力 F_1。它们的转换部分都与图 9-104 或图 9-105 相似。

表 9-19　QBC 与 DBC 的结构对比

	气动差压变送器（QBC）	电动差压变送器（DBC）
测量部件	膜　盒	膜　盒
比较部件（可动杠杆系统）	由杠杆元件、零点调整、量程调整装置、支点膜片等组成	由杠杆元件、零点调整、量程调整装置、支点、膜片等组成
放大部件（位置检测及放大）	喷嘴挡板机构和气动放大器	平面线圈-铝片组成的位移检测器和高频位移检测放大器
反馈部件	反馈波纹管	由反馈动圈和永磁钢组成的反馈装置
输出信号	0.02～0.1 MPa	0～10 mA DC

9.1.2.2　调节器（T）

（1）调节规律：调节器是调节系统中的关键仪表，它是根据测量值与给定值的偏差大小，按照一定的规律发出控制信号去控制调节阀，以达到最好的调节效果。调节器发出的控制信号与偏差之间的关系叫做调节规律。根据人工调节的经验，总结了下述 4 种调节规律：①起“开关”作用的双位式调节。如电接点式恒温箱的调节，温度高了切断电源停止加热，温度低了闭合电源继续加热，使箱内的温度维持在给定的范围内。这是最简单的调节规律，调节质量较差；②起“粗调”作用的比例调节；③起“细调”作用的积分调节；④起“超前”作用的微分调节。

在单元组合仪表中，按照上述调节规律设计的调节器有：比例调节器（用 P 表示）；比例积分调节器（用 PI 表示）；比例微分调节器（用 PD 表示）和比例积分微分调节器（用 PID 表示）。这几种调节器的作用、特点及适用场合见表 9-20。

表 9-20　调节器的工作特性与适用场合

名　称	调节作用	特　点	适用场合
比例调节器（P）	发出的控制信号 P 与偏差 e 的大小成比例： $P=K_pe$ K_p——比例系数	调节作用快而稳定，但有余差。是最基本的调节作用	液位、压力等要求不高的调节系统
比例积分调节器（PI）	发出的控制信号 P 不但与偏差 e 的大小成比例，而且与偏差对时间的积分成比例： $P=K_pe+\frac{K_p}{T_i}\int e\mathrm{d}t$ T_i——积分时间	调节作用快，积分作用能消除余差。是应用最广泛的调节器	液位、压力、温度、流量、纸浆浓度等调节系统
比例微分调节器（PD）	发出的控制信号 P 不但与偏差 e 的大小成比例而且与偏差的变化速度成正比： $P=K_pe+K_pT_d\frac{\mathrm{d}e}{\mathrm{d}t}$ T_d——微分时间	调节作用快，微分作用起超前作用。能克服滞后，但有余差	温度调节系统
比例积分微分调节器（PID）	发出的控制信号与偏差 e 的大小、偏差对时间积分，偏差的变化速度三者成正比： $P=K_pe+\frac{K_p}{T_i}\int e\mathrm{d}t+K_pT_d\frac{\mathrm{d}e}{\mathrm{d}t}$	调节作用快，无余差，调节质量高	可用于各种参数调节，但一般只用于要求高的场合

(2) 调节器的工作原理：下面以使用较多的 QTL-500 型力平衡式气动比例积分 (PI) 调节器为例说明调节器的工作原理。图 9-107 是其工作原理图，图 9-108 是其工作原理方块图。

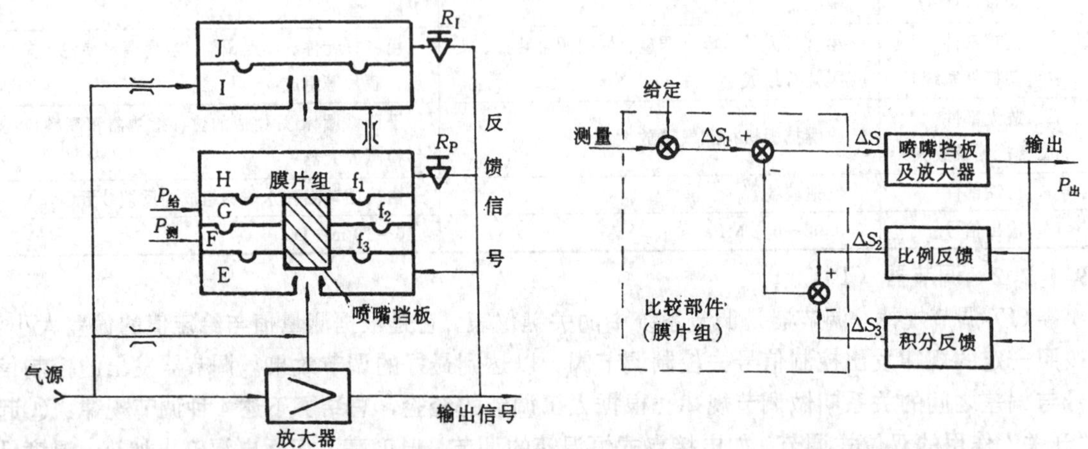

图 9-107 QIL-500 型气动比例积分调节器工作原理　　图 9-108 气动 PI 调节器原理方块图

用 QIL-500 型力平衡式气动比例积分 (PI) 调节器是由十个铸铝环型方块迭合而成，各方块间膜片间隔开形成气室。其中 A、B、C、D 四个气室组成气动放大器；G、F 气室组成测量比较部分；E、H 气室和比例针阀 R_P 组成比例反馈部分；J、I 气室和积分针阀 R_I 组成积分反馈部分。膜片 f_1、f_2、f_3 用硬芯连接成膜片组与其下面的喷嘴组成喷嘴-挡板机构。由变送器送来的测量信号 $P_测$ 和给定信号 $P_给$ 分别送入 F、G 室进行比较得出偏差 $e=P_给-P_测$，使膜片组位移 ΔS_1，通过喷嘴-挡板机构和放大器地位移 ΔS_1 变换放大成输出气压信号 $P_出$。同时，$P_出$ 分成三路，第一路负反馈至 E 室，第二路经过 R_P 正反馈至 H 室，这两路反馈的结果起比例作用，使膜片组产生位移 ΔS_2。第三路经过 R_I 和 J、I 室，正反馈至 H 室，结果起积分作用，使膜片组产生位移 ΔS_3。当偏差信号、比例反馈信号和积分反馈信号三者对膜片组所产生的三种力相平衡时，膜片组的总位移 $\Delta S=\Delta S_1-\Delta S_2+\Delta S_3$ 稳定。ΔS 通过喷嘴-挡板机构转换成气信号再通过气动放大器放大，使调节器的最终输出信号 $P_出$ 与偏差 e 的大小和偏差对时间的积分成正比，其公式如下：

$$P_出 = K_P e + \frac{K_P}{T_i}\int e\mathrm{d}t \tag{9-42}$$

图 9-109 是电动比例积分微分调节器的工作原理方块图。给定信号和测量信号经比较电路得出偏差后送电子放大器，放大器的输出信号 $P_出$ 经由 RC 电路组成的比例积分微分反馈电路反馈至放大器的输入端，当输入与反馈信号达到电位平衡时，调节器输出电信号 $P_出$ 与偏差的大小、偏差对时间的积分和偏差对时间的

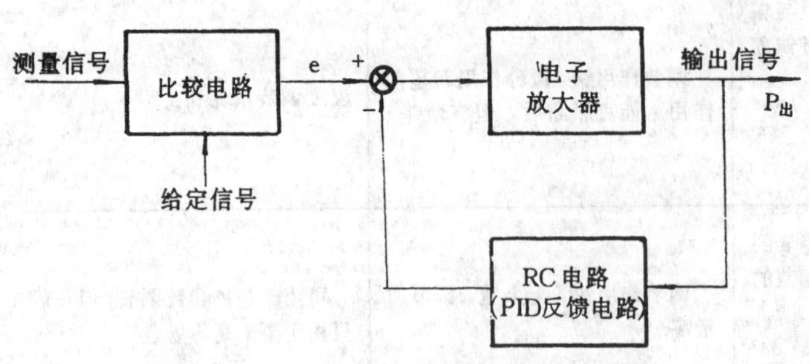

图 9-109 电动 PID 调节器工作原理方块图

微分成比例，其公式如下：

$$P_{出} = K_p e + \frac{K_p}{T_i}\int e\mathrm{d}t + K_p T_d \frac{\mathrm{d}e}{\mathrm{d}t} \tag{9-43}$$

在式（9-42）、（9-43）中，K_p 是比例系数，T_i 和 T_d 是积分时间和微分时间。它们可以根据现场使用的需要旋动相应的旋钮，调整其大小，使自动调节系统获得较好的调节质量。

9.1.2.3　调节阀

调节阀接受调节器发出的控制信号，并转换成推力，然后根据推力的大小，改变自身的开度，以改变被调介质的流量，达到调节温度、压力、流量等参数的目的。

（1）调节阀的组成和种类：调节阀由执行机构（又称驱动机构）和调节阀体两部分组成。执行机构的作用是按输入的控制信号的大小产生相应的输出——位移，通过执行机构的推杆（阀杆）带动调节阀阀芯的开闭。调节阀阀体直接与被调介质接触，在驱动机构的推动下，改变阀芯与阀座间的流动面积，从而改变了被调介质的流量。

例如，图 9-110 的气动薄膜调节阀，它由上部的薄膜执行机构和下部的阀门组成。当调节器发出控制信号（0.02～0.1 MPa）送至膜头气室后，薄膜产生推力，推动阀杆移动，阀杆带动阀芯位移，以改变通过阀门的流体流量。与此同时，弹簧受压，产生弹性力，即为负反馈力，当推力与反馈力平衡时，阀芯位置稳定。此时阀门的开度即流体的流量与控制信号成比例。

按工作信号能源的不同，调节阀分为气动、电动和液动 3 个大类产品，它们之间的特点比较见表 9-21。在造纸工业中使用最多的是前两类产品。

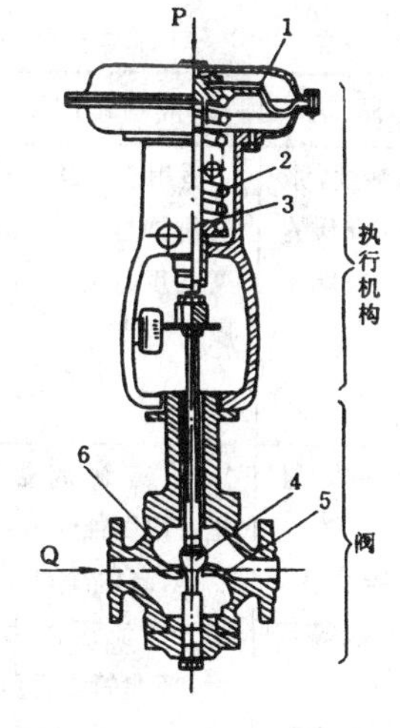

图 9-110　气动薄膜调节阀

1. 膜片；2. 弹簧；3. 阀杆；4. 阀芯；5. 阀座；6. 阀体

表 9-21　气动、电动、液动调节阀的特点比较

项　目	气动调节阀	电动调节阀	液动调节阀
驱动能源	压缩空气	电　能	高压油或水
结　构	简　单	复　杂	简单、笨重
推　力	中	小	大
配管线	较复杂	简　单	复　杂
动作滞后	较　大	小	小
维　修	简　单	复　杂	简　单
防爆性	好	差	较　差
环境温度等影响	较　小	较　大	较　小
成　本	低	高	高
现场应用	最　多	较　小	少

（2）气动执行机构：常用的气动执行机构有薄膜式、活塞式和长行程式 3 种。其特点和用途见表 9-22。不同的阀体应选用不同的执行机构与之配套。

（3）调节阀阀体的主要类型：调节阀阀体有直通单座调节阀、直通双座调节阀、三通调节阀、角形调节阀、隔膜调节阀、蝶阀、球阀、偏心旋转调节阀等各种类型。常用几种调节阀的用途、特点和结构见表 9-23。

表 9-22 气动执行机构比较

名　称	薄膜执行机构	活塞执行机构	长行程执行机构
分　类	1. 正作用式(信号增大，推杆向下动作) 2. 反作用式(信号增大，推杆向上动作)	1. 比例式（信号大小与推杆行程成比例） 2. 二位式	1. 比例式（信号大小与推杆行程成比例） 2. 二位式
用　途	接受 0.02～0.1 MPa 标准信号使推杆产生上下位移，带动阀门开关，是最常用的气动执行机构，可推动一般调节阀和蝶阀	适用于高静压，高压差的场合，是一种推动较大的气动执行机构	将输入为 0.02～0.1MPa 的气信号或 0～10mA 电信号转变为相应的 0～90°转角或位移，可推动球阀、蝶阀、风门等
特　点	1. 结构简单，动作可靠，维修方便、成本低 2. 正反作用的结构基本相同，均由上下膜盖、膜片、弹簧、推杆、支架等组成 3. 根据需要，可装上阀门定位器，手轮等 4. 行程和推力较小	1. 气缸允许操作压力为 0.5MPa，具有较大的输出力 2. 比例式必须带阀门定位器，输入为气信号时，应带气动阀门定位器，输入为电信号时，应带电-气阀门定位器	1. 气缸允许操作压力为 0.5MPa，具有行程长输出力矩大的特点 2. 比例式必须带阀门定位器，输入为气信号时，应带气动阀门定位器，输入为电信号时，应带电-气阀门定位器 3. 由阀门定位器、气缸、支架、推杆等组成 4. 有自锁装置配用，在气源中断后保持原有位置

表 9-23 常用调节阀的比较

名称	直通双座调节阀	蝶　阀	O形球阀	V形球阀	隔膜调节阀
用途	适合于阀两端压差较大的场合，使用较广泛，但不适用于高粘度和含固体介质的调节	适用于大口径、大流量、低压差和含有纸浆、固体悬浮物的介质的调节	适用于高粘度，带纤维、细颗粒介质的流体，一般作切断阀使用	适用于高粘度，带纤维、细颗粒介质的流体，可作切断阀和调节阀	适用于强酸、碱、强腐蚀性的介质和高粘度及悬浮液介质的调节
特点	1. 泄漏量较大(0.1%) 2. 有上下两个阀芯和阀座，结构复杂 3. 阀芯受的不平衡力较小 4. 与薄膜执行机构配合使用	1. 结构简单、紧凑、价格较低 2. 流阻较小，流量较大 3. 与薄膜执行机构或长行程执行机构配合使用	1. 结构简单、维修方便 2. 流通能力大，流量特性为开快型 3. 阀座用软质材料，密封性可靠 4. 转角为 0～90°，与长行程或活塞式执行机构配合使用	1. 结构简单，维修方便 2. 流通能力大，流量特性近似等百分比 3. 阀芯为带有 V 形缺口的转动球体密封可靠 4. 与长行程或活塞式执行机构配合使用	1. 有耐腐蚀衬里，耐腐蚀性强 2. 结构简单、流阻小，流通能力较大，流量特性近似开快 3. 介质不会外漏 4. 与薄膜执行机构配合使用

9.1.2.4 显示仪表

显示仪表用以指示、记录、报警由检测元件或变送来的被测参数信号。操作人员可以通过它去了解系统所处的状态，例如生产过程中参数的大小和调节系统的运行情况。

由于气动单元组合仪表均输出0.02～0.1 MPa的统一气压信号，因此各类气动显示仪实质上是一个气压表。图9-111是气动显示仪的原理图。常用的气动显示仪有：QXZ-110色带指示仪，多用于液位显示；QXJ型一针、二针、三针记录仪，可分别记录一个、二个、三个参数值；QXJ-312型记录调节仪，具有记录、调节和给定的作用。

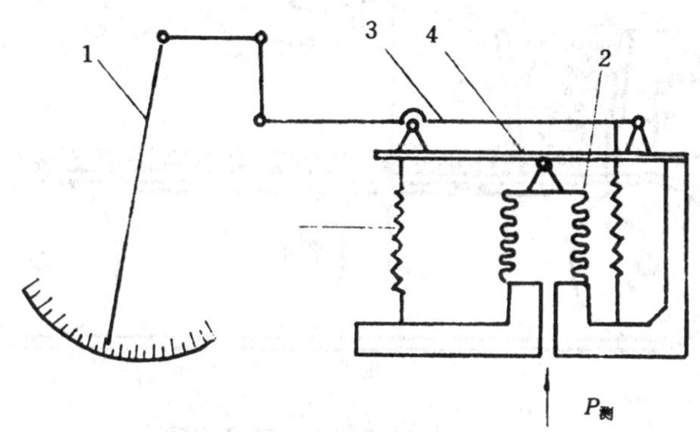

图9-111 气动显示仪原理图

1. 指针；2. 波纹管；3. 连杆；4. 支板；5. 量程弹簧

由于电动单元组合仪表均输出统一的0～10mA DC（或4～20 mA DC）的电流信号，因此，各类电动显示仪表实质上是一个电流表，常用的这类仪表有：DXZ系列指示仪，DXB系列指示报警仪，DXS系列开方积算仪，XWD和DXJ系列记录仪。

9.2 碱法蒸煮过程自动化

蒸煮过程是制浆生产中最重要的工序之一，直接影响到纸浆的质量和得率。

9.2.1 蒸煮过程控制的分析

蒸煮过程是一个复杂的多相反应过程，主要影响因素有：①原料的种类、质量、数量和水分；②蒸煮药液的成分、浓度和数量；③蒸煮温度和压力；④蒸煮时间；⑤蒸煮设备的类型和容积的大小。

在这些影响因素中，除原料的种类和质量、蒸煮设备的类型和容积大小外，其余因素皆可在生产过程中加以调节。20世纪60年代初，在常规仪表自动控制系统中，基本上都是采取“分头把关”的办法去稳定各个参数，保证蒸煮化学反应条件的稳定，以期获得均匀的纸浆质量。应用常规仪表的调节系统通常包括：①原料装锅量的调节系统；②蒸煮药液浓度和用量的调节系统；③蒸煮温度、压力和时间的调节系统。

实际上，上述调节方案虽得到应用，但效果并不理想。为了获得更好的纸浆质量，研究蒸煮过程的数学模型，探索蒸煮过程最佳控制方案，应用电子计算机控制蒸煮过程，取得了良好的效果。

9.2.2 常规仪表控制系统[151～153]

9.2.2.1 原料装锅量的测量与调节

木片由料仓经皮带机送至蒸煮锅，在皮带机上装一台电子皮带秤，可以测出木片的装锅量。

皮带机型称重仪由三个部分组成：单位长度皮带输送木片重量的测量与调节系统；皮带速度的测量；以及单位长度重量与速度相乘得出的单位时间内输送木片的重量。图9-112是皮带机型称重仪的测量与调节系统原理图。

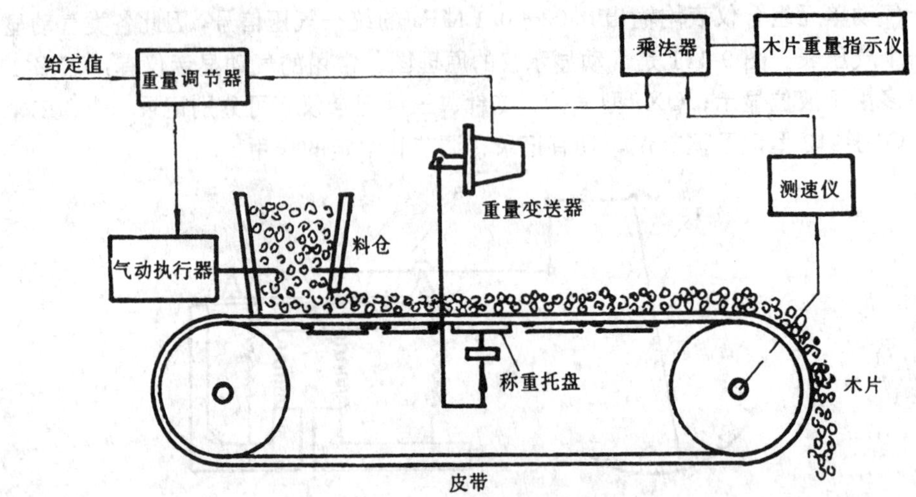

图 9-112 皮带机型木片重量称重仪

木片从料仓通过闸门流至皮带上，流入量由闸门控制。在皮带机中装有木片重量测量托盘。当单位长度输送量改变时，测量托盘受木片重量的作用产生与木片重量成比例的位移量，通过杠杆和气动变送装置变换成气压信号送重量调节器，并与给定的单位长度木片重量信号值相比较。调节器根据比较后产生的偏差并按一定的规律发出控制信号，控制长行程活塞式气动执行器，改变料仓闸门大小，以保证皮带单位长度重量的稳定。重量测量信号同时送乘法器，与皮带机速度测量仪送来的速度信号相乘，得出单位时间内装锅木片的重量。如果再测知装锅时间，用累积计可算得装锅木片的总重量。

GGP-01 型电子皮带秤的工作原理如图 9-113。它由秤架、荷重传感器、测速传感器和显示仪表组成。测速传感器得到的速度信号 e 送荷重传感器，与单位长度重量 q_t 相乘，得到输出信号 ΔU：

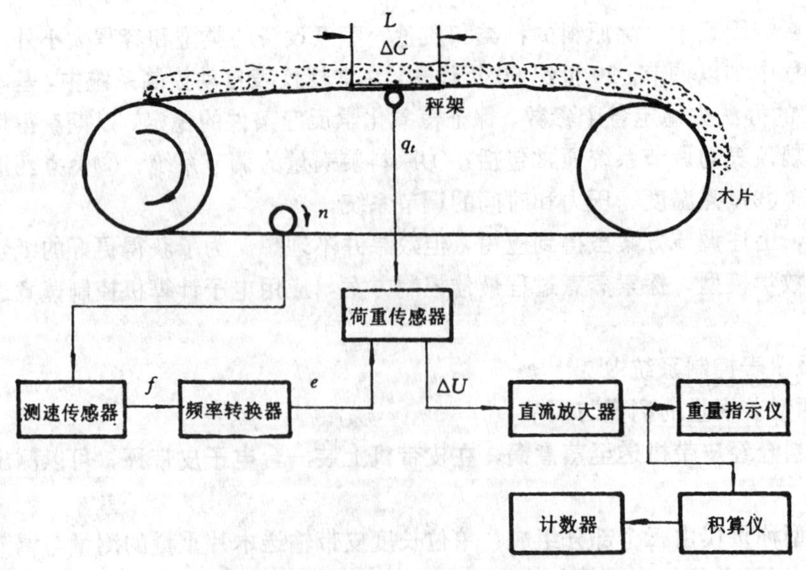

图 9-113 GGP-01 电子皮带秤原理图

$$\Delta U=q_t e \tag{9-44}$$

ΔU 即为单位时间木片的输送量，经放大后送至记录和计算仪表。国内产品有 ICS-3000 微机电子皮带秤、GGP-01 数字电子皮带秤等[147]。

目前，国内大多数厂家仍由实验室取样测量原料的水分。国外木片水分在线测量仪表已成定型产品，主要以近红外、电导、微波、辐射为基本原理制成测量头，进行连续在线测量。图 9-114 为 Eur-Cotrol 公司生产的 Chip Lab A 型木片水分在线测量装置示意图。

在装锅过程中，木片由取样输送带从皮带输送机取样送至取样箱中。取样箱的体积为 0.028m^3，箱内装有水分测量电极、温度测量电极、电导测量电极和称重装置，可以测量木片的水分、电导率、温度和堆积密度（重量）。木片水分是采用木片水分变化会引起在高频域的介电常数变化的原理进行测量的。木片的电导率表示其在贮存过程中纤维降解酸化的程度，即表示木片的质量。测量木片的温度是为了补偿温度对水分和电导率测量的影响。

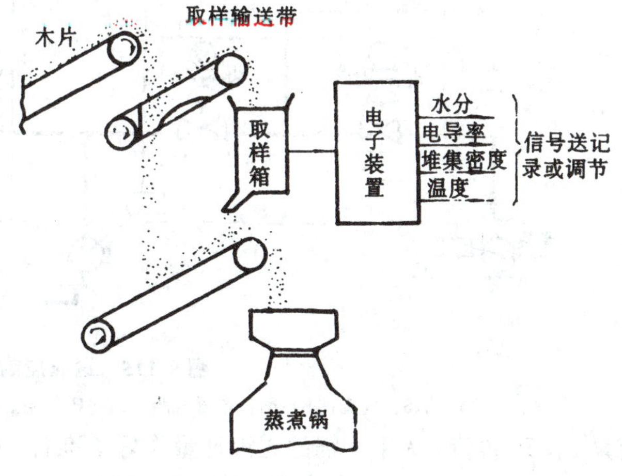

图 9-114　Chip Lab A 型木片水分仪

9.2.2.2　送液量的测量和控制

送液的主要任务是准确地向蒸煮锅内输送一定浓度和组成的白液量及黑液量。根据原料的绝干量、用碱量、液比和白液浓度便可确定所需输送的白液和黑液量（蒸煮药液量）。

送液量的控制方法有两种：

(1) 流量积算法。分别在白液和黑液加入管道上安装电磁流量计（或其它流量计），电磁流量计配有记录和积算仪表。积算仪上装有可移动的限位触点，触点位置决定于送液量的多少。当流量达到预定的加入量时，触点接通，通过继电器使送液泵自动停止送液。

(2) 体积计量法。这是间歇蒸煮过程使用较多的送液方法，如图 9-115。两个计量桶（白液桶和黑液桶）都装有液位变送器测量液位，液位信号分别送至两个记录控制仪，记录仪以送液量的立方米（m^3）为刻度，并装有零位触点和定值触点。当由木片装锅绝干量、用碱量及液比算出所需白液和黑液的输送量后，把定值触点调整在所需的刻度上。记录仪内装有各种继电器，用以控制送液阀门 V_1、V_2、V_3、V_4（薄膜调节阀）的启闭和控制送液泵、来液泵的开停。当开始送液时（两个计量桶已装有所需的白液和黑液），按下送白液和黑液的按钮，继电器使电磁气阀 d_2、d_3 通电，压缩空气进入 V_2、V_3，使 V_2、V_3 开启，同时继电器把送液泵 P_3 启动（绿色指示灯亮）。因此，白液和黑液从两个计量桶送入蒸煮锅。随着送液，计量桶的液位不断下降，而记录仪的指针则从零位开始移动，当指针达到定值指示触点时，另一继电器动作，指示灯转为红色，电磁气阀 d_2、d_3 断电，关闭 V_2、V_3，送液泵停开，送液结束。与此同时，装在 V_1、V_4 上的电磁气伐 d_1、d_4 通电，V_1、V_4 开启，来液泵 P_1、P_2 启动，把白液和黑液分别从贮存池送到测量桶。在计量桶装液过程中，白液和黑液记录仪的指针又从定值位置向零位移动。当指针到达零位时，继电器动作，电磁气阀 d_1、d_4 断电，V_1、V_4 关闭，来

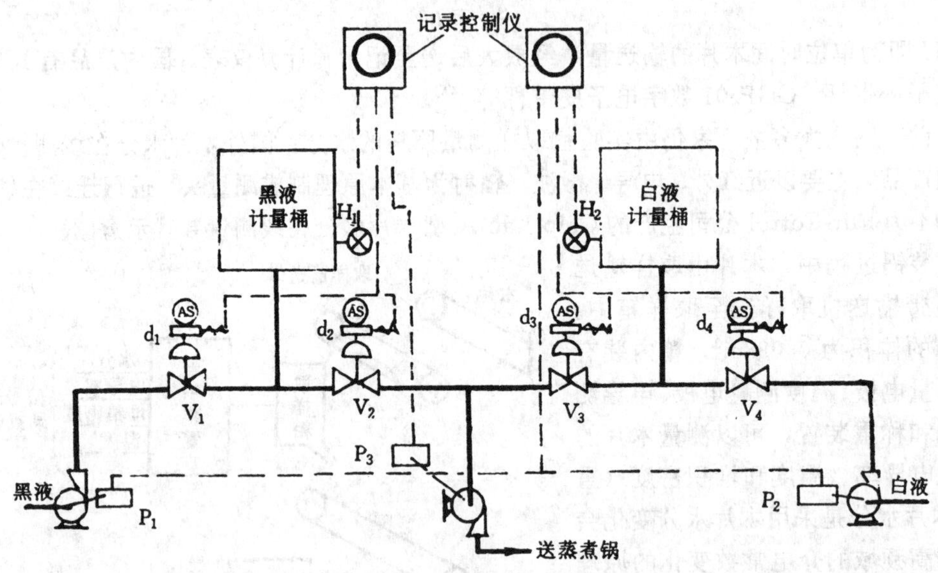

图 9-115 送液控制方案

AS：气流；d_1～d_4：电磁气阀；P_1～P_3：泵启动器；H_1、H_2：液位变送器

液泵 P_1、P_2 停开。为下一锅的送液计量作好了准备。在记录控制仪上，装有紧急停车按钮，操作者在任何时候都可以停止送液或停止来液。

除此之外，在装锅过程中，还有蒸汽装锅控制系统、自动锅盖控制系统和锅盖开闭的连锁保护系统。

9.2.2.3 蒸煮温度和压力的程序调节

(1) 蒸煮温度的程序调节：蒸煮温度对于药液在原料中的渗透、蒸煮反应速率、纸浆质量和产量等方面都有明显的影响。为了适应不同原料和纸浆质量的不同要求，蒸煮过程中的温度是按预定的规律变化的，这种变化规律叫做温度-时间曲线。蒸煮温度控制的目的是使蒸煮温度严格按温度-时间曲线变化。为了使蒸煮锅内温度达到均匀，大多采用药液强制外循环间接加热的方法。

在图 9-116 所示的立锅强制外循环间接加热蒸煮过程的自动调节系统中，采用程序调节系统控制蒸煮温度。蒸煮药液从锅体中间通过过滤器由循环泵抽出，送入双程列管式加热器加热，然后分上部和底部两路返回到蒸煮锅。生产实践证明，加热器出口的药液温度与蒸煮锅中物料的平均温度有一定的比例关系，而且由于药液流过换热器出口处的流速较高，在这里安装铂热电阻，可以大大减小蒸煮温度测量的滞后时间。温度变送器的测量信号送温度程序调节器（T_1-T），与温度程序给定器（GS_1）发出的温度程序给定值比较后，调节器发出控制信号，控制换热器加热蒸汽的进入量，以保证蒸煮液温度按程序给定值变化。

为了稳定换热器的传热效果，对换热器冷凝水液位（H-T）进行自动调节。为了监测冷凝水是否污染，在冷凝水出口处装有电导仪（DD-T）。在正常情况下，冷凝水送锅炉房使用，若冷凝水受污染，则电导仪发出信号改变装在冷凝水管上的三通阀的流向，把它排至污水沟。对进出换热器的药液温度测量记录（T_2-J），二者的差值可以作为换热器列管内结垢情况监测。为了监测药液循环系统，即监测循环泵的效果、蒸煮锅过滤器和换热器管子的状况，对循环泵电动机功率进行检测记录（A-J）。

为了保证蒸煮锅内温度的均匀和药液的正常分配，对上下循环药量要进行配比调节（G-JT）。对蒸煮锅顶部和底部温度进行自动记录，以监测二者的差值（由于蒸煮液相对密度较大，和静压的结果，底部温度高于顶部温度）温差与浆的粗渣率和卡伯值（高锰酸钾值）有密切关系，差值越大，粗渣越多。

通过上述几个调节和测量系统，能基本保证蒸煮温度按预定的温度—时间曲线变化，且使锅内温度均匀，这为蒸煮质量稳定提供了基本的保证。

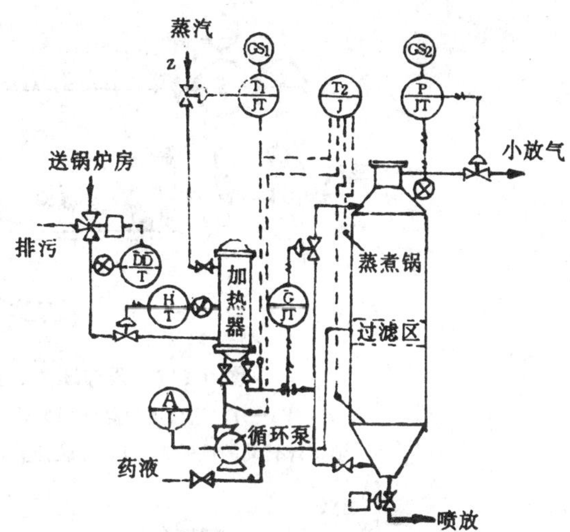

图 9-116　间接加热硫酸盐法蒸煮锅自控方案
---电信号；┼┼┼┼┼气信号

（2）蒸煮压力的压力程序调节：蒸煮压力程序控制的目的是为了使蒸煮锅内的压力与蒸煮温度相适应。由于装锅后，蒸煮锅内还存有空气，蒸煮过程中木片也会排出其他不凝性气体，这些气体不排掉，不但不能得到正确的压力-温度关系（即存在假压），而且还会影响药液对木片的渗透，因此蒸煮过程中必须排除不凝性气体。蒸煮锅顶部的压力由变送器把测量信号送至压力程序调节器（P-JT）；与压力程序给定值（GS_2）比较后，调节器发出控制信号控制装在蒸煮锅放气管上的调节阀，使蒸煮锅顶部压力按程序给定值变化。在这种调节方案中，必须有温度和压力两个程序调节系统，并且两者的程序给定信号必须设计成符合饱和蒸汽压力-温度关系，以保证蒸煮压力与蒸煮温度相适应。

（3）蒸煮压力和温度的偏差调节方案：在放气管上分别装上温度和压力变送器（测量蒸煮锅内气相的温度和压力），其信号同时送偏差指示式调节器，调节器上有两个刻度和两个指针，一个是温度刻度，另一个是压力刻度，两者的刻度符合蒸汽的压力-温度关系。如果蒸煮锅的气相中没有不凝性气体（100%蒸汽），则其温度与压力符合相应的关系，两者指针重合在一起，没有偏差。如果存在不凝性气体，则压力指针将高于温度指针，存在偏差，则调节器会自动发出控制信号，开大放气阀门，放掉“假压”，直至两个指针重新重合为止。但在实际生产中，为了节约蒸汽和由于蒸煮液相对密度较大，而引起的沸点上升，允许有不大于0.01 MPa的“假压”存在。

通过上述几个调节和测量系统，能基本保证蒸煮温度均匀地按预定的温度-时间曲线变化，这为蒸煮质量的稳定提供了必要保证。

（4）蒸球和连续蒸煮器的自动化方案：图 9-117、图 9-118 分别为蒸球和横管连续蒸煮器的自动调节方案。

9.2.3　蒸煮过程控制的数学模型[154～157]

9.2.3.1　蒸煮过程数学模型控制的意义和控制参数

自从 1957 年 Vroom[158]在蒸煮过程控制中引入 H-因子的概念以来，国内外学者对木浆硫酸盐蒸煮过程的数学模型进行了广泛深入的研究，并在实际蒸煮过程中得到应用，取得了显著的经济效益。有些文献已对这一领域的工作较全面地作了总结，国内蒸煮过程数学模型

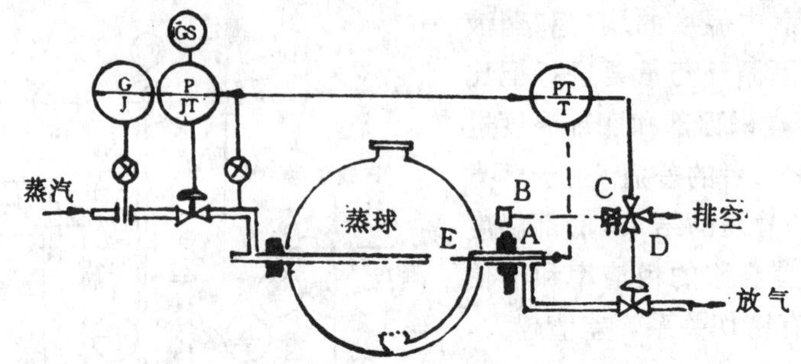

图 9-117 蒸球压力、温度自动调节系统

PT—T. 蒸汽压力温度相关调节器； GS. 程序给定器；

A. 随蒸球转动的凸轮； B. 接触开关；C、D. 电磁三通阀； E. 热电阻

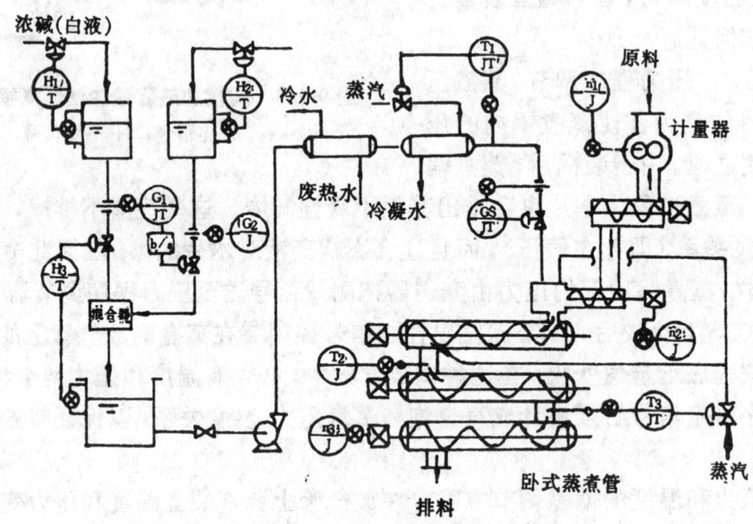

图 9-118 横管连续蒸煮器的控制流程图

的研究起步于20世纪70年代，开始仍然是以木浆的硫酸盐蒸煮过程为主要研究对象。目前，一些以蒸球为蒸煮设备的中小型造纸厂也开始应用计算机控制蒸煮过程。对现有典型数学模型的分析，提出一种适用于这类造纸厂间歇蒸煮过程的实用数学模型，对占有量50%以上的我国中小型造纸厂的生产极为重要。

间歇蒸煮过程的控制目标应该是在固定的装料条件下，尽可能多地生产合格、质量均匀的粗浆。众所周知，在蒸煮过程中粗浆的得率与浆的硬度有密切的函数关系，后者通常用卡伯值或高锰酸钾值表示。浆的质量则由卡伯值的标准偏差表示。偏差愈小，浆的均匀性愈好。因此，只要通过合理的控制，使卡伯值的标准偏差尽可能地减小，并将卡伯值的期望值即控制点提高，使之尽可能接近工艺规定值。这样既可保证浆的质量均匀，又可提高浆的得率。这就是说，蒸煮过程的主要控制参数为卡伯值。

到目前为止，由于尚无直接在线测量卡伯值的方法，只能通过间接的方法进行控制，即找出影响卡伯值的若干因素，构成数学模型进行控制。由蒸煮过程的分析可知，影响蒸煮过程的主要因素来自两个方面：①蒸煮过程的初始参数：它们是与原料和蒸煮药液的装入量和质量有关的参数，如原料的重量、水分和质量，蒸煮药液（如碱液）的用量和浓度等。这些

参数决定了蒸煮过程的初始点。②蒸煮过程中的参数：它们是从蒸煮过程开始到结束影响整个蒸煮过程的参数，如蒸煮温度、时间以及蒸汽的压力和用汽量等，这些参数的集中代表即为蒸煮曲线。

事实上，要在数学模型上包含上述所有的影响因素是困难的，也是没有必要的。在分析和比较了前人所建立的各种模型及其应用后可以得出：①在考虑数学模型的结构时，最简单的模型也许最适用于控制的目的；②模型越复杂，模型的计算误差往往越大；③装料、装液和蒸煮过程的控制系统越完善，原料的质量越均匀，对模型的依赖性就越小。

换句话说，对装料和装液控制系统不完善的蒸煮过程，采用简单适用的数学模型进行控制，对获得质量均匀的纸浆将具有十分重要的意义。

9.2.3.2　典型数学模型的分析

蒸煮过程最早的数学模型是 H-因子，它综合反映了蒸煮温度和时间对蒸煮质量的影响。其定义如下：

$$H=\int_0^t k\mathrm{d}t \tag{9-45}$$

式中：k——脱木质素反应的相对反应速度。

根据 Arrhenius 方程，k 由下式计算：

$$\ln k=B-A/T$$

$$A=E/R$$

式中：E——脱木质素反应的活化能；

R——气体常数；

T——反应的绝对温度；

B——脱木质素反应的初始条件决定。

于是，

$$H=\int_0^t \exp\ (B-E/RT)\ \mathrm{d}t \tag{9-46}$$

实验研究表明，当其他条件相同时，浆的卡伯值与 H-因子之间存在着如下关系：

$$K=aH^{-b} \tag{9-47}$$

式中：a、b——由实验决定的常数。

尽管 H-因子只包括两个参数，却是蒸煮过程中的主要操作参数。利用 H-因子控制蒸煮过程可大大减轻对蒸煮曲线的依赖。同时，H-因子也是各种蒸煮过程数学模型的基础。

尔后，各国学者基于对木材硫酸盐制浆动力学的研究，从不同的研究途径提出了许多蒸煮过程的数学模型。其中具有代表性的为 Kerr 的理论模型和 Chair 的经验模型。

(1) Kerr 模型：首先 Kerr 假设脱木质素速率在一定精度下服从一阶微分方程，至少在大量脱木质素阶段是如此，于是有：

$$\mathrm{d}L/\mathrm{d}t=-KCL \tag{9-48}$$

式中：L——木片中的木质素含量；

C——木片中蒸煮液的有效碱浓度；

K——脱木质素反应的相对速度；

t——时间。

其次，Kerr 假设蒸煮液中有效碱浓度与浆中木质素含量之间存在线性关系（这已由工业性实验所证实）。整个蒸煮过程中，两者的关系可用三条直线表示（如图 9-119）。

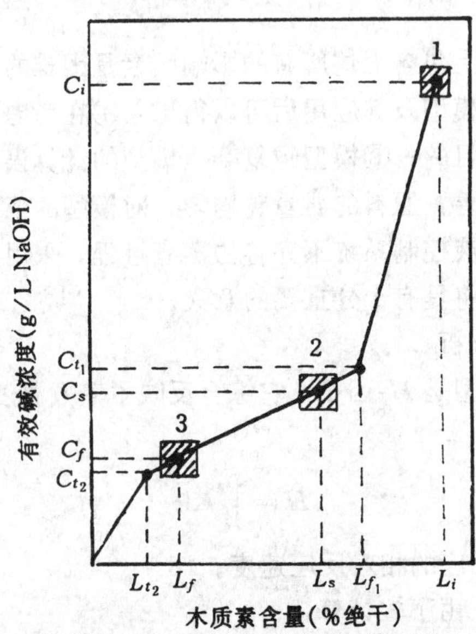

图 9-119 硫酸盐制浆蒸煮过程中，蒸煮液中有效碱浓度与浆中木质素含量之间的关系

i. 初始状态；t_1. 第一过渡点；s. 蒸煮液取样点；t_2. 第二过渡点

这三条直线的方程分别为：

$$C=a_1L+b_1 \text{（当 } L_t>L>L_{t_1}\text{，初始脱木质素阶段）}$$

$$C=a_2L+b_2 \text{（当 } L_{t_1}>L>L_{t_2}\text{，大量脱木质素阶段）}$$

$$C=a_3L+b_3 \text{（当 } L<L_{t_2}\text{，残余脱木质素阶段）}$$

由于蒸煮过程绝大部分处于大量脱木质素阶段，故将 $C=a_2L+b_2$ 代入式（9-48），整理后分别对 L 和 t 由 L_s 到 L_f 求定积分得到：

$$1/b_2\ [\ln L_s/(L_s+b_2/a_2)-\ln[L_f/(L_s+b_2/a_2)]=H_f-H_s \quad (9\text{-}49)$$

式中：L_f——蒸煮终点浆中的木质素含量（图 9-119 中点 3）；

L_s——有效碱取样时浆中的木质素含量（图 9-110 中点 2）；

H_f——对应于 L_f 时的 H-因子；

H_s——对应于 L_s 时的 H-因子。

Kerr 建议，有效碱取样在 $H_s=200$ 处为宜（图 9-119 中的点 2），相应的有效碱浓度为 C_s。于是 $L_s=(C_s-b_2)/a_2$，L_f 可以从工艺规定的卡伯值算得，故利用式（9-49）即可算得由有效碱取样点达到规定卡伯值所需的 $\Delta H=H_f-H_s$。

若考虑到硫化度和木片尺寸等的影响，即可取修正系数 d，于是式（9-49）改成：

$$1/b_2\ [\ln(L_s/(L_s+b_2/a_2))-\ln(L_f/(L_s+b_2/a_2))]=d(H_f-H_s) \quad (9\text{-}50)$$

式中，a_2，b_2 和 d 为常数，需预先通过实验求得。由于 b_2 随初始的有效碱浓度 C_i 变化，每次蒸煮必须加以修正。为此，Kerr 等用五种不同的有效碱浓度和两个硫化度水平蒸煮所得的数据，在 $H_s=200$ 时得到 b_2 与 C_{200} 呈线性关系：

$$b_2=1.026C_{200}-10.95 \tag{9-51}$$

此外，Kerr 等还采用两次取样（一次 $H_{s_1}=100\sim200$，另一次 $H_{s_2}=500\sim800$）在线求 b_2 的方法，即将 $L_{s_1}=(C_{s_1}-b_2)/a_2$，$L_{s_2}=(C_{s_2}-b_2)/a_2$ 代入式（9-50），得到：

$$1/b_2\ [\ln(L_{s_1}/(L_{s_1}+b_2/a_2))-\ln(L_{s_2}/(L_{s_2}+b_2/a_2))]=\alpha(H_{s_2}-H_{s_1})$$

对上式进行迭代计算得到 b_2。

由于理论分析模型的假设是近似的，需通过实验来确定若干系数。为了使模型更接近实际的生产条件，不少文献提出了对模型的修正算法。

从上面分析可知，理论模型原则上只适应于以木材为原料、产品较为单一的硫酸盐蒸煮过程。要使模型预报准确，必需事先做较多的实验以确定有关的系数。改变原料和工艺，模型的系数必须重新用实验确定。因此，在实际生产中理论模型使用起来一般不如经验模型方便。

(2) Chair 模型：Chair 模型是一种理论经验型模型。它是根据硫酸盐制浆动力学的原理导出模型变量和结构，再用回归分析方法处理工厂的实际数据，算出模型系数而得到的。该模型的结构：

$$P=\alpha D_0^{\beta}/(H^{\gamma}Q_0^{\delta}) \tag{9-52}$$

式中：P——浆的高锰酸钾值；

D_0——蒸煮开始时液化；

Q_0——蒸煮开始时活性碱与绝干木材之比；

H——H-因子。

α、β、γ 和 δ 为由实验确定的系数。对于松木原料，Chair 利用工厂实际数据得到的模型为：

$$P=5711D_0^{0.2144}/(H^{0.399}Q_0^{0.913}) \tag{9-53}$$

Chair 模型的特点是可以直接利用生产过程数据算出模型系数。当原料品种和工艺条件变化时，只需利用另一批相应的生产数据进行回归计算，即可求得新的模型系数，实用性很强，方法也较为简便。但模型只采用 D_0 和 Q_0 这样的初始值，故要求对原料量、药液量和浓度等进行精确地测量和控制，这在我国的中小型工厂是不易做到的。另一方面，如果 D_0 和 Q_0 得到精确的测量和控制，使之保持不变，则相应的两项即为常数，该模型便退化为和式（9-46）一样的 H-因子模型。

9.2.3.3　蒸煮过程数学模型的开发

实践证明，采用数学模型控制是提高蒸煮质量的重要手段。由于目前微型计算机及其“外设”在价格上已经与常规仪表相差无几，所以采用微型计算机用数学模型控制蒸煮过程不仅是必要的而且是可行的。

蒸球是我国大部分造纸厂的主要蒸煮设备，一般没有或者基本没有原料及其水分含量、药液量及浓度的测量和控制系统；原料以草类（尤其是麦草）为主，品种繁多，即使同一种原料由于季节、产地和其他原因，其制浆性质也有较大差异。为了适应我国蒸煮过程的设备和工艺特点，新的数学模型应具有如下特点：

简便实用，易于实现；能部分补偿或校正由于原料或药液计量不准确所带来的不利影响；

能直接利用实际生产数据修改模型系数。

(1) H-因子的计算：由于H-因子为模型推导的基础，因此正确地计算H-因子是必不可少的。根据H-因子的定义，计算H-因子的关键是脱木质素反应的活化能E。对于草类和其他非木材原料，我国不少学者对其蒸煮过程的动力学进行了研究，提出了各种原料脱木质素活化能（见表 9-24）。

表 9-24 造纸原料脱木质素反应的活化能

原 料	硫酸盐法	硫酸盐-蒽醌法	碱 法	碱-蒽醌法
速生杨木	28 412	23 095	31 792	22 766
麦 草	14 895	—	—	主要脱木质素阶段<100℃ 15 670 补充脱木质素阶段<160℃ 19 890
稻 草	—	—	11 922	10 680
江西山竹	9 145	—	—	—

下面以麦草的碱-蒽醌制浆法为例说明H-因子的计算。

对于麦草的碱-蒽醌制浆法，国内学者一般建议，设 70℃（343K）时$K=1$，即 70℃时 $\ln K=0$。于是 $A=E/R=15\ 760/1.987=7\ 931.6$，所以 $B=A/T=7\ 931.6/343=23.12$。则当 T<373K 时，

$$H=\int_0^t \exp(23.12-7\ 931.6/T)\mathrm{d}t \tag{9-54}$$

同理当 373K<T<433K 时，

$$H=\int_0^t \exp(29.18-10\ 010/T)\mathrm{d}t \tag{9-55}$$

由于蒸煮过程主要在 100～160℃进行，为了简化计算，根据某厂的工艺条件，笔者分别用式（9-54）和（9-55）对H-因子进行仿真计算，结果表明两者仅有 0.2%左右的误差，其绝对值仅相当于蒸煮接近结束时H-因子数秒的增量。这是因为式（9-54）仅用于蒸煮开始时很短时间的H-因子计算，加之温度较低，所以积分值很小，而大部分时间应该用式（9-55）式计算，这时温度较高，其积分值和增量要大得多。这就表明完全可以用（9-55）式来计算H-因子。

(2) 数学模型的开发：进一步分析现有的数学模型可知，蒸煮过程的基本模型变量为H-因子和有效碱浓度C，即：

$$K=f(H, C) \tag{9-56}$$

对于 Kerr 模型，C为取样时的有效碱浓度C_s；对 Chair 模型 D_0/Q_0 相当于初始的有效碱浓度C_i。

如前所述，Chair 模型简单实用，但对蒸煮初值条件要求较严格。由图 9-119 和式（9-51）可知，C_i 将对 b_2 有明显影响，会干扰模型的控制精度。Kerr 模型采用在大量脱木质素阶段取样的方法可以部分校正蒸煮初始条件的影响，但由于模型参数 b_2 仍与 C_i 有关，而且模型参数必须预先通过实验决定，在使用上受到限制。鉴于对草类制浆动力学理论的研究尚不够充分，而且由于草类的品种、产地等因素造成的原料品质远比木材要复杂。因此就国内以草浆为原料的蒸煮设备与工艺而言，现阶段以采用经验模型为宜。

进一步分析 Chair 模型可知，模型中的结构变量 D_0 和 Q_0 实际上表示蒸煮开始的碱浓度。而由蒸煮过程的机理可知，在蒸煮初期，即在初始脱木质素阶段，碱主要消耗于中和原料中有机酸和溶解部分杂质。这时药液中有效碱的浓度与原料的性质、含水量、装料量、液比和用碱量等因素有关，而与浆中木质素含量关系不大。由于药液对原料的浸渍不完全，这时浆中的有效碱浓度远低于药液中的有效碱浓度。而在主要脱木质素阶段，药液对原料已充分浸渍，碱则主要消耗于脱木质素反应。因此，只要在这一阶段的某一点通过取样测得药液中的有效碱浓度，算得这时相应的 H-因子，并结合 H-因子终值而构成的数学模型将比 Chair 模型有较高的预报精度。而且该模型受蒸煮初始条件的影响要小得多。所以，只要将碱浓代之以主要蒸煮阶段某一点的有效碱浓度；而将 H-因子代之蒸煮结束时的 H-因子与有效碱取样点的 H-因子之差，则可将 Chair 模型改写成：

$$K=\alpha\ (H_f-H_s)^{\gamma}EA^{\beta} \tag{9-57}$$

式中：H_s——有效碱取样时的 H-因子；

H_f——蒸煮结束时的 H-因子；

EA——取样时的有效碱浓度；

K——浆的高锰酸钾值；

α、γ 和 β——待定系数。

模型中的 K，H_f，H_s 和 EA 均易于在工厂的实际生产中获得。这样，我们只要取若干组数据通过回归分析，就可以求得式（9-57）中的待定系数 α、γ、β。

表 9-25 为一组以某厂为例、从实际生产数据回归得到的各蒸球数学模型的系数[157]。由表 9-25 可见，拟合的相关性和精确度均符合要求；不同的蒸煮设备结构和工艺，模型的系数是不同的。

表 9-25　某厂各蒸球数学模型的系数

球　号	α	γ	β	相关系数	剩余均方差
1#	3.2×10^{7}	−1.897	−0.812	0.963	0.025 5
3#	30 229	−0.908	−0.876	0.946	0.021 1
4#	1 965.8	−0.454	−0.651	0.963	0.018 1
6#	4 741.1	−0.652	−0.501	0.974	0.017 7

注：2#和 5#球的结构与工艺分别与 1#和 6#球相同。

在多个厂家的实际应用中，上述模型均取得良好的效果。

9.2.4　蒸煮过程微机控制系统

9.2.4.1　蒸煮过程控制的发展方向——微机控制

蒸煮是制浆造纸过程中一个重要工序，直接关系着制浆产品的产量与质量。80 年代初不少造纸厂根据我国学者对草浆脱木质素机理的研究，实现了草浆低温快速蒸煮新工艺。在缩短蒸煮时间、改善浆料质量、提高得率、降低能耗等方面都取得了明显的效益。但是，由于受到草质变化，装球量及加碱量计量不准，加上蒸煮操作过程中操作工人的技术素质和责任心，以及供汽质量等诸多因素影响，致使低温快速蒸煮新工艺的优势不能得到充分发挥。

另一方面，随着微型机应用技术的不断普及，微型机不论在性能方面还是在价格上均能取代常规的工业自动化仪表。而且对蒸煮这样一种间歇过程采用微型机控制要比常规仪表方便得多。因此，采用微型机控制蒸煮过程便成为各造纸厂明智的决策。

早期报道[158]的蒸煮过程微机控制系统一般采用TP801型单板机＋常规仪表的硬件配置。软件方面以蒸汽压力的程序控制代替原有的人工操作，少数系统尚有一些显示、报警和打印等功能。据报道这些系统投运后均取得了较好的效益。不过，严格地讲，这类系统并未真正解决蒸煮过程的控制问题，这是因为：①压力程序控制并不能代替蒸煮曲线，根据溶液沸点升高的理论，饱和蒸汽压力所对应的温度并不能直接代表球内浆料的温度。根据实际测试，当球内残留的空气较多时，两者的差值往往达20～30℃。②在装球量和用碱量不精确控制时，即使按蒸煮曲线控制，也不能得到较均匀的粗浆。

9.2.4.2 蒸煮过程的控制目标

蒸球蒸煮过程手工操作较多，尤其是装球阶段。大多数厂尚无可靠的进料和进液系统，目前较难实现从装料开始的整个蒸煮过程操作的自动控制，所以微机控制系统目前仅能从装料，加液结束后进行蒸煮过程的控制。

过程控制的目的是在不增加新工艺设备的条件下，通过合理的控制实现优质、高产、低耗。对蒸球控制而言，其具体目标应该是：①在固定装球量的条件下，尽量多地生产质量均匀并符合要求的粗浆。②尽量降低蒸汽和药品的消耗。

为此，必须首先从控制的观点对蒸煮过程的主要参数加以分析。

蒸煮过程的主要控制的指标为得率，但得率和浆中的木质素含量即高锰酸钾值（以下简称K值）有密切的关系。而浆的质量则由K值的标准偏差表示，偏差越小，则浆的均匀性越好；或者说，如果通过合理的控制，使K值的标准偏差减小，我们就可以把K值的期望值即控制点提高，使之十分接近产品规格允许的界限值，其结果将既保证了浆的质量均匀，又可提高得率。因此，就蒸煮过程而言，为了达到第一个目标，其主要控制参数应为K值。

由于到目前为止，尚无在线测量浆的K值的变送器。因此，只能通过间接的方法控制K值。寻求蒸煮过程中K值与原料、药液、蒸煮的温度和时间等参数之间的数学关系，即数学模型。这样，在某些参数变动的情况下，通过合理地校正其中另一些参数（一般为温度和时间），仍能保证得到规定K值的浆。因此，蒸煮过程数学模型对蒸煮过程的控制具有决定性的意义，是实现控制目标的基础。

9.2.4.3 蒸煮过程微机控制系统的开发

鉴于我国大多数造纸厂的蒸煮设备均为蒸球，原料以草类为主。一般采用碱法或碱-蒽醌法制浆工艺。直接引用国外蒸煮过程计算机控制系统的经验是不可取的，必须开发适合我国蒸煮工艺、设备和原料特点的微机控制系统。

就目前而言，要开发适合我国国情的蒸煮过程微机控制系统，首先必须解决以下几个问题：

(1) 温度的测量：①滑环法。该法是在球壳上插入一支电阻温度针，采用滑环装置将电阻信号引到计算机或常规仪表。这种方法的缺点是：插入深度不能太深，一般仅为200～250mm，太深温度计易于被草料折弯。所以实际测到的为球壳区的温度；滑环易受到灰尘和碱性气体的侵蚀，造成接触不良。且机构复杂，可靠性差。②中通管法。该法是在加热蒸汽的中通管中插入一支热电阻。其优点是可靠性高，但实际测的温度较接近中通管的蒸汽温度。

为了解决蒸球的温度测量问题，通过实际测试和分析，不难找出中通管温度与球内浆温存在如下关系：

$$T=T_{测}+A\exp\ (Bt) \tag{9-58}$$

式中：T——球内浆料的平均温度（℃）；

$T_{测}$——中通管中实测的温度（℃）；

t——蒸煮时间（min）；

A、B——为校正系数，由蒸煮工艺和设备的具体条件确定。

（2）数学模型：对于麦草为原料的碱-蒽醌制浆工艺，我们根据脱木质素机理的分析，得到如式（9-57）的经验模型。

根据我们实际应用的结果发现，蒸煮工艺和蒸球的结构不同，模型的系数也不同。对于麦草类碱-蒽醌制浆法，式（9-57）中的 H-因子按下式计算：

$$H=\int_0^t \exp(29.18-10\,010/T)\mathrm{d}t \tag{9-59}$$

式中：T——绝对温度（K）；

t——蒸煮时间。

（3）软件：系统除必需的控制和计算软件外，还应包括丰富的管理软件，而且为了便于工人操作，每种操作均应有汉字提示。

（4）硬件方案：为了满足生产工艺和控制目标的要求，保证系统运行的安全可靠、操作简便易学和开发更新的工艺，根据国内外现有常规仪表性能和微机的供货情况，并对硬件投资和系统功能作了比较，决定采用微型计算机加常规Ⅱ型电动单元组合仪表组成的复合型控制方案，控制原理如图 9-120。

为了提高对加热蒸汽压力波动的抗干扰能力与温度的跟踪性能，以及减小温度滞后的影响，用常规仪表构成温度-压力串级控制系统。而温度控制系统的给定值则由计算机根据工艺规定的曲线决定。

（5）软件程序的开发：系统除必须的控制和计算软件外，还应包括丰富的管理软件，而且为了便于工人操作，每种操作均应有汉字提示。其基本功能如下：①信号采集、采样处理及控制作用的输出：根据要求，程序按规定时间，将测量仪表测得的各种参数的数据（如总压、各球的压力和温度、车间蒸汽流量等），从过程输入通道读入，经过对采样数据进行平滑滤波，再按要求的顺序存入计算机单元。另外，将通过控制算法求出的控制数据，经过输出通道送至调节器和调节阀。为了确保生产安全，对输出的上下限还作了限幅处理。②错误诊断和处理：程序设置了错误陷阱，以捕捉计算机的偶然出错和操作员的操作错误；并能记录在案，供查错改正，同时，又不影响生产的正常进行。③各种提示操作人员注意的声音和显示报警的设置：在蒸煮过程中，许多操作和工况（如各球的小放气、喷放的开始与结束、蒸汽压力小于 0.4MPa 等），都必须通过屏幕显示和发出蜂鸣声，向操作人员报警，便于及时人工处理，以保证生产的正常进行。④用“菜单”显示技术进行操作选择：采用汉字显示及人机对话，大大方便了操作和选择。⑤蒸球操作选择：蒸球蒸煮过程是一个间歇过程。由于种种原因，部分操作还必须由人工来完成，并且随时与计算机控制协调一致。⑥显示各球蒸煮过程的主要参数：这是工况显示的主要内容，是操作人员同时监视 6 个球蒸煮过程的主要依据和窗口。某时刻的屏幕拷贝如图 9-121。

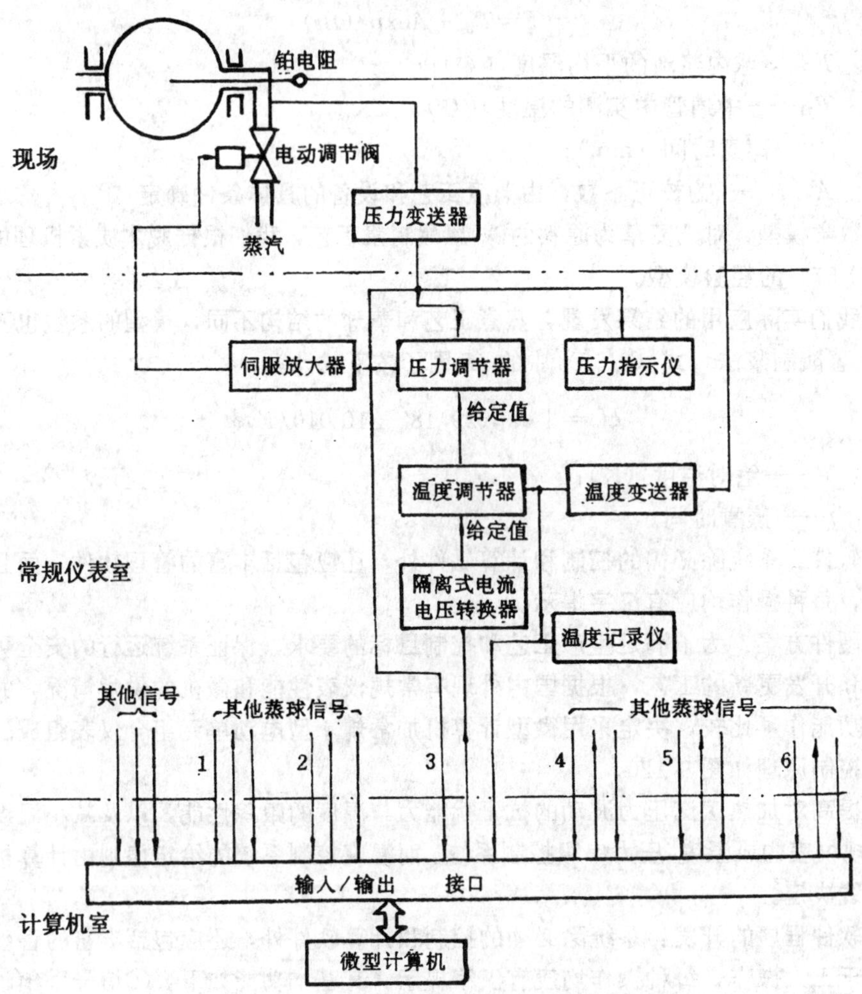

图 9-120 蒸球蒸煮过程微机控制原理图

×××造纸厂蒸煮车间主要工况显示

1992年06月30日11时00分01秒

球号	流量 t/h	开球时间 (h:min)	蒸煮时间 (h:min)	球温 (℃)	球压 (MPa)	给定 (℃)	H-因子	H终值	喷放时间 (h:min)
1#	0.14	停球							
2#		10:20	0:40	142	51	未监控			
3#		停球							
4#	0.39	9:38	1:22	153	33	153	240.3	585	12:00
5#		停球							
6#		停球							

车间蒸汽总管压力：0.81 MPa。

图 9-121 ×××造纸厂蒸煮车间主要工况显示

按 F_1 键进行各种运行操作

(6) 显示各球当前的蒸煮曲线：可以任意查看当前各球在计算机控制下的温度变化曲线，以及与工艺规定的标准曲线的差异。图 9-122、图 9-123 分别为手动控制和计算机控制的温度曲线。①修改蒸煮过程的标准曲线：由于原料（品种、用量、水分）用碱、供汽变化太大，有时必须对标准的工艺曲线进行现场修改。②输入有效碱浓度，计算 H-因子终值：按照控制方案的数学模型的要求，根据小放气时 H-因子和有效碱含量以及喷放时浆料的硬度（目标值），来计算 H-因子终值（即喷放 H-因子），预报喷放时间。③各球参数的存盘：各球喷放完成后，操作人员还必须将各球实际生产的主要数据如装草量、用碱量、化验的 K 值等分别依次存入磁盘，并自动打印出该球的操作简报。④查询和打印生产报表：各球生产的主要数据按序存于磁盘中，并可随时查询或打印各球的日报表、月报表。

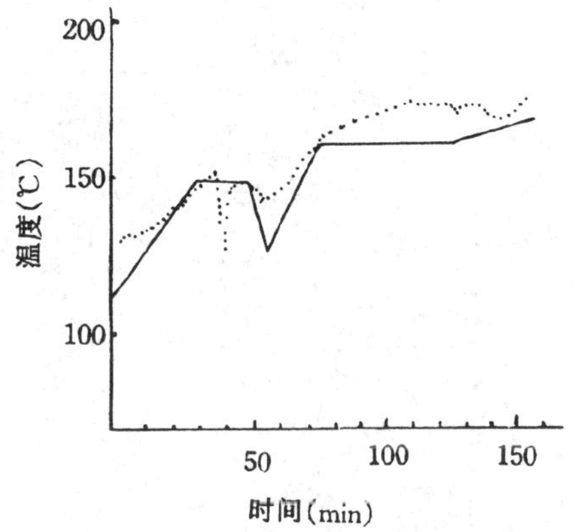

图 9-122　手动控制的曲线

——规定曲线；　……实测曲线

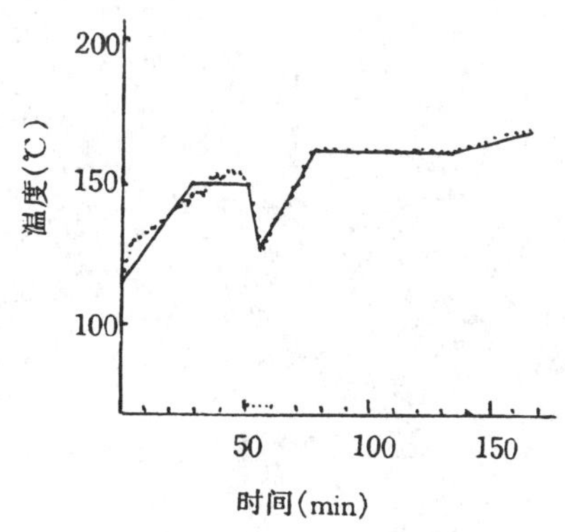

图 9-123　计算机控制的曲线

——规定曲线；　……实测曲线

9.2.4.4　微机控制系统实施结果[157]

上述系统实施后，整个系统一直运行正常。对某厂生产运行效果的现场测定，结果为：①蒸球温度跟踪蒸煮曲线性能好。在蒸汽压力波动＜－20％时，蒸球温度基本与蒸煮曲线重合，精度为±1℃。②蒸解度的波动范围和最大偏差明显减小。手控时蒸解度的最大偏差为－1.8～1.7，标准偏差 $S_1=1.17$；微机控制后最大偏差为－0.9～0.9，且约 70％在 0.5 以内，标准偏

差 $S_2=0.56$。黄浆的均匀性明显提高，改善了洗浆和漂白的操作。③微机控制后黄浆得率与去年同期的得率相比，得率增加1.95%。据此结果初步估计，全年可增产黄浆491.31t，折合人民币68.73万元。

此外，根据现场的试验，只要供汽压力稳定，蒸煮时间一般可以缩短5～10min。对该厂而言，若每球缩短5min，全年可望多生产180t黄浆，折合人民币约30万元。

第10章 亚硫酸盐法制浆[143~147]

曹光锐　曹朴芳

1 概　述

国际上，化学浆的产量约占浆总产量的70%。亚硫酸盐法制浆，由于浆易漂，质量好，曾兴盛约100年之久。20世纪20年代，碱法与亚硫酸盐法浆的产量相比，前者仍不及后者。30年代发生了大的变化，硫酸盐法浆产量骤然上升。40年代后，由于碱回收技术及二氧化氯漂白技术的成熟，硫酸盐法的产量在化学浆中处于领先地位。目前，亚硫酸盐浆仅占化学浆总产量的10%以下。在亚硫酸盐浆中，钙盐基的浆产量逐年下降，而代之以可溶性盐基。铵盐基制浆曾发展过一个时期，后被镁盐基制浆代替。目前，由于回收技术逐渐成熟，亚硫酸钠法制浆已在浆纸厂采用。

我国制浆工业的发展，也是以硫酸盐浆及碱法浆为主，占机制纸浆总量的70%以上，而亚硫酸盐浆只占10%左右，并呈逐年下降的趋势。但由于亚硫酸盐制浆法也有其特有的优点，因此亚硫酸盐法制浆仍保留了一定地位。

2 亚硫酸盐法制浆总流程

亚硫酸盐法制浆总流程如下：

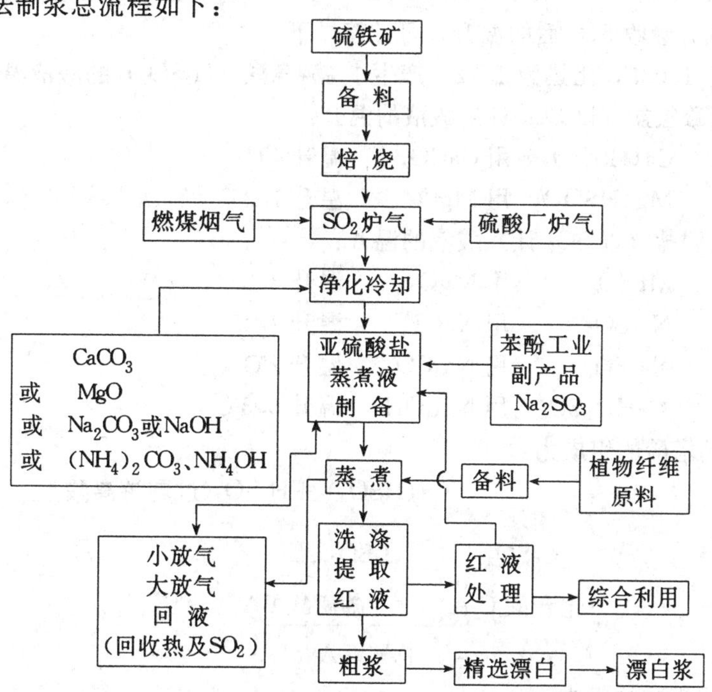

3 亚硫酸盐法制浆制酸工程中的机理和影响因素

3.1 亚硫酸盐法制浆蒸煮液制备过程的生成热

亚硫酸盐法制浆蒸煮液制备过程中吸收SO_2塔酸的有关化合物的生成热见表10-1。

表10-1 亚硫酸盐法制浆蒸煮液制备过程中吸收SO_2塔酸的有关化合物的生成热

化合物分子式	生成热〔kJ/(g·mol)〕	化合物分子式	生成热〔kJ/(g·mol)〕
H_2O	286.4	$MgSO_3$	1009
SO_2	296.8	$NaOH$	426.6
CO_2	393.6	Na_2CO_3	1128
H_2SO_3	614.2	Na_2SO_3	1093.6
$CaCO_3$	1210	$NaHSO_3$	858.3
$Ca(HSO_3)_2$	1821	NH_4OH	362.7
MgO	616.7	NH_4HSO_3	759.2
$Mg(HSO_3)_2$	717.15	$(NH_4)_2SO_3$	901.0

通过计算，SO_2吸收过程中的反应热如下：

$H_2O+SO_2 = H_3SO_3$　　31〔kJ/(g·mol)〕

$CaCO_3+2SO_2+H_2O = Ca(HSO_3)_2+CO_2$　　124〔kJ/(g·mol)〕

$MgO+2SO_2+H_2O = Mg(HSO_3)_2$　　223.6〔kJ/(g·mol)〕

$MgO+SO_2 = MgSO_3$　　100.5〔kJ/(g·mol)〕

$2NaOH+SO_2 = Na_2SO_3+H_2O$　　230〔kJ/(g·mol)〕

$Na_2CO_3+SO_2 = Na_2SO_3+CO_2$　　62.4〔kJ/(g·mol)〕

$2NH_4OH+SO_2 = (NH_4)_2SO_3+H_2O$　　165〔kJ/(g·mol)〕

利用上述数据，吸收SO_2后的温升，可计算如下：

该塔酸比重为1.035，比热为1.12，产生1%游离酸（H_2SO_3）的酸液温升计算为1℃。

产生1%亚硫酸氢盐（以SO_2计）酸液的温升：

$Ca(HSO_3)_2$　用$CaCO_3$　温升4℃

$Mg(HSO_3)_2$　用MgO　温升7.2℃

产生1%亚硫酸盐（以SO_2计）酸液的温升：

$MgSO_3$　用MgO　温升3.2℃

Na_2SO_3　用$NaOH$　温升7.4℃

Na_2SO_3　用Na_2CO_3　温升2℃

$(NH_4)_2SO_3$　用NH_4OH　温升5.3℃

酸性亚硫酸钙塔酸的组成为：

$Ca(HSO_3)_2+H_2SO_3$(过剩游离酸)

$CaSO_3$　　H_2SO_3

化合酸CA　　游离酸FA

总酸TA

中性亚硫酸镁塔酸的组成为：

$$Mg(HSO_3)_2 + MgSO_3\text{(过剩化合酸)}$$

H_2SO_3 $MgSO_3$

FA CA

TA

当生产 TA 为 4%，CA 为 6.5%的亚硫酸氢钙溶液时，塔酸的温升计算如下：

$Ca(HSO_3)_2$ 中 SO_2 含量为 $2\times1.5=3\%$ 温升 $3\times4=12$℃

过剩 H_2SO_3 中 SO_2 含量为 $4-2\times1.5=1\%$ 温升 $1\times1=1$℃

温升共计 $12+1=13$℃

当生产 TA 为 5%，FA 为 2.2%的亚硫酸氢镁溶液时，塔酸的温升计算如下：

$Mg(HSO_3)_2$ 中 SO_2 含量为 $2\times2.2=4.4\%$ 温升为 $4.4\times7.2=31.68$℃

过剩 $MgSO_3$ 中 SO_2 含量为 $5-2\times2.2=0.6\%$ 温升为 $0.6\times3.2=1.92$℃

温升共计 $31.68+1.92=33.6$℃

当用 NaOH 生产 2.5%Na_2SO_3（以 SO_2 计）溶液时，温升计算为 $2.5\times7.4=18.5$℃，用 Na_2CO_3 生产 2.5%Na_2SO_3（以 SO_2 计）溶液时，温升为 $2.5\times2=5$℃。

当用 NH_4OH 生产 2.5%（NH_4）$_2SO_3$（以 SO_2 计）溶液时，温升为 $2.5\times5.3=13.25$℃。

一般情况下，炉气入塔温度也影响塔酸温升，当炉气温度为 40℃时，塔酸温升 4℃；45℃时，塔酸温升 5.5℃；50℃时，塔酸温升 8℃；55℃时，塔酸温升 11℃。

3.2 亚硫酸盐法溶液的 pH 值与温度关系

亚硫酸盐溶液的 pH 值与温度的关系见表 10-2。

表 10-2 亚硫酸盐溶液 pH 值与温度的关系

亚硫酸盐溶液组成		pH 值		亚硫酸盐溶液组成		pH 值	
TA（%）	CA（%）	25 ℃	130 ℃	TA（%）	CA（%）	25 ℃	130 ℃
4.0	0.25	1.22	2.28	4.0	2.00	4.35	5.25
4.0	0.50	1.42	2.69	4.0	3.00	7.00	7.00
4.0	0.75	1.62	2.89	4.0	4.00	10.4	10.4
4.0	1.00	1.80	3.20				

从表 10-2 可以看出亚硫酸盐溶液中，当 TA 不变，CA 上升的情况下，pH 值不断上升。温度提高，在 CA2%以下时（即酸液组成为 $MHSO_3$），pH 值提高；当 CA>2%后，温度提高对 pH 值无影响。

不同盐基的亚硫酸盐溶液的 pH 值随温度上升而增加，其数值如下：

$H\cdot HSO_3$ 0.007pH/℃；

$Mg\cdot(HSO_3)_2$ 0.009pH/℃；

$Ca\cdot(HSO_3)_2$ 0.011pH/℃；

$NH_4\cdot HSO_3$ 0.012pH/℃；

$Na\cdot HSO_3$ 0.016pH/℃

pH 值随温度升高的幅度大对纤维的酸水解程度小，浆得率也可提高。

3.3 亚硫酸盐法溶液的解离常数与温度的关系

亚硫酸盐溶液的解离平衡常数，随温度的升高而降低，可由下式计算出：

$$\lg K_1 = -2467.3/T + 16.546 - 0.03366T \qquad (10\text{-}1)$$

式中：K_1——亚硫酸盐溶液的解离平衡常数，$K_1=[H^+][HSO_3^-]$；

T——绝对温度（K）。

表 10-3 示出亚硫酸溶解液的 K_1、pH 值与温度的关系。

表 10-3 亚硫酸液的 K_1、pH 值与温度的关系

温 度	计 算 值		测 定 值	
(℃)	K_1	pH 值	K_1	pH 值
25	0.017 25	0.88	0.172	0.88
70	0.006 44	1.09	0.006 4	1.17
100	0.002 39	1.31	0.002 4	1.31
110	0.001 63	1.40	0.001 6	1.40
120	0.001 11	1.48	0.001 1	1.48
130	0.000 73	1.57	0.000 8	1.55
140	0.000 47	1.67	0.000 5	1.65
150	0.000 30	1.76	0.000 3	1.76

不同 pH 值下，亚硫酸盐溶液的组成变化，可计算如下：

$$\text{温度 }25℃：H_2SO_3 \rightleftharpoons H^+ + HSO_3^- \quad K_1 = 1.7\times10^{-2}$$

$$HSO_3^- \rightleftharpoons H^+ + SO_3^{2-} \quad K_2 = 6.24\times10^{-8}$$

$$K_1 = \frac{[H^+][HSO_3^-]}{[SO_2]} = 1.7\times10^{-2}$$

$$[HSO_3^-]/[SO_2] = 1.7\times10^{2}/[H^+]$$

$$\log_{10}\frac{1}{[H^+]} = pH \qquad 1/[H^+] = 10^{pH}$$

计算结果如下：

pH 值	$[HSO_3^-]/[SO_2]$	百分比
1	$1.7\times10^{-2}\times10^{1}=0.17$	14.6/85.4
2	$1.7\times10^{-2}\times10^{2}=1.7$	63/37
3	$1.7\times10^{-2}\times10^{3}=17$	94.45/5.55
4	$1.7\times10^{-2}\times10^{4}=170$	99.415/0.585

$$K_2 = [H^+][SO_3^{2-}]/[HSO_3^-] = 6.24\times10^{-8}$$

$$[SO_3^{2-}]/[HSO_3^-] = 6.24\times10^{-8}/[H^+]$$

$$1/[H^+] = 10^{pH}$$

pH 值	$[SO_3^{2-}]/[HSO_3^-]$	百分比
5	$6.24\times10^{-8}\times10^{5}=6.24\times10^{-3}$	0.62/99.38
6	$6.24\times10^{-8}\times10^{6}=6.24\times10^{-2}$	5.9/94.1
7	$6.24\times10^{-8}\times10^{7}=6.24\times10^{-1}$	38.5/61.5
8	$6.24\times10^{-8}\times10^{8}=6.24$	86.2/13.8
9	$6.24\times10^{-8}\times10^{9}=62.4$	98.42/1.58
10	$6.24\times10^{-8}\times10^{10}=624$	99.84/0.16

从以上计算可以看出：当pH值为1～2时，亚硫酸盐溶液中以SO_2为主；pH值为3～8时，以HSO_3^-为主；pH值为9～10时，以SO_3^{2-}为主。

在碱性条件下，提高温度可以促进SO_3^{2-}的水解，生成HSO_3^-，有利于木质素的磺化作用，其计算情况如下：

$$HSO_3^- \rightleftharpoons H^+ + SO_3^{2-} \qquad \Delta H = 3.726\text{kJ/(g·mol)}$$

$$K = 6.24\times10^{-8}\ (25℃)$$

$$H_2O \rightleftharpoons H^+ + OH^- \qquad \Delta H = 55.7\text{kJ/(g·mol)}$$

$$K_W = 10^{-14}\ (25℃)$$

以上两式相减

$$SO_3^{2-} + H_2O \rightleftharpoons HSO_3^- + OH^- \quad \Delta H = 52\text{kJ/(g·mol)}$$

$$K_1 = K_W/K = 10^{-4}/6.24\times10^{-8} = 1.6\times10^{-7}$$

设ΔH不受温度影响（25～170℃），则

$$\ln K_2 - \ln K_1 = \frac{\Delta H}{R}\left(\frac{1}{T_1} - \frac{1}{T_2}\right)$$

$$\frac{\Delta H}{R} = \frac{52\ 000}{8.319} = 6\ 250$$

代入　$$\ln K_2 - \ln 1.6\times10^{-7} = 6\ 250\left(\frac{1}{298} - \frac{1}{T_2}\right)$$

式中：K——平衡常数；

ΔH——反应热。

计算结果见表10-4。

表10-4　不同温度下平衡常数及其比较

酸液温度	平衡常数K	K相对值	酸液温度	平衡常数K	K相对值
25℃（298K）	1.61×10^{-7}	1	150℃（423K）	7.88×10^{-5}	492
135℃（408K）	4.58×10^{-5}	284	160℃（433K）	11.08×10^{-5}	688
140℃（413K）	5.51×10^{-5}	342	170℃（443K）	15.35×10^{-5}	953

由表10-4可见，提高温度有利于SO_3^{2-}水解生成HSO_3^-，当温度从25℃提高到150℃时，[HSO_3^-]增加492倍，从150℃提高到170℃时又增加了近2倍。

4　亚硫酸盐法制浆蒸煮工程的机理和影响因素

在亚硫酸盐蒸煮过程中，大致可分为两个阶段：蒸煮液浸透扩散，木质素磺化阶段；磺化后木质素磺酸盐溶出阶段，两个阶段不能明显分开。

4.1　亚硫酸盐法制浆的蒸煮机理

4.1.1　SO_2、H_2O与木质素的反应机理

在酸性亚硫酸盐蒸煮中，SO_2、H_2O与A基、B基木质素发生磺化反应。

木质素结构单元的苯醇或苯醚结构，在酸性条件下成为共轭稳定的苯亚甲基离子，与SO_2、H_2O反应而磺化。

亚硫酸盐蒸煮中还有与磺化反应相竞争的缩合反应，缩合反应阻碍脱木质素作用。苯甲

基离子发生 α-C_1 和 α-C_6 的缩合反应。

在 pH 值为 5～10 的中性亚硫酸盐蒸煮中，脱木质素速度比酸性条件下慢。在此 pH 值范围内，磺化剂为 SO_3^{2-} 及 HSO_3^-，主要是 HSO_3^-。

木质素结构中的β-芳基醚键在蒸煮过程中生成苯甲基磺酸盐，以及β-芳基醚键的硫醚分解，成为β-二磺酸盐，最后生成苯乙烯-β-磺酸盐。

酸性和中性亚硫酸盐蒸煮中木质素的主要反应见表 10-5。

表 10-5 酸性与中性亚硫酸盐蒸煮中木质素的主要反应

类 别	酸性亚硫酸盐法 磺酸基 0.54～0.65 (OMe)	中性亚硫酸盐法 磺酸基 0.24～0.3 (OMe)
β-芳基醚键 酚基（X）基	α 位磺化 α-C-C_6'缩合	pH 值 7 时 α 位磺化 α 和 β 磺化 pH 值 10～9 时 α 和 β 位磺化
非酚基 Z 基 B 基	α 位磺化 α 位磺化 α-C-C_6'缩合	α 位磺化 稳定

4.1.2 亚硫酸盐蒸煮过程中碳水化合物的反应

木聚糖存在于针叶材、阔叶材和一年生植物中。针叶材中 4-O-甲基-葡萄糖尾酸单元，偶尔也有阿拉伯糖单元，连在每 5 个或每 10 个木聚糖的单元上，其示意图如下：

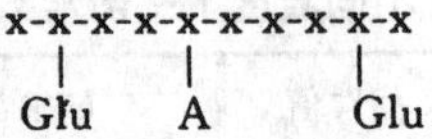

```
x-x-x-x-x-x-x-x-x-x
  |     |     |
 Glu    A    Glu
```

其中：x 为木糖单元；Glu 为葡萄糖尾酸单元；A 为阿拉伯糖单元。

阔叶材中木聚糖结构与针叶材相似，但不含阿拉伯糖。

戊糖中的甙键对酸水解很敏感。在蒸煮过程很容易断链，使聚合度下降。乙酰基和葡萄糖醛酸—木糖链却比较稳定。

葡萄甘露糖和半乳葡萄甘露聚糖是针叶材中半纤维素的主要成分，但在阔叶材及一年生植物中不多见。其示意如下：

```
M-G-M-M-M-G-M-M-G-M-M
    |         |
   Gal        G
```

其中：M 为甘露糖；G 为葡萄糖；Gal 为半乳糖。

在 pH 值 1～6 的亚硫酸盐蒸煮过程中，葡萄甘露糖比木聚糖酸水解较为稳定。

亚硫酸盐法针叶木浆中的半纤维素含量比碱法多，所以透明纸常用酸法针叶木浆制成。但在阔叶材和一年生植物中，木聚糖较多，在亚硫酸盐法中溶出较多，因此亚硫酸盐法阔叶木及一年生植物的纸浆中，半纤维素比碱法浆少，成纸后不透明度较高。

pH 值在 1～3 的酸性亚硫酸盐云杉蒸煮中，纤维素聚合度由 2400 降到 1400，而 pH 值在 4～7 的中性亚硫酸盐蒸煮所得的浆，聚合度仅降到 2000。

4.2 亚硫酸盐法蒸煮过程的影响因素

4.2.1 木片规格、温度、药液组成对浸透的影响

亚硫酸盐溶液进入木片，依靠木片内外的压力差和浓度差进行渗透和扩散。在酸性和中性条件下，木片轴向的浸透速度比径向和弦向都快得多。为了促进浸透，木片应适当短些好。而在碱性条件下，轴、径、弦三个方向浸透速度接近一致，因此木片应薄些好，苇片薄、结构又疏松、浸透不发生困难。

表 10-6　110℃下木片长度对酸性蒸煮液向木片内部浸透的影响

（TA5.5%，CaO1.1%，木片水分 54%）

木片长度（mm）	110℃下浸透木片的时间（min）无未蒸解分、无黑煮
6	15
12	75
18	135
27	270
30	330

表 10-7　蒸煮液组成对浸透木片的影响

蒸煮液组成			110℃下浸透时间（min）无未蒸解分，无黑煮
TA（%）	CA（%）	FA（%）	
3.0	0.8	2.2	255
6.0	1.14	4.86	150
8.0	1.14	6.86	90

促进酸液浸透木片的方法，通常采用的是蒸汽装锅，此外还有真空法、变压法等。

木片长度对 110℃酸性亚硫酸盐蒸煮液浸透速度的影响见表 10-6。

提高蒸煮液 FA，可以缩短 110℃温度下的浸透时间（见表 10-7）。

为了缩短 110℃下浸透时间，应尽可能提高蒸煮液总酸及游离酸。

木片在装锅时的预处理，对木片浸透的影响见表 10-8。

表 10-8　预处理对木片浸透的影响

（TA7.0%，CA1.14%）

预处理方法	处理时间（min）	浸透压力（Pa）	浸透时间（min）	筛渣（%）（未蒸解分）
抽真空	20	10	15	13.5
汽　蒸	45	10	15	2.1
液相变压	13	10	15	12.1
气相变压	11	10	15	5.0

由表 10-8 可以看出，汽蒸效果较好，目前在酸性亚硫酸钙蒸煮过程中，一般都采用蒸汽装锅，以利浸透，又可提高装锅量。

以 Mg^{2+}、NH_4^+、Na^+代替 Ca^{2+}，在酸性亚硫酸盐蒸煮过程中，也可提高浸透速度。

4.2.2 药液 pH 值和温度对木质素磺化的影响

不同 pH 值的亚硫酸盐蒸煮液中，对原料中木质素主要的磺化剂不尽相同，从而蒸煮最高温度也有所不同。

pH 值为 1～2 时，酸性亚硫酸盐蒸煮液中，磺化剂主要是 $SO_2 \cdot H_2O$，磺化能力较强，蒸煮最高温度约 135℃（以保持锅压在 0.65MPa 左右）。

pH 值为 3～8 的中性亚硫酸盐蒸煮液中，磺化剂主要是 HSO_3^-，磺化能力较次，蒸煮最高温度约 150℃。

pH 值在 9～10 以上的碱性亚硫酸盐蒸煮液中，磺化剂主要是 SO_3^{2-}，磺化能力较弱，蒸

煮最高温度约170℃。

4.2.3 心材对酸法蒸煮的影响

榉木边材与心材以酸性亚硫酸盐蒸煮液蒸煮时，心材成浆质量比边材差，见表10-9。

表10-9 榉木边材与心材以酸性亚硫酸盐蒸煮比较[①]

蒸煮液组成	SO_2 6.5%	CaO 1.25%
	边 材	心 材
成浆粘度（Pa·s）	1 040	890
漂 率（%）	27	52
筛 渣（%）	0.4	0.8
浆中木质素（%）	1.8	4.0
白 度（%）	66	39.2

① 蒸煮条件：最高温度136℃，时间2.5h。

由表10-9可以看出，以酸性亚硫酸盐蒸煮的木材，最好用边材，或小径材。

抑制酸性亚硫酸盐蒸煮的松属木材成分有：

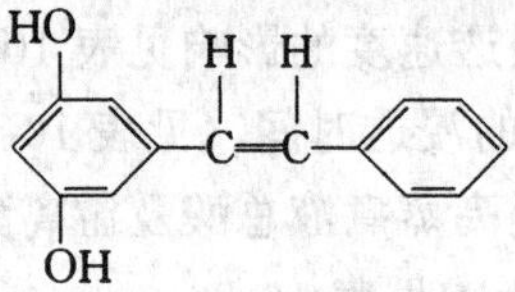

3，5-二羟二苯乙烯

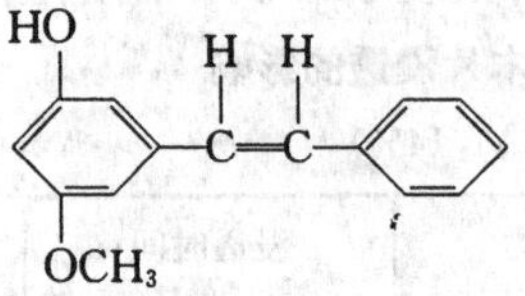

3，5-二羟二苯乙烯甲基醚

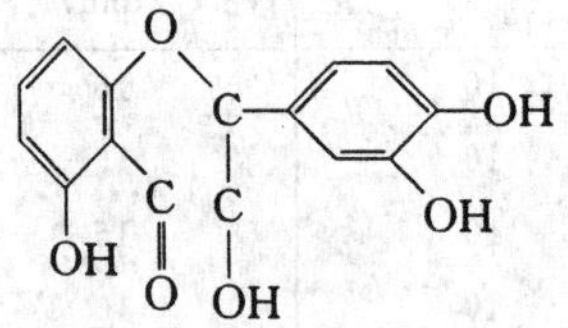

双氢栎精

在酸性亚硫酸盐蒸煮过程中，上述有机化合物促使$SO_3^{=}$进行自动氧化还原，生成$SO_4^{=}$及元素硫，使纸浆质量下降。自动氧化还原反应式如下：

$$3H_2SO_3 \longrightarrow 2H_2SO_4 + S + H_2O$$

5 酸性亚硫酸钙法制浆

酸性亚硫酸钙（以下简称亚钙）法制浆，在国际上已趋于没落。一些老的酸性亚钙法厂，已改造为可溶性盐基法或硫酸盐法。其原因是在酸性蒸煮条件下，设备需要耐腐蚀。此外亚钙法的红液回收也仅能回收热量。

亚钙法的制酸工程，可用块状石灰石或粉状石灰石。SO_2吸收塔有高塔，装块状石灰石，喷淋冷水的三塔制；也有用低塔，通过粉状石灰石在水中的乳状物吸收SO_2。

三塔制酸性亚硫酸氢钙与单塔制亚硫酸氢镁溶液见表10-10。

表 10-10 高塔结构及吸收工艺条件示例

原 酸		酸性亚硫酸氢钙	亚硫酸氢镁
塔规格	上部直径（m）	1.67	2.52
	下部直径（m）	2.2	2.52
	填充高度（m）	19	27
	总 高（m）	27.61	40
填 料	种 类	石灰石	卵 石
	规格（mm）	250～400	200～300
	数量（t/塔）	～100	—
	表面积（m^2）	—	132.5
入塔气体	温度（℃）	<45	<45
	SO_2浓度（%）	>8	>8
入塔液体温度（℃）		<50	28～32
废气中SO_2浓度（%）		～0.5	～0.5

制备钙盐基亚硫酸塔酸的低塔用粉状石灰（98%通过100目）。

低塔一般采用四塔串联，其酸液组成见表10-11。经冷却的SO_2从4#塔进入系统，石灰乳液经冷却后（一般要求低于50℃，以保证吸收）从1#塔进入，进行逆流吸收。

表 10-11 塔酸组成

塔 号	1#	2#	3#	4#
总酸（%）	0.384	1.984	3.616	3.712
化合酸（%）	—	0.992	1.408	1.440
液温（℃）	2.5	4	7.5	8.5
塔酸中SO_3含量（%）	—	—	—	0.16
进塔炉气中SO_2（%）	—	—	—	8.1

低塔结构示例见表10-12。

表 10-12 低塔结构示例

直径（mm）	筒部高（mm）	下锥体高（mm）	瓷环径（mm）×高（mm）
1 732	4 000	1 325	∅80（内）∅100（外）×100（高）

溶解浆蒸煮条件示例见表10-13。

蒸煮锅主要数据：

结构：复合钢板焊接；容积：200m^3；总高×内径：12.80m×∅5.3m；上中下锅皮厚：17mm×24mm×23mm；加热器：单程列管式，面积65.6m^2；送液泵：容量15m^3/h，长扬程25m，功率75kW；装锅器：用汽9～11t/h；喷嘴：20个；喉管径∅19mm（内）×∅22mm（外）×25mm（高）。

表 10-13 溶解浆蒸煮条件示例

项目	条件
原木配比	1. 云杉 50%，杨木 50% 2. 云杉 75%～80%，杨木 25%～20%
蒸煮液组成	$SO_2$7.5%～8%，CaO1.37%～1.49%
第一次升温 保温	时间 70min，压力 0.75～0.8MPa 时间 80～90min
小放气回收液量	10～20m^3，108℃，15～20min
第二次升温 保温	时间 110～120min 时间约 120min，压力 0.75～0.8MPa，温度 147～149℃
大放气时间 放锅时间 装锅送液量 放锅后残液量 粗浆质量 粗浆得率	50min，回收液量 5m^3 30min，放锅压力 0.25MPa 125～130m^3/锅 88～92m^3/锅 漂率 8%～13%，粘度 24～33mPa·s 44%～46%

6 中性亚硫酸镁法制浆

建国以后，我国中性亚硫酸镁法制浆（以下简称亚镁法）在理论和实践上，都有了长足的发展。

全世界 $MgCO_3$ 矿集中分布在我国辽宁南部和朝鲜北部。亚镁法制浆所用 MgO 为轻烧产品，以保持其与 $SO_2 \cdot H_2O$ 的反应活性。重烧 MgO 用于其他工业，如建筑工业。

亚镁法蒸煮液的 pH 值为 4～6，红液的 pH 值约为 4，所以亚镁法制酸与蒸煮设备均需用耐酸材料。

6.1 亚镁法制酸

原料：硫铁矿 FeS_2 要求含硫＞35%，粒度＜40mm。

制酸主要工艺条件：

硫铁矿筛后粒度通过 3～4 目筛（5～7mm）；投矿量：3m^2 炉 2.5～3 t/h，5m^2 炉 4～4.5 t/h；炉温：沸腾层 830～900℃；SO_2 气体浓度 ＞8%，SO_3＜0.5%；矿渣含硫＜0.5%；洗涤炉气降温：进文丘里炉气温度为 700℃，进酸吸收塔炉气温度 40～50℃；MgO 乳液温度 14～17℃，浓度 1.6%～1.8%，SO_2 吸收得率＞85%，MgO 得率＞88%。

3m^2 炉吸收塔吸收工艺条件见表 10-14。

表 10-14 3m^2 炉吸收塔吸收工艺条件

塔 号	酸液温度（℃）	酸液色	总酸（%）	化合酸（%）
1#	25～35	白	0.1～0.5	0.1～0.3
2#	40～48	淡黄	0.3～1.5	0.2～0.8
3#	45～50	淡黄	1.0～2.5	0.6～1.8
4#	47～55	淡黄	2.0～3.8	1.5～2.2
5#	56～62	棕	3.5～4.8	2.0～2.7
6#	55～60	无色透明	4.8～5.0	2.5～2.7

5m^2 炉吸收塔吸收工艺条件见表 10-15。

表 10-15　$5m^2$ 炉吸收塔吸收工艺条件

塔　号	酸液温度（℃）	酸液色	总酸（%）	化合酸（%）
1#	33～38	白	0.3～1.5	0.2～0.8
2#	36～42	稍黄	1.0～2.5	0.6～1.8
3#	45～50	淡黄	2.0～3.8	1.5～2.2
4#	47～53	棕黄	3.5～4.8	2.0～2.7
5#	56～62	无色透明	4.8～5.2	2.5～2.7

沸腾炉特征见表 10-16。

表 10-16　沸腾炉特征

炉　　型	$3m^2$ 炉	$5m^2$ 炉
炉床直径（mm）	1 750	2 480
主室面积（m^2）	2.4	4.84
沸腾层高（m）	1.35	1.00
炉 体 高（m）	14.275	13.82
炉气出口直径（mm）	700	1 052

吸收塔特征见表 10-17。

表 10-17　吸收塔特征

炉型	吸收塔个数	塔高（m）	直径（m）	瓷环高（m）	炉气进出口径（mm）
$5m^2$ 炉	5	7.755	1.925	4.45	350
$3m^2$ 炉	6	7.755	1.925	4.45	350

湍流吸收塔内设有多层有孔塔板，板上放一定高度的浮球。SO_2 炉气从下送入塔底，沿塔板上升，MgO 乳液从上流下，与 SO_2 炉气逆流吸收。浮球为塑料制成，在塔板上受 SO_2 炉气与 MgO 乳液和球自重的影响，产生旋转与上下运动，从而增强了气液的混合接触，吸收效率比一般填充塔大 10～20 倍。制酸能力为 $43m^2$ 酸液/m^3 浮球，产量大、投资省、压降低、动力消耗低、不易堵塞是湍流吸收塔的优点。

镁基亚硫酸盐溶液上的 SO_2 分压比钙基低得多。因此在制作镁基亚硫酸盐溶液时，可利用低浓度 SO_2 气体。在一般条件下，钙基亚硫酸盐溶液上 SO_2 分压为 25kPa。

6.2　亚镁法蒸煮

在亚镁法蒸煮苇浆过程中，当温度达到 85℃时，蒸煮液的相对密度几乎未变，而 TA 及 CA 下降，说明蒸煮液的浸透与磺化正在进行。从 145℃左右开始，蒸煮液相对密度开始上升，pH 值下降，苇片中木质素含量显著减少，说明磺化木质素在溶出（见表 10-18）。

表 10-18　亚镁法蒸煮苇浆过程中苇片中 S/木质素比值的变化

温　度（℃）	苇片或浆中		S/木质素（%）
	木质素（%）	S（%）	
100	16.25	0.797 5	4.9
130	14.15	0.720 2	5.1
145	12.60	0.963 6	7.6
150	10.28	0.728 9	7.1
保温 1h	5.02	0.506 2	10.08
放锅	4.34	0.212 3	4.9

从表10-18可以看出，在保温1h前，主要是磺化阶段，磺化作用逐渐进行，放锅前，浆中木质素磺酸盐大量溶出。

亚镁法蒸煮苇浆条件示例见表10-19。

表10-19 亚镁法蒸煮苇浆条件示例

蒸煮液 亚硫酸镁：TA4.8%～5.2%，CA2.4%～2.6%，$SO_3$0.25%以下					
原苇配比	80%毛苇20%荻	100%吉林毛苇	原苇配比	80%毛苇20%荻	100%吉林毛苇
装锅量（t）	24	35	装锅时间（min）	60～70	70～80
送液量（m^3）	88～92	128～133	通汽时间（min）	80	80
最高温度（℃）	158～162	158～162	保温时间（min）	90	90
最高压力（MPa）	0.65	0.65	大放气时间（min）	30	30
放锅压力（MPa）	0.25	0.25	放锅时间（min）	20	30
回收液量（m^3）	＞17	＞23	总时间（min）	280～290	300～310
排废液（m^3）	35	40			

蒸煮锅：结构：复合钢板

容积：220m^3 内径×高：∅5.6m×13.75m

加热器：列管：内径×厚×高 ∅32mm×2mm×6000mm

管内最大流速：31m/s；管内最大流量：90m^3/h；汽流量：30t/h

循环泵：容量：540m^3/h，扬程13.5m，22kW

容量：900m^3/h，扬程25m，90kW

送液泵：容量：612m^3/h，扬程38.5m，55kW

放锅后一定要用温水将锅内壁冲洗干净，以免粗浆贴在锅皮或篦子上，使复合钢板受到腐蚀。发生腐蚀情况后，应停煮维修。

维修所用钝化不锈钢板酸膏配方：

HNO_3 150g，水350ml，$K_2Cr_2O_7$ 20g，滑石粉60g，淀粉200g

HNO_3 及 $K_2Cr_2O_7$ 用于氧化不锈钢受腐蚀部位，使之生成钝化膜。滑石粉用于目视辨别。

酸洗液：HCl 40ml，HNO_3 150ml，滑石粉500g，淀粉150g，水3000ml

发现受腐蚀部位，其色发黑时，可根据受腐蚀部位面积大小，用丝轮、特制刮刀将受腐蚀部位抛光，再钝化，钝化时间1.5～2h。腐蚀严重的部位，需进行焊补。钝化后进行清洗，恢复使用。

(1) 亚镁法蒸煮的经验：采用“高酸低温”蒸煮，提高浆中戊聚糖含量。高酸、高温有利于戊聚糖水解，蒸煮时间可以缩短。在生产中为了探索最佳条件，进行了下列试验。

变动总酸、保持CA/FA比例不变，变动最高温度，总蒸煮时间有变动，见表10-20。

表10-20 药液组成、蒸煮温度与蒸煮时间的关系

TA（%）	FA（%）	CA/FA	最高温度（℃）	蒸煮总时间（min）
4.5	1.18	2.8	150	370
3.8	1.00	2.8	155	300
3.6	0.95	2.8	170	220
3.5	0.92	2.8	164	250

从表10-20可以看出，提高温度，总时间可以缩短，在加快脱木质素速度的同时使溶出戊聚糖的速度也加快。

总酸相同，提高最高温度，则浆的戊聚糖含量降低。例如：当总酸为3.5%时，提高最高温度，粗浆戊聚糖含量下降，见表10-21。

表10-21　最高温度与浆中戊聚糖含量关系

最高温度（℃）	粗浆漂率（%）	粗浆中戊聚糖含量（%）
170	6.42	13.2
164	8.59	15.4

表10-22　总酸与粗浆中戊聚糖含量关系

总　酸（%）	粗浆漂率（%）	粗浆中戊聚糖含量（%）
4.2	5.59	16.2
4.0	6.30	17.0
3.8	5.25	17.1

保持最高温度为155℃不变，提高总酸，则粗浆中戊聚糖含量下降，见表10-22。

综合上述情况，最佳蒸煮条件见表10-23。

表10-23　最佳蒸煮条件的优选

总酸（%）	最高温度（℃）	最高压力（MPa）	粗浆中戊聚糖含量（%）
4.5	150	0.45	17.1
4.2	155	0.55	15.9

随着戊聚糖含量的提高，得率也提高，两者接近线性关系。戊聚糖含量从12.3%提高到16.0%，粗浆得率从48.1%提高到55.3%。戊聚糖含量从13.2%提高到15.4%，得率从51.1%提高到55%。两者提高的比例关系为：

例1
$$\frac{得率的提高\%}{戊聚糖提高\%}=\frac{55.3-48.1}{16.0-12.3}=\frac{7.2}{3.7}=1.95$$

例2
$$\frac{得率的提高\%}{戊聚糖提高\%}=\frac{55.0-51.1}{15.4-13.2}=\frac{3.9}{2.2}=1.77$$

因此，亚镁法苇浆的生产采用“高酸低温”蒸煮时有以下特点：

总酸提高有利于浸透磺化，蒸煮均匀，筛渣少。降低最高温度，使戊聚糖水解减轻，提高了戊聚糖含量。既有利于打浆，增加纸的强度，又提高了得率，降低苇耗，从而降低成本。

(2) 亚镁法蒸煮落叶松的教训：我国曾在东北建设两座亚硫酸镁法蒸煮落叶松的浆厂，效果不好。落叶松心材中含有双氢栎精，42～48年树龄的落叶松心材双氢栎精含量可高达4.42%。在亚镁法蒸煮过程中，双氢栎精氧化为栎精，HSO_3^-还原成$S_2O_3^{2-}$，反应式如下：

$$2\,双氢栎精+2HSO_3^- \xrightarrow{脱氢} 栎精+S_2O_3^{2-}+3H_2O$$

当$S_2O_3^{2-}$与H^+浓度达到一定程度时，有大量S析出：$S_2O_3^{2-}+H^+ \longrightarrow HSO_3^-+S\downarrow$

同时发生HSO_3^-的分解和在高温下HSO_3^-自动氧化还原，其反应式如下：

$$4HSO_3^- \longrightarrow S_2O_3^{2-}+2SO_4^{2-}+2H^++H_2O$$

$$3HSO_3^- \longrightarrow H^++2SO_4^{2-}+S+H_2O$$

由于生成H_2SO_4，使浆受强酸水解而强度下降，硬度大，浆渣多。

以上两厂现都改为碱法，纤维原料也改用其他材种。

7　中性亚硫酸铵法制浆

目前，国外亚硫酸铵（以下简称亚铵）法浆厂约14家，其中美国8家，加拿大4家，法国1家，芬兰1家。日产约300～550t浆，约占世界亚硫酸盐浆总产量的10%。

我国于1968年开始采用亚铵法蒸煮草浆。1989年我国亚硫酸盐法浆量占总浆量的11.60%，其中亚铵法浆占亚硫酸盐浆的32%。亚钙浆占12.5%，亚镁浆占44.7%，亚钠浆占10.8%。

我国亚铵浆厂分布在四川、山东、河北、河南、新疆、江西等省(区)。

7.1 亚铵法制酸

亚铵法蒸煮液的制备，可采用硫酸厂的废气中所含0.3%～0.6%SO_2，以NH_4OH吸收。吸收效率约90%，吸收后的废气含SO_2<0.02%。目前我国每年可生产100%亚铵2000t左右，供年产5000t的浆厂使用。其组成见表10-24。

表10-24 用硫酸厂废气制亚铵液的化学组成示例

$(NH_4)HSO_3$ (g/L)	$(NH_4)_2SO_3$ (g/L)	$(NH_4)_2SO_4$ (g/L)	密 度	pH值
267～312	74～144	39～61	1.05～1.19	5～5.5

制成的亚铵液需要加NH_4OH，便于储存和运输，以减少腐蚀，在亚铵法制浆厂使用时，还需再加NH_4OH，保持pH值在9以上。

有的厂还用硫铁矿焙烧出SO_2自制亚铵液。用化工厂废气中SO_2制成的亚铵液，价格比自制的便宜25%～35%。

7.2 亚铵法蒸煮

亚铵法目前多用于蒸煮稻麦草、生产文化用纸；也用于蒸煮棉秆、红麻生产包装用纸及纸板。

大多数亚铵法浆厂采用蒸球，其特点为蒸煮温度及压力较高，蒸煮周期长。为减少氨味外逸，亚铵液在室温条件下装锅，装锅量较低，单位锅容产浆量少。蒸球、喷放阀、洗浆机、红液槽及附属设备均易受腐蚀。亚铵浆易洗涤，起泡问题不严重。

(1) 酸性亚铵法蒸煮阔叶材：以亚铵法蒸煮阔叶材制溶解浆速度较快，颜色较浅，未蒸解分少。

蒸煮条件：液比4.5～5；总酸7.5%～8%；化合酸1.248%～1.408%；最高压力0.75MPa；最高温度144～146℃；保温时间：第一段110℃1～2h，第二段于最高温度3～4h。蒸煮结果见表10-25。

表10-25 几种阔叶材用酸性亚铵法蒸煮溶解浆

测定项目		白桦	柞木	椴木	杨木	混材各1/4
未漂浆	木材密度 (g/cm³)	0.57	0.77	0.49	0.49	—
	漂率 (%)	4.84	4.13	5.42	4.05	5.62
	粘度 (mPa·s)	27.47	25.18	32.81	31.74	25.64
	α-纤维素 (%)	87.06	89.48	83.81	86.60	86.39
	抽出物 (%)	2.46	1.28	8.47	—	3.05
	戊聚糖 (%)	5.03	5.08	5.23	—	4.18
	白度 (%)	57.7	51.0	55.5	51.55	55.3
	得率 (%)	43.4	40.78	44.41	—	43.3
	粗渣 (%)	0.38	1.41	0.42	0.61	1.57
漂白浆	粘度 (mPa·s)	19.84	22.74	19.82	21.82	22.89
	白度 (%)	87.3	89.4	88.8	89.52	87.2
	抽出物 (%)	0.55	0.52	1.3	0.6	0.47
	α-纤维素 (%)	90.49	93.56	89.68	91.04	91.73
	半纤维素 (%)	10.06	10.19	11.52	—	8.35
	灰分 (%)	0.17	—	0.23	0.15	0.21

注：漂段CEHHA。

(2)中性亚铵法制红麻浆加MgO调pH值：在亚铵法蒸煮过程中，常用NH_4OH调pH值。有的厂试用过两次送液法以减轻氨味对环境的污染，亦可提高废液肥效。下面介绍某纸板厂用MgO作亚铵蒸煮液的缓冲剂制取红麻浆的试验情况，见表10-26。

表10-26 蒸煮条件与结果比较

制浆方法		亚铵法	烧碱法	硫酸盐法	碱性亚钠法
化学药品用量（%）	亚铵	15	—	—	—
	MgO	12	—	—	—
	NaOH	—	19	16.72	2.93
	Na_2S	—	—	4.08	—
	Na_2SO_3	—	3	—	28.3
	AQ	0.08	0.08	0.08	0.08
	粗浆得率（%）	58.81	43.37	44.74	51.28
	$KMnO_4$值	32.4	18.9	20.1	26.9
	黑液				
	pH值	8.68	11.56	12.22	9.71
	COD（$\times10^4$mg/L）	17.402 8	25.708 8	27.684 8	18.589 4
	残碱（NaOH）（g/L）	—	2.76	2.98	35.2（Na_2SO_3）

从表10-26中可以看出亚铵法得率最高。

从表10-27中可以看出，亚铵法得率最高，纸页强度比较低；碱性亚钠法耐破度、耐折度、裂断长都好于其他方法。

由此可知，亚铵法加MgO终点pH值8.68比加其他缓冲剂pH值都较高，对防腐蚀有利。此外，亚铵法加MgO浆得率最高，成本最低，污染负荷最低。浆色浅易洗涤，纸页强度虽低些，仍可满足低档次产品要求。

表10-27 浆料强度比较

测定项目	1	2	3	4	1	2	3	4	1	2	3	4
打浆度（°SR）	30	30	30	30	45	45	45	45	60	60	60	60
定量（g/m²）	87	86	86	83	84	86	86	79	85	83	83	83
紧度（g/cm³）	0.54	0.56	0.56	0.57	0.58	0.60	0.60	0.60	0.63	0.70	0.67	0.70
耐折度（次）	150	279	279	293	353	7 500	7 500	7 500	7 500	7 500	7 500	7 500
耐破度（kPa）	294	412	412	392	441	392	392	490	461	490	490	559
撕裂度（mN）	814	912	912	569	471	549	549	549	461	520	520	520
抗张强度（kN/m）	3.99	3.60	4.58	4.38	4.98	4.86	5.31	4.59	5.51	5.18	5.00	5.50
裂断长（km）	4.66	4.53	5.43	5.36	6.05	5.81	6.30	5.92	6.18	6.33	6.15	6.73

注：表中序号：1为亚铵法，2为烧碱法，3为硫酸盐法，4为碱性亚钠法；耐破度、撕裂度为定量80g/m²纸页的强度。

(3)中性亚铵法蒸煮麦草浆两次送液的经验：在亚铵蒸煮过程中，装锅后先加$(NH_4)_2SO_3$液、通汽；小放气放出空气，再从轴头注入NH_4OH液。此操作方法可以在装锅送液时，减少氨味逸出，有利于劳动保护。由于小放气放出空气，锅内减少假压，同一压力下，蒸煮药液温度可提高，从而缩短保温时间，放锅废液pH值可以提高，从而降低锅壁面腐蚀率。

7.3 中性亚铵法对设备的腐蚀

亚铵法蒸煮开始，蒸球碳钢锅壁表面电化学活性逐渐增强，在100～130℃达到最高值，腐蚀密度、电流密度不断增加。升温到130℃以后，腐蚀电流密度急剧下降，进入钝化状态，直到蒸煮终了。

下一锅蒸煮开始，随着装锅、送液对锅壁的冲击，使锅壁钝化膜受到一定程度的破坏，碳钢表面重新处于活化状态。在亚铵蒸煮过程中温度是锅壁碳钢表面电化学状态的主要影响因素之一。

在活化状态下，锅壁碳钢Fe溶出形成Fe^{2+}。在由活化状态转入钝化状态过程中，亚铵蒸煮液中木质素磺酸溶出，吸附在锅壁表面，阻碍Fe溶出。而在碳钢表面已溶出的Fe^{2+}与NH_4^+及SO_3^{2-}形成一层钝化膜$(NH_4)_2Fe(SO_3)_2 \cdot H_2O$，在此膜下还有一层与碳钢基体结合紧密的铁氧化物。这层难溶的钝化膜在球锅的表面逐渐积累，从而使锅壁的耐腐蚀性能逐渐增加，到达某一限度为止。

从以上简单机理可以解释，一个新锅开始用亚铵法蒸煮时腐蚀较重，以后逐渐减弱。在亚铵法与烧碱法蒸煮交替进行时，钝化膜被NaOH破坏，锅皮的腐蚀又开始严重。

由表10-28可见，液相腐蚀比气相约大3.4倍。

表10-28 液相与气相腐蚀比较之一

丹东纸厂立锅	腐蚀速度〔g/($m^2 \cdot h$)〕	腐蚀深度(mm/年)
液相平均	0.315	0.353
气相平均	0.071 5	0.08

表10-29 液相与气相腐蚀比较之二

泰安纸厂蒸球	腐蚀速度〔g/($m^2 \cdot h$)〕	备 注(共煮24球)
液相平均	0.132	总148h
气相平均	0.018 5	

由表10-29可以看出，液相腐蚀比气相严重，约大6倍。

液相比气相腐蚀严重的原因是亚铵蒸煮液升温后，NH_3的分压比SO_2分压增加幅度大得多。其分压增加倍数计算如下：

$$P_{SO_2}=mK_1 \quad (K_1\text{为常数}) \tag{10-3}$$

$$\lg m=5.865-2\,369/T \quad (T\text{为绝对温度}) \tag{10-4}$$

8 碱性亚硫酸钠法制浆

在蒸煮液中，可在不同pH值条件下，搭配亚硫酸钠（以下简称亚钠）。酸性亚钠法，由于钠盐比钙盐、镁盐都贵，在国内尚未使用。亚钠加Na_2CO_3的中性蒸煮液，多用于蒸煮高得率浆。在优选亚钠与NaOH的配比时，随着Na_2SO_3配比的增加，粗浆得率上升，白度上升，筛渣率先降后上升，pH值下降，$KMnO_4$值先降后升，有一个最低点。在蒸煮初期，主要是OH^-与木质素起作用，蒸煮温度提高以后，HSO_3^-才与木质素起磺化作用。

亚钠法草浆中戊聚糖含量较亚镁法草浆高，从而强度较好。

Na_2SO_3法废液的回收技术比较复杂，在我国尚未推广使用。

(1) 最佳亚钠用量。碱性亚钠——AQ制麦草浆的最佳亚钠用量，实验室小试结果如下：

在一般情况下，蒸煮液中［OH^-］较多时，遵循碱法蒸煮规律，SO_3^{2-}起后期脱木质素、保护碳水化合物少受降解的作用。只有优选亚钠最佳用量，才能使OH^-与SO_3^{2-}起协同蒸煮作用。实验室小型试验结果见表10-30。

$$\text{亚硫酸化度：}Na_2SO_3\text{用量}\times\frac{80}{126}\times\frac{100}{13.5}$$

从表10-30可以看出，随着亚钠用量的提高，粗浆得率增加，废液pH值下降，白度上升。

而 $KMnO_4$ 值与筛渣率都在 Na_2SO_3 用量13%时最低，因此可以优选 Na_2SO_3 用量13%（NaOH5.25%，总碱13.5%）为最佳亚钠用量。

表 10-30　固定总碱量优选最佳亚钠用量

总碱量 13.5%（$Na_2SO_3\times\frac{80}{126}+NaOH$）							
Na_2SO_3（%）	7	9	11	13	15	17	19
NaOH（%）	9.06	7.79	6.52	5.25	3.98	2.71	1.44
亚硫酸化度（%）	32.89	42.3	51.23	61.11	70.55	79.49	89.36
粗浆得率（%）	55.73	57.30	58.09	58.30	58.90	60.49	63.40
$KMnO_4$ 值	12.83	12.42	11.36	10.58	11.70	12.74	16.00
废液 pH 值	10.02	9.90	9.81	9.67	9.38	8.97	7.77
残 NaOH（g/L）	6.85	5.36	4.35	3.28	2.00	0.83	0.52
残 Na_2SO_3（g/L）	5.27	5.97	6.27	6.03	8.71	11.09	15.77
粗浆白度（%）	33.50	34.30	37.76	40.20	40.30	41.40	41.50
筛渣率（%）	1.39	1.02	0.83	0.58	1.35	2.05	4.59

注：蒸煮条件：液比1∶5，AQ=0.03%，麦草水分14%，最高压力0.6MPa，保温30min。

最佳亚钠用量与KP法生产试验比较见表10-31。

表 10-31　最佳亚钠用量与 KP 法生产试验比较

指　标	数　据		备　注
Na_2SO_3 用量（%）	—	13	液比 1∶2.8
NaOH 用量（%）	13.5	5.25	AQ 0.03%
残液 pH 值	10.15	9.68	球锅 25m³
$KMnO_4$ 值	13.9	13.51	装料 3200kg
粗浆得率（%）	45.9	52.9	最高压力 0.6mPa
粗浆木质素含量（%）	2.22	2.03	保温时间 30min
粗浆白度（%）	19.8	32.1	KP 法硫化度 14%
漂白纸页裂断长（km）	2.6	2.67	

由表10-31可见，亚钠法比KP法麦草浆的得率高7%，漂后纸页裂断长相差不多。

（2）碱性亚钠法木浆与KP木浆比较见表10-32。

表 10-32　碱性亚钠木浆与 KP 木浆的比较

浆　种	总得率（%）	卡伯值	白　度（%）	300ml CSF 的浆张强度			裂断长（km）
				松厚度（ml/g）	耐破指数（kPa·m²/g）	撕裂指数（mN·m²/g）	
KP	47.2	26.8	28.9	1.31	10.9	9.22	14.2
碱性浆①	43.9	43.6	37.9	1.30	10.9	9.62	14.3
亚钠浆②	45.5	35.8	33.0	1.29	9.31	11.0	13.0

①最高温度175℃，蒸煮液pH值8.0；②最高温度175℃，蒸煮液pH值9.5。

由表10-32可以看出，碱性亚钠木浆与KP木浆相比，前者得率较低，卡伯值较高，白度较高。300ml CSF浆张强度中，前者蒸煮液pH值较高的条件下，耐破指数稍低，撕裂指数稍高，裂断长稍低。总之，碱性亚钠浆与KP浆相比较，各有优缺点。

(3) 碱性亚钠法苇浆与其他方法苇浆部分化学分析与浆张强度的比较见表10-33。

表10-33 苇浆化学分析与浆张强度比较

厂 别	天津	金城	营口	汉阳	白城子	丹东
制浆方法	亚镁	亚镁	亚镁	KP	NaOH	亚钠
灰 分（%）	4.97	6.37	4.89	1.67	2.03	5.4
多戊糖（%）	18.12	12.32	18.19	24.17	22.07	24.68
耐折度（次）	34	17	22	15	18	131
裂断长（km）	5.4	5.3	5.38	6.03	5.65	6.84
不透明度（%）	86.67	91.5	86.84	79.61	83.75	84.81
漂后白度（%）	76.5	77	78	83.5	82	80

从表10-33可以看出，亚钠法纸浆戊聚糖含量较高，纸浆物理强度好。

第11章 纸浆洗涤、筛选与净化[148～153]

潘锡五

1 概 述

蒸煮完毕后产生的粗浆必须及时离开蒸煮器，进入下一工序。由于各种粗浆的状态不同，同时含有未蒸解的木片、纤维束和其他杂质，需要采取一系列的物理和机械处理过程。这个过程有三项基本作用：①分离和除去没有蒸煮好的木节，将已经蒸煮好的木片和纤维束，离解成为纸浆纤维；②纸浆与黑液分离。在尽量少用洗涤水的条件下，纸浆洗净，并充分地提取尽可能浓的黑液；③利用纤维与杂质形状大小的不同和比重的差异等特点，除去纸浆中非纤维状杂质，使纸浆质量达到漂白或抄纸的使用要求。

蒸煮后粗浆的加工处理应包括粗浆喷放和洗前处理，纸浆洗涤和黑液提取（以下简称为纸浆洗涤），纸浆筛选，纸浆净化，纸浆的浓缩和贮存，以及商品纸浆的抄造等过程。在这些过程中，由于纸浆的品种不同，将采用不同的流程和设备。

2 粗浆喷放和洗前处理

2.1 粗浆喷放

纤维原料蒸煮完成以后，粗浆送入喷放锅。喷放锅有平底和锥底两种。煮后的粗浆，送入喷放锅的顶部，其顶部是粗浆和蒸汽分离区，中部是贮浆区，下部是稀释搅拌区。分离区排出的蒸汽，进入热回收系统；稀释区排出的纸浆，通过重杂质捕集器，除去重杂质，进入粗浆离解和纸浆洗涤、筛选工序。

(1) 平底喷放锅：平底喷放锅是一个平底直立的圆筒形贮存器，下部装有一台或二台悬臂式螺旋桨搅拌器。粗浆以切线方向进入喷放锅顶部分离区，分离出蒸汽，纸浆落入中部贮浆区，贮存的纸浆浓度为8%～12%。贮浆区下方设有针形喷水阀，喷入稀释用黑液，在下部稀释搅拌区搅拌稀释，搅拌时间不少于4min，稀释纸浆的浓度为4%。

连续蒸煮器用的平底喷放锅的容积，足以贮存1h生产的粗浆量，贮存区的高度是直径的2倍，稀释区的容积为总容积的20%。

间歇式蒸煮锅用的平底喷放锅的容积为单台间歇蒸煮锅容积的2～3倍。三台间歇蒸煮锅可共用一台喷放锅。

平底喷放锅的技术性能见表11-1。

(2) 锥底喷放锅（如图11-1)：间歇蒸煮多数采用锥底喷放锅。锥底喷放锅的稀释搅拌区呈倒锥形，容积小，安装适当的搅拌器后，可得到浓度均匀的稀释纸浆。而搅拌器的功率，比同等规格的平底喷放锅节约30%。锥底喷放锅的容积，相当于2.5～3倍单台间歇蒸煮锅的容积。三台间歇蒸煮锅，可共用一台锥底喷放锅。

表 11-1 平底喷放锅的技术性能

型 号	ZJP1	ZJP2	ZJP3	ZJP4	AZJP6
公称容积（m^3）	80	150	225	330	500
最高工作压力（MPa）	0.25	0.25	0.25	0.25	0.196
最高工作温度（℃）	175	175	175	175	175
电动机功率（kW）	15	15	22	22×2	75
设备净重（kg）	16 730	28 611	43 830	50 390	58 009

锥底喷放锅的技术性能见表 11-2。

锥底喷放锅有两个基本优点：一是锥底部分容积小，稀释搅拌均匀，电耗省；二是能承受间歇蒸煮器间歇生产所引起喷放锅内料位剧烈波动，仍能保持出料浓度连续均匀。间歇蒸煮锅不宜采用平底喷放锅，因平底喷放锅难以在料位剧烈波动情况下，保持出料的连续稳定性和稀释浆料的浓度均匀性。

(3) 喷放仓（如图 11-2）：喷放仓是与蒸球和螺旋压榨机或双辊挤浆机配套的小型设备。喷入仓内的粗浆，借重力作用下降，不经稀释搅拌，用下部的出料螺旋排出。喷放仓下部到出料螺旋的斜坡坡度角 α 应大于 60°，必要时可装针形喷水阀，喷出黑液，帮助纸浆落入出料螺旋。

喷放仓的技术性能见表 11-3。

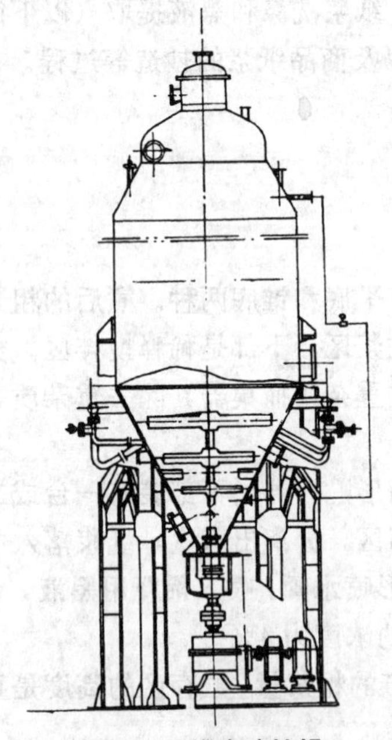

图 11-1 锥底喷放锅

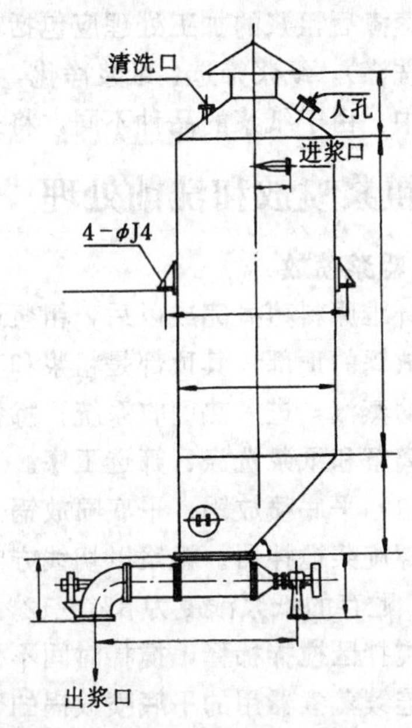

图 11-2 喷放仓

表 11-2 锥底喷放锅的技术性能

型 号	ZJP7	ZJP8	ZJP9
公称容积（m^3）	150	225	330
最高工作压力（MPa）	0.15	0.15	0.25
最高工作温度（℃）	175	175	175
电动机功率（kW）	14	22	22
设备净重（kg）	35 570	51 376	70 632

表 11-3 喷放仓的技术性能

型 号	ZJP11	ZJP12	ZJP13
公称容积（m^3）	30	50	80
最高工作压力（MPa）	0.15	0.15	0.15
最高工作温度（℃）	170	170	170
出料螺旋直径（mm）	420	420	420
电动机功率（kW）	4	4	7.5
设备净重（kg）	6 797	7 802	10 430

2.2　重杂质清除

粗浆中常带有金属碎片和石块，在粗浆稀释从喷放锅中排出时，可用重杂质清除器清除。常用的重杂质清除器为旋浆分离器和重杂质旋沉器。

(1) 旋浆分离器（如图 11-3)。从喷放锅送来的粗浆，经进浆口 2 以切线方向进入分离器，重杂质沿器壁转动，到排渣口 4，排入重杂质收集器中，间歇排放。粗浆转到分离器中心的出浆口 3 排出。

(2) 重杂质旋沉器（如图 11-4)。从喷放锅送来的粗浆，经进料口 a，以切线方向进入旋沉器的上部；重杂质抛向器壁，纸浆旋向中心；旋沉器的中部是一个可更换的锥形管，重杂质继续沿器壁滑下，粗浆从中心上升，并从上部的出料口 b 排出，重杂质最后由锥形管下端出口 c 排入重杂质收集器，间歇排放。

2.3　粗浆离解

在粗浆中，常含有一些纤维束和木片，尚未离解成为单体纤维。它内部所含的黑液，难以扩散出来。纤维束和木片将使洗浆设备上的浆层分布不均，容易产生沟流现象，降低纸浆洗涤和黑液提取效果。为此，粗浆在洗涤之前，最好经过离解。

连续蒸煮器常采用在线粗浆离解。离解机装在连续蒸煮器和喷放锅之间。常用的粗浆离解机有：Solvo 粗浆离解机和 Vokes 粗浆离解机。

(1) Solvo 粗浆离解机（如图 11-5)。离解机与浆泵结合成为一个整体，浆泵的扬程可达 30.5m。配备的电动机

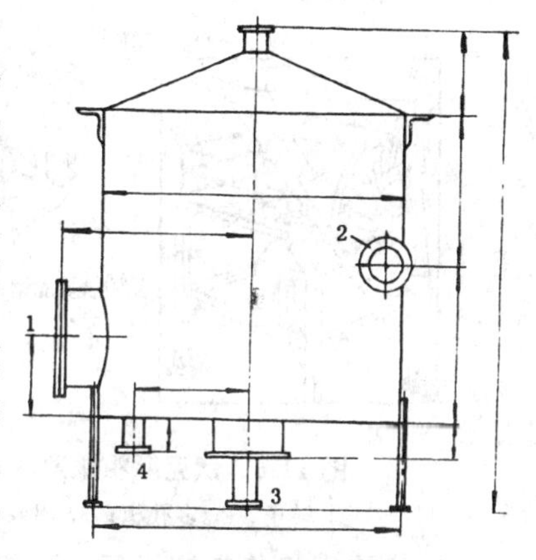

图 11-3　旋浆分离器

1. 检查孔；2. 进浆口；3. 出浆口；4. 排液口

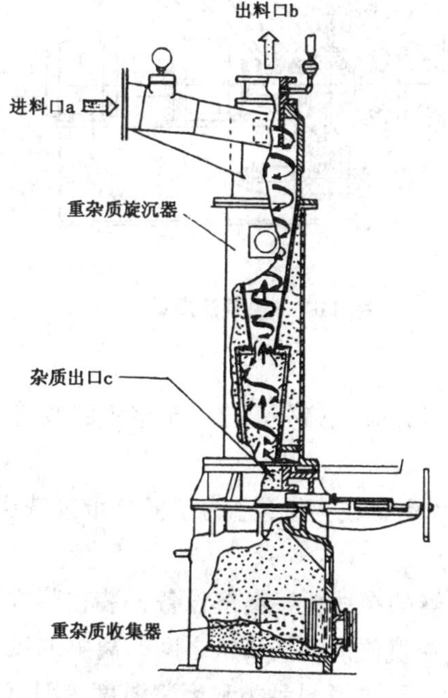

图 11-4　重杂质旋沉器

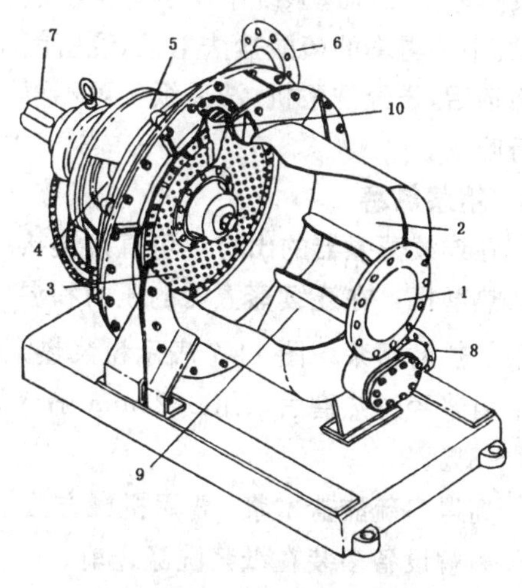

图 11-5　Solvo 粗浆离解机

1. 粗浆进口；2. 容器；3. 多孔板（孔径 6.35～24.5mm)；4. 泵叶轮；5. 泵壳；6. 出浆口；7. 转动轴（270～530 r/min)；8. 快开阀门；9. 反向旋转板；10. 刮刀

的功率，因浆种不同而有变化。一般日产1t粗浆配用的电动机功率为186～559W。

经过离解的粗浆，通过多孔板的筛孔，进入泵壳，由泵叶轮的作用，从出口排出。杂质、铁钉、石块等，由反向旋转板，送到快闸阀门处，间歇排出。刮刀用以清扫多孔板，防止筛孔堵塞。

离解机的进料纸浆浓度为3%～6%。适于生产中等得率纸浆，或高得率纸浆的粗浆离解。

对于得率很高的纸浆的粗浆离解，要在多孔板的圆周上，装24根铁条，铁条高19mm，宽6.35mm。这些铁条在粗浆中运动，使粗浆离解。可漂纸浆的粗浆，不能采取这种离解措施。

(2) 伏克斯粗浆离解机（如图11-6)。伏克斯粗浆离解机装在喷放锅锥底稀释区的出浆口处。在转子1的后面，有一块多孔板2，孔径为12.7mm，由于转子的机械和水力作用，使粗浆离解，通过筛孔，从出浆口3排出。

伏克斯粗浆离解机的技术性能见表11-4。

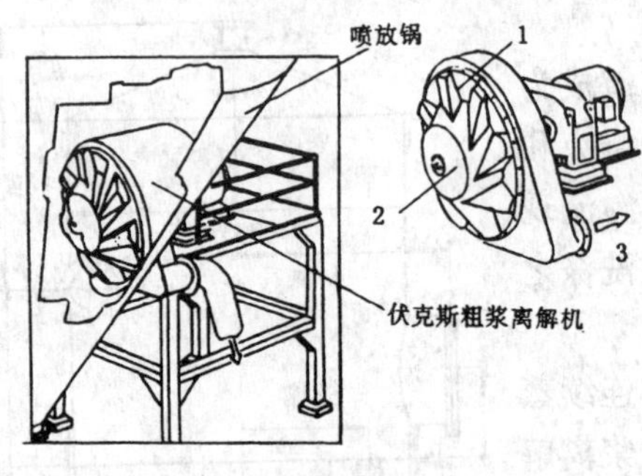

图11-6 伏克斯粗浆离解机

1. 转子；2. 多孔板；3. 出浆口

表11-4 Vokes粗浆离解机的技术性能

转子直径 (mm)	生产能力 (t/d)	电动机功率 (kW)
1250	600	15
825	300	7.5～9.3
600	150	3.7～5.6

安装使用粗浆离解机后，不需装设除节机。在大多数粗浆离解机后，配备有密闭的热筛选系统。在高得率硫酸盐法木浆的密闭热筛选系统中，装有粗浆热磨机。中等得率的硫酸盐法木浆，经密闭热筛选后，送经洗浆机，洗后纸浆可不再进行筛选。

2.4 粗浆热磨

在连续蒸煮器的出口，可直接连接粗浆热磨机，在连续蒸煮器的压力和温度下，热磨粗浆。图11-7表示粗浆热磨机的结构。

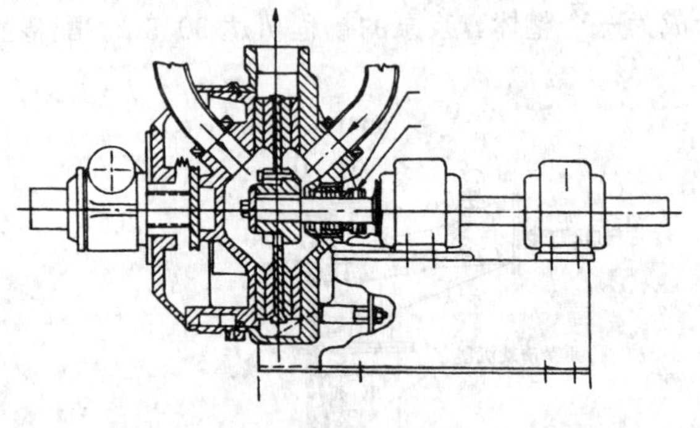

图11-7 粗浆热磨机

粗浆经过热磨后，用0.25mm筛缝的实验室平板筛浆机筛分测定，粗浆中的浆渣含量为4%～8%。

高得率硫酸盐木浆，要用机械方法使煮过的木片离解成为纸浆。为了提高纸浆洗涤效果，粗浆离解设备多装在纸浆洗涤之前。

在线离解设备的安装位置有两种：①连续蒸煮器的在线粗浆离解设备，装在蒸煮器和喷放锅之间；②间歇蒸煮锅的在线粗浆离解设备，装在喷放锅和洗浆机之间，离解的纸浆浓度为3%～4%。离解的电耗决定于纸浆的得率、硬度、纤维原料种类和磨浆温度等因素。如纸浆得率为54%～56%（卡伯值为70～80)，磨浆电耗为0.1～0.2MJ/kg浆。

热浆离解适用于卡伯值为 80 的粗浆。如粗浆的卡伯值更高，就要再补充一段粗浆离解。补充离解宜采用高浓离解，因低浓离解会降低纤维长度和撕裂强度。补充离解可以放在纸浆洗涤以后，洗浆机出料的纸浆浓度为 10%～15%。在这种浓度下磨浆，能使纤维束顺利地离解，而不至于切断纤维。在更高的纸浆浓度下磨浆，如 20%～30%，效果更好，但要增设压榨浓缩设备，价值昂贵，不能证明它在经济上是合理的，因此，没有得到广泛使用。补充离解的电耗，决定于纸浆得率和热浆离解阶段的电耗。如纸浆得率为 60%，热浆离解的电耗为 0.2MJ/kg，补充纤维离解的电耗为 0.4～0.57MJ/kg，即可得到浆渣率低的粗浆。

2.5　除　节

除节的作用是除去粗浆中的木节未蒸解部分，避免在纸浆洗涤设备上形成不均匀的滤层，降低纸浆洗涤效果。

粗浆除节设备有两种：振动平筛和密闭压力除节机。

（1）振动平筛（如图 11-8）。振动平筛系列的技术性能见表 11-5。

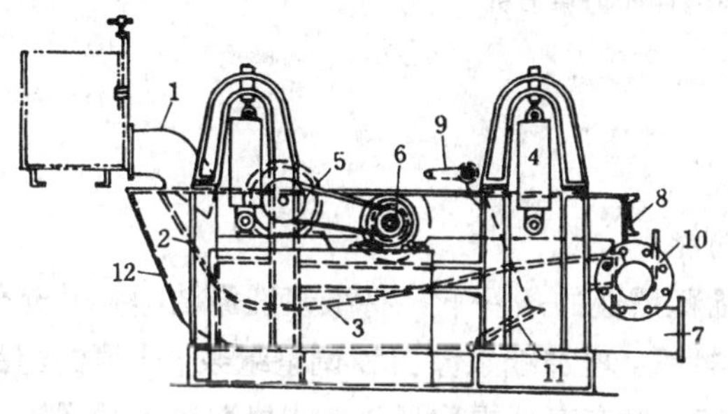

图 11-8　振动平筛

1. 纸浆入口；2. 筛框；3. 筛板；4. 弹簧支架；5. 振动转轴；6. 电动机；7. 粗浆出口；8. 木节槽；9. 溢流板连杆控制装置；10. 木节出口；11. 溢流板；12. 浆槽

表 11-5　振动平筛系列的技术性能

型　号	ZSK2	ZSK3
生产能力（t/d）	20～40	40～90
筛板面积（m^2）	0.9	1.8
筛孔孔径（mm）	4，6，8，10	4，6，10
振动次数（次/min）	1430	1430
进浆浓度（%）	1	1
出浆浓度（%）	0.8	0.8
电动机功率（kW）	4	4
设备重量（kg）	225	465

（2）密闭压力除节机（如图 11-9）。已经稀释而含有木节的粗浆，以切线方向进入密闭压力除节机的进料室。重杂质先沉集下来，从重杂质出口排出。良浆通过筛孔，进入筛鼓里面，从良浆出口排出。木节被挡在筛鼓外面，经冲稀淘洗，分选回收良浆，最后从渣浆出口排出木节。

除节出来的木节，经振动平筛脱水，送往蒸煮器中回煮。如木节量为粗浆量的 5%，木节回煮，将使蒸煮器蒸煮能力减少 7%。

振动平筛设备简单，价格低廉，但设备能力小，占用的安装面积大，敞口设备的排汽和热量损失多，容易造成黑液流失。因此，随着纸浆生产规模的扩大，已逐渐被密闭压力除节机代替。

各设备制造厂提供了各种型号的压力除节机。图 11-10 表示其他两种压力除节机。

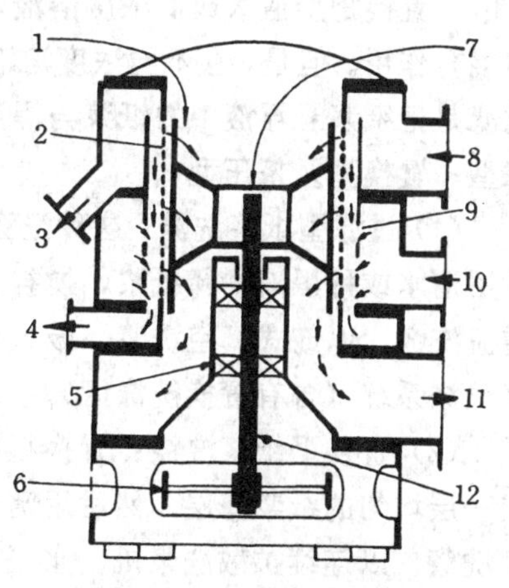

图 11-9　密闭压力除节机

1. 旋翼；2. 多孔筛筒；3. 重杂质出口；4. 木节出口；5. 轴承和密封；6. 传动轮；7. 转子；8. 粗浆进口；9. 淘洗水喷孔；10. 淘洗水进口；11. 良浆出口；12. 立轴

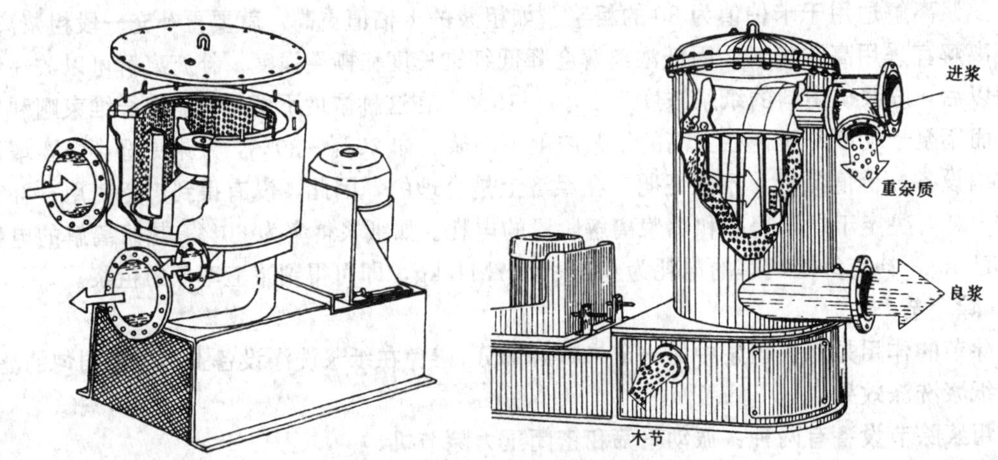

图 11-10 其他两种压力除节机

3 纸浆洗涤

3.1 概 述

纸浆洗涤包含洗涤纸浆和提取黑液两项功能。

纸浆洗涤要求在尽量少用洗涤水和避免稀释黑液的条件下，将纸浆洗涤洁净，并充分提取黑液。没有洗净的纸浆，将干扰纸浆漂白和抄纸，增加纸浆漂白和调整纸浆pH值的药品消耗。同时，增加废水的BOD和COD，污染负荷。没有充分提取黑液，或提取得到的黑液浓度低，将增加制浆和化学药品回收过程中的补充化学药品量；以及化学药品回收过程中的能耗。纸浆洗涤是关系到制浆造纸生产、环境保护和节约能源的重要工序。

纸浆洗涤包含三项化工单元操作：①扩散；②置换；③过滤。扩散是溶质从浓度高的溶液中，扩散到浓度低的溶液中的过程。扩散过程可以是无搅拌的自然扩散，或有搅拌的混合扩散。置换是用清水或低浓度溶液，把高浓度溶液从浆料中置换出来。置换不希望发生扩散和混合作用。但是，在不同浓度溶液的界面处，不可能不发生扩散作用，因而影响置换效果。过滤是把纸浆悬浮液中的纸浆与黑液分离，浓缩纸浆，提取黑液。纸浆洗涤有三种类型即过滤型、置换型及挤压型。

(1) 过滤型纸浆洗涤：这种洗涤方式是把纸浆悬浮液，经过过滤、浓缩，并提取黑液；然后用清水或稀黑液稀释纸浆，搅拌、混合和扩散、再过滤、再浓缩纸浆，如此重复进行多段逆流洗涤。以鼓式真空洗浆、鼓式压力洗浆机为主体设备的纸浆洗涤系统，是典型过滤型纸浆洗涤系统（含有置换洗涤区）。

(2) 置换型纸浆洗涤：置换型纸浆洗涤是把纸浆悬浮液先在置换型纸浆洗涤设备上，形成一层均匀的纸浆滤层。然后用清水或稀黑液，把纸浆滤层中的黑液置换出来，进行多段逆流洗涤。以连续扩散洗浆机、水平带式洗浆机压力置换洗涤、扩散式洗涤器等为主体设备的纸浆洗涤系统，是置换型纸浆洗涤系统。

(3) 挤压型纸浆洗涤：挤压型纸浆洗涤是把浓度较高的纸浆悬浮液（纸浆浓度为8%左右)，用较大的挤压力，把黑液压滤出来；并得到高浓度纸浆（纸浆浓度达25%以上)，然后，用清水或稀黑液稀释纸浆，经搅拌、混合、扩散、再挤压，进行多段逆流洗涤，以螺旋压榨机，双辊挤浆机和双辊置换挤浆机等为主体设备的纸浆洗涤系统，是挤压型纸浆洗涤系统。

在实际的纸浆洗涤系统中，都有过滤过程，而一些纸浆洗涤设备，兼有扩散和置换性能。

3.2　纸浆洗涤的名词释义

(1) 理想纸浆洗涤：理想纸浆洗涤是用与黑液量相等的洗涤水，把纸浆中的黑液及其所含的干固物，按原来的黑液浓度，全部提取出来。理想纸浆洗涤是不现实的，总有一些黑液干固物留存于纸浆中。其原因是：①纸浆滤层中的沟流现象，和洗涤水与黑液界面的扩散和混合现象；②一部分未蒸解物和纤维束中的黑液来不及扩散出来；③纸浆纤维要吸附带走一些黑液干固物。

(2) 纸浆的滤水速度：纸浆悬浮液中的自由水分，由于受到重力、压力、或真空吸力的作用，在单位面积、单位时间内从纸浆中过滤出来的滤液量，称为纸浆的滤水速度。纸浆的滤水度与纸浆的加拿大游离度 (ml)，或纸浆的打浆度 (°SR) 有联系。任何纸浆洗涤过程，都存在过滤过程。

有许多因素影响纸浆滤水速度，如纸浆品种和性质、黑液的浓度、温度和粘度、纸浆滤层的厚度和受力情况等。例如用鼓式真空洗浆机洗涤可漂硫酸盐针叶木浆时，洗涤能力较大；而洗涤高得率或预离解的硫酸盐针叶木浆时，洗涤能力较小。

纸浆悬浮液中，常有泡沫，泡沫的数量和大小，对纸浆洗涤的滤水速度，有决定性的影响。用有泡沫的稀黑液来置换纸浆滤层中的浓黑液，泡沫将降低纸浆的滤水速度，阻碍黑液从纸浆滤层中流出。

(3) 稀释因子 (D.F.)：在纸浆洗涤过程中所用的洗涤水量 L_W，与洗后纸浆带走水量 L_E 的差额，称为稀释因子，并可用下列数学公式来表示：

$$\text{D.F.} = L_W - L_E \tag{11-1}$$

现举例说明如下：喷放锅中的纸浆浓度为 12.5% (即进入洗涤系统的纸浆浓度)，每吨纸浆带黑液干固物 1.7t、带水 7t，故黑液浓度为 $\frac{1.7}{7}\times 100\% = 24.29\%$，洗涤水用量 L_W 为 10t。洗后纸浆浓度仍为 12.5%，每吨纸浆带走水 7t，黑液干固物 0.02t，洗涤的稀释因子为 10－7＝3，提取得到的黑液浓度为 $\frac{1.7-0.02}{7+3}\times 100\% = 16.7\%$。

纸浆洗涤系统的流程、设备和操作管理对稀释因子有巨大的影响。如上例，洗涤水用量为 10t，稀释因子为 3；洗涤水用量为 7t，稀释因子为 0；如洗涤水用量为 5t，稀释因子为－2。这时，纸浆没有洗净，很多黑液留存于纸浆中。

(4) 置换率 (D.R.)：在纸浆置换洗涤过程中，实际发生的纸浆中黑液浓度的变化，与最大可能发生的纸浆中黑液浓度的变化的比率，称为置换率。并可用下列数学公式表示：

$$\text{D.R.} = \frac{S_V - S_E}{S_V - S_W} \tag{11-2}$$

式中：S_V——进浆的黑液浓度；

S_E——出浆的黑液浓度；

S_W——洗涤用稀黑液的浓度，浓度单位为重量比率 (kg 黑液干固物/kg 水)。

理想洗涤的置换率为 1。置换率受到各项生产操作条件的影响，如纸浆和黑液的性质、纸浆滤层的厚度、匀度、洗涤温度、洗涤水的用量和分布情况及置换压力等。而最主要的影响因素是洗涤水用量。

(5) 诺顿值：瑞典人诺顿研究分析了纸浆洗涤的实际生产过程，认为纸浆洗涤是一系列纸浆、黑液的稀释混合和过滤浓缩过程。纸浆洗涤系统中，某一段纸浆洗涤的洗涤效率，是该段进出黑液的流量和浓度的函数。洗涤系统的洗涤效率，是系统中各段洗涤效率的总和。由于影响洗涤效率的因素很多，诺顿规定以纸浆浓度为10%，稀释因子以2～－3为基础，提出洗涤系统中，各种单台设备的修正诺顿值列于表11-6中。

表11-6 各种洗浆设备的修正诺顿值

系统及设备类型	修正诺顿值	系统及设备类型	修正诺顿值
单段鼓式洗浆机	2.4～4	连续蒸煮器内高温热洗区停留时间	
重力脱水机改装的洗浆机	2～2.5	90min	4～6
单段扩散洗涤	3～5	180min	7～11
		240min	9～14
两段扩散洗涤	6～10	扩散/抽出	1.5～2

3.3 纸浆洗涤的洗涤效率与黑液提取率

纸浆洗涤的洗涤效率可按下列公式计算：

$$\eta(\%) = \frac{A - B}{A} \times 100 \tag{11-3}$$

式中：η——洗涤效率；

A——洗前纸浆带有的黑液干固物量；

B——洗后纸浆带有的黑液干固物量。

洗涤效率有时也叫做洗净度。

纸浆洗涤的黑液提取率可按下列公式计算：

$$E(\%) = \frac{D_1}{D_2} \times 100 \tag{11-4}$$

式中：E——黑液提取率；

D_1——送往蒸发工段的黑液干固物量；

D_2——制浆蒸煮产生的黑液干固物量。

(注：以上数字都以生产1t绝干粗浆量计算。)

在生产管理良好，没有滴、漏、跑、冒的情况洗涤效率与黑液提取率基本相等。但在实际生产中，黑液提取率小于洗涤效率。

3.4 纸浆洗涤设备及其洗涤系统

3.4.1 鼓式真空洗浆机

鼓式真空洗浆机由转鼓、浆槽、分配头和喷水管等组成。图11-11是鼓式真空洗浆机。

需要进行洗涤的纸浆，经调整浓度，搅拌均匀后，流入浆槽。浆槽中的纸浆浓度为1%～2%，浆槽内保持一定的液位。转鼓部分浸没在槽内的纸浆中旋转并过滤黑液，形成纸浆滤层，转鼓转出槽内液面后，喷淋洗涤水，进行置换洗涤。最后把转鼓上的纸浆滤层，剥落入中间槽中，经稀释、搅拌、混合后，进行下一段纸浆洗涤。

鼓式真空洗浆机转鼓的外壳，是一个夹层圆筒。圆筒两端，用端板封盖。夹层圆筒沿圆周分隔成许多小格。每一小格沿轴向延伸成为一个长条形格仓。各个格仓互不相通，其底部有孔和液流通道分别与分配头连接。夹层圆筒筒面上，覆有多孔板和滤网。滤液通过浆层、滤网、进入格仓，并流向分配头。

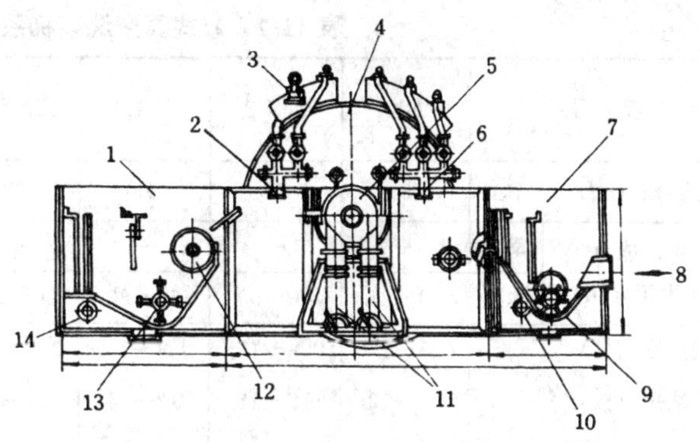

图 11-11　鼓式真空洗浆机

1. 中间槽；2、6. 洗液管；3. 洗液槽；4. 洗鼓；5. 分配阀；7. 头槽；8. 浆料进口；9、13. 搅拌辊；10、14. 黑液进口；11. 真空管黑液出口；12. 散浆辊

鼓式真空洗浆机转鼓的工作原理是转鼓部分浸没在浆槽内的纸浆中，按顺时针方向转动，从进入浆槽内液位以下开始：

Ⅰ区是重力过滤区，该区无真空度，由重力作用，使纸浆中的黑液，通过滤网，进入和充满格仓。纸浆在滤网上形成纸浆滤层。Ⅰ区的位置，从浆槽液面开始，到转鼓的垂直中心线附近为止。

Ⅱ区是真空过滤区。该区由于真空吸引力作用，过滤黑液，并逐步增加纸浆滤层的厚度。Ⅱ区的位置在转鼓垂直中心线附近，到转出浆槽液面的地方。

Ⅲ区是真空吸滤区。在真空吸引力作用下，提高纸浆滤层的干度及其在滤网上的附着力。Ⅲ区位置在浆槽液位以上，到喷水管之前。

Ⅳ区是喷淋洗涤区。从喷水管中喷淋洗涤水，对纸浆滤层进行置换洗涤。Ⅳ区的位置是在布置有喷水管的地方。

Ⅴ区是吹气剥浆区。从转鼓的格仓中向外吹出空气，帮助剥离纸浆滤层，并吹洗滤网，Ⅴ区在喷淋洗涤区后，浆槽液面的上方。

分配头由动片、定片和阀座等部分组成。动片镶嵌在转鼓的轴头上，随转鼓一起转动。动片分隔成许多孔格，其数量与转鼓上的格仓数相等，每一孔格与格仓的液流通道相互连接。动片与定片密切吻合，把格仓中的滤液，送入定片的各个区域中。动片用易于磨损的材料制造，可以更换，藉以保护定片。

定片固定嵌装在阀座上，不能转动。

定片分成四个空格区室，Ⅰ区是重力过滤区；Ⅱ区是真空过滤和吸滤区；Ⅲ区是喷淋洗涤区；Ⅳ区是吹气剥浆区，各区与转鼓上各相关区对应。分别接受滤液，并导入真空水腿管。

鼓式真空洗浆机的真空度是由转鼓格仓倾出黑液，并在水腿管中产生一定的流速形成的。水腿管中黑液的流速应达 2～3m/s。形成的真空度可达 26.66～53.32kPa。如纸浆的滤水速度慢，难以在水腿管中形成必要的流速，就要增设真空泵。水腿管的垂直长度应为 6～8m，并须避免有水平弯曲管段，鼓式真空洗浆机安放在 12m 高的楼面上，以保证水腿管的垂直长度。

由于转鼓格仓到分配头之间，液流通道形状不同和分配头的形式不同，鼓式真空洗浆机有隔仓型和管型，分配头有片型和锥型之别。

鼓式真空洗浆机常用的喷水管有两种，即 K 型堰式喷水管和自净式喷水管。喷水管喷出的洗涤水，要分布均匀，不能冲动纸浆滤层，避免形成沟流。洗涤水温度应保持为 60～80℃。

鼓式真空洗浆机系列的技术性能，列于表 11-7 中。

鼓式真空洗浆机纸浆洗涤系统，一般用三台或四台鼓式真空洗浆机串联，组成多段逆流洗涤系统。软浆洗涤比较容易，采用三台串联，硬浆洗涤比较困难，采用四台串联。鼓式真空洗浆机安装在 12m 高的楼面上，楼下安放黑液槽、黑液泵、真空泵，以及纸浆筛选和净化

表 11-7 鼓式真空洗浆机系列的技术性能

型 号		ZNK1	ZNK2	ZNK3	ZNK4	(H2364)	ZNK7	ZNK8 (H2356)	ZNK9 (H2358)
过滤面积（m^2）		5	10	15	20	27	35	40	45
生产能力 (t 风干浆/d)	草浆	—	—	—	—	60～75	70～80	75～85	80～92
	木浆	20～25	40～50	60～80	80～100	—	—	—	—
进浆浓度（%）		0.8～1.5	0.8～1.5	0.8～1.5	0.8～1.5	1～1.5	1～1.5	1～1.5	1～1.5
出浆浓度（%）		10～13	12～16	12～14	12～14	10～12	10～12	10～12	10～12
转鼓尺寸(mm)(∅×L)		1 750×1 020	2 600×1 300	2 600×2 100	2 600×2 600	3 500×2 500	3 500×3 100	3 500×3 650	3 500×4 100
转鼓转速（r/min）		1.5～4.5	0.8～2.4	0.28～2.8	0.28～2.8	1～3	1～3	0.25～3.4	0.25～3.4
电动机动率（kW）		9.6	14.5	15.5	23	34.25	40	45.25	45.25

设备。图 11-12 表示四台串联的鼓式真空洗浆机纸浆洗涤系统的流程。

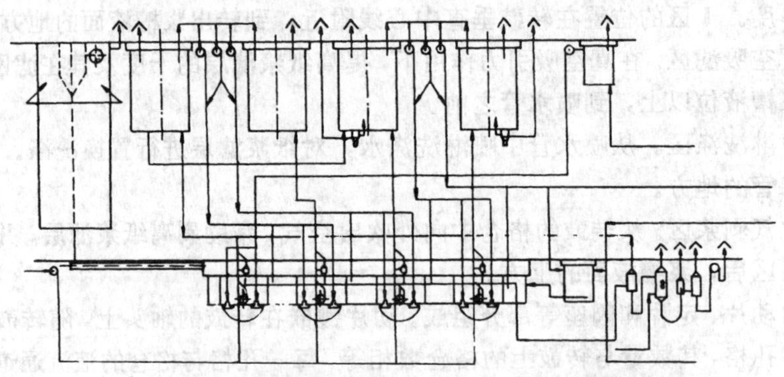

图 11-12 鼓式真空洗浆机纸浆洗涤系统流程图

鼓式真空洗浆机性能可靠、操作简便，洗涤效率良好。在世界范围内，得到广泛使用。但安装的厂房建筑高、容积大，建设投资多，黑液循环量大、能耗高。

3.4.2 鼓式压力洗浆机

鼓式压力洗浆机的转鼓和浆槽，装在密封的外壳中。图 11-13 表示鼓式压力洗浆机的结构原理。

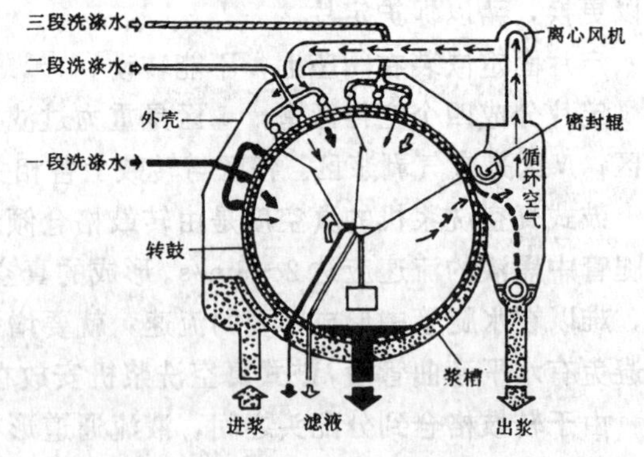

图 11-13 鼓式压力洗浆机结构原理

鼓式压力洗浆机的转鼓是一个圆网笼，外包滤网，部分浸没在浆槽内的纸浆中旋转并过滤黑液，形成纸浆滤层。在图 11-13 中，转鼓顺时针方向转动，先进入静压过滤区，再进入压力过滤区。在压力过滤区中，喷淋洗涤水，置换洗涤纸浆滤层。最后通过密封辊，到吹气剥浆区。由于密封辊的作用，在密封辊前，外壳内有一定的压力。经密封辊后就成为常压，以便剥浆和把洗后纸浆输送出去。

鼓式压力洗浆机配备有离心式鼓风机。从转鼓中抽出蒸汽和空气的辊合气体，再送入密闭外壳中。鼓风机的风压约为 133Pa，对纸浆滤层施加压力，促进液体过滤。

鼓式压力洗浆机可采用较高的洗涤温度，使用温度较高的洗涤水，有利于取得较好的洗涤效果。鼓式压力洗浆机有密闭的外壳，可以避免有害气体散发到厂房内部；在洗涤树脂含量多和泡沫性强的纸浆时，鼓式压力洗浆机和鼓式真空洗浆机都要采用机械式蒸汽消沫器。鼓式压力洗浆机没有真空水腿管和水封槽，可安装在较低的楼面上，并且，黑液槽的高度可以减少。

鼓式压力洗浆机系列的技术性能见表 11-8。

表 11-8　鼓式压力洗浆机系列的技术性能

型　号		ZNY2	ZNY3	ZNY4 (ZNY4F)	ZNY5 (ZNY5F)
过滤面积 (m^2)		15	25	35	45
生产能力（三台串联）(t 风干浆/d)	草浆	30～35	45～50	55～80	70～100
	木浆	55～60	80～100	115～155	150～200
转鼓尺寸 (mm) ($\varnothing\times L$)		2 500×1 900	2 500×3 200	3 500×3 200	3 500×4 100
转鼓转速 (r/min)		0.3～3.2	0.3～3.2	1～3.5	1～3.5
进浆浓度 (%)		1～1.2	1～1.2	1～1.2	1～1.2
出浆浓度 (%)		12	12	12	12
转鼓电动机功率 (kW)		7.5	10	13	17
螺旋输送机电动机功率 (kW)		4	5.5	7.5	7.5
高压风机	型　号	AOZ 9940	AOZ 9957	AOZ 9958 (AOZ 9961)	AOZ 9959 (AOZ 9960)
	风压 (MPa)	0.0147	0.0147	0.0147	0.0147
	风量 (m^3/s)	0.8	1.0	1.3	1.7
	电动机功率 (kW)	30	37	45	55
轴流泵	型　号	AOZ 1943 Ⅰ	AOZ 1943 Ⅱ	AOZ 1944 Ⅰ	AOZ 1944 Ⅱ
	扬程 (m)	2.37～5.18	2.56～6	2.05～4.48	2.74～5.05
	扬量 (L/s)	521～390	631～442	447～709	1 332～1 030
	电动机功率 (kW)	15	15	22	30

鼓式压力洗浆机纸浆洗涤系统在洗涤滤水性能好的亚硫酸盐法木浆、中性亚硫钠法半化学木浆时，可采用两台鼓式压力洗浆机串联的纸浆洗涤系统。洗涤一般的硫酸盐法木浆，应采用 3 台压力洗浆机串联的纸浆洗涤系统。鼓式压力洗浆机喷淋洗涤区的面积很大，可以布置多段喷水管，进行二至三段逆流洗涤。以第一台鼓式压力洗浆机为例：滤液分三部分收集，分别贮存于各自的黑液槽中。第一部分是液位静压过滤区和第一段喷淋洗涤的滤液，流入黑液槽Ⅰ中，这是提取得到的最浓的稀黑液，用以稀释喷放锅来的纸浆和送往黑液蒸发部分使用；第二段喷淋洗涤的滤液，流入黑液槽Ⅱ中，用作第一段喷淋洗涤的洗涤水；第三段喷淋洗涤的滤液，流入黑液槽Ⅲ中，用作第二段喷淋洗涤的洗涤水。第三段喷淋洗涤的洗涤水是后一台鼓式压力洗浆机的浓度最高的滤液；只有最后一台鼓式压力洗浆机第三段喷淋洗涤使用热水。

3.4.3 连续蒸煮器内部热洗（简称高温热洗）

连续蒸煮器高温热洗的原理如图11-14。

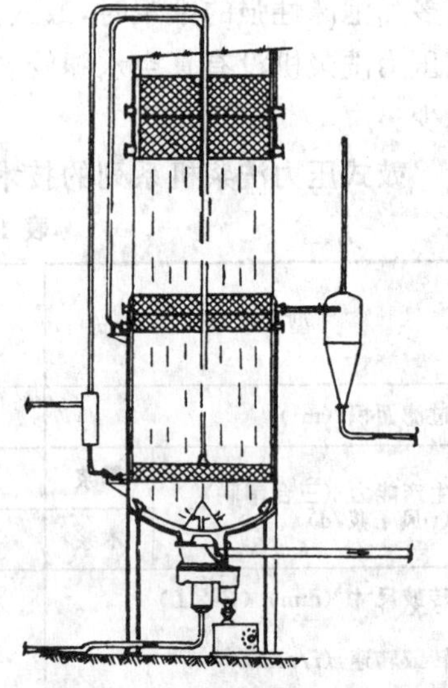

图 11-14 连续蒸煮器高温热洗原理

从连续蒸煮器外部纸浆洗涤系统送来洗涤用的黑液，经高压泵送入连续蒸煮器底部的洗涤区，向上流动，与下降的木片柱进行逆流洗涤，把尚未离解成为纸浆纤维的木片周围的黑液置换出来，木片中浓度较高的黑液，扩散到木片周围的浓度较低的黑液中。

在洗涤区的上部，黑液通过滤板，经黑液闪蒸器送到黑液蒸发部分使用。洗涤区有两条黑液循环线路。一条是低温洗涤循环线路：黑液从洗涤区上部的滤板中抽出，经循环泵、中心管、送到蒸煮区下部的滤板上面排出，对蒸煮区下降来的木片，进行洗涤；另一条是高温洗涤循环线路：从洗涤区下滤板中，用泵抽出黑液，通过加热器，加热到130℃，再经中心循环管，送到下滤板的上面排出，洗涤未离解的木片。加热的目的是提高黑液温度，改善洗涤条件。

扩散置换洗涤的洗涤效率取决于木片的规格、洗涤时间和稀释因子。木片厚，黑液从内部扩散出来需要的时间长，木片厚度增加1倍，扩散时间增加4倍。典型高温热洗区的纸浆停留时间为1～4h。当停留时间为1.5h，洗涤效率相当于同等稀释因子的两台鼓式真空洗浆机串联的洗涤效果，一般4h的高温热洗，相当于三台鼓式真空洗浆机串联的洗涤效果。

3.4.4 连续扩散洗涤和多段连续扩散洗涤器

在鼓式真空洗浆机尚未普遍使用之前，曾采用间歇式扩散洗涤器洗涤纸浆，提取黑液。图11-15表示间歇式扩散洗涤器纸浆洗涤系统。

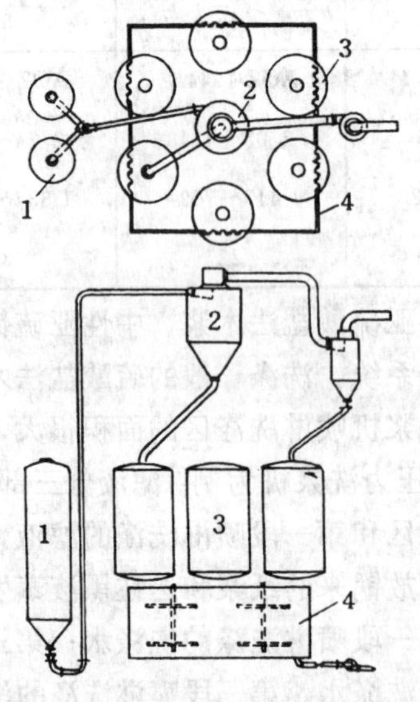

图 11-15 间歇式扩散洗涤器纸浆洗涤系统

1. 蒸煮锅；2. 分配器；3. 洗涤罐；4. 卸料池

间歇式扩散洗涤器纸浆洗涤系统是把蒸煮完毕的纸浆，从蒸煮锅，喷到分配器，经降温降压，把纸浆分配到各个间歇式洗涤罐中，每罐装存一锅纸浆，进行多段扩散置换洗涤。洗净的纸浆卸入卸料池中。黑液按浓度分别贮存，最先得到的浓度较高的黑液送往蒸发部分使用，再分段使用浓度较稀的黑液，把纸浆中浓度较高的黑液置换出来，最后用热水把纸浆洗净。

间歇式扩散洗涤系统，设备庞大、笨重、操作麻烦、洗涤时间长、生产能力小，现已淘汰不用。

连续式扩散洗涤器纸浆洗涤系统是把蒸煮完毕后的纸浆，以10%的浓度送入连续扩散洗涤器中，洗涤器中有一组环形滤板，每个环形滤板是由两块多孔滤板组成的中空夹层环形板，它安放在径向辐射的横臂上，横臂由立柱支托，用液压缸使其上下升降。两环形滤板间是纸浆和同心旋转的喷水管。环形滤板与纸浆同步上升，喷水管喷出洗涤水，对纸浆进行置换洗涤，滤液通过滤板的筛孔，进入滤板夹层中，从空心的支承臂和立柱中流出。当环形滤板升到行程顶点时，洗涤和过滤停止，滤板迅速下降到行程的起点。在下降过程中，有清洗滤板的作用。纸浆上升到洗涤器顶部时，由旋转的刮浆板把浆刮入高浓贮浆槽中。

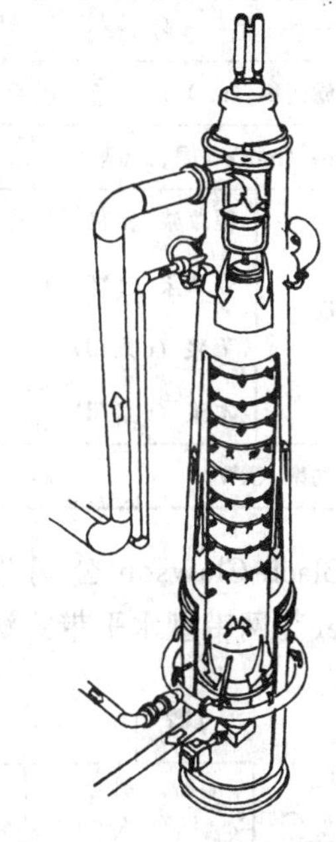

图 11-16　压力扩散洗涤器

连续扩散洗涤器的优点是洗涤的纸浆浓度高，没有稀释混合过程，洗涤水周转量少，节约能耗。纸浆、黑液很少与空气接触，泡沫少，洗涤效果好。连续扩散洗涤器可安装在高浓贮浆塔顶上，占用的厂房建筑面积少，节约投资，有利于老厂改造。

连续扩散洗涤器在运行过程中，难以取样分析、检查和观察各项工艺参数对设备操作的影响。

压力扩散洗涤器于 1980 年投入工业生产使用，图 11-16 为压力扩散洗涤器的结构。一般的连续扩散洗涤器，在常压下运行，但压力扩散洗涤器是在较高的温度和压力下运行。可装在连续蒸煮器和一般的连续扩散洗涤器之间，以增加洗涤能力，提高洗涤效果。受到老厂扩建或改造的欢迎。

3.4.5　水平带式洗浆机

水平带式洗浆机有 2 种类型，即胶带衬托型水平带式洗浆机、网带型水平带式洗浆机。

胶带衬托型水平带式洗浆机是最早开发的一种水平带式洗浆机。图 11-17 表示胶带衬托型水平带式洗浆机的结构。

胶带衬托型水平带式洗浆机，有一条无端的橡胶带衬托着滤网在真空吸水箱网面上行走。橡胶带上横向有许多沟槽，沟槽中开孔，可与真空吸水箱连通。纸浆从流浆箱流到滤网上，黑液通过滤网和橡胶带上的滤孔，吸入真空吸水箱中。滤网上的纸浆滤层，用喷水管喷出的洗涤黑液或洗涤水，进行多段逆流置换洗涤。全机共分为五段，第一段是成型段，滤出的黑液，送往喷放锅，稀释纸浆。纸浆在第一段网上形成纸浆滤层后，进入第二段，用第三段的滤液来进行喷淋置换洗涤，第二段的滤液送往黑液蒸发部使用。第三段用第四段的滤液来进行喷淋置换洗涤，第四段用第五段的滤液来进行喷淋置换洗涤。第五段用热的清水进行喷淋置换洗涤，把纸浆洗涤洁净。纸浆上网浓度为 1%～3%，洗后的纸浆浓度约为 12%～15%，洗涤水温度为 70～80℃。用离心风机式真空泵使真空吸水箱内产生真空吸引力，并使气液分离。真空吸水箱的真空度约为 0.01～0.03MPa。胶带衬托型水平带式洗浆机系列的技术性能见表 11-9。

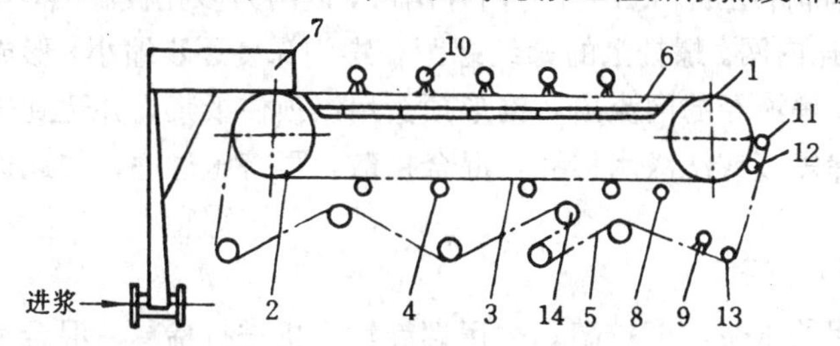

图 11-17　胶带衬托型水平带式洗浆机

1. 传动辊；2. 尾辊（张紧辊）；3. 胶带；4. 胶带托辊；5. 滤网；6. 真空吸滤箱；7. 流浆箱；8. 滤带喷洗管；9. 滤网喷洗管（移动式高压喷洗管）　10. 喷洗装置；　11. 排料辊；12. 低压喷水管；13. 滤网导辊；14. 滤网张紧辊

表 11-9 胶带衬托型水平带式洗浆机系列的技术性能

型 号		ZND0A	ZND1A	ZND2A	ZND3A
公称过滤面积（m^2）		6	12	18	24
胶带规格（mm）（周长×宽）		12 750×1 560	21 250×1 560	31 500×1 560	40 500×1 560
生产能力	稻草浆（t浆/d）	6	12	18	24
	麦草浆（t浆/d）	10	20	30	40
	苇浆（t浆/d）	30	60	90	120
	木浆（t浆/d）	40	84	126	168
电动机功率（kW）		2.2	7.5	15	30

Black-Clawson 公司生产的网带型水平带式洗浆机（如图 11-18），称做“Chemi-Washer”。网带型水平带式洗浆机用聚酯网带在真空吸水箱网案上行走，洗涤纸浆，提取黑液。

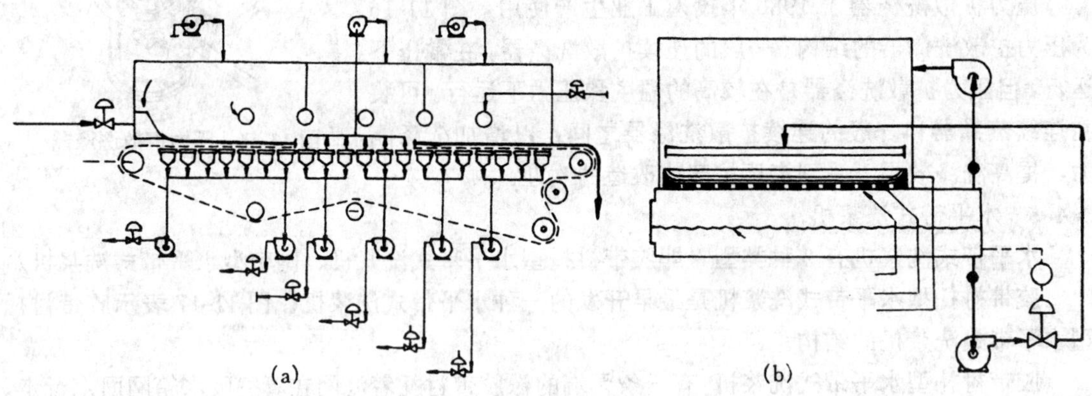

图 11-18 网带型水平带式洗浆机

(a) 网带型水平带式洗浆机侧面图；(b) 网带型水平带式洗浆机剖面图

用“Chemi-Washer”洗涤阔叶材硫酸盐法木浆时，所测定数据的平均值列于表 11-10。

3.4.6 螺旋压榨机

它由螺杆、滤网和锥形顶头等主要部件组成。滤网分为内外两层，内网为多孔板滤网，孔径 1～3mm，外网为多孔的支承板，衬托内网。螺杆上的螺纹螺距和螺沟深度逐步缩小，形成一定的压缩比，对纸浆产生挤压作用，黑液经滤网流出，锥形顶头用以顶住纸浆，并达到一定干度后排出来。挤压后的纸浆，用稀黑液或洗涤水稀释，混合扩散，再挤压过滤，如此进行多段逆流洗涤。

螺旋压榨机系列的技术性能见表 11-11。

在螺旋压榨机纸浆洗涤系统中使用的纸浆浓度较高，故用螺旋输送机进行稀释、混合和输送。

螺旋压榨机可安装在较低的楼面上，设备价格低，建设投资少。螺旋压榨机适于挤压卡伯值高的硬浆或高得率浆，而挤压卡伯值低的软浆，就会发生打滑和堵塞现象。螺旋压榨机的纤维流失大、泡沫多、生产能力小、洗涤效率差。

表 11-10　"Chemi-Washer"洗涤阔叶材硫酸盐法木浆测定数据

指　标	数　据
产量（t 绝干浆/d）	526
进浆浓度（%）	3.55
出浆浓度（%）	12.8
成型区黑液浓度（%）	20.0
送黑液蒸发部分的黑液浓度（%）	18.9
稀释因子	1.2
碱损失（$kgNa_2SO_4$/t 绝干浆）	8.5
置换率	0.995
诺顿值	23

表 11-11　螺旋压榨机系列的技术性能

指　标	ZLJ-387	ZLJ-210
螺杆外径（mm）	387	210
螺杆转速（r/min）	13	26.2
电动机功率（kW）	13～17	10
进浆浓度（%）	8～10	8～10
出浆浓度（%）	25～30	30～35
生产能力（t 浆/d）	15	5～6

3.4.7　双辊挤浆机

该机有一对沟纹辊，部分浸没在浆槽内的纸浆中。纸浆在辊面上形成纸浆滤层，并逐步加厚。黑液通过纸浆滤层，流入沟纹的小孔中，然后从横贯辊子的轴向孔道中流出。辊面上的纸浆，通过两个辊子的压口，受到挤压，提高浓度，挤压后的纸浆浓度可达 35%左右，进浆浓度为 8%～10%。双辊挤浆机有沟型和孔型两种。孔型双辊挤浆机是在沟纹辊上，包裹一层多孔不锈钢滤板，以免纸浆纤维堵塞沟纹。辊子的轴向黑液孔道要用 0.2MPa 压力的清黑液冲洗，以免孔道堵塞。

双辊挤浆机的技术性能如下：辊子直径为∅610mm；工作宽度 1120mm；沟纹宽度 1.1mm；黑液流通孔道孔径 20mm；辊子转速 0.65～1.96r/min；双辊辊面间距 10～22mm（可以调节）；生产能力 7～10t 浆/d。

3.4.8　置换压榨洗浆机

置换压榨洗浆机是具有置换洗涤区的双辊压榨洗浆机。图 11-19 为置换压榨洗浆机结构。

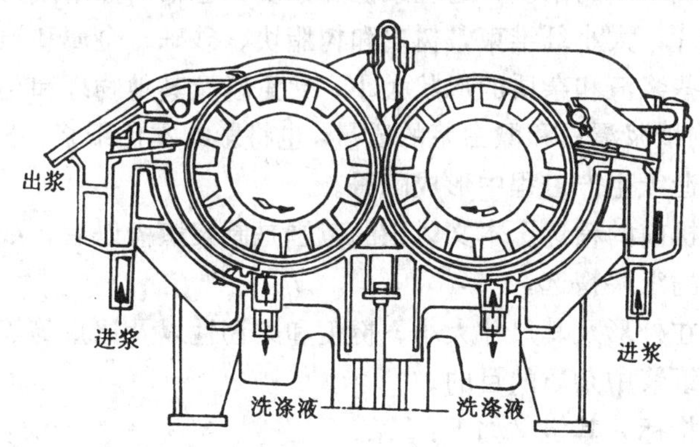

图 11-19　置换压榨洗浆机结构

置换压榨洗浆机具有一对覆盖多孔滤板的压榨辊和浆槽。浓度为 4%的纸浆，进入置换压榨洗浆机浆槽与辊子间的牛角道中，黑液通过滤板，进入压榨辊中，纸浆在辊面上形成纸浆滤层，随着辊子的转动，逐步加厚和增浓。当到达辊子的垂直中心线下时，滤层的纸浆浓度为 10%。这时进入洗涤水，进行置换洗涤。为了防止洗涤水冲动纸浆滤层，破坏置换洗涤，设置了一块隔板，避免发生湍流。纸浆滤层通过置换洗涤区后，进入双辊压口，把黑液挤压出来，出浆浓度可达 40%。如果不用洗涤水，把浓度为 10%的纸浆中的黑液全部挤压出来，理论置换率为 44.4%。如果每吨绝干纸浆用 4t 洗涤水进行洗涤，稀释因子为 2～3，置换率为 50%～60%。一台置换压榨洗浆机的洗涤效率，相当于两台鼓式真空洗浆机串联洗浆的洗涤效果。图 11-20 表示置换压榨洗浆机的洗涤过程。

影响置换压榨洗浆机洗涤效果的因素有：两辊压口处的间距、浆槽底板与辊子间牛角道的形状大小、以及纸浆浓度、流量、温度、纸浆的卡伯值、辊子的转速等等。置换压榨洗浆机的设计和运行数据见表 11-12。

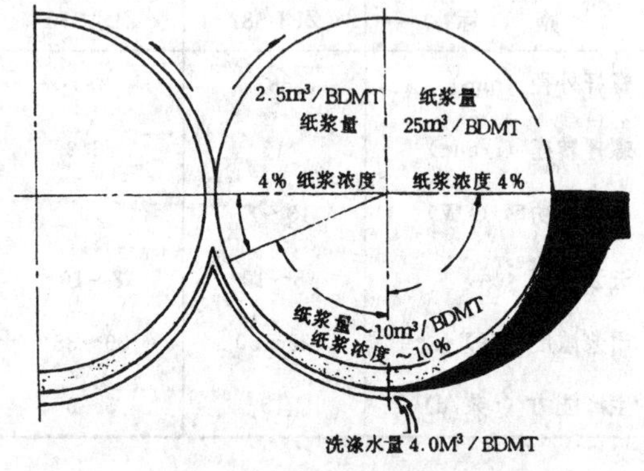

图 11-20 置换压榨洗浆机的洗涤过程

表 11-12 置换压榨洗浆机的设计和运行数据

项 目	设计数据	运行数据
产量（t 浆/d）	350	250～280
洗涤碱损失（$kgNa_2O$/t 浆）	5.5	4.32
稀释因子	2.5	4.0～4.5
黑液浓度（%）	16	13.5～14
洗涤水温度（℃）	75	70～75

置换压榨洗浆机运行的纸浆浓度高，液体的周转量小，能源消耗省。置换压榨洗浆机可安装在 7m 高的楼面，降低了厂房高度，减少了厂房容积，节约建设投资。

由于置换压榨洗浆机的出浆浓度高，可直接与氧脱木质素工序衔接，不需要增添中间设备，提高纸浆浓度，以满足氧脱木质素的要求。在环境保护要求日趋严格、纸浆生产将逐渐采用氧脱木质素和无氯漂白的情况下，造纸工业愈来愈重视置换压榨洗浆机的优越性。

4 纸浆筛选

4.1 概 述

尚未经过筛选的粗浆中，含有各种浆渣和杂质。这些浆渣和杂质，有的来自原料及其在加工过程中形成的浆渣；有的是由外部环境中来的杂质，这些浆渣和杂质，包括未蒸解成为纸浆纤维的木片、木节、原料的碎屑、碎片，大小纤维束，树皮和树脂块、砂砾、金属和塑料物质及其碎片，水垢和尘埃点等等。这些浆渣和杂质的形状大小、比重以及其他物理和化学性状，与纸浆纤维有明显的差别。将影响纸浆漂白和漂白浆的质量，也将影响本色纸浆、纸及纸板成品的强度和外观质量。并且会在造纸生产过程中形成障碍。

纸浆筛选有蒸煮后的粗浆筛选和造纸机前的精选。本文讨论的范围是制浆蒸煮以后，纸浆漂白以前的粗浆筛选，不涉及造纸机前的纸浆精选。

粗浆筛选是利用纸浆纤维与浆渣杂质在外形及其尺寸大小、挺度和柔韧性以及比重等等差别，使纸浆纤维与杂质分开，达到除去纸浆中杂质的目的。

筛选效率是表示筛选效果的一项重要指标，其定义如下：

$$\text{筛选效率（\%）}=\frac{\text{原浆中浆渣杂质的绝干重量}-\text{良浆中浆渣杂质的绝干重量}}{\text{原浆中浆渣杂质的绝干重量}}\times 100 \qquad (11\text{-}5)$$

浆渣、杂质和筛选效率的检测，一般采用实验室标准振动平板筛浆机或 Somerville 筛分仪，测定纸浆中的纤维束和尘埃点。纤维束的定义，过去规定为不能通过 0.25mm 筛孔的浆渣杂质，现在规定为不能通过 0.15mm 筛孔的浆渣杂质。尘埃点是在手抄浆片上投影面积大于 $0.08mm^2$ 的深色斑点，或于手抄纸片上投影面积大于 $0.04mm^2$ 的深色斑点。

良浆中纤维束含量的一般标准见表 11-13。

表 11-13 良浆中纤维束含量一般标准

浆 种	留存率（%）	筛缝宽（mm）
挂面牛皮箱板纸底浆	0.5～1.5	0.25
挂面牛皮箱板纸面浆	0.3～1.0	0.25
纸袋纸和包装纸	0.1～0.7	0.25
商品漂白木浆	0～0.05	0.15
未涂布不含机械木浆的纸	0～0.01	0.15

粗浆筛选包括粗选和细选两个过程。本节主要讨论粗选后粗浆的细选过程。

4.2 纸浆筛选的机理

4.2.1 筛浆机内纸浆流速的分析

在筛浆机内纸浆的流速可以分解为三个方向上的流速，即轴向流速、径向流速和切向流速。

轴向流速是沿筛浆机转子或筛板圆筒轴向流动的速度，是纸浆从进料口向排渣口流动的速度。轴向流速与筛板板面平行。轴向流速的大小，决定于筛浆机筛板与转子间环形通道的截面积和流向排渣口的纸浆量。轴间流速影响筛选排出的渣浆量。轴向流速一般为 0.3～0.9m/s。

切向流速是沿筛浆机圆筒筛板圆周切线方向流动的速度。没有筛浆转子的推动，单纯由于进料速度而产生的切向流速，一般为 0.6～0.9m/s。但是由于转子叶片或旋翼的推动，产生很高的脉冲切向流速，可能达到 12～18m/s。它将起到清扫筛板，防止筛孔堵塞的作用。

轴向流速和切向流速都与筛孔轴向垂直。

径向流速是指向筛板的速度。它使纸浆流体通过筛孔。通过筛孔的流速，决定于筛板的开孔率和良浆流量。孔型筛板的开孔率为 12%～23%，缝型筛板的开孔率为 5%～8%。纸浆流过筛孔的速度，大于向筛板接近的速度。因此，在筛孔附近将有一种力，加速纸浆流过筛孔，同时，使纸浆纤维和浆渣杂质聚集和顺向。

浆渣杂质的外形，一般来说，在长度上比筛孔大得多，在宽度上，比筛孔小得多。因此，浆渣杂质必须顺向才能通过筛孔。浆渣杂质比较挺硬，顺向时要有较大的力，即要较大的径向流速。为了保证筛选效率，避免过多的浆渣杂质通过筛孔，径向流速应有一定的限度，筛板的开孔率也应大一些。对内流旋翼式压力筛浆机来说，通过筛孔的流速不宜超过 1.8～2.0m/s，否则将出现筛孔堵塞，或纸浆纤维拉绳现象。

筛板两侧的压力差，也会影响径向流速。压力差的最大值一般在 70～120kPa。

筛浆机内的纸浆径向流速，一方面要足以保证避免筛孔堵塞，另一方面又要能保证良浆质量，在这两方面兼顾的条件下，采用较低的径向速度。

4.2.2 剪力和临界角

筛浆机内叶片式转子或旋翼式转子的转动，增加了切向流速。常压筛浆机转子叶片端部的脉冲切向流速，可以高达 15m/s。但在筛板板面和筛孔开口处，切向流速降低到零，这种速度变化，产生巨大的脉冲剪力，它可以克服筛孔堵塞，并将使纸浆纤维等物质顺向。

纤维物质在通过筛选孔时，受到切向流速 V_r 和径向流速 V_R 的影响。这两项流速结合成为纸浆纤维通过筛孔的流速 V。流速 V 的方向与径向的夹角 θ，决定纸浆纤维能否通过筛孔或被阻留于渣浆之中。这个夹角 θ 叫做临界角。临界角的大小，必须是纸浆纤维的前端和后端都可进入筛孔。

影响临界角的因素有纸浆液流的切向流速和径向流速、筛孔孔径、筛板厚度、纸浆纤维的长度和挺度等。

4.3 纸浆筛选设备（筛浆机）

纸浆筛选用的筛浆机，有常压筛浆机和压力筛选机。常压筛浆机有振动式筛浆机和离心式筛浆机。振动式常压筛浆机由于筛选能力小，振动噪音大，已淘汰不用了。离心式常压筛浆机也因筛选能力小，能耗大，也有部分趋向淘汰。压力筛浆机有旋翼式压力筛浆机、旋桨式压力筛浆机和旋鼓式压力筛浆机。压力筛浆机的优点是：进浆浓度高（进浆浓度为0.5%～2.5%）；配套的泵、浓缩机和白水槽等设备较小；用水量少，循环水量小，节约能耗；带入的空气少，故泡沫也少；筛选能力大，设备体积小。因此，压力筛浆机愈来愈得到广泛采用。

4.3.1 A型筛浆机

未选粗浆从进料液位调节箱流入筛浆机。由于叶片式转子的转动，促使良浆通过筛孔，从良浆出口排出。渣浆从渣浆出口排出，稀释水从稀释水入口进入筛筒中，稀释分选渣浆，减少渣浆中的好纤维含量。调节进浆、良浆出口和渣浆出口的液位，以控制筛浆机的生产能力、良浆质量和渣浆量。

A型筛浆机的技术性能见表11-14。

表11-14 A型筛浆机的技术性能

指 标	数 据	指 标	数 据	指 标	数 据
筛筒长度（mm）	1 230	筛孔孔径（mm）	1.1～1.24	转子转速（r/min）	275
筛筒直径（mm）	765	进浆浓度（%）	0.4～0.8	电动机功率（kW）	28
筛筒面积（m²）	3	转子直径（mm）	745	筛选能力（t浆/d）	15～25

A型筛浆机耗能多，渣浆量大，容易发生糊筛板和筛孔堵塞现象，往往需要停机清理。

4.3.2 B型筛浆机

原浆从螺旋进浆管进入并均匀分布于筛浆机的筛板筒和转子之间，由于转子叶片的推动，良浆通过筛孔，进入良浆室，从良浆出口溢流出去。B型筛浆机的圆筒筛板分三个筛选区，第一筛选区的筛孔较大，第二和第三筛选区的筛孔逐步缩小，三个筛选区的良浆，可以分别处理。

从筛浆机的另一端，进入稀释水，水流方向与浆流方向相反，冲淘回收渣浆中的良浆。渣浆从筛浆机下面的排渣口排出。B型筛浆机系列的技术性能见表11-15。

表11-15 B型筛浆机系列的技术性能

指 标	SB-5	SB-8.6	指 标	SB-5	SB-8.6
筛筒直径（mm）	883	1 375	转鼓转速（r/min）	200	200
筛筒面宽（mm）	750	750	电动机功率（kW）	28	55
筛筒面积（m²）	5.0	8.6	筛选能力（t浆/d）	15～30	45～70
筛孔孔径（mm）	1.2～1.8	1.2～1.8			

B型筛浆机体形笨重，能耗大，筛选效率低，操作管理麻烦，已在淘汰之中。

4.3.3 C型筛浆机

这是广泛使用的一种老式常压筛浆机，也称为寇文筛（Cowan）。

C型筛浆机进浆要有一定的料位，一般为筛浆机中心轴线以上1.83m。进浆通过分配器和叶片式转子的推动，浆料产生离心力通过筛孔。C 型筛浆机内分三个筛选区：即进浆区，第一筛选区和第二筛选区。稀释水从空心轴上的喷孔喷入各个筛区。良浆通过筛孔，从筛浆机下部排出。渣浆经稀释淘洗后从渣浆出口排出。C 型筛浆机的筛孔孔径一般为 1.4mm，筛选磨木浆时，筛孔孔径要大一些，约为 1.4～1.6mm。C 型筛浆机用的稀释水量约为进浆量的 20%～30%。喷水压力为 34.3kPa。C 型筛浆机对进浆浓度和稀释水量，比较敏感。进浆浓度低、稀释水量多，筛浆机的筛选能力降低，筛浆的能耗增加。

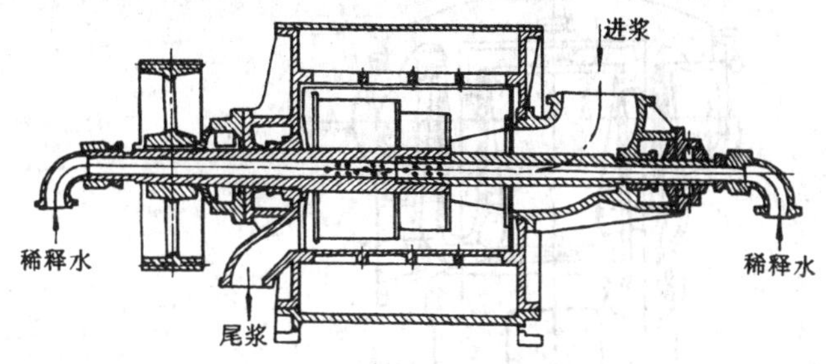

图 11-21　CX 型筛浆机结构图

CX 型筛浆机是从 C 型筛浆机改进发展而来的一种型号。CX 型筛浆机的稀释水，有两个进口，可以调节进入不同筛区的稀释水量。与 C 型筛浆机相比，CX 型筛浆机的转子直径较小，转速较快，产量大，电耗省。图 11-21 表示 CX 筛浆机的结构。

C 型筛浆机和 CX 型筛浆机系列的技术性能见表 11-16。

表 11-16　C 型筛浆机和 CX 型筛浆机系列的技术性能

型　号	C 型筛浆机		CX 型筛浆机			
	SC—1.5	SC—3.5	ZSL1	ZSL2	ZSL3	ZSL4
筛筒直径（mm）	784	1044	316	475	635	747
筛筒面积（m^2）	1.5	3.5	0.5	0.9	1.6	2.4
筛孔孔径（mm）	1.5～2.0	1.5～2.0	1.2～3.4	1.2～3.4	1.2～3.4	1.2～3.4
转子直径（mm）	740	—	300	455	610	718
转子转速（r/min）	300	240	750	575	450	400
电动机功率（kW）	10	75	11	22	45	75
筛选能力（t 浆/d）	5	30	10～20	20～40	40～80	100～150

4.3.4　旋翼式压力筛浆机

旋翼式压力筛浆机有单鼓和双鼓两类。单鼓旋翼式压力筛浆机的结构如图 11-22，双鼓旋翼式压力筛浆机的结构如图 11-23。旋翼的工作原理如图 11-24。

双鼓旋翼式压力筛浆机是全封闭结构，进浆压力为 34.3～205.8kPa。筛鼓内外的压力差为 9.8～19.6kPa。原浆切线进入筛鼓内，由上向下流动，由于静压力和转子旋翼的推动作用，良浆通过筛孔，从良浆室出口排出。渣浆在筛鼓内，向下流到渣浆出口排出。旋翼是流线型的，端部较大，促使良浆通过筛孔。尾部较小，使部分良浆回流冲洗筛孔。旋翼略向旋转方向前倾，使渣浆流向排渣口。

单鼓旋翼式压力筛浆机系列的技术性能见表 11-17。

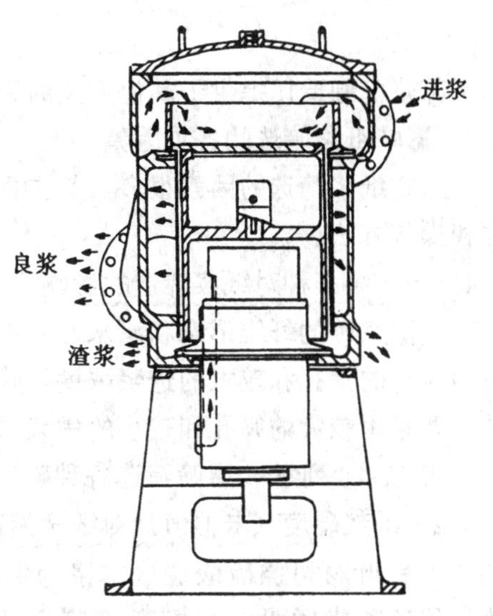

图 11-22　单鼓旋翼式压力筛浆机

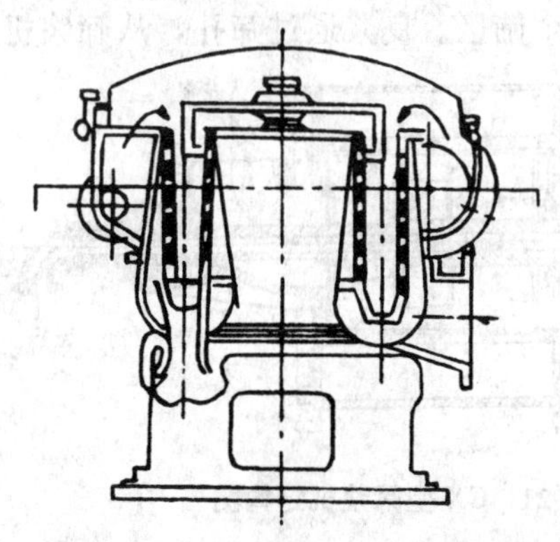

图 11-23 双鼓旋翼式压力筛浆机

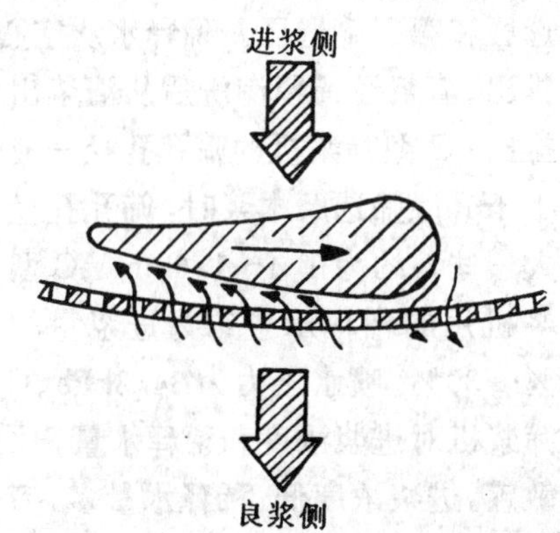

图 11-24 旋翼的工作原理

表 11-17 单鼓旋翼式压力筛浆机系列的技术性能

型 号	ZSL11	ZSL12	ZSL13
筛鼓直径（mm）	300	400	600
筛鼓高度（mm）	320	450	620
筛孔孔径（mm）	1～2.4	1～2.4	1～2.4
转子转速（r/min）	740	547	365
电动机功率（kW）	5.5	7.5	15
筛选能力（t 浆/d）	3～5	8～12	20～25

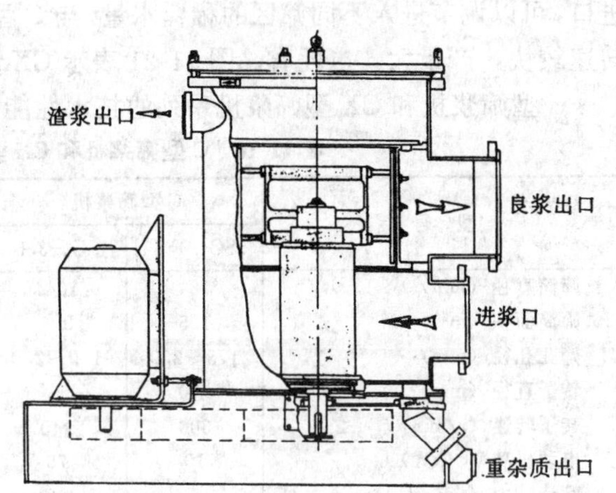

图 11-25 旋桨式压力筛浆机

筛浆机制造厂提供了其他型式的压力筛浆机，旋桨式压力筛浆机如图 11-25。

4.4 影响纸浆筛选的各项因素

影响纸浆筛选的因素很多，其主要因素为纸浆纤维和浆渣杂质的性状以及筛选的设备条件和操作方法。

4.4.1 纸浆品种对纸浆筛选的影响

不同浆种的纤维形态和滤水性能不同，筛选效果也有差别。阔叶树硫酸盐法木浆的筛选，可用较小的筛孔和较大的进浆浓度，筛浆机发挥较大的筛选能力。针叶树硫酸盐法木浆的筛选，要采用较大的筛孔和较小的进浆浓度，筛浆机发挥较小的筛选能力。

表 11-18 列举 C 型筛筛选各种硫酸盐法木浆的筛选能力和筛选条件。

4.4.2 纸浆硬度（卡伯值）对纸浆筛选的影响

以针叶材可漂硫酸盐法木浆为例。纸浆硬度愈小，筛浆机的筛选能力也愈小。同时，为了保证良浆质量，要提高筛浆机的排渣量。图 11-26 表示纸浆硬度对筛选能力的影响。

表 11-18　C 型筛筛选各种 KP 浆的筛选能力和筛选条件

浆　种	筛浆机的筛选能力（t 浆/d）	筛孔孔径 Ø（mm）	进浆浓度（%）
阔叶树	165	1.4	3.5
青杨/白杨	120	1.8	2.6
东部云杉	100	2.4	2.0
东部铁杉	85	2.6	1.8
北美黄杉	85	2.8	1.6
西部白松	100	2.3	2.0
西部冷杉	110	2.4	2.0

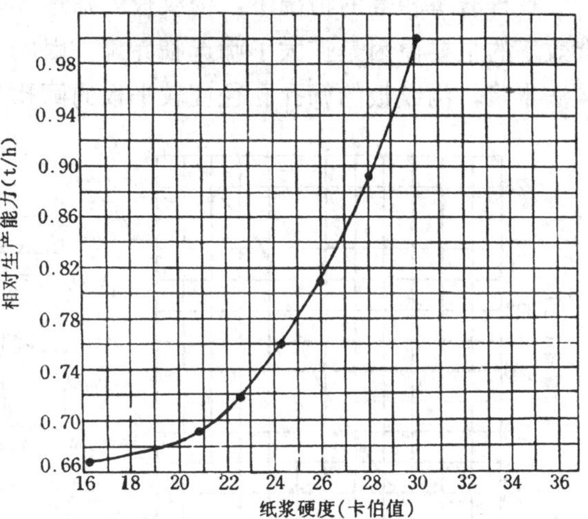

图 11-26　纸浆硬度对筛选能力的影响

4.4.3　浆渣杂质的挺度、长度和厚度（或宽度）对纸浆筛选的影响

对纤维束的研究结果表明：纤维束的长度和厚度相等，纤维束的挺度愈大，筛选效果愈好；纤维束的长度相等，纤维束的厚度愈大，也就表现出挺度愈大，筛选效果愈好；纤维束的挺度相等，纤维束的长度愈长，筛选效果愈好（如图 11-27）。

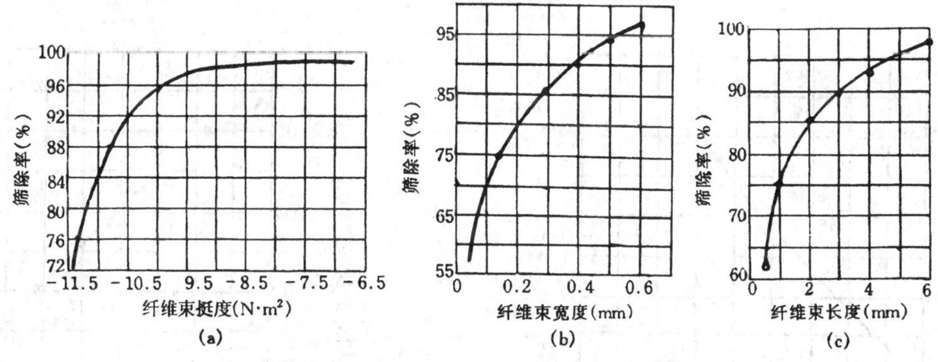

图 11-27　纤维束挺度、宽度和长度对筛选效果的影响

(a) 纤维束挺度；(b) 纤维束宽度；(c) 纤维束长度

纸浆纤维和浆渣杂质的其他性状，如比表面积、密度等，也可能对纸浆筛选发生影响。但纤维束的比表面积与其长度、宽度有关系，难以分解成为一个独立因素来进行研讨。

4.4.4　原浆含渣量对纸浆筛选的影响

原浆含渣量多，就要提高筛浆机排出的渣浆量，以保证良浆的质量。排出的渣浆量与原浆量的比率，称为排渣率。实验证明：原浆的纤维束含量多，排渣率上升。原浆纤维束含量与排渣率的关系如图 11-28。

4.4.5　筛板型式、筛孔孔径和开孔率对纸浆筛选的影响

筛板型式的发展过程，如图 11-29。最早的筛板厚度为 2mm 的薄板，筛孔是冲孔，以后发展成为 5mm 的厚板，筛孔是钻孔，更进一步发展了沟纹板，筛孔有部分锥形。沟纹筛板能促进纸浆发生湍流，提高筛选能力。筛选针叶材硫酸盐法木浆，使用沟纹筛板，筛浆机的筛选能力可增加 25%～50%。如不要增加筛选能力，可采用较小的筛孔，提高良浆质量。

在排渣率相等的情况下，沟纹板的筛选效率比平板低。沟纹板提高筛选能力，但降低筛选效率的主要原因是扩大了筛选临界角，因此，沟纹板应采用较小的筛孔。筛选针叶材硫酸盐法木浆，沟纹板的筛孔孔径应较平板的筛孔孔径小10%，才能得到同等的筛选效率。

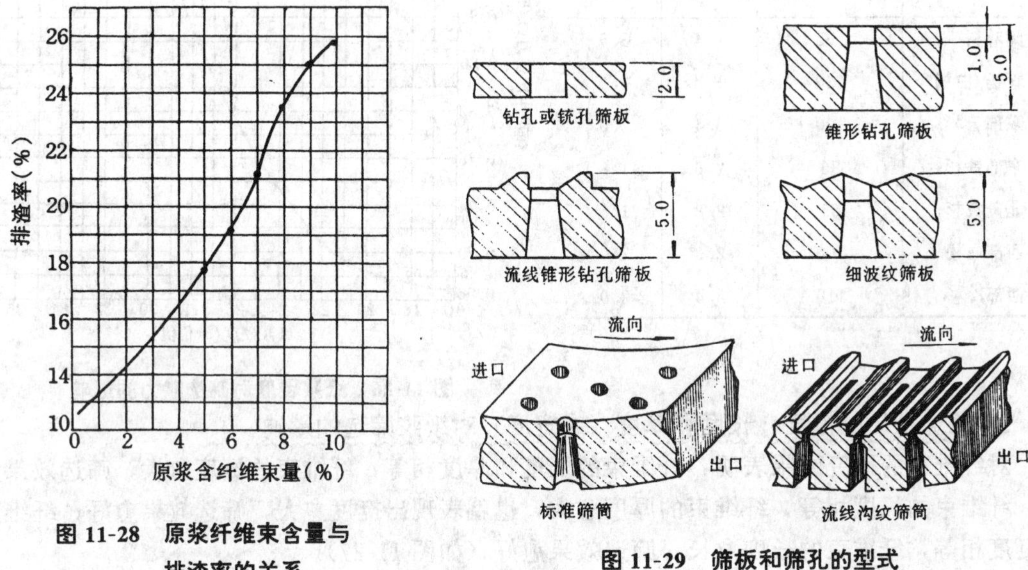

图 11-28 原浆纤维束含量与排渣率的关系

图 11-29 筛板和筛孔的型式

图 11-30 筛孔孔径对筛浆机筛选能力的影响

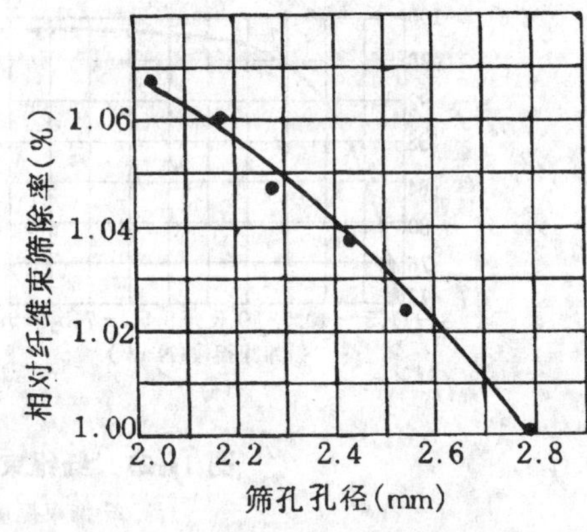

图 11-31 筛孔孔径对筛浆机筛选效率的影响

筛孔孔径直接控制通过筛孔的浆渣杂质的大小和数量。孔径的选择，应结合纸浆品种、进浆量、进浆浓度、浆渣杂质的性状以及筛选后的纸浆的用途（即良浆质量要求）等因素来考虑。纤维长度是确定筛孔孔径的敏感因素，长纤维纸浆应采用较大的筛孔。筛孔孔径影响筛浆机的筛选能力，筛孔孔径愈大，筛浆机的筛选能力愈大，但筛选效率愈低。筛孔孔径对筛浆机筛选能力的影响如图 11-30，筛孔孔径对筛浆机筛选效率的影响如图 11-31。

开孔率是筛板上筛孔总面积与筛板面积的比率，它与筛孔孔径和筛孔布置的疏密程度有关系，筛孔孔径为 d，筛孔布置的节距为 t，开孔率 B 可按下式计算：

$$B\ (\%)=\frac{0.785d^2}{0.866t^2}\times 100=0.906\ (\frac{d}{t})^2\times 100 \qquad (11\text{-}6)$$

为了避免纸浆糊板，t/d 应大于纤维平均长度。开孔率愈大，筛浆机的筛选能力也愈大。

4.4.6 筛浆机转子结构和转速对纸浆筛选的影响

提高转子转速，将增加筛浆机的筛选能力，增加动力消耗和降低排渣率。由于其他因素的影响，提高转子转速，可能提高筛选效率，也可能降低筛选效率。

转子叶片的倾角，影响筛选效率。叶片倾角小，纸浆在筛浆机内的停留时间长，排渣率、稀释水用量和良浆质量受到影响。

4.4.7 进浆浓度和进浆量对纸浆筛选的影响

每种压力筛浆机的进浆浓度、进浆量和良浆产量等指标，都有一定的范围，在此范围内发生变化，筛浆机仍保持正常运行。稍稍提高进浆浓度，筛选效率可略有提高，如进浆浓度超出允许范围过多，将增加排渣率，即使关小排渣阀，也不能解决问题，反会增加渣浆浓度和堵塞排渣管线。

常压筛浆机，如C型筛浆机，对进浆浓度和进浆量的变化很敏感。C型筛浆机有最低进浆浓度的限制。如进浆浓度低于最低进浆浓度时，筛选效率下降。

进浆浓度低，通过筛浆机的纸浆容积大、流速快，筛浆机的筛选能力和筛选效率降低。

4.4.8 筛浆机内部稀释对纸浆筛选的影响

筛浆机内部稀释，可控制机内纸浆浓度，更重要的是控制渣浆浓度，分离渣浆中的好纤维。

在常压筛浆机中，增加内部稀释，降低排渣率。在压力筛浆机中，过多的内部稀释，会严重降低筛选效率，并在一定程度上降低筛浆机的筛选能力。

4.4.9 排渣率对纸浆筛选的影响

排渣率是排出的渣浆中的具体物质重量，占进浆中固体物质重量的百分数。实验证明，提高排渣率，可以提高筛选效率。排渣率和筛选效率的关系如图11-32。

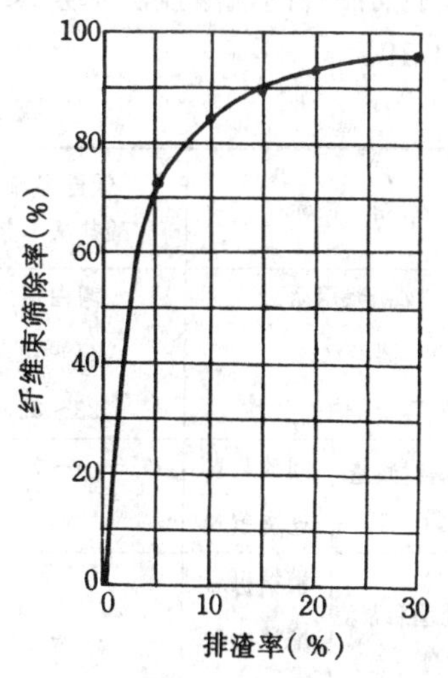

图11-32 排渣率和筛选效率的关系

为了保证良浆质量，每种筛浆机都有一个最小排渣率的限制数。小于此限上数时，将严重影响良浆质量。提高排渣率可以提高良浆质量，但增加了排渣量，增加好纤维的损失。

4.5 纸浆筛选系统

纸浆筛选系统由粗选、细选、节子和浆渣再磨等工序组成。

粗选筛出的木节和大块未蒸解物，在大多数情况下，送到蒸煮器中回煮，木节和未蒸解物回煮，将降低蒸煮器的生产能力，送往连续蒸煮器回煮的木节，不能带有纸浆纤维，以免影响连续蒸煮器中蒸煮液的循环流通。为此，送往连续蒸煮器回煮的木节，要经第二除节机，洗去所带的纸浆。

木节和大块未蒸解物，也可以当做燃料或送去堆埋；但必须洗净，回收其中所含的黑液。

在封闭系统中，木节和大块未蒸解物经过磨节，送入细选工序。

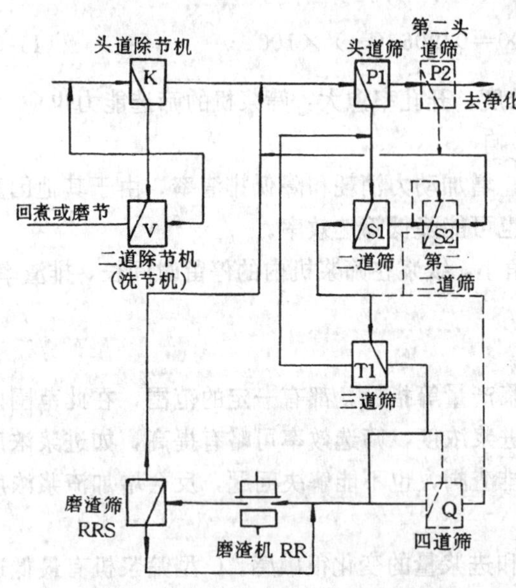

图 11-33 纸浆筛选系统通用流程

细选工序由头道筛、二道筛、三道筛，有时甚至用四道筛组成，并可设置浆渣磨和磨后筛。

头道筛是纸浆筛选系统的主筛。头道筛筛出的良浆送纸浆净化。如头道筛的良浆质量未能达到要求，可设第二头道筛。第二头道筛的良浆，送往纸浆净化。第二头道筛的渣筛，并入头道筛的进浆中，形成二级筛选。

头道筛筛出的渣浆，送到二道筛筛选。二道筛筛出的良浆，并入头道筛的进浆中，形成一级二段筛选。为了减少好纤维的损失，还可设置第三段筛选，形成一级三段筛选。三道筛筛出的渣浆，一般经过脱水浓缩后，送入木节和大块未蒸解物处理系统；或通过浆渣磨磨浆和磨后浆渣筛筛选，回到头道筛的进浆中。在较少的情况下，设置四道筛，进一步回收渣浆中的良好纸浆纤维。

上述纸浆筛选系统的通用流程如图 11-33。

纸浆洗涤和黑液提取要求除去粗浆中的木节和大块未蒸解物。为此，纸浆粗选必须安排在纸浆洗涤以前，在采用密闭和高温压力筛选情况下，纸浆细选也可以放在纸浆洗涤以前。如采用常压筛选，纸浆粗选放在纸浆洗涤之前，纸浆细选放在纸浆洗涤以后。

不同品种的硫酸盐法木浆未选粗浆中的浆渣含量不同。各种硫酸盐法木浆的筛选情况见表 11-19。

表 11-19 各种硫酸盐木浆的筛选情况

指标		低得率硫酸盐法木浆	中等得率硫酸盐法木浆	高得率硫酸盐法木浆	很高得率硫酸盐法木浆
纸浆用途		漂白用	纸袋纸和浸渍用纸	挂面牛皮箱纸板面浆	挂面牛皮箱纸板底浆
漂率（%）		44～48	47～51	49～54	51～63
卡伯值		23～35	35～50	60～75	80～110
放锅时浆渣含量（%）	间歇蒸煮	1～7	3～28	10～55	18～90
	连续蒸煮	1～5	3～13	6～35	10～90
经处理后浆渣含量（%）	离解机后	—	2～10	6～40	7～60
	磨浆机后	—	—	2～10	2～15
	除节后	0.5～2.5	3～5	—	—

不同品种的硫酸盐法木浆，其纸浆筛选系统的流程也有差异。

4.5.1 高得率和很高得率硫酸盐法木浆的纸浆筛选系统

这两种纸浆的卡伯值都在 75 以上。粗浆须经离解和磨浆后方可进行筛选。筛浆机的进浆浆渣含量不能超过 20%。这两种硫酸盐法木浆的筛选，只用一道筛浆机，即只有头道筛。良浆供生产牛皮箱纸板，这是最简单的纸浆筛选系统。

为了减轻磨浆机的负荷，头道筛筛出来的渣浆可单独通过浆渣磨，磨后的浆渣，并入头道筛的进浆中。

为了保证挂面牛皮箱纸板面浆的质量和减少良好纸浆纤维的流失，可以在头道饰之后设置二道饰，回收良好的纸浆纤维。

4.5.2　中等得率硫酸盐法木浆的纸浆筛选系统

中等得率硫酸盐法木浆的卡伯值为 35～60，可不用磨浆机。未选粗浆经离解机离解（也可不用离解机离解），进入除节机。然后，经头道筛和二道筛筛选。中等得率硫酸盐法木浆必须采用两道筛选，以减少良好纸浆纤维的损失。二道筛的渣浆，回到二道筛的进浆中。

中等得率硫酸盐法木浆的纸浆筛选系统如图 11-34。

4.5.3　可漂硫酸盐法木浆和大多数亚硫酸盐法木浆的纸浆筛选系统

这两种纸浆的筛选系统，采用了一级三段筛选，以充分回收渣浆中的良好纸浆纤维和减轻浆渣磨的负荷。可漂硫酸盐法木浆和大多数亚硫酸盐法木浆的纸浆筛选系统如图 11-35。

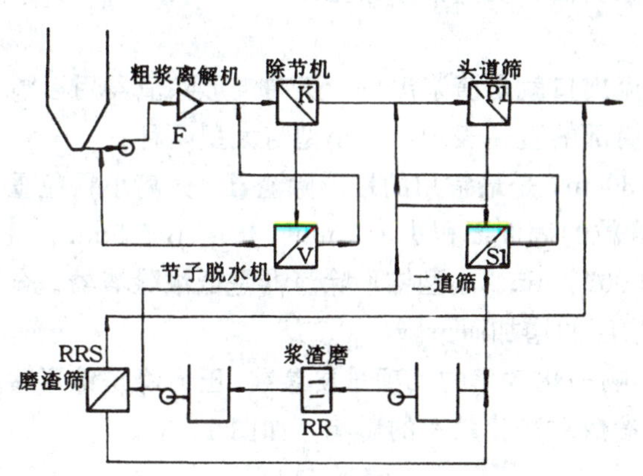

图 11-34　中等得率硫酸盐法木浆的纸浆筛选系统

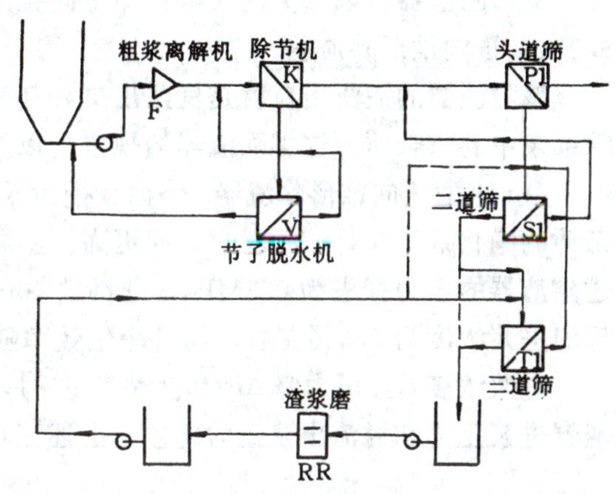

图 11-35　可漂硫酸盐法木浆和大多数亚硫酸盐法木浆的纸浆筛选系统

4.5.4　低漂率可漂硫酸盐法纸浆的纸浆筛选系统

低漂率可漂硫酸盐法纸浆要求更加洁净。因此，这种纸浆的筛选系统采用三道筛选，即有头道筛、二道筛和三道筛，必要时，可增设第二级筛和四道筛。最后一道筛的渣浆，可经浆渣磨和磨后浆渣筛筛选后，分别回入系统中。或者，把最后一道筛的渣浆，从系统中排出。

5　纸浆净化

5.1　概　述

纸浆净化的意义和作用：①根据纸浆纤维与杂质的比重差别，进行分离，除去纸浆中非纤维状重杂质的细小颗粒，如砂子、碎石、金属屑粒、碎片、树皮和尘埃点，以及除去纸浆中非纤维状的轻杂质，如塑料膜碎片、泡沫塑料颗粒、热熔胶和油墨等等，这是纸浆净化的基本意义；②根据纸浆纤维和杂质的比表面积的差别，进行分选，除去纸浆中的纤维状杂质，如人造纤维，机械法纸浆中的粗短的碎木屑，和长大的纤维束等。这项作用除有纸浆净化意义外，还有纤维分级的意义。

化学纸浆的净化主要在于除去非纤维状的重杂质颗粒；机械木浆的净化，有除去重杂质和纤维分级的两重意义；再生纤维的净化，对除去轻杂质有重要的意义。

纸浆净化可以提高纸浆、纸及纸板成品的外观质量，避免在生产过程中由于一些杂质的存在，而发生障碍影响生产的正常进行，另外可保护设备，减少磨损。

纸浆净化，采用锥形除渣器或称水力旋沉器。

锥形除渣器的上部是空心圆筒，下部是空心锥体。锥形除渣器的内壁必须光滑，不能粗糙不平，干扰内部液体流动的流态。

需要净化的纸浆从进口沿切线方向进入，形成剧烈的旋转涡流运动，并产生离心力。使质量较水大的颗粒向外移动，并与部分液体形成外层的自由旋涡流沿锥壁向下流动，成为底流从锥尖的底流出口排出，良浆和轻杂质从除渣器的芯管中排出。如此，进料纸浆通过锥形除渣器，分为两部分：一部分是富含良好纸浆纤维的良浆，另一部分是富含杂质的渣浆。

5.2 锥形除渣器的种类及其特征

锥形除渣器可以分为两大类：即正向锥形除渣器和反向锥形除渣器。

5.2.1 正向锥形除渣器

该除渣器的溢流出口就是良浆出口，其底流出口就是渣浆出口。正向锥形除渣器用以清除纸浆中的重杂质。这类除渣器的规格，以圆筒部的直径表示，有小型与大型两种：

(1) 小型正向锥形除渣器：公称直径为5～30cm，是最常用的锥形除渣器。分离小颗粒重杂质的净化效率很好，可达90%或更高。这类颗粒的表面面积小于1mm^2，长度小于5mm。通过除渣器的压力损失为0.3MPa，进料量40～500L/min。小型锥形除渣器是低浓除渣器。合理的进浆浓度为0.5%左右，而且净化效率随浓度的增加而下降。

进浆浓度C_F、压力降ΔP和渣浆率R_W是影响净化效率的三项重要参数。压力降是锥形除渣器进浆压力和溢流出浆压力之差。上述三项参数对净化效率的影响，如图11-36。

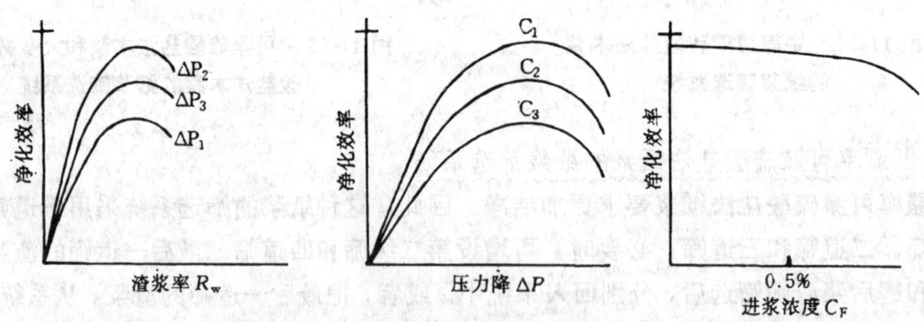

图11-36 渣浆率R_W压力降ΔP和进浆浓度C_F对小型正向锥形除渣器净化效率的影响

$\Delta P_1<\Delta P_2<\Delta P_3$　　$C_1<C_2<C_3$

ΔP_i=压力降　　C_i=进浆浓度

规格小于5cm的锥形除渣器，由于渣浆出口孔径很小，容易堵塞，一般不宜采用。10～15cm的锥形除渣器，应结合纸浆品种，纸浆纤维和纤维束长度，纸浆的滤水度和温度等情况来选用。

正向锥形除渣器系列的技术性能，见表11-20。

表 11-20　正向锥形除渣器系列的技术性能

型　号	圆筒部直径 Ø₀ (mm)	压力降 ΔP (kPa)	通过量 (L/min)	进浆口直径 Ø₁ (mm)	溢流口直径 Ø₂ (mm)
606-6″	152	320	340	38	38
606-110	152	250	414	38	38
622-12″	305	350	830	51	51
623	305	350	1 890	76	76
623 4″	305	350	2 460	76	102
624	305	315	3 220	102	102
640-12″	508	35～105	2 390～4 160	152	203
641-26″	660	35～105	4 080～7 080	203	254
642-32″	813	35～105	6 530～10 700	254	305
643-36″	915	35～105	9 080～15 500	305	356
644-46″	1170	35～105	13 100～22 700	356	457

（2）大型正向锥形除渣器：用以除去大的重杂质、木节和大块未蒸解物。大型锥形除渣器的直径为 25～125cm，正常流量为 4 000～40 000L/min，压力降 ΔP 为 35～350kPa。进浆浓度有低、中、高三种浓度，最高进浆浓度有的超过 4%。大型正向锥形除渣器对一些轻杂质，如橡胶、塑料、木片等的除渣效率不好，该除渣器采取间歇排渣。

5.2.2　反向锥形除渣器

反向锥形除渣器良浆从锥尖底流口排出，渣浆从圆筒部中心的溢流口排出。

反向锥形除渣器直径为 7.5cm，良浆出口为常压时，运行的压力降 ΔP 为 0.65MPa，如良浆出口是封闭式的，运行的压力降 ΔP 为 0.15MPa，正常的进浆流量为 130～85L/min。

反向锥形除渣器为低浓除渣器，进浆浓度一般为 0.35%～0.5%，当进浆浓度超过 0.8%，净化效率出现明显变化。反向锥形除渣器的进浆浓度，可以达到 0.75%，其良浆浓度为进浆浓度的 1.5～2 倍。该除渣器可以放在压力筛浆机前，既可保护压力筛浆机少受磨损，又可为压力筛浆机提供浓度较高的纸浆。

进浆浓度 C_F、压力降 ΔP 和渣浆率是影响反向锥形除渣器净化效率的三项重要因素。

5.3　锥形除渣器的调节控制

锥形除渣器的调节控制的关键是进浆浓度和维持所要求的压力降及排渣口的选择。

排渣口堵塞是锥形除渣器常见的故障，它引起良浆质量波动。为了克服这项困难，开发了一种全封闭锥形除渣器集装桶。若干锥形除渣器，辐射形横放在不锈钢集装桶内，这些锥形除渣器有共同的进浆室、良浆室和渣浆室及其管口连接件。集装桶是全封闭的，渣浆室可有一定的压力，并可调节，各个锥形除渣器排渣口可以扩大，避免堵塞。正向锥形除渣器集装桶的结构，如图 11-37。

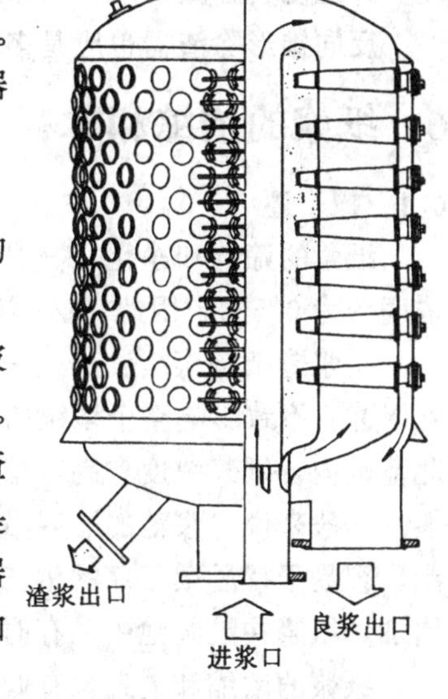

图 11-37　正向锥形除渣器集装桶结构

反向锥形除渣器，也可采用这种集装桶组装方式，只是良浆出口和渣浆出口部位对调而已。

5.4 纸浆净化系统

每台锥形除渣器排出的渣浆量为进浆量的10%～30%，其中含有好纤维。为了减少纤维流失和提高良浆质量，纸浆净化采用多段净化系统，一般采用三至四段。锥形除渣器纸浆净化系统的通用流程如图11-38。除去虚线框内的锥形除渣器，就是常用的一级三段净化系统。

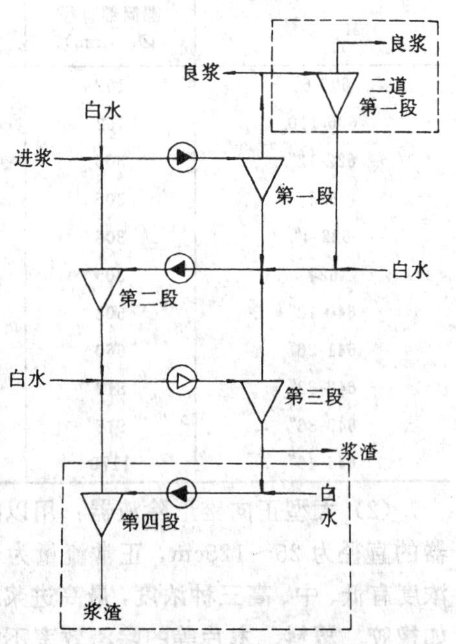

图11-38 锥形除渣器纸浆净化系统通用流程

需要净化的纸浆，送入第一段锥形除渣器，良浆送浓缩、贮存；渣浆送入第二段锥形除渣器。第二段锥形除渣器的良浆，并入第一段锥形除渣器的进浆中。第二段锥形除渣器的渣浆送入第三段锥形除渣器。第三段锥形除渣器的良浆，并入第二段锥形除渣器的进浆中，第三段锥形除渣器的渣浆，好纤维含量已很少，多是渣滓杂质，可排出系统不再利用。

假如第一段锥形除渣器的良浆质量不能满足要求，则可增设二道，第一段锥形除渣器（如图11-38）右上角虚线框内部分，用以提高良浆质量，其良浆送去浓缩贮存，渣浆并入第二段锥形除渣器的进浆中。为了更充分地回收渣浆中的良好纸浆纤维，可增设第四段锥形除渣器（如图11-38下方虚线框内部分）。

纸浆净化系统常与纸浆筛选系统结合在一起。

这种筛选净化系统，只有第三道筛浆机的渣浆，通过三段锥形除渣器纸浆净化系统，回收好纤维。这类筛选净化系统，常用于机械木浆的筛选和净化，对良浆的质量要求不高，可减少纤维流失，减少净化和浓缩设备的负荷，节约能耗，节省投资。

反向锥形除渣器也应是多段纸浆净化系统，以回收渣浆中的好纤维。

6 纸浆的浓缩和贮存

6.1 概 述

纸浆的筛选和净化，一般是在浓度很低的情况下进行的。例如，在锥形除渣器后，纸浆浓度约为0.5%，因此，必须进行浓缩，便于贮存。

制浆造纸是连续生产过程，必须有适当的纸浆贮量，才能在局部工序生产发生波动时得到缓冲，不致影响整个系统的连续稳定生产。纸浆贮存的浓度，一般不超过12%～14%。在此范围内，纸浆浓度愈高，单位重量的纸浆容积愈小，在同等容积情况下，贮存的纸浆量愈多。一般来说，浆池的贮存量愈大，系统的生产愈均衡稳定。很稀的纸浆，它的浓度难以控制，容易干扰后续工序的生产操作。纸浆贮存量也不宜过大，否则，贮浆池容积庞大，能耗增加，纸浆在贮浆池中贮存时间过长，也会发生纤维沉集现象。

纸浆的浓缩和贮存，有低浓和高浓之分。一般纸浆浓缩后贮存的浓度在2.5%～4%，这是低浓范畴，低浓度纸浆可用一般的离心浆泵输送。贮存的浓度为12%～14%时是高浓范畴，这种浓度的纸浆，要用正置换泵。高浓度纸浆用螺旋输送机或带式运输机输送。但一般多经加水稀释、搅拌均匀后，用离心浆泵输送。

6.2　纸浆浓缩设备

常用的纸浆浓缩设备有重力脱水机、侧压式浓缩机、落差式浓缩机和多盘式真空过滤机等。

6.2.1　重力脱水机

重力脱水机也称圆网脱水机，它由包有滤网的圆网笼和浆槽组成。

重力脱水机的圆网笼深深地浸没在浆槽内的纸浆中缓缓转动，纸浆中的水分流入网笼内，从网笼两端的白水出口处排出，纸浆在网面上形成纸浆滤层，随着网笼旋转方向逐步加厚和增浓直至圆网笼转出纸浆液面与伏辊接触，挤出纸浆中的部分水分，然后从伏辊上剥下来，送入贮浆池。浓缩后的纸浆浓度为 4%～6%。有的重力脱水机没有伏辊，浓缩后的纸浆浓度为 2%～5%。

重力脱水机的白水出口处，设有闸板，用以调节水位、控制重力脱水机的生产能力和白水的纤维流失。

重力脱水机系列技术性能见表 11-21。

表 11-21　重力脱水机系列技术性能

指　　标	ZNW 22	ZNW 23
公称过滤面积（m^2）	10,	15
生产能力（t 浆/d）	10～30	15～45
进浆浓度（%）	0.5～1	0.5～1
出浆浓度（%）	4～6	4～6
圆网笼规格（mm）（$\varnothing \times L$）	1 500×2 025	1 500×3 280
圆网笼转数（r/min）	1.5～15	1.5～15
电动机功率（kW）	5.5	7.5

6.2.2　侧压式浓缩机

侧压式浓缩机的结构如图 11-39。

纸浆进入浆槽与网笼之间的牛角道中，水分很快通过滤网，从网笼两端的白水出口处排出。纸浆在滤网上形成纸浆滤层，并逐步增厚增浓，经伏辊挤压脱水后，用刮刀卸落。

纸浆在牛角道中脱水很快，会发生增浓和沉集现象，网笼易被卡住。为此，在浆槽底部设有喷水管口，稀释纸浆。

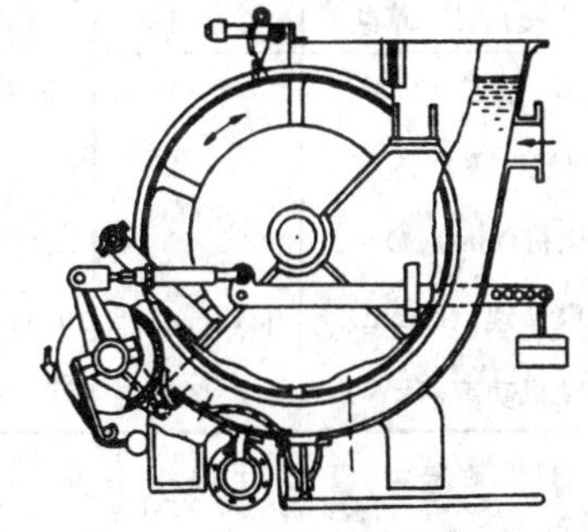

图 11-39　侧压式浓缩机的结构

侧压式浓缩机的进浆和出浆浓度较高，常用于纸浆漂白前后的浓缩和洗涤，也可用于一般的纸浆浓缩。侧压式浓缩机系列的技术性能见表 11-22。

表 11-22　侧压式浓缩机系列的技术性能

指　　标	ZNC 1	ZNC 2	ZNC 3	ZNC 4
公称过滤面积（m^2）	3.7	4.5	7	12
生产能力（t 浆/d）	0.3～0.5	2.5～3.2	3.8～4.8	6.3～8
圆网笼规格（mm）（$\varnothing \times L$）	1 200×1 000	1 500×1 000	1 500×1 500	1 500×2 500
圆网笼转数（r/min）	4	5	5	5
进浆浓度（%）	2～3	2～4	2～4	2～4
出浆浓度（%）	7～12	7～14	7～14	7～14
电动机功率（kW）	4.5	5.5	5.5	5.5

6.2.3 落差式浓缩机

落差式浓缩机又称无阀过滤机，是由转鼓、浆槽和喷水管等部分组成。落差式浓缩机的结构如图11-40。

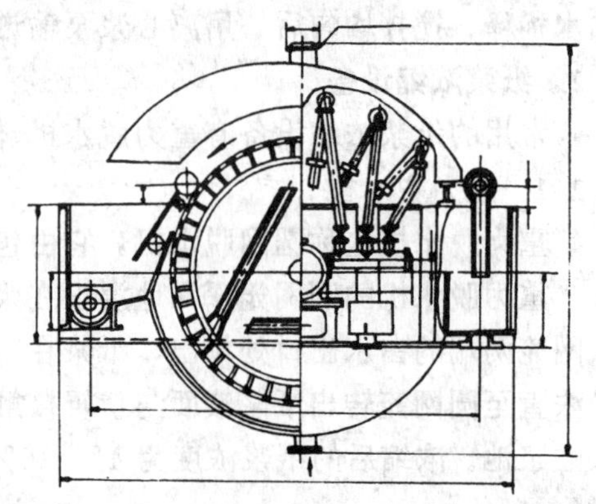

图 11-40 落差式浓缩机的结构

落差式浓缩机的转鼓鼓面是一个夹层圆筒，筒外覆盖滤网，筒内中空，夹层部分成若干小格仓，格仓两端密封。每个格仓底部连接一根排液管，排液管的另一端是敞口的，排液管指向转鼓旋转方向的后方。当这一格仓开始进入浆槽液位以下时，滤液进入格仓和排液管中；当转鼓转到水平位置时，这一格仓和排液管全部充满滤液，并浸没在转鼓圆筒内的液面以下；当这一格仓向上运行时，排液管中排出滤液，产生真空；这一格仓继续经过喷淋洗涤区和吸滤区，当排液管离开网内液面时，这一格仓和排液管排空又处于常压状态。经过喷淋洗涤和吸滤后，用剥浆辊把纸浆剥落，卸入贮浆池中。

落差式浓缩机的真空度，因转鼓直径不同而有差异。大径转鼓内，可安装较长的排液管，产生较大的排液落差，故真空度也较大。落差式浓缩机系列技术性能见表 11-23。

表 11-23 落差式浓缩机系列技术性能

指标		ZNL1	ZNL2	ZNL3	ZNL4	ZNL5	ZNL6	ZNL7
公称过滤面积（m^2）		5	10	15	25	35	45	55
生产能力（t浆/d）	木浆	15～30	35～55	48～80	75～125	102～175	135～225	180～200
	草浆	10～15	20～30	30～48	50～75	70～102	90～135	120～140
进浆浓度（%）		0.7～1.0	0.7～1.0	0.7～1.0	1.0～1.2	1.0～1.2	1.0～1.2	0.8～1.0
出浆浓度（%）		7～9	8～12	8～12	10～14	10～14	10～14	10～12
转鼓规格(mm)(Ø×L)		2 000×1 145	2 600×1 360	2 600×2 000	3 300×2 400	3 500×3 100	3 500×4 100	3 500×5 000
转鼓转速（r/min）		0.45～4.65	0.42～3.46	0.31～4.16	0.3～3	0.3～3	1.24～3.73	1.24～3.73
电动机功率（kW）		3	5.5	7.5	11	15	18.5	22

6.2.4 多盘式真空过滤机

多盘式真空过滤机的过滤元件，是圆盘过滤板。每个圆盘过滤板是由几块扇形过滤单板镶拼组成，圆盘过滤板安装在空心轴上，部分浸没在浆槽内的纸浆中旋转。扇形过滤单元有一个空心骨架，两面蒙有滤网。小端，即圆盘的中心处，固定在空心轴上，有滤液出口与空心轴相通，当扇形过滤单元浸入纸浆中时，由于真空抽吸引力的作用，滤液通过滤网，进入扇形过滤单元空心骨架中，经空心轴、水腿管、水封槽、排入滤液槽或下水道中。纸浆纤维在滤网上形成纸浆滤层，并逐步加厚增浓，在达到圆盘上部的垂直中心线后方时，用喷水管喷水卸落。扇形过滤单元经摇摆式喷水管冲洗滤网后，再进入纸浆中。多盘式真空过滤机的结构如图 11-41，扇形过滤单元的结构如图 11-42。

多盘式真空过滤机的过滤面积大，广泛用于机械木浆的浓缩和造纸的白水回收。

多盘式真空过滤机用于磨木浆、压力磨木浆、TMP 和 CTMP 浆的浓缩，出浆浓度可达20%。如遇剥浆困难，可从扇形过滤单元中吹出空气帮助剥浆。

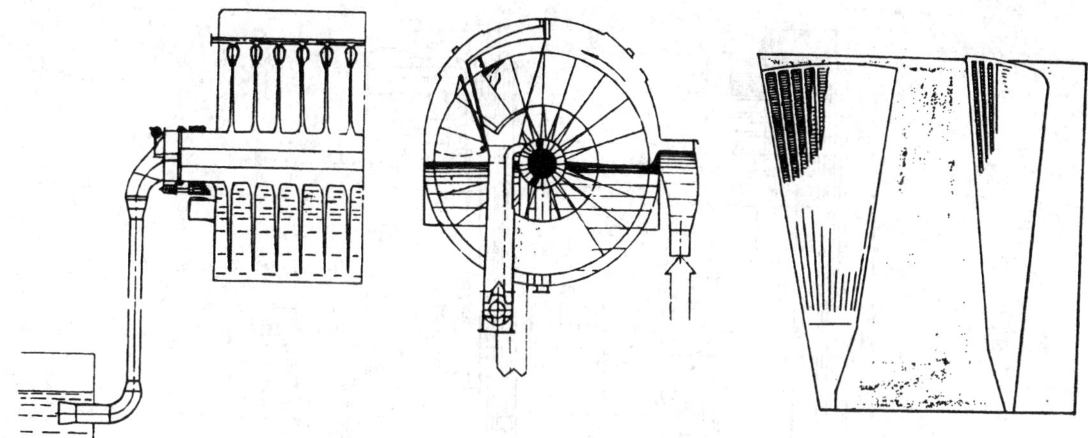

图 11-41　多盘式真空过滤机的结构　　图 11-42　扇形过滤单元的结构

多盘式真空过滤机系列的技术性能见表 11-24。

表 11-24　多盘式真空过滤机系列的技术性能

指　　标	ZNH1	ZNH2	ZNH3
公称过滤面积（m^2）	100	70	35
白水流量（m^2/h）	150～200	70～130	35～65
进浆浓度（%）	0.5～0.8	0.5～0.8	0.5～0.8
出浆浓度（%）	3～4	3～4	3～4
分配头真空度（MPa）	0.021～0.027	0.021～0.027	0.021～0.027
转速（r/min）	125～1 250	125～1 250	125～1 250
电动机功率（kW）	11	7.5	7.5

三种大型多盘式真空过滤机的规格见表 11-25。

表 11-25　多盘式真空过滤机规格

圆盘直径（mm）	每个圆盘的过滤面积（m^2）	圆盘个数（个）	最大过滤面积（m^2）
2 500	8	20	160
3 660	16	20	320
5 000	32	20	640

6.3　纸浆贮存设备

6.3.1　卧式低浓贮浆池

卧式低浓贮浆池有一个混凝土池壳，中间有一道间墙，把贮浆池分隔成两条互相贯通的流道。流道底有坡度，向前下降，在流道端部，装有涡轮推进器或螺旋桨式推进器，推动纸浆前进，并使纸浆混合均匀。涡轮推进器和螺旋桨式推进器的结构如图 11-43。

涡轮推进器系列的技术性能见表 11-26。螺旋桨式推进器系列的技术性能见表 11-27。

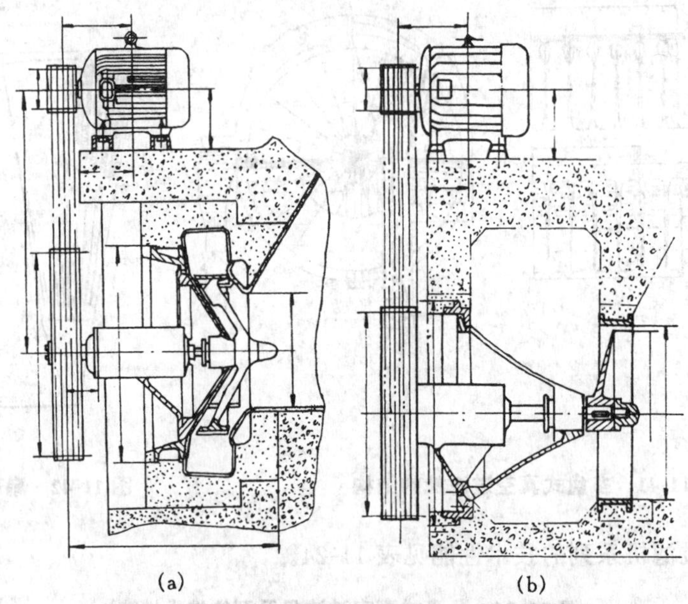

图 11-43 涡轮推进器和螺旋桨式推进器的结构

(a) 涡轮推进器；(b) 螺旋桨式推进器

表 11-26 涡轮推进器系列的技术性能

指 标	ZTU1	ZTU2	ZTU3	ZTU4
配用浆池容积 (m^3)	25～50	50～150	100～250	250～400
纸浆浓度 (%)	3～5	3～5	3～5	3～5
涡轮直径 (mm)	500	750	1000	1250
涡轮转速 (r/min)	200	200	200	200
电动机功率 (kW)	7.5	15	18.5	30

表 11-27 螺旋桨式推进器系列的技术性能

指 标	JTJ1 (J)	JTJ2 (J)
配用浆池容积 (m^3)	40～60	70～150
纸浆浓度 (%)	3～4	3～4
螺旋桨外径 (mm)	700	1000
螺旋桨转数 (r/min)	200	180
电动机功率 (kW)	11	18.5

6.3.2 立式方型低浓贮浆池

这是一种具有方型混凝土池壁的贮浆池。用侧入式螺旋桨搅拌器循环搅拌纸浆，贮存的纸浆浓度为3%～5%。由于贮浆池外形是方的，在车间布置上容易安置。它的螺旋桨搅拌器的结构如图 11-44。螺旋桨搅拌器系列的技术性能见表 11-28。

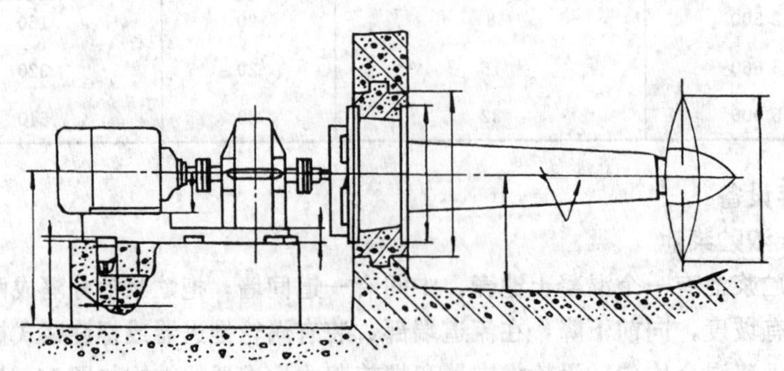

图 11-44 立式方型低浓贮浆池用的螺旋桨搅拌器的结构

表 11-28　螺旋浆搅拌器系列的技术性能

型　号	螺旋浆		循环量（m³/h）	扬程（m）	轴功率（kW）
	直径（mm）	转速（r/min）			
H2301	500	419	1 300 1 500	1.5 0.9	7 5
H2302	750	296	3 200 3 600	1.3 0.7	14 9
H2303	1 000	233	4 520 5 370	1.6 0.9	24 17
H2304	1 250	170	7 800 9 000	1.4 0.8	36 26
H2305	1 500	120	10 202 11 379	1.44 1.06	46.3 40.4

6.3.3　塔式高浓贮浆池

塔式高浓贮浆池贮存的纸浆浓度为 10%～14%。塔式高浓贮浆池是一个立式圆筒，上部直径大，是纸浆贮存区；下部直径小，是纸浆稀释、搅拌出料区；中间是由大到小的过渡区，过渡区的夹角应不大于 30°。塔式高浓贮浆池的容积，相当于一天的纸浆产量，但最大不超过 600t 纸浆。如纸浆日产量超过 600t 时，应设两台塔式高浓贮存池。塔式高浓贮浆池的结构及其自动控制系统如图 11-45。

塔式高浓贮浆池的规格性能见表 11-29。

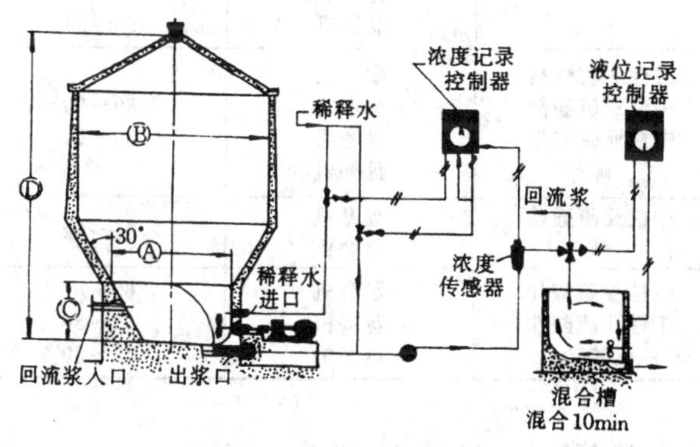

图 11-45　塔式高浓贮浆池的结构及其自动控制系统

表 11-29　塔式高浓贮浆池规格

贮存量（t 浆）	贮浆池规格（m）				搅拌器直径（mm）
	A	B	C	D	
100	5.5	9.1	3.0	18.6	1 219
150	6.1	10.4	3.0	20.7	1 372
200	6.1	10.4	3.0	25.3	1 372
250	6.7	11.0	3.0	26.0	1 372
300	7.3	12.2	3.0	27.1	1 524
350	7.3	12.2	3.0	30.2	1 524
400	7.9	13.4	3.7	29.6	1 524
450	8.5	18.7	3.7	30.5	1 829

塔式高浓贮浆池的池壁材，可以采用钢筋混凝或钢板。塔式高浓贮浆池的贮存量大，不便轻易放空检查，因此，螺旋浆搅拌器的轴封和进出口管件，必须安全可靠。

第12章

高得率纸浆[154～164]

姚光裕

1 概 述

1.1 高得率纸浆定义

高得率纸浆是指得率大于60%的纸浆。“高得率纸浆”一词是指磨石磨木浆（GP）、压力磨石磨木浆（PGP）、木片磨木浆（RMP）、热磨机械浆（TMP）、化学机械浆（CMP）、化学热磨机械浆（CTMP）和半化学浆（SCP）等，前四种纸浆统称机械浆（MP）。

1.2 高得率纸浆的分类、特性与用途

高得率纸浆的分类见表12-1。

表12-1 高得率纸浆的分类

浆 种		原料形式	化学处理	机械处理	纸浆得率（%）
MP	GP	原料（主要是N）	—	磨木机	>95
	RMP	木片（主要是N）	—	盘磨机	90～95
	TMP	木片（主要是N）	—	盘磨机	90～95
CMP	原木CMP	原木（主要是L）	酸性亚硫酸盐 中性亚硫酸盐	磨木机 磨木机	80～90
	木片CMP	木片（N、L）	中性亚硫酸盐 碱	盘磨机 盘磨机	80～90
CTMP	木片CTMP	木片（N、L）	中性亚硫酸盐 碱	盘磨机 盘磨机	85～92
SCP	ASC	木片（主要是L）	酸性亚硫酸盐	盘磨机	65～80
	NSC	木片（主要是L）	中性亚硫酸盐	盘磨机	65～80
	KSC	木片（主要是L）	硫酸盐	盘磨机	65～80

注：N是针叶材，L是阔叶材。

高得率浆的特性：GP、PGP和TMP的纸浆特性比较见表12-2。

表12-2 GP、PGP和TMP的纸浆特性

制 浆 方 法	GP	PGP	TMP
游离度（ml CSF）	100	100	100
单位能耗（kW·h/t）	1 300	1 200	2 100
纤维筛分+28%	15	28	30
－200%	32	30	28
初期湿纸强度（N/m）	60	90	90
紧度（kg/m³）	400	380	350
抗强指数（N·m/g）	32	37	35
撕裂指数（mN·m²/g）	3.5	5.6	6.8
伸长率（%）	3	4	4
光散射系数（m²/kg）	65.0	65.0	55.0

TMP、CTMP和CMP的制浆工艺条件和纸浆特性见表12-3。

表12-3 TMP、CTMP和CMP的制浆工艺条件和纸浆特性

制浆方法	TMP	CTMP	CMP
亚硫酸钠用量（%）	—	2～2.5	13～16
溶液pH值	—	9.5	7.5～8.0
反应温度（℃）	120	120	150～160
反应时间（min）	2～3	3	40～45
纸浆得率（%）	94～96	91～94	88～90
BOD（kg/t）	10～25	20～30	45～65
单位能耗（kW·h/t）	1 900～2 200	2 100～2 500	1 400～1 700
游离度（ml CSF）	100～120	100～120	200～400
紧　度（kg/m^3）	350～400	390～425	440～500
耐破度（$kPa\cdot m^2/g$）	1.8～2.4	2.5～3.0	3.0～3.6
裂断长（m）	3 900～4 300	4 500～5 300	5 500～6 500
撕裂指数（$mN\cdot m^2/g$）	7.5～9.0	7.5～8.5	8.5～10.5
白度（%）	55～58	58～62	49～55
不透明度（%）	95～97	94～96	88～90

高得率浆的用途：GP、PGP、RMP、TMP主要用于生产新闻纸、中低档印刷纸、书写纸、卡片纸以及工业和建筑用纸板等；CMP、CTMP主要用于生产新闻纸和纸板，经漂白后可用于生产印刷纸、薄页纸、餐巾纸、卫生纸、涂布加工纸以及商品浆等。

1.3 高得率浆的现状与发展趋势

GP、PGP、RMP和TMP属机械浆范围。与化学浆比较：纸浆得率高、成本低，光散射系数、不透明度等光学特性以及吸墨性、印刷性能好等优点。因此，一直用于生产新闻纸和印刷纸。1970年以前，机械浆几乎完全是GP。由于受到材种限制，以及强度低、耐久性差，而且动力消耗大等特点，其产量增长速度很缓慢。而1968年后发展起来的以盘磨为基础，用木片为原料生产的机械浆和化学机械浆，包括RMP、TMP、CMP和CTMP等浆料，得到广泛的应用和迅速发展。

1979年芬兰开发出第一台压力磨木机，用原木加压生产磨木浆。此法由于磨浆温度较高，使木材中木质素软化程度增加，使纸浆中长纤维保留较多，可得到细纤维化多的纸浆，提高了纸浆的物理强度，能量消耗也较低。压力磨木系统主要建立在原木资源较多的欧洲。

在高得率浆领域中开发TMP具有划时代的意义。据估算，成本最低的新闻纸配料是100%TMP。北美和北欧已有几家工厂以云杉和黑云杉为原料的100%TMP作为单一配料生产新闻纸；还有的工厂用100%南方松TMP抄造新闻纸。尽管TMP成纸白度较低、平滑度稍差，特别是能耗高，但由于TMP强度高、纸浆得率高、成本低、污染少等优点，仍有继续发展的趋势。1980年全世界TMP产量只有410万t，1983年已达到1 300万t，1986年TMP生产线已有近200条，生产总能力已达1 700万t，1991年TMP总生产能力达到2 150万t。

在TMP基础上发展起来的CTMP，是在TMP生产线前面，增加一段化学预处理，即经过汽蒸的木片，利用化学药品进行短时间浸渍后，再按TMP生产方法制浆。与TMP比较，化学预处理赋予CTMP的优点是：纤维易分离、长纤维组分多、碎片含量低；纤维柔软性变好，纸页紧度明显增加，改善了抗张指数和耐破指数等强度性质；而且白度比TMP高，改善了浆的可漂性；还易于除去树脂。山杨CTMP与山杨硫酸盐化学浆相似，主要是白度较低，云杉CTMP与山杨硫酸盐化学浆相比，除白度尚有差距外，不透明度和各项强度指标都超过了山杨硫酸盐化学浆，而CTMP的纸浆得率约为化学浆的1倍。用CTMP代替化学浆的趋势比较明显，当用CTMP配抄高级纸时，主要是解决提高白度及其稳定性问题。无论是针叶材还是阔叶材CTMP都已用于生产各种类型的纸，如：印刷纸、吸收性强的纸、薄页纸、卫生纸和纸板。高得率浆的漂白问题已经得到解决，其返色问题正在研究之中，预计不久的将来，CTMP将在更广泛的范围内使用。

1978年瑞典第一条CTMP生产线投产后，10年中增加61条生产线，增加约400万t CMP/CTMP生产能力，每年增加25%，1988～1991年又有12条CTMP生产线投产。由于CTMP的一系列优点，其工业应用范围不断扩大，用CTMP加工制造的纸产品不断增多，在商品浆市场中将会占有一定的地位。

2 磨石磨木法制浆和压力磨木法制浆

2.1 磨石磨木法制浆

2.1.1 磨木理论

2.1.1.1 Klemm磨木理论的局限性

20世纪50年代初期，德国人Klemm在总结前人经验的基础上提出磨木的摩擦理论。把磨木过程分为初级过程和次级过程，而初级过程又分为预备阶段和开始阶段。在磨木后预备阶段，由于摩擦生产的热量使木材结构软化（主要是胞间层木质素的软化）和纤维间的结合松弛；进入开始阶段后，磨石表面的磨粒把软化了的木材切割、撕裂、剥离成纤维或纤维束；次级过程是使初级过程中产生的纤维和纤维束进一步精磨和复磨。

根据这一概念，Klemm提出了用以衡量磨木过程的三个指标，即开始磨木时间，开始磨木因子和次级磨碎因子：

（1）开始磨木时间：指磨石表面某一点（磨粒）进出磨木区所需的时间。他认为开始磨木时间以50～60m/s为宜。时间短了，即磨石线速度太大，磨木作用时间短，不足以软化木质素，因此，磨出的浆质量不好。

（2）开始磨木因子：指在初级磨木时间内磨木进料速度与木材纤维平均直径之比。他认为，开始磨木因子以接近1.0较好，这样磨出的浆含较多完整的纤维。开始磨木因子太大，则浆料中含有较多的纤维束；太小则细小纤维和粉状物多。

（3）次级磨碎因子：指在初级磨木时间内木材进料的容积和磨木沟槽总容积之比。他认为次级磨碎因子以7～10较好，小了产量低，太大则复磨多。

在当时的生产条件下，这一理论比较全面地解释了磨木的全过程，因此在很长一段时间内被人们所接受。

但是随着生产的发展，新设计制造的磨木机的磨石线速度和单机能力不断提高，而磨出的磨木浆质量，并没有因为开始磨木时间、开始磨木因子、次级磨碎因子大大超过Klemm提出的标准界限而下降，说明这种以摩擦为基础的磨木理论有很大的局限性，需要有新的理论予以说明。

2.1.1.2 近代磨木理论

20世纪60年代，Atack和May根据一系列的经验提出了磨木的压力脉冲理论。认为在磨木时磨石面凸出即磨粒通过木材的某一点时，表面压力则造成了一次压力脉冲，磨石的线速度很高，无数的磨粒在木材表面迅速通过，产生了频率很高的压力脉冲，这样，磨木时能量除了以摩擦能的形式传到木材表面外，还有一部分是以脉冲的形式传给木材。木材有一定的弹性能吸收和贮存能量。因此，压力脉冲的机械能量就部分地被木材吸收而转化为热能。木材受热之后，结构开始软化，塑性增加，吸收脉冲的能力更大，温度进一步升高，结构更加软化，如此循环反复，直至木材结构软化到在这一压力下表面破裂为止。

木质素软化点比纤维素低得多，当水分30%～40%时，木质素软化点为90～100℃，而纤维的软化点则高为231～253℃，胞间层的木质素浓度最高，因此在磨木时，当切向应力大到使木材破裂之前，如果温度足够高时，纤维就从胞间层分离出来；相反地，如果这时木材表面温度还不足以使木质素充分软化，而摩擦力已经大到使木材破裂的程度，则木材的结构将在任何地方破裂生成碎片和细小纤维。

这一理论表明：磨木时切向摩擦力和径向压力脉冲的比例是一关键因素，可以由木材所受的压力和木材与石面之间的摩擦系数来控制。

这一理论较好地解释了用Klemm理论所不能解释的近代磨木浆所产生的一些现象，从而促进了磨木技术的发展。

磨木区的温度很高，因此，木材中的水分和被磨石带入的水迅速蒸发沸腾，使木材表面出现爆炸性分裂，而生成许多纤维束。若用压缩空气使磨木区形成一定的压力，这样，由于沸点上升，可使纤维分离过程变得比较缓和。根据这一观点，在70年代后期又出现了压力磨木这一新的磨木方法。

2.1.2 磨石磨木浆生产流程

磨石磨木浆的生产过程可分备木、磨浆、浆料的筛选、净化和浓缩，有的还需要漂白。其生产示意流程如图12-1。

磨浆过程比较简单，通常是用机械加压或水力加压将木段压在磨石表面（木段纹理应与磨石转轴平行），由快速旋转的磨石将木段磨碎，并用水不断地从磨石表面冲洗下来，即成磨木浆。

木材的磨解，全靠磨石粗糙表面给予木材以热机械作用，使木材受热软化，木材纤维或纤维束从木材上分离开来。磨石表面越粗糙，生产能力越大，但浆料也越粗。在磨浆过程中，磨石表面会逐渐被磨平，浆料质量也逐渐提高，但产量下降。因此，须每隔一定时间进行刻石，以保持磨石表面的粗糙度，这样，每台磨木机前后磨出浆料质量是变化的。为了保持浆料的均匀，一条生产线上通常应有4台以上的磨木机，各台磨木机的刻石时间彼此错开。

磨木浆的白度随材种而异。白松、白杨生产的磨木浆，白度为60%～65%；马尾松磨木浆的白度一般只有40%～45%，但对大多数配用磨木浆的纸种来说，已能满足要求。如需要更高的白度，可选用氧化性或还原性漂白剂漂白。

磨木浆的质量主要取决于磨石表面状态和生产工艺条件的控制。因此，磨木机的稳定操作是生产的关键环节。

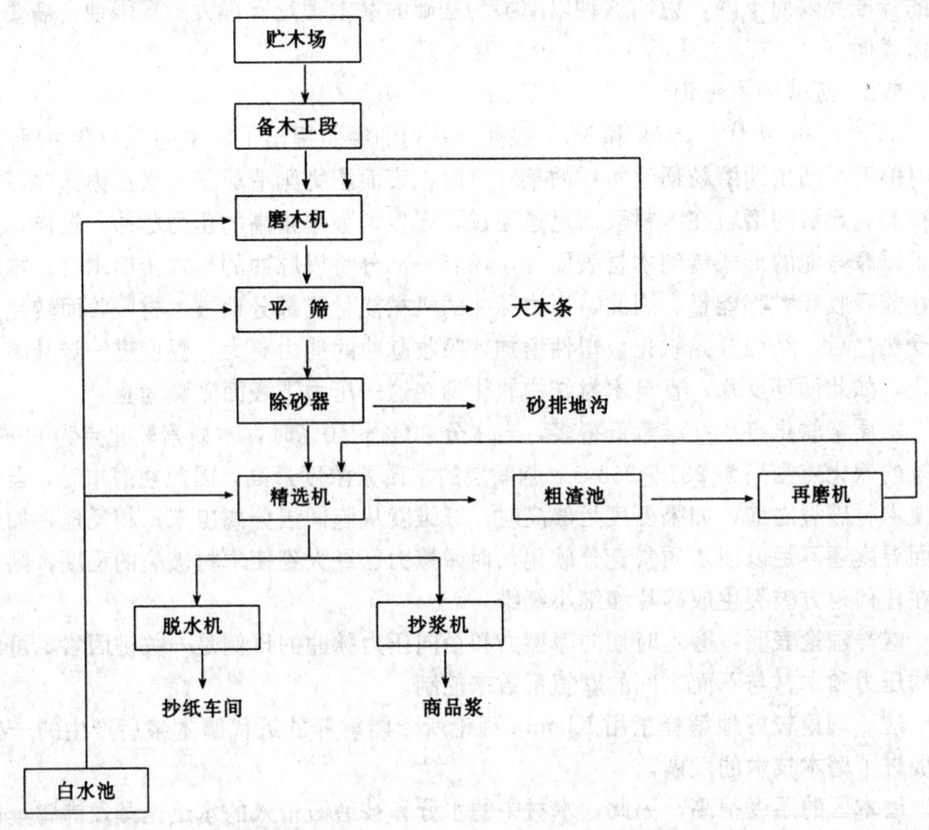

图12-1 磨石磨木浆生产示意流程

2.1.3 磨木过程工艺控制与设备

2.1.3.1 磨木过程工艺控制

(1) 浆坑温度及浓度：原木磨浆时产生的热量，除部分散失外，均由磨石和浆料带入浆坑中。因此，浆坑温度既与磨碎区产生的热量有关，也与白水的温度和用水量有关。磨碎区的温度（130～150℃）不易直接测量和控制，实际生产中都以浆坑温度来表示，通常用喷入白水来调节，改变白水温度和喷水量，就可以调节浆坑温度和浓度。

磨浆温度太低，磨木产生的热量不足以形成适当的温度，纤维还未软化就被磨下，浆料强度低。随着磨浆温度的升高，纤维分离较为完全，可生产出机械强度高的纸浆。但要求过高的磨碎区温度，势必要加大磨木比压，提高白水温度和减少喷水量，也将会对纸浆质量带来不利的影响。

浆坑浓度对磨浆的影响恰与温度影响相反，提高浆坑浓度，在固定的白水温度下，虽能提高磨碎区的温度，但高浓会降低磨木机的生产能力，造成大量浆料复磨，浆料强度下降。一般认为，浆坑浓度在2%～2.5%时称高浓，高浓磨浆并不可取。

高温低浓磨浆法是较理想的操作。生产上一般控制白水温度60～65℃，浆坑温度70～85℃，浆坑浓度1.2%～2.5%。其优点是：由于浆坑浓度较低，磨石浸渍深度较小，所以磨石表面比较干净，减少了复磨作用和石面糊浆现象，从而降低了细小纤维的含量，提高了浆料的机械强度和磨木机的生产能力。

(2) 磨石的浸渍深度：磨石浸入浆内，既可清洗磨石表面，避免浆料受到复磨，又可冷却润滑磨石表面，防止磨碎区温度过高，而使纤维烧焦，炭化。磨石浸渍深度由浆坑浓度大小来确定，可借挡板高度来调节。浆浓大，浸渍深度相应要深些，否则磨石表面清洗不匀，会引起磨木机负荷不均衡，影响浆料质量；此外，由于磨石会不断磨损，也须经常调整浸渍深度。当浆坑温度和浓度固定时，适当增加浸渍深度，浆料质量会有改善，但磨木机生产能力会下降，单位电耗增加。近年来出现了一种无浆坑磨浆法，即浆坑挡板放低，使磨石不浸入浆中，磨石运转时无浆料阻力，能在较大负荷和较高线速度下磨浆，为了清洗石面，采用较高压力的喷水清洗。由于消除了复磨，大大降低了浆料的打浆度和单位动力消耗。缺点是对喷水系统要求较严，如果喷水系统发生故障，则磨石由于得不到冷却润滑，而有烧毁、破裂和掉块的危险。

(3) 磨木比压：磨木比压是指单位磨木面积上所受的压力在磨木过程中，原木与磨石的接触面积在不断变化，因而磨木比压也在很大范围内变化着。生产上常根据磨石表面状态来调节磨木的压力，原则上是钝的磨石使用高压，锐的磨石使用低压，一般双袋式磨木机的比压为120～150kPa；链式磨木机的比压为180～250kPa。当其他条件不变时，适当地提高磨木比压，增加摩擦生成的热量，能提高磨碎区温度，促使木材胞间层物质塑化，有利于纸浆质量的改善。如果磨木比压过大，产量虽可以增加，但浆料中的粗大纤维含量升高，筛选尾浆量加多，浆料强度反而下降。

磨木比压与浆料情况也有密切关系。装原木时应紧密、整齐、大小搭配，保证木段与磨石轴平行；卡边材应选择单根整原木，防止跑链和卡木。磨木机一般都安装有压力调节器或电力负荷调节器，以调节进料速度，使磨木机负荷稳定。

2.1.3.2　磨木设备

(1) 磨木机。磨木机是生产磨石磨木浆的主要设备，有链式、环式、大北式和卡米尔式等多种类型。磨木机由磨石、料箱、加压送料机构及浆坑等构成；此外，还有刻石装置、机械装木装置等。国内以链式磨木机使用最广泛，其次为卡米尔式和大北式、环式磨木机。

①链式磨木机：在圆柱形磨石上方有一个钢板焊接的长方形截面料箱，箱口敞开。一定长度的木段由料箱上方连续进料，平行地装于料箱中。料箱两侧有2～4条履带样铁链，链上每隔一定距离有一个链齿，能嵌住木段，当链条缓慢地向下移动时，将木段向下紧紧地压在磨石表面上，随着磨石的转动，将其磨碎成浆，并通过下边的浆坑连续地流出（如图12-2）。料箱下端接近磨石处，装有齿形挡板，以拦住料箱中尚未磨完的木段或大木片。有些磨木机的挡板下方另设有补充磨浆室，透过挡板的大木片可被继续磨碎。

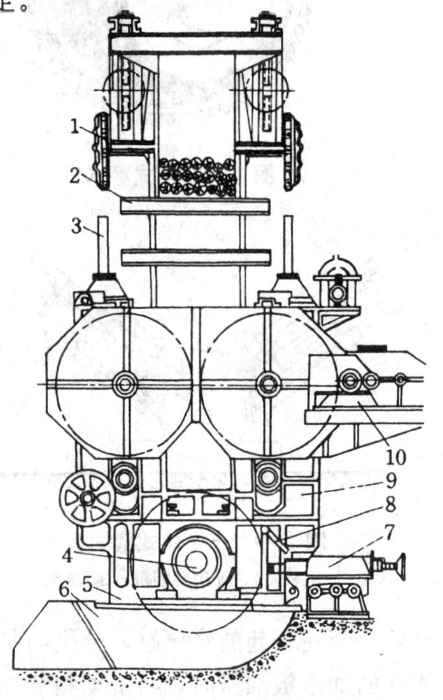

图12-2　电动机传动链条的链式磨木机

1. 链条；2. 活动料箱；3. 大丝杆；4. 磨石轴；5. 可拆墙板；6. 浆坑；7. 刻石装置；8. 喷水接管；9. 机架；10. 减速器

由于磨木过程中磨石会逐渐磨损，因而齿形挡板与磨石间的缝隙加大，故需根据磨石磨损情况降下料箱。间隙一般保持2～3mm。

浆料收集在浆坑内。浆坑具有均匀冷却磨石和清洗石面的作用，以水泥、瓷砖砌成，出口处有溢流板，可调节液面高度。

磨石前后均装有喷水管，用白水或清水冲洗石面。

链式磨木机系连续操作，使用方便，质量易于控制，结构紧凑，占地面积小，动力消耗较低，维修工作量也不大，因而使用较广泛。

②环式磨木机：环式磨木机（如图12-3）的磨石安装在一个缓慢转动的大钢环内偏左约30°的位置。这样的相对位置，在磨石与钢环之间形成一个楔形木库，原木段置于楔形木库中。当钢环与磨石以相同方向不等速转动时，钢环内表面的齿条即将木段带向楔形木库收缩区进行磨浆。

环式磨木机生产能力大，占地面积小，维修工作量不大，但木库装料量小，原木段从侧端装料孔装料，需人力较多；换磨石时拆装较复杂；刻石装置在机内，操作不方便；浆料质量较其他磨木机稍差。

③大北式磨木机：大北式磨木机为水压双袋式间歇磨木装置（如图12-4）。两个料袋与水平面成20°～30°，安装在机架两侧。料袋端部为水压缸，内有活动塞及加压板等加压机构。料袋口上方有装料箱，料袋与料箱之间有一滑板，由另一小水压缸控制。当加压板加压时，滑板即将料袋盖住；当加压板回程时，水压缸将滑板拉开，事先置于装料箱中的原木段即落入料袋中。而后加压板又开始对原木段加压，同时滑板重新把料袋盖住。小型大北式磨木机料袋容积小，每袋木材磨浆时间短，换袋频繁，加压板回程换袋时无磨浆作用，故为间歇操作。

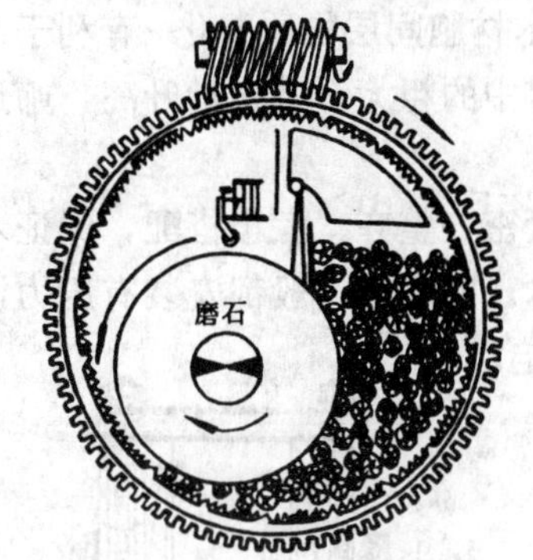

图 12-3 环式磨木机

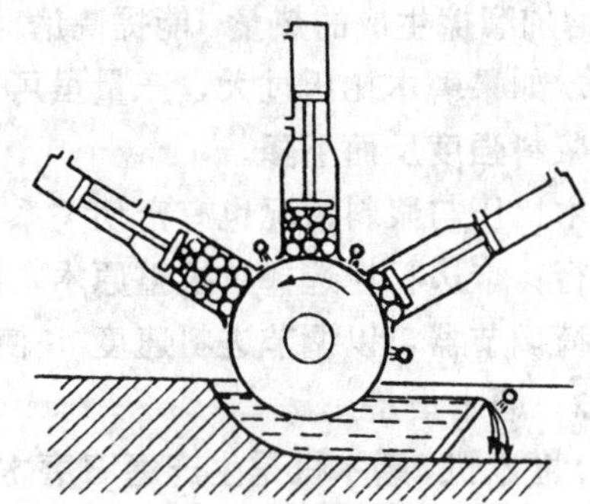

图 12-4 大北式磨木机

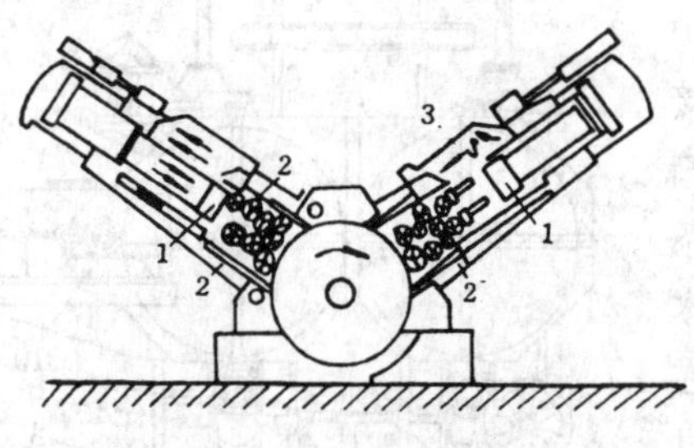

图 12-5 卡米尔式磨木机

1. 加压机；2. 滑动料袋壁；3. 加料袋

④卡米尔式磨木机：这种磨木机是连续操作的水力加压双袋式装置（如图12-5）。每一个料袋顶端有两个套在一起的水压缸，分别与加压板和滑动料壁相联结。当小水压缸通入高压水使与之相联的加压板加压时，与滑动料袋相联结的大水压缸活塞回程，此时由加压板压原木段于磨石；待滑动料袋壁全部回程以后，联结机构作用于反向阀，改变加压水通入水压缸的通道，使低压水进入大水压缸，推动料袋壁扣住原木向磨石加压。滑动料袋壁呈锥形，壁上有弹簧扳机，两个水压缸活塞独立而又交替地往复运动，使磨浆操作连续进行。

大北式磨木机和卡米尔式磨木机都是利用水力加压，压力比较灵敏稳定，浆料质量容易控制，也较均匀。卡米尔磨木机构造复杂，各自动阀门和水压缸容易磨损漏水，维护工作量大；大北式磨木机系间歇操作，电机负荷变化大，故多用一台电机带动两台磨木机。

（2）磨石：磨石分人造磨石和天然磨石。随着磨木机和磨浆工艺的发展，天然磨石已不适应生产的要求，目前主要使用强度大、耐热性好的人造磨石。人造磨石有石英水泥磨石和陶瓷磨石，前者使用寿命一般为3～4个月，刻石周期3.5h左右，后者使用寿命约可达36个月，刻石周期96～192h。

人造磨石均用磨料粒子与粘合剂组合而成。最适宜的磨料粒子应是多角形、棱角较平钝的颗粒体；磨石的硬度、强度和气孔率取决于粘合剂的粘结强度和粘合剂与磨料粒子的配比。石英水泥磨石面是由石英砂及高标号硅酸盐水泥制成；陶瓷磨石工作面是以金钢砂或刚玉为原料烧结而成的陶瓷块装备而成，如图12-6、图12-7。

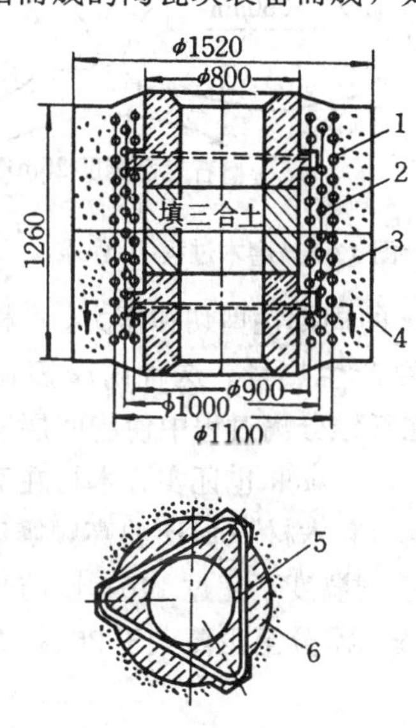

图12-6　石英水泥磨石

1.12根中1/2″环形筋；2.11根中1/2″环形筋；3.两侧各三根中5/8″，中间6根中1/6″环形筋；4.先浇磨木层；5.6根中3/8″；6.后浇芯筒

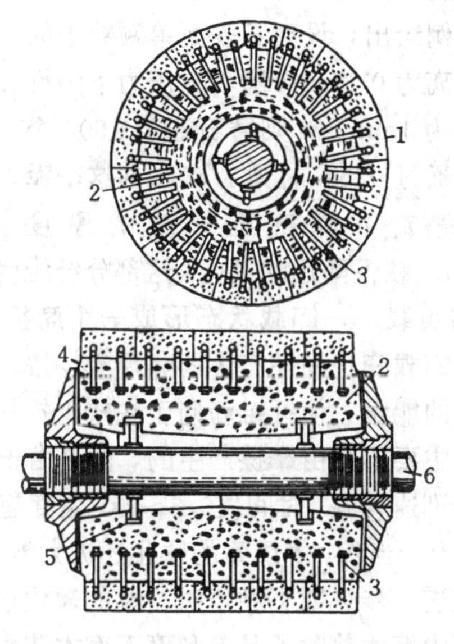

图12-7　用螺栓固定的陶瓷磨石

1.陶瓷磨块；2.水泥芯筒；3.螺栓；4.加强钢筋；5.定心螺丝；6.磨石轴

磨石面为具有刻纹的粗糙表面，磨木机上都附有刻石装置，磨石表面的纹型、粗细和深浅，由所用刻石刀型号及刻石操作所决定。经过刻石，磨石的有效面积减少，磨木比压增加并容纳磨下的纤维留在刻纹的沟槽中，减少纤维受界面作用区的复磨作用。同时，刻纹沟槽能将一定量的水带入磨碎区，以润滑和冷却磨石与木材接触界面，使磨区温度稳定在生产所需要的范围。

刻石刀刀纹粗细用刀号（每英寸辊周长上的刀纹数目）表示，生产新闻纸用磨木浆，常用8～12号，角度为20°～30°的斜纹刻石刀。刀号越大，刀纹越细，磨出的浆料也越细。生产不同的浆料，应选用不同型号的刻石刀。

磨木机的生产能力、单位动力消耗及纸浆质量等技术经济指标在很大程度上取决于磨石质量（组成的均一性和机械强度）。磨石表面结构决定其磨浆特性。新刻石的磨纹锐利，磨木作用以切割纤维为主，产量大，电耗低，但生产的浆料多短硬纤维和粉状细料，所以刻石后一般要去锋，以控制其表面粗糙度。随着磨木的进行，磨料粒子磨成钝圆，得质量适宜的磨木浆，随着磨纹的进一步磨损，磨石表面逐渐变得平钝，粗糙度减小，产量降低，电耗增高，则须进行刻石，改进其锐度。

2.2 压力磨木法制浆

2.2.1 压力磨木理论

为什么压力磨木浆的物理强度高于磨石磨木浆而接近于预热木片磨木浆？一些外国学者准备作深入的理论研究，但已提出一些初步的认识，为了理解压力磨木机理，还需涉及对传统磨木的分析。图 12-8 以一根纤维尺寸观点分析理想的磨木过程。图中磨石表面的结构尺寸和纤维尺寸按相同比例绘出，设磨石表面单颗粒子的平均距离为 0.5mm，磨石在压力下的推进速度为 1mm/s，则磨石通过 1000 个磨粒即通过 0.5m 时为 1/50s。在这一瞬间内完成下降挤压纤维的厚度 0.02mm。在下降运动期间，这部分纤维受到频率为 50kHz 的周期性剪切和压力。木材遭到周期性的负载——卸载状态形成一个摩擦-磁带效应，导致产生热量。这种内摩擦在高频负载——卸载变化周期产生的热现象，按理论分析，就是在纤维分离过程中使胞间层发生软化和松弛的能量，使纤维趋向于在较少损伤的条件下分离。D. Atack 也证实，木材在磨碎表面的热量主要不是由摩擦产生的，而是由于磨石表面的刻纹引起木材 50kHz 的高频震动，从而使木材迅速升温，时间仅0.3～1s，温度超过 100℃。但需控制温度不超过 140℃以防止木质素的玻璃化。当然，木质素的软化还极大地取决于木材的水分，水分至少要大于 20%。D. Atack 的论证进一步说明了磨木时纤维的软化过程。

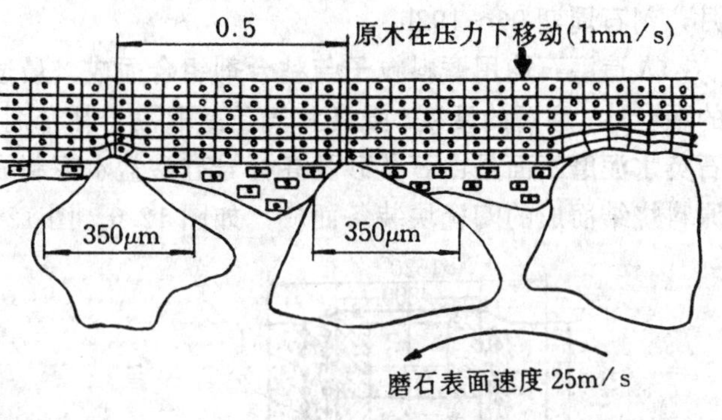

图 12-8 磨木过程

压力磨木浆除了具有和磨石磨木浆相同的生产过程之外，还使磨木过程始终处于密封受压状态下。所以，木材中水分的蒸发温度被提高，蒸发速度降低，和磨木浆相比较，离解纤维所需要的机械功就少些，纤维离解不那么激烈，被切断的可能性减少，从而促使压力磨木浆长纤维组分比磨木浆大幅度增加。实际上磨木室内的压力变成了磨木过程中一个新的可变控制因素。借此因素，可以控制磨木区的温度，从而保证获得压力磨木浆的优越性。

2.2.2 压力磨木浆生产流程和工艺技术参数

图 12-9 为压力磨木浆的生产流程。经剥皮的原木由自动喂木系统进入中间贮木室 1，原木在此被来自磨木室的蒸汽加热，然后落到密封的压力磨木室 2。压力磨木室内靠送入的压缩空气或磨木产生的蒸汽保持 100～300kPa 的压力。磨石磨出的纸浆由管道输入的喷淋水管 24，聚集在磨浆室底部的浆槽中，浆槽设有两个出浆口，一个用于压力喷放，另一个用于非压力喷放，借调节闸板调节槽内的浆位。在一般情况下，纸浆借压力喷放进入碎片机 7，把纸浆中粗片打散，防止在输送管道内发生堵塞。纸浆从碎片机经调节阀进入旋浆分离器 8，纸浆中的蒸汽在此分离，浆温大约为 100℃，浓度在 1%～3%。纸浆从分离器进入混合槽 9，和从盘磨机 16 送来的粗渣混合，然后进入密闭式浓缩机 10。浓缩机排出的白水经管道 12 泵送到白水过滤机 13，经过滤的白水送到喷淋水槽 21，水温为 95～100℃供压力磨木室用作喷淋水。

经浓缩的纸浆送到筛选工段，稀释过筛净化处理，然后由管道送经漂白车间或造纸车间。

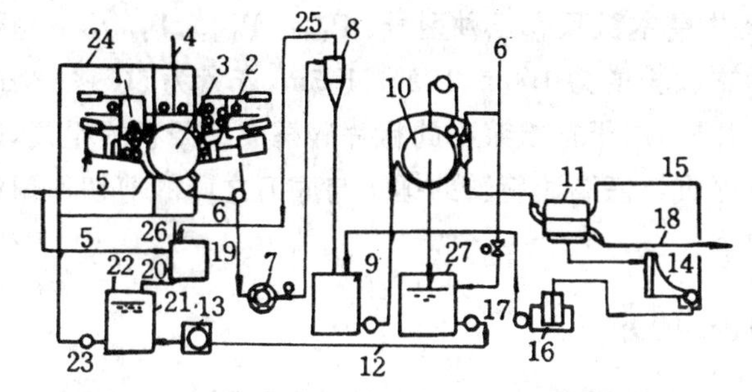

图 12-9 压力磨木浆的生产流程

1. 贮木室；2. 压力磨木室；3. 磨石；4. 压缩空气管；5. 水管；6. 浆槽；7. 碎片机；8. 旋浆分离器；9. 混合槽；10. 密闭式浓缩机；11. 筛浆机；12. 白水管；13. 白水过滤机；14. 粗渣脱水筛；15. 粗渣白水；16. 盘磨机；17. 粗渣泵；18. 纸浆输出；19. 热交换器；20. 热水管；21. 喷淋水槽；22. 络合剂加入处；23. 水泵；24. 喷淋水管；25. 蒸汽管；26. 排气管；27. 水管

筛选工段的粗渣送入粗筛 14，然后进入盘磨机 16 处理。纸浆经管道泵送到混合槽 9 和压力磨木机输出的纸浆混合。从粗渣筛排出的白水送往筛选工段用作稀释水。

从旋浆分离器 8 排出的蒸汽经管道 25 进入热交换器 19，用于将白水加热到 90～100℃，经管道 20 送入具有保温设备的喷淋水槽，并在此加入络合剂，浓度为 0.001～0.1g/L，借此提高纸浆的不透明度。白水用高压水泵 23 送入压力磨木机，经 4 组喷淋水喷在磨石表面冲落纸浆，喷水量约为 1 900L/min。

根据实验室试验结果和生产性试验的论证 Velment-Tampella 公司制定的压力磨木浆生产主要工艺参数如下：原木水分＞40%、磨木室浆槽温度为 110℃以下、磨石喷淋水压力为 400kPa、密封浓缩机出浆浓度 15%、浓缩后细浆浓度为 4%～5%，最高可达 8%、磨木室压力 100～300kPa、磨浆浓度 1%～3%、喷淋水温度 65℃、粗渣进盘磨机浓度＞10%、动力消耗约 4.68×10^6kJ/t 浆。

2.2.3 压力磨木机

压力磨木机是生产压力磨木浆的重要设备。压力磨木机的剖面如图 12-10。

压力磨木机的基本结构仍然是大北式双袋磨木机，主要特点是增加了密封的贮木室并将整个磨木室密封。由于增加了密封贮木室，磨木机高度提高 1.2m。每个贮木室的容量等于一次装木量，每个贮木室上下设两个闸门，均由气动控制。原木的喂料和传统磨木机相同可采用自动喂料系统。由于设备高度增加不多，仍可以安装在单层厂房内。为了承受 100～300kPa 的工作压力，磨木室的机体由原来的铸铁改为钢板焊接结构，也有用整块铸钢的部件，此时，重量增加了 1 倍。凡与纸浆接触处均用不锈钢板或不锈钢复合钢板。磨石浸在浆槽中的深度可以借调节溢流板的高度调整。纸浆的输出借压力喷放完成，但也设有溢流孔使纸浆自行流出。为了保持贮木室闸门及磨木室的密封，在密封填料箱中设有循环润滑水，通过检查密封水的流量使之保持正常的密封。磨石采用加拿大 Norton 公司的产品，牌号为 $37C_{601}N_7V$。一块磨石的寿命可达 7～8 年，每 1～2 周刻石一次，用于磨云杉浆时，刻纹采用 4～14 目，用于磨南方松时则采用 4～6 目。原木长度为 1.2 和 1.0m 的压力磨木机，其主传动电机为 2 300kW，磨石转速为 300r/min，直径 1.8m，圆周线速度为 2.8m/s。

当一个车间内设置若干台压力磨木机时，为了简化运输带和减少建筑面积，使用一台单出轴电机串联拖动两台磨木机。磨木机之间增加中间轴，并通过齿轮联轴器连接。这种传动方式还可以节省电机的费用。同为一台大电机的费用将低于总容量相同的两台较小的电机。

图 12-10 压力磨木机剖面

Velment-Tampella 公司目前生产的压力磨木机只有三种型号：P_{1810}，P_{1812}，P_{1815}，下角数前两位表示磨石直径为 1.8m,后两位表示木段长度为 1.0m、1.2m、1.5m，产量为 50～75t/d。

压力磨木机还有一台重要的辅机即碎片机，用于把纸浆中的粗片碎解成细条状的粗浆，以免发生管道堵塞。设备结构近似于锤式再碎机，借高速旋转的锤子与底刀之间的剪切作用把粗片碎解。

3 盘磨机械法及预热盘磨机械法制浆

磨石磨木浆要求原木质量高，如树皮含量少、颜色浅、木节少等。由于原木供应短缺，60年代后期木片磨木浆有了迅速发展，木材经削片后直接在大功率盘磨机中磨解而得浆料。这种方法有许多优点：首先是材种使用范围扩大，木材利用率提高，过去普通磨木机不宜使用的木材加工厂边材废料（板皮、截头、刨花、锯末等）、枝桠及部分阔叶材种，均可用于生产木片磨木浆。其次是木片磨木浆物理性能好，细小纤维少，抄造新闻纸时可减少长纤维化学浆的配比量，降低了生产成本。此外，以轻便的盘磨机代替了笨重的磨木机，减轻了劳动强度，实现了连续化和自动化，大大提高了劳动生产率。其缺点是成纸平滑度较低，白度比磨石磨木浆稍差，电耗高，盘磨使用寿命短，维修工作量大。

木片磨木浆根据磨浆工艺条件的不同，可分为木片磨木浆（RMP）和预热木片磨木浆（TMP)。前者是将木片直接用盘磨机磨碎生产白色机械浆，使用原料主要是针叶材；后者是将木片先在蒸煮器中于100℃以上温度条件下加热 2～3min,然后在常压或压力下用盘磨机进行磨浆。预热木片磨木浆由于是在高温和压力条件下磨浆，单位动力消耗低，但白度有所下降。预热盘磨机械法对针叶材和阔叶材都适用。

3.1 盘磨机械浆磨浆机理

20 世纪 80 年代 D. Atack 等人把盘磨机磨浆看成是一种近似理想的纵向磨浆方法，提出了木片在磨浆时的变化过程。木片在破碎区前由于受到轴头上转动的星形螺帽的撞击而破裂，进入破碎区的物料是由粗大纤维束和少量碎片组成，在盘磨机磨浆区内圈有相当数量的粗大纤维束产生再循环作用，即沿着静盘的齿沟产生回流到破碎区，再沿着动盘的齿沟向磨浆外圈流动；在粗浆区，纤维在盘齿的切向进行瞬时分离，这些分离纤维承受着齿盘转动时产生的复杂应力，即在磨浆时脉冲压力作用下，纤维所受到的是交替变化着的压力、拉力和剪切力作用，或者是这三种力的合力作用；在精磨区，当纤维沿齿和齿沟向前流动时，对纤维做功，大部分纸浆是在精磨区完成磨浆过程，并且不会显著降低纤维长度，浆的强度在这个区获得迅速发展。

尽管盘磨机磨浆时，木片离解成纤维的机理很复杂，通过 20 多年来的生产实践，一般都把磨浆过程分成三个区段，如图 12-11 (a)。

(1) 破碎区：磨浆时木片首先进入磨盘中心部分的破碎区①，此部分称为磨腔的盘间间隙，此区间隙大、刀片厚、刀数少，在此区域木片在高温下首先被破碎成火柴杆状的小木段。

(2) 粗磨区：此区域②盘间间隙从内到外逐渐变狭，原料停留时间较长，逐渐被磨碎成针状小木丝，进一步受到盘齿的机械作用和主要是原料间相互摩擦作用，被离解成纤维束和部分分离成单根纤维。

(3) 精磨区：在齿盘外周的这部分区域③，齿数加多，齿沟变窄，从粗磨区方向流送过来的微细碎片和单根纤维，在这区域内受到一定程度的细纤维化和进一步离解后，离开盘磨

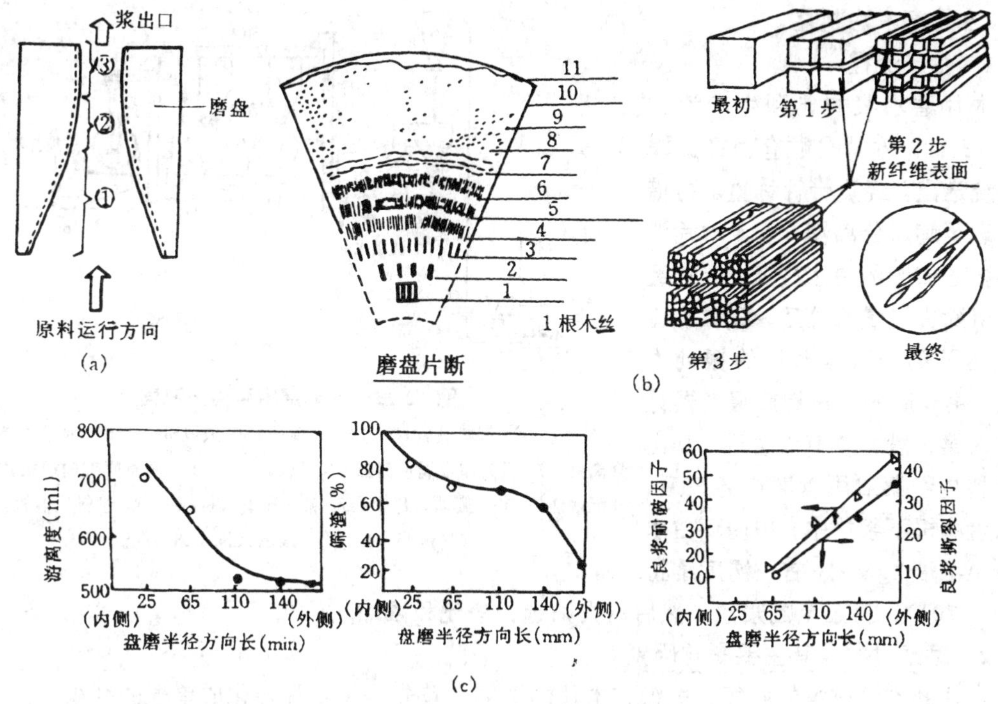

图 12-11　盘磨机磨浆过程

(a) 磨浆的三区段；(b) 木片裂开细分情况；(c) 纸浆性质的变化

1. 第 1 步 4 根；2. 第 2 步 16 根；3. 第 3 步 64 根；　4. 第 4 步 256 根；5. 第 5 步 1024 根；6. 第 6 步；7. 第 7 步；8. 第 8 步；9. 第 9 步；10. 1000000 根；11. 第 10 步

机。

盘磨机的齿盘必须根据木片的特性，浆质量要求而改变其齿形，当然盘磨中原料的变化因齿形的不同而更加复杂。

图 12-11 (b) 为盘磨磨浆时木片裂开过程，也是浆料纤维性质不断变化的过程。图 12-11 (c)为木片经过从盘磨中心到周边的一个完整盘磨，浆料特性在半径方向的变化过程，由图 12-11 可看出：木片从破碎、细分、离解成单根纤维到发展纤维强度的磨浆过程中，浆料在盘磨机内的流动情况大致是呈有序状态。大多数纤维长轴呈径向排列，木片从盘磨中心向外周运动时，游离度在精磨区以前下降很快，在盘磨磨片外周下降较慢；浆渣数量呈阶段性变化，破碎区下降多，磨碎区内侧即粗磨区变化平稳，而在精磨区筛渣数量下降很多；表征纸浆强度的耐破因子和撕裂因子，则随磨碎半径的增加，呈线性增长，最后制得的盘磨机械浆，长纤维增多，碎片减少，具有一定的物理强度。

因此，合理的磨浆过程应该分为两步：首先将木片离解成单根纤维，尽可能不要生成碎片或降低纤维长度，这时磨浆浓度宜高，磨浆间隙应大些，使木片在相互摩擦作用下离解，减少纤维的切断；其次使木片进一步纤维化和细纤维化，纤维应受到较多的机械作用，在单位时间内增多浆料纤维和齿盘刀缘接触的次数，此时磨浆浓度宜稍低些，盘磨间隙宜小些。尽管在 TMP 生产上为了回收热能，降低能量消耗，有的工厂采用了单段磨浆系统，但是，要想通过一段磨浆处理就能获得高度纤维化和细纤维化的浆料，确实比较困难，这就是多数采用分段磨浆的原因。

3.2 木片磨木法制浆

3.2.1 生产流程

木片磨木浆的典型生产流程如图12-12。木片自贮仓由螺旋输送系统送出，经皮带秤称重，再借风力送至旋风分离器，落入木片洗涤器，用50℃的白水洗涤，湿片经脱水机除去过量水分后，经螺旋输送机送至第一段盘磨机的振动木片仓，由仓底的变速螺旋喂料器计量送入第一段的各节盘磨机。磨出的浆料再经第二段盘磨机磨浆后，流入盘磨机下浆槽中，用循环白水稀释至浓度4.5%左右，温度维持在65～70℃，再泵至贮浆池，然后送去筛选、净化和浓缩。

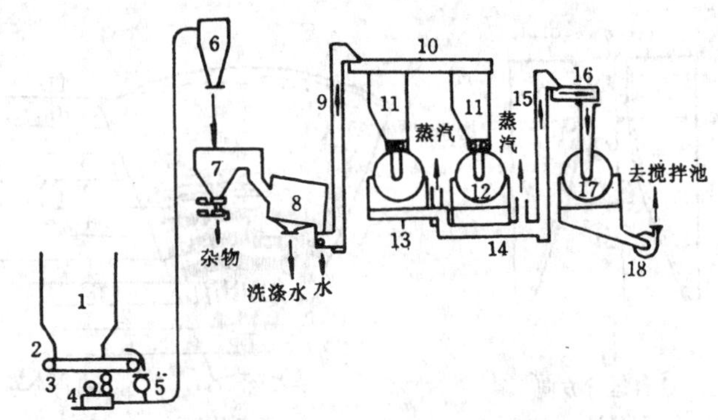

图12-12 木片磨木浆生产流程

1. 木片仓；2. 卸料装置；3. 皮带运输机；4. 鼓风机；5. 旋转阀；6. 旋风分离器；7. 石头和金属捕集器；8. 脱水机；9、15. 垂直螺旋输送机；10. 分配输送机；11. 振动木片仓；12. 第一段磨浆机；13、14. 浆料运输机；16. 进料螺旋；17. 第二段磨浆机；18. 浆泵

3.2.2 磨浆过程及其主要影响因素

木片磨木浆质量的好坏，关键在木片的磨解。首先是将木片转化成单根的纤维，同时应尽量避免纤维被切断成碎片；其次是将已分离的单根纤维细纤维化，即将完整的纤维部分转化成比表面很大的小纤维，从而提高纤维之间的接合力。上述两步实际上是彼此交错进行，不能截然分开。

在木片磨木浆的生产中，磨浆浓度的高低对纸浆质量的影响很大。木片在高浓条件下磨浆时，由于纤维相互间以及纤维与磨盘间摩擦生成的热量产生蒸汽，提高了磨浆温度，使木材结构软化。这时大部分木质素仍处于玻璃化状态，木材结构主要在纤维次生壁的外层破裂，从而使纤维容易被帚化。因此，高浓（20%～30%）磨浆可获得柔软、长纤维含量高、碎片量少和强度大的浆料。在低浓磨浆时，摩擦生成的热能大部分被浆料中的水所吸收，磨浆温度低，纤维的切断作用加剧，浆料质量下降。因此，木片磨木浆都采用高浓磨浆工艺。在两段磨浆系统中，第一段盘磨机的磨浆浓度通常为20%～30%，第二段盘磨机的磨浆浓度为15%～20%。

3.2.3 盘磨机

木片磨解操作是在盘磨机（如图12-13）中进行的，盘磨机有单盘磨和双盘磨两种型式。

单盘磨的两个磨盘，一个是固定的，另一个安装在水平转动的轴上。固定磨盘中心有一开口，由螺旋喂料器将木片喂入，在两盘间进行磨碎，磨解好的浆料由盘边外壳沿切线方向排出。用于常压下生产木片磨木浆者叫精磨机，用于高温加压下磨浆者称纤维分离机。单盘磨间隙一般都用油压调节。

双盘磨的结构特点是两个磨盘分别由两台电机驱动。作反向旋转，喂料器与磨盘成60°角，木片喂入两盘间。由于两磨盘转向相反，浆料在两盘之间受相反的扭转，浆料切向运动成相对静止状态。这样，磨盘间浆料的径向运动保持良好状态，排料容易，生产能力大，并能适应粗大木片处理。但该设备通过转轴周围小孔进料易堵塞，磨浆时产生的蒸汽排除不畅。

木片进入盘磨机后，先进入磨盘（如图12-14）的破碎区，该区磨齿较大，呈放射状，齿

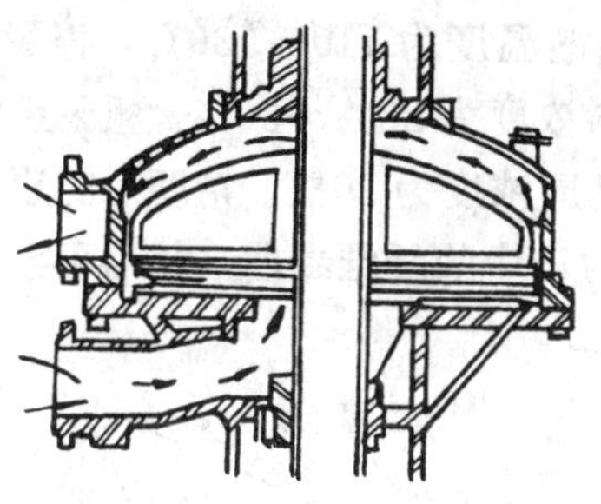
图 12-13　盘磨机

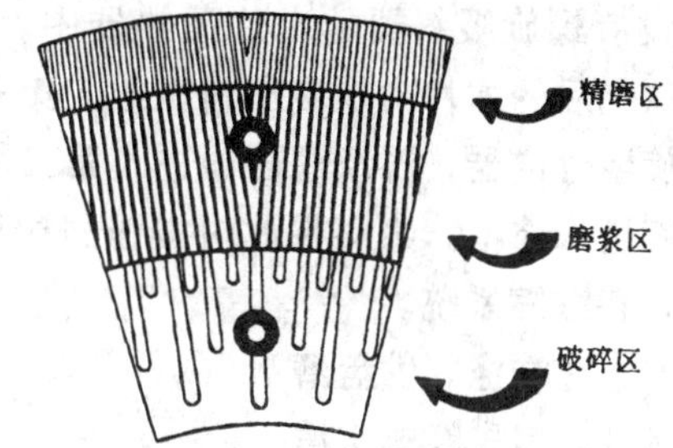

图 12-14　木片高浓磨浆的磨盘（扇形块）

间距较宽，齿长度也不等，宽度由内向外逐渐缩小，小齿分布在破碎区的外缘。破碎区主要是将木片磨碎成火柴杆状；随后这些小木杆进入磨浆区，该区磨齿比破碎区细，呈平行排列，使杆状小木条经过互相摩擦，离解成单根纤维和纤维束。磨浆区的磨盘间隙要大些，这样纤维与磨盘间的接触只占很小比例，减少了纤维受磨盘齿纹切断的机会，精磨区的齿形与磨浆区相似，只是齿条更细，互相平行；由于磨盘间隙的减小，纤维与磨盘接触机会增多，使纤维分丝帚化成为比表面积很大的小纤维，完成细纤维化过程。在磨碎过程中，由于快速摩擦作用而产生高温，使木片受热软化，因而纤维能在不受损伤的情况下得到分离。

3.3　预热木片磨木法制浆

3.3.1　预热木片磨木法制浆的生产流程

预热木片磨木浆又称热磨机械浆，木片先经预热，然后在盘磨机中磨成纸浆。木片经过适当温度的短时间汽蒸，软化了纤维细胞和胞间层之间的牢固联结，使纤维相互间易于分离，有利于纤维少受损伤。日产 150t 预热木片磨木浆的典型生产流程如图 12-15。

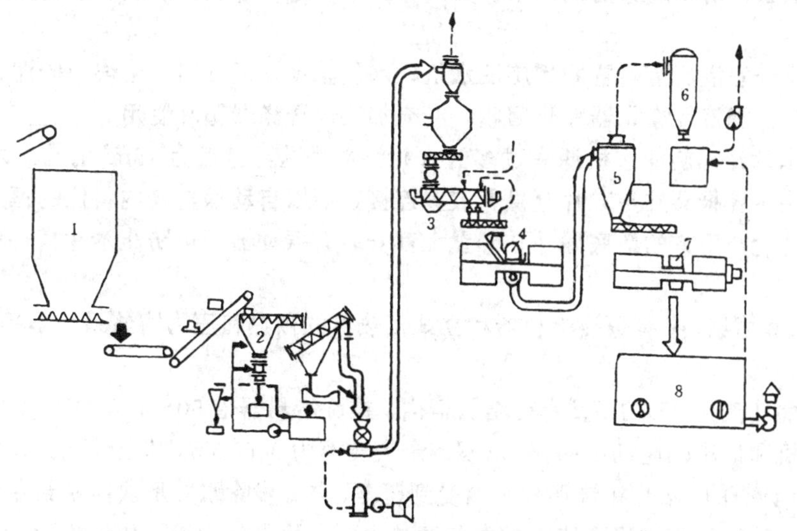

图 12-15　日产 150t TMP 木片准备及热磨工段设备流程

1. 木片仓；2. 木片洗涤机；3. 木片预热器；4. 一段磨浆机；
5. 木片分离器；6. 蒸汽冷凝器；7. 二段磨浆机；8. 浆池

木片贮存在料仓，使整个系统保持一定的缓冲量，并利用预热器排出的废气导向仓内对木片进行脱空气。木片经由螺旋输送机进入木片洗涤器，湿木片由倾斜的脱水螺旋机等输送到顶部设有螺旋喂料器的木片预热器中。木片在预热器内的温度为110～130℃，停留2～3min，软化后的木片由螺旋出料机送入第一段盘磨机，进料浓度为22%～30%。粗浆经喷放阀喷入旋浆分离器，再经输送器进入第二段盘磨机精磨，精磨浓度为20%。精磨后的浆料经出浆螺旋进入浆池，浆料在池内被强烈搅拌，以消除磨浆时产生的纤维卷曲，然后再泵送筛选、净化和浓缩系统。

(1) 木片洗涤。供盘磨机用的木片，需先经热水洗涤。木片从容积为1 050m^{3}的贮片仓（共2个）底部借卸料螺旋卸至皮带运输机，喂入回转(格仓)给料器，借鼓风机吹送经导管而至盘磨系统的旋沉器。木片从旋沉器落至带电子秤的皮带运输机上，经计量后送入木片洗涤器。

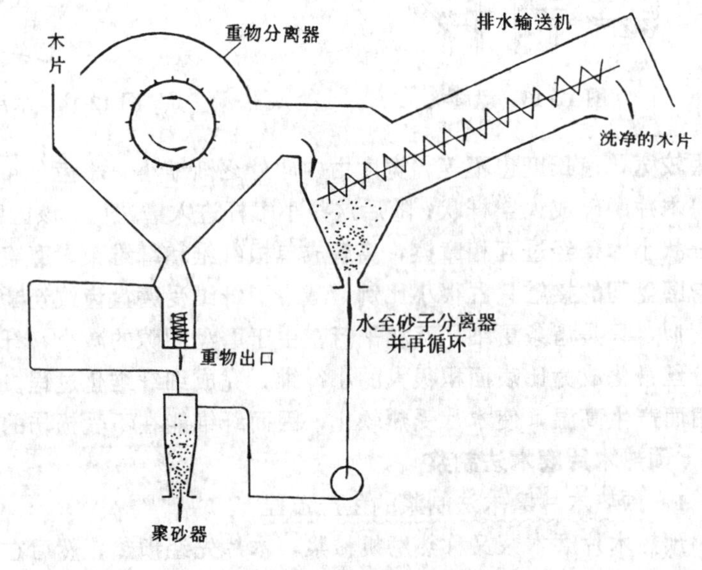

图12-16 木片洗涤系统

木片洗涤系统（如图12-16)，利用木片在洗涤水中漂浮而重杂质被淘汰的原理，把砂子、石头、铁钉、木节等重物除去。所以洗涤器也称重物分离器。重物定时排放，故设有重物定时排泄的自动控制闸阀。

木片从洗涤室溢流至斜置的螺旋滤水机，水从滤水筛板排出，尘埃、砂泥、碎屑、树皮等也随水排除。滤液经净化器净化回收，补充加热供洗涤器循环使用。

洗净的木片经螺旋滤水机滤去过多的水并将木片送至容量为15m^{3}的斗式木片仓。木片仓带有料位指示警报器并与贮片仓供料装置连接，借以自动保持仓内料位的恒定和供需的平衡。斗式木片仓与下方的活底漏斗在外壁上都安装有振动器，可防止木片搭桥和有助于木片的流动。

(2) 预热和磨浆。带有螺旋给料器和立式预热器的预热和压力磨浆系统是TMP法不同于RMP法的部分。

木片从漏斗流到AD_I-12″型螺旋给料器内。螺旋给料器借50～150kW、500～1 500r/min的整流子电机和齿轮减速机传动。锥形螺旋最大转速为90r/min，其设计能力是按每转相当于1.6～1.8t/d计算的。木片在锥形螺旋内受到压缩，进一步除水并形成能密封蒸汽的料塞而送至预热器内。这一压缩过程可使木材中色素减少，木片水分均匀，质地松软，有助于在汽蒸膨胀时热量渗透均匀。

不锈钢制的锥形立式预热器应包括：配置有双螺旋的底部；一个搅拌器及其配套的减速箱、皮带轮传动和电机；一个防止反喷的装置；一个可调节的料位控制器；一个压力控制阀，借以保持预热器内恒定的蒸汽压和双螺旋通向压力盘磨机进料流槽的电动阀。

木片在预热器内经短时间加热至所需预热温度后经底部计量双螺旋分别定量供给第一段

两台（1#、2#）RLP50S 型盘磨机。允许操作蒸汽压力最大为 0.3MPa、磨盘直径 1 270mm、每台配备功率 4 500kW、1 500r/min 的同步电机。该磨段是在与预热器基本相同的温度与压力下进行木片的纤维分离，然后纸浆在大约 30%浓度下，借压力差经磨室两侧的喷放阀喷送到旋风分离器。

第一段压力盘磨机出口的喷放阀可调节磨盘进、出口的压力差，将磨浆条件控制在理想的状况下。

在旋风分离器中，蒸汽上逸，经排汽机送至热回收系统。纸浆沉落至下口经喷淋水稍加稀释至浓度为 20%左右，并经螺旋运输机送至第二段盘磨机上方的变速计量双螺旋，由此供给第二段盘磨机在常压下进行磨浆。第二段磨浆有两台（3#、4#）RL50S 型盘磨机，每台配 4 500kW、1 500r/min 的同步电机。经第二段磨浆的目的是使纤维细纤维化，以便适用于造纸。

3.3.2　生产 TMP 的主要工艺条件和原材料消耗指标

我国某厂生产 TMP 的主要工艺条件为：

白松木片：

水分：　50%

规格：　长 18～22mm，厚 3～6mm

木片洗涤温度：60～80℃

预热条件：

蒸汽压力：0.13～0.16MPa

温度：124～130℃

保留时间：2～3min

磨浆条件：

	第 1 段	第 2 段
生产能力（风干浆 t/h）	3.3～3.6	4.2～4.5
电机负荷（mW）	3.6～4.0	2.6～3.0
比能（kW・h/t）	1 050～1 100	600～650
输入功率分配（%）	60	40
卸料压力（MPa）	0.08～0.1	常压
浓度（出口）（%）	28～35	18～22
打浆度（°SR）	30	52

主要原材料消耗指标：

原木（白松，基本密度 0.34g/cm³）（m³/t）：3.05

木片制浆得率（%）：　95

电耗（kW・h/t）：　2 150

汽耗（t/t）：　0.4（包括采暖）

磨片平均寿命（h/组）：

第 1 段盘磨机　1 050

第 2 段盘磨机　720

3.3.3 TMP质量和用途

本法由于比未经预热的木片磨浆温度高，所以易于分离，动力消耗也较少，同时长纤维含量多，纸浆强度高，白度降低不多。白松预热木片磨木浆和磨石磨木浆的质量对比见表12-4。

表 12-4 白松预热木片磨木浆和磨石磨木浆质量对比

浆 种	定量（g/m^2）	裂断长（m）	白度（%）	纤维长（mm）	撕裂度（N）	耐破度（MPa）
预热木片磨木浆	100	3 243	57.4	0.79	0.44	0.161
磨石磨木浆	100	1 870	67.4	0.65	0.24	—

预热木片制浆法具有高撕力和低筛渣的特点。由于高撕力，热磨时可混以相当高量的锯屑，获得的浆强度仍然良好；由于筛渣含量低，所以磨浆时对原料质量要求不高，可以充分利用废材废料。

预热木片磨木浆的得率为94%～96%，是机械浆中得率高、长纤维含量多、纤维束少而强度又好的一个浆种，可用于制造新闻纸、各种印刷用纸及其他纸张，可以大大减少或甚至不须配用化学浆，并为扩大使用阔叶材创造了条件，因而发展很快。但由于能量消耗大，发展受到一定的影响。

3.3.4 预热木片磨木浆的热能回收系统

TMP的盘磨电耗一般约1 800kW·h/t浆(其中1段磨浆电耗在900～1 300kW·h,2段在300～700kW·h),此能量约90%转化为热能而以二次蒸汽排出,所以必须配备热能回收系统。因二次蒸汽已受污染并混有30%～50%的空气，热回收系统采用专门设计的热交换器与热原装置,回收的新鲜蒸汽多用于纸机干燥部,较先进的热回收可供给烘缸所需热量的50%～70%。

3.3.5 预热木片磨木浆粗渣磺化再磨

预热木片磨木浆TMP中的长纤维与纤维束组分较多，筛选时往往会将这两者都排入粗渣中，若将粗渣用Na_2SO_3进行磺化后再磨即制成CTMP，会获得长纤维组分很多的纸浆，称为LFCMP。TMP与LFCMP相结合的制浆方法，在化学药品耗量与废水污染程度上均比全用CTMP的方法低,两者混合后的长纤维组分则可与CTMP相似,因而最近已在国际上推广采用。

4 化学机械浆（CMP）

采用化学处理和机械磨解两段制浆方法制得的纸浆称为化学机械浆,与半化学法相比,化学处理更温和，浆的得率更高，可达85%（木材原料）。

化学机械浆是研究用阔叶材代替针叶材磨木浆而发展起来的一种制浆方法。它和半化学浆的主要区别在于几乎保留了原来的全部木质素,只是抽提物和部分短链半纤维素损失掉,因此,化学机械浆介于磨木浆和半化学浆之间,其得率和性质都与磨木浆相近。浆的亲水性好,由于受机械损伤较小,阔叶材化学机械浆的强度几乎与针叶材磨木浆相同或者还高一些。白度视其处理方法不同而异,用亚硫酸盐处理时,一般接近磨木浆,用冷碱法处理时,白度较低。

化学机械浆的原料可以是原木，也可以用木片。此外，近年来发展起来的磺化化学机械浆（SCMP)、无硫化学机械浆（NSCMP)、化学预处理预热机械浆（CTMP）等都属于化学机械浆。

4.1 原木制化学机械浆

原木制化学机械浆即通常所谓的化学磨木浆(CGP)。磨木之前,先将木段(含水量<30%)送入蒸煮罐,经过约30min的真空(91.73~94.66kPa)预处理,在继续保持真空的条件下注入蒸煮药液。蒸煮药液中亚硫酸钠和碳酸钠的比例为6∶1~3∶1,适宜浓度为160~180g/L;在130~150℃条件下,保温5~6h,蒸煮结束,降压并排出蒸煮废液。排出废液中补充的新药液后,可供下次蒸煮再用。药品消耗量约为绝干材重的10%~12%。

处理后的木段经磨木机磨木时,动力消耗比未处理过的原木降低1/2。按材种不同,得率一般在85%~90%。预处理后的纸浆质量大大改善,可用来生产新闻纸、书写纸、薄页纸和餐巾纸等。

4.2 木片化学机械浆

木片化学机械浆是近年来出现的新制浆方法,特点是动力消耗低,生产过程易于连续化和自动化,对原料质量要求不严。

4.2.1 冷碱法化学机械浆

用稀冷碱液于常压或加压下浸渍木片,然后用盘磨机磨解而成浆。浆得率可高为85%~94%,烧碱液浓度通常为20~40g/L,碱耗决定于材种和对浆的质量要求,通常为木材重的2%~10%,浸渍温度为15~35℃,处理时间为20~150min。浸渍过的碱液经回收并补充新碱液后,再循环使用。

木材在碱液中会很快润胀,但木质素的网状结构使纤维润胀限制在4%~5%。木质素化程度不大的S_2层润胀较大,内向压缩细胞腔,使细胞体积减少25%。这种润胀差异,使得纤维结构内部产生了应力,导致碱浸后的木片在盘磨中细纤维化时,高度木质素化的纤维外层大部分脱落下来,暴露出来的S_2层就提供了良好的纤维间结合的表面。

冷碱法制浆时,只有少量的低分子木质素溶解,大部分损失是抽提物和短链半纤维素,每吨冷碱浆需50~100kg的烧碱消耗于中和木聚糖乙酰基形成的醋酸和糖醛酸,以及中和半纤维素剥皮反应形成的糖酸上。

阔叶材木质素含量低,且多集中于胞间层,因此,较之针叶材更适合于生产冷碱浆。针叶材制冷碱浆时,需要更多的化学药品和动力消耗。

4.2.2 中性亚硫酸盐法化学机械浆

以亚硫酸钠和碳酸氢钠为药液,在高温高压下蒸煮浸渍后,再用盘磨机离解成浆。药液加入量为木片重的5%~10%(以Na_2SO_3计),蒸煮温度170~180℃,压力0.8MPa,时间15~30min,浆得率85%~90%。亚硫酸钠与碳酸氢钠之比为6~8∶1。根据对浆的质量要求,可以调整温度、时间和化学药品用量。如增加亚硫酸钠用量,可以提高浆的蒸解度,改进未漂浆的白度,还能保持浆得率不变条件下提高浆的白度。但是,增加亚硫酸钠用量,会降低浆的不透明度和废液的热值。经过磨解后的浆料,从纤维性能上看,冷碱法浆的纤维粗而大片多;而中性亚硫酸盐法的纤维离解完整、均匀,没有细屑和长大的纤维束,游离度较高,加上纤维的良好离解,能改善纸机的抄造性能。

4.2.3 磺化化学机械浆(SCMP)

也称磺化木片磨木浆,是20世纪70年代发展起来的新浆种。其生产方法是:木片用亚硫酸钠药液蒸煮,进行适当的磺化处理,木片变得柔软,纤维容易离解,然后在盘磨机中磨解。在磨浆过程中,纤维受到的损伤不大,浆中的长纤维部分较多,细小纤维及纤维束均较少。

磺化化学机械浆不同于一般的化学机械浆，木片在生产过程中受到较强、较深的化学处理。亚硫酸钠用量较多，Na_2SO_3 溶液的浓度 12%；处理温度为 140℃；保温时间 30～45min。由于磺化处理的药液 pH 值（7.5～8.0）接近中性，只能使木质素发生一定程度的磺化、润胀、软化，使木材纤维容易离解，而不引起木质素变色、发黑；也不会使木质素和多糖类化合物降解和溶解。

磺酸基是强极性基，当木质素分子发生磺化反应引入磺酸基后，固体木质素变为一种在水悬浮液中离子化的聚合电解质，木质素由憎水性转为亲水性而润胀，木素质软化温度随磺酸基含量的增加而迅速下降，促进了磨浆时纤维的分离。因而磺酸基含量高，不仅磨浆的能耗减少，而且磨解的纤维形态损伤小，细纤维化纤维多，对提高纸的物理强度有利。

当 pH 值为 7 时，木质素磺化程度与药液中亚硫酸盐浓度及处理温度有关。如果药液中亚硫酸盐浓度高，而处理温度又较低，可以得到磺化程度高、木质素溶出少的效果；如果处理温度高，或是处理时间长，虽然磺化程度可以很高，但木质素分子中含硫量达到一定程度后，溶出将会加快，同时碳水化合物的降解溶出也增加，因而会导致得率下降。生产上应根据产品的质量要求，权衡得率、强度、不透明度、能量消耗等方面利弊，确定合理的工艺条件。

磺化化学机械浆的特点是得率高，一般为 85%～90%；强度好，高于普通磨木浆和预热木片磨木浆，接近于钙盐基亚硫酸法木浆强度；滤水性能好和污染小等。因而可以大幅度地减少新闻纸、涂布书刊纸中的化学浆配比。

磺化化学机械浆的生产工艺流程如图 12-17。

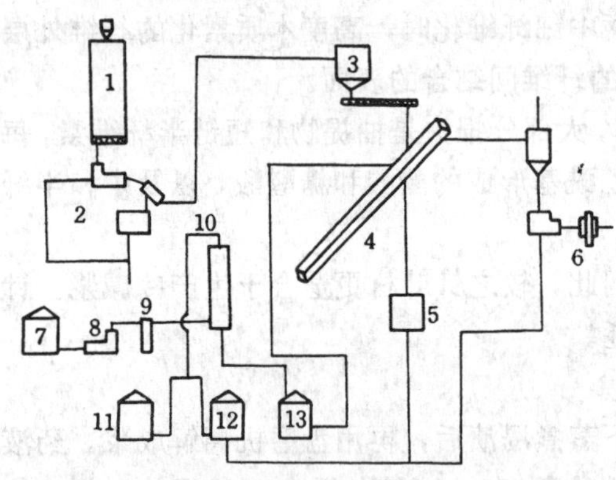

图 12-17 SCMP 工艺流程

1. 木片仓；2. 木片洗涤器；3. 预汽蒸器；4. 蒸煮器；5. 闪蒸槽；6. 磨浆机；7. 硫；8. 燃烧器；9. 冷却器；10. 吸收塔；11. 碱；12. 稀药液；13. 浓药液

在磺化化学机械木浆的发展过程中，加拿大的造纸工业界注意到下列几个问题：

（1）环境保护问题。SCMP 的污染负荷比亚硫酸盐木浆小得多，比机械木浆稍大一些（见表 12-5）。

表 12-5 生产新闻纸用各种浆料的废水中 BOD_5

浆 种	得 率（%对木材）	BOD_5（kg/t 浆）
RMP	96	23～28
TMP	96	20～25
SCMP	92	35～45
低得率亚硫酸盐浆	50	250
高得率亚硫酸盐浆	65	150

（2）能耗问题。新闻纸各种配料方式的生产能耗如下：用 18%SBK 和 82%SGP 生产新闻纸每吨的能耗为 1 250kW·h；用 10%SGP 和 90%TMP 配比时，能耗为 2 306kW·h；用 65%SGP 和 35%SCMP 配比时能耗为 1 611kW·h。由此可见，从节能的观点来说，新闻纸生产用 SCMP 比用 TMP 好。

（3）关于树种适应性问题。以各种木材制得的 SCMP 的特性见表 12-6。

表 12-6 以各种木材制得的 SCMP[①]特性

指 标	黑杉	香脂冷杉	白杨	槭木	40%阔叶材[②] 60%针叶材
裂断长（km）	6.1	4.8	4.8	2.9	4.8
耐破指数（mN/kg）	2.9	1.9	1.5	0.8	2.2
撕裂指数（mN·m²/kg）	9.5	7.1	7.1	3.0	8.9
表观密度（kg/m³）	425	470	490	345	390
湿纸幅抗张强度（20%干度）(N/m)	27.7	26.0	12.1	11.9	—
白度（%）	57	56	66	61	57
不透明度（%）	90	88	82	90	92
长纤维（%）	75	74	58	39	58
细小纤维（%）	20	16	21	28	24
得率（%对木材）	93	92	90	89	90

①用 12%Na_2SO_3 溶液在 140℃，蒸煮 30min，磨浆至 350ml CSF；②针叶材：62%黑杉，25%香脂冷杉，14%短叶松；阔叶材：62%槭木，13%白杨，8%山毛榉，4%其他。

杨木的 SCMP 性能良好，可以代替针叶木 SGP，生产新闻纸、书刊用纸和薄页纸等纸张品种。

这些情况说明，在加拿大 SCMP 的生产和应用已广泛开展。在新闻纸生产领域里，用 SCMP 作为配料，可取得扩大原料资源、节约木材、增加生产、提高质量、降低成本和减少污染等效果。

我国轻工业部造纸研究所与石岘造纸厂共同完成了云杉和杨木混合木片生产磺化机械浆的中试工作（60t/d），其试生产方块流程图如图 12-18。

试验条件如下：

（1）原木情况。该试验几乎全部采用小径材，其材径分级、剥皮损失和相对密度见表 12-7。

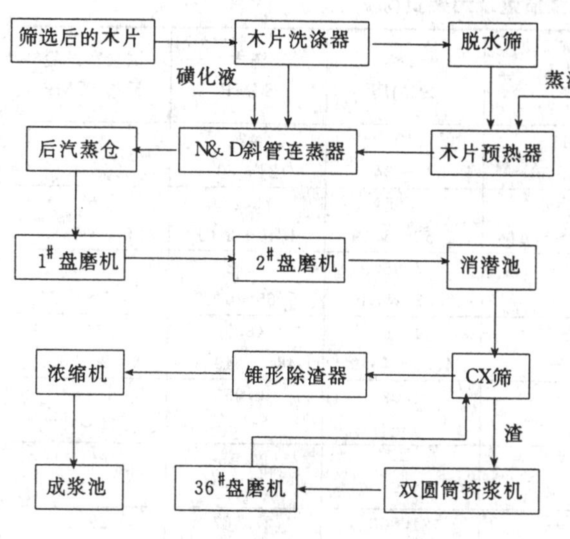

图12-18 云杉和杨木混合木片生产磺化机械浆流程

表 12-7 试验用小径材材径分级、剥皮损失及相对密度

材径（cm）	2～4	6～10	20 以上	剥皮损失	相对密度
云杉（%）	9.96	83.15	6.88	1.44	0.341
杨木（%）	8.93	84.43	6.64	1.42	0.356

云杉和杨木的配比见表 12-8。

表 12-8 云杉和杨木的配比

		云杉：杨木
体积配比	平均	1∶1.83
	一般	1∶（1.18～2.48）
重量配比	平均	1∶1.91
	一般	1∶（1.23～2.59）

注：原计划体积配比 1∶2.00，重量配比 1∶2.09。

表 12-9 磺化、磨浆、筛选工序的工艺条件

预汽蒸温度（℃）			63～95
磺化	Na_2SO_3 消耗（总体平均）（%）		12.5
磺化	液化	入口	3.61～4.74
磺化	液化	出口	3.98～5.10
磺化	pH 值	入锅药液	9
磺化	pH 值	废　液	7.0
磺化	压力（MPa）		0.37～0.42
磺化	时间（h）		1.0
磨浆	盘磨间隙（mm）（仪表读数）	一段	0.32～0.43
磨浆	盘磨间隙（mm）（仪表读数）	二段	−0.70～0.61
磨浆	浓度（%）	一段出口（抽查）	35.0
磨浆	浓度（%）	二段出口	33～39
磨浆	二段出口打浆度（°SR）		20～37
磨浆	电耗（kW·h/ADT）	一段	436～530
磨浆	电耗（kW·h/ADT）	二段	444～533
磨浆	电耗（kW·h/ADT）	总电耗	885～1 061
消潜池	浓度（%）		2.01～2.75
消潜池	温度（℃）		60～80
消潜池	时间（min）		20～40
筛选	锥形除渣器排渣量（kg/h）		2.05～4.67
筛选	36# 盘磨机（磨渣） 浓　度	入口	2.0～2.8
筛选	36# 盘磨机（磨渣） 浓　度	出口	1.4～2.1
筛选	36# 盘磨机（磨渣） 打浆度（°SR）	入口	16～26
筛选	36# 盘磨机（磨渣） 打浆度（°SR）	出口	19～29
筛选	36# 盘磨机（磨渣） 打浆度提高（°SR）		2～5
筛选	脱水机	浓度（%）	6.6～8.6
筛选	脱水机	打浆度（°SR）	32～60
得率（%）	粗浆（包括磺化磨碎）		89.4
得率（%）	细浆（除去排渣及流失）		88.3

(2) 削片。在刀盘直径为 1 270mm 的小削片机中进行。木片规格为（16～24）mm×（5～50）mm×（3～5）mm；水分为 40.0%；合格率为 93.02%；筛损为 4.06%（其中过大片 1.58%，锯末 2.48%，木节 0.004%）。

(3) 磺化、磨浆、筛选。木片经木片洗涤器洗去砂土，并沉下木节及金属物，经脱水机脱水后（水分 65%～70%），通过预汽蒸仓预热后，进入 $32m^3$（∅1 600mm×14 800mm）M&D 连续蒸煮器（有效容积 $21m^3$）磺化，然后通过汽蒸仓、螺旋加料器（本次试验未用）进入盘磨机。经两次磨碎后的纸浆，在 80℃消潜池内消潜20～40min，再进行筛选、除渣、浓缩，最后进入成浆池。筛选出的粗渣经双辊挤浆机挤压后，用 36# 盘磨机磨碎、冲稀，再与消潜池浆料一并进入 CX 筛。各工序工艺条件见表 12-9。其成浆质量及污染负荷见表 12-10。

本次试验磺化浆质量好的原因是：①提高了磺化液的浓度和压力，并稳定磺化液的 pH 值在 9 左右，试验室的试验说明这些因素都是对磺化质量起决定作用的；②用长短纤维搭配在一起磺化后磨浆，提高了纤维的内结合强度；③大直径盘磨机的效果优于小直径盘磨机。这

表 12-10 成浆质量及污染负荷

指　标			混合木片 SCMP（云杉：杨木＝1：2）	试生产后期（云杉：杨木＝1：2）	云杉 SCMP	杨木 SCMP	试验室试验 云杉 SCMP
磺化浆质量	打浆度（°SR）	平均	46	41	40	42	—
磺化浆质量	打浆度（°SR）	一般	32～60	26～56	25～54	24～60	35～45
磺化浆质量	裂断长（km）	平均	6.61	5.08	5.55	5.2	—
磺化浆质量	裂断长（km）	一般	6.01～7.20	4.51～5.64	4.61～6.49	4.40～6.01	5.2～5.8
磺化浆质量	撕裂指数（mN·m²/g）	平均	7.11	—	7.96	5.93	—
磺化浆质量	撕裂指数（mN·m²/g）	一般	6.68～7.63	—	7.53～8.36	5.65～6.12	5.6～5.9
磺化浆质量	白度（%）	平均	45.8	—	48.6	48.9	—
磺化浆质量	白度（%）	一般	45.1～46.8	—	48.3～48.9	48.0～49.9	50.2～50.1
磺化浆质量	硬化度（%）	平均	1.36	—	1.02	0.95	—
磺化浆质量	硬化度（%）	一般	1.16～1.55	—	—	—	1.64～1.75
磺化浆质量	总离子浓度（mmol/100g）	平均	20.9	—	—	22.16	—
磺化浆质量	总离子浓度（mmol/100g）	一般	18.6～24.2	—	—	—	—
污染负荷（kg/ADT）		BOD_5	17.462	—	21.860	27.167	29.3
污染负荷（kg/ADT）		COD	64.418	—	57.617	77.217	140.4
污染负荷（kg/ADT）		悬浮物	8.182	—	7.883	12.104	—
排水 pH 值			6.7	—	7.8	7.0	—

可从云杉 SCMP 的结果得知。尽管试验室内制出的云杉 SCMP 浆的磺化度低于生产试验，但平均裂断长两者基本一样，后者的撕裂指数高得多。

试验结果表明，在适宜的磺化和磨浆条件下，磺化浆的粗浆得率为 89.4%，磨浆动力消耗为 885～1 061kW·h/ADT。用 27%SCMP 浆，配以 63%GP（其中 51%云杉 GP，49%喷碱-亚硫酸钠 GP）和 10%云杉 SP（加 4%滑石粉），所抄得纸的质量指标，全部达到轻工业部颁发的胶印新闻纸试行标准和普通新闻纸国家标准，制浆和抄纸的经济效益较好，取得了满意的结果。

4.2.4　无硫化学机械浆

无硫化学机械浆（NSCMP）采用乙醇胺和氢氧化铵溶液组成蒸煮液，对植物纤维原料进行蒸煮，然后磨浆制得的一种无硫高得率浆，该法由国际新纤维公司（NFI）研制成功，供生产瓦楞原纸和挂面纸板用，其特点是纸浆得率高，用阔叶材为原料，纸浆得率为 90%以上，并具有蒸煮时间短、纤维分散好、磨浆电耗低以及环压和槽纹强度好等。

蒸煮液由乙醇胺和氢氧化铵溶液所组成。乙醇胺 $NH_2CH_2CH_2OH$，又称 2-氨基乙醇，无色粘稠液体，有氨气味和强碱性，比重 1.017 9，沸点 170.5℃，凝固点 10.5℃，能与水和乙醇无限混溶，无毒。

蒸煮液开始 pH 值<12；液比 1：3～3.5。

用螺旋输送机把木片加入蒸煮锅中浸渍，预汽蒸 10min，升温至 165～170℃气相蒸煮，保温时间 12--15min，整个蒸煮周期约 2h。软化后木片送入压力磨浆机，浆浓 20%磨浆，再经精磨机，浆浓 20%磨浆，洗涤后纸浆游离度 645ml（CSF），最后低浓磨浆，浆浓 3.1%磨浆到游离度 365～420ml（CSF）。最后送往纸机抄造。

由于预浸蒸煮化学品对木片的渗透性较好，使木片软化快，且均匀性好，所以磨浆能耗低。各种不同原料和制浆方法的磨浆能耗比较见表 12-11。

表 12-11　不同原料和制浆方法的磨浆能耗比较

制浆方法	材　种	纸浆得率（%）	游离度（mlCSF）	磨浆总能耗（kW·h/t）
NSCMP	青　杨	91.6	365	250
SCMP	香脂云杉	89～92②	300～400	1 400～1 500
CTMP	黑云杉	94	100	2 200
TMP	黑云杉	96	125	2 700
TMP	白　松	94	—	2 600
PGW	针叶材	95～97②	100	1 400
GW	马尾松	95～97②	—	1 600～1 800
NSSC	阔叶材	73～83	—	300～325
GLSC①	栎木、桉木	74～76	342	330

① 绿液半化学浆；② 近似得率。

杨木 NSCMP 与 NSSC、CMP、CTMP、SCMP、TMP 各浆种的强度特性比较见表 12-12。

从表 12-12 中可看出 NSCMP 浆的强度特性与 CTMP 接近，撕裂指数和破裂指数还优于 CTMP。

表 12-12 杨木各种纸浆强度特性比较

浆 种	NSCMP	NSCMP	NSSC	CMP	CMP	SCMP	CTMP	TMP
材 种	青杨	青杨	青杨	青杨	青杨	白杨	青杨	青杨
处理时间（min）	15	15	21	15	90	30	60	15①
纸浆得率（%）	88.8	91.7	82.9	84.6	89.9	90	89.3	90.5
游离度（ml CSF）	420	405	400	393	391	350	80	80
密度（kg/m^3）	598	581	460	343	383	490	620	520
裂断长（km）	5.10	4.85	3.97	2.26	3.46	4.8	5.23	3.3
撕裂指数（$mN\cdot m^2/g$）	6.15	6.63	8.08	3.89	5.98	7.1	3.18	2.18
破裂指数（mN/kg）	2.79	2.49	2.15	1.10	1.85	1.5	2.23	1.16
环压值（kN/m）	1.68	1.34	1.06	0.96	1.24	—	—	—

①磨浆前预汽蒸时间。

4.2.5 碱性过氧化氢机械制浆（APMP）

碱性过氧化氢机械制浆法的生产工艺主要是：净化后的木片经过两段预浸螺旋压榨机，两段预浸器和两段常压汽蒸，再经两段盘磨常压高浓磨浆。其典型的流程和工艺参数如下：

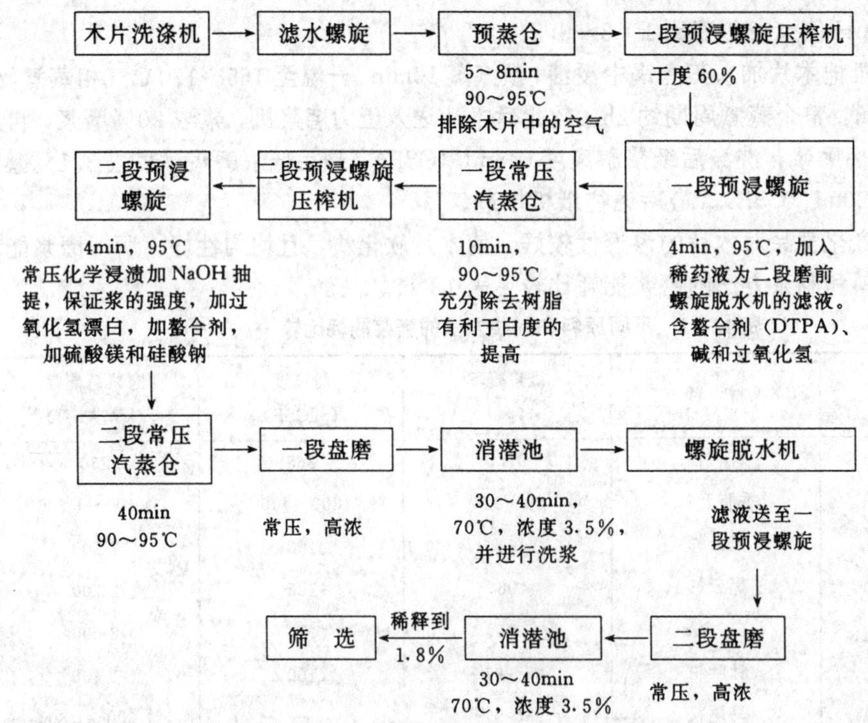

APMP 制浆的特点：碱性过氧化氢可使原料中木质素羰化，带有羰基的木质素可能参与氢键结合，从而在抄纸过程中增加纤维的结合力；木片经碱性过氧化氢处理后，使木质素软化，纤维易于分离，而且在磨浆过程中很少会产生细短纤维；碱性药液中加入过氧化氢能够避免纸浆经碱处理后变成褐色；在磨浆过程中碱性过氧化氢能起漂白作用，可以省去后工段的漂白设备；在一定的范围内增加氢氧化钠用量可以明显地增加纤维的结合强度和密度。纸浆在相同的游离度条件下，磨浆能耗随着氢氧化钠用量增加而减少（见表 12-13）。

表 12-13　杨木 BCTMP 与 APMP 的比较

工艺条件和指标	BCTMP	APMP	工艺条件和指标	BCTMP	APMP
亚硫酸钠用量（%）	1.4	—	耐破指数（mN/kg）	2.9	3.0
氢氧化钠用量（%）	1.8～4.3	5.8	撕裂指数（mN·m^2/g）	6.3	6.3
过氧化氢用量（%）	4.0	4.0	白度（%）	82.8	83.5
磨浆能耗（kW·h/t）	1 715	1 220	不透明度（%）	80	81.8
纸浆游离度（ml CSF）	77	77	光散射系数（%）	39	43
密度（kg/m^3）	555	558			

从表 12-13 中看出：BCTMP 与 APMP 因用碱量不同，APMP 的强度略高于 BCTMP，而磨浆能耗却比 BCTMP 浆低 28%；污染程度与用碱量有直接关系，如 CTMP 浆经漂白制成 BCTMP，不仅纸浆得率降低，而且废水的污染负荷增加接近一倍，不同药液用量所产生的废水污染负荷见表 12-14。

表 12-14　CTMP、BCTMP 和三种不同药液用量的 APMP 浆产生的废水污染负荷比较

制浆法	CTMP	BCTMP	APMP-1	APMP-2	APMP-3
亚硫酸钠用量（%）	2.4	2.4	—	—	—
氢氧化钠用量（%）	1.9	7.0	7.4	6.3	4.7
过氧化氢用量（%）	—	5.0	4.7	4.4	3.8
BOD_5（kg/t）	44	80	84	75	34
COD（kg/t）	126	242	240	144	127

从表 12-14 中看出：废水污染负荷与用碱量成正比，BCTMP 用碱量最高，废水污染负荷亦最高，APMP-3 用碱量低，废水污染负荷亦低。

APMP 法不仅适用于针叶材如杉木制浆，而且也适用于阔叶材如杨木、柳木制浆。木片要求新鲜，贮存期不宜超过 3 周。APMP 法过氧化氢用量以 3.5%～4.5%（以 100%H_2O_2 计）为最经济，纸浆白度一般为 75%～80%（ISO），最高可为 84%～85%。

4.2.6　双螺旋挤压法生产漂白化学机械浆

法国 Clextral 公司研制成功的双螺旋挤压法，采用二段双螺旋挤压机制浆，生产高得率、高强度漂白化学机械浆，其工艺流程如下：

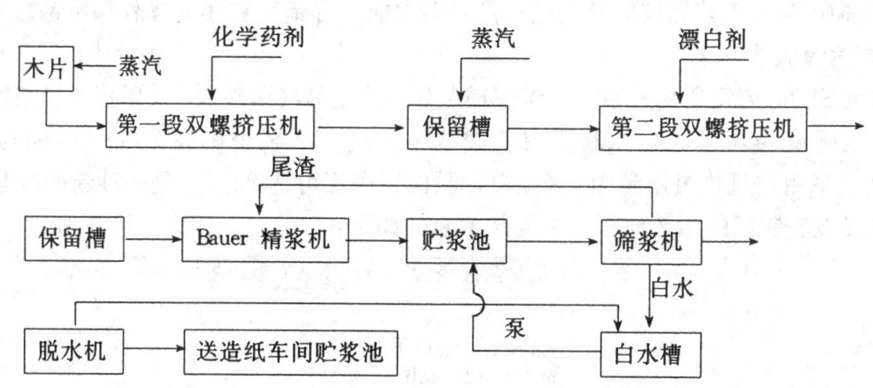

二段双螺旋挤压制浆在第一段双螺旋挤压机中只有两个反螺旋区，两个反螺旋区之间加入亚硫酸钠和氢氧化钠溶液（如图 12-19），即木片先经压缩、膨胀和剪切揉搓综合作用以后，再加入药液进行磺化作用。该段螺旋挤压的功能为：加入木片、木片撕裂、加入药液和通入蒸汽，使木片磺化作用，在添加药液前木片经过滤排出水分。在第二段双螺旋挤压机有四个反螺旋区，第一、二、三个反螺旋区之间加入洗涤水，第三、四个反螺旋区之间加入漂白液（如图 12-20），漂白是在纤维经过充分分离和洗涤后进行的。该段螺旋挤压的功能为：纤维分离、洗涤和漂白纸浆。在第一、二、三个反螺旋区以前都有过滤器以排出洗涤液。

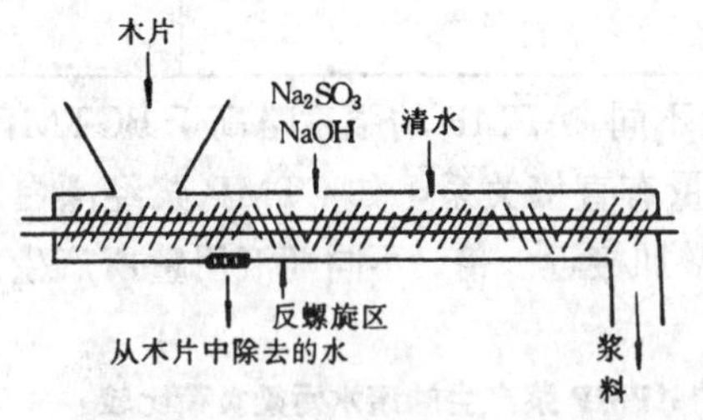

图 12-19 第一段 Bi-Vis 制浆机

第一级螺旋的浆料
洗涤水
漂白液
逆流洗涤
逆流洗浆
过滤器回收一级处理液
漂白浆

图 12-20 第二段 Bi-Vis 制浆机

两段螺旋挤压机后都有保留槽，浆料在槽中停留时间为 30～60min，补充完成化学药液的浸渍和漂白化学反应。

制浆工艺参数和能耗：第一段：亚硫酸钠用量 4%、氢氧化钠用量 2%，蒸煮温度 130℃和蒸汽压力 300kPa。单位能耗 150kW·h/t 绝干浆。第二段：过氧化氢用量 4%、氢氧化钠用量 2%，硅酸钠用量 4%，螯合剂用量 0.1%。洗涤水耗量 3.5t/t 绝干浆，单位能耗 390 kW·h/t绝干浆。漂白浆精浆能耗 1 100kW·h/t 绝干浆。总计能耗约 1 640kW·h/t 绝干浆。

流程中各段浆料浓度：木片水分 30%～60%；双螺旋挤压机出口浆浓度 30%～35%；保留槽中浆浓度 30%；Bauer 精浆机进口浆浓度 20%～25%，出口浆浓度 10%；贮浆池浆浓度 5%；高压筛浆浓度 1.5%；浓缩机出口浆浓度 10%；送造纸车间贮浆池浓度 5%。

以南方松木为原料，采用双螺旋挤压机二段制浆得到的漂白化学机械浆，其物理机械强度性质为：游离度 70°SR，定量 70g/m²，松厚度 2.0cm³/g，裂断长 4 600m，耐破指数 2.5 kPa·m²/g，撕裂指数 5.5mN·m²/g，白度 79%，不透明度 85%，纸浆得率 91%。这种浆可以代替化学浆生产印刷纸、书写纸和纸板等。

该法优点：使用原料广泛，如针叶材、阔叶材、棉短绒和废纸等；生产的纸浆质量高，与传统的 CTMP 制浆工艺比较能耗较低；具有多功能，占地面积小，操作和维修较容易。

4.2.7 蒸汽爆破法制浆

加拿大 Stake 公司研制开发了连续爆破装置，是在蒸汽爆破前，采用药液浸渍的方法，所制得的纸浆强度相当于同类原料漂白硫酸盐浆强度，纸浆得率高为 90%～94%，能耗比 CTMP 低，采用过氧化氢用量为 4%漂白，漂白浆白度可达 82%，是一种新的制浆方法。

蒸汽爆破法制浆的工艺流程和主要技术参数如下：

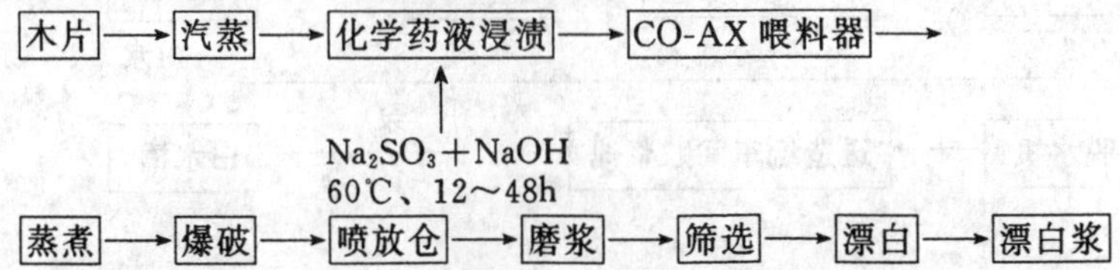

木材经削片、筛选、汽蒸和洗涤，用亚硫酸钠 3%～10%、氢氧化钠 0～2%和 DTPA0.5%对木片进行浸渍。蒸汽爆破法的关键步骤是用一种称为"CO-AX"的喂料器将经化学品浸渍过的木片喂入一台专门的蒸煮器。它虽只有一个木片转子，却可承受得住高达 3MPa 的超压力——相当于温度在 230～240℃水蒸气的压力，当这套设备用于制浆时，蒸煮器不是在最高压力和温度下运转的，但在温度 190～195℃时，需要通入高压蒸汽。蒸煮器由带有特殊排料装置的卧式输送螺旋组成。木片在蒸煮器中通过的时间通常为 1～4min，这是由螺旋的回转速度所控制。CO-AX 喂料器和蒸煮器如图 12-21。

在排料的一瞬间，木片周围的压力降到 1 个大气压，这时木片"爆破"——离解成纤维，这是因为在木材毛细管系统中有残存蒸汽的超压力存在，这时浆料被送入盘磨机磨浆，然后经筛浆和漂白制得漂白爆破纸浆。

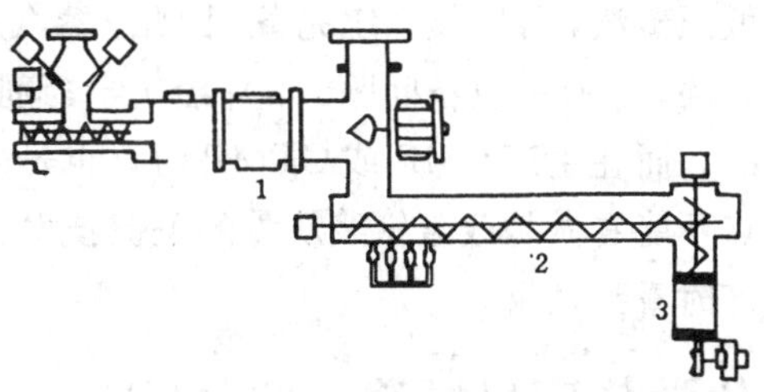

图 12-21 CO-AX 喂料器和蒸煮器示意

1. 给料器；2. 蒸煮器；3. 放料装置

蒸汽爆破法制浆，与传统的制浆方法——化学制浆或化学热磨机械制浆法相比，具有较大的优势。

与化学制浆法相比其优点是：纸浆得率高，生产成本较低，对环境污染小，废水易于处理。

与 CTMP 法相比其优点是：磨浆能耗较低，纸浆强度较高和由于爆破浆具有的特性，决定了这种浆可在高游离度下使用，可节约更多的能量。

杨木爆破浆与漂白硫酸盐浆、CTMP 比较见表 12-15。

表 12-15 杨木爆破浆与 BKP、CTMP 比较

制浆法	CTMP	CTMP	爆破浆	爆破浆（漂白）	BKP
Na_2SO_3 用量（%）	5	8	8	8	—
NaOH 用量（%）	5	1	0.5	0.5	—
时 间（min）	10	10	1	1	—
温 度（℃）	128	128	194	194	—
磨浆能耗（MJ/kg）	4.7	7.0	2.1	2.1	1～2
游离度（ml CSF）	300	300	300	240	286
裂断长（km）	3.8	2.9	6.2	7.4	6.7
破裂指数（$kPa \cdot m^2/g$）	1.7	0.95	3.7	4.8	4.4
撕裂指数（$mN \cdot m^2/g$）	5.8	5.4	6.2	7.3	6.9
白 度（%）	56	64	58.3	85.5	82.5
不透明度（%）	92.9	93	82.7	70	73.3
纸浆得率（%）	86	92	91	87	47

从表 12-15 中看出：杨木未漂爆破浆的强度稍低于 BKP，而经 H_2O_2 漂白后，提高了漂白浆的强度，与 BKP 基本相同，纸浆得率明显高于 BKP。杨木爆破浆与 CTMP 相比，纸浆强

度较高和磨浆能耗低。

蒸汽爆破制浆法特别适用于阔叶材，如杨木、桦木等。爆破纸浆可以代替化学浆或CTMP配抄印刷纸、书写纸和纸板等。

虽然，蒸汽爆破法制浆有上述一些优点，但是目前尚处于试验研究阶段，在进行工业化生产时，还存在两点疑问：①关于节省能耗的问题。蒸汽爆破法制浆虽然能降低磨浆能耗，但采用间歇式蒸煮时，每吨浆平均要用3MPa的中压蒸汽1.8t，采用连续蒸煮可能降低能耗，但同时用中压蒸汽就不经济了。另外，排出的蒸汽如何回收，还没有解决，而CMP和CTMP是使用低压蒸汽，且回收系统完备。因此，蒸汽爆破法制浆是不是真比CMP和CTMP节能，是一个疑问；②有关设备问题。木片经化学药剂浸后，要用CO-AX喂料器把木片压缩后送入爆破机的。而在生产CMP或CTMP时，也是采用化学药剂处理木片，用挤压机压缩的，因此这一点不能看做是改善纸浆质量的关键技术。所以蒸汽爆破法制浆的有些问题，希望在工业化生产时看到效果。

5 化学热磨机械浆（CTMP）

5.1 化学预浸时的作用原理

5.1.1 木材纤维软化的机理和润胀

木材纤维软化处理的最通用方法除加热处理外，还有用化学药品处理的方法，所用药品大多数是蒸煮和漂白时常用药品。

木材是一种粘弹性物质。当木材纤维软化程度提高时，其粘性流体的性质增强，而弹性体的性质减弱。因此当软化过度时，木质素在热的作用下不仅呈玻璃态覆盖于纤维表面层，而且复原能力减小，影响能量的吸收。磨浆时细胞壁的破裂将在任意处进行，浆的质量反而会变坏。

木材的软化实质上是组成木材纤维的木质素和半纤维素的软化，而木质素和半纤维素的软化点又受水分的影响。木质素软化温度与含水量关系如图12-22。由图可知：水分含量低，木质素开始软化的温度高，当水分含量在25%～40%时，木质素软化温度接近100℃。半纤维素的软化温度在无水时为210℃，而含60%水分时，可降低到20℃。由于木质素和半纤维素的无定形结构，能或多或少地吸收水分，化学药品预浸就是要使更多的水进入，增加木片或浆料的水合作用，促使纤维的软化和润胀。

5.1.2 化学药液预浸使木质素改性，促进纤维间的结合

CTMP一般采用Na_2SO_3或Na_2SO_3+NaOH的混合液预浸。虽然化学品预浸渍时引入了OH^-、HSO_3^-或SO_3^{2-}，增加了木质素的亲水性，但是这种温和的化学品预浸不能导致木质素结构的广泛断裂和溶解，而只要求实现充分的软化，以利于下一步的机械解离和磨浆。经这种化学品预浸过的木质素，由憎水性变成为亲水性，不仅使纤维柔软，而且有利于提高纤维间结合力，当抄造纸页时，由于氢键作用，提高了纸页的物理强度。CTMP的磺化度对裂断长的影响如图12-23。这是云杉木片在温度为135℃和170℃时，用不同亚硫酸钠溶液预浸，其强度变化的情况。由图12-23可看出：裂断长随磺酸基含量的增加而直线上升，可见化学品预浸对提高强度的效果很明显。但要注意的是，处理后浆得率必须在CTMP得率范围内，以保持处理后的纸浆仍具有机械浆的特性。

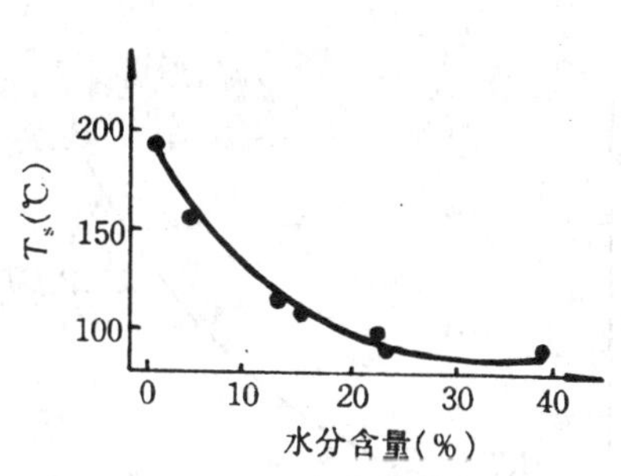

图 12-22 木质素软化温度与含水量关系

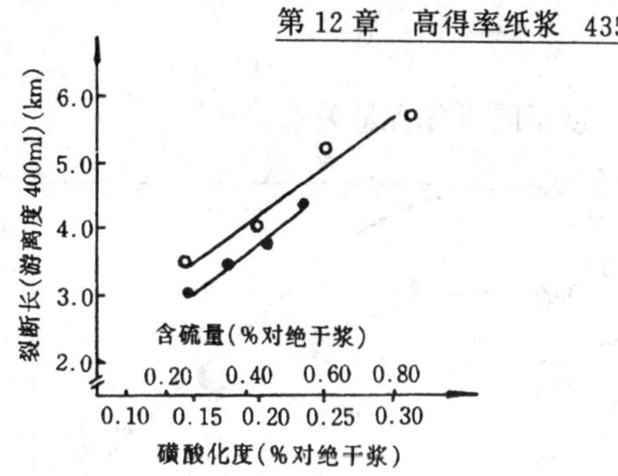

图 12-23 磺酸化度和裂断长的关系

○裂断长和含硫量关系

●裂断长和磺酸化度关系

5.1.3 针叶材木质素的磺化反应

当用亚硫酸盐溶液在 pH 值为 7 时，木质素亲水性的增加为纤维提供了持久的软化，软化的原因是由于高度离子化的磺酸基置换木质素结构上的—OH 基和醚基的结果。

氢键使木质素成交联结合，磺化时氢键被打断引入—SO_3H 基团，其周围被水包围，这样木质素由憎水性变成亲水性，使针叶材木片磺化后产生持久性木质素软化，在下一步磨浆时，木片磺化度提高对增加 CTMP 长纤维组分有利。磺化度和纤维长度因子 L 的关系如图 12-24，L 表示在 Bauer-McNett 筛分仪上 R48 的级分，在一定比能耗下，CTMP 的 L 因子将随着木片磺化度的增加而增加，直到磺化度达到 1.4%为止，即当磺酸基数量从 0 到 1.4%时，L 因子可从 64%增加到 78%。

图 12-25 表示在磨浆比能耗 7.1GJ/t 下，经过化学处理的 CMP 和 CTMP 的磺酸基数量从 1.2%增加到 2.0%时，裂断长增加一倍。

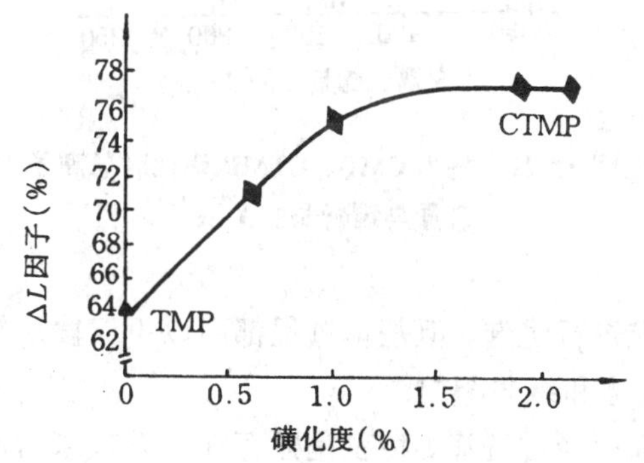

图 12-24 木片磺化度和 L 因子关系

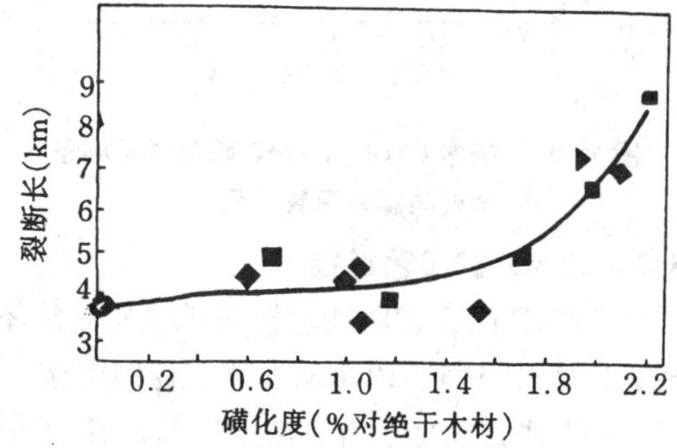

图 12-25 磺化度和裂断长的关系

○RMP；■CMP；▲TMP；◆CTMP

此外，增加磺酸基含量，比散射系数或不透明度要下降，如图 12-26，这是由于增加长纤维级分，减少细小纤维含量的结果。湿纸页特性与浆掉毛大多与浆性质有关，它不会受木片磺化所影响。

5.1.4 阔叶材木质素的磺化反应

针叶材的磺化反应主要针对木质素，对半纤维素影响很小。阔叶材在碱性磺化处理过程中，由于半纤维素中的酯会变成羧基，因此磺化后的浆磺酸基增加，羧基也增加。图 12-27 表示杨木木片用中性或碱性亚硫酸盐磺化制 CTMP 时，总离子含量（磺酸基和羧基之和）与纤维长度不同级分含量关系。

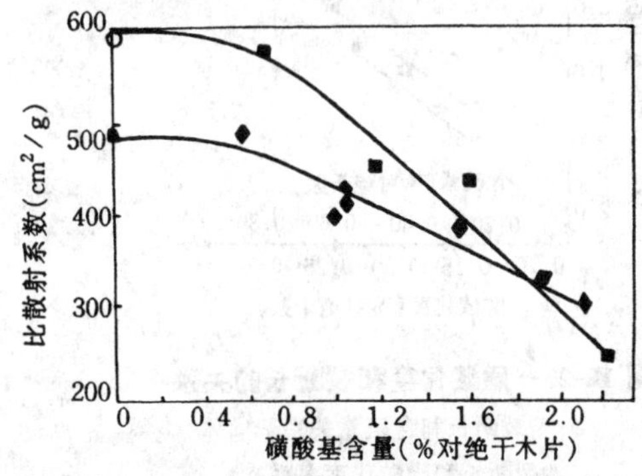

图 12-26 磺化度和比散射系数的关系

○RMP；■CMP；◆CTMP

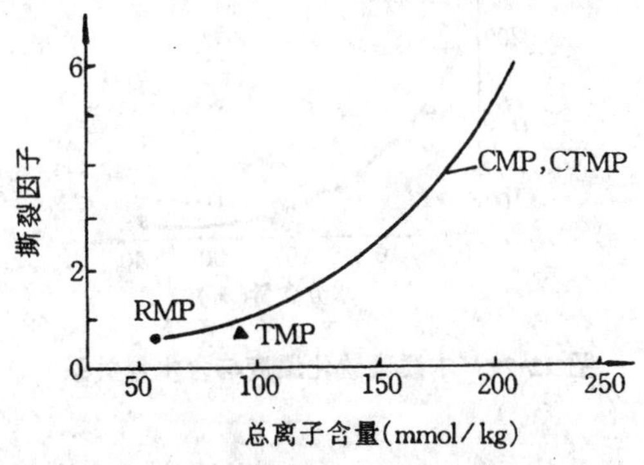

图 12-27 杨木 CTMP 磺化时总离子含量与各种纤维级分的关系

杨木 CMP、CTMP 磺化时总离子含量与撕裂因子的关系如图 12-28。杨木 CMP、CTMP 磺化时总离子含量与裂断长的关系如图 12-29。浆强度随着总离子含量增加而增加。从图 12-29 看出，磺化后的 CMP、CTMP 裂断长要比不经磺化处理的 RMP、TMP 增加 9 倍。

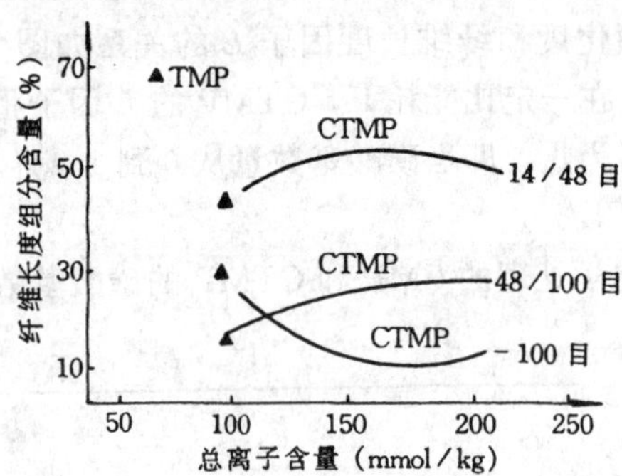

图 12-28 杨木 CMP、CTMP 磺化时总离子含量与撕裂指数关系

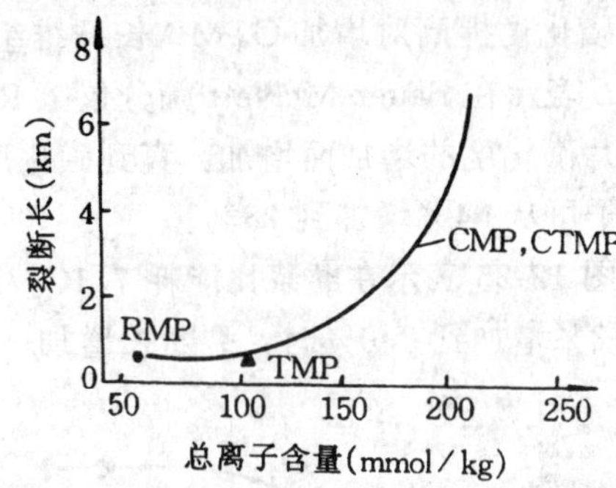

图 12-29 杨木 CMP、CTMP 磺化时总离子含量与裂断长的关系

5.2 CTMP 的工艺过程

CTMP 的工艺路线可按对纸浆质量的不同要求进行优选，但基本过程都由以下五段所组成，即木片洗涤、PREX 浸渍、控制磨浆、纸浆洗涤和纸浆漂白。

(1) 木片洗涤。所有供生产 CTMP 用的木片都应经过洗涤，特别是贮存在室外或来自制材工厂的木片因含有杂质，从而使精磨机磨盘磨损，缩短其使用寿命，甚至引起裂缝。Sunds Defibrator 木片洗涤器的特点是除去杂质的效率高和运转可靠性极好。

(2) PREX 浸渍。木片精磨前进行药液均匀浸渍是制取高质量 CTMP 的重要条件。可使浆中碎片含量少、长纤维含量多，浆的结合性能良好以及抽提物含量低等。Sunds Defibrator PREX 的浸渍系统包括以下几个阶段：①木片经洗涤浸渍前进行预汽蒸以驱除木片中空气和软化木片；②按 PREX 工艺用化学药剂浸渍木片。针叶材用亚硫酸钠溶液，阔叶材用亚硫酸钠和氢氧化钠混合液浸渍；③停留一定的时间，保温控制，以使化学药液充分渗入纤维和纤维壁中；④第四段是第三段的延续，即木片吸收化学药液后进行蒸汽预热，以保证生产高质量的纸浆，但阔叶材可不用蒸汽加热。

PREX浸渍过程如图12-30。首先由转子螺旋喂料器把汽蒸的木片推进到密封的旋塞中，再将其推入浸渍罐中，木片在浸渍罐中开始膨胀吸收浸渍液。有效的浸渍必须将纤维腔中的空气驱除，这就要有足够的时间来常压汽蒸木片，汽蒸时木片中的空气被水蒸气所取代，在随后的液相化学浸渍中因木片和浸渍液的温度差使木片中的气体体积减小，产生一定的负压而把药液吸进纤维结构中。

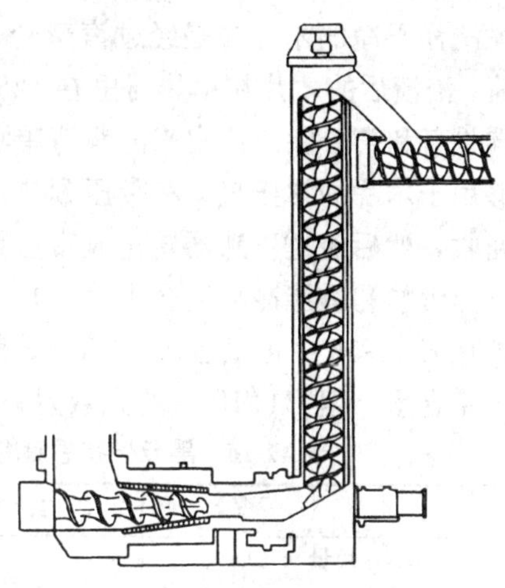

图12-30　PREX浸渍过程

(3) 控制磨浆。控制磨浆稳定是保证生产CTMP质量均匀，纤维束含量少的必要条件。Sunds Defibrator磨浆机的特点是操作稳定、可靠和耐磨，成套磨浆机为单盘、双盘、锥形盘磨机系统，各种型号的盘磨机都带有刀距测量传感器(TDC)，以便控制磨片间距和磨浆质量。

(4) 纸浆洗涤。生产绒毛浆和液体包装用纸板的CTMP要求残留在纸浆中的抽提物少，因此必须彻底洗涤纸浆。浆中残留的抽提物和溶解物的多少标志着设备的洗涤效率与用水量的特性。Sunds Defibrator采用双辊置换压榨机作为磨浆机之间的洗涤设备，在纸浆漂白过程中使用逆流洗浆方式，以保持最大限度地脱除抽提物。此外，在磨浆前的转子喂料装置中也能脱除出大量的抽提物。

(5) 纸浆漂白。CTMP浆经过简单的单段中浓H_2O_2漂白，纸浆白度可达到75%(ISO)。高白度的CTMP漂白，即生产纸浆白度要求80%以上，可采用高浓多段H_2O_2漂白，漂白过程要求逆流洗涤。其化学药品的消耗量和所达到白度的水平将取决于以下因素：①漂白前纸浆的洗净程度；②纸浆和H_2O_2漂白液的混白均匀程度；③漂白过程中纸浆的浓度；④没反应的过氧化物的循环再利用；⑤漂白工艺过程的控制。

5.3　针叶材CTMP制浆工艺流程

预浸药液的pH值对CTMP浆的质量有很大影响。pH值较高(9.0～9.5)时，达到一定游离度所需磨浆比能提高，浆的密度和强度提高达到最大，浆白度有所提高；当pH值较低(6.0～7.5)时，白度显然提高，但浆的密度和强度提高不大。这说明CTMP制浆过程有较大的灵活性，可以通过改变预浸条件达到不同的效果。

典型的针叶材CTMP制浆流程如图12-31。

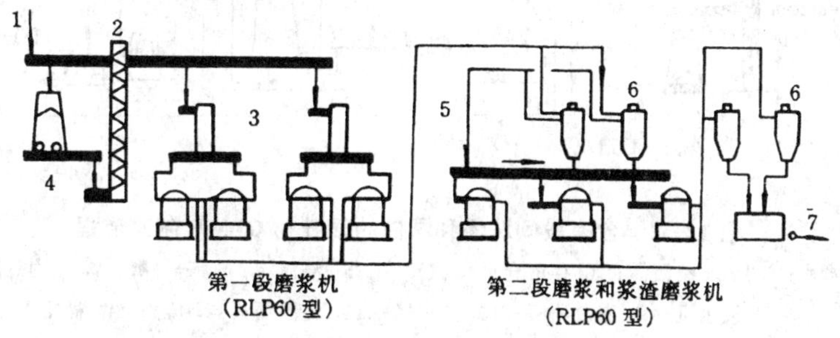

图12-31　针叶材典型的CTMP制浆流程

1. 洗涤木片；2. Prox浸渍器；3. 预热器；4. 汽蒸仓；5. 浆渣；6. 压力旋风分离器；7. 送筛选

洗涤干净的木片先是经过汽蒸仓在常压下汽蒸，然后用含有Na_2SO_3和螯合剂的浸渍液浸渍，浸渍后的木片在预热器里在125～130℃温度下加热3min，最后经过两段压力磨浆，从筛选设备和离心除渣器出来的浆渣单独返回一个常压浆渣磨再磨。从磨浆机出来的回流蒸汽足够用于木片的常压汽蒸和带压预热，而同浆一起往前送的污蒸汽经过压力旋风分离器时得以回收，然后经过再沸器转化成带压新鲜蒸汽，通常可用于纸机干燥段。

黑云杉和香脂冷杉混合木片（1∶1）生产的TMP和CTMP商品浆的质量性能见表12-16，从表12-16中可以看出，CTMP浆具有较高的密度和白度，较好的结合性能以及较低的纤维束含量，但CTMP浆的光散射系数和不透明度低于TMP浆。

表12-16 黑云杉和香脂冷杉混合木片（1∶1）TMP和CTMP性能比较

指 标	TMP	CTMP（一）	CTMP（二）	CTMP（三）
Na_2SO_3用量（%）	0	2.5	2.5	2.5
能耗（kW·h/ADT）	1 970	2 050	2 270	2 450
游离度（ml CSF）	100	106	84	69
纤维束含量（%）	0.30	0.20	0.05	0.02
密 度（kg/m^3）	370	400	410	420
耐破指数（$kPa\cdot m^2/g$）	2.20	2.80	3.25	3.45
抗拉强度（N·m/g）	41.0	50.0	55.5	59.0
撕裂指数（$mN\cdot m^2/g$）	9.5	9.3	9.8	9.3
白 度（%）	54.5	58.0	57.6	57.4
不透明度（%）	97.5	96.5	97.0	97.2

5.4 阔叶材CTMP制浆工艺流程

一般来说，阔叶材的化学浸渍是在强碱条件下进行以便细胞壁充分润胀便于磨浆。浸渍之后的预热通常是在常压条件下进行以防止出现碱黑化，而且还能有效地降低磨浆比能，化学浸渍将降低木质素的软化温度点，因此必须确保磨浆初始木片处于较低温度状态，从而保证细胞壁的充分破裂。

图12-32是生产阔叶材CTMP浆的一种流程，其中在第二段磨浆之前有一段段间洗涤和过氧化物漂白。浆渣经过洗涤段的低浓给浆槽回到第二道磨再磨，这样就能保证从第一段磨浆机排放出来的浆同浆渣充分混合均匀。

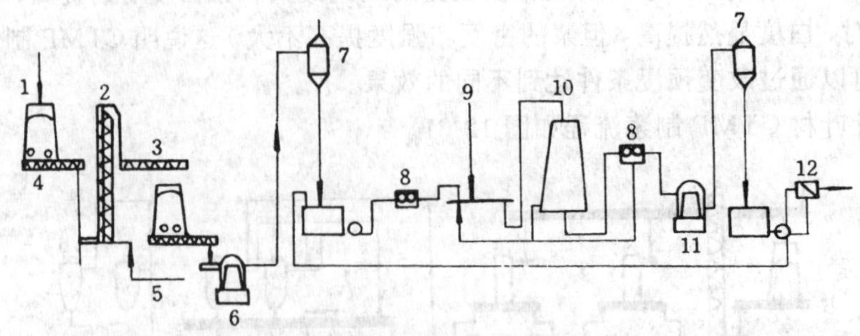

图12-32 含有段间洗涤和漂白的阔叶材CTMP制浆流程

1. 洗涤木片；2. Prox浸渍器；3. 存留仓；4. 汽蒸仓；5. 浸渍液；6. 一段磨；7. 压力旋风分离器；8. 脱水机；9. 漂白药液；10. 漂白塔；11. 二段磨；12. 压力筛浓缩机

杨木、桦木和槭木的化学浸渍条件相同，都是每吨木片使用25kg Na_2SO_3和30kg NaOH，浸渍后在50℃的温度下预热，由于它们之间的密度相差较大，杨木为$360kg/m^3$，桦木和槭木为 540～560kg/m³，因此预热时间不同，杨木为 15min，桦木和槭木为 25min。

在上述试验的浸渍条件下，杨木 CTMP 浆的密度和结合性能最高，桦木次之，槭木最差，另外，由于槭木的平均纤维长度（0.8mm）远低于杨木（1.10mm）和桦木（1.5mm），造成槭木 CTMP 浆的撕裂度远远低于杨木和桦木 CTMP 浆。

表 12-17 给出了未漂的颤杨、黄桦和槭木 CTMP 浆的质量性能，以及这几种浆用过氧化氢漂白至 78%～80% ISO 白度后的质量性能。

表 12-17　阔叶材未漂白和漂白 CTMP 的质量性能

指　标	颤　杨		黄　桦		槭　木	
	未漂	漂白	未漂	漂白	未漂	漂白
纸浆得率（%）	91.8	—	90.1	—	89.6	—
磨浆比能（kW·h/t）	1 290	—	850	—	1 000	—
游离度（ml CSF）	105	100	105	100	105	100
密　度（kg/m³）	515	630	370	500	345	437
耐破指数（kPa·m²/g）	2.70	4.60	1.80	2.90	0.71	1.26
抗拉强度（N·m/g）	54	70	39	58	25	36
撕裂指数（mN·m²/g）	6.3	6.9	6.2	7.1	3.1	4.0
白　度（%）	58.5	78.0	47.0	80.3	43.0	81.0
不透明度（%）	88.5	72.0	91.6	72.9	96.6	79.0
光散射系数（m²/kg）	36.7	27.8	34.5	29.7	41.8	41.4
漂白 H_2O_2 用量（kg/t）	—	60	—	60	—	60
H_2O_2 消耗量（kg/t）	—	29	—	35	—	36
NaOH 用量（kg/t）	—	40	—	40	—	40
硅酸钠用量（kg/t）	—	30	—	30	—	30
DTPA 用量	—	3	—	3	—	3

注：浸渍 Na_2SO_3 25kg/t，NaOH 30kg/t。预热：杨木 50℃，5min，桦木、槭木 50℃，25min。

从表 12-17 可看出，用过氧化物法将三种阔叶材 CTMP 浆漂白至 78%～81%ISO 白度后，将显著提高它们的密度和结合性能，但光散射系数和不透明度将下降；在相同化学浸渍条件下，桦木和槭木对化学浸渍的反应不如杨木强烈，不过可以通过改变浸渍条件在一定程度上得到不同物理性能的浆来满足不同的要求。

从表 12-18 可以看出两种不同的 NaOH 用量对杨木、桦木及槭木 CTMP 浆的性能和影响。

表 12-18　化学品浸渍条件对颤杨、黄桦和槭木 CTMP 的影响

指　标	颤　杨		黄　桦		槭　木	
Na_2SO_3 用量（kg/t）	25	25	25	25	25	25
NaOH 用量（kg/t）	15	30	30	50	30	50
纸浆得率（%）	91.8	89.3	90.1	88.8	89.6	88.6
游离度（ml CSF）	105	105	105	105	105	105
宽　度（kg/m³）	392	515	370	495	345	456
耐破指数（kPa·m²/g）	1.98	2.70	1.80	2.60	0.70	1.40
抗拉强度（N·m/g）	43.2	54.2	39.0	54.0	25.0	35.0
撕裂指数（mN·m²/g）	6.1	6.3	6.2	6.7	3.1	3.9
白　度（%）	65.7	58.5	47.0	38.5	43.0	40.0
不透明度（%）	89.8	88.5	91.6	89.5	96.6	94.6
光散射系数（m²/kg）	46.5	36.7	34.5	25.8	41.8	38.8

最新的观点认为：用阔叶材生产低游离度漂白CTMP浆时，最好分三段磨浆。第一段粗磨之后，第二、三段磨浆之前进行段间洗涤、初漂和二段洗涤，第二、三段磨浆之后再经过筛选、净化、第三段洗涤和第二段漂白。浆渣（来自筛选设备及净化设备）则返回与浓度较低的第一段粗磨初漂浆充分混合均匀一起送去第二、三段磨浆。80%～85%阔叶材与15%～20%针叶材的混合木片用这种方法生产的低游离度CTMP浆白度为83%～86% ISO，得率为85%～90%（与化学处理条件有关）。

5.5 国内用杨木生产CTMP

吉林造纸厂把原TMP生产线改造为CTMP生产线，改造仍由瑞典S.D公司提供技术和主要设备，新的CTMP系统仍保持日产150t的水平，采用阔叶材杨木为生产原料。

5.5.1 生产CTMP工艺流程

(1) 生产CTMP工艺流程。CTMP生产工艺，近年来国外已有成熟的生产经验，该过程是木片在常压下用预热蒸汽加热后，经挤压螺旋给料器使木片压缩，除去部分水分，以利木片在浸渍中吸收化学药液，使木材纤维发生润胀，通过盘磨机时纤维易于分离而得到较多的长纤维，较少的纤维束，从而改善浆料的强度性能。该厂CTMP生产工艺流程基本采用了目前国际上典型的CTMP生产流程（如图12-33）。

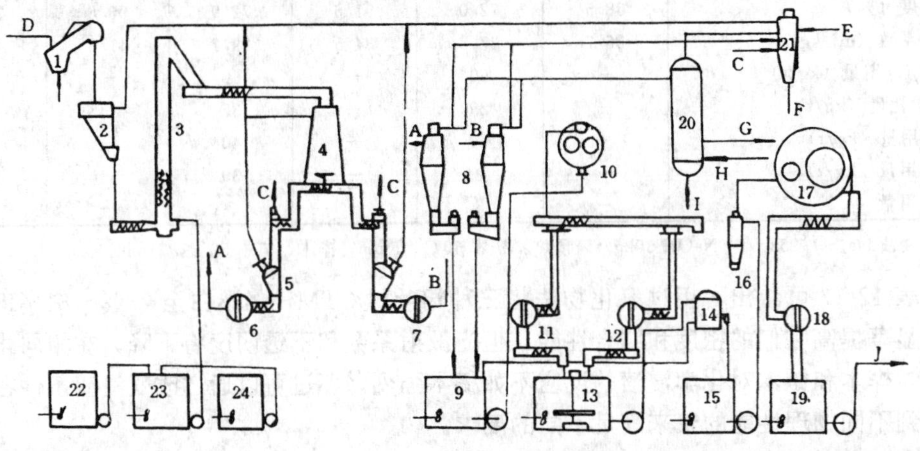

图12-33 CTMP工艺流程示意图

1. 螺旋滤水机；2. 预汽蒸仓；3. 浸渍器；4. 存留槽；5. 蒸汽分离器；6、7. 一段盘磨机；8. 压力旋沉器；9. 3#、4#浆池；10. 脱水压榨机；11、12. 二段盘磨机；13. 1#浆池；14. 压力筛；15. 2#浆池；16. 除渣器；17. 真空脱水机；18. 三段盘磨机；19. 5#浆池；20. 再沸器；21. 直接冷凝器；22. NaOH贮槽；23. 混合药槽；24. Na_2SO_3贮槽；D. 木片；G. 清洁蒸汽；H. 锅炉给水；I. 冷凝水；E. 白水；F. 热白水；J. 去贮浆池

详细生产流程为：木片风送至皮带运输机后进入重物分离器，用水洗涤除去重物，洗后的木片进入螺旋滤水机，白水进入净化器，除去锯末，循环使用。滤水后的木片送至预汽蒸木片仓。预蒸木片通过螺旋给料器送入浸渍器，在螺旋给料器的顶部装有一个压力反喷阀。其目的主要是使洗涤后的木片进一步脱水，保证药液的吸收。配制的含氢氧化钠和亚硫酸钠的混合液从浸渍器的底部加入，进入浸渍器的木片吸收药液后，从底部提升到螺旋输送机进入存留槽。经分配螺旋送至一段两台盘磨机（1 371.6mm）。从盘磨机喷放的浆料进入压力旋沉器，分离的高压蒸汽进入再沸器，低压蒸汽进入直接冷凝器，浆料分别进入3#、4#浆池。浆

料稀释后送至脱水压榨机，该机进浆浓度3%，出浆浓度20%～25%，脱水后的浆料经螺旋输送至二段两台盘磨机（1371.6mm）。磨后的浆进入1#浆池稀释后送至压力筛进行筛选，压力筛入口浆浓1.0%～2.0%，出口浆浓0.6%～1.5%。筛选出的浆渣送入3#浆池进行循环，良浆进入三段除渣器，除渣后浆料直接进入真空脱水机，脱水后浓度为10%～12%，经螺旋输送至三段盘磨机（1066.8mm），进一步精磨后送至5#浆池。

（2）热回收流程。一段盘磨机磨浆产生的蒸汽经压力旋沉器分离浆料后进入再沸器。纸机来的低温回水（或锅炉给水）经给水加热器加热后送入再沸器，使其产生新的清洁蒸汽，送配汽站，再沸器底部排出的冷凝水送至直接冷凝器。一般磨浆后产生的低压蒸汽和一段磨蒸汽分离室排出的蒸汽进入直接冷凝器。白水池的白水从冷凝器的上部加入，从底部排出的热水作为过渡浆池的稀释水。

（3）主要设备及特征。TMP生产线的主要设备，以前曾作过介绍，此处不再重复。这里仅就新增加和改造的设备介绍如下。新增设备有预蒸汽仓、浸渍器、贮存槽、压力旋沉器、脱水压榨机和热回收系统的再沸器、直接冷凝器、给水加热器等以及配套的控制仪表。1～4号盘磨机也进行了改造，新增了制药系统。

5.5.2　生产实践

（1）主要工艺技术条件：

药品用量：NaOH 3.0%±0.2%；Na_2SO_3 3.5%±0.2%（对风干浆）；

药液浓度：NaOH 30±2g/L；Na_2SO_3 35±2g/L；

木片洗涤水温：60±10℃；预汽蒸温度：60±10℃；贮存槽温度：90±5℃，时间：约15min；

一段磨浓度：40±5%，打浆度：16±2.5°SR；

二段磨浓度：18±25%，打浆度：45±5°SR。

成浆质量标准：

打浆度：60～70°SR；裂断长：≥4 000m。

（2）杨木CTMP的特性及配抄新闻纸情况：CTMP生产在木片磨浆之前，通过预热和化学药液处理，木片发生软化和润胀，磨浆过程中纤维易于分离，避免了过分磨碎和粗大纤维束存在，其质量特性见表12-19。从表中可以看出，CTMP的纤维筛分与TMP和GP相比，CTMP有更多的长纤维组分，50～200目的纤维组分占60%以上，而30目以上的组分和纤维束组分很小；打浆度接近的条件下，抗张强度好于TMP和GP，只是撕裂度不如TMP，但仍比GP高，这与材种有关，杨木的纤维长度比松木的要短，对撕裂度有一定影响。CTMP的pH基本在弱碱性范围；杨木的CTMP的白度与TMP和GP相比不够理想，这主要与NaOH用量偏高有关。总体上看，CTMP性能是优于TMP和GP的。

杨木CTMP用于配抄新闻纸，与TMP相比有两个特点：①pH值不同。TMP的pH值一般在6.0～6.5，抄纸时与化学浆和GP混合后，pH值已接近抄造pH值，矾土用量很小，不利于改善纸的表面强度，杨木CTMP的pH值在7.5～8.0，用于配抄新闻纸，可以使抄纸过程有效地加入矾土，对成纸性能有一定改善；②CTMP强度优于TMP，抄造新闻纸时如适当增加CTMP用量，可以降低化学浆用量，起到代替部分化学浆的作用，降低造纸成本。同时，抄造过程湿强度大，适用于高速纸机抄造，表12-20是配以45%CTMP，35%GP和20%半漂硫酸盐浆，抄造胶印新闻纸的情况，车速为400m/min，成纸各项指标达到较好水平。在国内几家大报社试印结果表明，不易断头，无掉毛糊版等现象，印刷的报纸字迹清晰，图片清楚。

表 12-19 三种浆质量特性对比

指 标	白松 TMP	松杨木 GP	杨木 CTMP	指 标	白松 TMP	松杨木 GP	杨木 CTMP
打浆度（°SR）	65	63	68	＋200 目（%）	10.27	16.3	21.68
裂断长（m）	2 472	1 739	3 222	－200 目（%）	24.83	37.9	30.45
撕裂度（N）	0.62	0.31	0.35	纤维束（%）	1.39	0.98	0.118
＋30 目（%）	29.1	8.04	1.89	白 度（%）	55	58.6	54.94
＋50 目（%）	23.25	19.2	22.81	pH 值	6.3	6.3	7.8
＋100 目（%）	12.66	18.5	23.06				

表 12-20 胶印文化纸物理指标

定量 (g/m²)	水分 (%)	裂断长 (m)	平滑度 (s)	平滑度差 (%)	尘埃 (个/m²)	白度 (%)	紧度 (g/cm³)	撕裂度 (N)
49.4	7.56	3 800	51.6	6.8	40	54.2	0.68	0.35

(3) 杨木 CTMP 的经济技术指标和经济效益 杨木 CTMP 投产以来，生产是比较稳定的，几项技术和消耗指标都达到了较好水平。1988 年度杨木 CTMP 经济和质量指标为：打浆度 60.92°SR、裂断长 3 778m、撕裂度 0.42N；筛分组成：＋30 目 6.16、＋50 目 30.93、＋100 目 18.76、＋200 目 17.36、－200 目 26.82；纤维束含量 0.23%；产量 23 141t，日平均产量 82.65t/d，电耗 1 732kW·h/t，水耗 76t/t，汽耗 0.391t/t，木耗 3.14m³/t。

经济效益：杨木 CTMP 系统投产以后，创造的经济效益十分可观。原木、化学药品和电能成本比较见表 12-21。

表 12-21 原木、化学药品和电能成本比较

指 标	白松 TMP	杨木 CTMP	
		1988 年	1989 年 1～7 月
吨浆化学药品成本（元/t）	—	131	137
原木单价（元/m³）	256	160	160
木 耗（m³/t）	3.011	3.14	3.00
电单价（元/kW·h）	0.045	0.055	0.055
电 耗（kW·h/t）	2 337	1 700	1 800
吨浆三项成本（元/t）	876	727	716
吨浆三项成本差（元）	—	149	160
产 量（t）	—	23 141	16 033
净增效益（万元）	—	340	256

注：原木价格按计划计算；白松、杨木木耗、电耗按全负荷生产月平均值计算。

杨木 CTMP 的原木、化学品和电耗三项成本与白松 TMP 的原木、电耗的成本相比，1988 年投产到年末共节约 340 万元，1989 年 1～7 月份节约达 256 万元，如全年按 3 万 t 产量计，可节约 480 万元。此外，用 CTMP 配抄新闻纸，还可节约大约 2%的化学浆，每年也可节约价值数百万元。

(4) 杨木 CTMP 的污染负荷：污染负荷的测定包括木片浸渍废水、木片洗涤水及白水池溢流水，排放浓度见表 12-22。

表 12-22　排放废水浓度

指　　标	BOD_5（mg/L）	COD_{Cr}（mg/L）	悬浮物（mg/L）
国家新建项目标准	150	350	200
国家现有项目标准	180	400	250
杨木 CTMP 废水	210.4	433.6	301.2

从目前排放情况看，废水浓度仍高于国家排放标准，主要原因是用碱量偏高，白水回收量少所致。随着工艺设备的不断改进，废水经过治理排放负荷将会有所改善。

利用杨木生产 CTMP，在技术上是可行的，工艺是合理的，适合生产新闻纸的要求。这是因为：①杨木资源丰富，生产杨木 CTMP 显著地缓解了白松供应紧张的问题；②杨木 CTMP 有长纤维组分高、强度大等特点。裂断长可达 4000m，撕裂度 0.4N 以上，配抄新闻纸能够改善其质量（成纸印刷性能良好）；③杨木生产 CTMP 的经济效益是显著的，与 TMP 相比，每年仅木耗、电耗节约的成本可达 480 万元；④杨木 CTMP 生产系统目前存在的问题是污染负荷较大，热回收和盘磨机的低功率保护系统未投入，需要尽快解决。

此外，福建顺昌纸板厂采用上海人造板机械厂制造的日产 30t CTMP 成套设备，于 1990 年 8 月完成了试生产，为 CTMP 成套设备的国产化迈出了可喜有效的一步。为发展我国生产 CTMP 创造了一条新的途径。

5.6　CTMP 的主要用途

CTMP 主要用于绒毛浆、薄页卫生用纸、纸板、新闻纸、书写、印刷纸的生产。这些产品都对 CTMP 有不同的要求，现分述如下：

（1）适合绒毛浆生产用的 CTMP：绒毛浆用 CTMP 的主要用户是婴儿尿片与妇女卫生巾和其他高吸水材料的制造厂家。这种 CTMP 要求具有良好的吸水性，不仅要有较大的保水性，而且也要有较快的初始渗透速度。这就意味着这种浆的树脂含量要低，二氯甲烷抽提物含量最好小于 0.03%，此外还要求它有良好的干网络强度，细木纤维的含量要低和低的干离解能耗。因此，纸浆的强度不能太高，否则，纸浆的干离解能量消耗大，并且由于离解放热过甚，易于引起火灾，激烈干离解生成的尘埃不仅降低纸浆作为吸水材料所应具有的使用效率，而且对操作者的健康亦不利。这种 CTMP 主要用于代替部分化学绒毛浆，其吸水性能与漂白硫酸盐浆的吸水性能相仿（表 12-23），一般来讲，CTMP 绒毛浆的游离度较高。

表 12-23　三种纸浆吸水性能比较

浆　　种	白　度（%）	比容（cm^3/g）		吸水性能	
		干	湿	吸水能力（g/g）	吸水时间（s）
漂白 TMP	73～75	11	7～8	8	—
漂白 CTMP	75	17	9	9～10	7
漂白硫酸盐浆	88～90	17	8～9	9～10	5～7

绒毛浆用 CTMP 的生产是采用木片化学浸渍工艺。浸渍用化学药品主要为亚硫酸钠。对白度要求为 70%和 75%的绒毛浆来说，仅用少量漂白硫酸盐浆与 CTMP 混合即可。如果要求绒毛浆的白度为 80%，则漂白硫酸盐浆用量要增多。混合方式以湿法混合较均匀。

目前，阔叶木 CTMP 尚不能用于绒毛浆的生产。

（2）适合薄页卫生用纸的 CTMP：薄页卫生用纸包括厕所用纸、餐巾纸等。CTMP 问世以来，它的第一个应用领域就是薄页卫生用纸的生产。对它的质量要求与绒毛浆用CTMP基本相同。薄页卫生用纸的最重要性质是它的吸水性和柔软性较好，有一定的网络强度和适当的白度。在抗张指数相同时，纸的柔软性愈高愈好，从这个意义上讲，CTMP是惟一的适合卫生用纸的机械浆。

阔叶材CTMP是薄页卫生用纸的主要原料，它的柔软性优于针叶木CTMP。鉴于其强度较差，它在浆料中的用量要少于针叶木CTMP。

瑞典Östrand厂生产薄页卫生用纸和绒毛浆的CTMP的主要质量指标见表12-24。

表12-24 瑞典Östrand厂未漂和漂白CTMP质量规格（按Tappi标准检验）

指 标	卫生用纸类		绒毛浆类	
	未漂	漂白	未漂	漂白
Na_2SO_3用量（%）	2.1	2.1	1.8	1.8
单位磨浆能耗（kW·h/t）	1 450	1 450	1 000	1 000
游离度（ml CSF）	505	500	680	650
纤维束含量（%）	<0.15	<0.15	<1.0	<1.0
+30目长纤维含量（%）	61.0	—	62.4	—
−200目细小纤维含量（%）	16.5	—	16.0	—
密度（kg/m^3）	275	310	220	240
抗张指数（N·m/g）	27.5	31.0	15.0	19.0
撕裂指数（$mN \cdot m^2/g$）	10.5	12.0	6.5	8.0
白度（%）	65	75	62	71
DCM抽提物含量（%）	—	—	0.3	0.2

(3) 新闻纸用CTMP：传统的新闻纸浆料配方基本上是化学浆和GP浆的比例为1∶3。TMP因其强度较好，可以5∶1的比例代替漂白硫酸盐浆。有些新闻纸厂用100% TMP生产新闻纸，但要用双网纸机。CTMP的强度比TMP好，可以2∶1的比例代替化学浆，随着化学机械浆制造技术的发展，全部用化学机械浆生产新闻纸将成为现实。从经济和环境保护的观点来看，应用CTMP代替化学浆生产新闻纸。

在印度的Kerala厂安装一套桉木CTMP制浆设备。木片材种是巨桉*Eucalyptus grandis* W. Hill ex Maiden，洗过的木片汽蒸后，用4%的氢氧化钠浸渍，经二道常压磨浆，用二段次氯酸盐漂白，纸浆白度由29%提高到50%ISO以上。漂前纸浆得率为88%～90%，漂后纸浆得率降为80%，纸浆特性见表12-25。

瑞典的Matfors厂使用工业TMP生产系统，生产杨木CTMP用作新闻纸的主要配浆，其生产工艺条件是：用1.3%的亚硫酸钠和1.7%的氢氧化钠的混合液浸渍经过水洗、汽蒸后的木片，浸渍后的木片在110℃预热3min，经一道磨浆，使纸浆游离度为90～100mL CSF，单位磨浆能耗为1 800～1 900kW·h/t。表12-26为该厂新闻纸用杨木CTMP的纸浆特性，用85%杨木CTMP，15%半漂硫酸盐浆生产的新闻纸与瑞典标准新闻纸无明显差异。

(4) 书写、印刷纸用CTMP：CTMP用于书写、印刷纸处于试用阶段，这方面的研究比较活跃。Bengtsson研究了云杉CTMP在印刷、书写纸中的应用。从技术观点来看，用CTMP代替部分化学浆生产印刷纸，可以提高纸页的松厚度、挺度和不透明度。因此，可以提高纸

表 12-25　Kerala 厂漂白桉木 CTMP 的质量特性

游离度（ml CSF）	230
纤维束含量（%）	<0.07
密度（kg/m^3）	405
耐破指数（$kPa\cdot m^2/g$）	1.75
撕裂指数（$mN\cdot m^2/g$）	4.20
抗张指数（$N\cdot m/g$）	40.20
白度（%）	53.40
不透明度	94.00

表 12-26　新闻纸用杨木 CTMP 质量特性

指　标	未筛浆	已筛浆
游离度（ml CSF）	98	89
纤维束含量（%）	0.37	0.23
湿抗张强度（N/m）	58.1	72.2
断裂时湿伸长率（%）	6.7	4.8
密度（kg/m^3）	—	451
抗张指数（$N\cdot m/g$）	29.8	35.0
断裂时伸长率（%）	1.6	1.6
撕裂指数（$mN\cdot m^2/g$）	3.0	3.9
白度（%）	66.6	63.6
光散射系数（m^2/kg）	56.0	55.0

中填料用量来维持原来纸的松厚度，其不足之处是纸机滤水速度减慢，纸页强度降低，为了使填料能较好地留着在纸中并改善纸页强度，需要添加较好的湿部化学助剂，这又使纸机湿部化学平衡发生较大的变化，这种情况恐怕是 CTMP 在印刷用纸中应用缓慢的主要原因之一。根据 Bengtsson 的经验，使用 Compozil 的一种由阳离子土豆淀粉和阴离子硅酸组成的湿部化学助剂系统可解决上述问题。Bengtsson 认为利用优化的 CTMP、填料和化学助剂有可能生产填料含量为 25%～35%、白度为 80%～90%、强度和表面性质合格的文化用纸。

Jackson 等人研究了桉木 CTMP 在文化用纸中的使用，材种为蓝桉，化学浸渍液组成为 5%氢氧化钠和 12%亚硫酸钠，浸渍后木片在 50℃下保温 25min，经二道磨浆使纸浆游离度在 80～150mL CSF，用 4.5%H_2O_2 漂白，未漂浆白度为 53%ISO，漂后白度为 80.5%ISO，这种纸浆适用于生产书写和印刷用纸，其质量特性见表 12-27。抄纸条件是：配用打浆度为 24°SR 的硫酸盐浆，用 0.5%松香和 1%～2%的明矾作为施胶。滑石粉为填料，滤水助剂为 Polmin，用量是 0.1%（对浆）；助留剂为阳离子聚丙烯酰胺，用量为 0.01%；用淀粉作表面施胶，纸的表面施胶量为 3.0g/m^2。浆料配方与纸张性质见表 12-28。

与化学浆相比较，在定量、灰分相同时，含 90%CTMP 纸的松厚度、耐破指数、结合强

表 12-27　印刷纸用桉木 CTMP 的质量特性

指　标	未漂浆	漂白浆
游离度（ml CSF）	84	86
密度（kg/m^3）	442	522
抗张指数（$N\cdot m/g$）	47.1	50.7
撕裂指数（$mN\cdot m^2/g$）	4.5	6.1
光散射系数（m^2/kg）	45	42
白　度（%）	53	80.5
不透明度（%）	95.0	79.5

表 12-28　含漂白桉木 CTMP 的胶版印刷纸的特性

指　标	CTMP	CTMP①	化学浆
桉木 CTMP（%）	90	90	—
针叶材硫酸盐浆（%）	10	10	—
阔叶材硫酸盐浆（%）	—	—	50
亚硫酸盐浆（%）	—	—	50
定　量（g/m^2）	93	83	86
灰　分（%）	14.6	13.6	13.6
密　度（kg/m^3）	657	640	745
抗张指数（纵横平均值）（$N\cdot m/g$）	33.6	37.6	31.6
撕裂指数（纵横平均值）（$mN\cdot m^2/g$）	5.1	5.6	6.3
耐破指数（纵横平均值）（$kPa\cdot m^2/g$）	517	524	457
白　度（%）	78.5	82.5	80.0
不透明度（%）	90.5	91.5	90.0
粗　度（ml/min）	247	264	137

①含有光学增白剂和蓝色染料。

度和不透明度均高于化学纸浆，而撕裂度较低，白度也较低，加入光学增白剂和蓝色染料可以提高纸的白度，使其达到化学浆的水平。当然，含CTMP纸的粗糙度大于化学纸浆。四色胶版印刷试验表明含CTMP纸的印刷运转性和适印性较好。CTMP适合于生产电子计算机用纸和复印纸。

对低定量涂布原纸用的CTMP的要求类似于新闻纸，但强度要求更高。由于在涂布时，要求纸的透气度要低，所以CTMP的游离度不宜太高，现在杨木或杨木/云杉CTMP已用作低定量涂布原纸的浆料。最近，比利时造纸厂KNP已建成了世界上最大的综合性的CTMP低定量涂布纸生产线。

表12-29 纸板用未漂CTMP的质量规格

指　标	CTMP
游离度（ml CSF）	300
得　率（%）	94～95
纤维束含量（%）	0.20
长纤维含量（%）	58.0
细小纤维含量（%）	18.0
密　度（kg/m^3）	340
抗张指数（N·m/g）	34.0
撕裂指数（$mN \cdot m^2/g$）	9.7
白　度（%）	57～59

注：按SCAN检验方法检验。

（5）纸板用CTMP：由于CTMP的松厚度大，纤维结合力较好，挺度好，所以瑞典的许多盒用纸板生产厂家使用CTMP生产盒用纸板。又因为CTMP有较好的弹性模数，在纸板密度相同时，以CTMP的弯曲挺度最大，TMP次之，GP最小，所以CTMP在双面黑色纸板中的用量迅速提高，它主要是用作纸板中间层纸浆。

瑞典的Billerud公司的Skoghall厂在1981年就把CTMP用于制造液体或固体食品包装用的多层纸板，表12-29为该厂纸板用CTMP的质量规格。

阔叶木CTMP亦可用于生产挂面纸板、涂布纸板的芯层和底层以及瓦楞纸板等。

6 半化学浆（SCP）

经化学和机械处理制得的纸浆，其得率为65%～85%，称为半化学浆，原料主要是阔叶材。这种浆含戊聚糖和木质素较高，成纸挺硬性大。主要用来生产瓦楞原纸和纸板。半化学浆不透明度低，经漂白可用来生产防油纸。

生产半化学浆的方法有：中性亚硫酸钠法半化学浆；碱法半化学浆；绿液法半化学浆；亚铵法半化学浆和无硫法半化学制浆。

6.1 中性亚硫酸钠法半化学浆（NSSC）

中性亚硫酸钠制浆法具有得率高、颜色浅、滤水性能与挺度好等特点。中性亚硫酸钠法主要用于生产半化学木浆和化学机械浆。阔叶材木片在适当高温（170～180℃）下，用含有缓冲剂（碳酸钠、碳酸氢钠或烧碱液）的亚硫酸钠溶液（pH值为7～9）进行蒸煮，然后在盘磨机中进行磨解分离。用于制造包装纸、壁纸或瓦楞原纸的浆料，一般经过一段磨浆即可，这类浆无须将木片原料完全离解成单根纤维。如果用于书写、印刷纸类，则须进行二段磨解，不仅要使纤维分离，而且要使纤维表面细纤维化，以提高纸浆的结合强度。由于纸浆的硬度大，磨浆之前的洗涤是不完全的，在经过第一段磨解后，还要进行补充洗涤。由于浆料已经过磨解，所以阻力增大，要求有较大的洗涤过滤面积，一般多用真空洗浆机或压力洗浆机洗涤。中性亚硫酸盐法半化学浆生产流程如图12-34。

阔叶材中性亚硫酸盐半化学浆含10%～15%木质素，而普通化学木浆只含3%～7%木质素，由于“中性”蒸煮条件，保留了大量的半纤维素组分，因而这种浆具有良好的挺度，主要用于生产瓦楞原纸。

6.1.1 原料的适应性

本法适应性广，特别是阔叶材有较大适应性，例如山杨、桦木、桉树、山毛榉等都可采用。针叶材在较高药液浓度和较长蒸煮时间条件下，也可制得机械性能良好的半化学浆，但经济上不尽合理。这是由于针、阔叶材在木质素含量和木质素结构上有差异，因而，用中性亚硫酸盐法制浆难易不同。针叶材最难，中性亚硫酸钠对针叶材的反应能力较弱。

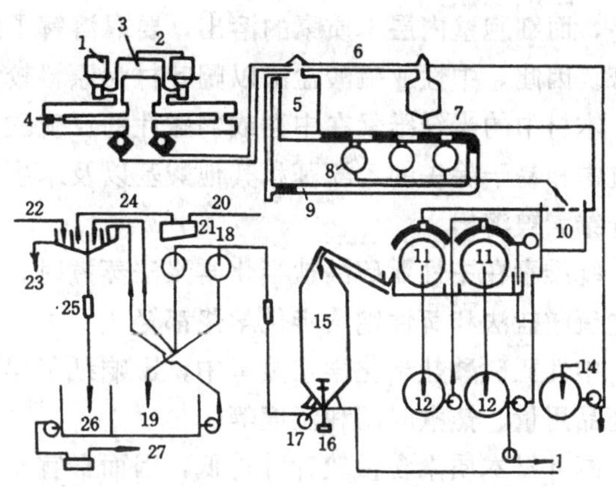

图 12-34 中性亚硫酸盐法半化学浆生产流程图

1. 料斗；2. 蒸汽；3. 蒸煮液；4. 管式连续蒸煮器；5. 活底料仓；6. 蒸汽；7. 热水；8. 双盘磨；9. 回流；10. 未洗贮浆池；11. 洗浆机；12. 滤液槽；13. 去硫酸盐浆；14. 纸机白水；15. 高浓贮浆槽；16. 稀释搅拌器；17. 泵；18. 二段磨浆机；19. 磨碎浆池；20. 硫酸盐纸浆；21. 精浆机；22. 损纸浆；23. 白水；24. 滚浆箱；25. 浓度调节器；26. 纸机贮浆池；27. 去纸机

6.1.2 蒸煮药液的制备

中性亚硫酸钠蒸煮液成分主要为亚硫酸钠，并含有一定量的缓冲剂（常用的有碳酸钠、碳酸氢钠、硫化钠和烧碱等）以控制 pH 值在 7～9，可以中和有机酸，防止设备的腐蚀。

药剂制备方法有：

(1) 利用苯酚化工厂副产品——固体亚硫酸钠（纯度一般为 45%），在 45～60℃溶解于水，然后再加入一定量的碳酸钠缓冲剂。

(2) 用碳酸钠（或烧碱）溶液在吸收塔吸收二氧化硫，通过控制吸收塔中药液循环量，掌握吸收液的 pH 值，可以制取合乎要求的不同组成的药液。

当 pH 值为 8.0～8.5 时：

$$3Na_2CO_3+2SO_2+H_2O \longrightarrow 2Na_2SO_3+2NaHCO_3+CO_2$$

当 pH 值为 8.5～9.0 时：

$$2Na_2CO_3+SO_2+H_2O \longrightarrow Na_2SO_3+2NaHCO_3$$

(3) 由中性亚硫酸钠蒸煮废液回收利用。这方面的技术问题较多，还有待研究解决。

通常制备的药液条件为 Na_2SO_3 120～200g/L，Na_2CO_3 30～50g/L，进入蒸煮锅时，再用上一锅的热废液和水予以稀释。

6.1.3 半化学浆的蒸煮

中性亚硫酸盐制浆法由于是在 pH 值在 7～9 时进行蒸煮，因而可以避免高的酸度和碱度对半纤维素的影响。当有 25%～50%的木质素溶出时，脱木质素速度趋于缓慢，选择性降低，蒸煮即可结束。

蒸煮过程中蒸煮液和木质素的反应主要限于酚型结构单元，α-芳基醚或 α-烷基醚键断裂，形成 α-磺酸；β-芳基醚在形成 α-磺酸结构后，也脱去芳基，形成 α、β-二磺酸结构，不过在中性条件下，这样的磺化反应速度都很慢，而且是不完全的。此外，碳水化合物的水解也较少。

普通得率 70%～85%用良好的缓冲液进行中性亚硫酸盐半化学浆蒸煮时，约为 50%～70%的木质素和 30%～45%的半纤维素进入溶液。蒸煮时，木质素逐渐磺化，在半化学浆的正常蒸煮末期，磺化度（S∶OCH_3）为 0.3∶1，延长蒸煮时间，杨木的大部分木质素被溶出，相当于化学浆的木质素含量。磺化作用首先从胞间层开始，这是因为药液的浸透和扩散比较容易，而细胞壁内层木质素的溶出，要靠溶解了的木质素磺酸盐从细胞壁内层向胞间层扩散出来。因此，中性亚硫酸盐法以阔叶材为原料较针叶材更为适应。

木材中的半纤维素在中性或弱碱性的亚硫酸盐蒸煮条件下，不易被水解成可溶性的糖类，通过中和易于除去的乙酰基和其他酸基以及木质素——碳水化合物复合体的水解，仍有不少半纤维素被溶出。

纤维素在中性亚硫酸盐半化学浆法蒸煮时，受影响甚微，只有少量的α-纤维素受到降解，较之硫酸盐法和苛性钠法半化学浆都轻。

中性亚硫酸盐半化学浆蒸煮中，影响纸浆得率和质量的因素是原料情况、药液组成、化学药品用量、蒸煮时间和温度等。

阔叶材木质素含量较针叶材低，因而最宜于生产中性亚硫酸盐半化学浆，特别是桦木和白杨是阔叶材中较好的原料，山毛榉次之，栎木较差。相对密度小的原料容易浸透，相对密度大的木材，制半化学浆则较困难。木质素含量超过30%和坚硬的原料，目前难于用中性亚硫酸盐法工艺制取半化学浆。木材的颜色会直接影响中性盐半化学浆的白度，浅色杨木中性盐半化学浆可不经漂白即能用于抄造新闻纸。

药液组成随亚硫酸盐种类、使用的缓冲剂及其浓度不同而异。亚硫酸钠用得最多；亚硫酸铵进行中性盐蒸煮时，蒸煮速度变快，废液易于处理，但浆的颜色深，强度也差一些；亚硫酸镁在中性范围内溶解度太低，不宜于中性盐法制浆。

缓冲剂的选择，一般以用量少、缓冲作用大、浆得率高和浆颜色浅为好。目前常用的有碳酸钠、碳酸氢钠、石灰、硫化钠、烧碱和氧化镁等。从浆得率看，依氧化镁、烧碱、硫化钠、碳酸钠、碳酸氢钠的顺序逐渐下降；从浆的颜色看，依碳酸钠、碳酸氢钠、烧碱、氧化镁、硫化钠的顺序降低。蒸煮液中加入缓冲剂的作用，是用来中和蒸煮初期形成的有机酸类，以保证蒸煮过程始终在pH值7以上条件下进行。这对提高得率、纸浆强度和改善色泽均有一定的影响，因为在弱碱情况下可避免半纤维素过多的水解。缓冲剂的用量取决于原料在蒸煮过程中产生酸的情况和对浆得率的要求，一般为木材干重的1.5%～3.0%（Na_2O）。

药液浓度视药品用量和液比而定，一般在1.5～4∶1。液比是一个重要因素，低液比，蒸汽耗量少，废液浓度高，有利于回收。通常是在保证均匀浸透的前提下，使用较低的液比。

蒸煮条件相同时，亚硫酸钠用量多少，直接影响蒸煮程度和纸浆得率。亚硫酸钠用量（%对绝干木材）与纸浆得率的关系见表12-30。

表12-30 亚硫酸钠用量与纸浆得率的关系

Na_2SO_3 用量（%）	14～18	12～16	10～14	8～12
纸浆得率（%）	70	75	80	85

增加药品用量，会降低纸浆得率，但能相应地增加纸浆强度。亚硫酸钠是一种温和的蒸煮剂，当药剂量增加到一定程度后，对浆的得率及质量影响不显著。决定药品用量时，首先应考虑原料情况和浆的质量要求。

提高蒸煮温度可以加快制浆过程，在相同木质素含量下，提高温度可以缩短蒸煮时间。中性亚硫酸盐法蒸煮温度宜高些，一般控制在160～185℃。蒸煮时间不是一个独立因素，蒸煮终点一般控制在消耗了90%～95%的药品加入量为止。

半化学法制浆条件可根据所需浆的等级而改变。生产粗级浆，可用未剥皮木材。加入蒸煮液，升温1h，保温15～240min，树皮的存在会降低一些浆的得率、紧度和强度，但含有适量的树皮时可采用未去皮木材的蒸煮条件，而无需作重大的变化。某工厂生产瓦楞原纸的浆，是用含有少量针叶木的未去皮混合阔叶木生产的。中性亚硫酸盐蒸煮液中化学药品的比率为 7∶1，化学药品用量对木材为 13%，蒸煮时间约 4h，压力 690～825kPa，得率约 70%。现介绍一种适合于以阔叶木制造瓦楞原纸的工艺条件：亚硫酸钠对碳酸氢钠的比率是 5∶1，药液浓度（以碳酸钠计）35g/L，对木材的化学药品用量为 14%，温度约 170℃，压力约 689kPa，保温时间 2～3h，得率约 70%。

可漂的半化学浆采用去皮木材，用较高的化学药品比率，较低的温度和压力，较长的蒸煮时间。可漂的半化学制浆法包括：①常压下将木片汽蒸 0.5h；②加入药液，并在 120～125℃ 和 690kPa 下加压 1h；③除去未被木片吸收的多余药液，回收至药液槽，备下次蒸煮中再用；④在 140～160℃下蒸煮 6h。

某厂用南方松和混合阔叶木（25%赤松和 75%白栎及红橡树）为原料生产漂白半化学浆，其工艺条件如下（以装料量为基础）：

绝干木材 22 453kg；Na_2SO_3 4 264kg（19%）；Na_2CO_3 712kg（3.2%）；粉红液 21 215L，200.4g/L Na_2SO_3 和 34.8g/L Na_2CO_3；褐色液 33 308L（液比 3.25∶1）。

采用间接加热，蒸煮升温到 760kPa（2h），在 760kPa 下保温 105min。放浆时废液含10～12g/L 残余的亚硫酸钠，pH 值为 8.0。

生产纸板和漂白浆的 NSSC 法的蒸煮条件见表 12-31。

表 12-31　供生产纸板和漂白浆的 NSSC 法的蒸煮条件

指　标	纸板用浆	漂白浆
纸浆得率（%）	70～80	65～72
蒸煮化学药品：亚硫酸钠（%对木材）	8～14	15～20
碳酸氢钠（%对木材）	4～5	3～4
化学药品消耗量：硫（kg/t 浆）	3.2	52.2
纯碱（kg/t 浆）	119	209
蒸煮温度（℃）	150～185	160～175
保温时间（h）	0.3～4	10～15
磨浆能耗（kW·h/t 浆）	216～324	180～270

6.1.4　蒸煮设备

中性亚硫酸钠法蒸煮，可用蒸球、立式蒸煮锅进行间歇式蒸煮，也可采用横管式（潘迪亚式）连续蒸煮器、卡米尔连续蒸煮器以及斜管（汤佩拉式）连续蒸煮器。

6.1.5　半化学浆的机械处理

半化学浆蒸煮时，由于是部分物质溶出，只能使纤维组织变得较为松软，基本上仍保留了原来的木片状态，因此，还须经过机械处理才能成浆。机械处理设备是盘磨机，在盘磨机内首先利用原料间相互摩擦产生的热量来加热和软化已蒸煮木片，进一步削弱其间的连接，便于纤维解离；随后是纤维间连接的断裂，离解成单根纤维；最后是单根纤维的细纤维化，经过机械处理后，得到由单根纤维、细小纤维和纤维碎片组成的浆料。

6.1.6　中性亚硫酸钠半化学制浆法的改进

中性亚硫酸钠半化学制浆法的改进措施主要是添加蒸煮助剂蒽醌和回用蒸煮液。

在蒸煮阔叶木的蒸煮液中加 0.01%～0.1%蒽醌，可缩短蒸煮周期 16%～24%，减少药液用量 22%。中性亚硫酸盐蒽醌法制浆得率 65%～79.9%；中性亚硫酸盐蒽醌半化学浆打浆电耗大于和耐折度低于硫酸盐半化学浆，但环压强度高于硫酸盐半化学浆10%～25%。研究结果表明，利用中性亚硫酸盐蒽醌半化学浆代替硫酸盐半化学浆生产挂面纸板和瓦楞纸板在经济上是合理的。同时也表明：添加中性亚硫酸盐废液蒸煮的半化学浆，具有得率高和质量良好的特点。有的研究报告还指出，向中性亚硫酸盐蒸煮液中加硫酸盐黑液，可以降低成本，节省化学药品，纸浆得率为75%～77%。

6.2 碱法半化学浆

碱法半化学浆包括硫酸盐法、烧碱法和碱性亚硫酸钠法。

硫酸盐半化学浆可以利用碱法制浆设备进行，废液回收较中性亚硫酸盐法简单、成熟。其特点是木质素含量（相同得率）较中性亚硫酸盐浆为高，强度低、色泽暗，较中性亚硫酸盐浆难漂白。

硫酸盐半化学浆的强度随得率的增加而明显下降。高得率时，除撕裂度外，其他性能都比中性亚硫酸钠半化学浆为低；只有在较低的得率时，才能得到与其相似的强度。在高得率时，硫酸盐蒸煮只除去较少木质素，而半纤维素损失却较多，所以该法在提高得率上也受到一定限制，一般认为得率应维持在65%以下。这种浆主要用于生产衬垫纸板和瓦楞纸板。

我国南方某林区纸厂以阔叶硬杂木和枝桠材为原料，采用蒸球蒸煮和盘磨机离解制取烧碱法半化学浆，生产牛皮瓦楞原纸。其工艺条件是：NaOH用量（以Na_2O计）为8.5%～15.7%，液比1∶2.5～2.7，升温1.5h，第一次保温（142℃）100min，第二次保温（158℃）30min。经过两段盘磨机磨解后，粗浆得率为75%～76%，卡伯值为80～110。

我国东北某林区一纸厂以阔叶木废次材、枝桠材为原料，用烧碱法添加蒽醌的半化学制浆工艺生产包装板纸，技术上可行，经济上合理，这对充分利用山区资源，有一定现实意义。实际生产中柞木65%～70%、桦木10%、其他杂木20%～25%的原料配比送入25m^3蒸球，用碱量(烧碱)12.5%Na_2O,蒽醌添加量0.02%(对绝干木片)在1∶2液比下用50min时间升到最高蒸汽压0.55MPa,保温90min,获得的半化学浆经过洗涤浓缩，送入双盘磨浆机（∅915）进行两段磨浆，然后经过筛选净化浓缩后即可送去抄造箱板纸，箱板纸质量除耐折度受操作条件影响有波动外，其他质量指标均能符合部颁标准。

值得注意的是，最近几年出现一种碱性亚硫酸盐法，它是在高pH值（9～11）的亚硫酸钠溶液中，在蒸煮压力和其他条件与硫酸盐法相似情况下制浆，浆强度和得率可与硫酸盐法相比，但浆白度较高，较稳定，而没有硫酸盐法工厂那样的空气污染，加有0.1%蒽醌的碱性亚硫酸盐法可制出合格的挂面纸板用浆，其得率约60%，我国生产箱板纸的工厂，有用此法来代替原有的硫酸盐法。

6.3 绿液法半化学浆

用硫化度为25%的普通硫酸盐绿液，或移走部分Na_2CO_3后得到高硫化度（50%）的绿液来生产半化学浆，是20世纪60年代中期出现的一种制浆方法，这种方法药品消耗不多，阔叶材仅需7.9%（Na_2O）。国外某工厂用硫酸盐法浆厂绿液，以50%桦木与50%山毛榉混合木片为原料，制取半化学浆抄造瓦楞纸的生产试验，取得了较好的效果。方法是用经过稀释后的绿液(含Na_2O为45～65g/L)浸渍原料后在150～160℃下进行气相蒸煮，随后进行磨浆，半化学浆得率在75%以上，物理强度与NSSC法类似，挺度好，颜色较深，主要用来制造瓦楞纸板及箱板纸。使用绿液法生产阔叶材半化学浆时，保温20min就可得到72%～76%得率的浆。

绿液法与中性亚硫酸盐法相比较，药品耗量较低，只有7.9% Na_2O（对绝干木材），化学药品回收简单，投资费用低，特别是附设在硫酸盐法工厂内较为有利，可以共同利用一套碱回收系统。

6.4 亚铵法半化学浆

这是指中性亚硫酸铵法半化学浆，它和中性亚硫酸钠法相比较，具有得率较高、废液易处理等优点。虽然颜色较暗，但适于生产纸板，特别是瓦楞原纸。因此，20世纪60年代后期国外新建的瓦楞原纸工厂有些采用了铵盐基中性亚硫酸盐半化学法制浆，但是，这种方法对原料适应性较差，在国外，主要利用阔叶材，其中以桦木最适合。在瑞典某桦木中性亚铵法制浆及生产瓦楞纸的工厂中，设有一台预渍器，一台纤维离解机和一台阿斯普隆德（Asplund）圆盘磨浆机，这种铵基废液处理简单，投资费用低。

国内某纸板厂，以红麻全杆为原料，采用亚铵法试生产半化学浆。其蒸煮工艺条件为：亚铵用量12%～14%；缓冲剂用量2%～3%；液比1∶2.5～2.8；药液预热温度>70℃；蒸煮最高压力0.5～0.55MPa；升温时间90min，保温时间3～4h。蒸煮结果：浆料呈浅灰色且较软；粗浆得率约60%；高锰酸钾值16～25；废液pH值>7.0。用40%红麻全杆亚铵法半化学浆为面浆，40%废杂纸浆为芯浆，20%红麻全杆亚铵法半化学浆为底浆。生产牛皮箱板纸（300g/m²），各项物理指标都能达到B级国家标准。

6.5 无硫半化学制浆

不含硫的半化学浆是最近几年出现的为防止空气受污染而发展起来的一种制浆方法，药液是碳酸钠或碳酸钠与烧碱的混合液。用6%（对木材绝干重）碳酸钠在170℃下蒸煮30min，再经热磨，可制取得率为85%的桦木半化学浆和得率为88%的山毛榉半化学浆；用碳酸钠与烧碱混合液可制取得率为75%～80%的半化学浆，混合液中烧碱含量高时，半化学浆得率则偏低。本法与中性亚硫酸钠半化学浆法相比较，得率、强度性质相似，用它抄造瓦楞原纸，比用同等质量的中性亚硫酸钠半化学浆能节约生产费用5%～10%。这种制浆方法与硫酸盐法联合生产最为适宜，如独立建厂时，可采用湿法燃烧或流化床燃烧直接回收制浆废液中化学药品。

6.6 用阔叶材生产漂白半化学浆

漂白半化学浆（BSCP）是中性亚硫酸盐的改良法，采用过氧化氢漂白的高得率半化学浆。BSCP方法采用亚硫酸钠——亚硫酸氢钠溶液加压蒸煮木片，制得的纸浆得率为80%～84%。再采用单段过氧化氢漂白，得到的漂白浆白度为80%～83% ISO。BSCP用来代替漂白化学浆供抄造印刷纸、书写纸、涂布原纸、薄页纸、防油纸以及纸板等。

BSCP方法的特点：可以开发利用低费用的原料，特别是适合于采用各种阔叶材，例如：杨木、桉木、桦木和山毛榉木等。纸浆质量好，BSCP与同样材种的阔叶材漂白化学浆质量相接近，它能够在配抄各类纸种中减少或取代阔叶材化学浆。生产过程和所需设备简单，投资费用较低，技术可靠，是工业生产上已经成功应用的一种制浆方法。

BSCP生产过程和主要工艺技术参数如图12-35。

药液加压浸渍是生产BSCP的关键。因此，要求木片长度为19mm、厚度3mm，是北美木片厚度标准的1/2。木片贮存于封闭的料仓内，以防止木片干燥和避免尘土、石块、金属、铁等杂质的混入。制备药液：燃烧硫产生 SO_2 和碳酸钠溶液反应生成 Na_2SO_3 和 $NaHCO_3$ 溶液，根据木材品种和蒸煮要求确定药液pH值。

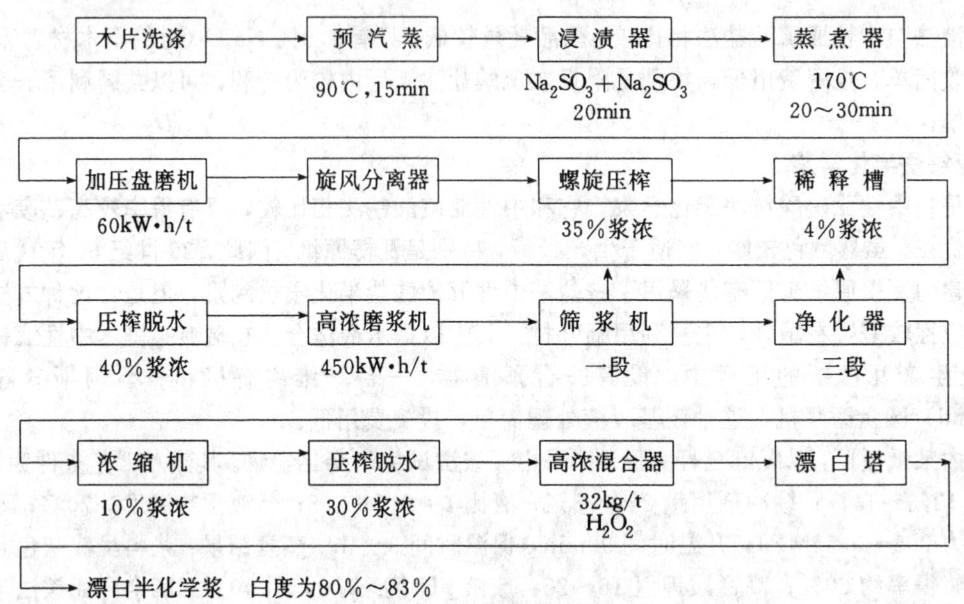

图12-35 BSCP方法的生产流程图

木片经洗涤和汽蒸段，通过螺旋给料器，进入充满药液的压力浸渍器（高6m、直径1.5m)，浸渍时间为20min。选用加压浸渍很适用于浸渍困难的木材，如比重大的硬质阔叶材。由于浸渍温度较高，药液粘度较低以及液体和木片的接触时间较长，都有利于化学品的扩散作用，促使大量药液渗透进入木片中。

加压浸渍后的木片再经水平螺旋推进器输送到蒸煮器，在温度170℃下进行汽相蒸煮并保持30～45min，化学品用量70～140kg/t浆（以Na_2SO_3计)，应根据木材材种的特性，需加入缓冲剂，如Na_2CO_3来调节药液pH值。

在加压浸渍和蒸煮过程中，控制有关工艺参数，如SO_2浓度、药液pH值、温度和时间，可使制得的BSCP物理强度和光学特性达到最佳值。当采用桉木为原料时，未漂浆得率80%～82%和白度50%～54%，纸浆强度和可漂性好。

在蒸煮器底部设有螺旋排料器，把纸浆送入加压圆盘磨浆机中磨浆，动力消耗为60 kW·h/t浆，经蒸煮和磨浆后，纸浆通过旋风分离器，从纸浆中分离出蒸汽，然后经两段洗涤纸浆。开始浆浓为28%，第一洗涤段为二台并联圆筒型压力洗浆机；第二洗涤段采用双辊加压洗浆机，出口浆浓为40%，再经高浓磨浆，动力消耗为450kW·h/t浆，磨浆后纸浆送入贮存塔。

纸浆通过加压筛选和三段离心净化器，由于粗渣极少，无需设备再磨机，可将粗渣送至中间稀释槽，再回到高浓磨浆系统中去。

用BSCP法生产的未漂纸浆白度较高，采用一段过氧化氢漂白就可以经济地使漂白浆达到一定的白度。经筛选和净化后的纸浆通过浓缩和压榨脱水到浆浓30%。在浆料进入漂白塔以前，在高浓混合器中，用含过氧化氢、氢氧化钠、硅酸钠、硫酸镁溶液与浆料混合均匀，再送入漂白塔中，在温度80℃下停留50min，得到的漂白桉木浆白度为80%～83% ISO，过氧化氢用量为32kg/t浆。

供生产印刷和书写纸用的桉木BSCP的质量指标见表12-32。

表 12-32 桉木 BSCP 的质量指标

指 标	范 围	指 标	范 围
未漂浆得率（%）	80～82	破裂指数（kPa·m^2/g）	2.2
磨浆能耗（kW·h/t浆）	550	撕裂指数（mN·m^2/g）	5.6
游离度（ml CSF）	440	不透明度（%）	85.5
松厚度（cm^3/g）	2.2	白 度（%）	80～83
抗张指数（N·m/g）	41	透气度（s/100ml）	2

蒸煮废液的处理和利用：收集来自第一和第二加压洗涤段的黑液其含固形物9%，经多效蒸发浓缩到约60%浓度，最后喷雾干燥得到的副产品木质素磺酸盐经包装后作为商品销售。木质素磺酸盐用作油田钻井减粘剂、控制水泥凝固添加剂、铸造型砂用粘合剂等。浓缩黑液也可供硫酸盐制浆工厂用来回收化学品和热能。

BSCP 的用途：桉木 BSCP 在各类纸种中的配比见表 12-33。

表 12-33 桉木 BSCP 在各类纸种中的配比

产 品	BSCP 含量（%）	产 品	BSCP 含量（%）
印刷和书写纸	60～80	餐巾纸和卫生纸	25～65
复印纸	50～70	包装纸板	30～70

表 12-33 中给出了用桉木 BSCP 配抄各类纸种的百分比范围。在工业生产情况下，必需考虑到产品质量的要求，纸料配比中其他浆种、涂料、填料和添加剂等组分的作用，以便确定使用最大配比的 BSCP 量。

BSCP 法的发展前景：阿根廷 Massuh 公司所属 Quilmes 制浆造纸工厂，用桉木生产 BSCP 供配抄印刷纸、书写纸、复印纸等已有3年以上的生产实践经验。巴西 Melhoramenton 制浆造纸工厂将筹建用桉木生产 BSCP 商品浆或供配抄薄页卫生纸。

虽然，BSCP 制浆方法是从使用桉木发展起来的，但是对杨木、山毛榉木和栎木等阔叶材种也曾进行过中试研究，均获得了良好的结果。因此，可以认为该法对不同相对密度和纤维特性的阔叶材种都是适用的，是很有发展前途的一种制浆方法。

第13章

纸浆的漂白[165～286]

李忠正

1 概 述

纸浆漂白是制浆工艺的重要工序，其目的是提高纸浆的亮度，俗称白度，以适应不同纸张的要求。

亮度（白度）是纸片对波长为457nm光照射的反射能力与已知亮度的标准物体表面反射能力的比值。亮度的提高是由于化学药品使纤维中的有色物质脱色，或除去其中的有色物质。对化学浆来说，主要是除去其中的残余木质素来达到提高亮度的目的，所以有人把漂白视为蒸煮的继续。此外，漂白过程还可除去部分提取物（树脂、脂肪酸等）和半纤维素。对生产溶解浆过程来说，漂白还有调整纤维素聚合度的作用，对于机械浆和高得率浆，漂白则主要是改变有色物质中的发色基团的结构，使其脱色，故称为保留木质素漂白。

漂白工程应满足以下要求，即在提高纸浆亮度的同时，应尽可能避免纤维在漂白过程中的得率损失和强度损失；漂后浆的白度稳定性好，返黄少；原材料消耗和能源消耗少，成本低；废水排放量少，污染物含量低，特别是其中的有机结合氯含量低。

漂白方式一般分为脱木质素漂白和保留木质素漂白，或氧化漂白和还原漂白两种。化学浆漂白为脱木质素漂白。高得率浆（包括机械浆）漂白为保留木质素漂白，多采用还原漂白或氧化-还原多段漂白。

化学浆漂白多用氧化性漂剂，如氯、次氯酸盐、二氧化氯、过氧化氢、氧、臭氧等。常规的以氯系列漂剂的漂白为多段漂白。在漂白发展历史的早期，多段漂白的顺序为氯化（C），碱处理（E），次氯酸盐漂白（H），后发展使用二氧化氯（D）代替次氯酸盐，以提高纸浆白度，而采用C、E、H、D或C、E、D，C、E、D、E、D流程。20世纪70年代氧脱木质素（O）的工业化以及氯化段添加部分二氧化氯，漂白流程又改进为C/D E_0、D、E、D，以及O、C/D、E、D（ED）。近年来，非氯漂剂的迅速发展，出现了完全不用氯漂剂的漂白（TCF）方法和流程，如采用臭氧（Z）和过氧化氢（P）漂剂组成的O、P、Z、P或O、Z、P、Z、P流程等。

漂白方法和流程的发展过程总结如下：

年代	漂白方法和流程
19世纪初	H或H—H
20世纪初	H E H
20世纪30年代	C E H
20世纪50年代	C E H E D

20 世纪 60 年代　　C/D E D E D
20 世纪 70 年代　　O C/D E D E D
20 世纪 80 年代　　O C/D E_0 D E D 或 O C/D E_0D
20 世纪 90 年代　　O P Z P 或 OZPZP

漂白流程的确是要根据未漂浆的特性；最终产品对纸浆白度的要求；漂白药剂的相对成本和所选用的设备。但不论何种漂白流程都可将其分为两个部分，即脱木质素过程和漂白过程。脱木质素部分以进一步脱除纸浆中的残余木质素为目的，纸浆白度无明显变化，其控制指标为纸浆的卡伯值。漂白部分以提高纸浆白度为目的，以白度作为其控制指标。

表 13-1 列出不同漂白流程中各段的作用。

表 13-1　不同漂白流程中各段的作用

漂白流程	脱木质素部分	漂白部分	可达到白度
CEH	CE	H	70%左右
C/D E D	C/D E	D	85%左右
CE_0HED	CE_0	HED	—
OCEHDED	OCE	HDED	—
O C/D E_0 DED	O C/D E_0	DED	89%以上
OZPZP	OZ	PZP	88%

氯化前的氧预脱木质素可以脱除未漂浆中 45%～50%木质素。碱处理段通氧可以促进碱处理效果，使碱处理后的卡伯值比未通氧者低 15%～25%。漂白流程中的脱木质素部分为后续的漂白部分打下良好基础，其作用发挥得好坏与否对最终漂白结果有重要影响。

漂白流程中的漂白部分可以是最简单的单段次氯酸盐漂白，主要用于一般亚硫酸盐浆的漂白或硫酸盐浆的半漂浆（白度 60%～70%）；也可用 3～4 段漂白，使纸浆白度达到 90%，漂白部分的碱处理可进一步提高后续漂白的效率，减少返黄。

多段漂白一般都在塔内进行，最近发展的置换漂白是在一个塔内完成多段漂白过程，具有占地少，漂白时间短，废水排放量少等优点。

高得率浆的漂白方法主要有两种，还原漂白和氧化漂白，或两者组合而成的多段漂白。还原性漂剂有亚硫酸氢盐、连二亚硫酸钠、硼氢化物等；氧化性漂剂有过氧化氢、次氯酸盐等。

近年来，为了提高高得率浆的白度，以便在更广泛的范围内使用高得率浆，对其漂白技术进行了深入研究，使用过氧化氢和连二亚硫酸盐组成的多段漂白，可使其白度达到 80%。但其返黄问题严重，仍需进一步研究解决。

2　纸浆的白度和颜色

物体的颜色是由于它对可见光的选择性吸收、反射等作用而刺激人的视网膜的结果。其所反射的单光即为物体的颜色，对可见光全反射的物体则为白色，全吸收的物体为黑色。纸页对光的吸收、反射和透过，除与纸页的物理结构有关外，浆料中的有色物质所含的发色基团有重要作用。因此，漂白的目的，也可理解为增加纸页对光的全反射能力。

2.1　纸浆的亮度（白度）

2.1.1　关于亮度的基本概念

众所周知，物体对光有两种反射形式：一种为镜面反射，在物体表面细密光滑时，入射光除一部分被物体吸收、透过外，全部反射；另一种为扩散反射，当物体表面粗糙、疏松时，光可以渗入物体内部，在内表面散射出在各个方向数量大体相同的散射光（如图13-1）。由于纸页结构疏松，表面粗糙，所以光照射后则产生散射光。纸页的光散射发生在纸页表面和内部的纤维与空气的界面上，如无这些界面，光将透过纤维层而呈透明，这种界面愈多，即纸页的结构愈疏松、粗糙，光的散射则愈强烈，纸页的不透明性愈好。纸浆的打浆度愈高，其不透明性愈小。

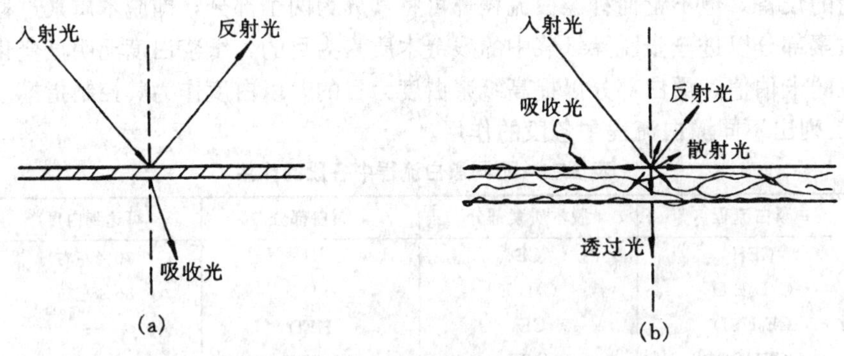

图 13-1 光对不同物体的反射

(a) 光的镜面反射；(b) 光的扩散反射

纸页对光的散射能力用散射系数 S 表示，对光的吸收能力用吸收系数 K 表示，两者的比值 K/S 与纸页的亮度有关。在一般情况下，漂白过程中 S 的变化很少，而光的吸收系数 K 则下降明显。根据 Kubelka-Munk 理论，K/S 与亮度的关系为：

$$K/S = (1 - R_\infty)^2/2R_\infty \tag{13-1}$$

式中：R_∞——无穷多层纸页对光的反射率（%），即纸页的亮度。

$$S = \frac{R_\infty}{W(1 - R_\infty)^2} \cdot \ln \frac{(1 - R_0 R_\infty)}{R_\infty - R_0} (\text{m}^2/\text{kg}) \tag{13-2}$$

式中：W—— 纸页定量(g/m^2)；

R_0—— 以黑衬垫单张纸页对光的反射率(%)。

光吸收系数 $K = (K/S) \cdot S$ (m^2/kg)

R_∞ 和 R_0 都可以测定，则可通过式(13-1)和(13-2)计算出 K/S 和 S。

2.1.2 白度的测定方法

国际上对白度的测定规定所用单光为波长 457nm 的蓝光，白度是被测纸页对蓝光的反射率与标准物表面反射率的比值。

白度的测定方法有几种，其不同点在于选用不同特性的标准物表面，以及照射光的角度不同，测量结果也有若干差异。国际常用的白度测定方法有：

(1) TAPPI 标准（T452），此法照射光的入射角为45°，反射光的测定角度与测试样品成90°角，其标准物为氧化镁粉，常规的校准标准物为浅色玻璃。其白度单位为%GE。

(2) CPPA 法 E_1（加拿大制浆造纸协会），该法的特点是以漫射光照射样品，用高反射率的积分球。反射光的测定角度与样品成90°，光的反射率与假想的由完美的漫射表面反射的绝对反射率相比较。常规的校准标准物为浅色玻璃。其白度单位为% ISO。此法仍以 MgO 为标准（绝对反射率为98%～99%），其白度称为电子反射仪白度（简称 Elrepho）。

(3) Scan 法 C11：75，为国际标准组织制定的方法（ISO2469），与 CPPA 法相似，但其样品的制备方法稍有不同，白度单位为% ISO。

三种方法所测白度值稍有不同，其关系如图 13-2。

2.2　浆料的颜色和发色基团

2.2.1　发色基团和助色基团

有颜色的有机物必然含有 1 种以上发色基团，即不饱和基团，如羰基（$R\overset{H}{C}=O$，$>C=O$），不饱和双键（$>C=C<$，$>C=S$，$-N=O$）等。这些不饱和的原子团都可吸收特定的可见光而显色，故称为发色基团，但这种单个的发色基团的吸光带波长较短，强度也较弱。如果两种以上的发色基团组成一个共轭体系，如 $O=C_6H_4=\overset{H}{C}-\overset{R}{C}=O$，由于它具有活动的共轭 π 电子，极易被光激发，而使原来的吸光带消失，生成波长较长的新的强吸光带。因此，发色结构实际上是有共轭 π 电子，并处于流动状态的体系。

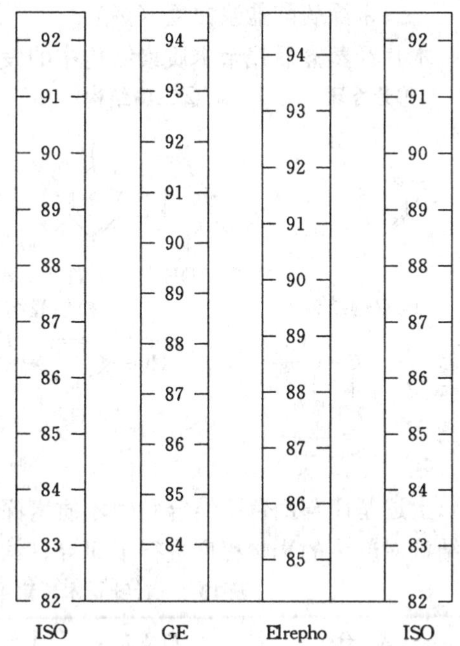

图13-2　几种白度测定方法测定值比较

助色团可以加深发色基团的吸光带强度，与发色基团共同组合成发色体系。这种发色体系可以在各个光区（紫外，红外，可见光区）均可吸光。助色团一般是与发色基团的碳原子形成共价键结合的羟基（$-OH$），羧基（$-COOH$），甲氧基（$-OCH_3$）等。因此，有色物质的脱色可以通过阻止发色基团形成共轭体系；破坏发色基团的结构；消除发色基团和助色团；防止发色基团与助色团联合等手段达到。

2.2.2　木质素的发色机构

研究表明，浆料中的有色成分主要是残余木质素，碳水化合物和提取物所占比例很少，各成分对化学浆颜色的影响程度见表 13-2。

实际上木材中的天然木质素是淡乳白色的，经酸、碱处理，空气氧化和光照射后则变色，这是因为木质素大分子的基本结构单元——愈创木基和紫丁香基在可见光区没有吸收峰，但木质素存在潜在的发色基团和助色团，木质素经酸、碱、空气等处理后形成了发色体系而呈色。

表 13-2　浆料中各种成分对其颜色的影响

成　　分	亚硫酸盐浆	硫酸盐浆
木质素（%）	80～95	95
碳水化合物（%）	5～15	5
提取物（%）	2	1

蒸煮过程中木质素大分子发生碎片化，木质素结构发生了变化，一部分发色基团可能被除去，但可能生成更多的发色基团和助色团，并形成共轭体系。因此，不同蒸煮方法所形成的发色基团不同，浆料的颜色也不同，如：

木片白度（%） 40～50

未漂亚硫酸盐浆白度（%） 35～40

未漂硫酸盐浆白度（%） 20～25

木片经蒸煮后残余木质素结构中的发色基团主要有：

①芳香环 ②二酚结构 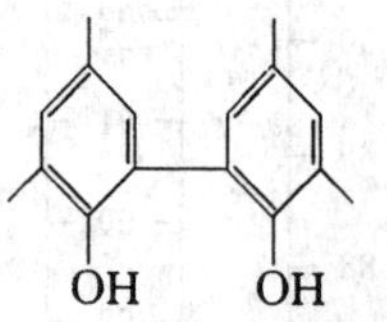 ③邻醌结构 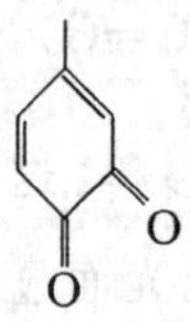 ④对醌结构 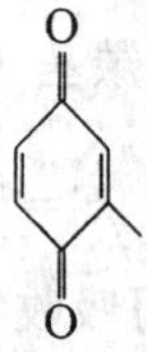 ⑤羰基

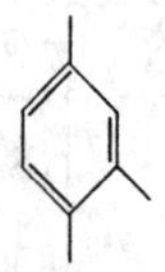

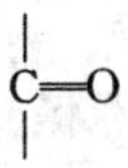

⑥双键结构 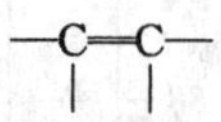 ⑦松伯醛结构 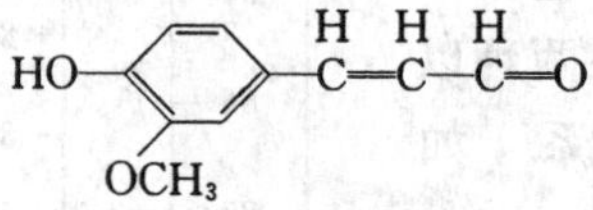 ⑧二苯乙烯结构

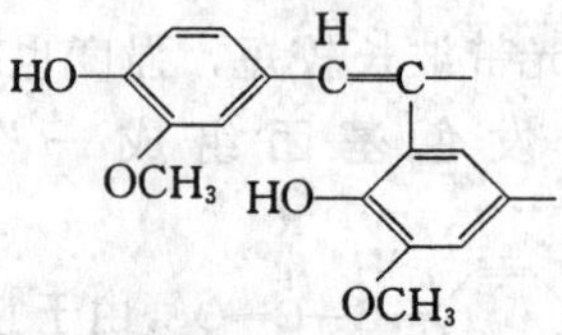

上述基团与助色团结合则使木质素深色化。中野準三等对不同制浆方法所得的各种木质素结构对颜色的影响程度进行了研究，结果见表13-3。

表13-3 针叶材木质素中各种结构对其颜色的影响程度比较

成 分	醌型结构	金属螯合物	共轭羰基	不明原因
磨木木质素（%）	100	—	—	—
硫酸盐木质素（%）	35	10	5～8	45
木质素磺酸盐（%）	40	40～50	5～8	—

可见，硫酸盐木质素的颜色发生原因至今尚未完全清楚；木质素磺酸盐已完全明了，金属螯合物和醌型结构是形成颜色的主要原因。形成金属螯合物的重金属离子主要是Fe^{3+}，Cu^{2+}，Mn^{2+}等。

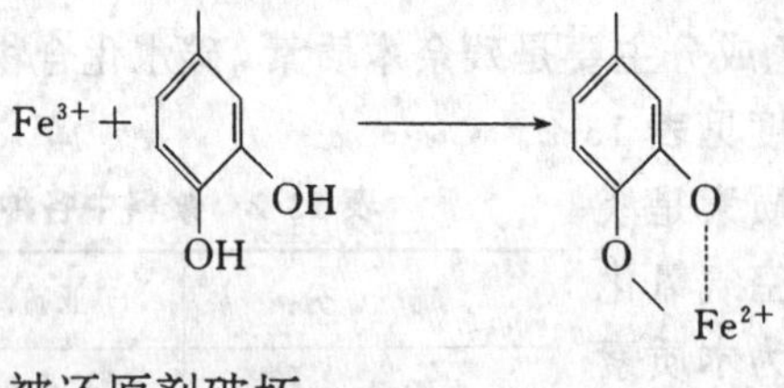

Fe^{3+} + [OH, OH] → [O, O ··· Fe^{2+}]

形成的螯合结构很容易被还原剂破坏。

总之，从木质素大分子结构单元的潜在发色基团，经化学处理形成醌类结构及其他发色结构，并形成共轭体系是纸浆颜色产生的主要途径。

3 漂白药剂

漂白药剂对化学浆漂白的作用主要是破坏和溶解有色物质，也可使有色物质脱色。对高得率浆漂白的主要作用是改变有色物质中的发色基团或体系，使有色物质脱色。表13-4为常用漂白药剂的状态及其优缺点。这些漂白药剂的成本，脱木质素的选择性，漂白能力，来源的难易不同，要综合考虑后选用。

表 13-4 常用漂白药剂

漂白药剂	符号	使用状态	作用	优点	缺点
氯	C	气体	氧化与氯化木质素	可经济有效的脱木素，来源丰富	如使用不当可造成纸浆强度损失
氧	O	气体，与 NaOH 并用	氧化与溶解木质素	成本低，为无氯漂白创造条件，废液可回收	添加量大，设备费高，纸浆强度损失
次氯酸盐	H	钙盐或钠盐 0～40g/L 溶液	氧化，漂白和溶解木质素	制备和使用方便来源容易	漂白能力低，使用不当纸浆强度损失大，成本高
二氧化氯	D	7～10g/L 溶液	氧化，漂白和溶出木质素；与氯合用可保护纤维素降解	可将纸浆漂至高白度而少损伤，来源容易	成本高，必须现场制备
过氧化氢	P	2%～5%溶液	氧化和增白化学浆和高得率浆中的木质素	使用方便，投资低	成本高，来源较难
臭 氧	Z	气体	氧化，增白和溶解木质素	用于无氯漂白，废液可回收	成本高，来源较难，破坏纸浆强度
氢氧化钠	E	5%～10%溶液	溶解木质素和氯化木质素	经济有效	使纸浆颜色变深

国外造纸界对几种漂白药剂的评价顺序为：从经济角度考虑，其顺序为 O>C>D>H>P>Z；从脱木质素能力考虑，其选择性顺序为：D>C>O>Z；从漂白能力考虑，D、P>H；从来源的难易程度考虑，其顺序为 D>H，C，OP>Z。

3.1 氯-水体系

常用的含氯漂剂为元素氯、次氯酸盐、二氧化氯等。在不同温度和 pH 值条件下，氯-水体系可由 Cl_2，HOCl，ClO^- 等不同组分组成，因此了解氯-水体系的性质，对了解纸浆漂白的基本原理有很大益处。

(1) 氯气的性质：氯气在常温下为黄绿色气体，有毒，在常温下（15～20℃）压缩至600～800kPa 时，或在常压下冷却至－40～－35℃时则液化为淡黄色液态氯。氯气相对密度为空气的 2.491 倍，液氯相对密度为 1.41（20℃），蒸发潜热为 0.29kJ/g，在标准状态下 $1m^3$ 氯气重 3.22kg，液氯重 1 560kg/m^3（－34℃），在标准状态下 $1m^3$ 液氯可气化为 456.8m^3 氯气。

氯气在水中的溶解度见表 13-5。

表 13-5 氯气的溶解度

温度（℃）	溶解于 1L 水中的氯气量（L）	温度（℃）	溶解于 1L 水中的氯气量（L）
0	4.61	20	2.15
10	3.06	30	1.77

氯为有毒气体，使用时应特别注意安全。空气中氯的浓度达到 0.04mg/L 时，就可刺激咽喉；0.08mg/L 时，引起咳嗽；0.012mg/L 时，则无法进行工作；0.12～0.18mg/L 时，短时间则可引起死亡。

(2) 氯-水体系：氯溶于水则产生水解反应：

$$Cl_2 + H_2O \rightleftharpoons HOCl + H^+ + Cl^-$$

$$HOCl \rightleftharpoons H^+ + ClO^-$$

上述反应是平衡反应，受质量作用定律支配，其平衡常数 K_1 和 K_2 为：

$$K_1=\frac{[HOCl][H^+][Cl^-]}{[Cl_2]} \tag{13-3}$$

$$K_1=3.94\times10^{-4}\ (25℃)$$

$$K_2=\frac{[H^+][OCl^-]}{[HOCl]} \tag{13-4}$$

$$K_2=5.6\times10^{-8}\ (25℃)$$

平衡常数 K_1 和 K_2 受温度影响，温度升高，K_1 和 K_2 增大（见表 13-6）。

表 13-6 平衡常数与温度的关系

温度（℃）	K_1（$\times10^{-4}$）	温度（℃）	K_1（$\times10^{-4}$）
0	1.46	35	5.10
15	2.81	45	6.05
25	3.94	55	6.90

另外，pH 值对氯-水体系的影响也很大，在不同的 pH 值条件下，氯-水体系的组成不同。可以由 pKa 进行计算。

将式（13-3）和式（13-4）两端取−lg，则

$$-\lg K_1=-\lg\frac{[HOCl][H^+][Cl^-]}{[Cl_2]}$$

$$-\lg K_1=3.4$$

$$-\lg K_1=pKa_1$$

$$-\lg[H^+]=-\lg\frac{[HOCl][Cl^-]}{[Cl_2]}=3.4$$

因为 $-\lg[H^+]=pH$ 值

所以 $$pK_{a1}=pH\text{值}-\lg\frac{[HOCl][Cl^-]}{[Cl_2]} \tag{13-5}$$

$$pK_{a1}=3.4$$

同理可推导出

$$pK_{a2}=pH-\lg\frac{[OCl^-]}{[HOCl]} \tag{13-6}$$

$$pK_{a2}=7.3$$

由式（13-5）可见，当 pH 值＝3.4 时，

$$[Cl_2]=[HOCl][Cl^-]$$

如果 pH 值降至 3.4 以下，则氯-水体系中的 $[Cl_2]$ 增大，$[HOCl]$ 减少，有利于浆料氯化的进行。

同理，由式（13-6），当 pH 值＝7.3 时，

$[OCl^-]=[HOCl]$，降低 pH 值则 $[HOCl]$ 增加，$[ClO^-]$ 减少，当 pH 值＝5 时，大约 98%的氯以 HOCl 形式存在，而 pH 值＝9 时，约 95%的氯为 $[ClO^-]$。因此，采用次氯酸盐漂白时，pH 值应保持在 9 以上。

不同 pH 值条件下氯-水体系各组分组成如图 13-3。

Cl_2、HOCl，ClO^-三者的氧化电位亦各不相同，即，氯-水体系在不同 pH 值时对纤维素的氧化能力不同。

$$Cl_2+2e \rightleftharpoons 2Cl^- + 1.35\nabla$$

$$HOCl+2e \rightleftharpoons Cl^- + H_2O + 1.5\nabla$$

$$ClO^- + 2e + H_2O \rightleftharpoons Cl^- + 2OH^- + 0.94\nabla$$

氧化电势以 HOCl 为最大，对纤维素的破坏能力也最强。

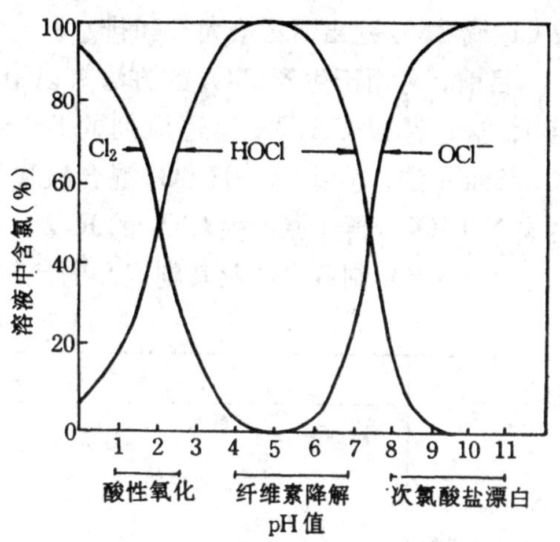

图 13-3 pH 值对氯-水体系组成的影响

3.2 二氧化氯

3.2.1 二氧化氯的性质

分子式为 ClO_2，分子量为 67.46，在室温下为黄色至赤黄色气体，液体 ClO_2 为红褐色，有刺激性臭味，液体 ClO_2 沸点为 11℃，相对密度 1.642（0℃）。气体 ClO_2 相对密度为 3.9g/L，为空气的 2.33 倍（11℃）在水中的溶解度为 8.9g/L（20℃，101kPa），液体 ClO_2 的蒸发潜热为 233.5kJ/mol。

气体 ClO_2 分压超过 40kPa 时，易发生爆炸，所以 ClO_2 气体浓度应小于 15%，分压应小于 13.3kPa。高浓时可自动分解（$2ClO_2 \longrightarrow Cl_2 + 2O_2$）而发生爆炸。

ClO_2 为有毒物质，8h 工作环境的 ClO_2 浓度极限为 0.1μl/L，到 5～17μl/L 时则有刺鼻臭味。在水溶液中亦可分解。

$$6ClO_2 + 3H_2O \rightleftharpoons 5HClO_3 + HClO_2$$

在较高 pH 值时，ClO_2 亦可分解为 Cl_2 和 Cl^-，但在偏酸性条件下比较稳定。

ClO_2 对金属有很强的腐蚀性，因此 ClO_2 所用设备皆使用钛钢制造。

ClO_2 为强氧化剂，$ClO_2 + H_2O + 5e \longrightarrow Cl^- + 4OH^-$，其氧化当量为 Cl_2 的 2.63 倍。

3.2.2 二氧化氯的制备

二氧化氯一般都是在纸浆漂白现场制备，目前已有 10 余种制备方法，但不论何种方法，其基本反应原理都是先将 NaCl 电解为 $NaClO_3$，然后在强酸条件下使 $NaClO_3$ 还原，生成 ClO_2 和副产物（也可用商品 $NaClO_3$），即：

$$\text{氯酸盐} + \text{还原剂} + \text{酸} \longrightarrow \text{二氧化氯} + \text{副产物}$$

其典型反应器如图 13-4。

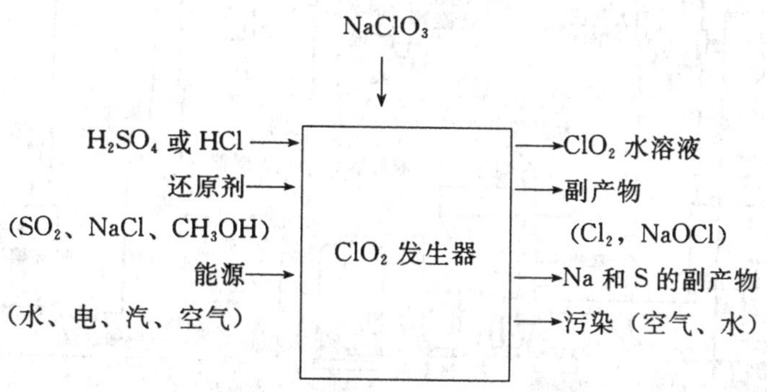

图 13-4 ClO_2 发生原理

发生的 ClO_2 被水吸收，产生的 Cl_2 用 NaOH 吸收制成 NaOCl，所产生的 Na 和 S 的副产物送入硫酸盐浆厂碱回收车间，作为化学药剂的补充。污染的产生主要是管道或贮槽漏气造

成 Cl_2 或 ClO_2 跑出而污染大气和排水。

目前，可用于生产 ClO_2 的方法有以下几类：①以 NaCl 为还原剂的 Rapson 法，由 R_2 法至 R_6 法；②以 CH_3OH 为还原剂的 Solvey 法，及其改良的 R_8 法；③以 SO_2 为还原剂的 Mathieson 法；④以 HCl/H_2SO_4 混合酸和 HCl 为还原剂的 R_7 法；⑤以 NaCl 为原料，经电解生成 $NaClO_3$，再还原产生 ClO_2 的 R_6 法。

各种 ClO_2 制备方法及其副产品的比较见表 13-7。

表 13-7 各 ClO_2 制造方法比较

方 法	生 产 条 件						ClO_2 得率(%)	副产品(t/t ClO_2)	
	酸种类	酸浓(N)	还原剂	温度(℃)	$NaClO_3$ 浓度(g/L)	ClO_2 稀释剂		Na_2SO_4	Cl_2
Mathieson	H_2SO_4	9.4	SO_2	40	20/7①	空气	89	3.4	0
ERCO 改进的 Mathieson	H_2SO_4	9.0	SO_2	—	40～46	空气	97②	1.38	0.12
R_2	H_2SO_4	10.0	NaCl	40	3.2mol	空气	95	6.9	0.6
R_3	H_2SO_4	3.5	NaCl	70	100.0	水蒸气	94	2.26	0.6
R_5	HCl	—	HCl	70	—	水蒸气	93	NaCl 1.0	0
$R_6$③	HCl	—	HCl	70	—	水蒸气	93	NaCl 1.0	0
R_7	HCl/H_2SO_4	3.5	HCl/NaCl	70	100.0	水蒸气	95	1.45	0.2
R_8	H_2SO_4	8.0	CH_3OH	70	100.0	水蒸气	97	1.4	0

① 初始反应浓度/二次反应浓度；② $NaClO_3$ 转化率；③ R_5 法为基础，增加 NaCl 电解为 $NaClO_3$ 工段，以 NaCl 为原料。

常用的 ClO_2 发生系统简介如下：

(1) R_3 法，此法发展于 1964 年，完全消除了 R_2 法及 Mathieson 法的废酸排放问题，反应原理与 R_2 法相同，即：

$$NaClO_3+NaCl+H_2SO_4 \longrightarrow ClO_2+3/2Cl_2+Na_2SO_4+H_2O$$

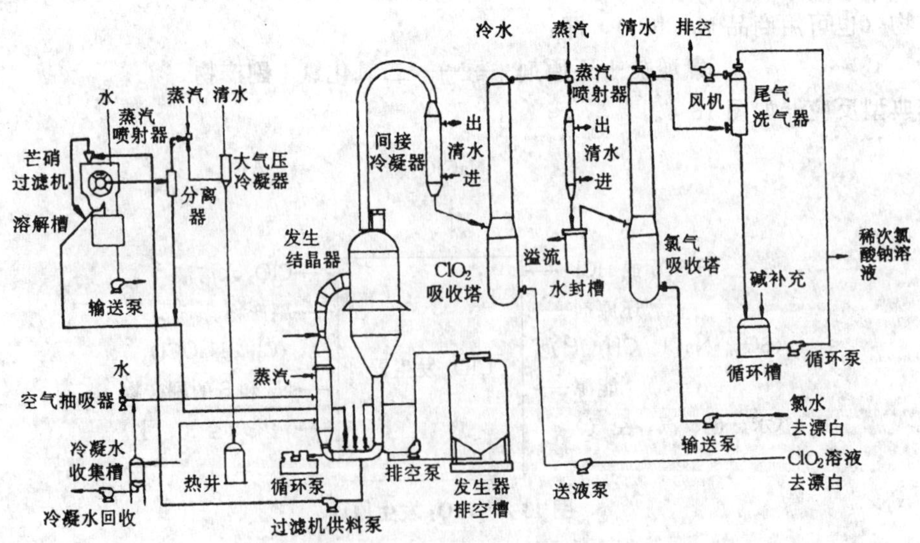

图 13-5 ERCO R_3 法流程

R_3 法流程如图 13-5。该法的 ClO_2 发生系统包括发生-结晶器及间接加热器，发生器操作条件为：操作压力 25.3kPa，反应温度为 70℃，反应液由循环泵驱动，在发生器和间接加热器之间循环。$NaClO_3$ 和 NaCl 溶液热交换器前加入，H_2SO_4 在热交换器出口处加入。蒸汽进入热交换器，使进入发生器的水在真空条件下蒸发，并使无水 Na_2SO_4 结晶析出。水蒸气取代传统工艺中的空气，作为 ClO_2 的稀释剂。发生的 ClO_2 气体经过间接冷凝器使部分水蒸气冷凝，提高 ClO_2 浓度。含有 ClO_2 和 Cl_2 及部分水蒸气的气体进入 ClO_2 吸收塔，未被吸收的 Cl_2 在氯吸收塔内被水或 NaOH 吸收，生成氯水或 NaOCl。R_3 法的化学药品消耗指标为 $NaClO_3$1.66kg/kg ClO_2，NaCl1.0kg/kg ClO_2，$H_2SO_4$1.6kg/kg ClO_2。

(2) R_8 法，为 1982 年开发的工艺，以甲醇为还原剂，副产品中无 Cl_2，芒硝的产生量也比 R_3 法少。此法是取代 R_3 法的最有吸引力的方法。其流程如图 13-6。

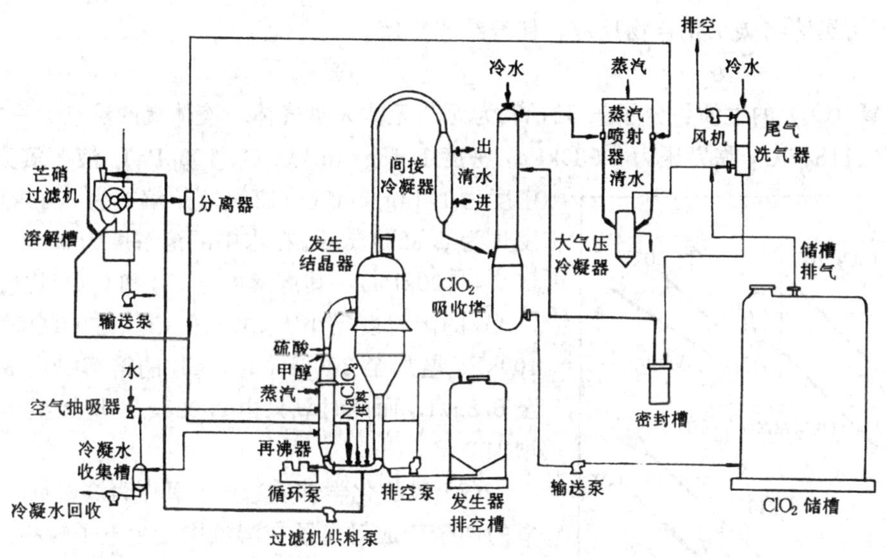

图 13-6　R_8 法 ClO_2 发生系统流程

此法的发生系统由蒸发器，热交换器，ClO_2 吸收塔组成，反应液（$NaClO_3$）由轴流泵送往发生器和加热器之间，并进行循环。$NaClO_3$ 在泵前加入，甲醇和 H_2SO_4 在加热器出口处加入，蒸汽送至加热器加热反应液。并使之在进入发生器时能在真空条件下蒸发。蒸汽作为 ClO_2 气体的稀释剂。发生的 ClO_2 气体先经冷凝器冷凝部分蒸汽，以提高 ClO_2 的浓度，再进入 ClO_2 吸收塔，塔顶排出的尾气进入尾气洗涤器。整个发生系统皆在真空条件下操作。

3.3　过氧化氢

(1) H_2O_2 的性质：H_2O_2，分子量为 34.0，无色无臭液体，纯 H_2O_2 相对密度为 1.45(20℃)，沸点为 152℃，熔点为 −0.4℃，纯 H_2O_2 比较稳定，呈弱酸性，pK=11.65（25℃），可与水以任何比例混合，溶于醇和醚中。紫外光，重金属离子和碱土金属离子都可使其催化分解为氧和水（$H_2O_2 \longrightarrow H_2O+\frac{1}{2}O_2$）。在酸性中比较稳定，磷酸和尿素硅酸盐可防止其分解。商品过氧化氢浓度为 30%～35%，使用前应稀释至 2%～3%。

(2) 过氧化氢的漂白作用：H_2O_2 为强氧化剂，其氧化强度与 $KMnO_4$ 相似，甚至更强些，浓 H_2O_2 溶液有毒，并有强的刺激性，能烧伤皮肤和粘膜。H_2O_2 在碱性条件下可解离为：

$$H_2O_2 \xrightleftharpoons{OH^-} HOO^- + H_2O$$

H_2O_2的漂白作用主要是HOO^-的氧化作用，在碱性条件下可产生更多的HOO^-离子，其标准氧化还原电位为：

$$H_2O_2 + 2H^+ + 2e \longrightarrow 2H_2O + 1.776▽$$

提高温度可以使H_2O_2电离常数增大，但温度高于85℃，pH值大于10.5时，由于产生副反应反而使纸浆白度下降。

过氧化氢水溶液中有重金属离子存在时，则分解并产生HO·游离基，其分解过程为：

$$H_2O_2 + Fe^{2+} \longrightarrow Fe^{3+} + OH^- + HO\cdot$$

$$HOO^- + Fe^{3+} \longrightarrow Fe^{2+} + OO\cdot^- + H^+$$

$$H_2O_2 + HOO^- \longrightarrow OO\cdot^- + HO\cdot + H_2O$$

HO·可迅速与碳水化合物反应，使纤维素降解。

3.4 氧

（1）氧（O_2）的性质：分子量32，氧为无色无味无臭气体，液体氧的沸点为－183.0℃，临界温度－118.6℃，临界压力4 980kPa，密度1.43g/dm³（0℃，100kPa）。液体氧为淡蓝色，密度为1.14g/cm³（－183℃）熔解热为0.44kJ/mol，蒸发热为6.82kJ/mol。在水中的溶解度为0.049m³/m³水（0℃，100kPa），其溶解度与Cl_2和ClO_2比较如图13-7。O_2的溶解度还小于ClO_2和Cl_2，在60℃时，压力由100kPa增加至300kPa时，Cl_2的溶解量由3.7g/L增至6.8g/L，而此时氧只由0.028g/L增加至0.083g/L，增加2倍。

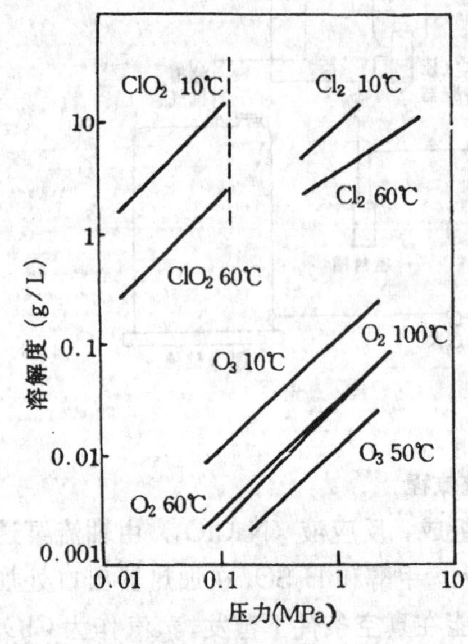

图13-7 气体漂剂在水中的溶解度

（2）氧的化学性质：分子氧作为漂白剂，主要是由氧的两个未成对电子在溶液中发生电子转移，形成游离基，在碱性溶液中，其过程如下：

$$H_2O \xrightarrow[OH^-]{} HO\cdot + e^- + H_2O_2$$

$$O_2 + e^- \longrightarrow OO\bar{\cdot} \xrightarrow{H^+} HOO\cdot \xrightarrow{+e} HOO^-$$

$$HO\cdot + H_2O \rightleftharpoons O\bar{\cdot} + H_3O^+ \qquad pKa=11.8$$

$$HOO\cdot + H_2O \rightleftharpoons OO\bar{\cdot} + H_3O^+ \qquad pKa=4.8$$

氧化碱性溶液中主要以HOO^-存在，HO·显弱酸性，其pKa为11.8，因而在氧漂初期，即pH值较高时，以离子形式存在，但在氧漂后期pH值降至11.8以下时，则以游离基形式存在。

3.5 臭 氧

（1）臭氧（O_3）的性质：分子量为48，为有特殊臭味的淡蓝色气体，临界温度为－12℃，临界压力为5 500kPa，密度为2.14g/dm³（0℃，100kPa）。液体臭氧为深蓝色，密度为1.35g/cm³（－111℃），固体为暗紫色，蒸发热10.4kJ/mol，在水中的溶解量为0.018m³/m³水（0℃，100kPa）。臭氧可溶于氯仿、四氯化碳、醋酸溶液中。O_3不稳定，在常温下可缓慢分解为O_2，氧化铅、氧化锰、氧化铜等可促进其分解。随着溶液pH值的增加，O_3的稳定性减少。

(2) 臭氧的发生：自然界中雷电可使空气中的氧成为臭氧，大规模生产臭氧的方法有，电晕放电，紫外线，辐射和电解等方法，由于电晕放电法投资、操作费用较低，控制方便，被普遍在工业中采用。臭氧为不稳定的活性气体，臭氧的生产必须在使用现场发生。

电晕放电法的基本原理是，自由电子碰撞分子氧使氧分子解离。

$$O_2 + 2e^- \longrightarrow 2O^-$$

该解离的氧离子又与氧分子碰撞而生成臭氧，同时放出电子。

$$2O^- + 2O_2 \longrightarrow 2O_3 + 2e^-$$

上述反应的竞争反应为：

$$O^- + O_3 \longrightarrow 2O_2 + e^-$$

$$e^- + O_3 \longrightarrow O_2 + O^-$$

导致臭氧分解，而影响臭氧的得率。

电晕放电法原理如图13-8。臭氧的得率随原料气中氧的浓度、发生器内温度和电晕功率强度以及发生器中臭氧浓度而变化。用含氧浓度高于90%的氧气，可生成浓度7%～8%（重量计）的臭氧。

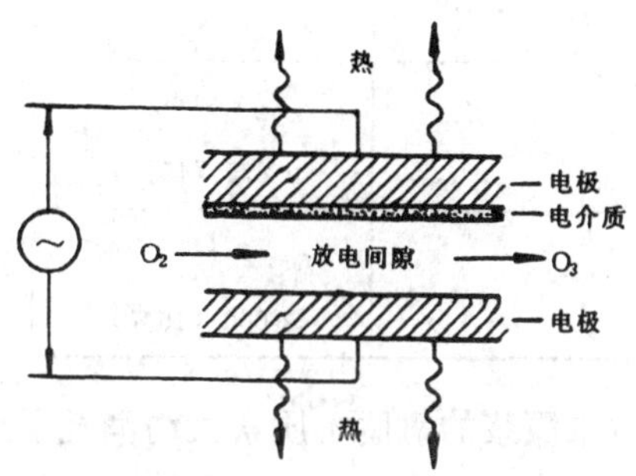

图13-8　电晕放电发生臭氧原理

臭氧发生器的频率有低频（50～60Hz），中频（60～1 000Hz），高频（>1 000Hz）3种，频率愈高，可得到的臭氧浓度也高。

另外，臭氧生产是电能低效使用过程，施加的电能90%以上转化为热能，而又必须用冷却水冷却发生器。臭氧生产的单位电耗（按4%臭氧浓度计），以氧气为原料时，为7.5～9kW·h/kg（O_3）。冷却水需要量2.5～4.0m³/kg（O_3）（冷却水温<5℃）。

3.6　漂白药剂的氧化当量（OXE）

(1) 氧化当量的概念：氧化当量（OXE）是说明某一物质的氧化能力的单位。这一概念可将漂白系统中的含氯漂剂和含氧漂剂用统一的单位比较。一氧化当量等于该物质在被还原时吸收1克分子电子所需的该物质量。表13-8为常用漂剂的OXE数据。

表13-8　常用漂剂的OXE变换因子

漂白剂	分子量	吸收电子数（e^-/mol）	吸收1个电子的克数（g/mol e^-）	OXE/kg
Cl_2	70.914	2	35.46	28.20
ClO_2	67.457	5	13.49	74.12
NaClO	74.448	2	37.22	26.86
O_2	32.00	4	8.00	125.00
H_2O_2	34.018	2	17.01	58.79
O_3	48.00	6	8.00	125.00

由每公斤漂剂的OXE比较可见，氧化能力最强的是O_3和O_2，其次是ClO_2，H_2O_2，氧化能力最低的是NaOCl。

(2)漂白流程中氧化能力的分配：N. R. Grundelius比较了三种漂白流程的OXE分布，即：

①老式的 CEHDED 流程；②氧脱木质素-（$D_{40}C_{60}$）E_0D（Ep）D；③氧脱木质素-酸处理（X）（Ep）D（Ep）D。流程②的氧化段用 ClO_2 取代 40%有效氯，第一段碱处理用（E_0），第二段碱处理用（Ep），此流程于 1990 年在瑞典已用于漂白针叶材硫酸盐的漂白。流程③的 X 段主要目的是除去重金属，以防止下段漂白中 H_2O_2 分解。流程②③中元素氯用量的减少或不用元素氯，以及预漂段 OXE 的降低，是该流程总有机氯（TOCl）排出量减少的原因。

表 13-9 将漂白流程分成 3 个部分，即氧预处理（氧脱木质素），预漂段和终漂段。

表 13-9 白度 90%（ISO）漂白浆单位 OXE 分配情况

流程	OXE/t 漂白浆分布（%对总 OXE）			
	氧脱木质素	预漂段	终漂段	总 计
1	—	CHE 2 171（76%）	DED 705（24%）	2 876（100%）
2	O 1 875（45%）	（D40C_{60}）E_0 1 471（36%）	D（Ep）D 796（19%）	4 142（100%）
3	O 2 000（46%）	X（Ep） 1 117（26%）	D（Ep）D 1 246（28%）	4 363（100%）

未漂浆的氧脱木质素大约消耗了近 50%的氧化能力，OXE/t 漂白浆量与流程 1 预漂段的 OXE 量相似，约 2000/t 漂白浆。

4 纸浆的氯化和碱处理

蒸煮后纸浆中的残余木质素是降解了的木质素，并具有较高的缩合程度，部分木质素又以木质素-碳水化合物复合体（LCC）形式残留于浆中。如前所述氯化和碱处理的目的是进一步除去纸浆中的残留木质素，为后续的漂白工序打下良好的基础，因此氯化、碱处理工序并不以白度作为考核指标，而是以浆料的卡伯值来衡量该工序效果的标准。

元素氯对木质素具有良好的反应能力，反应速度快。在正常条件下，氯化时纤维素降解很少，因此元素氯是一种具有很高的脱木质素选择性的漂白剂。

4.1 氯化时氯与木质素的反应

木质素氯化反应的试剂主要是 Cl^+，是 Cl_2 的 Cl—Cl 键或 HClO 的 Cl—O 键发生异裂反应而成，即 $Cl_2 \longrightarrow Cl^- \cdots Cl^+$。

Cl^+是活性很强的亲电试剂，它既可与木质素结构中的芳香核发生亲电取代反应，也可与侧键上的双键发生加成反应。

由于木质素结构单元芳香核上的取代基—OH、—OCH_3 或—OR 都是给电子基团，可使其邻、对位碳原子形成 δ^-，即形成亲电攻击位置，因为—OH 或—OR 基与—OCH_3 处于相邻的位置，因而两基团形成的亲电位置有相互抵消作用。当芳香核 C_4 位为—OH 基时，其主要亲电位置是 C_1 和 C_3,C_5（见式Ⅰ），如为—OR 时，由于—OR 分子量较—OCH_3 大，所以—OCH_3 的给电子作用将大于—OR（见式Ⅱ）。这样，C_2 和 C_6 位置的亲电反应为主，当 C_5 位置有—OCH_3 取代基时（阔叶材木质素），其亲电反应主要发生在 C_2 和 C_6 上。

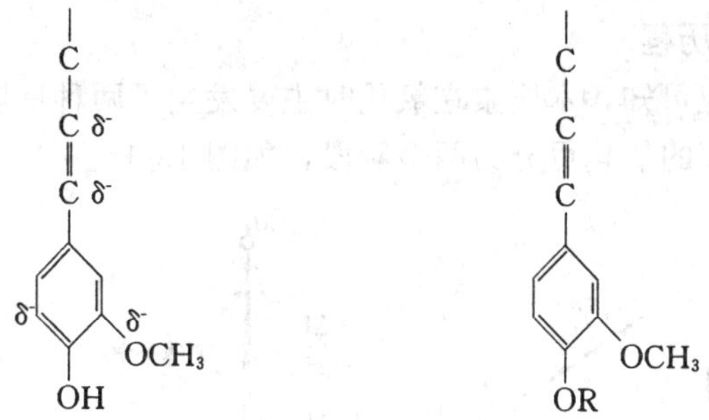

(式 Ⅰ)　(式 Ⅱ)

图 13-9 为 Cl^+ 对酚型和非酚型木质素的亲电取代反应。

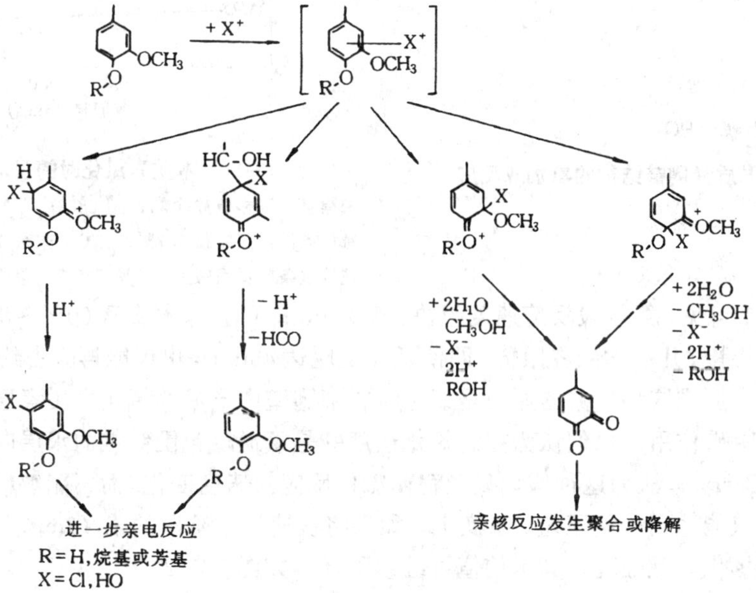

进一步亲电反应

R=H,烷基或芳基

X=Cl,HO

亲核反应发生聚合或降解

图 13-9　木质素结构的亲电取代反应

图 13-9 说明，酚型和非酚型木质素都可在邻、对位发生亲电取代反应和脱烷基反应。图左半侧的反应说明，如亲电反应发生在没有被取代的碳原子上或发生在被侧链取代的碳原子上，随着发生的芳香构化反应都可产生质子或侧链的消除反应，脱除了质子或侧链后再进一步发生亲电取代，最终生成多取代产物。

然而，如果亲电反应发生在被—OH，—OR 或 OCH_3 取代的碳原子上（如图 13-9），则产生芳醚键或烷醚键水解，而生成邻醌结构。这种醚键的氧化断裂是 Cl^+ 使木质素碎片化的主要反应方式。

与芳香核的亲电反应一样，木质素结构单元的侧链与氯正离子反应首先生成 π 电子复合物（如图 13-10）。这个阶段的速度很快，接着则生成正碳离子和环氯化合物。此阶段为速度控制阶段，与 Cl^+ 在芳香环亲电取代反应中生成环己二烯鎓离子相类似。但在芳香环亲电反应中环己二烯鎓离子中间体发生质子和侧链的消除反应，而侧链反应中正碳离子和环鎓离子则与弱亲核试剂（Y^-）即 Cl^- 反应，生成连位的二取代产物。但由于木质素结构中侧链共轭双键的数量较少，因此侧链反应不是氯化的主要反应，而且对木质素大分子的碎片化作用也不大。因此，氯化时形成的有机氯主要是芳香族的氯化物。

4.2 氯化脱木质素的反应历程

由上述氯与木质素反应可知，木质素在氯化时主要发生了两种反应，即氯取代反应和氧化反应。研究表明，木质素的氯化可分为两个阶段，如图 13-11。

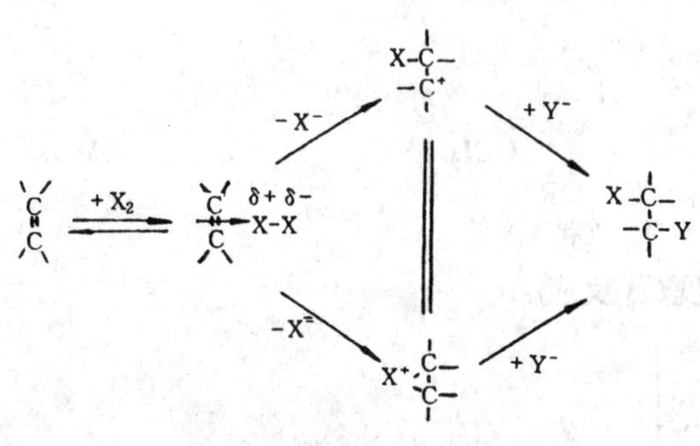

图 13-10 木质素侧链结构的氯加成反应

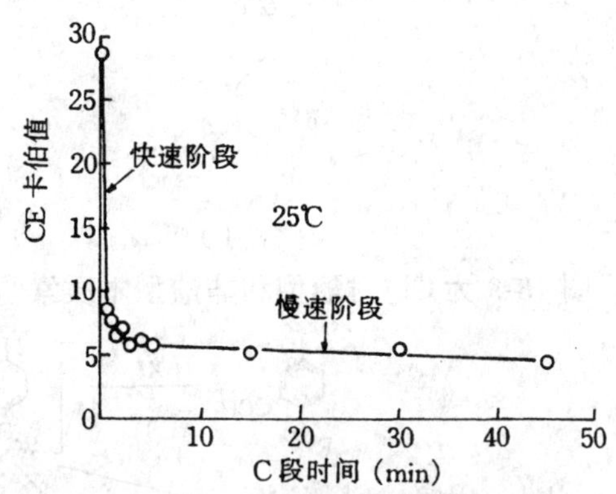

图 13-11 木质素氯化时的脱木质素速度

未漂浆：云杉硫酸盐浆 K 值 28.8；

氯化条件：用氯量 5.7%，25℃，浆浓 3.5%；

碱处理条件：用碱量 3.2%，70℃，浆浓 10%，90min

由图 13-11 可见，第一段反应速度很快，仅 2min 即可脱除木质素 60%～80%；而第二阶段则反应速度很慢，几乎达到界限值，即使延长反应达 40min，也仅能再除去约 0.5%木质素。Karter 等认为，造成这种现象的原因是氯化时在细胞壁内形成的氯化木质素层对氯向细胞壁进一步扩散起阻碍作用。他们认为控制氯化速度的是氯通过包围纤维的水层向纤维细胞内的扩散过程。但 Berry 等认为这种假设只能解释氯化反应的速度变化，而不能解释为什么氯化碱处理后卡伯值只能达到一界限值。事实上，如果将快速反应阶段的浆（2min 后）经碱处理后再于快速阶段氯化，碱处理，其卡伯值可继续下降，如图 13-12。

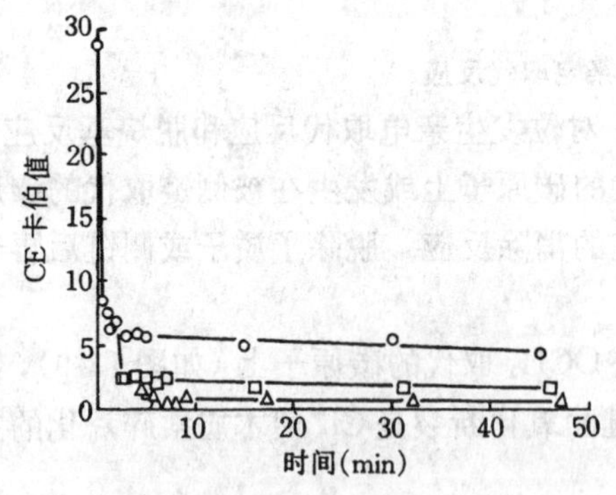

图 13-12 多次快速氯化时碱处理后浆料卡伯值与氯化时间的关系

—○— CE；—□—C^RECE；

—△—C^REC^RECE；

C^R：2min，5.74% Cl_2；

C：时间（min），5.74%Cl_2

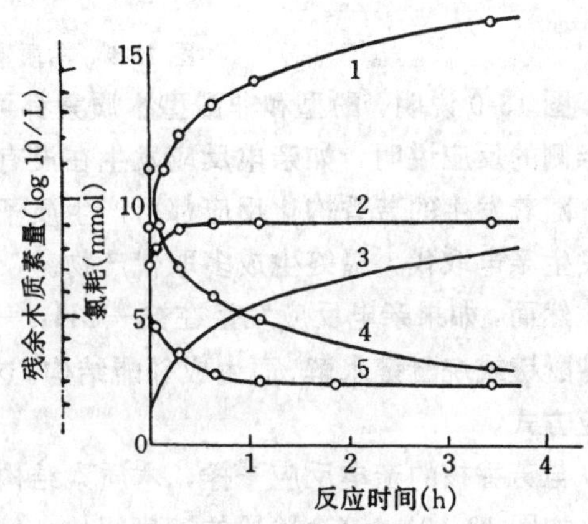

图 13-13 氯化时间与氯耗的关系

1. 总氯消耗量；2. 取代耗氯量；3. 氧化耗氯量；4. 残余木质素（水提取）；5. 残余木质素（碱提取）

这说明快速氯化阶段的浆碱处理后的残余木质素对氯仍有很好的反应活性。但这种浆料如果继续延长氯化时间，仍然进入反应速度缓慢的第二阶段；经碱处理后又可恢复快速阶段。

这种现象是扩散理论所不能解释的。Berry 等认为氯化时木质素大分子中产生的羧基（被称为阻碍基团）可使残余木质素对氯失去反应能力，碱处理则可消除这些基团使木质素恢复其反应能力。

K. V. Sarkanen 等测定了氯化时氯的消耗与反应时间的关系，发现氯的取代反应进行很快，在短时间内即可完成。相反，氧化反应在反应初期虽也比较快，但从整体反应来看是缓慢的，时间较长（如图 13-13）。氯化过程中的木质素氧化反应也是重要的，它可使木质素大分子中含有较多的羧基，在碱处理时使木质素易溶。据 Dence 等人的研究，总耗氯量的55%～65%形成了有机氯，其中的 2/3 留在纸浆的残余木质素中。一般木质素的氧化反应发生在氯取代反应之后。氯取代反应和氧化反应的比率可根据下式作粗略的计算。

氯取代反应：
$$RH+Cl_2 \longrightarrow RCl+HCl$$

氯氧化反应：
$$RH+Cl_2+H_2O \longrightarrow ROH+HCl$$

$$取代反应比率=Cl_2（取代）/Cl_2（总）\times 100$$
$$=\frac{Cl_2（有机）\times 2}{Cl_2（总）}\times 100 \tag{13-7}$$

式中：Cl_2（总）——总氯耗量；

Cl_2（有机）——有机结合氯量（纸浆中与废液中有机氯含量之和）；

Cl_2（取代）——取代反应氯耗量。

4.3　氯化的工艺条件

（1）纸浆浓度：氯化通常在 3%～4%低浓度下进行，这是因为氯化反应速度很快，低浓度便于浆-氯均匀混合；同时由于Cl_2在水中的溶解度较低，低浆浓有利于Cl_2的溶解。但低浓氯化的缺点是，氯化过程中排出大量有毒废水，因此发展有浆浓为 30%～35%的气相氯化和浆浓 10%左右的中浓氯化。

（2）用氯量：氯化时正确选用用氯量是最重要的。如用氯量少，则纸浆很难漂至高白度；用氯量太多将损害碳水化合物，使纸浆物理强度下降。用氯量以卡伯因子为依据。

卡伯因子是表示用氯量为未漂浆卡伯值的倍数（即 $K \cdot N$=用氯量/卡伯值），一般为 0.15～0.25。

图 13-14 说明，用氯量与氯化脱木质素并非为直线关系，当用氯量达一定量之后，增加用氯量并不能提高氯化脱木质素率，特别在未漂浆中木质素含量高时，其脱木质素的界限值也很高。由图可见，未漂浆卡伯值为 28.3 时，碱处理后的卡伯值可降至 3～4，而卡伯值为 36.2 的未漂浆则只能降至 6。

当卡伯因子为 0.2 时，氯化碱处理后可除去纸浆中约 80%的木质素。氯化段用氯量一般可占总漂白用氯量的 60%～70%（硫酸盐浆）。

（3）氯化温度和时间：氯化所需时间与未漂浆卡伯值、氯化温度、浆-氯混合情况及残氯有关，氯化反应速度虽比较快，但一般实际生产上，氯化停留时间为 45～90min。亚硫酸盐木浆的氯化时间通常为 45～60min；硫酸盐木浆为 60～90min。

氯化温度与反应时间关系很大，但生产上不能经常调整氯化温度，往往随季节而变化。反应温度与脱木质素速度的关系如图 13-15。提高温度可以明显的提高脱木质素率，反之，达到同一脱木质素率时，提高反应温度可大大缩短反应时间。采用高温氯化，必须注意控制氯化深度，不可产生“过氯化”，否则将损害纸浆强度。

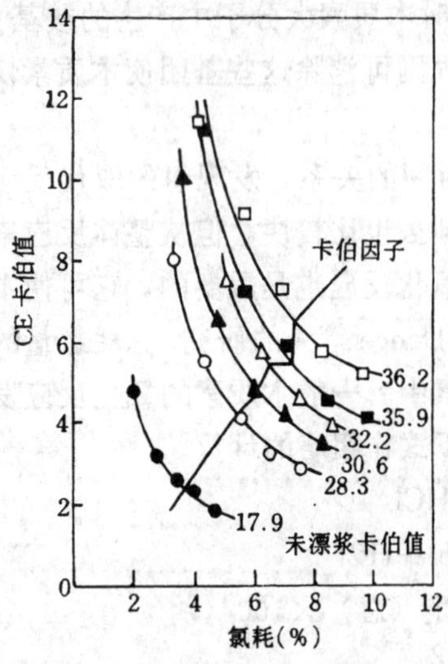

图 13-14 氯化时氯耗与脱木质素效果的关系

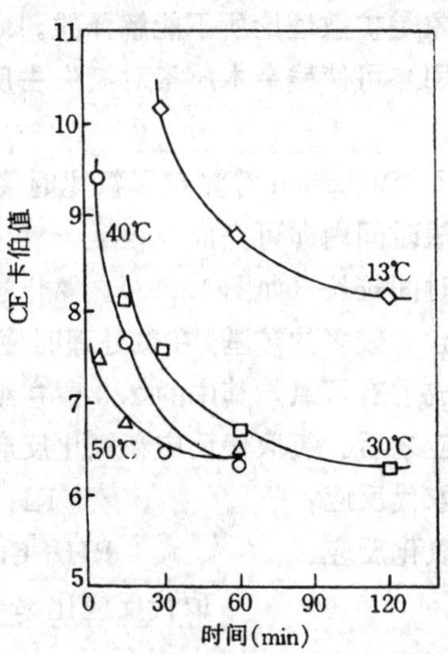

图 13-15 氯化温度对脱木质素速度的影响

(4) pH 值：如前所述，氯水体系在 pH 值低时，以元素氯形式存在，产生的 HOCl 量很少。因此，pH 值低时对氯化有利。由于氯化取代反应速度很快，氯化初期则有大量 HCl 生成，致使溶液的 pH 值很快降至 2 以下，因而氯化时无须加酸调节。氯化终了时 pH 值对碱处理后浆料粘度的影响如图 13-16。说明在常温下氯化 pH 值对纤维素的损伤是很明显的。

实际生产中，可用氯化段洗浆机的滤液作为粗浆的洗涤水，以中和浆料中的残碱，但所有与此滤液接触的设备和管线都需作耐腐处理。

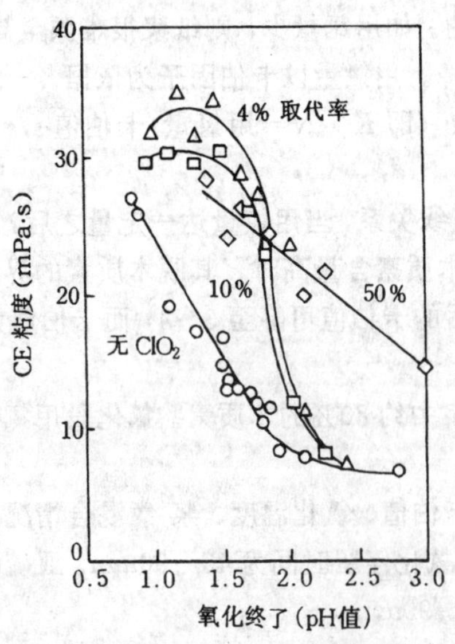

图 13-16 氯化终了时 pH 值对 CE 段纤维素粘度的影响

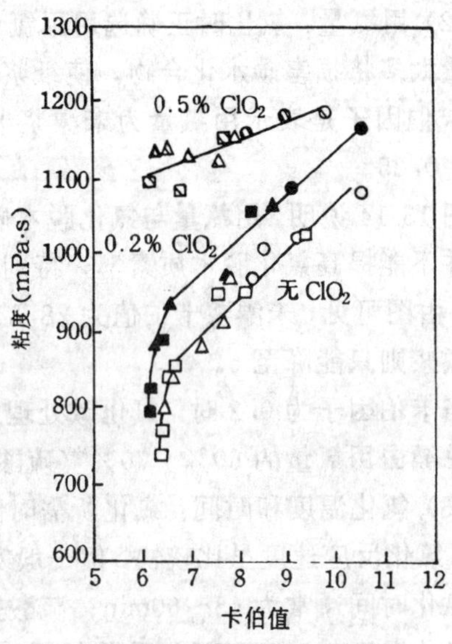

图 13-17 氯化段添加二氧化氯对氯化效果的影响

—○—13℃；—△—30℃；—□—50℃

4.4　氯化技术的改进

从 20 世纪 30 年代起，氯化作为多段漂白的第一段应用于生产以来，在很长的一段时间内氯化技术没有重大改进。前节提到的气相氯化和中浓氯化，在生产上使用的也较少。至今氯化技术的最主要的改进是用二氧化氯取代部分元素氯。这种方法是 1964 年首先由加拿大的 Forest Product 公司的 Crofton 工厂采用，至今已被广泛应用于世界各国。最初采用这个技术的主要目的是提高氯化段脱木质素的能力，同时保护纤维素不受或少受损伤。由图 13-17 可见，添加浆料量 0.2%～0.5%ClO_2，在达到相同的 CE 卡伯值时，明显提高纤维素的粘度。

近些年来，由于世界各国对漂白废水污染问题的关注，特别是对产生有机氯的污染源——氯化、碱处理段的重视，添加 ClO_2 取代元素氯，又被作为降低氯化段有机氯的产生，减轻漂白废水毒性的重要手段。

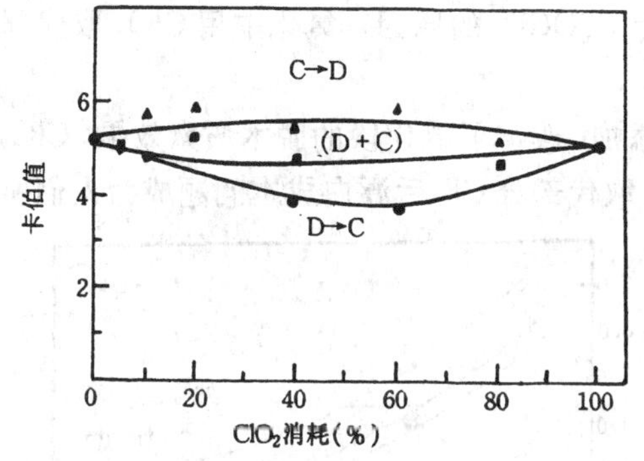

图 13-18　针叶材浆不同 ClO_2 添加方法对 E 段后脱木质素率的影响

图 13-19　ClO_2 添加流程

(1)二氧化氯的添加方法：以何种方式将二氧化氯添加到浆料中去，对提高氯化段脱木质素效果有着重要影响。其添加方法可能有三种：ClO_2 与 Cl_2 混合后添加 (C+D 法)；在浆料中先加入 ClO_2 再通入 Cl_2 (DC 法)；先在浆料中通 Cl_2，再添加 ClO_2 (CD 法)。此三种添加方法在不同 ClO_2 取代率时的脱木质素效果如图 13-18。说明三种方法中以 DC 法效果最好。其具体添加流程如图 13-19。在低浓氯化流程中 ClO_2 可在浆料泵的入口添加，也可在泵后，经混合器，与通入 Cl_2 的间隔时间一般为 30s，也有的流程在 ClO_2 添加后设置一个停留罐，使浆料在罐内停留 60s，再通入 Cl_2。通 Cl_2 时一般尚混入少量 ClO_2(约 5%取代率)，以保持氯化时有 ClO_2 存在，以便保护纤维素。

不同 ClO_2 取代率在通 Cl_2 前不同时间添加 ClO_2 所产生的效果也不相同（如图 13-20）。

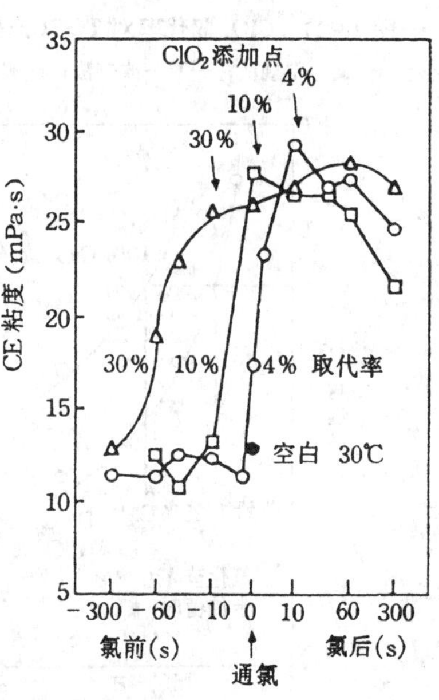

图 13-20　不同 ClO_2 取代率在不同添加点对纤维素的损伤

(2)添加 ClO_2 对降低有机氯含量的作用：我们知道，纸浆中的残余木质素，不论是酚型和非酚型都可在氯化过程中受到氯取代和氧化作用而被除去。其分子量高的氯化木质素较少。而在C段废液中含有大量的低分子氯化产物，其被氯化的程度不同。其中包括酚类、有机酸类，中性物质，二噁唤，二苯基呋喃等。C段溶出物质中，低分子组分（$\overline{M}w$<1 000）大约为总溶出量的30%。

ClO_2作为漂白剂（增加纸浆白度），它本身没有使木质素产生氯化的作用，它主要与木质素结构中的酚型木质素反应，使其氧化降解为粘康酸（Mucohic acicl）和醌类物质。反应中同时发生ClO_2的分解，产生氯酸和次氯酸、氯等。无疑这些副反应将使ClO_2损失，并发生一定量的氯化反应，虽然在漂白剂溶液中HOCl和Cl_2的浓度很低。

$$2ClO_2 + H^+ \longrightarrow HOCl + ClO_3^-$$

$$HOCl + H^+ + Cl^- \longrightarrow Cl_2 + H_2O$$

因此，ClO_2在氯化过程中比Cl_2对木质素有更好的选择性，而很少产生氯化作用，这是用ClO_2取代部分Cl_2时可以减少废液中有机氯含量（TOCl）的原因。氯化中用ClO_2取代部分Cl_2对TOCl的影响如图13-21。

（3）二氧化氯取代率：如上所述，由于ClO_2的添加，改善了氯化段的脱木质素效果，ClO_2取代率增加其效果也愈好（图13-22）。但采用ClO_2取代部分Cl_2后漂白成本问题成为人们所关注的问题。由图13-23和图13-24可知，在达到相同CE卡伯值时，氯化段用氯量和碱处理段用碱量都可下降。

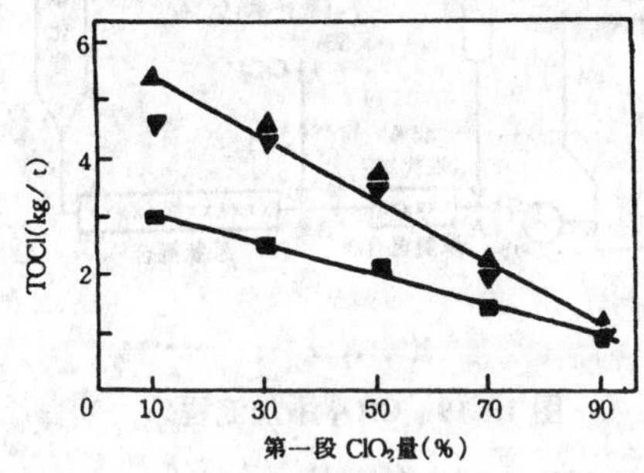

图13-21 ClO_2取代率对TOCl产生的影响

—▲—常规法；—▼—改进法；—■—O_2漂

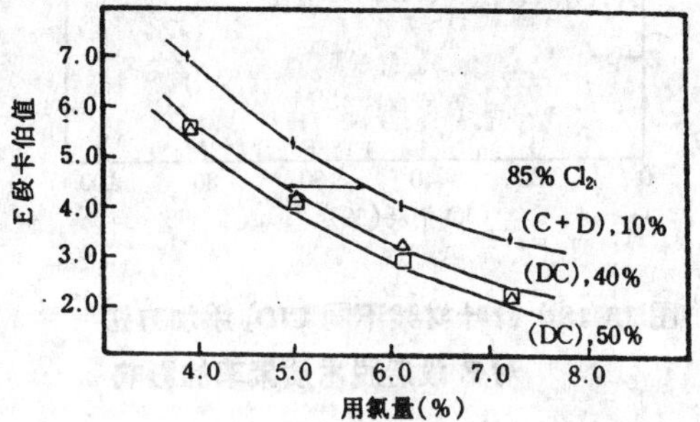

图13-22 针叶材浆ClO_2取代率与氯化脱木质素效果

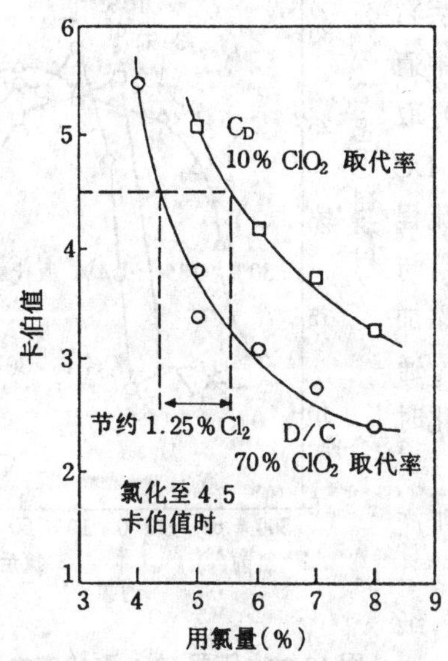

图13-23 ClO_2大量取代Cl_2对氯耗的影响

漂白成本是否提高关键在于ClO_2增加的成本能否抵偿氯耗和碱耗下降所降低的价值。因此，ClO_2取代率及其对脱木质素效果的改善程度，与当地的ClO_2，Cl_2和NaOH的价格比值有关。图13-25表示不同的ClO_2与Cl_2的价格比（图13-25中为1.5～2.5）和增加ClO_2取代率对针叶浆和氧预脱木质素针叶浆漂白总成本的影响。

可见对卡伯值为29.8的针叶浆，不论在何种价格比值条件下，ClO_2取代率在40%以下时，漂白总成本是降低的；价格比在2.5时，取代率超过40%，则漂白成本将有所增加；价格比为2.0时，其经济取代率为60%，价格比为1.5时为80%；

如果考虑环境污染的改善，有机氯排放量的降低效益，漂白成本适当增加，在有些情况下也是可以接收的。

美国 Simpson Tacoma Kraft 公司在氯化段采用高 ClO_2 取代率的 DC-Eop-D 流程，明显降低了废水中有机氯（TOCl）排放量并达到不排放二噁englyphanh的要求。其流程如图 13-26。

浆料在进入氯化塔前先经过两台高剪切混合器，第一台混合器使浆料与 ClO_2 混合，第二台与 Cl_2 混合，两者间隔时间为 30s。该流程最

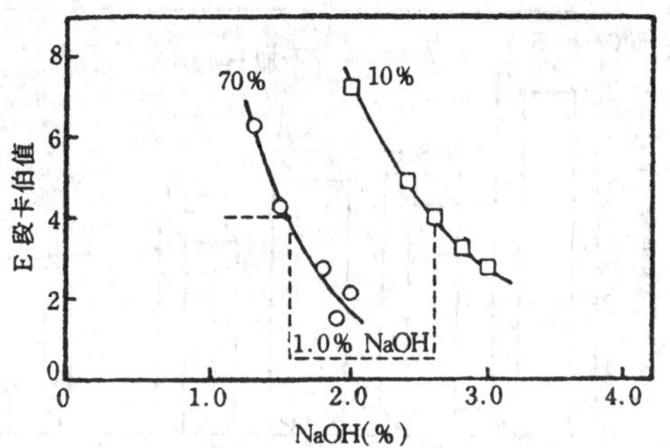

图 13-24 ClO_2 大量取代对碱耗的影响

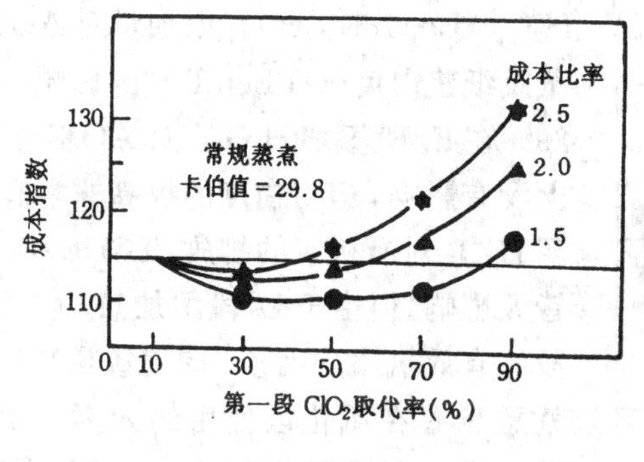

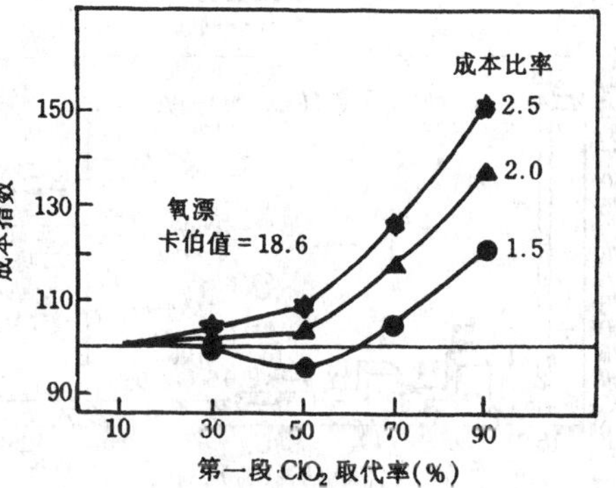

图 13-25 不同 ClO_2 和 Cl_2 价格比在不同 ClO_2 取代率时的漂白总成本（假设 NaOH 价格为 Cl_2 价的 1.2 倍）

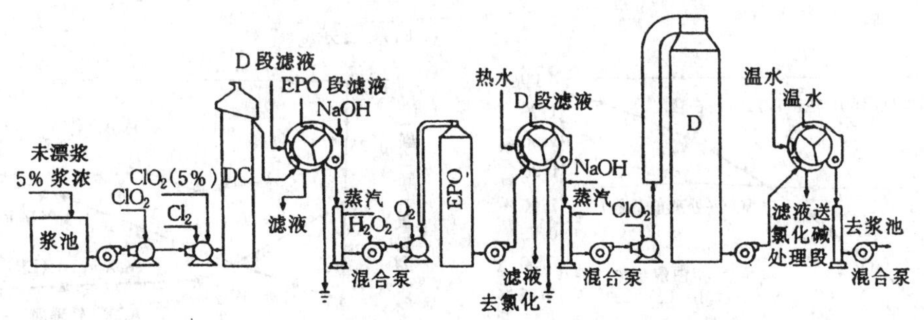

图 13-26 Simpson Tacoma 硫酸盐浆厂漂白流程

初的 ClO_2 取代率为 15%。为了减少 TOCl，特别是 2，3，7，8-四氯代二苯-P-二噁英和呋喃（TCDD/F）的排放，研究了提高 ClO_2 取代率，以至用 100%ClO_2 氯化的效果，以及在氧化碱处理段添加 H_2O_2（Eop）的作用。图 13-27 为不同 ClO_2 取代率时 AOX 排放量的变化。图 13-28 为 TCDD/F 的变化情况。

由图 13-27、图 13-28 看出，随着取代率的提高，工厂排放的有机氯减少，当取代率达 50% 时，AOX 排放量则由 5.2kg/t 绝干浆降低至 2.9kg/t，减少了 44%，如果 ClO_2 全部取代 Cl_2，则 AOX 可减少至 0.6kg/t 浆，降低了 88%。

图 13-29 说明，其酸性废水和碱性废水的毒性相差很大，碱性废水中的 TCDD/F 比酸性

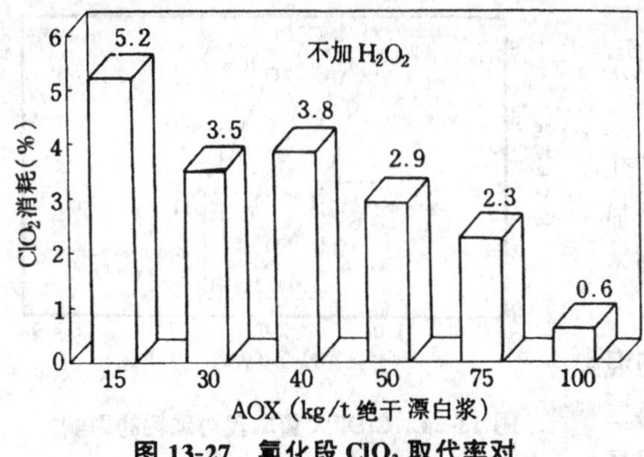

图 13-27 氯化段 ClO_2 取代率对 AOX 排放量的关系

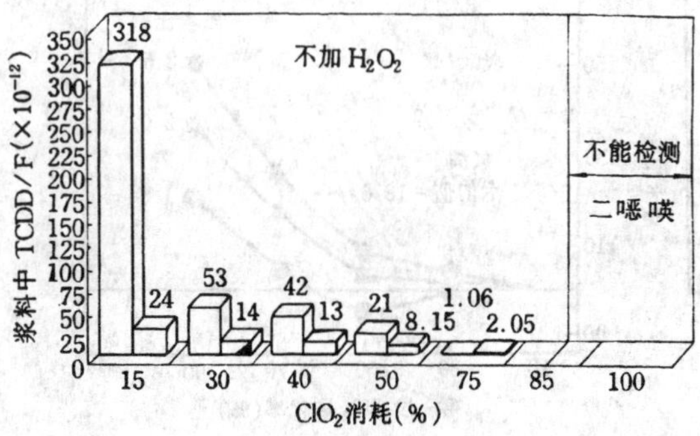

图 13-28 不同 ClO_2 取代率与 TCDD 和 TCDF 排放量的关系

废水大 2～5 倍。而 TCDF 的排放量在 ClO_2 取代率为 15%～50%时，比 TCDD 大 2～10 倍。由图 13-29 可见，当 ClO_2 取代率达 75%时，碱性废水中二噁唤的浓度可降低 90%；ClO_2 取代率由 15%增加至 30%时呋喃的浓度减少 62%，当 ClO_2 取代率达到 85%以上时，漂白废水中实际上没有测出二噁唤和呋喃。同样，纸浆中的 TCDD/F 含量，在取代率 85%以上时也没有测出。

在氯化段采用 100%ClO_2，E_0 段添加 H_2O_2 (Eop) 时，H_2O_2 添加量对 AOX 排放量及纸浆白度（D Eop D）的影响如图 13-29。在 E_0 段添加 H_2O_2，对 AOX 排放基本上没有影响，但对白度的提高非常有利。说明 H_2O_2 对有机氯的排放，TCDD/F 的排放皆无影响。但由于 E_0 段添加 H_2O_2，可使 DC 段的有效氯添加因子（即用氯量）下降，这就意味着在氯化段使用的元素氯量减少，则生成的有机氯量也减少。氯化段有效氯因子在 D Eop D_1 Ep D_2 漂白流程中产生 AOX 量如图 13-30。说明在有效氯因子为 1.0 时，总 AOX 排出量最少，仅为 0.6kg/t 漂白浆。

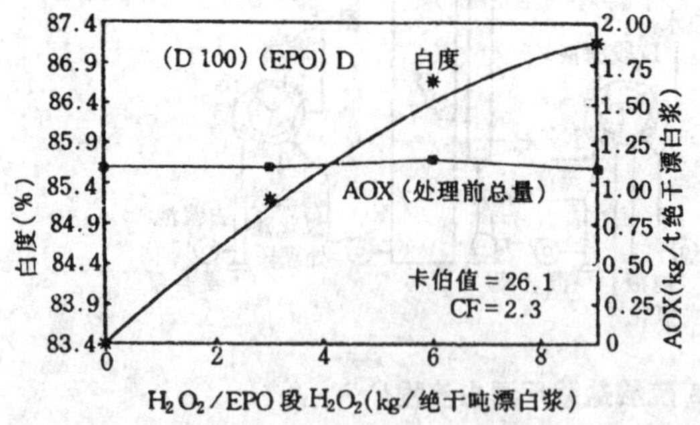

图 13-29 E_0 段添加 H_2O_2 对白度和 AOX 的影响

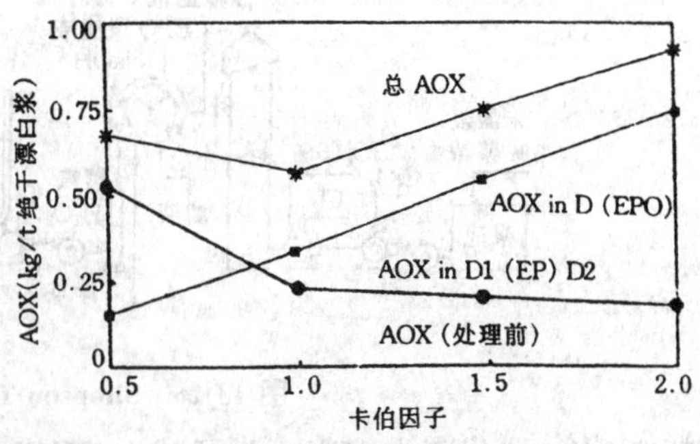

图 13-30 有效氯因子与 AOX 排放量的关系

4.5 碱处理

碱处理的作用在于：①氯化后生成的氯化木质素有很大部分不溶于水，而要在碱介质中才能溶出，因此碱处理效果的好坏，对整个漂白过程影响极大；②碱处理的另一作用是中和酸或在前段产生的酸性基团；对溶解浆生产，碱处理可以除去部分半纤维素，提高 α-纤维素含量；③碱处理可以溶出浆料中部分树脂，使之形成皂，而这些皂化物又有助于其他物质从浆中提取出来，起到表面活性剂的作用。

4.5.1 氯化木质素的碱性水解

大部分在侧链上取代有氯的木质素结构(Ⅰ)，很容易通过邻位羟基的参与，被OH^-置换，形成环氧化物中间体而形成亲水性的木质素结构（Ⅱ），而易溶于碱液中。

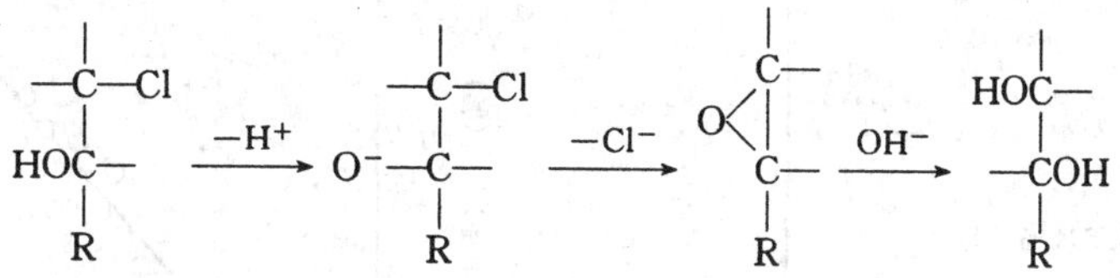

（Ⅰ） $\xrightarrow{-H^+}$ $\xrightarrow{-Cl^-}$ $\xrightarrow{OH^-}$ （Ⅱ）

芳香核上被氯取代的氯化木质素（Ⅲ）通过OH^-的亲核加成，生成环已二烯中间体，再生成共振稳定的含有羟基的醌结构。

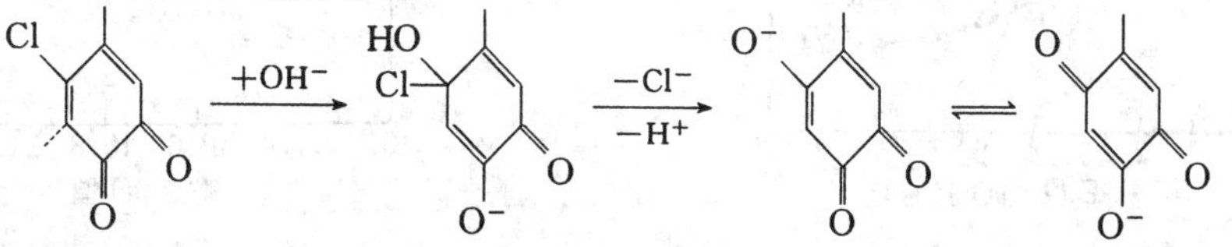

（Ⅲ） $\xrightarrow{+OH^-}$ $\xrightarrow[-H^+]{-Cl^-}$ ⇌

这种结构明显的增加了氯化木质素的溶解性，也可将此醌结构看做为插烯物酸。

类似的OH^-亲核加成反应也可在未被氯化的醌结构中发生，生成被羟基取代的邻苯二酚（儿茶酚）或经苯酸类分子重排，得到环戊二烯型α-羟基羧酸（Ⅳ）。

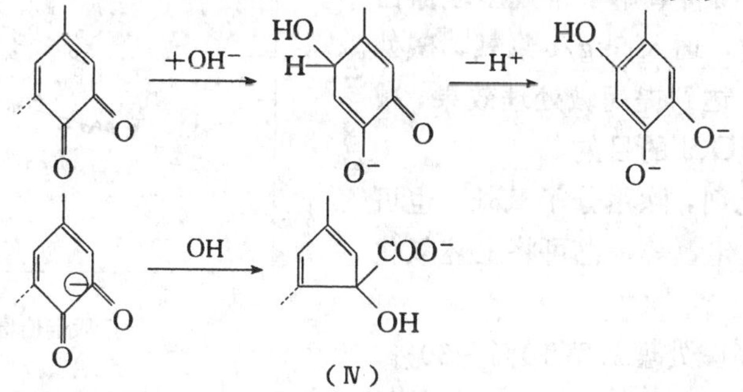

$\xrightarrow{+OH^-}$ $\xrightarrow{-H^+}$

$\xrightarrow{OH}$ （Ⅳ）

通过碱处理，大部分氯化木质素可以溶出，但也有少量氯化木质素即使在强烈碱处理条件下也难以溶出，这可能是纸浆中残余的LCC中的木质素被氯化，这些木质素只有通过氧化断裂，即在碱处理中通氧，或加入H_2O_2、NaOCl等氧化剂才能溶出。

4.5.2 碱处理工艺

(1) 用碱量：取决于未漂浆的硬度和白度要求。用碱量大则E段后的卡伯值降低，但也有一限度（如图13-31），同时，氯化段用氯量愈大，其界限值也愈低。Massey等人的研究认为，适宜的用碱量应是氯化段用氯量的0.6倍，此时曲线已将进入限界值（如图13-32）。另由图13-32可见，当NaOH（%）/Cl_2（%）为0.6时，碱处理终点pH值约为10.7。

还有些资料认为，在充分洗涤的条件下针叶材硫酸盐木浆碱处理段的用碱量，可按氯化段用氯量的0.5再加0.3掌握，阔叶材硫酸盐浆按用氯量的一半加0.2考虑。

(2) 时间和温度：提高碱处理温度可以加快氯化木质素的溶出，提高木质素的溶出率。但温度高热量消耗增大。一般碱处理温度55～80℃，常用温度70℃左右。时间为60～90min。

(3) 浆浓：一般浆浓为10%～12%，浆浓高可以节约蒸汽，碱浓较高，有利于提高反应速度，缩小碱处理塔体积，但浆浓受浓缩机能力的影响，一般不超过15%。

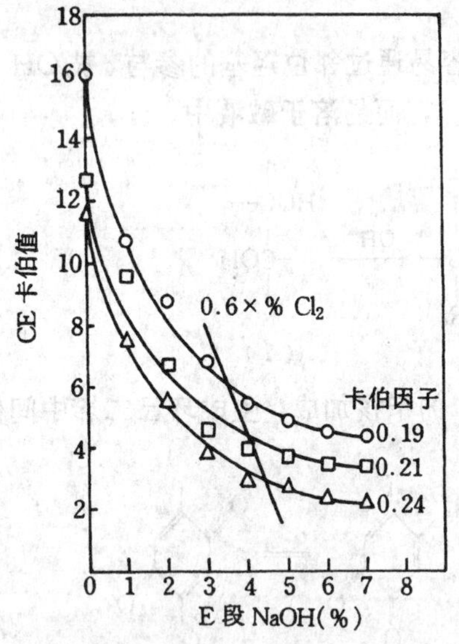

图 13-31 碱处理段用碱量与 CE 卡伯值的关系

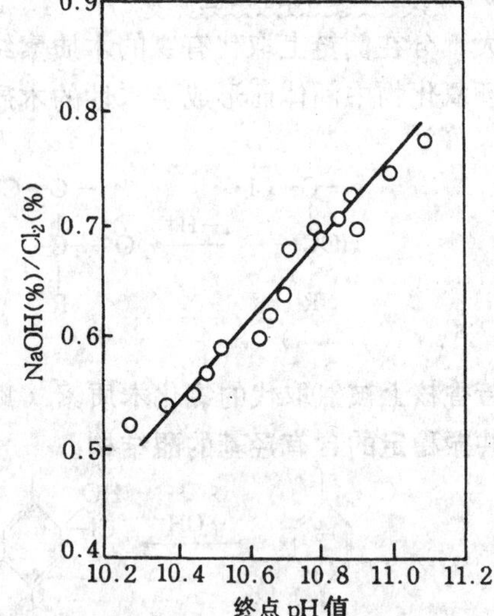

图 13-32 碱处理 pH 值的控制

4.5.3 氧化碱处理

随着氧脱木质素技术的发展，特别是中浓氧脱木质素技术的进步，1982 年开始提出将氧用于常规多段漂白的碱处理段。即在升流式塔中，通入 5kg/t 浆氧，碱处理温度与常规相同（针叶浆），达到提高碱处理效果，减少总用氯量，降低废水排放 TOCl 的目的。

氧化碱处理所采用的氧化剂，除用分子氧外，也可用过氧化氢，次氯酸盐，二氧化氯等，也可将上述氧化剂复合添加。

氧化碱处理(E_0)可以提高碱处理效率 10%～30%。其与常规碱处理效果比较如图 13-33。

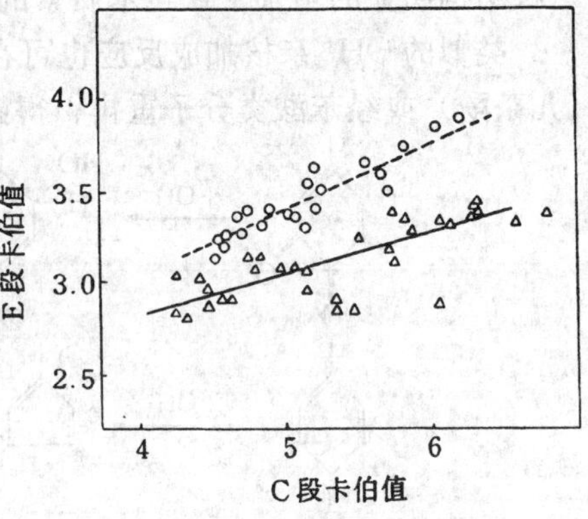

图 13-33 常规碱处理与 E_0 脱木质素效果比较

提高碱处理温度，可以提高 E_0 脱木质素的效果，但同时又使纸浆粘度剧烈下降，特别在温度大于 80℃时。因此温度一般控制在 70～80℃（如图 13-34）。

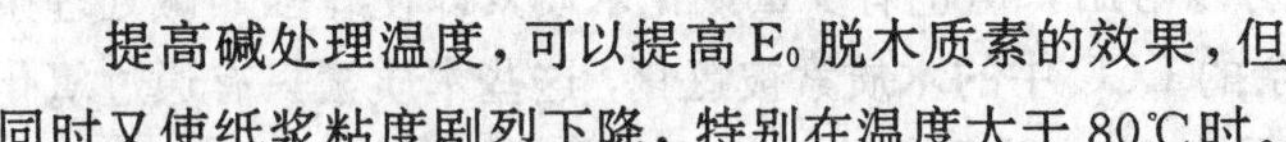

氧压对 E_0 脱木质素效果也有一定影响，如图 13-35 可见，氧压达到 138kPa 时，3min 则

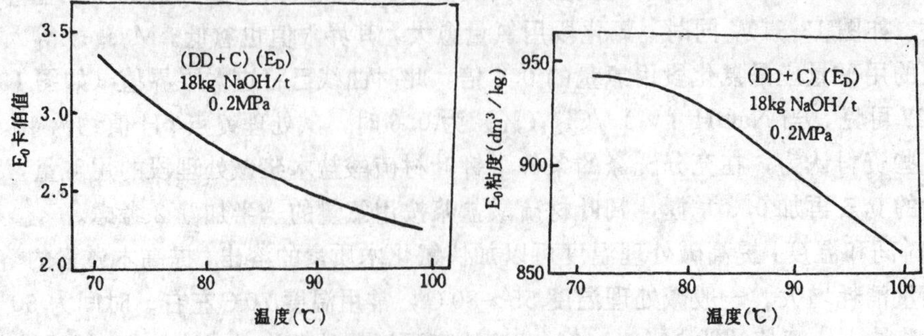

图 13-34 碱处理温度对 E_0 脱木质素效果的影响

可达到脱木质素的最大值，氧压增加到345kPa并没有明显的效果，继续再增加氧压，E_0卡伯值则不再降低。

E_0段的反应初期脱木质素速度很快(如图13-35)，反应在3min之内即可达到平衡，延长时间对脱木质素没有明显效果。但实际生产中考虑到反应的均匀性，一般多为60～90min。

如前所述，E_0除可提高E段脱木质素效果外，还有降低废水有机氯排放量和节约后段漂白用氯量的效果(见表13-10和图13-36)。

由表13-10可见，氯化浆中的有机氯(低用氯量时)，大约有70%～73%在E_0段和E段转变为无机氯，E_0段较E段的无机氯转变量稍大些。氯化浆中27%～30%的有氯残留在纸浆中和废液中。但E_0段废液中的有机氯含量(22%)较E段稍高(19%)，这是因为E_0能更有效的除去纸浆中氯化木质素所致。因此经E_0段后的卡伯值3～4，较E段的5～6低。

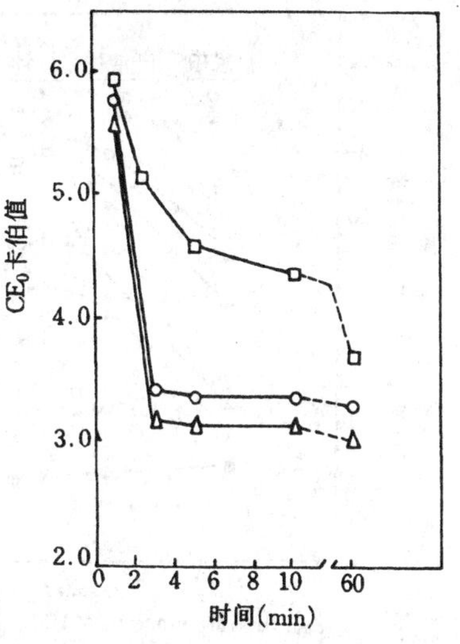

图13-35 氧压对E_0脱木质素效果的影响

表13-10 南方松C/D E和C/D E_0段有机氯的分布比较

氯化段				
用氯量(%)(对纸浆)	8.4	7.6	6.0	2.8
氯化浆中有机氯(mg/100g)	39.8	42.7	39.1	20.7
碱处理段				
浆中有机氯(%)(对氯化浆中TOCl)				
E段	9.4	9.7	11.6	25.8
E_0段	5.9	5.9	6.7	13.5
废液中有机氯(%)(对氯化浆中TOCl)				
E段	18.9	18.7	18.4	17.4
E_0段	22.0	21.9	19.9	22.0
废液中Cl^-(%)(对氯化浆中TOCl)				
E段	71.7	71.6	70.0	56.8
E_0段	72.1	72.2	73.4	60.6
卡伯值				
E段	5.3	5.4	7.0	17.8
E_0段	3.4	3.8	4.2	10.2

图13-36说明，在卡伯因子(即用氯量)较低时E_0段所产生的总有机氯(TOCl)较E段为低。特别是E_0纸浆中的有机氯明显较低，在常规卡伯值情况下E_0后的纸浆卡伯值较E后低2个单位，CE浆中的有机氯较CE_0浆高50%。同时，E_0段较E段能更有效的使有机氯转变为无机氯，因而使总有机氯发生量低于E段(如图13-37)。但这些都还不能弥补E_0段废液中含有较E段更多的有机氯。但考虑到E_0后浆中含有较少的氯化木质素，因此在漂白流程后段的用氯量可以减少，其总体漂白流程废水所排放的有机氯量有所降低(见表13-11)。

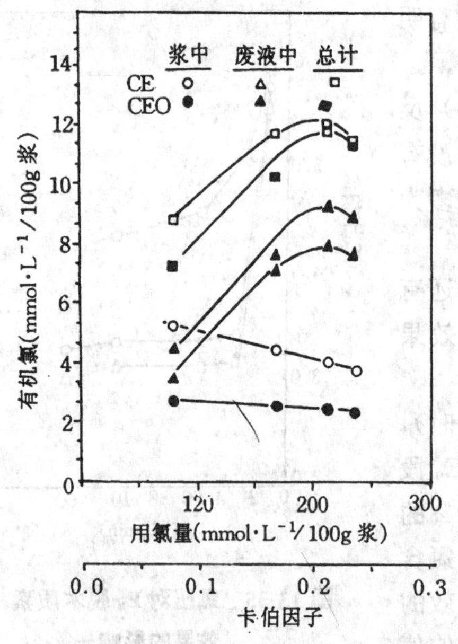

图 13-36 用氯量与 E 段产生的有机氯分布

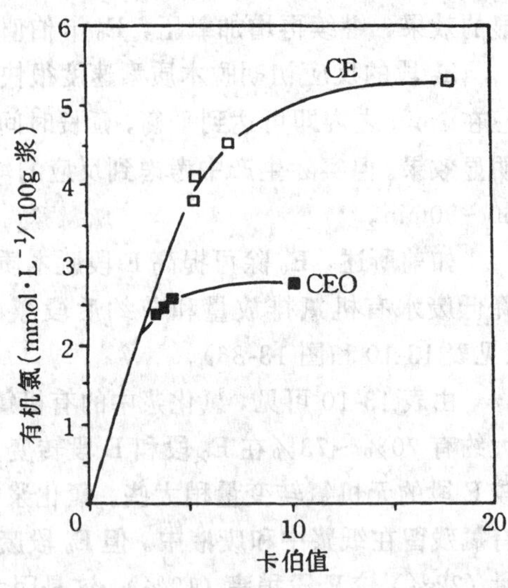

图 13-37 E 后浆卡伯值与有机氯含量

表 13-11 不同漂白流程 E_0 段对减少 TOCl 排放的作用

漂白流程	(1) C/DEDED	(2) C/DE_0DED	(3) O C/D ED	(4) O C/D E_0D
用氯量（%）	7.6	(6.0) 7.6	3.8	2.8
E 或 E_0 后卡伯值	5.4	(4.2) 3.8	3.4	3.2
最终白度（%）	89	(—) 92	85	85
废液中 TOCl（kg/t）				
氯化段	3.0	(1.8) 3.0	2.2	1.1
E 或 E_0 段	2.8	(2.7) 3.3	1.3	0.4
DED 段	0.6	(0.4) 0.4	0.4	0.4
TOCl（kg/t）	6.4	(4.9) 6.7	3.9	1.9
D_1D_2 段用 ClO_2（kg/t）	15	(12) 12	12	10

注：括号内数据为漂至与流程（1）相同白度时的用氯量时的各项数据。

比较流程（1）和（2）可见，采用 E_0 后，如果用氯量不变，可提高漂后浆白度，而不能降低排放的 TOCl，虽在 D_1 和 D_2 段可以节约 20%ClO_2。在漂白至相同白度时，氯化段用氯量可由 7.6%降低至 6.0%，相应的 TOCl 也由 6.4kg/t 降至 4.9kg/t。如果 E_0 技术与氧脱木质素相结合，如流程（3）和（4），E_0 可减少 25%Cl_2 和 20%ClO_2，在达到相同白度条件下，TOCl 可由 3.9kg/t 降至 1.9kg/t。

近年来，为了进一步提高碱处理段脱木质素的效果，在一些工厂采用了 E_0 段再补加 H_2O_2

的工艺（Eop）。其流程如图13-38。

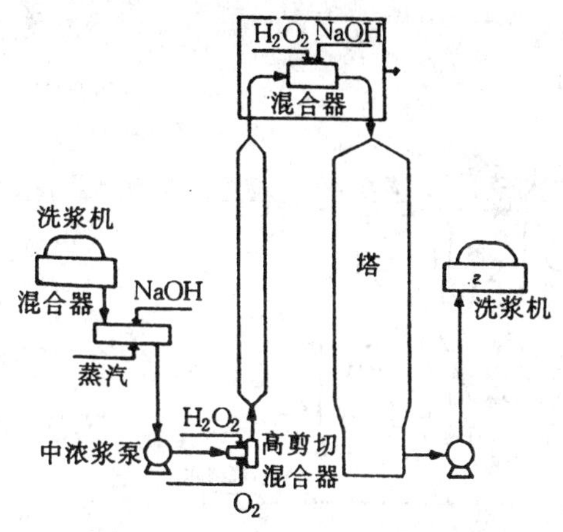

图13-38　Eop段添加H_2O_2流程

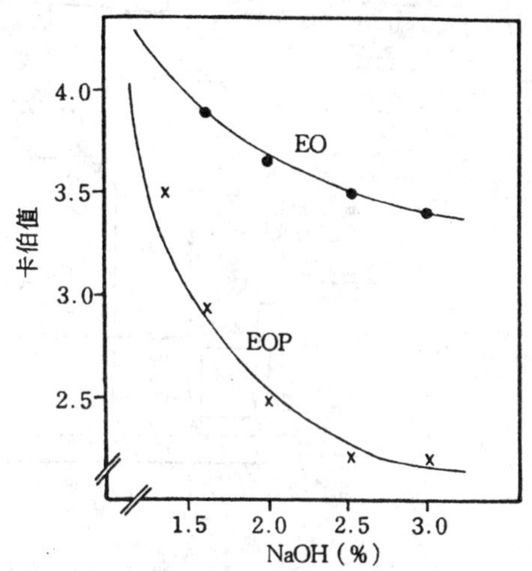

图13-39　南方松硫酸盐浆E_0和Eop段脱木质素效果比较

一般在针叶材硫酸盐浆漂白流程中采用E_0段的脱木质素效果可比E段提高10%～20%，而Eop段，即在E_0段添加0.3%～0.7%H_2O_2，则可较E段提高30%～35%，如图13-39。

5　氧脱木质素

脱木质素作用于1956年被V. M. Nikitin发现，但由于纤维素在碱-氧条件下粘度有明显下降而没有实用价值。至1965年法国的Robert等发现Mg，特别是$MgCO_3$能有效的防止纤维素在碱-氧条件下的降解，这一发现使氧脱木质素的工业化成为可能。以后Robert等又发现在氧脱木质素前先经酸处理，可以更有效的提高白度，防止碳水化合物的破坏。在这些研究的基础上，20世纪70年代初南非的SAPPI公司与法国的L′Air Liquide公司及瑞典的Kamyr公司合作，在南非SAPPI公司的Enstra工厂建立了世界第一套氧脱木质素设备。以后随着中浓技术的开发，中浓氧脱木质素技术的出现，使氧脱木质素工艺在世界范围内得到了迅猛的发展，特别是世界各国对环境保护的要求日益重视以后，氧脱木质素技术则不仅作为提高纸浆质量、降低成本的技术措施，更作为制浆工业降低污染的措施，目前在发达国家几乎在所有的漂白流程都已设有氧脱木质素装置。

5.1　氧脱木质素流程

已工业化的氧脱木质素系统有高浓和中浓两种流程：

（1）高浓氧脱木质素流程：最早在南非的SAPPI公司投产的SAPPOXL系统，浆浓为22%～24%或28%～30%，其典型流程如图13-40。

由洗涤工段来的浆料在混合槽中加入0.04%～0.1%（对绝干浆料）镁盐（$MgSO_4$）作纤维素的保护剂，然后泵送至压榨机，使浆料浓度达25%左右，NaOH在压榨后添加，浆料经蒸汽预热及浆团打散器后进入氧反应器，加热蒸汽由反应器顶部通入，氧气可以由反应器顶部或低部加入，使其达到规定的氧气分压，反应后的浆料被洗涤水冲稀至6%，喷放至贮浆槽中。

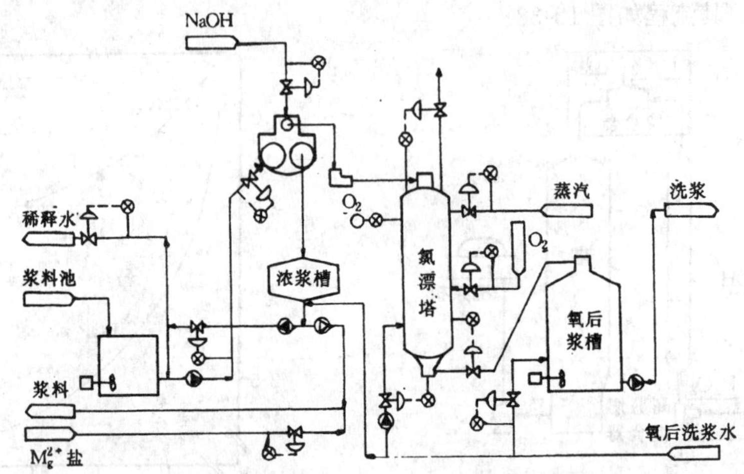

图 13-40 典型的高浓氧脱木质素流程

硫酸盐针叶浆高浓氧脱木质素典型工艺条件：浆浓 28%～30%；脱木质素率 45%～50%，反应时间 30min；起始温度 100～105℃；压力 500～600kPa（进出口相同）；蒸汽消耗量：75～100kg/t 浆（1 140kPa 蒸汽），蒸发器蒸汽消耗 30～50kg/t 浆（450kPa 蒸汽）；能源消耗：40～50kW・h/t 浆；碱耗：21～23kg/t 浆；氧耗 20～24kg/t 浆；镁盐消耗：0.5kg/t 浆。

(2) 中浓氧脱木质素流程：是目前采用最多的氧脱木质素系统，浆料浓缩至 10%～14%，在混合器中加入 NaOH 并通入蒸汽预热，经中浓浆泵送至一台或多台浆-氧混合器，进入升流式反应塔，反应后的浆料由塔顶排出，也有采用升-降流反应塔者，即浆料先经升流管，反应后降流至塔底，冲稀后入浆料贮槽。反应塔可以在常压下操作，也可带压操作，一般脱木质素率要求不高的亚硫酸盐浆和硫酸盐阔叶材浆塔顶压力可以为常压。硫酸盐针叶材浆的典型中浓氧脱木质素工艺条件为：浆浓 10%～12%；脱木质素率 40%～45%；反应时间 50～60mm；反应温度 100～105℃；反应压力：进口 700～800kPa，出口 450～500kPa；蒸汽消耗：低压蒸汽（450kPa）70kg/t 浆，高压蒸汽（1 140kPa）200～300kg/t 浆，蒸发器消耗 90～100kg/t浆；能源消耗 35～45kW・h/t 浆；碱耗 25～28kg/t 浆；氧耗 20～24kg/t 浆；镁盐消耗 0.5 kg/t 浆。

(3) 高浓与中浓流程的比较：自中浓浆泵和中浓浆-氧混合器开发以后，工厂多采用中浓系统。Kristina Idner 比较了瑞典的工厂规模高浓与中浓氧脱木质素系统的纸浆质量，成本和污染负荷排放情况。

表 13-12 中所给的脱木质素率数据较常规数据偏低，一般应为 45%～50%，这与工厂的蒸煮和氧脱木质素段控制有关。从脱木质素选择性来看，中浓系统较高浓好。在达到相同脱木质素深度时，松木硫酸盐浆的中浓氧脱木质素较高浓系统的纸浆粘度高 60～70dm³/kg，较桦木要高 40～50dm³/kg。

实验室研究表明，针叶材浆中浓氧脱木质素的碱耗比高浓系统高 10%，但在工厂规模中没发现如此大的差别。

K. Idner 又对 600t/d 规模的常规漂白与高、中浓氧脱木质素在未漂浆卡伯值相同，氧漂后纸浆粘度相同，废水排放 COD 量相同等条件下的总成本比较见表 13-13。

表 13-12　瑞典松和桦木的高浓与中浓氧脱木质素工厂数据

指　标	松　木		桦　木		指　标	松　木		桦　木	
	高浓	中浓	高浓	中浓		高浓	中浓	高浓	中浓
未漂浆卡伯值	32	30	20	22	粘度损失/卡伯值	15	10	20	14
纸浆粘度（dm^3/kg）	1 150	1 110	1 220	1 270	氧脱木质素段				
氧脱木质素后浆料					碱耗（kg/t浆）	17	16	16～18	11
卡伯值	19	17	12	15	氧耗（kg/t浆）	16	16	16～18	11
粘度（dm^3/kg）	950	980	1 050	1 770	$MgSO_4$ 消耗（kg/t浆）	2	7	2	7
脱木质素率（%）	40	42	40	32					

表 13-13　高、中浓氧脱木质素相对于常规漂白的总成本差值

项　目	松　木		桦　木	
	高浓	中浓	高浓	中浓
投资（10^6 瑞典克郎）	70～90	40～50	70～90	40～50
可变成本	−56	−54	−29	−21
维修费用①	10～13	6～7	10～13	6～7
流动资金②	44～57	25～31	44～57	25～31
总成本	（−2）～14	（−23）～（−16）	25～41	10～13

①按投资的3%计；②按15年折旧和10%利息。

由表13-13可见，中浓系统的总成本优于高浓系统，特别是对松木硫酸盐浆，其总成本可能低于没有氧脱木质素系统的常规漂白。

同时，氧脱木质素的运用，可明显的减少漂白流程的废水污染量。

5.2　氧与木质素结构的反应

木质素与分子氧在碱性条件下可分为三个步骤：由分子氧引发酚型木质素结构产生酚氧游离基及 HOO^-；形成氢过氧化物中间体；木质素氧化降解，芳香环开裂或碳-碳键断裂。

（1）酚氧游离基和过氧游离基及过氧阴离子的生成：系统中的水在幅解作用下，或有机物存在时，都可成为电子 e^- 的供给源，

$$O_2+e^- \longrightarrow (\cdot O:O:)^- \underset{pKa=4.8}{\overset{H^+}{\rightleftharpoons}} HOO\cdot \xrightarrow{+e^-} HOO^-$$

因此在高pH值时，以 O_2^- 形式反应。

系统中木质素的酚氧离子由于电子的转移也可引发产生游离基

$$\text{(2-甲氧基苯酚氧负离子, } O^-\text{, } OCH_3) + O_2 \longrightarrow \text{(2-甲氧基苯氧游离基, } O\cdot\text{, } OCH_3) + O_2^-$$

或

$$RH+O_2 \rightleftharpoons R\cdot + HOO\cdot$$
$$R\cdot \underset{}{\overset{O_2}{\rightleftharpoons}} RO_2\cdot$$
$$RO_2\cdot \underset{}{\overset{RH}{\rightleftharpoons}} RO_2H+R\cdot$$

（2）过氧化物中间体的形成：

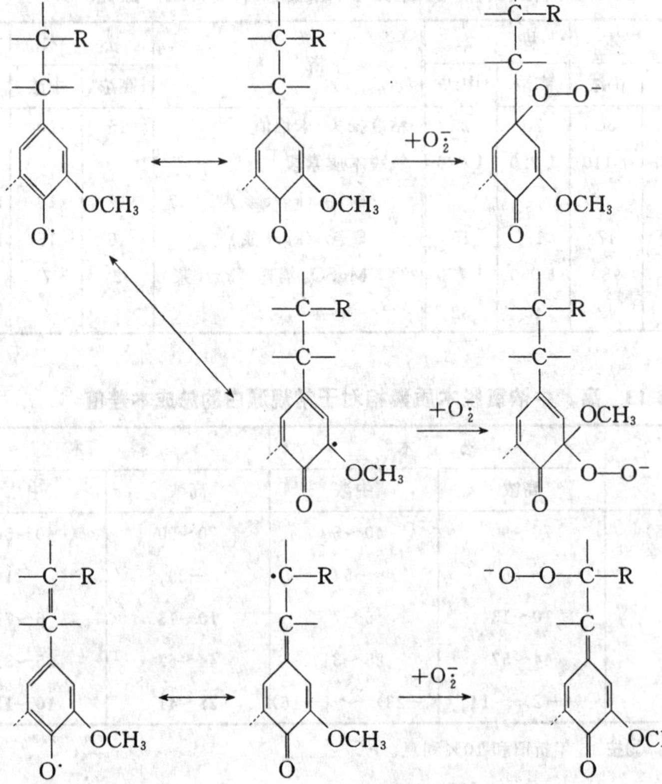

$+O_2^-$

$+O_2^-$

$+O_2^-$

由于酚氧游离基在共轭系统中按β-转移规律，其游离基的位置可转移至苯环上的C_1，C_3，C_5位置，因而游离基反应可发生在苯环或侧链的不同位置。这些反应并没有使木质素结构发生很大变化或使其分子量变小。

(3) 过氧阴离子的分子内亲核反应及分子重排：

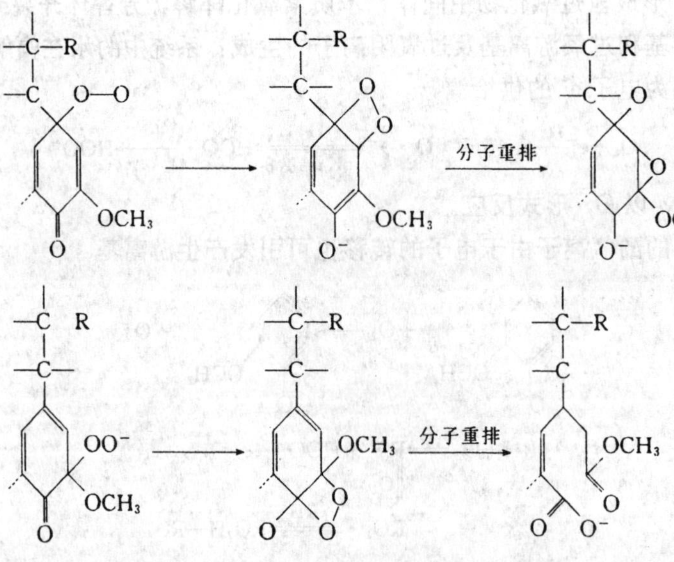

分子重排

分子重排

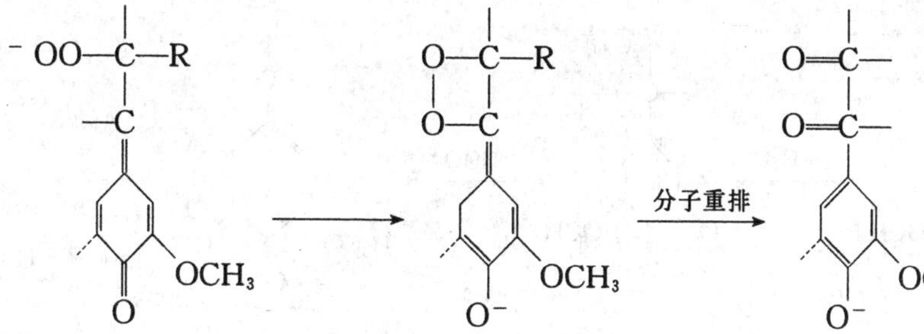

这种分子内的亲核反应及分子重排生成了环二氧乙烷结构，粘康酸结构和羰基结构，以及醌形结构等，使苯环开裂或碎片化。

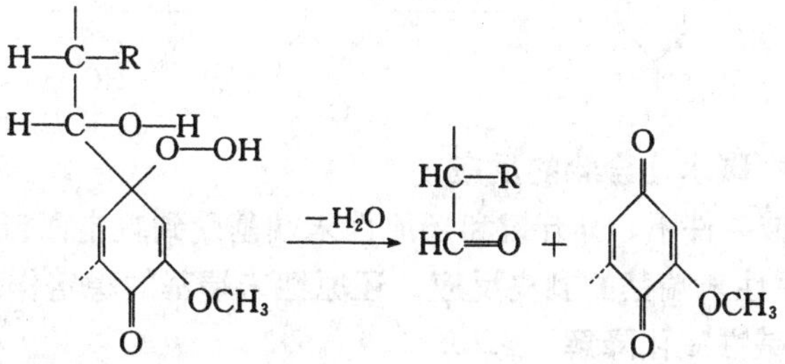

另外，对-环已二烯酮过氧化氢结构由于分子内亲核攻击而碎片化生成对醌。如果木质素结构侧链α-碳上有羰基，则发生如下的侧链开裂反应：

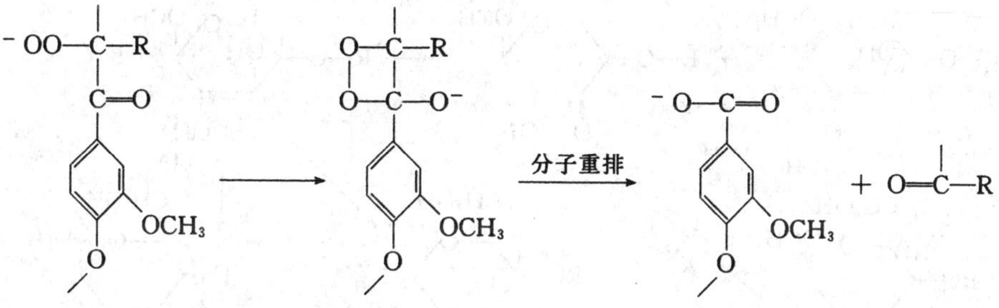

环已二烯酮过氧化氢结构可以转变为醌。

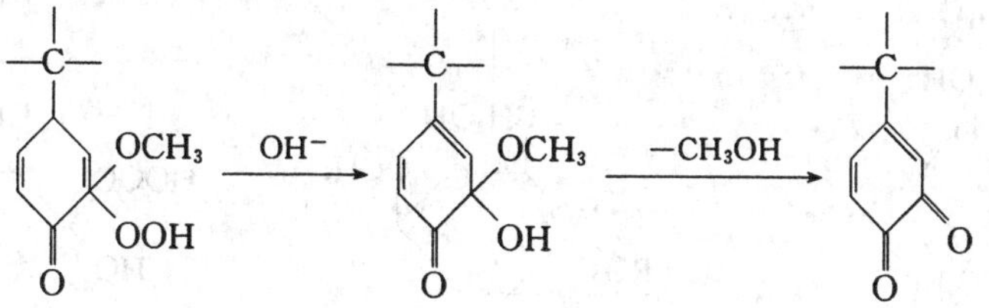

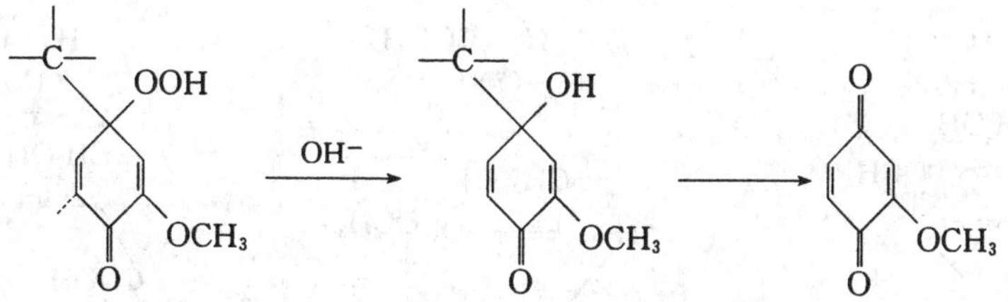

此反应与分子重排反应竞争，竞争的结果取决于所用碱的浓度。

环已二烯酮过氧化氢结构也可以发生脱水反应而生成相应的醌类。

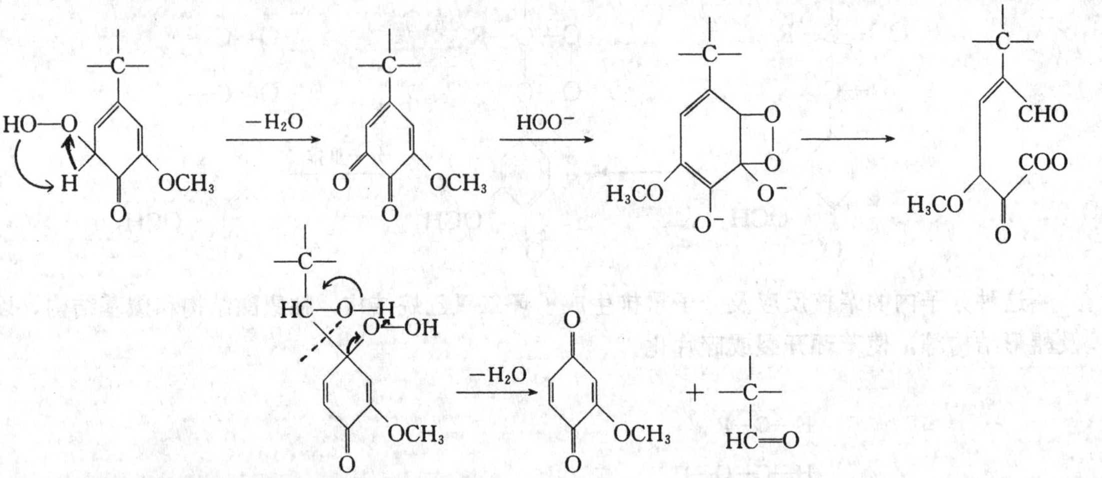

5.3 氧脱木质素过程中碳水化合物的反应

碳水化合物在氧-碱条件下，其苷键和还原性末端基受到攻击而产生降解。主要有：碱性氧化降解；聚糖的还原性末端基的剥皮反应；还原性末端基的稳定作用。

5.3.1 碳水化合物的碱性氧化降解

碳水化合物在碱性介质中受分子氧的作用，其糖基的羟基被氧化为羰基，而导致糖苷键的断裂，生成低分子的羰基化合物。

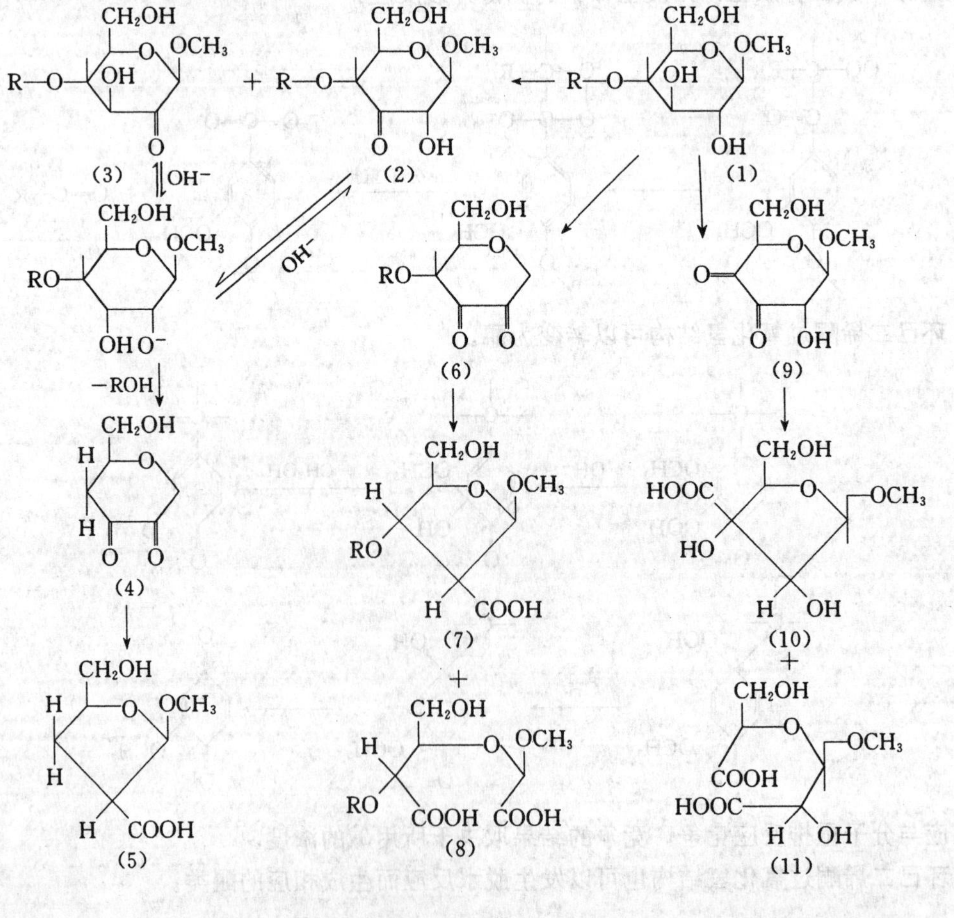

氧化产物（2）和（3）对碱非常不稳定，甚至在室温下都可转变为酸性产物。在提高温度时，它们由于β-消除反应而降解，这个反应也可在中性和微酸性条件下发生。反应物（2）和（3）（R=H 时）经由二酮中间体在 C_1 位上发生消除反应。反应物（2）（R=CH_3）是氧化纤维素的很好的模型物，其消除反应主要发生在 C_4 位置上（约 90%）。这些结果表明，纤维素链上的葡糖基被氧化后又暴露在碱介质中，则迅速在 C_4 位发生断裂，并伴随着产生新的还原性末端葡糖基，被氧化的糖基单元转变为环酸结构（5）及其他产物。

Theander 等用 0.5mol/L NaOH 在 600kPa 氧压下处理反应物（1）时发现，其主要酸性产品是呋喃苷配糖物（7），这是由二酮糖基（6）经二苯基乙醇酸型分子重排而生成。

5.3.2 被氧化的还原末端基的剥皮反应

纤维素在氧-碱条件下还原性末端基被氧化，同时产生新的还原性末端基，被氧化的末端基和新生的末端基在该条件下都可进行剥皮反应。

(1) CHO—HC—OH—HO—CH—HC—OR—HC—OH—CH_2OH →(O_2/NaOH)→ (2) CHO—C=O—HOCH—HC—OR—HC—OH—CH_2OH

(1) →(OH^-, −ROH)→ (3) CH_2OH—C=O—C=O—CH_2—HC—OH—CH_2OH

(2) →(O_2/OH^-)→ (4) HCOOH + CHO—HO—CH—HC—OH—HC—OH—CH_2OH

(2) →(OH^-, −ROH)→ (8) CHO—C=O—C=O—CH_2—HC—OH—CH_2OH

(3) →(OH^-)→ (5) COOH—C(OH)(CH_2OH)—CH_2—HC—OH—CH_2OH

(8) →(OH^-)→ ; (4) →(OH^-, −ROH)→ (7) CHO—C=O—CH_2—HC—OH—CH_2OH

(7) →(OH^-)→ (9) COOH—C(OH)(H)—CH_2—HC—OH—CH_2OH

(7) →(O_2/OH^-)→ (6) CH_2OH—COOH + COOH—CH_2—HCOH—CH_2OH

(7) → (10) HCOOH

用碱处理纤维素生成的两种异构的葡糖异变糖酸（5）在有氧存在时，其量非常少，而二酮糖中间体（3）主要断裂为乙醇酸和 3，4-二羟基丁酸（6）。另外两个主产物是 D-苏、D-赤-

3-脱氧戊糖酸（9）和甲酸（10），前一种酸在缺氧碱处理葡糖醛酮时，为主产物。上述产物都是经由阿拉伯糖末端（4）而产生。葡糖醛酮经缓和碱处理则可生成大量阿拉伯糖。Päärt 等曾指出，水化纤维素经氧-碱处理也产生阿拉伯糖末端基，阿拉伯末端基的 C_3 与纤维素链连接，这个键对碱是非常不稳定的，经过β-消除反应生成二羰基中间体（7）的分子重排生成 3-脱氧戊糖酸（9）。与生成（9）相竞争的反应是（7）降解为（6）和（10）。生成 3-脱氧戊糖酸的第二条路线是通过中间体（8），在碱介质中降解为 D-葡糖醛酮异构物，经中间体（7）生成酸（9），此路线的得率很高。

5.3.3 还原性末端基的稳定作用

木材和浆料氧-碱脱木质素的很大优势是聚糖的末端基很快通过转变为糖醛酸末端基而稳定。其反应机理如下：

R—纤维素键
R′—HCOH
CH_2OH

纤维素分子末端基（11）在碱-氧处理条件下被氧化为糖的过氧化物（12）、（13），并进一步生成葡糖醛酮（15），或脱掉一个分子的甲酸（14）生成阿拉伯糖酸（23）。碱液中无氧存在时，上述反应的主导产物（约75%得率）为苏式或赤式3-脱氧戊糖酸（9）的异构物。当然也生成糖醛酸［葡糖醛酸（16）和甘露糖醛酸（17）］。这些糖醛酸是葡糖醛酮经过分子重排或烯醇酸阴离子的质子转移而生成。阿拉伯糖基（22）可能是［OH^-］攻击（15）的C_1和C_2而生成。如果配糖体（15）异构化为二酮糖中间体（24），则可断裂为赤藓糖基（26）。

在有氧存在时，3-脱氧戊糖酸的得率很低，而生成阿拉伯糖酸（23）和赤糖酸（27）［当O_2攻击（15）的C_3位置时，则生成糖的过氧化物（28），再裂解出乙醛酸（29）和赤糖酸末端基(27)］。Malinen等研究了葡糖基葡糖醛酸在氧化和非氧化条件下的碱稳定性并与纤维素二糖醇进行比较指出，糖醛酸在1%NaOH溶液中120℃的降解非常缓慢，并不受氧的存在的影响，而葡糖基阿拉伯糖酸在1%NaOH，135℃，2h几乎全部降解，但纤维二糖酸和葡糖基赤藓糖酸仅降解了10%。有氧存在时，这两种酸则降解很快。

Kolmodin等研究了桦木木聚糖在氧-碱处理时其末端基产生的糖酸，他们发现产生的末端糖酸主要是：

来苏糖酸	木糖酸	苏糖酸	甘油酸
COOH	COOH	COOH	COOH
HO—CH	HC—OH	HO—CH	HC—X····
HOCH	HOCH	HC—X····	CH_2OH
HC—X····	HC—X····	CH_2OH	
CH_2OH	CH_2OH		

这些糖酸的生成避免了剥皮反应的进一步进行。

5.4　氧脱木质素的工艺条件

影响氧脱木质素的因素主要是用碱量，反应温度、反应时间、氧压、浆浓及预处理、添加保护剂等。众所周知，提高温度、压力，增加碱量都可促进氧脱木质素反应。但在如此剧烈的条件下，在脱木质素的同时纤维素也发生剧烈降解，使浆的强度和得率下降。实际生产中，为了保持纸浆质量在一定水平上，需要选择最佳工艺条件。

（1）用碱量：用碱量是影响脱木质素的重要因素，增加用碱量脱木质素速度和碳水化合物降解速度都加快，如图13-41和图13-42。如按氧脱木质素段脱木质素率为50%考虑，卡伯值28.3的松木浆需加碱2.0%；卡伯值33.0时，需加碱2.3%。有趣的是栎木浆氧脱木质素效率较松木浆低，50%脱木质素率时的有效碱加入量为2.6%。

用碱量对浆料粘度的影响如图13-42。说明用碱量与粘度的降低值成线性关系，阔叶材在相同用碱量时的粘度下降值较针叶材明显。Hartler等用卡伯值39.1松木KP浆在氧压0.6～1.2MPa范围内，浆浓16%～30%，100℃时卡伯值随碱浓的变化如图13-43。

由图13-44可见，浆料粘度随时间和用碱量变化的曲线形状与卡伯值曲线相似，两曲线斜率之比可以表示在该条件下氧脱木质素的"选择性"，即每单位卡伯值变化时的纤维素降解程度。在不同温度和用碱量条件下所得浆料的卡伯值与粘度的关系如图13-45。可见，随着卡伯值的下降，粘度按均一的斜率下降，其斜率大小只与温度有关，与用碱量无关，但在较高温度时（130℃）如用碱量不足，则进一步降低卡伯值会造成粘度的明显下降，甚至失去脱木质

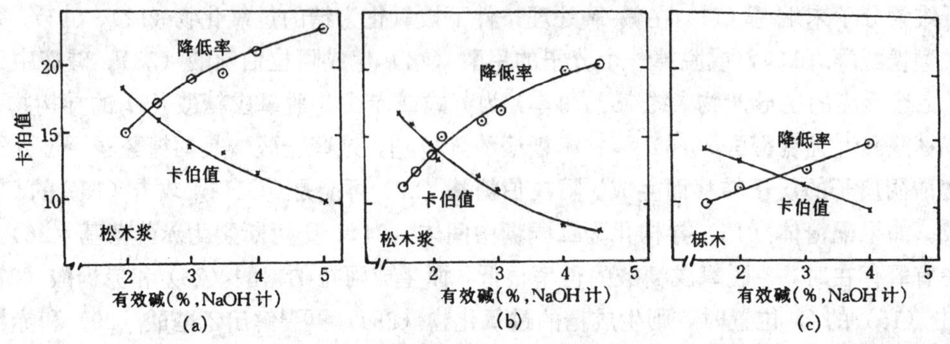

图 13-41 用碱量对氧脱木质素的影响

(a) 南方松木浆 k 值 33.0；(b) 南方松木浆 K 值 28.3；(c) 栎木浆 K 值 24.1

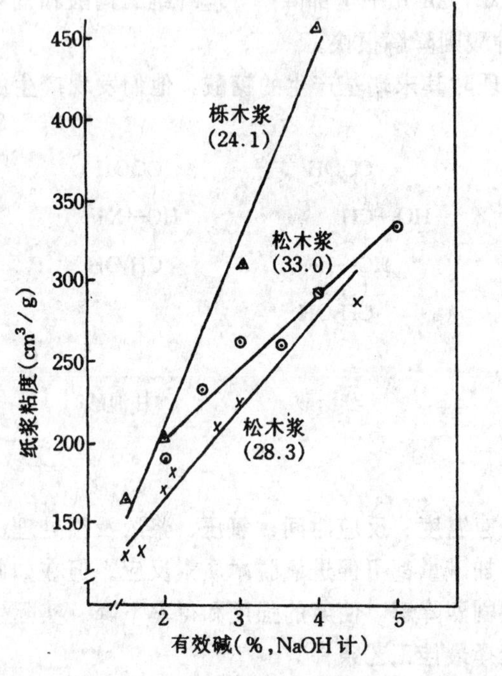

图 13-42 氧脱木质素段用碱量与浆料粘度的关系

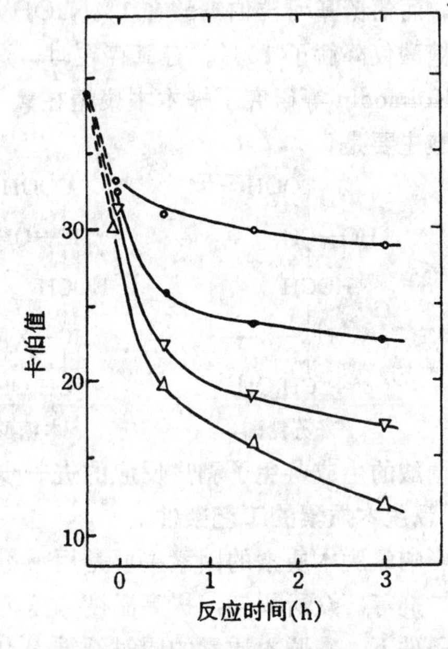

图 13-43 用碱量和时间对氧脱木质素卡伯值变化的影响

(浆浓 20%，0.6MPa)

素作用，但在低温条件下（如 85℃）则没有发现此种现象，而且低温条件下有利于提高脱木质素的选择性，但反应时间要延长。

根据纸的强度的要求，针叶材商品浆的粘度应不小于 900dm³/kg。这样，氧脱木质素后的浆料粘度则应在 950～1000dm³/kg，按图 13-45 的数据，氧脱木质素后的卡伯值则为 21（130℃）或 18（85℃）。此时的脱木质素率分别为 46.3%和 54%。

(2) 反应温度：与一般化学反应一样，提高氧脱木质素温度可以加快反应速度。反应温度与氧脱木质素率的关系如图 13-46 和图 13-47。

由图可见初始阶段的反应速度很快，以后则逐渐平缓，提高温度可以加速初始阶段的脱木质素速度。图 13-46 说明，低 NaOH 添加量时，提高温度对氧脱木质素不产生明显的效果。同样，温度的提高同时也加速了碳水化合物的降解速度（如图 13-48)。因此反应温度应综合

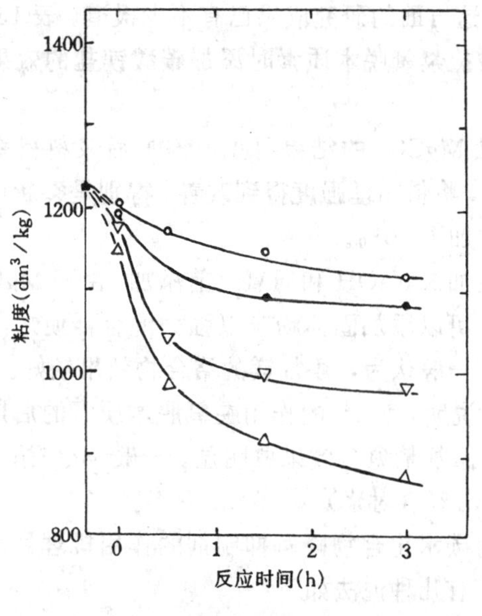

图 13-44 用碱量和时间对氧脱木质素浆粘度的影响

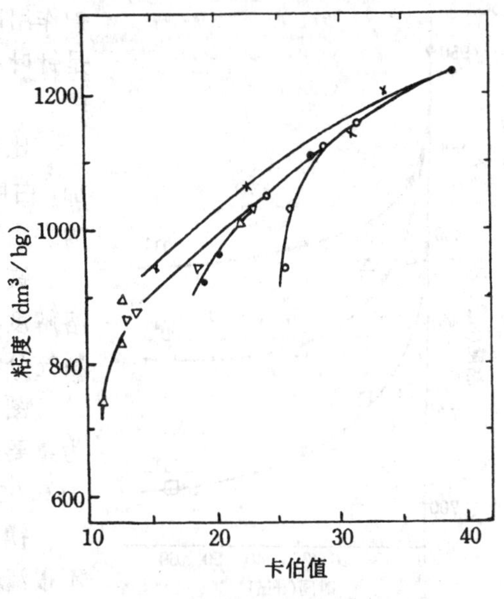

图 13-45 在不同条件下氧脱木质素浆卡伯值和粘度的关系

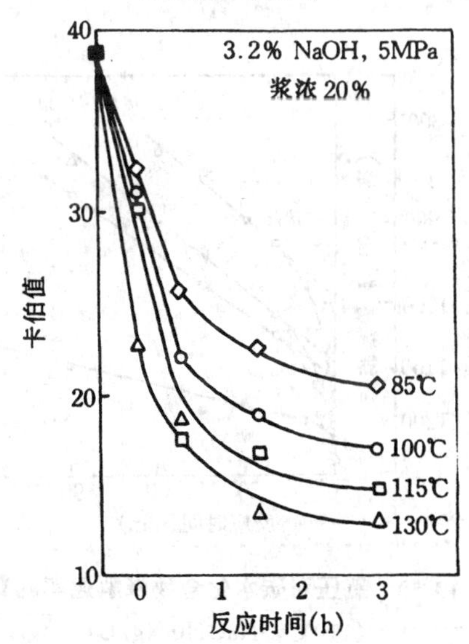

图 13-46 温度对氧脱木质素速度的影响

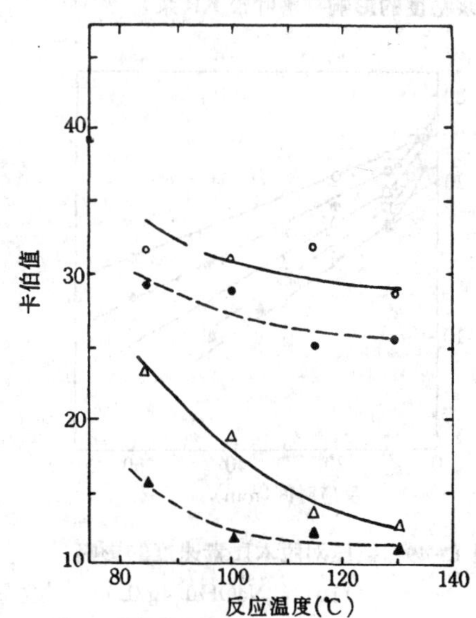

图 13-47 温度和时间对两种用碱量氧脱木质素的影响

用碱量，脱木质素率及粘度的要求，不宜过高，一般为 100～120℃。

(3) 氧的分压：氧的分压也是影响氧脱木质素速率的因素，提高氧压可以加速脱木质素速率，同时也加速了碳水化合物的降解速度(如图 13-49 和图 13-50)。工业中常用氧压为0.6～0.8MPa。

一般认为氧压（0.2～1.5MPa）的影响较用碱量和温度为小。

(4) 纸浆浓度：纸浆浓度在用碱量一定时，影响碱浓，同时影响蒸汽消耗和反应器生产能力。

(5) 添加保护剂的影响：自从发现镁盐和其他无机盐在氧脱木质素中对碳水化合物的保

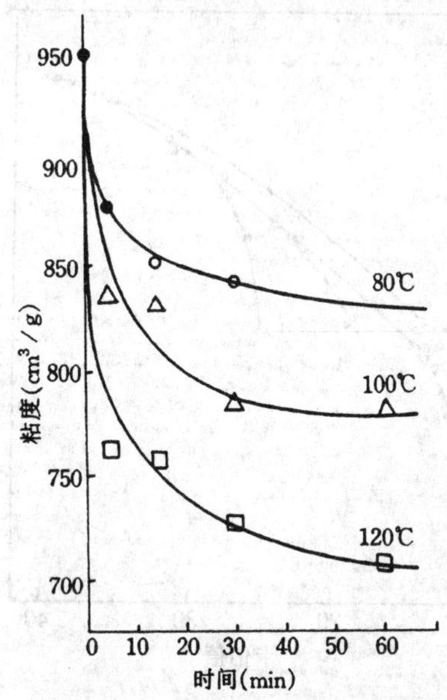

图 13-48 温度和时间对氧脱木质素浆粘度的影响(落叶松 KP 浆)

护作用以来，这方面的研究成果已有不少报道。表 13-14 是针叶材硫酸盐浆氧脱木质素时添加碳酸镁盐的效果比较。

比较添加 $MgCO_3$ 的结果可见，添加后浆料得率增加，白度提高，浆料物理强度得到改善，特别是裂断长和撕裂因子约增加了 50%。

镁盐可在加入 NaOH 和通氧之前添加，由于 $MgCO_3$ 溶解度很低，可以添加固体粉末以强力混合器使之与浆料充分混合。一般认为，添加镁的络合物效果较好。

图 13-51 说明，Mg^{2+} 的作用在氧脱木质素的后期更为重要，而且添加量愈多效果愈明显。一般 Mg^{2+} 添加量为 0.05%～0.1%（对浆）。

镁盐作为碳水化合物降解抑制剂的作用机理目前尚不很清楚，现有几种说法如下：

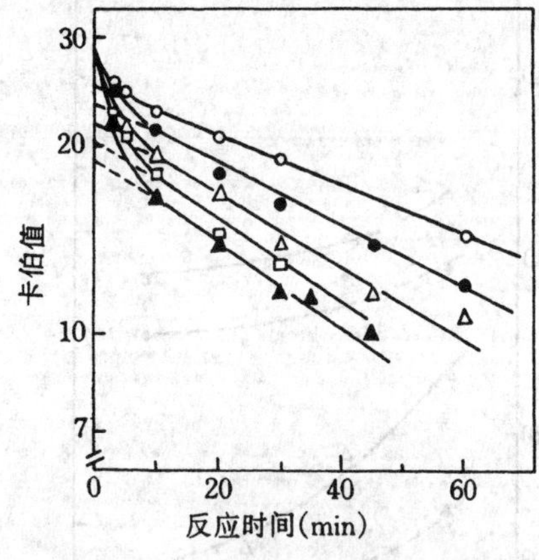

图 13-49 氧压对脱木质素速度的影响(110℃，NaOH0.4g/L)

氧压（MPa）：○=0.1，●=0.2，△=0.49，□=0.69，▲=1.0

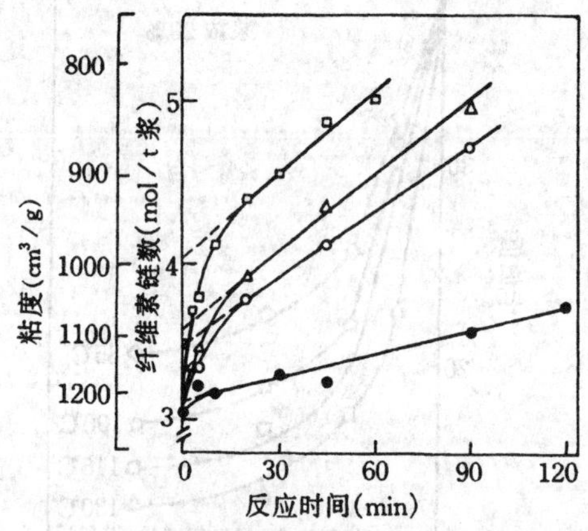

图 13-50 氧压对碳水化合物降解速率的影响(110℃，NaOH0.4g/L)

氧压（MPa）：●无氧，○=0.20，△=0.49，□=0.98

表 13-14 碳酸镁盐对氧脱木质素的影响

指标	未漂浆	氧脱木质素后浆		指标	未漂浆	氧脱木质素后浆	
		未加 $MgCO_3$	加 1%$MgCO_3$			未加 $MgCO_3$	加 1%$MgCO_3$
得率（%）	100	91	92.6	游离度（°SR，ml）	670	700	720
高锰酸钾值	22.5	7.3	7.2	裂断长（km）	11.35	6.26	9.76
木质素（%）	4.6	0.7	0.7	耐破因子	79.2	37	66
白度（%）	32	49	52	撕裂因子	126	53	90
戊聚糖（%）	10.6	9.6	9.8	双折次	2 300	30	1 850

注：氧脱木质素条件：浆浓 6.6%，氧压：0.57MPa，2h，用碱量（对浆）：11.25%，氧耗（对浆）：2%。

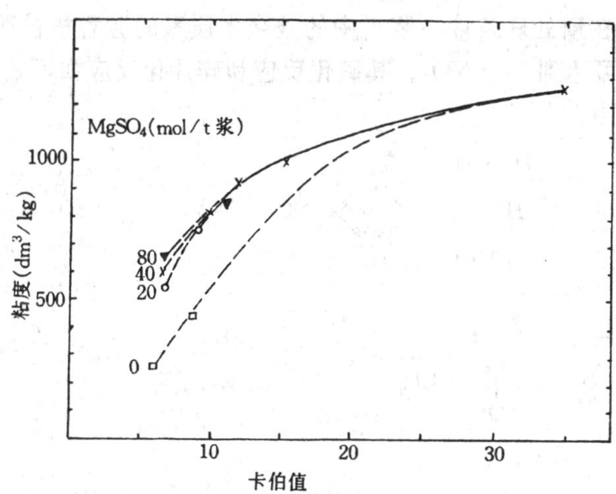

图13-51 添加镁盐对针叶材硫酸盐浆氧脱木质素的影响

(1) 镁盐与反应中生成的过氧化物络合，使此有机过氧化物稳定而不发生分解反应。

(2) 一些重金属离子有催化纤维素的作用，镁离子与这些重金属吸附共沉，降低了它的催化活性。(3) 镁盐与反应初期生成的氧化纤维素生成配合物，即 Mg^{2+} 与纤维素分子链上的脱水 D-葡糖基的 C_2 和 C_3 上的羟基形成配合物而不能进行碱性氧化降解反应。其配合物可能结构如图 13-52。

除镁盐外，碘化钾，硅酸钠，甲醛，葡糖醇等都可起一定的保护作用。

5.5 浆料在氧脱木质素前的预处理

由上述可知，在氧脱木质素过程中必然引起碳水化合物的降解，造成纸浆粘度下降，因此氧脱木质素率一般控制在50%以下。为了提高氧脱木质素的选择性，近年研究采用预处理的方法使木质素活化。

脱木质素的选择性是指卡伯值的降低与粘度下降之间的比值。即：

$$Sel_{\Delta}=\Delta\text{粘度}/\Delta\text{卡伯值}$$

式中：Δ粘度=原浆粘度－脱木质素后浆粘度；

Δ卡伯值=原浆卡伯值－脱木质素后卡伯值。

Sel_{Δ} 值愈小，则脱木质素选择性愈高，如图 13-53。

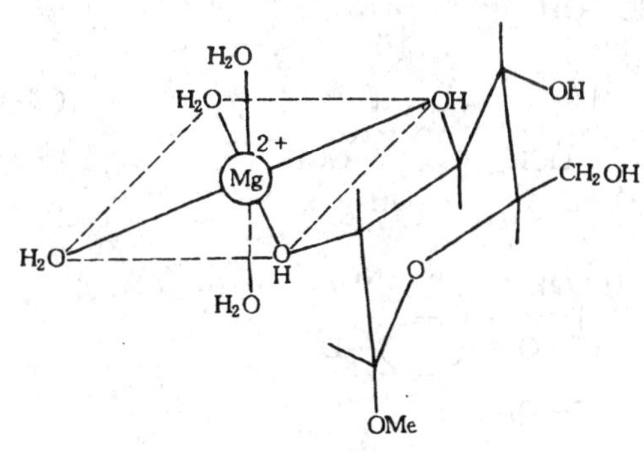

图13-52 镁离子与葡糖基形成的配合物结构

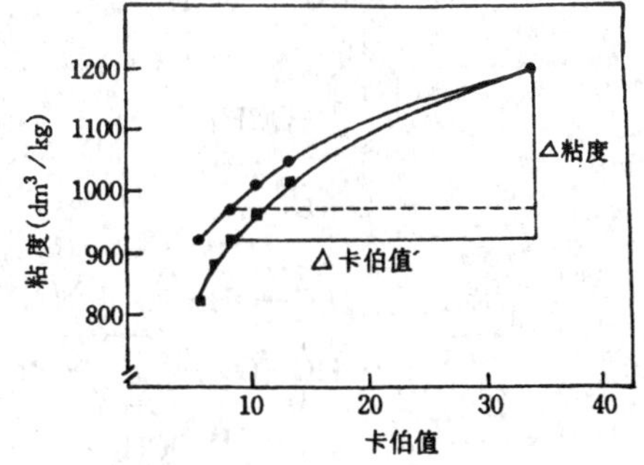

图13-53 浆料的氧脱木质素的选择性

—●—预处理1；—■—预处理2

正在研究中的预处理化学药剂有 NO_2、Cl_2、ClO_2、H_2O_2、SO_2 等。

(1) NO_2 预处理：在酸性条件下用 NO_2/O_2 预处理浆料，可使氧脱木质素达到70%～85%，并能保持较高的纸浆粘度。浆料先在中浓（12%）或高浓（26%）条件下用2%（对绝干浆）的 NO_2，在40℃下预处理15～30min；然后用 $NaNO_3$ 的酸性废液冲稀至浆浓为5%，再在90℃条件下熟化180min，在这种预处理条件下针叶材的氧脱木质素率可达88%。该项研究已于1984年进行中间试验。

研究表明，NO_2 预处理可以减少有害的游离基，使碳水化合物产生较多的糖酸末端基，而防止了在碱性条件下的降解反应。同时，在预处理条件下浆料中的残余木质素的芳香核被硝化。分析结果表明，每个木质素结构单元可达到1个NO_2。其硝化反应和碎片化反应如下：

硝化反应：

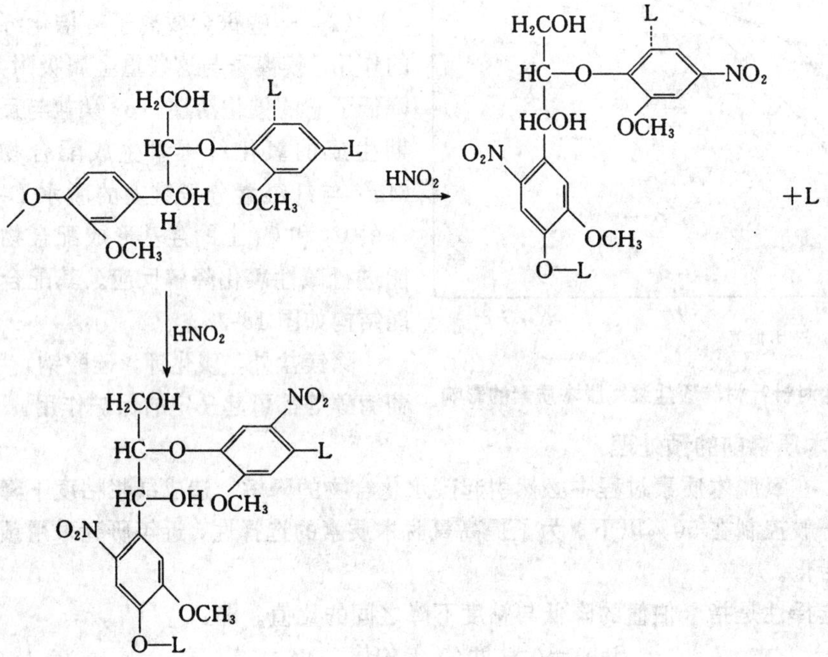

（Ⅰ）

（Ⅱ）

碎片化反应：

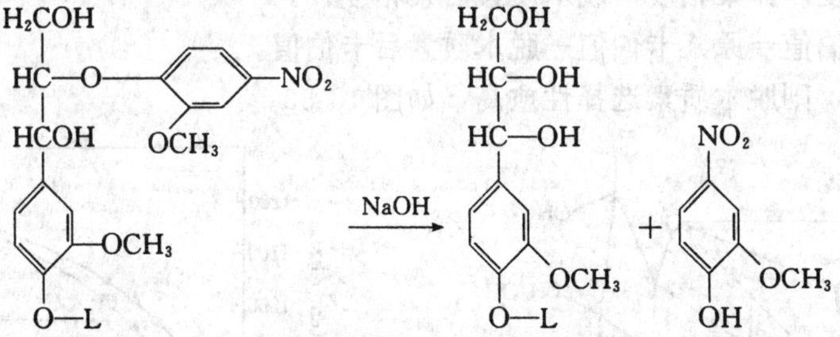

（Ⅲ）

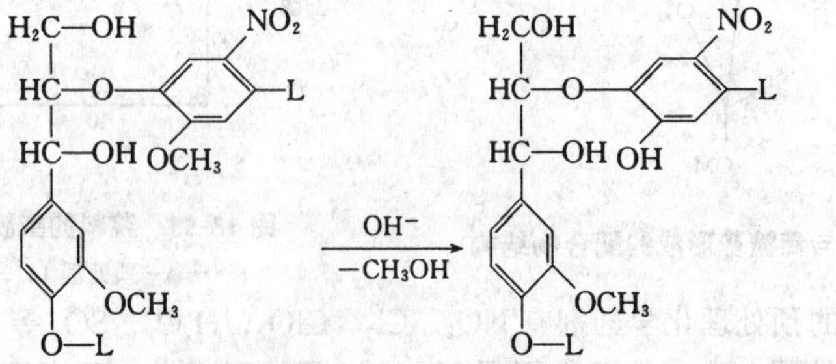

（Ⅳ）

残余木质素的被硝化，可以使非酚型木质素结构加速碎片化（如反应Ⅰ，Ⅲ）；同时，由于反应Ⅵ的作用，使木质素中的亲水性酚羟基含量增加（脱甲氧基反应），而增加了木质素的可溶性。但是Ohi等人认为非酚型木质素并不发生硝化反应，只能将侧链C_α氧化生成羰基。

(2) Cl_2预处理：Lachenal等于1984年发现在氧脱木质素前用1%Cl_2预处理浆料，可以得到与NO_2预处理相当的效果。Soteland用针叶材硫酸盐浆（卡伯值30，粘度1150dm^3/kg）

经预氯化后氧脱木质素，在粘度950dm³/kg时卡伯值可降至10以下，他在相同的用氯量时比较了C—O，O—C和OCE几种方法，发现以C—O，即预氯化后氧脱木质素的选择性最好（如图13-54）。

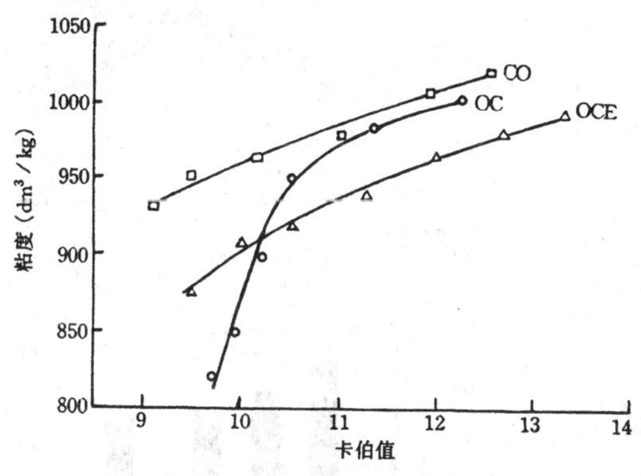

图13-54　针叶材OC、OCE、CO脱木质素选择性比较（用氯量：1%）

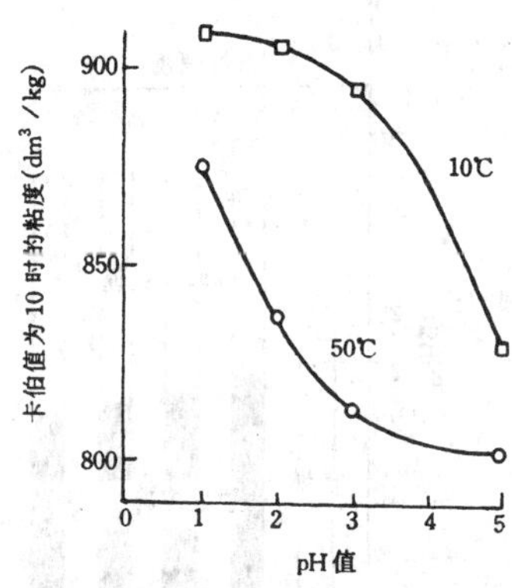

图13-55　温度和pH值对预氯化效果的影响

预氯化的条件与常规的氯化相似，需要在较低的pH值和较低温度下进行（如图13-55）。用氯量与C—O脱木质素选择性的关系如图13-56。

由于预氯化所用氯量很少，因而所产生的总有机氯（TOCl），也很低（如图13-57）。

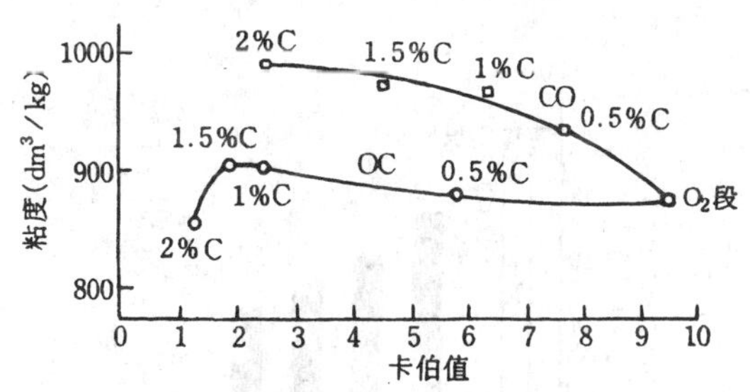

图13-56　用氯量与C—O脱木质素选择性

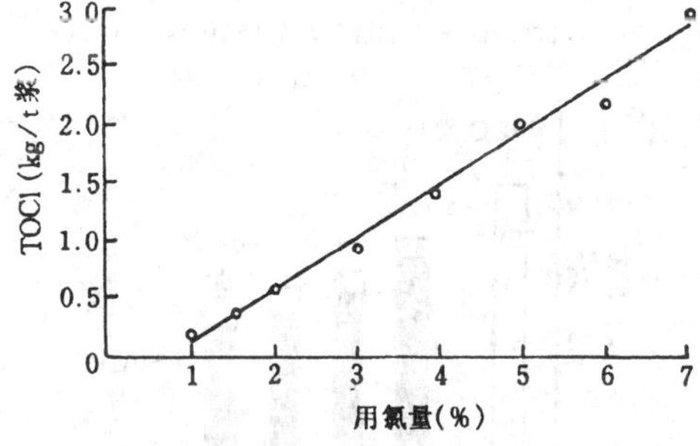

图13-57　预氯化废水中的TOCl量

用氯量1%时TOCl/t浆只有0.2kg。

用ClO_2代替Cl_2进行预氯化亦可得到相同的效果，Fossum等用0.6%有效氯的ClO_2预处理，氧脱木质素后浆粘度950dm³/kg时，卡伯值可达10，如用1.6%有效氯处理，卡伯值可再下降1.5。由于ClO_2产生的TOCl为Cl_2的1/5，因此用ClO_2预氯化时TOCl排放量可降至更低水平。

（3）酸性H_2O_2预处理（apo）：酸性H_2O_2预处理经过中间试验并已用于亚硫酸盐氧脱木质素流程中。G. Fossum的研究表明，在酸性条件下0.2%用量的H_2O_2预处理，可使针叶材氧脱木质素后的卡伯值由未经处理的13.0降至10（粘度保持950dm³/kg）。H_2O_2用量增加至1.6%，对脱木质素选择性的提高影响不大。

Süss等详细研究了酸性H_2O_2预处理条件对氧脱木质素选择性的影响，其结果如图13-58至图13-61。

实验用云杉和松木混合材，未漂浆卡伯值为33.5。预处理温度由70℃增加至100℃，对氧脱木质素的选择性提高不大，预处理温度为90℃时可降低3个单位卡伯值。随着预处理时间的延长，可以提高预处理效果，但超过30min则影响不大。

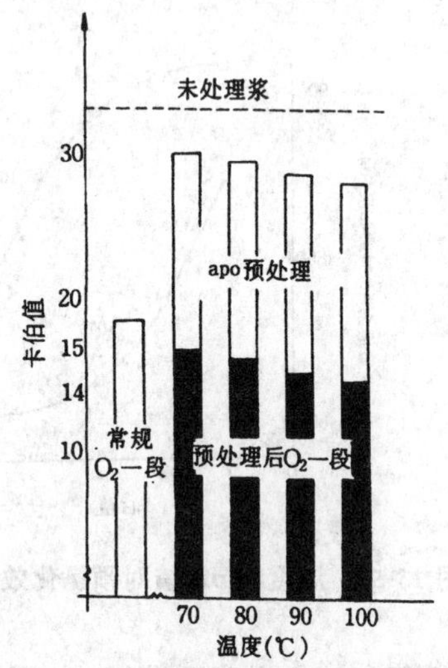

图 13-58 预处理温度对氧脱木质素选择性的影响

条件：apo：1%H_2O_2，1.5%H_2SO_4，0.3MPaO_2，15min
O：1.5%NaOH，102℃，0.5MPaO_2，90min

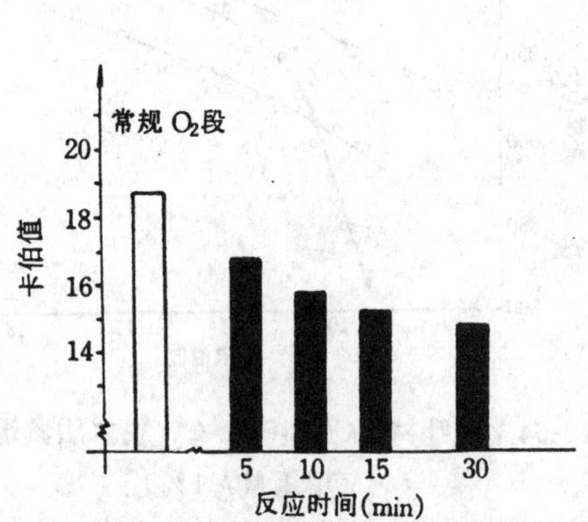

图 13-59 预处理时间的影响

条件：apo：1%H_2O_2，1.5%H_2SO_4，90℃，0.3MPa O_2
O：1.5% NaOH，102℃，0.5MPa O_2，90min

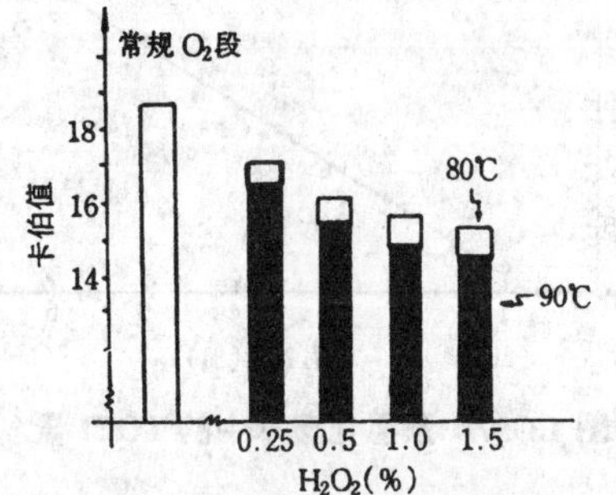

图 13-60 H_2O_2 用量的影响

条件：apo：1.5%H_2SO_4，0.3MPa O_2，15min
O：1.5%NaOH，102℃，0.5MPa O_2，90min

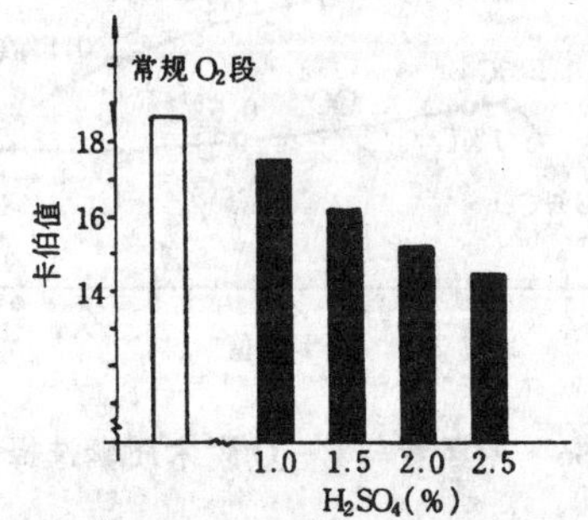

图 13-61 硫酸用量对氧脱木质素选择性的影响

条件：apo：1%H_2O_2，80℃，15min，0.3MPa O_2
O：1.5%NaOH，102℃，0.5MPa O_2，90min

5.6 中浓浆氧混合器

如前所述，中浓氧脱木质素是当代的主要方法，而中浓浆泵和中浓浆氧混合器则是中浓氧脱木质素的关键设备。

对不同浓度的浆流特性研究得知，低浓浆料的流体特性与水相近。高浆浓时，由于纤维悬浮液内形成稳定的网络结构，因此其流动特性与水有很大差别，如图13-62。由图可见，只有在强的湍流条件下，才能将纤维的网状结构破坏，从而增加化学药剂与浆料的接触机会，提高其反应效果。

目前世界已工业化生产的中浓混合器主要有4种，即Karmyr公司的MC混合器、Sunds Defibrator公司的SM混合器、Rouma-Repola公司的Chemical混合器及Ingersoll-Rand公司的High-Shear混合器。

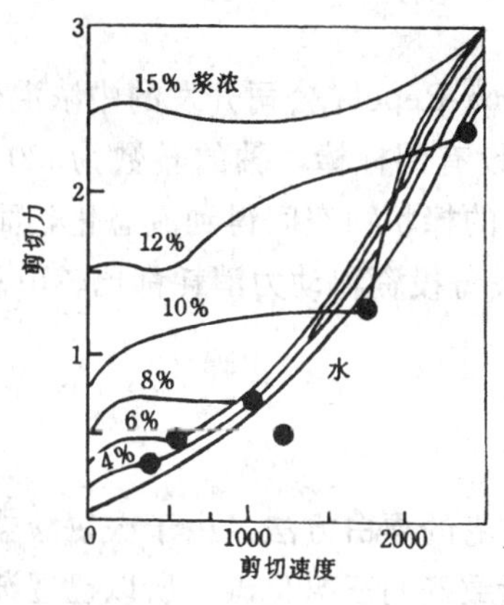

图 13-62 不同浓度浆料的流体力学特性

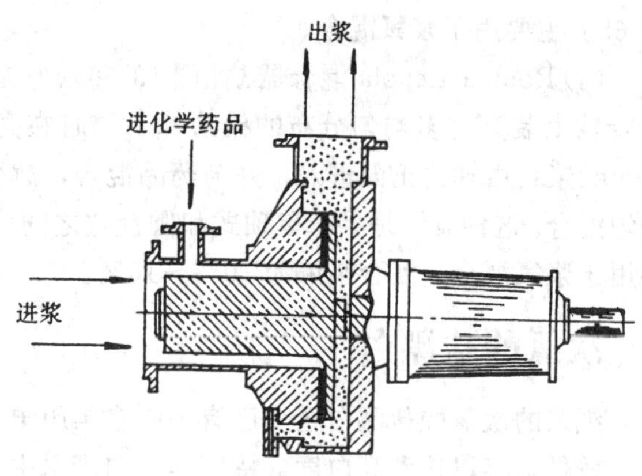

图 13-63 Kamyr MC 混合器

(1) Kamyr MC 混合器：浓度为8%～15%的浆料在轴套内与化学药品混合，然后在盘间隙内受到强力搅拌，使其流态化。转子的转数为800～1000 r/min。这种混合器是目前工业中使用最多的一种，其结构如图13-63。

(2) Sunds Defibrator SM 混合器（如图13-64）。漂白药剂由浆料入口的内侧中间注入，然后进入固定盘和转盘之间的间隙内，浆料悬浮液在此处形成激烈的湍动，使浆料流态化并与药品混合。转盘的转数为735r/min，浆料浓度为3%～15%。

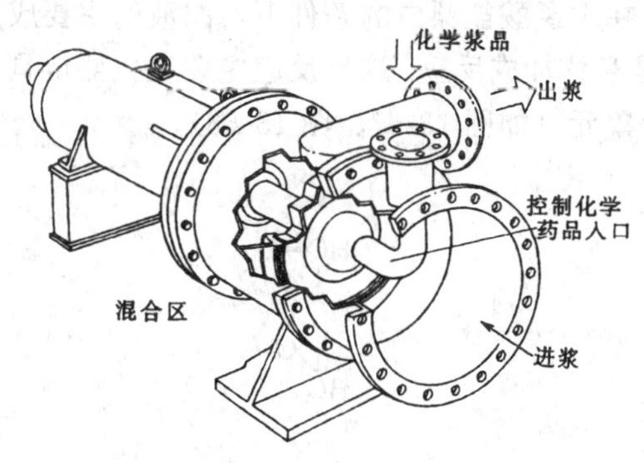

图 13-64 Sunds Defiberator 公司 SM 混合器

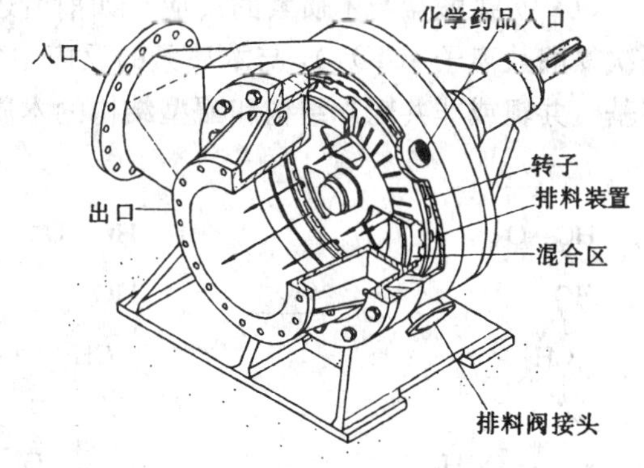

图 13-65 Ingersoll-Rand · IMPCO 公司 HS 混合器

(3) Ingersoll-Rand · IMPCO 公司的 High-Shear 混合器：其基本设计与 Sunds 公司的 SM 相似，由转盘和固定环组成，浓度为10%～15%的浆料由转盘的侧面进入，圆盘的两个盘面都有相当数量均匀分布的凹形沟槽，固定环上也有相应数量的凸形螺旋形棒，向周边以放射状均匀分布，圆盘和固定环的间隙为3mm，圆盘转数为980r/min，浆料在通过此凹凸间隙时，产生非常强大的剪切力，使浆流产生激烈的湍动，氧气形成许多超微细小气泡，与浆料均匀混合，其结构如图

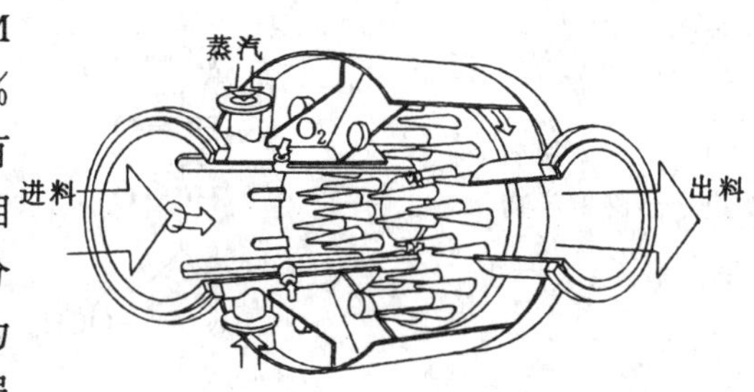

图 13-66 Rouma-Repola 混合器

13-65。主要用于浆氧混合。

(4) Rouma-Repola 混合器（如图 13-66)。它是由 Rouma-Repola 公司开发的中浓混合器，在转轴上装有许多均匀分布的锥形棒，同时在壳体上也设有圆柱棒，轴的转数为530～680 r/min。浆料由轴的正面进入，并与药品混合，然后在回转的棒状物空间得到流态化，而相互均匀混合。这种设计是界于单轴式和圆盘式之间，因而其设备投资和动力消耗都比较节省，主要用于浆氧混合。混合浆浓为 10%～15%。

6 次氯酸盐漂白

纸浆的次氯酸盐漂白至今已有 100 多年历史，是最古老的漂白方法。由于次氯酸盐漂白能力较低，难以达到高白度，特别是漂白废水中含有大量致癌的三氯化碳，所以已逐渐被新的漂白剂所取代。目前我国仍在大量使用次氯酸盐单段漂白（草浆）或多段漂白中的漂白段。

单段次氯酸盐漂白和多段漂白中的次氯酸盐漂白的基本原理相同，其不同点是：单段漂白时，纸浆中的残余木质素含量较高，纤维素周围有较多的非纤维素物质包围，漂白条件可比较剧烈；单段漂白时纸浆中的木质素要靠次氯酸盐氧化除去，而多段漂白中木质素主要靠氯化和碱处理除去。氯化-碱处理除去木质素的选择性较好，纤维素的降解少，浆粘度高，强度好，白度稳定。

6.1 次氯酸盐漂白中的化学反应

(1) 次氯酸盐与木质素的反应：如前所述，在次氯酸盐漂白的条件下，漂液的主要成分是次氯酸盐离子 (ClO^-)，与木质素的反应主要是亲核加成反应。这种反应主要发生侧链具有羰基（共轭或非共轭）结构和醌型结构的木质素单元（如图 13-67、图 13-68）。

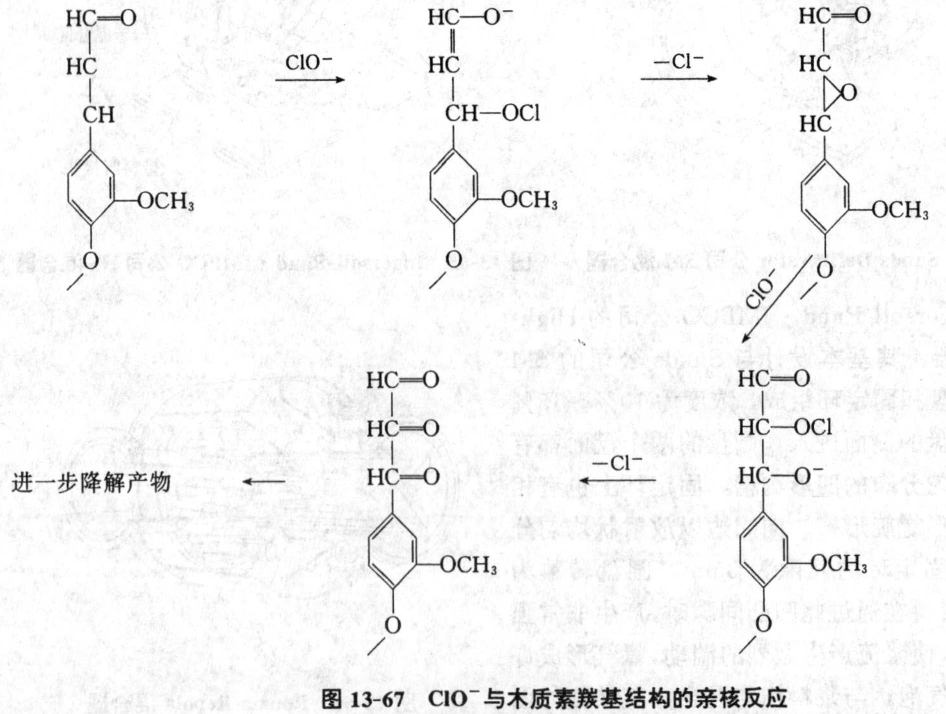

图 13-67 ClO^-与木质素羰基结构的亲核反应

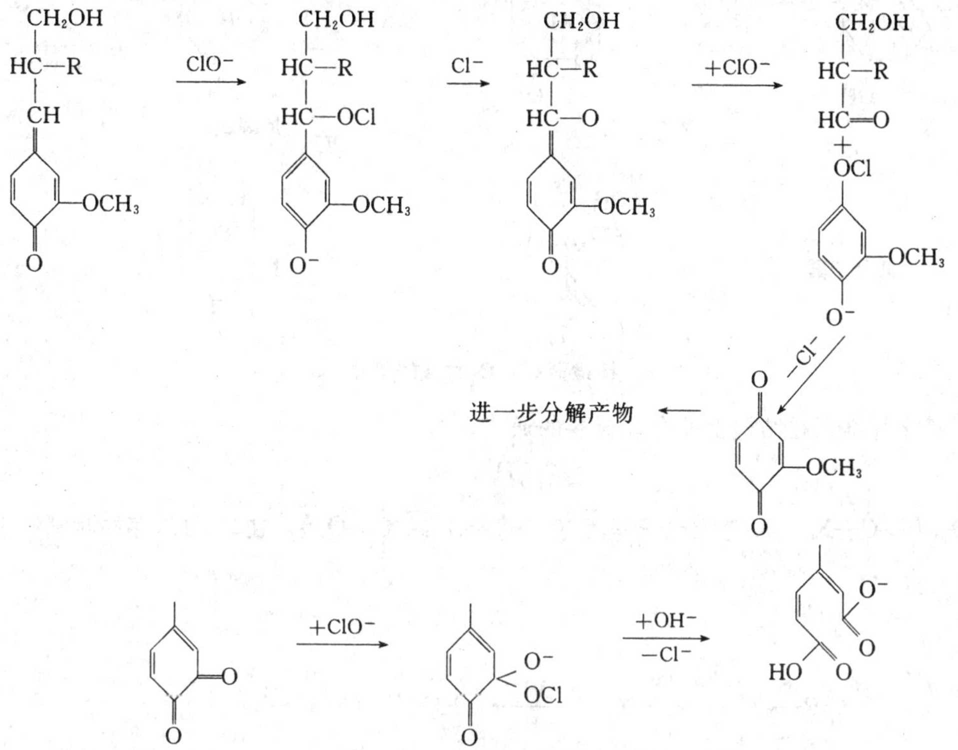

图 13-68 木质素的醌型结构与ClO^-的反应

由反应过程可见，ClO^-只与侧链有羰基的木质素结构和醌型结构反应，使木质素侧链结构断裂或苯环开裂生成二羧酸。

(2) 次氯酸盐与碳水化合物的反应：在碱性条件下ClO^-可将纤维素和半纤维素的羟基氧化为羰基和羧基。氧化反应主要发生于C_6，C_2，C_3位置的羟基上，并在C_2和C_3之间发生断裂产生羧酸。其反应如图13-69、图13-70。

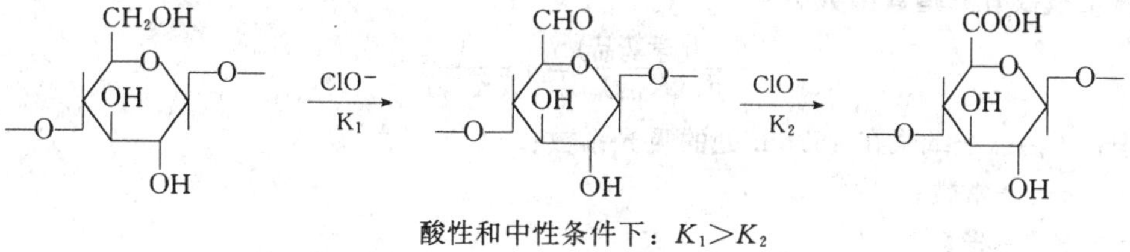

酸性和中性条件下：$K_1 > K_2$

碱性条件下：$K_2 > K_1$

$K_{1中性} > K_{1碱性}$

图 13-69 纤维素C_6位置的氧化反应

由反应可见，在酸性和中性条件下氧化纤维素以含羰基为主，在碱性条件下以含羧基为主。Rapson等早已查明，羰基是造成纸浆白度返黄的主要因素。而且这种含羰基的氧化纤维素（亦称为还原型氧化纤维素）在碱性条件下（有OH^-存在时）极易发生甙键的开裂，因此中性漂白极易造成纸浆粘度下降，漂损和返黄率增加。

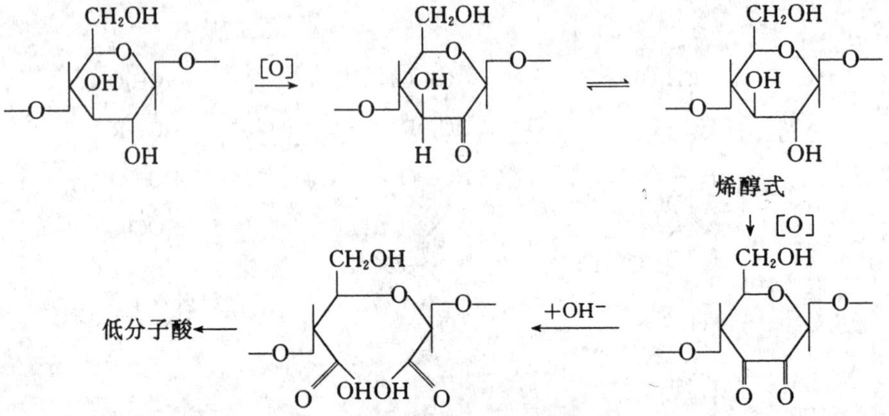

CH_2OH OH OH $\xrightarrow{[O]}$ CH_2OH OH H O $\rightleftharpoons$ CH_2OH OH OH 烯醇式 ↓[O] CH_2OH O O $\xleftarrow{+OH^-}$ CH_2OH O OHOH O 低分子酸 ←

图 13-70 纤维素 C_2、C_3 位置的氧化

还原型氧化纤维素在结构上符合 β-分裂的通式，即

$R{-}O{-}\underset{H}{\overset{|}{C}}{-}\underset{H}{\overset{|}{C}}{-}X$ ，X 为吸电子基团（ $-\overset{H}{C}{=}O$ 或 $\underset{|}{\overset{|}{C}}{=}O$ ），在有 OH^- 存在时则脱水分解。

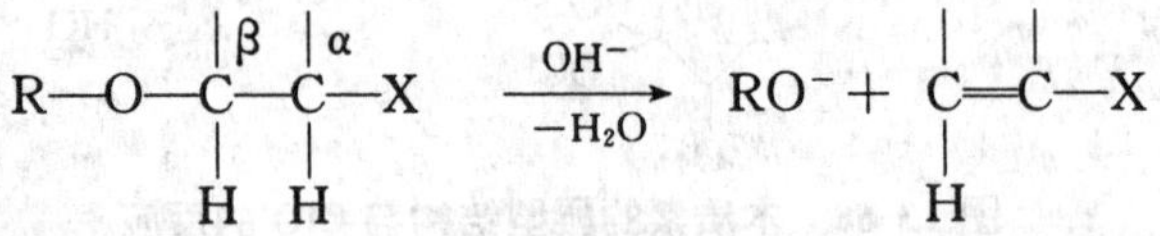

$$R{-}O{-}\underset{H}{\overset{|\beta}{C}}{-}\underset{H}{\overset{|\alpha}{C}}{-}X \xrightarrow[-H_2O]{OH^-} RO^- + \underset{H}{\overset{|}{C}}{=}\overset{|}{C}{-}X$$

6.2 次氯酸盐漂白动力学

如前所述，漂白反应是漂白药剂与木质素发生碎片化和溶出的反应，也是一些发色基团被氧化而脱色的过程。

白度（又称亮度）是吸光系数和散射系数的复合因素。吸光系数与纸浆中有色基团含量成正比，因此漂白动力学的白度变化可以用吸光系数的变化表示。漂白化学药剂的需要量与消除的吸光系数有一指数函数关系。

$$\frac{d\,(\text{化学药品})}{d\,(K_{457})}=a\,\frac{1}{(K_{457})^{n}} \tag{13-9}$$

式中：K_{457}——纸浆在 457nm 处的吸光系数；

a——常数；

n——指数。

由此可见，要得到较高的白度，则需消耗大量的化学药剂，而且至漂白后期白度的提高是有限的。

不论是次氯酸盐漂白还是二氧化氯漂白，其漂白初期的速度都是非常快的，然后很快的减慢（如图 13-71）。

根据 Axegard 等人的研究，次氯酸盐漂白的动力学方程为：

$$\frac{-dK_{457}}{dt}=K\,[OH^-]^{-0.1}\,[OCl^-]^{0.6}\,(K_{457})^{3.5} \tag{13-10}$$

式中：K_{457}——纸浆在 457nm 处的吸光系数；

$[OH^-]$ ——漂白系统中 $[OH^-]$ 浓度；

$[OCl^-]$ ——漂白系统中 $[OCl^-]$ 浓度。

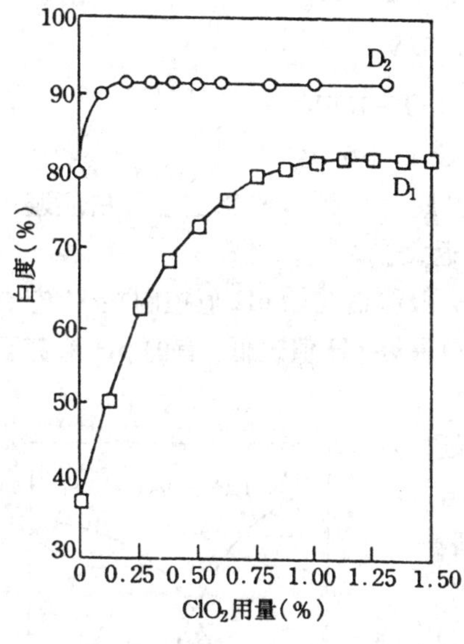

图 13-71　漂白速度的变化

图 13-72　漂白过程中碳水化合物的降解规律

由此可见，漂白速度与 $[OH^-]$ 的提高成反比；与 457nm 吸光系数的反应级数为 3.5，这说明漂白速度与纸浆的原始色变有非常敏感的关系，反之也说明，当纸浆的吸光系数很低时（即在较高的白度时），漂白速度将会很慢。据测定其反应活化能 $E_a=77kJ/mol$，较 ClO_2 漂白的活化能（60kJ/mol）大得多，这就意味着，提高漂白温度对漂白速度的提高要比 ClO_2 漂白有效得多。

碳水化合物（纤维素和半纤维素）在漂白过程中的降解将造成纸浆强度和得率的下降。

在次氯酸盐漂白的初期纤维素很少降解，这可能是由于木质素与漂白剂的反应比纤维素降解反应速度快的原故，因此在初期，漂白剂很快被木质素所消耗，到一定程度后碳水化合物才开始大量降解，如图 13-72。

漂白过程中碳水化合物的降解速度可以用测定反应前后的粘度变化来表示。最常用的是用 $(1/DP-1/DP_0)$ 来表示。即反应时间 t 时的纤维素聚合度（或碳水化合物聚合度）的倒数减原始碳水化合物的倒数。Axegad 测定的次氯酸盐漂白时碳水化合物降解反应的动力学方程：

$$\frac{d\ (1/DP-1/DP_0)}{dt}=K\ [OCl^-]^{2.0}\ [OH^-]^x\ [1/DP-1/DP_0]^0 \tag{13-11}$$

式中：x——指数，当 pH 值>10 时为−0.2，pH 值<10 时为−0.7；

活化能 $E_a=113kJ/mol$。

由此可见，高 pH 值对碳水化合物的降解有很好的保护作用，但同时也使漂白速度下降。碳水化合物在次氯酸盐漂白中的降解反应活化能很高，这说明温度对降解反应是非常敏感的。

6.3　影响次氯酸盐漂白的因素

严格掌握次氯酸盐漂白的工艺条件是提高漂白效果，降低纤维素降解的主要措施。其工艺条件有：漂白的 pH 值、漂白温度、用氯量、浆浓和漂白时间。

(1) 漂白介质的pH值：pH值是次氯酸盐漂白中最重要的控制因素。由氯-水体系三种成分的比例随pH值变化规律可见，pH值小于2时以元素氯为主，pH值4～6时以HClO为主，pH值大于9时以次氯酸盐为主，三种成分具有不同的氧化电位。

Cl_2：　$\frac{1}{2}Cl_2+e \rightleftharpoons Cl^-+1.35V$

HOCl：　$HOCl+2e+H^+ \rightleftharpoons Cl^-+H_2O+1.5V$

ClO^-：　$ClO^-+2e+H_2O \rightleftharpoons Cl^-+2OH^-+0.94V$

其中以HOCl的氧化电势最高，对纤维素的破坏也最大。为此，次氯酸盐漂白应避免在接近中性条件下漂白，它不仅破坏纤维素而且造成浆料返黄。

但pH值过高时漂白速度减慢，漂白时间延长。一般漂白初始pH值控制在11左右，漂白终了pH值控制为8～9。国内有些工厂次氯酸盐漂白最终pH值过低，有的pH值甚至达到7或以下，这是不合理的。

(2) 用氯量：用氯量应根据不同的浆料，未漂浆硬度，白度要求和其他漂白条件来确定。各工厂可根据自己的经验和条件将未漂浆的卡伯值和用氯量建立经验公式，即

$$有效氯用量（\%）=AK+B \qquad (13\text{-}12)$$

式中：K——卡伯值（或高锰酸钾值）；

A、B——系数。

应该指出的是，次氯酸盐的漂白能力有限，漂剂量加到一定程度后，再增加用氯量并不能明显的增加浆料白度，反而造成粘度下降，如图13-73。因此一般针叶材硫酸盐浆CEH三段漂白的白度控制在70%以下。

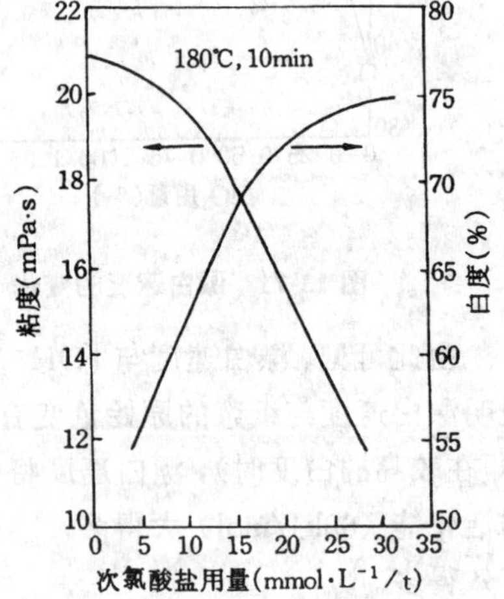

图13-73 用氯量与白度和粘度的关系

(3) 浆浓：提高浆浓可以提高漂白系统中的漂剂浓度，加快漂白速度，节约蒸汽消耗。但浆浓受到漂白设备性能的限制，一般双沟或三沟漂浆机浆浓为5%～7%，升流式漂白塔为6%～12%，降流式漂白塔浆浓为10%～18%。

(4) 漂白助剂：某些氮化合物，如氨基磺酸盐、尿素，能促进次氯酸盐漂白作用，缩短漂白时间，提高纸浆强度和白度，并使漂白过程在较低pH值范围内进行。氨基磺酸与次氯酸或次氯酸盐反应生成N-氯氨磺酸盐 ($NHCl\text{-}SO_3Na$)，其中的［Cl］亦是有效氯，有漂白作用，但其氧化电势较低，对纤维素的破坏较小。

①$NH_2 \cdot SO_3Na+HOCl \longrightarrow NHCl \cdot SO_3Na+H_2O$

②$NH_2 \cdot SO_3Na+ClO^- \longrightarrow NHCl \cdot SO_3Na+OH^-$

反应①可以减少系统中的HOCl浓度，有利于保护纤维素；反应②中生成［OH^-］，可以对系统的pH值起调节作用。

因此，漂白助剂适宜于在高温、低pH值条件下使用，效果更为明显。

6.4 次氯酸盐漂白中三氯甲烷的产生

众所周知，三氯甲烷是对人体有毒的氯化物，是很强的致癌物质，世界各国政府都有法规要求其排放浓度在危险界限之内。

(1) 三氯甲烷的发生量：研究表明，自然界中排放三氯甲烷的主要来源为纸浆漂白过程

（包括氯化，碱处理，次氯酸盐漂白和二氧化氯漂白），其中80%～90%发生于次氯酸盐漂白阶段，发生量可达700μg/g绝干浆，是其他所有漂白阶段发生量的5～15倍，在典型的三段漂白流程中$CHCl_3$发生量如图13-74。

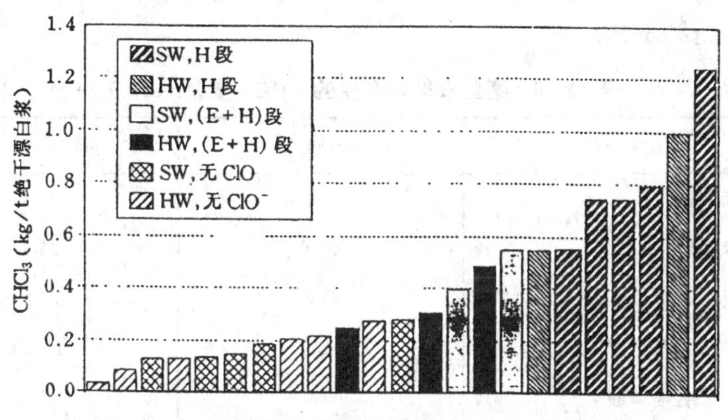

图13-74　不同硫酸盐漂白浆厂的$CHCl_3$的发生量

由图13-74可见，各工厂次氯酸盐漂白段的$CHCl_3$发生量最大，在0.55～1.25kg/t风干浆，而不用次氯酸盐的工厂（采用高二氧化氯取代和氧脱木质素），$CHCl_3$发生量为0.025～0.29kg/t风干浆。

（2）次氯酸盐漂白中三氯甲烷的产生：1934年Harris等就发现氯化木质素用碱处理时则可产生$CHCl_3$，后来Hibbert等认为木质素侧链的甲基酮是形成三氯甲烷的先驱体。其反应可分为两个部分，即氯化和水解。木质素结构侧链α-碳上的烯酮，在碱或酸的催化下被氯化。研究表明，碱的催化速度比酸大10^5，氯化反应程度与烯酮和碱的浓度成正比，而与氯的浓度无关。其反应如图13-75。

反应生成的三氯取代酮，在碱性条件下很快被水解生成三氯甲烷和羧酸。其水解反应速度比较缓慢。

$$H_3C-\overset{O}{\overset{\|}{C}}-R \underset{}{\overset{OH^-}{\rightleftharpoons}} \left[H-\underset{H}{\overset{}{C}}H-\overset{O}{\overset{\|}{C}}-R \leftrightarrow H-\overset{H}{C}=\overset{O}{C}-R \right] \xrightarrow[快]{Cl_2} H-\overset{H}{\underset{Cl}{C}}-\overset{O}{\overset{\|}{C}}-R \longrightarrow Cl_3C-\overset{O}{\overset{\|}{C}}-R$$

$$Cl_3C-\overset{O}{\overset{\|}{C}}-R \xrightarrow{OH^-} \left[Cl_3C-\overset{O^-}{\underset{OH}{C}}-R \right] \longrightarrow [Cl_3C^- + RCOOH] \longrightarrow CHCl_3 + RCOO^-$$

图13-75　甲基酮在碱性条件下氯化反应

但实际上在纸浆的残余木质素中并不存在甲基酮结构，因而不是产生三氯甲烷的重要原因。实验证明：木质素的酚型结构在与氯或次氯酸盐反应时的一系列氧化、氯化以及氯代脱羧反应而产生了甲基酮结构，成为产生三氯甲烷的来源。研究表明，间苯二酚结构是产生三氯甲烷的来源，特别在高pH值条件下，可很快的产生大量$CHCl_3$，如将酚羟基封闭则基本不产生三氯甲烷（见表13-15）。

表 13-15 某些模型物产生的$CHCl_3$量（mol%）

	pH值7	pH值10～11
邻苯二酚	<1	23.0
间苯二酚	86.0	95.0
氢醌	3.0	34.0
3，5-二羟基甲苯	51.0	100.0
3，5-二羟基苯酸	70	54
1，3-二甲基苯	0	9

某些间苯二酚结构形成$CHCl_3$的反应如图13-76。

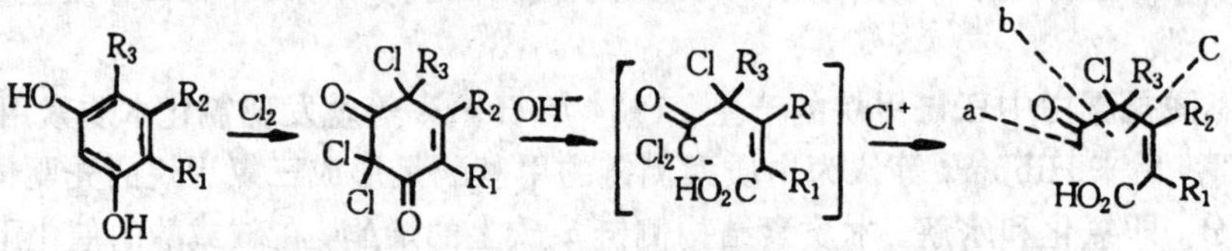

图 13-76 间苯二酚结构在水溶液中的氯化和水解生成三氯甲烷

被氯取代的苯环，可以按a，b，c方式打开碳-碳键，特别值得强调的是在一个碳上联结有两个氯，这种结构对$CHCl_3$的产生是非常重要的（如图13-77）。

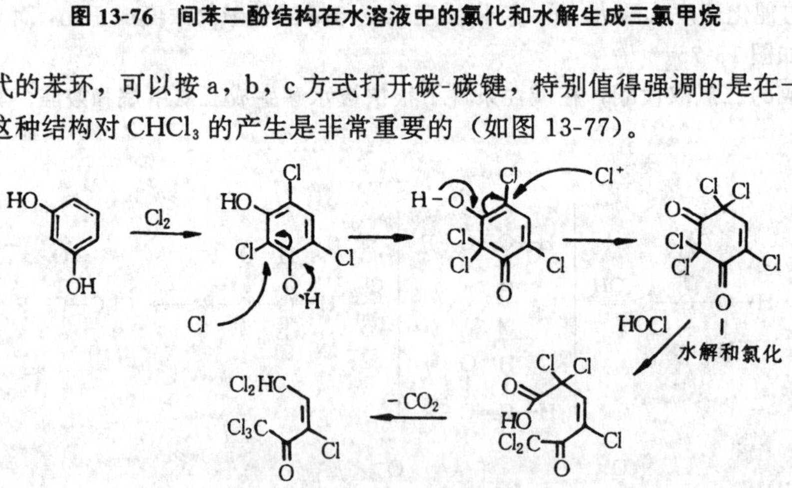

图 13-77 间苯二酚结构在非水溶剂中的氯化与水水解

我们知道，间苯二酚结构在木材抽出物中存在，在硫酸盐制浆过程中也会产生，因此在纸浆的残余木质素中含有产生三氯甲烷的原始物。

由上述反应可知，木质素结构中的间苯二酚结构或间醌结构被氯取代后的芳香环皆可与次氯酸盐反应生成三氯甲烷（如图13-78）。

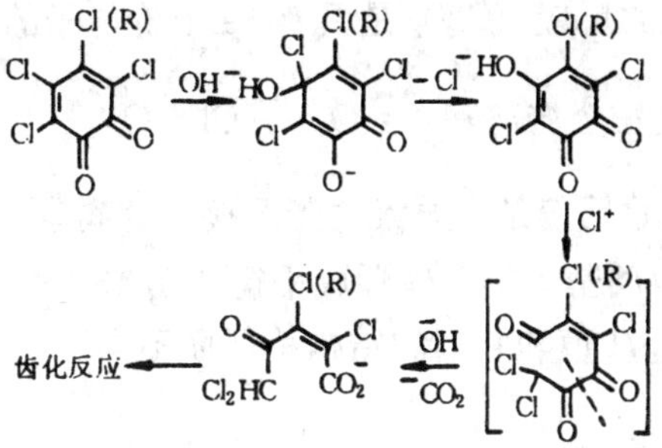

图 13-78　在次氯酸盐漂白阶段三氯甲烷的生成

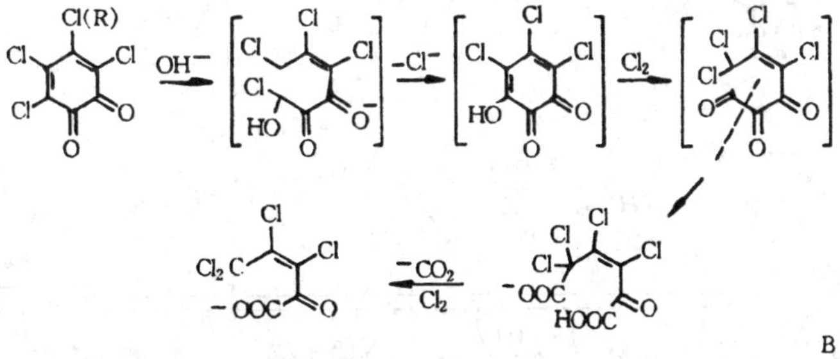

（A：邻位取代，B：间位取代）

7　二氧化氯漂白

二氧化氯是当代使用量最多的优良的氯漂剂，其有效氯含量为元素氯的 2.63 倍，同时由于它的氧化电势较低，对纤维素的损伤很少，所以二氧化氯漂白可以使浆料白度达到 88%～90%（ISO）。

7.1　二氧化氯漂白化学

（1）二氧化氯化学：二氧化氯（ClO_2）在不同的 pH 值条件下有不同的成分。它在水溶液中水解生成亚氯酸和氯酸。而氯酸没有漂白作用，只能造成 ClO_2 损失。

$$2ClO_2 + H_2O \longrightarrow ClO_2^- + ClO_3^- + 2H^+$$

该反应在酸性条件下速度很慢，但在中性或碱性时反应很快，这是 ClO_2 漂白必须在酸性条件下进行的理由。

在酸性溶液中，ClO_2 可完全被还原并提供 5 个氧化当量。

$$ClO_2 + e^- \longrightarrow ClO_2^-$$

$$ClO_2 + 2e^- \xrightarrow{3H^+} HClO + H_2O$$

$$HClO + 2e^- \xrightarrow{H^+} Cl^- + H_2O$$

$$ClO_2 + 5e^- + 4H^+ \longrightarrow Cl^- + 2H_2O$$

而元素氯被还原时只能提供两个氧化当量，因此 ClO_2 的氧化当量为 Cl_2 的 2.5 倍。

ClO_2 在酸性条件下被还原生成的中间体——亚氯酸（$HClO_2$）的氧化电势为 0.9V，较 HOCl 低，所以在还原过程中中间体 HClO 可将 $HClO_2$ 氧化为 ClO_2。

$$2HClO_2 + HClO \longrightarrow 2ClO_2 + H_2O + HCl$$

在中性或碱性条件下生成的亚氯酸盐比较稳定，要成为活性的漂白剂必须成为亚氯酸。

(2) 二氧化氯与木质 素的反应：ClO_2 是具有 19 个价电子的气体，由于它有一个未成对的电子，所以 ClO_2 本身就是一个游离基：∶Ö• Cl∶Ö∶

ClO_2 与木质素反应的初始反应是木质素的芳香核与游离基亲电缔合，生成瞬态电荷转移（π）复合体，并与环已二烯游离基 τ-复合体形成平衡如图 13-79。而此初始的环已二烯游离基中间体的反应方式将随介质 pH 值和它们的结构特征而不同。

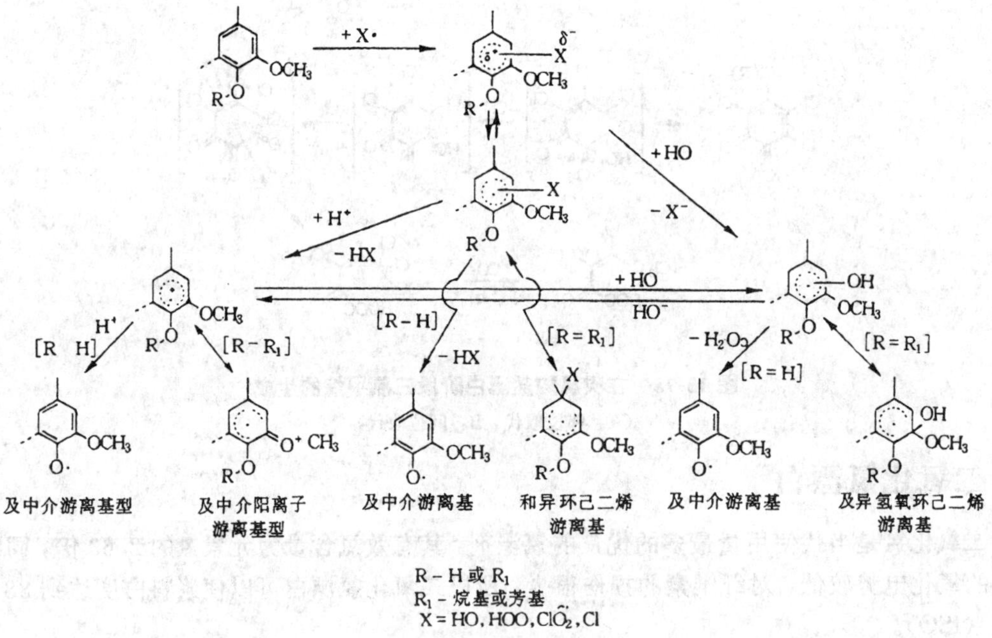

图 13-79 ClO_2 游离基与木质素芳香核结构的初始反应及 pH 值的影响

在酸性介质中环已二烯游离基被质子化，除去 $HClO_2$，形成阳离子基。当 R=H 时（即酚型结构)，失去质子，生成酚氧游离基和其他中介态。非酚型（R=芳基或脂肪基）阳离子基中间体以邻位或对位鉾离子型游离基中介态存在。

酚氧游离基与 ClO_2 的偶合及其后继反应（取代和氧化反应）如图 13-80。

由图 13-80 可见，ClO_2 与酚氧游离基偶合，生成环已二烯酮中间体，然后烷醚键水解生成醌型中间体，也可使木质素苯环异裂生成粘康酸结构。或者其侧链消除一个质子而生成取代产物，此取代产物在一定条件下可被氧化为醌。由上述可见，游离基漂白所生成的醌型中间体和取代产物与氧离子漂剂漂白时所生成的产物相类似，但其发生的机理不同。

研究表明，在一般情况下，ClO_2 游离基只与木质素结构单元中的酚型结构反应，当 ClO_2 过量时，非酚型木质素也可发生反应。

ClO_2 与木质素的侧链结构，如苯乙烯或二苯乙烯反应，类似于其与木质素苯环的反应（如图 13-81)。

第一步反应仍为 ClO_2 游离基与木质素形成电荷转移（π）复合体，然后生成相应的鉾离子中间体。

(3) 二氧化氯与碳水化合物的反应：二氧化氯在酸性条件下与碳水化合物只有微弱的水

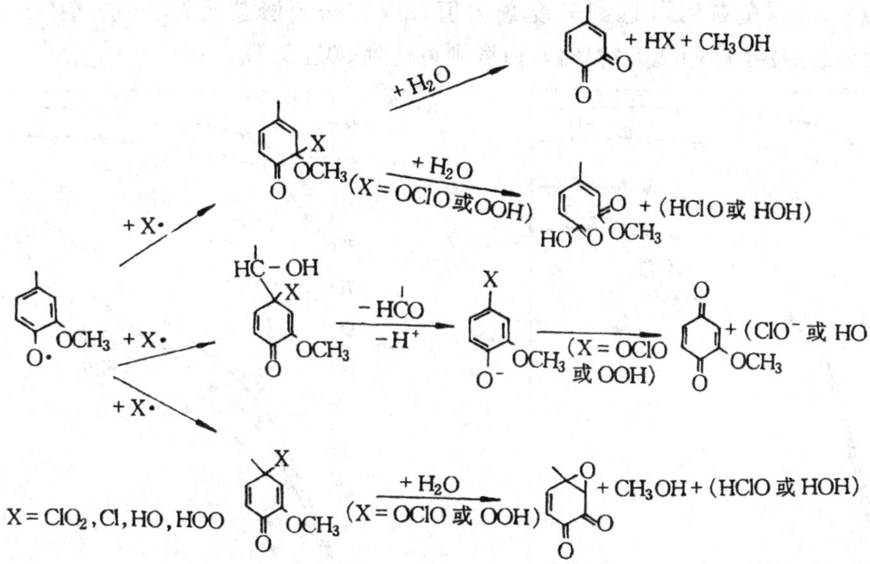

X = ClO_2, Cl, HO, HOO

图 13-80 酚氧游离基与 ClO_2 反应

解反应和纤维素末端基的氧化反应，因此，二氧化氯漂白比次氯酸盐对碳水化合物降解较少，有很好的漂白选择性（如图 13-82）。

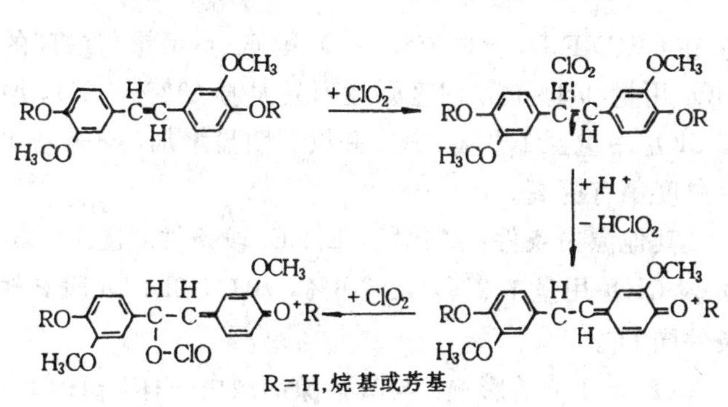

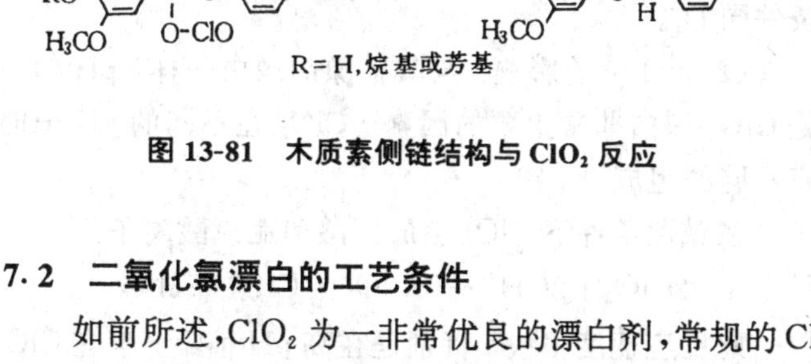

图 13-81 木质素侧链结构与 ClO_2 反应

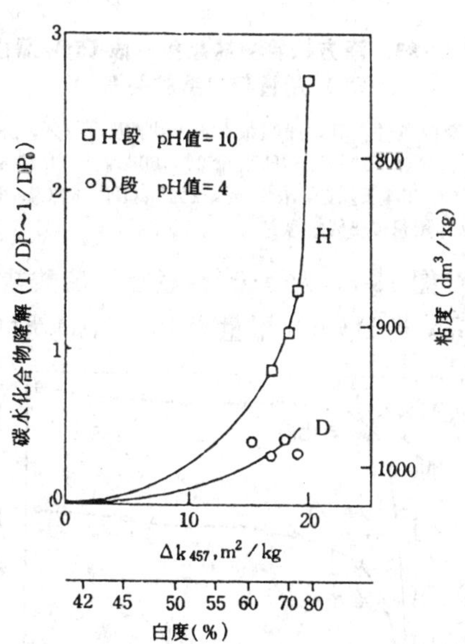

图 13-82 ClO_2 与 NaOCl 漂白对碳水化合物降解的比较

7.2 二氧化氯漂白的工艺条件

如前所述，ClO_2 为一非常优良的漂白剂，常规的 ClO_2 漂白系统为 $C/D-E_0-D_1-E-D_2$，当白度要求不高或易漂白的纸浆也可只用一段 D。

（1）二氧化氯用量：当用 $CE_1D_1E_2D_2$ 漂白流程，白度要求在 90%G.E 左右，D_1 段 ClO_2 加入量一般为 0.5%～1.25%。南方松硫酸盐浆第一段 ClO_2 漂白 ClO_2 用量与白度的关系如图 13-83。

黑云杉-短叶松硫酸盐浆 D_1 段 ClO_2 用量与白度的关系如图 13-84。由图 13-84 可见，D_1 段

ClO_2 用量在 1.0%左右则可达到白度最大值，南方松硫酸盐浆漂白时 D_1 段 ClO_2 用量 0.25%，黑云杉-短叶松 $ClO_2$0.7%时，白度则可达到 90%G.E。

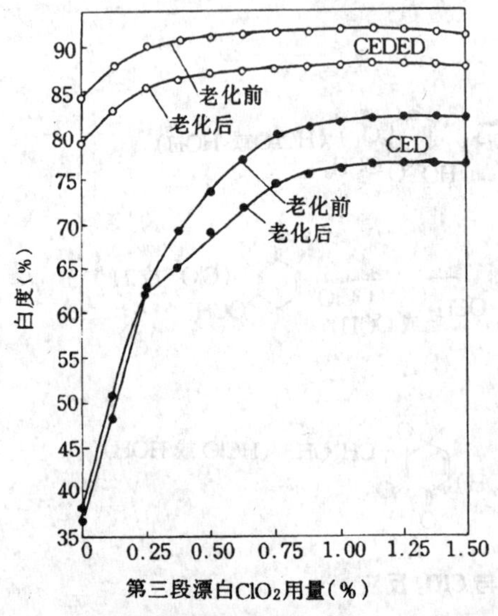

图 13-83 南方松硫酸盐浆第一段 ClO_2 漂白 ClO_2 用量与白度的关系

漂白条件：氯化段浆浓 3%，用氯量 6.2%，25℃，1h；E_1 段浆浓 15%，NaOH 用量 2%，60℃，2h；D_1 段浆浓 6%，70℃，3h；E_2 段浆浓 15%，2%NaOH，60℃，2h；D_2 段 ClO_2 用量 0.5%，浆浓 6%，70℃，3h

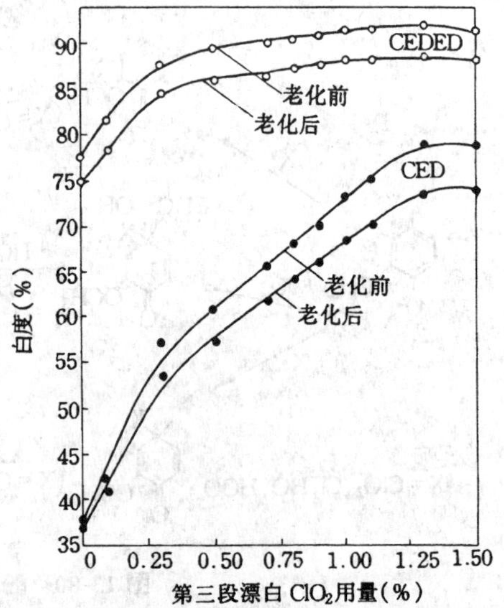

图 13-84 黑云杉-短叶松硫酸盐浆 D_1 段 ClO_2 用量与白度的关系

漂白条件：氯化段浆浓 3%，用氯量 8%，25℃，1h；E_1 段 NaOH2.5%，浆浓 15%，60℃，1h；D_1 段浆浓 6%，70℃，3h；E_2 段浆浓 15%，NaOH 用量 2.0%，60℃，2h；D_2 段浆浓 6%，ClO_2 用量 0.6%，70℃，3h

图 13-85 为黑云杉-短叶松硫酸盐浆在 $CE_1D_1E_2D_2$ 漂白流程中 D_2 段 ClO_2 用量与白度的关系，当 D_1ClO_2 用量为 1.3%，D_2 段 ClO_2 用量 0.4%时，白度则达到最大值（92%G.E），增加 ClO_2 用量至 1.0%，白度并没有明显增加，只是老化后白度稍有提高。

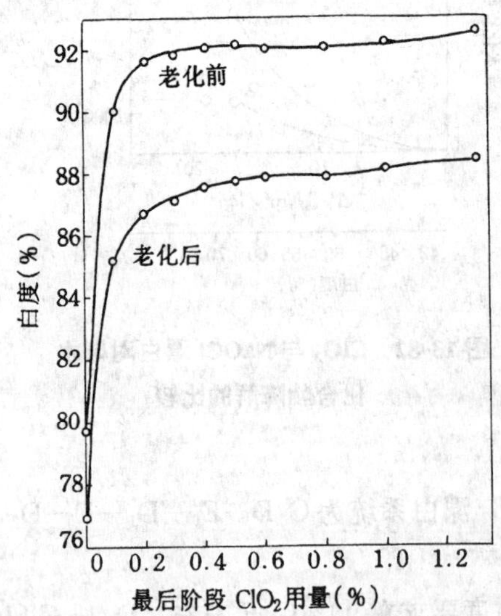

图 13-85 黑云杉-短叶松硫酸盐浆在 $CE_1D_1E_2D_2$ 漂白流程中 D_2 段 ClO_2 用量对白度的影响

其他漂白条件：氯化段，E_1、E_2 段条件同图 13-85，D_1 段 ClO_2 用量 1.3%，浆浓 6%，70℃，3h；D_2 段其他条件同 D_1。

（2）pH 值的影响：与其他漂剂漂白一样，pH 值也是 ClO_2 漂白非常重要的因素。ClO_2 在不同的 pH 值时有不同的组成。

在碱性条件下 ClO_2 生成氯酸和亚氯酸离子：

$$2ClO_2+2OH^- \longrightarrow ClO_3^- +ClO_2^- +H_2O$$

此反应速度很快，特别是在高 pH 值下，但在 ClO_2 漂白纸浆时的反应速度比上述反应更快，但由于生成 ClO_3^- 和 ClO_2^- 而使 ClO_2 的有效作用减弱，使 ClO_2 损失。

当 pH 值为 7 时，也有 90%ClO_2 转变为 ClO_3^- 和 ClO_2^-（70℃，3h），而在 pH 值为 4 时，在相同条件下，

只有 10%ClO_2 损失。不管有没有纸浆存在，pH 值为 7 时（70℃）ClO_2 的消耗速度是相同的，因此 ClO_2 漂白的 pH 值不应在 7 以上。

在有纸浆存在时，ClO_2 亦可被还原为 $HClO_2$：

ClO_2＋纸浆⟶$HClO_2$＋氧化纸浆

当 pH 值增加时，此反应加剧，因此当 pH 值大于 7 时纸浆的粘度下降较快，漂白纸浆在热碱中的溶解度加大。ClO_2^- 不能与木质素反应，但 $HClO_2$ 可以将木质素氧化，自身被还原为 HClO。HClO 又可与 $HClO_2$ 反应生成 ClO_2。

$$HClO + 2HClO_2 \rightleftharpoons 2ClO_2 + H_2O + HCl$$

ClO_2 也可能由于上述反应而生成 HOCl。

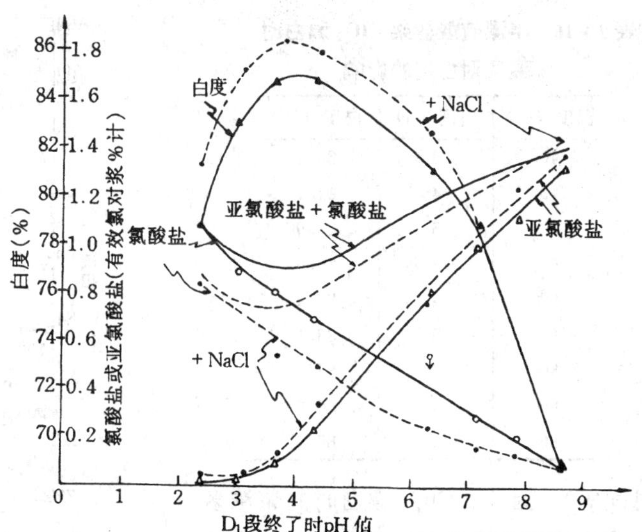

图 13-86　氯化及碱处理后的硫酸盐浆 ClO_2 漂白时 pH 值对白度和 ClO_3^-、ClO_2^- 生成的影响

漂白条件：加拿大东部针叶材，卡伯值 28，氯化段用氯量 5.5%，浆浓 3.0%，25℃，45min；碱处理段用碱量 3.0%，浆浓 12%，70℃，2h（终点 pH11.6，卡伯值 5.0）；D_1 段用 $ClO_2$1%，浆浓 6%，70℃，3h（终点 pH 值添加 0～1.5%NaOH 调至 pH 值 2.35～8.65）

最终，ClO_2 转变为氯酸盐，亚氯酸盐和氯化物，其组成比例完全取决于溶液的 pH 值和纸浆中木质素含量。

Rapson 等指出，在低 pH 值时 ClO_2 转变成的氯酸盐量较大（如图 13-86），当 D_1 漂白终点 pH 值为 3.8 时，ClO_3^-＋ClO_2^- 浓度最低，而且白度最高。根据这些实验结果，Rapson 提出 ClO_2 与木质素反应时可生成 $HClO_2$，而且 $HClO_2$ 是产生 $HClO_3$ 的来源，氯化物的存在，可抑制氯酸盐的形成。

由于漂白过程中产生酸类物质，pH 值会不断下降，为了维持漂白终点 pH 值在 3.5～4.0，需要添加一定量的 NaOH 调节 pH 值。

（3）漂白温度：在浆浓、漂白时间、pH 值、用氯量固定的情况下，不论在哪一段 ClO_2 漂白阶段，提高漂白温度有利于纸浆白度的提高。半漂硫酸盐浆（72%G.E）ClO_2 漂白时温度对白度的影响见表 13-16（pH 值为 4.2，浆浓 6%）。

由表 13-16 可见，提高温度可以提高白度，在一定温度下延长漂白时间白度反而下降。当温度达到一定程度后再提高温度对白度的提高不利，这主要是在高温下纸浆易于返色的原因。因此，一般 ClO_2 漂白温度选为 70℃。

（4）时间：ClO_2 与纸浆的反应速度在初期很快，以后则减慢，如经氯化-碱处理后的亚硫酸盐浆，用 1%ClO_2 在 70℃、浆浓 6%时漂白，在开始的 5min 内 75%的 ClO_2 被消耗掉，此时白度也由 78%增加至 88%（如图 13-87）。但继续延长漂白时间至 4h，白度达到最高点（约 93%），再延长时间，白度则下降。由于延长时间相应要增加漂白设备的投资，故一般 ClO_2 漂白时间不超过 3h。

（5）浆浓：浆浓在 ClO_2 漂白中不是重要因素，因它对漂白的其他条件影响不大（温度和

表 13-16 半漂硫酸盐浆 ClO_2 漂白时温度对白度的影响

温度（℃）	时间（h）	白度（%）
40	3	83.4
40	4	84.1
40	5	83.9
60	3	86.9
60	4	86.9
60	5	86.1
80	3	87.0
80	4	86.0
80	5	85.9

时间等），因此，ClO_2 漂白时的浆浓多从节约能源角度考虑，采取尽可能高的浆浓，由于前一段洗浆机的能力所限，多选用 10%～12%的浆浓即在中浓条件下进行。

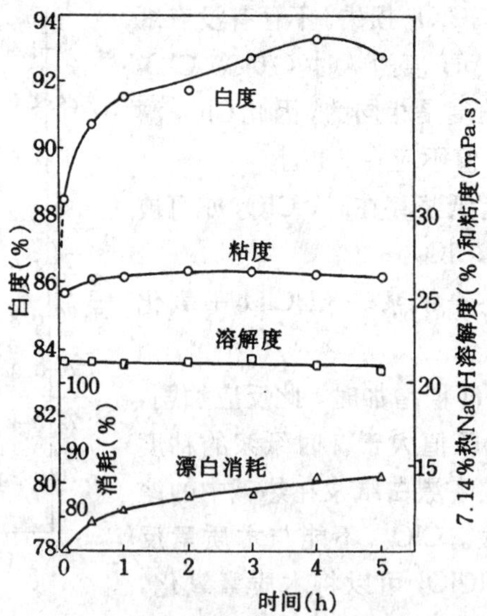

图 13-87 CE 预漂后的亚硫酸盐浆 ClO_2 漂白时时间的影响

8 过氧化氢漂白

近年来由于环境要求的呼声高涨，用过氧化氢作为取代氢漂剂的高效漂白剂，其用量正逐年增加。20 世纪 40 年代美国首先将过氧化氢用于机械浆的漂白，以后又逐渐用于化学浆多段漂白的终段，使白度提高 4%～6%，并可降低纸浆白度的返黄，近年过氧化氢又作为无氯漂剂用于化学浆漂白以代替二氧化氯，并且作为氧脱木质素的补加剂，以提高氧脱木质素的效果，为无氯漂白方法的成功开辟了又一道路。

8.1 过氧化氢溶剂的组成

(1) 过氧化氢在水溶液中的解离：过氧化氢可以以任何比例溶于水，其浓度根据生产厂家而不同，欧洲、北美洲一般为 50%或 70%，日本为 60%，我国为 30%～35%。

过氧化氢在水溶液中电离呈弱酸性：

$$H_2O_2+H_2O \rightleftharpoons H_3O^+ + HOO^-$$

或

$$H_2O_2 \rightleftharpoons H^+ + HOO^-$$

其解离常数 $K=1.55\times10^{-12}$ （20℃）

提高温度可以促进解离反应的进行（见表 13-17）。

表 13-17 过氧化氢的电离常数（K）

温度（℃）	电离常数	温度（℃）	电离常数
20	1.55×10^{-12}	35	3.55×10^{-12}
25	2.24×10^{-12}	60	1.0×10^{-11}

提高溶液的 pH 值，有利于电离出更多的 HOO^-，$H_2O_2+OH^- \rightleftharpoons HOO^- + H_2O$，但在高 pH 值条件下 H_2O_2 会发生分解反应并在漂白时易生成新的发色基团，因而 pH 值不超过 11.5。

(2) 金属离子对 H_2O_2 的催化分解：溶液中的某些金属离子，如 Fe，Mn，Cu 等在中性或酸性条件下可“催化” H_2O_2 分解，产生过氢氧游离基或氢氧游离基，最终分解为水和氧，造成 H_2O_2 分解损失。另外，氢氧游离基和过氢氧游离基（Hydroxyl Radical and PerHydroxyl Radical）中间体的 pKa 分别为 11.8 和 4.8，故过氢氧游离基在碱性溶液中以离子形式存在，氢氧游离基以非离子形式存在。

$$H_2O_2+Fe^{3+}\longrightarrow Fe^{2+}+HOO\cdot+H^+$$

$$H_2O_2+Fe^{2+}\longrightarrow Fe^{3+}+HO\cdot+HO^-$$

$$HO\cdot+H_2O_2\longrightarrow HOO\cdot+H_2O$$

$$HOO\cdot+Fe^{3+}\longrightarrow Fe^{2+}+O_2+H^+$$

$$HOO\cdot+Fe^{2+}\longrightarrow HOO^-+Fe^{3+}$$

$$HOO\cdot+H_2O\rightleftharpoons OO^-\cdot+H_3O^+$$

$$pKa=4.8$$

$$HO\cdot+H_2O\rightleftharpoons O^-\cdot+H_3O^+$$

$$pKa=11.8$$

当溶液体系中有有机物（RH）存在时，HO· 非常活泼，极易发生取代反应而生成 ROH 产物，对木质素和碳水化合物均易反应，而无选择性，造成碳水化合物的大量降解。因此，在 H_2O_2 漂白时，金属离子的除去是非常重要的前提。

与此相反，碱土金属 Mg，Ca 和硅酸钠对 H_2O_2 的分解起稳定作用。

8.2　过氧化氢的漂白化学

(1) 过氧化氢与木质素的反应：如前所述，H_2O_2 在碱性条件下，主要以 HOO^- 形式存在，因此，H_2O_2 漂白的主反应是过氧阴离子与木质素结构的亲核加成反应。它与木质素结构中的醌型结构或侧链有羰基（共轭与非共轭）结构反应（如图 13-88），而破坏了木质素的发色基

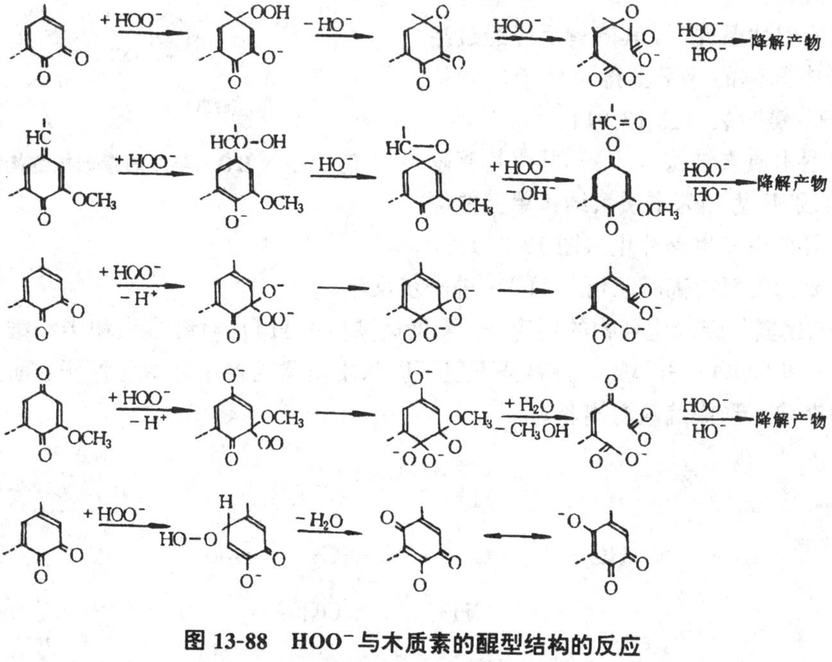

图 13-88　HOO^- 与木质素的醌型结构的反应

团，或使木质素大分子降解，并生成粘康酸结构。

HOO^-与木质素共轭羰基结构的反应如图13-89。

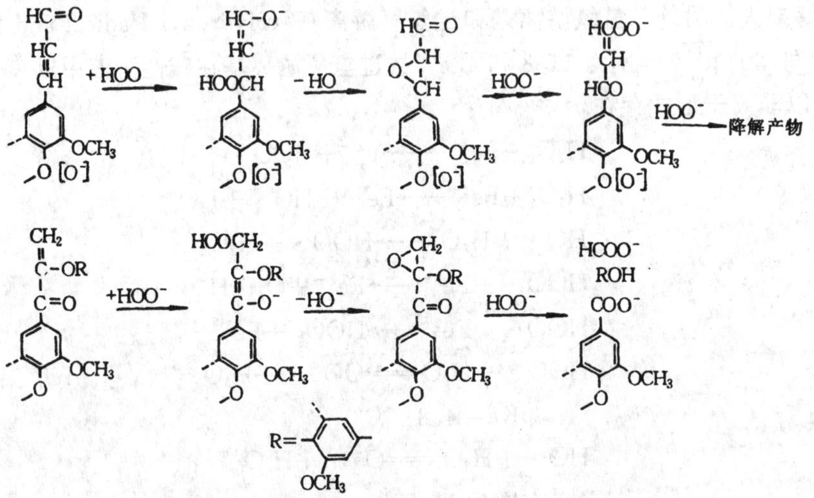

图 13-89 HOO^-与共轭羰基结构的反应

同时，由于金属离子的催化，在漂白过程中还会有HO·和OO^-的反应，由于HO·有很强的亲电性，很易与木质素的苯核反应生成氢氧环己二烯加成物（图13-90）。

生成的加成物在pH值<3时，或在酸性条件下经质子化并脱去一分子水，形成游离基阳离子，然后发生C_α—C_β键开裂，而降解，此反应速度很快。

在碱性或中性条件下，其降解反应经过羟基环己二烯中间体的分子重排及分子内亲核反应使C_α—C_β键断裂（图13-91）。

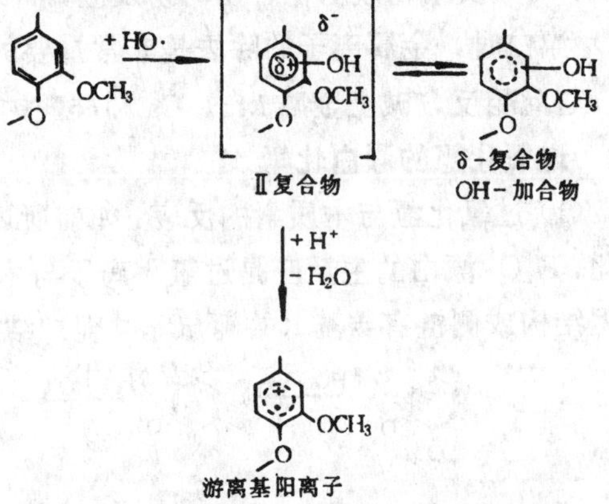

图 13-90 HO·与木质素苯核结构的加成

对非酚型木质素结构，HO·可使其芳基醚键断裂，如果R为相邻木质素结构单元的侧链，则木质素结构发生碎片化（图13-92）。

反应生成的酚氧游离基又可与HO·进一步反应。

(2) 过氧化氢与碳水化合物的反应：过氧化氢漂白中H_2O_2对纤维素和半纤维素的破坏主要是由HO·和HOO·引起的。游离基不但可以从木质素结构中夺取氢原子，而且可以从碳水化合物中夺取，形成烷氧游离基。

$$HO\cdot + -\overset{\displaystyle H}{\underset{\displaystyle OH}{C}}- \longrightarrow -\overset{\displaystyle \cdot}{\underset{\displaystyle OH}{C}}- + H_2O$$

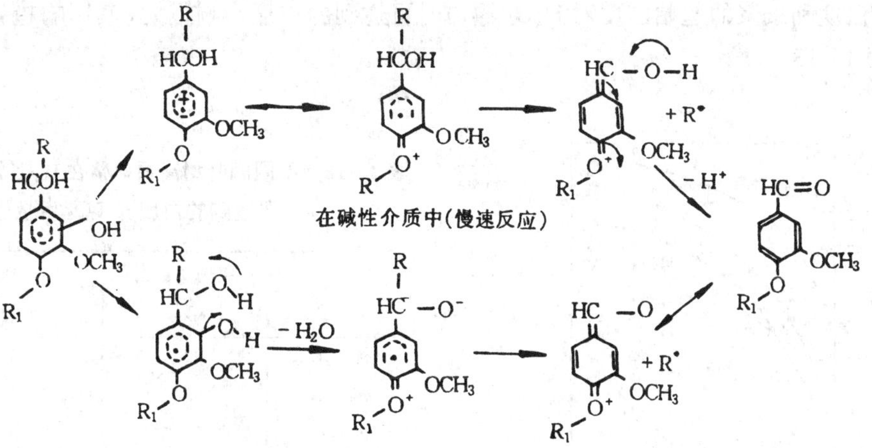

图 13-91 HO·使木质素侧链的 C_α-C_β 键断裂反应

R＝木质素侧链；R_1＝相邻木质素结构的侧链或$-CH_3$

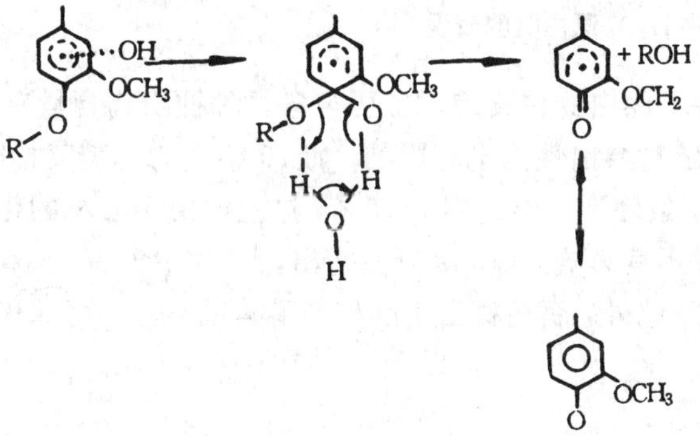

图 13-92 HO·使木质素芳基醚键断裂反应

R＝CH_3 或相邻木质素结构单元的侧链

在碱性条件下：$-\overset{\cdot}{\underset{OH}{C}}- \longrightarrow -\overset{\cdot}{\underset{O}{C}}- + H^+ \xrightarrow{\cdot O_2 \cdot} -\overset{O_2\cdot}{\underset{O}{C}}- \longrightarrow -\underset{O}{C}- + O_2^-$

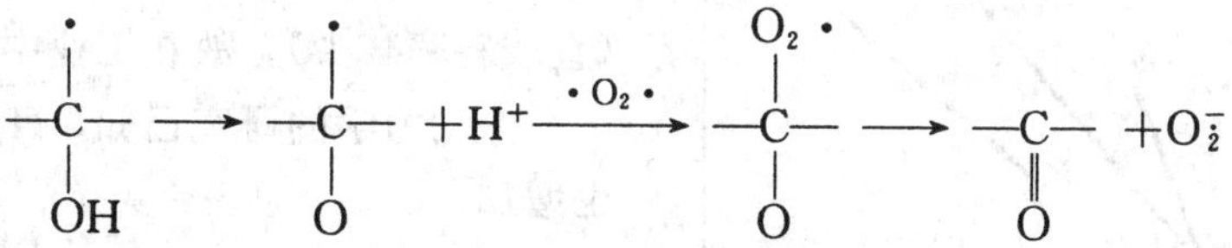

然后被氧化为相应的羰基结构，使碳水化合物可能在碱性条件下发生“剥皮反应”而降解。因此，在氧系列漂白剂（氧、过氧化氢、臭氧）漂白中，避免产生 HO·或 HOO·对提高漂白的选择性是非常重要的。

8.3 过氧化氢漂白工艺

过氧化氢可以用于高得率浆、化学浆的漂白，也可用于脱木质素，其对漂白条件的影响规律相似，故在此仅作一般讨论。影响过氧化氢漂白的因素很多，如材种、树龄、未漂浆（或半漂浆）的状况，漂白方式，漂白条件（温度、H_2O_2 添加量、pH 值、浆浓等），金属离子存留程度等。

8.3.1 材种的影响

材种对高得率浆的 H_2O_2 漂白有重要影响，但对化学浆漂白的影响则较小。研究表明，木材本身的白度和纸浆的起始白度对 H_2O_2 漂白时可达到的白度影响很大，其影响趋势如图 13-93 和见表 13-18。

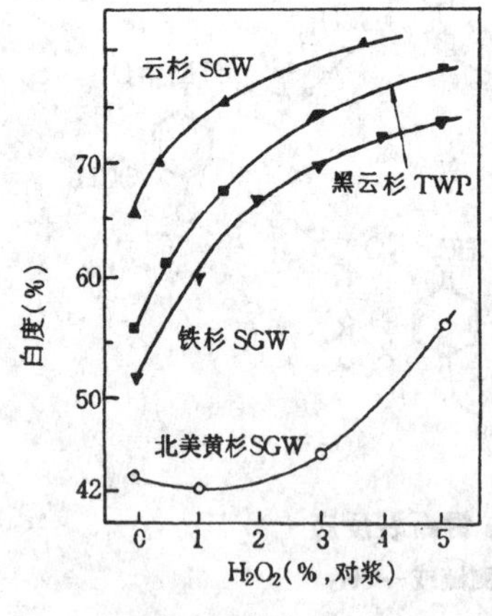

图 13-93 各种针叶材浆在 H_2O_2 漂白时的表现

表 13-18 不同阔叶材高得率浆在 H_2O_2 漂白时可达到的白度（H_2O_2 用量为 3%）

材 种	未漂浆得率(%)	白 度(%)
杨 木	92.6	78.0
杨 木	85.5	74.0
枞 木	91.5	78.0
桦 木	90.1	82.5
桦 木	85.6	78.5
桉 木	92.7	76.7

各材种在相同条件下漂白的白度差，主要与各材种抽出物含量有关。一般来说阔叶材比针叶材易漂。此外，树龄对漂白性能也有影响，如 10 年生的北美黄杉磨木浆漂白至 74.1%白度，而 50 年生者在相同条件下只能达到 71.5%，这主要由于心材的化学组成变化所至。树皮含量同样会对漂白造成不良影响，Loras 研究指出，木片中含有 3%树皮时，可使 H_2O_2 漂白的白度降低 9%～11%。此外，腐朽材由于腐朽菌酵素的存在，可催化 H_2O_2 分解，而使 H_2O_2 漂白效率下降。

8.3.2 H_2O_2 用量

从图 13-93 及图 13-94 都可明显看出 H_2O_2 用量对纸浆白度有很大影响，H_2O_2 用量增加，白度增加。但在低 H_2O_2 用量范围内，白度增值较大（直线的斜率大），在高 H_2O_2 用量时，白度增幅减少（直线斜率减少），故在工业中一般采用 2%左右。

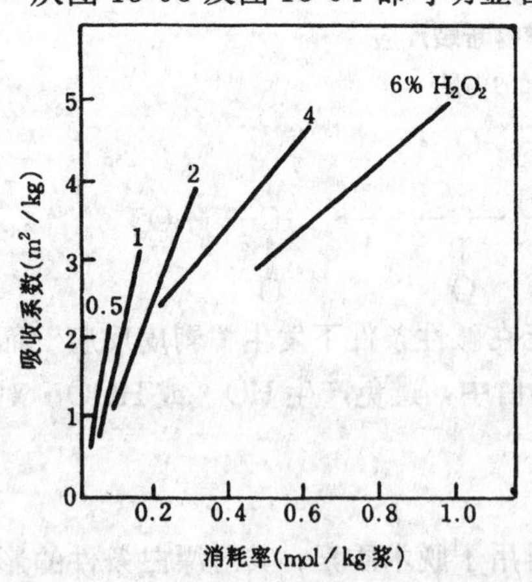

图 13-94 云杉 TMP 在过氧化氢漂白时 H_2O_2 消耗与白度（以吸光系数表示）的关系

（初始浆白度 58.3ISO，吸光系数 6.85m²/kg，初始 pH 值 11.1，浆浓 15%，40℃）

由动力学的研究已知，H_2O_2 浓度增加漂白速度也增加。

$$-\mathrm{d}C_k/\mathrm{d}t=K\ [H_2O_2]^a_{总}+\ [OH^-]^b C_k^n \tag{13-13}$$

式中：$-\mathrm{d}C_k/\mathrm{d}t$——漂白速度；

C_k——吸光系数；

a，b，n——反应级数；

K——反应速度常数；

$[H_2O_2]_{总}=[H_2O_2]+[HOO^-]$。

研究表明，TMP 和磨石磨木浆(GP)漂白时，a=1.0，说明在 pH 值一定时，过氧化氢浓度与漂白速度成正比。

8.3.3　pH值

众所周知，pH值是H_2O_2漂白的重要影响因素，因为溶液的碱度可保证HOO^-在溶液中有足够的浓度$H_2O_2+OH^- \rightleftharpoons HOO^- + H_2O$。许多研究表明，在$H_2O_2$用量一定时，增加pH值，有利于白度的提高，减少$H_2O_2$的分解，但继续增加碱度（pH值过高），由于生成新的发色基团而使白度下降（图13-95），当白度达到最高点时，白度的增加和发色团的产生达到平衡，即单位H_2O_2消耗的白度增值达到最大。动力学研究表明，当pH值在9～11.5，碱度增加漂白速度则增加，当[OH^-]和[H_2O_2]固定不变时，上述动力学方程的反应级$b=0.45$，即

$$-dC_k/dt=K\ [H_2O_2]_{总}^{1.0}+\ [OH^-]^{0.45}\cdot C_k^{4.8} \tag{13-14}$$

当pH值＞11.5后，碱度增加则反应速度下降，Moldenius解释为，超过这个碱度[OH^-]则大于[HOO^-]。

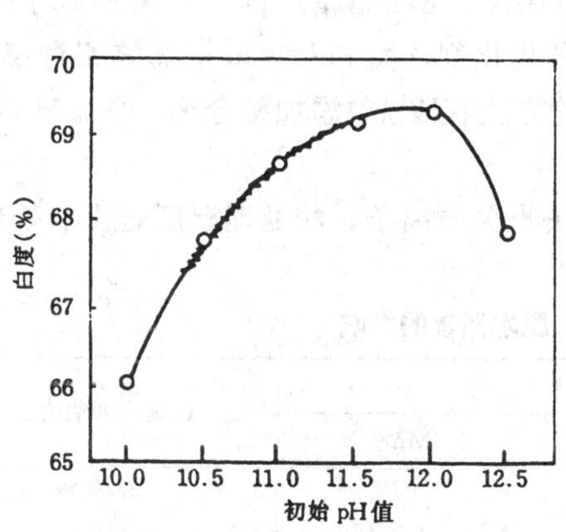

图13-95　云杉TMP H_2O_2漂白初始pH值的影响

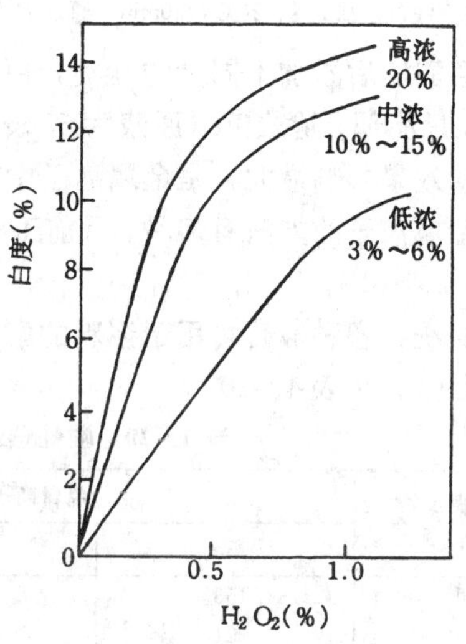

图13-96　浆浓与机械浆和化机浆漂白白度增值的关系

8.3.4　浆　浓

图13-96表明，浆料浓度增加有利于白度的提高。这是因为高浓漂白时，大部分H_2O_2可进入纤维细胞壁内，有利于漂白反应，而减少非漂白反应所消耗的H_2O_2。另外，有相同的H_2O_2用量时，浆浓较高，H_2O_2浓度也高，使漂白反应速度提高，同时使漂白反应比新发色团形成反应更占优势。

8.3.5　漂白温度

由动力学研究可知，漂白温度对反应速度有很大影响。Kindron发现，如果提高温度，可使$H_2O_2+HO^- \rightleftharpoons HOO^- + H_2O$反应向右进行，生成更多的有效漂白剂$HOO^-$。但提高温度也有利于$H_2O_2$的分解，所以$H_2O_2$漂白的最适宜温度随浆种不同而异，一般在40～70℃。如漂白桦木亚硫酸盐浆（单段过氧化氢漂白）可用60℃，如果用于南方松硫酸盐浆CEHDP流程的终段漂白时，可用82℃漂白4h。

8.3.6　金属离子的影响及其排除

如前所述，某些过渡性金属离子，如铁、锰、铜等，可催化H_2O_2分解，产生HO·和HOO·以至H_2O和O_2，而损失了H_2O_2并造成H_2O_2漂白时对碳水化合物的破坏，影响H_2O_2的漂白和脱木质素效果。Lachenal用含有不同金属离子及不同含量的商品针叶材硫酸盐浆进行H_2O_2

漂白，其结果见表13-19（H_2O_2 漂白条件为：浆浓12%，NaOH3%，$H_2O_2$1.5%，90℃，120min）。

表13-19 浆料中金属离子含量对碱性 H_2O_2 漂白（P）的影响

金属离子	用0.01mol/L H_2SO_4 洗浆						
	—	+Mn 20μg/g	+Mn 100μg/g	+Cu 10μg/g	+Cu 50μg/g	+Fe 20μg/g	+Fe 50μg/g
Fe	31	31	31	31	31	51	81
Cu	4.0	4.0	4.0	14.0	54.0	4.0	4.0
Mn	10	30	110	10	10	10	10
Mg	270	270	270	270	270	270	270
漂后 K 值	17.4	20.0	21.0	18.0	18.8	18.4	18.7

注：酸洗条件：浆浓3%，20℃，30min；原浆 K 值：30。

浆料经酸洗后添加不同量的盐类，由数据可见，酸洗可以比较完全地除去Mn（原浆为103μg/g），只能部分除去Fe（原浆为53μg/g）和Cu（原浆为8.8μg/g），同时可见Mn对 H_2O_2 的脱木质素效果影响最大，是金属离子中最为有害的催化剂，而Fe和Cu的影响相对较小。

除去金属离子的方法有多种，目前工业中常用的方法有酸洗、添加螯合剂、添加 H_2O_2 稳定剂等。

（1）酸洗：各种酸皆可用于浆料的酸处理以除去重金属离子。酸处理温度是影响处理效果的主要因素，见表13-20。

表13-20 酸处理温度对 H_2O_2 脱木质素的影响

酸处理温度（℃）	金属离子含量（μg/g）			P段后卡伯值
	Fe	Cu	Mn	
未处理	53	8.8	103	22.0
20	31	4.0	5.0	20.6
50	31	3.7	3.0	20.2
70	30	3.8	3.0	18.5
90	30	4.0	3.0	17.5

注：酸处理的其他条件：浆浓12%，$H_2SO_4$2%（对绝干浆），70℃，120min；P段条件：浆浓12%，NaOH1.5%，$H_2O_2$1%，90℃，90min。

提高温度有利于除去金属离子，并提高脱木质素效果，当温度高于70℃后对除去金属离子无明显增加，但对除去木质素有利，这是因为在较高温度下残余木质素中的碳水化合物——木质素复合物（LCC）之间的键断裂，而使部分木质素溶出。

在70℃热酸处理条件下，对纸浆的强度性质基本不产生影响（见表13-21）。

表13-21 在70℃热酸处理条件下纸浆的强度性质

试 样	卡伯值	纤维素DP	裂断长（km）	耐破因子（kPa·m²/g）	撕裂因子（mN·m²/g）
未处理浆料	30	1150	9.75	7.22	9.03
AP处理后	18.5	1130	10.03	7.29	9.02

注：酸处理条件：浆浓12%，$H_2SO_4$2%，70℃，120min；H_2O_2 漂白：浆浓12%，$H_2O_2$1%，NaOH1.5%，90℃。

（2）添加螯合剂：工业中常在 H_2O_2 漂白前先用螯合剂处理浆料或在 H_2O_2 漂白的同时添加或在循环 H_2O_2 漂白液中添加螯合剂以除去漂白系统中的重金属离子。

常用的螯合剂为氨基多羧酸盐如DTPA（二亚乙基三胺五乙酸）盐，EDPA（乙二胺四乙酸）盐，NTA（次氮基三乙酸）盐等。Allison比较几种螯合剂对TMP和GP的漂白效果，发现 DTPA 的效果最好，如图 13-97。

EDTA 也是经常被使用的螯合剂。Lachend 用 EDTA 处理未漂化学浆（*K* 值为 30）得到了很好的除重金属效果（见表 13-22）。可见 EDTA 也有很好的除金属离子效果。

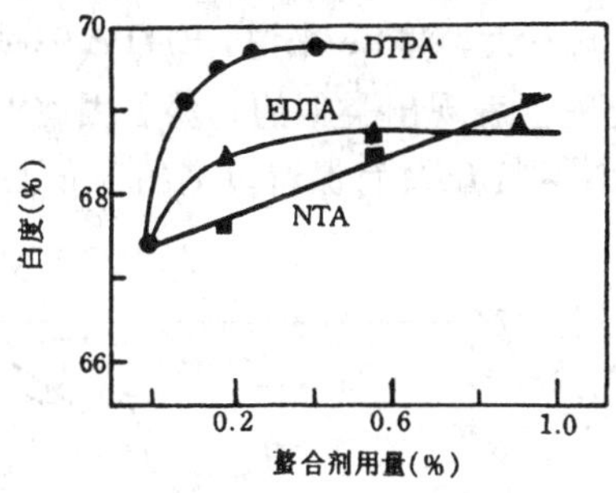

图 13-97　各种螯合剂在辐射松 TMP H_2O_2 漂白时的添加效果

表 13-22　用 EDTA 处理化学浆除去重金属的效果（μg/g）

金属离子	未处理	EDTA 处理
Fe	60	25
Cu	5.6	2.4
Mn	33	10

注：EDTA 处理条件：EDTA 用量 0.5%，浆浓 5%，90℃，30min。

Basta 等进一步研究了 EDTA 预处理时 pH 值的影响，其结果如图 13-98 和图 13-99。

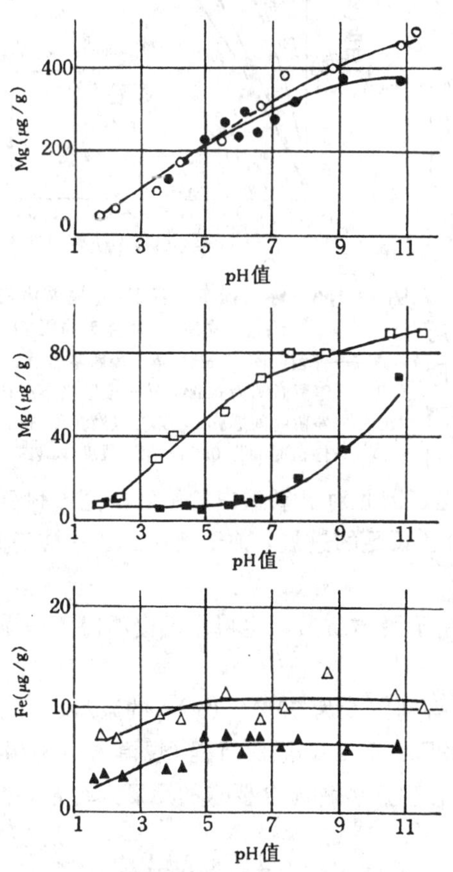

图 13-98　针叶材浆用 EDTA 除金属离子时 pH 值的影响

□，○，△——无 EDTA 添加

■，●，▲——添加 EDTA 2kg/t 浆

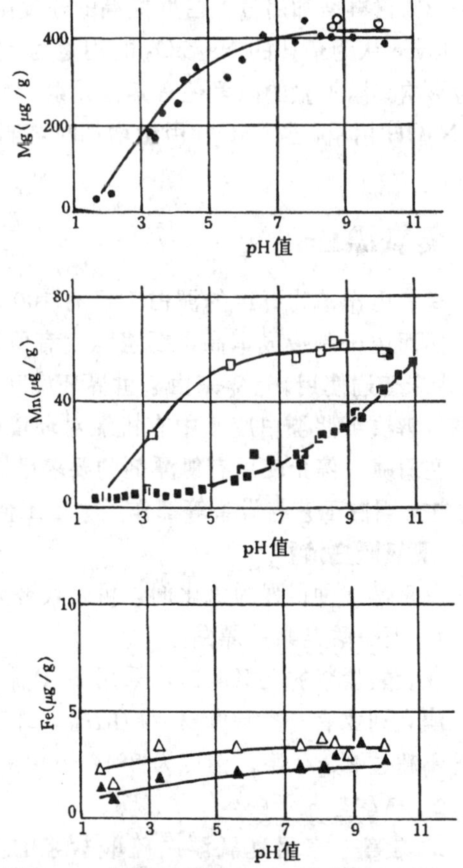

图 13-99　阔叶材浆用 EDTA 除金属离子时 pH 值的影响

□，○，△——无 EDTA 添加

■，●，▲——添加 EDTA 2kg/t 浆

由图 13-98、图 13-99 可见，没有 EDTA 添加的针叶浆随着 pH 值的下降 Mg 和 Mn 的含量下降，而对 Fe 的影响较小，值得注意的是，EDTA 对 Mg 含量的影响仅在 pH 值较高的区域，然而在低 pH 值区间 EDTA 对 Mn 含量的降低非常敏感，当 pH 值为 6 时其含量则可降至 10μg/g 左右，继续降低 pH 值，对 Mn 的进一步下降影响不大，对 Fe 来说，EDTA 有明显的除去效果，但 pH 值影响不大。EDTA 对阔叶材浆的处理也表现出类似的趋势。因此 EDTA 预处理的最佳 pH 值应为 5～7，此时可以除去较多的 Fe 和 Mn，而保留较多的 Mg（Mg 为 H_2O_2 分解的稳定剂）。

（3）添加硅酸盐：硅酸盐作为金属离子的钝化剂，即降低金属离子对 H_2O_2 的分解作用，而广泛被用在 H_2O_2 漂白过程中（如图 13-100）。

由图 13-100 可见，不论在第一段或第二段磨浆时，添加 Na_2SiO_3 都可增加 H_2O_2 的漂白效果，并随着硅酸盐用量的增加而增加，Allison 的试验结果表明，当 Na_2SiO_3 用量为 2.5%～3.0%时，白度可提高 7%～8%，再增加用量，白度提高的速度则减慢。

Joyce 认为最佳的 Na_2SiO_3 的用量为 4%～5%，因为影响其添加量的因素还有其他因素，如 H_2O_2 用量，NaOH 用量，当 NaOH 用量增加时，硅酸的作用下降。

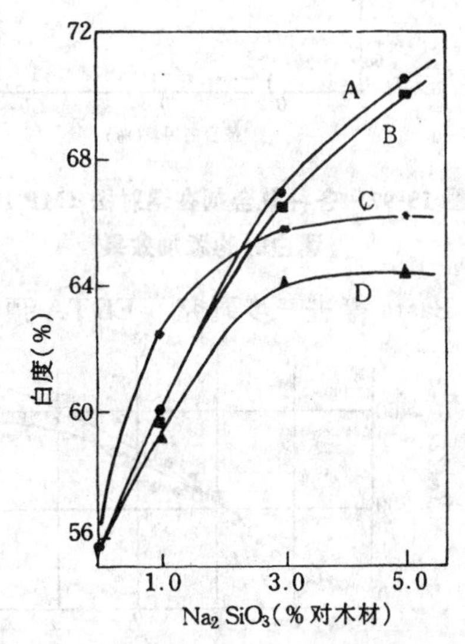

图 13-100 辐射松木片在 H_2O_2 磨浆漂白时，添加 Na_2SiO_3 对白度的影响

A——停留时间 30min，第一段磨浆漂白；
B——停留时间为 0min，第一段磨浆漂白；
C——停留时间 30min，第二段磨浆漂白；
D——停留时间为 0min，第二段磨浆漂白。

9 臭氧漂白

臭氧用作植物纤维的漂白剂已有 100 多年的历史，然而由于制造成本高，纸浆强度有所下降等原因，尚未普遍使用。近年来由于世界环境问题的呼声渐高，解决纸浆漂白废水中有机氯对环境的污染问题迫在眉睫，停止使用有氯漂剂的要求已提到日程，因此对臭氧漂白的基础研究，制造技术的改进，漂白工艺与设备等都作了大量工作，取得了长足的进展，并逐渐在工业中推广使用。

9.1 臭氧漂白流程

臭氧是一种很强的氧化剂，可以代替元素氯用于脱木质素，也可用于提高白度（漂白）。

9.1.1 亚硫酸盐浆的漂白

亚硫酸盐浆的无氯漂白，采用 DZP 流程则可得到白度为 90%（ISO）的浆料。

澳大利亚有一家阔叶材亚硫酸盐人纤浆厂，采用 E_OP-Z-P 漂白流程（规模为 400t/d），O_3 用量不超过 2kg/t 浆，白度为 88%～90%（ISO），生产各种符合要求的无氯人纤浆。

9.1.2 硫酸盐浆漂白

北美第一家用臭氧漂白硫酸盐浆的生产线于美国Union Camp 公司的 Franklin 工厂（Virginia 州）投产，生产能力为 450t/d（两条生产线），所采用的流程为 OZE_0D，可将南方松硫酸盐浆漂白至白度 83%～85%G.E。据报道，只要需要，这条生产线完全可以生产出 90% G.E 的商品浆。其终段如用 H_2O_2（P）取代二氧化氯（D），则可达到完全无氯漂白，其白度也可达到 83%ISO。

在北欧采用 Q-P-Z-P 漂白流程漂白硫酸盐浆（Q 为 EDTA 预处理），其典型工艺条件见表 13-23。

表 13-23　Q-P-Z-P 漂白流程漂白硫酸盐浆工艺条件

各　段	Ⅰ O	Ⅱ Q	Ⅲ P	Ⅳ Z	Ⅴ P
化学药品用量（%）	2.0	0.1	3.5	0.2～0.5	0.2
时间（min）	60	60	180	3	180
温度（℃）	100	60～70	80	45～50	60～70
pH 值	11	5.5	11	2.5	11

O_3 漂白浆浓为 10%～12%，漂后白度可达 89%，浆粘度为 807dm^3/kg（氧脱木质素后浆粘度为 1020dm^3/kg）。

Lachenal 等详细研究了臭氧与其他漂白剂在漂白流程中的组合，以期获得较好的漂白效果和较低的纤维素损伤。

(1) ZO 或 OZ：在达到相同的脱木质素选择性（卡伯值/DP）时，ZO 或 OZ 组合的比较如图 13-101。在高卡伯值范围内，ZO，OZ 和 Z 的选择性没有差别，在低卡伯值区间，不论 ZO 和 OZ 都优于 Z。而 OZ 仅在卡伯值很低时才明显表现出比 ZO 的选择性好。

(2) ZD 或 DZ：其结果如图 13-102。可见 ZD 和 DZ 都较 Z 的选择性好，这说明具有 ClO_2 的臭氧漂白对纤维素破坏较小。而 DZ 对纤维素的损伤比 ZD 更少。

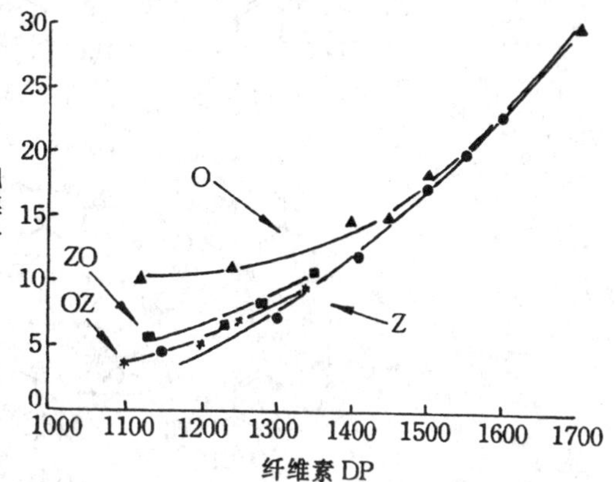

图 13-101　针叶材 KP 浆 ZO 和 OZ 选择性的比较（K 值＝30，DP＝1700）

ZO 中的 Z：O_3 0.65%，浆浓 3.5%，20℃，pH 值＝2.5；ZO 中的 O：浆浓 12%，110℃，60min，O_2 压 0.5MPa，1% $MgSO_4 \cdot 7H_2O$；Z 后 K 值的＝18。OZ 中的 O：同 ZO 中的 O，OZ 中的 Z：同 ZO 中的 Z；后卡伯值为 18.4。

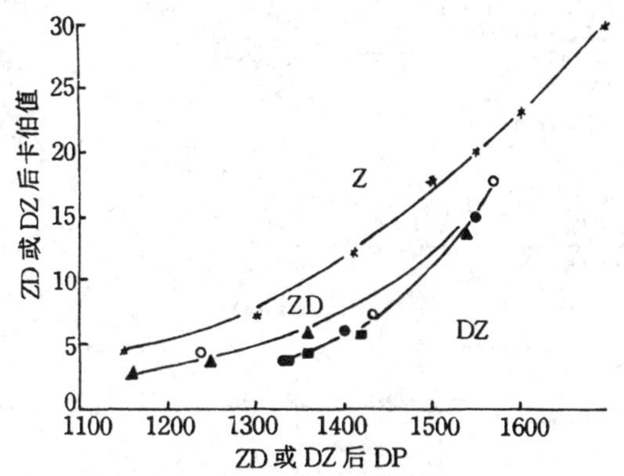

图 13-102　针叶材 KP 浆 ZD 和 DZ 选择性的比较（卡伯值 30.0，DP1700）

D：ClO_2 用量 2% 和 4%（有效氯），浆浓 6%，70℃，60min

Z：浆浓 3.5%，20℃，pH2.5

—●—DZ2%ClO_2；—■—DZ4%ClO_2；

—○—ZD2%ClO_2；—▲—ZD4%ClO_2；—＊—Z

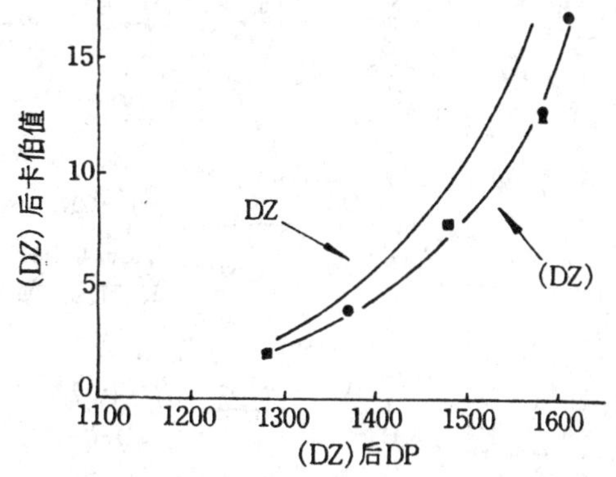

图 13-103　针叶材 KP 浆 DZ 和（DZ）选择性的比较

—●—2%ClO_2（以有效氯计）；

—■—4%ClO_2（以有效氯计）

如果二氧化氯段后不经洗浆，直接进入臭氧漂白，而且在臭氧之前也不再酸化，即

(DZ) 又较 DZ 更好（如图 13-103），这可能是由于 ClO_2 为游离基清除剂，而清除了臭氧漂白时生成的有害游离基所致。

9.2 臭氧漂白化学

(1) 臭氧与木质素的反应：如前所述 O_3 具有四种共振的内消旋结构，其最终带阳电荷的氧构成了臭氧分子的亲电位置较其亲核位置更有活性。因此臭氧化反应的初始阶段是木质素结构中被活化位置的亲电加成反应，臭氧可与木质素结构的芳香核和侧链的双键结构反应，其反应机理如图 13-104 和图 13-105。

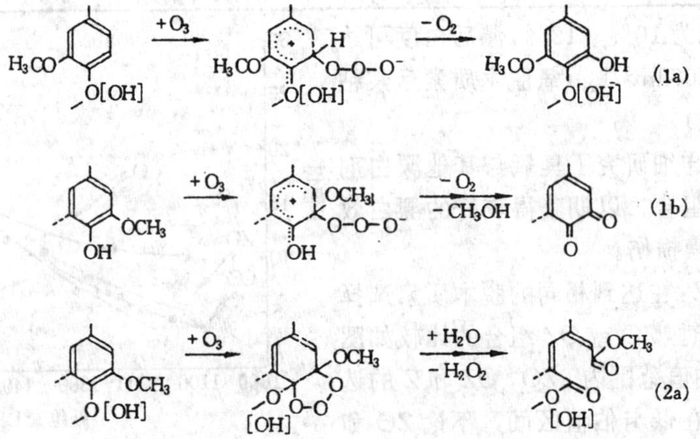

图 13-104 臭氧与芳香核的反应

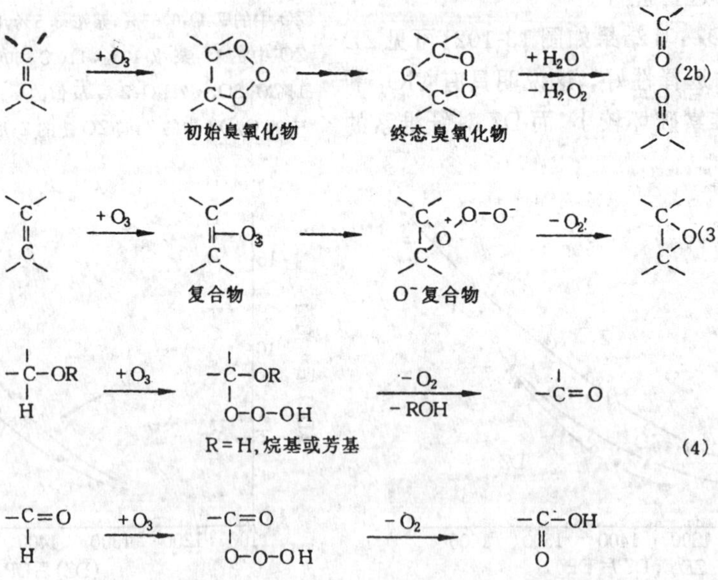

图 13-105 臭氧与脂肪族烯、醇和醚的反应

反应的结果不仅发生氧化羟基化（如图 13-104 中反应 1a），经除去氧而脱除甲氧基，并发生脱 H_2O_2 的 1，3-偶极环化加成反应。研究表明，1，3-偶极环化加成反应，是木质素芳香核和侧链双键结构与臭氧反应的主要反应。

木质素的酚型和非酚型芳香核由于上述的环化加成产物的水解而被氧化开裂，生成粘康酸结构，此反应是正向的。侧链双键结构的断裂比较复杂，可能是“初始臭氧化物”分解生成羰基化合物或羰基氧化物，这些降解产物的再化合生成“终态臭氧化物”，然后经水解生成最终的含羰基的降解产物（醛类、酮类或酸类化合物）。上述反应的通式如图 13-106。

图 13-106 中 R 为脂肪族或芳香族残基，当 A、B 为 H，烷基、芳基或芳氧基时，反应物为烯属化合物，当 A、B 为羟基或甲氧基时，反应物为芳香族化合物，R′=H，烷基或芳基。

(2) 臭氧对碳水化合物的降解：如前所述，臭氧对木质素具有很强的反应性，是个很好的氧化剂。但由于臭氧非常不稳定，在水中则发生分解反应，生成游离基 HO・和 HOO・，这些游离基同时很易与碳水化合物反应而使纸浆粘度下降，强度和得率下降，成为臭氧漂白工业化难题之一。

HO・和 HOO・游离基与碳水化合物的反应机理与 H_2O_2 漂白中的反应相同。

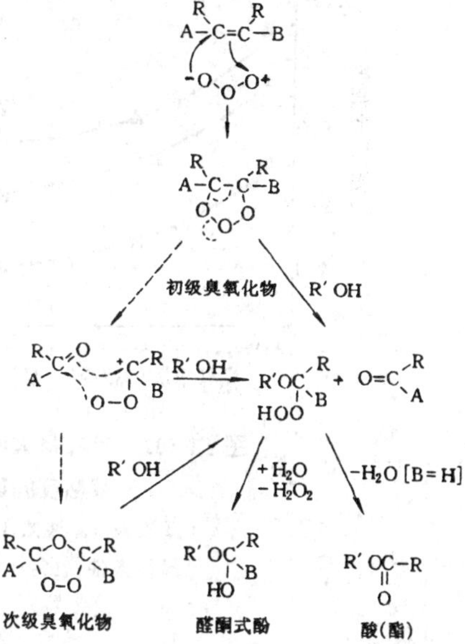

图 13-106　木质素芳香核和双键结构与臭氧反应的通式

为了防止臭氧漂白中碳水化合物的降解，提高臭氧漂白的脱木质素选择性提出了许多办法，如选择适宜的臭氧漂白条件（pH 值、温度和浆浓等），用醋酸或硫酸预洗浆料以除去重金属离子及作为纤维素的润胀剂以增强臭氧对纤维素的润胀。另外，添加某些有机物，如二甲基亚砜（DMSO）、甲醇、草酸等都有效果。Lachenal 和 Lindholm 等发现在臭氧段之前有 ClO_2 存在可以明显改善 O_3 对纤维素的破坏。

9.3　臭氧漂白的工艺参数

如前所述，臭氧是没有选择性的强氧化剂，通过工艺条件的选择，可以改善臭氧漂白中纸浆得率和强度的损失，消除或减轻在工业中采用臭氧漂白的障碍。影响臭氧漂白的因素有 pH 值、浆浓、臭氧用量、温度、臭氧浓度、气体流速和反应时间、无机物和有机物预处理的影响等。

(1) pH 值：是影响臭氧漂白的重要因素，其影响趋势如图 13-107。说明在低 pH 值时，可得到最低的卡伯值和最高的浆粘度和白度。当 O_3 用量为 1.0%，pH 值由 4 降至 2 时，卡伯值可由 6.7 降至 5.5。这主要是由于臭氧在水中的分解速度与 $[OH^-]$ 有关。

$$O_3+OH^- \longrightarrow O_2^- + HOO\cdot$$

$$O_3+HOO\cdot \longrightarrow 2O_2+HO\cdot$$

$$HO\cdot + HOO\cdot \longrightarrow O_2+H_2O$$

因此，臭氧脱木质素应在 pH3 以下进行。

各种酸皆可用于降低 pH 值，如硫酸、醋酸、草酸和二氧化硫水溶液。研究表明，有机酸对 O_3 除去木质素的效果高于无机酸。

(2) 浆浓：浆浓是臭氧漂白最重要的因素。臭氧漂白可以在高浓（浆浓>30%）、中浓（10%～15%）和低浓（<2%）条件下进行。许多研究报告认为浆浓 30%～50%反应效果最好，可以获得比较低的卡伯值和较高的白度（如图 13-108）。但在低浓时臭氧对纤维素的破坏较少，漂白的选择性好。

图 13-109 表明，浆浓 25%～53%时，卡伯值随浆浓的增加而下降，当浆浓>52%后，增

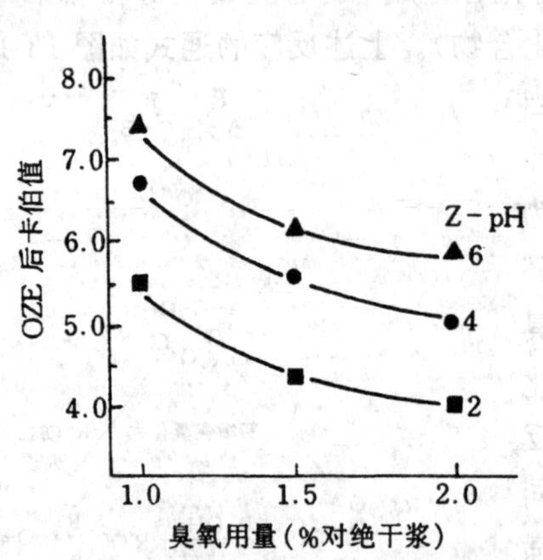

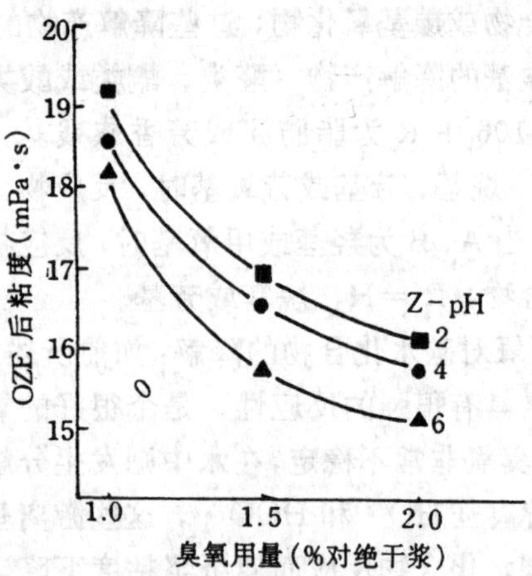

图 13-107 针叶材 KP－氧脱木质素浆臭氧漂白对卡伯值和浆粘度的影响（OZE 后）（$K=17.7$，粘度 23.2mPa·s）

Z 段条件：浆浓 45%，40℃，60～106s

E 段条件：1%～1.5%NaOH，1h，60℃，浆浓 10%

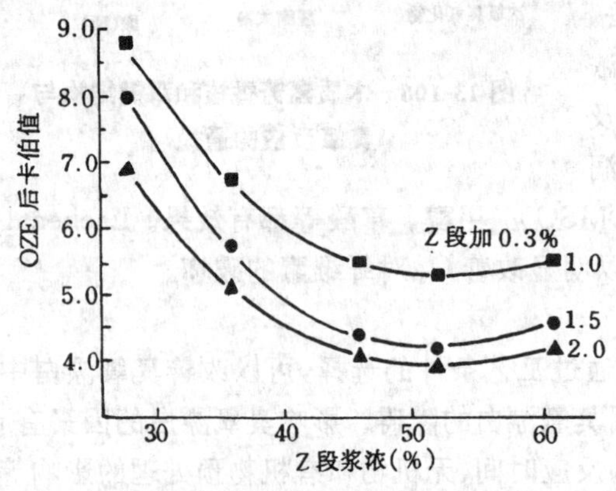

图 13-108 浆浓对 ZE 流程中 Z 段脱木质素及臭氧消耗量的影响

（针叶材 KP-氧脱木质素浆，K 值为 17.7）

加浆浓反而不利。降低单位卡伯值所需的 O_3 量已达最低值。

浆浓对臭氧的消耗率有很大影响，由图 13-109 可见，浆浓达 15%以后，消耗率可达到 90%以上（包括与纸浆、水反应以及分解所消耗的臭氧）。

当有足够反应时间保证臭氧可完全消耗的情况下，纸浆粘度在相同臭氧消耗率时，低浓和中浓漂白较高浓漂白要高，即在低浓情况下纤维素被破坏较少。

由于低浓漂白需要大量净化水，动力消耗也较大，因而在工业中应尽量提高纸浆浓度，但在高浓漂白条件下，浆-O_3 混合困难，O_3 向纤维内部扩散速度缓慢，造成漂白反应不均匀，使纤维素的损伤加剧。由此可见，其最佳选择可能是中浓度漂白，但由于臭氧气体浓度低（3%～8%V/V），且其在水中的溶解度低，浆料液体与气体的体积比很大，所以需要有强剪切力的浆-气体混合器。因在无搅拌情况下，臭氧向反应区的转移主要靠臭氧由气泡通过液层向纤维表面扩散（如图 13-110）。气泡中臭氧浓度最高，而在液相传质过程中浓度逐渐降低。高强度混合器可使浆液产生许多微湍流，形成许多微气泡，接触面加大，臭氧向纤维内部扩散的速度加快。近年来由于中浓技术的进步，许多高剪切强度的浆-液混合器的开发，使中浓臭氧漂白成为可能，同时压缩气体以减少气-液比，并以脉冲方式使臭氧与浆料混合，取得了很好的效果。

（3）臭氧用量：臭氧是非常有效的，同时也是价高的漂白剂，因而其用量也应是有限度的，另外也要考虑减轻碳水化合物降解的要求。

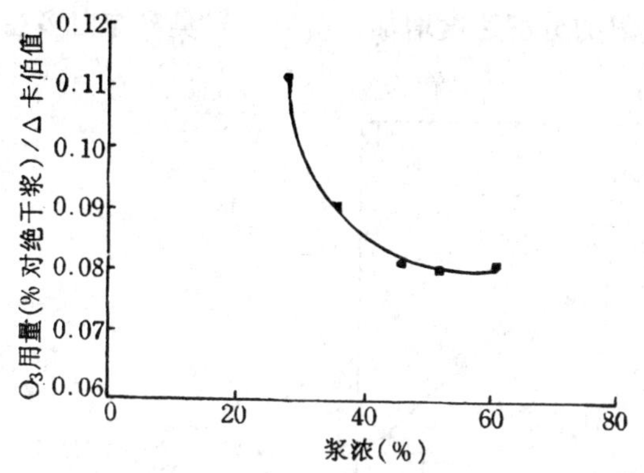

图 13-109　臭氧消耗率与 Z 段浆粘度的关系

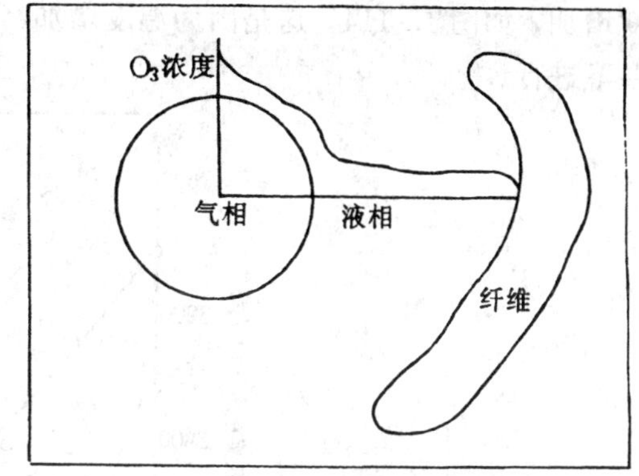

图 13-110　中浓漂白中臭氧在传质时的浓度变化

臭氧的用量随浆种不同及未漂浆卡伯值的不同而异，这是由于残余木质素含量和残余木质素的反应性能不同而造成的（如图 13-111）。研究表明，亚硫酸盐浆的反应速度快于硫酸盐浆，阔叶材浆易于针叶材浆。初始阶段脱木质素速度快于后期（如图 13-112）。

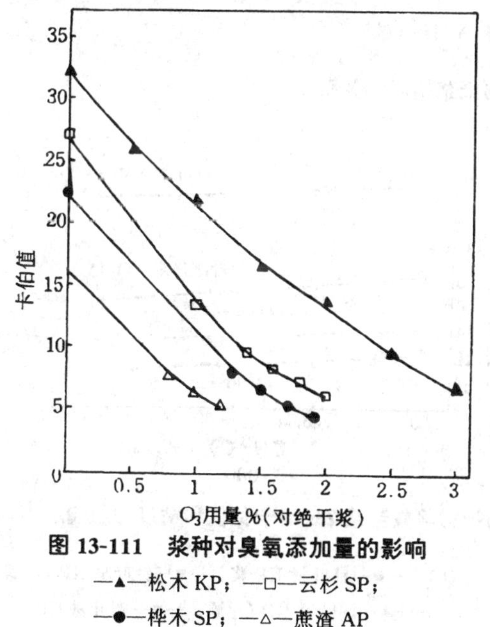

图 13-111　浆种对臭氧添加量的影响

—▲—松木 KP；—□—云杉 SP；

—●—桦木 SP；—△—蔗渣 AP

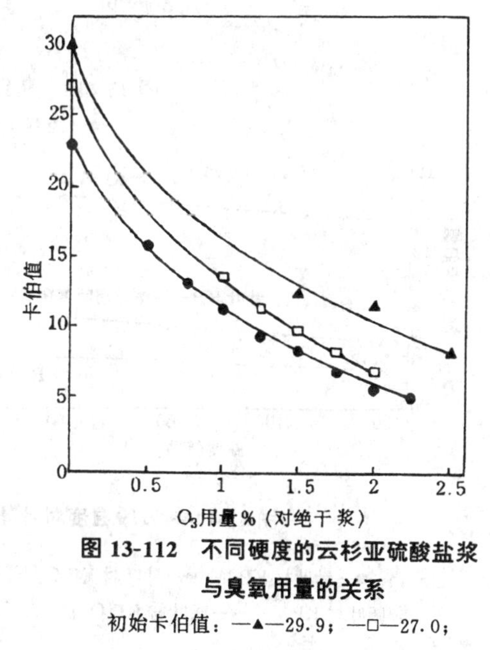

图 13-112　不同硬度的云杉亚硫酸盐浆与臭氧用量的关系

初始卡伯值：—▲—29.9；—□—27.0；

—●—23.0

由于臭氧脱木质素总是伴随着纸浆粘度的大量损失，Patt 等人提出臭氧脱木质素量应不大于 10 个卡伯值，最终卡伯值应不小于 3 或 4。纸浆粘度与臭氧添加量的关系如图 13-113。纸浆的聚合度（DP）的下降与臭氧添加量几乎为直线关系，用硼氢化钠处理后的浆料可将臭氧漂白时生成的羰基还原，减少了纤维素在碱介质中的进一步降解。

另外，在臭氧漂白时添加螯合剂 EDTA、DTPA、或甲醇、尿素等也可减少纤维素的降解。一般情况下，纸浆粘度在一定范围内与纸的强度性质没有明显的关系，如果低于某一限度，强度则下降。Lindholm 提出的界限为 700cm^3/g（CED 后粘度）。因此，一般臭氧用量多控制在 1%左右。

（4）温度：在其他条件不变时，提高臭氧反应温度则脱木质素程度下降，纤维素破坏程度增加，如图 13-114。这是因为温度增加，臭氧的分解速度增加。所以一般臭氧漂白多在室温下进行。

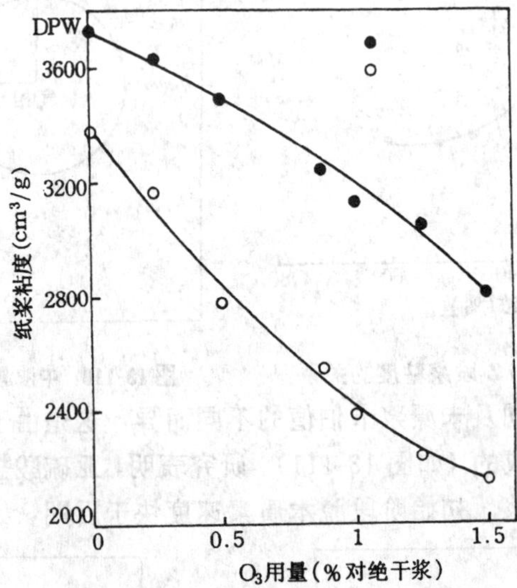

图 13-113 臭氧用量与纸浆粘度的关系

—●—经 $NaBH_4$ 处理；—○—未处理

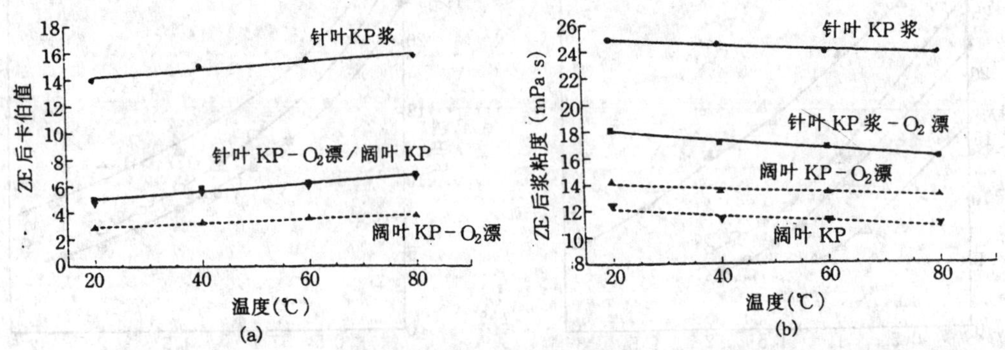

图 13-114 Z 段温度对针叶材和阔叶材硫酸盐浆 ZE 后卡伯值和粘度的影响

(a)：—●—针叶材 KP；—■—针叶材 KP-O_2 漂/阔叶材 KP；－－－阔叶材 KP-O_2 漂

(b)：—●—针叶材 KP 浆；—■—针叶材 KP-O_2 漂；—▲—阔叶材 KP-O_2 漂；—▼—阔叶材 KP

第14章 化学纸浆蒸煮化学药品的回收[287～292]

潘锡五

碱法蒸煮，用烧碱溶液，或烧碱和硫化碱的混合溶液，蒸煮纤维原料，生产化学纸浆，同时，产生碱性黑液。从黑液中回收化学药品，叫做碱回收。亚硫酸盐法蒸煮，用各种盐基和不同 pH 值的亚硫酸盐溶液，蒸煮纤维原料，生产纸浆，同时产生亚硫酸盐废液。从亚硫酸盐废液中回收化学药品，有多种方法，统称为其他化学纸浆蒸煮化学药品回收，或称酸回收。

1 碱回收

1.1 概 述

1.1.1 碱回收的基本意义和内容

碱法蒸煮中植物纤维原料中的纤维物质，离解成为纸浆；另一部分有机物（如木质素、戊聚糖、果胶等）和其他灰分杂质，溶解于碱溶液中，成为含有机物的碱性溶液，或胶体溶液，呈棕黑色，称为黑液。将黑液与纸浆分离并经过一系列的加工过程，把黑液中的碱回收回来，再供制浆蒸煮使用，这个循环过程，在中国造纸工业中，简称为碱回收。纸浆厂的碱回收，与纸浆生产有不可分割的关系。

现在普遍采用的碱回收过程是：从植物纤维原料制浆蒸煮用碱开始，经喷放和洗提，把纸浆洗净，并充分提取黑液，这种黑液的浓度较低，称为稀黑液。稀黑液经蒸发，除去水分，提高浓度，成为浓黑液。硫酸盐法制浆黑液碱回收的浓黑液，将与补充芒硝混合后，供黑液燃烧使用。黑液经过燃烧（黑液中的有机物燃烧），同时释放大量热能，可用以生产蒸汽。黑液中含有的碱和其他无机物，燃烧成为熔融物。熔融物的主要成分是碳酸钠，或碳酸钠与硫化钠的混合物，溶解于水中则成为碳酸钠或碳酸钠与硫化钠的混合溶液。因溶液中含有少量其他杂质，溶液的颜色呈绿色，通常称为绿液。绿液经过净化，并加石灰进行苛化。溶液中的碳酸钠苛化成为氢氧化钠，并产生碳酸钙沉淀，通常称为白泥。把苛化液中的白泥分离出去，取得清净的氢氧化钠溶液，或氢氧化钠与硫化钠的混合溶液，通常称为白液，白液供制浆蒸煮使用。白泥经洗涤脱水后进行煅烧，成为石灰，供苛化使用。这就是碱回收的整体循环过程。图 14-1 简要说明碱回收的整体循环过程。从图 14-1 中可看到，碱回收的整体循环过程包含制浆蒸煮、纸浆洗涤（即黑液提取）、黑液蒸发、黑液燃烧、苛化和石灰回收 6 个部分。此外，有些纸浆厂的碱回收，还设有副产品（如塔罗油、脂肪酸、树脂酸、松节油等）加工工段。在一般情况下，制浆蒸煮和纸浆洗涤与黑液提取，由纸浆厂的制浆部门管理；黑液蒸发、黑液燃烧、苛化、石灰回收以及副产品加工，由碱回收部门管理。必须注意，黑液是碱回收的原料，是在制浆蒸煮过程中与纸浆同时产生，并在纸浆洗涤时得到的。碱回收生产的白液，是蒸煮用药液。白液的数量、质量和成分，也直接影响纸浆生产。碱回收为纸浆生产提供能源、减少污染，有巨大的经济效益和社会效益。这些效益主要在于：①从黑液中回收了制浆蒸煮有用的化学药品，解决了药品的供应，降低了纸浆生产成本；②黑液中的有机物燃烧，释放大量的热能，产生蒸汽，为纸浆生产提供充足的能源；③减少纸浆生产排放的污染物质，基本上解决了纸浆生产的环境保护问题。

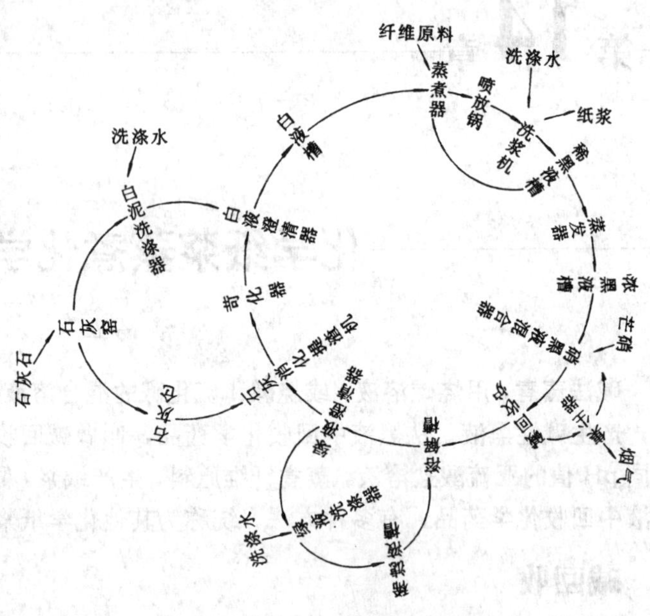

图 14-1 碱回收整体循环过程图

不应消极地把黑液当作有害物质。黑液经过合理回收、加工利用，将成为巨大的物质财富，全世界碱法制浆产生的黑液量（按浓度为 65%的浓黑液计算）约为 2 亿 t/a，在全世界燃料行列中，列第 6 位。全世界碱回收生产的熔融物量约为 0.56 亿 t/a，在全世界无机物产量行列中，列第 6 位，白泥产量约 0.36 亿 t/a，列第 7 位。

碱回收已成为发展造纸工业的重要支柱，是现代纸浆厂不可缺少的组成部分。在纸浆厂的建设费用中，碱回收占有相当大的比重。碱回收建设费用（包括动力系统）占纸浆厂总建设费用的 35%。纸浆生产系统占 55%，全厂土地，公用设施占 10%。在碱回收建设费用中，黑液燃烧系统占 52%，黑液蒸发系统占 36%，苛化和石灰回收占 12%。所以纸浆厂的生产和建设，不能不把碱回收放在重要位置上。

1.1.2 碱回收的历史和展望

1854 年，建成了世界上第一个碱法（当时称为苏打法）木浆厂。10 年后，在碱法木浆厂中，研究开发碱回收技术。1880 年，碱法木浆厂的碱回收，已有由原用反射炉改用转炉的记载，到 20 世纪末，碱回收已有 100 多年的历史了。早期的碱回收包括蒸煮、黑液提取、蒸发、燃烧和苛化的整体循环过程。20 世纪，碱回收的内容增加了石灰回收，其生产工艺得到充实完善；设备得到改进提高；生产规模不断扩大；生产效率（包括碱回收率和能源利用率）显著提高，能够适应日益严格的环境保护要求。

在碱回收的 100 多年发展过程中，以碱回收炉的炉型和碱回收效率作为标志可以分为三个阶段：

第一阶段是在 1920 年以前，其特征是：黑液燃烧由原始的反射炉发展为转炉，黑液蒸发最早是以燃烧煤或木材为热源，用敞口大锅蒸发黑液；后发展用蒸汽为热源，用三效蒸发器蒸发黑液，蒸发器的形式有横管式蒸发器和立式短管蒸发器。纸浆洗涤和黑液提取以及苛化，都采用间断生产方式。由于制浆蒸煮方法发展了硫酸盐法，碱回收工艺增设了熔炉，并用芒硝作为补充碱。第一阶段碱回收的目的，仅是从黑液中回收蒸煮用碱，降低纸浆生产成本，碱回收的能源利用率很低。碱回收的产汽量为 1500kg 蒸汽/t 浆。能源不能自给，按生产 1t 碱计算，需由外部供给热能 5.27～10.47GJ。碱回收率为 60%。

第二阶段是在 1920～1945 年，基本特征是：黑液燃烧的碱回收炉是转炉和固定式黑液喷射炉并存。转炉已发展到成熟定型阶段。同时，也发现转炉的生产能力小、热效率低，维修工作量和劳动强度大，劳动条件差等缺点，不能适应硫酸盐法纸浆生产迅猛发展的需要。

在第二阶段期间，固定式黑液喷射炉已进行开发研究，但热效率提高不多，燃烧的碱飞失较多，碱回收率比转炉低一些。但在生产能力、维修工作量和劳动强度以及劳动条件等方面有明显的优越性。

此阶段中，黑液蒸发已采用立式长管升膜蒸发器（LTV）。效数增加，一般为 4～5 效的多效蒸发器系统，蒸发热利用效率提高。

纸浆洗涤和黑液提取，采用间歇式洗涤罐，也试用连续式转鼓真空洗浆机。

在苛化方面，开发了以沉清器为主体的连续苛化系统。提高了白液的产量、质量，提高了碱回收率和劳动生产率，并增设了石灰回收。

第三阶段是在 1945 年以后。在第三阶段中，固定式黑液喷射炉不断完善已达到成熟阶段，而转炉则被淘汰。由于硫酸盐法纸浆生产的迅速发展，纸浆厂和碱回收的生产规模愈来愈大。固定式黑液喷射炉的生产能力，已达到 1500t/a，为第一台工业化固定式黑液喷射炉生产能力的 15 倍，并发展了各具特色、各种型号的固定式黑液喷射炉。

1960 年后，在节约能源和开发能源形势的推动下，纸浆洗涤和黑液提取更加完善；黑液蒸发和黑液燃烧的热效率进一步提高；碱回收由过去的耗能大户，转变为纸浆厂中的产能大户。

苛化系统发展了多种型式的悬浮液固液相分离设备和高效白泥洗涤脱水设备。改进石灰窑的结构和燃烧方式，石灰回收的能耗显著降低。

在第三阶段，碱回收率达到 93%，生产 1t 硫酸盐木浆的补充芒硝用量在 50kg 以下，碱回收提供的能源除自给外，还可以满足硫酸盐木浆生产的全部需要。纸浆厂和碱回收部分的污染物质排放量可达到环境保护要求的指标。

今后，碱回收将与纸浆生产更加密切地结合在一起，进一步提高效率，提高碱回收系统运行的安全性和可靠性，适应日益严格的环境保护要求，创造更多的经济效益和社会效益。

在今后的一段时期中，碱回收将保持其基本生产工艺过程与设备外，碱回收炉将是低臭的膜式水冷壁和全焊接组装的固定式黑液喷射炉。其规格和生产能力将进一步扩大，燃烧用的黑液浓度和热效率将进一步提高，碱回收系统的能耗减少、运行周期延长、停机及维修时间缩短，生产更加安全。

黑液蒸发将发展成为由预蒸发、主蒸发和增浓蒸发等三部分组成的黑液蒸发系统。板式降膜蒸发器和蒸汽再压缩型蒸发器系统将得到广泛的应用。黑液蒸发与制浆蒸煮相结合，综合利用热能和处理污冷凝水。

苛化系统将发展高效能设备，提高白液浓度和质量；提高白泥干度；提高回收率；降低能耗；石灰回收将采用生物燃料、废木片、锯屑、树皮等可燃物质，减少油、气燃料消耗。

今后，纸浆漂白，化学机械纸浆和半化学纸浆生产的含碱废水，将送到碱回收一并处理，力求减少污染。

1.1.3　其他碱回收方案

20 世纪普遍采用的碱回收方案有强大的生命力和竞争力。但是，也存在着缺点和不足之处，例如：熔融物与水接触爆炸，尚未确切地了解它的机理和防止方法，黑液干固物中的化学能，还没有全部转化为可供生产使用的能源；黑液蒸发仍要消耗大量热能；碱回收和纸浆厂还存在着一定程度的空气污染和水污染，需要结合起来统筹解决；碱回收工艺复杂，建设费用庞大等等，因此，有关方面提出了各种各样的碱回收方案，现选择几种，简要说明如下：

（1）湿热解法：这个方法是把稀黑液在高压（19.62 MPa）和隔绝空气情况下，加热到300℃，黑液中的干固物发生热解反应。它的有机物部分热解为气相和液相的碳氢化合物、二氧化碳以及固相的碳粒子。它的无机物部分反应成为碳酸钠和其他有机酸钠溶液。湿热解反应产物经减温、减压、热交换和冷却后，使三相产物分离。气相和液相碳氢化合物以及固相的碳粒子可以作为燃料。碳酸钠溶液经苛化成为氢氧化钠溶液供蒸煮使用。湿热解产生的有机酸钠不能苛化成为氢氧化钠，故湿热解法的碱回收率不高。同时，湿热解法不能把芒硝还原成硫化钠，还不适于在硫酸盐法纸浆黑液碱回收中应用。

湿热解法的优点是：黑液可不经蒸发，节约大量热能；不产生熔融物，没有熔融物与水接触爆炸的危险；并且，得到许多燃料。现在，湿热解法还存在有许多工程和材料方面的问题，有待解决，因此，未能投入工业生产。

（2）热解-气化法：这种方法的基本内容是把黑液干固物中的有机物部分热解并气化成为气体燃料，作为动力锅炉的燃料。无机物烧成固体的或熔融的碳酸钠溶解于水中，经苛化成氢氧化钠。北美和北欧的造纸科研单位提出了种种热解-气化法碱回收方案。

热解-气化法的优点是可以减少锅炉受热面的污染和结渣，避免因锅炉受热面损漏而引起熔融物与水接触爆炸事故。热解-气化法的热效率低，对硫酸盐法制浆黑液碱回收也不适用。

（3）流化床燃烧炉法：这个方法用流化床燃烧炉燃烧黑液，在流化床燃烧炉后，安装余热锅炉，利用烟气的热量，生产蒸汽。流化床燃烧炉可使用浓度较低的浓黑液，建设费用较少；排出固体碱灰，不会发生熔融物与水接触的爆炸；但热效率低，也不适用于硫酸盐法制浆黑液碱回收。

（4）氧化铁转化法：也译称为免苛化法或直接碱回收法。这种方法把稀黑液蒸发浓缩为浓黑液。浓黑液与三氧化铁混合，送入流化床燃烧炉中燃烧，黑液干固物中的有机物烧成热烟气，无机物中的碱与三氧化铁反应后生成高铁酸盐，再加水分解，产生氢氧化钠溶液和三氧化二铁沉淀，其化学反应式如下：

$$2NaOH + Fe_2O_3 \longrightarrow Na_2Fe_2O_4 + H_2O$$

$$Na_2CO_3 + Fe_2O_3 \longrightarrow Na_2Fe_2O_4 + CO_2$$

$$Na_2Fe_2O_4 + H_2O \longrightarrow 2NaOH + Fe_2O_3$$

把氢氧化钠溶液中的三氧化二铁沉淀分离出去，得到清净的氢氧化钠溶液，供制浆蒸煮使用。分离出来的三氧化铁，又可重复利用。

这个方法不产生熔融物，没有熔融物与水接触爆炸的危险，不产生白泥，不需设置石灰回收，但它的热效率低，不适用于硫酸盐法制浆黑液碱回收。这个方法的一些工程问题，有待解决，现尚未投入工业生产。

（5）湿式氧化法：这个方法把未经蒸发的稀黑液在200℃和9.8MPa压力下，通入氧气，黑液干固物中的有机物氧化成为二氧化碳。无机物中的碱转化成为碳酸钠，经苛化成为氢氧化钠，供蒸煮使用。这个方法没有熔融物与水接触爆炸的危险，但热效率低，不适用于硫酸盐法制浆黑液碱回收，有些工艺问题尚待解决。

（6）碱性硼酸盐法制浆：采用碱性硼酸盐溶液蒸煮植物纤维原料所产生的黑液，经蒸发、燃烧，得到碱性硼酸盐，溶解于水中，成为可供纸浆蒸煮使用的碱性硼酸盐溶液。这个方法改变了制浆蒸煮工艺，取消了碱回收的苛化和石灰回收过程，现正在进行工业性试验。

此外，曾经提出过的一些其他碱回收方案，如电渗析法、反渗透法、超滤等离子法和离子交换法等等，在技术上和经济上，尚未成熟，均在试验研究过程中。

1.2　黑液的物理化学性能

（1）概述：黑液是有机物的碱性溶液或胶态溶液。黑液经蒸发、干燥得到的固态物质，称为黑液干固物。黑液的性状和成分是复杂的。影响黑液性状和成分的因素很多。例如：纤维原料的种类、制浆方法和工艺条件；纸浆品种和得率以及纸浆洗涤和黑液提取的工艺条件等。黑液在贮存过程中还会发生氧化、裂解和缩合等二次反应，使黑液的 pH 值降低，产生气体或沉淀，改变了黑液的原有性状和成分。黑液的性状和成分，直接影响碱回收生产，也是黑液燃烧和黑液蒸发生产操作和设计的基本依据。

在碱回收过程中，需要考虑黑液的物理性状有：黑液的浓度和相对密度、沸点升高、粘度、热容量或比热、导热系数和表面张力等等。需要考虑黑液的化学性质有：黑液干固物的组成、黑液干固物的元素组成、发热量以及黑液的膨化性能。

（2）黑液的浓度和相对密度：浓度是黑液的基本性状，它影响黑液的其他性状。黑液浓度有重量百分浓度和容量浓度两种表示方法。黑液的相对密度与浓度的关系，可用下列公式表示：

$$d_{15℃} = 1 + \frac{0.473B}{1000} \tag{14-1}$$

式中：$d_{15℃}$—— 黑液在温度为 15℃ 时的相对密度；

B —— 黑液的重量百分浓度（%）。

因此，只要测得一定温度下的黑液相对密度，就可以按上述公式求得黑液浓度。在实际工作中，常用波美度（°Be′）计来测定黑液的相对密度。浓美度是液体相对密度的一种特殊表示方法。波美度和相对密度的换算公式如下：

$$°Be'_{15℃} = 144.3 - \frac{144.3}{d_{15℃}} \tag{14-2}$$

式中：$°Be'_{15℃}$——黑液在温度为 15℃时的波美度；

$d_{15℃}$——黑液在温度为 15℃时的相对密度。

测得 15℃温度下的黑液波美度，就可以按下式估计黑液浓度。

$$B = 1.5 \times °Be'_{15℃} \tag{14-3}$$

黑液的相对密度和波美度受温度的影响。温度升高，黑液相对密度和波美度降低，反之则增加。黑液温度对波美度的影响，可用下式表示：

$$°Be'_{15℃} = °Be'_{t℃} + 0.52\ (t - 15) \tag{14-4}$$

式中：$°Be'_{t℃}$——测定温度下的波美度；

t——测定温度。

在实际工作中，常把实验测得的黑液浓度与黑液波美度、相对密度和温度的关系数据列成表格。在测得黑液的波美度和温度数据后，即可从表上找到黑液的浓度。表 14-1 是木浆黑液在 15℃时的波美度、相对密度、浓度对照表。表 14-2 是木浆黑液的温度对波美度影响的数据表。

表 14-1 木浆黑液波美度、相对密度、浓度对照表

波美度（°Be′$_{15℃}$）	相对密度（15℃）	浓度（%）	波美度（°Be′$_{15℃}$）	相对密度（15℃）	浓度（%）
1	1.007 9	1.2	21	1.170 3	28.7
2	1.014 1	2.3	22	1.179 9	30.2
3	1.021 3	3.5	23	1.189 6	31.8
4	1.028 5	4.7	24	1.199 5	33.4
5	1.035 9	5.9	25	1.209 6	35.0
6	1.043 4	7.2	26	1.219 8	36.7
7	1.051 0	8.4	27	1.230 2	38.3
8	1.058 7	9.7	28	1.240 8	39.9
9	1.066 5	11.1	29	1.251 5	41.6
10	1.074 4	12.5	30	1.262 5	43.3
11	1.082 5	13.9	31	1.273 6	45.0
12	1.090 7	15.3	32	1.285 0	46.8
13	1.099 0	16.7	33	1.296 5	48.3
14	1.107 4	18.1	34	1.308 2	50.2
15	1.116 0	19.6	35	1.320 2	51.8
16	1.124 7	21.1	36	1.332 4	53.5
17	1.133 5	22.6	37	1.344 8	55.2
18	1.142 5	24.1	38	1.357 5	57.0
19	1.151 6	25.6	39	1.370 4	58.8
20	1.160 9	27.1	40	1.383 5	60.5

表 14-2 木浆黑液的温度对波美度的影响

不同温度下的波美度（°Be′）																	
15	20	25	30	35	40	45	50	55	60	65	70	75	80	85	90	95	100
1	0.8	0.6	0.4	0.3	0.2	—	—	—	—	—	—	—	—	—	—	—	—
2	1.8	1.6	1.4	1.1	0.9	0.7	0.5	0.2	—	—	—	—	—	—	—	—	—
3	2.8	2.5	2.3	2.0	1.8	1.6	1.3	1.0	0.7	0.3	0	—	—	—	—	—	—
4	3.8	3.5	3.3	3.0	2.7	2.5	2.2	1.9	1.6	1.2	0.8	0.4	0	—	—	—	—
5	4.8	4.5	4.2	4.0	3.7	3.4	3.1	2.8	2.5	2.1	1.7	1.3	0.9	0.5	0	—	—
6	5.7	5.5	5.2	4.9	4.7	4.4	4.1	3.8	3.4	3.1	2.7	2.3	1.9	1.5	1.0	0.5	0
7	6.7	6.5	6.2	5.9	5.6	5.3	5.0	4.7	4.3	4.0	3.6	3.2	2.8	2.4	1.9	1.4	0.8
8	7.7	7.5	7.2	6.9	6.6	6.3	6.0	5.7	5.3	4.9	4.6	4.2	3.8	3.3	2.8	2.3	1.8
9	8.7	8.4	8.2	7.9	7.6	7.3	6.9	6.6	6.3	5.9	5.5	5.1	4.7	4.3	3.8	3.3	2.8
10	9.7	9.4	9.2	8.9	8.6	8.2	7.9	7.6	7.2	6.9	6.5	6.1	5.7	5.3	4.8	4.3	3.8
11	10.7	10.4	10.1	9.8	9.5	9.2	8.9	8.6	8.2	7.9	7.5	7.1	6.7	6.3	5.8	5.3	4.8

（续）

不同温度下的波美度（°Be′）																	
15	20	25	30	35	40	45	50	55	60	65	70	75	80	85	90	95	100
12	11.7	11.4	11.1	10.8	10.5	10.2	9.9	9.6	9.2	8.9	8.5	8.1	7.7	7.3	6.8	6.3	5.8
13	12.7	12.4	12.1	11.8	11.5	11.2	10.9	10.6	10.2	9.8	9.5	9.1	8.7	8.3	7.8	7.3	6.8
14	13.7	13.4	13.1	12.8	12.5	12.2	11.9	11.5	11.2	10.8	10.5	10.1	9.7	9.3	8.8	8.3	7.8
15	14.7	14.4	14.1	13.8	13.5	13.2	12.9	12.5	12.2	11.8	11.5	11.1	10.7	10.3	9.8	9.3	8.8
16	15.7	15.4	15.1	14.8	14.5	14.2	13.9	13.5	13.2	12.9	12.5	12.1	11.7	11.3	10.8	10.4	9.9
17	16.7	16.4	16.1	15.8	15.5	15.2	14.9	14.6	14.2	13.9	13.5	13.1	12.7	12.3	11.9	11.4	11.0
18	17.7	17.4	17.1	16.8	16.5	16.3	15.9	15.6	15.3	14.9	14.6	14.2	13.8	13.4	13.0	12.5	12.1
19	18.7	18.4	18.1	17.9	17.6	17.3	16.9	16.6	16.3	15.9	15.6	15.2	14.8	14.4	14.0	13.5	13.1
20	19.7	19.4	19.1	18.9	18.6	18.3	18.0	17.7	17.3	17.0	16.6	16.3	15.9	15.5	15.1	14.6	14.2
21	20.7	20.4	20.2	19.9	19.6	19.3	19.0	18.7	18.4	18.0	17.7	17.3	16.9	16.5	16.1	15.6	15.2
22	21.7	21.4	21.2	20.9	20.6	20.3	20.0	19.7	19.4	19.0	18.7	18.3	17.9	17.5	17.1	16.7	16.3
23	22.7	22.4	22.2	21.9	21.6	21.3	21.0	20.7	20.4	20.1	19.7	19.4	19.0	18.6	18.2	17.7	17.3
24	23.7	23.4	23.2	22.9	22.7	22.4	22.1	21.8	21.4	21.1	20.8	20.4	20.0	19.6	19.2	18.8	18.4
25	24.7	24.4	24.2	23.9	23.7	23.4	23.1	22.8	22.5	22.1	21.8	21.5	21.1	20.7	20.3	19.8	19.4
26	25.7	25.4	25.2	25.0	24.7	24.4	24.1	23.8	23.5	23.2	22.9	22.5	22.1	21.7	21.3	20.9	20.5
27	26.7	26.4	26.2	26.0	25.7	25.4	25.1	24.8	24.5	24.2	23.9	23.5	23.2	22.8	22.4	22.0	21.5
28	27.7	27.5	27.2	27.0	26.7	26.4	26.2	25.9	25.6	25.2	24.9	24.6	24.2	23.8	23.4	23.0	22.6
29	28.8	28.5	28.3	28.0	27.7	27.5	27.2	26.9	26.6	26.3	26.0	25.6	25.3	24.9	24.5	24.1	23.7
30	29.8	29.5	29.3	29.0	28.8	28.5	28.2	27.9	27.6	27.3	27.0	26.7	26.3	25.9	25.5	25.1	24.7
31	30.8	30.5	30.3	30.0	29.8	29.5	29.2	28.9	28.6	28.3	28.0	27.7	27.4	27.0	26.6	26.2	25.8
32	31.8	31.5	31.3	31.0	30.8	30.5	30.2	30.0	29.7	29.4	29.1	28.7	28.4	28.0	27.6	27.2	26.8
33	32.8	32.5	32.3	32.0	31.8	31.5	31.3	31.0	30.7	30.4	30.1	29.8	29.4	29.1	28.7	28.3	27.9
34	33.8	33.5	33.3	33.1	32.8	32.6	32.3	32.0	31.7	31.4	31.1	30.8	30.5	30.1	29.7	29.3	28.9
35	34.8	34.5	34.3	34.1	33.8	33.6	33.3	33.1	32.8	32.5	32.2	31.8	31.5	31.2	30.8	30.4	30.0
36	35.8	35.6	35.3	35.1	34.9	34.6	34.3	34.1	33.8	33.5	33.2	32.9	32.6	32.2	31.8	31.4	31.0
37	36.8	36.6	36.3	36.1	35.9	35.6	35.4	35.1	34.8	34.5	34.2	33.9	33.6	33.2	32.9	32.5	32.1
38	37.8	37.6	37.3	37.1	36.9	36.6	36.4	36.1	35.8	35.6	35.3	35.0	34.6	34.3	33.9	33.5	33.1
39	38.8	38.6	38.4	38.1	37.9	37.7	37.4	37.1	36.9	36.6	36.3	36.0	35.7	35.3	35.0	34.6	34.2
40	39.8	39.6	39.4	39.2	38.9	38.7	38.4	38.2	37.9	37.6	37.3	37.0	36.7	36.4	36.0	35.7	35.3

纸浆品种、蒸煮工艺和黑液干固物的成分对黑液浓度与波美度和相对密度的关系稍有影响，几种纸浆黑液的浓度与波美度关系的图线如图 14-2。

（3）黑液的沸点升高：黑液中溶解有干固物，因此，在相同压力下，黑液的沸点高于纯水的沸点，两者之差叫做黑液的沸点升高。

黑液的沸点升高，与黑液的浓度有密切关系。黑液的浓度愈高，它的沸点升高数值也愈大，黑液的沸点升高与浓度的关系如图 14-3。

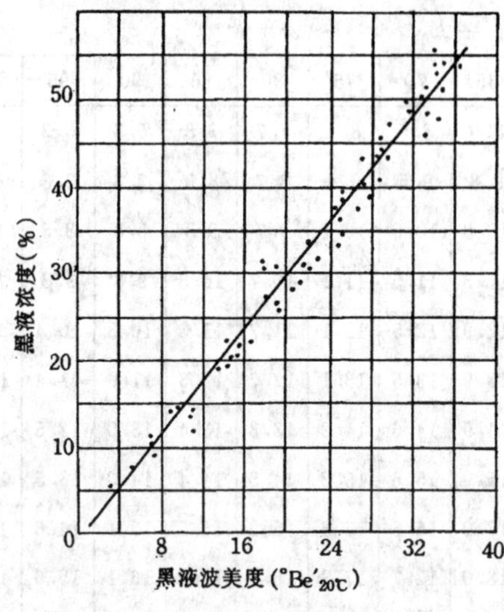

图 14-2 黑液浓度与波美度的关系

图 14-3 黑液的沸点升高与浓度的关系

黑液干固物的成分对黑液的沸点升高稍有影响。黑液干固物含有的无机物成分多些，它的沸点升高数值稍大些。黑液干固物含有的无机物成分对黑液沸点升高的影响如图 14-4。

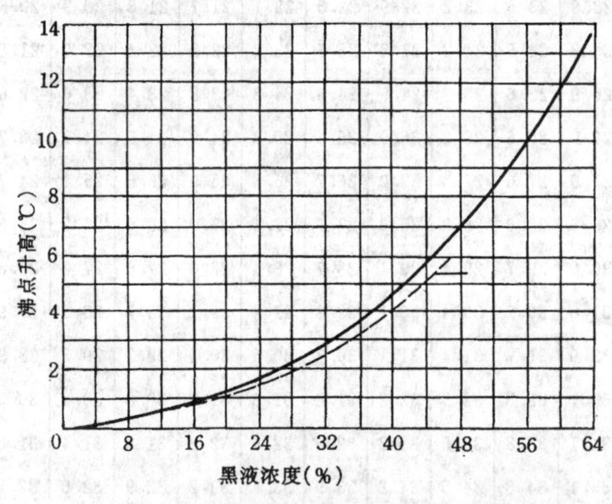

图 14-4 黑液干固物成分对黑液沸点升高的影响

注：(1) 黑液干固物的无机物含量为 47%；(2) 黑液干固物的无机物含量为 33%。黑液的沸点升高，将影响黑液的蒸发工艺和黑液蒸发系统的生产能力。

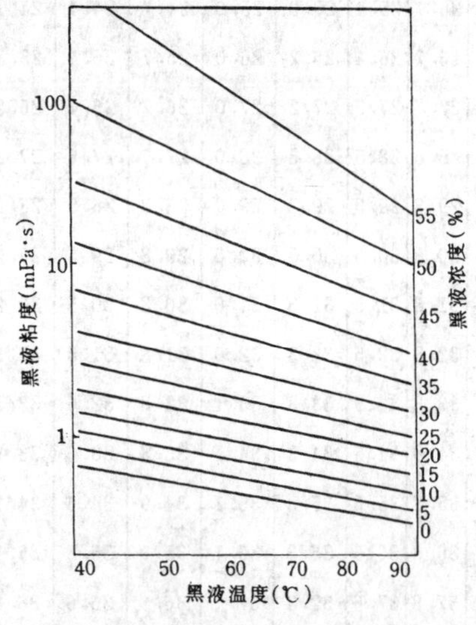

图 14-5 硫酸盐法木浆黑液粘度和浓度、温度的关系

(4) 黑液的粘度：黑液的粘度是黑液的一项重要物理性能，它影响黑液的传热和蒸发速度。黑液的粘度增加，传热速度和蒸发速度降低。

黑液的粘度影响黑液的输送，黑液粘度大，输送时消耗动力多，甚至难以输送。

黑液的粘度影响黑液燃烧过程中喷黑液的平均粒度和粒度分布范围。粘度大，喷成的黑液液滴平均粒度和粒度分布范围大；黑液液滴粒度大，需要较长的蒸发干燥时间，黑液液滴

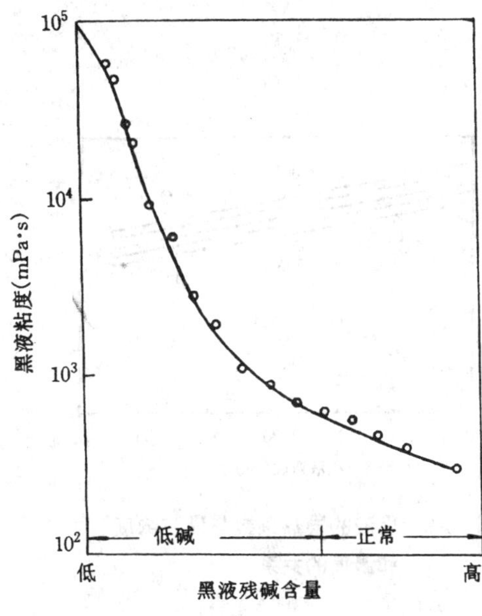

图 14-6　残碱含量对黑液粘度的影响
（黑液浓度 63%；温度 90℃）

粒度分布范围大，会造成较多的飞失。

黑液的粘度因其浓度、温度、成分、纸浆品种及其生产工艺条件的不同而有明显的差异。黑液的浓度增高或温度降低，粘度均会增加。硫酸盐法木浆黑液粘度和浓度、温度的关系如图 14-5。图中黑液浓度为零的一条直线是纯水的粘度与温度的关系图线。

黑液成分影响黑液粘度。黑液的残碱含量对粘度有明显的影响，残碱含量增高，粘度降低。图 14-6 表示黑液残碱含量对粘度的影响。

黑液含有大分子量木质素多，粘度增加。黑液氧化将提高粘度，经过热处理，粘度降低。果胶含量多的纤维原料产生的黑液粘度较大。

高浓度黑液的粘度很高。它将影响喷黑液的液滴粒度。在高温（100℃以上）情况下，黑液的粘度可以降到能够接受的程度。高温黑液的粘度数据见表 14-3。

表 14-3　高温黑液的粘度

温度（℃）	不同浓度的黑液粘度（mPa·s）			
	19.3%	27.5%	43.6%	57%
20	3.0	5.6	60.0	不流动
50	2.5	3.0	15.8	696.3
75	1.8	2.7	6.8	91.3
100	沸腾	沸腾	4.2	28.4
125	—	—	3.0	18.7
150	—	—	沸腾	8.8
175	—	—	—	6.4
200	—	—	—	3.9

（5）黑液的热容量和比热：黑液的热容量和比热是碱回收热平衡计算需用的数据。黑液的热容量和比热，因其浓度和温度不同而有差异。黑液的热容量和比热与黑液浓度和温度的关系如图 14-7。

黑液温度在 25～95℃，它的热容量和比热，可按下列经验公式估算：

$$C_P=0.98-0.52\times\frac{B}{100} \tag{14-5}$$

$$C_P=1.0-(1-C_{PS})\times\frac{B}{100} \tag{14-6}$$

式中：C_P——黑液的热容量和比热〔J/(g·℃)〕；

B——黑液的重量百分浓度（%）；

C_{PS}——黑液干固物的热容量和比热资料，推荐数值为 0.45～0.48。

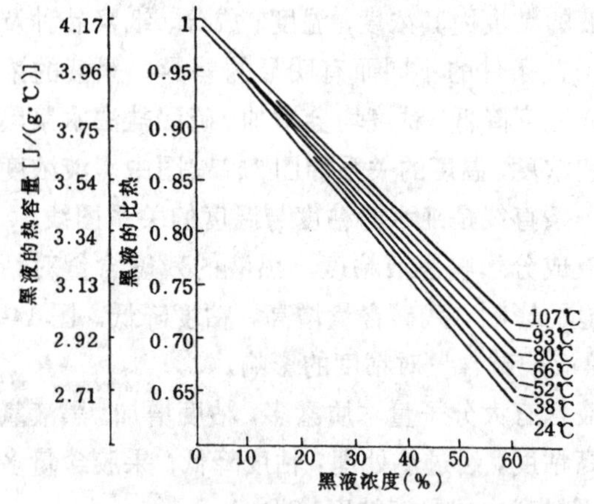

图 14-7 黑液的热容量和比热与黑液浓度和温度的关系

图 14-8 黑液的导热系数与黑液浓度和温度的关系

(6) 黑液的导热系数：黑液的导热系数显示黑液的传热性能。导热系数大，热阻小，传热快。在黑液蒸发和燃烧的热工计算中，将应用黑液导热系数数据。

黑液的导热系数，因黑液浓度和温度不同而有差异。黑液的导热系数与黑液浓度和温度的关系如图 14-8。

(7) 黑液的表面张力：黑液的表面张力与它的泡沫性能和雾化性能有关，表面张力小，容易产生泡沫和雾化成为细小的液滴。

黑液的表面张力与成分、浓度和温度有关，黑液浓度对表面张力的影响如图 14-9。黑液温度对表面张力的影响如图 14-10。

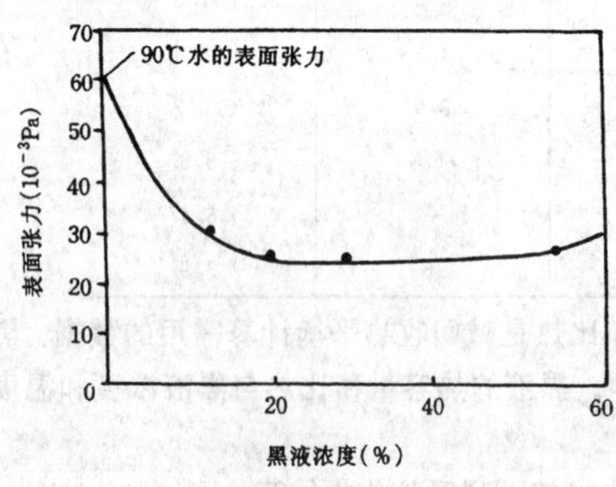

图 14-9 黑液浓度对表面张力的影响（t=90℃）

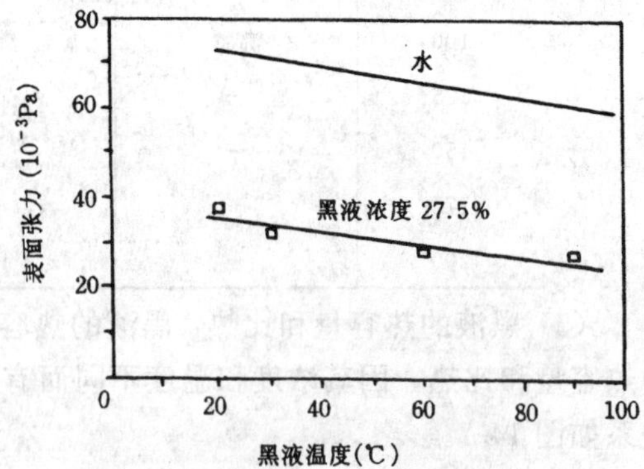

图 14-10 黑液温度对表面张力的影响

黑液中含有硫酸盐皂和浓度低时，它的表面张力小，容易产生泡沫。浓黑液的表面张力影响喷黑液的液滴粒度和粒度分布，未分离硫酸盐皂和已分离硫酸盐皂的黑液的表面张力与黑液浓度和温度的关系，分别如图 14-11 和图 14-12。

(8) 黑液的化学成分：黑液由三种基本组分组成：水分；从植物纤维原料中溶出的有机物（如木质素，多糖类和其他有机物）；制浆蒸煮药液中含有的无机物和植物纤维原料带来的无机物。

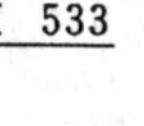

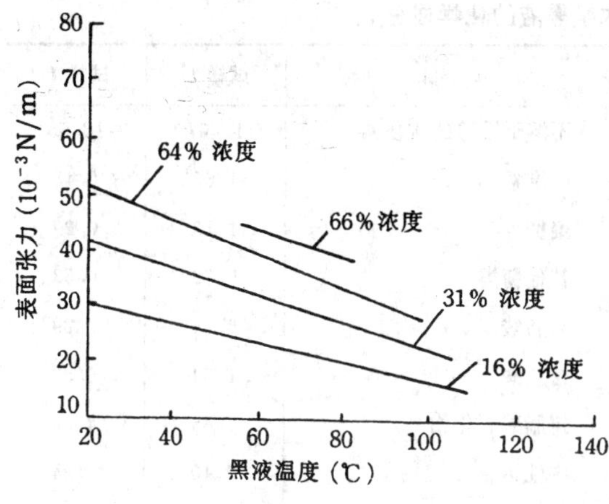

图 14-11 未分离硫酸盐皂的黑液的表面张力与黑液浓度和温度的关系

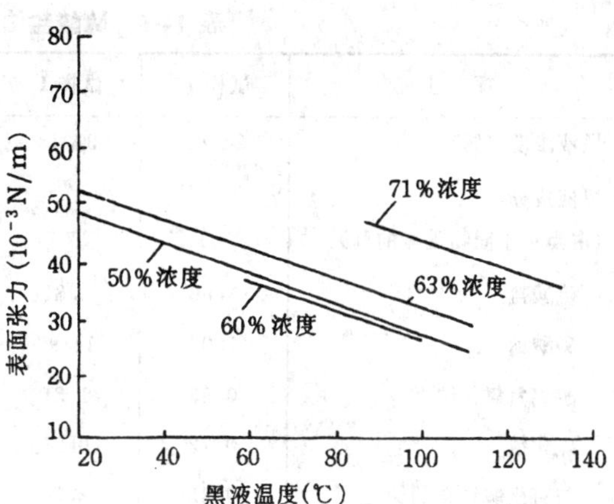

图 14-12 已分离硫酸盐皂的黑液的表面张力与黑液浓度、温度的关系

黑液中的水分蒸发后，剩余的固形物质称之为黑液干固物。黑液干固物由有机物和无机物两部分组成。一般的木浆黑液干固物中，有机物部分占总量的 33%～44%，无机物部分占总量的 56%～67%。无机物部分主要是钠的化合物，还有一些铝、硅、钙的化合物以及很少量的镍、锌、铜、锰、铁、钾和磷等元素的化合物。

黑液的化学成分是复杂、多变的。在分析黑液的化学成分时，必须采集新鲜试样。并应隔绝空气，注意保存。

黑液的分析项目是多种多样的。有些分析方法已有标准，有些分析项目和数据，并不是黑液成分的数据。从这些分析项目、分析方法和分析数据中，可以看到黑液成分的复杂性。现列举几种资料中记载的黑液成分分别见表 14-4 至表 14-8。

表 14-4 木浆黑液的化学成分

项 目	松 树	松 树	云 杉
黑液试样的浓度（%）	17	58	—
黑液成分			
木质素（%）	28.9	30.7	41
半纤维素和糖类（%）	1.14	0.11	—
抽出物（%）	6.69	2.53	—
糖酸（%）	—	—	28
醋酸（%）	3.52	2.08	5
甲酸（%）	4.48	2.70	3
其他有机酸（%）	5.5	2.22	—
甲醇（%）	—	—	1
不知名有机物（%）	19.0	29.5	—
无机盐类	18.6	18.5	3
钠的有机化合物（%）	10.1	10.3	—
不知名无机物（%）	2.08	1.36	—
硫（%）	—	—	3
钠（%）	—	—	16

表 14-5 硫酸盐法木浆黑液的化学成分

项 目	试样Ⅰ	试样Ⅱ	项 目	试样Ⅰ	试样Ⅱ
黑液浓度（%）	24.85	37.48	不溶于甲醇的木质素	11.67	13.55
黑液成分			纤维素	1.65	0.43
（占黑液干固物重量的%）			聚糖	1.13	0.29
硫酸盐	3.66	3.31	其他糖类	0.76	0.53
碳酸钠	7.00	14.97	脂肪酸	0.64	0.29
游离氢氧化钠	0.85	1.31	树脂酸	1.54	0.59
硫化钠	0.72	0.67	树脂酸氧化物	0.85	4.56
与有机酸结合的钠	9.82	8.70	中性树脂	0.40	0.24
溶于甲醇的木质素	16.10	17.56			

表 14-6 硫酸盐木浆黑液干固物的成分分析

项 目	占黑液干固物重量的百分比（%）	1t 风干纸浆产生的重量（kg）	项 目	占黑液干固物重量的百分比（%）	1t 风干纸浆产生的重量（kg）
有机物			与有机物结合的 NaOH（%）	23.4	292.0
碳 C	42.0	525.0	Na_2S（%）	1.6	20.0
氢 H	5.0	63.0	Na_2CO_3（%）	4.0	50.0
氧 O	20.0	25.0	Na_2SO_4（%）	1.0	12.5
有机硫化物的硫 S	1.6	20.0	无机物总计（%）	31.4	392.0
有机物总计（%）	68.6	633.0	合 计	100.0	1 025.0
无机物					
游离 NaOH（%）	1.4	17.5			

表 14-7 中国硫酸盐法木浆黑液的成分分析

项 目	红 松	马尾松	落叶松	项 目	红 松	马尾松	落叶松
黑液试样的波美度	12	7.5	10.2	总还原物	7.43	2.78	1.72
（$°Be'_{20℃}$）				Na_2S	6.88	2.08	0.93
下列成分的浓度（g/L）				Na_2SO_3	0.02	0.35	0.05
黑液干固物	187.20	112.5	137.50	$Na_2S_2O_3$	2.16	1.96	3.08
有机物	133.70	79.20	95.00	Na_2SO_4	3.44	2.02	1.41
无机物	53.50	33.40	42.30	总 硫	5.40	3.26	3.45
有效碱	7.07	4.03	6.85	总 钠	40.80	25.70	32.00
SiO_2	0.40	0.25	0.80	木质素	54.72	29.39	41.68
总 碱	37.10	22.50	29.70	挥发酸	10.50	9.00	10.90

表 14-8 中国硫酸盐木浆黑液干固物的成分分析

项 目	红 松	马尾松	落叶松	项 目	红 松	马尾松	落叶松
黑液试样的波美度（°$Be'_{20℃}$）	12.0	7.5	10.2	有机物：无机物	2.5	2.37	2.26
黑液试样的浓度（%）	17.18	10.63	12.80	下列分析项目占有机物重量			
下列分析项目占黑液干固物				的百分比（%）			
重量的百分比（%）				木质素	41.00	37.00	43.90
有机物	71.49	70.33	69.22	挥发酸	7.84	11.35	11.48
木质素	29.20	26.18	30.40	其 他	51.16	51.62	44.62
挥发酸	5.61	8.00	7.95	下列分析项目占无机物重量			
无机物	28.51	29.67	30.78	的百分比（%）			
总 钠	21.80	22.80	23.20	总 碱	89.60	87.00	90.60
总 硫	3.88	2.90	2.51	Na_2SO_4	3.64	2.25	1.89
总 碱	25.60	25.80	22.08	SiO_2	0.75	0.75	1.89
Na_2SO_4	1.84	1.79	1.03	其 他	6.10	10.00	7.51
SiO_2	0.21	0.22	0.58				

（9）黑液干固物的元素分析和发热量：黑液干固物的元素分析和发热量是黑液燃烧的基本性能，是黑液燃烧设计和运行不可缺少的重要数据。

硫酸盐木浆黑液干固物的元素分析数据如下：

C（%） 39.7～41.3

H（%） 3.9～4.1

S（%） 4.2～5.5

O（%） 33.7～35.3

Na（%） 18.5～23.6

惰性物（%） 0.2

由于原料树种不同，制浆蒸煮工艺条件不同，元素分析数据也将有些变化。例如，提高蒸煮药液的硫化度，黑液干固物元素分析的 S 含量将有所增加。烧碱法木材制浆蒸煮药液的硫化度为 0，烧碱法木浆黑液干固物元素分析的 S 含量也将为 0。

黑液干固物的发热量是用氧弹发热量计来测定的，因此，称为黑液干固物的氧弹发热量。黑液干固物在氧弹发热量计中的燃烧产物与在碱回收炉中的燃烧产物不同，黑液干固物在氧弹发热量计中燃烧释放较多的热量，在进行碱回收炉的热工计算时应加校正。

硫酸盐木浆黑液干固物的氧弹发热量大致为 14～15.4MJ/kg。

6 种硫酸盐法纸浆黑液干固物的元素分析和发热量数据，见表 14-9。4 个工厂的硫酸盐

表 14-9 6 种硫酸盐法纸浆黑液干固物的元素分析和发热量

原 料	C（%）	H（%）	S（%）	Na（%）	SiO_2（%）	O 及其他（%）	发热量（MJ/kg）
松	39.7	3.9	4.2	18.3	—	33.7	15.70
桦	38.3	3.7	3.8	18.5	—	35.7	15.06
麦 草	36.1	3.8	5.4	16.5	0.4	37.8	12.77
苇	33.8	3.5	3.0	19.7	3.1	36.9	12.49
桉	36.1	3.7	3.2	16.3	—	40.7	15.28
冷 杉	37.3	3.9	4.4	18.4	—	36.0	15.66

法木浆黑液干固物的元素分析、综合分析和发热量数据，见表14-10。4种中国硫酸盐马尾松木浆黑液干固物的元素分析和发热量数据，见表14-11。

表14-10 4个工厂的硫酸盐法木浆黑液干固物的元素分析、综合分析和发热量

组 分	C厂	C厂	G厂	G厂	H厂	Ke厂
	阔叶材	针叶材	阔叶材	针叶材	阔叶材	阔叶材
700℃灰分（%）	50.3	47.9	55.8	44.8	51.8	48.9
C（%）	32.8	35.8	30.5	37.8	33.3	33.4
H（%）	3.3	3.5	3.4	4.2	3.6	3.9
N（%）	0.2	0.1	0.2	0.2	0.2	0.1
S（%）	4.1	4.1	6.4	4.8	5.44	4.4
Na（%）	20.7	19.9	21.0	17.9	19.9	20.7
K（%）	—	1.1	1.1	1.2	1.5	1.7
Ca（%）	—	0.006	0.002	0.007	0.02	0.01
Cl（%）	—	0.2	0.7	2.9	0.6	0.25
Si（%）	—	0.003	0.05	0.04	0.03	0.08
NaHS（%）	4.3	5.3	4.2	5.5	3.8	3.2
NaOH（%）	1.8	6.3	2.0	4.3	3.0	2.4
Na_2SO_4（%）	—	2.3	—	2.3	5.8	3.4
Na_2CO_3（%）	12.5	8.0	12.3	5.1	8.9	10.0
有效碱（E.A.）（%）	4.9	10.0	5.0	8.2	5.7	4.7
发热量（MJ/kg）	—	14.1	11.9	15.4	13.2	13.2
塔罗油（%）	0.26	—	0.22	0.45	0.88	1.6
木质素（%）	36.0	—	31.2	—	29.7	33.7
羰基（%）	9.4	—	8.7	—	7.8	—
LCC（%）	11	7	10	9	13	—
聚醣（%）	5.0	2.8	3.6	2.2	1.6	—
大分子木质素（%）	5.0	—	5	11	4	3
TGA						
转化温度（℃）	789	757	785	740	801	781
着火点损失（%）	16.8	18.8	16.4	23.4	23.5	15.5
着火前损失（%）	25.0	23.7	20.1	24.6	24.5	23.2
粘度（mPa·s）	430	365	215	200	230	90

表14-11 4种中国硫酸盐法马尾松木浆黑液干固物的元素分析和发热量

纸浆品种	C（%）	Na（%）	S（%）	O_2（%）	H（%）	其他（%）	发热量（MJ/kg）
马尾松木浆Ⅰ	38.4	20.0	3.0	34.4	3.8	0.4	15.4
马尾松木浆Ⅱ	38.4	20.0	1.8	33.2	3.8	0.4	15.4
马尾松木浆Ⅲ	42.1	16.9	2.8	33.6	4.3	0.2	16.5
马尾松木浆Ⅳ	38.3	18.5	3.8	35.7	3.8	9.0	14.72

（10）黑液的膨化性能：黑液或黑液液滴在700～800℃高温下，蒸发、干燥、热解、产生挥发性物，体积膨胀、成为多孔的黑灰，这就是黑液的膨化。膨化性大的黑液，其黑灰容

易燃烧；膨化性小的黑液，其黑灰难以燃烧。影响黑液膨化性的因素很多，如植物纤维原料的品种、制浆蒸煮工艺条件、黑液的浓度、粘度和化学成分等等。黑液膨化性的测定方法，还没有标准化。一种是坩锅测定法。在一定容积的坩锅中注入一定容积的黑液，放在 700～800℃高温炉中使黑液蒸发干燥并转变成为黑灰。测定黑灰的体积并与原来的黑液体积相比，得到黑液的膨化系数 SVI 值，各种黑液的膨化系数见表 14-12。

表 14-12　多种黑液的膨化系数

黑液种类	膨化系数 SVI	备注
硫酸盐法木浆黑液	35.63	针叶材 85%，阔叶材 15%
硫酸盐法针叶材木浆黑液	31.84	燃烧时不用辅助燃料
硫酸盐法桉木浆黑液	4.0～3.0	燃烧时难以不用辅助燃料
硫酸盐法 80%桉木、15%针叶材、5%其他树种木浆黑液	9.81	如加 20%针叶材可不用辅助燃料
硫酸盐法 61%桉木、39%其他树种木浆黑液	19.83	
硫酸盐法红松木浆黑液	13.10	
硫酸盐法落叶松木浆黑液	17.05	
硫酸盐法西伯利亚落叶松木浆黑液	14.99	
硫酸盐法绿柏木浆黑液	10.04	
硫酸盐法北美黄杉木浆黑液	22.44	
硫酸盐法铁杉木浆黑液	18.07	
硫酸盐法甘蔗渣浆黑液	4.0～6.0	
硫酸盐法竹浆黑液	5.0	

另一种方法是液滴照相投影测定法。取一滴浓黑液液滴，液滴直径为 1.5mm，浓度为 60%，放在 700～800℃高温空气中，用照相投影测定液滴体积的变化和达到的最大体积。液滴膨化得到的最大体积与原有体积之比，得到这种黑液的膨化系数，各种木浆黑液的膨化系数如图 14-13。

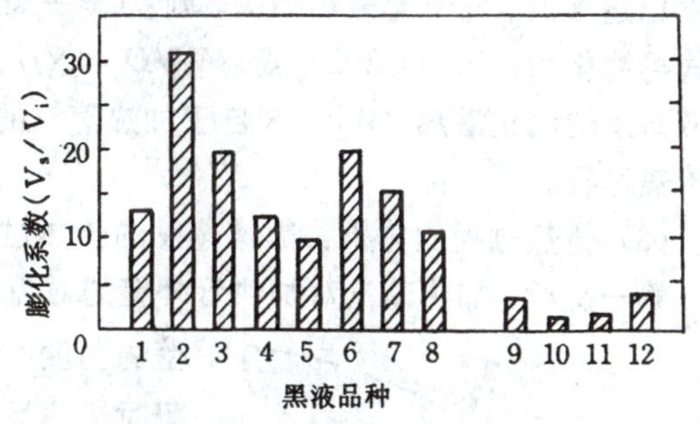

图 14-13　各种木浆黑液的膨化系数

1. 硫酸盐法松木浆黑液；2. 硫酸盐法松木浆黑液；3. 硫酸盐法桦木浆黑液；4. 硫酸盐法松木浆黑液；5. 硫酸盐法桦木浆黑液；6. 硫酸盐法松木浆黑液；7. 硫酸盐法红柏木浆黑液；8. 硫酸盐法桉木浆黑液；9. Na_2SO_3 (Na-SQ) 法木浆黑液；10. Na_2SO_3 (NSSC) 法木浆黑液；11. Na_2SO_3 (Rauma) 法木浆黑液；12. Na_2SO_3 法木浆黑液

自从 1980 年以来，关于黑液物理化学性状的研究，积累了一批成果，得到较大的进展。对碱回收的生产建设，提供了很多帮助。但是，黑液的物理化学性状十分复杂，各种性状之间的相互关系及其对碱回收生产操作的影响，多数是定性的概念，缺乏定量的联系，还有待进一步探讨。

1.3　黑液蒸发

黑液蒸发的目的是将提取得到的稀黑液（干固物浓度为 10%～15%）通过蒸发装置浓缩至可供燃烧的浓黑液（干固物浓度为 60%～65%）。蒸发方式有间接蒸发和直接蒸发两种，前者采用饱和水蒸气作为载热体，通过管壁或板壁间接加热黑液；后者采用碱回收炉的尾部烟气作为载热体，直接与黑液接触加热。

1.3.1 蒸发原理

(1) 黑液蒸发的基本条件：广义上说，黑液蒸发是指黑液中水分汽化的过程。汽化可在黑液沸点（即沸腾状态）时进行（称为蒸发），也可在黑液沸点以下的温度时进行。前者由于水分的蒸汽压达到最大值，其汽化速率远大于后者。黑液蒸发必须具备两个基本条件：第一，不断向黑液供给足够的热量，以保持黑液在沸腾状态下蒸发；第二，不断排除二次蒸汽，以降低空间中水蒸气分压。据此，蒸发设备应包括加热室和分离室两个基本部分，前者设有列管或板式加热器，以不断加热黑液；后者设有汽液分离器，以不断排除二次蒸汽。

设 W 为黑液蒸发量（kg/h），S 为黑液流量（kg/h）、B_0 和 B_1 分别为黑液蒸发前后的干固物浓度（%），则黑液蒸发的物料平衡方程式如下：

$$SB_0 = (S - W)B_1 \quad 或 \quad W = S(1 - B_0/B_1) \tag{14-7}$$

(2) 黑液蒸发的实质：加热蒸汽的热量主要供给黑液沸腾时的汽化潜热，其次供给黑液加热至沸点和补偿热损失的热量。设 D 为加热蒸汽消耗量（kg/h）、C 为进效黑液比热 [MJ/(kg·℃)]、t_0 和 t 分别为黑液初温和沸点（℃）、Q 和 T 分别为冷凝水和加热蒸汽的温度（℃）、I 和 i 分别为加热蒸汽和二次蒸汽的热含量（kJ/kg）、R 和 r 分别为加热蒸汽和二次蒸汽的汽化潜热（MJ/kg）、q 为散失热量（MJ/h）、S 和 W 分别为进效黑液的流量和蒸发量（kg/h），则黑液蒸发的热平衡方程式如下：

$$DI+SCt_0=Wi+(S_c-W)t+DQ+q'$$

或

$$D(I-Q)=W(i-t)+S_c(t-t_0)+q' \tag{14-8}$$

为了说明黑液蒸发实质，假定加热蒸汽和二次蒸汽分别在冷凝温度时排出、黑液进效时温度已达沸点、同时无散热损失，则：$(I-Q)=R,(i-t)=r,t_0=t,q'=0$。这时，热量衡算式可简化为：$DR=Wr$ 或 $W/D=R/r$。W/D 称为蒸发效率（kg水/kg汽）。由此看出，黑液蒸发的汽化潜热（Wr）来自于加热蒸汽的冷凝潜热（DR），所以，黑液蒸发的实质是一个传热过程。

(3) 传热过程的分析：黑液蒸发的传热过程如图14-14，大致上包括3个阶段：

第一阶段：加热蒸汽对加热管外壁的对流给热。设 T 和 t_1 分别为加热蒸汽和受热后管外壁的温度（℃）、F_1 为管外壁表面积（m²）、α_1 为加热蒸汽冷凝时给热系数 [MJ/(m²·h·℃)]、q_1 为给热速率（MJ/h），则该段的给热速率方程式如下：

$$q_1=\alpha_1 F_1(T-t_1)=\frac{T-t_1}{\dfrac{1}{\alpha_1 F_1}} \tag{14-9}$$

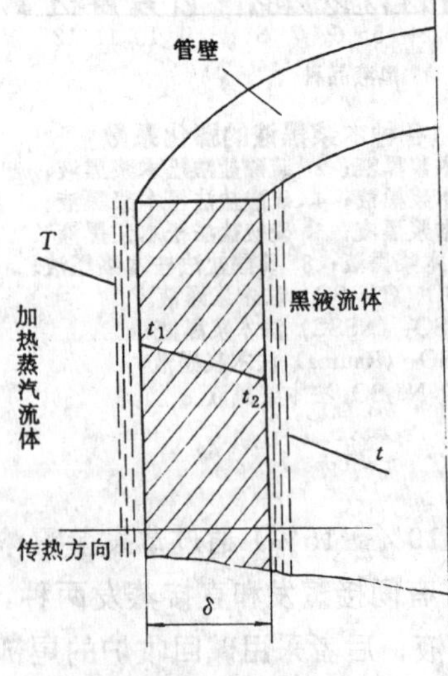

图14-14 传热过程示意

第二阶段：管外壁对内壁的导热。设 t_2 为受热后管内壁温度（℃）、δ 为管壁厚度（m）、F 为管内外壁平均面积（m²）、λ 为管材导热系数 [MJ/(m·h·℃)]、q_2 为导热速率（MJ/h），则该段的导热速率方程式如下：

$$q_2=\frac{\lambda}{\delta}F(t_1-t_2)=\frac{t_1-t_2}{\dfrac{\delta}{\lambda F}} \tag{14-10}$$

第三阶段：管内壁对黑液流体的对流给热。设 F_2 为管内壁表面积（m²）、t 为黑液沸点（℃）、α_2 为黑液沸点时给

热系数 [MJ/（m^2·h·℃）]、q_3 为给热速率（MJ/h），则该段的给热速率方程式如下：

$$q_3=\alpha_2F_2\ (t_2-t)\ =\frac{t_2-t_1}{\frac{1}{\alpha_2F_2}} \tag{14-11}$$

由于黑液蒸发的传热过程是在稳定情况下进行，总的传热速率 q（MJ/h）应等于各个阶段的传热速率，即：

$$q=\frac{T-t_1}{\frac{1}{\alpha_1F_1}}=\frac{t_1-t_2}{\frac{\delta}{\lambda F}}=\frac{t_2-t}{\frac{1}{\alpha_2F_2}} \tag{14-12}$$

则

$$q=\frac{F\ (T-t)}{\frac{F}{\alpha_1F_1}+\frac{\delta}{\lambda}+\frac{F}{\alpha_2F_2}} \tag{14-13}$$

由于加热管壁较薄，可近似认为 $F_1=F=F_2$；又由于在饱和蒸汽压力下 T 和 t 均不变，设 $T-t=\Delta t$，则可得下式：

$$q=\frac{F\Delta t}{\frac{1}{\alpha_1}+\frac{\delta}{\lambda}+\frac{1}{\alpha_2}} \tag{14-14}$$

设

$$K=\frac{1}{\frac{1}{\alpha_1}+\frac{\delta}{\lambda}+\frac{1}{\alpha_2}}$$

则

$$q=KF\Delta t\quad (\text{kJ/h}) \tag{14-15}$$

上式称为传热基本方程式，又称为传热速率方程式。它表达了黑液蒸发的一个完整的传热过程，也反映了蒸发能力的大小。式中，Δt 为有效温度差（℃），是传热过程的推动力；F 为传热面积（m^2），由工艺设备设计时确定；K 为传热系数 [MJ/（m^2·h·℃）]，K 的倒数值（$1/K$）称为传热过程的总热阻。

蒸发器运行一段时间后，加热管的内外壁都会结垢。设 δ_1 和 δ_2 分别为外壁和内壁的垢层厚度（m）、λ_1 和 λ_2 分别为外垢层和内垢层的导热系数 [MJ/（m·h·℃）]，则传热过程的总热阻应表达如下：

$$\frac{1}{K}=\frac{1}{\alpha_1}+\frac{\delta_1}{\lambda_1}+\frac{\delta}{\lambda}+\frac{\delta_2}{\lambda_2}+\frac{1}{\alpha_2} \tag{14-16}$$

式中：$1/\alpha_1$——蒸汽冷凝的热阻。α_1 值一般为 16.68～6.27MJ/（m^2·h·℃）；

δ/λ——管壁的热阻。由于管壁较薄（约 2.5～3.5mm）和钢材导热系数较大 [约 40MJ/（m·h·℃）]，该热阻很小，可略而不计；

δ_1/λ_1、δ_2/λ_2——分别为管垢的热阻。由于垢层导热系数很小 [6.27～10.45kJ/（m·h·℃）]，热阻很大，所以应设法防止并定期清垢。

$1/\alpha_2$——黑液沸腾的热阻。α_2 值一般小于 6.27MJ/（m^2·h·℃）。

蒸发器如管壁无垢层并不计管壁热阻，则总热阻表达式可简化如下：

$$\frac{1}{K}=\frac{1}{\alpha_1}+\frac{1}{\alpha_2}$$

由于 α_2 远小于 α_1 值，可近似认为 $K\approx\alpha_2$。此式说明了影响 K 值的主要因素是黑液沸腾时的给热系数 α_2 值。然而，影响 α_2 值的因素很多，但其中最主要的因素是传热管壁面与黑液之间的温度差（t_2-t）。这个温度差的大小会引起不同形式的沸腾。当温差增大至一定值时，黑液在传热壁面呈现"泡核沸腾"即形成以汽泡为核心的强烈对流沸腾，α_2 值达到最大值；当温差增大超过临界值时，传热壁面上呈现"液膜沸腾"即汽泡连成一层汽膜的对流沸腾，由于汽膜导热阻力大，α_2 值有所下降。据此，黑液蒸发应尽可能保持在泡核沸腾状态下进行。

(4) 蒸发强度：从传热速率方程式可知，Δt 值越大，q 值越高。提高 Δt 值可采取两项措施：①提高加热蒸汽温度；②降低黑液沸点。前者由于浓黑液温度超过120℃时易发生缩合结垢，加热蒸汽温度的提高受到一定的限制，所以，生产中主要通过后者的措施来提高。

黑液沸点随着与之接触的空间压强减小而降低，据此，黑液蒸发均采用多效真空蒸发系统。即新蒸汽作为第一效蒸发器加热室的加热蒸汽，其分离室产生的二次蒸汽作为下一效加热室的加热蒸汽，以此类推，最后一效分离室的二次蒸汽进入抽真空的冷凝系统。各效分离室由于其二次蒸汽都被下一效加热室所冷凝，压强逐效降低，黑液沸点也逐效降低。这样，新蒸汽温度与末效黑液沸点之差即蒸发系统的总有效温差（Δt 值）增大了，从而提高了总传热量（q 值），增加了蒸发量即蒸发强度。蒸发效率随着蒸发效数的增多而提高，见表14-13。但是，随着蒸发效数的增多，设备和建筑的费用加大，所以，蒸发效数的确定必须综合考虑，一般认为大中型厂以六效或五效、中小型厂以四效或三效为宜。

表14-13 不同效数蒸发的经济效果

蒸发效数	蒸发1kg水所需的消耗量（kg）	
	新蒸汽	冷却水
三	0.37～0.40	7.5
四	0.30～0.33	5.6
五	0.24～0.26	4.5
六	0.19～0.21	3.7

1.3.2 蒸发器及其辅助设备

1.3.2.1 蒸发器

蒸发器按黑液流动方式，可分为自然循环、强制循环和液膜流动三大类型。

(1) 自然循环蒸发器：这类蒸发器有循环管在器内的内循环式和在器外的外循环式（如图14-15）两种型式。其工作原理都是基于加热管和循环管内的黑液因重度随温度差异而不同，产生了自然循环。为有利于黑液循环，加热管一般较短（2～3m）。这类蒸发器虽动力消耗低，但由于黑液流速慢，传热系数低，目前新建的蒸发站已很少使用。

(2) 强制循环蒸发器：这类蒸发器有分离室在加热室之上和之外（如图14-16）两种型式，其工作原理都是基于循环泵的动力使黑液强制循环。这类蒸发器由于黑液流速快，传热系数较高，并且适用于高浓黑液的蒸发，可作为蒸发系统的黑液增浓器使用，但动力消耗大。

(3) 液膜蒸发器：这类蒸发器按加热器的结构分为管式和板式两种型式；按液膜的流向又有升膜、降膜和升降膜的区别。兹将常用的型式分述如下：

①管式液膜蒸发器：这种型式的加热管有单程（升膜）、双程（升、降膜）和三程（升、降膜）三种排列；其长度一般为7m（长管式）。长管式升膜蒸发器又有分离室在上（如图14-17）和在外（如图14-18）两种结构，其工作原理如图14-19。接近沸点的黑液由蒸发器底部进入加热管后经历三个流动区域：预热区，黑液呈液相流动，传热系数不高；沸腾区，黑液超过约管长1/4液位时开始呈泡状流动（即液相中产生许多分散的小泡），接着呈柱塞流动

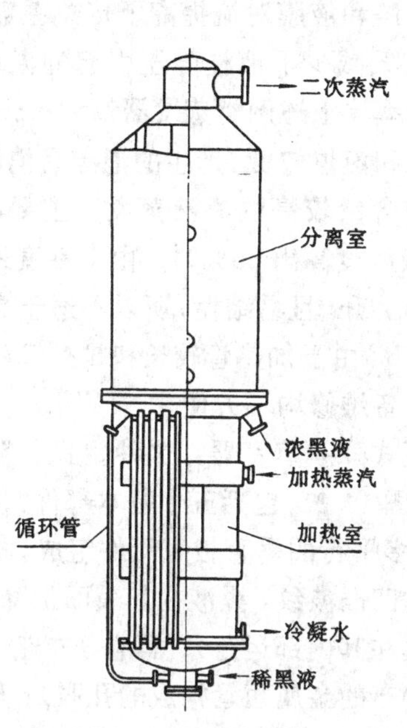

图 14-15　外循环式自然循环蒸发器

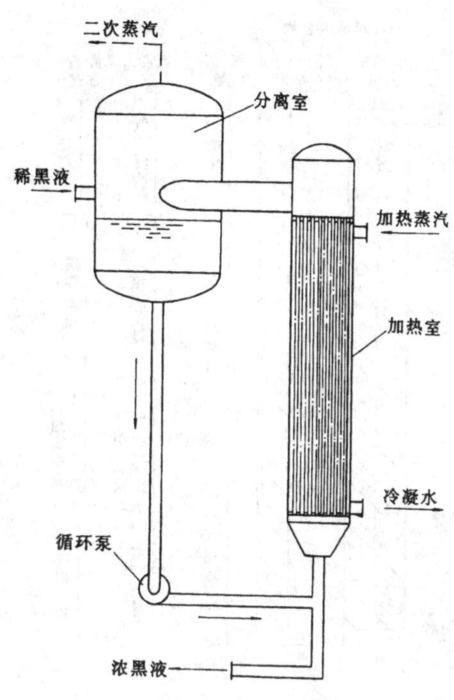

图 14-16　分离室在外的强制循环蒸发器

(即小泡汇成大泡并形成汽塞和液塞交错流动)，然后呈液膜流动（即大泡破裂并形成高速上升的气流使黑液沿着管壁迅速向上拉成液膜)，传热系数达最大值；雾沫区，液膜汽化消失而呈气相流动，传热系数较小，这时雾沫混合物极快地冲出管口并进入分离室。

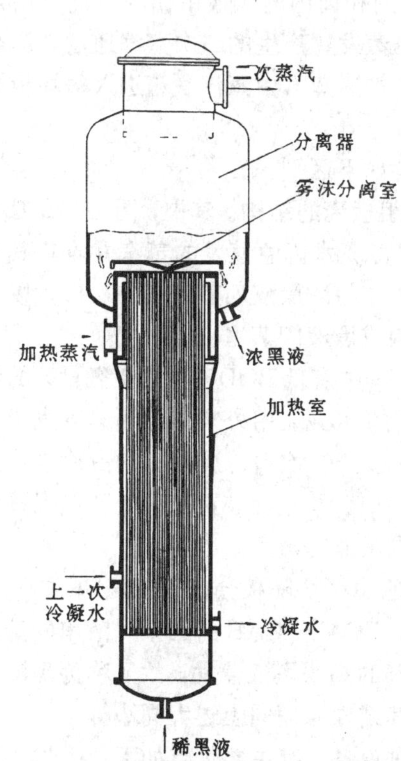

图 14-17　分离室在上的长管升膜蒸发器

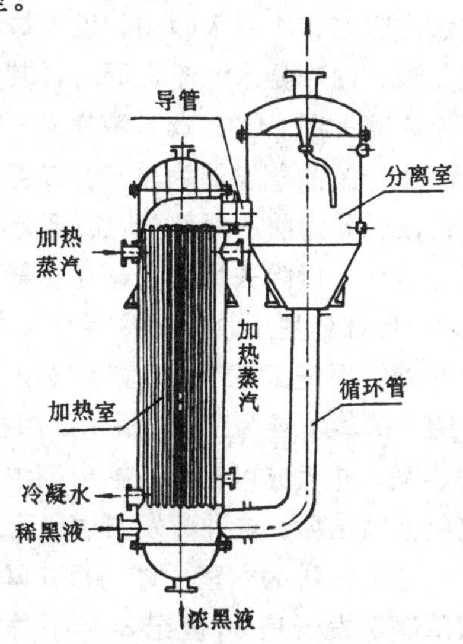

图 14-18　分离室在外的升膜式蒸发器

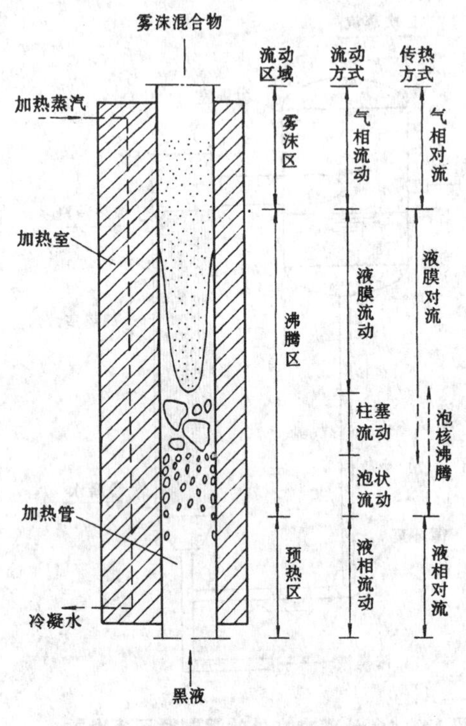

图 14-19 长管升膜蒸发原理示意

这种型式的蒸发器主要优点：a. 由于黑液呈泡核沸腾和液膜对流提高了传热系数，又由于液位较低减少了液柱静压引起的温度损失，其传热速率比上述两类蒸发器都大；b. 由于加热管较长和液位较低，产生的泡沫易消除，适用于皂化物含量较高的黑液蒸发。主要缺点是：a. 当黑液浓度高出55%时，由于粘度过大，难以呈液膜上升，且易结垢，所以不适于高浓黑液的蒸发；b. 由于加热管较长和排列较密，垢层清除和设备维修均不方便。

②板式降膜蒸发器：这种型式蒸发器如图14-20和图14-21，包括五个基本部件：板式加热器（由许多平行的垂直板壳元件组成，板壳两面有光滑的凹凸波纹，黑液在其表面上降膜运行，加热蒸汽在其内部运行）；黑液分布箱（其底板有许多均布的金属短管构成的孔眼）；雾沫分离器；简体（既作加热室又作分离室，其中又有单室、双室和三室之分）；黑液循环装置。

外来的和筒内的黑液由循环泵混合后送至黑液分布箱，然后沿着每块板面呈自由降膜运行并沸腾蒸发，产生的二次蒸汽通过雾沫分离器排出；浓缩后的黑液可直接排出或通过循环泵排出。加热蒸汽由蒸汽联箱进入每块板壳内部，其冷凝水和不凝气通过冷凝水箱排出。

根据蒸发系统的工艺要求，它们在具体结构上又有如下区别：

图 14-20 中 (a)、(b) 和 (c) 的蒸发器为单室、一组板壳的结构。其中，图 14-20 (b) 多一对加热蒸汽联箱和冷凝水联箱，以便单独通入Ⅰ效清冷凝水闪急蒸发的蒸汽并收集其清冷凝水，避免清、浊冷凝水混流，同时，其液室还多一个作为浓黑液闪蒸蒸汽的入口，以回收热量和黑液雾滴；图 14-20 (c) 液室多一块隔板，以构成黑液闪蒸室。

图 14-20 (d) 的蒸发器为单室、二组板壳的结构。其中有低 BOD（生化耗氧量）的设计装置，每组板壳分为前后两部分，前部分板壳约占总数的 90%，用外来的加热蒸汽汽提不断流下的污冷凝水，以除去甲醇、硫化物等污染物，使之变成二次清冷凝水（约占冷凝水总用量的 90%）；后部分用于收集污冷凝水（约占总用量的 10%）。这种装置有利于环境保护和节约用水。此外，根据工艺需要，这种蒸发器可设或不设黑液闪蒸室。

图 14-21 的蒸发器为三室、每室二组板壳的结构。它由两块隔板分成 A、B 和 C 的三个等面积的加热室，并组成可轮流切换出高浓黑液的 ABC、BCA 或 CAB 的三条黑液串联蒸发流程，以避免板面结垢。这种蒸发器适应于浓度大于 55%的高浓黑液蒸发，故又称为黑液增浓器。此外，还有一种为六室一体的板式降膜蒸发器，其结构原理同上述大同小异。

板式降膜蒸发器是 20 世纪 80 年代发展起来的先进设备，其主要优点如下：a. 黑液在板面上沿着凹凸波纹呈错流自由降膜，温度趋向一致；加热蒸汽在狭窄的板壳内流动，板面温度分布均匀，这样，不仅使加热面全部发挥蒸发作用，而且使整个板面的有效温差恒定，因

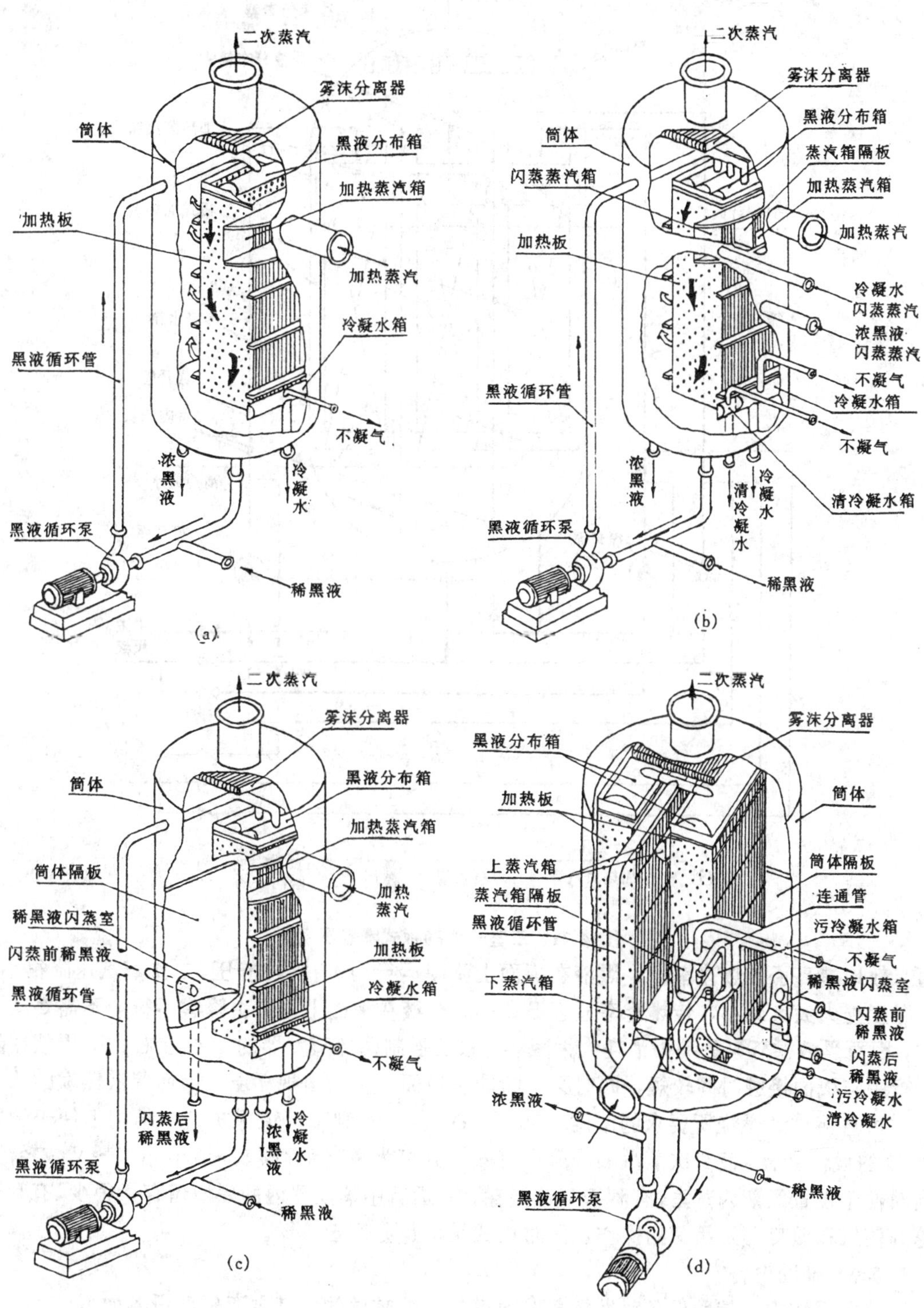

图 14-20　单室一体的板式降膜蒸发器

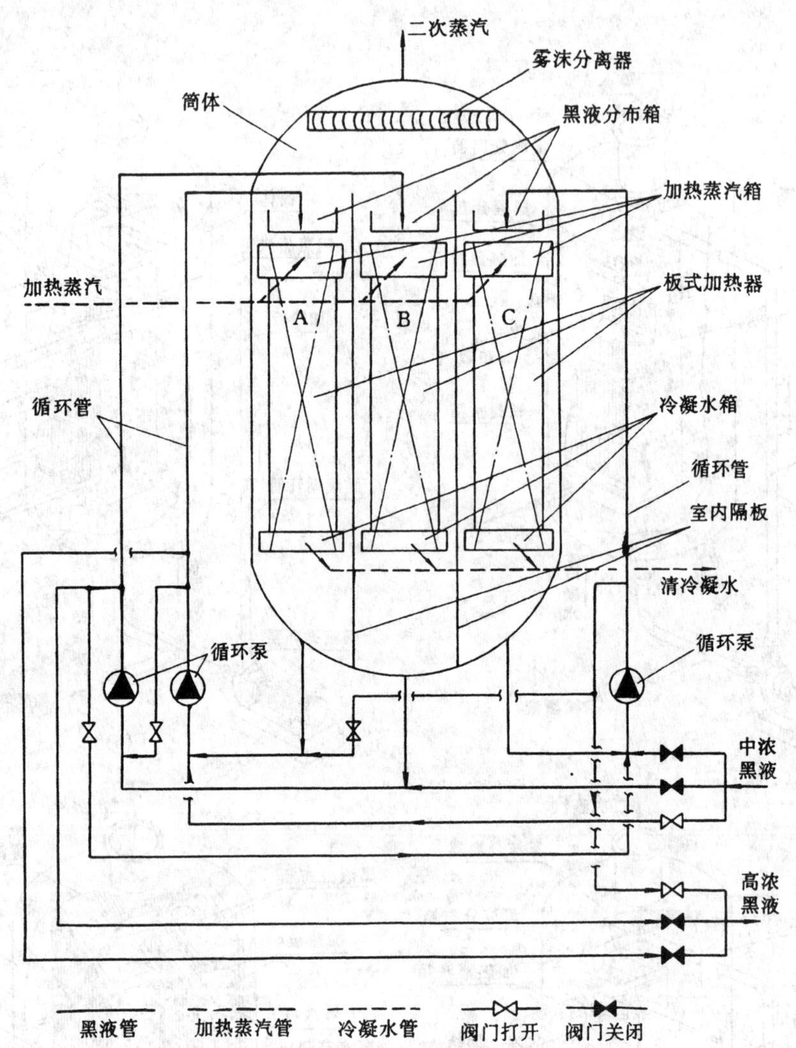

图 14-21 三室一体的板式降膜蒸发器

而有效地提高了传热速率；b. 黑液在板面上降膜运行，没有液柱静压，二次蒸汽压降很小，因而温度损失大大减小，传热速率显著提高；c. 黑液在板面上呈自由降膜运行，不需要动力推动，因而黑液循环泵的动力消耗大大减小，只及强制循环蒸发器的10%左右；d. 黑液在降膜运行中与板面接触时间较短，同时又不断冲刷板面，不易出现垢层，因而黑液蒸发的浓度较高，可直接达到燃烧所要求的浓度（50%～60%），有利于环境保护；e. 结构上便于设置低BOD的设计装置，使二次蒸汽的冷凝水有效地分离为清、污冷凝水，既节约水耗又减轻污染；同时便于设置黑液闪蒸室，有利于节约能耗；f. 运行中蒸发器内的黑液留存量很少，有利于快速开停机和改变蒸发负荷的操作，同时板式结构也方便于清垢。

1.3.2.2 辅助设备

蒸发系统中，辅助设备对发挥蒸发效率是十分重要的。其主要辅助设备如下。

(1) 预热器：它用于使黑液进入蒸发器之前预热至接近于沸点的温度，有效地发挥蒸发器传热面积的作用。其结构型式主要有如下两类：

①列管式预热器：它有立式和卧式两种结构，黑液流程又有单程式和多程式之分。立式

预热器结构类似于长管蒸发器的加热室。黑液在管内流动，加热蒸汽在管外运行。两种型式对比，卧式预热器效果较好，但占地面积较大。

②螺旋式预热器：它的结构如图 14-22。由两块不锈钢薄板按螺旋卷成两条同心的通道。黑液从外层周边口进入螺旋通道，然后从中心口出来；加热蒸汽从另一中心口进入螺旋通道，其冷凝水从外层另一周边口排出。结构紧凑，传热效率高，但造价昂贵。

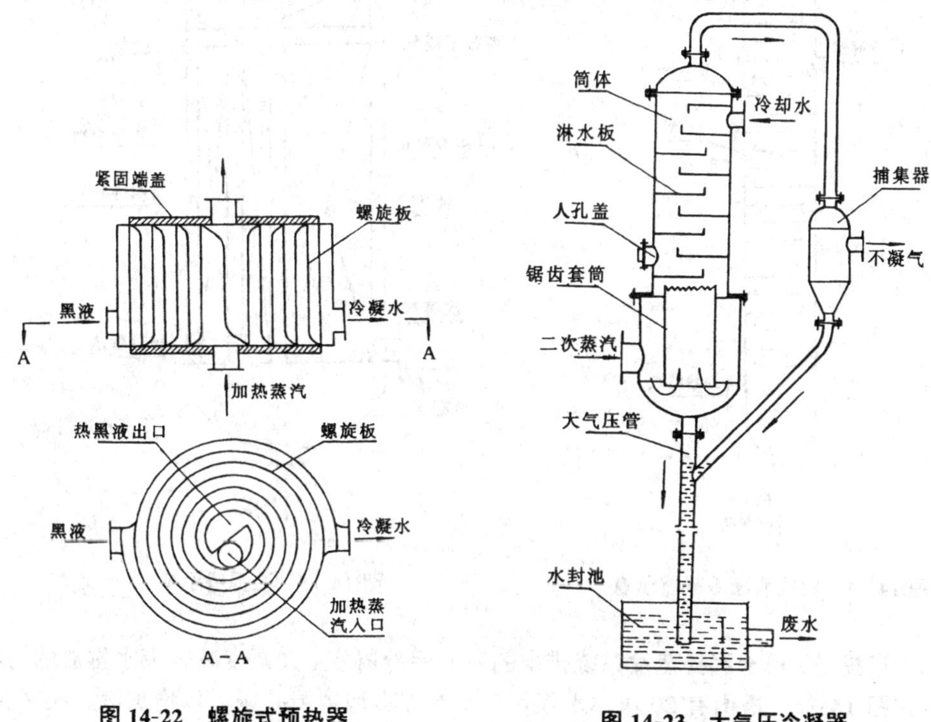

图 14-22　螺旋式预热器

图 14-23　大气压冷凝器

(2) 冷凝器：它用于使末效蒸发器产生的二次蒸汽充分冷凝并回收热量，同时通过真空泵装置维持蒸发系统所需的真空度。其型式主要有两类：

①混合冷凝器：它有淋洒式和水喷射式两种。目前常用淋洒式结构（又称大气压冷凝器）如图 14-23。二次蒸汽从冷凝器下部进入锯齿套筒，在向上流动中被淋水板淋下的冷却水混合冷凝，不凝气体经捕集器分离后由真空泵抽走并排入大气；混合后废水经大气压管（俗称水腿）流入水封池后排入地沟。大气压管的高度为 10～11m，使其水柱静压与大气压保持平衡，以确保冷凝水顺利排出。这种型式操作方便，但耗水量大，废水排放量也大，二次蒸汽的热量难以回收。

②表面冷凝器：有列管式、螺旋式和板式 3 种结构。列管式冷凝器类似于列管式换热器，螺旋式冷凝器类似于螺旋式预热器结构，板式冷凝器类似于板式降膜蒸发器结构如图 14-24，具有低 BOD 的设计装置，是现代先进设备。

板式冷凝器工作时，冷却水从其顶部进入分布箱后在各块板面上呈降膜运行并接收热量而成为热水，然后从器底排出；蒸发系统末效二次蒸汽和各效含湿热的不凝性气体分别从 Ⅰ 组板壳的下部和上部进入板壳内，并不断气提沿内壁流下的冷凝水，使之除去易挥发性的污染物而成为二次清冷凝水后单独排出；汽提后未冷凝的蒸汽和不凝气顺序进入 Ⅱ 组和 Ⅲ 组的板壳内继续冷凝，污冷凝水从下部排出，不凝气从上部排出。该冷凝器不仅可回收二次蒸汽热量，而且使冷凝水清浊分流，减少污水排放量。

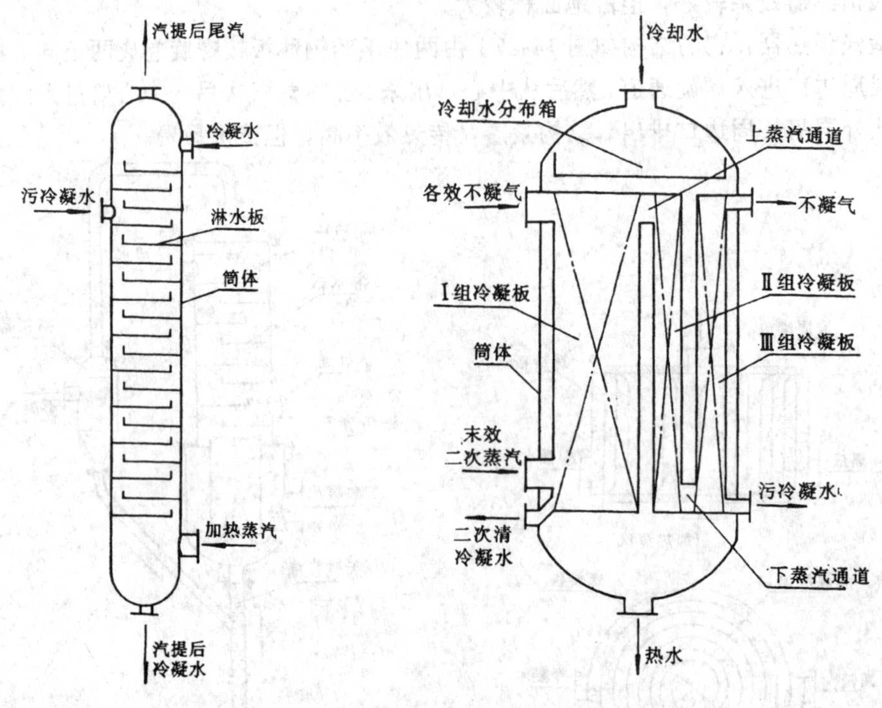

图 14-24 板式表面冷凝器示意　　图 14-25 汽提塔示意

(3) 汽提塔：用于汽提蒸发系统排出的所有污冷凝水，大幅度减轻废水排放的污染负荷，其结构如图 14-25。塔内有 20 块淋水板，其上有许多泡罩或孔眼，以增加汽、液两相接触面积。污冷凝水从塔顶第 4 块板处进入，受到从塔底送入的蒸汽加热汽提后除去了挥发性污染物，然后由塔底排出；汽提后的尾汽从塔顶排出并作为黑液预热器的加热蒸汽，其冷凝水又送回到塔顶第一块板处进入塔内再次被汽提。

1.3.3 蒸发系统

1.3.3.1 蒸发系统的组成

它主要由黑液、蒸汽、冷凝水和不凝汽等流程系统组成，分述如下：

(1) 黑液流程：按黑液流向与蒸发效序的异同划分，黑液流程有顺流，逆流和混流三种方式。

①顺流式黑液流程：它与蒸发效序相同，即黑液经预热器后首先泵入Ⅰ效蒸发器，然后顺序转入Ⅱ效、Ⅲ效……，最后由末效蒸发器泵入黑液贮槽。其主要优点：a. 由于压力逐效降低，黑液沸点也逐效降低，黑液转效不用泵送而靠压力差自动流送，同时可省略效间的黑液预热器；b. 由于上述优点，流程紧凑、操作简单、能耗低，维修量少。其主要缺点：a. 由于有效温差逐渐缩小，传热速率随之逐渐减小，限制了设备能力的发挥；b. 由于黑液沸点逐效降低，黑液粘度随之逐效增高，黑液流速和传热系数逐效降低，限制了黑液浓度的提高。

②逆流式黑液流程：它与蒸发效序相反，即黑液先泵入末效蒸发器，然后泵入上一效的预热器后进入蒸发器，以此向上类推，最后由Ⅰ效蒸发器泵入黑液贮槽。其优点恰好与顺流式黑液流程相反。

③混流式黑液流程：它由上述两种流程混合组成，因而兼有顺流式和逆流式的大部分优点，是目前常用的黑液流程。根据不同的工艺要求，它又有不同的形式（见表 14-14）。其中，三至五效的流程为管式蒸发器的流程，六效蒸发器为板式蒸发器的流程；在三、四和五效中①的流程具有大、小循环流程间断产浓黑液，五效中②和六效流程则连续产浓黑液而没有大、小循环流程。大循环（即黑液以较低浓度和较大流量进效）产半浓黑液，可使小循环（即黑液以较高浓度和较小流量进效）产浓黑液后附着管壁的污垢除去，改善传热效果，但大小循环转换时操作麻烦，而且小循环时黑液无法除皂。四效中②和五效中①的流程，Ⅱ效作为出浓黑液比Ⅰ效能产更浓的黑液，但运行周期增长约 1 倍。

表14-14　常用的木浆黑液混流式流程对比

效　数	混流式黑液流程示意
三	稀黑液槽 → Ⅱ → Ⅲ → 预热器 → Ⅰ →（小循环）→ 浓黑液槽 Ⅰ →（大循环）→ 半浓黑液槽 → 返回 Ⅱ；半浓黑液槽 → 皂化物槽
四	① 稀液黑槽 → 预热器 → Ⅱ → Ⅲ → Ⅳ → 小环循槽 → 预热器 → Ⅰ →（小循环）→ 浓黑液槽；Ⅰ →（大循环）→ 高温半浓黑液槽 小环循槽 ↓ 低温半浓黑液槽 ↑ 预热器；低温半浓黑液槽 →（大循环）→ 预热器；低温半浓黑液槽 → 皂化物槽 高温半浓黑液槽 →（小循环）→ 稀液黑槽后 ② 稀液黑槽 → 预热器 → Ⅲ → Ⅳ → 小环循槽 → 预热器 → Ⅰ（Ⅱ）→ Ⅱ（Ⅰ）→（小循环）→ 浓黑液槽；→（大循环）→ 高温半浓黑液槽 小环循槽 ↓ 低温半浓黑液槽 ↑ 预热器；低温半浓黑液槽 →（大循环）→ 预热器；低温半浓黑液槽 → 皂化物槽 高温半浓黑液槽 →（小循环）→ 稀液黑槽后
五	① 稀液黑槽 → 预热器 → Ⅲ → Ⅳ → Ⅴ → 小环循槽 → 预热器 → Ⅰ（Ⅱ）→ Ⅱ（Ⅰ）→（小循环）→ 浓黑液槽；→（大循环）→ 高温半浓液槽 小环循槽 ↓ 低温半浓黑液槽 ↑ 预热器；低温半浓黑液槽 →（大循环）→ 预热器；低温半浓黑液槽 → 皂化物槽 高温半浓液槽 →（小循环）→ 稀液黑槽后 ② 稀黑液 → 稀浓液混合器 → 稀液黑槽 → Ⅲ → Ⅳ → Ⅴ → 半液浓槽 → 预热器 → Ⅰ → Ⅱ → 浓液黑槽 补　液 → Ⅲ、Ⅳ、Ⅴ；稀液黑槽 → 皂化物槽；浓液黑槽 → 返回稀浓液混合器 （均为双程式管式蒸发器）：Ⅰ、Ⅱ
六	稀液黑槽 → Ⅳ效闪蒸室 → Ⅴ效闪蒸室 → Ⅵ → Ⅴ → 半液浓槽 → Ⅲ → 预热器 → Ⅱ → 预热器 → IA → IB → IC → 浓黑液闪蒸罐 → 浓液黑槽 → 返回 Ⅳ效闪蒸室前 半液浓槽 → 返回 Ⅳ效闪蒸室；半液浓槽 → 皂化物 （Ⅰ效为一体三室）

(2) 蒸汽流程：所有的蒸发系统中，加热蒸汽的流向都与效序相同，即新蒸汽进入Ⅰ效加热室，而Ⅰ效分离室的二次蒸汽进入Ⅱ效加热室，以此向后类推，末效二次蒸汽进入抽真空的冷凝装置。

为了增加Ⅰ效二次蒸汽量，确保蒸发系统有足够热源，可用两台蒸发器（总加热面积稍大于后几效）并作第一效（即称双Ⅰ效），也可用总加热面积稍大的双程、三程的管式蒸发器或板式、强制循环管式的增浓器作为Ⅰ效。

(3) 冷凝水流程：蒸发系统中，清冷凝水产生于新蒸汽，污冷凝水产生于二次蒸汽。前者可通过疏水器单独收集回用。后者有两种流程：①利用各效加热室之间的压差作用，污冷凝水通过U型管或孔板依次由上一效流入下一效，由于逐效闪急蒸发而放出热量，最后由末效流入真空收集槽并泵至下水道；②各效污冷凝水分别流入各自的闪急罐，产生的闪蒸蒸汽引入下一效加热室，未闪蒸的污冷凝水合并流入真空收集槽后泵至下水道。

此外，现代的蒸发系统中，二次蒸汽的冷凝水在具有低BOD设计装置的板式蒸发器和板式冷凝器中经过汽提后，大部分变为二次清冷凝水并单独收集回用；排出的污冷凝水又经过汽提塔后进一步除去易挥发的污染物，大大减少废水排放的污染负荷。

(4) 不凝性气体流程：各效加热室和预热器汽室以及污冷凝水汽提过程中产生的不凝气，分别各自引出并汇总进入气水分离器，然后排入大气或送去燃烧。

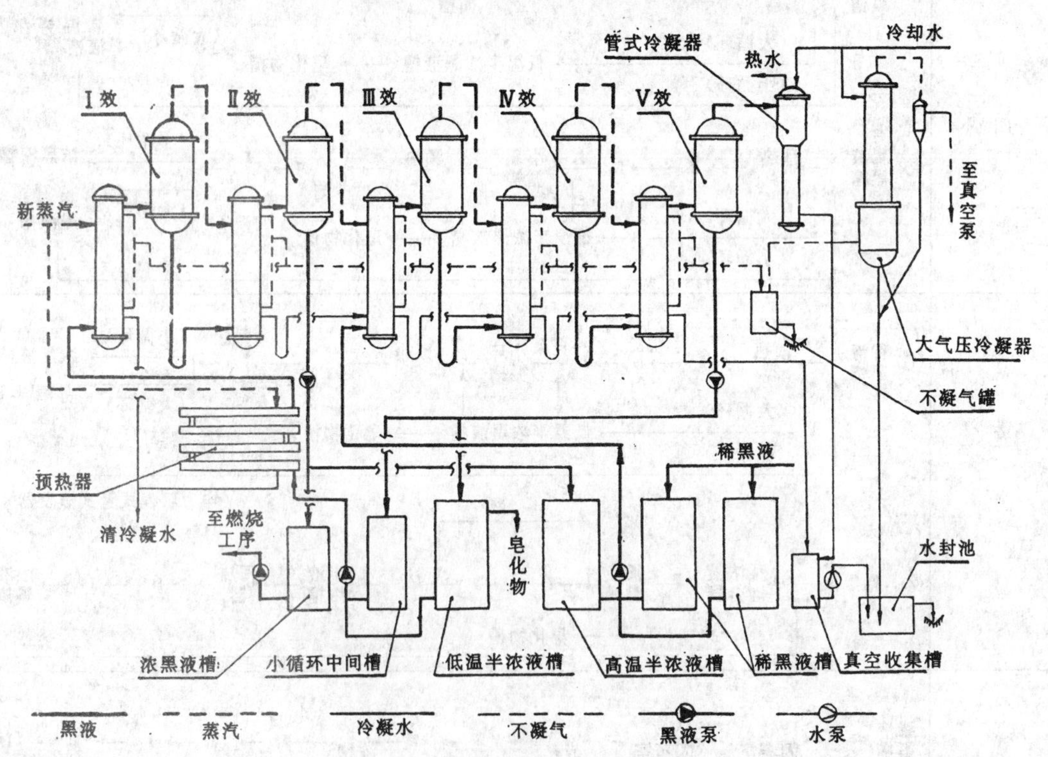

图 14-26 分离式在外的管式蒸发器五效流程

1.3.3.2 蒸发系统的实例

(1) 管式蒸发器系统：以五效长管式升膜蒸发器的系统为例，如图14-26和图14-27。图14-26的黑液流程简化图，见表14-14中五效①流程，具有大、小循环交替操作的流程，间断产浓黑液。图 14-27 的黑液流程简化图见表 14-14 中五效②流程，没有大、小循环流程，连续产浓黑液。图 14-27 蒸发系统还具有如下特点：①利用浓黑液直接调整稀黑液槽的浓度，使稀黑液进效前除皂，以减少蒸发器结垢；②采取 IV 效和 V 效补充适量稀黑液的措施，以加快黑液流速，提高蒸发效率；③Ⅰ、Ⅱ效为双程式蒸发器，可提高二次蒸汽量，同时双程可轮换使用以减少结垢；④利用Ⅱ～Ⅳ效冷凝水的闪蒸蒸汽预热进入Ⅰ效的黑液，可提高蒸发热效率。

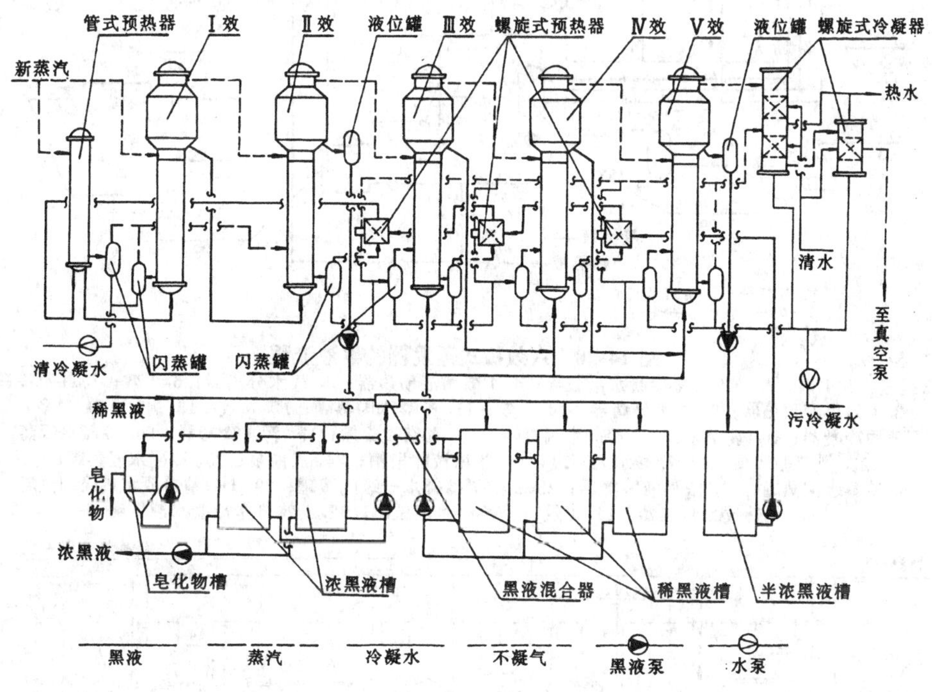

图 14-27　分离器在上的管式蒸发器五效流程

(2) 板式蒸发器系统：以六效板式降膜蒸发器系统为例，如图 14-28 至图 14-30，其主要设备见表 14-15。这是 80 年代投入使用的一种新型蒸发系统，黑液流程简化图见表 14-14 六效流程所列。该蒸发系统的主要特点如下：①黑液首先按顺流式进入Ⅳ效和Ⅴ效的闪蒸室及Ⅵ效液室，闪急蒸发量约占这三效总蒸发量的 10%，提高了系统的蒸发效率，并发挥了顺流式黑液流程的优点；②黑液闪急蒸发后，从Ⅵ效开始按逆流式泵入Ⅴ→Ⅳ→Ⅲ→Ⅱ→Ⅰ，由于黑液泵送阻力小并具适应于高浓黑液蒸发，因而发挥了逆流式黑液流程的优点；③Ⅰ效为等面积的 A、B、C3 室，可分别组合 ABC、BCA 和 CAB 三条半联流程，每 4h 轮换一次，以保持板面清洁，在高浓蒸发的情况下仍可保持较高的传热速率，黑液浓度可达 65%；④新蒸汽和二次蒸汽的冷凝水分别流入各自的闪蒸罐，Ⅰ效出来的浓黑液也进入黑液闪蒸罐，这样，最大限度地利用了二次能源，大大提高了蒸发效率；⑤由于Ⅴ效、Ⅵ效和表面冷凝器采用低 BOD 设计装置，二次蒸汽冷凝水中 90%以上变成二次清冷凝水（BOD 除去率约 80%），余下的污冷凝水又通过汽提塔汽提后进一步降低了污染负荷，这样，既有利于环保又节约用水；⑥汽提塔的热源虽取自Ⅰ效二次蒸汽（只占总量的 7%左右）或新蒸汽，但塔顶出来的气体作为进Ⅱ效的黑液预热器热源，其冷凝水又从第 1 块塔板处回入汽提塔；同时从塔底出来的废水又作为污冷凝水预热器的热源。这样，汽提塔几乎不消耗额外热源。

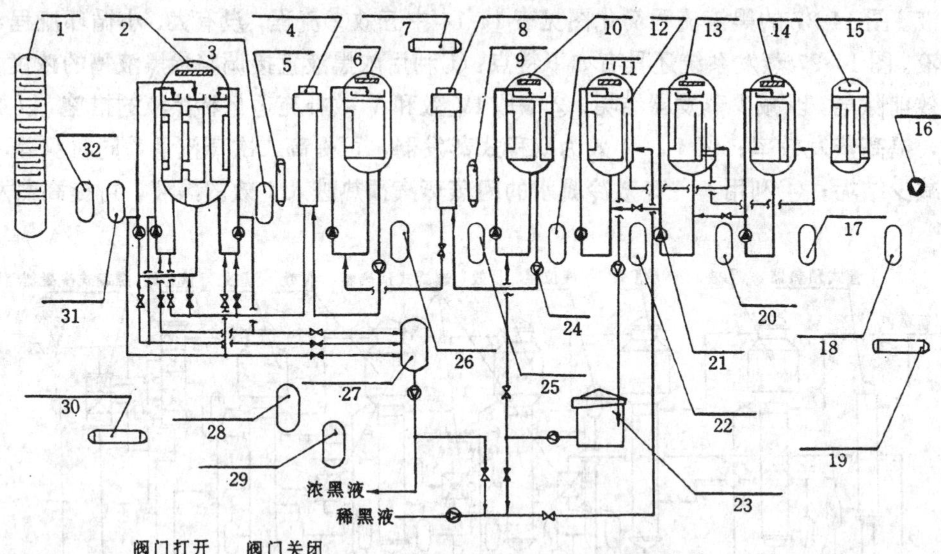

图 14-28 六效板式蒸发器的黑液流程

1. 汽提塔；2. Ⅰ效；3. Ⅰ效C室冷凝水液位罐；4. Ⅰ效黑液预热器；5. 气水分离器；6. Ⅱ效；7. 尾汽冷凝器；8. Ⅱ效黑液预热器；9. 气水分离器；10. Ⅲ效；11. 冷凝水闪蒸罐；12. Ⅳ效；13. Ⅴ效；14. Ⅵ效；15. 表面冷凝器；16. 真空泵；17. 冷凝水闪蒸罐；18. 真空收集槽；19. 污水冷却器；20. 冷凝水闪蒸罐；21. 黑液循环泵；22. 冷凝水闪蒸罐；23. 半浓液除皂槽；24. 黑液泵；25. 冷凝水闪蒸罐；26. 冷凝水闪蒸罐；27. 浓黑液闪蒸罐；28. Ⅰ效清冷凝水一级闪蒸罐；29. Ⅰ效清冷凝水二级闪蒸罐；30. 污冷凝水预热器；31. Ⅰ效A室冷凝水液位罐；32. Ⅰ效B室冷凝水液位罐

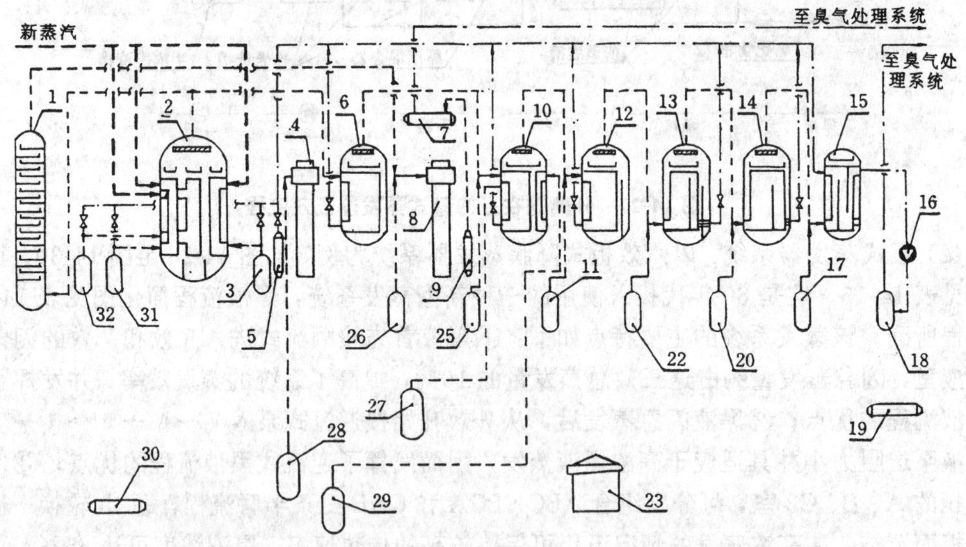

新蒸汽　二次蒸汽　不凝气和臭气

图 14-29 六效板式蒸发器的蒸汽和不凝气流程

1. 汽提塔；2. Ⅰ效；3. Ⅰ效C室冷凝水液位罐；4. Ⅰ效黑液预热器；5. 汽水分离器；6. Ⅱ效；7. 尾汽冷凝器；8. Ⅱ效黑液预热器；9. 气水分离器；10. Ⅲ效；11. 冷凝水闪蒸罐；12. Ⅳ效；13. Ⅴ效；14. Ⅵ效；15. 表面冷凝器；16. 真空泵；17. 冷凝水闪蒸罐；18. 真空收集槽；19. 污水冷却器；20. 冷凝水闪蒸罐；21. 黑液循环泵；22. 冷凝水闪蒸罐；23. 半浓液除皂槽；24. 黑液泵；25. 冷凝水闪蒸罐；26. 冷凝水闪蒸罐；27. 浓黑液闪蒸罐；28. Ⅰ效清冷凝水一级闪蒸罐；29. Ⅰ效清冷凝水二级闪蒸罐；30. 污冷凝水预热器；31. Ⅰ效A室冷凝水液位罐；32. Ⅰ效B室冷凝水液位罐

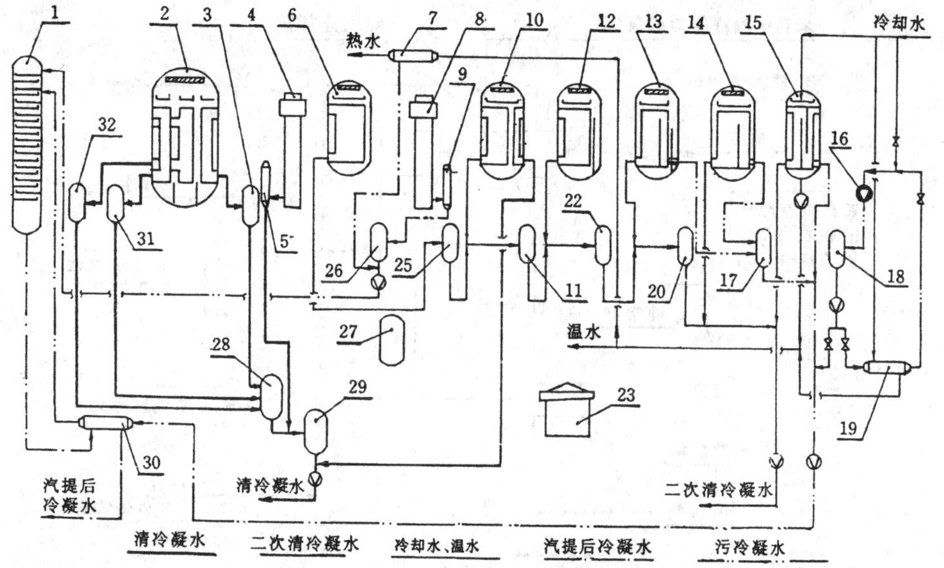

图 14-30　六效板式蒸发器的冷凝水流程

1. 汽提塔；2. Ⅰ效；3. Ⅰ效C室冷凝水液位罐；4. Ⅰ效黑液预热器；5. 气水分离器；6. Ⅱ效；7. 尾汽冷凝器；8. Ⅱ效黑液预热器；9. 气水分离器；10. Ⅲ效；11. 冷凝水闪蒸罐；12. Ⅳ效；13. Ⅴ效；14. Ⅵ效；15. 表面冷凝器；16. 真空泵；17. 冷凝水闪蒸罐；18. 真空收集槽；19. 污水冷却器；20. 冷凝水闪蒸罐；21. 黑液循环泵；22. 冷凝水闪蒸罐；23. 半浓液除皂槽；24. 黑液泵；25. 冷凝水闪蒸罐；26. 冷凝水闪蒸罐；27. 浓黑液闪蒸罐；28. Ⅰ效清冷凝水一级闪蒸罐；29. Ⅰ效清冷凝水二级闪蒸罐；30. 污冷凝水预热器；31. Ⅰ效A室冷凝水液位罐；32. Ⅰ效B室冷凝水液位罐

表 14-15　六效板式蒸发器系统主要设备

设备名称	尺寸（mm）	加热面积（m²）	图　示
Ⅰ效蒸发器	Ø4 200×11 000	2 500	如图 14-21
Ⅱ效蒸发器	Ø3 000×11 000	1 200	如图 14-20（a）
Ⅲ效蒸发器	Ø3 500×11 000	1 400	如图 14-20（b）
Ⅳ效蒸发器	Ø3 500×11 000	1 200	如图 14-20（c）
Ⅴ效蒸发器	Ø4 600×11 000	1 700	如图 14-20（d）
Ⅵ效蒸发器	Ø5 300×11 000	2 100	如图 14-20(d)，但无闪蒸室
表面冷凝器	Ø3 100×11 000	930	如图 14-24
汽提塔	Ø1 500×13 000	（20 块淋水板）	如图 14-25

此外，黑液蒸发系统排出的不凝气还进入臭气处理系统净化，如图 14-31。

(3) 具有增浓器的蒸发系统：在管式蒸发器系统的原Ⅰ效蒸发器之前增设黑液增浓器，可使黑液浓度直接达到 65%左右。增浓器可用三室一体的板式降膜蒸发器，如图 14-32；也可用两台轮换使用的强制循环蒸发器，如图 14-33。

1.3.3.3　蒸发系统的工艺计算

以四效管式蒸发器系统为例，黑液流程为Ⅲ→Ⅳ→Ⅱ→Ⅰ，未利用污冷凝水热量。设：每效加热面积 750m²；稀黑液进效量 80t/h，浓度为 15%，温度为 70℃；蒸汽耗量为 19t/h。正常运行数据和查表数据见表 14-16。

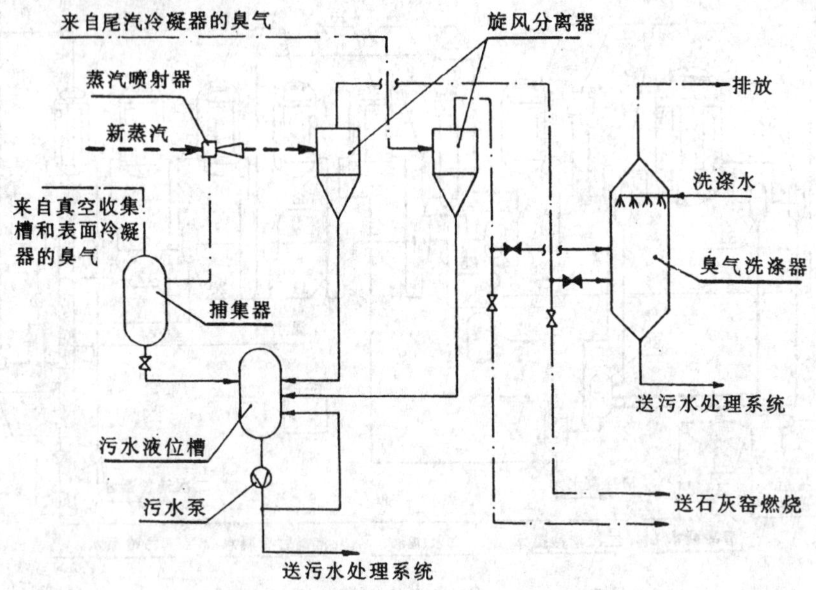

图 14-31 蒸发系统臭气处理流程

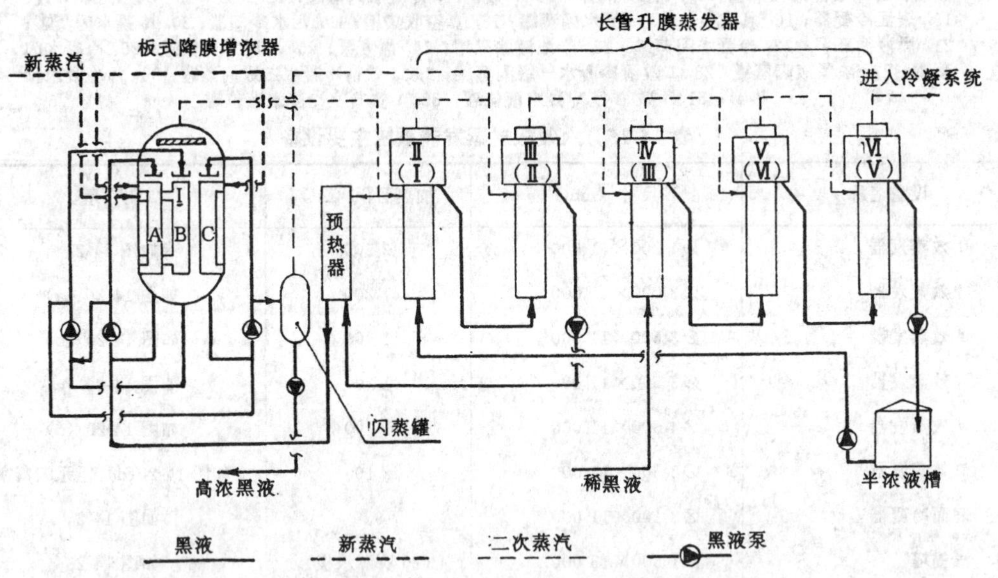

图 14-32 具有板式增浓器的六效流程

(1) 蒸发水量和浓黑液产量:

①蒸发水量:

Ⅲ效：W_3=80 000×（1−15/17.8）=12 580kg/h

Ⅳ效：W_4=（80 000−W_3）×（1−17.8/22.6）=14 320kg/h

Ⅱ效：W_2=（80 000−W_3−W_4）×（1−22.6/31.5）=15 000kg/h

Ⅰ效：W_1=（80 000−W_3−W_4−W_2）×（1−31.5/55）=16 280kg/h

总蒸发水量：W=80 000×（1−15/55）=58 180kg/h

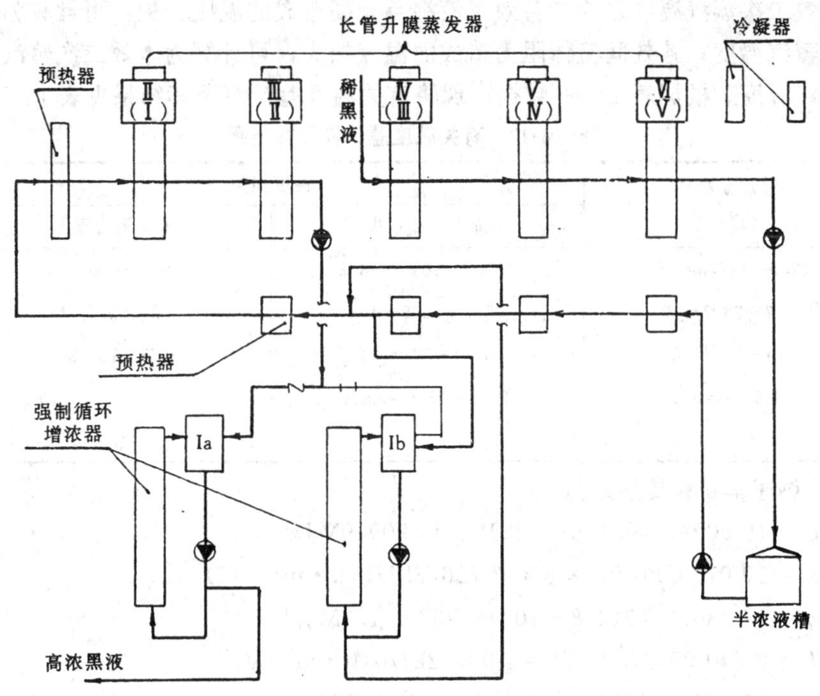

图 14-33　具有强制循环增浓器的六效流程

表 14-16　四效蒸发系统正常运行数据

项　　目	Ⅰ效	Ⅱ效	Ⅲ效	Ⅳ效
加热蒸汽：温度（℃）	132.9	108.7	92.4	75.0
热焓（kJ/kg）	2 728.1	2 691.3	2 665.3	2 634.3
二次蒸汽：温度（℃）	109.7	93.9	77.0	53.6
热焓（kJ/kg）	2 692.9	2 666.2	2 637.2	2 594.1
黑液沸点（℃）	117.9	98.7	84.4	65.4
冷凝水温度（℃）	125.0	100.0	90.0	75.0
出效黑液浓度（%）	55.0	31.5	17.8	22.6

②浓黑液产量：80 000－58 180＝21 820kg/h

(2) 蒸发强度和效率：

①蒸发强度：

Ⅰ效：16 280/750＝21.7kg/（h·m^2）

Ⅱ效：15 000/750＝20.0kg/（h·m^2）

Ⅲ效：12 580/750＝16.8kg/（h·m^2）

Ⅳ效：14 320/750＝19.1kg/（h·m^2）

平均蒸发强度：58 180/4×750＝19.4kg/（h·m^2）

②蒸发效率：58 180/19 000＝3.06kg 水/kg 汽

(3) 有效温差、总温差和温度损失：各效的有效温差为各效加热蒸汽温度和黑液沸点之差。各效总温差为本效加热蒸汽温度和下一效加热蒸汽温度之差；系统总温差为Ⅰ效加热蒸汽温度和末效二次蒸汽温度之差。各效黑液沸点升高造成的温度损失，可计算为本效黑液沸点减去二次蒸汽温度；各效间流体阻力造成的温度损失，可计算为本效二次蒸汽温度减去下一效加热蒸汽温度。根据表 14-16 数据，现将有关温度差计算及其结果见表 14-17。

表 14-17 有关温度差计算及其结果

效别	有效温差（℃）	温度损失		总温差（℃）
		沸点升高损失	流体阻力损失	
Ⅰ	132.9－117.9＝15	117.9－109.7＝8.2	109.7－108.7＝1	24.2
Ⅱ	108.7－98.7＝10	98.7－93.9＝4.8	93.9－92.4＝1.5	16.3
Ⅲ	92.4－84.4＝8	84.4－77＝7.4	77－75＝2	17.4
Ⅳ	75－65.4＝9.6	65.4－53.6＝11.8	—	21.4
合计	42.6	32.2	4.5	79.3

（4）传热速率 q 和传热系数 k：

Ⅰ效：$q_1=19\ 000\times(651.6-125)=41\ 909.9$MJ/h

$k_1=10\ 010\ 000/750\times15=3\ 726.3$kJ/（h·m²·℃）

Ⅱ效：$q_2=16\ 280\times(642.8-100)=37\ 011.3$MJ/h

$k_2=8\ 840\ 000/750\times10=4\ 936.2$kJ/（h·m²·℃）

Ⅲ效：$q_3=15\ 000\times(636.6-90)=34\ 331.8$MJ/h

$k_3=8\ 200\ 000/750\times8=5\ 723.4$kJ/（h·m²·℃）

Ⅳ效：$q_4=12\ 580\times(629.9-75)=29\ 223.9$MJ/h

$k_4=6\ 980\ 000/750\times11.8=3\ 341.1$kJ/（h·m²·℃）

1.3.4 蒸发的生产运行

1.3.4.1 蒸发工艺条件

蒸发运行中，正确掌握切实可行的工艺条件是至关重要的。有关木浆黑液的管式蒸发系统和板式蒸发系统的主要工艺条件，分别见表 14-18 和表 14-19。

表 14-18 管式蒸发系统的工艺条件

项 目	三效流程		四效流程		五效流程	
	大循环	小循环	大循环	小循环	大循环	小循环
主气管压力 (kPa)	200	250	200	270	230	230
Ⅰ效加热室：压力（kPa）	100	120	100	165	110	120
温度（℃）	110	120	114	126	120	130
Ⅱ效加热室：压力（kPa）	－13	0	15	39	59	83
温度（℃）	92	96	100	106	108	112
Ⅲ效加热室：压力（kPa）	－56	－45	－40	－31	10	10
温度（℃）	78	80	85	87	100	100
Ⅳ效加热室：压力（kPa）	—	—	－62	－61	－25	－19
温度（℃）	—	—	71	72	85	87
Ⅴ效加热室：压力（kPa）	—	—	—	—	－53	－46
温度（℃）	—	—	—	—	67	71
真空泵真空度 (kPa)	－77	－77	－90	－90	－89	－89
冷凝器排水温度（℃）	35	40	45	41	39	39

（续）

项　目	三效流程		四效流程		五效流程	
	大循环	小循环	大循环	小循环	大循环	小循环
进效黑液：浓度（°Be′）	10	16.2	11.4	16.5	12.2	19.0
温度（℃）	58	78	71	90	100	100
出效黑液：浓度（°Be′）	24.5	28.1	19.0	26.5	23.0	29.3
温度（℃）	94	98	92	100	105	106

表 14-19　板式蒸发系统的工艺条件

项　目	流量（t/h）		出口黑液浓度（%）	温　度（℃）		
	入口黑液	出口黑液		加热蒸汽	出口黑液	二次蒸汽
Ⅳ效闪蒸室（进稀黑液）	282.9	279.5	19.2	—	80.0	—
Ⅴ效闪蒸室	279.5	275.0	19.5	—	72.3	—
Ⅵ效	275.0	237.0	22.7	59.9	54.4	53.9
Ⅴ效	237.0	207.9	29.1	70.0	63.0	59.9
Ⅳ效	207.9	180.3	29.8	80.9	73.7	70.0
Ⅲ效	180.3	150.5	35.7	94.9	85.5	80.9
Ⅰ效	150.5	120.2	44.7	116.3	101.5	94.9
Ⅰ效：A 室	120.2	—	—	134.0	—	—
B 室	—	—	—	138.1	—	—
C 室（出浓黑液）	—	82.8	65.0	141.0	111.3	116.3
新蒸汽		39.4	—	141（即表压 263kPa）		
清冷凝水		39.4		100		
二次清冷凝水		182		62		
污冷凝水		18		62		
臭气		0.25		62		
冷却水		943		20		
温水		943		45		
真空泵真空度（kPa）	−91～−86					

1.3.4.2　影响蒸发运行的因素

（1）加热蒸汽：提高加热蒸汽的温度或饱和蒸汽压，可扩大有效温差，加快传热速率，但管壁上结垢几率也随之增加，减小传热系数，降低传热速率，所以，加热蒸汽的最高温度受到一定的限制。管式蒸发器系统一般不超过 133℃（即表压 200kPa）；板式蒸发器或具有增浓器的系统一般不超过 143℃（即表压 300kPa）。

此外，还应合理掌握蒸发运行周期。为稳定最大的传热速率 q 值，蒸发运行初期，由于加热管除垢后传热系数 K 值较大，加热蒸汽温度可偏低些，以减小垢层形成；随着运行时间的累积，由于垢层加厚、K 值降低，加热蒸汽温度应逐步地相应提高；当加热蒸汽温度调至最高允许值时，如 q 值仍有明显下降趋势，则表明蒸发运行进入末期，这时应主动采取除垢措施，绝不允许继续提高加热蒸汽的温度。

（2）进效黑液：

①进效黑液流量：其大小对传热速率影响较大。对管式升膜蒸发器而言，流量过大时，预

热（液相）区增大，沸腾区缩小，静压温度损失增加，有效蒸发面积减少，结果使传热速率降低；流量过小时，加热管内壁易结垢，甚至造成堵塞。所以，流量必须适当，可通过实验或试车后确定。

②进效黑液浓度：在一定的进液流量下，浓度过高时，黑液流动性差，传热系数降低；浓度过低时，虽可提高传热系数，但易产生泡沫，甚至造成跑黑水现象。所以，浓度必须适当，生产半浓黑液时可采取较低进液浓度；生产浓黑液时可采取较高进液浓度。

③进效黑液温度：它的高低视各效的饱和蒸汽压或黑液沸点而定。液温过低时，预热区拉长，沸腾区缩小，传热速率降低；液温过高时，沸腾过于激烈，蒸发器会产生脉动，甚至整个蒸发系统会产生连串脉动，严重者还会跑黑水。所以，液温必须适当，应以接近于各效的饱和蒸汽温度或黑液沸点温度为宜。

此外，进效黑液的流量、浓度和温度还必须相对稳定，不宜波动过大。某一项的波动，都有可能造成蒸发系统的一系列波动，降低蒸发能力。

(3) 真空度：提高蒸发系统的真空度，可扩大有效温差，强化传热速率，但真空度过低时，由于黑液沸点过低、粘度过大，会降低传热系数；还由于二次蒸汽流速过快，易夹带黑液泡沫，造成碱损失。所以，真空度应控制适当，一般末效真空度不宜超过－89kPa。

为稳定适宜真空度，除保证不凝气排除通畅之外，还应保证冷凝器冷却水量充足。冷凝器排水温度越低，真空度越稳定，但冷却水耗量随之增加。一般保持排水温度比冷凝器内蒸汽饱和温度低于7～8℃即可。如真空度为－88kPa即饱和温度为47℃时，排水量温度掌握在39～40℃即可。

(4) 蒸发运行的异常现象：蒸发运行中，如掌握不当，会出现各种异常现象。常见的异常现象分析如下：

①压力变化：压力升高：压力突然升高，主要由于加热蒸汽不能及时冷凝造成的。这时应查明加热管液位是否正常，过高时会造成传热系数降低，过低时会造成液膜不能全部覆盖管壁表面；还应查明分离室液位是否过高，否则会造成二次蒸汽不能充分分离。在供汽量不变的情况下，如压力逐渐升高时，应查明进效液量有否减少、管垢是否严重、不凝气和冷凝水的排放是否畅通等。压力降低：应查明主汽管压力是否降低、蒸汽管道是否漏气、进液浓度是否降低等。

②真空度波动：真空度出现波动时，应查明冷却水量、排水温度及水封状况是否正常，不凝气排除是否畅通，管道和阀门是否漏气，真空泵是否良好等。此外，还应查明加热管和分离室的液位是否正常，管垢是否严重等。

③跑黑水：二次蒸汽夹带黑液的现象，称为跑黑水。如出现跑黑水时，应查明进液量是否过大、浓度是否过低、温度是否过高；还应查明真空度是否过高、开机时操作是否得当等。

④冷凝水水位升高：蒸发器内冷凝水位升高，会破坏运行的稳定性，甚至造成效振。这时应查明冷凝水泵的盘根及其管道是否漏气，真空收集槽的平衡阀开度是否过小，真空度是否遭到破坏等。

⑤干罐：蒸发运行中，任何一效的供液中断都会造成干罐事故。为此，应经常查明各台黑液泵是否良好，黑液管道是否畅通，黑液泵送压力是否正常。特别要注意从真空度较高的末效将黑液泵入压力较高的Ⅰ效或Ⅱ效时，由于要克服负压和正压两种阻力，有可能出现断液，为此，操作时应更加谨慎。此外还应注意，当进效黑液浓度突然增高时，如进效阀门未

及时开大，也会造成断液干罐。

⑥效振：蒸发器出现振动时，应查明各效蒸汽压是否稳定，冷凝水位和分离室液位是否正常，水封槽水封是否良好，蒸发器和管道是否漏气，各效不凝气排除是否畅通等。

⑦结垢：加热管的内外壁都有可能结垢，应根据垢层的不同性质和松软程度，进行分别处理。

管内壁垢层：黑液中皂化物、细纤维、芒硝含量过高，以及出现干罐，都有可能形成垢层。这类垢层一般属于水溶性或松软性的垢层，可通过定期水煮方法（即每周定期水煮 4h 左右）除去。黑液中碳酸钙、硅酸盐等形成的垢层，属于水不溶性或质硬的垢层，一般可参照锅炉的酸洗或碱洗的方法进行定期化学除垢；对于特别坚硬的垢层，可采用铁刷或洗管器进行人工机械除垢，但由于管壁被打毛后会加速结垢，故此法应尽量少用。

管外壁垢层：它是二次蒸汽中硫化物和有机酸腐蚀形成的氧化铁和硫化亚铁的垢层。这类垢层一般可通过定期碱煮方法除去，即每季度或半年定期用白液或 15%NaOH 在 70℃下蒸煮 24h 即可除去。

1.4　黑液燃烧

1.4.1　黑液燃烧的物理化学过程

黑液喷入碱回收炉后沿炉壁或分散成为液滴下落，与上升的高温烟气接触，黑液中的水分，受热蒸发，干固物逐步干燥、热解，产生挥发性可燃气体，开始着火燃烧，黑液干固物初步燃烧成为黑灰，落在垫层上继续燃烧。黑灰中残余的有机物和炭粒烧烬，无机物和灰分烧成熔融物，无机物中的硫酸钠，还原成为硫化钠。

图 14-34 表示黑液液滴在模拟的碱回收炉内燃烧过程的试验。进炉的黑液是一般的硫酸盐法木浆黑液，浓度为 62%～70%，温度为 105～120℃，黑液液滴的粒度直径为 0.2～2.5mm。

图 14-35 表示黑液液滴在模拟的碱回收炉内燃烧过程试验中，液滴直径随时间的变化情况。试验用的硫酸盐法木浆黑液浓度为 61%，炉内空气温度为 700℃，液滴直径为 1.7mm。

图 14-36 表示黑液液滴在模拟的碱回收炉内燃过程试验中，液滴温度随时间的变化情况。试验用的硫酸盐法木浆黑液浓度为 60%，液滴直径为 1.34mm。炉内空气温度为 800℃。

从以上可看到，黑液液滴的燃烧过程，可以分为三个阶段：第一阶段为蒸发阶段。在正常液滴直径下（∅1.5mm）持续时间为 1～2s，在开始的十分之几秒时间内，液滴稍有润胀，温度上升到 150℃以后，液滴直径迅速胀大，并可看到水在沸腾，温度仍保持为 150℃；第一阶段末了，黑液液滴的水分蒸发完了，液滴呈十分稠粘状，或成为固体粒子，液滴温度上升。第二阶段是挥发性可燃物质的燃烧阶段。液滴燃烧，出现亮黄色火焰。火焰是短暂的，只存在 0.05s。对大多数硫酸盐法木浆黑液来说，由于挥发性可燃物质的产生，液滴直径增加 3 倍，体积增大 20～30 倍，液滴温度直线上升。第二阶段末，火焰消失，液滴中的挥发性可燃物质已全部挥发完。在第二阶段，正常直径的黑液液滴，它的热解和挥发性可燃物质的燃烧时间为 0.5～1s。第三阶段是黑灰燃烧阶段。液滴已经成为体积大大膨胀了的，疏松和多孔性的固体黑灰。它的表面开始燃烧，但看不见火焰，只见到一些晕光。当黑灰全部燃烧时，温度可达 1000℃。最后出现了熔融物。熔融物颗粒的大小与原来的黑液液滴大小差不多。黑灰的燃烧时间，由于黑液的性质不同而有差异。一般直径为 1.5mm 的黑液液滴，燃烧时间为1～6s。液滴中的无机物，由于燃烧情况不同而有变化。在还原性气体中燃烧，Na_2SO_4 还原成为 Na_2S；

图 14-34 黑液液滴的燃烧过程

(a) 黑液的水分蒸发，温度较低，过程较慢；
(b) 两个过程，黑液干固物干燥热解，可燃性气体燃烧可以看到黄色火焰，干固物体积膨化过程较快；
(c) 黑灰从表面开始燃烧，不见火焰，燃烧快，速度可用供风控制

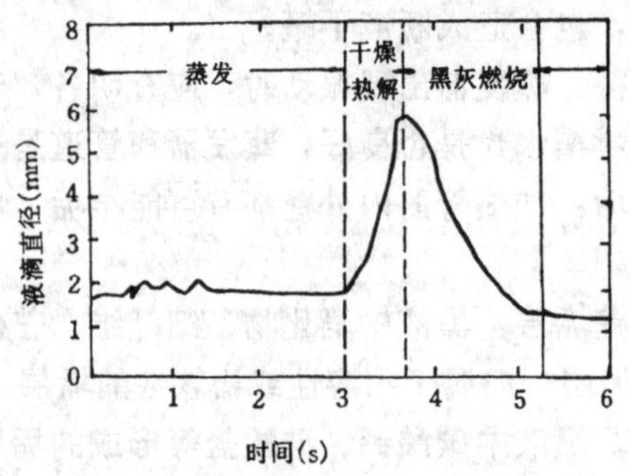

图 14-35 液滴直径与时间的关系

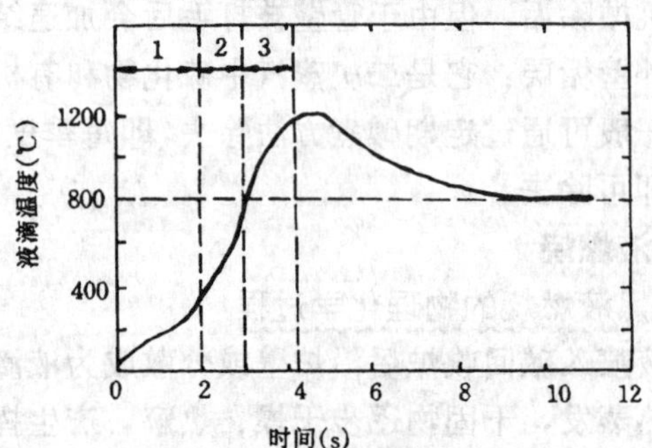

图 14-36 液滴温度随时间的关系

1. 蒸发；2. 干燥热解有挥发性可燃物燃烧；3. 黑灰燃烧

在氧化性气氛中燃烧，Na_2S 氧化成为 Na_2SO_4。

在实际生产中，液滴在碱回收炉中作落体运动，高温烟气作上升运动。结合燃烧供风分布和黑液液滴的燃烧过程，碱回收炉炉膛内的黑液燃烧，可以分为若干区域。

图 14-37 表示 20 世纪四五十年代采用双层供风方式的碱回收炉炉膛燃烧区域分布情况。在图 14-37（a）中，黑液喷枪设在二次风口的上面，形成了自下而上还原性燃烧区（垫层）、氧化性燃烧区和蒸发干燥区的三层分布。黑液在干燥、热解过程产生的挥发性可燃物质得不到良好的燃烧。在图 14-37（b）中，黑液喷枪设在二次风口的下面，形成了自下而上的还原性燃烧区，蒸发区和氧化性燃烧区的三层分布。挥发性可燃物质得到充分燃烧，但蒸发区的温度较低，炉膛上部温度较高。

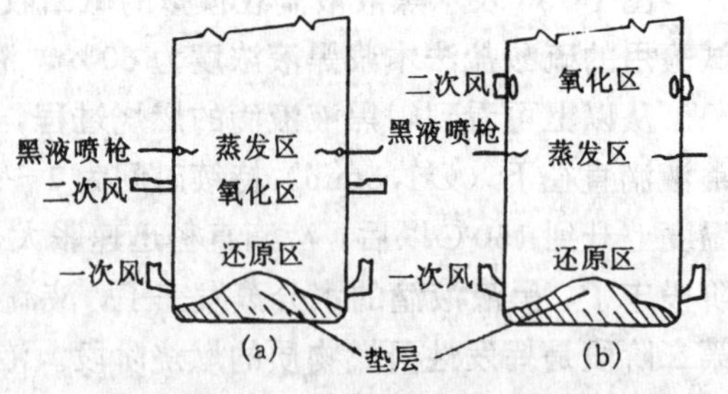

图 14-37 双层供风系统

20 世纪七八十年代，采取三层供风系统（如图 14-38）的炉膛燃烧区域分布情况。黑液喷枪设在二次风口和三次风口之间，形成了自下而上的还原性燃烧区（垫层）、干燥热解区、蒸发区和氧化性燃烧区的 4 层分布。从而保证了黑液液滴的充分蒸发干燥，得到了合理的炉膛竖向温度分布曲线，取得了良好的燃烧效果。采用两层一次风和一层二次风的供风系统，如

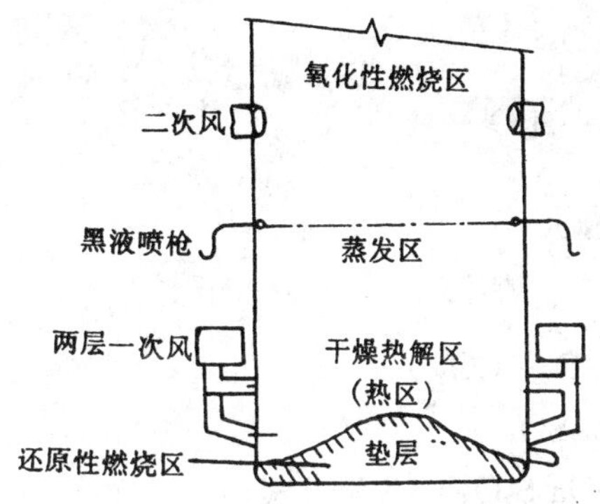

图 14-38　三层供风系统

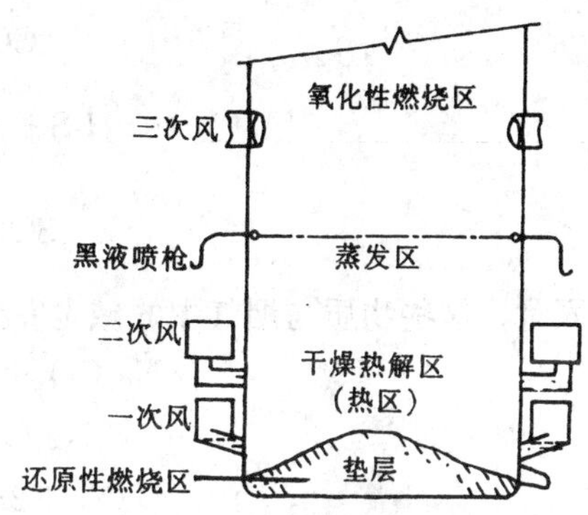

图 14-39　两层一次风和一层二次风供风系统

图 14-39，也可以取得相同的结果。

在碱回收炉中，黑液燃烧的化学反应是复杂的。硫酸盐法木浆黑液在还原性燃烧区中，由于供给燃烧的空气不足，黑灰炭粒将烧成 CO。在有炽热的炭粒和高温条件下，硫酸盐法木浆黑液中的芒硝将还原成为 Na_2S。在高温下，Na_2CO_3 将分解产生 Na_2O。其反应式如下：

$$2C+O_2 \longrightarrow 2CO$$

$$Na_2SO_4+2C \longrightarrow Na_2S+2CO_2$$

$$Na_2SO_4+4CO \longrightarrow Na_2S+4CO_2$$

$$Na_2CO_3 \longrightarrow Na_2O+CO_2$$

如黑灰和空气中含有少量水分，也会发生下列化学反应：

$$Na_2SO_4+2C+H_2O \longrightarrow Na_2O+H_2S+2CO_3$$

在上述各项反应中，碳粒对芒硝的还原反应是吸热反应，因此，垫层要保持有较高的温度与充分的碳和热量。芒硝和 CO 的还原反应是放热反应。以上各项化学反应的反应热如下：

$$Na_2SO_4+2C \longrightarrow Na_2S+2CO_2-223.5kJ$$

$$Na_2SO_4+4C \longrightarrow Na_2S+4CO-567.1kJ$$

$$Na_2SO_4+4CO \longrightarrow Na_2S+4CO_2+120kJ$$

由此计算得到 1kg 芒硝还原成为硫化钠，需要消耗的热量为 7 089kJ。

在还原性燃烧区和干燥、热解区的高温条件下，碳酸钠分解成为 Na_2O 和 CO_2。氧化钠与炽热的炭粒反应产生元素钠，这些升华的 Na_2O 和 Na，将形成燃烧的碱损失。

$$Na_2CO_3 \longrightarrow Na_2O+CO_2$$

$$Na_2O+C \longrightarrow 2Na+CO$$

在蒸发区，进炉黑液中的氢氧化钠、硫化钠和有机酸钠，将与烟气中的 CO_2、SO_2 和 SO_3 发生下列化学反应：

$$2NaOH+CO_2 \longrightarrow Na_2CO_3+H_2O$$

$$Na_2S+CO_2+H_2O \longrightarrow Na_2CO_3+H_2S$$

$$2RCOONa+SO_2+H_2O \longrightarrow Na_2SO_3+2RCOOH$$

$$2RCOONa+SO_3+H_2O \longrightarrow Na_2SO_4+2RCOOH$$

有机物在干燥热解区干燥热解，并初步燃烧。在氧化性燃烧区，充分供应黑液燃烧所需的空气，并保持有一定量的过剩空气，使 CO、H_2S、SO_2 发生下列反应：

$$2CO+O_2 \longrightarrow 2CO_2$$

$$H_2S+\frac{3}{2}O_2 \longrightarrow SO_2+H_2O$$

$$SO_2+\frac{1}{2}O_2 \longrightarrow SO_3$$

同时，这些物质与烟气中的碱尘发生下列反应：

$$Na_2CO_3+SO_3 \longrightarrow Na_2SO_4+CO_2$$

$$Na_2O+SO_3 \longrightarrow Na_2SO_4$$

$$2Na+2SO_2+O_2 \longrightarrow Na_2S_2O_3$$

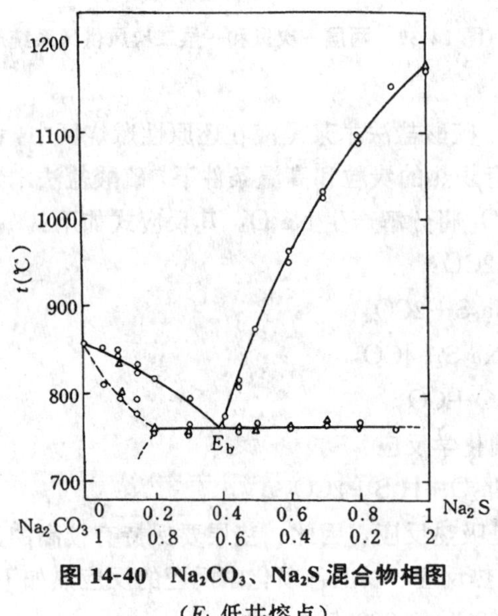

图 14-40 Na_2CO_3、Na_2S 混合物相图

（E_b 低共熔点）

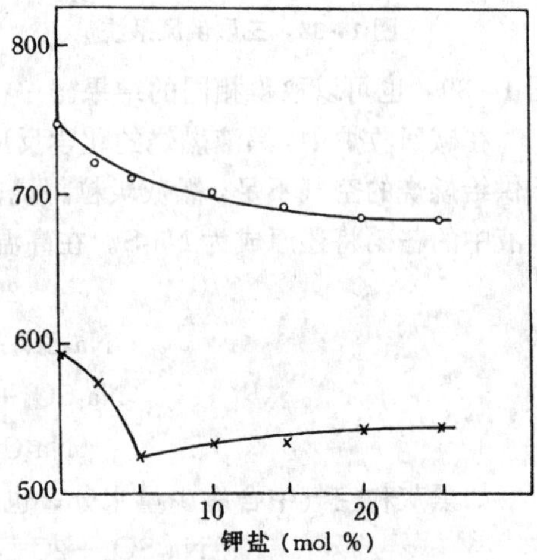

钾盐（mol %）

图 14-41 钾盐对熔融物熔点的影响

-○-液相；-×-低共熔点 熔融物：66.3% Na_2CO_3、20.8%Na_2S、12.9%$NaCl_2$

碱回收炉炉底上的熔融物与炉衬发生下列化学反应：

$$Na_2CO_3+SiO_2 \longrightarrow Na_2SiO_3+CO_2$$

$$Na_2CO_3+Al_2O_3 \longrightarrow 2NaAlO_2+CO_2$$

$$Na_2CO_3+MgO \longrightarrow MgCO_3+Na_2O$$

$$Na_2CO_3+Cr_2O_3 \longrightarrow 2NaCrO_2+CO_2$$

这些化学反应的产物，形成了绿砂和绿泥的成分。

硫酸盐法木浆黑液燃烧产生的熔融物含有 Na_2CO_3 和 Na_2S 二种主要成分，这些成分将形成低熔点共熔物。它的熔点低于纯碳酸钠和纯硫化钠的熔点。硫化钠和碳酸钠混合物的相图如图 14-40。E_b 是最低的共熔点，熔点温度为 756℃，成分为 40%硫化钠，60%碳酸钠。

在熔融物中，还含有一些 Na_2SO_4，NaCl 和钾盐，它将使熔融物的熔点进一步降低。钾盐对含 NaCl 的熔融物熔点的影响如图 14-41。

1.4.2 黑液燃烧炉

1.4.2.1 概 述

黑液燃烧炉通常称为碱回收炉，它是碱回收的主体设备。以黑液为燃料，把黑液中的黑液干固物燃烧转化成为碱和热能，因此，碱回收炉既是化学反应器，又是动力锅炉。

黑液燃烧炉曾有反射炉、转炉和固定式黑液喷射炉 3 种基本型式。反射炉早已被淘汰，转炉也基本被淘汰。下面仅简单描述转炉和固定式黑液喷射炉的基本结构。

(1) 转炉：黑液燃烧用的转炉是由熔炉、转炉和余热锅炉等 3 部分组成。

转炉是一个铁壳，衬耐火砖炉衬的胴体。长 6～7m，直径 2.5～3m，支承在两组托轮上并略向前倾斜，用齿轮带动回转，转速为 1～3r/min，转炉的生产能力为 20～30t 浆/d。

熔炉是一座耐火材料砌体，外用型钢结构加固。规格为：长 2.4m、宽 2.4m、高 3.0m。砌体分内外两层，内层用铬镁砖砌筑，外层用耐火砖砌筑，内外两层之间，留有膨胀缝，中填石棉灰。熔炉的使用寿命一般为 3～6 个月。因此，一台转炉配备两台熔炉，一台在生产运行，另一台在检修，砌筑后备用。

转炉后的余热锅炉前部设有沉降室，专设水冷壁管。余热锅炉部分有凝渣管、过热器、对流管束和省煤器等锅炉受热部件。由于碱回收炉烟气含尘多，受热部件管子间的间距应当大一些。

转炉的生产能力小，热效率差，劳动强度大，劳动条件差。但碱尘飞失较少，技术装备和管理水平要求较低。

(2) 固定式黑液喷射炉：固定式黑液喷射炉是一种特种工业锅炉。将黑液作为燃料，形成垫层，进行层燃。采用液态排渣方式，把黑液干固物中的无机物和灰分烧成液态的熔融物，从炉底流出，回收制浆蒸煮用碱。同时，利用黑液干固物中有机物燃烧产生的热量，生产工业用蒸汽。固定式黑液喷射炉的基本结构，如图 14-42。

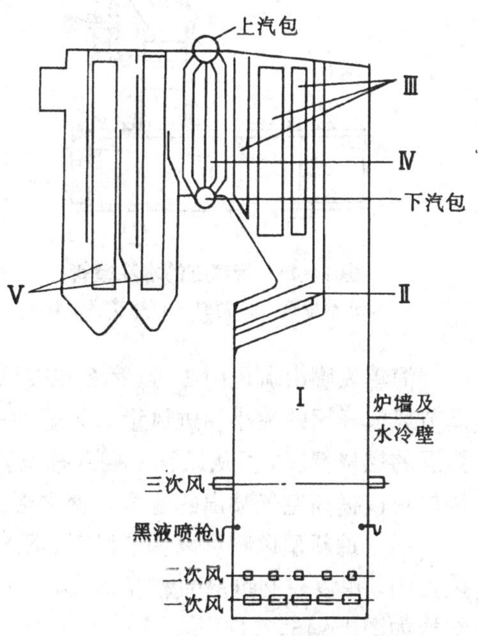

图 14-42　固定式黑液喷射炉

Ⅰ. 炉膛；Ⅱ 凝渣管；Ⅲ. 过热器；Ⅳ. 对流管束；Ⅴ. 省煤器

黑液通过喷枪喷入碱回收炉的炉膛中，与热烟气接触、水分蒸发、黑液干固物干燥、热解成为黑灰，落在炉底上铺成垫层，进行燃烧、还原和熔融。熔化的熔融物从炉底的溜子口流出，经熔融物溜槽和消音装置，分散成为细小颗粒，落入溶解槽中溶解成为绿液。燃烧用的空气，通过一次风口，二次风口和三次风口（有的小型碱回收炉，只有一次风和二次风，不设三次风口），分别吹入炉膛，使黑液得到充分燃烧。燃烧产生的高温烟气，依次通过炉膛、凝渣管、过热器，对流管束和省煤器等部件的受热面，交换热量，生产蒸汽、降低烟温后离开固定式黑液喷射炉。

1.4.2.2　固定式黑液喷射炉的基本结构部件

(1) 炉膛：炉膛是黑液燃烧的地方。固定式黑液喷射炉的炉膛四周一般敷设直立的水冷壁管。水冷壁管为直径 51～63.5mm 的 20 号锅炉无缝钢管，管壁厚度为 3～5mm。水冷壁管有光管和翅片管两种，由翅片管组成的膜式水冷壁炉墙，气密性好、漏风少；墙体轻、炉壁温度低、热量损失少，并且安装方便。

固定式黑液喷射炉的炉膛下部，是燃烧区和还原区，是黑灰燃烧，芒硝还原和熔融物熔化的地方，也就是熔炉部分。这一部分的水冷壁管带有销钉，外涂铬矿砂炉衬用以保护水冷壁管，避免与熔融物直接接触而发生腐蚀和磨蚀。带销钉的水冷壁管如图 14-43。

大型碱回收炉生产汽压为 6MPa 以上的高压蒸汽，多采用合金钢复合钢管制造的水冷壁管。

(2) 风嘴：碱回收炉燃烧用的空气通过风嘴送入炉膛。一种简单风嘴的结构如图 14-44。

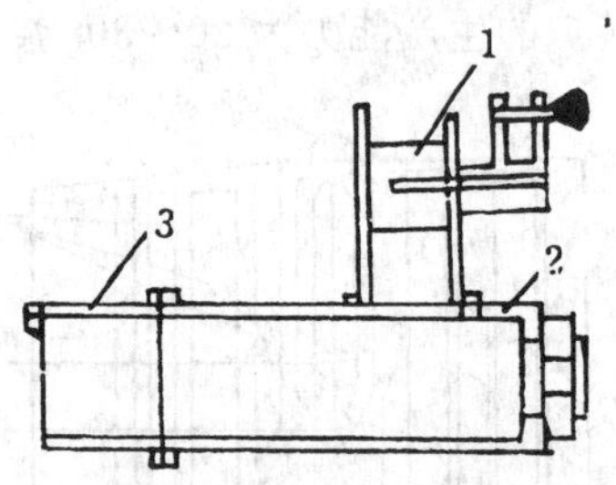

图 14-43 带销钉的水冷壁管

1. 水冷壁管 2. 销钉 3. 铬矿砂炉衬

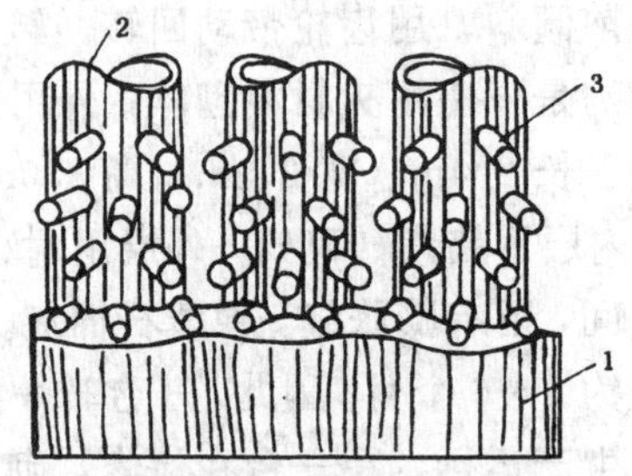

图 14-44 简单风嘴的结构

1. 调风门 2. 风管 3. 喷风口

简单风嘴由调风门 1、风管 2 和喷风口 3 三部分组成。调风门外部装有分度盘，指示旋转调节风门开闭的大小和进风量。风管的一端伸在炉墙外面，装有视镜，可以观察炉膛内部和垫层的燃烧情况，可从风管中插入捅枪，疏通堵塞的喷风口。风口的另一端与喷风口相接，喷风口用以提高空气喷出的速度，使之形成湍流增加穿透力。

另一种新型风嘴可以调节风量、风速和喷风方向，用以控制垫层的燃烧状况，新型风嘴结构如图 14-45。

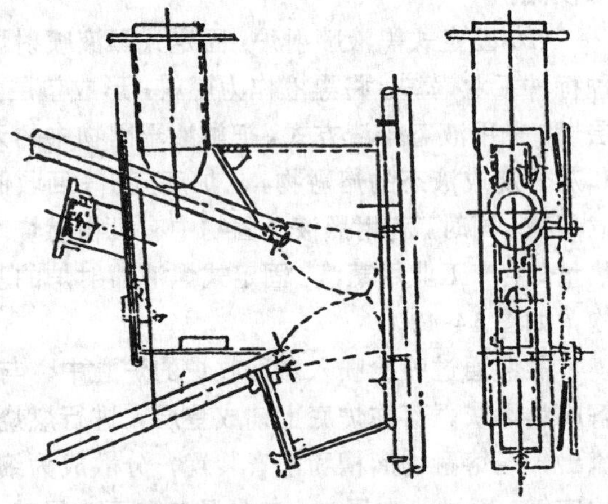

图 14-45 新型风嘴结构

(3) 凝渣管：凝渣管安装在炉膛上部的烟气出口处。烟气通过凝渣管进入过热器区。凝渣管、过热器和对流管束的布置，如图 14-46。高温烟气在凝渣管外流过，水在凝渣管内流动，使管壁温度不致过高。凝渣管的作用是降低烟气温度，捕集烟气中的粉尘，保护过热器，免受高温火焰的直接辐射而损坏，并作为过热器检修时的支架。

在炉膛外面装有凝渣管的下联箱，经下降管与下汽包相连，引入炉水。凝渣管横跨在炉膛烟气出口处并与上汽包相连，或经上联箱与上汽包相联，把汽水混合物引入上汽包，形成水汽循环。

凝渣管一般用 2～4 根管子构成一组，分成若干组排列在炉膛出口处。凝渣管为直径 60mm、壁厚 5mm 的 20 号锅炉钢无缝钢管。大型碱回收炉的凝渣管多采用翅片管呈竖向排列，组成凝渣管屏，以提高凝渣管屏的强度，抗拒结渣下落的撞击。用翅片管组成的凝渣管屏的断面如图 14-47。

凝渣管管内有水通过，必须严密注意防止泄漏，以免有水滴落入炉膛，与熔融物接触，发生爆炸。

(4) 过热器：过热器装在碱回收炉的顶部，在对流管束的前方，吸收高温烟气的热量，使

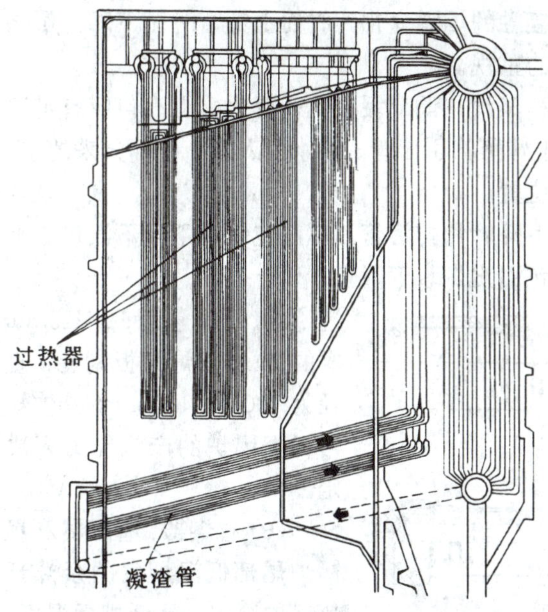

图 14-46　凝渣管、过热器和对流管束的布置

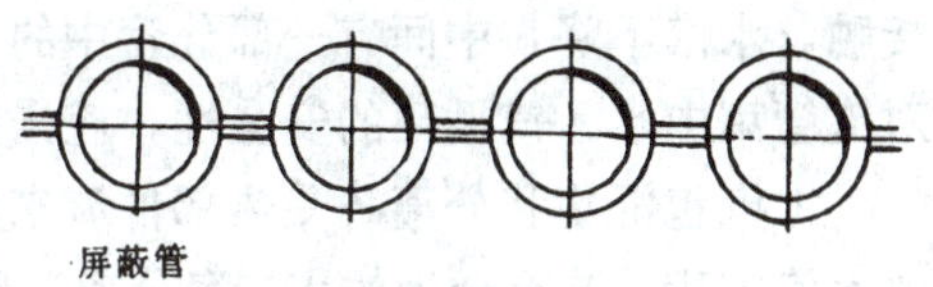

图 14-47　用翅片管组成的凝渣管屏的断面

饱和蒸汽的温度提高，成为过热蒸汽。过热蒸汽在输送过程中，可避免产生冷凝水，降低热损失，减少管道、管件的腐蚀、磨损和水击。高压过热蒸汽，可用于汽轮机发电，抽出的低压蒸汽可供制浆造纸生产使用。

过热器是用管子编拼组成屏板，悬挂在炉顶上，屏板式过热器的结构如图 14-48。屏板式过热器上不易结渣，如果发生结渣，也易于清除。过热器是用直径为 28～42mm、壁厚为3～4mm 的 20 号锅炉钢无缝钢管，渗铝管，或合金钢管制造。

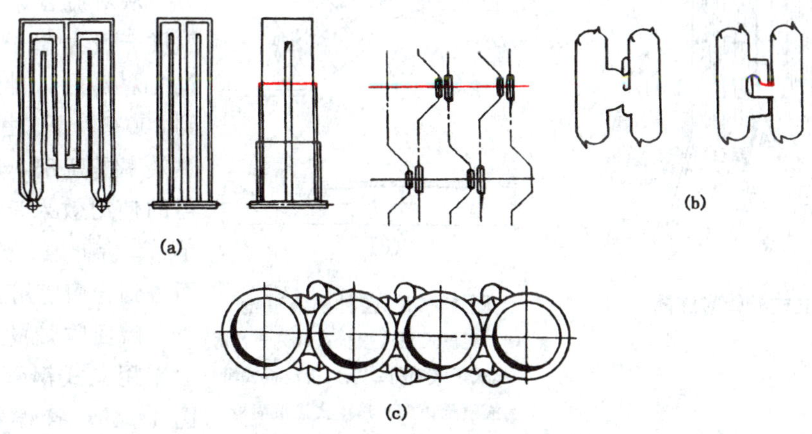

图 14-48　屏板式过热器的结构

(a) 屏板式过热器的结构；(b) 屏板式过热器的拼搭方式；(c) 屏板式过热器的滑动连结

(5) 对流管束：对流管束由上汽包、下汽包和对流受热管束组成，它是锅炉的主要对流受热面。对流管束布置在炉膛后侧的烟气通道中，受烟气的冲刷，以对流传热方式吸收烟气的热量。

在碱回收炉中，进入对流管束的烟气温度应控制在 600℃以下，如烟温超过 600℃，烟气中的粉尘发粘，附着在受热面上不易吹落；烟温在 600℃以下时，附着在受热面上的粉尘疏松，易于吹灰清除。

对流管束管间的间距，应比一般工业锅炉对流管束的管间距要大些，以免积灰堵塞烟气通道，并便于吹灰。对流管束的管直径为 63.5mm、壁厚为 3.5mm 的 20 号锅炉钢无缝钢管。

对流管束前部水管与温度较高的烟气接触，管内水汽上升，后部水管与温度较低的烟气接触，水汽下降，中间有一部分管中的水汽因接触的烟温变化，时而上升，时而下降，影响对流管束中水、汽循环的安全性，应当有足够的重视。

上汽包汇集和分离各受热部件流来的炉水和蒸汽，调节缓冲负荷变化。上汽包应有足够的水汽容积，装有合理的水、汽分离装置，安排好蒸汽引出管、给水引入管，各部分来的水、汽混合物引入管、排污管和加药管等等部件的位置。

下汽包用以贮存炉水，并把炉水分配到各下降管和排污管。单汽包锅炉不设下汽包。上汽包的水、汽容积就更为重要，并且要从上汽包引出炉水下降管。

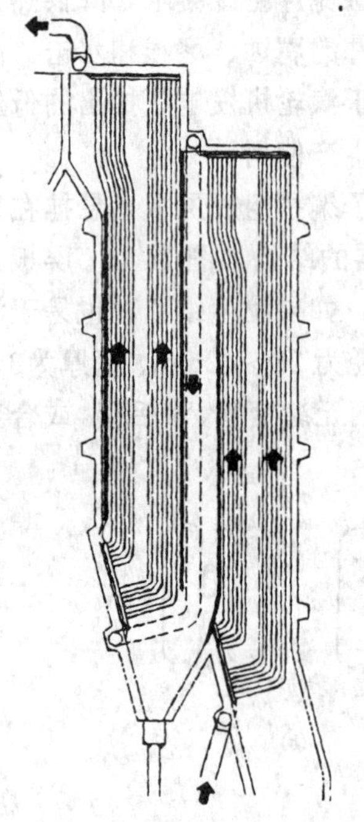

图 14-49 立式钢管省煤器

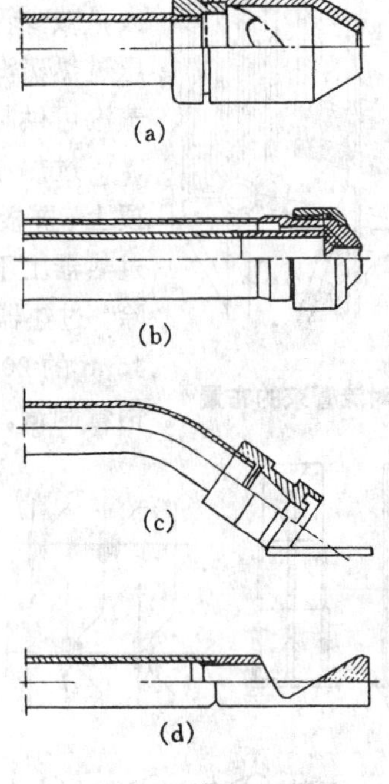

图 14-50 四种黑液喷枪

(a) 旋涡式黑液喷枪；(b) 蒸汽雾化式黑液喷枪；(c) 折流板式黑液喷枪；(d) 燕尾式黑液喷枪

上、下汽包用12～25mm厚的20号锅炉钢板制造，直径为800～1 400mm，具体规格根据锅炉的产汽能力来决定。

(6) 省煤器：省煤器利用锅炉尾部低温烟气的余热预热锅炉给水，降低排烟温度，提高锅炉热效率。

从对流管束排出的烟气温度一般为300～350℃。经过省煤器后，排烟温度可降到200℃以下。由此可使锅炉热效率提高8%～10%。省煤器的使用效果良好、结构简单、造价低廉、安装紧凑，因而得到普遍应用。

碱回收炉的省煤器，一般采用立式钢管省煤器，如图 14-49，省煤器管管径为28～38mm、壁厚为3mm的20号锅炉钢无缝钢管，烟气顺向冲刷省煤器管，由此可以减少积灰并便于吹灰。

碱回收炉中的烟气含有 SO_2 和大量水蒸气，必须注意省煤器的进水温度不宜过低。如省煤器管壁温度低于烟气的露点，就会产生酸性露滴，腐蚀管壁。

(7) 黑液喷枪：黑液喷枪的型式很多，4种常用的黑液喷枪如图 14-50。其中，图 14-50 (a) 是旋涡式黑液喷枪。黑液通过旋涡流道，产生了离心力，使黑液从喷孔中喷出后，形成一个空心的圆锥形薄膜，再分裂成许多液滴下落。旋涡式黑液喷枪的喷量较小，大型碱回收炉要用多支喷枪。图 14-50 (b) 是蒸汽雾化式黑液喷枪。用蒸汽使喷出的黑液雾化成许多液滴，蒸汽雾化式黑液喷枪要消耗蒸汽，耗能较多。图 14-50 (c) 是折流板式黑液喷枪，黑液从喷孔中喷出后，受到折流板的阻挡，分布成为一片液膜，奔向炉膛对面，在行进过程中，液膜分裂成许多液滴下落或到对面的炉壁上，干燥下落。折流板式黑液喷枪外部有摇摆装置，使喷枪在一定的角度内摇摆，均匀分布黑液。折流板式黑液喷枪的喷量较大。图 14-50 (d) 是燕尾式黑液喷枪，它的原理和作用与折流板式黑液喷枪基本相同，只是在制作结构上简单一些。

另一种是可调式黑液喷枪，如图 14-51。

（8）吹灰器：碱回收炉内的烟气中含有大量粉尘，这些粉尘会附着在各处受热面上，阻碍传热、堵塞烟气流道，甚至因风道堵塞而被迫停炉，因此，碱回收必须经常使用吹灰器吹灰，保持烟气流道畅通和受热面的清洁。吹灰器有手动式吹灰器、固定式吹灰器和伸缩式吹灰器 3 种。

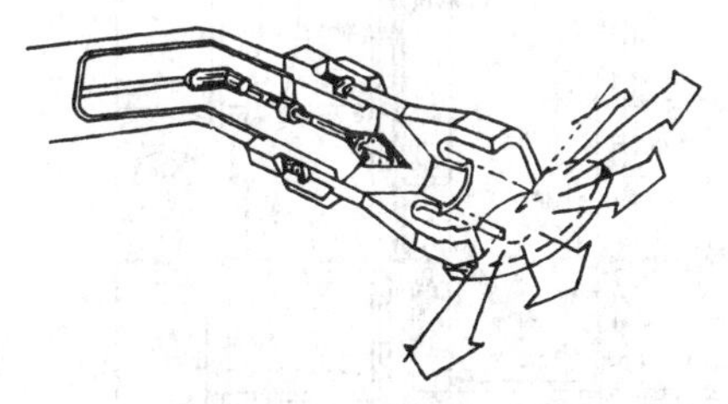

图 14-51　可调式黑液喷枪

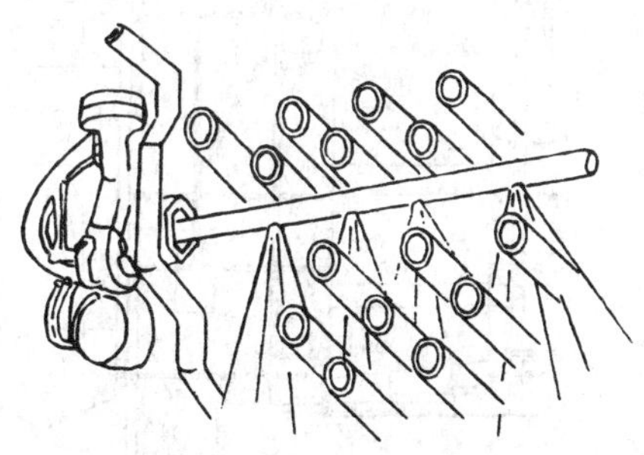

图 14-52　固定式吹灰器

手动式吹灰器是一根直径为 20～25mm 的薄壁钢管。一端封闭，在两侧对称位置上开两个喷气孔；管子的另一端通过阀门与压缩空气管线用软管连接。

吹灰时，操作工人把手动式吹灰器，通过炉墙上的吹灰孔，插入炉内，打开压缩空气开关阀门，用 0.8～1MPa 的压缩空气吹灰。手动式吹灰器一般用于小型碱回收炉或作辅助吹灰用。

固定式吹灰器（如图 14-52）装在碱回收炉炉内的固定位置上。

固定式吹灰器用压缩空气或过热蒸汽吹灰。由于固定式吹灰器安装在炉内，长期受热，容易变形，使用效果不好，现已很少采用。

伸缩式吹灰器平时安装在炉墙外侧，吹灰时，通过吹灰孔自动伸入炉内并可伸缩移动。伸缩式吹灰器的端部装有能旋转的吹灰嘴，喷出过热蒸汽或压缩空气吹灰，吹灰完毕后，伸缩式吹灰器又自动退回到炉墙外侧。伸缩式吹灰器的结构如图 14-53。

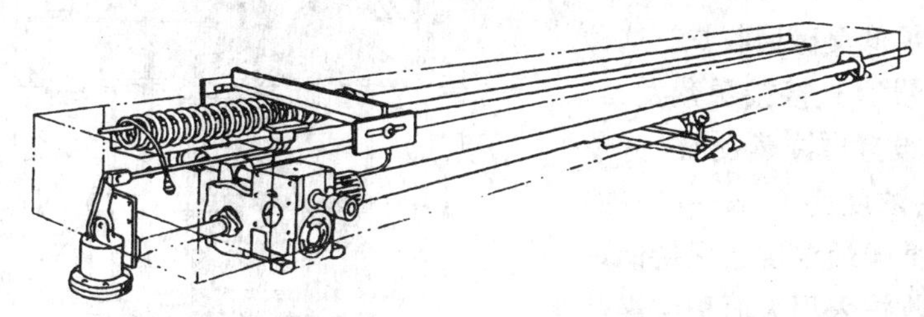

图 14-53　伸缩式吹灰器

1.4.2.3　固定式黑液喷射炉的各种类型

各种固定式黑液喷射炉的基本结构，虽然相同，但组合型式和性能要求各异。早期的固定式黑液喷射炉，一般常用的有 3 种基本型式即：B&W 型、CE 型和北欧型。

B&W 型固定式黑液喷射炉的典型结构如图 14-54；CE 型固定式黑液喷射炉的典型结构

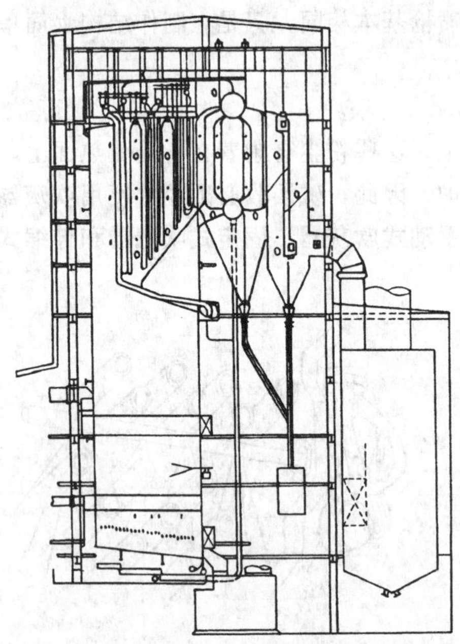

图 14-54 B&W 型固定式黑液喷射炉

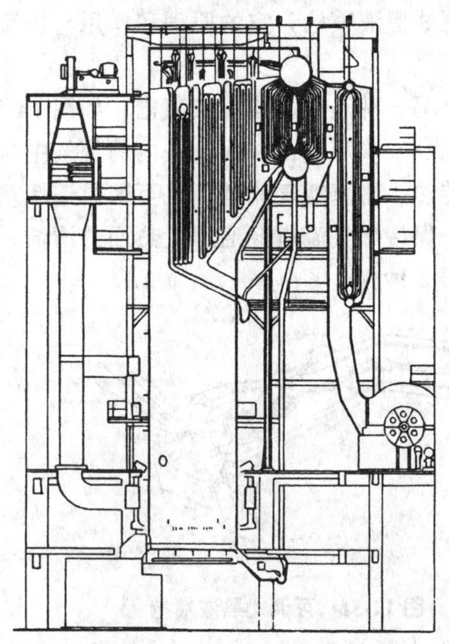

图 14-55 CE 型固定式黑液喷射炉

如图 14-55；北欧型固定式黑液喷射炉的典型结构如图 14-56。

这 3 种固定式黑液喷射炉炉型的基本特征见表 14-20。随着时间的推移和发现，这 3 种炉型的差异在逐步缩小或消失，并创造了新的炉型。固定式黑液喷射炉的其他类型如下：

(1) 低臭碱回收炉：在 20 世纪 70 年代，为了适应环境保护的要求，控制总还原性硫化物（TRS）的排放，减少空气污染，提出了低臭碱回收炉。这种低臭碱回收炉，没有直接接触蒸发器。在黑液蒸发部分设置增浓蒸发器，为黑液燃烧部分提供浓度为 60%～65%的浓黑液，为了降低排烟温度和保持锅炉的热效率，碱回收炉采用大面积省煤器或低温省煤器。在黑液燃烧的操作上，提高二次风的风量和风速，提高炉膛温度和垫层燃烧的均匀性，尽量避免产生总还原性硫化物。低臭碱回收炉的结构如图 14-57。

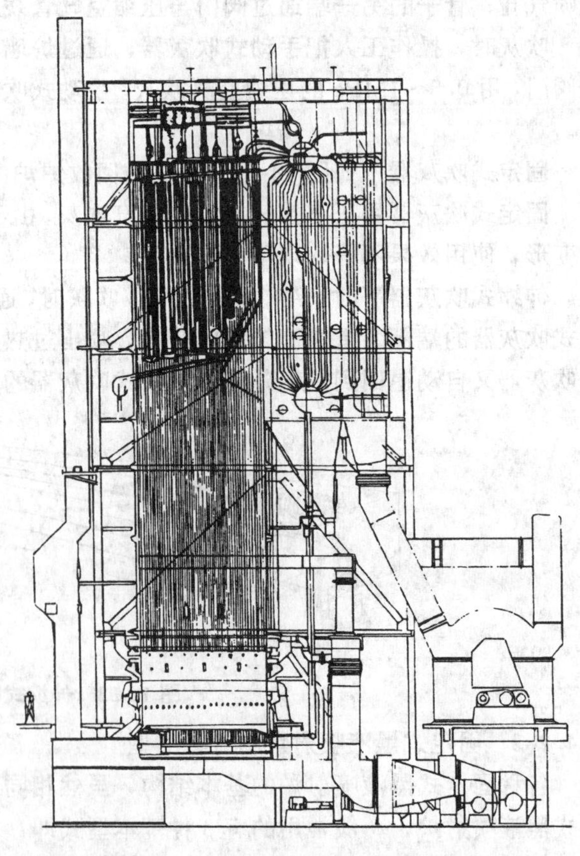

图 14-56 北欧型固定式黑液喷射炉

表 14-20　3 种固定式黑液喷射炉的基本特征

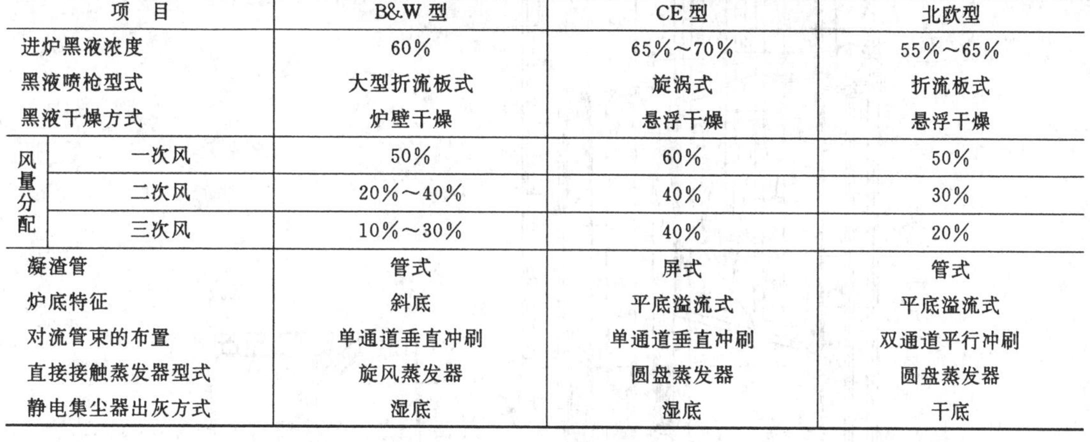

项　目		B&W 型	CE 型	北欧型
进炉黑液浓度		60%	65%～70%	55%～65%
黑液喷枪型式		大型折流板式	旋涡式	折流板式
黑液干燥方式		炉壁干燥	悬浮干燥	悬浮干燥
风量分配	一次风	50%	60%	50%
	二次风	20%～40%	40%	30%
	三次风	10%～30%	40%	20%
凝渣管		管式	屏式	管式
炉底特征		斜底	平底溢流式	平底溢流式
对流管束的布置		单通道垂直冲刷	单通道垂直冲刷	双通道平行冲刷
直接接触蒸发器型式		旋风蒸发器	圆盘蒸发器	圆盘蒸发器
静电集尘器出灰方式		湿底	湿底	干底

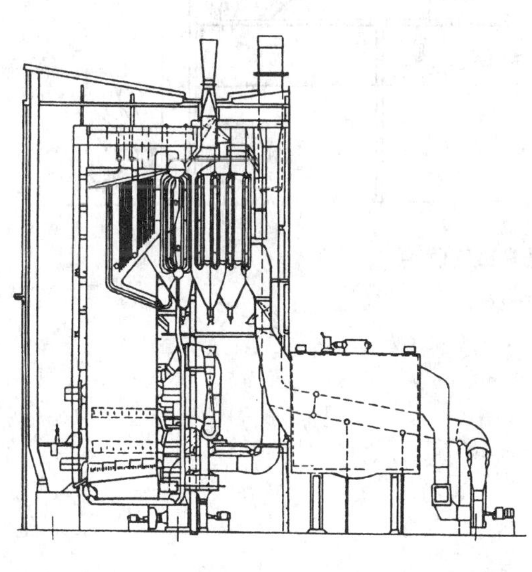

图 14-57　低臭碱回收炉

图 14-58　单汽包碱回收炉

(2) 单汽包碱回收炉：20 世纪 80 年代提出了单汽包碱回收炉。这种碱回收炉的对流管束部分没有下汽包，管束用上下联箱与上汽包连接，避免了下汽包上积灰问题。安装时不用胀管，全部采用焊接整体安装，缩短了安装时间。单汽包碱回收炉的结构，如图 14-58。

一台 20 世纪 90 年代的单汽包低臭碱回收炉的结构和布置，如图 14-59。

(3)中国制造的固定式黑液喷射炉：已成定型系列的有 25t 浆/d、50t 浆/d、75t 浆/d、100t 浆/d、150t 浆/d、200t 浆/d 和 300t 浆/d 等规格；另可按具体要求，提供各种类型的碱回收炉。300t 浆/d 的固定式黑液喷射炉的性能如下：

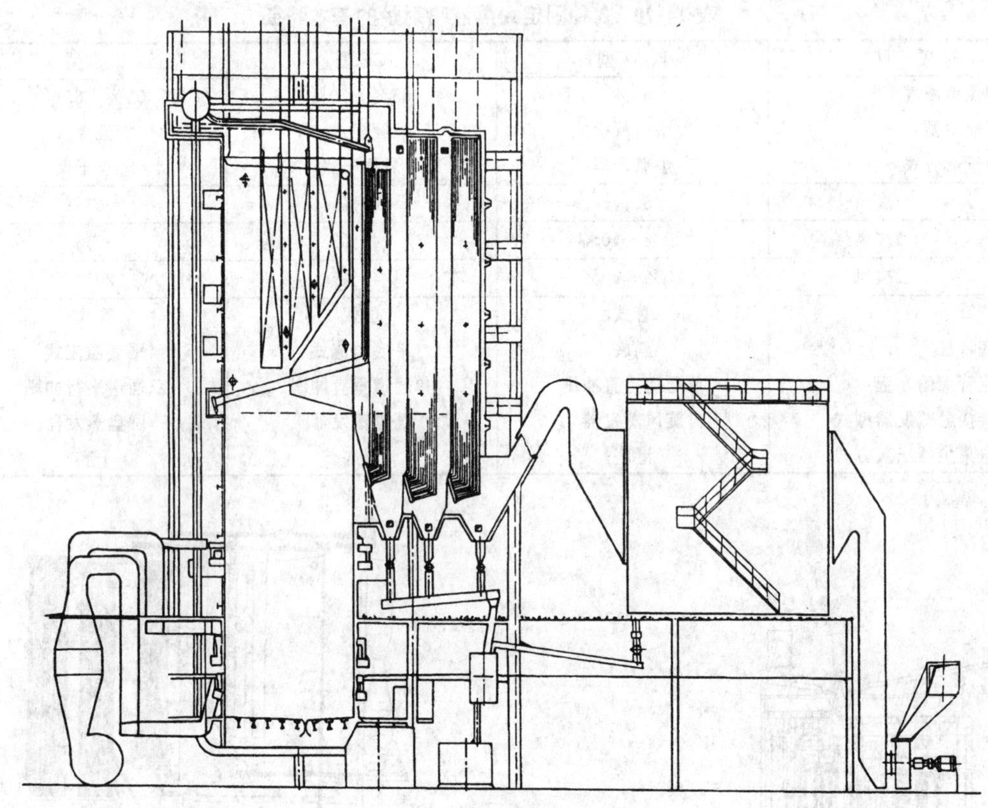

图 14-59 单汽包低臭碱回收炉

燃烧量：	450t 黑液干固物/d
产汽量：	68t 汽/h
蒸汽参数	
过热蒸汽	
压力：	3.9MPa
温度：	450℃
给水温度：	130℃
热风温度：	150℃
排烟温度：	250℃

我国制造的 300t 浆/d 固定式黑液喷射炉的结构，如图 14-60。

（4）中国制造的活动熔炉式黑液喷射炉：活动熔炉式黑液喷射炉的炉膛和熔炉部分是活动的，不敷设水冷壁，采用风夹套或水夹套炉墙，内衬铬镁砖砌体。一台黑液喷射炉有两台活动熔炉，一台生产运行，另一台检修、砌筑、备用。

（5）中国使用的简易黑液喷射炉：这种黑液喷射炉没有余热锅炉部分，全部用砖砌筑，外罩型钢结构加固。炉膛下部的熔炉部分，有 3 层砌体。里层是铬镁砖砌体，中层是耐火砖砌体，外层是红砖砌体，炉膛上部只有耐火砖和红砖两层砌体。

1.4.3 黑液燃烧的辅助系统

黑液燃烧的辅助系统包括：黑液、芒硝的供应和混合系统；供风系统；给水系统；熔融物溶解系统；集尘系统；辅助燃料系统。

(1) 黑液、芒硝的供应和混合系统：该系统包括浓黑液槽、浓黑液泵、直接接触蒸发器、浓黑液中间槽、芒硝黑液混合器、喷液泵和直接蒸汽加热器等设备和管线。

由黑液蒸发部分送来的浓黑液贮存于浓黑液槽中。贮存量约为 12h 的生产用量。浓黑液槽中装有间壁式蒸汽加热器，用以保持黑液温度和流动性。

直接接触蒸发器的型式很多，常用的有圆盘蒸发器和旋风蒸发器，圆盘蒸发器如图 14-61，黑液通过直接接触蒸发器时，利用碱回收炉烟气的余热进行蒸发，使木浆黑液浓度由 50%提高到 60%～65%。同时，也发生一些集尘作用。但直接接触蒸发器会把黑液中的总还原性硫化物（TRS）吹出来，造成了空气污染。

补充芒硝经过粉碎，筛分后，经皮带运输机输送，与集尘器和碱回收炉落灰斗中收集到的粉尘一起送入芒硝黑液混合器，与燃烧用的浓黑液混合，芒硝黑液混合器如图 14-62。

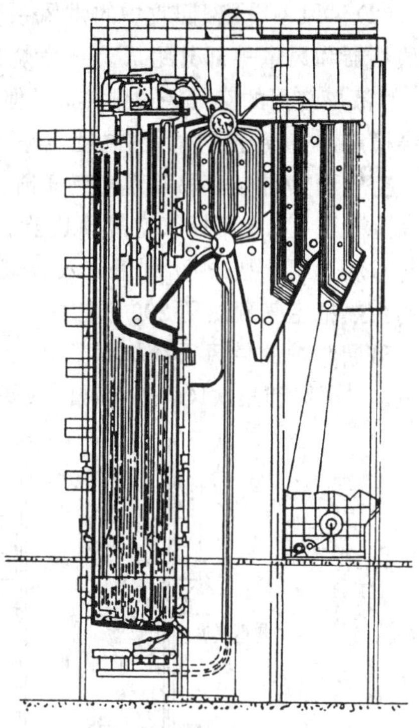

图 14-60　300t 浆/d 固定式黑液喷射炉

芒硝和黑液混合均匀后，通过混合器中的筛板，除去过大的固体颗粒后用泵送入通往黑液喷枪的黑液管道中。

直接蒸汽加热器安装在通往黑液喷枪的黑液管线上，这是一段直径较大的黑液管。在管子中心，轴向伸入一个蒸汽喷嘴，把蒸汽直接喷入流动的浓黑液中，使浓黑液温度提高到 105℃以上，以降低黑液的粘度和表面张力，使黑液从黑液喷枪中喷出后迅速分散成为粒度均匀适当的液滴。

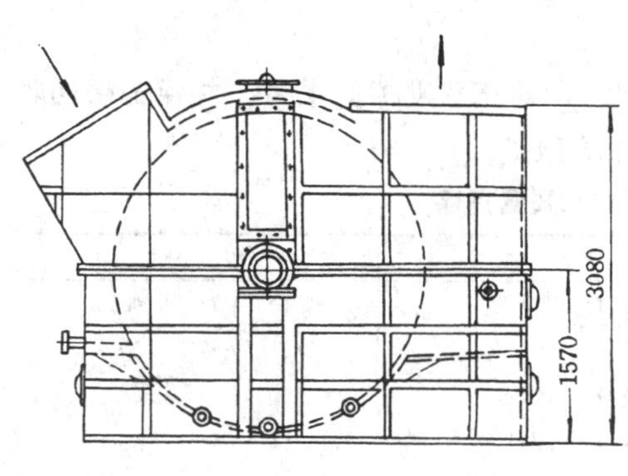

图 14-61　圆盘蒸发器

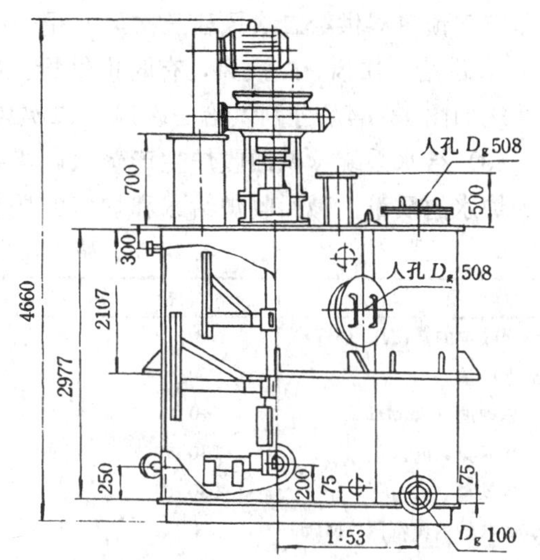

图 14-62　芒硝黑液混合器

(2)供风系统：碱回收炉的供风系统，由鼓风机、空气预热器和风道等部分组成。把燃烧用的空气送到风嘴。黑液燃烧用的空气经过预热，以促使黑液在炉膛中燃烧稳定。空气经预热后的温度一般为150℃。

空气预热器一般采用蒸汽空气预热器，为了进一步提高空气温度，采用烟气空气预热器。烟气空气预热器常与省煤器组合在一起，利用进入省煤器的温度较高烟气的余热把空气预热到200℃左右。

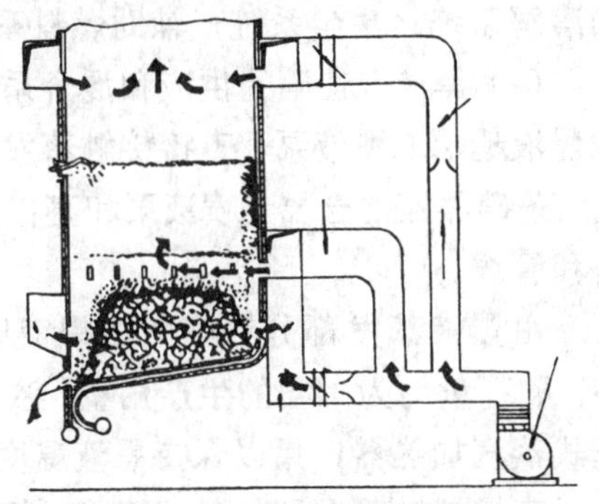

图 14-63 单一供风系统

碱回收炉的供风系统把供给燃烧用的空气分为一次风、二次风和三次风，送入碱回收炉内。小型的或早期的碱回收炉，只有一次风和二次风，并且只用一列鼓风机和空气预热器供风。较大型的和现代的碱回收炉设有三次风，并且，用一列鼓风机和空气预热器供给一次风；用另一列鼓风机和空气预热器供给二次风和三次风。用一列鼓风机和空气预热器组成的单一供风系统如图14-63，供给一次风，二次风，有时也供给三次风。用两列鼓风机和空气预热器组成的分别供风系统如图14-64，分别供给一次风、二次风和三次风。

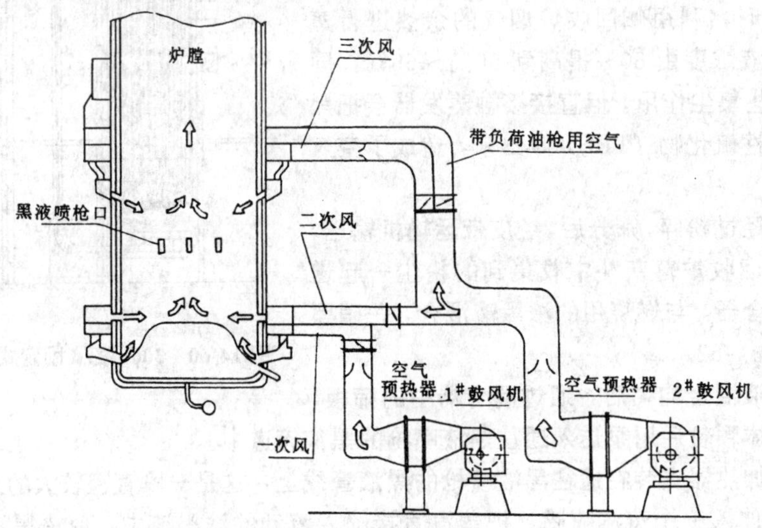

图 14-64 分别供风系统

(3) 给水系统：碱回收炉生产蒸汽，需要及时给水，补充蒸发掉的水量，并保证碱回收炉中炉水的质量。碱回收炉给水和炉水的质量指标见表14-21。

表 14-21 碱回收炉给水和炉水和质量指标

项目	指标		项目	指标	
碱回收炉的蒸汽压（MPa）	1.3	4	含铜量（μg/L）	<20	<20
给水质量			pH值	>7	>7
总硬度（μmol/L）	<40	<20	炉水质量		
含氧量（μg/L）	<30	<30	碱度（mmol/L）	<14	<14
含铁量（μg/L）	<30	<30	含盐量	<3000	<3000
碱回收炉的蒸汽压（MPa）	1.3	4	磷酸根	15～20	15～20
含油量（μg/L）	<0.1	<0.1			

碱回收炉的给水系统包括软化水处理、除氧和给水泵及管线等部分。大多数碱回收炉的软化水处理和除氧部分常与动力锅炉的给水系统结合在一起，由动力锅炉房供给经过除氧的软化水。碱回收炉部分只设置贮水箱和给水泵，有的在碱回收炉部分设除氧器；少数的碱回收炉设置软化水处理，除氧以及给水泵和管线等全套系统。

锅炉给水泵应有两台电动给水泵和一台汽动给水泵，要保证在任何情况下，总有一台给水泵能给锅炉上水。

(4) 熔融物溶解系统：熔融物溶解系统由熔融物溜槽、消音装置、熔融物溶解槽、绿液过滤器和绿液泵等设备及管线组成。

熔融物从碱回收炉炉底的溜子口流出，通过溜槽，经消音装置把熔融物分散成为细小颗粒落入溶解槽中，用稀滤液溶解成为绿液。

熔融物与水接触，会产生剧烈爆炸，这是碱回收最重要的安全问题。

熔融物从炉底溜子口流出来，有强烈的冲刷磨蚀和腐蚀作用。必须注意溜子口附近的部件，不能有任何漏水、渗水现象。

熔融物溜槽是一个用水夹套冷却的敞口渡槽，用铸铁或型钢制造。型钢溜槽的底板可有波纹，以减少底板承受的热应力，避免裂漏。熔融物溜槽组合装置如图 14-65，波纹底板型钢熔融物溜槽如图 14-66。

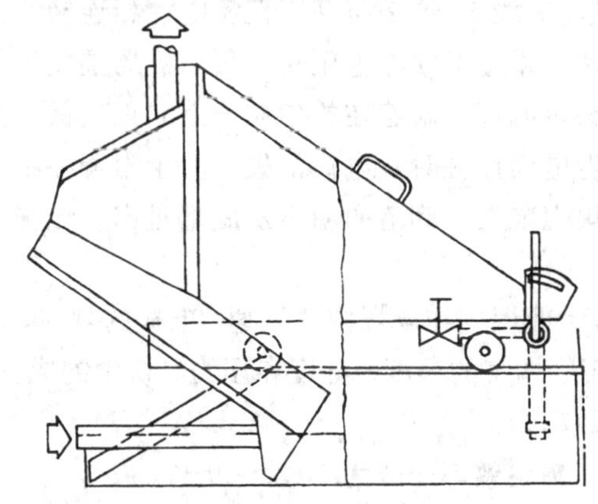

图 14-65　熔融物溜槽组合装置

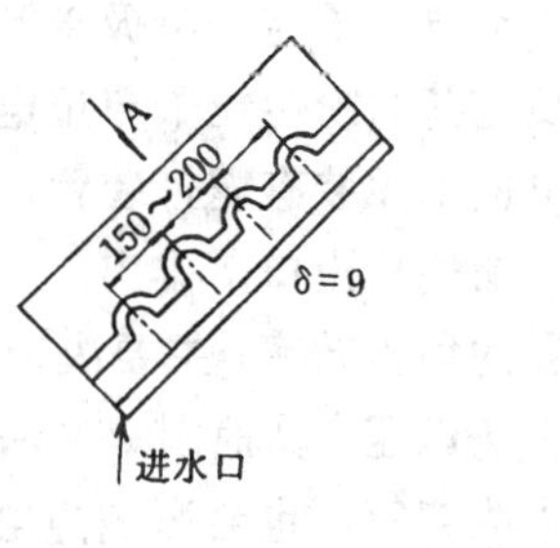

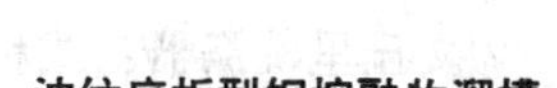

图 14-66　波纹底板型钢熔融物溜槽

消音装置有水消音和汽消音两种。水消音在消音嘴中喷出绿液；汽消音在消音嘴中喷出蒸汽。在溜槽下方熔融物流出处左右各装一对消音嘴、喷出扇面形的绿液和蒸汽，交叉覆盖在溶解槽的液面上，把熔融物吹散成细小颗粒，然后落入水中溶解，避免发生剧烈爆炸。在正常运行时，只开动水消音。如水消音出现故障，或有大量熔融物涌出时，开启汽消音与水消音同时并用。

熔融物溶解槽是一个立式平底，圆筒形或椭圆筒形贮槽。熔融物溶解槽的结构如图 14-67。溶解槽的内壁涂耐碱水泥涂层，并装有搅拌器，不停地搅拌槽中的溶液。溶解槽中应经常保持有一定的液位，保证经常不断地循环供应消音用的绿液。溶解槽补充稀滤液，溶解熔融物，当达到一定浓度时，把绿液送往苛化部分使用。

(5) 集尘系统：碱回收炉的集尘系统有两种，一种是静电集尘器；另一种是文丘黑洗涤器。

①静电集尘器：静电集尘器的结构如图 14-68。静电集尘器有一个钢板或混凝土制的外

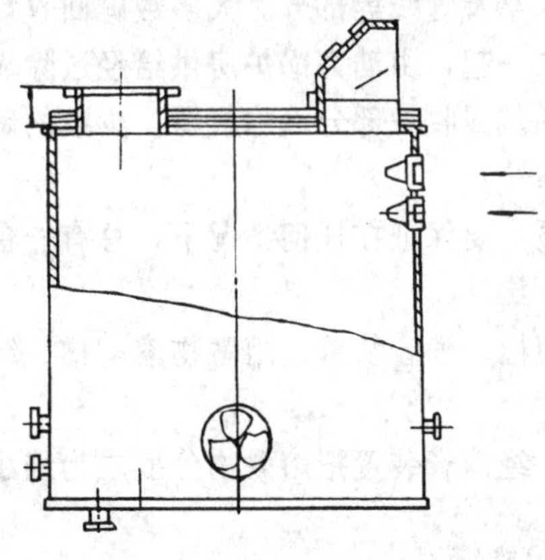

图 14-67 熔融物溶解槽

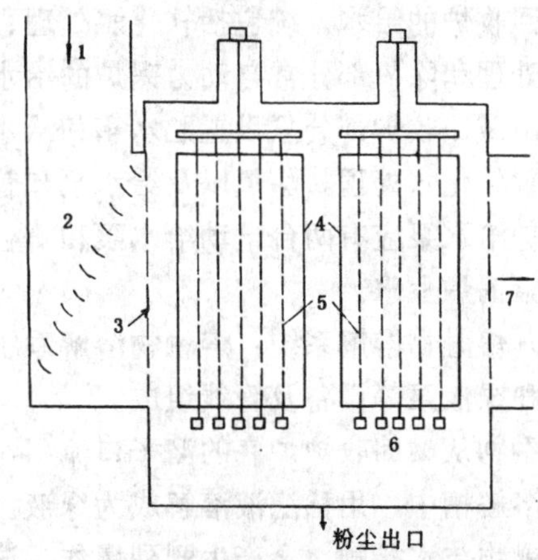

图 14-68 静电集尘器

1. 烟气进口；2. 折流分配板；3. 匀流板；
4. 集尘电极板；5. 电极线；6. 重锤；7. 出口

壳，内涂耐腐蚀层，外包保温层。从碱回收炉或直接接触蒸发器来的烟气，从进口1进入静电集尘器，通过折流分配板2和匀流板3，均匀、等速地进入电场；4是集尘电极板，是接地的正极。在两块集尘电极板之间，悬挂着棘形放电电极线5，这是与高压直流电源相连接的负电极，负电极下端悬重锤6拉伸。当电场电压很高，超过了临界电压时，负电极周围发生电晕，气体电离，正电离子与负电极接触消失电荷。负电离子附着在粉尘粒子上向正电极方向移动。当带有负电荷的粉尘粒子与正电极，即集尘电极接触时，电荷消失，粉尘附着在集尘电极上。集尘电极下面装有震打装置，定时敲打集尘电极，卸落的粉尘从底部排出，送往芒硝黑液混合器。烟气从出口7排出。

静电集尘器的集尘效率，主要决定于3个因素：即烟气在电场内的流速；电极的规格、尺寸和型式以及电场电压。其他因素如烟气的导电度、烟气的温度、湿度和压力，粉尘的成分、粒度和烟气含尘浓度等，也会影响静电集尘器的效率。

静电集尘器耗能少，运行费用低，工作可靠，集尘效率一般为90%～98%。

②文丘里洗涤器：或称文丘里除尘器。一般与旋风蒸发器联合使用。文丘里洗涤器和旋风蒸发器组合系统如图14-69。

文丘里洗涤器由收缩管、喉管和扩散管三部分组成，结构简单。影响文丘里洗涤器集尘效率的主要因素是：喉管中的气体流速；气体与液体的容积流量比率和液体的雾化程度。从文丘里洗涤器排出的烟气温度低，并已达到饱和湿度。

文丘里洗涤器的能耗大，容易发生黑液结焦现象，集尘效率可达80%左右。

(6) 辅助燃料系统：碱回收炉开炉点火，升温，停炉前烧黑灰垫层以及事故处理和故障排除等，都要燃烧辅助燃料。碱回收炉用的辅助燃料有：气体燃料、燃料油以及木材、锯屑和其他灰分很低的固体燃料。在有天然气资源的地方，可用气体燃料。小型、简易碱回收炉可用木材、锯屑等低灰分固体燃料。大多数碱回收炉用燃料油作为辅助燃料。

使用燃料油的碱回收炉，设有工作油罐、滤油器、加压泵、稳压罐，经喷油油枪，把燃料油喷入炉膛，并雾化燃烧。工作油罐和加压泵等设备，应放在与碱回收炉隔离的房屋中。

喷油枪上装有喷油嘴，喷油嘴的型式很多，机械雾化喷油嘴的结构如图14-70。机械雾化

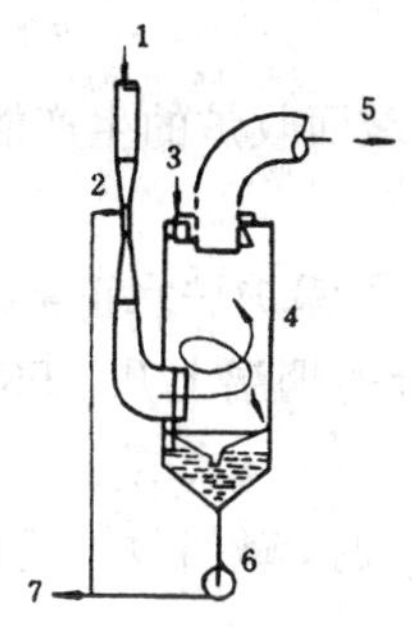

图 14-69　文丘里洗涤器和旋风蒸发器组合系统

1. 烟气入口；2. 文丘里管；3. 黑液喷淋管；4. 旋风蒸发器；5. 烟气出口；6. 循环泵；7. 去芒硝黑液混合器

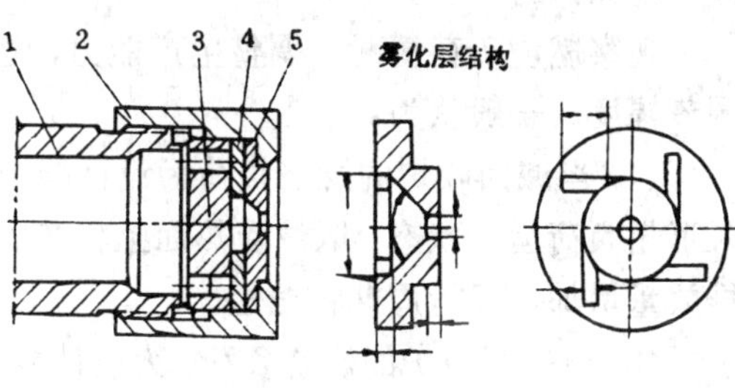

图 14-70　机械雾化喷油嘴

1. 喷油枪；2. 压紧螺帽；3. 分油片；4. 旋流片；5. 雾化片

喷油嘴结构简单，使用方便。但喷油压力高，喷油量大，可调节的范围小。

另一种是蒸汽雾化喷油嘴，用蒸汽作为雾化剂。使用的蒸汽压力为 0.5MPa，油压为 0.2～0.25MPa，平均耗汽量为 0.4～0.6kg 汽/1kg 油。这种喷油嘴不易堵塞，但火焰长。

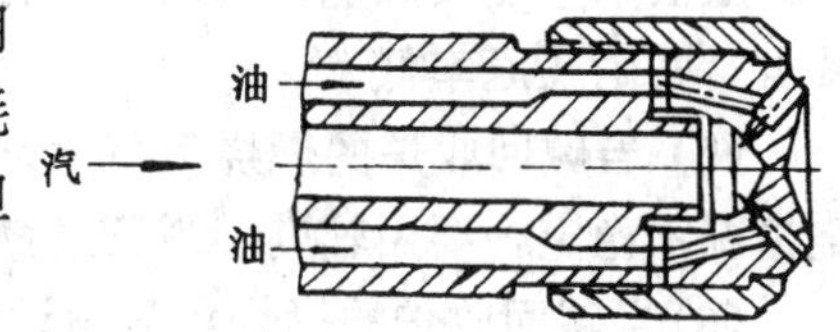

图 14-71　Y 型喷油嘴

Y 型喷油嘴(如图 14-71)是一种蒸汽雾化喷油嘴，也可用压缩空气作为雾化剂，喷油量可稍有调节。

碱回收炉一般采用机械雾化喷油嘴。

1.4.4　黑液燃烧的生产运行

1.4.4.1　基本要求

黑液燃烧生产运行的基本要求是：保持碱回收炉连续稳定地燃烧；在与黑液蒸发和苛化部分平衡协调情况下，努力增加黑液燃烧量，产碱量和产汽量；提高碱回收率，热效率和芒硝还原率；降低芒硝和水、电、汽消耗；排除故障，防止事故发生，延长生产运行周期；减少停机、检修时间；在满足环境保护要求下，达到碱回收生产的各项技术、经济指标。

连续稳定的黑液燃烧是碱回收炉生产的首要条件。它主要表现在三个方面：没有灭火或部分灭火的现象；烟气流道畅通；生产安全。

碱回收炉燃烧黑液，发生灭火或部分灭火现象，是一种不稳定燃烧，更是一种危险信号。黑灰垫层灭火，但黑灰仍在发生热解，产生可燃气体，在一定条件下，会产生可燃气体爆炸。如灭火范围不断扩大，垫层升高，部分风口被堵塞，TRS 气体增加，污染严重，并可能引起熔融物与水接触爆炸。

黑液燃烧产生的烟气，含有大量粉尘，在通过碱回收炉的各部分时，会粘附在受热面上，形成积灰和结渣，阻碍传热和烟气流通，严重时会堵塞烟气流道，被迫停炉清灰、清渣。因此，控制燃烧条件，减少烟气含尘量，掌握各部分的烟温，及时吹灰，保持烟气流通无阻，就能延长运行周期，增加生产时间。

熔融物与水接触爆炸，是碱回收炉严重的安全问题。要密切注意和谨慎操作，防止溜子口堵塞，炉内积聚大量熔融物，局部炉温过高、热斑、受热面渗水、漏水等危险状态出现，决不允许把水引入炉膛。

控制总还原性硫化合（TRS）和 SO_2 的产生，用好集尘器，使碱回收炉的烟气排放，符合环境保护的要求。

观察燃烧负荷情况，调整生产能力，达到稳产、高产。碱回收炉的生产能力，有一定的调节幅度。一般认为：

(1) 当碱回收炉的燃烧负荷为设计能力的110%时，达到了锅炉炉水正常循环的极限，进入了超负荷运行状态。锅炉受热面上积灰、结渣增多，各部分的烟温上升，TRS、SO_2和粉尘排放量增加，运行周期将缩短。

(2) 当碱回收炉的燃烧负荷，为设计能力的100%～110%时，碱回收炉运行情况稳定，过热蒸汽温度可以正确控制。

(3) 当碱回收炉的燃烧负荷为设计能力的85%～100%时，这是碱回收炉的经济运行范围。碱回收率、热效率和各项技术经济指标良好，TRS、SO_2的排放量少。

(4) 当碱回收炉的燃烧负荷为设计能力的65%～85%时，碱回收炉处于低负荷运行状态。硫酸盐法木浆黑液燃烧，可以不用辅助燃料，保持连续燃烧。但各部分的烟温较低，产汽量减少，芒硝还原率低。

(5) 当碱回收炉的燃烧负荷为设计能力的50%～65%时，由于黑液燃烧量少，炉膛的燃烧情况不稳定，要用辅助燃料帮助燃烧。

(6) 当碱回收炉的燃烧负荷为设计能力的50%以下时，将主要依靠辅助燃料来维持燃烧，各项技术经济指标不好，消耗多，成本高、不经济。

影响黑液燃烧的因素很多。有些因素的作用，还只能定性认识，不能定量掌握。黑液燃烧操作的要点是：掌握喷液量，合理调节风量，保持良好的黑灰干度、垫层形状和炉膛竖向炉温分布曲线，以取得连续、稳定、安全的燃烧。

喷黑液量和黑液浓度是决定碱回收炉燃烧负荷和产碱量的基本因素。选用适当的黑液喷枪，调整喷黑液的压力和喷量，在一定的黑液喷量下，黑液浓度定量地决定了进炉燃烧的黑液干固物量和带进炉膛的水分，影响炉膛温度和炉膛竖向温度分布。黑液的浓度和温度影响黑液的粒度和表面张力，定性地影响黑液液滴的粒度和液滴在炉膛中的干燥速度。黑液浓度影响碱回收炉的产汽量和热效率。一般要求进炉燃烧的木浆黑液浓度为60%～65%，并有向更高浓度发展的倾向。

控制喷液粒度和粒度分布，形成干燥适当和形状良好的黑灰垫层，是保持连续稳定燃烧的重要条件。喷液粒度过细，黑液液滴在没有到达黑灰垫层前，已着火燃烧，因此，垫层低，飞失大。喷液粒度过粗，垫层上的黑灰干燥不够，垫层高，燃烧不好，容易发生黑斑，部分灭火，流黑液、堵溜子口等现象。如何控制喷液粒度，只能形象地说明。当形成合理的喷液粒度时，应看到炉膛中有黑灰片片下落，犹如下鹅毛大雪。在垫层上，黑灰成为多孔的小球，着火燃烧。如炉膛充满橙黄色烟雾，这表示喷液粒度过细；如垫层上出现黑斑，看不到多孔小球翻滚燃烧，这表示喷液粒度过粗。

黑液燃烧用的空气分两处或三处送入。从炉底向上排列，分别为一次风、二次风和三次风。一次风的作用是保持黑灰垫层在还原性气氛中燃烧，使黑灰热解、烧烬。芒硝还原成硫化钠，使熔融物熔化并使黑灰垫层保持合理的形态。一次风量约理论风量的40%～60%。

二次风的作用是基本满足黑液燃烧所需的空气量，使可燃气体得到充分燃烧，炉膛温度达到最高点，促进黑液液滴的蒸发干燥，并可控制黑灰垫层的高度。二次风量约占理论风量的30%～50%。

三次风平衡完全燃烧所需的空气，控制 TRS 和 CO 残余量，并使供给燃烧的空气总量稍稍超过理论风量。三次风量约占理论风量的 10%～20%。

调节黑液燃烧负荷和风量分配，可以改变炉膛竖向温度分布曲线。在正常情况下炉膛竖向温度分布曲线，如图 14-72。

如黑液燃烧负荷增加，炉膛竖向炉温分布曲线向右偏移，整个炉膛温度和炉膛出口烟温上升，飞失增加，促使后部烟气流道堵塞；如黑液燃烧负荷降低，炉膛竖向炉温分布曲线向左偏移，整个炉膛温度和炉膛出口烟温下降，产汽量和产碱量减少。

如增加一、二次风的风量比率，减少三次风的风量比率，炉膛下部的温度升高，垫层降低，碱的升华增加；如减少一、二次风的风量分配比率，增加三次风的风量分配比率，炉膛上部和出口烟温升高，垫层增高，烟气中的碱尘容易粘附在受热面上，使吹灰困难，烟气流道堵塞。

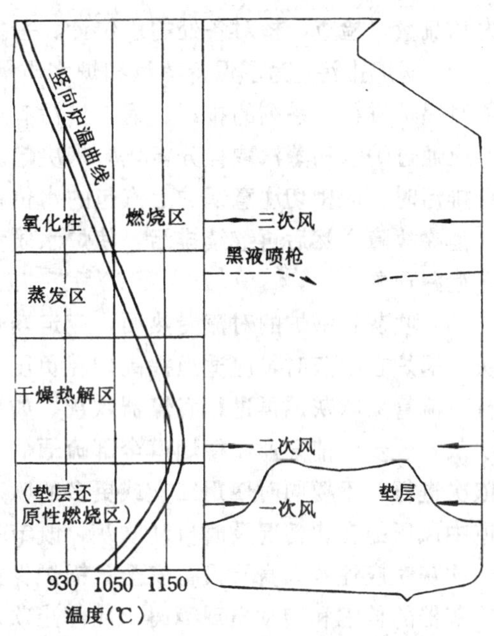

图 14-72 正常情况下的炉膛竖向温度分布曲线

进入炉膛的空气要有一定的动能，才能吹到炉膛中心和垫层深处，并产生剧烈的湍流，使空气和可燃气体充分混合和燃烧。TRS 和 CO 含量降到最低。根据碱回收炉的大小不同，一次风速为 20～40m/s，二、三次风速为 40～80m/s。小型碱回收炉的风速低一些，大型碱回收炉的风速高一些。

黑液在碱回收炉中燃烧时，应使炉膛处于微负压状况，不要正压运行，避免冒烟，冒火。一般在炉顶对流管束烟气入口处的负压为 25～60Pa，炉顶负压用引风机调节。必须注意，在黑液燃烧量、供风量和炉温发生突然变化时，要防止引风机抽力过大，造成坍炉事故。

注意保持溜子口和溜槽畅通，防止溜子口堵塞和涌出大量熔融物；用好水消音和汽消音器，保持溶解槽中的合理水位；防止发生熔融物与水接触爆炸，及时为苛化提供质量良好的绿液。

1.4.4.2 碱回收炉的开炉

碱回收炉的开炉程序包括点火、升温、喷黑液和出熔融物等 4 个程序。碱回收炉开炉用辅助燃料点火并用辅助燃料升温。当炉膛温度达到 600℃时，开始间歇喷黑液，在炉底形成垫层，着火燃烧；炉膛温度达到 900～1000℃，黑液燃烧情况稳定，就可以撤去辅助燃料燃烧。进一步增加喷黑液量，并开始添加芒硝，继续保持黑液的正常燃烧，就可以看到有熔融物形成，并流向溜子口，开启消音器，疏导熔融物流入溜槽，经消音分散，落入溶解槽溶解成为绿液，这就完成了开炉过程。

1.4.4.3 碱回收炉的常规操作

碱回收炉的常规操作：是工人通过仪表和自动调节控制装置，监控黑液的浓度、温度、流量、压力、液位和各部分槽罐的存量；监控芒硝用量和收集到的碱尘量；监控各部分的风温、风压，检查和消除风口和黑液喷枪结焦堵塞现象。

监控熔融物的流动情况，消音效果和溜槽的冷却水温度、液位和流动情况，监控绿液浓度、温度、液位和流量。

调整碱回收炉的生产，使黑液燃烧和蒸发、苛化部分的生产相互配合，相互平衡。

黑液燃烧的常规操作，应经常做好下列工作：

(1) 锅炉上水：经常保持锅炉给水系统的设备管线处于良好状态，及时均匀上水，保持水位计上的正常水位。在正常运行中，不允许锅炉上水有中断现象；监控给水和蒸汽的温度、压力和流量，检查、核对各处的水位计、警报器和自控装置。

(2) 锅炉排污：为了保持蒸汽和炉水质量，防止炉水发生泡沫和受热管线内部产生结垢，必须对锅炉进行一系列的排污。锅炉排污有连续排污和定期排污。排污量的多少及其调整范围，应通过炉水和蒸汽取样分析化验来决定。排污前，应把水位调整到稍高于正常水位；在进行排污时，应密切注意锅炉上汽包的水位；如出现不正常现象，应立即停止排污，进行检查、消除故障。然后再继续排污，使炉水质量达到规定指标。排污完毕，关闭排污阀门，不得有泄漏现象。

(3) 吹灰：锅炉的对流受热面，应定期吹灰。每班（8h）至少吹灰一次，必要时可补充吹灰。锅炉在吹灰时，应适当提高炉膛负压，按烟气流通方向，顺序由前向后进行吹灰；先进行对流管束吹灰，再进行省煤器吹灰。如果炉内烟道堵塞严重，可以先从最后一段烟道开始吹灰，逐步向前开通，待烟道全部疏通后，再由前向后吹灰，清帚一遍。碱回收炉的吹灰应依次进行，不要同时使用二支或更多的吹灰枪。新式碱回收炉的吹灰，采取程序控制，按烟道中风压的变化情况及时自动吹灰，既节省劳力又节约蒸汽消耗。

吹灰时应注意人身及设备安全，锅炉保持正常运行状态。若吹灰出现不正常情况，如自动吹灰器的伸缩和转动出现障碍，应停止吹灰，进行检查。

1.4.4.4 碱回收炉的停炉

碱回收炉的停炉有计划停炉、临时停炉和紧急停炉等。

(1) 计划停炉：计划停炉是按照工厂和车间生产计划的安排，碱回收炉要较长时间停止运行，因而进行停炉。

碱回收炉停炉前，先停止供应芒硝和黑液，控制稀滤液用量，逐步用清水置换出设备和槽罐中的黑液，对设备和管线进行水洗和蒸汽吹洗。

逐步减少喷黑液量。投入辅助燃料燃烧，保持炉膛温度。在停喷黑液后，仍保持辅助燃料燃烧，尽量把黑灰垫层烧成熔融物流出。黑灰垫层烧尽后，逐步减少辅助燃料燃烧，调整鼓风机、引风机和给水泵、减少供风量和给水量，保持炉膛负压和上汽包水位正常。在熔融物流尽后，停止辅助燃料燃烧；停止向溶解槽供稀滤液；停鼓风机和引风机，打开旁通烟道，进行自然通风，逐步使碱回收炉冷却。

绿液尽量送往苛化。用蒸汽吹帚各部分的设备和管线，逐步停止对外供汽，继续向锅炉给水，使上汽包水位略高于正常水位，然后，按规程进行碱回收炉的冷却和检查。

(2) 临时停炉：在碱回收炉运行过程中，发生临时故障，可暂时停止喷黑液，进行压火检查处理。在短时间内，故障排除，又可继续喷黑液，进行燃烧；如果故障一时难以解决或者还在发展和扩大，就必须按照计划停炉程序或紧急停炉程序停炉。临时停炉时，停止加芒硝，停鼓风机和引风机，打开旁通烟道，采取自然通风，排除烟气。锅炉仍保持正常水位和正常蒸汽压。

(3) 紧急停炉：紧急停炉是在碱回收炉的事故和故障性质比较严重，并且有向危险方面发展的倾向，应采取紧急停炉措施。应当立即切断一切燃料供给，停止向炉膛下部供风，使炉内垫层停止燃烧，并按下列程序，进行紧急停炉。

发出紧急停炉警报；停喷黑液；切断辅助燃料供应；停一次风，保持二三次风。采取自然通风，保持炉膛负压；停止吹灰；停止给水，停止外供蒸汽。适当降低锅炉压力，适当排污，放水。

如在紧急停炉过程中，出现可能发生熔融物与水接触爆炸的危险时，应进行紧急灭火和紧急排水。

紧急灭火是向炉膛内喷浓黑液，把垫层喷灭。紧急排水是用紧急排水系统，对空排水。在 30 min 内，把锅炉内的水位降低到炉底以上 2.5～3m 处。

1.4.4.5　黑液燃烧的安全

黑液燃烧的安全问题包括两个方面：一是蒸汽锅炉的一般安全问题；二是碱回收炉的特殊安全问题。

自 1948 年以来，国外碱回收炉发生过 100 多次爆炸事故。另外，还发生了几百次的紧急停炉。碱回收炉的爆炸，有炉内爆炸和炉外爆炸。炉内爆炸有 3 种：

(1) 熔融物与水接触爆炸：这是黑液燃烧的特殊爆炸。爆炸的剧烈和严重性，往往超过一般蒸汽锅炉的爆炸事故。

(2) 挥发性可燃气体爆炸：黑液干固物在炉膛内热解，产生挥发性可燃气体与空气混合，在一定条件下着火爆炸。

(3) 辅助燃料爆炸：碱回收炉开炉、停炉、事故处理和故障排除，都要烧一些燃料油或天然气等辅助燃料，如果这些燃料未能及时着火或发生了灭火现象，这些可燃气体积聚在炉膛中与空气混合，在一定条件下，突然着火爆炸。

后 2 种爆炸是一般蒸汽锅炉也会发生的事故，处理的经验较多。但是，后 2 种爆炸往往会激发产生第一种爆炸，它的剧烈性和危害程度，也就超过了后 2 种爆炸。

碱回收炉产生的熔融物是高温的强碱性物质，它有强烈的腐蚀性和磨蚀性，威胁着碱回收炉的安全。

熔融物与水接触发生爆炸，是物理性爆炸，是液体骤然迅速汽化，产生突发性的“蒸汽爆炸”。熔融物与水接触，水迅速汽化成为蒸汽，体积扩大，压力增加，产生有爆炸性能量的冲击波。有人估计，1kg 水在 1/1000s 时间内，汽化成为蒸汽，它释放的能量，相当于 0.5kg TNT的爆炸力。熔融物与水接触爆炸的烈度，决定于相互接触的物质质量。熔融物分散成为细小颗粒，质量小，爆炸烈度就大大降低了。

熔融物与水接触发生炉内爆炸，可能是由于锅炉受热面损坏漏水，或错误地把水引入炉膛；溜槽冷却水渗漏也是引起炉内爆炸的原因之一。水冷壁管、凝渣管和前部对流管束的管子漏水，是产生炉内爆炸的最严重的因素，必须严格检查这些管子材质质量，以及加工和焊接质量，必须严密注意这些管子在运行过程中受到腐蚀、机械损伤、热应力损伤和振动疲劳情况，及时发现和处理管子渗漏现象，避免爆炸事故的发生。

碱回收炉后部的烟道，对流管束和省煤器下面灰斗、圆盘蒸发器、静电集尘器和引风机等部分，由于积存了干燥的黑灰，也会着火燃烧。如一旦发生这种现象，可顺着烟气流通方向，喷蒸汽灭火；避免用水灭火，把水引入炉膛。

熔融物溶解槽处的熔融物与水接触爆炸，是一种炉外爆炸。熔融物溶解槽的安全操作，应注意下列事项：用好水消音和汽消音；保持熔融物流量稳定，流道畅通；保持溶解槽中有一定的最低、最高水位；适当循环、搅拌和保持适当的绿液浓度。

可燃性气体爆炸和辅助燃料爆炸，都是由于燃烧不稳定和失控产生的。加强监测炉膛中的可燃气体浓度，采取灭火保护装置，可以避免这种事故的发生。

总之，加强管理、合理操作、适当及时的检查维护，碱回收炉的安全生产是可以得到保证的。

1.5 苛化和石灰回收

1.5.1 苛化的基本原理

碱回收的苛化是把黑液燃烧部分送来的绿液，经过净化、除去悬浮的固体物质，得到清绿液，然后用石灰苛化。绿液中的碳酸钠，苛化成为氢氧化钠，同时产生碳酸钙沉淀；绿液中的硫化钠仍保留在溶液中。把苛化悬浮液中的碳酸钙沉淀分离出去，取得清净的氢氧化钠或氢氧化钠和硫化钠的混合溶液，称为白液，白液可供制浆蒸煮使用，这个过程称为苛化。

分离出来的碳酸钙沉淀，叫做白泥。经洗涤、脱水，送入石灰窑中，蒸发掉所含的水分，干燥成为干白泥，经煅烧成为石灰，仍可供苛化使用，这个过程称为石灰回收。

苛化包含消化和苛化两个化学反应。

消化的化学反应式如下：

$$CaO+H_2O \longrightarrow Ca(OH)_2+67kJ$$

消化是放热反应，反应物质放出的热量为 67kJ/（kg・mol）。

苛化的化学反应式如下：

$$Ca(OH)_2+Na_2CO_3 \rightleftharpoons 2NaOH+CaCO_3$$

有时把消化和苛化两个反应式合并，得到下列化学反应式：

$$Na_2CO_3+CaO+H_2O=2NaOH+CaCO_3$$

苛化反应是可逆反应。这个反应既可向右进行，它的反应速度为 V_1；又可向左进行，它的反应速度为 V_2。按质量作用定理：

$$V_1=K_1 a_{Na_2CO_3(l)} \times a_{Ca(OH)_2(S)} \tag{14-17}$$

$$V_2=K_2 a^2_{NaOH(l)} \times a_{CaCO_3(S)} \tag{14-18}$$

式中 a 是反应物质的活性度，它与反应物质的浓度有关系；在浓度很稀的情况下，可用浓度来表示。K_1 和 K_2 是常数。

在苛化反应开始时，Na_2CO_3 的浓度大，$Ca(OH)_2$ 较易溶解，NaOH 的浓度小，$CaCO_3$ 迅速沉淀，$V_1>V_2$，表现为反应向右进行。后来，Na_2CO_3 的浓度逐渐降低，Ca $(OH)_2$ 也逐渐难以溶解，NaOH 的浓度不断增加，$CaCO_3$ 沉淀的形成逐渐减慢。在达到一定程度时，$V_1=V_2$，苛化反应达到平衡。如再添加 Ca $(OH)_2$，由于共离子作用，$V_2>V_1$，反应将向右进行。

当苛化反应达到平衡时，$V_1=V_2$，即：

$$K_1 a_{Na_2CO_3(l)} \times a_{Ca(OH)_2(S)}=K_2 a^2_{NaOH(l)} \times a_{CaCO_3(S)}$$

由此得

$$K=\frac{K_2}{K_1}=\frac{a^2_{NaOH(l)}\times a_{CaCO_3(S)}}{a_{Na_2CO_3(l)}\times a_{Ca(OH)_2(S)}} \tag{14-19}$$

K 称为苛化反应的平衡常数，因 $CaCO_3$ 和 $Ca(OH)_2$ 是固相，并设 NaOH 和 Na_2CO_3 完全游离成为离子。由此得：

$$K=\frac{[OH^-]^2}{[CO_3{}^{2-}]} \tag{14-20}$$

以上情况说明，苛化反应不能使溶液中的 Na_2CO_3 全部转化为 NaOH。一般用苛化率（即转变为 NaOH 的 Na_2CO_3 的量，占原始 Na_2CO_3 量的百分数）来表示苛化转化的程度。

在苛化系统中，绿液含有碳酸钠和少量的氢氧化钠，白液中的氢氧化钠量为碳酸钠经苛化产生的 NaOH 量与绿液中 NaOH 量的总和。因此，苛化率的计算公式为：

$$\text{苛化率（\%）}=\frac{NaOH_{\text{白液}}-NaOH_{\text{绿液}}}{NaOH_{\text{白液}}-NaOH_{\text{绿液}}+Na_2CO_{3\text{白液}}}\times100 \tag{14-21}$$

式中的 NaOH 及 Na_2CO_3 都折合成 Na_2O 计算。

白液中的苛化度是白液中的 NaOH 量占白液中 NaOH＋Na_2CO_3 总量的百分数（都要折合成 Na_2O 计算）与苛化反应的苛化率不同。白液苛化度的计算公式如下：

$$\text{苛化度（\%）}=\frac{NaOH_{\text{白液}}}{NaOH_{\text{白液}}+Na_2CO_3\ \text{白液}}\times100 \tag{14-22}$$

式中的 NaOH 和 Na_2CO_3 都要折合成 Na_2O 计算。

苛化率与平衡常数有关系，并且是 Na_2CO_3 原始溶液浓度的函数。在理论溶液或浓度很低的情况下，苛化率、平衡常数与浓度的关系数值如下：

K 值	浓度（mol/L）	苛化率（%）
126	0.1	99.7
126	1.0	97.4
126	2.0	94.4

实验测定 Na_2CO_3 原始浓度对平衡苛化率（即苛化反应达到平衡状态时的苛化率）的影响，结果表明，Na_2CO_3 的原始浓度增加，苛化率下降。Na_2CO_3 溶液原始浓度对平衡苛化率的影响（即苛化平衡曲线，如图 14-73）。

在绿液和白液中含有 Na_2S 时，会降低苛化率。硫化度对平衡苛化率的影响如图 14-74。TTA 为总滴定碱浓度，即 Na_2S＋NaOH＋Na_2CO_3 的浓度。

苛化反应达到平衡需要相当长的时间。在实际生产中，苛化反应都未达到平衡状态，因此，实际生产中的苛化率都低于平衡苛化率。一般约低 5%。浓度为 110gNa_2O/L 的白液，苛化率难以达到 90%，一般为 85%。

碱回收的苛化系统，是由一系列悬浮液的固液相分离、洗涤和回收等化工单元操作组成。悬浮液的固液相分离、洗涤和回收的基本方法有沉降、过滤和离心分离等 3 种。

沉降：沉降是依靠重力作用，利用悬浮液中固相和液相的密度差异，使之发生相对运动，而进行分离的过程。

沉降有自由沉降和干扰沉降。自由沉降是悬浮液中固体粒子很少，粒子的沉降不受其他粒子和容器器壁的影响；干扰沉降是悬浮液中的粒子相当多，粒子的沉降受到其他粒子的相互影响。

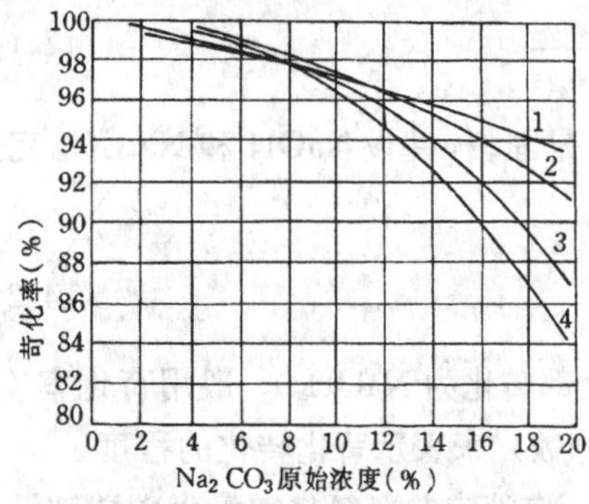

图 14-73 苛化平衡曲线

1. 理想溶液； 2. Littman 和 Gaspari Kob. 和 Wikinson 试验结果； 3. Lung 试验结果； 4. Goodmin Olsen 和 Dikeng 试验结果

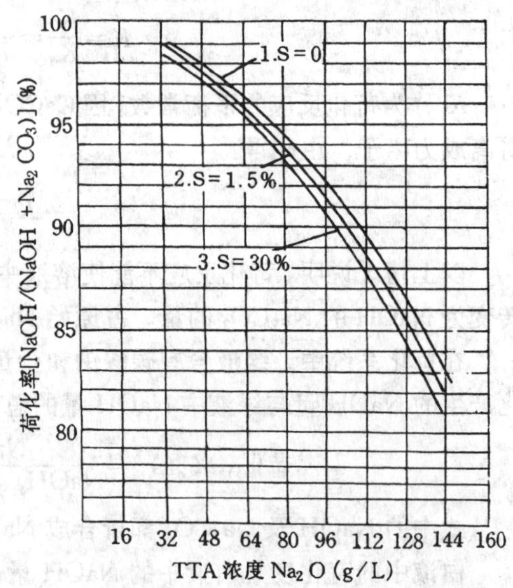

图 14-74 硫化度对平衡苛化率的影响

(硫化度 $S=\frac{Na_2S}{Na_2S+NaOH+Na_2CO_3}\times100\%$)

球形粒子在悬浮液中的自由沉降速度，是在粒子受到的重力 ($\frac{\pi}{6}d^3\rho_s g$)、浮力 ($\frac{\pi}{6}d^3\rho_l g$) 和运动时受到的阻力三者达到平衡时，产生匀速沉降的速度。即：

$$\frac{\pi}{6}d^3\rho_s g-\frac{\pi}{6}d^3\rho_l g-\zeta\frac{\pi}{4}d^2\left(\frac{\rho u_t^2}{2}\right)=0$$

由此得到悬浮液中球形粒子的自由沉降速度为：

$$U_t=\sqrt{\frac{4gd(\rho_s-\rho_l)}{3\rho_l\zeta}} \tag{14-23}$$

式中：U_t——球形粒子的自由沉降速度 (m/s)；

d——球形粒子的直径 (m)；

ρ_s——固体粒子的密度 (kg/m^3)；

ρ_l——液体的密度 (kg/m^3)；

g——重力加速度 9.81 (m/s^2)；

ζ——阻力系数 (无因次数)。

阻力系数 ζ 是雷诺准数 Re 的函数；并在 3 个区域中 (即滞流区、过渡区和湍流区) 有不同的数值。这些关系公式见表 14-22。

表 14-22 Re、ζ 与 Ut 计算公式表

区域名称	Re	ζ	Ut	公式名称
滞流区	$10^{-4}\sim1$	$\frac{24}{Re}$	$\frac{d^2(\rho_s-\rho_l)g}{18\mu}$	斯托克斯公式
过渡区	$1\sim10^3$	$\frac{18.5}{Re^{0.8}}$	$0.27\sqrt{\frac{d(\rho_s-\rho_l)g}{\rho_l}Re^{0.6}}$	艾伦公式
湍流区	$10^3\sim2\times10^6$	0.44	$1.74\sqrt{\frac{d(\rho_s-\rho_l)}{\rho_l}g}$	牛顿公式

绿液和白液中悬浮粒子的自由沉降，一般发生在滞流区内。粒子的自由沉降速度可用斯托克斯公式进行试算。如粒子不是球形粒子，可按其当量直径并乘以校正系数计算。

自由沉降速度是粒子在悬浮液中沉降的最快的速度。实际的沉降包含有各种干扰，因此，需要通过间断沉降试验，观测悬浮液中固体粒子的沉降情况，并取得有关数据。

间断沉降试验的一般情况如图 14-75。

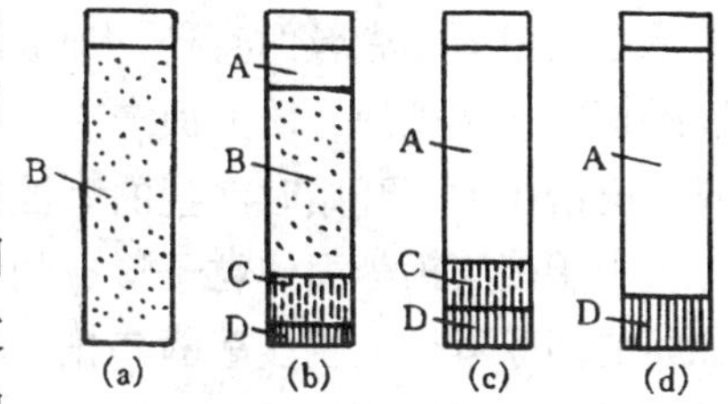

图 14-75　间断沉降试验

图 14-75（a）是倾倒在玻璃量筒中的，混合均匀，尚未开始沉降的悬浮液；（b）是已开始沉降，悬浮液分成固相粒浓度不同的 4 层，A 层是清液层，固相粒子浓度很小；B 层是等浓层，其中固相粒子的浓度与悬浮液原始的固相粒子浓度相等；C 层是变浓层，其中固相粒子的浓度超过了悬浮液原始的固相粒子浓度；D 层是聚沉层，其中集中了最先沉降下来的粗大的固相粒子和随后陆续沉集下来的固相粒子。这一层的固相粒子浓度最大。(c) 是继续沉降一段时间后的情况。A 层不断扩大，A 层和 B 层之间的界面下降，直至与 B 层和 C 层的界面重合，B 层和 C 层的界面消失。在这一段时间中，A 层和 B 层之间的界面均速下降，这个速度不是固体粒子的平均沉降速度 U_t。这个速度是表观沉降速度 U_o，这是固相粒子相对于玻璃量筒壁的沉降速度。在固相粒子浓度较大的悬浮液中，固相粒子所占的体积分率并不很小，液体将被沉降的粒子置换上升，这个上升速度不能忽视。因此，观测到的表观沉降速度 U_o 一定小于固相粒子的沉降速度 U_t；（d）是继续延长沉降时间，在等浓层 B 消失以后，变浓层 C 也逐渐消失。最后，剩下了 A 层和 D 层，两层之间有清晰的清浊分界面。这时首先达到了“临界沉降点”，以后是聚沉层的压紧过程。压紧过程是一个缓慢的过程。聚沉层内的一部分液体被沉降的粒子压挤出来，通过粒子间的细微通道，进入 A 层。固相粒子在 D 层下部形成疏松的床层，达到了底流排泥要求的浓度。D 层又称为压紧层，压紧过程的时间往往占整个沉聚过程所需时间的大部分。

通过间断沉降试验，可以取得表观沉降速度与悬浮液浓度的相应关系数据，作为沉降设备设计的依据。

沉降设备的生产能力，可按下式计算：

$$V_1=W_tF \tag{14-24}$$

式中：V_1——沉降设备的生产能力，即每小时可取得的清液量（m^3/h）；

W_t——平均沉降速度（m/h）；

F——沉降面积（m^2）。

从以上公式中看到，沉降设备的生产能力决定于平均沉降速度和沉降面积，而与沉降设备的高度无关。但是，为了提高排泥浓度，减少随排泥带走的溶液，需要有相当长的时间，让固相粒子在沉降设备下部进行压紧和增稠，使排泥浓度达到要求。因此，沉降设备要有相当大的容积，让悬浮液停留在其中，进行压紧增稠，所以沉降设备也要有适当高度。

在沉降设备的顶部，有一层清液溢流层。在这一清液层中，悬浮液的固相粒子浓度很低，粒子的沉降速度是自由沉降速度。为了不让粒子被清液带走，清液的上升速度应低于粒子的自由沉降速度。在沉降设备的沉降区中，粒子的沉降速度为间断沉降试验观测到的表观沉降速度。沉降设备下部压紧区的容积应相当于排泥量和压紧时间的乘积。

过滤：在外力的推动下，悬浮液中的液体通过过滤介质（一般就是滤布）的孔道，成为

清净 的滤液；悬浮液中的固相粒子被截留在过滤介质上面，成为含有较少滤液的滤饼；这样的悬浮液固液相分离过程，称为过滤。过滤介质有天然纤维、人造纤维织成的滤布、玻璃丝、金属丝织成的滤网；细砂、木炭、石棉、硅藻土等细小粒子组成的滤床以及由多孔陶瓷、塑料、玻璃和金属等烧结成的微孔滤管或滤板。

过滤介质要有一定的机械强度、耐温度和耐腐蚀性能。过滤介质的微孔直径往往会稍大于悬浮液中固相微粒的直径。因此，在过滤开始时，会产生滤液浑浊现象，当形成了滤饼，由于固相粒子在过滤介质上面产生“架桥现象”缩小了微孔通道的直径，阻止了固相微粒通过，滤液就清净了。开始时产生的浑浊滤液可回到原始的悬浮液中，重新过滤。

由于碳酸钙等固体粒子形成的滤饼中的粒子坚硬，当承受过滤压力时，粒子的形状和粒子间的间隙不会发生显著的变化，单位滤饼厚度的流通阻力不变，这种滤饼称为非压缩性滤饼。反之，如绿泥以及纸浆等在承受较大的过滤压力时，滤饼结构、粒子的形状和粒子间的间隙会产生明显的变化，单位滤饼厚度的流通阻力增加，这种滤饼称为压缩性滤饼。对于难以过滤的悬浮液，可使用助滤剂。助滤剂是一种颗粒物质，可预先混合在悬浮液中或预挂在过滤介质上，促使在过滤过程中形成疏松的滤饼，减少过滤介质的堵塞，减少过滤阻力。

过滤速度即单位时间内通过单位过滤面积的滤液量。过滤速度与过滤压力成正比，与滤饼的比阻和滤饼厚度成反比，过滤基本方程式用下列公式表示。

$$\frac{\mathrm{d}V}{\mathrm{d}\theta}=\frac{A\Delta P}{\gamma L} \tag{14-25}$$

式中：V——过滤得到的滤液量（m^3/h）；

θ——过滤时间（h）；

ΔP——过滤压力（kPa/m^2）；

L——滤饼厚度（m）；

γ——滤饼的比阻（l/m^2）。

滤饼的比阻γ（单位滤饼厚度的过滤阻力）并可用下式计算：

$$\gamma=\frac{Sa^2\ (1+\varepsilon)^2}{\varepsilon^3} \tag{14-26}$$

式中：S_a——颗粒的比表面积$=\frac{\text{颗粒的表面面积}}{\text{颗粒的体积}}$，对球形粒子来说 $a=\frac{\pi d^2}{\frac{\pi}{6}d^3}=\frac{6}{d}$；

ε——过滤床层的孔隙率$=\frac{\text{空隙体积}}{\text{床层体积}}$。

在一般恒压过滤情况下，过滤基本方程式可简化为：

$$V^2=K\theta \tag{14-27}$$

在考虑到过滤介质的过滤阻力时，上式改变为：

$$(V+V_e)^2=K\ (\theta-\theta_e) \tag{14-28}$$

式中：V_e——与过滤介质的过滤阻力相对应的虚拟滤液量；

θ_e——得到V_e的虚拟过滤时间；

K——过滤常数。

如把上式微分，得

$$2\ (V+V_e)\ \mathrm{d}V=Kd\theta \tag{14-29}$$

$$\frac{dV}{d\theta}=\frac{2}{K}V+\frac{2}{K}V_e$$

式中 K、V_e 和 θ_e 的等数值可以通过恒压过滤试验来测定，测定计算方法如下：

过滤压力为 ΔP，试验得到的过滤时间和滤液量如下：

过滤时间	滤液量	$\Delta\theta$	ΔV	$\frac{\Delta\theta}{\Delta V}$
θ_0	V_0	—	—	—
θ_1	V_1	$\theta_1-\theta_0=\Delta\theta_1$	$V_1-V_0=\Delta V_1$	$\frac{\Delta\theta_1}{\Delta V_1}$
θ_2	V_2	$\theta_2-\theta_1=\Delta\theta_2$	$V_2-V_1=\Delta V_2$	$\frac{\Delta\theta_2}{\Delta V_2}$
θ_3	V_3	$\theta_3-\theta_2=\Delta\theta_3$	$V_3-V_2=\Delta V_3$	$\frac{\Delta\theta_3}{\Delta V_3}$

以$\frac{\Delta\theta}{\Delta V}$为纵坐标，$\Delta V$ 为横坐标，把上面的数字画入坐标中，得到图 14-76 中所示的一条直线。直线的斜率是 $2/K$，直线与纵坐标的交点是 $2V_e/K$。由此就得到了 K 值、V_e 值和 θ_e 值。

如过滤压力改变，应重行试验测定。

1.5.2　苛化的工艺和设备

苛化的工艺和设备，可以分为三部分：即绿液净化和绿泥洗涤设备；消化和苛化设备及白液制备和白泥洗涤设备。

(1) 绿液净化和绿泥洗涤：由黑液燃烧部分送来的绿液，常含有一些悬浮杂质，称为绿泥。这些杂质的来源有：芒硝、石灰或石灰石以及木片等原料中所含的杂质；炉衬及设备、管线材料腐蚀剥落下来的物质，没有烧烬的黑灰和炭粒；此外，还有一些从稀滤液中带来的白泥。

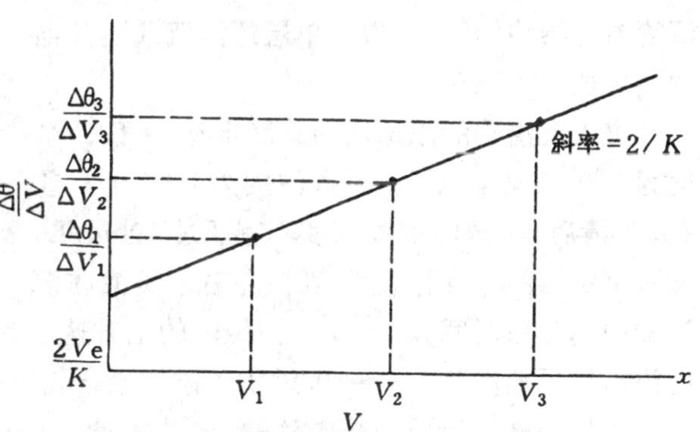

图 14-76　过滤试验图解

绿液中的绿泥含量一般为 800～1200μl/L，有时可能高为 2000～3000μl/L，这说明在碱回收过程中，有杂质积累或稀滤液含泥过多。木浆厂绿泥的化学成分见表 14-23。

表 14-23　绿泥的化学成分

项　　目	A 厂绿泥	B 厂绿泥	项　　目	A 厂绿泥	B 厂绿泥
灼烧损失 (%)	56.0	76.0	Na_2O (%)	2.2	1.0
CaO (%)	16.5	9.0	总硫 (%)	3.2	3.0
R_2O_3 (%)	4.7	—	酸不溶物 (%)	0.32	1.0
Fe (%)	2.2	1.0			

绿泥是深绿色的絮羽状颗粒，粒度分布变化范围广泛。绿泥具有自凝和絮聚倾向，并易受液流动剪力而分散。

绿泥是碱回收过程中的有害物质。碱回收系统中如存在绿泥，将降低白泥的沉降和过滤性能；增加白泥含水量和残碱量，降低碱回收率；降低回收石灰的质量和增加能耗，绿泥应尽量从绿液中分离出去。美国南方有一个纸浆厂没有绿液净化设施，回收石灰的有效度，迅速由正常情况的80%～85%降为50%～60%，回收石灰就难以使用。如果，白泥得到其他综合利用途径或不准备回收石灰，为了节省投资，可不设绿液净化设施。但绿泥混入白泥中，对白泥的沉降和过滤性能以及白液质量，仍将有不利影响。

绿液净化要求原绿液的供应要保持流量和浓度均衡稳定。因此，在熔融物溶解槽和绿液净化设备之间，设置绿液均衡槽。绿液均衡槽的容积，相当于1～2h的绿液产量，并装有搅拌器。熔融物溶解槽、均衡槽和绿液净化设备之间，都装有浓度和流量控制仪表，以保证绿液的流量和浓度稳定。在均衡槽中，可装加热器，以保持绿液温度稳定。

绿液净化有沉降、过滤和离心分离等方式。实际应用说明，离心分离的电耗大，绿泥颗粒易被打散，分离效果不好，故很少采用。由于绿泥的过滤性能差，形成的滤饼薄，含液量多，过滤介质容易堵塞，绿液净化一般多采用沉降方式。

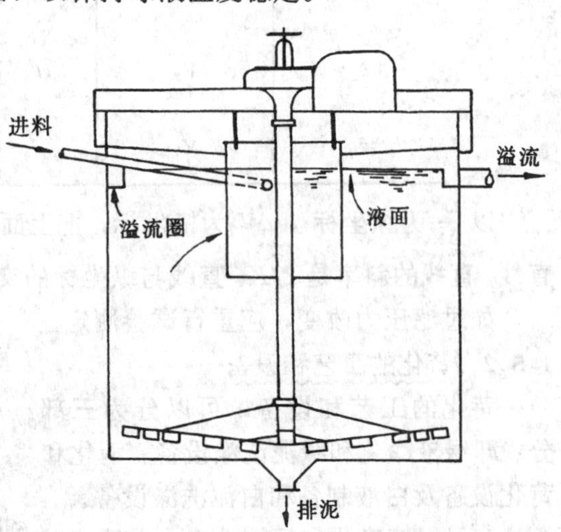

图14-77 单层绿液沉清器

采用沉降方式净化绿液的设备有：单层沉清器、平衡式多层沉清器和单层沉清贮存器。单层绿液沉清器的结构如图14-77，平衡式多层绿液沉清器的结构如图14-78，单层绿液沉清贮存器的结构如图14-79。

进入沉清器的原绿液的总滴定碱（TTA）浓度为100～130 gNa_2O/L、浑浊度为1000μl/L左右，沉清后，清绿液的浑浊度不宜超过100μl/L，绿液沉清器的排泥浓度为10%左右。绿液在沉清器内的停留时间为2～3h，清绿液的上升速度为0.6m/h，在操作波动情况下，溢流清绿液的浑浊度可能高为500～600μl/L，添加聚合物助凝剂，可以得到改善。

单层绿液沉清器的结构简单，操作方便，但占用的安装面积大。平衡式多层绿液沉清器，可以节约占用的安装面积，但必须严密注意各层沉清器的液面平衡，防止溢流浑浊的绿液。

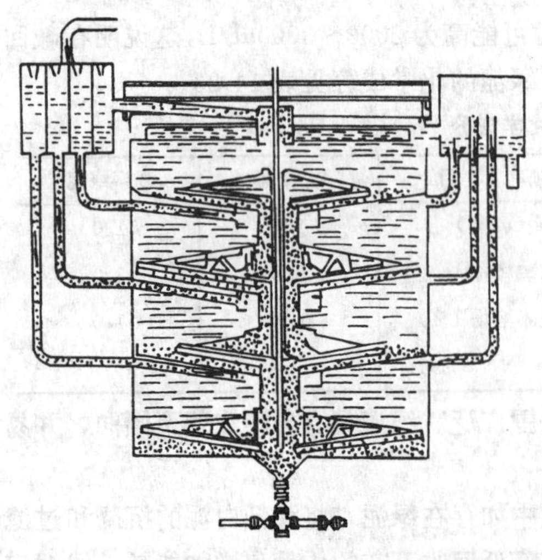
图14-78 平衡式多层绿液沉清器

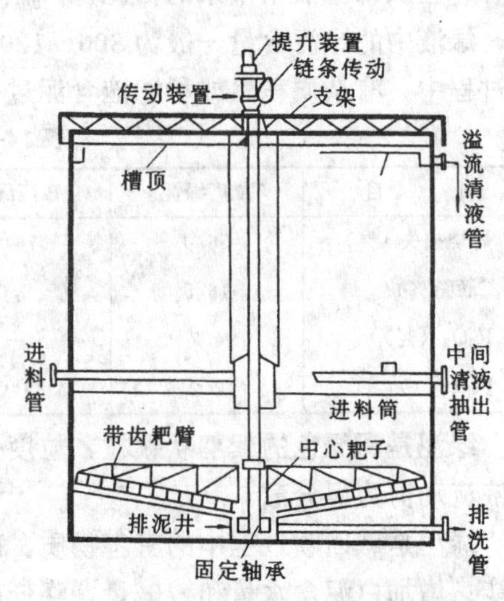

图14-79 单层绿液沉清贮存器

1960 年以后，绿液净化广泛采用单层绿液沉清贮存器。单层绿液沉清贮存器把单层绿液沉清器和清绿液贮存槽合并为一体，上部贮存清绿液，下部是绿液沉清器。单层绿液沉清贮存器的清液上升速度，可以比老式的平衡式多层绿液沉清器提高 50%。原绿液引入单层沉清器部分的中心进料筒，进料筒的直径较大，深深插入绿液沉降区中，并使进料均匀分布到沉清器的整个截面上。进料中的绿泥可与沉降区中浓度较大的绿泥接触，促进凝聚成为较大的粒子，提高绿泥的沉降速度。单层绿液沉清贮存器的容积相当于 12h 的绿液产量。沉清器的沉降区和压缩增稠区的高度应为 4.5～5.5m。

绿泥洗涤：绿液沉清器底排出的绿泥浓度为 10%，含碱多，应当进行洗涤和回收含有的碱。绿泥洗涤是把绿液沉清器的排泥加水稀释（绿液量对稀释水量之比为 1∶9～1∶14）。搅拌均匀送入绿泥洗涤沉清器中，溢流出的清液送往稀液槽；排出的绿泥加水稀释，再沉清，经过两次稀释洗涤后的绿泥，含碱量很少，送往废料场堆埋。

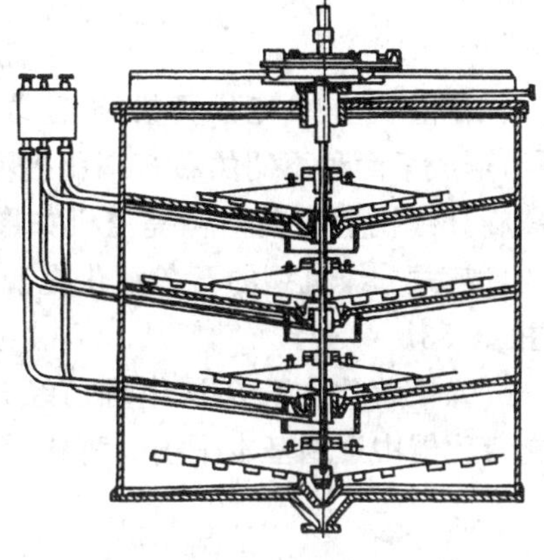

图 14 80　平衡式两段四层绿泥洗涤沉清器

绿泥洗涤沉清器可采用两段单层沉清器，但设备数量多、安装面积大，故一般采用平衡式两段四层绿泥洗涤沉清器，如图 14-80。

绿泥洗涤可以采用真空过滤机、预挂真空过滤机、网带过滤机或压力过滤器等过滤设备。采用过滤方式洗涤绿泥，常用白泥作为助滤剂和预挂层，但滤饼含水多、预挂层和滤布容易堵塞，需要经常酸洗和更新。

(2) 消化和苛化：在苛化系统中，消化和苛化是重要的生产过程。消化和苛化的工艺设备条件，如温度、浓度、石灰的质量和用量、搅拌的方式和时间都会影响苛化率和白泥的沉降性能与过滤性能。碱回收苛化系统用绿液消化石灰，因此，在消化过程中，已发生了苛化反应。石灰消化产生的消化乳液，常含有一些粒度为 65 目以上的颗粒杂质，应当把它从消化乳液中分离出去。这些颗粒杂质，叫做绿砂，这是一些未烧透或过烧的石灰以及石灰中含有的一些杂质。这些分离出来的杂质，用水喷淋洗涤后，送往废料场堆埋。

石灰消化是一个放热反应 。石灰消化的温度应尽量接近消化乳液的沸点温度，促使石灰消化成为细小颗粒。同时，又要防止因反应放热而发生沸溢现象。石灰消化时，要根据绿液温度，掌握水灰比，先用一部分绿液来消化石灰，其余的绿液随消化乳液一起送入苛化器。

石灰消化设备有：转鼓式石灰消化器和石灰消化提渣机。

转鼓式石灰消化器的结构如图 14-81。转鼓式石灰消化器是一种古老的石灰消化设备，适于消化质量不好的石灰。它是一个由托轮支承的卧式圆筒形铁壳，用齿轮传动，使它慢慢旋转。石灰和绿液，由转鼓的一端引入鼓内，并由螺旋板搅动，向另一端移动。较大的、不能消化的杂质被螺旋板提升起来，从转鼓的另一端排出。消化乳液从该端的出口流出。

石灰消化提渣机由消化器和提渣机两部分组成。消化器部分是一个立式圆筒，装有搅拌器。石灰经过粉碎，从石灰仓送来，与绿液分别进入消化器、搅拌消化、成为乳液，流到与消化器相连的提渣机，60 目以上的粗大粒子，由提渣机提升上来，经冲洗后排走。乳液的消化时间约为 15min，消化乳液泵送或自流到苛化器。

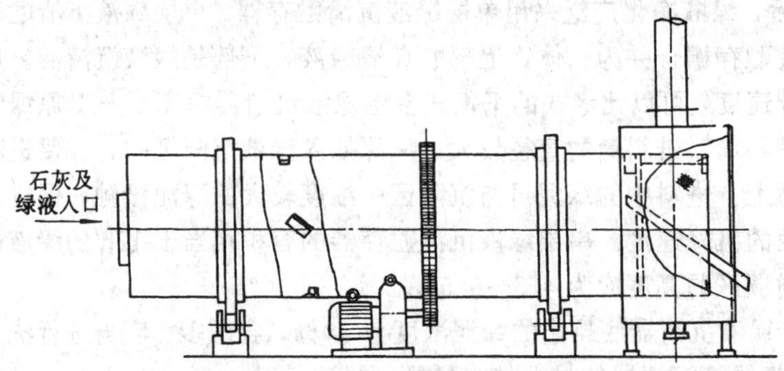

图 14-81 转鼓式石灰消化器

提渣机有螺旋分级机和耙式分级机，形成了两种不同的石灰消化提渣机。螺旋分级机型石灰消化提渣机如图 14-82，耙式分级机型的石灰消化提渣机如图 14-83。

图 14-82 螺旋分级机型石灰消化提渣机

绿液苛化在石灰消化时已经开始，在苛化器中达到基本平衡。苛化反应达到平衡，需要有较长的时间，因此，苛化器应有适当的容积贮存苛化液，使反应接近平衡，一般苛化反应的时间为 60～90min。考虑到苛化液的流动会发生短路现象，一般采用 3 台串联的苛化器，每台苛化器的贮存时间为 30min。因 3 台串联的苛化器中，有一台要检修备用，将只有两台苛化器串联使用，每台苛化器的贮存量应增加一些，使三台苛化器的总容量相当于 120～150min 的苛化液产量。

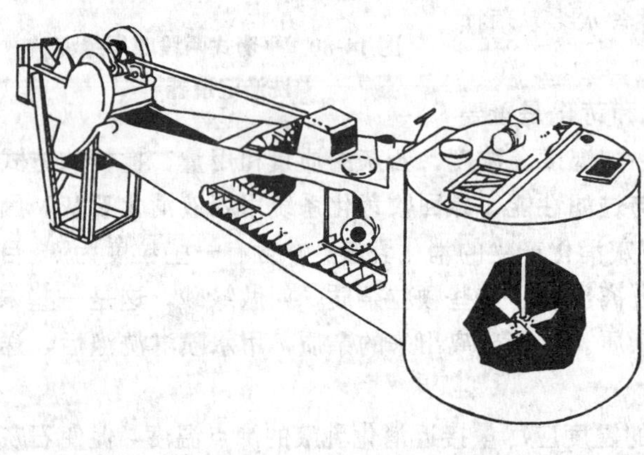

图 14-83 耙式分级机型石灰消化提渣机

苛化器是一个立式平底圆筒型贮槽，用耐腐蚀钢板制造或用普通铁板的外壳，内衬耐腐蚀水泥涂层。苛化器装有搅拌器和蒸汽加热器。苛化器的结构如图 14-84。

苛化器的布置有两种：一种是横向串联 3 台苛化器的水平式布置；另一种是竖向串联 3 台苛化器的垂直式布置。后一种布置可以节约安装面积，但设备较高，必须用泵把消化乳液送入苛化器内。并且，如有一台苛化器要检修，整个苛化器都将停止运转。横向串联 3 台苛化器的水平布置如图 14-85，竖向串联 3 台苛化器的垂直布置如图 14-86。

(3) 白液制备：白液制备是把苛化液中的碳酸钙沉淀（白泥）分离出去，取得清净的氢氧化钠溶液或氢氧化钠与硫化钠的混合溶液，即白液，供给制浆蒸煮使用。白液制备可采用沉清器，网带式白泥真空过滤机和压力过滤器。

沉清器是常用的白液制备设备。白液沉清器有单层白液沉清器、平衡式多层白液沉清器和单层白液沉清贮存器。

进入白液沉清器的苛化液，含有的白泥浓度约为 12%。白液沉清器底流的排泥浓度为 35%～40%，溢流的清白液浑浊度应低于 100μl/L。白泥的沉降速度比绿泥快得多。白液沉清器的生产能力，一般为 1m² 沉降面积，日处理 1t 干白泥。

单层白液沉清器的结构与单层绿液沉清器的结构基本相同，而沉降区的高度可以小一些。平衡式多层白液沉清器的结构也和平衡式多层绿液沉清器的结构基本相同。单层白液沉清贮存器结构如图 14-87。

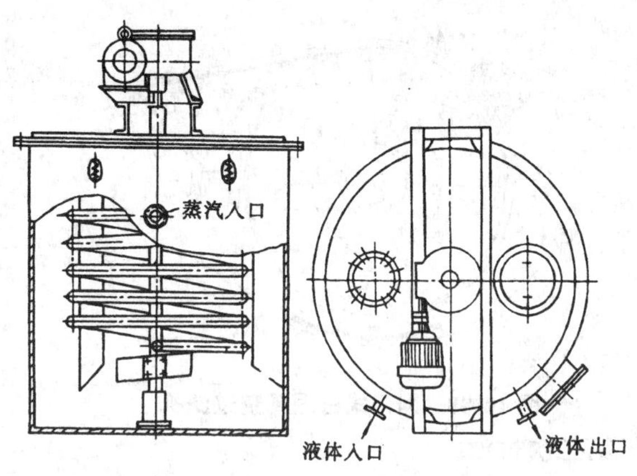

图 14-84　苛化器

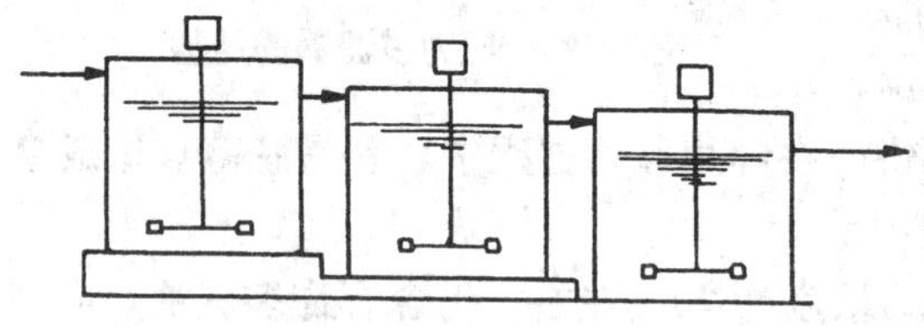
图 14-85　横向串联 3 台苛化器的水平布置

单层白液沉清贮存器的上部是清白液贮存槽，下部是单层白液沉清器。单层白液沉清贮存器的容积为 20h 的白液产量，上部溢流的清白液浑浊度可达 50μl/L。当生产有波动时，可以从贮存槽的腰部抽出清白液。

网带式白泥真空过滤机的结构如图 14-88。网带式白泥真空过滤机具有白液过滤、白泥洗涤和白泥脱水 3 项功能。占用的安装面积小，可节约建设投资。但网带容易偏离和堵塞，发生滤液浑浊、过滤量小、白泥干度小和经常要进行酸洗和更换滤网。白液温度低，运行能耗大。

压力过滤器是一个立式锥底圆筒形容器，压力过滤器的结构如图 14-89。苛化液送入压力过滤器中部的过滤室，白液通过过滤单元上包裹的滤布进入清液收集室，然后送往白液槽，白泥形成滤饼附着在滤布外面。随着过滤的进行，滤饼厚度和过滤阻力增加，当达到一定限度时，停止向过滤室供给苛化液，用清白液进行反洗。滤饼从滤布上脱落下来，落入锥底部分，经搅拌均匀，以浓度为 35%～40%白泥从底部排出，送去洗涤。然后，进

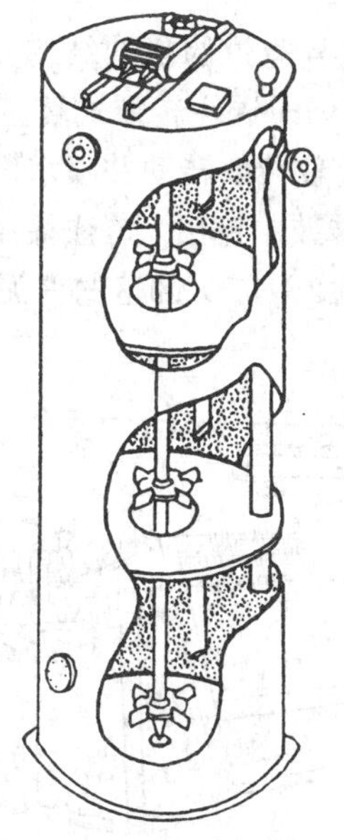
图 14-86　竖向串联 3 台苛化器的垂直分布

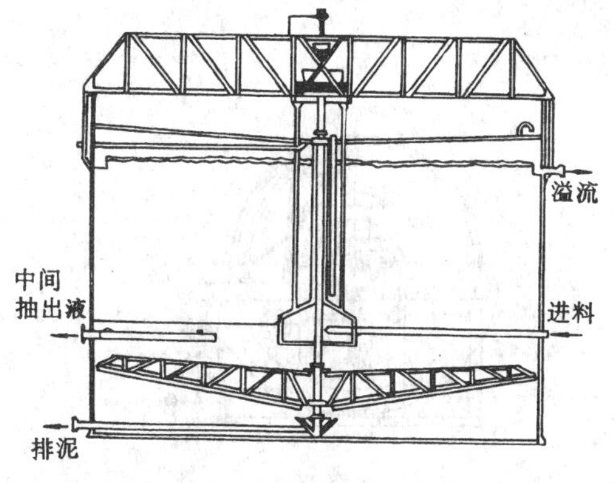

图 14-87　单层白液沉清贮存器

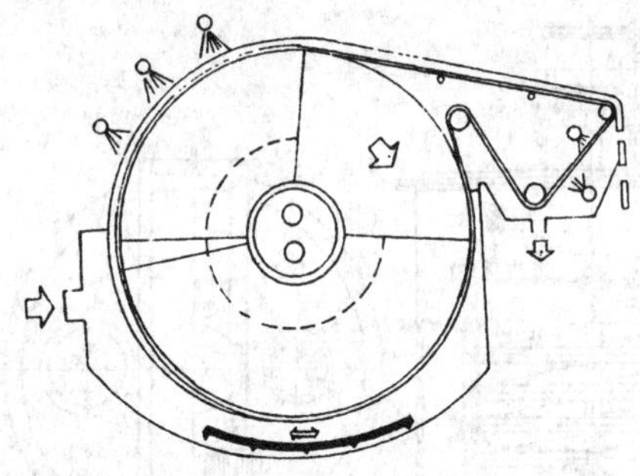

图 14-88 网带式白泥真空过滤机

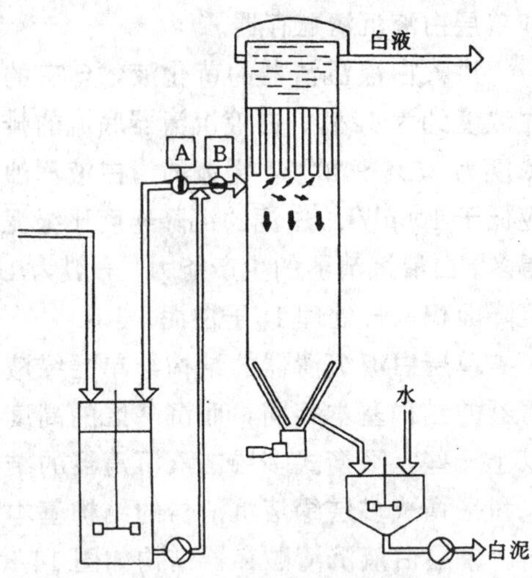

图 14-89 压力过滤器的结构

行第二次过滤。

压力过滤器体积小，装备简单。但过滤、洗涤，变更频繁，操作复杂，滤布堵塞，也要进行酸洗。

叶片过滤机是一种简易的白液制备设备，叶片过滤机具有白液过滤和白泥洗涤两种功能，投资少，但能力小、效率低，过滤机叶片上附着的白泥滤饼，在叶片移动过程中，容易脱落，造成事故。

白泥洗涤：从白液制备设备分离出来的白泥，浓度为40%左右，仍含有许多碱液，应进行洗涤回收。白泥洗涤用的设备有白泥洗涤沉清器、转鼓式真空过滤机、预挂真空过滤机、网带真空过滤机以及压力过滤器等。

从白液制备设备送来的白泥，加水稀释到浓度为10%的泥浆液，送入两段白泥洗涤沉清器进行洗涤和沉清。两段白泥洗涤沉清器的结构与两段绿泥洗涤沉清器的结构基本相同。两段白泥洗滤沉清器溢流的清液送往稀液槽，底流排泥浓度约为30%，一般再用转鼓式真空过滤或预挂真空过滤机，进行洗涤和脱水。

白泥洗涤用的转鼓式真空过滤机常称为真空洗渣机，转鼓式真空过滤机的结构如图 14-90。浓度为 30%～40%的白泥泥浆在白泥稀释槽中加水适当稀释，即送往转鼓式真空过滤机的鼓槽中；滤液通过滤网进入转鼓，白泥附着在转鼓的滤网上，随着转鼓转动并喷水洗涤；最后，真空解除，用刮刀把滤饼从转鼓的滤网上卸落下来，滤液从转鼓中流出，送往稀液槽。转鼓式真空过滤机的生产能力为：每平方米过滤面积日处理干白泥 12～17t，卸落的白泥干度为 40%～50%。

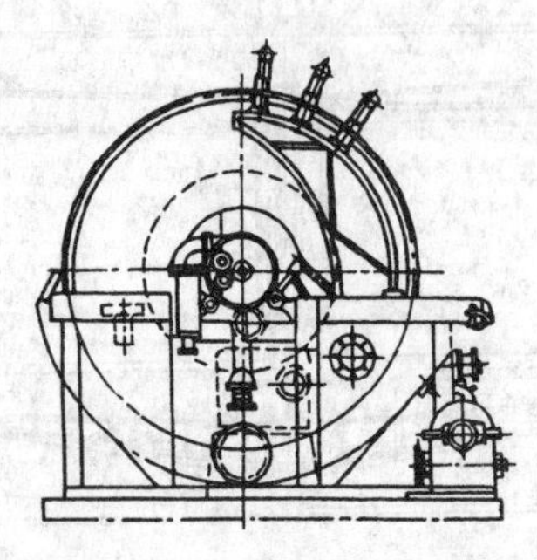

图 14-90 转鼓式真空过滤机

图 14-91 预挂真空过滤机

预挂真空过滤机的基本结构与转鼓式真空过滤机类似，但卸料刮刀装有伸缩和定距装置。预挂真空过滤机运行的真空度较高，运行开始时先预挂一层白泥预挂层，厚为 10～15mm。当滤饼厚度在 10～15mm 时，刮刀伸进并把距离固定下来，继续过滤，刮刀把厚度为15～20mm 的滤饼刮下来，预挂层仍保留在转鼓上；经过一定时间后，预挂层的滤液通道被细小的白泥颗粒堵塞，过滤速度过低，就把刮刀向前伸进，把预挂层的白泥全部卸落。刮刀退回，再重新挂预挂层。预挂真空过滤机如图 14-91。

从预挂真空过滤机上卸落下来的白泥的干度为 65%～70%。预挂真空过滤机的生产能力为每平方米过滤面积日处理干白泥 10～12t。

网带式白液过滤机和压力过滤器也可用于白泥洗涤。它的设备结构和操作方法与白液制备用的相同。

1.5.3　苛化系统

苛化系统有间断苛化和连续苛化系统。连续苛化系统由于采用的主体设备不同，又有沉清器系统，网带式真空过滤机系统和压力过滤器系统之分。

（1）间断苛化：间断苛化是在一个间断苛化器中完成消化、苛化、白液制备和白泥洗涤等全部苛化过程。

间断苛化器的运行程序和操作时间如下：

间断苛化器容积 60m^3；装绿液 55m^3 并加热 30min；装石灰 30min；搅拌，苛化反应 80min；第一次沉清 240min；倾析 32m^3 浓白液 100min；加 10m^3 稀碱液 20min；第二次沉清 240min；倾析 15m^3 次浓白液 40min；加 30m^3 热水洗涤残渣 20min；第三次沉清 180min；倾析 40m^3 稀碱液 80min；排渣、清理、检查、检修 120min；总计 1140min。

间断苛化的生产能力小、效率低、操作烦琐、劳动强度大，把间断苛化器和叶片过滤机组合起来使用，可以节省沉清和倾析时间，但效率仍难提高。

（2）连续苛化：沉清器连续苛化系统如图 14-92，网带式真空过滤机连续苛化系统如图 14-93，压力过滤器连续苛化系统如图 14-94。以上三种连续苛化系统中，以沉清器连续苛化系统的使用比较普遍。

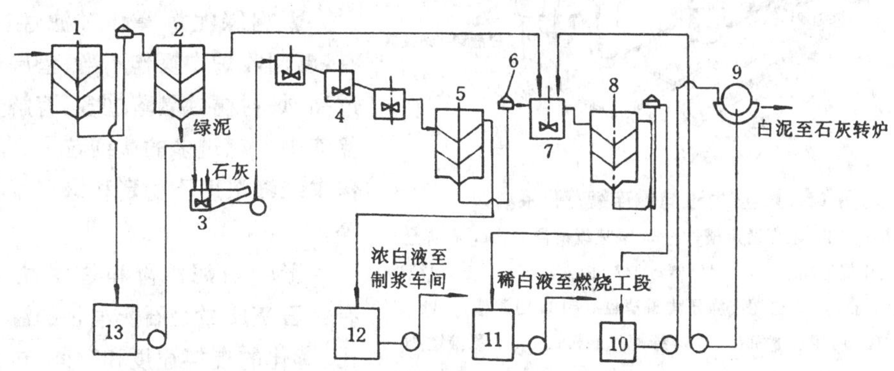

图 14-92　沉清器连续苛化系统

1. 绿液澄清器；　2. 绿泥洗涤器；　3. 消化分离器；　4. 苛化器；　5. 白液澄清器；　6. 膜泵；　7. 辅助苛化器；8. 白泥洗涤器；　9. 真空洗渣机；　10. 沉渣搅拌槽；　11. 稀白液槽；　12. 浓白液槽　13. 绿液槽

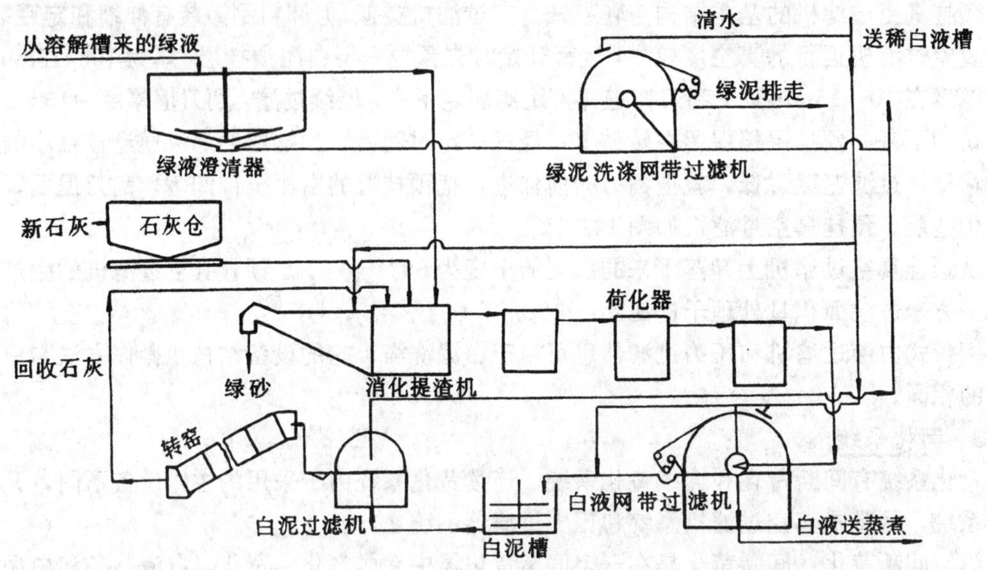

图 14-93 网带式真空过滤机连续苛化系统

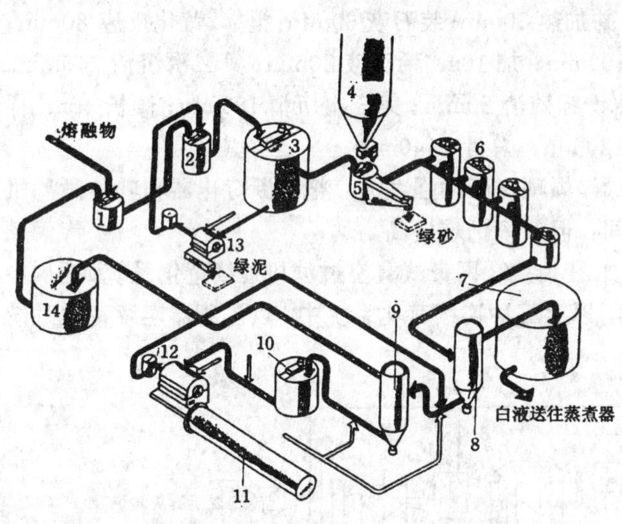

图 14-94 压力过滤器连续苛化系统

1. 溶解槽； 2. 浓度稳定槽； 3. 绿液澄清器； 4. 石灰仓； 5. 石灰消化提渣机； 6. 苛化器； 7. 白液贮槽； 8. 白液净化压力过滤器； 9. 白泥洗涤压力过滤器； 10. 白泥槽； 11. 石灰窑；12. 白泥过滤机； 13. 绿泥过滤机； 14. 稀液贮槽

1.5.4 苛化的生产运行

苛化生产要严格掌握洗涤用清水量，提高苛化率，控制过量石灰，尽量使白泥、绿泥具有良好的沉降性能和过滤性能，提高排出白泥和绿泥的干度，提高碱回收率。

苛化过程洗涤用清水量必须使由此产生的稀绿液和稀白液量与熔融物溶解所需的稀液量相平衡，不要超量。

影响绿泥沉降和过滤性能的因素有：碱回收炉中操作不当、垫层燃烧温度过高、炉衬腐蚀剥落过多、溶解熔融物的稀液中含有过多的微细粒子、溶解槽操作中绿液浓度不稳定和绿泥絮凝不良等等。

影响白泥沉降和过滤性能的因素有：石灰质量、石灰消化的温度和水灰比、苛化的搅拌速度和时间、过量石灰的数量、苛化温度、白液浓度等等，控制消化和苛化的工艺条件，和过量石灰是操作的关键。

苛化部分应经常注意分析绿液、白液的浓度和成分，控制生产过程，使白液、白泥的数量、质量能够满足制浆蒸煮和石灰回收的要求。

1.5.5 石灰回收

碱回收的石灰回收是把苛化部分分离出来的白泥经洗涤、脱水，使白泥含有的残碱和水分降到最低的程度。送入石灰回收系统中，白灰中含有的水分蒸发，得到干白泥，经高温煅烧，白泥中的碳酸钙分解成为氧化钙和二氧化碳，又得到了可供苛化使用的石灰。

白泥煅烧、碳酸钙分解的化学反应式如下：

$$CaCO_3+\Delta H \xrightleftharpoons{\text{至 }800℃} CaO+CO_2$$

碳酸钙分解是高温吸热反应，反应吸收的热量 $\Delta H=1786kJ/kgmol$。分解反应的速度很快，主要决定于温度和供给热量的速度。碳酸钙分解是可逆反应。如反应物质中的 CO_2 浓度过大会阻碍碳酸钙的分解。在石灰窑的烟气中，CO_2 浓度为 25%（容积）其中包括燃料燃烧生产的 CO_2 和碳酸钙分解产生的 CO_2。

回收石灰的主要成分是氧化钙，此外还含有一些未分解的碳酸钙以及 Na、Al、Si、Fe 和 Mg 等元素的化合物。回收石灰的质量，取决于白泥含有的杂质量和煅烧反应完成的程度。一般要求回收石灰的有效石灰含量为 85%～95%。未分解的 $CaCO_3$ 量为 1%～5%，含 MgO 量不超过 1.5%。

石灰窑中的白泥煅烧温度实际超过碳酸钙热分解的温度（至 800℃），一般达到 926℃。在此温度下，白泥含有的很少量残碱能促使石灰团聚，成为直径 20～25mm 的小球，这样的石灰小球，粉尘少，便于运输。

石灰回收有石灰转窑系统和流化床石灰窑系统，采用石灰转窑系统回收石灰比较普遍。1970 年以后，有几个厂采用流化床石灰窑系统回收石灰。

石灰转窑系统回收石灰的生产流程如图 14-95。

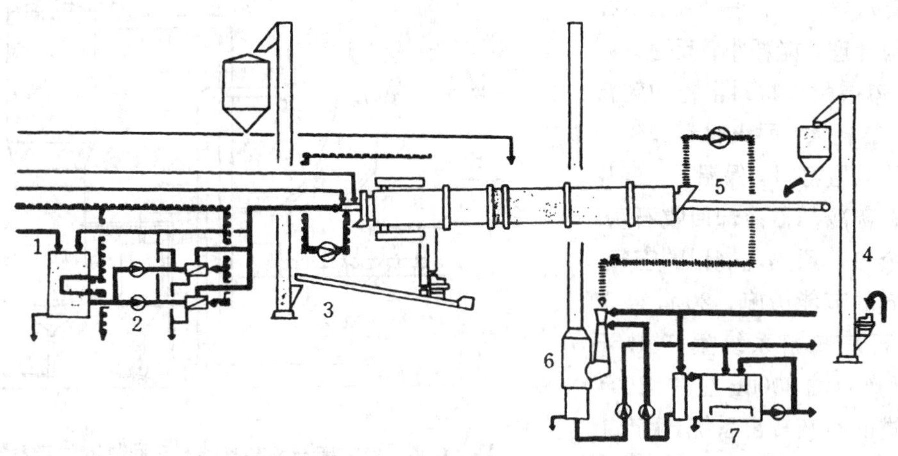

图 14-95　石灰转窑系统回收石灰的生产流程

1. 石灰转窑；2. 燃油设备；3. 回收石灰运输设备；4. 石灰石供应设备；
5. 皮带给料机；6. 文丘里洗涤器；7. 沉淀槽

在石灰转窑的窑尾（冷端）装有进料室。进料室装有防止漏风的密封装置。苛化部分送来的白泥贮存在白泥槽中，经稀释、洗涤、脱水后其含水量为 30%～50%。用皮带给料机或螺旋给料机送入窑内。窑内的热烟气与白泥行进方向相反，经引风机、除尘器、最后排入烟囱。白泥进入转窑，由于转窑的倾斜和转动，慢慢地翻滚向前移动。先有转窑中有挂链的干燥区，利用烟气余热蒸发掉白泥中的水分，成为干白泥。干白泥进入转窑的预热区，使白泥温度达到碳酸钙分解反应所需的温度，然后进入转窑窑头（热端）的高温煅烧区。在窑头的火罩上，装有燃烧器并伸入窑中。燃烧器燃烧燃料油或气体燃料，烧成圆柱形的长火焰为碳酸钙的分解提供充分的热量。烧成的石灰，通过出料孔落入冷却器，使石灰冷却，并回收热量，预热燃烧用的空气。

石灰转窑有一个长圆筒形的钢板外壳，内衬耐火材料，中空。安装后，圆筒的中心轴线从冷端到热端略向下倾斜。整个窑体用几个滚圈安放在托轮上，用变速电机通过减速机和齿轮带动，慢慢转动。碱回收用的石灰转窑长 35～130m、外壳直径 1.8～4m、耐火材料窑衬厚度为 152～254mm，生产能力为日产石灰 20～400t。

石灰转窑的生产能力可按下列经验公式估算：

$$P=K_1LD^2\times3.21\times10^{-3} \tag{14-30}$$

式中：P——转窑的生产能力（t 石灰/d）；

D——转窑内径（m）；

L——转窑长度（m）；

K——生产能力系数与进窑白泥的干度有关系。进窑白泥含水率为 40%时，$K_1=1$，白泥含水每减少 5%，K_1 值增加 0.07。

回收石灰的质量，主要决定于白泥成分。但控制煅烧工艺条件，也很重要。白泥应在900～1000℃温度下，煅烧适当时间，使碳酸钙得到充分离解。如煅烧温度过高，煅烧时间过长，将烧成重烧石灰，难以消化。

回收石灰的能耗，是一项重要的技术经济指标。回收石灰的能耗，在很大程度上决定于石灰转窑的结构。石灰转窑的长径比是一个重要因素。长径比大，挂链区结构合理，能耗小；反之，则能耗大。单层耐火材料窑衬的转窑保温差，能耗大。耐火材料和保温砖结合的双层窑衬，保温好，能耗小。用石灰冷却器冷却回收石灰，并利用余热，预热燃烧用的空气，也是有效的节能措施。20 世纪 50 年代用石灰转窑系统生产 1t 石灰，消耗燃料油 300kg 左右。80 年代用先进的石灰转窑系统，生产 1t 石灰，燃料油消耗降为 120～150kg。

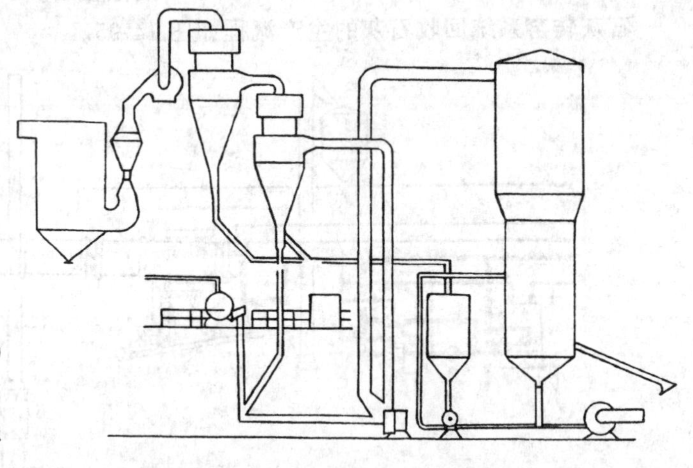

图 14-96 流化床石灰窑系统石灰回收的生产流程

流化床石灰窑系统是由气流干燥和流化床燃烧两部分组成。流化床石灰窑系统回收石灰的生产流程如图 14-96。

从苛化部分送来的白泥，经稀释、过滤，洗涤和脱水后，与从回收系统的旋风分离器中落下来的一部分干白泥混合，提高白泥干度。然后，通过笼形磨，把半干白泥分散在流化床石灰窑排出的热烟气中，经过气流干燥管线，利用烟气余热蒸发白泥中的水分使之成为干白泥。通过两级旋风分离器，分离烟气，收集干白泥。一部分干白泥与湿白泥混合循环使用；一部分干白泥送入流化床石灰窑进行煅烧。

流化床石灰窑分成两层，上层是煅烧床。一定粒度的白泥，进入煅烧床，用燃料油或气体燃料燃烧，进行煅烧；床板上的喷气嘴供给燃烧用的热空气，并使床层不断翻动，使白泥得到均匀煅烧，烧成的石灰，落入下层冷却床，石灰冷却并预热燃烧用的空气。

流化床石灰窑生产的回收石灰，因煅烧均匀，易于消化，但电耗较多。

2　其他化学纸浆蒸煮化学药品的回收

2.1　概　述

其他化学纸浆蒸煮化学药品的回收，主要是各种亚硫酸盐纸浆蒸煮化学药品的回收。亚硫酸盐纸浆蒸煮药液中的盐基成分种类繁多，蒸煮废液的回收和利用是复杂的、多种多样的。最早的亚硫酸盐法纸浆，采用酸性亚硫酸钙药液蒸煮。由于化学药品价格低廉，不考虑回收蒸煮化学药品。酸性亚硫酸钙纸浆生产受到纤维原料品种的限制，纸浆的物理强度低。在保护环境、防治污染、特别是防治水污染的要求，愈来愈受到社会各方面的重视。而亚硫酸钙法纸浆蒸煮废液的化学药品回收技术却未能获得妥善解决。因此，对采用可溶性盐基（如钠、镁、铵等盐基）的亚硫酸药液进行制浆，引起了广泛的兴趣，并开发了相应的蒸煮化学药品回收技术。1938 年出现了中性亚硫酸钠法纸浆（NSSC）生产及其与硫酸盐法纸浆相结合的交叉回收法，回收了蒸煮化学药品，以后又发展成为独立的亚硫酸钠回收。

1940 年，酸性亚硫酸镁法纸浆蒸煮化学药品回收比较成功地应用于工业生产。酸性亚硫酸钠法纸浆蒸煮化学药品回收，也取得了进展。这两种纸浆蒸煮化学药品的回收，既回收了镁、钠等盐基，也回收了二氧化硫，因此，也称为酸回收。亚硫酸铵法纸浆蒸煮的废液可以燃烧得到热能，也可以回收硫，但不能回收铵。酸性亚硫酸钙法纸浆废液经过收集、处理和综合利用，并可燃烧产生热能，但不能经济合理地回收蒸煮化学药品。

亚硫酸盐法纸浆蒸煮化学药品回收与碱回收相比，在纸浆洗涤和废液（有红液、黑液等名称）提取、蒸发和燃烧等过程，二者基本相似。化学药品的转化和蒸煮药液的制备，二者有所不同。亚硫酸盐法纸浆蒸煮化学药品回收的效率低。

亚硫酸盐法纸浆废液是蒸煮化学药品回收的原料。废液的物理性状和化学成分，影响整个回收过程的生产工艺和设备选用。亚硫酸盐法纸浆废液的浓度，一般为 10%～15%，泡沫性小，沸点升高少，粘度低。特别是酸性亚硫酸盐法制浆废液，pH 值低，腐蚀性强，回收过程的设备、管线，都要用高级不锈钢制造，建设投资大，维护费用高。

NSSC 纸浆废液干固物的化学成分见表 14-24；酸性亚硫酸钙法木浆废液干固物的化学成分见表 14-25；各种盐基的亚硫酸盐法制浆废液干固物的化学成分见表 14-26。

表 14-24　NSSC 纸浆废液干固物的化学成分

成　分	木质素磺酸钠	抽出物	戊糖	己糖	醋酸钠	蚁酸钠
含量（%）	56.0	4.0	10.0	1.5	25.0	3.0

表 14-25　酸性亚硫酸钙法木浆废液干固物的化学成分

成　分	木质素磺酸盐	总糖	挥发酸	总硫	总钙	硫酸盐灰分
样品 1（%）	52.2	17.2	4.5	8.73	4.39	16.1
样品 2（%）	50.2	14.7	4.63	8.43	4.88	19.3

表 14-26 各种盐基的亚硫酸盐法制浆废液干固物的化学成分

纸浆品种	C (%)	H (%)	S (%)	Ca (%)	Mg (%)	Na (%)	灰分 (%)	发热量 (MJ/kg)
酸性亚硫酸	47.7	5.17	5.35	3.81	—	—	10.6	19.53
钙法造纸	45.3	4.90	5.93	4.15	—	—	11.2	18.61
纸 浆	50.3	5.10	6.31	4.97	—	—	15.6	18.02
酸性亚硫酸	47.2	4.84	6.14	—	—	—	13.0	18.76
钙法溶解纸浆	44.5	5.01	—	—	—	—	16.1	18.1
亚硫酸氢镁法	39.0	4.44	10.1	—	4.81	—	—	15.70
造纸纸浆	39.4	4.44	9.98	—	4.74	—	12.8	15.76
NSSC 瓦楞	31.4	3.89	9.56	—	—	17.5	44.2	13.7
原纸纸浆	28.4	3.95	10.5	—	—	16.1	44.3	13.22

2.2 亚硫酸钠法纸浆蒸煮化学药品回收

亚硫酸钠法纸浆蒸煮化学药品回收有碱性或中性亚硫酸钠法纸浆蒸煮化学药品回收，和酸性亚硫酸钠法纸浆蒸煮化学药品回收两大类。

碱性与中性亚硫酸钠法纸浆蒸煮化学药品的回收方法主要有交叉回收法、碳酸化法、直接氧化法3种：

（1）交叉回收法：在一个既生产碱性或中性亚硫酸钠纸浆又生产硫酸盐法纸浆的纸浆厂中，把碱性或中性亚硫酸钠法纸浆黑液收集起来，经过蒸发，浓缩成为55%浓度的黑液，喷入碱回收炉中与硫酸盐法纸浆黑液一起燃烧。烧成的熔融物经溶解后，送去苛化，制成可供硫酸盐纸浆蒸煮用的白液。碱性或中性亚硫酸钠法纸浆黑液中的硫和钠成为硫酸盐法纸浆碱回收过程中补充芒硝的代用品，这是最简单的交叉回收法。

在碱性或中性亚硫酸钠法纸浆产量较大、硫酸盐法纸浆碱回收需用的补充芒硝量较少的情况下，两种纸浆黑液燃烧产生的熔融物，一部分送去苛化，制成白液；另一部分送去碳酸化处理，转化成为亚硫酸钠溶液，这是比较复杂和完整的交叉回收法。

（2）碳酸化法：碳酸化法是交叉回收法的发展，是独立于碱回收的亚硫酸钠回收。碳酸化法亚硫酸钠回收包括碱性或中性亚硫酸钠纸浆黑液的蒸发、燃烧和绿液的碳酸化转化系统。绿液的碳酸化转化系统是这个方法的特点。

碳酸化法亚硫酸钠回收的工艺过程如下：碱性或中性亚硫酸钠纸浆的蒸煮药液是 Na_2SO_3 和 Na_2CO_3 的混合溶液。制浆蒸煮产生的纸浆和黑液（碱性或中性亚硫酸钠法纸浆蒸煮废液也称黑液），经洗涤提取，得到浓度为8.5%的稀黑液，用六效蒸发器系统蒸发浓缩，成为浓度为55%的浓黑液，通过圆盘蒸发器，把浓度提高到62%；喷入燃烧炉中燃烧，燃烧炉的结构与碱回收炉基本相同，烧成的熔融物溶解成为绿液，经过净化，送入碳酸化转化系统。

碳酸化转化系统的第一步是预碳酸化。绿液被送入一个填充塔中，用燃烧炉来的烟气进行处理，并发生下列化学反应：

$$2Na_2S+CO_2+H_2O \rightleftharpoons 2NaHS+Na_2CO_3$$

预碳酸化后的溶液，送入碳酸化塔，再用 CO_2 进行碳酸化处理，并发生下列反应：

$$NaHS+Na_2CO_3+2CO_2+2H_2O \rightleftharpoons 3NaHCO_3+H_2S$$

碳酸化处理得到两种产品，一种是 H_2S，用蒸汽吹出，通过冷凝器冷凝水分，得到浓度为95%的 H_2S 气体；另一种是 $NaHCO_3$ 乳液，碳酸化处理塔是两座斜板塔，一座运行，一座停

机清扫其中的 $NaHCO_3$ 沉淀。

碳酸氢钠乳液送入分解器和反应器中，这是两个叠置的设备。碳酸氢钠在分解器中发生下列反应：

$$2NaHCO_3 \rightleftharpoons Na_2CO_3 + CO_2 + H_2O$$

分解反应产生的 CO_2 供碳酸化塔使用。分解反应得到的 Na_2CO_3 溶液，一部分送去配制蒸煮药液，一部分在反应器中发生下列化学反应：

$$Na_2CO_3 + 2NaHSO_3 \rightleftharpoons 2Na_2SO_3 + CO_2 + H_2O$$

反应器中产生的 Na_2SO_3 溶液，一部分送去配制蒸煮药液，一部分送入吸收塔（或称亚硫酸氢化塔）。反应器产生的 CO_2，通过分解器，也进入碳酸化塔，供碳酸化反应使用。

反应器送来的 Na_2SO_3 溶液，在亚硫酸氢化塔中，与焚硫炉送来的 SO_2 发生下列反应：

$$Na_2SO_3 + H_2O + SO_2 \rightleftharpoons 2NaHSO_3$$

亚硫酸氢化塔中产生的 $NaHSO_3$ 溶液仍返回反应器。

碳酸化塔产生的 H_2S 和补充的硫磺一起在焚硫炉中燃烧，产生 SO_2，一部分供亚硫酸氢化塔使用，另一部分送入吸收塔与补充碱反应制成 Na_2SO_3 供蒸煮使用。碳酸化法回收系统的生产流程如图 14-97。

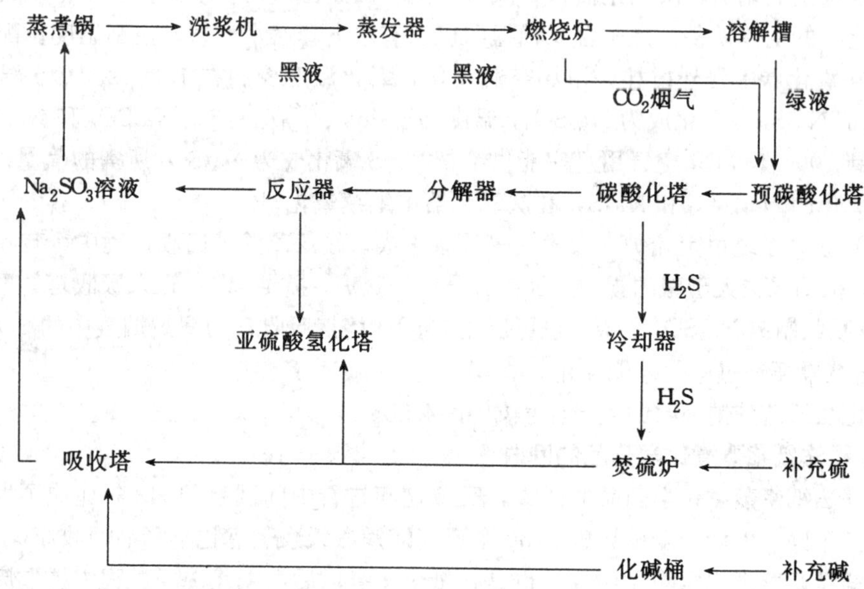

图14-97　碳酸化法回收系统生产流程

(3) 直接氧化法：直接氧化法是把亚硫酸钠纸浆黑液燃烧产生的熔融物中的硫化物，用空气直接氧化成为亚硫酸钠。直接氧化法发生下列各项化学反应：

$$2Na_2S + H_2O + 2O_2 = Na_2S_2O_3 + 2NaOH$$

$$Na_2S_2O_3 + 2NaOH = 4/3Na_2SO_3 + 2/3Na_2S + H_2O$$

$$Na_2S_2O_3 + 2NaOH + O_2 = 2Na_2SO_3 + H_2O$$

$$2Na_2S + 3O_2 = 2Na_2SO_3$$

直接氧化法由熔融物备料系统、氧化系统和补充 SO_2 吸收系统等部分组成。

熔融物备料系统由熔融物仓、熔融物筛、泥浆循环槽、绿液槽、离心机和鼓式干片机等设备组成；熔融物备料系统的作用是制备熔融物泥浆并进行初步氧化。

从亚硫酸钠法纸浆黑液燃烧炉中流出来的熔融物，用蒸汽喷射器吹散成为固体颗粒送入熔融物仓，再经熔融物筛筛分，细小的颗粒落入循环槽，制成泥浆；粗大的颗粒落入绿液槽，溶解成为绿液。部分熔融物泥浆送入熔融物仓，清洗仓壁。

空气送入熔融物仓，使熔融物冷却，并使熔融物中的Na_2S和泥浆中的$Na_2S_2O_3$初步氧化，即发生化学反应。在泥浆循环槽中也发生同样的反应。

泥浆分离可以单独使用离心机，或使用离心机和鼓式干片机相结合的方式。这是根据蒸煮药液的硫钠比和熔融物的硫化度来决定的。

碱性或中性亚硫酸钠法（NSSC）纸浆蒸煮药液的硫钠比值较低，熔融物的硫化度也较低。单独用离心机生产的泥浆滤饼的硫、钠含量与比值接近。离心机分离出来的泥浆滤饼送去氧化，滤液送溶解槽溶解熔融物。

亚硫酸氢钠和酸性亚硫酸钠法纸浆蒸煮液含有$NaHSO_3$或Na_2HSO_3及SO_2，不含Na_2CO_3，硫钠比值较高，单独用离心机分离得到的泥浆滤饼，它的硫钠比不够。因此，要采用鼓式干片机从滤液中取得Na_2S干片，与离心机的泥浆滤饼混合，提高硫钠比，再送去氧化。

氧化系统由主氧化器、次氧化器、鼓风机、空气加热器和粉尘收集器等设备组成。氧化器是直接氧化法的主体设备，是一台双轴捏和机，有水夹套通水冷却，控制温度。配制好的泥浆滤饼，在氧化器中强烈搅拌，用热空气氧化，氧化温度控制在150～250℃。温度低于150℃，不能把$Na_2S_2O_3$氧化成为Na_2SO_3；温度高于250℃，就将产生Na_2SO_4和Na_2S。空气预热温度达到100～180℃，空气用量应能供给把Na_2S氧化成为Na_2SO_3所需的氧量。在主氧化器中未能氧化的$Na_2S_2O_3$和Na_2S，在次氧化器中继续氧化。

补充SO_2吸收系统由焚硫炉、吸收塔等设备组成。在亚硫酸钠回收过程中，硫和钠都有损失，并且，硫的损失大于碱的损失。因此，设置焚硫炉，提供SO_2，送入吸收塔，用补充的Na_2CO_3溶液吸收制成Na_2SO_3溶液。也可以用NaOH溶液吸收动力锅炉烟气中的SO_2，制成的Na_2SO_3溶液需要经过净化才能使用。

直接氧化法亚硫酸钠回收的生产流程如图14-98。

2.3 亚硫酸镁法纸浆蒸煮化学药品的回收

亚硫酸镁法纸浆蒸煮化学药品的回收，于1937年进行中间试验，1948年建成了世界上第一个工业生产车间，以后，全世界曾有30个亚硫酸镁法纸浆蒸煮化学药品回收车间。

亚硫酸镁纸浆蒸煮化学药品回收，也是在纸浆蒸煮以后，纸浆洗涤过程中提取废液（或称红液）。提取得到的红液浓度为10%～15%。经多效蒸发器蒸发浓缩，得到浓度为55%的浓废液，供给废液燃烧使用。燃烧产物是粉状的氧化镁和含有SO_2的烟气。回收的氧化镁经洗涤后与补充的氧化镁一起，送入吸收系统。含有SO_2的烟气，经冷却后，也进入吸收系统。其中SO_2与氧化镁乳剂反应，产生亚硫酸镁。补充硫磺在焚硫炉中烧成SO_2，送入增浓塔，用亚硫酸镁溶液吸收，提高药液中SO_2成分的浓度，达到亚硫酸镁法纸浆蒸煮的要求。亚硫酸镁法纸浆蒸煮化学药品的回收生产流程如图14-99。

亚硫酸镁法纸浆蒸煮化学药品回收的镁回收效率可达90%，硫回收效率可达80%。

亚硫酸镁法纸浆废液蒸发仍有比较严重的结垢现象，一般都采用强制循环蒸发器和用污冷凝水交替洗煮加热器的传热面。为了减少蒸发器中的废液的循环量，节约蒸发器循环泵的

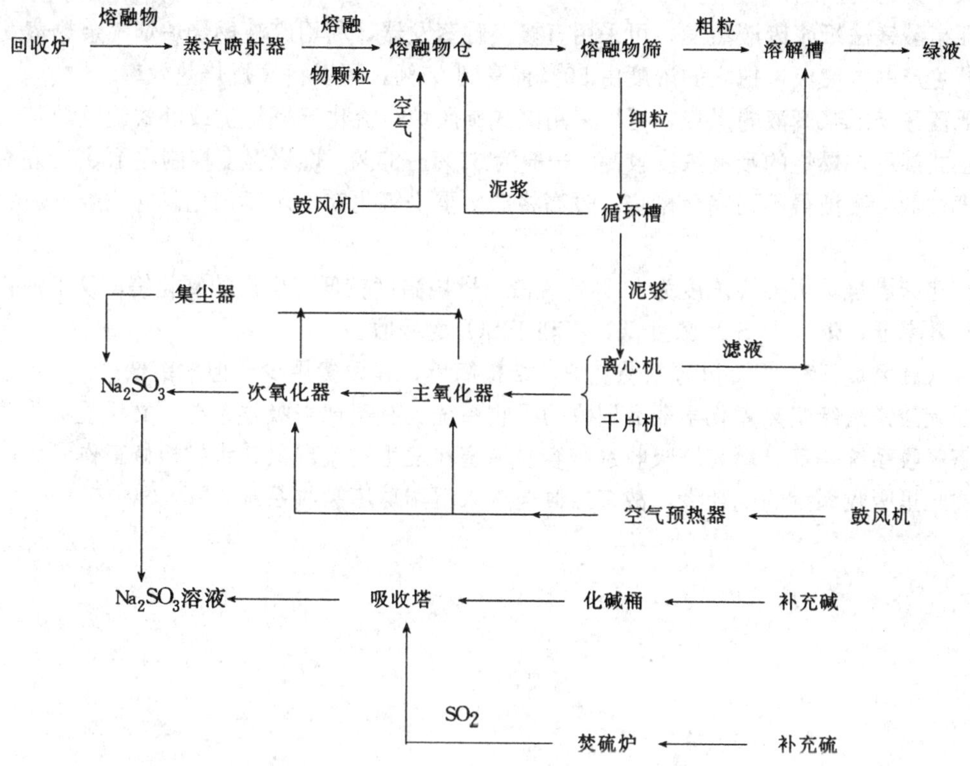

图14-98　直接氧化法亚硫酸钠回收流程

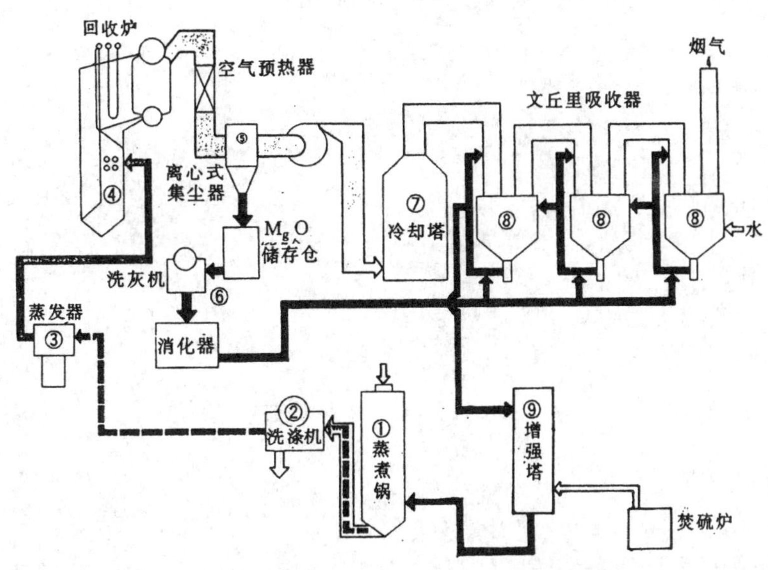

图 14-99　亚硫酸镁法纸浆蒸煮化学药品回收生产流程

电耗，采用了板壳式蒸发器。

亚硫酸镁法纸浆废液的沸点升高少，因此可采用效数更多的多效蒸发器系统，或二次蒸汽再压缩型蒸发器（VRE）系统和热泵蒸发器系统。亚硫酸镁法纸浆废液蒸发系统应全部采用高级不锈钢材料。

亚硫酸镁法纸浆废液蒸发，可采用直接接触蒸发器，利用废液燃烧炉烟气余热蒸发多效蒸发器生产的浓废液，把它的浓度由50%提高到65%，可以提高燃烧热效率。

亚硫酸镁纸浆废液的燃烧，可以采用立式旋风炉、流化床燃烧炉或卧式旋风炉。

立式旋风炉燃烧的废液浓度较高，一般为55%～65%。燃烧温度控制在1300℃左右。燃烧温度过低，废液得不到完全燃烧；过高将产生重烧氧化镁，难以消化。立式旋风炉的热效率较好。

流化床燃烧炉可燃烧浓度为40%的废液，燃烧温度较低，生产的氧化镁，易于消化，但燃烧热效率低，烟气中SO_2浓度低，不利于SO_2的吸收。

卧式旋风炉又称“Loddby”燃烧炉，结构简单，建设费用少，但效率低。

亚硫酸镁法纸浆蒸煮化学药品回收的吸收系统、有湍球塔吸收系统、文丘里吸收系统和填充塔吸收系统等等。填充塔吸收系统容易堵塞和发生沟流现象，维护检修工作量大，效率低。文丘里吸收系统的电耗大，故多数倾向于采用湍球塔吸收系统。

第15章 再生纤维制浆[293～297]

潘锡五

1 概 述

1.1 再生纤维制浆的意义和作用

再生纤维也叫做二次纤维。再生纤维制浆是以回收的废纸为原料，经过一系列的加工处理，把废纸中的非纤维杂质清除掉，保留纤维物质，制成纸浆。它与直接用天然植物纤维原料制成的原生纤维纸浆一样，可以根据其品种和性能，制造各种纸、纸板以及纸浆制品。

再生纤维制浆由来已久。随着纸及纸板生产和消费量的不断增长。人们愈来愈认识到再生纤维制浆的重要意义。20世纪60年代以后，世界造纸工业的再生纤维制浆，有了长足的发展。1984年，世界造纸工业纸及纸板的总纸料量作为110%。纸料组成中，原生纤维纸浆占72%、再生纤维纸浆占30%、填料、涂料及添加剂占8%，当年世界纸及纸板的产量和消费量为100%。其中，可以作为废纸回收的约占82%，毁掉的占12%，作为永久保存的占6%。在可作为废纸回收的82%份额中，实际回收的废纸占总消费量的31%，未回收的占51%。

发展再生纤维制浆的重要意义在于：

(1) 扩大造纸纤维原料资源，减少天然植物纤维原料的消耗。人类对自然资源的需求与消耗与日俱增。物质资源的循环利用，是平衡自然资源需求与消耗的有效方法。世界造纸工业界发现，纸浆纤维是可以循环利用的。生产1t再生纤维纸浆，可以节约木材2～6m^3，或节约草类纤维原料1.7～3t。为了保护自然资源和生态环境，特别是为了保护森林资源，世界造纸工业都在努力开发再生纤维制浆技术和扩大再生纤维纸浆的循环利用。

(2) 节约造纸工业的建设投资。再生纤维制浆生产线所需的建设投资比同等规模的原生纤维制浆生产线所需的建设投资少得多。

一个有相当规模的牛皮箱纸板厂，扩建一条日产635t的旧瓦楞箱纸板(OCC)再生纤维纸浆生产线，与扩建一条同等规模的本色硫酸盐法木浆生产线，两者所需的投资估算见表15-1。

表15-1的数字说明，扩建再生纤维纸浆生产线所需的投资仅为扩建本色硫酸盐法木浆生产线所需投资的13.28%。

在中国，引进一条日产75t的再生纤维制浆生产线的建设投资，相当于采用中国国产设备建设同等规模的磨木浆生产线所需投资的1/2，或采用中国国产设备，建设同等规模的漂白草浆生产线的1/3。

(3) 节约能源消耗。造纸工业是耗能大户。世界造纸工业十分重视其能源消耗，并且努力提高其能源自给能力。工业发达国家造纸工业的整体能源自给率达到50%。造纸厂的自给能源，来自制浆蒸煮产生的黑液以及树皮、锯屑等废料燃烧产生的热能。再生纤维制浆不能提供自给能源，但是，再生纤维纸浆生产消耗的能源，比原生纤维纸浆生产消耗的能源少得多。各种纸浆单位产品生产的能耗见表 15-2。

再生纤维制浆生产过程中，生产 1t 产品，在各工序中消耗的能源，见表 15-3。

表 15-1 本色硫酸盐法木浆与 OCC 再生纤维纸浆生产线扩建投资估算

本色硫酸盐法木浆		OCC 再生纤维纸浆	
建设项目	投资额（百万美元）	建设项目	投资额（百万美元）
木材备料	16.5	废纸的收集与贮运	2.0
制浆蒸煮及洗选	32.0	再生纤维制浆系统	3.0
碱回收炉	28.5	给水排水	4.0
蒸发器	5.5	电力和辅助设施	5.0
苛化和石灰回收	9.0	其他费用	1.1
给水排水	10.0		
电力和辅助设施	11.0		
其他费用	1.2		
总 计	113.7	总 计	15.1

表 15-2 各种纸浆单位产品生产的能耗

纸 浆 品 种	单位产品生产的能耗（kW·h/t）	纸 浆 品 种	单位产品生产的能耗（kW·h/t）
磨木浆	1 900	OCC 再生纤维纸浆	168～290
新闻纸再生纤维纸浆	330～352	漂白硫酸盐法木浆	760～872
未漂硫酸盐法木浆	424	账簿纸再生纤维纸浆	390

表 15-3 再生纤维制浆中单位产品生产的能耗

工 序 名 称	低浓法		高浓法	
	纸浆浓度（%）	能耗（kW·h/t）	纸浆浓度（%）	能耗（kW·h/t）
水力碎浆机解离	5	60	15	72
出料泵	5	1.5	5	1.5
搅拌器	5	17	5	11.5
进料泵	2	10	4	4
粗筛	2	13	4	9
疏解机	3	13	—	—
渣浆筛浆机	1	1	1	1
脱墨洗涤	2～14	19	4～14	17
脱墨浮选	0.8	90	1.5	38
反向除渣器	0.8	29	1.5	15
细筛	1	69	2	31
正向除渣器	1	69	2	27
总 计		391.5		227

注：①原料是账簿纸、书籍纸和杂志纸等废纸；②再生纤维制浆全过程的总能耗，包括解离、粗选、疏解、脱墨、筛选和净化设备，以及泵、通风机、搅拌器等消耗的电能和热能。

再生纤维制浆系统各工序能耗占总能耗的比重大致如下：废纸解离占 35%，纸浆筛选占 26%，纸浆净化占 30%，白水系统占 6%，其他占 3%。以上数字表明，再生纤维制浆生产的能耗不高，并指出了节能的潜力和节能的方向。

4 种纸及纸板，使用原生纤维纸浆和再生纤维纸浆整个制浆造纸系统的能耗对比和节能情况。见表 15-4。

表 15-4　4 种纸及纸板的能耗对比

项　目	新闻纸耗能量(GJ/t)	印刷书写纸耗能量(GJ/t)	瓦楞箱纸板耗能量(GJ/t)	薄页纸卫生纸耗能量(GJ/t)
原生纤维纸浆	61.9	100.3	64.8	100.3
再生纤维纸浆	22.9	38.0	23.4	26.4
节能量/节能率	39.0/63%	61.7/62%	41.2/64%	74.5/74%

表 15-4 所列数字说明，以再生纤维为原料制浆，节能效果是显著的。

(4) 有利于环境保护。再生纤维制浆减少了自然资源的消耗，同时，再生纤维制浆回收利用了废纸，减轻了固体废料的处理负荷，在一定意义上，再生纤维制浆是一种环境保护措施。

但是，再生纤维制浆，还是有污染的，特别是有脱墨和漂白工序的再生纤维制浆系统，产生的污染负荷，还是相当严重的。再生纤维制浆系统，产生一些由废纸中的油墨、填料、涂料和添加剂形成的泥浆废料，需要堆埋或燃烧处理，再生纤维制浆的废水中悬浮物 (ss) 含量大，BOD、pH 值等指标需要经适当处理。但是，与化学纸浆生产的废水污染负荷相比，就轻得很多了。

(5) 关于再生纤维纸浆的质量变化。再生纤维制浆也是纸浆纤维的循环利用过程，纸浆纤维通过再生纤维制浆，可以进行多次循环利用。但是，纸浆纤维每通过一次循环利用，它的质量和强度，会有所降低。再生纤维制浆循环利用次数对未漂硫酸盐法木浆强度的影响，如图 15-1。

再生纤维制浆循环利用次数对新闻纸的纤维强度和纤维间结合强度的影响如图 15-2。

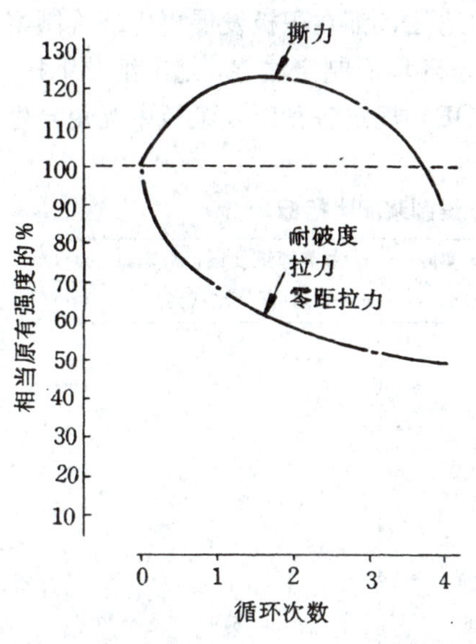

图 15-1　再生纤维制浆循环利用次数对未漂硫酸盐法木浆强度的影响

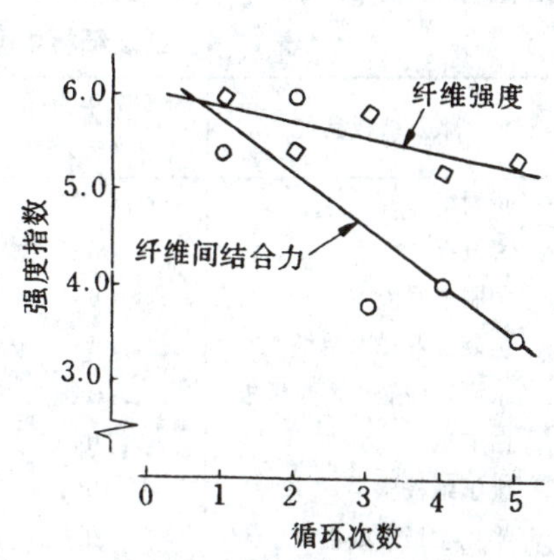

图 15-2　再生纤维制浆循环利用次数对新闻纸的纤维强度和纤维间结合强度的影响

再生纤维纸浆质量劣化的原因是纤维老化和纤维形态发生变化。纸及纸板是用几种纸浆配合制成的，因此，再生纤维纸浆的质量，并不一定低于原生纤维纸浆的质量，新闻纸再生纤维纸浆和磨木浆质量对比，见表15-5。

表15-5 新闻纸再生纤维纸浆和磨木浆质量对比

纸 浆 品 种	85%新闻纸、15%杂志纸浮选脱墨、纸浆	磨石磨木浆
滤水度（ml）	116	100
筛渣（%）	0.04	0.35
纤维分级（%）		
+30目	29.7	24.7
+200目 −30目	37.5	43.1
−200目	32.8	32.2
湿强度（N·m/g）	0.86	0.71
裂断长（m）	3 260	2 750
撕裂指数（mN·m^2/g）	6.5	4.4
灰分（%）	7.7	-

因此，许多工厂用100%新闻纸再生纤维纸浆生产新闻纸。

以上情况说明，再生纤维纸浆质量劣化问题应当注意。在采用适当措施，如进行纤维分级、分别使用、合理配用原生纤维和化学助剂情况下，再生纤维纸浆在相当大的范围内，可以循环利用。

（6）经济效益。再生纤维制浆所需的投资少、能耗低，这是再生纤维制浆能够取得经济效益的优势。

影响再生纤维制浆经济效益的因素很多，如原木、木片和原生纤维纸浆的价格，废纸本身的价格及其运输费用等等，都将影响再生纤维制浆的经济效益。国际市场的商品纸浆价格，变化不定，废纸价格涨落幅度可高达数倍，因此，再生纤维制浆的经济效益，需要根据地区的具体情况具体分析。在一些木材资源缺乏的国家和地区，都在积极发展再生纤维制浆。在废纸资源较多的国家和地区，为了节约能源、保护生态环境而制定法律，规定纸及纸板生产，必须配用一定比例的再生纤维纸浆。美国能源部（DOE）规定各种纸及纸板中配用再生纤维纸浆的配比指标见表15-6。

表15-6 纸及纸板中配用再生纤维制浆配比指标

纸及纸板品种	1987年指标（%）	1987年实际（%）	占美国纸及纸板总产量的百分比（%）
新闻纸	18	14	6.3
薄页纸	30	26	6.9
印刷书写纸	6	7	22.4
包装工业技术用纸	4	4	0.7
未漂硫酸盐法木浆纸板	10	4	22.1
白卡纸	0	0	6.0
废纸纸板	106	108	11.8
半化学纸浆纸板	26	26	6.9
建筑工业用纸	55	55	2.9
建筑工业用纸板	17	22	5.9

中国木材价格较高，商品木浆产量少，国内废纸质量低，利用进口的废瓦楞箱纸板（OCC），制造质量高的箱纸板，是会有良好的经济效益的。

1.2 废纸及其品种质量

废纸是再生纤维制浆的原料。废纸是经过印刷、加工和使用后的纸及纸板以及在印刷和加工过程中，产生的纸及纸板边角余料和残次品。在造纸厂的造纸过程中，产生的纸边和损纸，都在造纸过程中自行消化处理，不包括在废纸的内容之中。

纸及纸板的品种繁多，印刷、加工和使用的情况各异，因此，废纸的种类十分复杂。一般按废纸所含的纸浆成分、杂质情况和废纸的使用性能，综合分为 5 大类，5 大类废纸的名称、组成成分、来源和用途，见表 15-7。

表 15-7 5 大类废纸名称、组成成分、来源和用途

品种类别	组成成分	来 源	用 途
混合废纸	由各种废纸混合组成。其中也含有制盒制箱厂的边角余料和各种纸质包装材料	办公大楼、家庭住宅、纸加工厂	生产品位较低的各种纸及纸板和多层纸板的结构材料
新闻纸废纸	旧报纸、过期报刊以及新闻出版印刷厂的边角余料及残次品	家庭住宅、办公大楼、印刷厂、专门收集机构	生产新闻纸和作为各种纸板的结构材料
旧瓦楞箱纸板（OCC）	旧瓦楞纸箱和制箱厂制盒厂的边角余料及残次品	打包运输批发商店、超级市场、零售商店、办公大楼以及制盒制箱厂	生产牛皮箱纸板和牛皮瓦楞原纸
纸浆代用品	这是质量好、杂质少的高级废纸，有些是未经印刷的白的、半漂的和本色的纸和卡纸及其边角余料	印刷厂、纸及纸板加工厂	代替同类型的纸浆使用
脱墨级废纸	已经印刷的各种账簿纸、计算机用纸，含磨木浆和不含磨木浆的书籍杂志纸、本册、目录纸以及印刷厂的边角余料和残次品	办公大楼、家庭住宅、装订厂、印刷厂、旧书店和旧书收购机构等	经脱墨处理制成可供生产薄页纸卫生纸和书写印刷纸及纸板用的纸浆

世界各国废纸分类的名称及其组成成分各有不同。但一些重要的废纸、类别名称及其组成成分趋向一致。例如：新闻纸废纸、旧瓦楞箱纸板废纸（OCC）和混合废纸被称为世界废纸的 3 大类。

在废纸资源丰富、利用广泛和有废纸出口的国家中，把废纸分为 9 类 47 种。每种规定有两项质量指标：

（1）总选出物：废纸中的少量物质与标名的废纸名称及其组成成分不相符合，并且品位较次，这些物质叫做总选出物。一般规定废纸的总选出物量不得超过 1%～5%。

（2）有害物：废纸中含有的少量物质与标明的废纸名称及其组成成分不相符合，并且，在再生纤维制浆过程中，对生产工艺和设备会造成损害，这种物质叫做有害物。许多品种的废纸是不允许存在有害物的，一些低级废纸或混合废纸，有害物含量不能超过 0.5%～2%。

在废纸中，不可避免地含有各种非纤维杂质。有些非纤维杂质是为了赋予纸、纸板及纸制品一定的使用性能而必须添加的，并且，与纸浆纤维交织或附着在一起。有些非纤维杂质是纸、纸板和纸制品在使用、回收过程中夹带进去的。废纸中的各种非纤维杂质不仅决定废纸的品种和等级，并且，还会在再生纤维制浆过程中造成困难和障碍。

废纸中的非纤维杂质，形状各异，大小不同，轻重不一，有些是无机物，有些是有机物。如按废纸中非纤维杂质的形状、大小、轻重和成分可以分为 4 大类：

特重杂质：如螺钉、螺帽、石块、碎玻璃块、玻璃瓶盖以及废纸包的打包材料等；

重杂质：如砂子、曲别针、大头针、金属碎屑等；

轻杂质：如塑料薄膜碎片、破布、泡沫塑料碎块、橡胶和合成树脂碎块颗粒等；

特轻杂质：如沥青、油墨、颜料、热熔胶、合成粘着剂等的微粒。

新闻纸和旧瓦楞箱纸板废纸中常见的10种非纤维杂质，表15-8。

表15-8 新闻纸和旧瓦楞箱纸板废纸中常见的10种非纤维杂质

杂质名称	形成的原因和用途	在工厂生产中造成的困难与障碍	来源区分	
			包装或加工产品用的	打包材料
热熔胶	粘着剂和涂料	净化系统不能合理运转，玷污设备难以清除，粘辊，在纸上形成斑点	√	
聚丙烯泡沫塑料	包装用的塑料块和颗粒		√	√
重塑料片（聚丙烯）及其他	形成肿块并可透视	破成小片，难以清除在产品上形成黑斑		√
塑料薄膜（聚乙烯等）	复合纸或打包材料	使水力碎浆机工作缓慢，造成产品缺陷	√	√
湿强树脂	用树脂处理纸	水力碎浆机难以解离，在产品上形成斑点	√	
清　漆	作为粘着剂的橡胶清漆裱糊或涂布包括涂料和橡胶带	降解产品，难以清除	√	√
各种压敏性粘着剂	粘接纸卷和纸盒密封	粘网、粘毛布、粘烘缸形成纸的断头	√	
蜡	纸及纸板的层合和涂布	在水力碎浆机中不解离，玷污设备，使产品降级	√	
沥　青	用沥青层合或涂布纸及纸板	在制浆过程中凝聚、粘网在产品上形成黑斑	√	
纤　维	绳子用的植物或合成纤维	形成产品破裂断头	√	

1.3 再生纤维制浆的基本内容

再生纤维制浆过程是废纸中的纸浆纤维与非纤维杂质的分离过程。第一步是使废纸中的纸浆纤维与非纤维杂质解离，形成相互分离而又混合在一起的悬浮液；第二步是把纸浆纤维和非纤维杂质的悬浮液分成两部分。一部分是良浆，含有尽量多的纸浆纤维，尽量少的非纤维杂质。另一部分是渣浆，应含有尽量少的纸浆纤维，尽量多的非纤维杂质，以达到再生纤维制浆分离过程的目的，为制造纸及纸板提供符合生产要求的纸浆。

衡量再生纤维制浆分离效果的指标是分离效率。最好的分离效率是：在良浆中，含有100%的纸浆纤维，而在渣浆中，含有100%的非纤维杂质，这种100%的分离效率，叫做理想分离。理想分离实际上是达不到的，在良浆中常含有少量杂质，在渣浆中常带走少量的纸浆纤维。实际分离效率受到分离工艺、分离设备和渣浆率的影响。

渣浆率是渣浆中含有纸浆纤维量对进浆中含有纤维量的百分数。在一定的原料性状和分离工艺与设备条件下，提高渣浆率，可以降低良浆中的杂质含量，也就是提高分离效率，但增加了渣浆中的纸浆纤维含量，增加了纤维流失；降低渣浆率，得到的结果与此相反。分离效率和渣浆率是再生纤维制浆过程中的两项技术指标。较高的分离效率和较低的渣浆率，是良好的分离工艺与设备的标志。

分离效率与渣浆率的关系如图15-3。y轴是分离效率，x轴是渣浆率。$x=0$，$y=100$，这一点代表理想分离。从 $x=0$，$y=100$，到 $x=100$，$y=100$ 两点之间，划一条线，在这一条线的右下方，表示没有分离。在这一条线的左上方，有两条曲线，代表两种分离效率曲线。上面一条曲线的分离效率较高，下面一条曲线的分离效率较低。再生纤维制浆工艺和设备的研究，设计与生产操作，应力争取得分离效率较高的分离曲线。

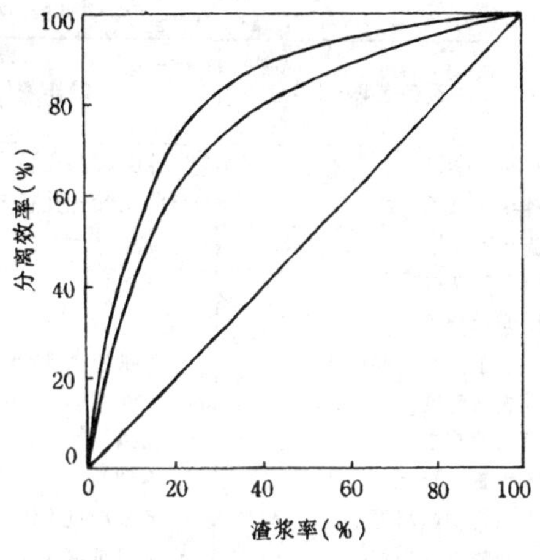

图 15-3 分离效率和渣浆率的关系图

再生纤维制浆是一个系统工程。它根据各种非纤维杂质的性状，采用各种单元处理方法，有步骤地解离和清除这些杂质。常用的单元处理方法有：解离、粗选、疏解、细选、脱墨、热分散、精选、分级和漂白。

再生纤维制浆工序采用的除杂单元处理方法和除杂对象，见表 15-9。

关于各种杂质的清除方法，见表 15-10。

各种除杂设备对杂质的除杂效率，见表 15-11。

表 15-9 再生纤维制浆工序采用的除杂单元处理方法和除杂对象

工　序	除杂对象和作用	除杂的方法和设备
废纸备料	废纸分选、分类、分级、清除不符合等级要求的废弃物和有害杂质	人工分选为主，机械设备为辅
废纸解离	解离废纸，清除特重杂质	水力碎浆机、绳索除杂机和链斗除杂机及其配套设备
灰浆粗选	清除重杂质	振动筛浆机、压力筛浆机、高浓和中浓大型水力除渣器
灰浆疏解	疏解废纸片和纤维束，清除重杂质	疏解机，卧式疏解分离机
灰浆细选	除去重杂质和轻杂质	压力筛浆机（缝型和孔型）、锥形除渣器（正向和反向）
热分散	使沥青等杂质分散成细微的颗粒存留于灰浆中	各种热分散机
脱墨	除去油墨和部分填料、涂料等特轻杂质	各种型式的脱墨工艺和设备
灰浆精选	除去特轻杂质	缝型和孔型压力筛浆机、正向和反向锥形除渣器
纤维分级	按纸浆纤维长短形态把纸浆分为长纤维部分和短纤维部分，分别使用并可脱除一些灰分	缝型压力筛浆机
灰浆漂白	脱除灰浆中的有色物质提高纸浆白度	纸浆漂白的工艺和设备

注：灰浆为废纸经解离成为纸浆，颜色灰暗故称灰浆。

表 15-10 杂质的清除方法

杂质品种	洗涤脱墨	浮选脱墨	筛浆机筛选	锥形除渣器净化	
				正　向	反　向
热塑性塑料		✓	✓	✓	✓
无机颜料	✓	✓		✓	
有机颜料		✓	✓		
白土、填料	✓	✓		✓	
碎片、碎屑			✓	✓	
塑料薄膜和湿强纸等			✓		
纸片和纤维束			✓	✓	
粘着物		✓	✓		✓

表 15-11 除杂设备对杂质的除杂效率

设备名称	操作条件	杂质类别			
		特重杂质	重杂质	轻杂质	特轻杂质
链斗除杂机	斗上筛孔孔径 15mm	50	10	5	
链斗除杂机	斗上筛孔孔径 5mm	80	10	5	
链斗除杂塔		50	10	5	
绳索除杂机				70	5
漂浮除杂机				80	5
中浓水力旋沉器	纸浆浓度 3%～5%		60～90		
卧式除渣器			3	60	15
压力筛浆机	孔型		40	60	30
压力筛浆机	缝型		60	85	40
正向锥型除渣器	纸浆浓度 2%		90		
正向锥型除渣器	纸浆浓度 1%		95		
反向锥型除渣器	纸浆浓度 1%			80	80
反向锥型除渣器	纸浆浓度 0.6%			90	90

注：各种除杂设备，在处理不同废纸的除杂效率是不同的，以上是以 OCC 废纸为例的数据，作为参考。

2 再生纤维制浆的废纸解离

废纸中的纸浆纤维已相互交织，并与填料、胶料、涂料等结合成为纸及纸板。在纸及纸板的印刷、加工和使用过程中，又有油墨、颜料、粘合剂等等物质附着在纸浆纤维上，在废纸的收集、贮存和运输过程中，又混入了一些外来杂质，为了取得废纸中的纸浆纤维，采用机械的和化学的方法解离废纸，使纸浆纤维相互分散，成为单根纤维，使附着在纸浆纤维上的非纤维杂质与纸浆纤维脱离。在解离废纸的同时，初步除去废纸中的一些粗大杂质，尽量避免纸浆纤维受到损伤和非纤维杂质的颗粒发生不利的变化，为续后的单元操作工序提供有利的工作条件。

2.1 废纸解离的生产工艺

废纸解离的生产工艺有间歇法和连续法、冷法和热法、高浓法和低浓法等等。

(1) 间歇法解离和连续法解离。间歇法解离与连续法解离相比较，优缺点如下：

间歇法解离的优点是：①可以精确控制解离工艺条件，如解离的温度、纸浆浓度、化学药品用量和解离时间等；②可以对解离情况进行观察和测试，保证解离质量；③可以使纸浆纤维得到完全的解离。

间歇式解离的缺点是：①解离时间长，能耗多，纸浆纤维容易受到损伤；②解离设备及其配套设施的规模大，投资多；③在解离杂质含量多的废纸时，杂质清除困难。

连续法解离的优点是：①没有装放料时间损失，生产能力大，单位产品的能耗小；②解离设备及其配套设施的规模小，投资少；③随时抽出已解离的纸浆和清除的杂质，避免纸浆纤维受到损伤和杂质性状劣化。

连续法解离的缺点是：①解离不完全，抽出的纸浆中仍含有未解离的废纸碎片；②解离工艺条件控制不精确，难以保证解离质量。

(2) 冷法解离和热法解离。采用冷法解离和热法解离，应根据废纸的品种、性质来决定。

冷法解离的温度一般在 60℃以下，适用于纸面未经涂布处理的废纸，如新闻纸、瓦楞箱纸板等，大多数纸板厂的再生纤维制浆系统采用冷法解离。

热法解离的温度一般在60～95℃。涂料纸的解离要采用热法解离。用蒸汽加热提高温度，加快离解速度，提高设备能力，节省电力消耗，但要增加蒸汽消耗。

对于一些难以解离的废纸，如湿强纸等，可采用压力-高温解离，解离温度可超过100℃，但要用特殊的解离设备。

(3) 低浓解离和高浓解离。早期的废纸解离是低浓解离。间歇式解离的纸浆浓度为6%～8%，连续式解离的纸浆浓度为2.5%～3.5%。

20世纪80年代，低浓解离逐步转化为高浓解离，解离的纸浆浓度为12%～17%，但解离设备如水力碎浆机需要改造，以适应高浓解离的要求。

高浓解离可以缩短解离时间，提高生产能力，节约蒸汽和电力消耗，并为后续工序提供有利的操作条件。

高浓解离可能使纸浆纤维出现高度水化和帚化现象，使纸浆的滤水性能恶化，难以脱水洗涤，如果采用适当的解离浓度和解离时间，上述现象可以得到控制。

2.2　废纸解离设备

废纸解离的主体设备是水力碎浆机。有间歇式水力碎浆机、连续式水力碎浆机以及其他型式的废纸解离设备。

2.2.1　间歇式水力碎浆机

间歇式水力碎浆机的结构如图15-4。

间歇式水力碎浆机，有一个敞口的钵形浆槽1，浆槽底部装有多孔筛板3，筛孔孔径为6～25mm，筛板上面有旋转的解离转子2。

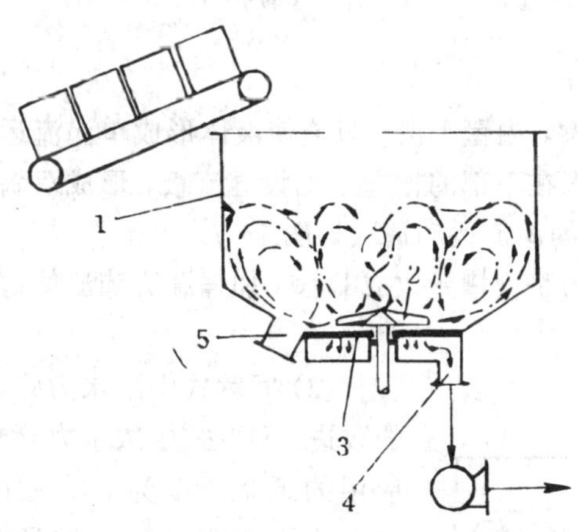

图15-4　间歇式水力碎浆机结构

1. 浆槽；2. 转子；3. 筛板；4. 出料口；5. 排渣口

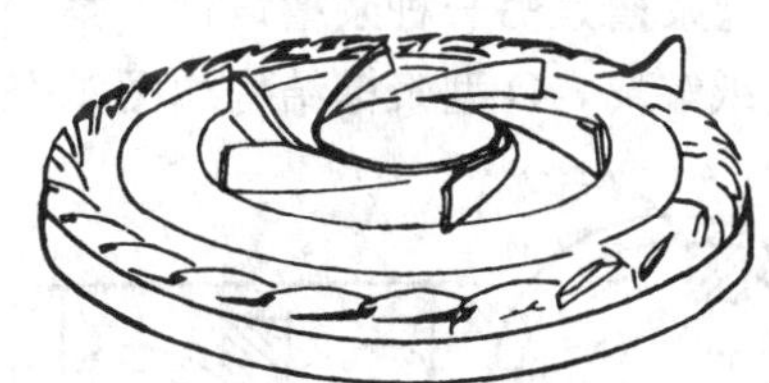

图15-5　早期水力碎浆机转子

间歇式水力碎浆机每次运行时，先在浆槽内注入一定量的温水，把经过称量的废纸送入浆槽中，添加化学药品再补充温水，掌握纸浆浓度。

由于解离转子的转动，浆槽内的液体旋转并掀起波澜和旋涡，产生流体剪力，使废纸解离。当一次解离完成时，纸浆纤维通过筛孔，从出料口4用泵或直接放入放料池，粗大的杂质留在筛板上，从排渣口5清扫出去。从装料、解离、放料到清扫完毕，完成了一次间歇解离过程。

长期以来，对间歇式水力碎浆机，进行了多方面的改进工作。

(1) 转子结构的改进。转子结构改进的内容包括提高解离能力，缩短解离时间，降低转子的转速，节约动力消耗。早期水力碎浆机转子如图15-5。

早期水力碎浆机的转子，用铸铁或铸钢制造。中心部分有6片大的离心叶片，外圈部分有许多小的导向板，转子的圆周线速为1 200m/min，早期水力碎浆机转子的解离能力弱，动力消耗大。

到了1960年，先后提出了V型转子和节能V型转子，V型转子和节能V型转子的结构如图15-6。

V型转子的结构，它只有扁平的8片叶片，叶片前端厚、尾端薄，并与筛板板面形成10°倾角，起清扫筛孔的作用，V型转子的圆周线速为1 100m/min左右，V型转子提高了解离能力，初步节约了动力消耗。

节能V型转子是在V型转子的4片叶片上，增添了弯曲的导流片，加强了液体湍流和流体的剪力，进一步加强了解离能力，节约动力消耗。节能V型转子的圆周线速为1 000m/min。

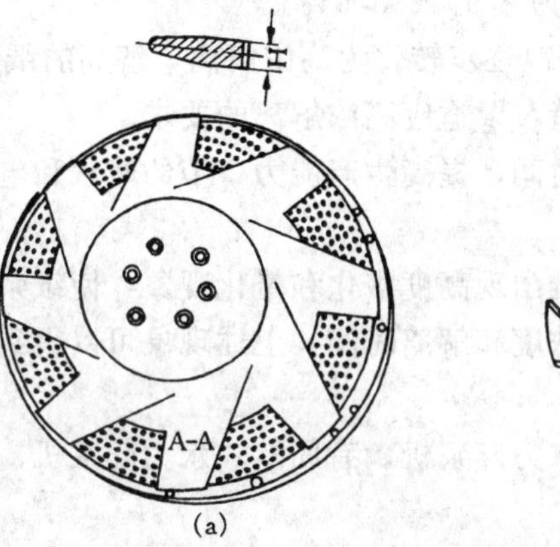

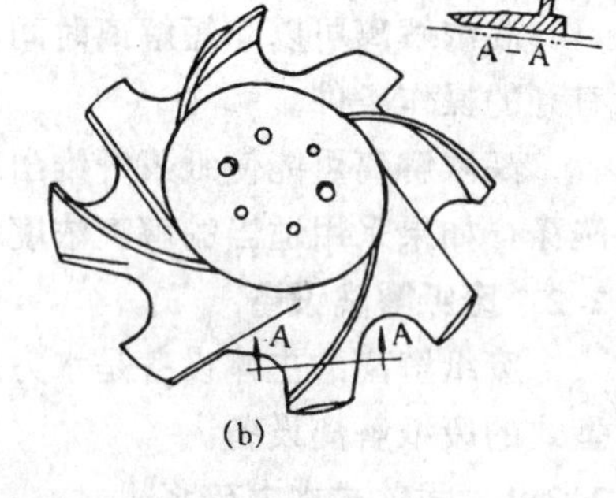

图15-6 V型转子和节能V型转子的结构
(a) V型转子；(b) 节能V型转子

(2) 浆槽结构的改进。早期水力碎浆机的浆槽，内壁平滑，只能使液体形成单涡流运动，废纸在液面上旋转，不能迅速下沉进行解离；后来在下部的槽壁上加设导流板，形成双涡流，促使废纸下沉和解离，浆槽改进前后废纸和液体的涡流运动情况如图15-7。

D型浆槽是另一种浆槽设计方案，把圆筒形的浆槽槽壁改成D型，加强湍流和流体剪力，促进废纸解离，D型浆槽结构如图15-8。

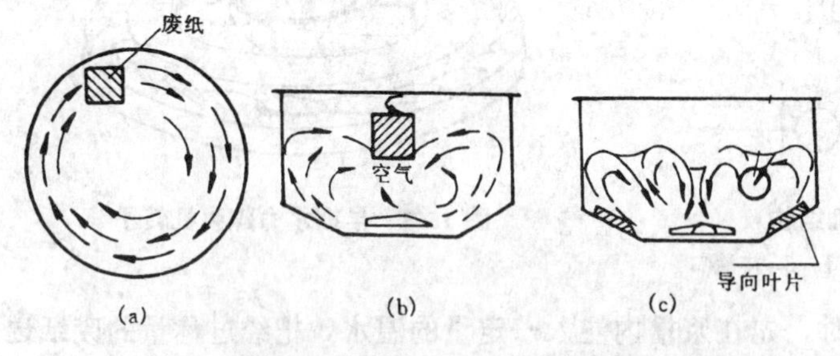

图15-7 浆槽改进前后废纸和液体的涡流运动情况
(a) 水平运动；(b) 单旋涡垂直运动；(c) 双旋涡垂直运动

(3) 间歇式中浓水力碎浆机的改进。间歇式中浓水力碎浆机应用的纸浆浓度为8%～10%。这种水力碎浆机的改进是在标准型转子（如V型转子）上加一个双翅锥型涡轮。这种涡轮能使废纸迅速下沉，并帮助浓度较高的纸浆循环流动，原有的浆槽不需改动，间歇式中浓水力碎浆机转子结构，如图15-9。

(4) 间歇式高浓水力碎浆机的改进。间歇式高浓水力碎浆机应用的纸浆浓度为15%。该浓度的纸浆很难循环流动。高浓度纸浆循环流动的液流形态与低浓度纸浆完全不同，因此，水力碎浆机的转子和浆槽必须全部改造。间歇式高浓水力碎浆机及其转子的结构如图15-10。间歇式高浓水力碎浆机浆槽中内纸浆流动的形态如图15-11。

间歇式高浓水力碎浆机的转子是螺旋型转子。它的螺旋线分为三层，推动纸浆循环流动，

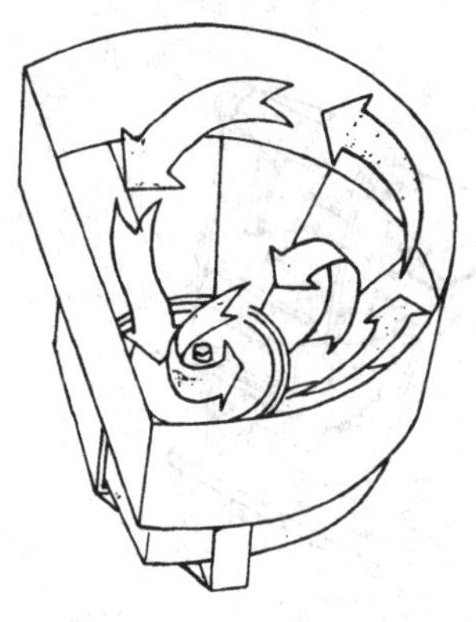

图 15-8　D 型浆槽结构

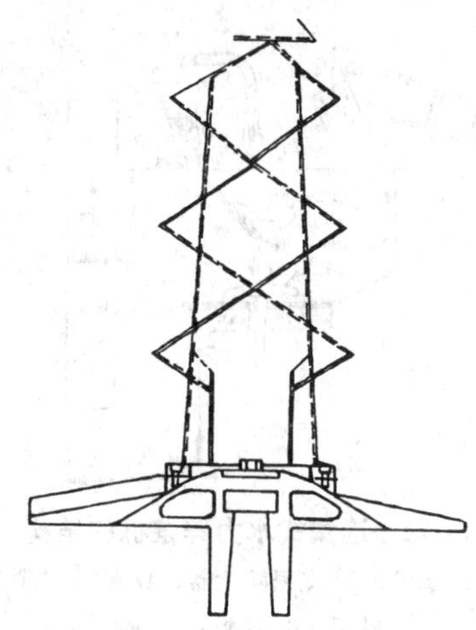

图 15-9　间歇式中浓水力碎浆机转子结构

产生强烈的流体剪力，使纸浆纤维相互分离，油墨从纤维上脱落下来，但并不使纸浆纤维受到损伤，不使杂质的颗粒形态受到损害，以利于后续工序的杂质清除工作。

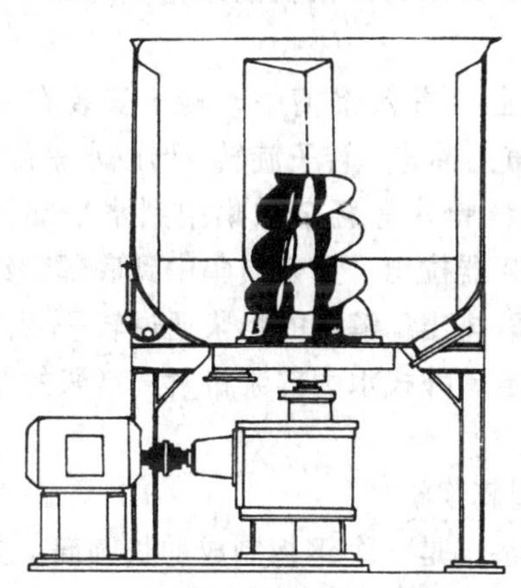

图 15-10　间歇式高浓水力碎浆机及其转子的结构

图 15-11　间歇式高浓水力碎浆机浆槽内纸浆流动形态

2.2.2　连续式水力碎浆机

连续式水力碎浆机的运行，必须连续加料，连续解离，连续除杂和连续出料。因此，必须配备相应的配套设施，连续式水力碎浆机的结构原理如图 15-12。

成包的废纸 1 连续送入水力碎浆机浆槽中，水管 2 连续向浆槽内加水，废纸包自动散开，包装材料缠裹在绳束除杂器 3 上，拉出浆槽。重杂质从浆槽一侧的开口处落入链斗式除杂机 4 中，提升上来排走。经转子 5 解离后的纸浆通过筛板 6 的筛孔用泵 7 连续抽出。绳束除杂器的结构如图 15-13。链斗式除杂器的结构如图 15-14。

连续式水力碎浆机转子下面的筛板，可以分为两部分：一部分约占 300°，这一部分的筛孔孔径为 3～6mm，通过的粗浆不送往疏解；另一部分约占 60°，筛孔孔径较大，约为 25mm，通过的粗浆送往疏解。另一种筛板的筛孔孔径 13～25mm，一般为 16mm，抽出的粗浆全部送经疏解。

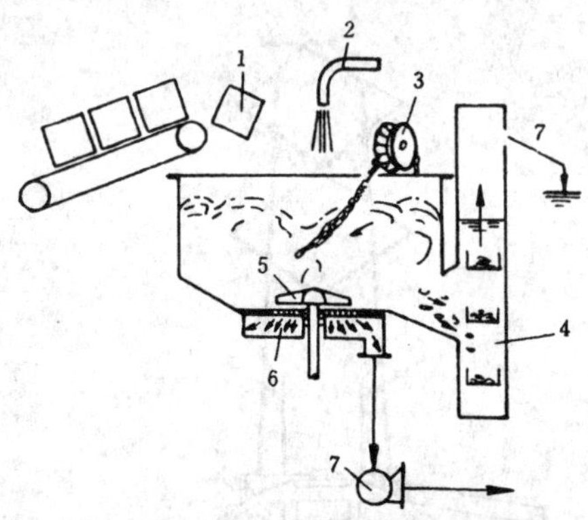

图 15-12 连续式水力碎浆机的结构

1. 废纸；2. 水管；3. 绳束除杂器；4. 链斗式除杂机；5. 转子；6. 筛板；7. 泵

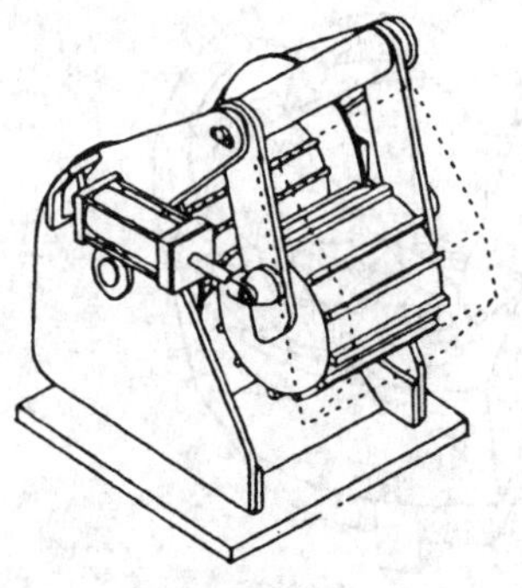

图 15-13 绳束除杂器的结构

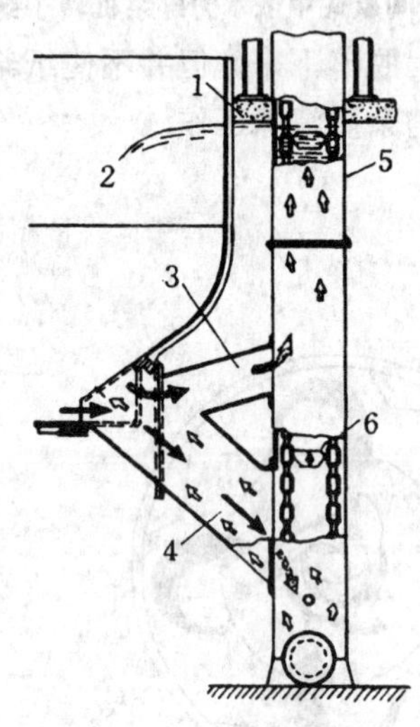

图 15-14 链斗除杂器结构

1. 浆位；2. 浆槽；3. 回流道；4. 重杂质通道；5. 链斗除杂器；6. 链斗

2.2.3 卧式水力碎浆机

卧式水力碎浆机是一种连续式水力碎浆机。卧式水力碎浆机的转子安装在浆槽的侧壁上，而不装在浆槽底部。卧式水力碎浆机的结构原理如图 15-15。

废纸包从上口进入浆槽中，转子安装在侧壁上，不会受到重力冲击。转子旋转，形成水平旋涡，打包材料、塑料膜片等轻杂质集中到水平旋涡中心，由绳束除杂器拉出。重杂质集中到底部，经重杂质收集器间歇排出。解离的粗浆通过转子后面的筛板，用泵抽走。卧式水力碎浆机解离纸浆的浓度为 4.5%。

2.2.4 转筒型碎浆机

转筒型碎浆机是一个钢板制成的长圆筒，支承在托轮上，由齿轮传动机构带动围绕中心轴线回转。中心轴线与水平线略有倾斜，以促进转筒内物料向前移动。转筒型碎浆机示意如图 15-16。

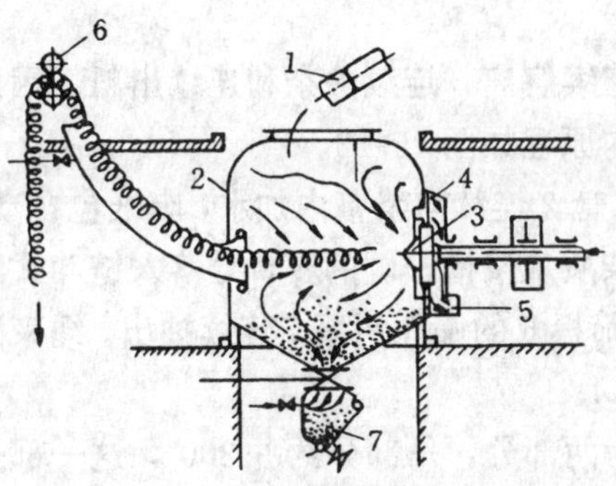

图 15-15 卧式水力碎浆机的结构

1. 废纸捆；2. 碎浆机壳体；3. 转子；4. 筛板；5. 粗浆出口；6. 绳束除杂器；7. 重杂质收集器

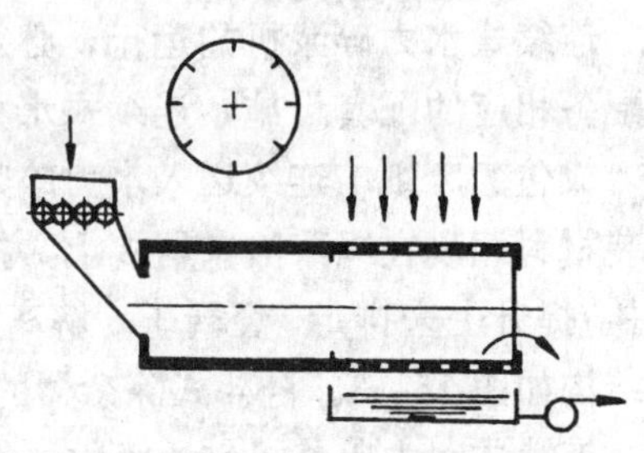

图 15-16 转筒型碎浆机示意

转筒型碎浆机的转筒分为前后两部分。转筒的前部筒壁没有筛孔，是废纸的浸渍解离区；转筒的后部筒壁有筛孔，是纸浆的稀释筛选区。转筒内壁焊有条形短刮板。废纸、水及化学药品从进料口进入转筒前部，废纸吸水浸渍软化，由于转筒的转动和条形短刮板的推动，废纸被带到转筒上部，由于重力作用，湿软的废纸从上部落下，撞在坚硬的筒壁上，自行解离，浸渍解离区的纸浆浓度为10%～15%。解离纸浆进入稀释筛选区，加水冲稀到3%～5%的浓度，纸浆通过筛孔流入浆池。一些粗大杂质和不能解离的物质，从转筒的出口处排出。

废纸解离所需的时间决定于废纸的品种、解离的温度和pH值以及转筒直径和转速。转筒采用变速转动，可以调节废纸在转筒内的解离时间，一台直径为3.05m，长11m的转筒型碎浆机处理50%新闻纸和50%杂志纸的混合废纸，它的生产能力为250t/d，传动的电动机功率为149.3kW。

2.2.5 高浓混合碎浆机

高浓混合碎浆机是一个类似混凝土搅拌机的设备。高浓混合碎浆机有一个斜放的转鼓1，转鼓轴线的安装倾角为15°。转鼓内装有解离搅拌器2，经过计量的废纸、化学药品和水从投料口3投入转鼓内，转鼓和解离搅拌器同时转动，但转动的方向相反、转速也不同，由此使废纸解离。解离的纸浆浓度为35%～40%。解离后的纸浆从转鼓和搅拌器后端的出料口4处排出。高浓混合碎浆机的结构如图15-17。

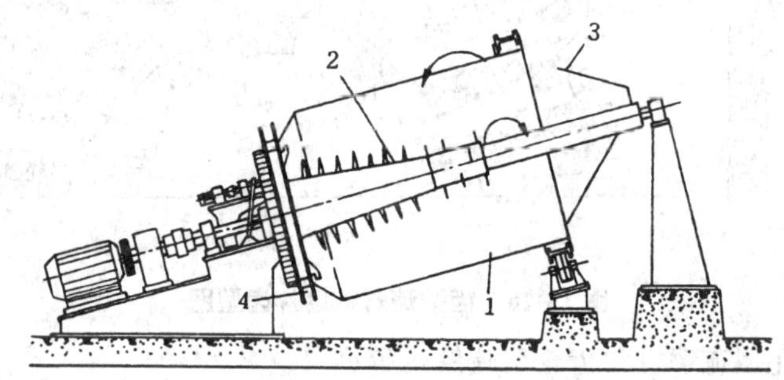

图15-17 高浓混合碎浆机的结构

1. 转鼓；2. 搅拌器；3. 投料口；4. 出料口

3 再生纤维制浆的粗浆疏解

再生纤维制浆的粗浆疏解是废纸解离的继续，是把粗浆中尚未解离完善的碎纸片、纤维束等疏解成为纸浆纤维。

用水力碎浆机解离废纸，在解离初始阶段，废纸的解离程度迅速上升，以后上升速度逐渐缓慢，能耗增加。用水力碎浆机解离废纸的解离程度与解离能耗（也就是解离时间）的关系如图15-18。

为了节约能耗和避免已经解离的纸浆纤维受到损伤，当解离的粗浆达到一定的解离程度时（例如70%的解离程度），就不再在水力碎浆机中解离，而采用别的设备进行疏解。

粗浆疏解设备有疏解机和卧式疏解分离机。

3.1 疏解机

疏解机由机壳、盖板、定子和转子等部件组成。疏解机的结构如图15-19。

在疏解机定子和转子上镶有磨片。由于磨片上齿纹的不同，有齿型疏解机、阶梯型疏解

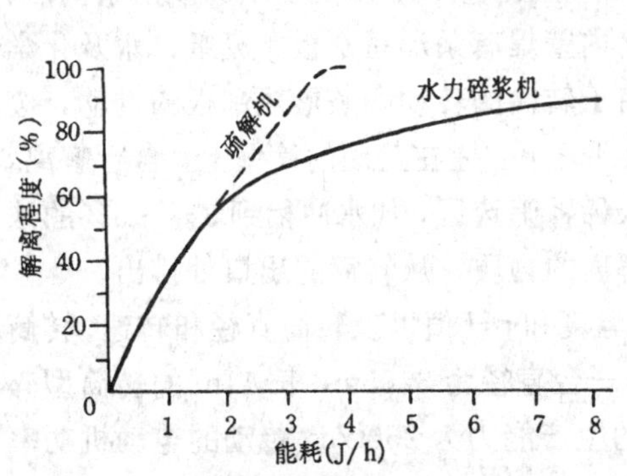

图 15-18 水力碎浆机解离废纸的解离程度与解离能耗的关系

图 15-19 疏解机的结构

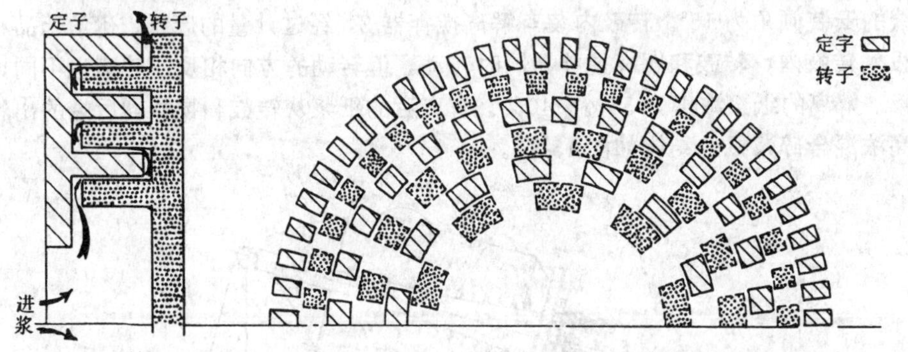

图 15-20 齿型疏解机磨片齿型图

机、锥型疏解机、孔型疏解机和齿轮型疏解机等型号。

(1) 齿型疏解机（如图 15-20）。在齿型疏解机的磨片上，设有许多短齿，并排列成同心圆。圆心的齿较宽，间距较大，圆周的齿较窄，间距较小，定子上的齿和转子上的齿相互穿插，但留有间隙，使纸浆流通并受到疏解。齿型疏解机定子与转子的齿间间隙不能调节，短齿容易损坏，影响生产。

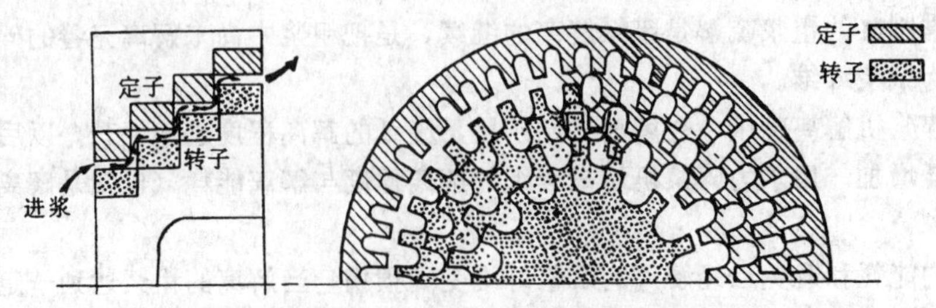

图 15-21 阶梯型疏解机磨片齿型图

(2) 阶梯型疏解机（如图 15-21）。阶梯型疏解机磨片的齿型制成阶梯型，避免了许多短齿容易断损的问题。但齿间间隙仍不能调节。

(3) 锥型疏解机（如图 15-22）。锥型疏解机磨片齿型是阶梯型疏解机磨片齿型的发展，由

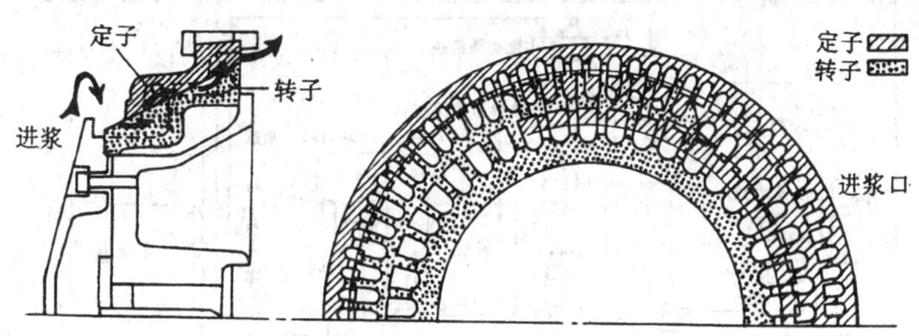

图 15-22　锥型疏解机磨片齿型图

阶梯改成斜面。锥型疏解机磨片间的间距可以调节，因而提高了设备性能。

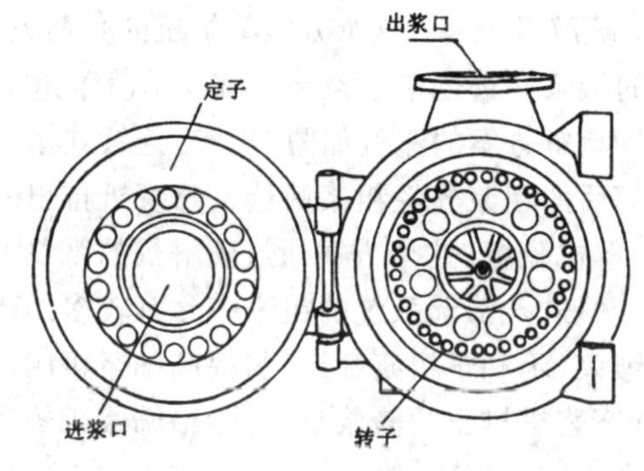

图 15-23　孔型疏解机图

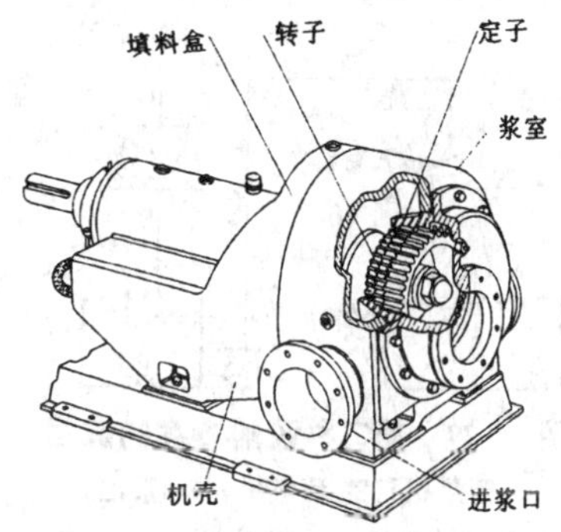

图 15-24　齿轮型疏解机

（4）孔型疏解机（如图 15-23）。孔型疏解机有两个定子和一个转子，转子在两个定子之间转动，定子和转子都有圆孔，可使纸浆通过，并疏解纸浆纤维。孔型疏解机的疏解效果良好，设备坚固耐用，制造维护简易。

（5）齿轮型疏解机（如图 15-24）。齿轮型疏解机用阶梯式齿轮代替各种齿型的磨片，疏解纸浆，可得到良好的效果，设备制造及安装维修简易。

(6) 卧式疏解分离机（如图 15-25）。卧式疏解分离机的结构与卧式水力碎浆机基本相似。浓度约为 4.5%的粗浆，由进口 1 以切线方向进入浆槽 2 中。由于转子 6 的作用，使粗浆进一步解离，同时，轻杂质集中到水平的中心旋涡处，由绳束除杂机从轻杂质出口 4 拉出。重杂质沉集到浆槽底部，从重杂质出口 3 排出。疏解后的纸浆，通过筛板 5 从纸浆出口 7 排出。卧式疏解分离机不仅有疏解作用，同时也有除杂质作用。

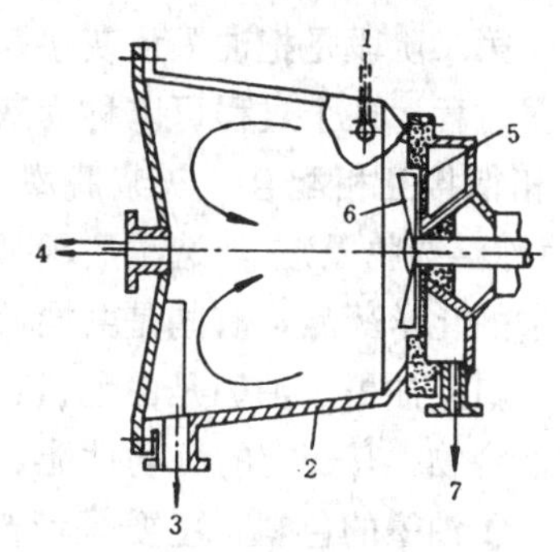

图 15-25　卧式疏解分离机结构原理图

1. 浆料进口；2. 浆槽；3. 重杂质排出口；4. 轻杂质排出口；5. 筛板；6. 转子；7. 纸浆出口

3.2　粗浆疏解的流程布置

粗浆疏解的流程布置有两种方案：第一种方案是粗浆疏解作为水力碎浆机解离的补充，另一种方案是作为筛浆机渣浆的疏解。

第一种疏解方案的流程如图 15-26。连续式水力碎浆机

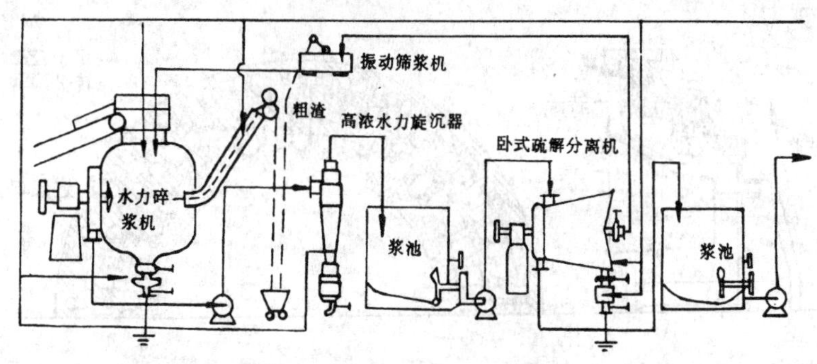

图 15-26 第一种疏解方案的流程

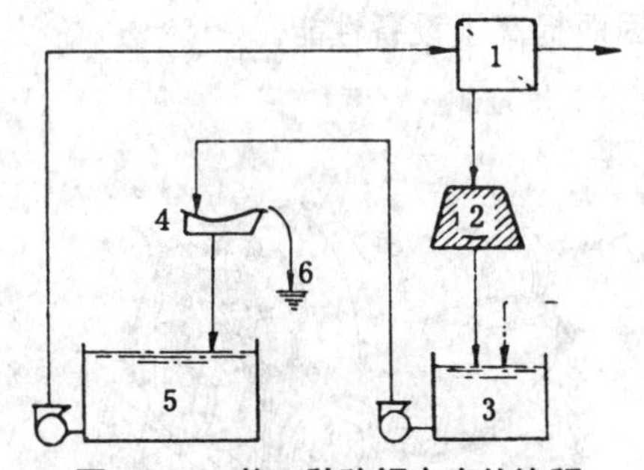

图 15-27 第二种疏解方案的流程

1. 筛浆机；2. 疏解机；3. 浆池；4. 振动筛浆机；5. 放浆池；6. 粗渣

离解后的粗浆，全部通过高浓水力旋沉器，除去重杂质，而后用疏解机疏解。这个方案疏解机的负荷大，但为后续的纸浆筛选创造了条件，减少了渣浆量。

第二种疏解方案的流程如图 15-27。连续式水力碎浆机离解后的粗浆先经粗浆筛选、筛浆机排出的渣浆，用疏解机疏解。这个方案通过疏解机的纸浆量大大减少，但进入筛选系统的粗浆中含有较多的碎纸片和纤维束，不利于粗浆筛选，将提高筛浆机的渣浆率、增加筛浆机排出的渣浆量，并会给筛浆机的运行带来困难。

4 再生纤维制浆的脱墨

再生纤维制浆的脱墨，分为两个阶段。第一阶段是使油墨和纸浆纤维分离，分离下来的油墨仍分散在纸浆悬浮液中，这个过程可以叫做油墨解离。油墨解离一般与废纸解离同时进行，油墨解离需要使用化学药品和采用较高的温度，因此，油墨解离又称为脱墨蒸煮，使用的化学药品叫做脱墨剂。

第二阶段是把油墨从灰浆* 中分离出去，以得到洁净的脱墨灰浆，完成再生纤维制浆的脱墨过程，这个过程可以称为灰浆脱墨。灰浆脱墨是独立的单元操作和工序，但与前后工序互相衔接互相配合。灰浆脱墨有两种方法，即洗涤法脱墨（简称洗涤脱墨）和浮选法脱墨（简称浮选脱墨）。浮选法脱墨常使用化学药品，这些化学药品统称为浮选剂。脱墨剂和浮选剂中的化学药品，有些是共同使用的，有些是单独使用的。

（1）油墨。油墨是由色料、连结料和助剂等材料，经配制、搅拌和研磨而成，混合均匀的混合物，有一定的流动性能，稀稠适宜，能进行印刷，并经干燥或熔融，固着在印刷品上。

①油墨的色料：主要是颜料，也有一些染料，是具有一定颜色的固体粉末。在灰浆脱墨过程中，要把这些细微的颜料粒子，从灰浆中分离出去。

②油墨的连接料：是胶粘状的流体，是固体粉末颜料的载体。当印到印刷品上后，连接料挥发、干燥或熔融固着在印刷品上。脱墨蒸煮就是要破坏这些连接料，使它和颜料与纸浆

* 灰浆是废纸解离后的纸浆，因颜色灰暗，故称灰浆。

纤维分离。一些油墨连接料的品种和成分见表15-12。

表15-12　油墨连接料的品种和成分

油墨类别	成　　分		
	树　　脂	干性油	溶　　剂
干性油型油墨	松香、改性酚醛树脂、石油系列醇酸树脂	亚麻子油、合成干性油	高沸点石油系列溶剂
溶剂型油墨	聚酰胺树脂、乙烯系列硝酸纤维素	—	甲苯、酯类 酮类、醇类
水型油墨	马来酸系列、醇酸系列、紫胶	—	水、醇、乙二醇

③油墨的助剂：是为了使油墨具有一定的特性或控制其印刷性能而添加的一些材料，如干燥剂、防干剂、表面活性剂、消泡剂、防老化剂以及一些填料等等。

不同的印刷方法使用不同的油墨，废纸上印有的油墨，大致可以分为4类：

Ⅰ类油墨：如凸版印刷使用的油墨，这种油墨并不固化，而被未涂布的纸面吸收，并且，很容易分散成为细小颗粒；

Ⅱ类油墨：如胶版印刷使用的热固性油墨。这种油墨干燥后化学结合在纸面上，油墨颗粒比Ⅰ类大一些，但脱墨比较困难；

Ⅲ类油墨：印刷在涂料纸上的油墨。在解离后，与涂料一起形成可见的有色片状粒子；

Ⅳ类油墨：非接触性印刷如喷墨印刷，办公室复印机复印用的热熔性油墨，这种油墨难以破坏和清除，并会形成可见的斑点。

Ⅰ类油墨是水基型油墨，能分散成大量细微粒子而难以清除；Ⅳ类油墨形成大的油墨斑点，也难清除。但使用这两种油墨的印刷方法正在不断地推广和发展之中。

(2) 脱墨用的化学药品。脱墨蒸煮常用的化学药品有烧碱、纯碱、硅酸钠、过氧化物、亚硫酸氢钠、肥皂、洁净剂以及表面活性剂等等。

①烧碱和纯碱：烧碱和纯碱能很快地与油墨中的一些连接料反应，有效地把它转化为溶解物或悬浮物，并可经洗涤脱除。烧碱可以单独使用。用量为废纸重量(绝干计)的2%～5%。烧碱易使脱墨纸浆颜色灰暗。烧碱与纯碱混合使用，能取得较好的效果。单独使用纯碱，用量多达8%，蒸煮速度慢，因而很少采用。脱墨蒸煮的用碱量与印刷品中印刷用的油墨量和覆盖面积有关系。

烧碱和纯碱价格低廉，使用方便。

②硅酸钠：硅酸钠常和烧碱与纯碱混合使用，用量为废纸重量（绝干计）的3%。当用过氧化钠和过氧化氢蒸煮含磨木浆多的废纸时，配用硅酸钠能得到更好的效果，其用量为废纸重量（绝干计）的5%～6%。硅酸钠是浸渍剂、分散剂，同时也是控制pH值的缓冲剂，使脱墨蒸煮的pH值更适应过氧化物的作用。

③过氧化物：磨木浆含量高的废纸，在脱墨蒸煮过程中，常用过氧化钠。过氧化钠有双重作用：①与油墨中的连接剂和废纸中的胶料、涂料反应，促使其分散、溶解；②防止磨木浆变色返黄，过氧化钠用量为废纸重量（绝干计）的2%。过氧化钠与硅酸钠和硫酸镁同时使用。硅酸钠作为缓冲剂，硫酸镁是稳定剂，防止纸浆悬浮液中的锰、铜、铁等金属离子促使过氧化物分解。过氧化钠的贮存和运输必须特别注意安全。用过氧化氢和烧碱，代替过氧化钠，比较安全，但过氧化氢的价格较高。

与碱法脱墨蒸煮相比，采用过氧化钠脱墨蒸煮，纸浆白度可提高5%～10%。并且不会发生严重的返黄现象。过氧化钠脱墨蒸煮的效果，随磨木浆含量的减少而降低。

④亚硫酸氢钠：对磨木浆含量多的废纸，采用亚硫酸氢钠脱墨蒸煮有利于提高脱墨纸浆的白度。亚硫酸氢钠的用量为废纸重量（绝干计）的0.5%～1.5%。在蒸煮前10min，加入蒸煮药液中，并停止搅拌，以免亚硫酸氢钠受到氧化而损失。

⑤肥皂、清洁剂和其他助剂：这些化学药品既是脱墨剂，也是浮选剂。在不同条件下，会产生不同的效果，因此，需根据具体情况选择使用，并且也必须证明在经济上是有好处的。

在市场上，有各种商业名称的脱墨剂。这是根据废纸品种、油墨性质、工艺要求等等因素，用以上各种化学药品配制而成的。以下列举几种脱墨剂的配方。

新闻纸脱墨蒸煮的脱墨剂配方见表15-13。

表15-13 新闻纸脱墨蒸煮的脱墨剂配方

化学药品名称	Ⅰ	Ⅱ	Ⅲ	Ⅳ
过氧化钠 Na_2O_2（%）	2	2	—	—
硅酸钠 Na_2SiO_3（%）	5	3	0.5～1	—
过氧化氢 H_2O_2（%）	—	—	0.7	—
氢氧化钠 NaOH（%）	—	—	1	1
硅藻土 10#（%）	—	若干	—	—
过硼酸钠 $Na_2B_4O_7$（%）	—	—	8	2
碳酸钠 Na_2CO_3（%）	—	—	2	0

注：%是化学药品用量占废纸重量（绝干计）的百分数。

有色账簿纸、表格卡片纸和计算机打印纸脱墨蒸煮用的脱墨剂配方见表15-14。

表15-14 脱墨剂配方

化学药品名称	Ⅰ	Ⅱ	Ⅲ	Ⅳ
氢氧化钠 NaOH（%）	4	0.5～2	3	4
硅酸钠 Na_2SiO_3（%）	—	0.5～2	2	—
碳酸钠 Na_2CO_3（%）	—	3	—	0.8
次氯酸钠 NaOCl（%）	—	—	—	—

注：%是化学药品用量占废纸重量的百分数。

4.1 洗涤脱墨

含有油墨粒子的纸浆悬浮液经稀释过滤，油墨粒子随滤液带走，纸浆经过了一次洗涤，并得到浓缩，这个过程叫做洗涤脱墨。

纸浆经过一次洗涤不能把含有的油墨粒子洗净，要进行多次洗涤（或称多段洗涤），才能达到脱墨灰浆质量指标的要求。

洗涤脱墨效率是未洗灰浆的油墨含量与洗后灰浆油墨含量之差的比值，也就是洗去的油墨量占未洗灰浆的油墨含量的百分数，并可用下列公式来表示：

$$\text{洗涤脱墨效率（\%）}=\frac{\text{未洗灰浆的油墨含量}-\text{洗后灰浆的油墨含量}}{\text{未洗灰浆的油墨含量}}\times 100$$

$$=\frac{\text{洗去的油墨量}}{\text{未洗灰浆的油墨含量}}\times 100 \tag{15-1}$$

测定灰浆中的油墨含量是困难的。如果设想油墨溶解于水中成为溶液，就可以按洗涤前后纸浆的浓度变化，求得洗涤效率。洗涤效率的计算公式如下：

$$E\ (\%) = \frac{\frac{1}{x}-\frac{1}{y}}{\frac{1}{x}} \times 100 \qquad (15\text{-}2)$$

式中：E——洗涤效率；

x——洗前纸浆浓度；

y——洗后纸浆浓度。

多段洗涤的总洗涤效率，可按下列公式计算：

$$E_T\ (\%) = \left[1-\left(1-\frac{E_1}{100}\right)\left(1-\frac{E_2}{100}\right)\left(1-\frac{E_3}{100}\right)\cdots\cdots\right] \times 100 \qquad (15\text{-}3)$$

式中：E_T——总洗涤效率；

E_1、E_2、E_3……——分别是各段的洗涤效率。

上述的洗涤效率可能是一种理想洗涤脱墨效率。实际的洗涤脱墨效率与理想洗涤脱墨效率有很大差距。

影响洗涤脱墨效率的因素有油墨粒子的粒度、废纸品种、进出洗涤设备的纸浆浓度、洗涤段数以及洗涤设备的性能和操作方法等。

油墨粒子愈分散，粒度愈细，洗涤脱墨效果愈好。研究结果指出，在进浆浓度相同的情况下，出浆浓度为 28%～30%、粒度在 15μm 以下的油墨粒子的洗涤脱墨效率可达 100%；粒度为 50μm 的油墨粒子的洗涤脱墨效率为 30%；粒度为 100μm 的油墨粒子，在出浆浓度为 20%时，洗涤脱墨效率为 0。油墨粒子粒度对洗涤脱墨效率的影响如图 15-28。

各种洗涤脱墨设备的操作条件及其对理论洗涤脱墨效率的影响，见表 15-15。

一般来说，进浆浓度愈低，出浆浓度愈高，洗涤脱墨效率愈好。但有一种情况要说明，当用鼓式真空洗浆机进行洗涤脱墨时，很快在网鼓上形成一层纸浆滤层，阻碍油墨粒子通过，洗涤脱墨效率很差。

常用的洗涤脱墨设备有斜筛、重力脱水机、斜螺旋脱水机和螺旋压榨机。

(1) 斜筛：洗涤脱墨用的斜筛，又名曲筛，是一种最简单的洗涤脱墨设备。斜筛的结构原理如图 15-29。

斜筛的斜度应大于 60°。进浆浓度 0.6%～1.0%，出浆浓度 3%～7%，过滤面积的生产

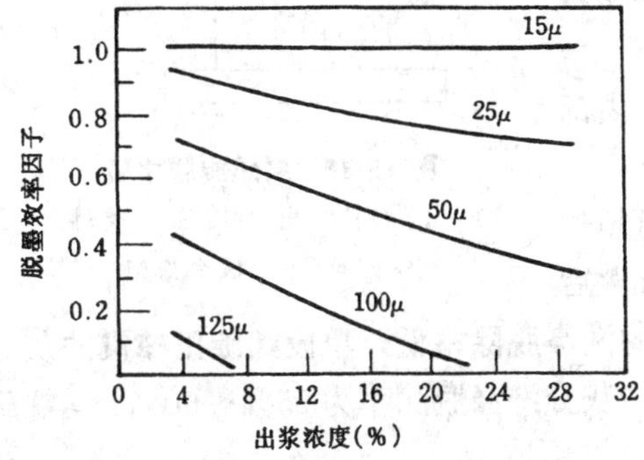

图 15-28　油墨粒子粒度对洗涤脱墨效率的影响

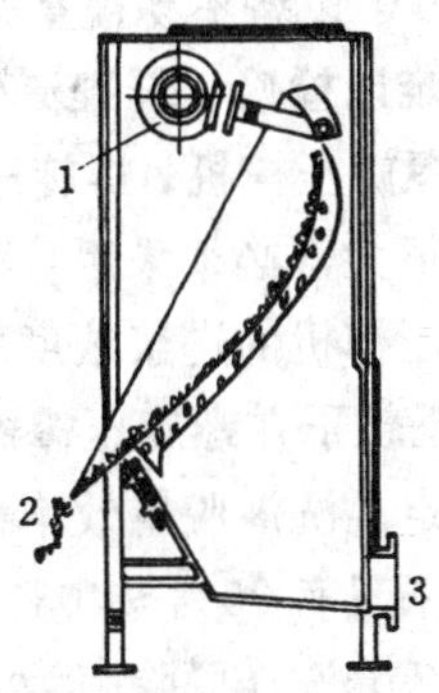

图 15-29　斜筛的结构原理

1. 进浆口；2. 出浆；3. 出水口

能力为15～20t浆/($m^2 \cdot d$)。

斜筛的优点是设备价格低廉，不用动力。缺点是纤维流失大，用水量多，网面上浆流不均匀，洗涤效果不好。

(2) 重力脱水机（圆网浓缩机）：洗涤脱墨用的重力脱水机与一般纸浆浓缩、脱水用的重力脱水机一样。为了适应洗涤脱墨的需要，用3台重力脱水机串联组成机组，进行三段洗涤。在两台重力脱水机之间，装有中间槽和散浆搅拌器，用以稀释纸浆。重力脱水机采用变速传动，以适应废纸纸浆品种变化的需要。

表15-15 各种洗涤脱墨设备的操作条件及对理论洗涤脱墨效率的影响

洗涤设备名称	纸浆浓度（%）			稀释度	稀释用水量（m^3/t浆）	理论洗涤脱墨率（%）		
	进浆	出浆				一段	二段	三段
		新闻纸	账簿纸					
斜筛	0.8	3.0	3.5	124	124	74.0	93.2	98.2
重力脱水机	0.8	5.0	6.0	124	124	84.7	97.7	99.6
斜螺旋脱水机	3.0	10.0	12.0	32	32	72.1	92.2	97.8
螺旋压榨机	4.0	28.0	28.0	24	24	89.3	98.2	99.9

重力脱水机进浆浓度为0.8%～1.5%，出浆浓度为4%～6%，如装设伏辊，出浆浓度可提高1%～2%。∅1.22m×2.54m的重力脱水机，转速为25r/min，生产能力约为50t浆/d。

重力脱水机的优点是纤维流失和用水量比斜筛少，缺点是总投资大。

(3) 斜螺旋脱水机（如图15-30）。斜螺旋脱水机有一个斜螺旋在不锈钢圆筒筛板中旋转，斜螺旋和圆筒筛板的斜度为60°。需要洗涤脱墨的纸浆从下面的进浆口进入斜螺旋脱水机，由斜螺旋向上推送，同时主要由于重力作用而脱水，纸浆从上面的出口排出。为了避免筛孔堵塞，用尼龙刷子和高压喷水管清扫筛孔。斜螺旋脱水机的进浆浓度为7%，出浆浓度为14%。一台∅250mm单筒斜螺旋脱水机的生产能力为30t浆/d。

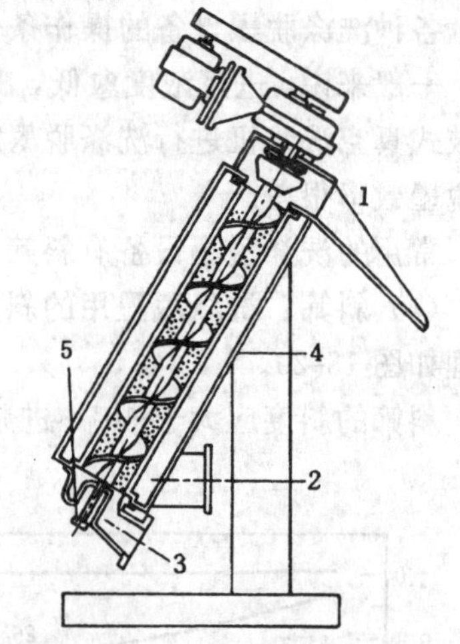

图15-30 斜螺旋脱水机

1. 出浆口；2. 出水口；3. 进浆口；4. 圆筒筛板；5. 斜螺旋

斜螺旋脱水机的优点是设备价格低廉，安装面积小，用水量较少，设备不易被重杂质损坏，缺点是筛孔容易堵塞，刷子难以检修，纤维流失大。

(4) 螺旋压榨机。螺旋压榨机完全是挤压脱水，内部的挤压力很大，必须采用重型结构。

螺旋压榨机的进浆浓度可低达2%，出浆浓度可超过30%。油墨粒子在螺旋压榨机的强烈挤压下，充分分散后随滤液排走。洗涤脱墨效率良好，但对纸浆中灰分的洗涤脱除率低，单段螺旋压榨机的灰分洗涤脱除率只有35%～40%，而斜筛或重力脱水机的灰分洗涤脱除率为55%～60%，斜螺旋脱水机的灰分洗涤脱除率为45%。

螺旋压榨机的优点是安装面积小、用水量少、检修维护方便；缺点是价格高、电耗大。

以上4种洗涤脱墨设备，用于新闻纸脱墨纸浆的洗涤脱墨的运行数据见表15-16。

表 15-16　新闻纸脱墨纸浆的洗涤脱墨运行数据

设备名称	纸浆浓度（%）			一段洗涤的纤维流失（%）
	进　浆	出　浆	废　水	
斜　筛	0.6～1.0	3～4	0.15～0.25	12～18
重力脱水机	0.7～1.0	4～6	0.04～0.09	6～8
斜螺旋脱水机	3.0～4.0	8～12	0.25～0.35	8～12
螺旋压榨机	3.0～4.5	24～28	0.1～0.2	2～5

洗涤脱墨系统一般采用三段逆流洗涤。只有第三段洗涤使用清水，第三段的滤液作为第二段进浆的稀释用水，第二段的滤液送往水力碎浆机，稀释第一段的进浆。第一段的滤液送往废水沉清器，沉清得到的清水可以回用，浓缩的油墨泥浆经脱水后作为燃料燃烧，或作别的处理。洗涤脱墨的三段逆流洗涤流程如图 15-31。

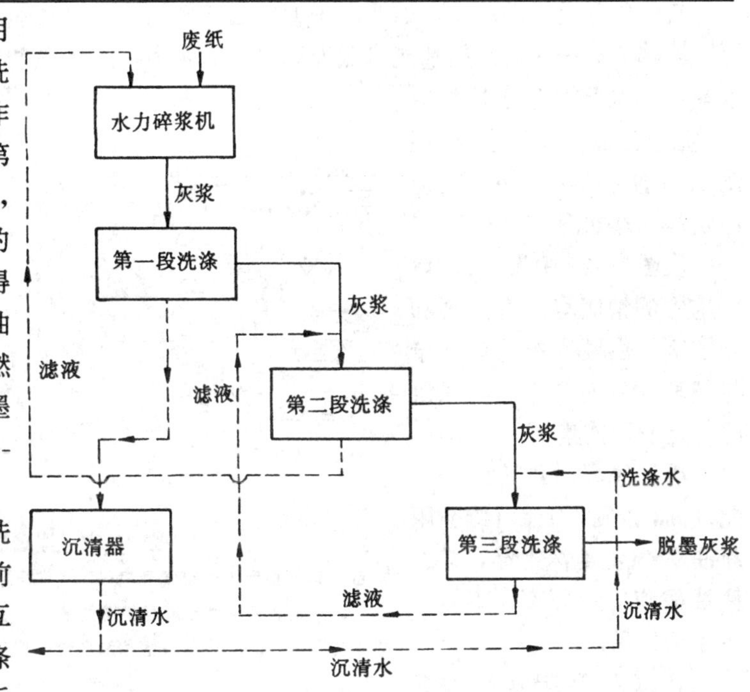

图 15-31　洗涤脱墨的三段逆流洗涤流程

三段逆流洗涤系统的洗涤脱墨设备的选择，可参考前后工序的纸浆浓度情况，相互衔接，灵活安排。例如，洗涤脱墨系统前面是低浓筛选、后面是高浓漂白，三段逆流洗涤脱墨系统的第一段可以选用斜筛或重力脱水机，第三段可以选用螺旋压榨机，以适应前面低浓度、后面高浓度的情况，可以得到节省设备和投资的效果。

4.2　浮选脱墨

4.2.1　浮选脱墨的机理

纸浆悬浮液中的油墨粒子与空气气泡相结合成为泡沫，上浮到液面上与纸浆悬浮液分为两层。把液面上的泡沫层清除以后，就可得到不含油墨粒子的洁净纸浆。

浮选脱墨有几个过程：①在含有油墨粒子的纸浆悬浮液中通入空气，形成许多细小的气泡，均匀分布于悬浮液中；②油墨粒子和空气气泡碰撞接触，形成泡沫；③油墨空气泡沫升浮到液面上，成为与悬浮液分离的泡沫层；④除去泡沫层，取得下层不含油墨粒子的纸浆悬浮液。

在浮选脱墨过程中，要保持纸浆悬浮液有一定的湍流状态，不能有静置区域，湍流程度不能过强，过强的湍流会阻碍泡沫升浮，甚至使油墨粒子与空气分离，把下层的纸浆纤维搅上来，混在泡沫中流失。湍流过弱，油墨粒子与空气气泡接触的机会少，形成的泡沫少，脱墨效果降低。

为了促进形成浮选作用，可在油墨粒子和纸浆悬浮液中添加浮选剂。

常用的浮选剂是肥皂。肥皂是脂肪酸的碱性盐类，有较长的分子链。一端是疏水性的 $CH_3(CH_2)_{\overline{x}}$ 基团，另一端是亲水性的 $-C{\overset{O}{\underset{ONa}{}}}$ 基团。在废纸解离过程中，油墨中的油脂酸或其他脂肪酸与碱反应，生成肥皂。但油墨中的油脂酸和脂肪酸量难以控制，并可能含有较多的不皂化物，对浮选产生不利影响。添加外来肥皂，比较可靠。

有一些合成化学产品，如非离子型表面活性剂，可以加强浮选脱墨作用。

浮选剂或表面活性剂都能降低液体的表面张力，在水-气界面处形成泡沫。肥皂分子的疏水端指向油墨，亲水端指向水，肥皂包裹了油墨粒子，促使油墨粒子与纸浆分离。浮选脱墨机理如图15-32。

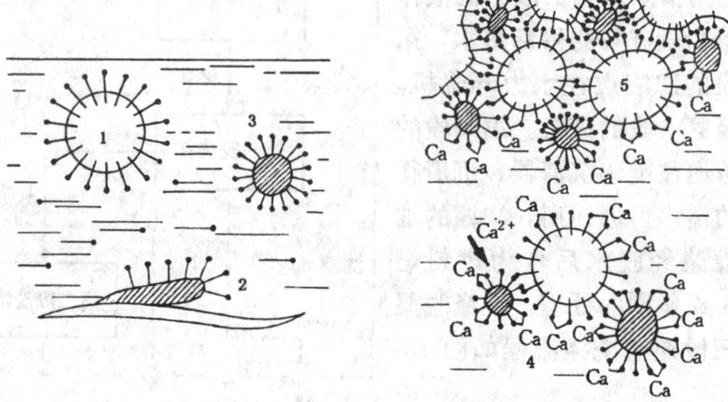

图 15-32 浮选脱墨机理图

1. 被浮选剂稳定了的空气气泡；2. 将与纤维分离的油墨粒子；3. 已分散的油墨粒子；4. 已由表面活性剂肥皂包围的油墨粒子，受到硬水中钙离子的作用，将沉集到空气气泡上；5. 空气气泡和油墨粒子结合成为泡沫，浮在液面上

从图15-32中看到，溶解于水中的钠肥皂是泡沫剂和分散剂，由硬水中的钙离子与肥皂反应而产生钙肥皂沉淀，是一种捕集剂。

浮选脱墨时纸浆浓度不能过高，否则，纸浆纤维会阻滞油墨-气泡泡沫上浮，甚至使油墨和气泡分离，不能产生浮选作用。

软水对浮选是不适宜的，因为水中缺钙离子，不能形成钙肥皂，难以促使油墨粒子与空气结合成为泡沫。

少量的有机合成产品，如非离子型表面活性剂、羟乙基脂肪酸、烷基苯酚聚二乙醇醚等，可以改进浮选过程，但必须注意在封闭循环用水情况下，这些化学药品会在系统中积累，当达到一定浓度时，就成为分散剂，干扰浮选过程。

浮选剂原则上应在靠近浮选设备处添加。但一般是在脱墨蒸煮时和脱墨剂一起加入水力碎浆机中。为了保证在浮选时有足够的浮选剂，避免油墨粒子在管道和贮浆池中沉集，应在进入浮选设备前补充添加浮选剂。

在脱墨蒸煮时添加的化学药品有脱墨剂，也有浮选剂。二者的作用，有些是相同的或互补的，有些可能是相互抵消的。不同品种的废纸，选用不同的浮选剂配方。

4.2.2 浮选脱墨用的浮选剂配方

（1）含磨木浆废纸用的浮选剂配方：

过氧化氢 H_2O_2（按100%计）	0.8%～1.2%
氢氧化钠 NaOH（按100%计）	1.0%～2.0%
硅酸钠 Na_2SiO_3（39°Be′）	3.0%
肥皂或相应的脂肪酸	1.0%～4.0%

分散剂　0.1%
螯合剂　0.2%

（2）不含磨木浆废纸用的浮选剂配方：

氢氧化钠 NaOH（按 100%计）　2.0%
肥皂（或脂肪酸）（0.9%）　1.0%
分散剂（选用）　0.1%

4.2.3　影响浮选效果的因素

影响浮选效果的因素包括纸浆的解离质量；油墨粒子和气泡的粒度；浮选设备的类型和浮选段数以及纸浆浓度、温度、搅拌强度等工艺条件。

（1）纸浆的解离质量：其中包括纸浆纤维的解离程度、油墨和纸浆纤维的分离程度。纸浆中含有纤维束，并且纤维束包裹着油墨粒子，或者纤维虽已解离，但油墨仍附着在纤维上，这些都难以得到良好的浮选效果。只有纤维已经解离，油墨与纤维已经分离的情况下，才能得到良好的浮选效果。

（2）油墨粒子的粒度：油墨粒子的粒度严重影响浮选脱墨的效率。洗涤脱墨可有效地除去 2～10μm 的油墨粒子，浮选脱墨可以除去 400μm 以下的油墨粒子。浮选脱墨和洗涤脱墨，都不能除去粒度为 400μm 以上的油墨粒子。

（3）浮选设备类型和浮选段数：各种浮选脱墨设备的效率是不一样的。一次浮选脱墨都不能达到要求。需要进行多次（或多段）浮选脱墨，增加段数，提高效率。浮选脱墨段数对效率的影响，如图 15-33。

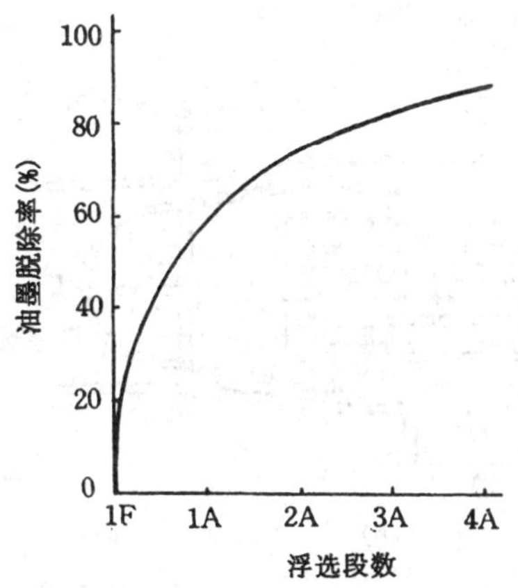

图 15-33　浮选脱墨段数对效率的影响

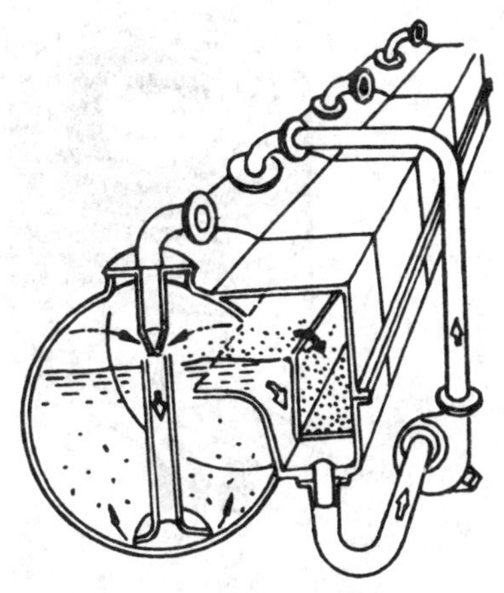

图 15-34　多段喷射式浮选槽

浮选脱墨的主体设备是浮选槽。再生纤维制浆最早用的浮选槽是由洗矿和洗煤用的搅拌式浮选槽移植过来的。1981 年开发出一种 V 型浮选槽，也是搅拌式浮选槽。这两种浮选槽的效率不高、能耗大，已不采用。到 20 世纪 80 年代中后期，各机械制造厂纷纷提出各种型号的浮选槽，现分述如下：

①多段喷射式浮选槽（如图 15-34）。这是 V 型浮选槽的换代产品。多段喷射式浮选槽采用无堵塞水力喷射器吸入和分布空气。需经浮选的灰浆，用泵送入无堵塞水力喷射器中，吸入 50%的空气，并使空气在纸浆中分散成细小的气泡与油墨粒子结合成为泡沫，升浮到液面上。油墨-空气泡沫溢流入泡沫收集槽中。已经部分脱墨的灰浆转送到下一段浮选槽，继续进

行浮选脱墨。一般经过4～6段浮选后，即可得到良好的脱墨灰浆。

一台浮选脱墨机组由4～6台浮选槽组成。需要浮选脱墨的灰浆先进入第一段浮选槽，依次通过各中间段的浮选槽，从最后一段浮选槽取得脱墨灰浆，各段浮选溢流的油墨泡沫都集中在一个泡沫槽中，送到由两台浮选槽组成的浮选脱墨机组，进一步浮选回收其中含的纸浆。

多段喷射式浮选槽的生产实践说明，与上一代的V型浮选槽相比，可节约动力58%，节省安装面积75%，节约建设投资80%。

②CF型浮选槽（如图15-35）。CF型浮选槽是取代FZ-1搅拌型浮选槽的换代产品。CF型浮选槽采用自吸式阶梯扩散器吸入空气，在很短的距离内分散成气泡，并与纸浆充分混合。从四处以切线方向进入圆筒形的浮选槽中 。油墨-空气泡沫上浮溢流入中心泡沫收集筒中，脱墨后的灰浆从底部排出。这种浮选槽是封闭的，可布置成上下两层。

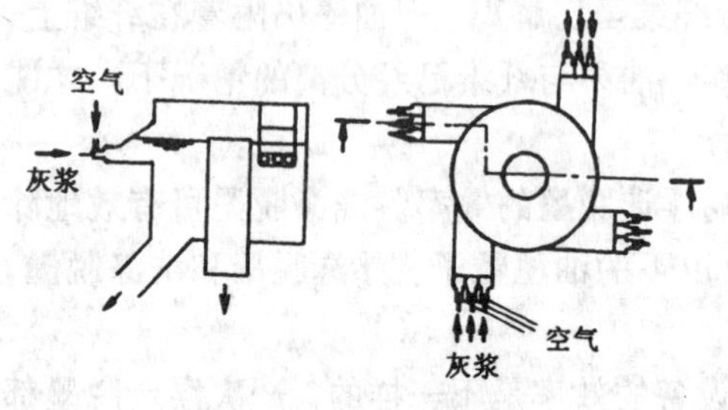

图15-35 CF型浮选槽

③FC型浮选槽（如图15-36）。FC型浮选槽又称Swemac浮选槽。空气气泡与灰浆混合后，沿切线方向高速进入浮选槽，并在槽内发生涡流运动，油墨-空气泡沫升浮到液面上，溢流入中心泡沫收集筒中排出。

FC型浮选槽用的空气混合分布器，可以调节进气量，以达到合理浮选的要求。

FC型浮选槽可以三个叠起来，形成一个浮选机组。FC型三层浮选槽机组如图15-37。

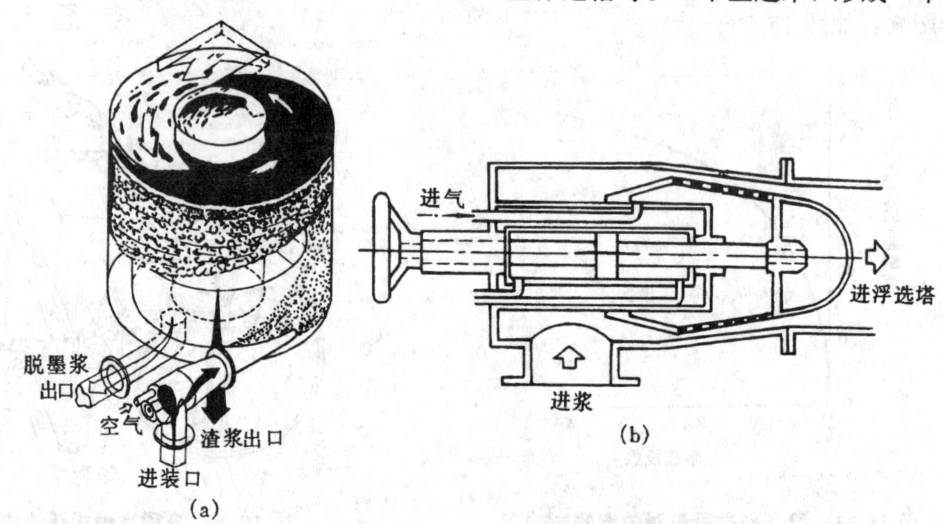

图15-36 FC型浮选槽及其空气混合分布器结构

(a) FC型浮选槽；(b) 空气混合分布器

④立式浮选槽（如图15-38）。立式浮选槽的特点是槽体由两个圆筒形浆槽组成。上部浆槽的直径较大，下部浆槽的直径较小。灰浆用泵送入一组文丘里管，吸入空气并分散混合于灰浆中。调节使用的文丘里管数量，就可以调整灰浆与空气的混合比。

含有空气气泡的灰浆进入下部浆槽，以较高的速度旋转流动，产生较大的湍流，促进油墨粒子与气泡接触，形成泡沫。灰浆和空气混合物流入上部浆槽后，涡流速度降低便于泡沫

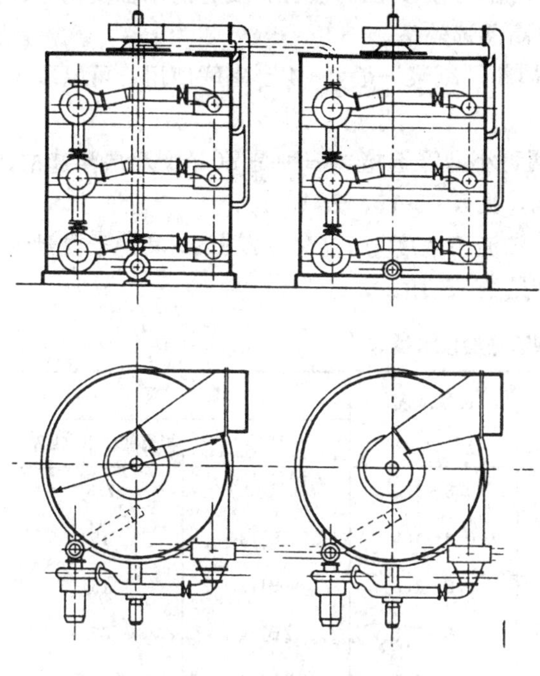

图 15-37　FC 型三层浮选槽机组

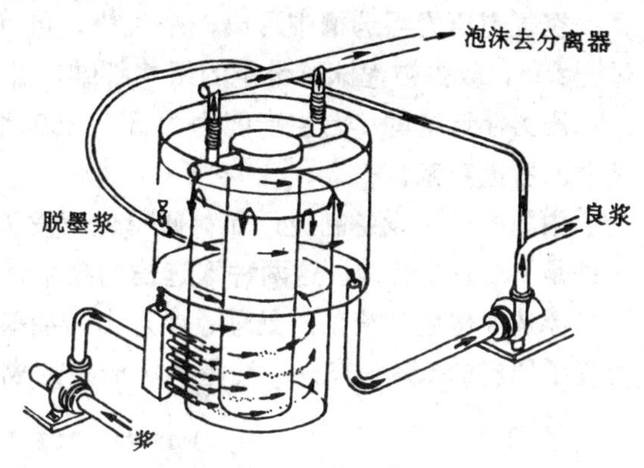

图 15-38　立式浮选槽

升浮，与灰浆分离。分离后的灰浆从上部浆槽的底部抽出，送往后续工序，有一部分灰浆回流到上部浆槽中，并吸入空气，使槽内灰浆补充浮选，并防止泡沫下沉，混入脱墨灰浆中。油墨泡沫用风机吸入旋风分离器与空气分离落入油墨泡沫贮存池中。

立式浮选槽的浮选效率较高。一般经过三段浮选，即可得到满意的脱墨灰浆。

⑤压力浮选槽（如图 15-39）。压力浮选槽可分为四段。第一段是灰浆入口的充气区。充气区的进气量可以调节，以适应不同气/液比的需要；第二段是管状混合区。在混合区中，有强烈的湍流，使灰浆和空气充分混合，促进油墨粒子与空气气泡接触，并形成泡沫；第三段是升浮区。这是一个锥形的圆筒。灰浆和空气混合物流入升浮区后，流速逐渐降低，油墨-空气泡沫升浮到液面上，形成泡沫层。随着浆流前进，升浮区的圆筒直径不断扩大，上升的泡沫愈多，泡沫层也愈厚；第四段是分离区，在锥形圆筒的末端，脱墨灰浆从浮选槽的中心出口排出，油墨泡沫从液面上的排渣口排出。

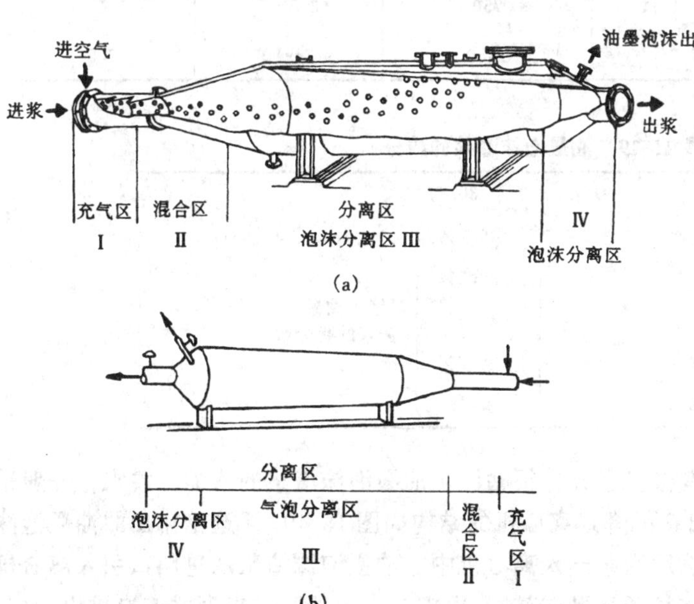

图 15-39　压力浮选槽的结构和外形

压力浮选槽内有一定的压力，可使一些空气溶解于水中。在升浮区压力下降时，溶解的空气从水中逐步释放出来，更有利于油墨与空气形成泡沫，提高浮选效果。

空气在压力浮选槽中形成一个气垫，可以调节控制分离区的液位，使它的水位变化不超过±2cm，减少被泡沫层带走的纸浆纤维，并提高浮选效率。

压力浮选槽的单台生产能力为日产250t脱墨新闻纸浆一般3～4台串联使用，可以取得满意的脱墨灰浆。

中国的机械设备制造厂和科研单位开发了两种小型浮选槽，一种是ZCF型双层浮选槽，一种是FX型浮选槽。这两种浮选槽的技术性能，见表15-17、表15-18。

浮选油墨泡沫渣浆的处理：浮选出的油墨泡沫渣浆浓度为1.5%～2.5%。其绝干重量约为废纸原料的5%～15%。油墨泡沫渣浆的成分见表15-19。

表15-17 ZCF系列浮选槽技术性能

型 号	浮选槽规格 Ø (mm) ×H (mm)	进浆量 (m^3/h)	进浆浓度 (%)	浆 泵	
				型号	电动机功率 (kW)
ZCF2	800×920	30～41	0.8～1.3	ZBJ3	7.5
ZCF3	1 200×1 380	76～95	0.8～1.3	ZBJ13	15
ZCF4	1 600×1 840	191～239	0.8～1.3	ZBJ13	15
ZCF5	2 000×2 300	379～473	0.8～1.3	ZBJ34	37
ZCF6	2 400×2 760	662～828	0.8～1.3	ZBJ34	37

表15-18 FX系列浮选槽技术性能

型 号	第一段台数	第二段台数	每台浮选槽的有效容积 (L)	日产量 (t)	电动机功率 (kW)
FX-1	6	1	750	3.5～5	4
FX-2	6	1	1450	7～10	7.5

表15-19 油墨泡沫渣浆的成分

油墨泡沫渣浆干度	30.4%	
其中：填料含量	40.7%	对绝干油墨泡沫渣浆的百分数
碳黑	29.8%	
脂肪酸	4.1%	
纤维和细小纤维	22.5%	
塑料薄膜粘着剂等	2.9%	

浮选排出的油墨泡沫渣浆含有很多水分并很粘滑。油墨泡沫渣浆的浓缩、脱水，一般采用螺旋出料沉降式离心机。螺旋出料沉降式离心机的结构如图15-40。浮选槽排出的油墨泡沫渣浆收集到中间贮槽暂时存放，然后用泵送入离心机中。油墨泡沫渣浆从进料口引入离心机的转鼓中，由于离心力的作用，固体粒子被抛向鼓壁，由螺旋出料器向右推到排渣口排出，水分从左端的排水口排出，离心机排出的油墨泡沫渣浆的干度为25%～40%。可送去填坑、堆埋或与煤、树皮、锯屑及其他废料混合作为燃料，也可作为制砖材料。

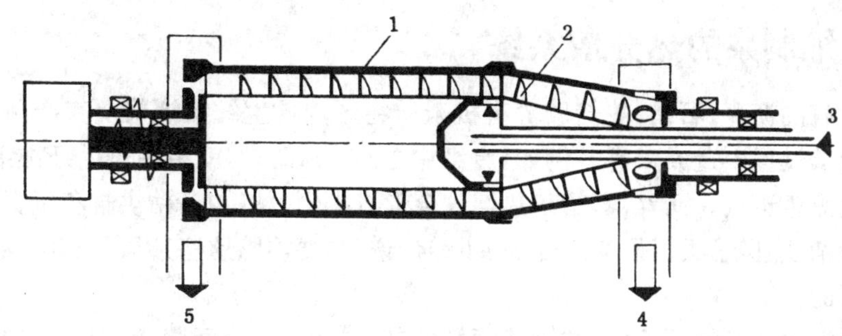

图 15-40 螺旋出料沉降式离心机的结构

1. 离心机转鼓；2. 离心机的出料螺旋；3. 进料口；4. 排渣口；5. 排水口

4.2.4 浮选脱墨系统

灰浆经过一次浮选，脱墨程度不能满足要求，需要进行多段(或多次)浮选，逐步清除灰浆中的油墨和灰分，最后取得符合要求的脱墨灰浆。

浮选脱墨系统一般用3～5段浮选槽组成。浮选槽的浮选效率好，浮选脱墨系统的段数可以少于3段。浮选槽的浮选效率低，脱墨灰浆的质量要求高，浮选段数可能多达5～6段。

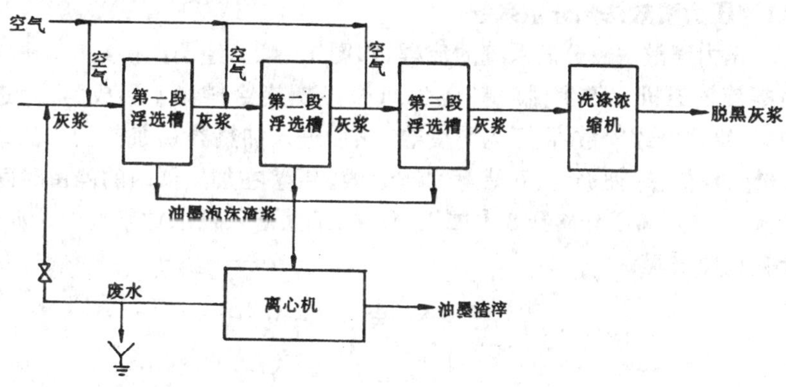

图 15-41 浮选脱墨系统的流程

浮选脱墨系统中，灰浆流程是串联的。含有油墨的灰浆，先进入第一段浮选槽浮选；第一段浮选槽浮选后的灰浆，进入第二段浮选槽浮选，依次循序前进，到最后一段浮选槽取得合格的灰浆，经浓缩、脱水，贮存于贮浆池中。

在浮选脱墨系统中，油墨泡沫渣浆的流程是并联物，各浮选槽排出的油墨泡沫渣浆集合在一起。有时把油墨泡沫渣浆再浮选一次，回收其中的纸浆纤维。大多数情况是把油墨泡沫渣浆通过离心机浓缩、脱水后，作为固体废料处理。浮选脱墨系统的流程如图15-41。

4.2.5 洗涤脱墨和浮选脱墨的比较

洗涤脱墨的优点是脱墨灰浆的质量较好，纸浆的灰分脱除率高，适宜用于高级纸及涂料纸的废纸脱墨。洗涤脱墨的缺点是用水量多、纤维流失大、废水中悬浮物多、废水量大，处理所需的投资和运行费用大，难以采用封闭循环用水。

浮选脱墨的优点是用水量少、废水处理量小、容易采取封闭循环用水、纤维流失少、油墨泡沫容易收集处理，有利于做好环境保护。缺点是纤维质量稍差，灰分脱除率低。

总的来说，浮选脱墨的优点较多，从20世纪80年代末期起，浮选脱墨发展较快。如果在浮选脱墨以后，加一段纸浆洗涤、浓缩，吸收了洗涤脱墨的优点，补充了浮选脱墨的不足，可以得到更好的效果。

5 再生纤维制浆的热分散系统

废纸中含有的沥青、石蜡、热熔胶等有机杂质将影响再生纤维纸浆及其产品的外观质量，并将在制浆造纸过程中造成障碍。例如，废纸中含有1%沥青，就将在再生纤维纸浆中和纸及纸板面上出现黑色斑点。沥青、石蜡和热熔胶会形成糊网、粘毛布、粘烘缸和纸页断头等故障。为了除去这些杂质，做了很多研究工作。初步结论说明，要清除这些杂质是有困难的，但把它隐藏起来是可能的。

废纸中的沥青在高温下熔化，如迅速喷散冷却，或经过适当磨浆，沥青分散成很细的颗粒，虽仍存在于纸浆中，但不能被肉眼看见，这就建立了再生纤维制浆的热分散技术。

热分散技术的首要条件是：纸浆浓度应在30%～40%。否则，由于纸浆浓度低、热能消耗大，不经济。采用圆盘挤浆机、双网压榨机或螺旋挤浆机，可以得到浓度为30%以上的高浓度纸浆。

热分散有压力喷散法和热磨分散法。

5.1 压力喷散法热分散系统

压力喷散法热分散系统的流程，如图15-42。经圆盘挤浆机1浓缩的纸浆的浓度为30%，由螺旋输送机2送到活底料仓3，纸浆经螺旋给料器4形成料塞，进入直立的纤维分散机5中，使纸浆纤维松散，便于均匀受热。然后进入加热器6，加热器中的纸浆温度为150℃，压力为0.6MPa左右。使沥青、石蜡等物质熔融。纸浆在加热器内的停留时间约为30min，然后通过喷放阀7，喷入离心分离器8中减压、降温，纸浆落入低浓贮浆池中。沥青已分散成为细微颗粒不能被肉眼看见。

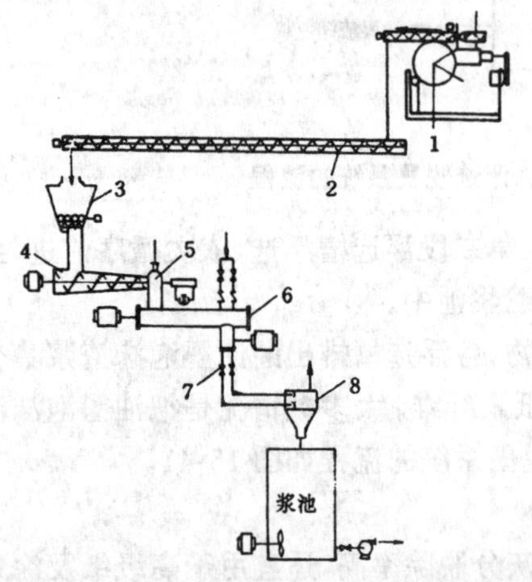

图15-42 压力喷散法热分散系统的流程

1. 圆盘挤浆机；2. 螺旋输送机；3. 料仓；4. 螺旋给料器；5. 纤维分散机；6. 加热器；7. 喷放阀；8. 离心分离器

图15-43 热磨分散法热分散系统的流程

5.2 热磨分散法热分散系统

热磨分散法热分散系统的流程如图15-43。

热磨分散法的流程和设备与压力喷放法基本相同。二者的差别在于热磨分散法用浆磨机代替压力喷放阀和旋风分离器。热磨分散法的加热器中，温度和压力较低。温度为120～145℃，压力为0.2～0.5MPa，热磨分散法的效率决定于三项因素即：磨盘的齿型、纸浆浓度、单位能耗。

热磨分散法热磨机选用细齿型磨片，因为细齿可以提高分散效率。提高纸浆浓度，可以减少纸浆中的斑点。纸浆浓度达到30%，斑点降低率可达80%以上。

单位电耗与热磨机的型号有关系。一般来说，单位电耗为100kW·h/t浆，斑点降低率可达80%；单位电耗为50kW·h/t浆就将显示分散不够；单位电耗超过180kW·h/t浆，纤维将受到损伤。

蜡和热熔胶分散的单位电耗较低，在100kW·h/t浆的单位电耗情况下，蜡和热熔胶可以完全分散。一种新型热磨机及其磨齿形状如图15-44，据称这种热磨机的单位电耗为35kW·h/t浆。

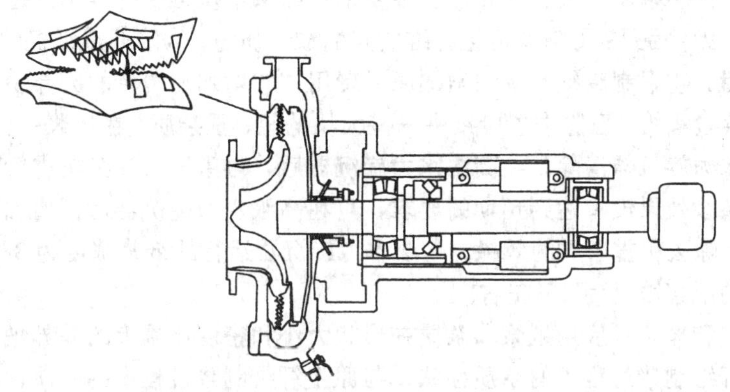

图15-44 新型热磨机（左上角为磨齿放大图）

5.3 单辊分散机热分散系统

这个方案是用单辊分散机代替热磨机。单辊分散机热分散系统的流程如图15-45。

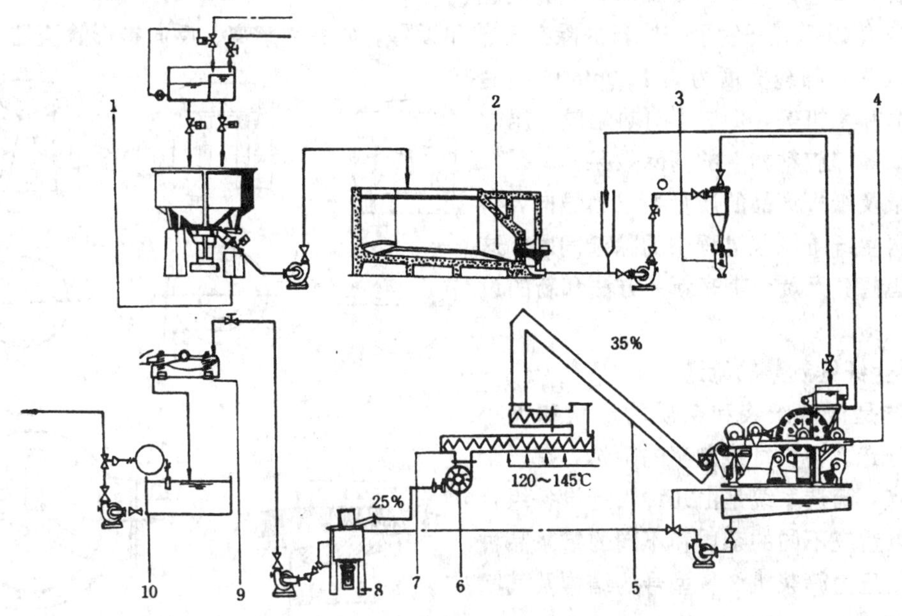

图15-45 单辊分散机热分散系统的流程

1. 水力碎浆机；2. 贮浆池；3. 高浓水力旋沉器；4. 圆盘挤浆机；5. 螺旋运输机；6. 预热器；7. 单辊分散机；8. 旋风分离器；9. 振动筛浆机；10. 贮浆池

热分散系统熔融和分散了一些杂质，改善了牛皮箱纸板的外观质量，允许采用低价原料。这种方法可以处理沥青和蜡，并且，还可以处理湿强纸、热熔胶和乳胶，这些杂质受热软化，可被机械设备分散。但是，这些杂质仍保留在纸浆中，还会引起糊网、粘毛布、粘烘缸等问题，并且，如果纸浆中含蜡过多，会降低多层纸板的层间结合强度，纸板容易分层。

热分散为纸浆消毒，也可以认为是一项优点，但用水稀释纸浆，这个优点就消失了。

其他处理沥青等有机杂质的方法，如溶剂法，这好像是对纸浆进行“干洗”。用反向锥形除渣器和细缝缝型压力筛浆机净化和筛选纸浆，也可以除去这类有机杂质。

6 再生纤维制浆的筛选、净化和纤维分级

废纸中含有许多杂质，其品种和性状很复杂，如果不从再生纤维制浆过程中把这些杂质除去，势将产生以下后果：①降低再生纤维制浆的成品质量；②降低造纸机的生产效率；③增加厂内处理费用；④限制废纸资源和增加原料费用；⑤增加消费者的废弃物量。

在废纸解离过程中，已除去了废纸中一些大块的轻、重杂质。在粗浆中含有的粗重杂质，一般采用高浓水力旋沉器清除；在高浓水力旋沉器后，再用压力筛浆机进行粗选。如果高浓水力旋沉器的除杂效果没有达到预期的要求，可在高浓水力旋沉器后再增加一段中浓水力旋沉器，以便提高除去粗重杂质的效果。高浓水力旋沉器运行的纸浆浓度为3%～6%，中浓水力旋沉器运行的纸浆浓度为2%左右。

纸浆的筛选和净化是应用纸浆和杂质在形状大小和密度比重上的差异把杂质从纸浆中分离出去。再生纤维制浆过程中的杂质性状，与原生纤维制浆过程中的杂质性状相比，更加复杂。如再生纤维纸浆中含有薄片状的杂质较多，有粒度粗的杂质，也有粒度很细的杂质，以及主要来自热塑性物质的所谓“胶粘物”的轻杂质。清除“胶粘物”早已成为再生纤维制浆除杂的研究课题，也是比较难以解决的问题。

1972年以后，开发了一些新的除杂工艺和设备，如高浓解离、反向锥形除渣器，更有效的浮选设备，筛缝宽度为0.152mm的细缝缝型压力筛浆机等，促进了对热熔胶、压敏性胶粘剂等“胶粘物”的清除效果。

以纸及纸板产品的质量要求为导向，研究解决再生纤维制浆过程中的除杂问题。这一设计思想，无疑会带来新的方法和新的设备。

6.1 再生纤维制浆的筛选

筛选是根据纸浆和杂质的形状和大小来进行分选。再生纤维制浆的筛选，有一个基本观点，筛选系统是由几种筛选设备组合而成，以适应不同的杂质和不同的纸浆品种的筛选，压力筛浆机3种型号的结构及其筛选原理如图15-46。

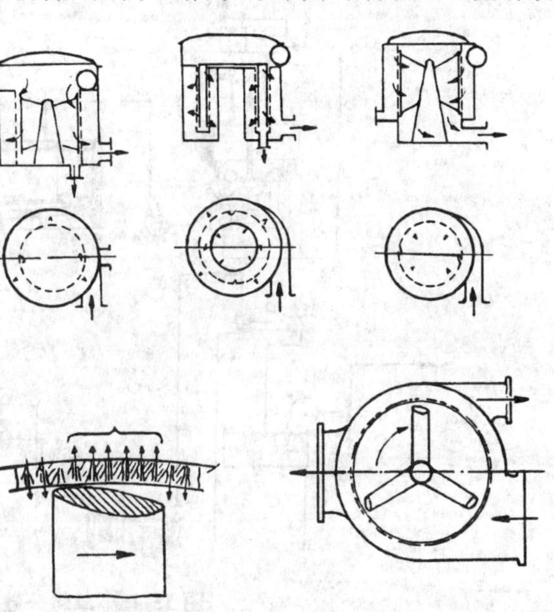

图15-46 压力筛浆机3种型号的结构及其筛选原理

以上3种压力筛浆机与原生纤维纸浆筛选用的筛浆机没有什么差别。再生纤维制

浆筛选的一项重要成就是使用缝型压力筛浆机。新式的缝型旋翼式压力筛浆机的筛缝宽度为0.152～0.254mm，它可以减少纤维流失，在低渣浆率情况下，可用细筛缝筛选长纤维纸浆。

S型筛浆机是一种新开发的筛选再生纤维纸浆的筛浆机，是一种卧式压力筛浆机，筛筒有孔型筛孔和缝型筛缝，转子呈S型；S型筛浆机的渣浆率低，为5%～15%，筛选效率好，筛选后的良浆中，几乎看不到杂质。

6.2 再生纤维制浆的净化

再生纤维制浆净化的特点是采用反向锥形除渣器清除轻杂质。正向锥形除渣器与反向锥形除渣器的主要差别见表15-20。反向锥型除渣器发展了很多类型。第一种是所谓的“三效”锥形除渣器，它把正向锥型除渣器的溢流分为两部分，一部分是良浆，一部分是含有轻杂质的渣浆，底流仍为含有重杂质颗粒的渣；第二种是“回流型”反向锥型除渣器，它的溢流仍是含有轻杂质的渣浆，但分出一部分回流入进浆中，以减少渣浆量，底流仍为良浆；第三种是单向流锥型除渣器，良浆和含有杂质的渣浆都从锥尖部位分别排出。3种新型锥型除渣器的结构原理如图15-47。

表15-20 正向锥形除渣器与反向锥形除渣器的主要差别

项目	正向锥型除渣器	反向锥型除渣器
1. 溢流纸浆	良浆	渣浆含有许多轻杂质
2. 底流纸浆	渣浆含有许多重杂质粒子	良浆
3. 溢流出口直径	大	小
4. 底流出口直径	小	大
5. 溢流纸浆占进浆量流量的百分比（%）	95	60
6. 溢流纸浆的浓度（%）	0.5	0.5
7. 溢流纸浆占进浆纤维量的百分比（%）	85	15
8. 底流纸浆占进浆流量的百分比（%）	5	40
9. 底流纸浆的浓度（%）	2	2
10. 底流纸浆占进浆纤维量的百分比（%）	15	85

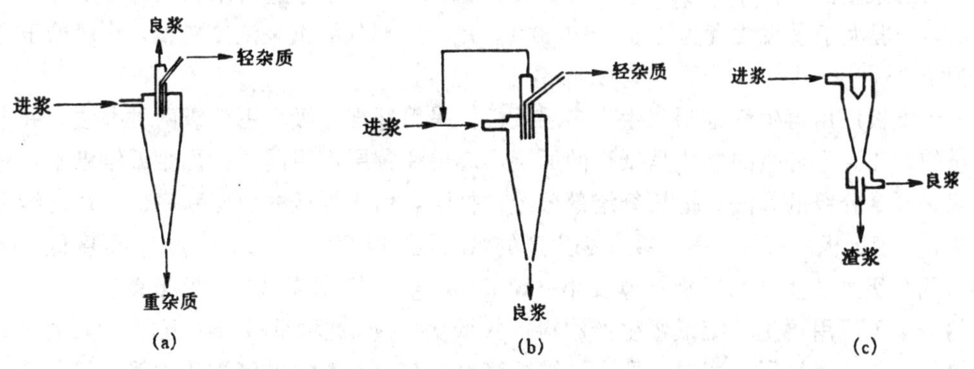

图15-47 3种新型锥形除渣器的结构原理

(a)“三效”锥形除渣器；(b)“回流型”反向锥形除渣器；(c) 单向流锥形除渣器

单向流锥形除渣器采用的进出口压力差小，渣浆率低，可以节省运行和建设投资费用。

气浮式反向除渣器是结合气浮原理的反向除渣器，气浮式反向除渣器的结构原理如图15-48。

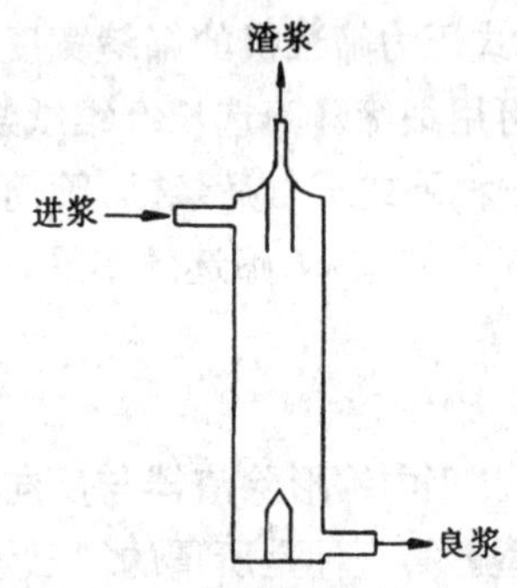

图15-48 气浮式反向除渣器的结构原理

含有很多空气气泡的纸浆注入直径为15.1cm的立式圆筒中，空气和轻杂质从筒顶的出口排出，良浆从筒底的良浆出口排出。气浮式反向除渣器的优点是所用的压力差小，渣浆率低，它不完全用离心力分离杂质。如果让纸浆中溶解一些空气或添加一些表面活性剂以提高气浮效率，可以取得更好的效果。

6.3 再生纤维制浆的纤维分级

纤维分级是把纸浆筛分成几部分，一般为两部分。一部分纸浆的长纤维含量较多，纤维的强度较好。滤水度较高，叫做长纤维部分；另一部分纸浆的短纤维、细小纤维和填料、胶料含量较多，纤维的强度较差、滤水度较低，叫做短纤维部分。

一般来说，长纤维部分可以制造较好的纸及纸板，并且需要经过打浆。短纤维部分由于纤维质量较差，可用于制造品级较低的纸及纸板，并且，一般不要经过打浆。从废纸回收多次循环利用的情况来看，再生纤维纸浆的质量，因循环次数的增多而降低，其原因之一是再生纤维纸浆中的细小纤维量增多。如果能把过多的细小纤维分选出去，有利于保持和提高再生纤维纸浆的质量。

再生纤维制浆纤维分级的优点是：①降低能耗。因为短纤维部分用于造纸，可不必经过打浆或只要轻微打浆，从而可节约打浆电耗。②可避免短纤维部分进一步降解。③可以较好地控制和改进长纤维部分纸浆的性能。④可以扩大再生纤维纸浆的用途。⑤可以改善纸浆的滤水性能和抄造性能，提高纸及纸板产品质量。

纤维分级常用压力筛浆机进行分选。通过压力筛浆机筛孔（或筛缝）的是短纤维部分，未通过压力筛浆机筛孔（或筛缝）的是长纤维部分。

用于再生纤维制浆纤维分级的压力筛浆机，有孔型和缝型两种。孔型压力筛浆机的筛孔孔径为1.0～1.25mm，缝型压力筛浆机的筛缝宽度为0.25～0.5mm。

压力筛浆机的进浆浓度为2.5%～4.0%。在一般情况下，压力筛浆机分选出来的长纤维部分约占总浆量的60%～80%，短纤维部分占20%～40%。分选出来的长纤维部分的纸浆浓度较高，一般大于进浆浓度为4.5%～5.0%，短纤维部分的纸浆浓度较低，一般低于进浆浓度，为1.8%～2.0%。

一个纸板厂用再生纤维制浆生产多层纸板，采用纤维分级和不分级两种办法，并进行产品质量的对比。不分级的办法是纸板的面层，芯层和背层都用同一种再生纤维纸浆，并且未经打浆。纤维分级的办法是把长纤维部分经过打浆，用于纸板的面层和底层，短纤维部分不经打浆，用于纸板的芯层。不分级办法生产的纸板，松厚度大（1.98cm^3/g），挺度低（42.2N/mm）。用分级办法生产的纸板松厚度小（1.85cm^3/g），挺度高（46.6N/mm）。

另一个工厂用再生纤维纸浆生产涂料折叠纸盒纸板。这种纸板分为五层，即：涂料层、上层、衬层、芯层和衬层、背层。再生纤维纸浆用0.25mm筛缝的缝型压力筛浆机分级。长纤维部分经进一步筛选，净化和热分散，把其中的一部分作为背层用浆，另一部分与未经筛选、净化和热分散的长纤维部分配合，作为上层和衬层用浆。短纤维部分直接作为芯层用浆。纤维分级的技术条件如下：

纤维分级设备　　　　　筛缝宽0.25mm的缝型压力筛浆机

生产能力 360t/d

长纤维部分/短纤维部分比率 33%/66%

进浆浓度 3.4%

单位能耗 10.4kW·h/t

各层纸浆的打浆度如图 15-49。

由于各层纸浆的打浆度分布合理，芯层中的水和蒸汽容易跑出来，有利于提高纸板的层间结合力，纸板质量有所改善。采用纤维分级和不采用纤维分级的纸板质量改进情况见表 15-21。

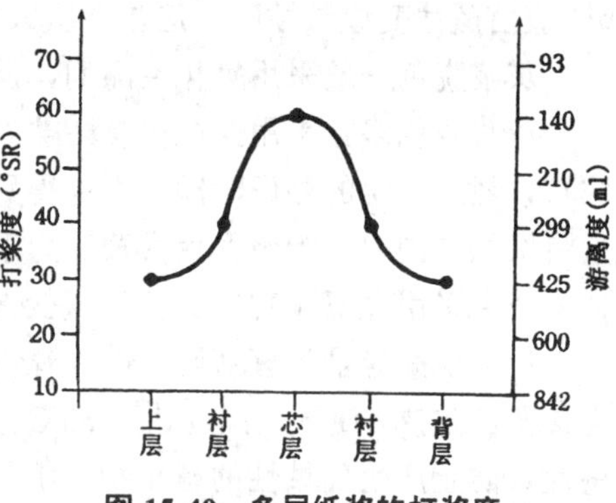

图 15-49 各层纸浆的打浆度

表 15-21 采用纤维分级和不采用纤维分级的纸板质量改进情况[①]

质量指标	测定值	改进率（%）
松厚度（cm^3/g）	1.33	−2.9
裂断长 MD/CD（km）	4.74/2.15	+1.0/−1.7
伸长率 MD/CD（%）	2.12/4.21	+17.1/+6.9
挺度 MD/CD（N/mm）	463/206	−6.5/−10.0
层间接合力（mN）	122/130	+67.1/+73.3

①纸板品种：涂料折叠纸盒纸板；纸板定量：450g/m^2。

从表 15-21 看出，各项质量指标中，只有挺度不理想，原因是有一部分长纤维没有经过打浆。

7 再生纤维制浆的漂白

再生纤维纸浆的品种是复杂的，而组成再生纤维纸浆的浆种更为复杂。再生纤维制浆脱墨后的灰浆很少含有单一的浆种；大多数含有各种化学纸浆、磨木浆和各种机械法纸浆。如含有阔叶材和针叶材木浆以及草浆，有亚硫酸盐法纸浆、硫酸盐法纸浆、中性亚硫酸钠法半化学纸浆以及化学机械法纸浆。在灰浆中，各种纸浆的配比也是不同的，化学纸浆或磨木浆的配比，可在10%～90%变动。

再生纤维纸浆的用途很广，不同的纸及纸板品种应采用不同的再生纤维纸浆；同时，对再生纤维纸浆的质量要求也是不同的。例如：生产新闻纸用的再生纤维纸浆，只要求达到磨木浆的质量和白度，白度为50%～60%；生产低定量涂料纸用的新闻纸脱墨纸浆，要求有75%左右的白度；生产薄页纸、账簿纸和其他高级纸用的再生纤维纸浆，要求白度在80%以上，并且，要含有较多的长纤维化学纸浆。

再生纤维制浆的漂白，要根据灰浆品种、用途以及对它的质量要求，采用适当的漂白工艺和设备。

再生纤维制浆的漂白，包括脱色和漂白。

7.1 灰浆脱色

再生纤维制浆生产的脱墨灰浆，常含有很少量的有色物质。如：没有洗净的油墨和颜料，使灰浆颜色灰暗。经过脱色处理，可使脱墨纸浆得到清洁、明亮的外观，对于纸浆的白度，没有太多的改变。脱墨灰浆的脱色，应先经过酸处理，因为，在再生纤维制浆过程中，使用的脱墨剂和浮选剂含有碱性化学药品，它使一些杂质溶解于纸浆悬浮液的水中，当纸浆悬浮的

pH 值由碱性变成酸性时，这些杂质又可能沉析出来，干扰脱色过程。

灰浆脱色一般采用氧化性漂剂，但有些颜料，要采用还原性漂剂。

灰浆脱色多数采用一段次氯酸盐处理。用2%～3%的有效氯，纸浆浓度为4%，温度为66℃，经过一定的处理时间，可以得到满意的结果。如灰浆中磨木浆含量多，消耗的有效氯量将增加，同时，纸浆颜色发黄。为了避免这种情况，次氯酸盐处理的 pH 值应控制在11～12，或者采用过氧化物或亚硫酸氢盐进行脱色处理。

用亚硫酸氢盐处理灰浆、进行脱色的工艺过程是灰浆先经浓缩，浓度为12%～15%，用直接蒸汽加热，使纸浆温度达到85℃；加0.6%亚硫酸氢盐和适量的多磷酸盐，使 pH 值接近中性，防止产生腐蚀性的硫化物，纸浆和亚硫酸氢盐在降流式漂白塔内经过一定的时间，完成脱色作用。用冷水把纸浆冲稀到3%的浓度，送往下一工序。

如亚硫酸氢盐法脱色的 pH 值为6，可以用水力碎浆机进行处理，纸浆浓度为4%～6%，提高温度，可以减少药品消耗。亚硫酸氢盐法脱色要避免空气气泡进入纸浆中，因空气能氧化亚硫酸氢盐，增加化学药品消耗。

7.2 灰浆漂白

再生纤维制浆的漂白有预漂和漂白两个过程。新闻纸脱墨灰浆的漂白是再生纤维制浆漂白的重点和难点。

预漂是新闻纸脱墨灰浆或磨木浆含量高的脱墨灰浆采用的一种特殊的漂白过程。在废纸解离时，把脱墨剂、浮选剂和预漂用的漂剂一起加入水力碎浆机中，进行预漂。预漂可以防止或抵消新闻纸脱墨纸浆发生白度降低现象，取得适合生产新闻纸用的新闻纸脱墨纸浆。实践证明，只要保证在解离以后，确有残余的过氧化物存在，就可以得到预漂的结果。新闻纸脱墨纸浆在不同的处理过程中，有不同的白度。如不采取预漂并尚未经洗涤或浮选脱墨的灰浆，它的白度为43%，采取预漂，但尚未经洗涤或浮选脱墨的灰浆，它的白度为47%，如是采取预漂，并已经脱墨的灰浆，它的白度可达50%～60%。如果要取得更高的白度，就要继续进行漂白。

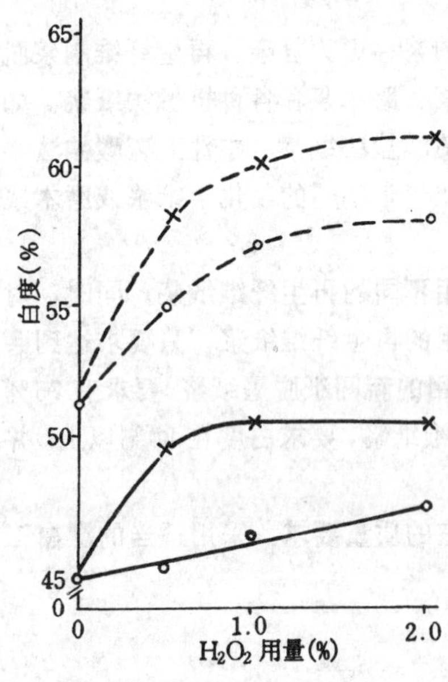

图 15-50 漂剂用量和纸浆浓度对预漂效果的影响

---浮选后 ——浮选前

×25%浓度 ○4%浓度

试验证明，新闻纸原有的白度为55%，废纸解离以后，未加预漂漂剂的灰浆的白度下降15%。加预漂漂剂的灰浆，白度下降12%。用过氧化物预漂，并进行浮选脱墨，可使白度恢复12%～13%。脱墨灰浆的白度达到54%。白度恢复率达98%。

影响预漂的工艺因素是过氧化物漂剂用量、纸浆浓度、纸浆温度和预漂时间。纸浆浓度对预漂效果是明显的。漂剂用量和纸浆浓度对预漂效果的影响如图15-50。

预漂的工艺和设备简单。但在预漂时，灰浆中含有各种杂质，它将干扰漂白效果，增加漂剂消耗。除生产低白度的新闻纸脱墨纸浆采用预漂外，生产薄页纸和书写印刷纸等白度较高的脱墨纸浆，都将采用常规的漂白工艺和设备。

超压纸（SC 纸）的白度为69%，低定量涂料纸(LWC)的白度为72%。供生产超压纸和低定量涂料纸用的新闻纸脱墨纸浆，需要进行漂白。

新闻纸脱墨纸浆的漂白，可采用单段漂、两段漂和三段漂。常用的漂剂有：

氧化性漂剂：过氧化氢，过氧化钠，臭氧，次氯酸钠。

还原性漂剂：亚硫酸氢钠，联二亚硫酸钠等。

新闻纸脱墨纸浆的漂白与磨木浆漂白一样，常采用过氧化氢漂白，并用氢氧化钠控制pH值，用硅酸钠、肥皂和螯合剂DTPA为助剂。一段过氧化氢漂白有高浓漂白和中浓漂白。漂白的纸浆浓度最低要求为10%～12%，最好能在20%～30%。20%～30%的高浓度纸浆，要先经松散，然后与过氧化氢混合，漂白温度为43～49℃，在漂白塔内经过一段时间，完成漂白反应，得到合格的漂白浆。纸浆浓度愈高，反应时间愈短，过氧化氢的消耗也愈少。

在一段过氧化钠漂白以后，接着用亚硫酸氢硼漂白，可节约过氧化钠24%。某工厂的新闻纸脱墨纸浆漂白，用1.2%过氧化钠和0.4%亚硫酸氢硼。

用亚硫酸氢盐漂白磨木浆含量多的脱墨纸浆，可以取得较好的白度（70%）。亚硫酸氢盐用量为2%，多磷酸盐用量为3%，漂白温度为85℃，漂白时间为1h。如只要达到新闻纸的白度，只要用1%亚硫酸氢盐。

全化学木浆的脱墨灰浆，例如账簿纸、胶版印刷纸等废纸的脱墨灰浆，采用单段次氯酸盐漂白，可以得到白度接近80°的漂白脱墨纸浆。但在灰浆中，含有磨木浆，情况就不同了。

磨木浆含量为40%的脱墨灰浆，采用一段次氯酸盐漂白不能解决问题。采用过氧化氢或联二亚硫酸钠的单段漂或两段漂，漂白效果比单段次氯酸钠漂白好得多。

含有10%～20%磨木浆的脱墨灰浆，采用一段氯化，接着一段次氯酸盐漂白，这是一种简易的漂白方法。脱墨灰浆与漂白所需的全部氯气混合，保持15min，加氢氧化钠，使纸浆的pH值达到10，再漂白30～90min，漂白温度为38℃，有效氯耗用量为2%～4%。这种简易两段漂C/H，化学药品消耗多，特别是能耗大，现在很少采用这种方法。

由氯化（C）、碱处理（E）和次氯酸盐（H）漂白组成的常规（CEH）三段漂，可将全化学浆的脱墨灰浆漂成80%以上的白度。磨木浆含量为20%～30%的脱墨灰浆也可以运用这种三段漂。漂白耗用的有效氯量中20%用于氯化，80%用于次氯酸盐漂白。在白度、白度稳定性、纸浆粘度、化学药品用量和能源消耗等等方面比较合理，漂白纸浆的白度可达80%。

脱墨纸浆漂白后容易返黄，用SO_2来消除残氯，可以防止漂后纸浆返黄。具体的方法是在次氯酸盐漂白后，用SO_2处理，pH值控制为6.5，SO_2处理可使白度提高1%～2%。

采用二氧化氯漂白，可以得到接近90%的白度。再生纤维制浆的二氧化氯漂白与原生纤维纸浆的二氧化氯漂白一样，采用CEHED或CEDED流程。脱墨灰浆二氧化氯漂白的特点是氯化时间短，只有3min，氯化温度为66℃。氯化段耗用的二氧化氯量少。

二氧化氯漂白有利于提高漂白纸浆质量和环境保护，但建设投资大，生产成本高，日产200t纸浆规模以下的脱墨纸浆生产线不宜采用。

8 再生纤维制浆系统

再生纤维制浆系统是根据废纸原料的品种和含杂情况，按照再生纤维纸浆成品的质量要求，合理组合再生纤维制浆的单元操作，形成再生纤维制浆的具体生产系统。瓦楞箱纸板（OCC）再生纤维制浆系统和新闻纸再生纤维制浆系统，是两种有代表性的再生纤维制浆系统。

8.1 瓦楞箱纸板（OCC）再生纤维制浆系统

瓦楞箱纸板再生纤维制浆系统的流程如图 15-51。

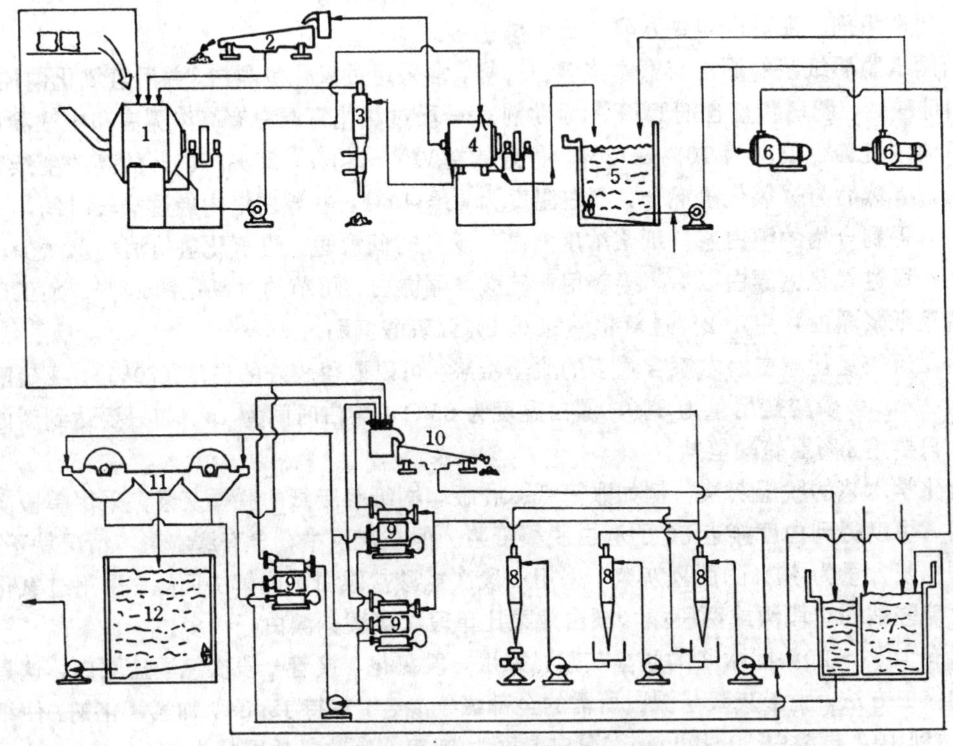

图 15-51 瓦楞箱纸板再生纤维制浆系统的流程

1. 卧式水力碎浆机；2. 振动筛浆机；3. 高浓水力旋沉器；4. 卧式疏解分离机；
5. 贮浆池；6. 疏解机；7. 白水槽；8. 锥形除渣器；9. 压力筛浆机；
10. 浓缩机；11. 贮浆池

瓦楞箱纸板再生纤维制浆采用连续生产系统。旧瓦楞箱纸板由供料输送带连续送入卧式水力碎浆机 1。卧式水力碎浆机筛板的筛孔孔径为 18mm。卧式水力碎浆机装有绳束除杂质装置，连续清除废纸带来的打包材料，塑料薄膜等杂质。解离成的粗浆，通过筛孔，用泵抽送到卧式疏解分离机 4。卧式疏解分离机筛板的筛孔孔径为 4mm。卧式分离机对粗浆进一步解离和除杂，解离好的粗浆通过筛孔进入贮浆池 5，重杂质部分进入高浓水力旋沉器 3 分选，高浓水力旋沉器溢流的纸浆，进入水力碎浆机，底流排出重杂质，卧式疏解分离机排出的轻杂质部分送往振动筛浆机 2 筛选回收纤维。振动筛浆机、高浓水力旋沉器和卧式水力碎浆机排出的轻重杂质送往固体废料处理部分一并处理。

贮浆池出来的纸浆经稀释到 3.5%左右的浓度，用泵送入疏解机 6，进行疏解，疏解后的纸浆用白水槽 7 中的白水稀释到 0.85%的浓度，通过三段锥形除渣器 8 除渣；溢流的良浆，送到两道压力筛浆机 9 筛选，第三段锥形除渣器的渣浆排走。压力筛浆机筛出的良浆，经浓缩机 10 浓缩后，贮存于贮浆池 11 中。第二道压力筛浆机的渣浆，经振动筛浆机筛出，回收纸浆。筛出的渣滓与锥形除渣器的渣浆一并送往固体废料处理部分。

上述系统主要设备的规格、型号和数量如下：

1.5m×20m 皮带运输机 1 台
AP-32 卧式水力碎浆机（筛孔孔径 18mm）1 台
绳束除杂器 1 台
ATS-30 卧式疏解分离机（筛孔孔径 4mm）1 台
200/15 高浓水力旋沉器 1 台
K 型振动筛浆机（筛孔孔径 6.0mm）1 台
E 型双圆盘疏解机（磨齿齿型 400 号）2 台

三段锥型除渣器系统组成如下：

KS250/3E 型　10 台
KS250/3R 型　4 台
KS250/3R　1 台
22 号压力筛浆机（筛孔孔径 2.0mm）2 台
12 号压力筛浆机（筛孔孔径 1.8mm）1 台
K 型振动筛浆机（筛孔孔径 2.5mm）1 台
生产能力　250t（OCC）浆/d

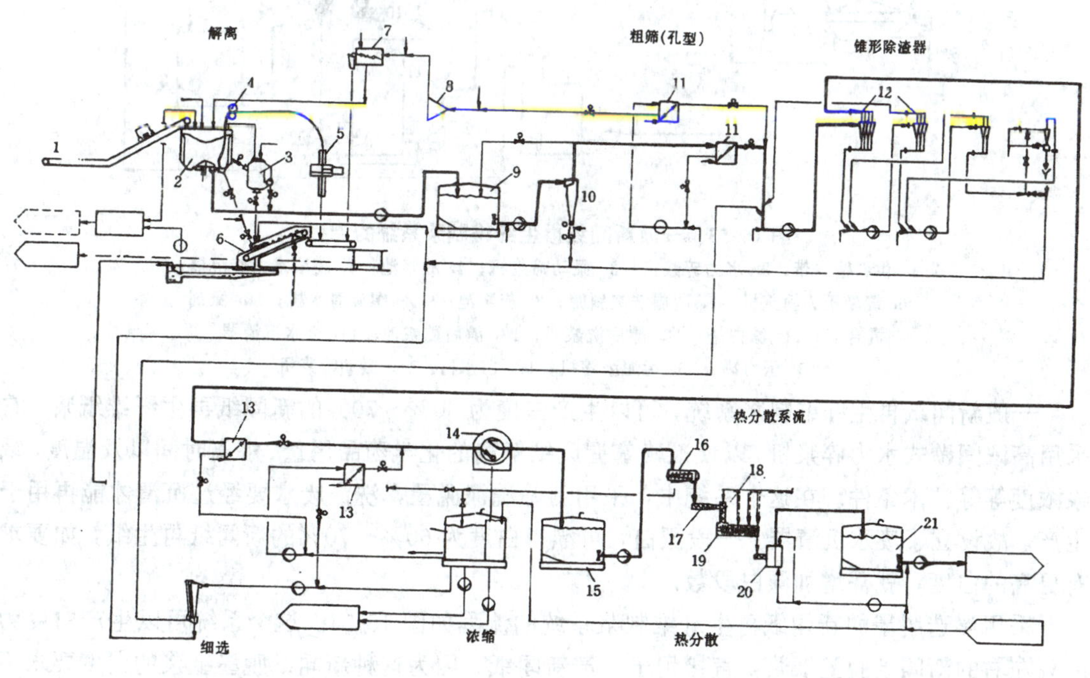

图 15-52　具有热分散过程的瓦楞箱纸板再生纤维制浆系统的流程

1. 供料输送带；2. 水力碎浆机；3. 卧式分离机；4. 绳束除杂装置；5. 杂质切断机；6. 杂质冲洗机；7. 振动筛浆机；8. 疏解机；9. 贮浆池；10. 高浓水力旋沉器；11. 孔型压力筛浆机；12. 三段锥形除渣器；13. 缝型压力筛浆机；14. 浓缩机；15. 贮浆池；16. 螺旋压榨机；17. 螺旋给料器；18. 撕散机；19. 预热器；20. 分散机；21. 贮浆池

瓦楞箱板纸再生纤维制浆系统生产的纸浆，颜色接近未漂硫酸盐法木浆的颜色，或是灰色。这种纸浆用于制造包装纸板，可以不经脱墨和纸浆漂白等单元操作过程。但是，为了保证纸板的外观质量，可以在上述的生产流程后，增加热分散处理过程。

具有热分散过程的瓦楞箱纸板再生纤维制浆系统的流程如图 15-52。

在瓦楞箱纸板再生纤维制浆系统中，设置纤维分级过程，把长纤维纸浆部分用作纸板的面浆，短纤维纸浆部分用作纸板的芯浆，可以提高纸板成品的质量。

8.2 新闻纸再生纤维制浆系统

一般新闻纸再生纤维制浆系统的流程如图 15-53。

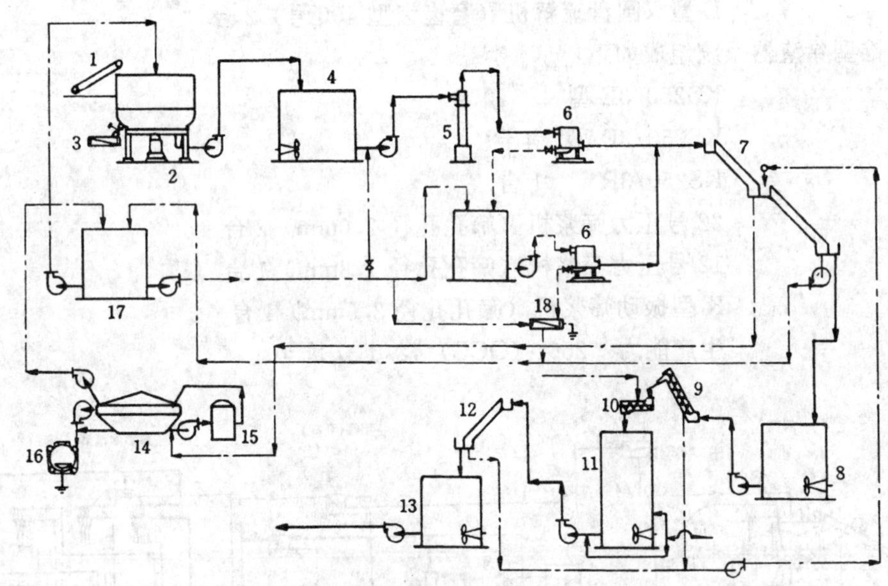

图 15-53 一般新闻纸再生纤维制浆系统的流程

1. 供料输送带；2. 水力碎浆机；3. 振动筛浆机；4. 放浆池；5. 高浓水力旋沉器；6. 缝型压力筛浆机；7. 脱墨洗涤斜筛；8. 灰浆池；9. 斜螺旋脱水机；10. 漂剂混合器；11. 漂白塔；12. 漂后洗浆机；13. 漂后贮浆池；14. 废水沉清器；15. 压力罐；16. 污泥浓缩机；17. 白水槽；18. 振动筛浆机

一般新闻纸再生纤维制浆系统，可以生产白度为 60%～70%的新闻纸再生纤维纸浆。它采用高浓间歇式水力碎浆机，以便准确掌握废纸解离的化学药品用量、解离时间以及温度、纸浆浓度等等技术条件。在这个系统中，采用斜筛洗涤脱墨，洗涤废水要经过沉清才能再用于生产。故设立了废水沉清器。一段漂白，可漂得白度为 60%～70%的新闻纸再生纸，如要求有更高的白度，就需增加漂白段数。

采用浮选脱墨的新闻纸再生纤维制浆系统的流程如图 15-54。这个系统可以生产白度为 50%左右的新闻纸脱墨纸浆，直接用于生产新闻纸。因为这种新闻纸脱墨纸浆的白度要求不高，可不设立漂白工序。采取浮选脱墨，可以节约用水，不需设立废水沉清器。为了保证纸浆质量，加强了浮选前的疏解和净化以及浮选后的筛选。废纸解离也采用高浓间歇式水力碎浆机，以便准确掌握化学药品用量，纸浆浓度、温度和解离时间。

1987 年建成投产的某新闻纸再生纤维制浆系统的流程如图 15-55。这个系统的生产能力为 250t/d 新闻纸脱墨纸浆。采用一台圆筒式碎浆机，两段筛选和两列并行的浮选槽进行两段浮选。这个系统的特点是在三段细筛和三段反向除渣器之后，还采用了热分散和第二次浮选。设计的纸浆白度指标为 59%ISO，实际生产很容易达到 62%ISO，全部纸浆用于生产新闻纸。

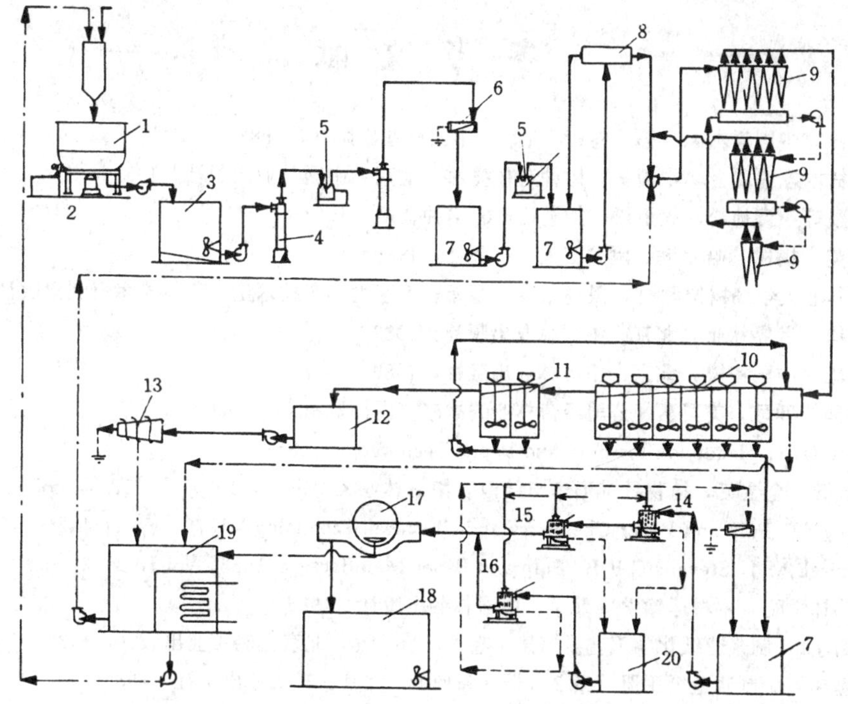

图 15-54 采用浮选脱墨法的新闻纸再生纤维制浆系统的流程

1. 水力碎浆机；2. 重杂质分离器；3. 放浆池；4. 高浓水力旋沉器；5. 疏解机；6. 振动筛浆机；7. 贮浆池；8. 流浆箱；9. 锥形除渣器；10. 第一段浮选机；11. 第二段浮选机；12. 油墨杂质槽；13. 离心机；14. 孔型压力筛；15. 缝型压力筛；16. 二道缝型压力筛；17. 浓缩机；18. 成品纸浆贮浆池；19. 白水池；20. 渣浆池

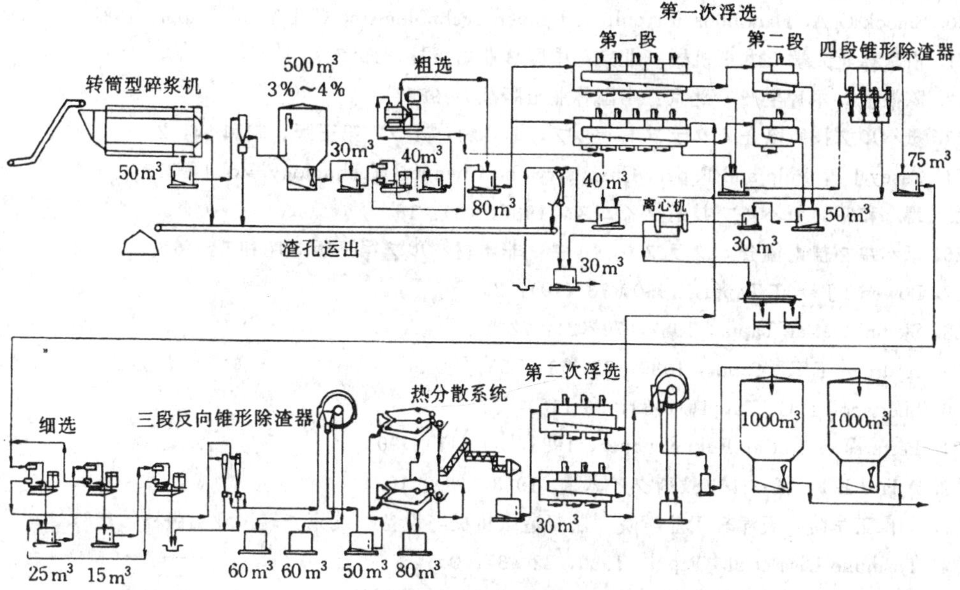

图 15-55 某新闻纸再生纤维制浆系统的流程

参 考 文 献

1. 郑万钧．中国树木志（第1卷）．北京：中国林业出版社，1983
2. 中国树木志编委会．中国主要树种造林技术．北京：中国林业出版社，1981
3. 潘志刚等．湿地松、火炬松、加勒比松的引种栽培．1991
4. 徐纬英．杨树．哈尔滨：黑龙江人民出版社，1989
5. 南京林业大学杨树课题组．黑杨派南方型无性系速生丰产技术论文集．学术书刊出版社，1989
6. 关百钧．世界林业．北京：中国林业出版社，1989
7. 祁述雄．中国桉树．北京：中国林业出版社，1989
8. 林业部外事司．美国惠好公司经营林业的战略（内部资料）．1983
9. Smook G A. Handbook for pulp and Paper Technologists. 3～19
10. 王佩卿，全金英．植物纤维形态与结构．南京林业大学讲义，1989：1～12，48～51，57～63
11. Casey J P. Pulp and Paper Chemistry and Chemical Technology. 1979，vol I：142～146
12. Kocurek M J，Stevens C F B. Pulp and Paper Manufacture. 1983，vol I：2，20～21，35～65
13. 东北林学院．木材运输学．北京：中国林业出版社，1986
14. 凯西 J P. 制浆造纸化学工艺学（第1卷）．第3版．北京：轻工业出版社，1988
15. 陈嘉翔等．制浆造纸手册（第2分册：备料）．北京：轻工业出版社，1988
16. 潘福地，周景辉．制浆造纸工艺设计步骤与方法（上册）．大连工学院出版社，1987
17. 哈尔滨林业机械研究所．林业机械．1988：5（增刊）
18. Pulrri R. Effect of Harvest systems on wood Quality 76th. Annual Meeting Teehuical section Camadian Pulp and Paper Associa Tion. Preprints “B”，1990
19. 华南工学院等．制浆造纸与设备（上册）．北京：轻工业出版社，1981
20. Smook G A. Handbook for pulp and paper Technologists. CPPA and Tappi，1982
21. 南京林业大学．木工机械．北京：中国林业出版社，1987
22. 陈德生．木片生产．北京：中国林业出版社，1985
23. 紙パルプ技術協会．クラフトパルプ，非木材パルプ．第三版，昭和 54：2
24. Casey J P. Pulp and Paper，Chemistry and Chemical Technology. Vol 1：377
25. 堺　和昭．纸パルプ技術タイムス，1987，(3)：16
26. 紙パルプ技術協会．クラフトパルプ，非木材パルプ第三版．昭和 54：61
27. Bowen I J et al. Tappi，1990，73（10）：205
28. Sjodin L et al. Tappi，1987，70（2）：72
29. Andrews E K. Tappi，1989，72（11）：55
30. Sherwood R C. Tappi，1983，66（10）：71
31. Pettersson B et al. Pulp & paper，1985，59（11）：90
32. Allard E F. 紙パルプ技術クイムス. 1988，(8)：16
33. 华南工学院，天津轻工业学院．制浆造纸机械与设备．北京：轻工业出版社，1981
34. Tormund Disa et al. Tappi，1989，72（3）：205
35. 日本紙パルプ技術協会．クラフトパルプ．非木材パルプ．1967：13
36. Hartler N et al. Svensk Papperstid，1962，65（22）：95～100
37. Casey J P. Pulp and paper Chemistry and Chemical Technology. Vol 1：396
38. Procter A R et al. P. P. M. C. 1967，68

39. Procter A R. Tappi, 1972, 55: 424
40. Непенин Ю Н Технология челлюлозы. Том Ⅱ: Произвобство Сулъфатной Целлюлозы. 1963
41. Gierer J. Wood Sci. Techn, 1980, (4): 241
42. Olm L. Svensk Papperst, 1979, 82 (15): 458
43. Kerr A J. Tappi, 1976, 59 (5): 89
44. 李忠正等．黑龙江造纸，1983，(4)：23
45. Tormund D et al. Tappi, 1989, 72 (5): 205
46. Pursiainen S et al. Tappi, 1989, 72 (8): 115
47. Hakamäki H et al. The 24th pulp and paper Annual Meeting. ABTCP. São paulo. Brazil. 1991
48. Matthews C H. Svensk papperstidn, 1974, 77 (17): 629
49. Gierer J. Wood Science and Technology, 1980, 14: 241
50. Gierer J. Wood Sci. Technol, 1985, 19: 289
51. Gierer J. Holzforsching, 1982, 36 (1): 43
52. Gierer J. Svensk papperstidn, 1970, 73 (18): 571
53. Gierer J. Svensk papperstidn, 1979, 82 (3): 71
54. Gierer J. Svensk papperstidn, 1979, 82 (16): 503
55. Adler E. Wood Sci. Technol, 1977, 11: 169
56. Lai Y Z, Sarkanen K V. Lignin, Wiley—Inter Science. New York, 1972: 226
57. Gierer J. Svensk papperstidn, 1979, 82 (17): 503 (1979)
58. Ljunggren S. Svensk papperstidn, 1980, 83 (13): 363 (1980)
59. Albertsson V et al. Svensk papperstidn, 1962, 65: 1001
60. Franzon O, Samuelson O. Svensk papperstidn, 1957, 60: 872
61. Casebier R L et al. Tappi, 1965, 48 (11): 664
62. Hamilton J K et al. Pulp Paper Mag. Canada: 1960, 61 (4): T263
63. Aurell R et al. Acta Chem. Scand. 1963, 17 (2): 545
64. Ericsson T et al. Wood Sci. Tech. 1971, 11 (3): 219
65. Croon I et al. Svensk paperstid, 1962, 65: 595
66. Yllner S, Enstrom B. Svensk paperstid, 1956, 59 (6): 229
67. Clayton D W et al. Pulp paper Mag. Canada: 1963, 64 (11): T459
68. Clayton D W et al. J. Pdymer Sci. 1965, (11): 197
69. Hartler N et al. Svensk papperstind, 1962, 65 (22): 905
70. Kosaya G S et al. Tsellyul Bumazh Prom, 1967, 53: 186
71. Axegård P et al. Svensk Papperstidn, 1979, 82 (5): 131
72. Yan, J F. Tappi, 1980, 63 (11)
73. Olm L et al. Svensk Papperstidn, 1979, 82 (15), 458
74. Christov T Z et al. Cellulose Chem. Technol, 1971, 5: 93
75. Kondo R, Sarkanen K V. Holzforschung. 1984, 38 (1): 31
76. Wilder Harry D. Tappi, 1965, 48 (5): 293
77. Sven Lemon, Teder A. Svensk Papperstidn, 1973, 76 (11): 407
78. Edwards L, Teder A. Svensk Papperstidn. 1974, 77 (3): 95
79. Narden S, Teder A. Tappi, 1979, 62 (7): 49
80. Kubo M et al. ISWPC—1983, Proceeding Vol Ⅱ: 130
81. Klienert T N. Tappi, 1966, 49 (2): 53

82. Gierer J et al. Svensk Paperstidn，1979 82 (3)：71
83. Gierer J et al. Svensk Paperstidn，1979，82 (17)：503
84. Ljunggren S. Svensk Paperstidn，1980，83 (13)：363
85. Obst J R. Holzforschung，1983，37 (1)：23
86. Haus D W，Sarkanen K V. J. Appl. Polym. Sci. 1967，11：587
87. Kondo R，Sarkanen K V. Holzforschung，1984，38 (1)：31
88. Monograph Series. Tappi. 1947，4
89. Stone J E. Tappi，1957，40 (7)：539
90. Ekman K H et al. Paperi Puu，1966，48 (4a)：175
91. Hartler，N et al. Svensk Papperstidn，1959，62 (15)：524
92. Wilder H D et al. Tappi，1964，47 (5)：270
93. Akhtaruzzaman A F M et al. Paperi Puu，1980，62 (10)：607
94. Fuller W. Pulp Paper Manufacture. TAPPI/CPPA，1983 Vol 1：128
95. Brauns F E，Grimes W S. Tech. Assoc. Papers. 1939，22：574
96. Kerr A J et al. Appita，1970，24 (3)：180
97. Kerr A J et al. Tappi，1976，59 (5)：89
98. Hatten J V et al. Tappi，1972，73 (9)：74
99. Aurell R et al，Svensk Papperstid，1965，68 (4)：97
100. Tormund D，Teder A. Tappi，1989，72 (3)：205
101. Teder A，Olm J. Paperi Puu. 1981，63 (Ha)：315
102. Legg G W et al. Pulp Paper Mag. Can ada：1959，60 (7)：T35
103. 李忠正等. 南京林产工业学院学报，1983，(1)：39
104. Hatten J V et al. P. P. M. C. 1972，73 (4)：63
105. Vroom K E. P. P. M. C. 1957，58：228
106. 紙パルプ技術協会. クラフトパルプ，非木材パルプ. 第三版. 昭和 54：103
107. Stig Andtbacka et al. 7th ISWPC Proceeding. Beijing China，Vol I：396. 1993，5
108. Stig Andtbacka et al. 紙パルプ技術タイムス. 1988，8：16
109. 泥谷真大. 紙パルプ技術タイムス. 1990，24：58
110. Gratzel J S et al. 7tn－ISWPC. Proceeding，Biejing，Vol I：1-7，1993，5
111. Gierer J et al. Svensk Paperstidn，1983，86：100
112. Gierer J et al. Holzforschung，1979，33：213
113. Araki H et al. Canadian Wood Chemistry Symposium. proceeding，1979，71
114. Furuya J. Tappi，1984，67 (6)：82
115. 堺 和昭. 紙パ技タイムス. 1986，3：16
116. Venemark E. Svensk Papperstidn，1964，67 (5) 157
117. Smith G C et al. PTJ，1975，159 (3)：38
118. 山口章. 紙パ技協誌. 1981，35 (1)：39
119. Sanyer N et al. Tappi，1964，47 (10)：640
120. Simonson R. Svensk Papperstidn，1964，67 (18)：721
121. Brooks R D et al. Tappi，1964，47 (11)：729
122. Leelo OLM et al. Svensk Papperstidn，1979，82 (15)：458
123. Annergren G et al. Svensk Papperstidu，1975，77：153
124. Hartler N et al. Svensk Papperstidu，1978，81 (15)：483

125. Norden S et al. Tappi，1979，62（7）：49
126. Kaiser M et al. Tappi，1986，69（10）：45
127. Barratt K B. Kraft Pulping for the 90s Environment. Beloit Technology Update No：TV115"Beloit Corporation" 3/90. 1990
128. Swift L K et al. Rapid Displacement Heating in Bacth Digesters. Beloit 公司资料．1991
129. Beloit Corporation. RDH Kraft pulps have the Best Strength Delivery in the World. 1991
130. Hakamaki H et al. 24th pulp and paper Annual Meeting. ABTCP，Brazil，1991：11，25
131. Backlund A. 紙パ技タイムス. 1990，8：55
132. Andtbacka S et al. Proceeding 7th-ISWPC. Beijing，VolI：396，1993，5
133. Jiang J E et al. Appita，1992，46（1）：19
134. 南京林业大学．林产化工自动化及仪表．北京：中国林业出版社，1990
135. 制浆造纸编写组．制浆造纸手册（第13分册）——仪表与自动化．北京：轻工业出版社，1989
136. 李钟武．制浆造纸自动化仪表．北京：轻工业出版社，1986
137. Instrumentation in The Pulp and Paper Industry. Energy consevation Through Instrumentation Man，1980（18）：13～15
138. Freyaldenhoren R. Process Control for Pulp and Paper mills chapter. 12：50
139. 赵觉声等．麦草浆蒸煮过程控制数学模型的研究．中国造纸，1992，3
140. 杨匡生等．微型计算机在蒸煮过程控制中的应用．中国造纸，1993. 2
141. 胡慕伊等．蒸球球内温度分布及测量的研究．南京林业大学学报，1994. 3
142. 凯西 J P. 制浆造纸化学工艺学（第1卷）第三版. 北京：轻工业出版社，1988
143. Lengyel P. chemic and Technologic der Zellstoff Herstellung. Budapest 1973. 5. 25
144. 中野準三．木质素的化学（中文版）．北京：轻工业出版社，1988
145. Thomas M G，Michael J K. Pulp and Paper manufacture；Volume 5. Alkaline Pulping. Tappi & CPPA. 1989
146. Thomas M G and Michael J K. Pulp and Paper Manufacture；Volume 2. Mechanical. Pulping. Tappi & CPPA 1989
147. 蒋雄翔．制浆造纸工艺．北京：中国轻工业出版社，1992
148. 陈启新等．纸浆洗涤与浓缩设备．北京：轻工业出版社，1986
149. 造纸设备产品图册．中国轻工机械总公司安阳机械厂，1991
150. Erkki Wathen. Rauma-Repola Oy Some Process Modifications and arrangments in Pulp and Papermill to Reduce Pollution. 1982
151. Casey J P. Pulp and Paper Chemistry and Chemical Technology. Third Edition，Vol. I. Awiley Interscience Publication. 1980
152. 赵嘉薇等．置换压榨洗选生产线及主体设备特点与应用的初步介绍．中国造纸学会第6届年会论文选编．1991
153. Macdonald G R. Franklin J N. McGraw-Hill. Pulp and Paper Manufacture. 1970，Vol I.
154. 李元禄．高得率制浆法的过去、现在和将来．国外造纸，1990，（2）：1～7，51
155. Guunar G. Theory and practice in grinding wood for mechanical. PPI，1966，150（2）：52～59
156. Uddo U. Analysis and Control of the basic grinding mechanism. PPC，1976，77（1）：68～75
157. Douglas A. Refining mechanism of RMP. Svensk paperstidning，1981，73（23）：761
158. Douglas A. et al Refining mechanism of RMP. Appita，1980，34（3）：223～227
159. 潘锡五．磺化化学机械纸浆（SCMP）——介绍一种新的纸浆品种．中国造纸，1983（4）：46～53
160. 曹光锐．国内外化机浆的发展．纸和造纸，1990，（1）：47～49

161. Michael J. CTMP—its manufacture properties and end uses. Paper Technology, 1989 (7): 18～25
162. Dessureaut S. Comparison of differant CTMP pulping progresses. 76th Annual Meeting Canadian pulp and paper Association, 1990, 245～253
163. Nakano J. Chemical treatment of MP. 1983, 10
164. Afif C. High yield hardwood bleached Semi-Chemical Pulping Process. Pulp and Paper, 1992, 66 (6): 42, 78～80
165. TCF and the Totally closed cycle. PPI, 1993, 35 (6): 57
166. Norrström N. Svensk Papperstidn. 1969, 72 (1): 32
167. Hartler N et al. Tappi. 1969, 52: 1712
168. 飯山賢治，中野準三．紙パ技協誌．1973，27：530
169. 久保亮五等．岩波理化学辞典．第4版，岩波書店 1987年
170. Singh A. International Oxygen Delignification Conference. Proceedings, 1987, (6): 111
171. Kringstad K P et al. Chemistry of Delignification With Oxygen, Ozone and Peroxides. UNl Publishers Co. LTD, Tokyo, Japan, 1980: 25
172. Byrd Jr M V. et al. Tappi, 1992, 75 (3): 101
173. Grundelius N R. Tappi, 1993, 76 (1): 133
174. Gellerstedt G et al. Nordic Pulp Paper Res. J. 1987, 2 (2): 71
175. Taneda H. et al. J. Wood Chem. and Technol, 1987, 7 (4): 485
176. Gierer J. Wood Scince and Technology. 1986, 20 (1): 1～33
177. Gierer J. Holzforschung. 1990, 44 (5): 387
178. Hatch R S. The Bleaching of Pulp Tappi monograph# 10. N. Y. 1953: 18\; 179. Paterson A J et al. Tappi, 1984, 67 (5): 114～117
180. Macas T S. Pulp Paper Sci, 1984, 10 (5): J108～113
181. Karter E M et al. Tappi, 1971, 54 (11): 1882～1888
182. Berry R M et al. Holzforschung. 1987, 41 (3) 177～183
183. Kempt A W. et al. Tappi, 1970, 53 (5): 864
184. 魏鹏月等．国外造纸．1993 (3): 33, (4): 26
185. Sorrell T N et al. Tappi, 1990, 74 (7): 198～199
186. Perkins J K. Tappi, 1975, 58 (1): 75
187. Gullichsen J. Tappi, 1976, 59 (11): 106
188. Rapson W H. Tappi, 1978, 61 (10): 97
189. Pryke D C. Tappi, 1989, 72 (10): 147～155
190. Munro F C et al. Tappi, 1990, 73 (5): 123～130
191. Bowen I J et al. Tappi, 1990, 73 (9): 205～217
192. Pryke D C et al. Pulping Conf. Tappi press, 1985: 543
193. Donald C J et al. Tappi, 1993, 76 (3): 89～98
194. Gierer J. Wood Sci. Technol, 1986, 20: 1～33
195. Gierer J. Holzforschung. 1990, 44 (6): 395～400
196. Massey Jr W M et al. 1984 Tappi Bleach Plant Operations Seminar Notes, Tappi Press, 1984: 31
197. 制浆造纸手册第七分册．纸浆的洗选漂．北京：轻工业出版社，1988
198. Carre G N et al. Pulp Bleaching Conf. Tappi Press, 1982: 17
199. Kawabata H. 1987 International Oxygen Delignification Conf. Tappi Proceedings, 1987: 87～97
200. 大楽敏夫 et al. 紙パ技協誌．1991，45 (11)：32～42

201. Van Lierop B et al. International Pulp Bleaching Confrence. Technical Section CPPA，1985：83～91
202. Qiqin Hong et al. Tappi，1989，72 (6)：157
203. Oswald Helmling et al. Tappi，1989，72 (7)：55～61
204. Nikitin V M et al. ABIPC，1958，28 (12)：6973
205. Robert A et al. ABIPC，1965，35 (9)：7210
206. Rowlandson G. Tappi，1971，54 (6)：962
207. Bowen I J et al. Tappi，1990，73 (9)：205
208. Tench L et al. Tappi，1987，70 (11)：55
209. Kristina Idner. Tappi，1988，71 (2)：47～50
210. Gierer J et al. Chemistry of Delignification With Oxygen，Ozone and Peroxides. UNI Publishers Co.，LTD. 1980：137～150
211. Gierer J. Wood Sci. Technol，1986，20 (1)：1～33
212. Gierer J. Holzforschung，1990，44 (5)：387～394
213. Singh A. International Oxygen Deligni fication Conference，Tappi Proceedings 1987：111
214. Olof. Theander. Tappi，1980：43～59
215. Päärt E et al. Tappi，1974，57：122
216. Raubenheimer S J et al. Tappi，1989，72 (2)：102
217. Singh R P et al. The Bleaching of Pulp. Third Edition. Revised. Tappi Press，1979：167
218. Süss H U et al. International Oxygen Delignification Conference. Tappi Proceecding，1990，44 (5)：170
219. Hartler N et al. Svensk Papperstidn，1970，73 (21)：696
220. John R Nunn et al. Chemistry of Delignification With Oxygen，Ozone and Peroxides. UNI Publishers Co.，LTD，1980：79
221. Robert A et al. Paper Trade J，1968，152 (32)：49
222. Samuelson O et al. Svensk Papperstidn，1969，72：662
223. Gilbert A F et al. Tappi，1973，56：95
224. Defaye J et al. P.P.M.C，1974，75：T394
225. Nunn J R et al. International Oxygen Delignification Conference. Tappi Proceeding，1987：79
226. Forssum G et al. Tappi，1988，71 (11)：79
227. Samuelson O et al. Tappi，1988，71 (6)：175
228. Brännland R et al. Tappi，1990，73 (5)：231
229. Andersson S. I et al. Tappi，1983，66 (7)：87
230. Andersson S I. et al. Svensk Papperstid，1984，87：R59
231. Lindeberg O et al. Tappi，1987，66 (10)：119
232. H Ohi et al. Moruzai Gakkishi，1992，38 (6)：570
233. Lachenal D et al. Oxygen Delignification Symposium. Tappi Press Notes，1984：87
234. Soteland N. International Oxygen Deliguification Conference. Tappi Proceeding，1987：63
235. Schwartzkopff U et al. Papier，1986，40 (10A) V16
236. Süss H U et al. International Oxygen Delignification Conference. Tappi Proceeding，1987：179
237. 山口章，紙パルプ技術タイムス，1988，8：10～15
238. Gierer J. Holzforschung，1990，44 (6)：395～400
239. Singh R P et al. The Bleaching of Pulp. Third Edition. Revised. Tappi Press，1979：160

240. Reeve D W. Kraft Pulping XV. Bleaching Chemistry, 440～444
241. Reeve D W. Kraft Pulping XVⅡ. Brightening Process variables, 461～469
242. Crawford R et al. Tappi, 1987, 70 (11): 123
243. Hrutfiord B F et al. Tappi, 1990, 73 (6): 219
244. Gierer J. 4th－ISWPC. Proceeding, Vol I, 1987: 279～288
245. Gierer J. Holzforschung, 1990, 44 (5): 387～394
246. Ni, Y. et al. J. Wood Chem. and Technol, 1994, 14 (2): 243～262
247. Teder A et al. Tappi, 1978, 61 (12): 59
248. Rapson W H et al. Pulp Paper Mag, Canada, 1977, 78 (6): T137
249. Rapson W H et al. The Bleaching of Pulp. 3rd Edition. Tappi Press, 1979: 128～131
250. 泥谷直大．紙パ技術タイムス. 1990, 10: 41
251. Dence C W et al. Tappi, 1986, 69 (10): 120
252. Kringstand K P et al. Chemistry of Delignification with Oxygen. Ozone and Deroxides. UNI PUBLISHERS Co. LTO. Tokyo, Japan, 1980: 25
253. McDonough T J et al. International Oxygen Delignification Conference. Tappi Proceedings, 1987: 165
254. Basta J et al. 6th－ISWPC. Proceeding, Vol I. Appita, 1991: 237
255. Gierer J. Wood Science and Technology, 1986, 20 (1): 1～30
256. Gierer J. Holzforschung, 1990, 44 (6): 395
257. Gierer J. 4th－ISWPC. Proceeding, Parise, 1987: 285
258. Dence C W et al. Tappi, 1986, 69 (10): 120
259. Joyce P. et al. International Pulp Bleaching Conference preprints. CPPA, Toronto, Canada, 1979: 107
260. Gupta M K. Tappi, 1976, 59 (11): 114
261. Loras V. Tappi, 1976, 59 (11): 99
262. Moldenius S. Svensk Papperstid, 1982, 85 (15): R116
263. Moldenius S et al. J. Wood chem. Technol, 1982, 2 (4): 447
264. Kindron R R. Pulp & Paper, 1980, 54 (11): 127
265. 陈嘉翔．制浆化学．北京：轻工业出版社．1990
266. Lachenal D et al. 1982 International Pulp Bleaching Conference. Tappi Proceedings, 145
267. Allison R W. Appita, 1983, 36 (5): 362
268. Lachenal D et al. 紙パ技協誌．1993, 47 (4): 29
269. Basta J et al. 6th－ISWPC. Proceeding, 1991: 237
270. Liebergott N et al. Tappi, 1992, 75 (2): 117
271. Ferguson K. P P I (中文版). 1993, (10): 4
272. Johnson A P. Appita, 1994, 47 (3): 243
273. Lachenal D et al. 6th－ISWPC. Proceeding, 1991: 107
274. Gierer J. Wood Sci. Technol, 1986, 20 (1): 1
275. Gierer J. Holzforschung, 1990, 44 (5): 390
276. Gierer J et al. Svensk Papperstidn, 1983, 86 (9): R100
277. Lachenal D et al. J. Pulp Puper Sci. 1986, 12 (1): 50
278. Kanushima K et al. 日本木材学会誌．1994, 30: 927
279. Lindholm C A. Cellulose Chem. Technol, 1989, 23 (3): 307

280. Kassebi A et al. Tappi 1982 Pulping Conference. Proceedings Tappi Press，1982：327
281. Hurst M M. Tappi，1993，76（4）：156
282. Kappel J et al. Tappi，1994，77（6）：109
283. Dillner B et al. International Bleaching Conference. Proceeding，1991：59
284. Patt R et al. Holzforschung，1991，45（Suppl.）：87
285. Macdonald R G. Pulp and Paper Manufacture. Volumel，second edition，1969
286. Casey J P. Pulp and Paper Chemistry and Chemical Tecknology. Volume I. Third edition. 1982
287. Muller F. Die Papierfabrikation und ihre Maschineu. I Band，1940
288. Hough Gerold W. Chemical Recovery in Alkaline Pulping Process. Tappi Press，1986
289. 轻工业部造纸研究所．黑液碱回收及综合利用．1970
290. Tappi Press. Chemical Recovery Operation Siminar. 1989
291. Matthew J. Colemen. Recycling Paper From Fiber to Finished Product Tappi Press，1990
292. 沈序龙等．废纸再生工程．北京：轻工业出版社，1990
293. 安建华．废纸制浆与造纸．北京：轻工业出版社，1990
294. Production of Multiple Grades of Paper and Board From Waste Paper. Black Clawson Technical Symposium，1977
295. Secondary Fiber. Recycling Paper－Tocal System Supply，and Prassurized Deinking Module－Commercial Application. Beloit Technology Update，1989～1991

280. [illegible] Pulping Conference [illegible] Tappi Press [illegible]
281. [illegible] Tappi, 1993, 76 [illegible]
282. [illegible]
283. [illegible] Bleaching Conference Proceedings [illegible]
284. [illegible]
285. Macdonald R.G. Pulp and Paper Manufacture [illegible] Second edition [illegible]
286. Casey J.P. Pulp and Paper Chemistry and Chemical Technology, Volume [illegible] Third edition [illegible]
287. [illegible] The [illegible] Paper Machine [illegible]
288. [illegible] Chemical Recovery in Alkaline Pulping Process, Tappi Press [illegible]
289. [illegible]
290. [illegible] Chemical [illegible]
291. [illegible] Products [illegible] Press [illegible]
292. [illegible]
293. [illegible]
294. [illegible] Paper [illegible] Waste Paper [illegible]
[illegible]
295. [illegible] and Pressurized [illegible]
[illegible]

第5篇

造　纸

第16章 纸和纸板

洪传贞　陈焙章

1　纸和纸板生产的现状与发展趋势

纸和纸板对于经济增长和发展以及信息交流、包装、印刷都是至关重要的，造纸工业将继续是一个不断增长的工业，预测今后世界纸和纸板总产量仍会以2.0%～3.0%的速度持续增长。

近年我国造纸工业生产的发展速度超过了世界的平均发展速度，在世界造纸工业行列中所处的名次不断前移，为国民经济的发展和人民生活消费作出了应有的贡献。在技术进步、新品种开发、新原料使用、产品质量提高方面都取得了显著成效。

目前我国大体上已能研制生产国内所需要的各类品种，每年均有一定的新产品提供市场。在产品质量方面，由于近年的研究开发及引进国外先进技术与装备，进行全面质量管理，许多重点企业的技术改造取得了显著效果，主要产品质量均有一定提高，其中提高较突出的有无碳复写纸、高灰分印刷纸、低定量胶印新闻纸、伸性纸袋纸、涂料印刷纸、电气工业用纸等。

我国今后造纸工业的发展目标是：纸及纸板总产量仍以较高的速度增长；单位产品综合能耗降低；主要产品质量达到国际同类产品水平。并制定下列主要措施：

(1) 纤维资源：做到以木为主、草木结合，因地制宜，加强原料基地建设进行集约化经营。合理开发利用木材资源，逐步实现木材供应基地化。积极发展造纸速生丰产林，充分利用森林采伐及加工剩余物，利用国外木材资源，在国内或国外建设木浆厂。

积极开发利用中长纤维原料资源，如竹、棉秆、红麻和龙须草等。巩固和发展芦苇原料基地。

加强对废纸的回收与合理使用，提高其利用价值。回收二次纤维是我国造纸工业的基本政策。其回收率应增长至40%，甚至可能达50%。

(2) 技术路线：改进提高废纸回收利用技术，重点解决废纸分类、分级利用与废纸脱墨、废水处理以及废纸浆合理配抄纸和纸板的技术。在科学研究的基础上，以各种原料生产出高强度的纸和纸板。

打浆应向盘磨发展，逐步采用中浓磨浆工艺。抄纸设备以发展高速、中速长网纸机为主，国产长网造纸机的发展方向，幅宽以1.7～5m，车速以200～800m/min为宜。对现有造纸机的技术改造应采用新型流浆箱、增加成型器密闭气罩等新技术。在用好现有化学助剂的基础

注：本章第6节由陈焙章编著，其余各节由洪传贞编著。

上，积极开发纸张增强剂，以弥补非木材纤维的强度不足和纸板（箱）的需要。研究开发和推广中性施胶技术。积极推广微电子技术，重点是造纸机纸张定量水分控制和微机管理系统等。

(3) 调整产品结构：适当提高印刷用纸的比重，提高新闻纸产品结构比率；书刊印刷纸产品结构比重逐步增加。新闻纸和印刷纸向胶印方向发展；高级包装装潢用纸向复合加工纸发展。纸板产品比重仍保持目前的水平。重点调整纸板的产品结构，提高质量，增加强韧包装纸板和涂料白板纸的比重。在保证产品质量的前提下，新闻纸、涂料印刷纸和各类纸板均朝着低定量的方向发展。

(4) 大力治理环境污染：积极开发和采用节约原材料的新工艺、新技术和设备，减少污染物发生量和排出量。对污染治理要统一规划，综合防治，以治理废液污染为中心，开发研究完善废液回收和综合利用技术。

(5) 降低能耗：造纸企业应尽量推广汽电联产，采用低耗高效的工艺设备。结合技术改造，对造纸机和纸板机的改造重点是提高网部和压榨部的脱水能力，提高纸幅进烘缸前的干度，节约能源。要充分回收和合理利用废气，提高能源自给率。

2 纸和纸板的品种规格、性能指标

2.1 纸和纸板的品种规格

用植物纤维原料制浆所得产品为“第一代纸”，可分为纸和纸板两大类。纸和纸板一般按定量区别，按照国际标准化组织（简称 ISO）的建议，我国区分纸与纸板标准的定量确定为 225g/m²，但其界限并不严格，还要以纸页的特性和用途灵活掌握。如某些定量大于 225g/m² 的吸墨纸和绘图纸等可属于纸张类；而定量小于 225g/m² 的白纸板被列入纸板类。

除根据定量分为纸和纸板外，还可按照抄造方法分为机制纸和手工纸两大类。在机制纸的抄制中，通常以水作为纸浆的悬浮介质，使纤维获得充分分散，称为湿法造纸（传统方法）。如以空气作为纸浆的悬浮介质，则称为干法造纸。近年来，在机制纸领域中，又出现了泡沫成型法，利用空气在纸浆中形成泡沫，以泡沫取代水作为悬浮介质，改进成纸匀度，目前尚处于研究开发阶段。

随着经济和科技的发展，纸的用途已深入到工农业、军工和科研等领域，并且已生产出具有各种特殊性能和用途的纸。尤其是使用了各种非植物纤维，如合成纤维（聚乙烯、聚丙烯等）、无机纤维（玻璃丝、云母等）和金属纤维等。用化工合成树脂为基材制成的纸，则称为“第二代纸”，又叫做合成纸。以合成纤维（如维纶纤维）或合成浆为原料，可单独抄制或与植物纤维混合抄造一般纸张，称为合成纤维纸。由合成树脂挤压成薄膜，经纸型处理，只可视作类似纸状化的薄膜（合成薄膜纸）。但从实际使用价值上看，不应把它排斥到“纸的范畴”之外。同理，利用棉短绒或其他合成纤维交织而成的无纺布，也可以被认为是一种“纸”。

近年来，在国外又有了“功能纸”。它是采用某些特殊原料，抄出具有某些特殊性能（光、电、磁性、生物活性、生理机能等）的新纸种，人们把它称为“第三代纸”。现有各类纸共约12 000种。

(1) 纸和纸板的分类：在目前纸和纸板的分类方法尚无统一标准的情况下，按用途可把纸和纸板分为6个大类，即：①印刷用纸及纸板类；②书写、制图及复制用纸及纸板类；③包装用纸及纸板类；④生活、卫生及装饰用纸及纸板类；⑤技术用纸及纸板类；⑥加工纸原纸类。

(2) 纸和纸板的规格：纸和纸板的规格和尺寸的规定，既是造纸机幅门的设计依据，又是裁切复卷设备的设计依据。根据用途、纸和纸板的供货形式是平板纸或卷筒纸。平板纸用于单张纸印刷机（又称平版印刷纸）；卷筒纸用于轮转印刷机。

新闻纸、有光纸、印刷纸、书皮纸、书写纸、打字纸、绘图纸、描图纸、晒图纸的规格是：①平板类的尺寸分别为（宽度×长度）787mm×1 092mm、787mm×960mm、690mm×960mm、850mm×1 168mm、880mm×1 092mm、880mm×1 230mm（这是国际通用的单张纸的尺寸）；②卷筒纸类的尺寸宽度有1 575mm、1 092mm、880mm、787mm，长度一般是6 000m；绘图纸只有20m；卷烟纸为4 000m，卷筒纸的宽度误差不超过±3mm，卷筒纸的直径为750～850mm，中间纸芯的直径是75～85mm。

目前，市场上国产机制纸以787mm×1 092mm的尺寸最为普遍，俗称标准纸。

2.2 纸和纸板的结构

纸和纸板是纤维悬浮液在网上交织而成的，具有三维结构。在抄造过程中，其在三个方向的性质有明显的差异。纸页在成型过程中，纤维交织成网状的程度，取决于纤维的形状、尺寸和柔软性。理想的纸张形成过程是纤维按照著名的Poisson提出的分布沉积过程。纤维在沉积过程中有两种典型的接触情况：①仅有两根纤维简单地相互接触，称为简单接触；②若相叠地接触的纤维多于两根则称为重叠接触。纤维在纸中固着的机理总的来说是氢键结合。为了使纸和纸板获得强度，必须提高纤维间的结合力，该结合力是通过用机械方法处理水中的纸浆纤维增加纤维的柔软性，为纸页干燥时提供了氢键结合的条件。

2.2.1 纸和纸板的结构特点

大多数纸种的结构基础是植物纤维，由于纤维原料的种类和抄造方法不同，它们的组成也不相同。因此纸和纸板的成分相当复杂，包含有长短不一和不同来源的纤维、胶料、填料和染料。其结构特点包含如下内容：

(1) 纤维排列，构成纸张组成的纤维、胶料和填料在互相垂直的三个方向（x、y、z）的分布是各向异性的[1]。表现在纤维的定向、纤维分布不同以及胶料、填料和含有的空气分布不同。测定纤维定向排列的一个较新的方法是利用X射线衍射法和微波法。

(2) 纸和纸板的结构具有多孔性的毛细管特性，影响纸的吸收性能、透气度和抗水度。

(3) 纸的结构要素间要有结合力，它决定了纸和纸板的性能。纸板具有多层结构，每层都有它的特定功能，分别提供强度和挺度。纸板的结构要素间不但要有纤维结合力，还要有层间结合力。

(4) 大多数的纸和纸板都具有两面性，即纸幅两面的性质不同。

2.2.2 纸的正面和反面

在普通纸机上抄造的纸或纸板有正、反面之差异，靠近网的一面为“反面”或“粗糙面”，相反的那一面为“正面”或“平滑面”。这是由于长网或圆网纸机都是单面脱水，产品不可避免地形成了两面性，纸张的正面比较紧密，反面比较疏松多孔，鉴别纸张或纸板的正反面按国家标准GB452.2—89进行。

纸张在使用时应考虑正、反面，如果仅在纸张的一面印刷，最好是印在正面，以便获得最好的效果。在粘合（层压）高级纸（如卡片纸）时，习惯是反面对反面，使平滑的正面在外面。邮票是印在反面，然后在正面涂胶料，这样有助于胶料均匀分布。

2.2.3　纸的纵向和横向

不论是长网或圆网纸机抄造的纸或纸板，纸页的纤维组织总是顺着纸机运行方向有较大的定向，并在这个方向上受到较大的牵引力，因此该方向强度较大，即纸的纵向；垂直于纸机运行的方向为横向。

纸张的纵横向强度是不同的，长网机抄的纸页，其纵向拉力比横向拉力大50%～100%，甚至更多。因为在长网纸机上，纸机网部的振动量、浆速和网速的关系对纸页纵横向强度都有很大的影响，特别是湿纸在从伏辊到干燥部中间受到多次拉伸，湿纸中的纤维交织趋向纵向排列。

识别纸或纸板的纵向、横向按国家标准GB452.1—89进行。

2.2.4　纸的两面性

纸张两面的外观差叫两面性。在一般情况下，纸张正面填充的胶料、颜料和细小纤维比反面多而分布均匀。最重要的是纸页两面纤维定向的差异。

关于纸张两面差异性的表现[2]，易被人们察觉的有以下几方面：

(1) 纸张两面的色泽差：单色纸张的两面色泽差，表现为正面色泽深，反面色浅。

(2) 纸张两面平滑度差：表现为正面平滑度高于反面。不同品种的纸对平滑度有不同的要求，书写纸、双面铜版纸等，除对平滑度高低有一定要求外，还对两面平滑度的差值作了规定。

(3) 纸张两面的施胶度差：表现为纸张正面施胶度高于反面。也可以说是纸张的两面吸水性差，表现为纸张正面吸水速度慢于纸的反面。

(4) 纸张两面的吸收性能差：表现为纸张正面的吸收性能小于反面。通常双面铜版纸、胶版纸、凹版印刷纸等品种，要求两面吸收油墨一致，为了改善纸张表面性能，可以通过涂布、添加各种胶料、涂料来解决。

(5) 纸张两面的表面强度差：一般表现为纸张正面的Z向结合强度低于纸的反面。

对纸张两面性提出要求的不限于书写、文化印刷用纸，在科学技术飞跃发展的今天，仪表用纸、计算机电脑用纸等都对纸张两面性提出较高的要求。

两面差异性是由于纸张两面纤维组织结构的差别而引起。产生纸张两面差的主要原因是纸页成型，其次是压榨[3,4]、干燥和压光等条件。

2.2.5　纸张的匀度

纸张的匀度包括纤维的分散程度、纤维的定向程度及其方式，以及固体组分的靠紧程度。于是纸张的匀度在宏观上可分为纵横两向的定量差；在微观上，分为微观匀度和Z向结构。微观匀度是指纸页内部纤维的分散均匀性和絮团的大小，而Z向结构是指纸张的剖面中两侧的细小纤维和填料的分布。匀度是纸张的质量基础，是考核纸张外观质量的主要指标之一，也是评价浆料流送系统以及纸机网部的关键和基础，是评定成型质量的首要因素。

匀度是纸张背面在强光照射下由肉眼从正面透射纸张所呈现的纤维组织分布均匀与否的标志。匀度不好，不仅影响纸张的外观，也影响其他物理和强度指标，使印刷效果变差，使用价值降低。

众所周知，抄纸过程是一个加水与脱水的过程，加水的目的是促进纤维的分散以及便于输送，而脱水则是成型与纸页质量的需要，在整个抄纸过程中，水只不过起了一种媒介作用。

但水并不是纤维的优良分散剂，在水中，纤维之间的碰撞引起絮聚，为纸页均匀地成型造成了障碍。要获得良好纸页成型对于长网机来说有两个重要的要求:①混合均匀的纤维-填料-水的悬浮液均匀上网；②采取有力措施防止纤维在定型之前的絮聚，在保证质量和生产条件的前提下，降低浆料上网浓度、在堰池内获得浆速与网速相适应的静压头。

纸张匀度的评价一般是由人工视觉的方法来进行，在很大程度上取决于观察者的技术和经验。目前已发展了测定纸页各点均匀度的方法，归纳起来有光透射法、β射线透射法和β射线照相法等三种类型。

2.3 纸的功能性质

纸的基本组成是纤维素纤维，纤维的性质决定纸的许多性质，又称为功能性质[5]（见表16-1）。

表 16-1 纸的功能性质

性 能	纤维素纤维	纸
吸水性	容易吸水	有吸水性能
颜 色	白色	白色
吸湿性	随水分含量的变化而膨胀和收缩	随相对湿度的变化膨胀和收缩
氢 键	有形成氢键的能力	纤维与纤维之间形成氢键
强 度	有高的强度	抄出高强度的纸
挠 性	有挠性	有挠性
燃烧性	可以燃烧	也能燃烧

2.4 纸和纸板的物理性能

纸和纸板的种类很多，用途很广，不同种类的纸和纸板由于用途的不同，有不同的性能和特点。纸和纸板的性能可以分为物理性能、力学性能、光学性能和印刷性能等。不同的性能指标又是互相联系甚至是互相矛盾。

2.4.1 定 量

定量是指纸及纸板单位面积的质量，以“g/m^2”表示。如果没有特别说明，纸张中应包含水分的重量。

定量测定方法按国家标准GB451.2—89和在线测量（β射线法）。

定量是纸张最基本的特性之一，它直接关系到纸张的物理性能和使用效果。由于大多数纸张和部分纸板是使用它的面积，因而在保证它们使用性能和要求的前提下尽可能把纸张的定量做得低一些，以提高单位重量的使用面积。目前国外纸和纸板正在向低定量方面发展，新闻纸已趋向于$40g/m^2$，航空板为$30g/m^2$，箱板纸正在向$150\sim170g/m^2$发展。在降低定量时，必须注意减少定量会相应的降低纸的厚度，并对强度和不透明度等指标有所影响。

纸张定量与其他性能之间的关系如下[6]：

$$H=0.003+0.0017q \quad (16\text{-}1)$$

$$Ts\ (\mathrm{MD})=0.0713q^{1.1} \quad (16\text{-}2)$$

$$Ts\ (\mathrm{CD})=0.0265q^{1.19} \quad (16\text{-}3)$$

$$E\ (\mathrm{MD})=0.456L^{0.021q} \quad (16\text{-}4)$$

$$E\ (\mathrm{CD})=3.72L^{0.007q} \quad (16\text{-}5)$$

$$B=0.421L^{0.025q} \quad (16\text{-}6)$$

$$T\ (\text{MD})\ =0.451q^{1.27} \quad (16\text{-}7)$$

$$T\ (\text{CD})\ =0.324q^{1.36} \quad (16\text{-}8)$$

$$D\ (\text{MD})\ =0.229L^{0.0313q} \quad (16\text{-}9)$$

$$D\ (\text{CD})\ =0.526L^{0.0253q} \quad (16\text{-}10)$$

式中：q——定量（g/m^2）；

H——厚度（mm）；

MD——纵向；

CD——横向；

Ts——抗张强度（N/m）；

E——伸长率（%）；

B——耐破度（kPa）；

T——撕裂度（mN）；

D——冲击强度（w・s/m）；

L——裂断长（km）。

影响纸张定量的因素很多，如流浆箱的纸浆流量及唇口开启的高度，纸浆的浓度，铜网和毛布的张力，压榨的压力，白水循环的稳定性以及浆料的流失，真空吸水装置的稳定性，车速，填料的留着率，干燥状况即成纸水分含量的大小等。其中关键性的因素是浆料的流量、浓度和车速，其他因素只要细心管理或用简单的控制办法使之平衡稳定。影响纸张定量的关键因素与定量之间有如下关系：

$$q=f\ (FrV)\ =\frac{Fr}{LV} \quad (16\text{-}11)$$

式中：q——纸张的定量（不含水分的纤维等固形物绝干量）（g/m^2）；

F——上网纸浆流量（L/min）；

r——上网纸浆浓度（g/L）；

V——网部车速（m/min）；

L——纸页幅宽（m）。

2.4.2 厚　度

厚度是指在一定的单位面积压力下，纸和纸板两个表面间的垂直距离，可用于计算紧度和杨氏模数，是纸和纸板使用时最基本的因素。厚度的测定方法按国家标准 GB451.3—89 进行，纸板以单层测定，为了减少读数误差薄纸以多层进行（复合纸和电容器纸仍以单层测定）。

科学研究通常需要精确的厚度值，因此已开发了一些测量厚度的新工艺。Brown 试制了利用水银作为电解质的电容法，Taylor 探索了水银比重计法，Wasser 提出水银浮力法，Setterholm提出了“有效厚度”概念，最近 Wink 和 Baum 提出橡胶平面法，此方法采用软橡胶，更符合纸张的不规则表面，并且校正和操作都较简单。不同的测定方法对厚度的影响见表 16-2。

2.4.3 紧　度

紧度是指每立方厘米的纸张或纸板的重量，以“g/cm^3”表示。按照国家标准 GB451.2—89 和 GB451.3—89 分别测定纸张的定量和紧度，按 10 层测层积厚度除以 10，计算式如下：

表 16-2 用不同方法测得纸张的厚度

纸 名	定 量 (g/m²)	标准方法 (μm)	橡胶平面法 (μm)	水银浮力法 (μm)	水银（比重）法 (μm)
新闻纸	49	91	75	76	75
书写纸	66	102	87	84	79
滤 纸	85	169	141	140	130
擦手纸	46	139	72	96	88
涂布纸	94	84	74	74	77
吸墨水纸	247	412	391	372	382
电话号码簿纸板	235	306	286	269	275

$$D=\frac{q}{d\times 1\ 000} \tag{16-12}$$

式中：D——紧度（g/cm³）；

q——纸张或纸板的定量（g/m²）；

d——纸张或纸板的厚度（mm）。

紧度与纸张厚度、定量之间的关系可用Z向紧度分布曲线[7]（如图16-1）。图16-1中的纵轴表示紧度，水平轴表示厚度，曲线下面的面积是定量。图16-2(a)中的A_2-A_3为厚度，紧度为$O-d_A$，则$A_1A_2A_3A_4$长方形的面积相当于定量，厚度与紧度之间的关系随着厚度测定方法不同而有所改变，如图16-2(b)。

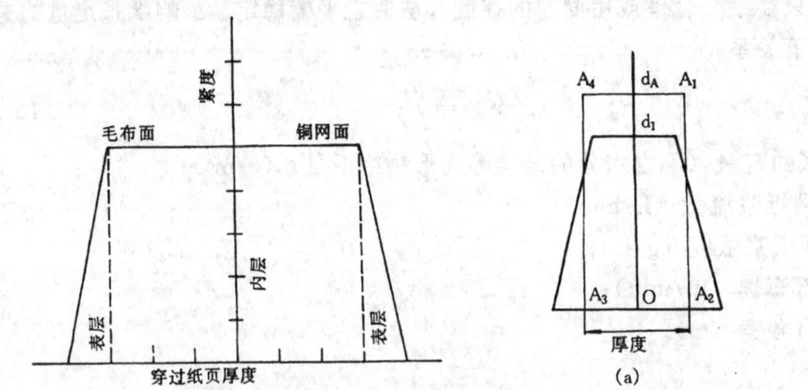

图 16-1 Z向紧度分布曲线图解　　图 16-2 厚度与紧度之间的关系

紧度也可用以下3种方法表示：

(1) 比容：是重1g的纸的体积的大小，也称为松厚度。松厚度是紧度的倒数。

(2) 实体部分：是总体积的一部分，即被固体材料填充的部分，是用紧度除以纤维的密度1.5计算而得。

(3) 空气容积：是总体积的一部分，即被空气占有的部分，是以1减去实体部分而得。

紧度是纸和纸板最重要的基本性能，它与纸张的多孔性、挺度和强度有密切的关系，并且影响到各种光学性能和除定量以外的所有物理性能，所以把它作为比较各种纸张强度和其他性能的基础。增加纸张的紧度能增加纸张的强度性能，因为在一定范围内紧度越大，组成纸张纤维之间的结合力愈强。但到一定程度之后，纸张的强度随紧度的增加而降低。紧度的增加使纸张的多孔性和透气性降低，也使纸张的弹性、不透明度和吸油墨性降低，但刚性增加。

各种不同用途的纸和纸板应该根据使用要求来确定合理的紧度，几种主要纸张和纸板的紧度见表 16-3。

影响纸和纸板紧度的因素很多，可归纳为 4 个方面：结合键的数量；打浆程度；添加物的影响和纸机的抄造情况。

表 16-3　常用纸张和纸板的紧度

纸　　名	紧　　度 (g/cm³)	备　　注
凸版印刷纸	0.6～0.65	超级压光的一号纸要求 0.8
胶版印刷纸	0.7	超级压光的纸张要求 0.8
打字纸	0.55～0.65	特号纸 0.65，二号纸 0.55
制图纸	0.7～0.9	
电容容器纸	1.0～1.2	
滤纸	0.2	
标准纸板	0.7	
箱纸板	0.60～0.95	
草纸板	0.60～0.75	
绝缘纸板	1.10～1.25	

2.4.4　多孔性和透气度

纸和纸板都是由许多纤维交织而成，其间必有空隙，故是一种多孔疏松的物质，这可由纤维的相对密度为 1.5，而一般纸张的相对密度只有 0.5～0.8 而得到证明。纸张孔隙体积可用下式计算：

$$\text{孔隙体积}=1-\frac{\text{纸张的相对密度}}{\text{纤维的相对密度}} \qquad (16\text{-}13)$$

由于纸张的相对密度无法用水置换法测得，因此一般用纸张的紧度代替。

纸和纸板的透气度为单位面积上，单位压差下，单位时间内通过试样的平均气流量。透气度的表达式为：

$$P=\frac{V}{\Delta PAt} \qquad (16\text{-}14)$$

式中：P——透气度〔μm/（Pa·s)〕，测定方法按国家标准 GB458—89 进行；

V——通过试样测试面上的空气体积（ml）；

A——试样测试面的面积（m^2）；

t——测试时间（s）；

ΔP——试样两边空气的压力差（Pa）。

纸的透气度是许多技术用纸的物理性能之一，它可用以评价纸张的油墨吸收性、抗油性、防潮性和过滤性能，也可用以鉴别纸页中孔隙的多少，并与纸的强度之间有间接的关系。不同用途的纸张对于透气度的要求见表 16-4。

影响透气度的因素除纸张本身性质（如紧度）的因素外，也有测试方法、仪器和环境等因素。

2.4.5　形稳性（尺寸稳定性）

形稳性是当纸张的水分发生变化时纸张尺寸的变化情况。当纸张水分变化时，能够使单根纤维发生润胀或收缩，形状发生变化，并传递到整个纸张上去，引起纸张的形状变化，故又称为湿稳性或水稳性[8,9]，纸的特性之一是具有亲水性，因而所有的纸张基本上都具有在水分含量增加时伸长，水分含量降低时收缩的现象，因此形稳性是纸张使用时的一项重要问题。

表 16-4 纸张的透气度

纸张种类	定量 (g/m²)	透气度 (cm³/min)	纸张种类	定量 (g/m²)	透气度 (cm³/min)
茶叶袋纸	18	22 000	拷贝纸	80	210
滤油纸	139	18 500	书写纸	88	175
吸墨纸	130	4 600	复写纸	93	95
浸油加工纸	205	1 060	半透明纸	36	1.2
卷烟纸	25	930	美术印刷纸	115	1.0
新闻纸	53	290	描图纸	111	0.3

当纸页水分发生变化时，引起纸张形状发生变化（也即引起纸张伸缩）的原因有两个：①纤维相互间的拧紧或散开；②单根纤维的收缩和润胀。一般都同时包括以上两个原因，但是，纤维相互间的移动与单根纤维的润胀收缩相比，是一个更重要的原因。这是由于一般的纸张均具有较高的孔隙率，这些孔隙率能够抵消一部分单根纤维形状的变化对纸页形状变化的影响。

尺寸稳定性的测试方法按国家标准 GB459—89 进行。

印刷纸（胶版印刷纸、画报印刷纸等）和其他特殊用途的纸张（地图纸、计算机卡纸、邮票纸等）要求有一定的尺寸稳定性，使纸张在印刷过程中不致产生很大变化，导致套印不准确、印出来的画面模糊、轮廓不清晰等质量问题。

影响纸张尺寸稳定性的因素主要有纤维种类、化学组成、打浆方式与程度、加填量、纸板结构与抄造情况等。尤其与纸张的干燥有一定关系。在干燥过程中，纸张的自然收缩受到阻碍，在纸上形成了内部变形，因此在生产中应加注意。

2.4.6 卷 曲

纸张的卷曲是常见的一种纸病，严重地影响到印刷和加工。在讨论尺寸稳定性时，基本上只考虑纸张纵向和横向的影响，只涉及尺寸和面积上的变化。而在研究卷曲时，应该着重考虑厚度方向尺寸稳定性的差别。卷曲主要是由于纸张的正面和网面各向异性的程度不同造成的，纸张两面发生不同程度的收缩和膨胀，必然导致卷曲。

影响纸张卷曲的因素是：纸料的打浆度、纤维长度、纤维排列和干燥部最后段不同的蒸汽压。纤维排列的不同是造成纸张卷曲的主要原因，纸页两面纤维定向排列的差别愈大，卷曲愈严重。不论是纵向纸条或横向纸条，也不论是向正面卷曲或向反面卷曲，它们的卷曲现象有两个共同点：①含水分大的一面向含水分小的一面卷曲；②卷曲是围绕一个“轴心”进行的，这个“轴心”就是造纸机的运转方向（MD），也就是纸页中纵向纤维的排列方向。

多层纸板存在着特殊的卷曲问题。一般纸板的卷曲发生在面层，因为面层采用净化较好的优质纸浆，这种浆料比底层的回收纤维有较大的伸延性和收缩性。面层有较大的收缩性，这是纸板卷曲的原因之一。纸板表面卷曲的收缩率可采用下式计算：

$$S=\frac{100t}{r} \tag{16-15}$$

式中：S——面层的收缩率（%）；

t——纸板的厚度（mm）；

r——卷曲的半径（μm）。

2.4.7　平滑度

平滑度表示纸的表面和外观的机械完善的程度，是对纸张的书写印刷和外观等方面的一项重要的性能指标。它直接影响印刷质量和书写流利。因此对印刷用纸和书写用纸都要求有一定的平滑度。

国际上对纸张平滑度的测试方法很多，有空气泄漏法、电容法、印刷试验法和光学法等。目前国内大部分工业研究和生产上均采用国家标准GB456—89（别克式测定仪）来测定纸张的平滑度。

纸和纸板的平滑度取决于纸浆的品种、打浆特性、填料粒子大小、成型和压光等。

2.5　纸和纸板的力学性能

纸和纸板通常是在受各种各样应力的条件下使用，因而力学性能[10]是保证其使用性能的一个非常重要的性质。纸和纸板的力学性能是个复杂的问题，它包含很多十分含糊而又非常复杂的性能参数。

根据作用在纸上的应力形式，纸和纸板的力学性能可分为静态强度和动态强度两类。静态强度的特点是在缓慢的条件下测得，如抗张强度、耐破度、耐折度和撕裂度。动态强度的特点是反映纸张受力后瞬时扩散而后破裂的动态状况。

2.5.1　抗张强度和伸长率

抗张强度是指纸和纸板在一定条件下所能承受的最大重量下的张力。测定方法按国家标准GB453—89进行。抗张强度对于新闻纸和其他在轮转印刷机上印刷的纸张是非常重要的，因为高的抗张强度可以防止纸幅断裂。并且对于纸袋纸、包装纸和沥青浸渍纸也是一个重要性能。

有些纸张的定量相同，但它们的抗张力并不相同，说明纸页内部纤维的结合强度也不同。为了比较各种纸和纸板内部的纤维结合强度，通常用裂断长或抗张指数表示。

纸和纸板的裂断长是指纸条断裂时的重量相当于抗张强度的纸条本身的长度，其计算方法如下：

$$\text{裂断长}=\frac{P\times 10^6}{q\times \mathrm{B}} \tag{16-16}$$

式中：P——张力（kg）；

q——纸条定量（g/m^2）；

B——纸条宽度（mm）。

$$\text{抗张指数}=\frac{\text{抗张强度}}{\text{克重}}\ (\mathrm{N\cdot m/g}) \tag{16-17}$$

影响纸和纸板抗张强度的因素有原料种类、纸浆的化学成分、打浆的程度、施胶、加填和纸机的抄造情况等。

伸长率是指纸和纸板受到张力至断裂时的伸长，以对原试样长度的百分率表示。

对于纸袋纸来说，纸袋的破损多是在受到瞬时冲击时发生的，因此，对于纸袋纸，考核其动态强度更能符合实际需要。现采用拉伸积来考核纸袋纸的强度指标，它是伸长率和抗张指数的综合反映。

由于纸袋纸质量受许多因素影响，目前提高纸袋纸的动态强度可通过提高其抗张力和伸长率来实现。但提高纸的抗张力是有限的，且受到降低纸的撕力的制约，然而在许多情况下具有高伸长率、低抗张力的纸袋比具有高抗张力低伸长率的纸袋破损少，耐摔性能好，这是因为纸的伸长率越高，能较多地吸收纸受到冲击时的应力，制成的纸袋具有较好的耐摔性能及韧性。

湿抗张强度：纸的强度易受湿度的影响，被水浸透饱和的纸一般都会损失95%或更高的抗张强度，余下的强度通常称为湿强度（即永久湿抗张强度）。测定方法按国家标准GB 465.2—89进行。其结果对测试湿润后受力的各种薄页纸产品特别重要（包括餐巾纸、湿食品包装纸、纸袋纸、地图纸、照相纸、浸渍加工纸等），对育苗纸、建筑用纸来讲也很重要。

Z向抗张强度：垂直于纸页表面引起纸页对分层或裂开的阻力，被称为Z向强度。Z向强度无论对纸和纸板来说都是一项重要的指标。对于一些印刷纸来说，Z向强度不足可导致印刷和转移操作中分层，而纸板则必须保证在足够的挺度下以尽可能低的紧度来获得较高的Z向强度。另外，Z向强度也是纸板层间结合性质的直接度量。控制Z向强度对纸板的生产无疑是非常重要的。

Z向强度的测试按Tappinm—584方法进行。

零距抗张强度：零距抗张强度不是一个基本检查指标，它是间接表示纸中单根纤维本身的抗张强度。当用摆锤式拉力机上的零距夹头来测定抗张强度时，测定的结果即为零距抗张强度。造纸工作者通过不断研究，发现纸张零距抗张强度与纤维抗张强度之间有如下关系：

$$T_{P0}=0.375t_f \tag{16-18}$$

式中：T_{P0}——纸张的零距抗张强度；

t_f——纤维的抗张强度。

2.5.2 破裂功

根据力的原理，功等于力乘距离，以纸而言，抗张力是力，伸长率是距离。以“抗张力（横坐标）-伸长（纵坐标）曲线所围成的面积称为破裂功（E）。其含义是当拉断纸条时消耗于纸条（被夹距内纸条所吸收）的那一部分能量（而非拉断纸条全部能量）。

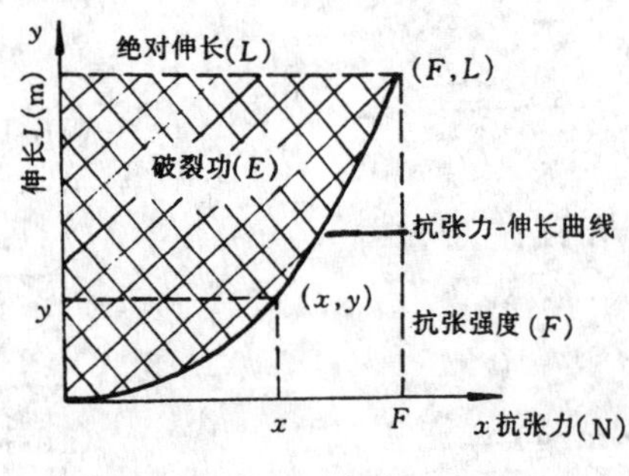

图16-3 抗张力-伸长曲线

（1）拉伸积与破裂功：为了求得破裂功（E），必须用附有抗张力-伸长曲线自动记录仪的抗张强度仪，并对所绘制的曲线统计其面积，得到相应的破裂功。测试工作者探索利用普通的拉力机所测定的拉力（绝对抗张力N）和伸长L（绝对伸长值m）的乘积$F\times L$（N·m），称为拉伸积。拉伸积$F\times L$（N·m）相当于图16-3中的长方形面积，而破裂功（阴影部分面积）只占其中的一部分，因而破裂功<拉伸积；同时，由于图16-3中的曲线是向上凹的，因而又大于长方形面积一半，即破裂功>1/2拉伸积。也就是说，从拉伸积乘以0.5～1的某系数K方可求得破裂功（$E\approx KFL$）。

（2）抗张能量吸收值（TEA）：抗张能量吸收值则指夹距间纸条化成单位面积所吸收的破裂功。即：

$$\text{TEA（J/m}^2\text{）}=\frac{E}{L\times b}\approx\frac{K\times F\times L}{L\times b}=K\times\frac{F}{b}\times\frac{I}{L} \tag{16-19}$$

$$TEA \approx K \times（抗张强度 \times 1\,000）\times（伸长率/100） \tag{16-20}$$

式中：$E \approx KFL$——破裂功；

K——换算系数，纵向 0.62，横向 0.72；

F——绝对抗张力（N）；

I——绝对伸长度（m）；

L——纸条有效长度，即夹距（m）；

b——纸条宽度（m）。

纸袋纸一般用在水泥、化肥等包装行业中。在运输搬运过程中往往承受一定的冲击力和动态负荷。根据纸袋纸实际使用受力的特点，抗张能量吸收值表示受张、胀、鼓、撞击等的缓冲性和抗破裂性，而且抗张能量吸收值中的破裂功正好反映纸袋纸的抗张强度与伸长率变化的关系。因此，比原耐破度、破裂强度等指标更能体现耐破损等的强度性能。所以，引入一个新的质量指标——抗张能量吸收值，来评价纸袋纸的产品质量。

2.5.3　耐破度

耐破度是指纸或纸板在一定条件下所承受的垂直于试样表面均匀分布的最大压力。其结果以“kPa”表示。耐破度的测定按国家标准 GB454－89 和 GB1539－89 的方法进行。测定结果的表示方法有以下三种：①绝对耐破度：由耐破仪上直接读到的读数。单位为“kPa”；②相对耐破度：把绝对耐破度换算为定量是 100g/m^2 时的耐破度；③耐破指数：用耐破度除以定量，单位为“kPa·m^2/g”。

耐破度实际上是抗张力和抗撕裂强度的复合函数，它直接与包装纸、纸袋纸和制盒纸板的用途有关。因为用于包装的纸板，在制成包装箱并装满物品时，在运输和存放过程中常常会受到外力的摔、挤压和硬物顶撞以及内部被包装物的冲击。

2.5.4　耐折度

耐折度是测定纸或纸板在一定张力条件下，将其折叠一定角度至断裂时的折叠次数。其测定方法按国家标准 GB457－89 和 GB1538－79 进行，测定结果以双折次数表示。而在 ISO 5626 中规定采用以 10 为底耐折次数的对数表示。纸和纸板的耐折度一般是纵向高于横向，这是由于纤维的排列及纵向纤维结合力大的缘故。

耐折度是一个经验性的检验方法，它之所以被普遍采用，是由于多种纸和纸板在使用过程中需要承受相当多的加工和折叠，而耐折度是用来评价所用纸和纸板抗重复弯曲、折叠、皱褶的适应性的最好方法，对检验书皮纸、索引纸、钞票纸、证券纸、账簿纸和箱纸板等的质量显得特别重要。

2.5.5　撕裂度

撕裂度是指已被切口（20mm）的纸或纸板继续撕裂一定距离所需的力，以 mN 表示。其测定方法按国家标准 GB455.1－89 和 GB455.2－89 进行。撕裂度的表示方法有 3 种：

（1）绝对撕裂度：

$$R_a = R\frac{16}{a} \tag{16-21}$$

式中：R——试验时指针指示的标尺读数（g）；

a——被测试样的张数；

16——标准纸层数。

(2) 相对撕裂度：把绝对撕裂度换算为定量是100g/m² 时的撕裂度。

$$相对撕裂度=\frac{100R_a}{定量} \tag{16-22}$$

(3) 撕裂因子 (mN·m²/g)：

$$撕裂因子=\frac{撕裂度}{定量} \tag{16-23}$$

纸和纸板抗撕裂时的力主要表现为两部分，一部分是拉断纸张中的纤维所需要的力，它主要和纤维本身的强度有关；另一部分是纤维与纤维间的结合力，撕力要克服结合力而把纤维拉出，这两部分结合，使试样体现出耐撕裂的能力。

撕裂度检验对于在使用过程中受到撕裂作用的纸张，如打字纸、钞票纸、纸袋纸和建筑纸板等特别有用。因此这一特性作为纸和纸板的主要强度性能而被广泛使用。

撕裂度与耐破度和紧度有密切关系，为了更确切的判断纸和纸板的性能，已逐渐采用如下综合质量指标，计算公式如下：

$$破裂强度=\left[\frac{撕裂度(g)\times耐破度(kg/cm^2)\times1000}{定量(g/m^2)}\right]^{1/2} \tag{16-24}$$

$$强度因子=\frac{耐破因子\times撕裂因子}{100} \tag{16-25}$$

2.5.6 挺 度

挺度是衡量纸和纸板耐弯曲能力的强度性能，其测定方法按国家标准GB2679.3—81进行。纸和纸板的挺度与流动性能有关，它决定于纸和纸板受弯曲时，外层的伸长能力和里层的压缩能力，可用下式表示：

$$挺度=\frac{ET^3}{12}\times\frac{B}{L^2} \tag{16-26}$$

式中：E——杨氏模数（弹性模数），等于试样曲线上的应力应变；

T——试样厚度；

L——试样长度；

B——试样宽度。

大量试验证明，当定量一定时，纸板抗弯强度（挺度）随紧度增加而降低，也随厚度的加大而提高。

2.5.7 纸板的抗压强度（BCT）

纸板的抗压强度是评价纸板受压至压溃时所能承受的最大压力。由于纸箱在运输和贮存过程中，往往要多层堆放或叠放，为了保证被包装物不受损失，就要求包装箱具有一定的抗压强度。对于纸箱而言，它的使用性能决定于原纸的抗压强度，提高箱纸板的抗压强度是改善纸箱使用性能的关键措施。根据前人研究，要提高纸箱抗压强度，应从改善弹性模数，即从挺度入手，增加厚度是最有效的方法，这就要求在不变的定量下提高纸板的松厚度。美国和芬兰造纸研究所的有关学者已提出关于材料抗压性能与纸箱抗压性能的经验数学公式，对评价纸板抗压强度具有实际意义。

表示纸板抗压强度特性的指标主要有环压强度、平压强度和边压强度等。

(1) 环压强度（RCT）：是测定纸板对边压缩的耐压能力。其测定方法按国家标准GB2679.8—81进行。

环压强度是包装纸板的重要指标，如果纸板的环压强度值低，势必使得纸箱的抗压力值也低，限制了仓库的叠放贮量，同时还可能在运输和装卸过程中，由于震动而损坏商品，失去了包装箱的作用。Kellogg 等学者发现纤丝的缠绕角度、纤维长度和直径的比以及纤维的粗度与环压强度有密切关系。

(2) 边压强度 (ECT)：此法用于测定箱纸板与瓦楞芯纸经复合后的瓦楞纸板的边压强度（侧压强度)。纸板的含水量对纸板的边压强度有极大的影响。

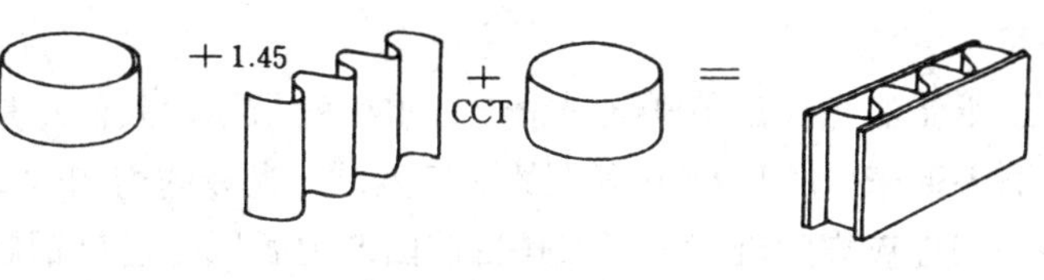

$$RCT_{L_1}+1.45CCT_M+RCT_{L_2}=ECT$$

图 16-4　平压强度、环压强度与边压强度之间的关系

根据芬兰制浆造纸研究所 (FPPRI) 的研究，提出平压强度 (CCT)、环压强度与边压强度之间的关系如图 16-4。

2.6　纸和纸板的光学性能

纸和纸板的光学性能主要是研究纸张与光相互作用的行为。在基本的光学性能中，有重要经济价值的是白度、光泽度、颜色和不透明度等。这些性质取决于照射到纸面上光线的特性、纸张对照射光的反射、透过和吸收情况，所以研究纸张的光学性质就是研究纸张的光反射、光透射和光吸收。

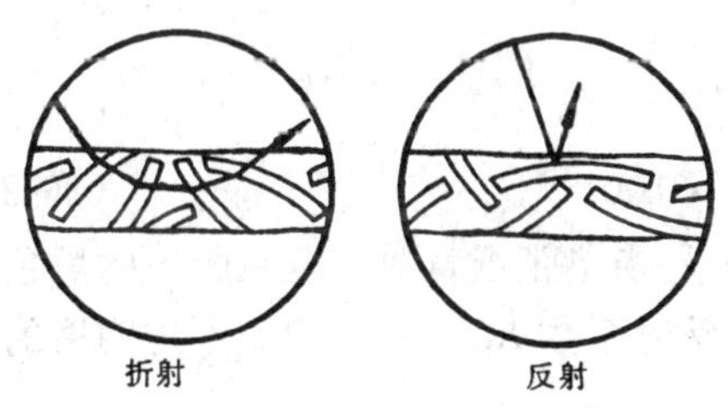

图 16-5　光线的折射和反射

(1) 纸张的光学现象：当一束平行光照射到纸面后，即可产生四种情况：反射、透射、散射与吸收。反射主要是由纸表面反射，当反射角与入射角相等的反射现象，称为"镜面反射"或"光泽"[11]，当纸张经过超级压光或表面经高光泽涂布后，反射的镜面分量增高。照在纸上的部分光线将会透过纸张，透射量取决于纸张的不透明度（或覆盖能力)。

通常纤维素纤维是无色的，纸的横截面可以看做为一团缠绕的纤维素纤维。当光每次照到一根纤维上时，部分光将由纤维表面作镜面反射，而其余光将穿过近似透明的纤维。但在穿过时（如图 16-5）将发生折射。此后光线的方向被纤维改变，进入另一根纤维，而它的方向将再次改变，这多次的方向变化是由于入射光在纤维体内的多重折射与反射造成的，它导致光线向各个方向的散射（多重折射、反射的综合，可认为是光散射)。如果光线在全波长上数量足够，就可在观察者的方向上被散射回来，于是纸面呈白色。

当然浆与纸不是纯纤维素组成，它常有大量的木质素和其他有色杂质，因此当光线照到纸页内任何不透明或有色物质时，会发生光的吸收，此时光的能量被吸收转化为热，但是光没有减少而是它的反射减少了。

(2) 纸张的光泽：光泽作为纸张的表面特性，取决于纸张表面镜面对光的反射能力。理论上，光泽的含义是纸面对光的镜面反射能力与完全镜面反射能力的接近程度。对于镜面，照射其上的光几乎全部在镜面方向反射，相反对于完全扩散即"无光泽"表面，则在任何角度方向反射都一样，向各方向反射。大多数纸张既不是完全无光泽的，也不是完全镜面的，而是介于两者之间。Hunter 早在 1931 年就对各种表面结构的光泽度进行了对比研究，进而提出如下 6 种不同类的光泽度：①光亮度；②糙面光泽度；③反射图像清晰度；④对比光泽度；⑤起雾度；⑥纹理光泽度。

对于纸及纸板，多属于低光泽和中光泽程度；因此经常测试的仅为糙面光泽度、光亮度两类，个别国家测试对比光泽度。

光泽度的测定方法按国家标准 GB8941.1—88、GB8941.2—88 和 GB8941.3—88 的方法进行。

纸张的光泽是印刷纸一个十分重要的指标，人们总是把光泽与平滑度高和良好的印刷质量联系起来。但 Fetsko 等人的研究发现，光泽的均匀性比光泽的平均水平更为重要。光泽的不均匀性被称为斑点，斑点是目前国产铜版纸与进口铜版纸的主要差距之一。

(3) 纸张的白度：纸的白度的测定方法按国家标准 GB8940.1—88 进行。

改进纸张白度最普通的方法是：

① 纯化——以物理或化学法来去除能引起光吸收的非纤维素物质。

② 漂白——脱色。

③ 填料——高白度的填料可提高白度。然而，用填料会增加光散射，更有利于提高不透明度。

④ 荧光剂——光学增白剂吸收紫外光而放出蓝光，以提高蓝光反射来中和木质素的黄色。

(4) 纸张的不透明度：纸张的不透明度是指印迹不透至纸的另一面的性质，即纸张抗光透射的能力。不透明度一般有两种表示形式：

$$\text{TAPPI 不透明度} = R_0/R_{0.89}\times 100 \tag{16-27}$$

$$\text{印刷不透明度} = R_0/R_\infty\times 100 \tag{16-28}$$

印刷不透明度被普遍地用于表示纸张的不透明度，是指单张纸背衬“全吸收”的黑色物体的反射系数 R_0 与若干张纸样重叠至完全不透明时的反射系数 R_∞ 之比。印刷不透明度的测定方法按国家标准 GB1543—88 进行。

印刷不透明度是印刷纸和书写纸的一项重要的技术标准，只有纸张具有一定的不透明度才能防止纸张透显的现象，以保证印刷的质量及纸张的两面书写。

3 纸料制备

经过蒸煮、洗涤、筛选和漂白后的纸浆纤维挺直而有弹性，如不经过任何处理就用来抄纸，则因为纤维缺乏必要的润胀、细纤维化和切断，所得成纸显得疏松、多孔、表面粗糙和强度很差，不能满足对纸张的要求。为此，必须对纸浆作进一步的处理。利用机械方法处理的浆料，使其具有满足造纸机生产上所要求的特性，而生产出来的纸张又能达到预期的质量指标，这一操作过程，称为打浆。

在抄纸前纸浆必须经过打浆的原因可归纳如下：

(1) 未经打浆的化学浆（无论是木浆、棉浆、麻浆或草浆）尚含有未离解的纤维束，如果直接用来抄纸，在纸页形成时，纤维不能获得充分的交织，成型不好，致使抄出的纸张强度低、起毛、疏松多孔、表面粗糙不宜使用。

(2) 纸的品种繁多，各种纸张由于用途上的不同，因而在质量上要求亦有很大的区别。如同样利用棉浆，可以制得纸页疏松而富有吸水性的滤纸和吸墨水纸，但也可以制得吸水性很低的仿羊皮纸，因此就要求在抄纸前按照生产的纸种质量要求，采用不同的打浆方式，以改变纤维的物理性质，使同一种原料能生产出多品种的纸张。

(3) 造纸工业中采用的纤维原料种类很多，它们的纤维形态、化学组成和纤维的物理结构不同，制浆方法也不一样，为了使用各种不同的纤维原料来制造符合要求的同一种纸张，就得将纤维原料经打浆处理。

总之，打浆的主要任务是通过机械作用，给予纸料一些特定的性质，使纤维的表面积增加，直径减少，具有柔软性、韧性和可塑性，使纸料纤维能在造纸机上，经过过滤而交织成紧密且纤维间结合力强的纸幅，保证纸和纸板获得预期的质量标准。为了改进纸的质量，在打浆中还可添加胶料、填料、明矾和色料等。

打浆术语解释

浆料：是指制浆系统送来的纸浆。

纸料：是指浆料经过打浆、施胶、加填和染色等过程处理之后（这些过程可以是一个，也可以是几个），适宜于抄纸的浆料。

打浆度（°SR）或游离度（CSF）：是打浆后纸料脱水难易程度的指标。它综合地反映了纤维被拉断、细纤维化和润胀的情况。

保水值（润胀值、持水值）：是指在标准的情况下，通过纸浆的离心分离，并定量地测定浆内所保留的水量，以衡量纸浆的保水值及由此而产生的纤维可塑性。

3.1　打浆理论

3.1.1　纤维在打浆过程中的变化

随着造纸工业的不断发展及科学研究的不断进步，人们对纤维在打浆过程中的变化的认识逐渐明确和深化。现将几种看法分述如下：①1957 年 H. W. Emerton 在“打浆过程基本原理”一书中提出：打浆对纤维性质的影响是润胀、内部细纤维化和外部细纤维化，并且特别强调了内部细纤维化的作用；②1964 年美国著名学者 J. d’A. Clark 提出打浆对纤维的作用有 6 个方面，即润胀、摩擦、切断、分丝、压溃和变形。1978 年他在《制浆工艺和纸的处理》[11] 一书中又提出打浆对纤维有 3 个主要作用（纤维的切断或变短、外部细纤维化和内部细纤维化）、4 个次要作用（产生纤维碎片、纤维的纵向压缩、纤维的扭曲或卷曲作用和纤维的纵向伸长）和 3 个间接作用（润胀作用、纤维的长度分布有所改变和增加纤维的比表面积）；③1980 年美国著名学者 J. P. Casey 主编的《制浆造纸化学工艺学》中指出打浆对纤维性质的影响有纤维长度、比表面、柔软性、润胀与可塑性、初生壁的去除、纤维的卷曲和扭曲、氢键的再分布、微起皱和纤维收缩、纤维强度和 zeta 电位的变化。

目前较一致的认识是：打浆过程中纤维的变化，根据机械作用，可以归纳为如下方面：

(1) 纤维细胞壁的位移和变形：在打浆初期，次生壁中层的细纤维能发生位移，即打浆元件对纤维撞击压溃的作用，导致次生壁中层的某点纤维发生弯曲，并使微纤维间的距离增大，这就为纤维吸收更多的水和润胀创造了条件。用偏光显微镜观察的细胞壁位移情况如图 16-6。

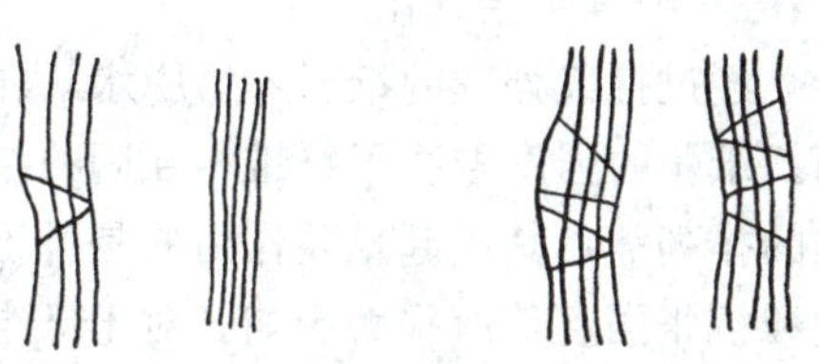

图 16-6　细胞壁位移的示意图

(2) 初生壁和次生壁外层的破除：植物纤维的初生壁呈松散网状结构，属于各向同性体，而且其木质素含量较高，仅次于胞间层，它只能透水而不能润胀。次生壁外层是介于初生壁与次生壁中层的一个过渡层，相对来说，木质素含量也较高。初生壁外层也只能透水不能润胀。打浆的机械作用可以使这两层发生破裂，加之纤维之间的相互摩擦、撞击、机械力的压溃和分散等作用，使这两层先破碎，后成片状剥离，有的脱落，甚至全部掉下。因此，当初生壁和次生壁外层除去后，随着打浆过程的进行，水分子大量进入，使得纤维的次生壁中层得以充分润胀和细纤维化。

(3) 润胀：所谓润胀是指高分子化合物在吸收液体过程中伴随着体积膨胀（主要发生在纤维横向的结构变化）的一种物理现象。润胀分为有限润胀和无限润胀，纤维素是高分子化合物，它在水中的润胀属于有限润胀，即水分子只能进入纤维素的结晶区间的无定形区，使其发生润胀，而不能进到结晶区发生润胀。当把妨碍纤维润胀的初生壁和次生壁外层的部分或全部除去以后，纤维的比表面积随着打浆的进行逐渐增大，使游离的羟基数增加，产生了纤维的润胀。润胀的结果，半纤维素润胀成为凝胶体，使纤维变得柔软，具有可塑性和弹性，从而提高了纤维的结合力和成纸的物理强度。

纸浆纤维之所以有润胀能力，主要是由于其带有羟基的关系，因而能在极性液体中发生润胀。水是极性溶剂，水分子能与纤维素的羟基发生氢键结合。

(4) 细纤维化：一般认为，细纤维化可分为外部细纤维化和内部细纤维化。外部细纤维化是指纤维的表面和两端分离出细纤维而产生的起毛现象。通常所说的帚化就是指纤维的两端分丝起毛，它是外部细纤维化的一种特殊形式。内部细纤维化是指在打浆过程中，纤维吸水润胀后，由于内聚力减少，纤维细胞壁的纤维同心层之间彼此滑动，使纤维变得更为柔软可塑而受到较小的拉断作用。

(5) 纤维的拉断或变短：纤维的拉断或变短主要发生在横过纤维的任何角度上，但是最经常发生在纤维的节点（如图16-7）或者髓射线细胞通过的薄弱部分，并通常得到锯齿形的

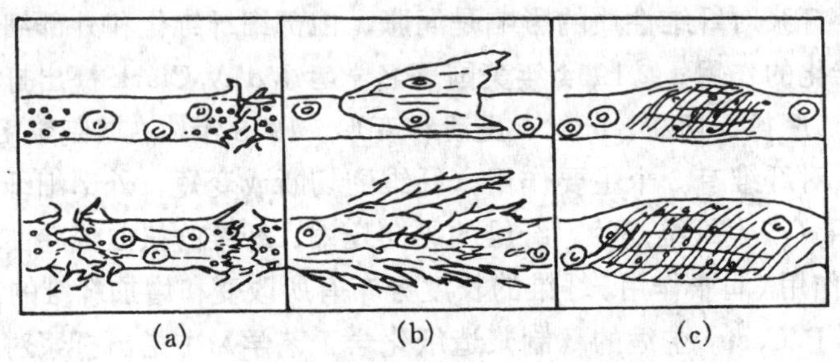

图16-7 打浆对纤维的3种作用示意

(a) 拉断；(b) 外部细纤维化；(c) 内部细纤维化

末端。纤维受到横向拉断，主要是由于打浆设备的飞刀和底刀的剪切作用；其次，则是由于在打浆比压相当大的情况下，纤维彼此之间产生摩擦的结果。纤维的横向拉断跟其吸水润胀有着一定的关系，在同一打浆条件下，润胀较好的纤维，由于柔软和可塑性高，较润胀不良的纤维难以产生横向拉断，而较易于细纤维化。

3.1.2 纤维结合理论

经过打浆处理的纸料不易脱水，在抄纸压榨干燥时又会发生收缩，但成纸强度却大大提高。纸张的强度取决于纤维相互间的结合力、纤维长度、纤维本身强度、纤维表面状况和纤维的排列等，其中起重要作用的是纤维结合力。它对纸张的物理强度，特别是耐破度、耐折度和抗张强度等有很大影响。对于纤维的结合力，过去有很多研究，提出了几种理论，但真正能阐明打浆实质的是氢键理论，其机理如图16-8。

氢键理论认为，打浆机械作用增大了纤维的表面积，纤维表面游离出大量羟基，促进纤维表面吸水和纤维素分子强烈水化并在纤维表面形成水化物。当纸页在网部形成湿纸面并经压榨、干燥之后，邻近的纤维彼此接近，纤维素表面遂形成氢键结合。氢键可以来自两个方面。一是纤维素表面的水化物，当湿纸页中的水分子被除去时，两相邻纤维素分子上的羟基因密切接触而形成氢键结合；其次是邻近纤维素大分子间存在的羟基会因密切接触而直接形成氢键结合。

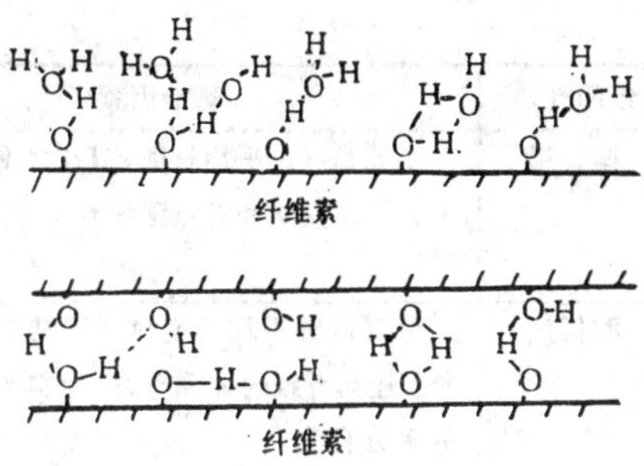

图 16-8　邻近纤维间形成氢键

纤维结合力的大小与打浆情况、纸料种类和纤维的物理结构有关，在打浆过程中，纤维受到的机械作用如何，是影响纤维结合力的主要因素。打浆度高，纤维结合力增大，因为经过打浆后的纸料，纤维的初生壁和次生壁外层被破除，使纤维产生吸水润胀和细纤维化，增加了纤维的柔软性和可塑性，极大地增加了纤维的比表面积和游离羟基的数量，因而在纸机网上形成纸页时，纤维容易互相紧密地交织在一起，经过压榨干燥后，氢键作用结合得更为坚实，能显著地增强纤维的结合力，从而提高了成纸的强度。

不同的浆料采用相同的打浆工艺，结果抄成纸页的结合力有明显不同。这主要是因为不同种类的浆料，无论是在物理结构和化学组分上都是不同的。一般，含半纤维素多的浆料容易打浆，成纸的强度也高；含木质素多的纸浆亲水性极低，不易打浆，纤维之间的结合力较小，成纸的紧度小，而且强度也低；纸页含水对纤维结合力有很大影响，含水量增加时，纤维结合力随之下降。此外，胶料、填料和纸页的干燥条件等，对纤维结合力都有一定的影响。

3.2　打浆与纸张性能的关系

一般在打浆过程中，可以增加纤维结合力，但降低了纤维平均长度，因而能够提高纸和纸板的抗张强度、耐破度和耐折度，且增加纸和纸板的平滑度、挺硬性和紧度，但却降低了纸和纸板的撕裂度和透明性。由于随着打浆的进行，纤维结合力和纤维平均长度发展的速度不同，因此对纸张性能产生不同程度的影响（见表 16-5）。

表 16-5　打浆与纸张性能的关系

纸的性能	影响因素	打浆与纸性的关系
紧　度	浆种不一，紧度不同，硫酸盐浆＞亚硫酸盐浆＞碱法浆，同一浆种，决定于打浆程度和打浆方式； 添加物的品种和纸机的抄造情况	提高打浆度，使纤维接触面积增加，因而提高纸张的紧度，同种浆种，打浆方式不同，成纸的紧度也不相同，一般按粘状浆、中等粘状浆、游离状浆的顺序，紧度逐步降低
透气度	纸种、填料的种类和加填量、压光程度和打浆程度	随打浆进行，纸张的紧度增大，孔隙率减少，毛细管作用降低，因此透气度降低
形稳性	原料种类、打浆程度、辅助材料和助剂的添加，纸机的抄造情况	形稳性随着打浆度的提高而变差
裂断长	由纤维结合力、纤维平均长度、纤维的交织排列和纤维的自身强度所决定，在打浆初期，主要影响它的是纤维结合力	打浆初期，裂断长随打浆度的增加而增长，由于细纤维化的作用，使纤维表面积增加，形成更多的结合点，并且游离出更多的羟基，有利于纤维间氢键的形成，提高成纸的强度。但当打浆度到一定值（60～80°SR）后下降，转折的原因是，打浆后期纤维平均长度的影响大于纤维结合力的影响

（续）

纸的性能	影响因素	打浆与纸性的关系
撕裂度	主要是纤维平均长度，其次才是纤维结合力、纤维交织和纤维强度等	经过轻微打浆后，纤维间的结合力增加，撕裂度增加，但打浆度达到（18～25°SR）后，由于纤维平均长度减少，使撕裂度逐渐下降
耐折度	除受纤维平均长度和纤维结合力的影响外，还与纤维的弹性有关，而弹性又与纸张的水分有关	耐折度变化曲线介于撕裂度与裂断长之间，但偏于裂断长，说明结合力对耐折度的影响小于裂断长，在一定范围内提高纸的水分，耐折度增加，但含水过高，耐折度下降
耐破度	主要是纤维结合力，其次是纤维平均长度、纤维本身强度和纤维在纸页内部分布的均匀性	变化情况与裂断长相似，但下降程度大于裂断长，因为纸张在破裂时不仅受到拉力，还受到撕力影响
挺　度	原始纤维的弹性模数和形态，打浆程度和辅料的添加，挺度与纸板的厚度的立方成正比	当纸板的定量固定时，随着打浆度的提高，纸板的紧度提高，而其厚度降低，导致挺度下降
不透明度	纸浆原料纤维直径、定量、紧度、打浆和湿压程度、加填量和填料粒子的大小、是否涂布等	打浆能增加纤维发生光散射的总表面积，并能增加纤维间粘接面，从而增加纤维间的光学接触面积。对于大多数浆料，由于光学接触的增加而导致散射系数的减少比由于比表面积的增加而导致散射系数的增加更为重要，所以打浆会降低纸的不透明度

3.3 打浆工艺

3.3.1 打浆方式

纸的品种繁多，每种纸都有其不同的性质，因此必须采用合适的打浆方式、制订和掌握好打浆的工艺条件，认真执行操作规程，才能在打浆中满足各种不同性质的要求，并达到提高产品的产量和质量，降低电耗，充分发挥设备效率的目的。

根据在打浆过程中，纤维受到拉断和分丝程度的不同，打浆方式可分为长纤维游离状打浆、短纤维游离状打浆、长纤维粘状打浆和短纤维粘状打浆4种。在实际打浆操作中，游离状至粘状打浆之间，还可有半游离状打浆和半粘状打浆等，各种打浆方式的下刀程度和打浆主要工艺条件见表16-6。常用纸种的浆料特性和打浆方式见表16-7。

表16-6 各种打浆方式的比较

打浆方式		下刀情况				打浆主要工艺条件		
		下刀方式	下刀程度	下刀时间	打浆时间	打浆比压	打浆浓度	刀间距
横向拉断纤维为主的打浆方式	长纤维游离状打浆	分　段	重刀，即进刀程度深	较　快	短（在纤维尚未充分润胀时，下刀拉断）	较大，纤维受到拉断作用较大	浓度低些（3.5%～4.5%），飞刀和底刀间的浆层薄，有利于纤维的拉断	较　小
	短纤维游离状打浆	一次下刀	重刀	快	极　短			
纵向分裂纤维为主的打浆方式	长纤维粘状打浆	分　段	逐步加重，轻刀→中刀→重刀	慢	长	较小，纤维主要受到分丝帚化作用	旧式打浆机为5%～6.5%，新式打浆设备为8%～10%。底刀和飞刀间的浆层厚，有利于纤维的细纤维化	较　大
	短纤维粘状打浆	一次下刀	逐步加重	较　快	较　长			

表 16-7　常用纸种的浆料特性和打浆方式

纸种	定量 (g/m²)	打浆度 (°SR)	湿重 (g)	打浆方式	打浆浓度 (%)
特号箱板纸	310	21～22（面浆） 28～30（芯浆）	4.5～5.5（面浆） 1.5～2.0（芯浆）	游离状	2.5～3.0
牛皮箱板纸	360	25～28（木浆） 30～35（草浆、废纸）	7.5～8.5（木浆） 5～6（草浆、废纸）	游离状	2.7～3.0（木浆） 2.2～2.5（草浆）
高强度瓦楞原纸	180	28～32	3.5～4.0	游离状	2.2～2.5
黄板纸	310	27～30（稻草浆） 25～27（废纸）	1.0～1.8（草浆） 1.0～1.5（废纸）	游离状	3.4～3.8
牛皮纸	80 60 40	26～30 28～32 30～34	11～14 10～13 7～10	长纤维游离状	4.5～5.5 5～6 5～6
胶印书刊纸	52	30～40		中等长，半游离状	
A等书写纸	80	48～55	5.0～6.0	中等长，半粘状	4.2～4.7
胶版印刷纸	80	28±2（木浆） 50±5（草浆）	7.5±0.5（木浆） 1.5±0.5（草浆）	中等长，半游离状	3.0～3.5 （双盘磨）
B等凸版纸	52	32～37	2.5～3		
水泥袋纸	80	22～30		长纤维，游离状	

3.3.2　影响打浆的因素

影响打浆的因素主要有打浆比压、刀间距、浆料浓度、通过量、打浆温度、浆料的性质和齿纹等。

（1）打浆比压和刀间隙：单位打浆面积上浆料所受到的压力称为打浆比压。比压是决定打浆方式的主要因素，通常游离状打浆采用较大的比压和小的刀距（飞刀和底刀间的距离），粘状打浆采用较小的比压和较大的刀距。一般情况下，刀距小则比压大，两者之间的关系如下：

打浆比压	刀距（mm）	操作方法
小	0.6～1.0	轻刀疏解
小	0.5～0.6	重刀疏解
小	0.2～0.4	轻刀打浆
中	0.1～0.2	中等刀打浆
大	<0.1	重刀打浆

不同种类的浆料，打浆比压也不同，对于纤维较长、强度较高的棉、麻浆料和硫酸盐木浆等，在打浆初期，可采用较高的打浆比压。而草类浆和阔叶木浆适用较小的打浆比压。

（2）打浆浓度：适当的提高打浆浓度，促进飞刀与底刀间的浆层增厚，有利于纤维的细纤维化。一般粘状打浆或用短纤维浆料打浆时，浓度为6%～7%，而游离状打浆或用长纤维打浆时，浓度为3.5%～4.5%，双盘磨的打浆浓度为3%～4%。

(3) 打浆温度：打浆过程中，由于浆料与刀面的摩擦以及纤维相互之间的摩擦而产生热量，特别是长时间的粘状打浆，浆料温度可能上升至60℃以上。浆料温度高，影响纤维的吸水润胀，并使成纸的物理强度（如图16-9）和施胶度下降。

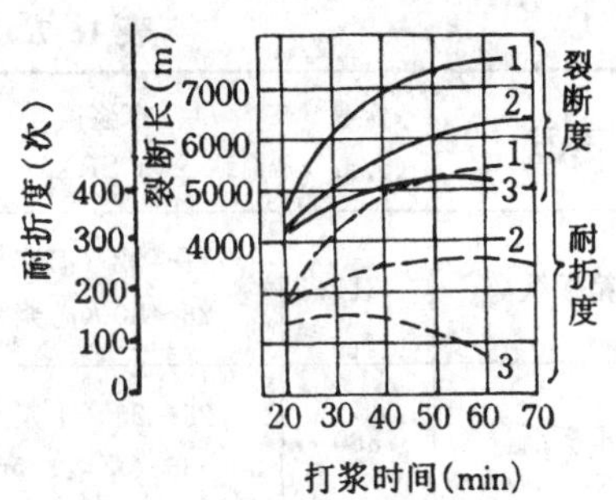

图16-9 打浆温度与成纸强度之间的关系

1. 打浆温度20℃；2. 打浆温度45℃；3. 打浆温度60℃；

(4) 浆料性质：浆料的物理性质、结构形态和化学组成对打浆有一定的影响。木材纤维细胞壁薄或微纤维角小者，在打浆时易分丝帚化，成纸强度高。实践证明，木材纤维中以云杉、白松、红松等纤维为好，马尾松、落叶松较差。浆料的化学组成，对打浆质量影响较大，纸浆中α-纤维素含量越高，半纤维素含量越少时，纤维不容易润胀和分丝帚化，打浆困难，使成纸的强度低、吸水性强和脆性大。

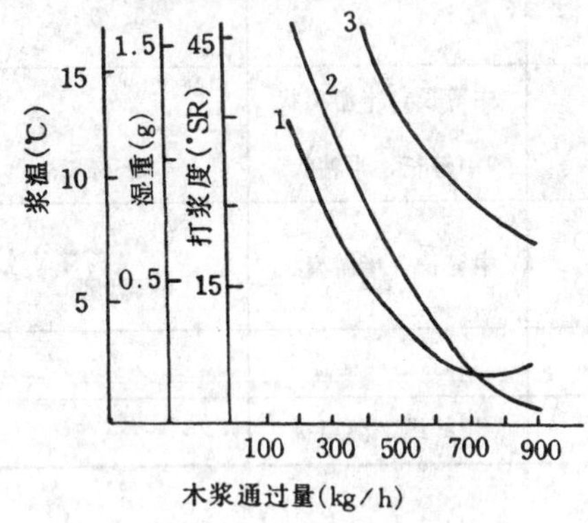

图16-10 浆料通过量与打浆质量的关系

1. 打浆度；2. 浆料温度；3. 湿重

(5) 通过量：指单位时间内通过打浆设备的浆量，以kg绝干浆/h表示。通过量是连续打浆的特有因素，它对打浆质量有一定的影响。在其他条件不变的情况下，随着通过量的增加，打浆度的增值（Δ°SR）、湿重的减少值（Δ湿重）和浆料温度都减少（如图16-10）。

(6) 比刀边负荷：指单位时间内，单位有效刀边长度的打浆面积上纤维所受到的冲击力的大小（净功率除以有效刀边长度＝比刀边负荷），也称为冲击强度。在盘磨机打浆过程中，纤维主要聚集在打浆刀的前缘，在机械能的作用下被拉断或细纤维化，为降低比齿刃负荷，可以采用较低负荷（净功率）运行，或者通过增加刀数、刀长和转速以增大有效刀边长度，使浆料具有较高的结合强度和较长的纤维长度。

当浆料通过盘磨时，每根纤维也周期性地与磨盘上的齿发生接触，即纤维受到了冲击。当有效刀边长度不变时，纤维相互的冲击次数随通过量的增大而减少，因此盘磨机打浆的程度取决于纤维被冲击的强度和次数。

(7) 齿纹：指磨片上的磨纹形状（包括齿宽、槽宽、槽深和齿形）。处理不同的浆料应选用不同的磨纹。正确选择齿宽、槽宽及槽深三者的比例关系，是影响打浆质量、打浆效率和电耗的重要因素。在不考虑浆档因素的前提下，当槽深为常量时，齿宽与槽宽之比为1∶1的磨盘，适于半粘状半游离浆的打浆；齿宽＞槽宽，对纤维的摩擦帚化性能好，可用于打粘状浆，齿宽与槽宽之比为1∶1.25～1.5的磨盘，适于打游离状浆；齿宽与槽宽之比为1∶1.5以上，用来处理粗质浆。

3.3.3 打浆质量的检查

在实际生产中，通过检查打浆度和纤维平均长度，来达到控制和掌握打浆的程度。

(1) 打浆度的测定：按国家标准GB3332－82（肖伯尔-瑞格勒法）进行。

(2) 纤维平均长度：工厂采用框架法（湿重法）间接地测定纤维长度。科学研究按国家标准GB10336－89进行。

3.4　打浆设备和生产流程

3.4.1　打浆设备的种类及特点

打浆设备按其操作情况可分为间歇式和连续式两大类，即：

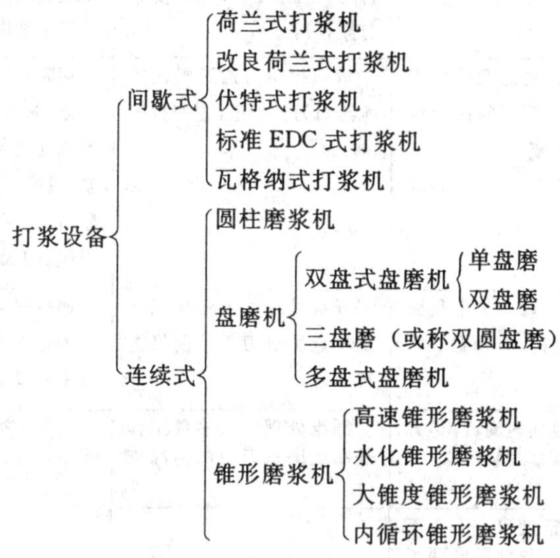

三盘磨机的打浆设备结构如图16-11。有关打浆设备的工作原理和特点见表16-8。

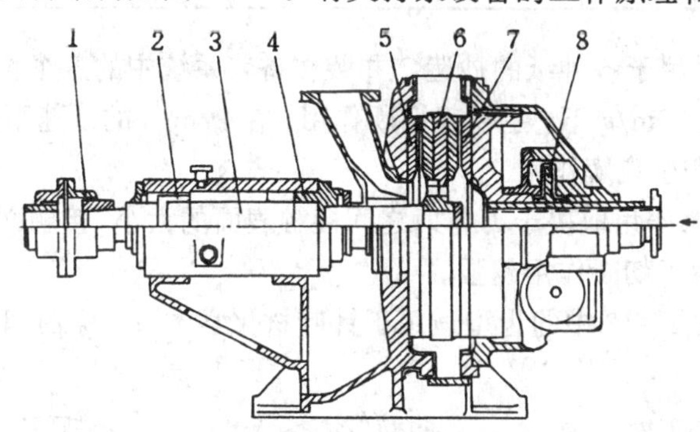

图16-11　三盘磨机（双磨区的双盘磨机）

1. 齿轮滑动联轴器；2. 后轴承；3. 主轴；4. 前轴承；5. 固定磨盘A；6. 转盘（两侧各装一个转动磨盘）；7. 固定磨盘B（可作轴向移动）；8. 蜗杆蜗轮调节机构

表16-8　各种打浆设备的工作原理和特点

设备名称	主要结构特点	打浆原理	特　点
间歇式（槽式）荷兰式打浆机（半浆机）	中墙在浆盆的纵轴线上，两边沟宽相等，山形部位于浆盆中部	切断作用主要发生在刀刃上，是切断纤维的半浆机	适应性强，适用于处理各种性质的纸浆，同一台打浆机，通过改变工艺和操作条件，既可打游离状浆，也可打粘状浆，但其占地面积大，动力消耗和劳动强度大
伏特式打浆机（成浆机）	中墙偏向回流沟，形成宽沟（飞刀辊侧）和窄沟，山形部位于浆盆后部	分丝作用主要发生在刀面上，是用于分丝帚化纤维的成浆机	

（续）

设备名称	主要结构特点	打浆原理	特 点
锥形磨浆机	由一个圆锥形带刀的转辊和圆锥形的外壳组成	浆料从锥形小直径一端的上部进入，通过转辊上刀片与外壳上定刀间隙，受到打浆作用	切断纤维的能力较强，对处理长纤维木浆，打游离状浆料效果比较明显，是水泥袋纸、电缆纸打浆的主要设备，也可用于纸机前精整均整物料
连续式圆柱磨浆机	由一个转动的圆柱形刀辊与分布在四周的四组扇形定刀所组成	借四组定刀通过气压或水压对刀辊加压，进行打浆	切断纤维的能力差，分丝帚化的能力较强，适合处理粘状浆及半粘状浆抄各种文化用纸，但对长纤维或游离状打浆，效果不好；设备的散热性能力差，打浆温度升高，不但影响打浆质量，并易引起石刀爆裂，维修麻烦等缺点
单盘磨	一个盘转动，一个盘固定，中间进料，即单盘旋转式	纤维处理的大多数工作是在盘磨机刀刃的前缘进行	通过改变结构和磨盘齿型，可以适应各种化学浆的打浆，特别适用于处理阔叶木和草浆纤维。
双盘磨	两个磨盘同时旋转，但方向相反，即双盘旋转式	纤维处理的大多数工作是在盘磨机刀刃的前缘进行	设备结构紧凑，占地面积小，打浆效率高，适应范围广，电耗低
三盘磨（∅450mm）	由两个定盘和一个两面具有磨齿的动盘形成两个磨区		

如今，盘磨机几乎用于各种纸的抄造，并装在备浆系统中的各个位置上。双盘磨的主要工作参数是：线速度在20m/s下，主要起切断作用；在27m/s的线速下，细纤维化作用增强；在35m/s的线速下，产生疏解作用。

(1) 刀片结构：精浆作用取决于刀与刀之间接触表面的大小，接触面越大，精浆作用越大。刀与刀之间的间距越大，切断作用越强。

生产实践证明，图16-12中的齿型适用于针叶材化学木浆（漂白和未漂），处理游离、半游离和半粘状浆。

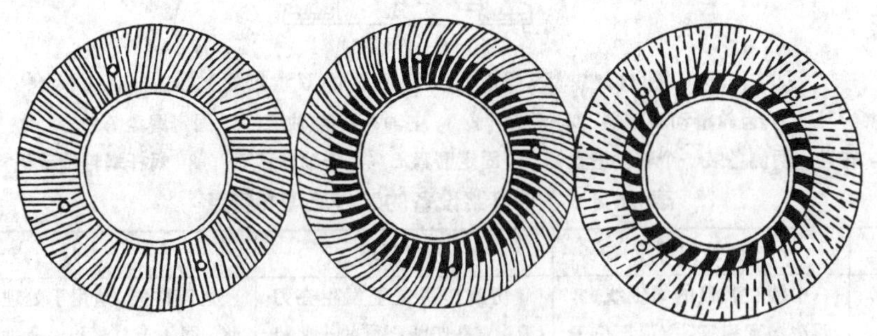

图16-12 磨片结构

(2) 齿纹的倾斜方向：齿纹的倾斜方向与磨盘回转方向相同时，则可延长浆料在磨盘内的停留时间［如图16-13 (a)］；齿纹的倾斜方向与磨盘回转方向相反时，则对浆料有“泵出”作用，缩短了浆料在盘内的停留时间［如图16-13 (b)］。由于浆料在盘内的停留时间不同，打浆质量也不一样。

(3) 磨纹配合位置：两个磨盘相对安装组成磨区之后，转动磨片上的齿纹与固定磨片上的齿纹通常是相交叉的。交叉的角度越小，则对纤维的剪切作用越强；交叉角度为零时（即齿纹相互平行），剪切作用最强。反之，交叉的角度越大，则对纤维的剪切作用越弱，交叉的角度为90°时（即齿纹相互垂直），剪切作用最弱，而对纤维的摩擦、撕裂、帚化的能力很强，但动力消耗大，产量也低。

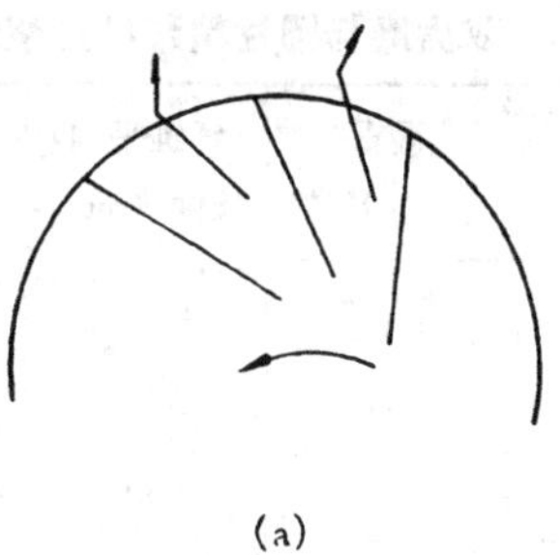

(a)

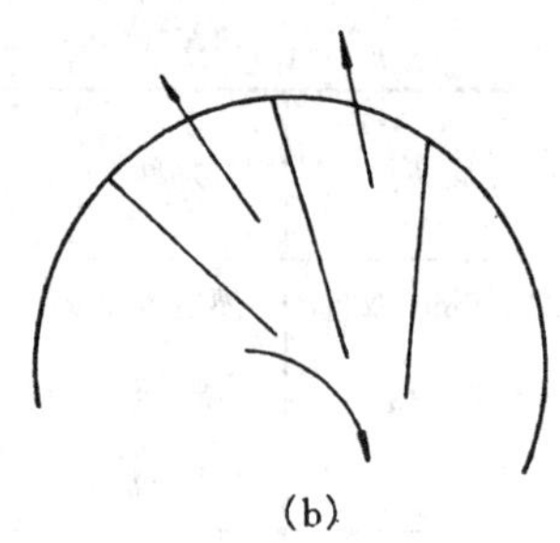

(b)

图 16-13 齿纹的倾斜方向

(a) 制状态；(b) 泵出状态

必须指出的是盘磨机的定盘和动盘在安装时，应注意保持两盘面的平行，如不平行就会严重影响磨浆质量，使磨浆压力不均匀，造成磨浆质量的不均匀。

从目前国内现有盘磨机的打浆性能来看，∅450mm 双盘磨较好，它与其他类型盘磨机以及圆柱磨浆机、锥形精浆机等相比，显示出很多优点（见表16-9和表16-10）。

表 16-9 盘磨机生产条件

纸种	浆料配比	生产方式	浓度（%）	打浆度（°SR）		通过量（kg/h）	电流	电耗〔kW·h/(t·°SR)〕
				进口	出口			
书写纸 单胶纸	麦草浆 30% 稻草浆 70%	∅330mm 单盘磨三台串联	3.0～3.4	30	38	1200	30	5.25
双胶纸	麦草浆 60% 漂白木浆 40%	∅450mm 双盘磨	3.0～3.5	草浆 27→32～35 木浆 12→30～32		—	—	—
凸版纸	亚硫酸苇浆 100%	∅1250mm 石磨单盘磨浆机一台	3.2～3.3	26～27	40～42	300	50～60	6.0
胶印书刊纸	麦草 90% 商品木浆 10%	∅450mm 双盘磨	3.0～3.5	26～27 12～16	36～38 50～55	—	120～140	—
打字纸	阔叶木浆 60% 麦草浆 40%	∅330mm 单盘磨 6～7 台串联	3.5～3.8	21	52	180～200	25	15.8
条纹牛皮纸	硫酸盐木浆 100%	∅450mm 双盘磨一台	3.5	提高 12～15		500	190	—
防潮原纸	芒、苇浆 100%	∅450mm 双盘磨一台	4.47	提高 13～15		1400	160～190	—
铜版原纸	漂白木浆 80% 漂白棉浆 20%	∅450mm 双盘磨二台串联	3.5	木浆提高 12～13 棉浆提高 20～22		1250	190～200	—

表 16-10 双盘磨与圆柱精浆机打浆性能比较

设备	浆种	打浆度 (°SR)	湿重 (g)	纤维平均长度（mm）	产量 (kg/h)	电耗 [kW·h/(t·°SR)]	电耗下降率（%）
∅450mm 双盘磨 1 台	漂白木浆	31	12	1.492	680	11.7	22
	棉 浆	41.5	5.5	1.167	784	7.6	43
	芒秆浆	31	5	0.981	1500	5.4	30
50 型圆柱磨浆机 5 台串联	漂白木浆	33	11	1.322	1080	15	—
	棉浆	45	4.7	1.102	946	13.4	—
	芒秆浆	40	3.5	0.886	1660	7.8	—

3.4.2 打浆生产流程

由于浆料种类、纸张品种以及各种打浆机的型号不同，因而打浆的生产流程有各种形式。

(1) 木浆的打浆流程一般有下列几种：

① 浆板 → 水力碎浆机 → 未叩木浆池 → 阶梯疏解机 → 大锥度精浆机 → ∅450mm 双盘磨 → 已叩木浆池

② 浆板 → 水力碎浆机 → 未叩木浆池 → 高频疏解机 → ∅450mm 双盘磨 → 已叩木浆池

③ 浆板 → 水力碎浆机 → 未叩木浆池 → 脱水机 → 50 型圆柱磨浆机 → 已叩木浆池

(2) 盘磨机的组合：盘磨机打浆的组合可采用串联、并联和串并联的供浆方式，如图 16-14 至图 16-16。

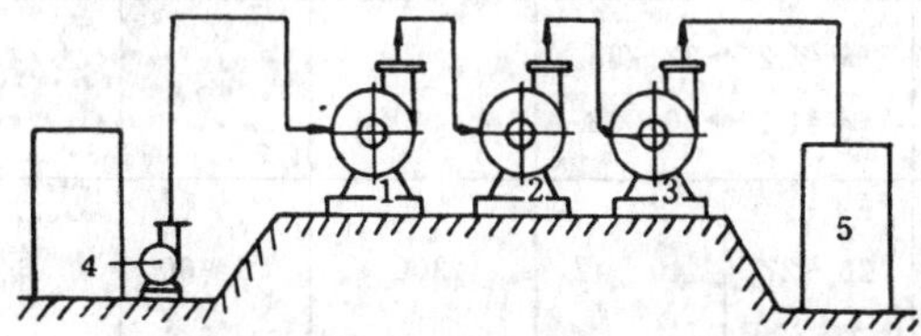

图 16-14 盘磨机串联生产流程

1、2、3. 盘磨机；4. 未打浆料贮浆池；5. 打浆后贮浆池

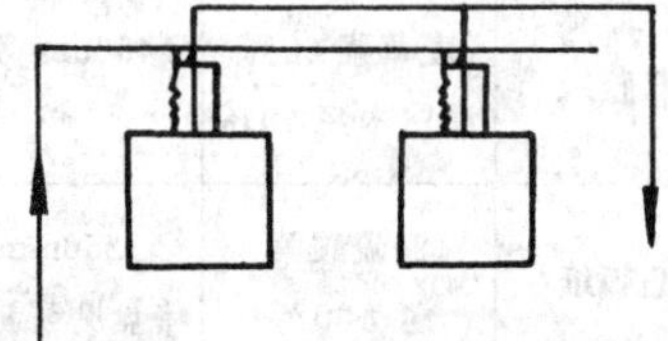
图 16-15 盘磨的串并联方式

3.5 高浓打浆

随着打浆设备的不断改进和更新，打浆的技术水平也在不断地提高。高浓打浆技术的研究成功及应用，是打浆技术发展的重大突破。

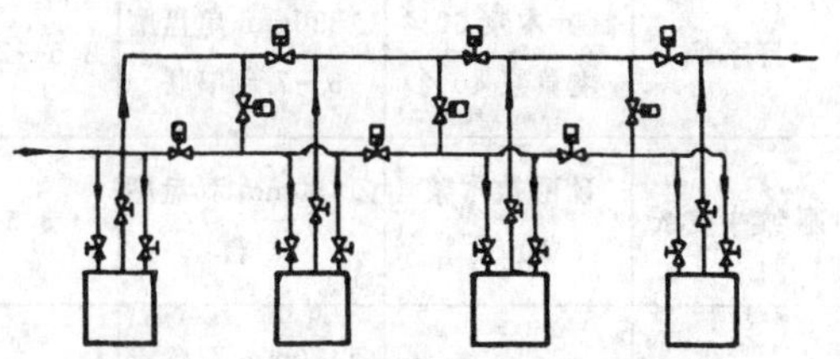
图 16-16 盘磨的串并联方式

通常高浓打浆是在高浓圆盘或锥形磨浆机和圆柱形高浓盘磨机中进行。该设备不但能起半料浆或成浆的高浓打浆作用，还能对纤维原料起高浓磨浆和打浆的双重作用，因此往往把高浓的打、磨技术泛称为高浓磨浆技术。

低浓打浆的浓度一般为 3%～5%，由于有大量的水在纤维之间起着润滑剂的作用，纤维之间的摩擦和挤压很少，而纤维的帚化、水化作用是依靠飞刀与底刀之间的剪切力而产生。同时纤维受到过多的切短，致使纸的撕裂度、透气度和抗张强度下降。为了改善纸浆的质量，开发了高浓打浆。随着盘磨机在高浓打浆技术中的应用，有力地促进了高浓打浆技术在生产上的推广。

(1) 高浓打浆的优越性：高浓打浆一般是指在 15%或 20%以上的浓度下进行打浆，主要依靠盘磨间浆料的相互摩擦和挤压，而不是磨盘上刀纹本身的作用，因此避免了纤维的过度切断，同时纤维本身相互剧烈摩擦的过程中，表面形态得到良好的开展，从而增加纤维的帚化、扭曲和压扁的作用，提高纤维之间的结合力。与此同时，在磨区内产生大量的热，使纤维受到适当的软化和润胀。

对高浓打浆的浆料进行筛分分析及纤维形态观察的结果表明，高浓打浆的纤维多呈扭曲状（低浓打浆的纤维多呈宽带状），纤维细纤维化的程度比低浓打浆显著得多，纤维长度变化不大，因而提高了纸张的强度性能（见表 16-11）。高浓打浆的这些特性，对于处理马尾松、落叶松这类厚壁纤维浆料很适用，对阔叶材等短纤维浆料的处理更加有利，是利用短纤维原料生产高强度纸的有效途径。

表 16-11　高浓和低浓磨浆对纸性的影响

磨浆浓度 (%)	定量 (g/m²)	耐折次 (次)	裂断长 (m)	伸长率 (%)	撕裂因子	不透明度 (%)	白度 (%)
5	58.4	3	1872	1.58	61.4	97.0	31.2
25	60.6	6	2233	1.63	65.8	97.7	29.6

由表 16-11 可见，高浓打浆成纸的撕裂度较高，但白度降低，可能是高浓磨浆时，在高温下木质素结构起了变化，产生了新的发色基团（如羰基、醌型结构等），导致白度降低，不透明度变化不大；说明随磨浆浓度变化，磨后浆的纤维长短分布频率变化不大，即光散射系数和光吸收系数变化不大。

(2) 打浆流程：高浓盘磨机打浆流程如图 16-17。采用高浓打浆，对于水泥袋纸、高速轮转印刷纸和电容器纸等都能提高成纸的质量。为了提高纸袋纸的动态强度（伸长率、拉伸积等），一般使用两段打浆，第一段为高浓打浆，第二段仍用低浓锥形磨浆机。马尾松硫酸盐化学木浆采用高低浓两段打浆生产 80g/m² 纸袋纸，其成纸的质量见表 16-12。

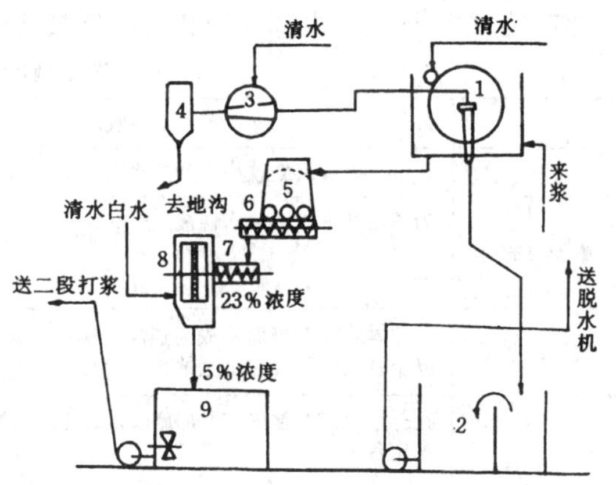

图 16-17　高浓盘磨机打浆流程

1. 真空过滤机；2. 真空过滤机水封池（80m³）；3. 真空泵；4. 消音器；5. 活底料仓；6. 送料器；7. 喂料器；8. 高浓盘磨机（23%浓度）；9. 贮浆池（220m³）

表 16-12 高低浓打浆与低浓打浆成纸质量比较

纸张性能		低浓打浆	高低浓打浆	高低浓打浆与低浓打浆比较（±%）
抗张强度（kN/m）	纵向	5.204	5.315	+2.133
	横向	2.059	2.079	+0.971
伸长率（%）	纵向	2.41	2.70	+12.03
	横向	5.21	5.64	+8.25
拉伸积（N·mm）	纵向	34.87	39.40	+12.99
	横向	29.63	31.33	+5.73
耐破指数（$kPa \cdot m^2/g$）		3.73	3.76	+0.804
撕裂指数（$mN \cdot m^2/g$）		19.67	19.46	−1.07

4 调 料

打浆后的浆料，在抄纸之前还要经过调料这一过程。所谓调料是根据所生产纸的性质要求，在纸浆中加入不同数量的胶料、矾土、填料和色料等，其目的是为了改进纸张的性质，提高纸张的质量和使用性能。

4.1 施胶和施胶理论

纸是由纤维交织而成，由于纤维间的空隙和毛细管的多孔性和纤维本身的亲水性等因素，未施胶的纸很易被水溶液渗透和扩散。施胶的目的是为了赋予纸和纸板一定的疏水性和疏液性，因而要在纸料中添加一定量的施胶剂。

4.1.1 施胶的方法和施胶程度

施胶的方法可分为内部施胶和表面施胶两种，两者的区别见表 16-13。

表 16-13 内部施胶与表面施胶的区别

	内 部 施 胶	表 面 施 胶
含义	在纸浆中加用施胶剂，然后令其成型制成纸张	使已成型的纸表面受到施胶剂的覆盖
施胶目的	为了使纸张具有抗水性能	为了改进纸的表面性，能取得抗拒胶体溶液、抗碱、抗酸等性能，并能在一定程度上提高纸张强度
纸的表面状况	胶料在纸页表面不成为连续的薄膜状态，而是以个别颗粒附着在纸页的纤维上	胶料在纸页表面形成一层印刷性能好而又牢固的膜
施胶的方法	在打浆机或浆池中，添加施胶剂，并用硫酸铝给予定着	机内施胶：施胶辊法（用得较多） 施胶槽法 压光机施胶法 表面喷雾施胶法
施胶剂	松脂系施胶剂：松香胶（中性胶、白色胶和高游离松香胶）、石蜡松香胶、强化松香胶、富马松香和分散松香 乳胶施胶剂 合成施胶剂	淀粉及其改性淀粉：氧化淀粉、阳离子型淀粉、酶转化淀粉等 羧甲基纤维素（CMC）、聚乙烯醇、石蜡、硬酯酸/氧化铬铬合物、硅酮树脂等

施胶方法应以内部施胶为主，表面施胶为辅。少数高级纸和加工纸采用表面施胶，也可以采用内部施胶和表面施胶并用的工艺，即双重施胶。

纸张施胶后，阻止液体渗透的能力称为“施胶度”，目前测定施胶度的方法可分为 3 种类型（见表 16-14）：

（1）测量液体渗透到预定深度（通常是穿过纸页）所需要的时间，简称为渗透型施胶度测定法。

（2）利用纸或纸板在一定渗透时间内所吸收液体的量来评价施胶度的吸收型施胶度测定法。

（3）利用液体和纸、纸板的表面的相互作用来评价施胶效果的表面型测定法。

表 16-14　施胶度测定方法的分类

渗透测定法（固定终点）	吸收测定法（固定浸透时间）	表面测定法
卷曲法	Cobb 法	接触角法
干燥指示剂法	缘端吸收法	液滴法
荧光染料法	Klemm 法	划线法
Stockigt 法	音波波速试验	表面斥水性试验
Bky 法	湿润破裂法	
Hercnles 施胶度测定	实验室用施胶压榨	
Penes cope 法	Bristow 测试法	
墨水浮游法	润湿试验法	
墨水浸透法	浸渍法	
水浮游法	毛细管法	
超声波减衰测试法		
KBB 法		
Velley 法		
Currier 法		

我国目前测定纸和纸板施胶度的方法按国家标准 GB460—89（墨水划线法）、GB1540—89（Cobb 法）和 GB5405—85（液体渗透法）进行。

施胶度是某些纸张的重要指标，尤其是书写纸、纸袋纸和用于胶版印刷的纸张。各种纸张根据用途不同，均有不同程度的施胶度要求（见表 16-15）。

表 16-15　常用纸种对施胶度的要求及胶料用量

纸张品种	施胶度不小于（mm）	胶料用量（%）	纸张品种	施胶度不小于（mm）	胶料用量（%）
新闻纸	—	0	打字纸	0.25	0.8～1.8
凸版印刷纸	0.25	0.5～0.8	纸袋纸	1.75	1.5～3.0
A 等胶版印刷纸	1.0	0.8～1.5	牛皮包装纸	0.5～1.25	1.0～3.0
A～D 四等书写纸	0.5～0.75	1.0～2.0	涂布原纸	0.5～0.75	0.5～1.5
胶印书刊纸	0.5	1.2～1.4	箱纸板		3.0～5.0
有光纸	0.25	0.6～1.0			

4.1.2　松香胶料的制备

早期的松香胶属于接近完全皂化的制品，几乎全部由松香酸钠组成，带有少量游离松香，一般不超过 5%，因此，这种胶料称为中性松香胶，由于其呈褐色，又称为褐色胶，该胶都是在现场制备。

(1) 白色松香胶料的制备方法：国内造纸厂大多采用白色松香胶，这是一种含有20%～25%游离松香的胶料，因此也称为酸性胶。松香经不完全皂化（通常称“熬胶”）后，再予以乳化并稀释，即可得白色松香胶。

皂化：松香的皂化采用国产定型设备熬胶锅。原料配比为：松香100kg、纯碱138kg、水60～75kg。原料加入顺序为：水$\xrightarrow{\text{沸腾}}$纯碱$\xrightarrow{\text{溶解}}$松香（15～25min缓慢加入）。

乳化：胶料的乳化，是将胶料用水分散为胶体溶液并稀释。皂化后的胶料含固形物约70%，为了便于使用，需将它们分散在水中，使游离松香粒子悬浮于乳液中。松香乳液的浓度一般为1.8%～2.0%。

皂化时的用水量应根据胶料游离松香含量而异，游离松香越高，加水越少，一般熬白色松香胶的用水量为松香用量的60%～80%。乳化后应立即用冷水稀释，使温度骤然降至40℃以下，以防止松香胶“凝聚”。乳化稀释最好用软水，避免乳液产生凝聚。

(2) 强化松香胶的制备：松香胶之所以能起施胶效应，在很大程度上是依靠松香酸中的羧基官能团。如能设法增加其羧基数量，可以提高松香胶的施胶效能，这就是制备强化松香胶的理论根据。

马来松香：用5%～7%马来酐与松香在200～220℃下共熔，制得具有三个羧基的加成产物，然后进行皂化，即可得马来松香胶。必要时，可加甲醛和甲苯磺酸，以减少结晶的出现。反应式如下：

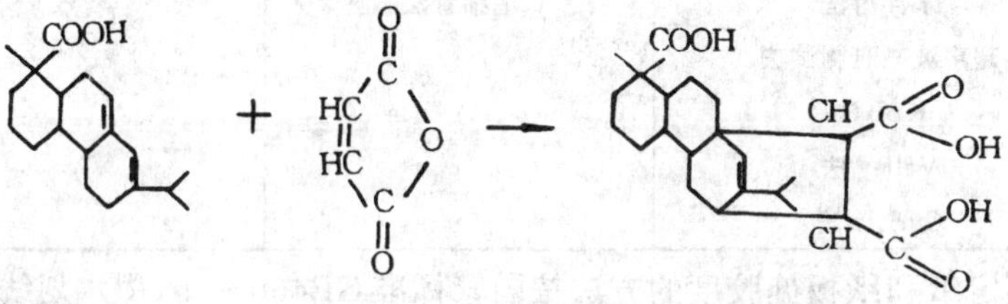

松香酸 + 马来酐 → 马来海松酸

富马松香：除马来酐外，也可以采用富马酸与松香反应，制得类似的加成产物。富马酸大部分来自苯酐生产的三废之中，其价格比马来酐便宜1/3，这对生产富马松香非常有利。国内已生产的一般的富马松香只进行了狄尔斯-阿德尔加成反应，反应式如下：

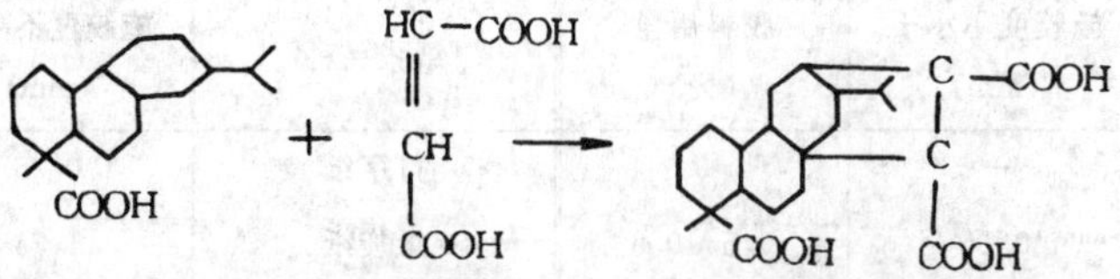

左旋海松酸 + 富马酸 → 富马海松酸

由于加成反应后引入了富马酸的两个羧基，因此增加了亲水性，得到的胶粒都很细小，这样就可以提高施胶效果。

强化松香可以单独使用，也可以与白色松香一道使用。据认为，使用强化松香胶，一般能节约施胶量高达25%。在过去较长一段时期内，强化松香胶一直是国际造纸行业酸性施胶的主要施胶剂。

4.1.3 施胶理论

施胶是一个复杂的过程，涉及到许多物理和化学的现象。因此施胶理论包含两方面内容，松香胶的定着机理和施胶机理。

（1）松香胶的定着机理：松香胶施胶方法是以松香胶为施胶剂、以硫酸铝（矾土）为沉淀剂，来完成施胶任务。在实际生产中，施胶的最优 pH 值为 4.7～5.0。沉淀剂硫酸铝在施胶过程中的作用原理，以往众说纷纭，甚至相互矛盾。随着科学技术的发展，各派学说逐渐趋于统一，即配位理论，配位理论有两个基本观点。

①络合反应：配位理论认为，硫酸铝沉淀剂所起的作用是在溶液中形成水合铝离子 $[Al(H_2O)_6]^{3+}$，施胶效应主要通过水合铝离子与松香离子 Ab^- 和纤维素 Cell 的络合反应而取得，并可能形成如下的络合物：

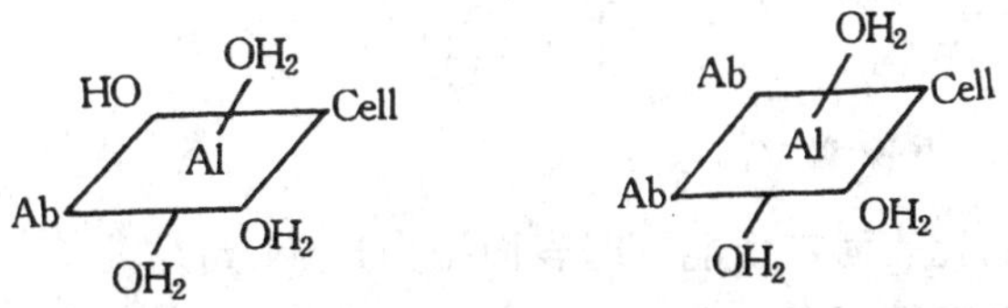

②羟联反应：配位理论还认为，松香胶与纤维素络合仅仅是取得施胶效应的一个历程。而水合铝离子在纸页干燥中起羟联反应，构成多种聚合体，与松香离子及纤维素形成络合物的聚合结构促使羟联反应进行而连接在一起，从而取得施胶效果。羟联反应如下所示：

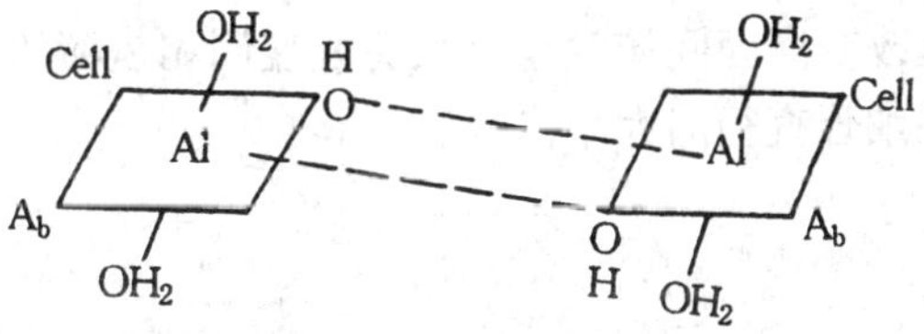

从热力学观点，羟联作用是络合物体系能量降低的自动过程。因此羟联作用是体系从高能状态转变为稳定状态的一种必然趋势。由于络合反应及羟联作用，使松香胶固定于纤维表面，而达到施胶的目的。

应该指出，松香胶沉淀物吸附于纤维表面或与纤维通过配位键发生络合，也仅仅是取得施胶效应的一个必要历程。而施胶效应的实现，最终是在纸页干燥过程达到的。

据认为，松香胶沉淀物附着于纤维素表面是一个随机过程，其极性羧基既有内取向的，也有外取向的（如图 16-18），这种随机形式极不稳定，在极性较强的水溶液中，其内取向部分易于逆转。但是，由于铝离子存在于松香胶沉淀物中，可使极性部分更牢固地吸附于纤维表面，从而使其保持较稳定且较低的表面自由能，确保其憎液性能。

（2）施胶机理：施胶能给予纸张抗水性，是通过将纤维的高能量亲水表面转变成低能量憎水表面来完成的。

液体和纸的作用大致上可分为纸页表面的润湿、液体的吸收以及毛细管渗透作用和液体的扩散作用等三个过程。

液体能否润湿固体的表面取决于液体、固体的表面张力 γ_L、γ_S 以及固液体界面的表面张力 γ_{SL} 的大小。如式 16-29，如果固液系统的表面自由能和由于

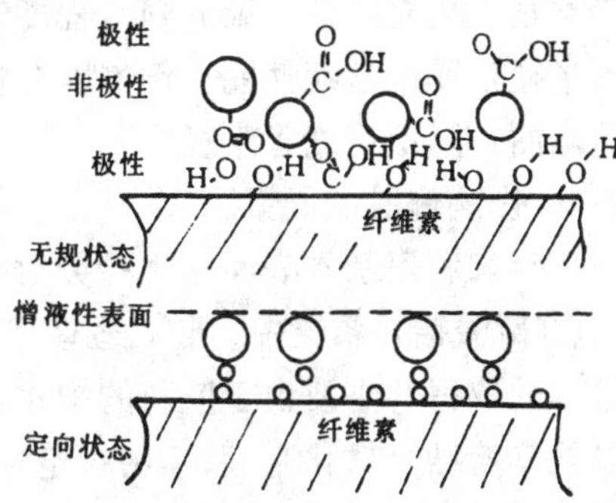

图 16-18　偶极分子取向示意

固体的表面上液体的导入而减小，也就是 S 大于零的时候，液体就可以润湿固体表面并沿固体表面扩散。

$$S=\gamma_S-\gamma_{LS}-\gamma_L \tag{16-29}$$

纤维素纤维的表面张力 γ_S 较大，所以液体很容易润湿纯纤维的表面。而通常所用的松香施胶剂比起纤维具有较小的表面张力，因此当它们很好地覆盖纤维表面时，就可能有效地降低纸页表面的表面张力，而使液体难以润湿纤维的表面。

一旦固体表面被液体润湿，固体就可以吸收液体，同时液体也会在固体的毛细管作用下向固体内部渗透。这一浸透现象及其浸透速率可由华士贝恩（Washburn）的层流方程式表示：

$$\frac{\mathrm{d}l}{\mathrm{d}t}=\frac{\gamma r\cos\theta}{4\eta L} \tag{16-30}$$

式中：$\frac{\mathrm{d}l}{\mathrm{d}t}$——液体浸透速率（m/s）；

γ——液体的比表面自由能（即表面张力）（N/m）

r——毛细管半径（m）；

θ——液固两相间的接触角度（°）；

η——液体粘度（Pa·s）；

L——液体浸入深度（m）。

加用施胶剂，主要是改变液固间接触角。从而改变固相表面的润湿程度，另外也能在一定程度上改变纸张纤维毛细管直径的大小。

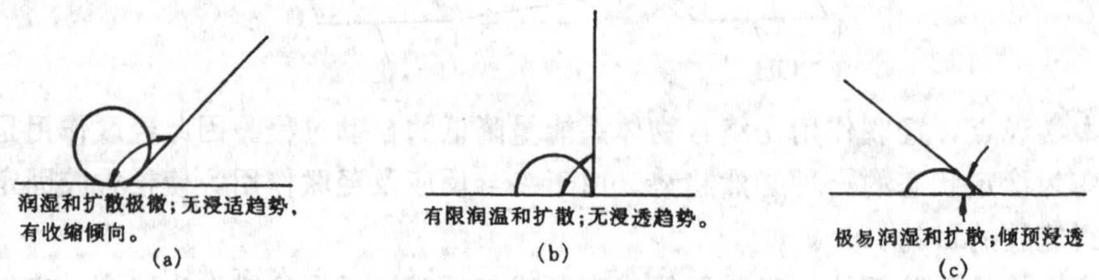

图 16-19 接触角与施胶效应的相互关系

(a) $\theta\geqslant90°$；(b) $\theta=90°$；(c) $\theta<90°$

液滴与纸页纤维表面之间的接触角 $\theta\geqslant90°$，可取得憎液性能，而 $\theta<90°$，则易于受液体的润湿和浸透，如图 16-19。

如前述，施胶方法主要分内部施胶和表面施胶两种。前者的作用主要是改变固液两相间的接触角，从而降低纤维的润湿程度。后者除改变接触角外，还可能通过降低纸页纤维毛细管的半径，取得憎液性能。例如以淀粉和羧甲基纤维素等作表面施胶剂，其主要作用为覆盖纸张表面，降低毛细管半径。

4.1.4 影响施胶的因素

近年来利用基本表面化学参数对松香施胶化学进行研究，已有较一致的看法。认为松香-明矾（硫酸铝）系统中，形成适宜型式的松香酸铝（胶料沉淀物）是施胶中的关键部分。施胶效率的取得，主要由于胶料的憎水性外，尚有胶料在纤维上的留着、均匀分布、良好的定向以及其熔结（软化）、胶膜的稳定性等，均为不可忽视的因素。此外，pH 值、总酸度、阳离子、阴离子、纸料温度、打浆操作、施胶程度和抄纸操作等对施胶都有一定的影响。

现对其关键的两个影响因素讨论如下：

(1) 施胶的pH值：当加入松香胶再加硫酸铝溶液之后，浆料悬浮液的pH值控制在4.5～5.0，或上网纸料的pH值在4.7～5.5可以取得最佳的施胶效果。因为pH值在4～5时，硫酸铝水解的主要产物是具有6个水分子的水合铝离子，在施胶过程中，水合铝离子起着重要的作用，它首先与松香酸或松香酸根络合，生成一、二松香酸铝沉淀物，然后与纤维素的羟基发生羟联反应。如果pH值在7.5～8.0，水合铝离子几乎完全水解，进而出现胶体氢氧化铝沉淀，施胶效应显著下降，成纸可能完全没有施胶度。但是pH值也不能太低，否则会在抄纸过程中产生大量泡沫，造成纸张强度下降，并对造纸机部件产生腐蚀作用。

(2) 白水质量：施胶后的纸料，要严格控制所用白水的质量，白水中存在SO_4^{2-}和Cl^-等阴离子，也存在Ca^{2+}、Mg^{2+}等阳离子，这些离子的量与漂白后纸浆的洗涤情况、水的硬度等有关，并随着白水循环次数的增加而增多。这些阴、阳离子的存在，对施胶效应均有影响。

4.1.5　胶料和硫酸铝的用量

纸张施胶后抗水性能的大小，用施胶度来表示，根据施胶度的大小，可分为重施胶(0.75～2mm)、中等施胶、轻施胶（0.5mm以下）和不施胶4种。

硫酸铝用量决定于松香胶的性质、施胶量、浆料的性质、水质、填料种类和用量以及纸机抄造性能的要求。

一般硫酸铝用量为松香胶用量的1.5～3倍时，基本上可以满足白色松香胶的沉淀需要，但实际生产中往往为使用胶料量的4～5倍。

4.1.6　施胶技术的发展

上述的白色胶和强化松香胶等均称为皂型胶。近10年来主要使用松香分散体。松香胶以分散体型代替皂型是一种重要的进展，称之为“70年代的新一代胶料。”抄纸时松香分散体呈粒状凝结在纤维上，而且这些粒子要比使用松香皂时大4～9倍，这样在pH值为4.5和松香胶消耗量相同的条件下，施胶的效果可高50%。在pH值低于5时，宜于采用松香皂，而pH值为5～7时，则宜于采用分散松香胶。并且明矾的用量减少50%。

高游离松香分散体是一种接近100%游离松香的分散体型胶料。它是将天然松香和甲醛改性强化松香混合加热熔融，以少量碱液皂化。在适量动物蛋白等保护胶体作用下，用机械高速搅拌强制分散成大量细小稳定游离松香颗粒的悬浮液，这种胶料称为“高游离松香分散体。”

高游离松香分散体型胶和常规皂型胶虽均为以松香为主体的施胶剂，但其制备工艺不同。在高游离松香分散体的制备过程中，应严格控制各段反应温度，务使松香在熔融、分散、稀释过程中逐步降温，避免松香分散体温度骤然变化，致使游离松香颗料变大，甚至凝结析出。最后分散体浓度应控制在约35%～40%，其温度也应冷却至40℃以下，才能放料。

高游离松香分散体与皂型胶相比，其优越性归纳如下：①有更好的憎水性，从而可明显降低胶料用量，施胶效率为强化松香的两倍；②分散体型胶调节pH值时耗矾量少，硫酸铝用量也有较大降低；③对pH值适应范围广，可以进行仿中性施胶；④可提高薄型纸和重施胶纸的施胶度；⑤对温度干扰影响较少，为解决夏季施胶障碍提供可靠途径；⑥使用时泡沫少、纸机湿部较清洁，机械表面不易积聚结垢。

4.2　中性施胶

近年来，国际上施胶的趋势是趋向于中性施胶，这样可克服酸性施胶所存在的种种缺点。所谓中性造纸是在整个造纸工艺过程中，将pH值调节到7以上，原则上不用硫酸铝的一种造纸方法。因 pH 值高于 7，所以，也可称为碱性造纸。

中性施胶剂有两种：一种是在酸性施胶情况下的中性施胶剂，另一种是指能在中性状态进行施胶的施胶剂。在日本，一般是指后一种，而欧美一些国家均指前一种。

中性施胶有两种形式：一种是用强化松香胶或高效松香胶作施胶剂，少加或不加明矾，并用阳离子树脂作为添加剂，如聚丙烯酰胺，聚酰胺-多胺，环氧氯丙烷-聚酰胺多胺树脂（EPP）等阳离子型存留剂，代替部分明矾，提高松香胶料的存留率。如用 EPP，则 pH 值在 5.5～6.5 时，可使施胶剂与纤维牢固结合，获得满意的施胶效果。这种施胶被称为“接近中性施胶”（也称假中性施胶剂）。

另一种是采用中性造纸的施胶剂，中性施胶剂可分为直接与纤维反应的反应性施胶剂和有自我定着性的阳离子施胶剂（树脂型、聚合物型），阳离子型施胶剂仅有少量使用。主要是用反应性施胶剂，特别是烷基乙烯酮二聚体（AKD）在一般中性施胶剂中约占 75%，其次也是反应性施胶剂类的碱性无水烯基丁二酸（ASA）约占使用量的 20%。

酸性施胶与中性施胶的主要对比见表 16-16。

由于中性施胶剂价格较贵（约比松香胶高 5～10 倍），所以目前我国极少采用。但中性施胶剂效率高，用量少，可减少吨纸耗浆量，又可使用廉价的 $CaCO_3$ 作填料，若能正确使用，可以补偿价格上的差值，成为很有前途的优良施胶剂。

表 16-16 酸性施胶与中性施胶的对比

项 目	酸 性 施 胶	中 性 施 胶
键合方式	松香中的羧基先与硫酸铝构成离子键合，然后再与纤维素构成极性离子键，此键易受侵入	直接与纤维素构成较稳定的共价键
憎液性能	环状结构，憎液性能略逊于中性施胶	长链结构，憎液性能较强
施胶剂用量（对纸浆）	0.5%～3%	0.02%～0.07%
单 价	以酸性胶为 100%	225%～300%
沉淀剂	必需加用，通常加硫酸铝（矾土）	可加用，也可不加用，视选用施胶剂而定，硫酸铝会对某些合成施胶剂起反作用
助留剂	硫酸铝能起助留作用，必要时还可加其他助留剂	一般最好加用改性淀粉
施胶效应	憎液范围较窄，对油墨、乳酸等不起抗御作用	憎液范围较广，能抗酸、抗碱、抗油墨等
纸张性质	施胶会影响纸张白度和机械强度	施胶不会影响纸张的白度和机械强度，使用寿命长
填料及用量	不能用 $CaCO_3$ 作填料，填料用量过多，易使纸张强度下降	可用 $CaCO_3$ 作填料，降低制造成本

4.3 加 填

加填就是往纸料悬浮液中加入不溶于水或略溶于水的白色矿物质，使纸张获得一些特殊的性能。

4.3.1 加填目的

纸中配用填料的目的是改善其光学和物理的性质，如不透明性、白度、平滑性、适印性和柔软性等，但强度（包括表面强度）、施胶度和松厚度会降低，铜网磨损、成纸的切纸适应性（刀刃保护、掉粉）有劣化的倾向。因此，必须根据使用目的选择填料的种类和加填量。

4.3.2 填料的种类及性质

填料的种类很多，常用的填料有白土、滑石粉、碳酸钙和二氧化钛，其性质和用途见表16-17。滑石粉的用量占总填料量的70%以上。在一般纸类中，酸性纸几乎全部是用滑石粉。而中性纸为了降低铜网的磨损，多数与碳酸钙共用。一般，高、中级纸的加填量为5%～25%，详见表16-18。

表16-17 常用填料的性质

名 称	分子式	比 重	折射率	白 度（%）	粒 度（μm）
滑石粉	$3MgO \cdot 4SiO_2 \cdot H_2O$	2.6～2.8	1.56～1.57	90～91	1～10
白 土	$Al_2O_3 \cdot 2SiO_2 \cdot 2H_2O$	2.5～2.6	1.56	80～86	—
碳酸钙	$CaCO_3$	2.65	1.65	95～97	0.2～0.5
二氧化钛	TiO_2	3.90	2.55～2.70	98	0.3～0.35

表16-18 纸张的加填量

纸 种	填料种类	加填量（%）
新闻纸	滑石粉、白土、硫酸钙	3～6
凸版印刷纸	滑石粉、白土	20～25
胶版印刷纸	滑石粉、白土、二氧化钛	20～30
书写纸	滑石粉、白土	20～25
胶印书刊纸	滑石粉、白土	10～15
铜版原纸	滑石粉	20
卷烟纸	碳酸钙、钛白	35～40
有光纸	滑石粉、白土	10～20

4.3.3 填料留着

（1）填料留着机理：填料的留着是受机械过滤和胶体吸附两种机理所支配。粒度大的填料留着主要是机械过滤作用；而粒度小的填料则是胶体吸附（即DLVO）理论起了主要作用。

（2）填料留着率及影响因素：造纸常用的填料一般粒度只有0.2～1μm，而纸机铜网网目却相当于150～250μm，因此在造纸过程中填料留着率通常只有50%左右。

总留着率：是指纸中所含填料量与加入纸料中的填料量的百分比（回用白水带入的填料量不计），其近似计算：

$$R(\%) = \frac{A}{B} \times 100 \tag{16-31}$$

式中：A—— 绝干纸中的灰分含量(%)；

B—— 绝干纸料中的灰分含量(%)。

单程留着率(一次留着率)：指网上保留的填料占上网填料量的百分比。计算方法如下式：

$$R_t = \frac{CX}{H} = 1 - \frac{Ty}{H} \tag{16-32}$$

式中：R_t—— 单程留着率(%)；

C—— 伏辊处纸幅干度(%)；

T—— 网下白水浓度(%)；

H—— 流浆箱浆浓(%)；

X—— 到达伏辊处的浆量占流浆箱浆量的比值，一般为3% ~ 5%；

y—— 通过铜网流失的浆量占流浆箱浆量的比值，一般为95% ~ 97%。

因此只要测定流浆箱浆浓和网下白水浓度，即可求得单程留着率。

(3) 影响填料留着率的因素：填料的粒度和形状、填料的加入量、纸浆种类和生产条件等都会影响填料留着率。根据经验，填料留着率随纸张定量和厚度的增加、打浆度的提高、硫酸铝用量适当增加、白水用量增加和网目的增大而提高，但是，填料留着率随着浆料温度提高，纸机车速加快，真空度提高和纸机摇振的加快而降低。对填料在纸幅中的留着率，最重要的影响因素是介质的pH值，是用加入纸料中的硫酸铝量来调节，一般pH值为5最好，这时有最大的填料留着率。

4.3.4 加填与纸张性能之间的关系

加填能够提高纸的白度、不透明度，改善纸的印刷性能，但降低纸的强度和施胶度。

4.4 造纸助剂

世界性造纸纤维原料（特别是长纤维针叶材）的短缺，迫使人们不得不在用助剂提高纸张质量的基础上减少纤维用量或减少长纤维配比。而助剂的加入常常在赋予纸张良好的性能的同时，又改善操作条件。

从纸张生产工艺来看，助剂可添加于湿部浆内也可喷涂于纸幅上（包括压光机施胶）。但这里偏重介绍湿部添加。造纸工业用助剂（如增强剂、助留剂、助滤剂、分散剂、消泡剂、脱墨剂、防霉剂、树脂障碍消除剂等等）种类很多，这里重点讨论增强剂、助留剂、助滤剂和分散剂。

4.4.1 纸页增强剂

纸页增强剂根据其用途可分为提高纸页干强度的干强剂和提高纸幅湿强度的湿强剂。

(1) 干强剂：在抄造大多数纸种时，纸页强度往往是主要的质量指标之一。浆内施加补强剂（浆内添加助剂）增进了纤维间的相互结合强度，即在纤维间产生新的氢键结合，最终提高纸的强度。因此可以适当降低打浆的程度，从而减少了打浆时间，降低能量消耗，相应地提高了打浆能力。使用低打浆度的纸浆抄纸，可以增加造纸机上网部的滤水性，加快车速，增加产量。

干强剂一般有聚丙烯酰胺（PAM）及阳离子淀粉，此外也可使用乙二酰淀粉、植物胶。

(2) 湿强剂：被水浸透饱和的纸，一般丧失强度约95%，余下的强度称为湿强度。能使保持原纸干强15%以上的增强剂称为湿强剂。

经过加入湿强剂的纸，其纤维-纤维间接触的部位是复合材料，既有相互交织的纤维，又有加入的高聚分子，依赖于物理的交织作用和增强剂不溶于水，不润胀的硬化作用，从而形成三维网状结构，使助剂定着在纤维之间，以阻止水分渗入纤维空隙之中。经干燥后，由于化学变化，复合物料在水中变得不易润胀，从而产生湿强度。

湿强剂多用在卫生纸、纸巾、水泥袋纸、湿式感光纸和耐水瓦楞纸等纸中，而书籍用纸、信息用纸等普通纸很少使用。

一般使用的湿强剂有尿醛树脂、三聚氰胺树脂、聚酰胺环氧氯丙烷树脂、聚乙烯亚胺和乙二醛淀粉等。

三聚氰胺树脂基于它与纤维素发生交联反应而赋予湿纸以较大的强度。三聚氰胺树脂的加入量一般为1%～3%，浓度为10%～12%，可将树脂液直接加入成浆池或纸机湿部等处，或者稀释到3%～5%的浓度再应用。此湿强剂的成熟速度依酸值和干燥温度而定。

氯丁胶乳不仅能提高湿强度而且还可改善纸的干强度。加入量一般是4%～5%。由于氯丁胶乳具有负电荷，必须采取必要的方法使胶乳在浆或纸中沉积（如加足够量的硫酸铝），否则会大量流失于白水中，或者在使用时添加胶乳的保护体（明胶、干酪素等），用量为1%（对胶乳计），促使其与纤维素等聚絮。

聚酰胺-聚胺-表氯醇（PAE）树脂，由多元酸与多元胺缩聚成聚酰胺，然后再与环氧氯丙烷聚合而成。根据分子量的不同，分别用作助留剂、助滤剂、干强剂和湿强剂。当用作湿强剂时，PAE的用量为0.6%，pH值控制在6.5～7。

4.4.2 助留剂

随着抄纸机的大型高速化和中性抄纸的发展，提高留着率的要求越来越强烈。使用助留剂的好处主要是可用相同的原料，生产更多的产品。助留剂具有使浆料絮聚的作用，使细小纤维和填料充分留着，减少流失；浆料在絮聚状态下，缩小了纤维间的动力表面积，使水流通过时阻力减少，加速脱水，降低湿纸页的水分；可以减轻烘干时的负荷，降低汽耗，并可提高造纸机车速；节约原辅料，降低成本。

助留剂是一种水溶性的高分子聚合物，大多是阳离子，也有阴离子和非离子的，但分子量应更高，一般在百万级以上。用于造纸工业有5种类型：

(1) 聚乙烯亚胺（PEI）：由乙烯亚胺聚合而成。带强、中等阳离子性，经不同的化学改性，有助留、助滤作用，也有用作吸收性的湿强剂。适于在中性和弱酸性范围内应用。目前国内尚无生产。

(2) 聚胺（PA）：由甲胺和氨水与环氧氯丙烷缩聚而得。带强阳离子性，在中性范围内有助留作用，也有用作干强剂的，一般效果不明显。

(3) 聚酰胺-聚胺-表氯醇（PAE）。

(4) 聚丙烯酰胺（PAM）：由丙烯酰胺聚合得非离子聚丙烯酰胺，再引入羧基为阴离子性，引入叔胺基或季胺基则为阳离子性。

(5) 聚氧化乙烯（PEO）：由环氧乙烷聚合而成。商品为淡黄色粉末，为非离子型水溶性的高分子聚合物。用作助留剂的分子量在500万以上，可在微酸至中性范围内应用。

助留剂能够使细小纤维和填料留着于纤维上，主要是通过下列几种方式[12]：

(1) 电荷中和：纤维和大多数填料都带负电荷，如加阳离子助留剂，可中和二者的表面电荷，减少纤维与填料之间的排斥力，可得到最大的留着率（如图16-20）。

(2) 嵌镶结合：由于阳离子型助留剂在纸浆表面和填料粒子间的部分吸附，可形成具有阳电荷的嵌镶状中心（如图16-21），这些表面阳电荷的静电力，可吸引表面仍为阴电荷的纸浆和粒子。

(3) 形成桥联：具有足够链长的高分子聚合物，可在纤维、填料等空隙间架桥，并形成凝聚（如图16-22），不仅长链阳离子型聚合物具有此种效应，阴离子性高分子量聚合物在少量正电解质（如明矾）存在下，也可形成类似的桥联。

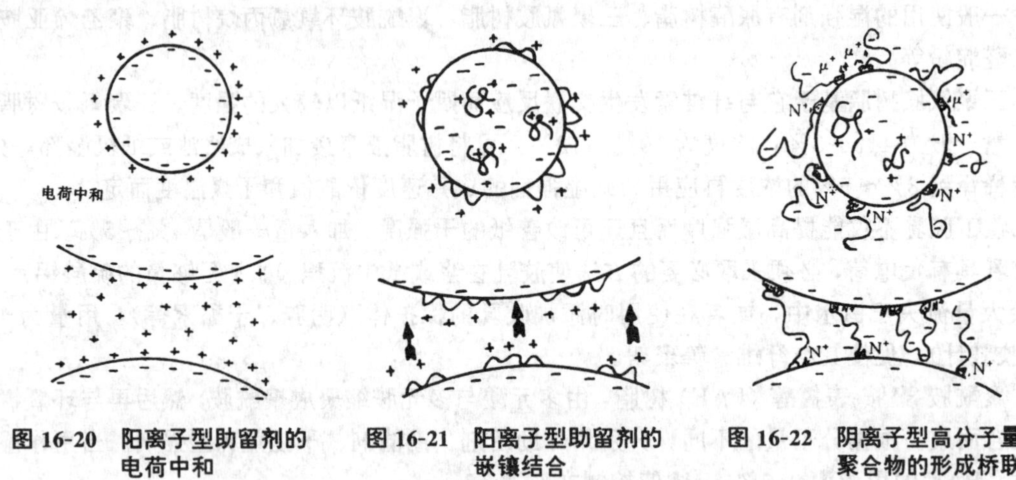

图 16-20 阳离子型助留剂的电荷中和

图 16-21 阳离子型助留剂的嵌镶结合

图 16-22 阴离子型高分子量聚合物的形成桥联

(4) 复合絮聚：在浆料中先后加入阴离子和阳离子聚合物，可形成更稳定的絮聚物，称为复合絮聚。比如浆料中先加入明矾，中和纤维和填料粒子的阴电荷，再加入阴离子聚丙烯亚胺助留剂形成桥联。或者先加入阳离子聚乙烯亚胺产生镶嵌结合，然后由阴离子聚丙烯酰胺形成桥联。这样都可形成更稳定的絮聚物，留着效果就更为显著（如图 16-23）。

图 16-23 复合絮聚

4.4.3 助滤剂

加入助滤剂的目的是要改善纸料在网部和压榨部的脱水性能，以提高抄速和节约干燥用汽，Stardino 认为纤维所带电荷与滤水性、纸页紧度、纸页组织等性质有密切关系。根据 Sankanen 的报道，聚乙烯亚胺（PEI）能使 BKP 滤水性提高。对于 PEI 的脱水作用可以归纳为：①降低纤维水化能力；②提高脱除游离水的速度，于是 PEI 使细小纤维凝聚成为较大的纤维集团，减少细小纤维对纸内孔道的堵塞，使纸页水分易于流出。

4.4.4 分散剂

当配用长纤维抄纸时（如在传统浆料中加入化学纤维——可溶性维尼纶丝），若不加入适当分散剂，使纤维间形成一定膜层，则搅动过程中，纤维容易产生绕结。另外，长纤维浆料上网时，脱水太快会造成纸质不匀，有高粘性的分散剂延缓脱水，使纸页匀度提高。但使用要适量，否则湿纸页在吸水箱上难于吸干，以致水分过高，引起压花与压溃。除上述纤维分散剂外，还有用在涂料中的分散剂，其使用目的是降低高固物含量涂料的粘度，以节约干燥用汽，降低成本和改进涂层质量。还有一种分散剂则是将带正电荷的填料转变成带负电荷，使之与带负电荷的纤维互相排斥，以改进浆料组分的反絮凝作用，使浆料中的纤维和填料微粒分散均匀。使用的分散剂如焦磷酸盐、聚丙烯酰胺去聚物、聚环氧乙烷 PEO 等。

4.4.5 几种有效的造纸助剂

(1) 聚丙烯酰胺（PAM）——多功能标准造纸助剂。PAM 在造纸工业中的应用不下 10 多种，主要用于提高干、湿强度，增加纸浆滤水性，提高纤维及填料留着率。还可用作表面施胶剂、涂料纸胶粘剂、白水及黑液处理剂、合成纤维粘合剂以及提高电容器纸击穿电压的助剂等，故聚丙烯酰胺被称作多功能标准造纸助剂。PAM 有阴性、阳性和两性（非离子型）3种，其性能和使用情况见表16-19。

目前已有阴离子PAM与阳离子淀粉、阳离子PAM一起使用或与两性PAM混合添加的报道。用阴离子PAM使阳离子淀粉大量沉积在纤维和填料上，阳离子-阴离子型的双聚合物系统是高效助留剂组合，一个系统既要求干强度又要求留着率高，则可用这种组合来达到目的。

表16-19 聚丙烯酰胺的性能和使用情况

项目	聚丙烯酰胺（PAM）		
	非离子性（NPAM）	阴离子性（APAM）	阳离子性（CPAM）
制法	由丙烯酰胺聚合而得	在非离子PAM中引入羧基即得	在非离子PAM中引入叔胺基或季胺基即得
分子量	数千至数百万	300万～500万	50万～80万
性质	白色粉末，易溶于水形成透明的粘状溶液，不溶于有机溶液	白色粉末或6%～8%高粘度溶液	40%中粘度浓液
pH值	—	4.2～5	适应范围广（4.0～8.0），但pH值>7，助滤效果下降
使用	助留	纸页增强效果好	助留、助滤作用最佳，并起纸力增强作用
使用浓度	—	0.05%～0.1%	助留浓度不超过0.5%
用量	0.02%～0.03%	一般为0.01%～0.1%（对绝干浆料计算），较好的用量为0.03%～0.06%	用量少至0.1%都有效，但为了得到较好的效果，一般用量为0.2%～0.5%
使用方法	先将PAM和滑石粉混合后，再加入浆中，填料留着率显著提高	须用硫酸铝，将APAM同纸浆定着，才能发挥作用	—
加入地点	在保持助留剂与浆料均匀混合前提下，应在高位箱与流浆箱间加入，尽可能减少旋翼筛、除砂器等高速切变影响		

（2）淀粉类助剂。天然的未改性淀粉，是造纸工业最古老的助剂之一。但因它易使浆料粘度增得过高，流变性差，处理困难，故应用受到限制，特别用于施胶压榨，困难更大。所以要求淀粉进行一定程度的改性。所谓改性淀粉是指天然淀粉经低分子化处理后达到要求粘度的一种变性淀粉。氧化淀粉是一种比较古老的改性淀粉。

淀粉在造纸中有两个作用：①增加纸张强度，如耐破度、耐折度和抗张强度等；②补充打浆操作不足，提高打浆效果，此外尚能提高纸面的耐磨性能。

淀粉在造纸工业上有很多不同的用途，所有这些用途主要都是与淀粉的粘结性能有关。可作为纸张增强剂、表面施胶剂和涂料粘合剂。主要用于表面施胶压榨上，湿部加入的淀粉，其比例不到整个造纸工业上淀粉总用量的20%。但很多纸机没有施胶压榨，因而在湿部加入淀粉还是惟一可以采用的方法（湿部添加用的淀粉60%为阳离子淀粉）。有关淀粉助剂在湿部使用情况见表16-20。

表 16-20 淀粉的性能和使用

项 目	淀粉系列		
	氧化淀粉	阳离子淀粉	阴离子淀粉
制 法	通过次氯酸钠，使天然淀粉葡萄糖单体上的部分—OH 基逐步氧化为醛基、酮基、羧基，从而使其葡萄糖环状结构断裂而得到改性淀粉产物	是用淀粉与带有活性阳离子基团的其他物质（如四价铵盐）进行化学反应而制得	用玉米淀粉与磷酸盐作原料经加工而成
特 性	具有凝沉性弱、吸水性或成膜性好等优点	无色的粉状体，易溶于水，分散性好	—
作 用	湿部添加，基本上是增加纤维与纤维的结合力，使干强度得以提高，同时起了助留、助滤的作用	有效增加环压强度、耐折和耐破度等，但撕裂度稍有下降，并有助留、助滤作用，促进施胶效果	借助于浆中铝离子的正电荷，使大量的淀粉填料被留在纸张纤维上，同时还能提高纸张的纤维结合强度，起着补强剂作用，助留作用
使用浓度	—	1%～3%	—
用 量	—	0.5%～2.5%，视实际情况而定，通常添加量为1%（对绝干浆）	0.5%～2.3%
使用方法	糊化后加入纸料中	先蒸煮（固含量为4%～5%）后稀释，再加入纸料中	一般与硫酸铝共用，也可与阳离子淀粉共用
添加地点	加在靠近高位箱处：为了提高填料和细小纤维的留着率 加在原料槽、冲浆泵或白水回收系统：为了改善纸页强度 加在冲浆泵：为了同时考虑留着率和强度		

5 造纸机的供浆系统[13,14]

造纸机的供浆系统在造纸过程中占有极其重要的地位，此系统设计、安装正确与否，不仅影响到产品的质量，还会影响到造纸机的正常运行。

在设计供浆系统时，应保证系统所供纸料的浓度、配比、酸碱度（pH 值）等稳定，其变化量不得超过成纸所允许的偏差。成纸纵向定量稳定与否完全取决于供浆系统。在设计该系统时还应充分考虑到纸机车速变化的要求而留有相当大的调节余地。此外，还应考虑到流量稳定，并应采取净化、除气及消除脉冲等措施，使所供浆料完全符合造纸机的要求。

供浆系统是指纸机浆池（又称抄前池）至造纸机流浆箱前的管路和设备。该系统应由纸机浆池、调节装置（包括浓度和流量调节）、净化设备、除气、冲浆泵（高速纸机有时还配有脉冲衰减器）及管线等设备组合而成。长网、圆网造纸供浆系统典型流程分别如图 16-24、图 16-25 所示。

供浆系统设计和配置时必须遵循下述原则：①凡是有流量稳定要求的部位如调浆箱、高位箱、冲浆池等都必须设置溢流，使其有一恒定的初始水位；②流量控制阀必须在下游水位线以下，以免产生空穴，从而造成不规则的脉冲；③所有出浆、白水管线都需浸入水位以下，以免出口喷溅将大量空气卷入影响纸机的正常运行；④中、低速纸机最好设置高位箱，既可消除脉冲又可脱除游离空气。

5.1　纸机浆池

纸机浆池的设置是为纸机提供配比、浓度、流量稳定的纸料及有一定的贮存量，贮存量与打浆方式、配浆方式、造纸机的生产能力等因素有关，一般讲可在1～4h内选择。显然，容积越大对稳定浆料的工艺条件有利，当然也会带来占地面积大，动力消耗多的缺点。因此，在确定纸机浆池尺寸时应根据工厂的具体情况确定。对设备比较先进并采用连续打浆、连续配浆，且仪表配置比较齐全，技术力量比较强的工厂则选择较小容积的纸机浆池。需指出的是，此处所指"容积大小"是指能维持造纸机生产时间而言，小的可控制在造纸机抄造30～60min，大的可达4～6h的量。

一般情况下选用1只贮浆池与纸机浆池配套对纸机抄造是比较有利的（如图16-24、图16-25）。这样配置既可维持稳定的流量，又可减少来浆工艺参数差异所造成的影响。当然，正如前面所述，动力消耗，占地面积会大一些。要特别强调的是采用间歇配浆的工厂更应这样配置，而且决不可把这只贮浆池作为配浆池使用，否则会对生产造成极为不利的影响。

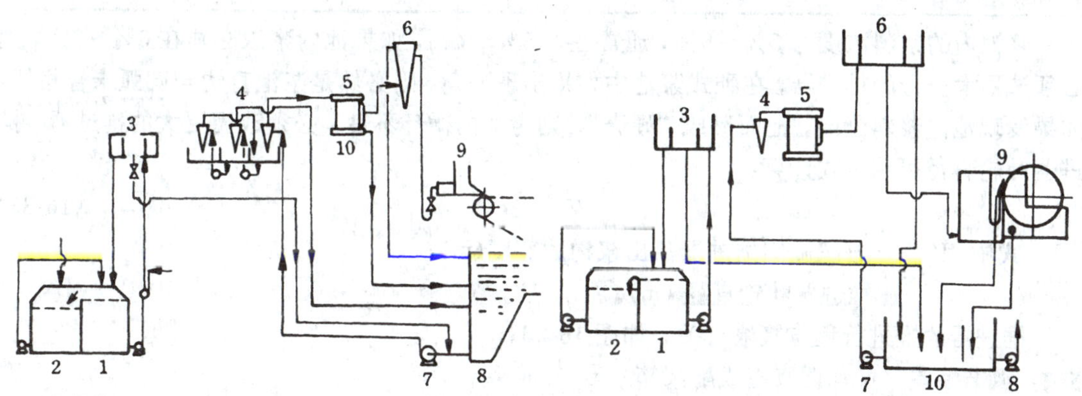

图16-24　中、低速长网纸机供浆系统

1. 纸机浆池；2. 贮浆池；3. 调浆箱；4. 锥形除砂器；5. 旋翼筛；6. 锥形稳浆箱；7. 冲浆泵；8. 冲浆池；9. 流浆箱

图16-25　圆网造纸机供浆系统

1. 纸机浆池；2. 贮浆池（成浆池）；3. 调浆箱；4. 锥形除渣器；5. 旋翼筛；6. 稳浆箱；7. 冲浆泵；8. 白水泵；9. 流浆箱；10. 冲浆池

纸机浆池以卧式为主，方浆池的使用正逐渐扩大，低浓立式浆池在小的或比较陈旧的工厂中有时可见。一般说，对于装备比较先进、采用连续打浆、连续配浆的造纸车间可采用较小的贮存量。

纸机浆池有卧式浆池与方浆池，尺寸已趋于规范化，其循环装置列于表16-21、表16-22、表16-23，供使用时参考。

表16-21　ZTU涡轮推进器（卧式浆池用）

型　号	ZTU_1	ZTU_2	ZTU_3	ZTU_4
叶轮直径（mm）	500	750	1000	1250
配用电机及功率（kW）	Y160M-6/7.5	Y180L-6/15	$Y200L_1$-6/18.5	Y250M-8/30
配用浆池容积（m^3）	25～50	55～85	65～200	<500

表 16-22 ZTJ_1、ZTJ_2 型螺旋桨推进器（卧式浆池用）

型 号	ZTJ_1	ZTJ_2
叶轮直径（mm）	700	1000
配用电机及功率（kW）	Y160L-6/11	$Y200L_2$-6/18.5
配用浆池容积（m^3）	40～60	70～150

表 16-23 螺旋桨搅拌器（方浆池用）

型 号	ZTJ_{11}	ZTJ_{12}	ZTJ_{13}	ZTJ_{14}	ZTJ_{15}
叶轮直径（mm）	500	750	1000	1250	1500
配用电机及功率（kW）	Y132M-4/7.5 或 Y160M-4/11	Y180M-4/18.5 或 Y180L-4/22	Y200L-4/30 或 Y225S-4/37	Y225M-4/45 或 Y250M-4/55	Y250M-4/55 或 Y280S-4/75
配用浆池容池（m^3）	10～15	30～50	100	150	200

浆池内的浆料浓度为 3%～5%，通常在 3.5%～4%。如果池内浆浓必须在 6%～7%，则必须选用大一号的推进器；在卧式浆池中如果出现死角，则必然是浆池直边与圆弧未曾相切，如果发现池内浆料分层，池面形成“硬壳”，则为池内循环不良，必须改用更大的推进器。推进器叶轮直径可用下式计算：

$$W \leqslant 2D \tag{16-33}$$

式中：W—— 自螺旋桨推进器流出浆沟的宽度(m)；

D—— 推进器叶轮直径 (m)。

推进器的推进行程与浆浓有关，如图 16-26。

5.2 调节装置（又称调浆箱或配浆箱）

抄造纸页所需的纸料往往是数种纤维原料的组合，即使是单一纤维原料也有损纸纤维加入的比例问题。因此，调节装置功能是既能定量地供料又能按要求使不同的纤维原料按比例地加入，其结构按供浆方式的不同也有较大的差异。

冲浆池式供浆系统存在多种形式的调节装置，如春培式、孔板式等。我国以后者使用为多，而使用插管式时，多用球阀或薄型阀调节（如图 16-27）。这种型式的调节装置结构简单、

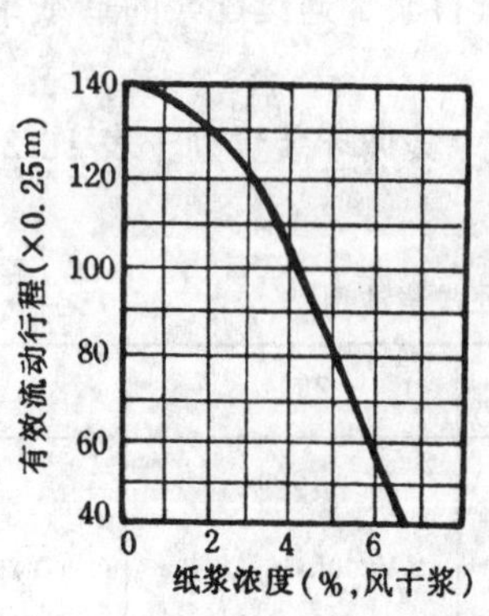

图 16-26 螺旋桨推进器的有效行程与浆浓的关系

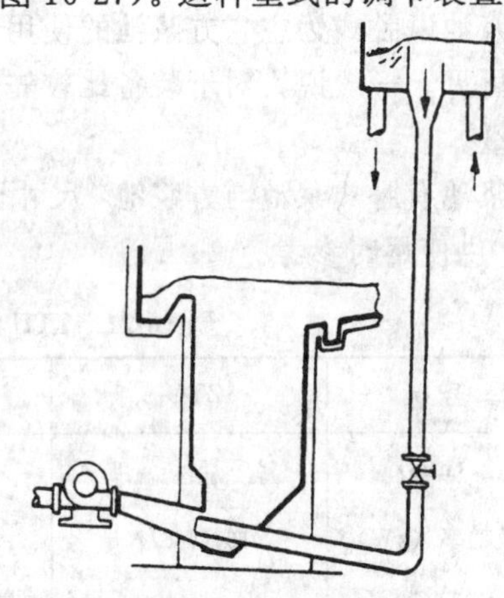

图 16-27 插管用调节箱

操作方便可靠，在使用时要注意箱底的出口流速，务必使其控制在某一限度之内。如以 W_A 代表箱底出口管线处之浆速，则此处的速度务必符合关系：$W_A \leqslant 2H$ (m/s) [式中 H 为调节装置中浆位的高度（如图 16-27)]，否则必须用锥管过渡。另外，尚需切实注意阀门的安装位置，务使其处于下游水位线以下。

5.3　浓度调节器

为了保持供浆系统的供料稳定，浓度的控制是十分必要的。一般都在纸机浆池与调节装置之间设置浓度控制设置，使进入调节装置的浆料浓度稳定，其变化量不得超过成纸允许的偏差量。

5.4　净化系统

为了保证纸机的正常运行和成纸质量，在供浆系统中必须设置净化设备以除去在打浆和贮存过程中产生的纤维性和非纤维性杂质。使用的净化装置有除渣器、压力筛等。在选择净化设备时，要特别注意空气的卷入，因此像离心筛（ZSL_{1-4}）不能在此使用。

5.5　脉冲衰减装置

对于高速纸机，由于管线布置和净化设备的影响会产生低频脉冲，这种脉冲对成纸的纵向定量会产生很大的影响，尤其当使用水力式流箱时，影响更为严重。为了缓解或消除这类脉冲所产生的影响，必须在系统中装设脉冲衰减器、脉冲阻尼器、网下白水坑和网外白水坑，如图 16-28 至图 16-31。

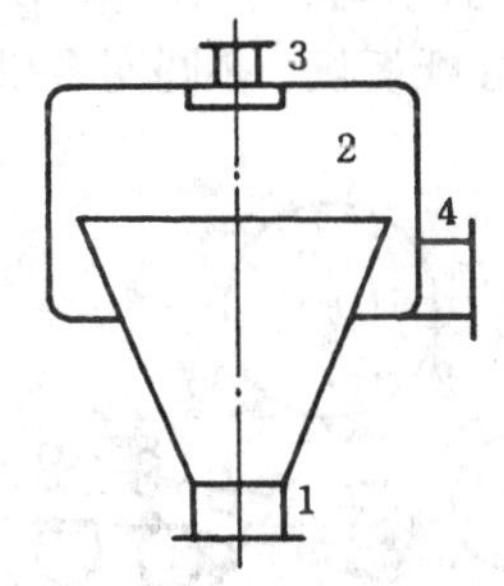

图 16-28　脉冲衰减器

1. 浆流入口；2. 密闭仓；3. 压缩空气入口；4. 浆流出口

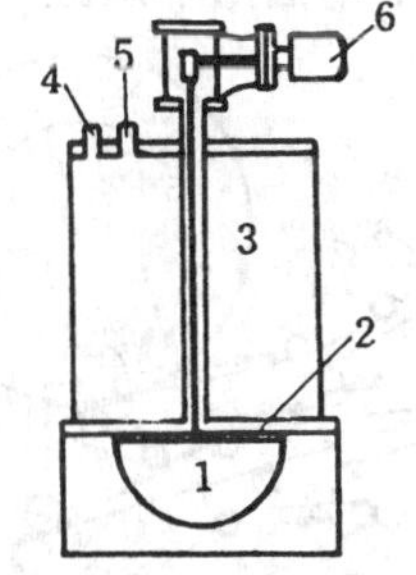

图 16-29　脉冲阻尼器

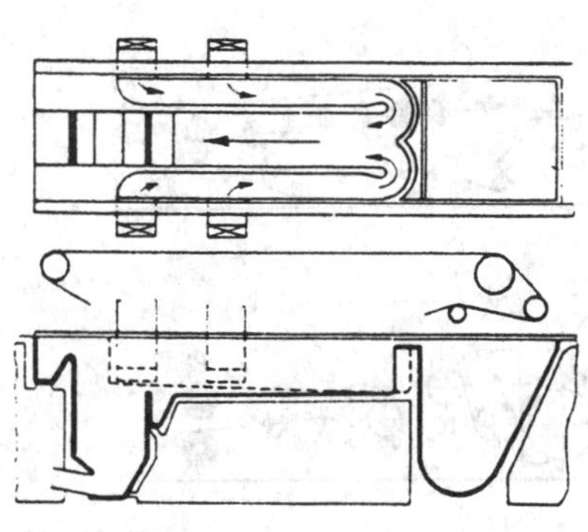

图 16-30　网下白水坑

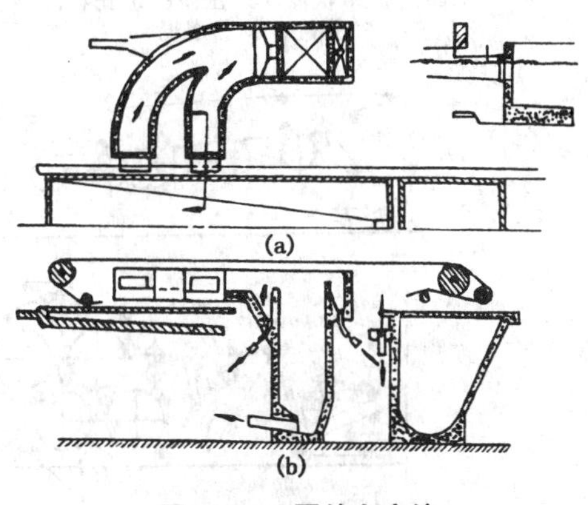

图 16-31　网外白水坑

(a) 俯视图；(b) 立面及剖面图

6 造纸机

纸的抄造有干、湿法之分。湿法抄造是以水为介质形成的纤维、填料及化学品的纤维悬浮体，该悬浮体在成型网上过滤脱水成型；干法造纸是以空气为介质将纤维铺填在成型网上，后以粘结剂粘合而成，当前是以湿法抄造为主。

自17世纪末机制纸发明到今天已有200多年的历史，造纸技术已有长足的进步。当前已进入“多层成型”的时代，所谓多层成型是纸留多层成型组成，每层都可根据成纸质量的要求在人为控制下成型。这种成型有许多好处，主要有：高定量纸种可在高车速下抄造，大大提高了劳动生产率；可使各层有不同的原料结构，从而可最经济地使用纤维原料；根据成纸的质量要求，各层可采取不同的工艺条件，既节省能源又可更好地满足品质的要求。鉴于上述优点，今后不仅是高定量纸种，即使是中、低定量的纸种也将采用多层成型。

成型技术的发展也极迅速，除传统的成型装置外，高浓成型、泡沫成型等也正在开发研究中；从纸机的发展看，向高速、宽幅（10 000mm）发展，夹网成型越来越受到人们的重视；在长网成型器上加设上成型器已成为当前长网改造的潮流，圆网成型仍然是不可缺少的基本成型方式，特别对于发展中国家在相当长的时间内，仍将是主要的成型技术之一。

6.1 造纸机的分类

造纸机由成型部（又称网部）、压榨部、烘干部、卷取部及传动部等组合而成。

（1）造纸机的分类：造纸机分类往往以成型部为分类的基础，有时还冠以干燥部的形式以资区别。主要分为：单圆网单烘缸造纸机、多圆网大烘缸纸板机、多圆网多烘缸造纸机、圆

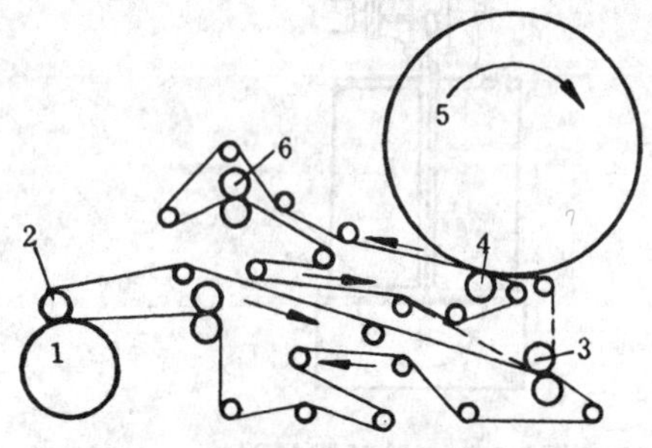

图 16-32 单圆网单烘缸造纸机

1. 圆网；2. 伏辊；3. 压榨；4. 托辊；5. 烘缸；6. 挤水辊

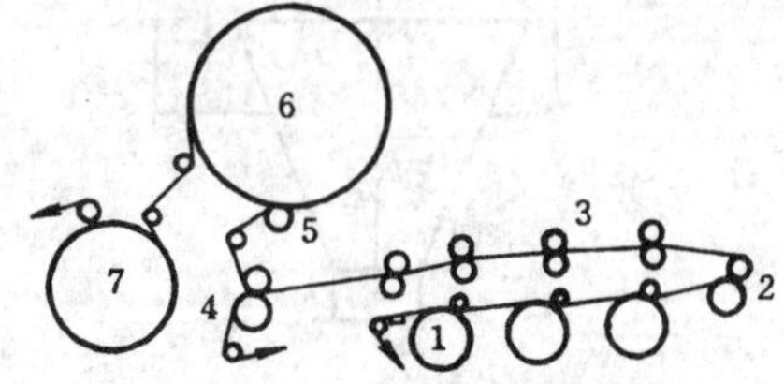

图 16-33 多圆网大烘缸造纸机

1. 逆流式网槽和圆网；2. 回头辊压榨；3. 预压榨；4. 主压榨；5. 托辊；6. 大烘缸（∅5190mm）；7. 烘缸（∅2135mm）

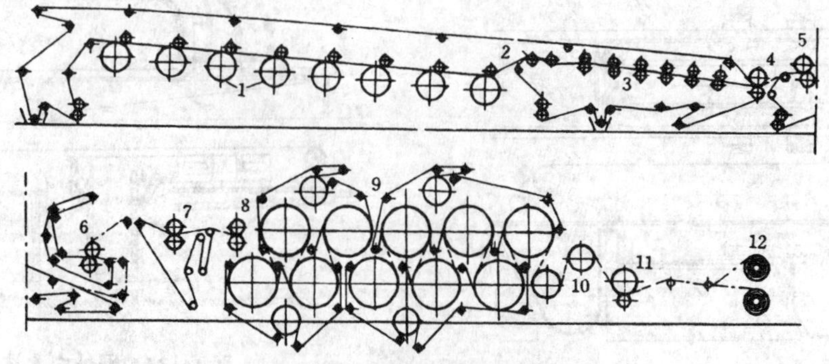

图 16-34 多圆网多烘缸造纸机

1. 圆网笼；2. 吸水辊；3. 预压榨；4. 主压榨；5. 第一道压榨；6. 第二道反压榨；7. 第三道压榨；8. 平滑压榨；9. 烘干部；10. 冷缸；11. 双辊压光机；12. 双轴型轴式卷纸机

网湿抄机、长网多烘缸造纸机、长网大烘缸造纸机、多长网多烘缸造纸机、长网湿抄机、多短网纸板机、长、圆网复合纸机、长、短网复合纸机、夹网造纸机、多夹网纸板机，如图16-32至图16-44。

(2) 造纸机的宽度：造纸机的宽度有抄宽、公称净纸宽、网宽、轨距、中心距等宽度名称。

①抄宽：卷纸机上纸幅宽度（mm）。

②公称净纸宽：造纸机生产的成品纸的宽度，通常是纸幅规格的整数倍。

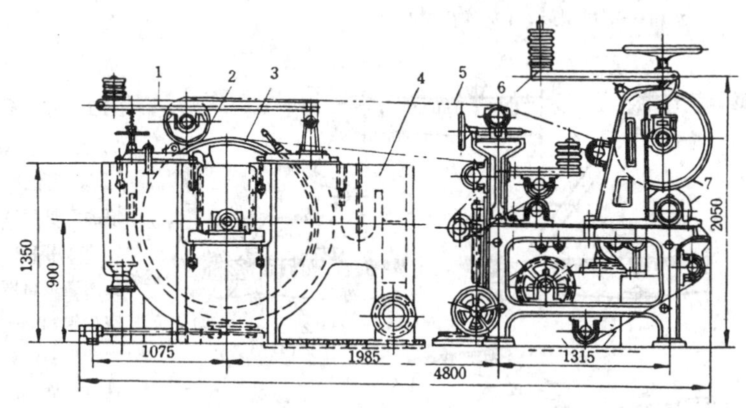

图 16-35　圆网湿抄机

1. 伏辊加压杠杆；2. 伏辊；3. 圆网笼；4. 网槽；5. 毛布；6. 成型鼓加压杠杆；7. 双辊成型压榨

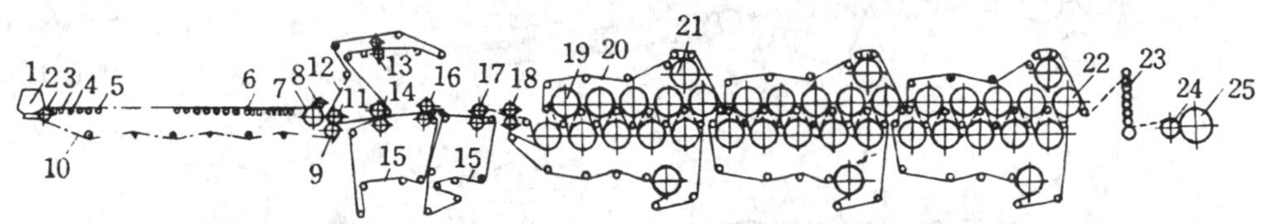

图 16-36　长网多烘缸造纸机

1. 封闭气垫式流浆箱；2. 胸辊；3. 成型板；4. 沟纹案辊；5. 案辊；6. 真空箱；7. 真空伏辊；8. 上伏辊；9. 驱动辊；10. 网；11. 真空引纸辊；12. 上毛毯；13. 毛毯洗涤压榨；14. 递纸压榨；15. 毛毯；16. 第一道压榨；17. 第二道压榨；18. 光泽压榨；19. 干纸缸；20. 干布；21. 干布缸；22. 冷缸；23. 压光机；24. 卷纸机；25. 纸卷

③网宽：是铜网或尼龙网的宽度，通常按下式计算后再圆整到邻近的稍大规格网的宽度。

$$B_W=\frac{B_m}{1-\varepsilon}+A \qquad (16\text{-}34)$$

式中：B_W——铜网计算宽度(mm)；

B_m——卷纸机上纸的宽度（抄宽，mm）；

A——湿纸边及铜网的错动系数：开式引纸时 $A=150$mm；真空引纸时 $A=250\sim300$mm；

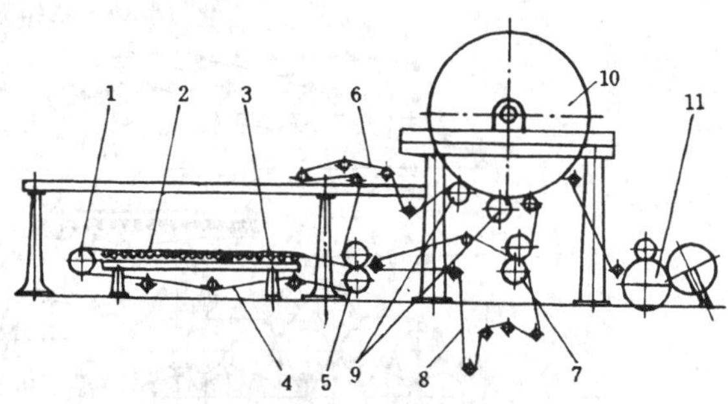

图 16-37　长网大烘缸造纸机

1. 胸辊；2. 案辊；3. 吸水箱；4. 成型网；5. 伏辊；6. 带纸毛毯；7. 真空压榨；8. 压榨毛毯；9. 托辊；10. 大烘缸；11. 圆筒卷纸机

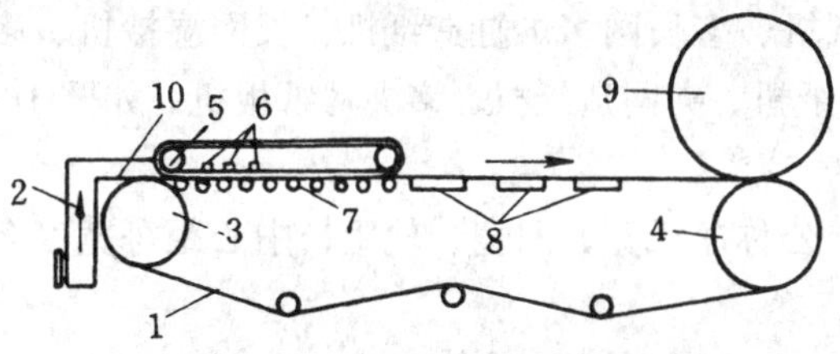

图 16-38 长网湿抄机

1. 成型网；2. 流浆箱；3. 胸辊；4. 伏辊；5. 定幅装置；6. 闸板；7. 案辊；8. 吸水箱；9. 成型鼓；10. 橡皮裙布

ε——纸的总横向收缩率（%）。

④轨距：造纸机基础上两底轨中心线间的距离，国产纸机轨距见表 16-24。

⑤中心距：是辊筒两端轴承中心线之间的距离。

⑥造纸机的车速：是指造纸机卷纸速度，以“m/min”表示。

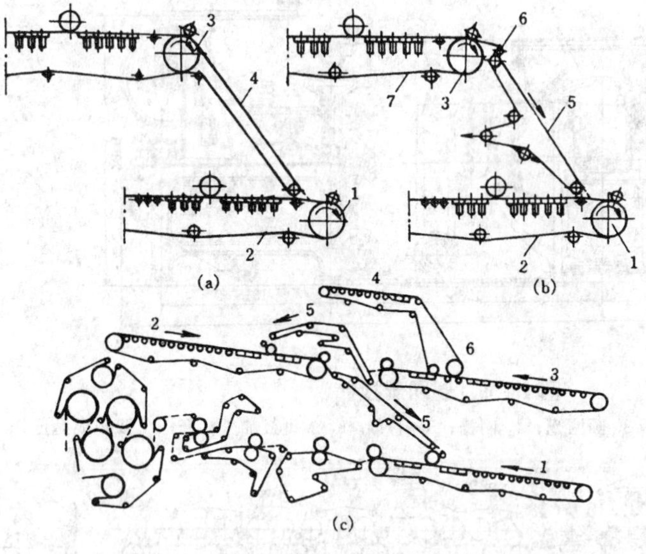

图 16-39 多长网多烘缸造纸机

(a) 用延长的上网移送纸幅的双长网造纸机网部；

(b) 用毛布移送纸幅的双长网造纸机网部；1. 下网真空伏辊；2. 下网；3. 上网真空伏辊；4. 延长的上网；5. 送纸毛布；6. 引纸辊；7. 上网；

(c) 四长网造纸机的网部和压榨部；1. 下网网案；2. 第二网案；3. 第三网案 4. 第四网案；5. 送纸毛布；6. 网辊

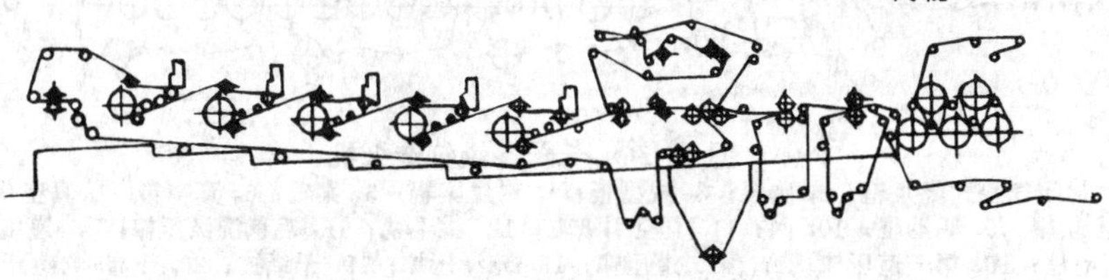

图 16-40 多短网纸板机

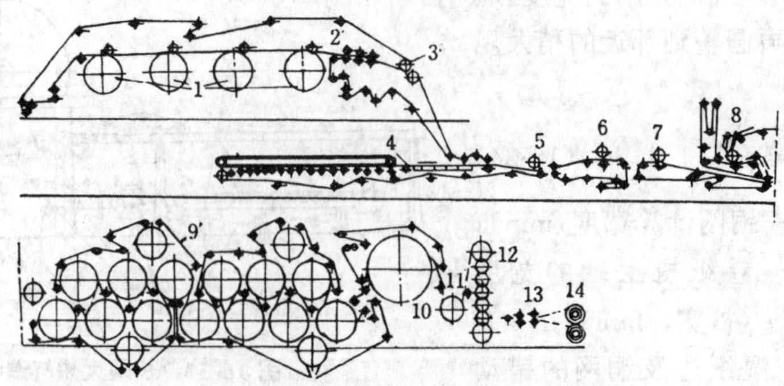

图 16-41 长、圆网复合式纸板机

1. 圆网；2. 预压榨；3. 圆网部分的主压榨；4. 长网；5. 长网部分的伏辊；6. 第一道压榨；7. 第二道压榨；8. 第三道反压榨；9. 烘干部；10. 大烘缸；11. 冷缸；12. 七辊纸机压光机；13. 纵切机；14. 双轴型轴式卷纸机

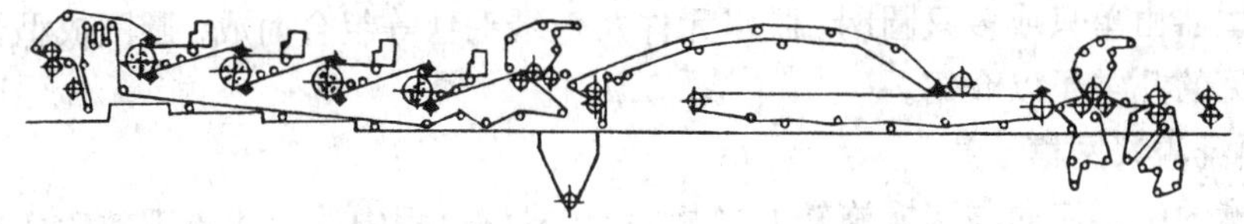

图 16-42　长、短网复合式纸板机

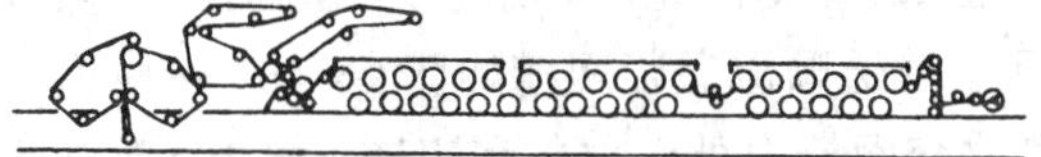

图 16-43　夹网造纸机

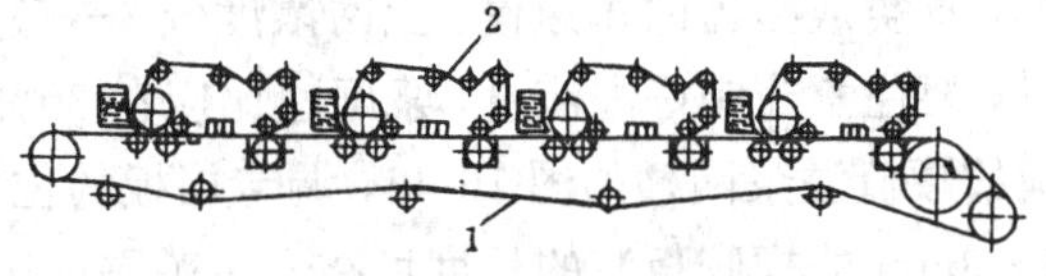

图 16-44　多夹网纸板机网部

1. 下网；2. 上网

表 16-24　现有国产纸机轨距

序号	公称净纸宽（mm）	轨距（mm）	造纸型号举例
1	787	1400	ZV_1 双圆网双缸造纸机
	1 092	1 650	ZV_2 单圆网单缸造纸机
	1 092	1 900	ZV_3 双圆网双缸造纸机
2	1 092	湿部 1 800 干部 1 900	ZW_1 长网多缸造纸机
	1 092	1 850	ZD_1 双长网多缸造纸机
3	1 575	2 400	ZV_4 双圆网双缸造纸机
4	1 600	2 400	LZ_{1122}多圆网多缸板纸机
5	1 760	2 600	ZVV_2 长网多缸造纸机
6	1 880	2 700	ZM_1 长网多缸薄页造纸机
7	2 040	3 100	ZW_{22}长网多缸造纸机
8	2 100	2 850	ZC_4 多圆网多缸板纸机
9	2 184	2 850	ZB_4 多圆网多缸白板纸机
10	2 362	湿部 3 300 干部 3 400	ZW_8 长网多缸造纸机
11	2 400	3 400	SQZ_{1179}长网多缸造纸机
12	2 640	3 700	ZW_{31}长网多缸造纸机
	2 640	湿部 3 700 干部 3 800	ZW_{51}长网多缸造纸机
13	3 150	4 300	ZVV_{10}长网多缸造纸机
14	3 200	湿部 4 350 干部 4 450	SQZ_{1190}多圆网多缸纸板机

6.2　造纸机的成型部

造纸机的成型部有圆网成型器、长网成型器、短网成型器及夹网成型器等。圆网成型器是最为普遍的一种成型器，在世界各国都有广泛地应用。主要用于抄造薄形纸、生活用纸、文化用纸及各种纸板。圆网成型器具有结构简单、运行费用低、适应性较强、维修工作量少、操作简单及投资省等优点；长网成型器可适用于任何纸种的抄造，但维修、运行及投资费用都比较大，操作也较复杂，其他成型器都有各自的特点。

6.2.1　圆网成型器

圆网成型器由单只或多只圆网、脱水元件及带纸毛毯等组合而成。圆网成型器类型较多，现仅就最常见的几类予以介绍。

6.2.1.1 顺流溢浆网槽

这种网槽的纸料流向与网笼旋转方向相同。在成型过程中洗脱和梳理效应作用时间长，成纸紧度大，纵横拉力比差大，成纸表面细腻，一般用于成纸质量要求高或粘状打浆的抄造状况，这类成型器的车速慢、上网浓度低（一般不超过2g/L），网笼内外水位差比较小，在操作时，要注意控制好溢流量，浆网速比应在30%以下。普通顺流溢浆网槽如图16-45，带成型挡板的顺流溢浆网槽如图16-46，调节档板的位置可改变网笼内外水位差和浆速，挡板（厚度为2～3mm的橡胶板）的长度可在一定范围内改动成型弧长。压力型顺流溢浆网槽如图16-47。

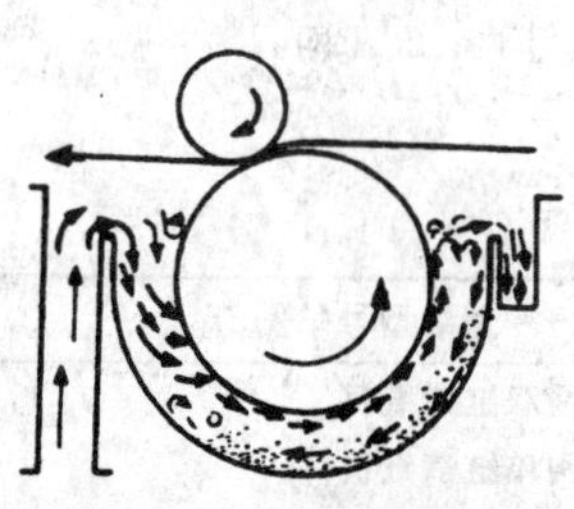

图16-45 顺流溢浆网槽

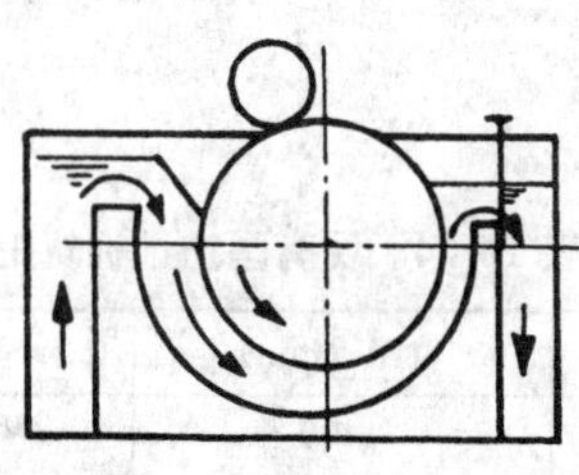

图16-46 带成型挡板的顺流溢浆网槽

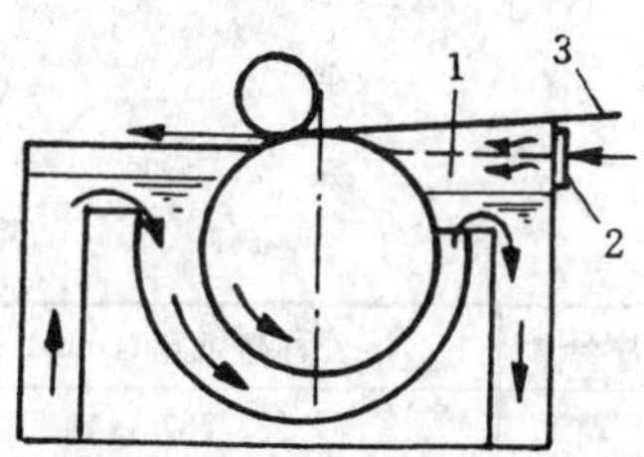

图16-47 压力型顺流溢浆网槽
1. 压力室；2. 压缩空气入口；3. 毛毯

6.2.1.2 活动弧形板网槽

这是由我国发展的一种网槽形式，也可以说是一种改良的顺流溢浆网槽（如图16-45），其结构特点是成型弧段的通道形状（俗称牛角道）可在一定范围内变化。当活动弧形板作平移时可放大或缩小通道，当活动弧形板沿轴转动时，通道形状可根据需要变化，这种改变的目的是使纸料在牛角道中的流动处于最佳形状，抄造出的纸页质量也是最好的。

活动弧形板网槽有大、小弧形之分。前者成型弧所对圆心角约55°，而后者则≤45°。大活动弧形板网槽主要用于文化用纸、生活用纸的抄造，对于纵横拉力比要求小的纸种如仿水泥袋纸、条纹牛皮纸等宜用小活动弧板网槽抄造，在使用活动弧形板网槽时应注意下述问题。

(1)均匀布浆。传统的活动弧形板网槽布浆流道太长为3～4m，而流速又极低放在0.1m/s以下。由于没有强有力的布浆措施，浆料流速分布不均，絮聚时有出现，严重影响到成纸的质量，目前已有不少成功的先例。

(2) 浆网速比。当车速一定之后，能够控制的是“浆速”，浆速高低对成纸的物理性能和匀度有极大的影响。“浆速”是相对网速而言，当两者的比例大时，成纸紧度小、表面（背网面）较粗糙、纵横拉力比小；相反，则紧度高、表面细腻，但纵横拉力比差要大一些，决定牛角道中浆速的关键因素是网箱水位与牛角道溢流口水位差（见表16-25)，并应近似符合下属关系。

$$V_P = \sqrt{2gH} \tag{16-35}$$

式中：V_P—— 牛角道中浆速 (m/s)；

g——重力加速度 (m/s²)；

H——网箱水位与牛角道溢流口水间位差 (m)。

表 16-25　网箱水位与牛角道溢流口间水位差

水位差 H（m）	0.1	0.08	0.06	0.04	0.02
牛角道中浆速（m/s）	75.6	67.7	58.6	47.8	33.8

(3) 合适的成型弧形状。牛角道的形状对成型的影响相当大，是成型器的重要结构因素，成型弧的设计以下述方法较为简便。该法假设牛角道中的浆料流速不变且在纤维上网脱水成型过程中，过网白水量（即脱水量）沿成型弧长连续递减，因此，当浆料通过成型弧中点时，尚有 1/4 白水未曾过网，因此，存在下述关系式：

$$A=\frac{Q}{v_P} \tag{16-36}$$

$$B=\frac{(1+3y)\ Q}{4v_P} \tag{16-37}$$

$$C=\frac{yQ}{v_P} \tag{16-38}$$

式中：A、B、C——成型弧着网点、中点和溢流口浆料流道宽度（m）；

Q——进入牛角道的总浆水量（m^3/s）；

v_P——牛角道中浆料流速（m/s）；

y——溢流比率，$y-\frac{Q_0}{Q}$（%）；

Q_0——上网浆水量（m^3/s）。

已知 A、B、C 三点后即可用作图法找出圆心，通过 A、B、C 的圆弧即为牛角道的形状，前述顺流溢浆网槽及后面的逆流网槽皆可用此方法确定。用这种方法确定的牛角道形状是理想状态下的情况。实际上由于浆料性质、网槽水位及车速等因素的影响，脱水情况千变万化，因此，在实际生产中尚需调整，使活动弧形板处于最佳位置，以期生产出质量最好的纸页。典型的活动弧形板网槽如图 16-48。

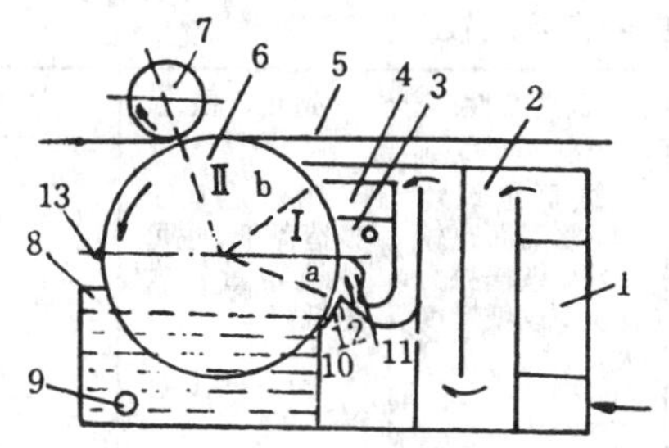

图 16-48　活动弧形板网槽成型与脱水过程

Ⅰ. 上网区；Ⅱ. 脱水区

1. 扩散器；2. 流浆箱；3. 活动弧形板；4. 溢流槽；5. 毛毯；6. 网笼；7. 伏辊；8. 白水槽；9. 白水排出口；10. 定向弧形板；11. 匀浆沟；12. 唇板；13. 喷水管

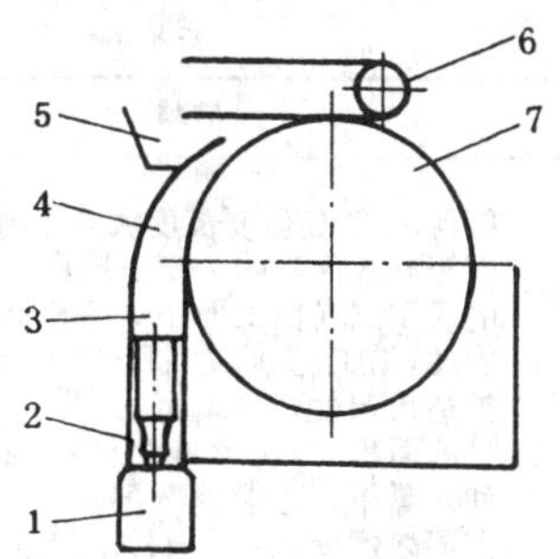

图 16-49　以阶梯扩散器为布浆整流元件的活动弧形板网槽

1. 方锥总管；2. 阶梯扩散器；3. 整流段；4. 上网弧段；5. 溢流槽；6. 伏辊；7. 网笼

活动弧形板网槽有许多改型，改型的目的是稳定浆位，并使网箱中的浆位可调；或是增设节流装置，使浆料减速、加速、混合达到均匀布浆的目的；再者就是提高脱水弧段的脱水速度，达到提高车速的目的，如以阶梯扩散器作为布浆整流元件的网槽（如图 16-49），可达到均布浆流、消除絮聚、控制牛角道中浆速的目的；压气和抽气网槽达到提高脱水弧段脱水速率、减少溢流口涌浆影响的目的（抽气网槽是使网笼内有一定的负压），压力或负压一般均在 200～400Pa；真空网笼可大大加速成型和脱水速度（如图 16-50），大幅度提高车速，其车速可达 1000m/min，是生活用纸的主要成型设备。

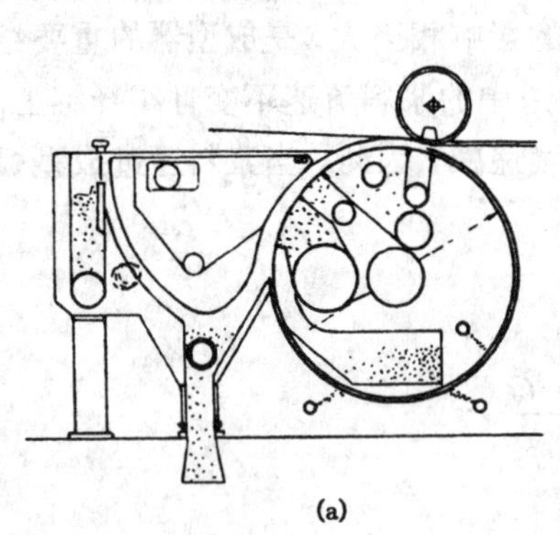
(a)

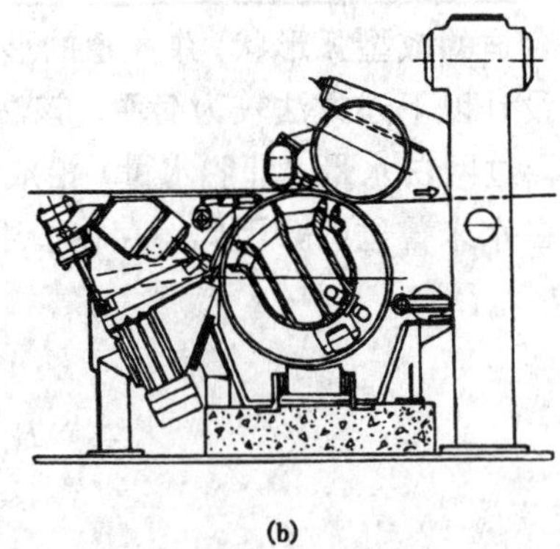
(b)

图 16-50 真空网笼

(a) 罗托（Rotoformer）式真空网笼；(b) 爱修伟士（Escher Wyss）式真空网笼

6.2.1.3 逆流网槽

这种网槽在牛角道中的浆流方向与网笼旋转方向相反。因此，形成的纸页背网面细小纤维含量较高、表面粗糙、成纸匀度差，但由于表面粗糙、细小纤维含量多，利于层间结合，故这类网槽几乎都用于抄造包装用纸板，为了改善成纸匀度，逆流网槽也有一些改型，带溢流装置的逆流网槽如图 16-51。几种网槽的特点及比较见表 16-26。

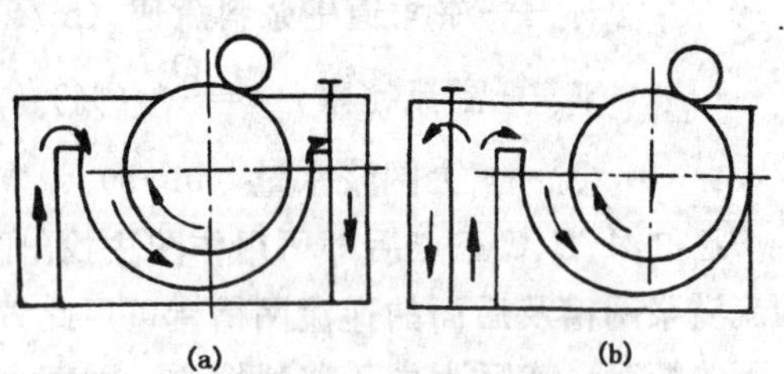
(a) (b)

图 16-51 带溢流装置的逆流网槽

(a) 下游溢流；(b) 进浆处溢流

表 16-26 几种网槽的特点及比较

网槽型式	网槽特点	纸页特性	适用范围	注意问题
顺流溢浆网槽	1. 圆网的实用有效长度大，上浆面约为圆网笼有效面积的 75%。开始上浆时，纸料的流动方向由上而下，有利于纤维悬浮。因此，在打浆度较高和长纤维较多时，能抄造出匀度好的纸页 2. 过滤面积大，滤水能力较强，在较高车速和定量下，也能抄造正常 3. 上网浓度低，网笼内外水位差小，白水浓度低 4. 网不易脏，网槽清洗方便。	纸页组织均匀，靠网面也较平滑，纵横拉力比大，成纸紧度大	比较适宜于抄造薄纸，也可抄造定量较大的纸张	
活动弧形板网槽	1. 弧形板可调节，纸料流速便于控制，能适应多种产品生产的要求，能抄造角度较好的纸页 2. 纸料上网浓度较大，白水浓度较高 3. 对纸料的适应性较强； 4. 网易脏，网槽清洗方便； 5. 网笼内外水位差较大，易产生半透明点	紧度及拉力比均较顺流网槽低 纸页靠网面较粗糙	适用多品种纸的抄造，也可用于抄造纸板	要调整活动弧形板的位置，使其处于最佳状况

（续）

网槽型式	网槽特点	纸页特性	适用范围	注意问题
逆流网槽	1. 网笼的实用有效面积较大 2. 逆流上浆，可防止纸料浓度逐渐增高 3. 上网浓度高 4. 成纸匀度差 5. 适用于较粗糙的纸料	纸页疏松、吸收性能好，透气度大，成纸纵横力比小，纸页表面细小，纤维含量较多	用于抄造纸板	增加溢流或在网笼进入端增加稀释水，可改善匀度
喷浆式网槽	网笼实用有效长度最短，故上网浓度较高，成纸匀度较差，网易脏	纸质疏松，吸收性能好，纸页背面粗糙，纵横拉力比小	适于抄造卫生纸、包装纸	

6.2.1.4　圆网成型器的工艺计算

工艺计算的内容主要是确定圆网成型器的台数和规格以及根据成纸质量要求确定网槽的型式。

(1) 台数。圆网成型器的台数由两个因素确定，一是构成纸页的纤维原料种类；一是各具成型器可能挂浆量即定量。例如：某一品种纸页需三种原料构成（面层、芯层、底层），那么生产该产品最少要由3台圆网成型器构成，如果其中某种原料需2～3具成型器挂浆，那么该产品需用5具圆网成型器（见表16-27、表16-28）。

$$n=\frac{G_1}{q_1}+\frac{G_2}{q_2}+\frac{G_3}{q_3}+\cdots\cdots \qquad (16\text{-}39)$$

式中：n——圆网成型器的台数；

G_1、G_2、G_3——成纸每层纤维原料量（g/m^2）；

q_1、q_2、q_3——每台成型器的挂浆量（g/m^2）。

(2) 规格。由成纸的净纸宽确定。

(3) 网槽型式。根据成纸的质量要求，参照表16-26确定。例如生产箱板纸，其悬层和底层可采用逆流网槽；面层可采用活动弧形板网槽以满足纸板表面的质量要求。

还有一些比较先进的圆网成型器，如里斯托尔成型器（B、C公司）、库尔茨成型器等抄作性能更佳，适应的车速范围也更大。此处不再叙述。

6.2.1.5　伏　辊

传统的圆网成型器上都设有伏辊，其作用对毛毯施加合适的线压力除使湿纸幅进一步脱水之外并将湿纸幅舔移到毛毯上，然后依次进入压榨或与其他湿纸幅贴复，所以说伏辊是传统圆网成型器不可缺少的组成部分。

表16-27　每台传统圆网成型器上抄造的纸层定量

纸板的品种	纸板定量（g/m^2）	网槽型式	每台圆网成型器挂浆量（g/m^2）
书面装订用纸板	240～540 280～420	逆流网槽	70～100
制盒纸板 箱纸板	240～540 250～400	活动弧形板网槽抄造面层，其余用逆流网槽	70～100 70～100
印刷用纸板	250～400	活动弧形板网槽抄造面层，其余用逆流网槽	700～100
纱管用纸板	300～400	活动弧形板网槽抄造面层，其余用逆流网槽	70～100

表16-28 传统圆网成型器单位网笼面积产纸量

纸板品种	车速 (m/min)	单位网笼面积产纸量 [kg/(m²·h)]	纸板品种	车速 (m/min)	单位网笼面积产纸量 [kg/(m²·h)]
在多圆网纸板机上	20	45	在多圆网纸板机上	60	65
生产普通纸板	30	50	生产普通纸板	75	75
	40	55		100	85
	50	60		125	95

注：生产文化用纸时，每台圆网成型器的挂浆量约在20～80g/m，挂浆量与车速相反，车速越高每台成型器挂浆越少。

伏辊的直径通常在350～500mm。对于直径在900～1 800mm的网笼，且其幅宽为2 000～4 500mm的网笼系列，伏辊直径为网笼直径的0.25～0.4倍，伏辊为包胶管式辊，其胶面硬度为200～250度P&J。

伏辊与网笼间的线压力视纸种不同而异，在2.5～3.6kg/cm，其加压机构极其简单。

6.2.2 长网成型器

长网成型器是一种普遍使用的成型器且还在不断地发展与完善之中。由于其生产灵活性强、适应性广、运行的可控性好及几乎适宜于抄造各种纸种和浆种，因而使用面很广，在某些国家是最基本、最普遍的机型。

6.2.2.1 长网成型器的组成及其选择、配置原则

长网成型器由成型和脱水元件组合而成。包括成型网、成型网的支撑、张紧、校正、驱动、机架、操作控制系统及白水、损纸处理等（如图16-52、图16-53）。它们的配置和选择应遵循下述几项原则：

（1）在抄造高游离度打浆的纸料和低定量纸种时，在成型网的湿端应配置成型板或用湿吸箱构成成型板以达到某种程度的压力真空成型，有时，也有采用真空胸辊，以压力真空成型的方式在胸辊段形成纸幅，其后配置少量的“开敞”案辊（网笼案辊或沟纹案辊以及挡水板）。在成型网干端的脱水区段所配置的收水箱数也较少。采用舔移进行纸幅移送方式时，多采用沟纹或网笼伏辊；采用真空吸移和吹移方式时，则可使用真空伏辊而使纸页干度提高。

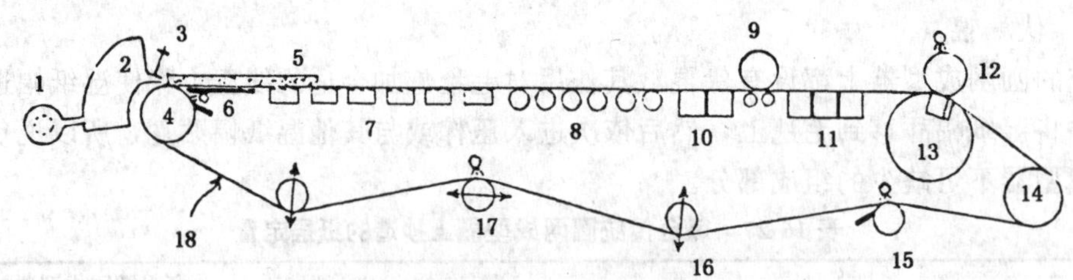

图16-52 长网部分

1. 圆锥总管；2. 流浆箱；3. 唇板调节机构；4. 胸辊；5. 拦边板；6. 胸辊刮刀；7. 脱水板；8. 案辊；9. 饰面网辊；10. 吸水箱；11. 吸水箱；12. 上伏辊；13. 真空伏辊；14. 驱网辊；15. 导网辊；16. 张紧辊；17. 校正辊；18. 成型网

（2）对于抄造一般的文化用纸类、印刷用纸类、新闻纸、牛皮纸及包装纸的长网成型器（图16-53）成型网段上配置有案辊、挡水板和脱水板、湿吸箱、饰面网辊；在车速高时，多采用脱水板，或在初始成型区段采用沟纹案辊与普通案辊交替排列，或用脱水板与案辊交替

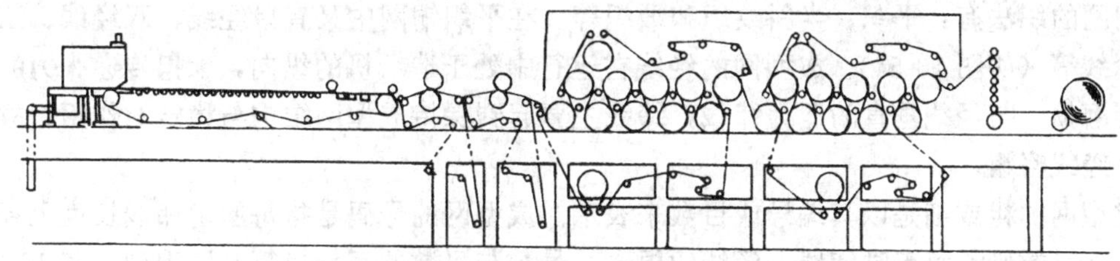

图 16-53 长网造纸机

排列。在高速下，湿吸箱的强大而缓和的脱水能力有助于提高长网的生产能力，但通常在其后配置少量的案辊，这类长网成型器都配有饰面网辊，而在成型网的干端即脱水区段往往配有6～9只真空箱和真空伏辊，有时配置履带式吸水箱以适应较高的真空度。在中、低速时，往往配置网段摇振，对于粘度较低的浆料有时还配有两段摇振。

(3) 对于抄造打浆度高的纸种如电容器纸、防油纸时，在成型区段中配有较多数量的案辊和挡水板；在车速较高时（如≥300m/min），也有配置脱水板，多数情况下为两段摇振。在脱水区段上配有9～12个甚至更多的吸水箱，在逐渐增加真空度的状况下脱水。在成型区段，有时还配有成型喷水管和饰面网辊，一般都使用真空伏辊。

(4) 配置成型网辅件时（是指成型网回程段），都必须充分发挥各辅件的效能。当使用塑料成型网时，必须考虑到充分的舒展和张力控制装置。

6.2.2.2 成型网

成型网有金属网和塑料网两大类，金属网中以铜网为主，不锈钢网正在发展之中。

(1) 铜网：铜网的材料有两种即黄铜衬网和磷青铜网，其组成材料如下：

黄铜衬网 黄铜 H80

纬线 铁黄铜 HFe79-1

磷青铜衬网

经线 磷青铜 QSn6.5～0.1 或 QSn7～0.2

纬线 黄铜 H80

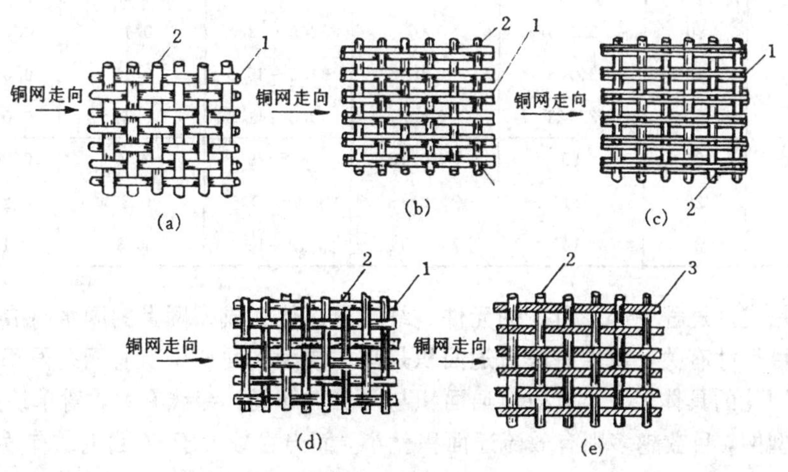

图 16-54 铜网的种类

(a) 单经线平织网；(b) 双经线平织网；(c) 三经线平织网；(d) 半斜纹网；(e) 单捻织网

1. 经线；2. 纬线；3. 多丝捻织经线

铜网的织法有：平织、半斜纹织和缎织等。在平织铜网中又有单经线、双经线、三经线及单捻线等（如图16-54）。成型网的经线在运行中处于造纸机的纵向，承担传递张力的作用并受到磨损，与经线垂直的即为纬线，纬线主要起到保持成型网结构与稳定的作用，故其直径都比经线略粗。

成型网的粗或细是以其编号或目数来表示。成型网的号码是指每厘米纬线长度上经线的根数，而目数则是每英吋纬线上经线的根数，号数与目数的互相换算对照表列于表16-29。

表16-29 常用铜网的规格

织法	网目号		经线		纬线		网孔的计算面积 (mm²)	网孔的面积百分率 (%)
	网号	网目	根数 (cm^{-1})	直径 (mm)	根数 (cm^{-1})	直径 (mm)		
单经线平织	16	40	16	0.274	12	0.295	0.183	36.9
	18	45	18	0.25	13	0.28	0.128	33.9
	20	50	20	0.25	15	0.28	0.096	29.5
	22	55	22	0.25	15	0.28	0.079	26.5
	24	60	24	0.25	16	0.28	0.067	24
	26	65	26	0.23	16.5	0.25	0.063	23.5
	28	70	28	0.22	17.5	0.24	0.05	23.4
	30	75	30	0.19	20.25	0.22	0.0396	23.6
	32	80	32	0.19	21	0.21	0.037	23
	35	90	35	0.15	25.5	0.18	0.031	26.5
	40	100	40	0.13	26	0.15	0.028	29.7
三经线平织	22	55	22×3	0.11	25～26	0.19	0.025	14.1
	24	60	24×3	0.10	27.5～28.5	0.18	0.021	13.9
	26	65	26×3	0.10	29.5	0.18	0.018	13.8
	28	70	28×3	0.086	29.5	0.18	0.016	13.6
	30	75	30×3	0.08	32	0.15	0.015	14.65
	32	80	32×3	0.07	32.5×33.5	0.14	0.010	17.6
	34	85	34×3	0.07	34.5～35.5	0.13	0.013	15.6
	35	90	35×3	0.06	40.5～41.5	0.12	0.014	19.1
单捻织	10	25	10	7×0.18	8.5～9	0.4	0.366	29.4
	11	28	11	7×0.15	9.5～10.5	0.37	0.281	30.9
	14	35	14	7×0.12	12～13	0.3	0.178	30.3

成型网是成型过程中必不可少的元件。纤维悬浮体在成型网上的脱水与成型网的有效流通面积和网目尺寸有关，所谓有效流通面积是单位成型网面积中所有网孔面积之和，而网目尺寸是单个网孔的具体尺寸。有效流通面积与网目数即经、纬线有关，对单织网而言，在80目以下的成型网，目数越多则有效流通面积就小，而当目数大于80目时，有效流通面积反而增大（见表16-29）。在相同压差和浆料性质时，有效流通面积大时，脱水速率相应也高些；当有效流通面积相同时，在同样的压差和浆料条件下，目数越多则脱水速度也相应要慢一些。因而选用目数多的成型网时，可获较为缓和的脱水，纤维悬浮体在沉积过程中有较多匀整的机

会，细小纤维和微细物质的截留也较多。

对于圆网成型器来讲，特别是传统的圆网成型器，由于固有梳理效应，纤维总有纵向排列的趋势。因此用铜网对网笼棚网时，最好是将成型网的经线置于造纸机的横向，而纬线则处于纵向，焊网时应焊接纬线。

在实际生产中有时还需要知道铜网松边的张力的分析运行中出现的问题，磷青铜网松边运行张力见表 16-30。

表 16-30　磷青铜网松边运行张力

生产纸种	松边张力（kg/cm）		
	最小	正常	最大
低定量文化纸类（100 目网）	2.7	3.2～3.6	4.0
新闻纸、印刷纸类（60 目网）	4.5	5.4	6.25
牛皮袋纸、纸板（40～60 目网）	5～5.4	5.8	6.25

（2）塑料网：塑料网是 20 世纪 60 年代发展起来的一种成型网。编织方法有直径缎纹网和直纬缎纹网两种（如图 16-55），材料多为聚酰胺和聚酯类。

由于塑料网比铜网软得多，在张力作用下会有一定的横向收缩和纵向伸长，伸长率可在 3%～12%。伸长和收缩都发生在上机后不久，在以后的长期运行中，尺寸则比较稳定，这样的变化会使网孔增加，故对其张力有一定的要求。

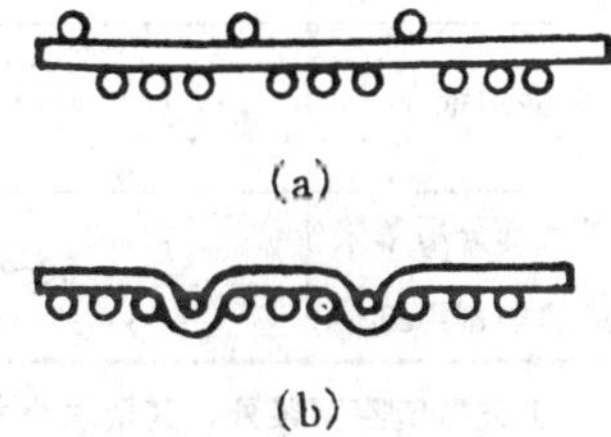

图 16-55　塑料网的织法

（a）直径缎纹网；（b）直纬缎纹网

塑料网与案辊配合使用时，易发生细小纤维粘网的现象，甚至会被带至驱网辊和弧形舒展辊上，故应加强网的冲洗。当使用脱水板时，粘网情况会大大改善。因而，在车速大于 300m/min 的纸机上多数使用塑料网，因为这类纸机配有或全部使用脱水板。

塑料网性软易起褶，与辊筒的摩擦系数较低，所以在使用塑料网时必须配置舒展装置，适当增大网的张力，便于保证工作面的平直。对于大多数纸种而言，塑料网松边的运行张力如下：最小值为 5.4kg/cm；最大值为 6.3kg/cm；正常值为 5.8kg/cm。

（3）成型网的长度：通常把胸辊垂直中心线至伏辊垂直中心线之间的水平距离称之为网案长度，而把它与毛纸幅宽的乘积称为网案面积。

$$A = BL \tag{16-40}$$

式中：A——网案面积（m^2）；

B——毛纸幅宽（m）；

L——网案长度（m）。

一般常用单位网案面积产纸量来估算一台长网成型器的生产能力或用来预测成型器改造后可能达到的最大生产能力。单位网案面积产纸量与多种因素有关，除纸料性质、纸的定量、车速外，还有成型、脱水元件的配置等。一些纸种在长网成型器上单位网案面积产纸量见表 16-31。

表 16-31 一些纸种在长网成型器上单位网案面积产纸量

纸种、浆种	定 量 (g/m^2)	车 速 (m/min)	单位网案面积产纸量 (kg/mm^2)
电容器纸	8～15 16～27	30～50 50～80	2～4 4～6
卷烟纸	—	80～100	8～12
包装纸	45～80	150～300 300～400 400～600 600～650	70～90 90～110 110～140 140～160
新闻纸	49	<400 400～450 500～650 700～750 750～900	80～100 100～110 140～150 150～160 160～170
书写、印刷用纸	—	180～340 350～400 400～450	76～90 90～100 100～110
单面书写纸	—	300～400	100～120
生活用纸	—	350～450 500～650	70～80 80～90
全部或大部分用苇浆抄造的印刷用纸	50～60	100～180 180～300	35～58 50～75

注：上述数值除苇浆外，其余均为木浆数据。

长网成型器的产纸量可用下式表示：

$$G = 0.06qVB \tag{16-41}$$

$$G = KA \tag{16-42}$$

式中：G——长网成型器产纸量（kg/h）；

q——定量（g/m^2）；

V——卷纸机线速度（m/min）；

B——卷纸幅宽（又称毛纸幅宽）(m)；

K——单位网案面积产纸量［kg/（$m^2 \cdot h$）］。

根据上述两式，对于某一纸种可用下式求出网案长。

$$L = 0.06\frac{qV}{K} \tag{16-43}$$

对于一定纸种和网案长，则可用下式求出最高车速。

$$V_{max} = \frac{KL}{0.06q} \tag{16-44}$$

网案长与成型网长度的关系与成型器的配置有关。当购置造纸机时，厂家会有详细的说明。要说明的是当购置成型网时（铜网），厂家提供的成型网长度会有一定的偏差（在30～50mm），而在铜网张紧时又会有0.1%的伸长。

在选择成型网时应充分考虑塑料网的使用，特别当车速≥300m/min 时更应选择塑料网。从单条网的价格看塑料网的价格要贵一些，但其使用寿命要长得多，一般讲在低速纸机上，塑料网的寿命约为铜网的 2.5～3 倍；在高速纸机上则为 6～8 倍，不仅经济上便宜，而且大大节省了换网时间，提高了劳动生产率，再加上改善了纸页的匀度，提高了微细物质和细小纤维的留着率，减小网痕，便于清洗等优点，塑料网得到广泛地应用，有的国家塑料网占成型网总数的 80%以上。

6.2.2.3　成型脱水元件

长网成型器的网案是由一系列的成型脱水元件组合而成，而回程段则是由导网、张紧、校正及舒展等辊筒组合而成。成型脱水元件的种类繁多，配置有一定的原则，对纸幅成型有很大的影响。因此，了解几种典型的成型脱水元件的工作原理及其对成型的影响，对于长网成型器的设计、操作都有好处。

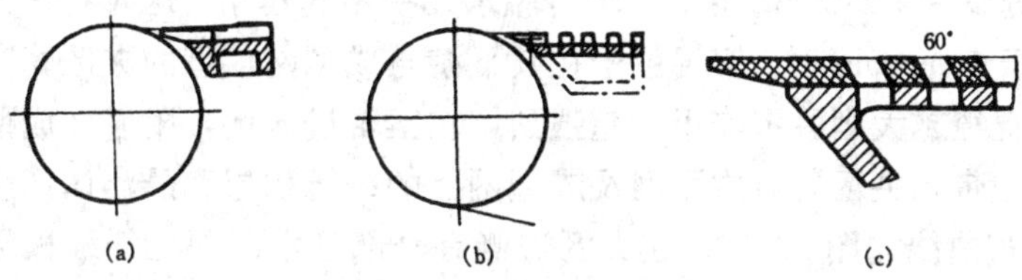

图 16-56　成型板

(a) 无孔平板；(b) 直立板条；(c) 倾斜板条

(1) 成型板（如图 16-56）和成型箱：成型箱设置在胸辊和第一案辊之间，这是纸幅的初始成型阶段，对成型的影响极大。设置成型板是为了减缓或避免喷浆上网成型过程中造成回流、扰动以及过大的初始脱水速度，成型板上开有缝或孔，脱水经孔、缝进行。成型箱则是箱面为成型板的低真空箱，调节箱中的真空度即可控制初始脱水速度。成型板、箱首先起到托平成型网的作用，避免在胸辊后由于抽吸而形成网坑，造成对纤维悬浮体剧烈扰动。使初始脱水速度下降，就可调节浆网速差和摇振机构的频率和振幅使初始成型成为可控。还可消除浆中的一些缺陷，喷出纸料的着网点在成型板的前沿（上游侧），成型板的前缘锐角刮去网背面上的部分脱水水流，避免了回流现象，才能在成型板形成初始的积层，这就有利于减轻第一案辊所产生的扰动。如果喷出浆流在成型板、箱上，则初始脱水速度比在前述情况更小，网上纤维悬浮体含水量更多，就可能使喷出浆流有波纹速度，这样就会发生游动展开的现象(被称为浆层的滑动)，显然对成型过程是不利的，而且这种条件下成型的纤维积层薄而稀，第一案辊处的扰动也会大得多。因此说，调节在成型板上的着网点来实现较为良好的初始成型条件。

另外，初始脱水速度的快慢对网痕也有一定的影响。网痕是网线上与网孔上纤维积层定量差别而形成，网孔积层定量较大，积层表面也较凸出，因此，初始脱水速度越大，则网痕的弊端将会越明显。

成型板、箱的板面形状有无孔平板，钻孔平板，板条及脱水板组，其中以板条形的成型板使用最为普遍。其第一板条宽度为 80～200mm，是一无孔平板，其余各板条宽为 30～50mm。通常有 3～4 条窄板条，板条间缝宽为 20～50mm，缝太窄不利于脱水，太宽成型网易下垂，如图 16-56 (a)。图 16-56 (b) 为直立板条，这种形式加工方便，但脱水不如倾斜板条，而且其前缘处还可能引起对纤维悬浮体的扰动；图 16-56 (c) 为倾斜前后缘板条，其前、后缘大多数平行，与水平线的夹角为60°。钻孔成型板较少使用，但成型网在板上的摩擦阻力要比平板小，故在成型箱面板中常有使用，这时成型箱的真空度借水腿或低真空来调节控制。

成型板的材料可用工程塑料、陶瓷或不锈钢制作，也有用木材作成型板，木材虽然容易磨损，但也极易加工，而且价格也比较便宜。

(2) 案辊、挡水板：纤维悬浮体经成型板和胸辊处的初始脱水后，在案辊（或脱水板）上继续脱水，在案辊这一段的脱水量约为总脱水量的60%以上，湿纸段在这一段基本成型。因此，是纸幅脱水成型过程中极其重要的部分。这一段基本上决定了成型的速度和成型段的长度，也即决定了网案的长度（即长网成型器长度）。在这一段上还对一些成型质量起着重大的影响，如纤维的流失率、填料的保留率、纤维的排布及均匀分布情况等，因此对这一段要尽可能地配置合理，使这一段的脱水、成型过程成为可控。

案辊有两大作用，一是支承成型网；一是起脱水作用。案辊的脱水成型作用与车速有密切的关系，当车速低于50m/min时，案辊对脱水几乎不起作用，这时可认为悬浮体在静压下脱水；当车速大于50m/min时，案辊由于在其下游与成型网成型的夹区真空抽吸作用进行脱水，车速越高，辊径越大则脱水作用更趋强烈，在案辊进入侧，附着在成型网上的水分和在辊面附着的水分被带入夹区，对成型网及成型网上的纤维积层和悬浮体产生压力，这一压力在成型网上的分布曲线如图16-57。在夹区进侧有一部分水因网上纤维积层的阻力和纤维悬浮体的静压力被挤出并排入网下浓白水槽。如果压力过大，有可能会使部分水反冲过网，反冲现象较轻时会对纤维积层及积层的悬浮体产生扰动；严重时，则会破坏纤维积层，停止脱水，这种对纤维悬浮体产生扰动的“反冲”在一定范围内对成型有利。

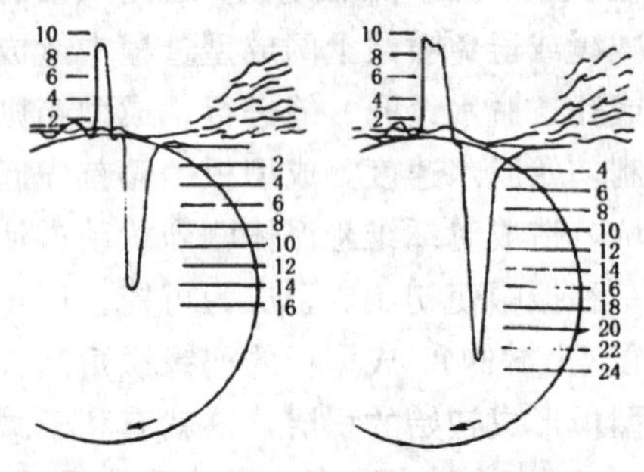

图16-57 案辊上的压力分布曲线

案辊的排布对成型过程影响很大。其间距是不同的，通常都是“前密后疏”，由于案辊间距可调，因此，应根据各自的生产状况，合理调整好“间距”，使成型脱水过程始终在可控下进行。

在高速纸机上，为了防止案辊剧烈扰动的影响，设置沟纹或网笼案辊。

案辊属管式辊，可在一定范围内调节其高度，其直径与幅宽有关，案辊直径尺寸范围和参考实例见表16-32、表16-33。

当车速较高时，为防止案辊上的水甩到相邻案辊和成型网上去，在两案辊间设置挡水板，挡水板还可起到刮去成型网下部分水和支撑成型网的作用。其形状和设置位置如图16-58。

表16-32 案辊直径尺寸范围

网 宽 (mm)	<2 100	2 100～2 700	2 700～3 400	3 400～3 900
车 速 (m/min)	<300	<300	<500	<500
案辊直径 (mm)	83～115	83～143	83～228	133～242
网 宽 (mm)	3 900～4 600	4 600～5 300	—	5 300～6 100
车 速 (m/min)	<500	<250	250～500	<500
案辊直径 (mm)	168～298	192～298	217～324	260～425

表 16-33　案辊尺寸规范参考实例

网　宽（mm）		2 050	2 150	2 300	2 750	2 900	3 600	3 600	4 300	4 700	6 000
车　速（m/min）		40	120	100	200	175	300	440	450	365	550
案辊尺寸（mm）	面　宽	2 200	2 350	2 500	2 950	3 050	3 790	3 750	4 550	4 900	6 190
	直　径	110	112	198	170	164	168	306	246	248	425
	轴承中心距	2 400	2 600	2 700	3 300	3 400	4 180	4 300	4 980	5 120	6 650
	轴　径	25	25	20	25	40	40	45	45	50	65

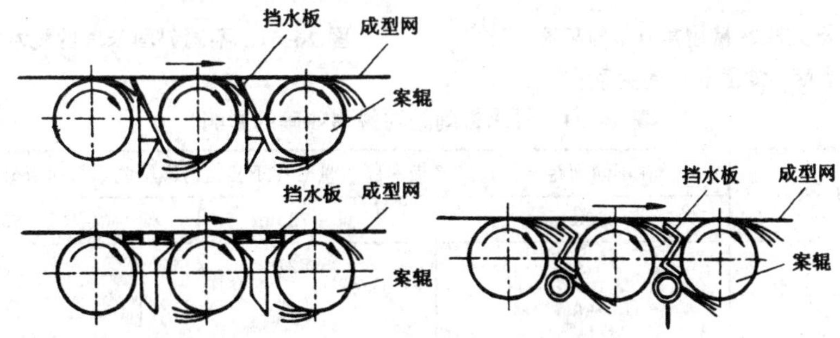

图 16-58　挡水板的形状与设置位置

(3)脱水板、脱水板组:脱水板实质上是带有尾翼的挡水板,结构形式很多,但结构上有其共同点:①有一个不太宽的顶面与成型网接触构成密封面,其前缘则起刮除成型网背面水的作用;②有一固定的或可调整的尾翼使与成型网形成一固定或可调的楔形空间,如图 16-59。图 16-59 (a) (b) 为主要用软质材料制成的可调楔角脱水板。图 16-59 (c) ～ (g) 为契角不可调的型式。图 16-59 (c) 可用软质材料或陶瓷制成,图 16-59 (d) (e) 为前端用陶瓷条块的混合结构型式,其后部或“脱水板体”多用工程塑料、耐腐轻金属材料制成。图 16-59 (f) (g) 为不锈钢脱水板,图 16-59 (g) 用于脱水板组。

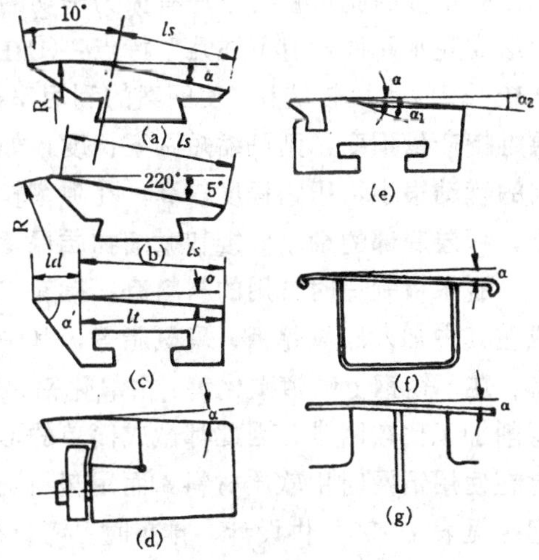

图 16-59　脱水板的形式

脱水板的性能与其几何参数有极为密切的关系。主要几何参数有斜面与顶面延长线的夹角（又称楔角或后角）、斜面长度（尾翼长度）及其在顶面延长线上的长度（即斜面长度的水平投影长）、前缘角和脱水板的间距等，在一定范围内增大楔角，脱水量会随之增加，当超过其范围后，脱水量反而下降，最大脱水量时的楔角称之最大楔角 α_{max}，其与纸料浓度、车速及斜面长度间的关系如图 16-60、图 16-61。

脱水板的顶面既是成型网的支撑面，又起到楔形空间的密封作用，其宽度通常为 3～25mm，其前缘角在 30°～60°，宽度从前到后应逐渐加大，以便更好地起到密封作用。

脱水板的配置与案辊恰恰相反应为“前疏后密”。脱水板间距对脱水的效率影响见表 16-34。

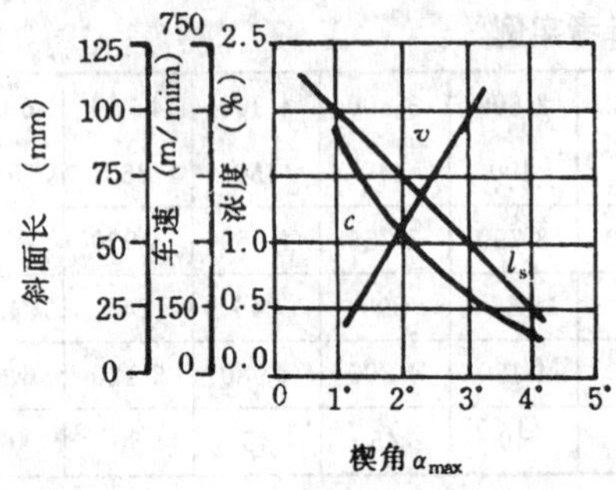

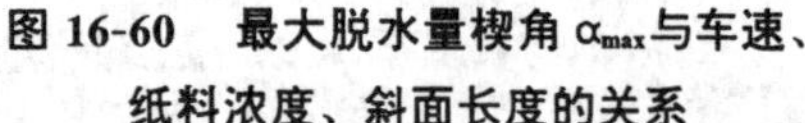
图 16-60 最大脱水量楔角 α_{max}与车速、纸料浓度、斜面长度的关系

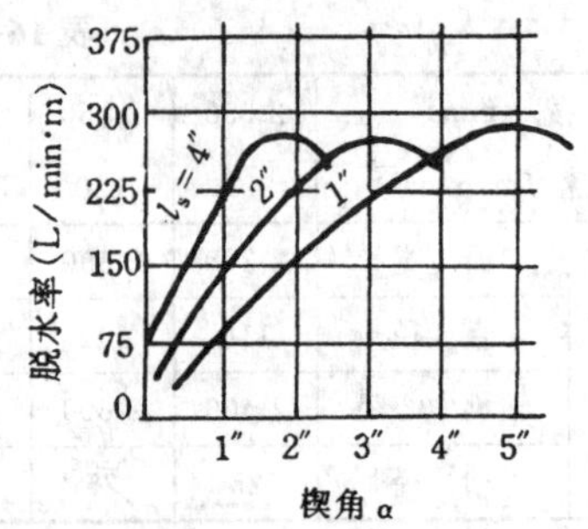

图 16-61 不同斜面长度的脱水板的脱水量

表 16-34 脱水板间距对脱水效率的影响

纸料浓度	在不同间距下每片脱水板的脱水量对比于相当的案辊脱水量的百分率（%）		
	356mm	178mm	89mm
0.63	44	27	—
0.90	58	41	—
1.00	—	41	70

脱水板的脱水量与车速有极为密切的关系，在车速较高的条件下，脱水板确是比较理想的形成脱水元件，有下述几个特点：①在相同网案段上有不少于案辊的脱水量，而且脱水速度较低、脱水比较缓和，使网案的利用率提高。当适当排布脱水板时，脱水量可大于案辊。如果维持产量不变，则可缩短网案长度，如维持网案长度不变，则可增加生产能力；②积层受到的扰动很小，压紧程度较高，孔隙率较低，细小纤维和微细物质积留较多；③没有反冲现象，积层底部的细小纤维和微细物质保留多，故可减少成型时造成的两面差异。

脱水板制造时常用的材料有：掺有二硫化钼的橡胶、顺式聚丁二烯橡胶、高分子聚乙烯或在其中加入二氧化钼、聚氨脂等，其中以含二氧化钼的高密度聚乙烯最为普通。硬质材料有：在不锈钢上喷镀碳化钨、由氧化铝、碳化硅、氧化铬等烧成的陶瓷，由于陶瓷的硬度大，磨削加工比较困难，因此都做成简单的形状，而且多数采用组合结构形式来构成脱水板。注意在使用铜网时用软质材料，而用塑料网时则应用硬质材料。脱水板在网案湿端和干端时的间距见表 16-35，供设计、排布时参考。

表 16-35 脱水板在网案湿端和干端时的间距

车 速 (m/min)	在湿端的间距 (mm)	在干端的间距 (mm)	车 速 (m/min)	在湿端的间距 (mm)	在干端的间距 (mm)
100～400	130	90	500～800	265	130
400～500	180	130	＞800	350	180

(4) 湿吸箱（如图 16-62）：湿吸箱作为有力的和可控的脱水元件正逐渐广泛地用于网案中的湿段。由于其真空度控制简便，箱可采用普通板条或脱水板组，因而其对脱水的控制比脱水板更好，特别是当与案辊配合使用时，可以得到良好的脱水效果。

当用脱水板组作为板面时，实质上构成了真空脱水板组。由于脱水板本身的抽吸作用也产生真空度，故真空度的分布更为均匀，其脱水量则是脱水板组与湿吸箱两者脱水之和。

当用脱水板组作面板时可参考表 16-35 的数据（或略小）。板条的宽度与缝宽相同为 30～

50mm，只是面板的前、后两条稍宽，便于与箱体联接。湿吸箱的吸缝数通常为7～22条，湿吸箱内要有足够的净高，以便在水面上还留有足够的空间，湿吸箱的缝长一般都小于湿纸幅宽30mm左右。

湿吸箱的水腿管有多水腿管方式，也有从传动侧引出的单水腿管，不论哪种方式，水封池的水封面一定要稳定。

湿吸箱用于成型过程的中期或中后期，这时，成型网上的纤维悬浮体仍含有大量水分。通过湿吸箱中的低真空，增加过滤压差，提高脱水速率，故是吸水不吸气。湿吸箱的真空抽吸对纤维悬浮体中端振、剪切和自由表面的不稳定具有强有力的抑制作用，且脱水量很大。近来，多用脱水板组作为湿吸箱的面板（如图16-62），这样其脱水能力更大，抑制扰动的能力比脱水板更大，形成“密封”积层更为迅速，故在后往往需配置适当数量的案辊，以使积层开放一些，便于进一步脱水。

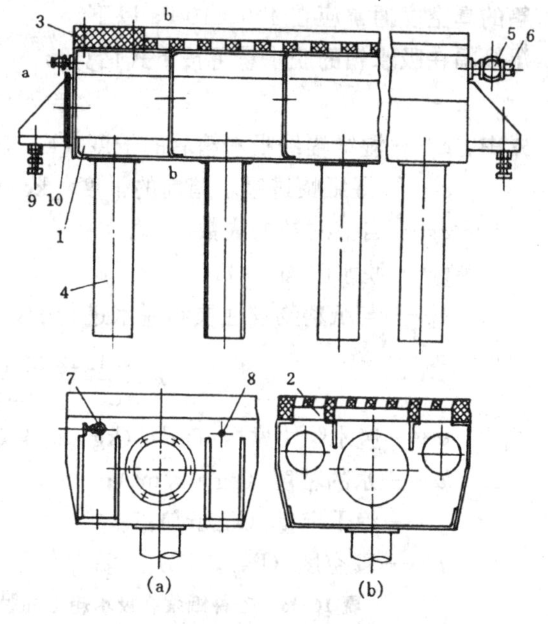

图16-62 湿吸箱

（a）操作端面；（b）横剖面

1. 箱体；2. 箱面；3. 封端箱面；4. 水腿管；5. 真空控制阀；6. 真空管；7. 放气阀；8. 真空表接口；9. 固定螺栓；10. 视孔

湿吸箱的真空度通常都在9.81×10^3～1.18×10^4Pa以下。

（5）吸水箱：一般讲案辊、案板等脱水元件可使积层的干度达到1.5%～3%，而湿吸箱可在10～12kPa水柱真空度下进一步脱去部分水，以后的脱水就要依靠吸水箱了，在吸水箱上纸幅完全成型，且其干度为8%～14%。

标志着纸幅完全成型的水线通常在前面2、3只吸水箱上，这时的纸幅干度为5%～6%。吸水箱除依靠面板前缘刮除一部分水外，其脱水可分为两个阶段。第一阶段脱水的特征是脱水过程主要依靠成型网上下的压力差进行，压力差把湿纸幅压紧、压实，使湿纸幅毛细孔中的水分挤压出来而进入吸水箱排走，这时有少量空气吸入，当纸幅干度达到7%左右时，就开始了吸水箱的第二阶段脱水；这个阶段脱水的特点是湿纸幅被进一步压实，毛细管中水分靠高速通过毛细管的空气带入吸水箱。这个过程在逐渐增加真 空度的各个箱面上重复进行，因此说第二阶段对脱水起主导作用的是气流的功能，通过上述吸水箱的脱水过程叙述，我们可以得出以下几点结论：第一，真空度递增的若干个吸水箱比与它们有效宽度相同的1只吸水箱能脱出更多的水；第二，提高空气的流速只是在相应的干度下才有效，而空气流速又与真空度密切相关；第三，吸水箱应有适当的宽度，过宽并不能提高脱水效率，而且，最好是每个吸水箱相互靠紧，以免空气自网下重新进入积层的毛细管中，从而减少了下只吸水箱的有效作用宽度，这对吸水箱的第二阶段脱水尤为重要，因此，顺着纸幅前进的方向，吸水箱组有递增的真空度和递减的脱水量，抽气量都是越到后面越大。研究发现，第二阶段脱水方式仅在2.7×10^4～4.0×10^4Pa以下时有效，再进一步提高真空度，湿纸幅的干度不再提高，故吸水箱的真空度通常应在 4.0×10^{4}Pa 以下。

湿纸幅在吸水箱的脱水量可按下式估算：

$$c = c_0 e^{kt} \tag{16-45}$$

式中：c——湿纸幅经吸水箱后的干度［kg（绝干纤维）/kg（湿纸）］；

c_0——湿纸幅进吸水箱前的干度［kg（绝干纤维）/kg（湿纸）］；

e——自然对数的底数；

t——脱水时间（s）；

k——与纸料物理性质和脱水进行的条件有关的系数，按下式计算：

$$k = \frac{4.43 \times 10^6 \sqrt{p}}{\alpha \mu q} \tag{16-46}$$

式中：α——脱水阻力常数〔m^2/（kg·s）〕（见表 16-36）；

μ——水的粘度（kg·s/m^2）；

q——绝干定量（kg/m^2）；

p——真空度（Pa）。

表 16-36 各种纸浆在吸水箱上的脱水阻力常数〔m^2/（kg·s）〕

浆 种	打浆度（°SR）	α值（×10^6）	
		第一脱水阶段	第二脱水阶段
漂白亚硫酸盐木浆	89	270	861
漂白亚硫酸盐木浆	69	177	370
漂白亚硫酸盐木浆	62	128	246
漂白亚硫酸盐木浆	45	48	155
磨石机械木浆	65	67	216
含 30%化学浆的新闻纸浆	60	46	141
1 号印刷纸用纸浆	50	58	164
钢纸原纸用纸浆	30	37.5	126
未漂硫酸盐木浆	25	34	71

在脱水箱上的脱水时间可用下式求得：

$$t = \frac{226 \times 10^{-9} \alpha \mu q}{\sqrt{p}} \ln \frac{c}{c_0} (\mathrm{s}) \tag{16-47}$$

试验表明，在一定浆种和运行条件下，吸水箱上的吸水过程仅在一定时间内有效，再延长脱水时间，湿纸幅的干度并不提高，吸水箱上的有效脱水时间仅为 0.1～0.4s。

目前通用的办法是用吸水箱单位面积产纸量来确定所需的吸水箱只数。步骤如下：首先从有关资料或经验数据得出吸水箱在设计条件下的单位面积产纸量（见表 16-37）；然后算出所需吸水箱总面积，最后确定吸水箱的只数。

$$F_T = \frac{\overline{W}}{f} \tag{16-48}$$

式中：$\overline{W}$——造纸机每小时理论产纸量（kg/h）；

f——单位时间单位面积吸水箱吸水量（kg/hm^2）；

F_T——所需吸水箱总面积（m^2）。

表 16-37　吸水箱单位面积产纸量

纸　　种	车速（m/min）	单位面积产纸量〔kg/（m^2・h）〕
新 闻 纸	≤400	500～700
	400～600	750～1100
2 号、3 号书写纸、印刷纸	≤300	400～500
	300～450	600～800
招贴纸、纺管表层纸等	≤200	450～600
1 号书写、印刷纸	≤240	250～400
胶版纸、绘图纸、照相原纸	≤100	210～360
40g/m^2 以下的纸	≤120	100～160
包 装 纸	≤220	350～580
	225～400	600～1000
餐巾纸、水果包装纸（20～25g/m^2）	≤100	200～300
票证、火柴纸	≤150	400～500
高速纸机上抄造卫生纸		≥500

$$F_T = BnL_x \tag{16-49}$$

式中：B——卷纸机上纸幅宽度（m）；

n——吸水箱的只数（也可参照表 16-38 选用）；

L_x——吸水箱的宽度，一般为 200～300mm。

表 16-38　吸水箱只数

纸　　种	吸水箱只数	纸　　种	吸水箱只数
游离状打浆封闭引纸纸机	2～3	新闻纸、2 号、3 号凸版纸	7～8
游离状打浆开式引纸纸机	3～4	袋　　纸	8～10
胶版纸、绘图纸、照相原纸	3～4		

吸水箱中的真空度随生产的纸种、车速而异，表 16-39 列出一些纸种的吸水箱真空度供参考。

表 16-39　薄纸和新闻纸等的吸水箱真空度（kPa）

纸　　种	第一个吸水箱	以后的吸水箱
薄型纸/电容器纸、卷烟纸	0.4～0.5	4～5
新闻纸、文化用纸	2～5	20～30
袋　　纸	6～8	27～30

表 16-40　几种纸每厘米网宽吸水箱所需抽气量

纸　　种	纸袋纸	新闻纸	书刊、凸版纸	书写纸	薄页纸
抽气量［L/（cm・min）］	134～190	55.8	33.5～55.8	22.4～55.8	22.4～44.6

吸水箱抽吸的水量和气量各箱是不同的，其抽气总量既可参考表 16-40 上数据选用，也可用以下经验公式计算：

$$\overline{V}_Q = KB_wV_m \tag{16-50}$$

式中：$\overline{V}_Q$——吸水箱真空系统总抽气量（L/min）；

V_m——造纸机最大工作车速（m/min）；

B_w——网宽（mm）；

K——每平方米吸水箱面平均抽气量（其值可从表16-41中查出）（L/m^2）。

表16-41 按单位成型网通过面积计的吸水箱平均抽气量 K（L/m^2）

造纸机最大工作车速（m/min）	成型网宽（mm）		
	≤4 000	≤5 000	≤6 300
≤300	14	15	15
>300	15	16	17

吸水箱的高度通常为150～250mm（不包括面板的高度）。

吸水箱的面板厚度通常为40～60mm，面板开孔的型式有圆孔、条缝和斜缝3种型式（如图16-63）。条缝面板由多根板条组合而成，板条宽20～30mm，板条间距15～30mm。这种面板的开孔率为45%～60%（开孔率为吸缝总面积与吸水箱抽吸段总面积之比）；圆孔面板的孔径通常为13～18mm，呈螺旋形排列，开孔率为30%～35%；斜缝面板多用于生产单一品种的场合，其最佳缝宽约20mm，缝边距为15～20mm，缝与纸机纵轴夹角为30°，开孔率为40%～50%；条缝型面板抽吸面积较大、脱水均匀，但网的磨损也比较大，圆孔型面板的开孔率小，脱水不如条缝型面板均匀但磨损较小，斜缝型的开孔率大，脱水也均匀且磨损较小。

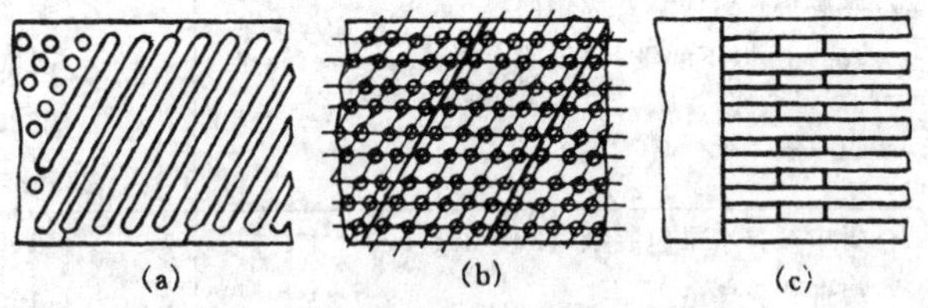

图16-63 吸水箱开孔形状示意图

(a) 斜缝面板；(b) 圆孔面板；(c) 条缝面板

常用的吸水箱面板材料有木材、硬橡胶、夹布酚醛树脂层压板、工程塑料、带碳化钨涂层的钢板和陶瓷，前几种软质材料用于铜网，而硬质材料则用于塑料网。其结构如图16-64。

由于吸水箱与成型网的磨损较大，摩擦阻力也大，占网部动力消耗的70%～80%。为减轻面板的磨损，有摆动吸水箱，使吸水箱沿纸机横向作往复摆动可减少吸水箱的局部磨损。

(6) 饰面网辊：饰面网辊又称水印辊，是在成型后期置于纤维积层上悬浮体中的元件。这种元件不起脱水作用，但能在一定程度上改变或修饰纸幅即将最终成型的上表面。这种作用只能在积层上有薄薄一层自由悬浮体时方能实现，这时积层的浓度约为6%左右，也即使饰面

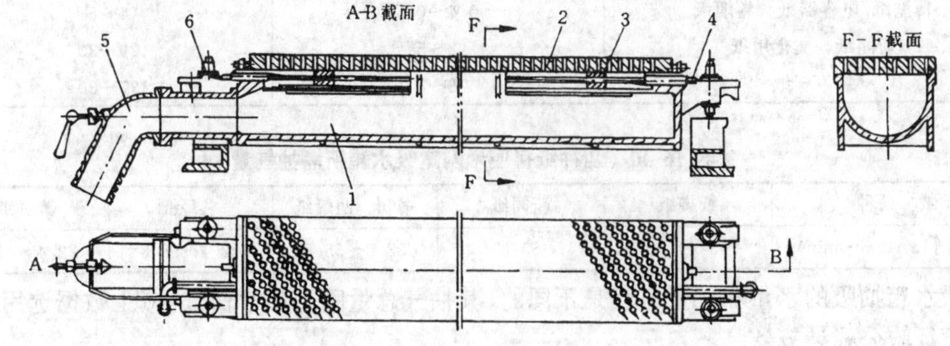

图16-64 吸水箱

1. 吸水箱；2. 吸水箱面板；3. 调节吸水箱宽度的滑板；4. 移动滑板用螺杆；5. 水气排出管；6. 调节吸水箱高度螺钉

网辊位于水线前附近。如饰面网辊的位置过于放前，此时积层浓度太低，易于压溃，如果在水线或水线以后，则饰面效果很差。饰面网辊的作用主要是分散纤维和压紧纤维，因为，当积层受网辊压力时，一部分自由悬浮体被网辊挤成液坑（如图16-65），在悬浮体中造成流速差，形成纵向剪切。剪切作用使纤维受到分散、匀整的作用，剪切对积层也有影响，积层的上面影响最大，这个影响使积层上面和继续积沉的纤维受到匀整，当剪切作用过分强烈时，影响可深入积层的下面，甚至破坏积层。饰面网辊的线速略低于成型网速，大约低4%左右。饰面网辊的压力使积层被压紧，积层的密度增加，网痕加深，这是饰面网辊对成型不利的方面。

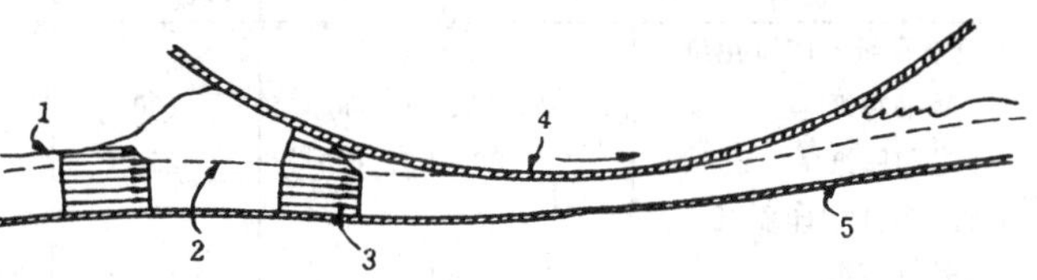

图16-65　饰面网辊所形成的剪切作用

1. 悬浮体自由表面；2. 积层表面；3. 流速分布；4. 饰面网辊；5. 成型网

过去认为饰面网辊车速仅用于350m/min以下才有效，随着加工技术的进步，特别是饰面网的开发利用，其车速范围已大大超过350m/min。文化用纸实用网辊直径见表16-42。

表16-42　文化用纸长网造纸机实用饰面网辊直径（mm）

项　目	纸机代号										
	1	2	3	4	5	6	7	8	9	10	11
车速（m/min）	300	450	492	492	492	492	500	550	656	720	820
成型网宽（mm）	2 750	4 300	3 320	4 200	4 800	6 050	4 400	6 000	4 660	6 300	5 400
饰面网辊直径（mm）	500	800	610	610	914	762	800	800	762	1060	914

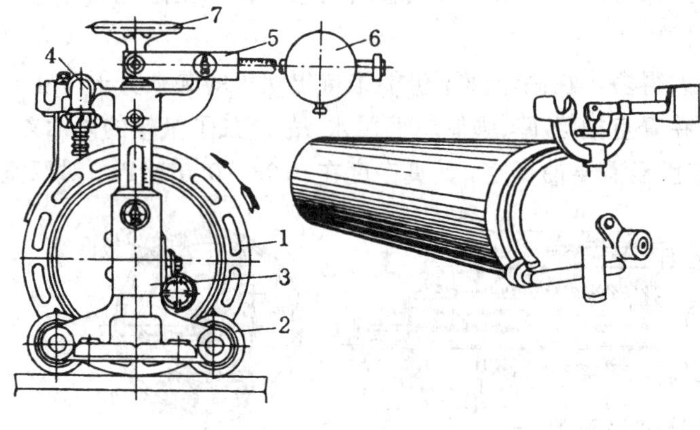

图16-66　无轴饰面网辊及其支架

1. 无轴饰面网辊；2. 支承小辊；3. 支架；4. 喷水管；5. 悬臂机构；6. 活动重锤；7. 调节网辊高低位置的手轮

饰面网辊的网宽应比成型网宽100～200mm。网辊的面网网目应小于成型网的网目。例如成型网的网目为60目，则饰面网辊面网网目应为40目。这样做的目的是使饰面网辊不易粘纤维。无轴饰面网辊及其支架结构如图16-66。

（7）摇振器：摇振作为对成型网上的纤维悬浮体施加可控的横向剪切作用是长网成型器上匀整和分散纤维的作用之一，对成型质量起到一定的影响，对于车速≤250m/min的造纸机，摇振器是必须配备的装置。

常见纸种所采用的的摇振规程见表16-43。

（8）伏辊压榨和真空伏辊：伏辊压榨（普通伏辊）除在薄型纸纸机和自接纸纸机上还使用外，几乎已全部为真空伏辊所取代。

表 16-43 常见纸种所采用的摇振规程

纸 种	定 量 (g/m²)	车 速 (m/min)	摇振方式	摇振规程		
				摇振频率 (次/min)	振幅 (mm)	
					第一点	第二点
优质书写纸、印刷用纸						
1号书写纸	45、63、70、80	100	b式	180～400	5～7	—
1号印刷纸	70、80、90、100	250	b式	250～450	5～10	—
普通书写纸、印刷纸						
2号书写纸	63	150	b式	150～300	5～10	—
2号印刷纸	65、80	150	b式	150～300		
3号书写纸	45、63	300	b式	250～300	5～14	—
3号印刷纸	60	300	b式	250～300		
0号书写纸、印刷纸	80	300	b式	250～300	4～16	—
纸袋纸	80	—	b式	150～300	5～12	—
包装纸	30～100	300	b式	125～350	5～12	—
胶版纸	140	75	b式	150～300	5～8	—
练习本封面纸	80	100	b式	160～250	6～12	—
仿羊皮纸	40、50	100	c式	175～400	4	8
	40、50	180	c式	175～400	2～5	4～10
描图纸	40	100	c式	250～290	5～12	—
电容器纸	12	30	c式	150～200	4	8

自接纸纸机（如长网哈帕式纸机、圆网纸机）的伏辊压榨既有脱水的作用又有移送纸幅的功能，所以又称之“传递压榨”或“舔移压榨”，其上伏辊又称之为舔移辊。这种压榨有两大特点：一是上伏辊套有1 600～1 800g/m² 的带纸毛毯；二是下伏辊是开敞式伏辊如沟纹辊，哈帕纸机还用网笼辊。由于普通伏辊压榨是两面脱水，可减轻两面差，在一些特种纸抄造中（车速较低）仍在使用。

真空伏辊的脱水能力比伏辊压榨大得多，在高车速下仍能维持出伏辊的湿纸页干度在一定的范围（18%～22%）。由于脱水是在真空抽吸下，强制单面脱水，故增加了纸幅的两面差，真空伏辊的示意结构如图16-67。真空伏辊需要抽真空，其真空度在0.03～0.05MPa，对双室

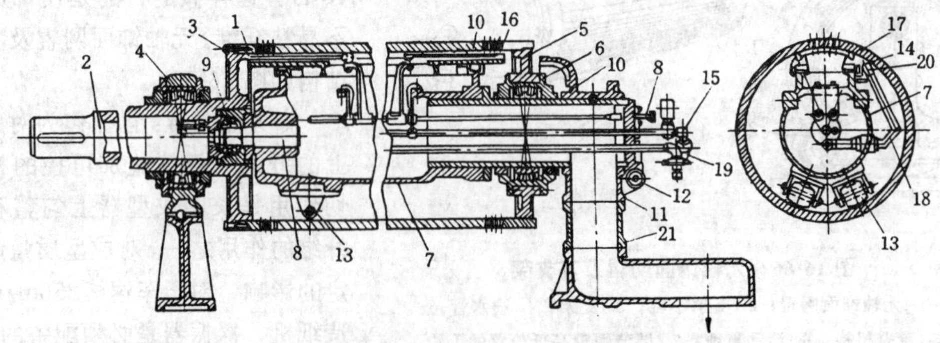

图 16-67 悬臂式箱式真空伏辊

1. 辊壳；2. 传动侧轴头；3. 把轴头固定在辊筒上的螺栓；4. 轴承；5. 端盖；6. 轴承；7. 真空箱；8. 真空箱轴头；9. 真空箱轴承；10. 真空箱工作侧轴头；11. 真空箱支架；12. 真空箱回转机构；13. 真空箱滚轮；14. 密封用空气软管；15. 接管；16、17. 横、纵向密封条；18. 移动横向密封的螺栓；19. 进水接管；20. 喷水管；21. 换网时抽出真空箱用垫座

真空伏辊其真空度可达 0.07MPa。

真空泵的抽气量见表 16-44 和表 16-45。

表 16-44　需用真空泵生产能力

真空泵位置	平均单位抽气量（L/m²）	真空度（MPa）
吸水箱	18	0.02～0.03
伏辊：第一真空室	30	0.05～0.06
第二真空室	50	0.06～0.07
真空吸移辊	30	0.04～0.06
真空压榨：第一道	30	0.06～0.07
第二道	35	0.06～0.07

表 16-45　按单位成型网通过面积计的真空伏辊平均抽气量（L/m²）

造纸机最大工作车速（m/min）	成型网宽（mm）		
	≤4 000	≤5 000	≤6 300
≤300	45	50	—
>300	50	55	60

长网成型部尚有许多必不可少的辊筒如胸辊、张紧辊、校正辊及导网辊等等，它们都各自起着重要的作用缺一不可，只有它们的参与，方能构成长网成型器。在选用长网成型器应根据各自的工艺要求，谨慎选用，合理布置。

6.2.3　夹网成型器

自 20 世纪 60 年代第一台夹网成型器问世以来，夹网成型器有很大的发展，其地位也越来越重要，它不仅是高速大型造纸机首选成型器也是纸机改造首选的途径。根据其成型过程可分为：在两张成型网夹持下完成全部成型过程和在两张网夹持下最终完成成型过程两大类。

夹网成型器的特性是：①由于夹网成型器是双面脱水，因此脱水速度快，成型时间短；②其留着率相应要低一些；③成型对称性能好，提高了成纸的印刷性能；④在封闭情况下成型，避免了空气扰动的影响，成纸匀度好。

夹网成型器的脱水动力由以下几种构成：

(1) 当纸料在两张网夹持下通过某个曲面时，由于两张网的张力形成一恒定的脱力动力，其脱水压力为

$$P=T/R \tag{16-51}$$

式中：P——脱水压力（kN/m²）；

T——网的张力（kN/m）；

R——曲面的曲率半径（m）。

(2) 当两张夹持纸料的网通过由脱水元件（脱水板）组成的曲面时，其脱水压力不是恒定的，即每通过一脱水元件时出现一次，其值为

$$F=2T\sin\alpha \tag{16-52}$$

式中：F——经过脱水元件时的脱水线压力（kN/m）；

T——成型网张力（kN/m）；

α——成型网折转的角度（弧度）。

(3) 纸料在两张网夹持下经过真空吸水箱时，其脱水压力为真空吸水箱中的真空度；④纸

料在两张网夹持下经过一曲面时会产生离心力，方向向外。但要注意离心力并不增加脱水动力，起脱水动力的仍是网的张力，这时的脱水情况是向外脱水多，如果当离心力与成型网张力形成的脱水压力相等时，里网不脱水，外网的脱水压力增加一倍，要想里外网脱水速率相同，则曲面必须有真空，且其真空度必须等于纸料的离心力。

夹网成型器的选用应根据纸机的车速、抄造的纸种及纸料特性来选择，因为各种型式的夹网成型器有各自的特点。

辊式夹网成型器的纤维留着率高，动力消耗少，最高车速可达 2100m/min，除适用于抄造薄页纸外，还可抄造新闻、书刊等纸种，这种成型器结构简单，操作方便，但其成型质量不如其他形式的夹网成型器，珀里成型器如图 16-68。

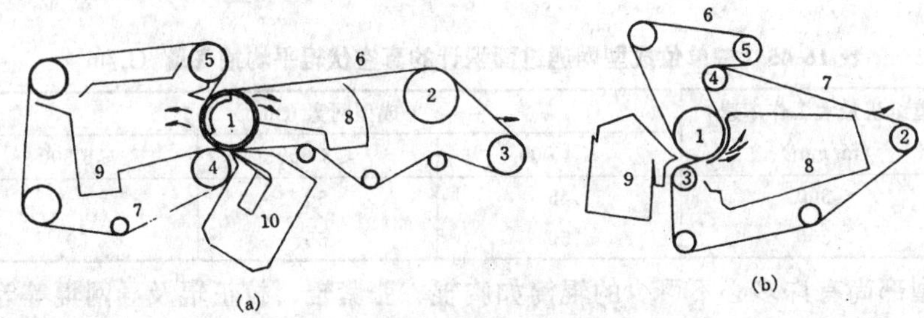

图 16-68 珀里成型器（Papriformer）

(a) MW 型珀里成型器：1. 成型辊；2. 内网伏辊；3. 内网驱网辊；4. 外网胸辊；5. 外网导辊；6. 内网；7. 外网；8. 内网白水盘；9. 外网白水盘；10. HT 型流浆箱；(b) LW 型珀里成型器：1. 成型辊；2. 外网驱网辊；3. 外网胸辊；4. 分离辊；5. 内网导辊；6. 内网；7. 外网；8. 外网白水盘；9. HT 型流浆箱

以脱水板作为脱水元件的夹网成型器的纤维留着率低，但成型质量较好，适宜抄造瓦楞芯纸等中等定量的纸种如辛姆-F 型成型器（Sym-Former）（如图 16-69）。

仅由辊子脱水构成的上网装置的夹网成型器的纤维留着率较高，成型质量也比较好，有高、低速之分，高速型（夹网走向朝上）的最高车速可达 1350m/min，适宜于抄造低定量纸种，而低速型（夹网走向朝下）最宜于抄造定量较大的纸种，如图 16-70。

仅由静止脱水元件脱水的上网装置的纤维留着率较低，但成型质量最好，适用于各种定量纸种的抄造。由于其脱水元件一般皆为真空吸水箱，因此可用二次成型，使纸幅向上脱水，

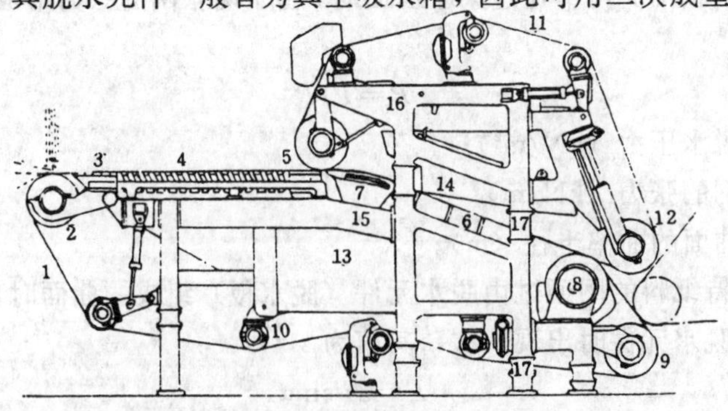

图 16-69 辛姆-F 型成型器

1. 下网；2. 下网胸辊；3. 成型板；4. 脱水板；5. 湿吸箱；6. 吸水箱；7. 弧形成型板；8. 伏辊；9. 下网驱网辊；10. 导网辊；11. 上网；12. 上网驱网辊；13. 下网白水盘；14. 上网白水盘；15. 下网悬臂机构；16. 上网悬壁机构；17. 活动垫板

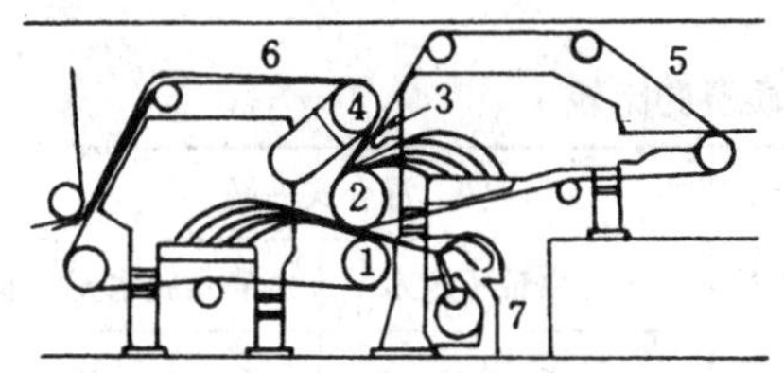

图 16-70　C 型杜喔成型器（Duoformer-C）

1. 胸辊；2. 成型辊 3. 脱水板；4. 真空伏辊；5. 上网；6. 下网；7. 流浆箱

在较低车速下抄造多层纸更是其特点，如图 16-71。

由辊子和静止脱水元件脱水的上网装置成型器的纤维留着率高，成型质量好，适于抄造低到中等定量的纸类，如图 16-72。

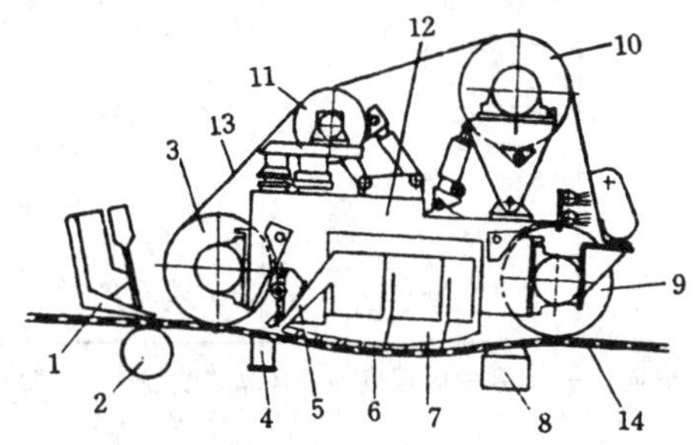

图 16-71　贝尔邦（Bel-Bond）**成型器**

1. 流浆箱；2. 托网辊；3. 上网前的辊；4. 曲面脱水板；5. 自动刮刀；6. 倒置吸水箱第一室；7. 倒置吸水箱第二室；8. 吸移辊；9. 后辊；10. 张紧辊；11. 校正辊；12. 悬臂机架；13. 上网；14. 下网与纸层

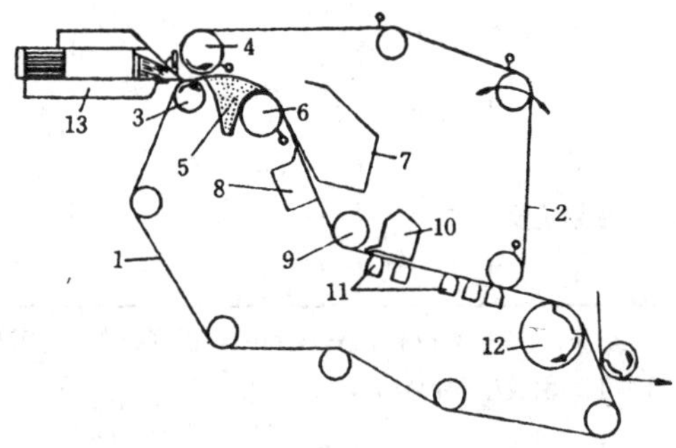

图 16-72　贝尔邦 I 型成型器

1. 下网；2. 上网；3. 胸辊；4. 1[#]开敞导辊；5. 曲面成型板；6. 2[#]开敞式导辊；7. 白水盘；8. 脱水板组；9. 3[#]开敞式导辊；10. 自动刮刀；11. 吸水箱；12. 真空伏辊

夹网成型器和混合式夹网成型器的生产厂家见表 16-46，供选择使用时参考。夹网与长网成型质量的比较见表 16-47；各种上网装置的操作参数见表 16-48；3 种上网装置成型器与长网的比较见表 16-49。

表 16-46　夹网和混合式夹网成型器实例和制造厂家

纸机类型		名　称	脱水方向	制造厂家
夹网成型器	辊式夹网成型器	帕泼里成型器	版面脱水	加拿大 Dominion
		珀里成型器		瑞典 K. MW
		斯彼德成型器		芬兰 Valmet
		珀里成型器	单面脱水	加拿大 Dominion
		贝洛依特薄纸成型器		美国 Beloit
	脱水板式夹网成型器	贝尔邦成型器 Ⅰ、Ⅱ、Ⅲ	双面	Beloit
		浮尔蒂成型器	双面	美国 Black Clawson
混合式夹网成型器	仅由辊子脱水	杜喔成型器 F. H. L	单面、双面	德国 Voith
		珀里成型器	单面、双面	K. MW
	仅由静止脱水元件脱水	贝尔邦成型器	单面、双面	Beloit
		辛姆成型器 F，N	单面、双面	芬兰 Valmet
	由辊子和静止脱水元件脱水	贝尔成型器		Beloit
		辛姆成型器 R		Velmet

纸的抄造即成型技术发展极其迅速，除前述 3 种最基本的成型外还有短网成型、干、湿法成型及当前正在研究中的高浓成型、泡沫成型等等，成型器也是多种多样，各种成型器及

制造厂家见表16-50，供选择时参考。

表 16-47 夹网与长网成型质量的比较

项 目	夹 网		混合式夹网	
	辊式成型器	脱水板式夹网成型器	主要由辊子脱水	由静止脱水元件脱水
强 度	○/+	○/+	○/+	○/+
松厚度	○/+	○/−	○/+	○/−
两面差	+/++	++	+/++	++
掉毛掉粉	+/++	++	+/++	++
平滑度	+	+	+	+
透气度	−	○/−	−	○/−
针 眼	○/−	++	+	++
横幅定量分布	+	+	+	+
成 形	+	++	+/++	++

注：++ 有很大改善；+ 少到中等程度改善；○ 没有实质性影响；− 少到中等程度的变坏（“改善”与“变化”都是相等于长网成型器而言）

表 16-48 各种上网装置的操作参数

成型器型式	进出网段干度（%）		向上脱水比例（%）	成型器型式	进出网段干度（%）		向上脱水比例（%）
	进	出			进	出	
Bel-Bond	0.5～1.5	10～15	50～60	Top Flyte Former	0.9～1.4	10～12	30
Bel-Roll	1～1.5	10～13	40	Twinformer	1	7～11	25～40
Bel-Form	1～1.5	8.5～9.5	30～40	Periformer	0.8～1.6	12～16	15～45
Duoformer H	1～1.2	10～15	35～40	Alform M	0.8～1.5	12～14	15
Symformer R	1～1.2	6～10	30～45	Akumat	1.9～4.5	8.5～22	40
Dynaformer	1	11～16	30～70				

表 16-49 3种上网装置成型器与长网成型器的比较

项 目	长网成型器	上网装置			脱水板式夹网成型器Ⅱ Bel-Baie
		Bel-Bond	Bel-Roll	Bel-Form	
脱水能力	有所限制	高（进口浓度1.0%）	中等（进口浓度1.5%）	中等（进口浓度1.5%）	高（进口浓度0.8%）
纤维留着率	比较基础	减10%	减2%	减5%	减10%
成型匀度	相对较差	好到最好	好	好到最好	最好
品种范围	低到高定量	低到高定量	低定量	低到中等定量	低到中等定量
动力消耗	作为比较基础	不变	减少40%	减少20%	减少20%

注：动力消耗是指在相同车速下与长网成型器所需动力之比较。

表 16-50 各种成型器

成型器型式	车速范围 (m/min)	抄造定量 (g/m^2)	说 明	制造厂家
长 网	10～1000	10～500	多层成型的主机	许多厂家
有第二流箱的长网	20～800	20～600	主要用于挂面纸板	许多厂家
双 长 网	20～300	20～400	用于高级纸	许多厂家
上位短网 (mini Fourdrinier)	100～700	20～220	主要用于高级纸	瑞典 Karistal、芬兰 Voith
下位短网	100～600	80～400	较少采用	Dorries 公司
特级超成型器 (Super Vltra Former)	100～500	40～100	很多用于纸板生产	日本小林制作所
逆流网槽	10～150	30～150	普通常用于纸板生产	许多厂家
顺流网槽	10～150	30～100	普通常用于文化纸	许多厂家
干网槽 (BRDA)	10～150	30～150	普通常用于纸板生产	美国 Beloit
限流网槽	10～150	30～150	常用于纸板生产	Voith
压力圆网	20～200	25～200	日益被采用	Beloit
真空圆网(Voith 式、BRISTOL 式)	20～500	20～300	日益被采用	Voith 等
圆网上成型器	30～400	25～150	在某些纸板上使用	MANCHESTER 公司
带网段的圆网成型器	50～600	25～300	一种新的趋势	ErWePa 公司
基本超成型	20～200	35～100	使用较多	日本小林制作所
真空胸辊	50～500	20～300	在某些薄型纸抄造中使用	Scott 公司
INVERFORM 夹网	80～500	25～100	使用较多	Beloit
Bel-Bond 夹网	100～600	20～150	日益被采用	Beloit
直立夹网、圆网 夹网、"半直立"夹网	300～1300	30～150	有些使用多层流箱	B_1C 公司 Voith 等
夹网短网上成型器	150～700	50～300	在日本有典型使用	日本小林制作所
夹网短网上成型器	150～800	20～300	在某些场合下使用	德国 EscherWyss 公司
控流成型器	100～600	20～600	只有一台在工业上使用	
多层流浆箱	<100 或>1200	15～300	可用于长、圆和夹网	Beloit Escher Wyss
干式敷垫成型器	600		试验阶段	Kroyer
高浓流浆箱	300			日本小林制作所
泡沫成型	1000			Wiggins Teape 纸厂
Coanda 流浆箱	300		在发展阶段	Wiggins Teape 纸厂

6.3 造纸机的压榨部

纸料以 0.3%～1.0%的浓度上网成型，离开成型网时湿纸幅的干度在 18%～22%，在成型部脱去的水约占纸料带入水分的 95%以上。由压榨部进入干燥部的湿纸幅的干度在 35%～45%，由此可得在压榨部脱去的水约占进入水的 50%～70%。压榨脱水顾名思义是一种用机械挤压的方法脱水，也是最便宜的脱水方式之一，比之干燥脱水要便宜许多，所以造纸工作者总是在压榨部脱去尽可能多的水，以便降低成本。

"脱水"是压榨的任务，压榨对纸性（特别是热压榨）还会有很大的影响。其影响表现在下面几方面：由于带毯压榨（湿纸幅的正面总是接触毛毯）减轻了纸的两面差；湿纸幅在压榨过程中与光面辊挤压接触（特别经过平滑压榨）提高了平滑度；挤压还提高了纸的紧度、强度和耐折度；纸的松厚度、透气性、吸水性能和不透明度会相应地下降。近年出现的热压榨，除了进一步提高出压榨的湿纸幅的干度外，对纸性的影响更大。

6.3.1 双辊压榨

双辊压榨是造纸压榨部必不可少的压榨型式，配置有多种型式如图16-73，按照脱水机理又可分为若干种型式，见表16-51。

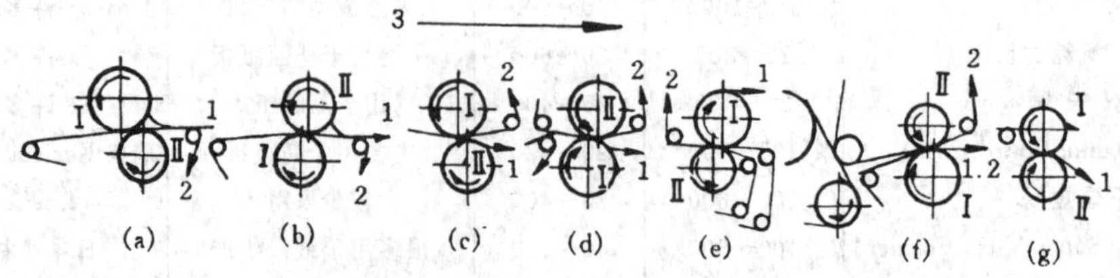

图16-73 双辊湿压榨配置位置示意

(a) 普通正压榨；(b) 真空压榨；(c) 真空倒压榨；(d) 普通倒压榨；(e) 普通反压榨；(f) 传递压榨；(g) 平滑压榨（又称光压榨）；1. 湿纸幅；2. 毛毯；3. 湿纸幅总走向；Ⅰ. 第一辊；Ⅱ. 第二辊

表16-51 湿压榨的型式

湿压榨的型式	脱水机理
普通压榨	平面脱水
沟纹压榨	垂直脱水
网毯压榨	垂直脱水
网套压榨	垂直脱水
盲孔压榨	大大缩短了水平脱水的距离
真空压榨	大大缩短了水平脱水的距离
吸风压榨	大大缩短了水平脱水的距离，此外由于提高了毛毯进入压榨的干度和减少了压区后的回湿故脱水效果更好
真空网套压榨	垂直脱水
分离压榨	把压榨辊脱水与毛毯脱水分离开来，改善了压榨脱水的条件
窄压区压榨（又称高强压榨）	缩小压区宽度，增加压力线压力
热压榨和托辊	加热纸幅降低水的粘度，提高脱水速率
盲孔托辊	加热纸幅，降低水的粘度，提高脱水速率，效果更好
真空托辊	加热纸幅，降低水的粘度，提高脱水速率，效果更好
延时压榨	延长压榨的时间，提高脱水能力
延时热压榨	这是目前正在开发的压榨型式，具有热压榨和延时压榨的双重优点

双辊压榨习惯上有普通正压榨、真空倒压榨、普通反压榨、平滑压榨，由下辊（包胶辊）的结构不同又可分为普通压榨、沟纹压榨、网毯压榨、网套压榨、盲孔压榨、真空压榨、吸风压榨、真空网套压榨、分离压榨（毛毯的走向与组合不同）、热压榨等，如图16-73和表16-51。

普通压榨又称平压榨（如图16-74，图中连接线PP′、MM′、OO′、NN′及LL′为辊面分区线，把两辊辊面沿其转向分为Ⅰ～Ⅳ共4个区），由裸辊（通常是花岗石辊）和包胶辊（下辊）组合而成，湿纸幅随着毛毯首先与上辊接触，并进入压区Ⅰ。这一区对纸幅有两方面的作用：首先是避免与下辊（辊面带水）相接触；其次是使湿纸幅受到初始的压力P，可按下式计算：

$$P=\frac{T}{R} \tag{16-53}$$

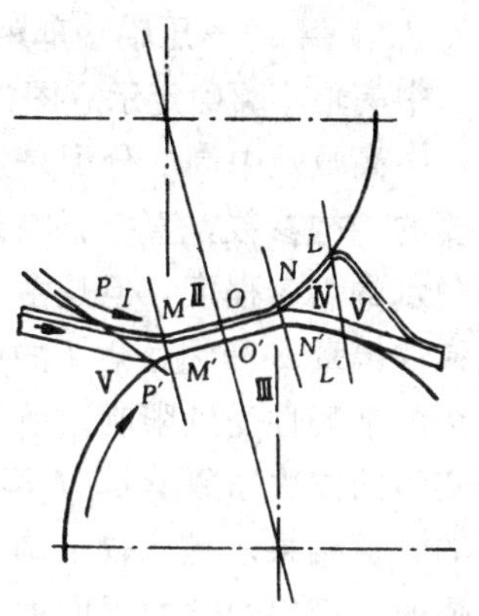

图 16-74　普通压榨

式中：P——湿纸幅所受的正压力（N/m^2）；

T——毛毯张力（N/m）；

R——上辊的半径（m）。

初始压力 P 可使纸幅与毛毯紧密接合，排除两者间的空气，并可挤出少量的水进入毛毯，湿纸幅在初始压力作用下逐渐加压直至最高压力，有利于保护湿纸幅的纤维组织，不使其压溃。因此，普通压榨都需安排上、下辊间的偏移，这种上辊沿着纸幅运行方向的偏移，称之为正偏移，偏移量为 50～100mm，车速较高，辊径较大，偏移量也较大；在同一台造纸机上，总是较前的压榨偏移量要大一些。

为了保证湿纸幅整幅脱水均匀，压榨下辊或上、下辊都设有中高，其中高量可按下式计算（适用加压臂与两压辊中心联线相垂直的状况）：

$$K = 2(f_1 + f_2) \tag{16-54}$$

$$f_1 = \frac{Pb^2}{384E_1I_1}(12L - 7b) \tag{16-55}$$

$$f_2 = \frac{(P + G_1 + G_2)b^2}{384E_2I_2}(12L - 7b) \tag{16-56}$$

式中：f_1、f_2——上、下两辊在两辊中心联线上的挠度（cm）；

P——加压臂所施加的附加力（N）；

G_1、G_2——上、下两辊的重量（N）；

L——压辊轴承间的中心距（cm）；

b——压辊辊面宽度（cm）；

K——总中高量（cm）；

E_1、E_2——上、下辊的杨氏弹性模量（N/cm^2）；

I_1、I_2——上、下辊工作部分的惯性矩（cm^4）。

中高可设置在下辊上，也可分设在上、下两辊上，如果设置在上、下两辊上，可按下式进行分配：

$$K_1 = K\frac{D_1}{D_1 + D_2} \tag{16-57}$$

$$K_2 = K\frac{D_2}{D_1 + D_2} \tag{16-58}$$

$$K = K_1 + K_2 \tag{16-59}$$

式中：K_1、K_2——上、下辊中高量（cm）；

D_1、D_2——上、下辊直径（cm）。

中高量 K、K_1、K_2 在下辊或上、下辊上分配即中高轮廓应符合下述关系：

$$D_x = D_0 + K\left[1 - (\frac{b_x}{b_0})^2\right] \tag{16-60}$$

式中：D_x——距离压辊中间截面 b_x 处的直径（cm）；

D_0——压辊工作面端部直径（cm）；

b_0——压辊端部距中间截面的距离（cm）。

中高辊轮廓确定示意图如图16-75。

中高量及中高的分配是压榨辊极其重要的结构参数，直接影响到湿纸幅全幅脱水的均匀程度，但是由于压辊的杨氏弹性模量E和惯性矩I的影响，计算方法的准确性受到限制，所以往往都是用实验的方法先测出E、I再行计算，这样的计算结果才是比较正确的。由于在干燥时，纸幅两端的干度由于通风良好总是高于中间部位，故有时也有意识地适当加大中高量使湿纸幅中间的水分低于两端的水分，用以平衡干燥部的不均匀。实践证明，效果较差，实为不可推荐之方法。

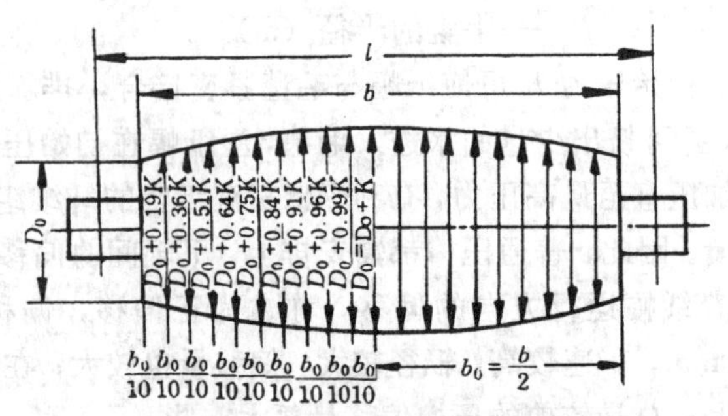

图16-75 中高辊轮廓示意

在压辊设中高的目的是使湿纸幅在压榨脱水时能全幅均匀脱水，要做到这一点则必须要有合适的中高。众所周知，中高受多种因素的影响，对于同一台压榨设备，当线压力变化，中高也必须随之而变。为适应生产实际的需求，出现了一些可控中高辊，如德国爱修伟士机械厂的专利产品Nipco辊；美国贝洛依特公司的CC辊（Controlled Crown roll）以及浮动辊（Swimming roll）等，这类辊子的出现使造纸设备又迈上了一个新的台阶。

两辊压榨正在进一步发展和完善之中，其中以下述几种型式较具吸引力。

6.3.1.1 双毛毯双沟纹压榨

双毛毯双沟纹压榨是一种双面垂直脱水压榨。众所周知，在湿纸幅通过压辊压区时，纸幅中的水在机械挤压下从纸幅的一面（单毛毯）或双面（双毛毯）通过毛毯排除。压区产生的总压力为湿纸幅中水分的液压及纤维结构压缩的阻力之和，湿纸幅受压后，水分在压力梯度作用下产生流动，压力梯度的大小与纸幅的定量和水的流动阻力有关。研究发现，每一种湿纸幅在一定的车速下运行时，在以液压压力为脱水主动力之前，存在着一个最低定量值。当定量低于这一数值时，影响脱水的阻力是纤维结构中的压缩阻力和纤维壁的水流阻力，这时的脱水称为“压力控制”压榨脱水，这类压榨的脱水效率主要受压榨线压力和毛毯再湿的影响。属于这类压榨脱水的纸种有薄型纸，包括新闻纸在内的大多数印刷纸、低定量涂布纸和定量低于100g/m^{2}的所有高级纸；如果以水通过纤维结构的流动阻力为主要影响脱水的因素时，则称之为“流阻控制”压榨，这时，纸的厚度、网络组织和孔隙率及在压区的停留时间、纸幅温度等皆成为影响脱水的重要因素，定量高和游离高的各类纸板均属于这类压榨。由于双毛毯双沟纹压榨大大缩短了脱水的距离和增加了脱水的面积（与单毛毯相比），由于纸质比较疏松减少了回湿的影响（对双毛毯尤为重要），因此，对于“流阻控制”压榨类型，双毛毯双沟纹压榨有比较明显的优点。

影响双毛毯双沟纹压榨的主要因素有：

(1) 沟纹辊的结构：上、下压辊均为色胶辊，其橡胶硬度为5～10度P&J，约合95±2度DA，一般线压力越高，胶辊表面的硬度越高。

沟纹的尺寸对沟纹压榨的影响也比较大，在考虑沟纹尺寸时应使沟纹的容积富足有余的容纳压区中挤出来的全部水；其次应有一定比例的沟纹面积，通常以沟纹面积与辊面全面积之比在16%左右为最佳。当然沟纹尺寸对沟纹压榨的影响也非常大，实践证明最佳沟纹尺寸如图16-76，即沟宽为0.5mm，沟深为2.5mm，沟纹的节距为3.2mm，这种沟纹尺寸对绝大多数纸种都是合适的。

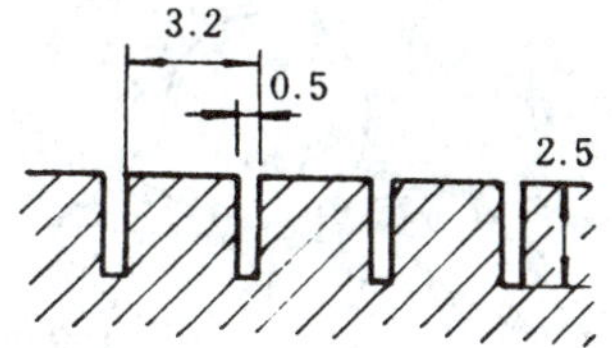

图16-76 最佳沟纹尺寸

(2) 压榨时的线压力：由双毛毯和双胶辊的影响双毛毯双沟纹压榨的压区比较宽，单位面积的负荷比较低，为了加强脱水必须采用较高的线压力，才能显示出其较高的脱水效率，其线压力不应低于44kN/m。

(3) 沟纹的清洗：沟纹压榨使用的好坏与沟纹中水能否及时清理有极大的关系，如果不能及时清除沟纹中的水，其压榨效果与普通平压榨没有太大的区别。清除沟纹中水的方法如图16-77，这是常用一种方法，用扇形喷水管，水压为0.3～0.8MPa，沟纹沟在进入压区前还没有揩抹刮刀，喷水方向与水束击中辊面处之切线成45°。

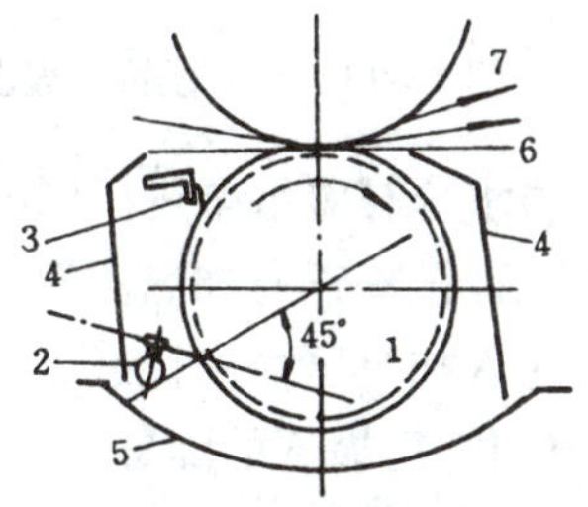

图16-77 沟纹压榨辊的喷水管和刮刀

1. 沟纹压榨辊；2. 喷水管；3. 揩抹刮刀；4. 挡水板；5. 承水槽；6. 毛毯；7. 纸幅

毛毯与纸幅的运行路线、毛毯与运行路线与湿纸幅的回湿关系极大，要设计好毛毯的运行路线，最大限度地减少回湿。对于双毛毯双沟纹压榨可使毛毯在压区出侧适当包复压辊（成3°～5°），使纸幅与毛毯接触的路线最短。

(4) 毛毯的选用：由于毛毯在双沟纹双毛毯压榨中带走了压榨脱出的大部分水，因此其性能的好坏，对双沟纹双毛毯压榨影响极大，这就要求毛毯具有良好的弹性、吸水性和一定的透气性，表面平整能承受较高的线压力。国外广泛采用网基针刺植绒毛毯，毛毯的定量在900～1000g/m² 或者再大一些。

毛毯的清洗与调态，在双沟纹双毛毯压榨中，毛毯的洗涤应引起足够的重视，如果毛毯夹带了大量的杂质（如细小纤维和微细物质）会大大降低其脱水能力。通常都使用移动式高压针形水束喷水管与窄缝吸水箱相接合，水压要求在1.5～2.5MPa，吸水箱缝宽8～10mm，真空度应在20～40kPa，真空泵抽气流量达750～820m³/(min·m²)。

6.3.1.2 加热压榨（又称热压榨）

加热压榨是正在迅速发展的双辊压榨。从前述知道，压榨脱水与纤维结构的抗压能力、水的流动阻力及回湿等三大因素有关，加热湿纸幅既降低了纤维结构的抗压阻力又降低了水在湿纸幅中的流动阻力，而且由于水的表面张力减小，回湿现象也会减少，因而可大大提高压榨的脱水效率。

实现加热压榨的方法很多，其中之一是使用蒸汽喷管对进入压榨前的湿纸幅加热，使用的蒸汽都是低压蒸汽或烘缸冷凝水的二次蒸汽。利用蒸汽冷凝放热、湿纸幅升温，达到加热压榨的目的，这种方法还可用以调节成纸全幅水分含量的均匀性。例如当成纸中部水分含量较高时，可在湿纸幅中部适当喷汽，加强中部的压榨脱水、均匀成纸全幅水分，降低干燥部的费用；另外一种方法是利用烘缸作为加热湿纸幅的热源，在烘缸的两侧配以压榨辊，压榨辊可以是沟纹辊、盲孔辊、真空辊等等，烘缸中的蒸汽压强为0.3MPa，线压力在140kN/m左右，据介绍经这种压榨后，湿纸幅的干度可在50%～58%。根据第二种型式的原理，如果使湿幅在进入托辊前与烘缸有较长时间接触升温，相信也可达到相当满意的效果。

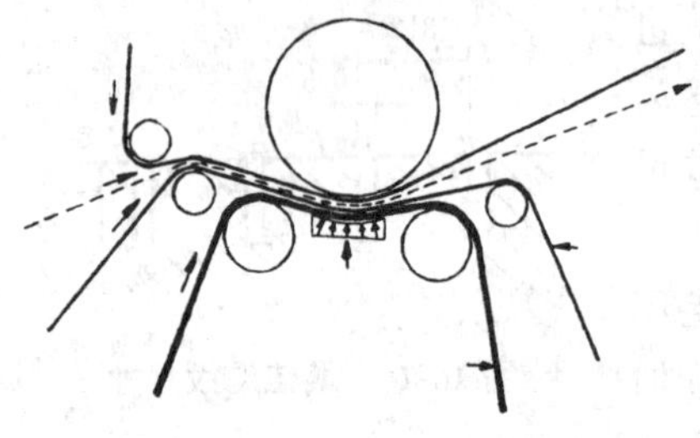

图 16-78 延时压榨原理图

6.3.1.3 延时压榨

延时压榨是一种新型的压榨，在生产纸机上使用还是近几年的事情。所谓延时压榨是指湿纸幅在压区中停留的时间比之一般的压榨要长得多，这种压榨一般都是在挠性带上完成的，其原理如图 16-78。延时压榨有很宽的压区，而且压区的压力是恒定的，仅与挠性带的张力和压辊的半径有关。试验研究证明，如果在压区中的停留时间增加 10 倍，则出压区的水分可下降 7%，而且出压区的水分与湿纸幅进压区的水分无关，与操作条件有关几乎是一个定值。

这种压榨正与加热压榨的原理结合起来，即将压辊加热，使这种压榨既有延时压榨的长处，又有加热压榨的优点。

6.3.1.4 压榨部的配置

压榨型式、压榨道数及纸幅移送方式的选定是选择压榨部配置的最主要的内容，一旦这些问题确定，压榨部的其他配置也可相应地确定。在一般情况下，脱水较容易的纸种多数采用高效率、高线压的压榨型式和较少的压榨道数，例如采用一至两道真空压榨（老式纸机）或用真空压榨辊与沟纹压榨辊组成的复式压榨。对粘状打浆抄制的纸类，则多数采用较低线压力和多道压榨的配置，如采用三至五道真空、普通及反压榨来组成压榨部。而在新式纸机上则多采用真空压榨、沟纹压榨、分离压榨及热压榨等构成压榨部。对于高定量、高游离度的纸类往往采用双毛毯双沟纹压榨作为第一道压榨，对于薄纸类由于受回湿的影响一般不采用这类压榨，对于以草浆为主要原料的纸类，由于纸幅不接触辊面，避免了薄壁细胞、细小纤维易于粘辊而产生断头的现象，提高了产品的质量和产量，因此是一种不容忽视的压榨选择型式。为了减少由于压榨脱水造成的反面差或成型器造成的两面差，往往在压榨部配备倒压榨或反压榨，对于那些平滑度要求较高的纸种有时还需配置平滑压榨。压榨的道数和压区数是根据试验或中间试验的结果确定，一般都是尽可能在第一、二道压榨有效地脱水以提高压榨部总效率。实践证明，增加压榨道数和压区数有时对脱水的效果没有显著地提高，甚至没有效果、实践和试验还证明提高湿纸幅的紧度，只有在一定的干度和压榨道数下才会有明显的效果。对于自接纸长网纸机、短网纸机、生产文化纸类的圆网纸机等常设置一道压榨，这道压榨可以是普通的正压榨也可使用真空、沟纹、双毛毯等高效压榨形式。

通常压榨辊随其型式不同分别具有压榨辊的加压提升机构、上、下压榨辊刮刀、白水盘或喷水喷气管用以清除沟纹、套网辊上的残留水分。

除平滑压榨外，几乎所有的压榨都配以毛毯。毛毯的正确选用与调整对压榨的正常运行关系极为密切，是压榨过程中不可缺少的环节。保证毛毯正常运行的辅件如校正、张紧、舒展、洗涤调态等辊筒和装置都是必不可少的。

几种类型的纸机的压榨配置实例如图 16-79 至图 16-83。

6.3.2 复合压榨

复合压榨自 20 世纪 30 年代问世以来已得到长足地发展，现在成为新型造纸机的典型和主要组成部分。这种压榨有许多优点，诸如：结构紧凑、便于实现全封闭引纸、提高脱水效率和进烘缸的湿纸幅干度、可使湿纸幅正、反面接近对称地脱水、可减小纸幅的两面差等，因而得到了迅速的发展和广泛的应用。

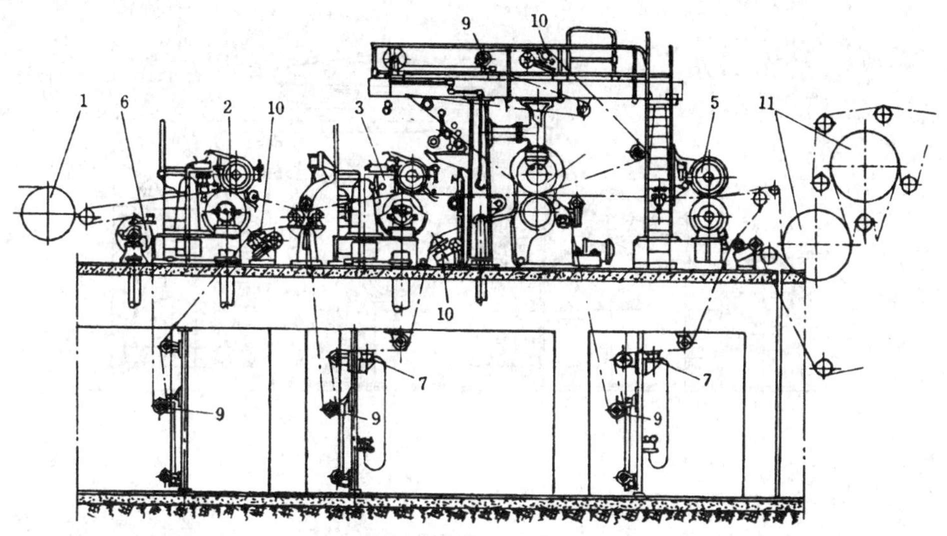

图 16-79　文化纸机压榨部分的配置

1. 伏辊；2. 第一道真空压榨；3. 第二道真空压榨；4. 吸风倒压榨；5. 普通压榨；
6. 毛毯真空吸水辊；7. 毛毯洗涤器；8. 毛毯吸水箱；9. 毛毯张紧器；10. 毛毯校正器；11. 烘缸

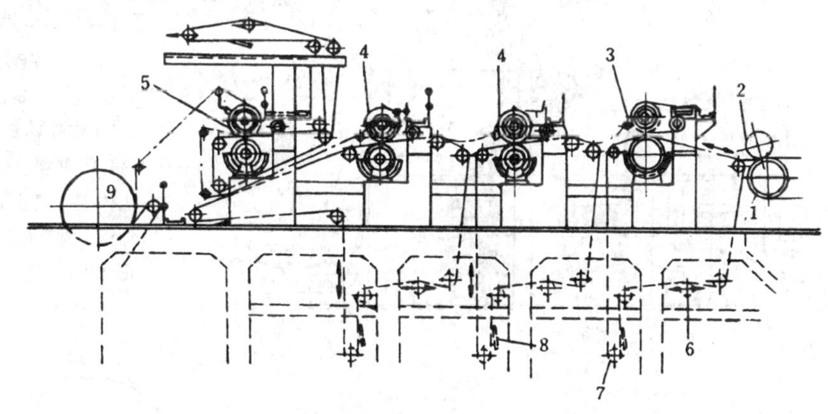

图 16-80　防油纸机压榨部分配置

1. 伏辊；2. 上伏辊；3. 真空压榨；4. 普通压榨；5. 反压榨；
6. 毛毯校正器；7. 毛毯张紧器；8. 毛毯洗涤器；9. 烘缸

复合压榨的分类：复合压榨的第一个压区基本上都是一个或包含有一个真空压区，它或者是一个单毛毯真空压区或是一个双毛毯的真空-沟纹压区。因此，这类压榨的第一或第二辊基本上是真空压榨辊，这一真空压榨有时兼作吸移辊。根据这根辊是否兼作吸移辊，可将复合压榨分为两大类，第Ⅰ大类是指真空压榨辊兼作吸移辊；第Ⅱ大类的真空压榨辊不兼作吸移辊，其分类见表 16-52。

图 16-84 表示了复合压榨的排列简图，其序号分别列入表 16-52。

从图 16-84 和表 16-52 中看出，压区所形成的纸幅脱水方向是很有规律。①第Ⅰ大类复式压榨中第一压区的纸幅脱水方向可以是单面也可以是双面，如果是单面脱水，则其脱水方向必然是向纸幅的背网面即正面脱水，形成一道反压榨；②第Ⅱ大类复式压榨中第一压区的脱水方向可以是单面也可以是双面，单面脱水时，随压榨的配置不同既可以是向正面脱水也可

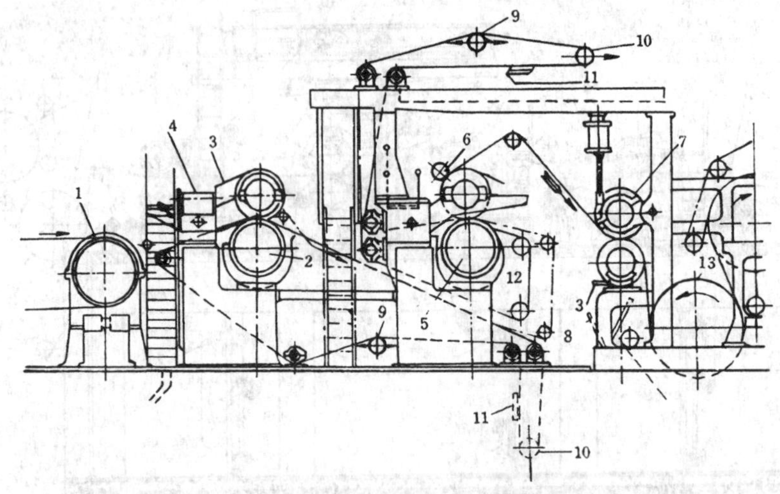

图 16-81 中速书写、印刷纸机压榨部分的配置简图

1. 真空伏辊；2. 真空压榨；3. 刮刀；4. 真空反压榨；6. 压纹辊；7. 平滑压榨；8. 损纸导板；9. 毛毯校正器；10. 毛毯张紧器；11. 毛毯洗涤器；12. 承水盘；13. 烘缸

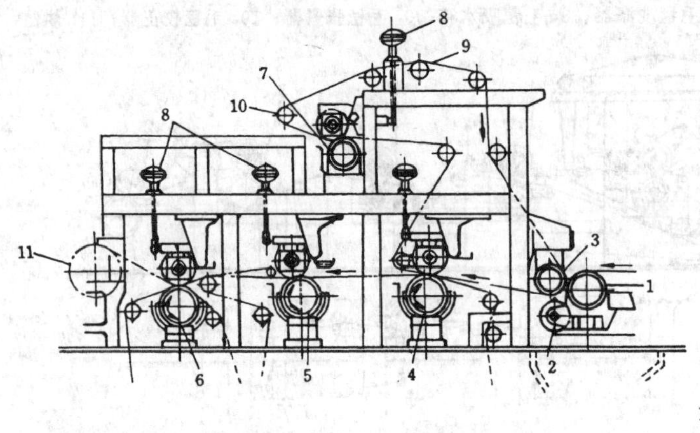

图 16-82 中速新闻纸机压榨部分配置简图

1. 真空伏辊；2. 驱网辊；3. 真空吸移辊；4. 传递压榨；5. 真空压榨；6. 吸风正压榨；7. 真空毛毯挤辊；8. 加压、提升机构；9. 毛毯校正器；10. 毛毯张紧器；11. 烘缸

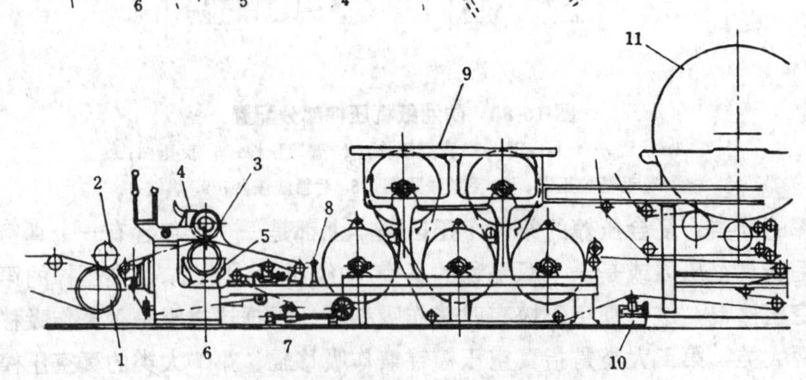

图 16-83 有预热烘缸的压榨部分配置简图

1. 真空伏辊；2. 上伏辊；3. 真空压榨；4. 刮刀；5. 承水盘；6. 毛毯洗涤器；7. 毛毯张紧器；8. 引纸辊；9. 预热烘缸组；10. 手动校正器；11. 烘缸

以向接网面脱水；③在这类压榨中，单面脱水的各个压区其脱水方向是不变的，即如果是向正面脱水，则在各单面脱水压区中都是向正面脱水；④在这类压榨中，从纸幅双面脱水的压区通常只出现在第一压区。

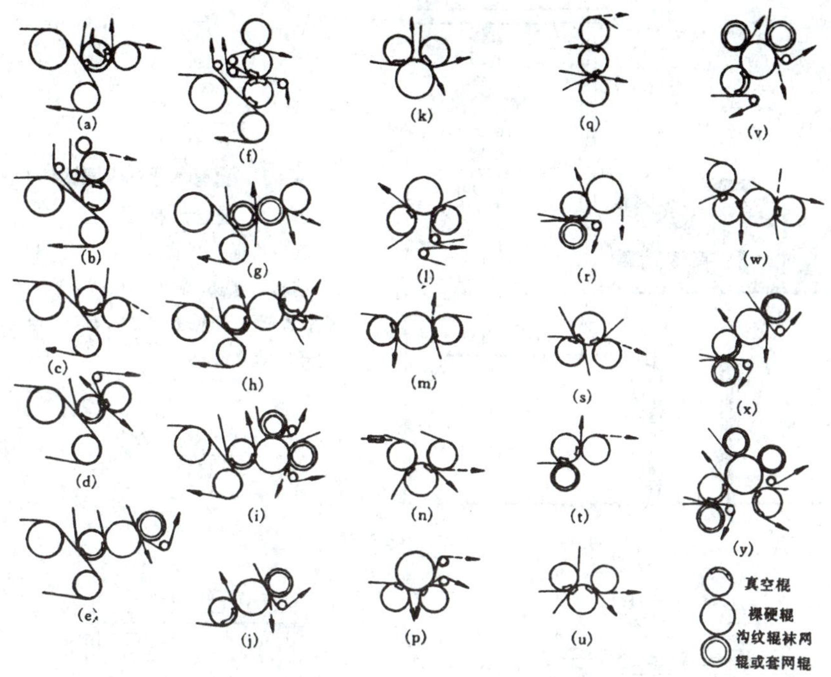

图 16-84　各式复合压榨排列简图

表 16-52　复合压榨的分类

大类	辊数	压区数	纸幅脱水方向				辊组排列形状及简图代号（图 16-84）						
			一压区	二压区	三压区	四压区	水平	直立	斜列	折角	倒三角	堆垒	环列
Ⅰ类（有吸移夹区）	2	1	正面	—	—	—	a	b	c	—	—	—	—
			双面	—	—	—			d	—	—	—	—
	3	2	正面	正面	—	—		e				—	
			双面	接网面	—	—	f	g					
	4	2	正面	正面	吸移夹区	—		h					
		3	正面	正面	正面	—							i
Ⅱ类（无吸移夹区）			正面	正面	—	—			j		k	l	—
	3	2	接网面	接网面	—	—	m				n	p	—
			双面	正面	—	—		q		r		s	—
			双面	接网面	—	—				t	u		—
	4	3	正面	正面	正面	—							v
			接网面	接网面	接网面	—				w			
			双面	正面	正面	—				x			
	6	5	双面	正面	正面	正面							y

复合压榨在压榨部的配置分别如图 16-85 至图 16-93。这些图分别表示了复合压榨配置的实例，供选用时参考。复合压榨随各制造厂家的不同有相当多的商品名称，例如瑞典犬尔斯塔德厂生产“60 型通用压榨”（Uni-press）、美国贝洛依特厂生产的“紧凑压榨”（Compress）、曼彻斯特厂的“三真空压榨”（Tri-vac press）和瓦尔美特厂的“吸移压榨”等等，这些压榨可用于各类纸及纸板的生产。其共同的优点是：实行封闭引纸，没有吸移后掉纸的危险，适应于较高车速；当单面脱水形成反压榨时，可提高接网面的平滑度；结构简单、紧凑，

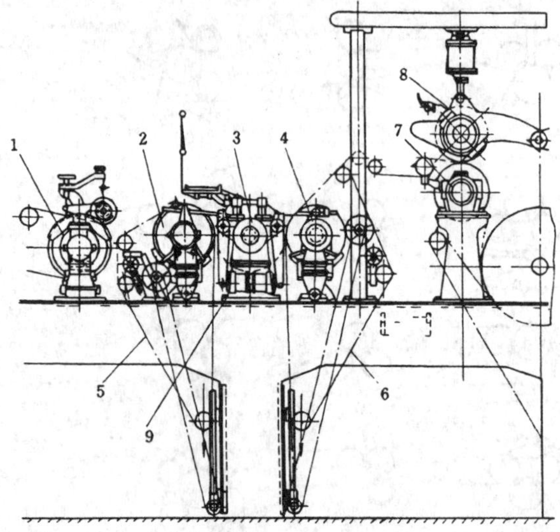

图 16-85 配有水平排列辊组的Ⅱ-3类复合压榨部

1. 真空伏辊；2. 前辊；3. 中辊；4. 后辊；5. 前辊毛毯；6. 后辊毛毯；7. 平滑压榨下辊；8. 平滑压榨上辊；9. 前、后辊加压、脱开气动装置

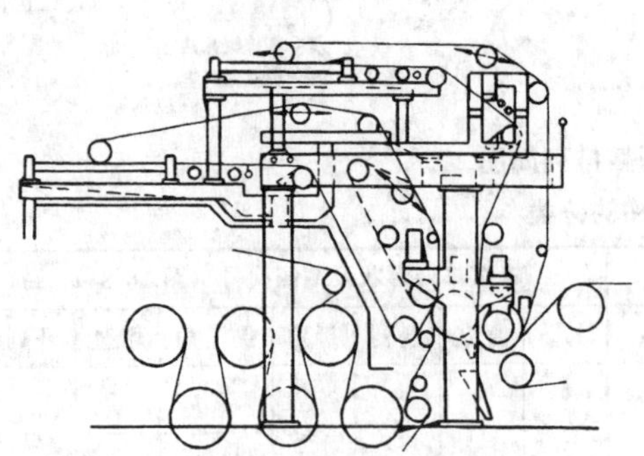

图 16-86 仅配用一道的 I-3 类复合压榨部

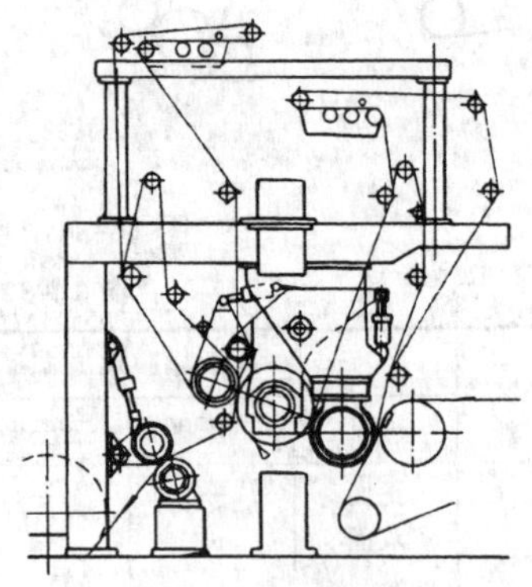

图 16-87 配用 I-3 类复合压榨的高速文化纸机压榨部

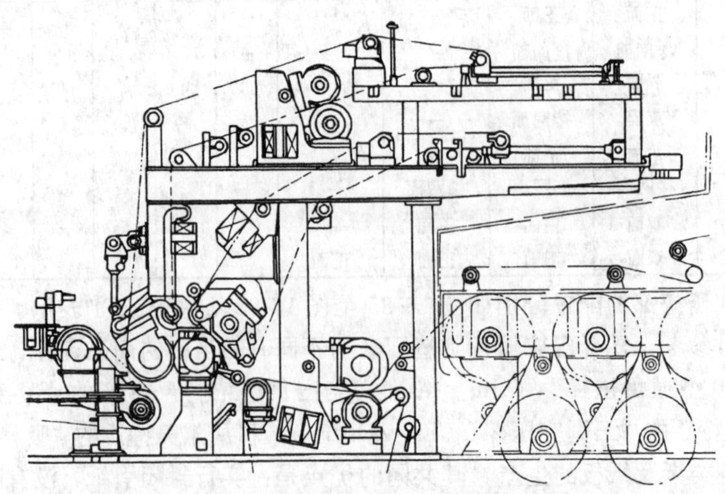

图 16-88 配用 I-3 类复合压榨的高速新闻纸机压榨部

损纸处理也比较简单，因此，复合压榨发展极为迅速，现代化的中、高速纸机全部使用复合压榨，其配置也有一定的规律，这些规律是：①复合压榨绝大部分配置在第一道压榨的位置上；②目前以斜列和折角的排列形式采用较多；③除某些折角排列的复合压榨外，多采用向上布置毛毯的方式以便于处理损纸；④毛毯洗涤多采用喷水管与单缝或双缝吸水箱搭配，挤水辊使用越来越少。

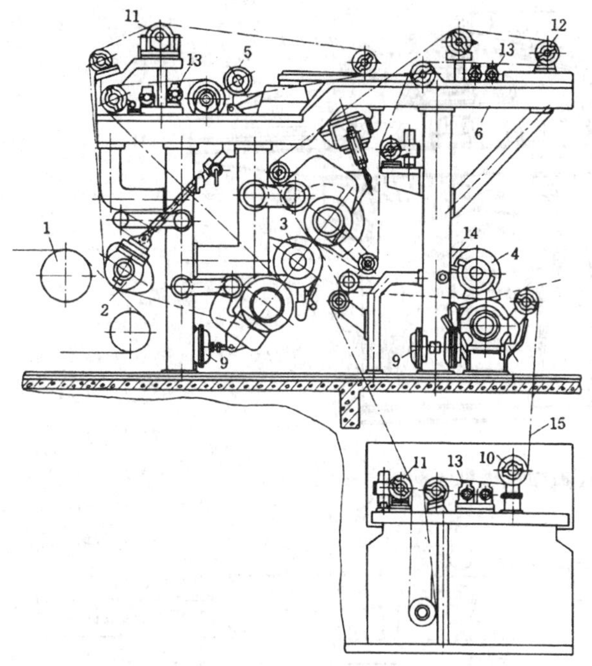

图 16-89　用Ⅱ-3 类复合压榨中的“双倒压榨”的压榨部

1. 伏辊；2. 吸移辊；3. 双倒压榨；4. 第二道压榨；5. 毛毯挤水辊；6. 纵梁；7. 承水盘；8. 吸移辊升降机构；9. 加压提升机构；10. 毛毯导辊；11. 毛毯校正器；12. 毛毯张紧器；13. 毛毯吸水箱；14. 刮刀；15. 毛毯

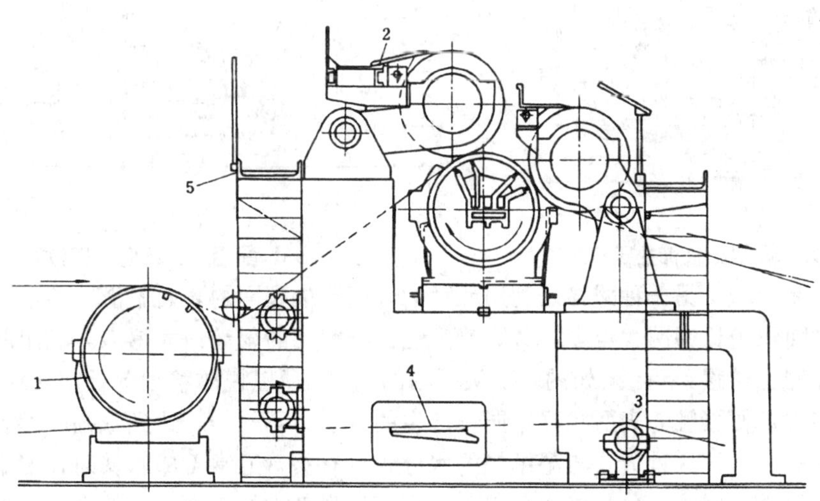

图 16-90　Ⅱ-3 类复合压榨反三角状排列的第一道压榨部

1. 真空伏辊；2. 第一压榨上辊的损纸槽；3. 导毯辊；4. 维克利毛毯洗涤器；5. 走台

6.3.3　纸幅的移送装置

Ⅰ类复合压榨本身具有纸幅的移送装置，其他类型的压榨最好也具备这种功能，以便在纸机运行过程中实现最初压榨的封闭引纸，使纸机运行更加可靠，操作更加简便，实现这种功能的装置中有舔移、吸移等装置。

（1）舔移装置：这种装置用于单、双圆网文化纸机及中速长网薄页纸机上，对于圆网造纸机来讲主要利用上、下压辊的毛毯品种不同来实现舔移，这是利用上、下毛毯表面平滑度的差别造成对湿纸幅吸引力的不同而达到将纸幅从一条毛毯（下毯）移送到另一条毛毯的目

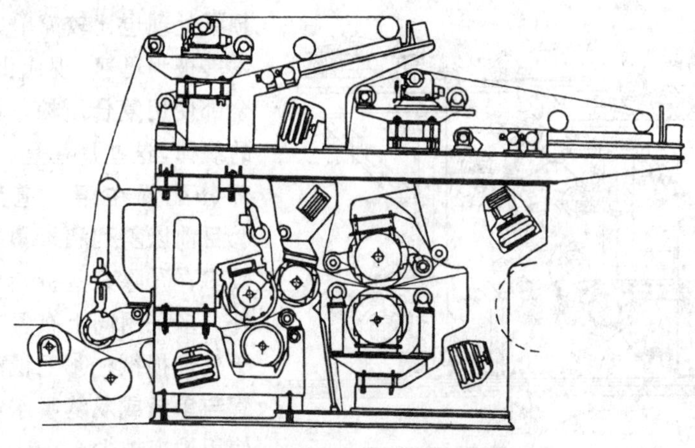

图 16-91 高速覆面纸板机压榨部之一例

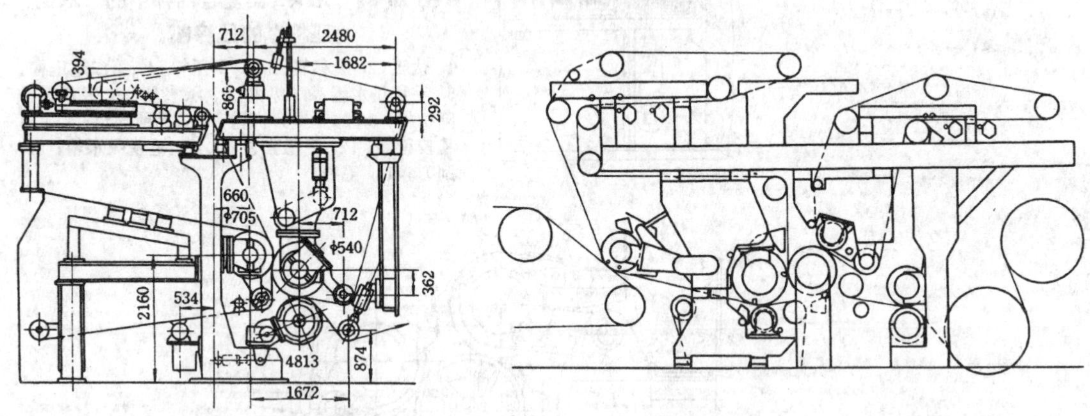

图 16-92 多层纸板机主压榨部

图 16-93 配用“三压区”压榨的压榨部

的，实现封闭引纸。另一种舔移是利用毛毯的表面比成型网的表面平滑得多，因而湿纸幅与毛毯的接触面积也比铜网大得多，其附着力也比与铜网的附着力大得多，利用此原理达到湿纸幅从成型网上转移到毛毯，如网笼上湿纸幅的转移。所以说舔移是湿纸幅转移的一种方式，它是利用与湿纸幅接触的表面状况不同，产生的吸引力不一样，达到纸幅转移，这是实现封闭引纸的方式之一。这种方式与湿纸幅的水分含量有关，通常希望舔移时，湿纸幅的水分在10%～16%以下，因为水分的多少直接关系到产生附着力的表面张力的大小，其次是舔移时的压力影响也比较大，以不压溃为原则，线压力大比较好，典型的结构之一，如图 16-94。

(2)吸移装置：由于舔移受到了湿纸幅重量 和车速的限制出现了真空吸移来替代舔移。它采用了一只真空吸移辊和一条带纸毛毯及一系列与之相配套的张紧、校正等装置，湿纸幅被吸移辊吸引到带纸毛毯上之后依次通过压榨或复合压榨，实现湿纸幅从网部到压榨部的封闭引纸。这种方式打破了舔移的限制，充分发挥了网部脱水元件的作用，使湿纸幅移开网部的干度达 20%以上，可大幅度地提高车速。这是在提高长网机车速方面继真空伏辊后的又一重大突破。吸移装置有摆臂式和滑动式两种，如图 16-95 和图 16-96。20 世纪 60 年代后期芬兰伏依特公司研制出用真空吸水箱替代真空吸移辊，其装置简图如图 16-97，吸移箱还可用于开式引纸的改造，使其成为封闭引纸（如图 16-98）。

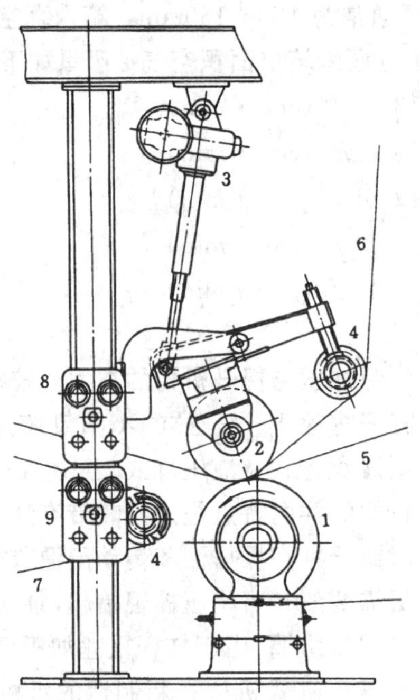

图16-94　舔移装置

1. 伏辊；2. 舔移辊；3. 舔移辊升降装置；4. 毛毯导辊；5. 成型网；6. 带纸毛毯；7. 压榨毛毯；8. 主压榨控制屏；9. 毛毯挤水压榨控制屏

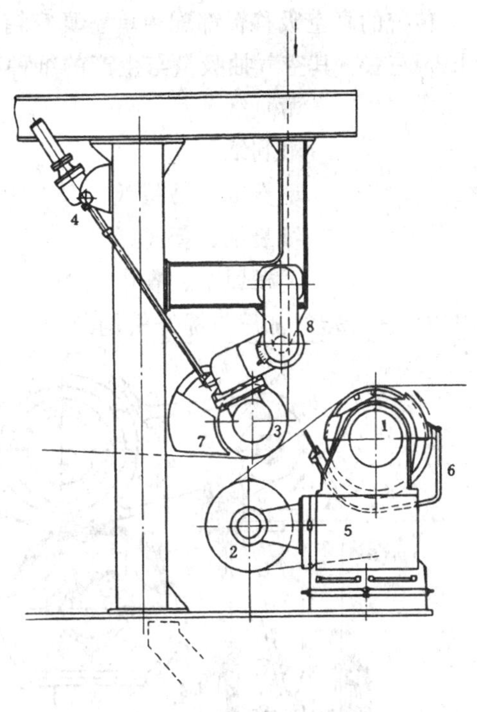

图16-95　摆臂式吸移装置

1. 真空伏辊；2. 驱网辊；3. 真空吸移辊；4. 升降机构；5. 悬臂梁；6. 白水盘；7. 承水盘；8. 真空管线

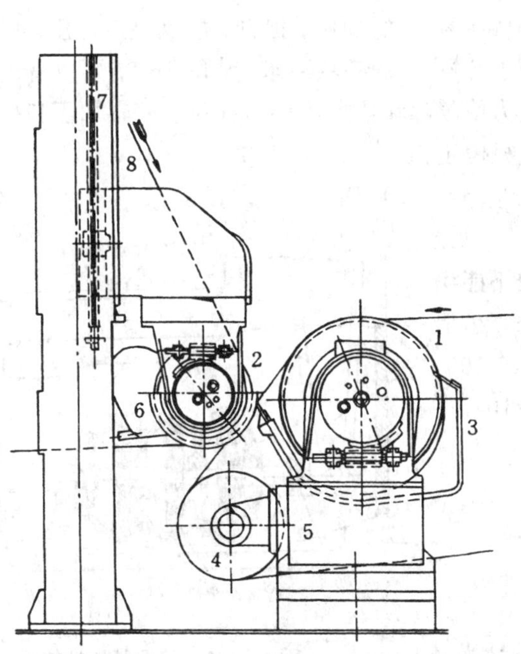

图16-96　滑动式吸移装置

1. 真空伏辊；2. 真空吸移辊；3. 白水盘；4. 驱网辊；5. 悬臂梁；6. 承水盘；7. 升降机构；8. 带纸毛毯

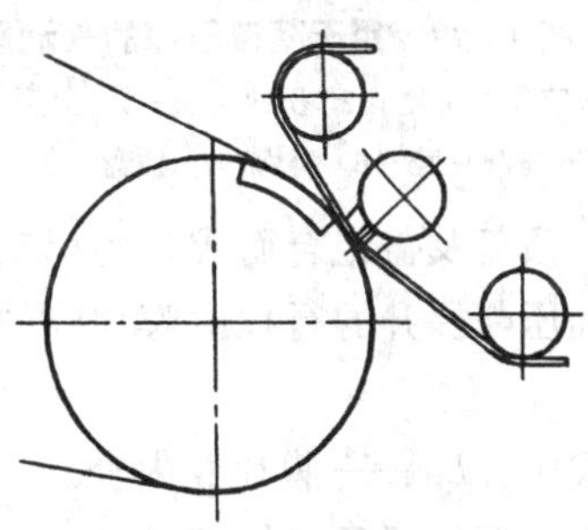

图16-97　吸移箱装置

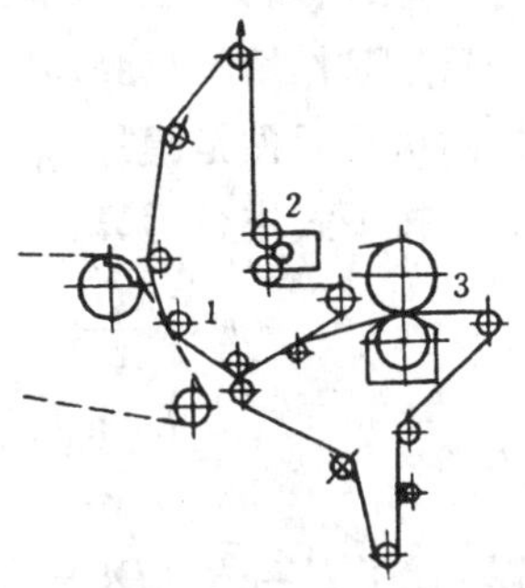

图16-98　吸移箱用于开式引纸改造

1. 吸移箱；2. 针辊毛毯挤水压榨；3. 真空正压榨

传统的真空吸移辊都配用单室真空箱，箱口宽度通常为100～150mm，箱内真空度约为35kPa左右。其空气抽吸量与生产的纸种有关，每平方厘米箱口面积空气抽吸量如下：

薄页纸	13.2L/（cm^2·min）
书刊纸	15.4～19.8L/（cm^2·min）
证券纸、书写纸	13.2～17.6L/（cm^2·min）
纸袋纸、新闻纸	22L/（cm^2·min）
瓦楞原纸、餐巾纸等	17.6～22L/（cm^2·min）

6.3.4 压榨辊的加压与提升机构

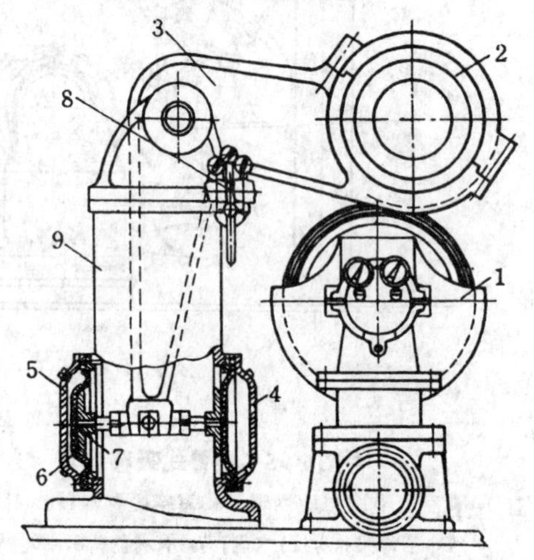

图 16-99 用于两辊压榨的气动膜片加压装置

1. 真空压榨下辊；2. 压榨上辊；3. 上辊轴承臂；4. 膜片腔；5. 提升角膜片腔；6. 膜片；7. 顶盘；8. 压力调节器；9. 机架

加压与提升机构的类型比较多，计有杠杆重锤式、气压缸式、气动膜片式、气动波纹管式及液压缸式。上述加压、提升机构的共同特点是加压时带有弹性，可同时或分别在操作侧和传动侧调节压力；根据需要随时可将压榨辊抬起，加压时可做到同步协调，由于杠杆重锤加压提升机构与气压缸式机构在新制造的纸机上已不再使用，现有的纸机多数也已经改造不用，此处不再叙述。

（1）气动膜片加压提升机构（如图16-99）：这是一种使用较多的机构，可用于两辊压榨的上辊和复合压榨的上、下辊的加压、提升，能满足对加压、提升机构的各项要求，从图16-99可以看出它是由膜片、顶盘及盖组合而成，利用空气的压力使膜片和顶盘位移达到对压榨辊加压和提升的目的，加压与提升的行程由膜片腔的内孔直径确定：

$$S=(0.15\sim0.2)D_1 \tag{16-61}$$

式中：D_1——膜片腔内径。

当压区线压要求较高，而一只膜片腔不能满足要求时，可采用两只或三只膜片腔组合构成，但其中有一只是双作用膜片腔。其装置如图16-100，这种机构的执行元件是膜片，结构如图16-101。平底膜片，可按下式进行运算：

$$F=\frac{\pi D^2}{4}$$

由于 $$D=\frac{D_1+d}{2}$$

所以 $$F=\frac{\pi}{16}(D_1+d)^2 \tag{16-62}$$

当膜片无波纹时，

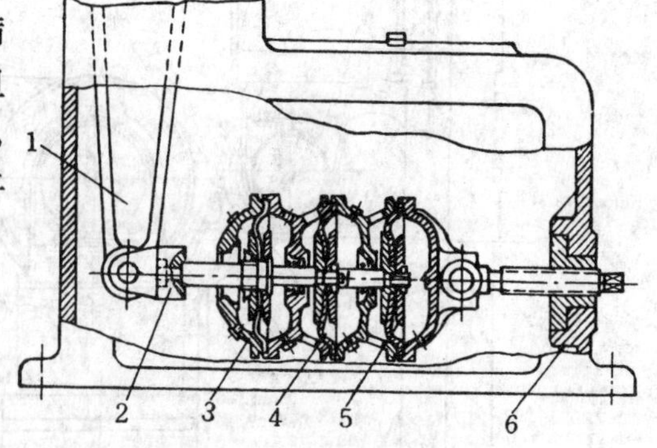

图 16-100 三重膜片机构

1. 轴承臂；2. 芯轴与轴承臂连接头；3. 膜片腔盖；4. 膜片；5. 顶盘；6. 机架

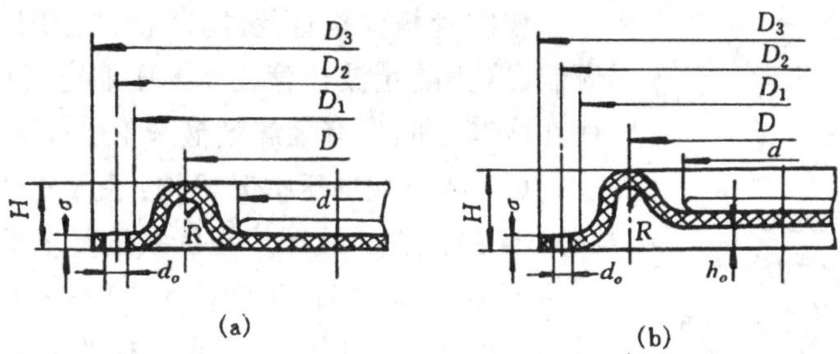

图 16-101　橡胶膜片

(a) 平底膜片；(b) 凹底膜片

D_1. 膜片腔内径；D. 膜片有效直径；D_2. 螺钉中心所在圆直径；D_3. 膜片外径；
d. 顶盘直径；d_0. 螺钉孔直径；R. 波纹半径；σ. 膜片厚度；H. 膜片高度；h_0. 凹入高度

$$F=\frac{\pi}{12}\left(D_1^2+D_1d+d^2\right) \tag{16-63}$$

轴向推力分别为：

$$P=\frac{\pi p}{16}\left(D_1+d\right)^2 \tag{16-64}$$

$$P=\frac{\pi p}{12}\left(D_1^2+D_1d+d^2\right) \tag{16-65}$$

式中：F——气压缸活塞加压一侧的受压面积（cm^2）；
D——膜片有效直径（cm）；
D_1——膜片腔内径（cm）；
d——顶盘直径（cm）；
P——膜片的轴向推力（kg）；
p——膜片腔的工作压力（kg/cm^2）。

(2) 气动波纹管式加压提升机构（如图 16-102）：这是当前使用最为广泛的一种机构。这种机构的优点是：完全在密闭的条件下工作，不会有泄漏产生；与膜片相比有更大的轴向移动；轴向移动基本上不影响轴向力的稳定；拆装方便，使用寿命也长于膜片。

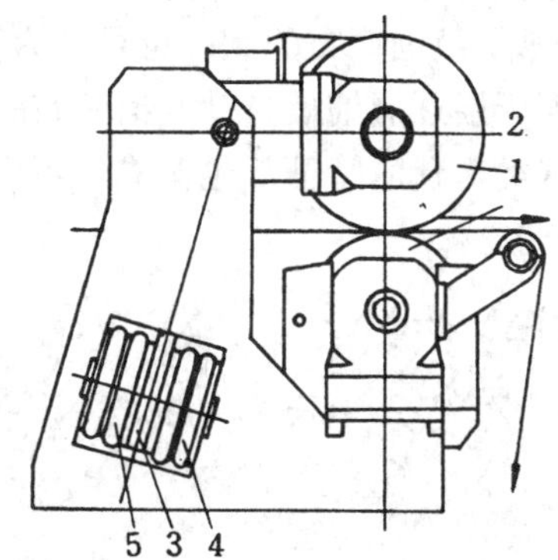

图 16-102　气动波纹管式加压提升机构

1. 压榨下辊；2. 压榨上辊；3. 上辊轴承臂；
4. 加压用波纹管；5. 提升用波纹管

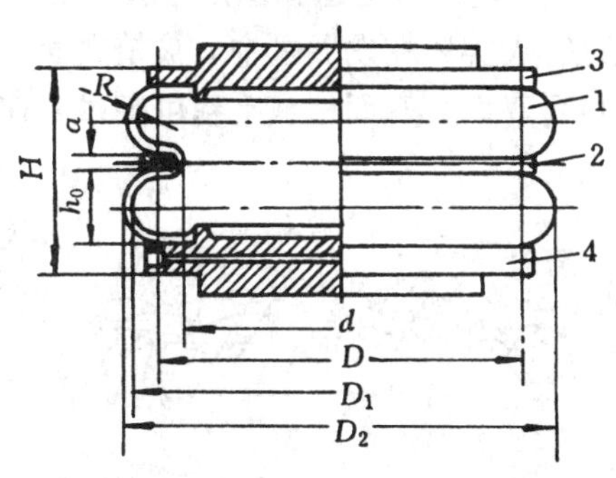

图 16-103　波纹管

1. 橡胶波纹管；2. 金属腰箍；3. 座盖；
4. 带进气口的座盖

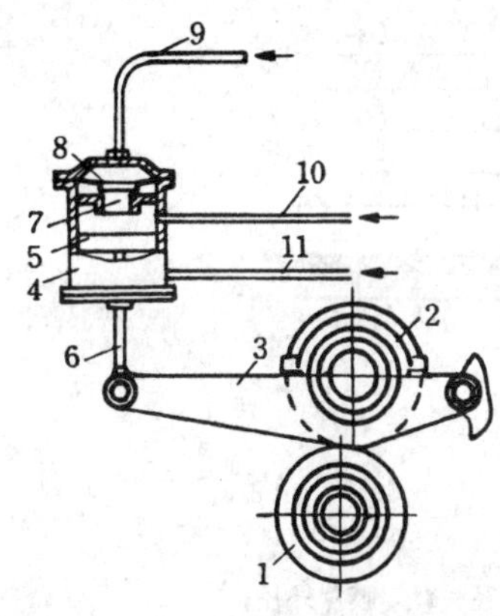

图 16-104 液压-气动双作用缸的加压抬棍机构

1. 下辊；2. 上辊；3. 上辊轴承臂；4. 双作缸；5. 工作活塞；6. 活塞杆；7. 副活塞；8. 膜片；9. 压缩空气管；10. 加压时供油管；11. 抬辊供油管

波纹管是其执行元件，结构如图 16-103。它是夹布橡胶制品，为防止波纹管在充入压缩空气后产生横向膨胀，因而在两节之间设有金属腰箍来承受径向压力。

(3) 液压缸加压提升机构：由于这种机构可以用到 5～10MPa 的压力，故即使压区线压要求很高时，液压缸的直径也不会很大。但由于液体（油）是不可压缩的，所以使用液压、气压双作用缸来满足压榨的要求。其装置简图如图 16-104。这是一种结构特殊的液压缸，在顶盖上有膜片腔，当有浆块进入压榨时，利用膜片腔的压缩使液压机构也具有弹性。

6.3.5 毛 毯

毛毯在压榨脱水过程中是不可缺少的元件，它不仅影响到脱水过程，脱水效率，还对纸幅表面的特征产生影响。

毛毯常分作两大类：传统毛毯和针刺毛毯。传统毛毯有全毛、合成纤维或由前二者混合织成的毛毯；针刺毛毯又称植绒毛毯，它是在织成的底布（基布）上，用针刺的方法植绒而成的毛毯。

(1) 传统毛毯：这是一类沿用了多年的毛毯，目前虽然使用范围不大，但在一些特殊的情况下仍然使用。这类毛毯的分类标准各国有所不同，但可由粗到细分为抄浆毛毯、普通毛毯、圆网纸机用普通毛毯、压榨细毛毯、压榨用高级毛毯、压榨用特高级细毛毯、薄页纸机用带纸毛毯等。传统毛毯有多种织法，如图 16-105。毛毯的经、纬线也和成型网一样，经线沿纸机的纵向，沿横向的是纬线。经线承担毛毯的全部纵向载荷，即决定毛毯的强度，而纬线则决定毛毯的稳定性并与经线一起决定毛毯的开敞性和脱水能力。毛毯的织法也就是不同的经纬线排列的规律，对毛毯的脱水性能、平滑性及强度都有影响，3 种常用织法对上述性能的影响见表 16-53。

实践证明用羊毛化纤和全化纤的经纬线织成的传统毛毯在许多方面都优于全羊毛毛毯。前者在脱水能力、尺寸稳定性、强度、耐磨耐蚀性能及使用寿命方面都优于全羊毛毛毯。

(2) 针刺植绒毛毯：这类毛毯是在底布面上植绒而成，根据底布的状况也可分为若干类，而且这一大类还在发展之中。被植在面上的绒层是分若干层逐层铺展、针刺上底布的绒层可单面也可双面，双面植绒毛毯可翻过来使用。绒层是这类毛毯的特征，也构成了不少优异的

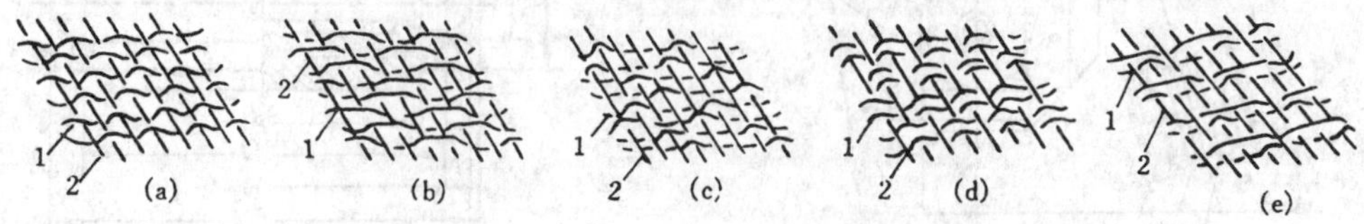

图 16-105 传统毛毯的织法

(a) 平纹；(b) 2/2 破斜纹；(c) 1/3 破斜纹；(d) 双经单纬平纹；(e) 双经双层织

1. 经线；2. 纬线

表 16-53 不同织法的传统毛毯特性的比较

不同织法	脱水性能	平滑性	强度
平 纹	差	差	好
2/2 破斜纹	中等	中等	中等
1/3 破斜纹	好	好	差

性能，表现在脱水性能好，改善了纸幅的表面状况、毛毯的强度和稳定性比较好，这类毛毯有在底布上植绒、在无纬（稀纬）底布上植绒、在底网上植绒、复合湿毯、无底布湿毯等。

针刺毛毯是最早出现的植绒毛毯。它是在底布上植绒，称之谓标准型或正常型针刺植绒毛毯，简称为 BOB 毛毯，与传统毛毯一样其底布也有不同的织法，对毛毯的性能有一定的影响，是构成毛毯强度和稳定性的基础，而底布产生的水流阻力也是构成 BOB 毛毯水流阻力的主要因素，同样也对纸幅表面产生一定程度的影响。BOB 毛毯是使用最为广泛的一种，在无纬或稀纬底布上植绒而成的毛毯称之无纬毛毯，以 FL 表示之。由于取消了在底布中经纬线的交结点，从而进一步降低了水流阻力，没有结点也降低了毯痕。在底网上植绒的毛毯被简称为 BOM 毛毯，其底布成网状，是一种强度大、水流阻力低的毛毯，它容水能力大，透水能力强，是一种脱水能力很好的毛毯。复合湿毯简称 CF 毛毯，其底布有两层织物，不仅刚度较大，孔隙率也大，容水能力大，是一种脱水性能很好、效率很高的毛毯。无底布湿毯也称为非织湿毯，简称为 NW 毛毯，由于结构上没有底布，因而具有最好开敞性和透水能力，其水流阻力和产生毯印的可能性都是最小的，在毛毯内积留细小纤维和污物的机会也最小，因而最不容易堵塞。

(3) 毛毯的规格：毛毯的规格是指毛毯的种类、织法、毛毯的定货长度和宽度及定量，在确定定货长度和宽度时，除根据纸机的毛毯包绕的长度和幅宽外，还应考虑所选毛毯的性能。因为，毛毯的收缩与其性能有极为密切的关系，毛毯的定量和品种选择与抄造纸种及纸机的类型有较为密切的关系，常见造纸机机型和生产纸种所选用的毛毯见表 16-54。

6.3.6 影响压榨脱水的因素

影响压榨脱水的因素比较多，而且关系较为复杂，现就压区压力、压区脱水能力、脱水阻力及进压区的水分和再湿等几方面略作叙述。

压区压力是压榨脱水的动力，也是最主要的可控参数，在不使湿纸幅压溃的前提下，增加压区压力对压榨脱水有明显的好处。压区的压力在相同的线压力下，又与压区的宽度有关，影响压区宽度的因素有压辊直径、辊面硬度及毛毯的厚度和可压缩性等。宽度越大，则压区压力越小，可以说压区压力的大小，除外加压力、压辊重量外，压区的宽度则是决定压区压力的重要因素，压辊直径增大，压区宽度也相应增加。压辊表面胶层的硬度也直接影响到压区的宽度，因此，选择一合适的橡胶硬度，可以提高压榨的脱水效率。对沟纹压榨应有较硬的辊面，使沟纹在压榨时不至于变形，以免损伤毛毯的底布和影响沟纹的容水容积。过软的胶层，不仅使压区的压力下降，而且也影响到胶层的寿命。

毛毯的性能与压区宽度、压力匀布有很密切的关系。厚而软的毛毯在压区中有较大的压缩变形，形成较宽的压区。薄而硬的毛毯压缩变形小，压区宽度小而且还容易产生毛毯痕。

表 16-54 常见造纸机机型和生产纸种所选用的毛毯

造纸机			产 品	传统毛毯			针刺植绒毛毯		
机 型	压榨配套	毛毯位置	纸 种	材 料	织 法	定 量 (g/m²)	化纤含量 (%)	底布织法 和毛毯种类	定 量 (g/m²)
长网自接 纸机	双辊主压 榨与托辊	上	单面光纸 薄纸	混 纺	平纹、2/2 破 斜纹 1/3 破斜纹	950～1 000 1 100～1 300	≥50	平纹或破斜 纹底布 BOB	750～1 000
长网 (开式引纸)	双辊压榨	下	普通纸类	羊毛或 混纺	平纹、破 斜纹	650～850	≥50	平纹、破斜 纹底布或稀纬 底 BOB	700～900 高线压时 达 1150
			薄纸类	羊毛或 混纺	破斜纹	550～650	≥50	平纹稀纬底 布 BOB FL 毛毯	600～700 600～800
长网、真 空吸移	复合压榨 及双辊压榨	吸移位置					≥50 100	BOB BOM 或 CM 毛毯	915～1 250 1 095～1 280
		双毛毯 压区					75～100 100	BOB BOM	1 100～1 200 1 190～1 250
		其他位置					≥50 100	BOB BOM 或 CF 毛毯	1 050～1 320 1 280～1 340
多圆网 纸板机	双辊压榨	上、下	纸板浆板	羊毛或 混纺	平纹、破斜 纹、双经单纬 平纹	800～900	≥50	平纹底布 BOB	800～950

压区的脱水时间与压区的宽度和车速有关。实践证明在相同的压区压力下，延长压榨时间可提高压榨的脱水能力，但是增加压区宽度又会相应降低压区的压力，由于压区压力直接涉及到压榨脱水的效果，选择合适的辊径、辊面胶层硬度及毛毯是提高压榨脱水能力的重要因素。

压区脱水能力主要取决于压榨的结构和毛毯的特性，用垂直流压榨（如沟纹、套网、衬网压榨等）和双毛毯压榨，由于允许使用较高的压区压力并能从压区中带出较多的水量，压区的脱水能力显然要比普通压榨要高，在同一压榨中，毛毯的透水性能好，孔穴率高同样也可以增加压区的脱水能力，提高压区的能力是提高压榨脱水效率的又一重要影响因素。

脱水阻力是影响压榨脱水效率的又一因素。脱水阻力主要来自纸幅本身和毛毯，而纸幅本身的阻力是关键性因素，因为压区的脱水能力往往因为纸幅本身流动阻力而受到限制。提高压榨时纸幅的温度，降低水的粘度，是降低脱水阻力的有效方法。其次缩短压区中水流的距离，如用垂直流压榨可大幅度降低压区水流的阻力，也是一种极为有效的方法。选用弹性好、透水性好的毛毯无疑也会减少压区中水流的距离和流动阻力，也是一种降低脱水阻力的方法。

再一个影响压榨脱水效率的因素是进压区的水分和再湿。带入压区的水分，除纸幅外还有毛毯和沟纹中残留的水分等，因此要尽量降低毛毯、辊面带入的水分。再湿是压榨中普遍存在的问题，可采取使纸幅与毛毯迅速分离的方法，减轻纸幅的再湿。从上所述可见，影响压榨脱水的因素比较多，而相互间互有影响和制约。因此，要合理的选择压榨的形式，应该说在不影响纸幅性能和质量的前提下，垂直流压榨是首选的压榨方式。可以看出毛毯是影响压榨脱水的又一重要因素，选择一条合适的毛毯会大大提高压区的脱水能力。

6.4 造纸机的烘干部

湿纸幅经压榨脱水后，大约还有60%的水分，然后在造纸机的烘干部用蒸发扩散的方法进一步脱水，使纸幅干度达到93%左右即为成品纸。在烘干部，纸幅在蒸发干燥的过程中，纤维相互靠近并最终形成氢键结合，使纸幅具有一定的物理强度。在干燥过程中，随着水分的蒸发，最终在纸幅表面形成胶膜，完成施胶过程。

造纸机的烘干部几乎都是由烘缸组合而成，有时辅之以红外干燥。最近由某公司开发的冷凝带烘干部，很具优点，现已有商品供应。

造纸机由烘缸组成的烘干部，一般都采用双列烘缸排列形式，上、下两层烘缸均配置有干毯（或帆布），干毯夹带纸幅前进，并将纸幅紧压向烘缸表面。根据纸机型式的不同，有单烘缸、双烘缸及多烘缸等。烘缸的直径一般为1.5m。目前，在纸机上配置大烘缸似乎成为“时尚”。大烘缸的直径2～5m不等，更有焊接烘缸达9m的。但是，抄造质量比较高的纸种时，多数主张使用多烘缸。烘干部是造纸机最长和最重的部分，约为全机重量的60%，造价约占50%甚至更多。烘干纸幅的费用约占抄纸成本的5%～15%，所以说烘干部是造纸过程中最为昂贵的部分。

纸幅干燥过程是由两个过程即接触干燥和传质干燥组合而成。湿纸幅紧贴烘缸，由缸内蒸汽冷凝给热，纸幅升温后水分不断蒸发直至所要求的干度。由于是典型的冷凝和传质过程，有关此两过程的规律也都是适用的，概括起来有下面几方面的影响因素：

(1) 蒸汽冷凝给热的给热系数是很大的，对清洁的金属表面，其给热系数约为41 700 kJ/ (m^2 · h · ℃)，影响蒸汽冷凝给热的最大因素是蒸汽中的不凝气体含量。据测试，当蒸汽中含有1%空气时，给热系数下降60%；当蒸汽中含空气量达2%时，给热系数下降75%，由此可见，及时排除烘缸中的不凝性气体，是提高蒸汽冷凝给热效率的最有力的措施之一。

(2) 水的导热系数仅为烘缸壁的1/87。冷凝水层的厚度越大，则其热阻也越大。因此，及时排除烘缸中的冷凝水，是提高蒸汽传热的又一重要措施。

(3) 纸幅的干燥过程实质上是其表面的水分子不断蒸发的过程。从传质原理看，水分子蒸发速度的快慢主要取决于与之相界的空气中的蒸汽分压与相应条件下饱和蒸汽之差，或者说取决于相界空气的相对湿度，因此，用热空气吹喷纸幅的表面或加快界面空气的对流速度，将会大大提高干燥的速率，如果蒸汽冷凝给热可提供足够的热量时，传质速度将成为干燥速率的制约性因素。

6.4.1 烘干部的布置

由烘缸构成的烘干部有单缸、双缸、多缸等布置。圆网造纸机烘缸的布置如图16-106。从图16-106中看出，上烘缸没有干毯，但设有托辊和通风罩，湿纸幅经托辊紧贴在上缸缸面上，由于湿纸幅水分含量大（为55%～65%），蒸发量大，为加快干燥过程，提高传质速率故设置通风罩。纸幅经引纸辊、平滑辊借干毯紧贴在缸面上，烘干到成纸的干度，然后送至卷纸机卷取。

生产单面光纸或生产薄型纸板时，常采用只有一个大烘缸的烘干部，或是以一个大烘缸为主再设置若干小烘缸构成烘干部。大烘缸的直径为3～7m，不配置干毯。与圆网机烘干部

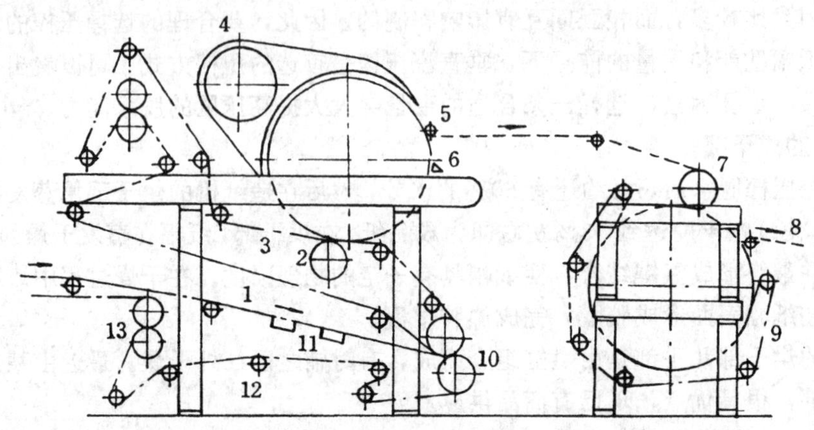

图 16-106 圆网造纸机烘干部

1. 下毛毯；2. 托辊；3. 上毛毯；4. 通风罩；5. 引纸辊；6. 刮刀；7. 平滑压辊；
8. 纸幅；9. 干毯；10. 压榨辊；11. 吸水箱；12. 导毯辊；13. 挤水辊

一样，湿纸幅经托辊后被紧贴在烘缸表面，这种烘干型式，由于与烘缸接触良好，又有比较好的通风装置，故蒸发速率比较高，约为多烘缸蒸发速率的 4～5 倍。

多烘缸构成的烘干部是长网造纸机、纸板机常见的烘干布置型式。多烘缸以上下两层排列型式为最常见，仅在少数机台上有多层排列，双层排列时，上下两层烘缸均配有干毯。干毯有两重作用，一是借干毯引导纸幅绕缸运行，再是将纸幅紧贴在缸面上，增加传热效率。烘缸通常分为 2～4 组，甚至更多，各组均设有传动点，根据需要进行速度调整，每组烘缸设有两条干毯（上、下各一条），每条干毯除绕该组烘缸中上组缸或下组缸外，还绕过烘毯缸、以降低干毯中的水分。在烘干部的末端还设有 1～2 只冷缸，用以降低成纸温度，提高压光机的效率。在烘缸上设置通风气罩，有半气罩和全封闭气罩，目的在于加快传质过程，提高干燥速率。现代化纸机还设有袋区通风，进一步强化传质过程。典型配置如图 16-107。

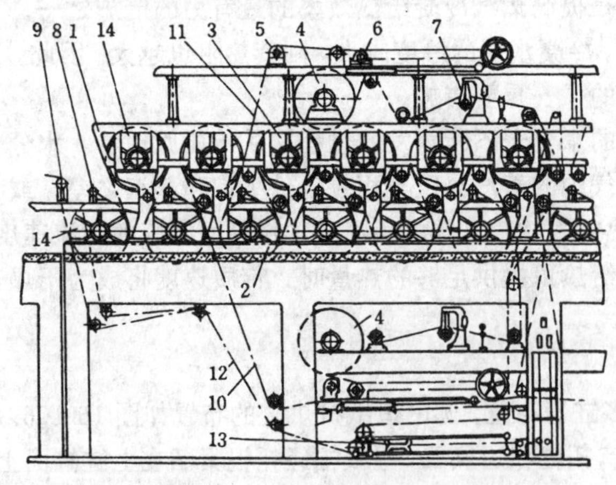

图 16-107 多烘缸造纸机的烘干部

1. 机架；2. 下排烘缸；3. 上排烘缸；4. 烘毯缸；
5. 导毯辊；6. 干毯张紧器；7. 干毯校正器；8. 烘缸刮刀；
9. 引纸辊；10、11. 干毯；12. 引纸辊；
13. 引纸绳张紧器；14. 无干毯烘缸

6.4.2 烘缸、烘毯缸和冷缸

烘缸、烘毯缸、冷缸皆由铸铁翻砂浇铸成型并加工而成。烘缸中蒸汽的压强一般不超过 0.4MPa，其端盖是与空心轴一起浇铸而成，烘缸表面加工光洁度比较高，通常要达到▽8～9。缸面硬度对纸幅的表面质量影响较大，在浇铸时加入适量铬、镍，能够使烘缸表面有较大的硬度，缸面硬度越高，表面光洁度也会高，这不仅有利于提高干燥效率，也可提高成纸的表面质量。烘缸的结构如图 16-108。烘毯缸的结构与烘缸相同，只是没有传动而由干毯带动而已，冷缸实质上是只通冷水的“烘缸”，冷却水不断流经冷缸冷却纸幅，提高压光的效果。

前已述及，及时排除烘缸中的冷凝

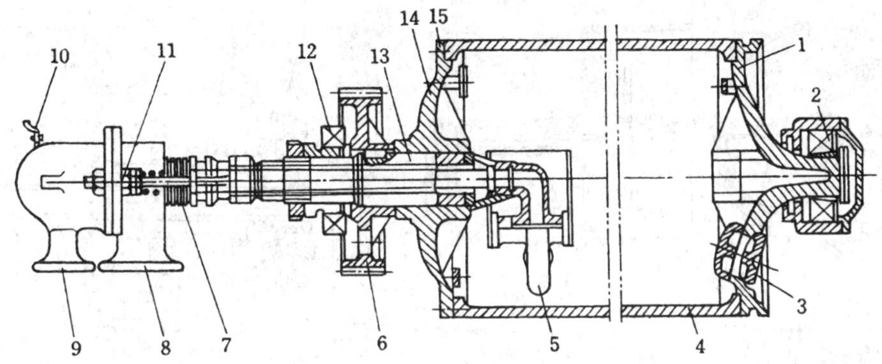

图 16-108　铸铁烘缸

1. 烘缸盖；2. 操作侧轴承；3. 人孔；4. 烘缸筒体；5. 冷凝水排出管；6. 传动齿轮；
7. 波纹管；8. 蒸汽进口接头；9. 冷凝水排出接头；10. 放气小阀门；
11. 汽头固定螺钉；12. 烘缸轴承；13. 轴头；14. 烘缸盖，15. 缸盖连接螺钉

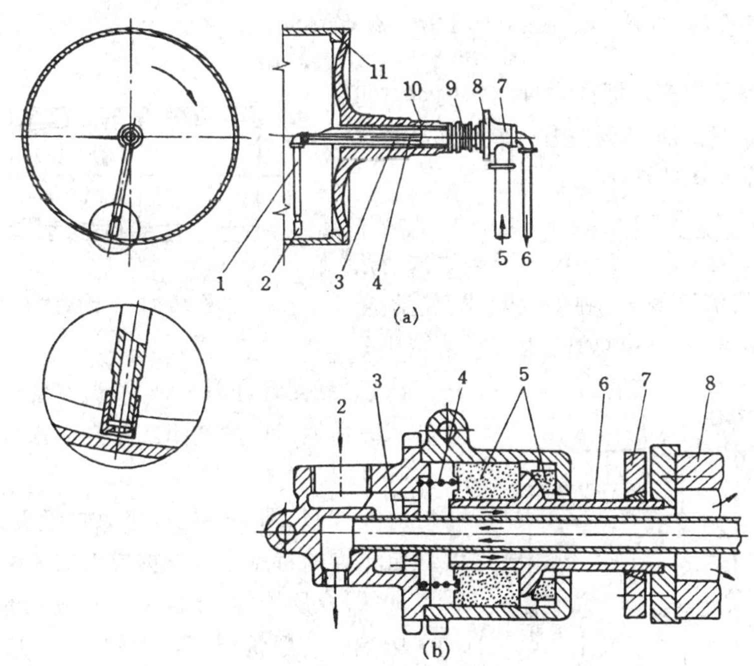

图 16-109　固定式吸管

(a) 固定吸管式冷凝水排出装置：1. 固定吸管；2. 吸头；3. 进汽通道；4. 冷凝水管；5. 进汽管；
6. 冷凝水排出管；7. 汽头；8. 凸缘支架；9. 伸缩管；10. 烘缸轴头；11. 烘缸盖
(b) 固定吸管的汽头的一种结构形式：1. 冷凝水排出；2. 蒸汽进入；3. 冷凝水管；4. 弹簧；
5. 石墨密封环；6. 蒸汽管；7. 对开的压盖；8. 烘缸轴头

水是提高烘缸传热速率的有效方法之一。排除冷凝水的装置有戽斗式、固定吸管式和旋转吸管，戽斗式除老式烘缸尚可见到外，在新设计制定的烘缸中几乎已不使用。当车速在 400m/min 以下时，多使用固定式吸管（如图 16-109），当车速超过 400m/min 时，由于冷凝水易形成水环，故以旋转式吸管（如图 16-110）较为适宜。为了破坏烘缸内的凝结水环，在烘缸内

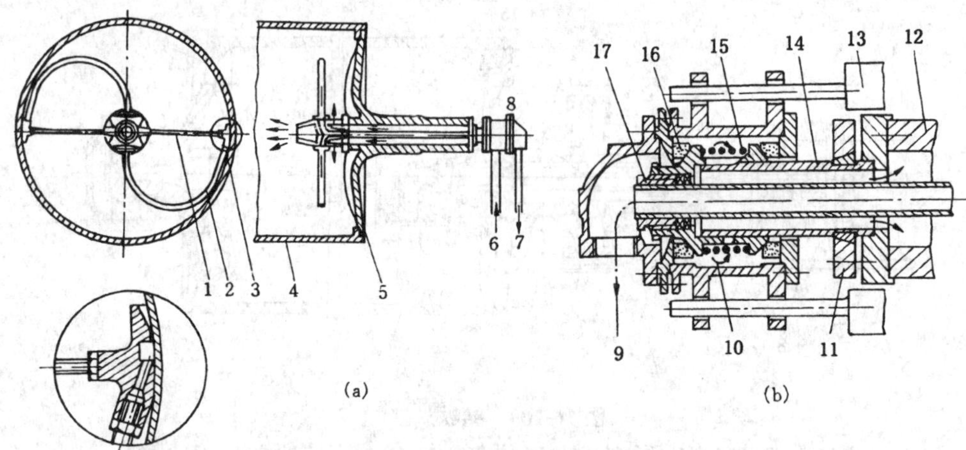

图 16-110 旋转式吸管

(a) 旋转吸管式凝结水排出装置；(b) 旋转吸管的汽头的一种结构型式

1. 支杆；2. 旋转吸管；3. 吸头；4. 烘缸筒体；5. 传动侧缸盖；6. 蒸汽进入；7. 冷凝水排出；8. 汽头；9. 冷凝水排出；10. 蒸汽进入腔道；11. 压盖；12. 烘缸轴头；13. 机架；14. 进汽管；15. 弹簧；16. 石墨密封环；17. 冷凝水管

壁上沿纵向布满了沟槽，据说这种结构的烘缸可使烘干部的热效率增加15%左右，车速越高效果越益明显，其示意图如图 16-111。

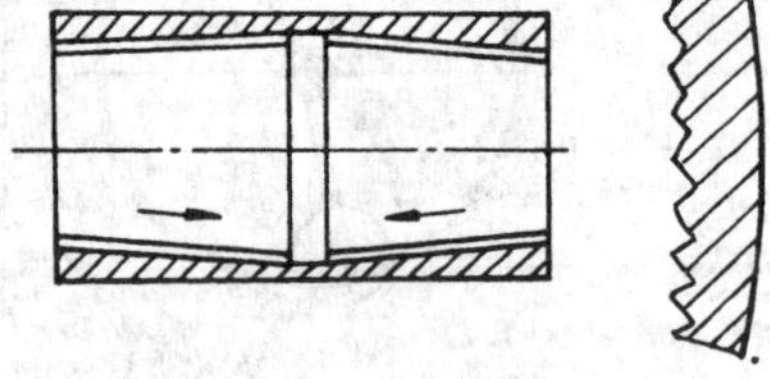

图 16-111 沟纹烘缸示意

6.4.3 烘干部的供汽系统

(1) 圆网造纸机烘干部供汽：通常烘缸使用0.2～0.4MPa 的饱和蒸汽，在供气管线上应设置安全阀、流量计等，蒸汽由总管(很多厂使用小分汽包)经支管进入烘缸，冷凝水经疏水器进入冷凝水贮槽返回锅炉使用或作洗涤水等。布置图如图 16-112。

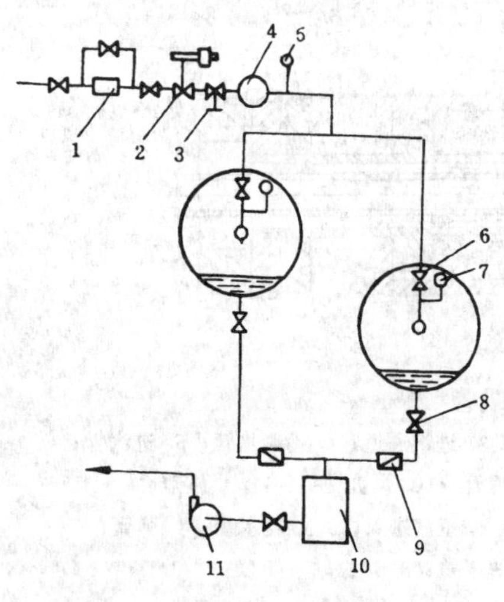

图 16-112 圆网造纸机供汽系统

1. 减压装置；2. 安全阀；3. 总汽阀；4. 流量计；5. 压力表；6. 蒸汽压力调节阀；7. 压力表；8. 冷凝水阀；9. 疏水器；10. 冷凝水箱；11. 冷凝水泵

(2)长网多烘缸或多烘缸纸板机的供汽：多烘缸干燥的特点是能根据成纸的质量要求调节干燥曲线。众所周知，干燥曲线对成纸的质量有很大的影响。一般情况下，在前 2～4 只烘缸仅从低温(40～60℃)缓慢升温至当时环境下的湿球温度约70℃时进入恒速干燥阶段，结束再升温至 90～100℃，然后在冷缸冷却后进入压光、卷取。如果开始时升温过急，水分蒸发过快，会破坏已成型的纸幅形成“泡泡纱”；增加纸的多孔性；降低施胶效果，使成纸容易收缩，产生翘曲。

多烘缸系统供气方式有两种：一是单段通汽(二次蒸汽不再使用)，这种供汽方式在老式纸机还有使用。另一种是多段供汽方式，通常使用三段，这是当前使用最为普遍的供汽方式。多段供汽不仅可使空气不会在烘缸内积聚，而且可使蒸汽的温度完全符合干燥曲线的要求；有利于成纸质量和干燥速率的提高，节省能量消耗，降低了成本，段数的分配有两种方法，第一种方法是使前段缸数是后段的两倍。假设烘缸数为 n，而且采用三段通汽。如果第三段的缸数为 a_3（为低压缸即纸幅进入阶段的低温缸），则第二段缸数为第三段缸的两倍，即 $a_2=2a_3$，又第一段缸数为第二段缸数的两倍，即 $a_1=2a_2$。根据上述关系得到下列结果：

$$n=a_3+a_2+a_1$$

$$n=a_3+2a_3+4a_3$$

所以

$$a_3=\frac{n}{7} \tag{16-66}$$

$$a_2=\frac{2n}{7} \tag{16-67}$$

$$a_1=\frac{4n}{7} \tag{16-68}$$

三段通汽的典型布置如图 16-113。

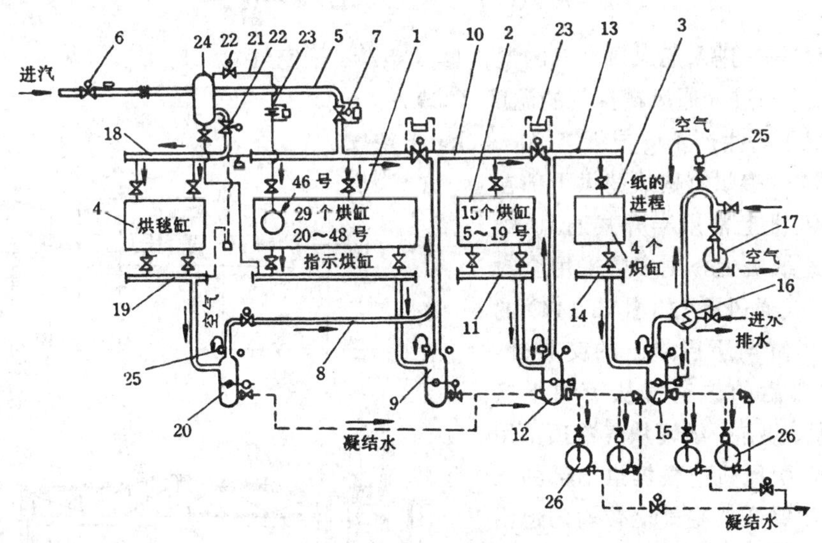

图 16-113　三段通汽布置

1. 一段烘缸；2. 二段烘缸；3. 三段烘缸；4. 烘毯缸段；5. 进汽总管；6. 总截止阀；7. 一段蒸汽总管；8. 一段冷凝水管；9. 一段汽水分离器；10. 二段蒸汽总管；11. 二段冷凝水管；12. 二段汽水分离器；13. 三段蒸汽总管；14. 三段冷凝水管；15. 三段汽水分离器；16. 冷凝器；17. 真空泵；18. 烘毯蒸汽总管；19. 烘毯缸冷凝水管；20. 烘毯缸汽水分离器；21. 仪表用烘缸进汽管；22. 压力调节器；23. 压差变化发送器；24. 进汽总管汽水分离器；25. 恒温排水器；26. 冷凝水泵

6.4.4　烘干部的通风

前已述及，烘干部中的纸幅干燥实质上包括了传热及传质两大过程。烘干部的通风就是为了加快传质的进程，改善操作环境。

(1) 通风量：烘干部通风所需的空气量与单位时间内的蒸发水量有关，与周围的空气状态有关，生产 1kg 成纸所需的空气量为：

$$L=\frac{W_2-W_1}{W_1\ (H_1-H_0)}\quad (\text{kg 干空气/kg 成纸}) \tag{16-69}$$

式中：H_0、H_1——空气进、出通风装置时的湿含量（kg 水/kg 干空气）；

W_2、W_1——成纸和进烘干部湿纸幅的水分含量（%）。

生产成纸 Gkg 所需的空气量 L_G 为：

$$L_G=\frac{G\ (W_2-W_1)}{W_1\ (H_1-H_0)}\qquad \text{(kg 干空气)}\tag{16-70}$$

在计算通风量时 H_1 的选择要适宜。H_1 的选择实质上是空气离开烘干部时相对湿度的选择，因为相对湿度才是真正衡量空气带湿能力的参数，相对湿度越低其带湿能力越强，传质速度越快，干燥速率也高。空气的带湿能力随相对湿度的升高而降低。当相对湿度达 100%时，其带湿能力为零；相对湿度与环境温度有密切的关系，温度升高相对温度下降，其带湿能力也相应地提高。一般情况下，空气离开烘干部时的相对湿度在 50%～80%，如果空气要回用则应选择较小值，显然，相对湿度选用低值时，空气使用量少，利用率高，动力消耗小。

当离开烘干部的空气状况确定之后，即可利用空气的焓-湿图查出该空气的湿含量，再利用上式算出干空气的需要量，然后利用下式算出湿空气的体积。

$$V_H=L_G\ (0.772+1.244H_0)\ \frac{t_0+273}{273}\tag{16-71}$$

式中：H_0——进入通风罩空气的湿含量（kg/kg 干空气）；

t_0——进入通风罩空气的温度（℃）

一般情况下每生产 1kg 成纸需 20～50kg 干空气。

(2) 通风罩：多烘缸构成的烘干部在低速或老式纸机上常用半开式通风罩，在新式和高速纸机上，则多数采用全封闭气罩。半开式通风罩（如图 16-114）的下缘在上层烘缸与下层烘缸的交界处，送风机把预热后的热空气从下向上吹送，经过干毯、烘缸、纸幅从气罩顶部用引风机排走，引风机应根据烘干部的长度适量设置，保证热空气比较均匀地沿烘干部上升。为了充分利用通风罩中排出的热量应该设置热回收系统，回收的热量用以预热送入的冷空气，半开式通风罩在操作时比较方便，投资省，但热利用率较低，操作环境较差。在大型新式纸机几乎都使用全封闭通风罩。

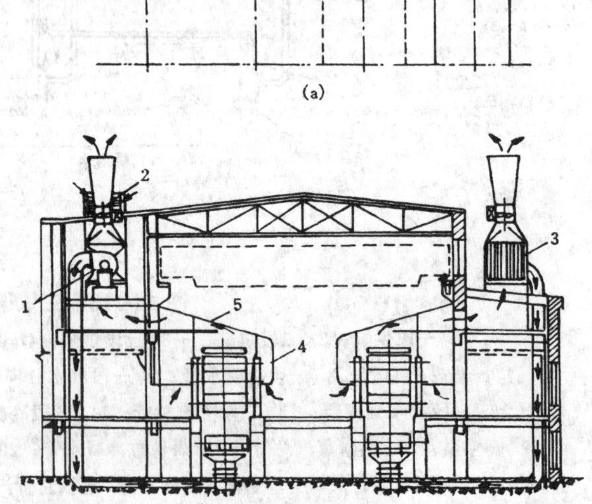

图 16-114 双列布置时的半开式通风罩

(a) 通风罩的四种方式；(b) 半开罩的排布

1. 送风机；2. 引风机；3. 热交换器；4. 通风罩；5. 通风罩顶

全封闭通风罩可以人为地控制气流方向，提高进入空气的温度和离开通风罩时空气的相对湿度，从而降低干燥所需的蒸汽消耗量，提高烘干部的干燥效率。这种通风罩的投资费用较大，对于易于断纸的纸种要慎用，以免造成操作时的麻烦。

(3) 袋区通风：实践证明在烘缸的袋区部位亦即烘缸（如图 16-115）、纸幅及干毯围成的空间中是通风不良的，空气必须从纸幅的两侧进入，同时又必须从两侧排出，这种流动势必造成纸幅两端空气流动快，在纸幅中部流动空气少，相对湿度高；这种情况必然造成纸幅两端蒸发快，而中部慢，造成纸幅干燥不均匀，引起翘曲，如果幅宽越大，这种现象越严重。到60年代中期，随着大透度干网的出现，袋区通风也比较成功地使用，才根本上改变了烘干部通风不良的现象，袋区通风的布置如图16-116。

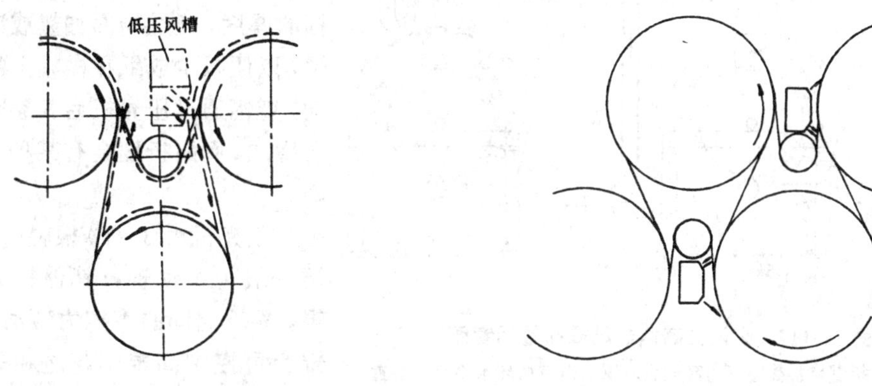

图16-115　袋区通风原理　　图16-116　袋区通风装置

（4）高速热风罩：这种风罩是利用高温的热风向湿纸幅表面垂直吹喷，借此达到下述目的。首先可破坏或减薄湿纸幅表面的饱和空气层，大大加速传质过程，其次高温热风既可通过接触传热将热量传递给纸幅，又可大大提高空气的载湿能力，在一段时间里曾风行一时，用热风高速吹向湿纸幅确是提高干燥速率的有效途径。在选择参数时有以下几点原则供参考：

①风温应选择适宜。提高风温的主要目的是降低空气的相对湿度，提高其载湿能力。利用风温加热湿纸幅不是最佳选择，因为空气的传热系数很低，仅几十到数百，再者热回收装置投资费用大，也不是最经济的措施；

②风速选择应慎重。因为风速直接与动力相关，增加风速就是增加动力消耗。据文献介绍风速在30～50m/s已可收到相当满意的效果；

③要及时排除废气即进、出畅通。因为废气不能及时排出，新鲜的热空气也不可进入，会大大影响热风罩的效果。

热风罩的流程有单段式、双段式及部分热风回用等方式。部分热风回收，既节省了热量又可满足提高传质速率即干燥速率的目的，其流程如下：

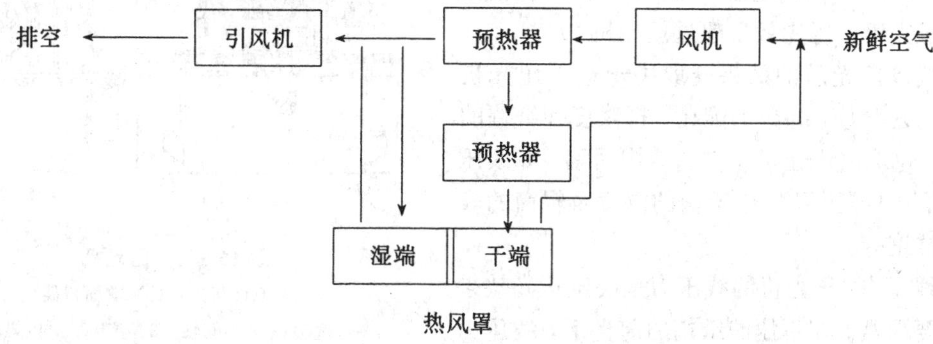

大烘缸高速热风罩布置示意如图16-117。

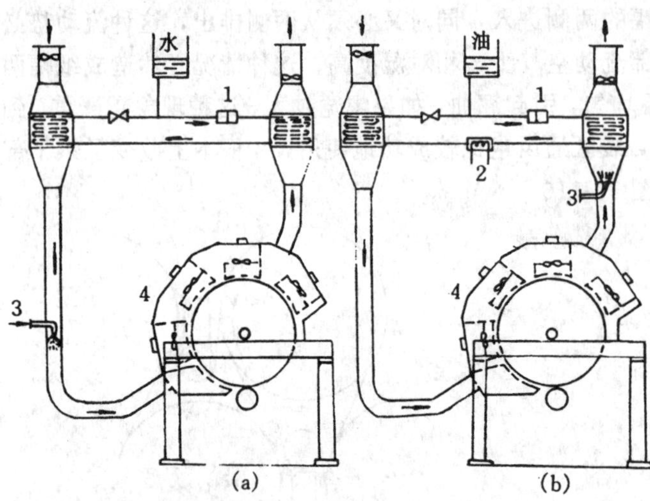

图 16-117 大烘缸高速热风罩布置示意图

(a) 使用直接燃烧加热空气的高速热风罩（带有循环水冷节能装置）；
(b) 间接的燃烧加热系统（用油作介质加热空气）
1. 循环泵；2. 补充加热器；3. 燃料喷嘴；4. 高速热风罩

6.5 压光机、卷纸机及传动部

(1) 压光机：大多数造纸机在其烘干部之后配置了压光机。其目的是整饰，希望通过压光来提高成纸的平滑度、光泽度及紧度；其次是校正纸幅的厚度，通过局部加热或冷却压光辊，以便减少成纸在横幅上的厚度波动。纸幅通过压光机后其裂断长会有所增加，而耐折度会有某种程度的下降。

压光机由 3～10 根辊筒组成，底辊一般为主动辊，其他辊筒为从动辊，靠辊筒间的摩擦力转动，如果底辊为可控中高辊则与之相邻的辊筒为主动辊。纸幅从压光机的上方引入，依次通过各压区，且线压力逐渐增加。压光机的辊数取决于成纸对光洁度的要求。一般讲，光洁度要求愈高则辊数也愈多，新闻纸机常用 6～8 辊组成的压光机，薄型纸则往往使用 3～6 辊压光。压光机的辊数亦取决于引纸方法，当用压缩空气吹送引纸时，可采用偶数辊。人工引纸时，为了安全起见，纸幅必须绕过顶辊，所以应用奇数辊压光机。

压光机的线压力通常都是由辊筒的自重产生，但有时也有用辅助的加压机构，所以压光机的线压力与辊数有关。例如：6 辊压光机的线压力为 50～60kN/m；8 辊压光机为70～80kN/m；而 10 辊的线压力可高达 100kN/m。具有一定辊数的传统压光机，其线压力是一定的，因而，只有一种操作条件。压光机的布置如图 16-118。

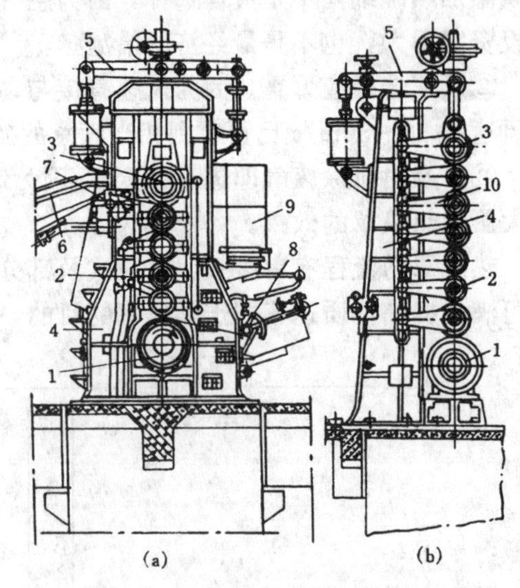

图 16-118 压光机

(a) 双面机架；(b) 单面机架
1. 底辊；2. 中间辊；3. 顶辊；4. 机架；
5. 加压及提升机构；6. 压缩空气引纸装置；
7、8. 弧形舒展杆；9. 走台；10. 中间辊轴承臂

近来在线软压光发展甚快，大有取代压光机之势，布置简图如图 16-119。这种由胶辊构成的压光机，压光效果超过压光机。

纸幅压光后的效果既取决于进入压光机前各工艺参数，如浆料配比、打浆度和纸幅的水分；也取决压光机操作和结构因素，如线压力、辊数（即压区数）、辊筒的温度及辊筒的表面光洁度等。

线压力：压光机的线压力是决定压光效果的主要因素。在不压溃纸幅的前提下，线压力越高，纸的紧度、平滑度和光洁度也越高。

辊数：当辊数确定之后，压区数也随之而

定，一般讲辊数决定线压力。由实验得知，压区的数目与平滑度成正比，压区数对纸的紧度也稍有影响，但对光泽度的影响不显著。

辊筒的温度：用加热的压光辊对纸幅的紧度有较大的影响，也可明显提高平滑度，据此，压光机的辊数向少的方向发展。加热压光辊还对纸幅光泽度产生重要影响，可用局部加热压光辊的办法局部调整纸幅的紧度、平滑度和光泽度。

要强调指出的是，在用压光提高纸的紧度和平滑度、光泽度的同时，纸的物理强度也会受到某种程度的不利影响。

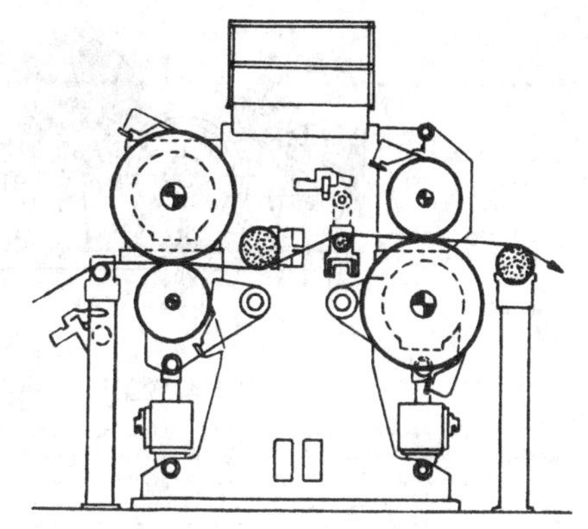

图 16-119 在线软压光

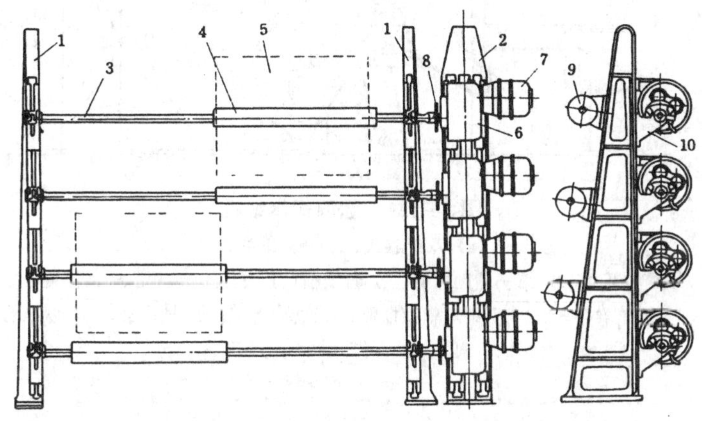

图 16-120 轴式卷纸机

1. 机架；2. 传动侧机架；3. 卷纸轴；4. 纸卷芯；5. 纸卷；
6. 减速箱；7. 电动机；8. 离合器；9. 引纸辊；10. 托架

（2）卷纸机：卷纸是造纸机的最后一道工序，按照卷取的原理，卷纸机可分为轴式和圆筒式卷纸机两种，如图 16-120、图 16-121。要卷纸机卷松紧一致的纸卷必须满足下述条件：①纸幅在卷取过程中，必须始终保持比较稳定的张力；②卷取线速度必须保持稳定，随着纸卷的增大，其转速也应相应地降低。

（3）传动部：造纸机的传动部已发展到一个相当高的水平，老式和低速纸机虽然仍在使用总轴传动。但大部分新纸机，特别是大型、高速纸机都是采用分部传动，即在造纸机的各传动点均由电动机单独传动，并采用张力传感器实现计算机自动控制。当造纸机在某一速度下运行时，各分部的微动速差均由张力传动反馈到计算机，再经由计算机控制各分部的速度，这种传动可长期保持稳定，各分部的速度也都在某一最恰当的速度下运行，这样，造纸机的运行也最稳定，大大减少了断头的危险，延长了有效运行时间，减轻了工人的劳动强度。

造纸机的传动有如下特点：①可在较大范围内调节车速，以适应产品品种改变或产量改变的要求；②纸机车速稳定；③各分部（即各传动点）间允许有速度差异，即能进行局部微调；④一旦各分部的速度调整好之后，即长期、持续保持稳定；⑤为了便于检查各部分的运行情况和清洗成型网、毛毯、干毯等需在相当低的速度下运行，这种速度称之爬行速度，即各种纸机均有爬行速度，但切不可在这种速度下长期运行。

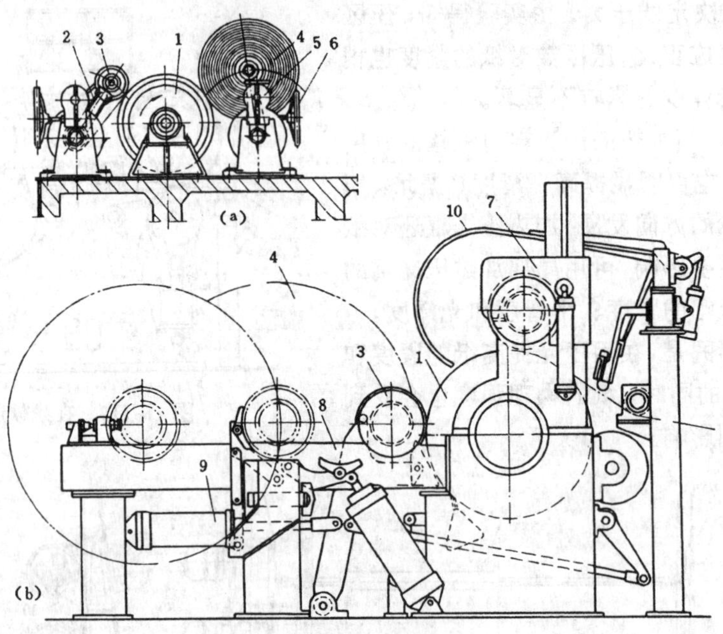

图 16-121 圆筒式卷纸机

(a) 双纸卷式；(b) 单纸卷式

1. 卷纸缸，2. 第一辅助摇臂；3. 卷纸轴；4. 纸卷；5. 第二辅助摇臂；
6. 抬取纸卷手轮；7. 引纸用辅助摇臂；8. 卷取滑道；9. 气压缸；10. 吹风管

第17章 加工纸

毕松林

1 概 述

随着科学技术的进步和人类物质、文化生活的提高，人们对纸和纸板的要求越来越高。用普通造纸工艺所生产的纸和纸板，由于植物纤维原料本身性质的局限，已很难满足对纸和纸板日益严格的要求和多方面性能的需要，尤其在一些有特殊性能要求的领域。为此，造纸工作者们运用各种方法对纸或纸板进行再加工，以满足社会的需求。

以纸或纸板为基础，经涂布、复合、成型、变性、装饰加工，改变或提高纸张原有形状、外观和物理化学特性的工业称为加工纸工业。通过这类手段制成的产品，属于加工纸产品，加工纸工业是造纸工业的分支[15]。由上述可见，纸张进行加工的目的是：

(1) 改善纸张的外观；

(2) 改变或提高纸张原有的物理、化学特性，以适应各种特定用途的需要；

(3) 赋予纸张一定的形态，使之符合各种用途的需要。

广义地说，纸和纸板的加工过程大体可分为在纸和纸板的制造过程中进行加工和抄纸工序后再进行加工两类，前者也称为一次加工，后者则称为二次加工。许多加工纸多半是二次加工产品。在造纸工业和加工工业中，支配纸张性质的重要因素和改进措施见表17-1。

表 17-1 支配纸张性质的重要因素和改进措施[16]

纸的性质		长处或短处（与其他素材比较）	支配其长处或短处的重要因素	改进措施		用途
				造纸工业	加工工业	
力学性质	干强度	较 强	1. 纤维素分子的结构 2. 单根纤维本身的强度 3. 由于纤维滑动而破断的摩擦阻力 4. 纤维间的结合强度和数量	浆的选择，打浆方式和程度，增强剂的添加	补强用树脂的机外浸渍	包装纸都能用，层压纸板、装饰板
	润湿强度	弱		添加剂（施胶剂、湿强剂）	补强用树脂的机外浸渍	纸质巾、茶叶袋纸、中性涂布原纸
	刚 性	较硬挺 柔软性小		浆料的选择 填料的添加	硬质树脂的浸渍、硬质薄膜或金属复合	卡片用纸、车票纸、复写纸、纸盘、香烟包装纸
	塑性变形性	略 有		浆料的选择	柔软剂的浸渍，和铝箔的复合等	用于需要折叠性的用途
化学形态学结构方面的性质	尺寸稳定性和翘曲	对湿度变化的稳定性不良	1. 纤维素OH基的存在 2. 木材纤维的形态结构 3. 纤维集合体的结构	纸浆的选择、打浆程度、填料的添加、干燥方法的选择、其他	和薄膜或金属箔的层压，树脂涂布或浸渍	地图用纸、各种记录纸、粘贴纸、剥离纸等加工纸
	防湿（水）性	不 良		施胶剂的使用	和薄膜或金属箔的层压，树脂涂布或浸渍	各种包装纸
	吸湿（水）性	良		纸浆的选择、其他	吸湿剂的添加	纸毛巾、纸尿布
	耐油（脂）性	吸油性大		粘状打浆致密化，憎油性施胶剂（氟化乙烯树脂）的添加	硫酸处理、耐油性树脂的涂布以及层压	羊皮纸、半透明纸、耐油纸

（续）

纸的性质		长处或短处（与其他素材比较）	支配其长处或短处的重要因素	改进措施		用 途
				造纸工业	加工工业	
化学形态学结构方面的性质	多孔性	透气性、浸透性大	1. 纤维素OH基的存在 2. 木材纤维的形态结构 3. 纤维集合体的结构	纸浆的选择、打浆的限度、其他		浸渍用原纸、过滤纸
	气体密封性	低		施胶、压榨的强化	和具有阻气性的材料复合	保香纸、食品包装纸
	反应性	染色性、化学反应性、污染性				有机溶剂涂布用原纸
光学性质	不透明性	高	1. 纤维细胞腔中的空气 2. 作为纤维集合体的纸层中的空气	纸浆的选择、打浆的限度、填料的添加、其他	颜料涂布、铝箔的层合、铝蒸涂	辞典用纸、钛白纸、遮光性包装纸
	透明性	低		纸浆的选择、打浆的限度、填料，打浆、压榨、压光强化	与纤维折射率相近的材料浸渍	描图纸、半透明玻璃纸
	光 泽	低		压光强化、填料的添加、机内涂布	颜料涂布、铝箔的层合、蒸涂	印刷涂布纸、金属光泽纸、艳纸
	色	带有黄色		纸浆的选择、荧光增白剂、白色颜料的添加	白色颜料的涂布	印刷涂布纸、金属光泽纸、艳纸
表面性质	平滑性	低	1. 纸页的成形 2. 纤维的柔韧性	压榨、压光强化，其他	颜料涂布、超压，其他	印刷涂布纸、金属光泽纸、艳纸、剥离纸、工程纸
	胶粘性	良			电晕处理，其他	各种涂布纸、层压纸的基材
	表面强度	低		表面施胶、其他	树脂涂布	印刷用纸
热的性质	耐热性	良	纤维素分子的结构 极性OH基 二次螺旋轴的立体规则性结晶高分子	无机材料、耐热高分子材料的利用	氰乙基化等处理，其他	耐热绝缘纸
	燃烧性	有		无机材料、耐热高分子材料的利用，阻燃剂的添加	氰乙基化等处理，用阻燃剂涂布或浸渍	难燃壁纸、防火纸、衬里纸
	热可塑性	无		合成浆混抄、热可塑性树脂膜片化	热可塑性树脂的涂布或浸渍	热封用纸
电气性质	电气绝缘性	良	纤维素分子的结构、极性OH基、二次螺旋轴的立体规则性结晶高分子	纸浆的选择、去离子水，其他	绝缘树脂的浸渍	电气绝缘纸、电容器纸、层压板
	导电性	无		导电性树脂、碳黑等添加	导电性树脂的涂布或浸渍	电气感应记录纸（静电、放电、电子照相）

注：特请朱卫国先生翻译，深表谢意！

由于纸的加工方法多种多样，产品品种又十分繁多，故加工纸的分类尚无系统而确切的描述。按产品用途的分类法如图17-1。

根据需要，对原纸进行种种再加工以后，改善了性能，提高了使用价值，并获得了某些特性，其用途已远远超出了纸的传统概念，广泛应用于许多领域。如遥感技术、大容量计算技术、航天装置、新型卫星以及种种特殊仪器、仪表的信息显示、记录材料；用于固体、液体、气体间的高效净化分离的特种过滤材料；作为工业产品的防潮、防锈、防射线辐射等特种功能防护材料；应用于商品装潢、商标、说明书、广告、文化艺术珍品和美术品的涂布印刷纸和商品包装的复合包装材料等等。

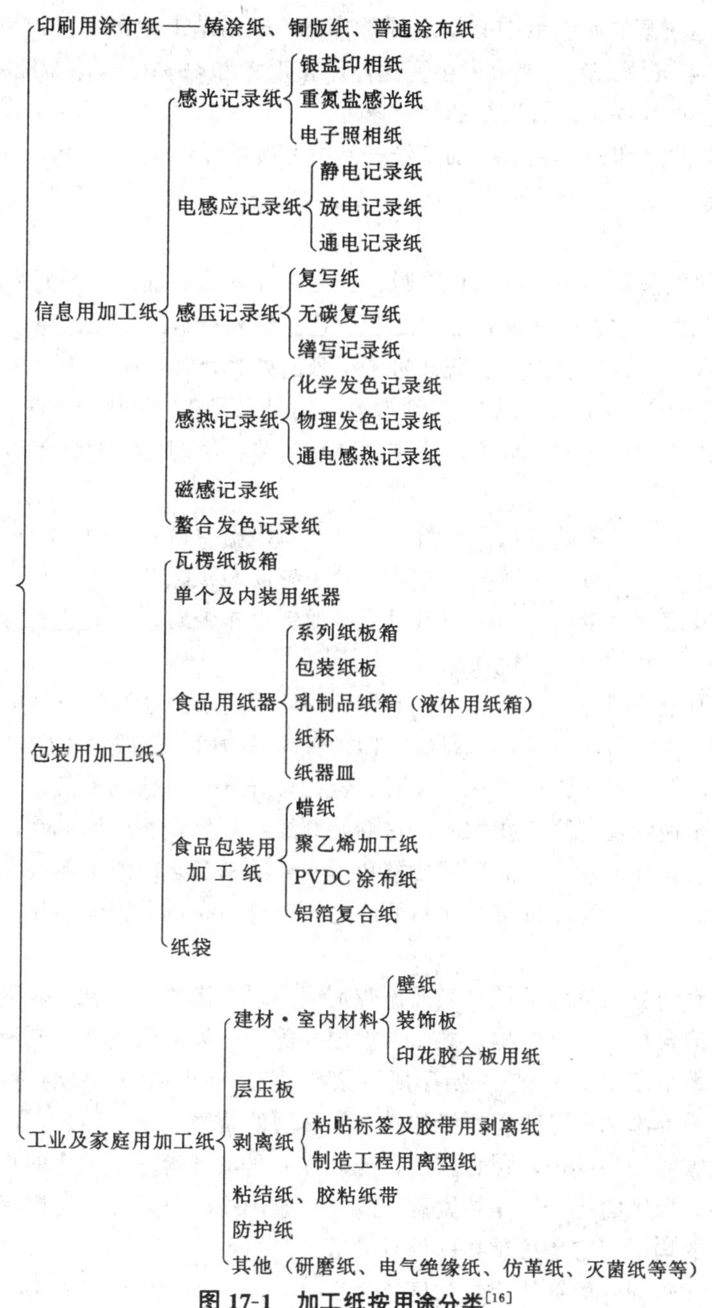

图 17-1　加工纸按用途分类[16]

（特请朱卫国先生翻译）

2　印刷类加工纸

印刷纸和书写纸应用于所有的经济部门，用于各种各样的出版物和通讯交流中。最终的用途是：杂志、目录、电话簿、增刊、宣传材料、书籍、表格、复印、复写、印刷等。

印刷纸和书写纸消费量按纸浆投入和涂料可大致分为四大类：不含磨木浆涂布纸占总消费量的 10%；不含磨木浆的未涂布纸占 50%；含磨木浆涂布纸占 20%；含磨木浆的未涂布纸占 20%。

1981年，发达国家的印刷纸中有32%是涂布纸，68%是未涂布纸。采用分类模型，详细分析表明到1995年这种比例可能会发生变化，涂布纸将占40%，未涂布纸将占60%。涂布印刷纸的增长速度远远快于未涂布纸的增长速度。

就产量来说，涂布印刷纸在所有加工纸产品中占有主导地位。

2.1 颜料涂布纸

2.1.1 概 述

颜料涂布一般被理解为一种将白色颜料、胶粘剂和其他添加剂调制的涂料经涂布装置施涂于原纸或纸板表面以改进其表面性能的工艺过程。纸和纸板经颜料涂布后，获得了更平整的、更细的粒间孔隙结构的表面，它既改进了纸张的外观，如纸张的平滑度、白度、光泽度等；也提高了纸张的印刷适应性，如油墨吸收性、油墨固着性、印刷光泽度、抗掉毛性等。涂布纸已被广泛应用于文化艺术、商标、广告、装潢包装、说明书等的精美印刷。

2.1.2 原 纸

原纸在使用过程中一般要经历三个阶段：涂布、印刷、最终使用。涂布原纸要满足这三个阶段的质量要求。对原纸的主要要求是均一性、匀度、孔隙率、回弹性、强度、水分、不透明度、整饰度及表面平滑度[17,18]。原纸是决定颜料涂布纸质量的最重要的因素。要生产一张高质量的涂布纸，必须从一张优质原纸开始[19]。

(1) 组成：原纸的组成取决于涂布纸的类别及使用要求。在制造原纸中所使用的纤维原料是重要的：可以含20%～50%的长纤维，40%～70%的短纤维或机械浆，及10%～15%的填料。长纤维的比例由纸的强度和耐折度所决定。短纤维，包括机械浆，可以使纸张具有松厚度、回弹性、不透明度并降低孔隙率，它们使纤维纸幅呈现物理均一性，并为涂布提供平整的表面。应该认真地处理好产品质量要求和工厂纤维来源之间的关系。

原纸中添加填料可提高原纸接受涂料的能力，改善涂布纸的光学性质，亦有助于降低成本。

湿部添加胶料的目的是为了控制表面施胶剂或涂料的渗透。胶粘剂渗透到原纸的程度将决定涂层中胶粘剂含量和涂层结构，并影响涂层孔隙率、油墨吸收性、光泽性能。原纸中采用胶料的类型与数量变化很大，它决定于所用涂布工艺、涂料的固形物含量和涂布纸的用途。

湿部添加淀粉等添加剂可改善纤维的结合和填料的留着。

原纸表面施胶对提高其表面结合强度、光泽度、平滑度等均有较大的作用。

(2) 均一性：原纸的均一性是指紧度、厚度、整饰度、平滑度及孔隙率在纸页的纵向和横向都应尽可能的均一，它是最重要的原纸参数。

就原纸来说，欧洲的原纸的组织匀度更为良好，而美国原纸匀度一般较差。在某些情况下，美国已经按欧洲的道路提高原纸的匀度。其中之一就是增加短纤维浆料的配比，特别是细小纤维的留着率，以减轻纤维分布的不均一。同时改善装备，尽可能减轻网痕、毯痕等缺陷。

(3) 强度：涂布纸的强度主要来自原纸。要求原纸具有一定的强度是为了使其承受涂布、印刷、装订等操作。

一般来说，提高对纸浆的机械处理的程度，将全面提高原纸的各项强度，亦影响胶粘剂的迁移、平滑度、油墨吸收性、尺寸稳定性等。增加原纸中填料含量会降低强度，但却会增加涂料向原纸的转移。使用阳离子淀粉等助剂，通常有利于提高原纸的内结合强度。

(4) 发展趋势：就涂布原纸来说，高填料含量的原纸是最有希望的一个发展领域[20]。但是，由于填料与纤维的比重不同，如果用填料来代替纤维，同时还要使纸的定量保持相同的话，纸的松厚度和强度均将下降。即使采用新的化学助剂，也不一定能完全解决问题。因此，在增加填料与保持原纸质量之间，必须寻求折中的方案。采用高填料含量的原纸，可使纸面更为平滑均一，涂布量可以降低，这样可将通常用于涂料内的部分颜料加到原纸中去，可使涂布纸成本中较为昂贵的胶粘剂用量降低。

随着涂料中大量使用碳酸钙，使原纸逐步转向中性或碱性施胶也成为必然[21]。

随着现代纸机车速的提高，在普通的长网造纸机上，难以造出质量合乎要求的纸。因此，在高车速（>1000m/min）下制造涂布原纸，应用具有下述结构的成型器和压榨部[17]：

夹网成形器或上成形器；

配有第四条毛毯三压区压榨部。

2.1.3 颜　料

涂料混合物中颜料在重量上占总重量的 70%～90%，在体积上通常超过总体积的 70%。因此，它们是混合物中最主要的组分。颜料对涂布工艺和涂布制品的质量均有重大的影响。对颜料的一般要求是：①亮度、折射指数要高；②粒径分布适当；③水分散性良好，分散液粘度低、含固量高；④物理、化学稳定性好；⑤与涂料中其他成分的相容性好；⑥耗胶量要低；⑦对机械的磨损性小；⑧价格便宜，资源丰富，品质稳定。

最主要的颜料是高岭土，其他颜料有：碳酸钙、二氧化钛、氢氧化铝、无定形二氧化硅、缎白、滑石粉、氧化锌、硫酸钡及塑料颜料等。

(1) 高岭土：高岭土是一种以高岭石族矿物为主要成分的粘土类集合体矿物原料[22]，得名于我国江西省浮梁县的高岭村。从国内外生产实践看，它是使用量最大的颜料。

高岭石晶体结构的单位晶胞是由一层“Si-O”四面体和一层“Al-（OH・O)”八面体结合而成的。“Si-O”四面体的顶端指向“Al-（OH・O)”八面体，二者依靠共用氧进行连接。整个晶胞沿 a、b 轴无限扩展，沿 c 轴重叠成层。层与层之间依靠 O 与 OH 离子间的微弱残余键或范德华力进行结合。因而结合很弱，层间易于裂开及滑移。晶体结构如图 17-2。

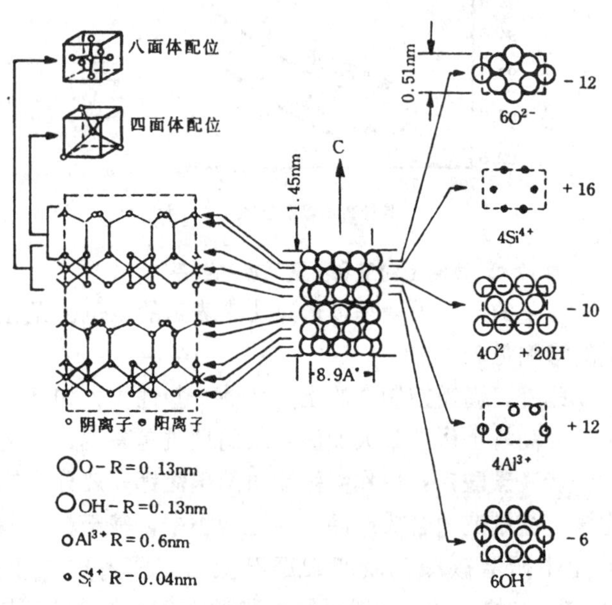

图 17-2　高岭石晶体结构图[23]

高岭石的理论结构式是 $(OH)_8Si_4Al_4O_{10}$；理论组成是 SiO_2 46.54%，Al_2O_3 39.50%，H_2O 13.69%。高岭石晶体的有序度变化相当大，完全有序的高岭石通常以六角形或假六角形晶体的形式出现。

大多数高岭土含有各种各样的矿物杂质，在制备中要尽可能除去。

高岭土具有许多涂布所需要的性质。这些性质包括白的颜色，细的粒度，粒子的薄层结构，低的磨耗值及化学惰性。

亮度是高岭土质量的主要决定因素之一。国际上，高岭土的亮度一般不低于85%。高岭土的亮度又取决于它的粒度及杂质含量。实验证明，较细粒度的高岭土有较高的亮度（表17-2）。

表 17-2 高岭土亮度和粒度的关系

粒径<2μm（%）	亮度（%）	粒径<2μm（%）	亮度（%）
50	83.7	95	86.0
80	84.5	超微粒，大部分<0.25μm	79.0

从有效反射可见光而言，粒度在0.20～0.35μm能得到最大可能的颜料/媒介物界面数，但当粒度小于0.20μm时，就不再有效地反射和散射光线。

涂布高岭土的粒度分布是一个重要参数，它影响粘度、亮度、不透明度、光泽度、平滑度和油墨接收性。

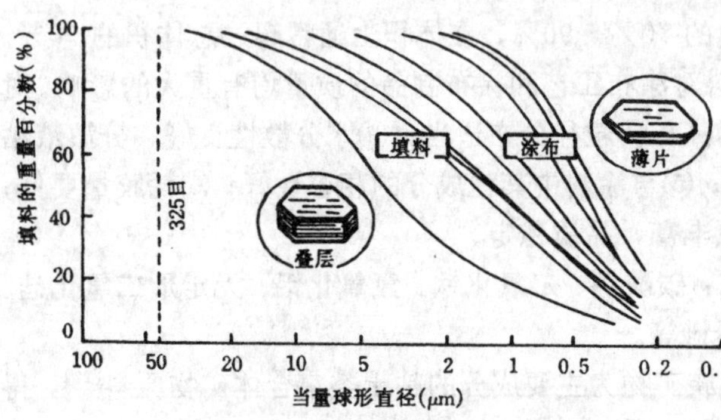

图 17-3 涂布和填料高岭土的粒度分布[24]

选用涂布高岭土的关键指标是“小于2μm的粒子百分数”。一般认为2μm粒度是一个临界值，这是“片状”与“重叠状”之间的大致界限。也就是说，小于2μm的高岭土粒子占优势的是单层的六角形片，而大于2μm的高岭土粒子是层叠聚集体。填料等级和涂布等级高岭土的代表性的粒度分布曲线如图17-3。粒度对涂布纸不透明度、光泽度的影响如图17-4、图17-5。

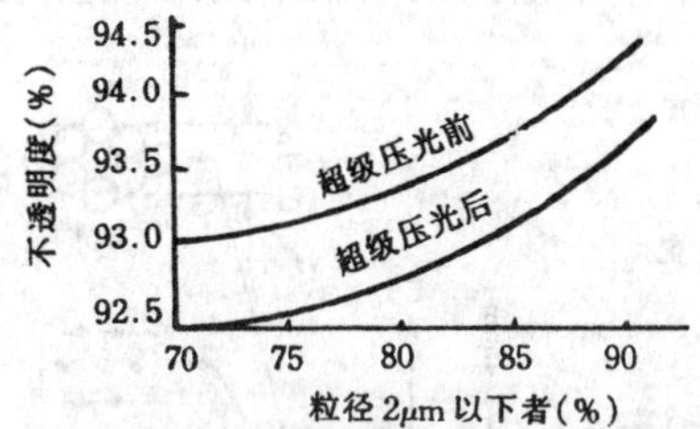

图 17-4 高岭土粒度和不透明度的关系

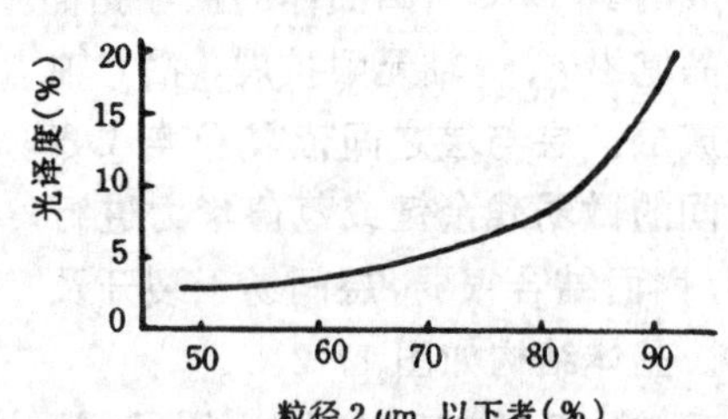

图 17-5 高岭土粒度和光泽度的关系

粒子的形状因素是以形态比来表示的，也就是粒子的直径和厚度之比。形态对涂布纸性质的影响见表17-3。

此外，尚需控制高岭土的其他一些性质，如磨耗值、粘度、pH值、流动性和筛渣等。

受高岭土影响最大的涂布纸的性质是亮度、不透明度、光泽度、平滑度和油墨吸收性。

(2) 碳酸钙：用作纸张涂布的碳酸钙一般分为二类：由研磨石灰石制造的天然产品和由化学沉淀制造的合成产品。在这两类中，基于粒度和粒形的不同又有几个等级。如美国涂布工业中研磨碳酸钙就有细磨石灰石（FGL）、中间细磨石灰石（IFLG）、超细磨石灰石（UFGL）的品种。一般天然碳酸钙比沉淀碳酸钙有较大的粒度，沉淀碳酸钙产品的粒度、粒形又有更大的可变性。

表 17-3 高岭土的形态比对涂布纸性能的效应

涂布纸的性质	形态比		
	7∶1	14∶1	25∶1
不透明度	91.0	90.2	90.3
油墨接受能力（%）	37.0	30.0	19.5
IGT拉毛速度（cm/s）	100	110	110
Tappi光泽度	25	32	39
涂布量（g/m²）	11	10	12

在自然界中，碳酸钙以两种多晶形物的任何一种形式出现：方解石和文石。从热力学而言，方解石是碳酸钙惟一稳定的形式，方解石归入六方晶系中的六方偏三角面晶体类。文石归入斜方晶系中的双角锥晶体类。文石在自然界中比方解石稀有得多，这是由于它的准稳定性以及只有在低温的表层矿床中才存在。方解石的折射率是1.658和1.486。它的密度是2.71g/cm³。它的莫氏硬度是2.9到3.0。它的原子结构和晶胞如图17-6。

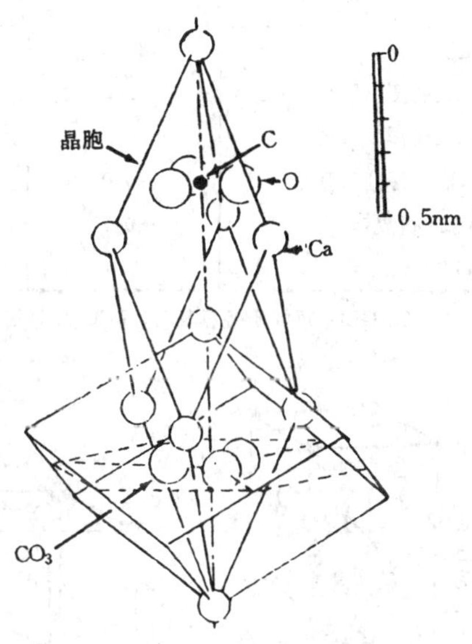

图 17-6 方解石的原子结构与晶胞[25]

制造沉淀碳酸钙有几种方法，并可得到不同的晶态。

碳酸钙的物理性质根据等级、原料和制造方法而不同。涂布等级碳酸钙的最必要条件是真正的白色，不含有杂质及无磨耗性。粒度和粒形是两个影响使用性能的最重要的参数。大多数沉淀产品有化学活性表面，其化学纯度一般优于研磨碳酸钙。

在纸张涂料配方中，碳酸钙一般与高岭土配合使用。碳酸钙对成品涂布纸性质的影响见表17-4。

显然，用碳酸钙取代高岭土增加了亮度，沉淀碳酸钙的贡献大于研磨石灰石。碳酸钙对不透明度没有显著的效应，加入碳酸钙减少纸页的光泽度。K和N油墨指数值显示吸墨性随碳酸钙的加入而增加。由IGT测定的拉毛强度表明随碳酸钙的使用而增加，这说明胶粘剂用量较低。Fineman[27]观察到使用碳酸钙颜料时节约40%胶粘剂的同时改进0.4%的亮度和0.3%的不透明度。

(3) 二氧化钛：白色颜料中二氧化钛具有最高的折射率。在纸张涂布中应用二氧化钛以提高亮度和不透明度。但其价格明显高于其他颜料。

二氧化钛有两种结晶形态：锐钛矿型、金红石型。两者具有相同的化学分子式并呈现相同的配位数6，并都是正方晶系（如图17-7）。

从图17-7中可见，金红石结构更紧凑。故金红石的密度（4.2g/cm³）比锐钛矿（3.9 g/cm³）的大；前者的折射率（2.7）也比后者（2.5）要高。

表 17-4 与高岭土组合使用时各种碳酸钙颜料对涂布纸性质的效应[26]

颜 料	100 高岭土	80高岭土 20UFGL	80高岭土 20PCC-A	80高岭土 20PCC-C	80高岭土 20FGL
亮度（%）	83.3	83.9	84.2	84.2	83.7
不透明度（%）	92.9	93.0	93.0	93.0	92.9
纸页光泽度（%）	69.7	64.3	64.3	63.7	55.5
印刷光泽度（%）	90.0	86.7	85.2	84.6	81.0
K&N 指数	80.1	79.1	76.2	76.5	80.2
IGT（cm/s）	170	208	188	203	227
颜 料	100 高岭土	60高岭土 40UFGL	60高岭土 40PCC-A	60高岭土 40PCC-C	60高岭土 40FGL
亮度（%）	83.3	84.5	85.1	84.9	83.9
不透明度（%）	92.9	93.3	93.0	93.2	92.6
纸页光泽度（%）	69.7	64.5	62.8	59.8	42.6
印刷光泽度（%）	90.0	89.6	86.2	86.6	76.9
K&N 指数	80.1	77.8	73.5	73.9	78.8
IGT（cm/s）	170	229	217	222	233

注：UFGL是超细研磨石灰石，PCC-A是沉淀碳酸钙（文石），PCC-C是沉淀碳酸钙（方解石），FGL是细磨石灰石。

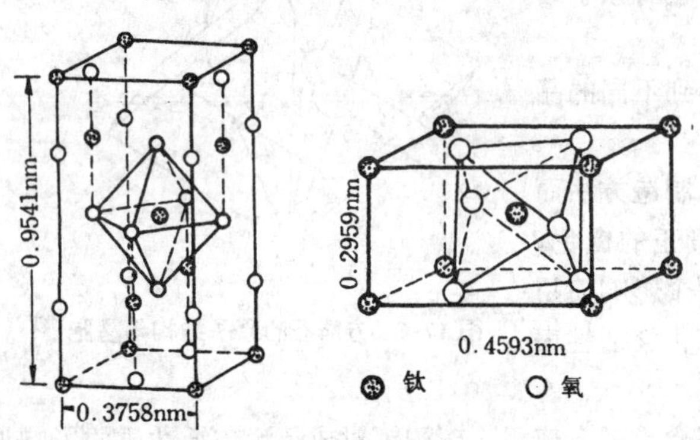

图 17-7 二氧化钛的晶体结构[28]

二氧化钛颜料能提高涂布纸的不透明度和亮度。其增高量取决于涂料配方的成分、涂布量和原纸的光学性质。涂层不透明度是胶料系统和颜料系统之间折射率差别的主要函数，二氧化钛有特别高的折射率，故它有最大的增加不透明度的效能。这对不透明度特别重要的纸料，如轻量涂布纸，就显得十分重要。由于二氧化钛颜料单位重量的成本较高，因此，必须认真估计由二氧化钛获得的性能效益。

(4) 滑石粉：涂布纸生产中最常用的颜料是高岭土和碳酸钙。滑石粉仅在配料中少量加入作润滑剂，随着超细研磨技术的发展，它的应用出现可喜的前景。

纯滑石是一种含水镁硅酸盐。化学式为 Mg_3 (Si_4O_{10}) $(OH)_2$，或 $3MgO \cdot 4SiO_2 \cdot H_2O$。理论上包含 31.72%MgO、63.52%$SiO_2$ 和 4.76%H_2O。自然界里，这种矿物以层状和致密块状两种形式存在。

滑石结构属单斜晶系（如图 17-8）。层状结构中氢氧化镁石层夹在两个氧化硅层之间。这种结合的理论宽度是无限的，其理论厚度为 9.4nm。滑石层内元素主要以离子键将其保持在一起，而这些片状层间却是以范德华力保持在一起。这些力很弱，说明在研磨中滑石容易层离，也说明滑石所特有的滑移特性，以及在涂料中所具有的润滑能力。

片状滑石的平坦表面是疏水的、亲有机物的。薄片的边缘是亲水的。

尽管滑石表现为显著的碱性，然而通常呈现化学惰性，它的阳离子交换能力很低，因此它对系统 pH 值的影响很小。

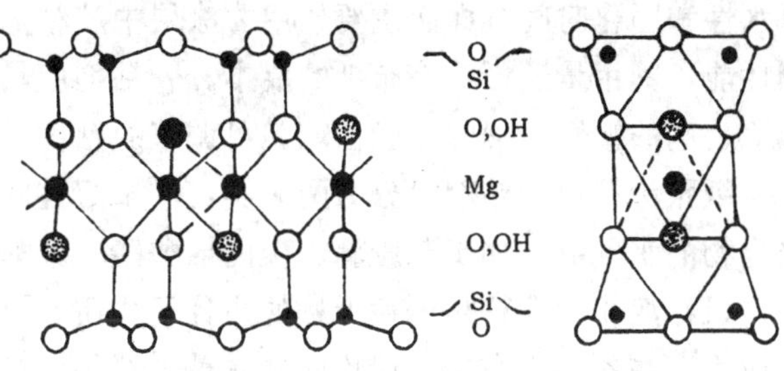

图 17-8 投射到垂直于 X 轴平面上的滑石晶体结构[29]

滑石的折射指数是 1.54～1.59，相对密度 2.75。超细研磨滑石的 G.E. 白度介于 90%～96%。纯滑石柔软度高，它的莫氏硬度为 1，是自然界中硬度最小的矿物。但纯净的滑石在自然界很少。常与透闪石、蛇纹石、绿泥石、直闪石、叶蛇纹石、透辉石、菱镁矿、白云石、方解石等伴生在一起，并混入杂质，以致改变了它的化学成分，增加了硬度和磨蚀性，影响了产品的亮度。

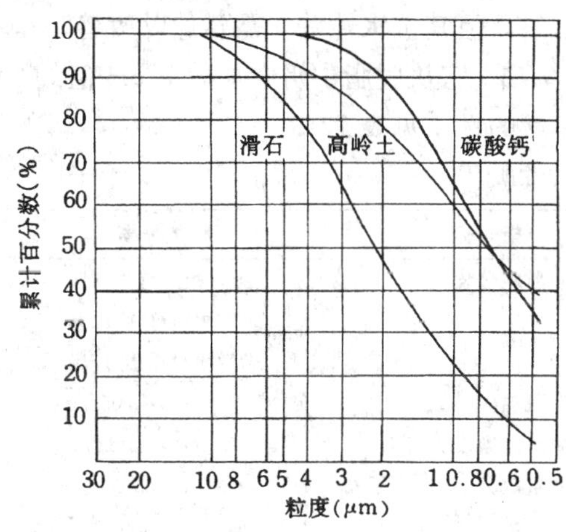

图 17-9 涂布颜料的粒度分布[30]

目前，在滑石工业中两种主要的超细研磨方法是使用过热蒸汽的流体能量型设备和立式高速锤式磨。前者与后者相比，能产生更大百分比的细小粒子。典型的流能磨产生滑石粉的表面积在16～17m²/g，最大的粒度大约 12μm，接近 50%粒子<2μm，已成功地用作涂布颜料。

图 17-9 表明，滑石粉与高岭土、碳酸钙之间的差别在于：①滑石粉是疏水性的；②滑石粉更加“片状”；③滑石粉粒度分布范围较窄，仅有少量细小颗粒。

其中最主要的差别是表面化学性质。这一点可以从滑石粉和高岭土的基本结构差异给予解释。高岭土的—OH 基团暴露在晶体结构表面，故呈现亲水性。滑石粉的表面没有—OH 基团，且亲水的氢氧镁石片夹在氧化硅片之间。滑石粉的表面能（68～70J/cm²）比高岭土（550～600J/cm²）低得多。根据固体被水润湿的机理，也说明滑石粉比高岭土难于润湿。

由此可见，滑石粉用作涂布颜料，除超细研磨外，关键是润湿、分散问题。

滑石粉涂料的质量最主要取决于所使用的化学系统。润湿剂、消泡剂、分散剂选择适当、用量适宜，是可以得到分散性、流变性、与各种粘合剂相容性良好的涂料。

我国滑石粉资源丰富，价格低廉，品质优良，无疑是一种有前途的颜料。随着对滑石粉的特殊研磨、表面处理、改善白度等应用技术的开发，它可能在涂布纸中得到更为广泛的应用。

(5) 其他颜料：纸张涂布中还应用一些其他颜料，如缎白、硫酸钡、非结晶二氧化硅和硅酸盐、氧化铝三水合物等。这些可参阅文献[31, 32]。

2.1.4 胶粘剂

胶粘剂是涂料中的一个重要组分（用量约为颜料重量的 15%～20%）。它的主要作用是把颜料粘结于原纸。它或以水溶液或以分散液存在于涂料液相中，在决定涂料的粘度、流变性、保水性和固化时间方面起主要作用。涂层中胶粘剂的量及其分布影响涂布纸的光学性质和印刷性能，其用量还影响涂布纸的成本。胶粘剂应具有高的粘结强度、以及低的价格；良好的颜色、高的塑性；强的成膜性能、可调节的粘度、适当的时间、温度和剪切稳定性。

纸张涂布用胶粘剂可分为两大类：①水溶性的，如淀粉、蛋白质和聚乙烯醇等；②合成聚合物的水乳液，如丁苯胶乳、聚丙烯酸酯、聚醋酸乙烯酯胶乳等。

(1) 淀粉：淀粉是一种天然的高分子物质，资源充足，价格低廉，在造纸工业中得到广泛应用。在颜料涂布中，淀粉同样是最主要的胶粘剂之一。在美国，淀粉约占所用涂布胶粘剂总量的60%。

天然的或未改性的淀粉不适合大多数纸张涂布应用，它粘度高，具有强烈的凝胶或退减倾向，导致高屈服值的涂料。涂布主要用改性淀粉，其品种有糊精、氧化淀粉、淀粉醚和酯以及酶转化淀粉。其中酶转化淀粉应用甚多。原因是：①所需天然淀粉和酶的原料价格低于其他改性淀粉；②转化可就地控制，并能调节以适应特殊情况。

淀粉具有良好的粘结力，适合配制高固含量涂料，但其抗水性差，需要加以改善。

(2) 干酪素：干酪素是动物乳汁中的两性含磷蛋白。它从脱脂牛奶中加酸至pH值约4.5时沉淀出来，再水洗、压榨、干燥制成成品。干酪素的性质见表17-5。

表17-5 干酪素的性质[33]

指 标	数 据	指 标	数 据
分子量分布	33 600～37 500	平衡水分含量	20%相对湿度 8%
等电点	pH4.6		50%相对湿度 12%
电解迁移（碱性介质）	向阳极		80%相对湿度 17%
介电常数	8.0	膨胀热	105J/g
密度（g/cm³）	1.25～1.31	纯水溶解度，25℃	0.11g/L
酪蛋白酸钠	1.42	元素成分	
碱溶液的密度，近似	10% 1.040	碳	52.96%
	15% 1.060	氢	7.05%
	20% 1.080	氧	22.77%
表面张力，10%溶液	4.76×10^{-2} N/m	氮	15.65%
折射指数	1.675	磷	0.85%
紫外吸收性（碱性介质）	298～240nm	硫	0.72%

干酪素作为胶粘剂不仅有良好的粘结力、保水性、涂层光泽度、较易获得良好的抗湿摩擦性，而且它的某些特性使干酪素不仅仅作为胶粘剂，还可作为颜料分散剂。在pH值变化或引入絮凝离子等系统改变的情况下，干酪素也起防止颜料絮聚的作用。当它与胶乳共用时，干酪素起增稠和稳定胶乳的作用。它的缺点是粘度较高，对微生物敏感，价格昂贵。

(3) 大豆蛋白（豆酪素）：以脱油的豆粕为原料，先用碱液萃取，再用酸调节pH值为4.5左右沉淀出大豆蛋白。然后，将凝乳从水溶液中分离出来，经洗涤、干燥，并磨碎至所要求的颗粒尺寸。

大豆蛋白具有良好的颜料结合强度，约与干酪素相当。亦有保护胶体作用，大多作干酪素的代用品，但不像干酪素那样易于防水，且有较强的发泡倾向。

(4) 聚乙烯醇：聚乙烯醇可通过聚醋酸乙烯醇解制得。在所有的胶粘剂中，它有最高的粘结强度，亦有优良的成膜性，并对油、油脂和有机溶液的浸湿有防护能力。由于其高粘结强度，每 100 份颜料仅需 3～8 份。如此低的胶粘剂用量导致涂层中产生大的空隙，从而获得高亮度和高不透明度。另一方面，也降低了油墨和清漆的持留性。它的产品规格用水解度和粘度表示。尽管聚乙烯醇有许多优点，但其价格高，在高剪切速率情况下涂料流变性不良，耐水性亦差，故而限制了它的使用。

(5)丁苯胶乳：丁苯胶乳是丁二烯和苯乙烯两种单体在水相中以乳液聚合的方式生成的。苯乙烯是硬单体，丁二烯是软单体，改变两者的比例对涂布纸的性能产生一系列的影响（如图 17-10）。大多数纸张涂布胶乳使用 50%～60%的苯乙烯含量范围。

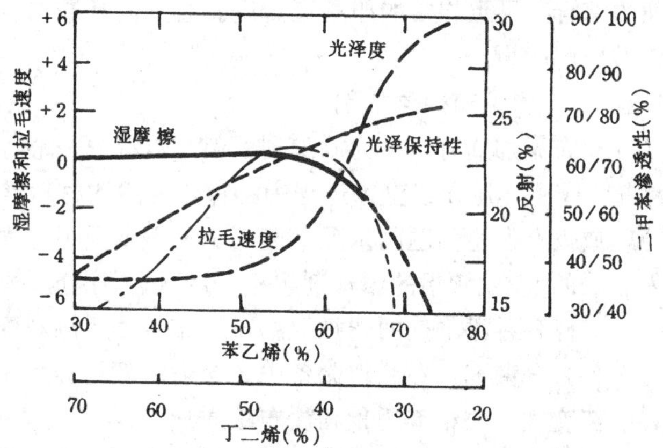

图 17-10 丁苯胶乳的组成对涂布纸性能的影响[34]

丁苯胶乳制造中最重大的进展可能是将乙烯酸引入聚合物。胶乳的羧基化与原来的胶乳相比有一系列优点：

①稳定性大幅度提高，具有良好的刮刀涂布作业性与淀粉的混用性。单纯胶乳的稳定性主要取决于聚合粒子对其表面的非离子活性剂及$-SO_4Na$ 基的物理吸附作用，胶乳粒子的这种带负电的亲水层结合是疏松的；而羧基胶乳上的羧基是通过共聚而导入的，胶乳粒子的这种带负电亲水层结合是牢固的。即使机械剪切或添加其他成分都不会导致剥离，故其稳定性大大提高了（如图 17-11）。

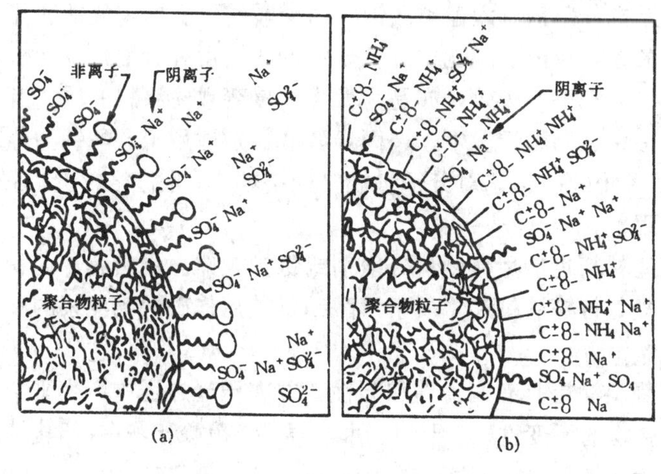

图 17-11 非羧基丁苯胶乳和羧基丁苯胶乳的区别[35]

（a）非羧基丁苯胶乳；（b）羧基丁苯胶乳

②粘结强度提高了。由于胶乳粒子极性增加，提高了对颜料、原纸的结合力，并能较迅速地达到最大粘结强度。

③保水性较高，减少刮刀涂布时条痕的发生。

④涂料适用的 pH 值范围大。

⑤泡沫减少（乳化剂含量降低的结果）。

⑥防寒性较好。

丁苯胶乳在涂布加工纸中应用最广，在日本市场占有率为合成胶乳的 90%以上。

(6) 聚醋酸乙烯酯胶乳：聚醋酸乙烯酯由醋酸乙烯酯聚合而成。聚合中应当加以控制的物理性质包括粘度、颗粒大小、分子量和稳定性。

聚醋酸乙烯酯具有优良的粘接性能，并容许很低粘度的高固含量涂料。聚醋酸乙烯酯涂料层具有优良的油墨接受性和增加挺度。用作轮转胶版印刷的纸张涂布中，它的多孔性对抗起泡具有重要作用。

(7) 丙烯酸乳液：丙烯酸乳液包括一族基于丙烯酸和甲基丙烯酸酯类的合成树脂。纸张涂布用丙烯酸胶粘剂，一般用三种或更多种单体以乳液聚合法制造。它有优异的剪切稳定性、低的气味及其抗发黄和抗热的能力，并能改进涂布纸的印刷性能。应用这类胶粘剂所取得的高的表面平滑度、均匀的密度、优异的油墨接收性、高的光亮油墨保持性以及良好的抗起泡性的综合，导致异常的印刷逼真度。此外丙烯酸结合的涂层具有特别优异的抗热、抗光和抗化学分解能力。

2.1.5 纸张涂布用添加剂

涂布添加剂可定义为添加到涂料中以提高、优化或改善涂层性质，或消除或限制在混合、涂布、干燥、压光或整饰过程中的操作问题的材料[36]。这些添加剂可能是涂料配方的基本部分，或仅在发生问题的情况下应用。一般情况下，大多数添加剂的用量很少，极少超过涂料固含量的5%。常用的添加剂包括分散剂、消泡剂、润滑剂、粘度调节剂、不溶剂、防腐剂等。生产厂对各种添加剂的选择取决于涂布方法、涂料配方、颜料、胶粘剂和印刷方法。

(1) 分散剂：在涂料制备中，合适的颜料分散是一个关键因素和首要的步骤，它影响涂料的流变性、胶粘剂用量和涂布纸质量。

分散剂一般分为五类，包括聚磷酸盐、碱硅酸盐、碱金属、阴离子聚合物、非离子聚合物。

化学分散剂用以增湿颜料粒子、调节颜料粒子的表面电荷、防止絮凝、降低粘度，使之具有良好的流变性。多年来聚磷酸盐无机分散剂（六偏磷酸钠、四磷酸钠、三聚磷酸钠和焦磷酸钠等）一直用作主要的分散剂。最近，聚丙烯酸盐类有机分散剂的使用有所增长。无机分散剂价廉、分散性能好，但不耐温，易水解而失效，亦易为微生物侵袭致使涂料变质。有机分散剂则具有更好的长期稳定性，特别在高温情况下。聚丙烯酸盐特别适用于碳酸钙的分散，因为碳酸钙分散体对时间和温度十分敏感。但它对分子量规格控制较严，且价格较贵。通常两者配合使用，以减少有机分散剂用量。

除了上述化学分散剂外，发现某些材料也能用作颜料分散剂或保护胶体。蛋白胨、淀粉和羧甲基纤维素钠盐能防止分散体絮凝，柠檬酸钠和木质素磺酸钠已被用作碳酸钙泥浆的稳定剂。

(2) 润滑剂：润滑剂用以使湿的颜料涂层具有润滑性和塑性，并在压光过程中产生平滑和发展光泽。它们也可能改变涂料混合物的流变性。主要有：水溶皂类、硫酸化和/或磺化油类、酯类、石蜡类、不溶皂类以及胺衍生物类。

(3) 泡沫控制剂：泡沫通常是空气在液体中的分散体。泡沫的形成受液体内部和表面性质的影响。这些性质是表面粘度、温度、溶解度和pH值。涂布加工所用泡沫控制剂有阻泡和消泡两类。前者主要是防止发泡，它们使表面粘度降低，防止形成稳定的气泡。化学消泡剂的作用是降低界面张力，从而使进入的细小空气泡发生附聚作用变成大的、不引起麻烦的泡沫，或者使气泡在液体内破裂而不逸出至表面。涂料制备、给料以及再循环涂料中会发生不同程度的泡沫。为防止或控制泡沫并最大限度地减少它对操作和产品质量的影响，各工厂都采用机械方法并应用各类泡沫控制剂。一些泡沫控制剂为松木油、硅乳液、高分子醇、燃料油、三丁基柠檬酸盐、三丁基磷酸盐等。

(4) 粘度调节剂：也称“流动改性剂”，用以控制和稳定胶粘剂粘度从而控制和稳定涂料流动特性，以适应各种涂布工艺。降低涂料粘度的称为降粘剂，可使涂料保持适当流变性，避免涂布纸产生剥落、条痕或起拱等毛病；提高涂料粘度的称为增稠剂，可提高涂料粘度到适当程度，以符合涂布机正常操作要求，并能提高涂料的保水性。常用的降粘剂有尿素、双氰铵等；常用的增稠剂有藻酸盐、纤维素衍生物、聚丙烯酸盐等。

（5）不溶剂：它的主要作用是降低涂料中胶粘剂的水溶性或对水敏感性，增加涂层的抗湿摩擦和纸面抗湿拉毛强度。这对涂布纸或纸板的许多应用方面十分重要。

不溶剂按其作用原理可分为以下几类：①交联反应型：甲醛、乙二醛、脲醛树脂、三聚氰胺树脂等。②不溶化反应型：Zn、Al、Fe、Ca 等二、三价金属盐。③憎水作用型：石蜡乳液、金属皂。④耐水性物质：合成胶乳类。

不同类型的胶粘剂应使用不同品种的不溶剂来改善涂层的抗水性能，以满足不同用途涂布制品的要求。

（6）防腐剂：涂料防腐剂是防止干酪素、淀粉等天然胶粘剂配制的涂料在涂布加工过程中发生变质，如粘度降低、pH 值变化、发生异味或变色。细菌和霉菌的过度滋长是变质的原因。与造纸防腐剂不同，涂料防腐剂应具有在 pH 值 9～10 的碱稳定性和温度在 50℃时的热稳定性，并与涂料中其他组分有良好的相容性、溶解性或分散性。防腐剂有以下几类：有机硫化物类、有机卤类、酚化合物及其盐类、杂环氮化合物类、有机盐酯类、四元胺化合物类、无机盐类、各种有机化合物类以及有机汞化合物类。这些药品的选择应根据微生物种类、混合方法、使用温度、保持时间的要求、涂布成分对破坏的敏感性以及涂布规范。

（7）其他：除上述所提的一些添加剂外，不同涂布工艺、涂料配方和成品质量中还可能用到保水剂、光学改性剂、抗静电剂等，这些可参阅文献[37]。

2.1.6　涂料的制备

水性涂料是由颜料、胶粘剂、少量添加剂和水组成的悬浮液。涂料的制备是涂布纸生产中的一个重要步骤。涂料的制备方法和涂料中各组分的配方是涂料质量关键所在，涂料液应满足产品用途和涂布设备的要求。

涂料的一般调制方法是先分别制备颜料分散液、胶粘剂溶解液，然后按涂料配方在涂料混合器中混合制成。

（1）颜料分散液的制备：在涂料制备中，合适的颜料分散是一个关键因素和首要的步骤，它影响涂料的流变性、胶粘剂用量和涂布纸的质量。分散过程的基本目的是使流体介质和颜料充分混合，使每个颜料粒子变成在稳定环境里为流体介质包围的分散单体，既不絮凝也不沉淀。颜料分散包括解集作用和反絮凝作用。分散设备的高速搅拌产生粒子间高量级的瞬时剪切力，使颜料解集而分散。而在使机械能的应用更有效和降低颜料泥浆的粒子絮凝方面化学分散剂的使用是分散过程的一个必要部分。化学和机械分散之间的关系是破坏粒子群是机械作用力的结果，而避免粒子群的可逆地重新凝聚则是化学分散剂的功能。

（2）胶粘剂的制备：胶乳或乳液状胶粘剂可直接用于配料，水溶性胶粘剂尚需进行制备，基本上是个溶解问题。不同胶粘剂的溶解有各自的特定条件，并在专门的溶解搅拌器内进行。

（3）涂料混合物的制备：涂料配制过程就是严格按照配方要求的数量及顺序将已分散好的颜料、制备好的胶粘剂以及各种添加剂逐一加入涂料混合器内，充分搅拌混合均匀，使各种成分处于完全均匀的状态。然后过筛，用泵送去涂布机贮料桶备用。

国内常用的涂料配制设备为升降式涂料搅拌机（如图 17-12）。国外用于颜料分散和涂料混合的设备有美国 Morehouse Industries 创制的 Cowles Mill（如图 17-13），美国 Kinetic

Dispersion 公司生产的 Kady Mill（如图 17-14），法国 Cellier 公司研制的 Cellier Mixer（如图 17-15）等。

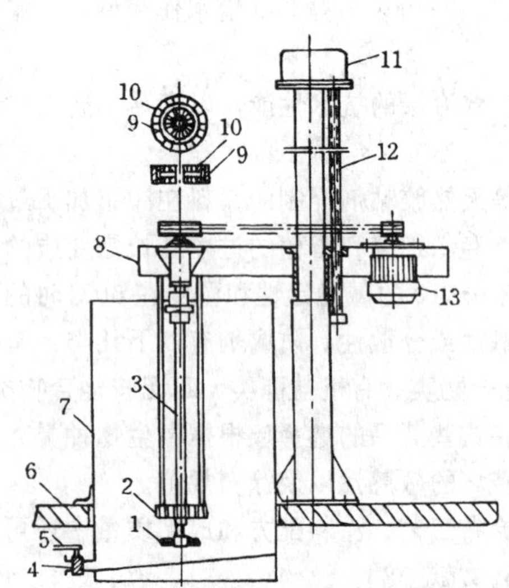

图 17-12 升降式涂料搅拌机示意图

1. 双叶推送浆；2. 离心搅拌轮；3. 搅拌轴；4. 出料口；5. 开关；6. 楼面；7. 桶体；8. 升降臂；9. 搅拌轮定子；10. 搅拌轮转子；11. 升降螺杆电机罩；12. 升降螺杆；13. 搅拌电机

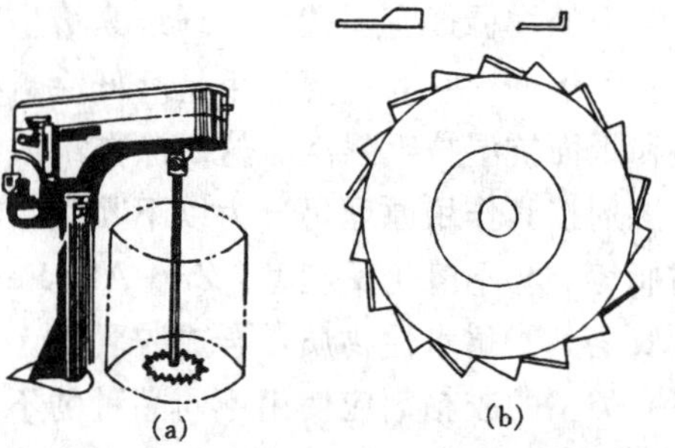

图 17-13 科雷斯高速分散机示意图

(a) 科雷斯分散机；(b) 科雷斯分散机叶轮

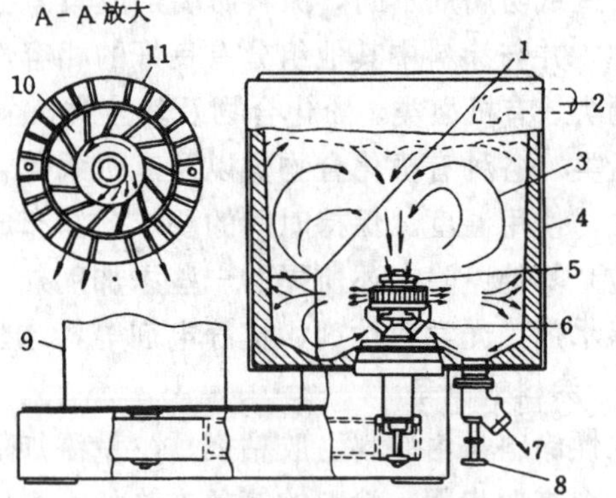

图 17-14 Kady 分散机

1. 折流板；2. 入口；3. 流动状态；4. 外套；5. 上螺旋桨；6. 下螺旋桨；7. 出口；8. 放料阀；9. 电机；10. 转子；11. 定子

2.1.7 涂布与涂布设备

涂布就是在涂布机上，将调制好的涂料均匀地施涂于纸面上的操作。涂布方法最早使用毛刷涂布，以后发展了多种形式。目前，主要的涂布方法是：施胶涂布、辊式涂布、气刀涂布和刮刀涂布。这些方法可独立应用也可结合使用。涂布作业又分机内涂布和机外涂布两类。前者涂布机和造纸机连成一条生产线；后者系分开作业。施胶涂布和辊式涂布常用于机内涂布，辊式涂布有时也用于机外涂布。刮刀涂布两种方式都有，气刀涂布以往多用于机外涂布，现在也有用于机内涂布，主要用于纸机涂布和湿式对湿式的两次涂布。

(1) 施胶涂布：施胶方式用于颜料涂布，随着技术进步而成功地被采用。它用于在两次涂布中作底涂或生产半涂印刷纸种作一次性涂布。施胶涂布的涂料中胶粘剂用量较其他涂布方式要高得多，因为施胶涂布位于纸幅吸收性大的地点。

施胶涂布有两种基本型式：立式和卧式（如图 17-16、图 17-17）。现在已有改进型的，即增添一对门辊用以定量控制施胶辊涂料载层的厚度。

(2) 辊式涂布：辊式涂布机以涂布辊向纸面施以涂料。涂布机的辊子有三类：计量辊、匀料辊和给料辊。它们有多种形式。辊式涂布机如图 17-18。

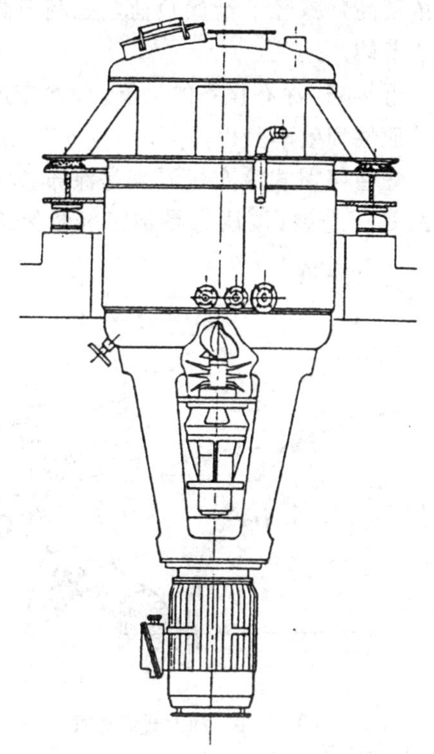

图 17-15　Cellier Mixer

图 17-16　立式型施胶涂布示意

1. 弹簧辊；2. 施胶辊；3. 展开辊；4. 烘缸

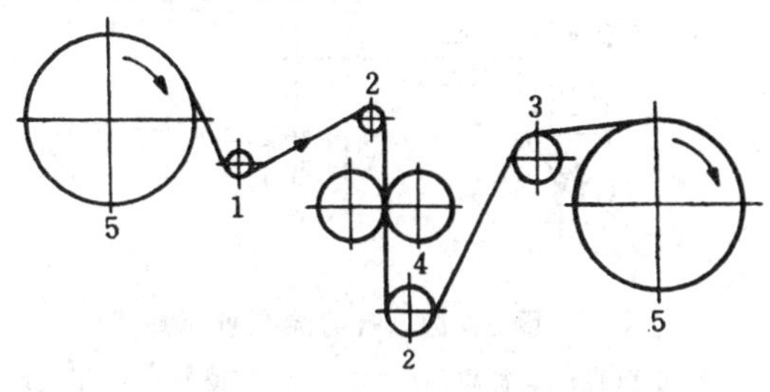

图 17-17　卧式型施胶涂布示意[38]

1. 弹簧辊；2. 导辊；3. 展开辊；4. 施胶辊；5. 烘缸

(3) 气刀涂布：气刀涂布是 20 世纪 30 年代后期问世的涂布技术，与它同期出现了高能干燥技术，两者是导致涂布纸工业迅速发展和革新的主要因素。一种气刀涂布机示意如图17-19。其组成部分包括：供气系统、涂料施涂系统、移除多余涂料的气流刮刀和多余涂料的回收系统。

气刀涂布机的主要优点是对原纸和涂布条件适用范围广，它可通过自身调节来适应原纸幅宽、施胶度、密度、平滑度和成型等方面的不同条件，适应涂料粘度和固含量等方面的不同条件以及适应涂布速度和涂布量等方面的不同要求。它的主要缺点是基本上仅适用于低固含量、低粘度涂料。常用涂料固含量在 30%～55%。气刀涂布的另一些缺点是需要增加空气净化、压缩和冷却系统，并仅限于单面涂布而不适于同时进行两面涂布。

(4) 刮刀涂布：刮刀涂布现已成为涂布的主要方式，并已发展了多种型式，图 17-20 为其中之一。它由刮刀计量，使其平滑。刮刀涂布面的平滑性比气刀方式好。它可进行从低粘度到高粘度的涂布，车速比气刀或辊式高。刮刀涂布的优点：①涂布后可得到平滑而无缺陷的涂层；②车速不受限制，有的已达 1100m/min；③涂

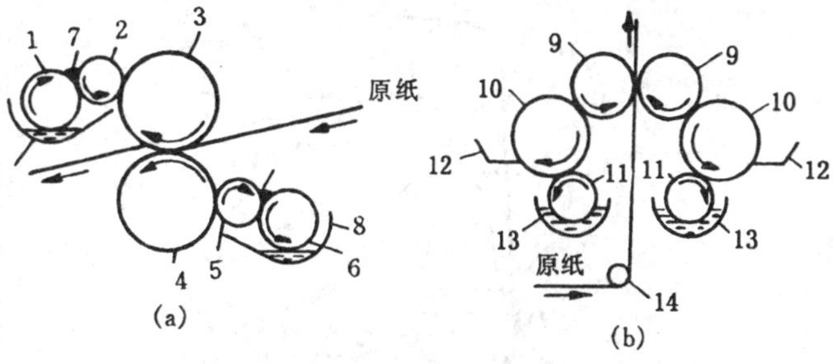

图 17-18　辊式涂布机

(a) 双面涂布平辊涂布机；(b) 双面涂布凹辊涂布机

1，6，11. 喂料胶辊；2，5. 中间钢辊；3，4，9. 涂布胶辊；7. 涂料；8，13. 涂料回收槽；10. 凹辊；12. 刮刀；14. 展纸辊

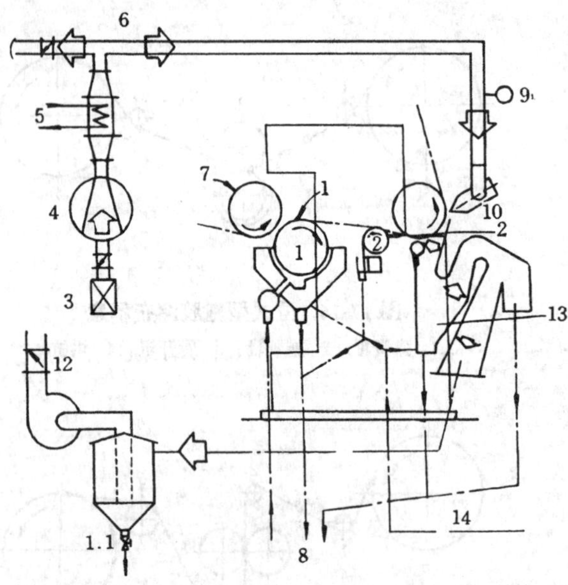

图 17-19 气刀涂布机示意[39]

1. 上料辊；2. 涂料预分配辊；3. 过滤器；4. 空气压缩机；5. 空气冷却器；6. 压力调节阀；7. 上料量的调节辊；8. 涂料贮存；9. 压力表；10. 气刮刀；11. 旋流分离器；12. 真空调节阀；13. 涂料回收系统；14. 冷却水

料浓度高，减轻了干燥负荷，有利于高车速、节能。

近年来，涂布设备的进展，使涂布过程的适应性和效率获得提高。

短暂停留式涂布机看来是涂布技术方面的真正进展，被认为是加工轻量级涂布书刊印刷纸最适用的涂布机。

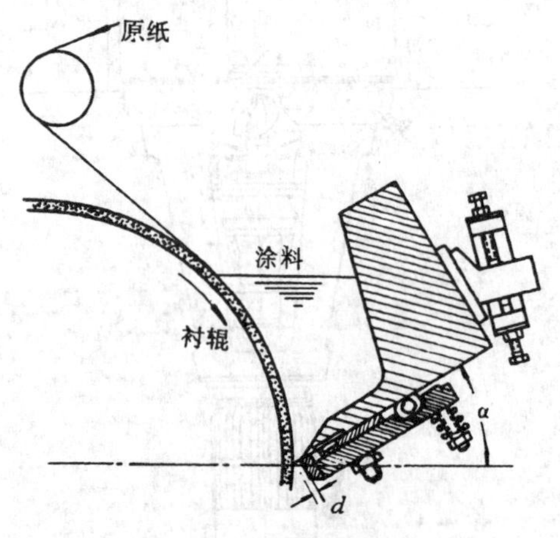

图 17-20 刮刀式涂布机

在涂布机上同时进行双面涂布的技术正在发展，一些这种类型的涂布机已经具有实用价值。一种由 A B Inventing 厂设计的比尔刮刀型涂布机，早已投入使用（如图 17-21)。最近，还出现了两股液流式涂布机（如图 17-22)[17]。

近来，刮刀涂布机的设计中，往往考虑在同一涂布头上配置可互换计量元件的涂布装置。这样更换计量元件时间缩短，并提高涂布过程的适应性。许多制造商提供的涂布设备其斜缘刮刀、弯刮刀及计量杆均可互换使用（如图 17-23)。

特别重要的是工厂迅速转向采用计算机集中控制系统。对定量、粘度、分配、采用萤光和 X 射线控制涂料成分等的自动化控制正在蓬勃兴起。其他在线测量与控制正在迅速成为实际需要，从而使产品质量更为稳定。

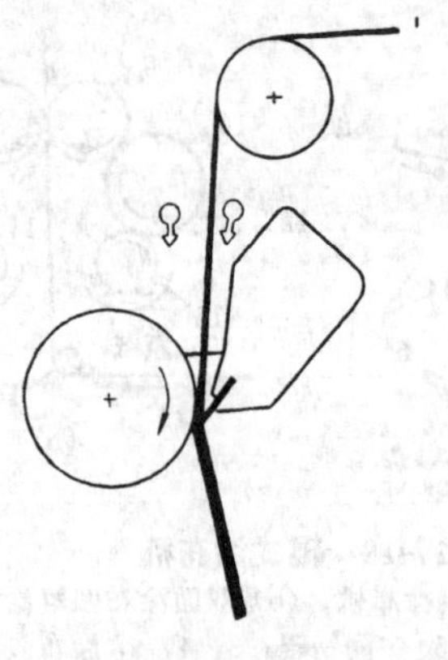

图 17-21 比尔刮刀涂布机

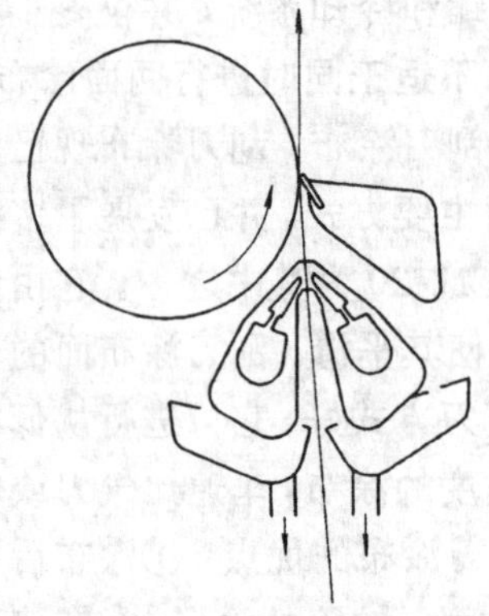

图 17-22 液流式涂布机

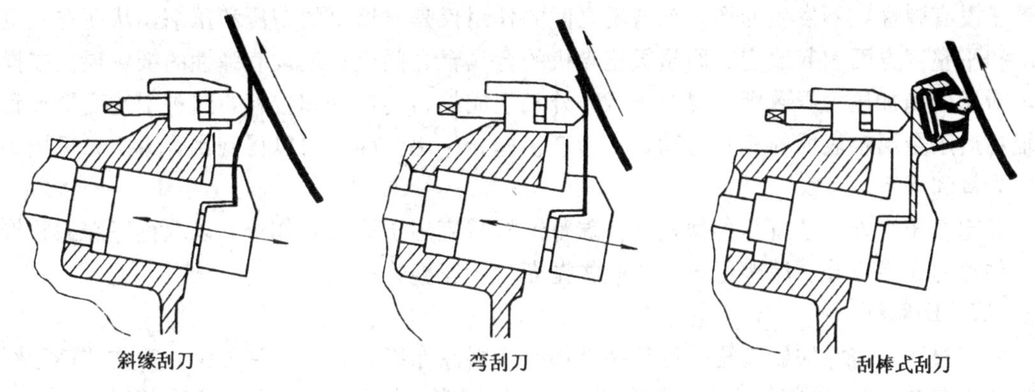

图 17-23　可互换的涂布装置

2.1.8 干　燥

干燥是颜料涂布作业中最重要的步骤之一，这是因为脱水速率影响涂料的流变性，而水移动的势能和方向强烈影响胶粘剂的迁移。产品涂层中胶粘剂的分布是涂布纸性能的主要决定因素，并与涂布纸的光学性能、强度性能和印刷性能直接有关。

颜料涂布纸生产中干燥主要采用 3 种类型：红外线干燥器、烘缸干燥器和气浮干燥器。

(1) 红外线干燥器：红外线干燥器曾被用于安装费用较低或产品变化较小的特种和小型加工工业方面。这种干燥系统，因生产上需要较大的放热通量，以加快水分蒸发，并加快车速而得以发展。涂布机上采用这类高强干燥系统，是企图将热能用于干燥刚从涂布机引出的湿纸页。此项额外能量的用途是：可加快车速、增加产量，或用以克服胶粘剂迁移问题。另一主要用途是加强对纸幅水分的控制。为此目的，应加强纸幅横向出现条纹的部位，按所要求的降低水分的比例，增加红外线的强度。这种干燥系统，在出现高强度红外线干燥装置后，一直深受涂布工业界的欢迎。

(2) 烘缸干燥器：多年来，烘缸干燥是颜料涂布纸的传统干燥方法，即使到现在，烘缸通常仍然安置在施胶涂布机和转移辊涂布机之后。

烘缸干燥的一个缺点是干燥速率比较低，仅为 686～1143g/ ($m^2 \cdot h$)。为此，大多数高速涂布作业必须选用一些适当类型的高速干燥系统，也有的在烘缸上加设高速热风罩。在某些情况下，也有在高速干燥系统的后部加设一组烘缸作补充干燥，优点是使水分分布均一，并使纸页平整没有皱褶。

(3) 气浮干燥器：对流干燥是目前应用得最广泛的一种涂布纸干燥方式，并已发展了多种新的对流干燥装置，尤其是气浮干燥最为流行。它以流体力学和柏努利原理为基础，部分气流喷嘴提供必要的空气压力差使纸页悬浮；其余部分气流喷嘴供给热空气用于蒸发和脱水。纸页不接触烘箱也无需支承。可以两面同时干燥（也可用于单面涂布纸的干燥）。它的效率高，干燥速率可达 20～50kg/ ($m^2 \cdot h$)。操作方便，纸幅中水分均匀，产品质量好。

利用各种干燥方法的优点，择优而取，组合起来，是涂布纸干燥的发展趋势。

2.1.9 压光和整饰

经涂布和干燥后的涂布纸表面仍然是平滑度低而无光泽。除特殊用途外，大多数涂布纸要经过压光以获得高平滑度和高光泽度。

压光分普通压光和超级压光两种：普通压光机通常有 3～10 个或更多个铸铁冷铸辊，这些辊子没有弹性，不发生变形，辊与辊之间的作用仅是对纸页的挤压和压缩，从而在纸页的厚度和平整度方面引起改变。而超级压光机的金属辊之间交错地设有弹性的纸粕辊。在操作时，对压区施加压力导致纸粕辊经压区时外表组成材料的塑变和位移，这种塑性变形导致纸粕辊相对于金属辊表面的相对运动，从而产生抛光作用。因此可以得到比普通压光机更高的涂层光泽和平滑。

除超级压光外，还有多种型式的特殊整饰机械应用于涂布纸作业，以取得特殊的整饰效果。如热的光泽压光、摩擦压光、紧硬物抛光、压花整饰等。

2.2 铸涂印刷纸

（1）概述：铸涂印刷纸是一种超高整饰的颜料涂布纸，表面光洁如镜，简称“铸涂纸”，俗称“玻璃卡纸”。其适印性好，印迹细致，网纹清晰，耗墨量少，画面色彩艳丽，印刷后既具有高光泽，又富有立体真实感。

铸涂纸与普通颜料涂布纸相比有如下特征：①铸涂纸是经过一个高光泽的镀铬烘缸干燥，所以涂层表面不需要超级压光，因而具有很高的松厚度，比一般超压的纸有较高的油墨吸收率。②纸面光泽度高，与以光泽油墨印刷出来的印张比较，几乎具有同样的光泽度。③表面平滑度良好。

铸涂方法首次于1927年由Donala Bradner提出，属Champion Coater造纸公司。20世纪70年代初世界各国都大力发展铸涂纸，到80年代铸涂纸的发展更快。日本用作精美印刷的铸涂纸产量近17万t/a，美国铸涂纸占印刷涂料纸产量的15%以上。目前国际上铸涂纸的品种已从白色、单面有光泽，发展到彩色（如米黄色、淡蓝色）、双面有光泽，还有高定量和低定量的不同品种。

（2）铸涂方法：铸涂就是将颜料、胶粘剂和添加剂组成的涂料涂在纸的一面，随后湿涂层面紧贴在热的高抛光的缸面上，直至涂层被烘干。这样，由缸面剥离的涂布纸的最终表面再现了镀铬烘缸的镜面外观。铸涂方法如图17-24。

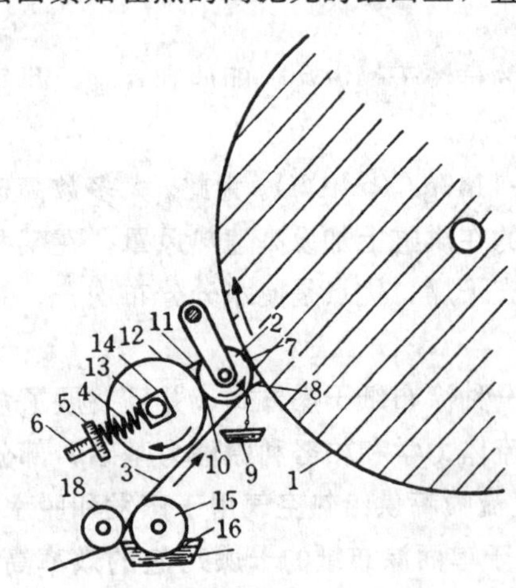

图17-24 铸涂方法示意[40]

1. 镀铬缸面；2. 压力辊；3. 纸页；4. 弹簧；5. 带刻度螺母；6. 螺丝；7. 压区；8. 涂料池；9. 料盘；10. 压区；11. 水池；12. 背辊；13. 轴承座；14. 背辊枢轴；15. 涂料辊；16. 涂料；17. 涂料盘；18. 均衡辊

目前国际上铸涂方法大体有4种类型：

①直接铸涂法：把涂料先涂在纸面上，然后在橡胶压辊一定的线压力下，湿贴于热烘缸上，待干燥后剥离而成。此法应用甚多，也有进一步改进的。

②成膜转移法：将所要求的涂料涂到铸涂缸上，再用计量装置计量，得到一定厚度的涂层。然后把涂有胶水的纸湿贴于缸面的涂层上，待胶水层烘干后，干燥的涂层就粘到纸幅上而得到铸涂纸。此法目前已很少采用。

③涂层凝固法：将经涂布的纸在未干燥前通过凝固浴浸渍或喷雾，使涂膜发生凝固，呈无流动性的凝胶状态，然后和铸涂缸面紧贴，经加热干燥而成。

④再湿铸涂法：用常规方法把涂料涂到纸面上，然后完全干燥或适当干燥，再将涂布面用水或适当的水溶液再润湿，使涂层中胶料大分子又溶胀，增加可塑性及涂膜流动性，然后加热干燥，使涂膜失去可塑

性，形成光泽纸面。

（3）铸涂纸工艺简况：铸涂纸的生产工艺主要由涂料配制及涂布组成。涂布一般分两步进行：首先进行预涂布（底涂布），以提高纸面平整性；然后进行面涂布（铸涂）。

现就其工艺流程和涂料配方分别举例如图 17-25 和表 17-6。

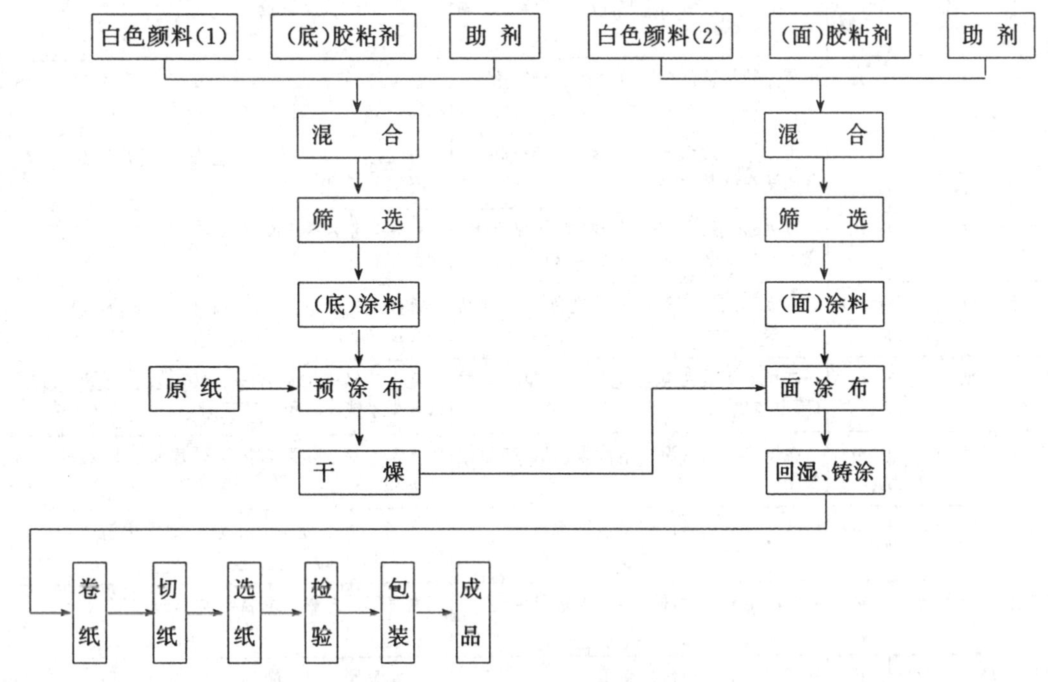

图17-25　铸涂工艺流程

表 17-6　铸涂涂料配方举例

助　刘	预涂布	面涂布（铸涂）	助　剂	预涂布	面涂布（铸涂）
1# 白料		100	软化剂	1	3
2# 白料	100		消泡剂	1.5	2.5
润滑剂		1	固化剂	1.5～3	1.5～3
蛋白胶	}20～30	20～30	pH 值	8～9	8～9
合成胶			流动度（s）	13～25	15～30
剥离剂		适量	固含量（%）	38～40	40～42
加白剂	0.4～0.5	0.4～0.5	料温（℃）	40 左右	40 左右
渗透剂	1	1			

3　信息类加工纸

信息类加工纸不同于印刷用纸，它不是纸张品种分类的名称，而是作为情报信息的媒介体而使用的纸张总称。

从 20 世纪 40 年代开始，各种感应记录纸迅速发展起来。利用物理和化学原理，借助对光、电、热、力、磁、放射性、化学等敏感的材料配成涂料，涂布纸面，制成各种产品，作为显示、传递、储存、记录的材料。它们已广泛应用于科学研究、工业、农业、医疗卫生、通讯、宇航、广播、电视、文化教育等各个领域。

记录纸种类很多。根据记录所需能耗，可分为光、电、热、磁、力等几类。目前，广泛使用的记录纸见表 17-7。各类记录纸的用途如图 17-26。

表 17-7 主要的记录纸[41]

名 称	记录用能源	记录纸组成	特 征
重氮纸	光	用重氮盐与发色剂混合物涂在纸基上	感光波长范围（300～450nm），低感光度（ASA 10^{-5}～10^{-4}），需要显影、定影
热感光纸（干银）①	光	用二十一烷酸银＋Ag×＋还原剂的混合液涂在纸基上	加热后（约 120℃）显影、定影，高感光度（ASA1～0.001）
银盐印相纸（扩散转印法）	光	以 Ag×感光乳剂（负剂）涂于纸基上，在另一张纸基上涂以胶体银（正剂）	负片与正片叠合曝光，用湿法显影，感光度 ASA 为 1 左右
电子传真纸	光、电	在纸基上涂（ZnO＋感光色素＋胶粘剂）层	需要经过带电、曝光、显影、定影等过程，最高感光度为 ASA 为 1 左右
静电记录纸	电	在纸基上先后涂导电层、表面记录层（感电体层）	用一般纸张记录需电压 80V 以上能源，如赋予纸张微量能源，可高速记录
放电记录纸	电	在纸基上先后涂导电性黑色层，表面记录层	不需显影、定影，记录时要求电源 20～250V，10～30mA
电解记录纸	电	纸基浸以电化学反应发色物质	不需显影、定影，记录时要求电源 50～70V，30～200mA
通电热敏记录纸	电	在纸基上先后涂导电层、热敏显色层	不需显影、定影，电源要求 1.5～5W
热敏记录纸	热	在纸基上涂以热敏发色层	不需显影，记录源要求 2～25mJ/pinf，1～10ms 脉冲
磁性记录纸（单张）	磁力	在纸基上涂（磁性体＋胶粘剂）层	记录（记忆）内容不能直观，记录的数字信号根据需要读出
压敏记录纸（无碳复写纸）	压力	在纸基底面涂以含发色剂的微胶囊，底纸上涂显色剂，叠合使用	不需显影、定影，可用于书写、打字

①美国 3M 公司的商品译名（Drysilver）。

3.1 感光记录纸

感光记录纸大致分为银盐和非银盐两大类。前者一般还分为印相感光纸和特殊感光纸（扩散转印感光纸、稳定处理感光纸、热显影感光纸等）。后者用于办公复印范围，有代表性的是重氮感光纸。

（1）银盐感光纸（印相纸）：银盐印相纸分为黑白与彩色两种，都是在纸基（钡基纸）上涂黑白或彩色感光乳剂，再在感光乳剂层上涂保护层制成。

黑白印相纸所用黑白感光乳剂为卤化银乳剂。彩色印相纸用乳液是把卤化银分散在明胶溶液中，再加入分光增感色素、偶联剂等添加剂溶解而成。彩色印相是应用三层一次曝光彩色法原理。其纸的结构和涂布流程分别如图 17-27 和图 17-28。

（2）扩散转印法印相纸：一种在基材上涂卤化银乳剂制成负片，与用显影物质（胶态银、胶态硫化银等）涂布的正片同时使用。当负片曝光后，与正片重合，在两者之间流过显影液，在极短时间内完成显影。这样，未曝光的卤化银扩散到正片上，在胶态银核上还原沉淀而进行显影，一次曝光而成正像。

以 Polaroid 照相机为代表的“一次成像”就是应用这一系统。

(3) 重氮感光纸：相片的形成是利用重氮化合物遇光分解，而不分解的重氮化合物与发色剂（偶联剂）进行色素反应而生成图像。

把重氮化合物涂于纸上，经光照射后而被分解，不见光部分，在高 pH 值下与发色剂接触，产生偶合反应而发色。基于此原理，开发出各种重氮感光纸系列。按其显影方法，大致可分为以下 3 类：①用氨气显影的双组分复印纸（也称干法重氮盐复印纸），多用于工程图复印。②用湿法显影的单组分复印纸（也称湿法重氮盐复印纸），多用于办公复印。③用加热显影的三组分热法重氮复印纸。

重氮感光纸是在纸基上涂重氮化合物形成感光层即成。

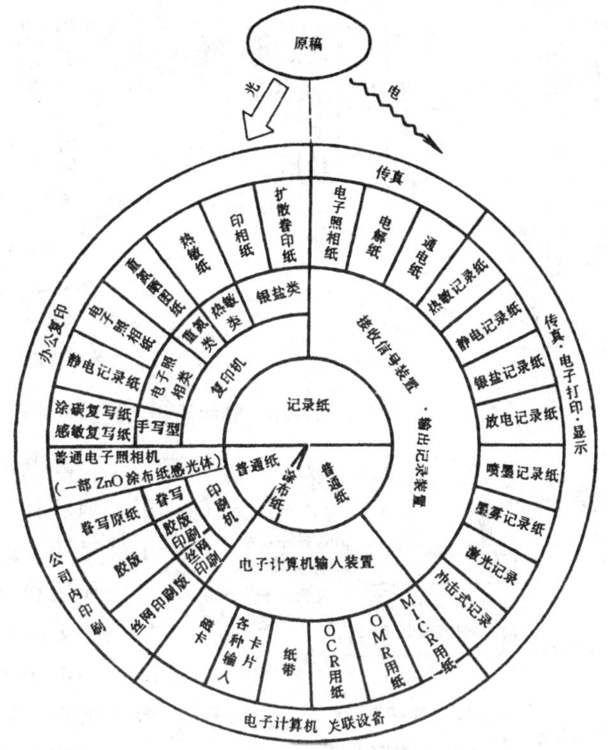

图 17-26　记录纸的用途[41]

PPC 用纸（Plain Paper Copler）电子照相复印纸

OCR 用纸（Optical Character Reader）光学字符识别纸

OMR 用纸（Optical Mark Reader）光学标记识别纸

MICR 用纸（Magnefic Ink Character Reader）磁性印墨字符识别纸

3.2　感电记录纸

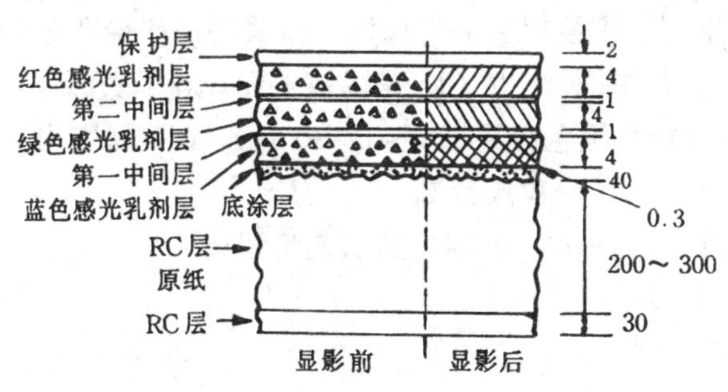

图 17-27　彩色印相纸的结构

这是以电能作为记录能源的记录纸，如静电记录纸、放电记录纸、放电穿孔或誊印原纸、通电记录纸等。每类记录纸中又有若干种，如通电记录纸就是一类经过通电引起物理或化学变化显色而进行记录的纸的总称。它又有若干种：通电热敏记录纸、通电发色记录纸、通电发热转印纸、采用特种导电剂的通电记录纸、电解记录纸等。

这里简略介绍静电记录纸和放电记录纸，其余的请参见文献[41，42]。

(1) 静电记录纸：静电记录纸是在纸基上用导电剂处理，然后在其上面涂布电介质（绝缘层）而成的记录纸。其结构如图 17-29。

它的记录过程如下：

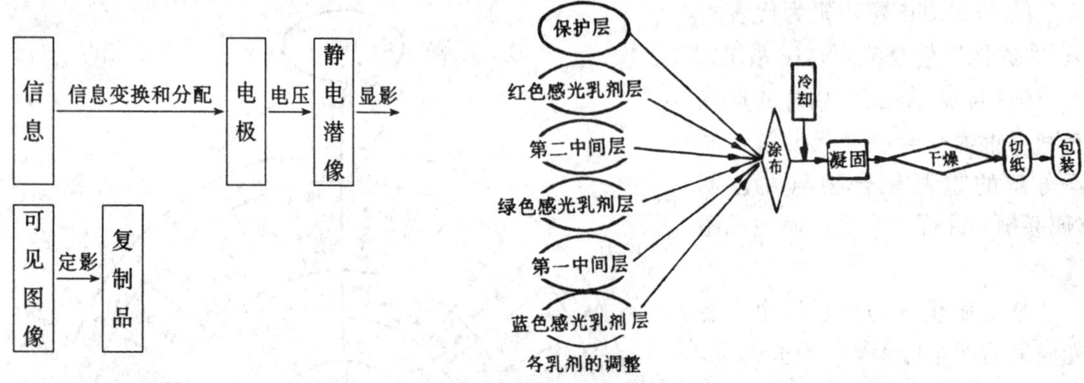

图 17-28 彩色印相纸的涂布流程[41]

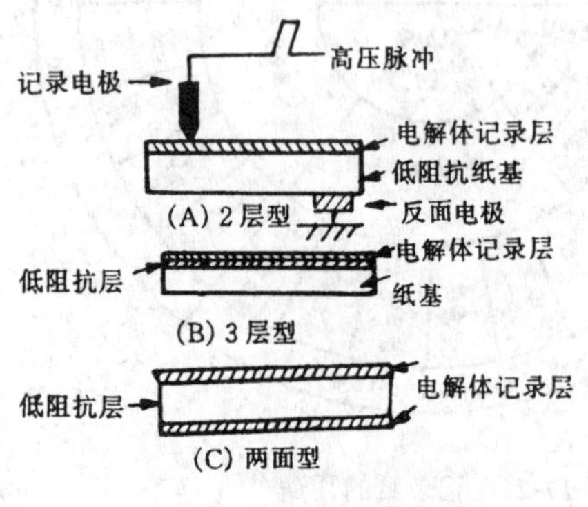

图 17-29 静电记录纸的结构

当静电记录纸通过记录头时，记录电极向绝缘层上施加脉冲电压，静电记录纸的绝缘层上就带上了静电荷，产生了静电潜像，再用带有与这电荷相反的显影粉进行显像，使潜像成为可见像，然后用加热（或加压）的方法使图像固定在静电记录纸上。

静电记录纸具有所需记录能量低、适于高速记录的特点。它在 20 世纪 60 年代已用于通讯记录和信息传递。70 年代，所有的记录方式中它约占 50%，广泛应用于通讯传真、译码机、电子计算机等高速记录中。80 年代，它又被应用到静电绘图仪上，并能经过特殊加工制作胶印版。目前，静电记录纸的记录速度已达 $10\sim10^5$m/min，能适应亿次/秒的高速电子计算机信息输出的记录。

(2) 放电记录纸：放电记录纸是一种利用放电时产生的热和冲击，破坏记录层局部表面，暴露底层而显示的记录纸。又称电火花记录纸。主要用于渔群探测、海底测深和传真记录。

各种放电记录纸各层的结构如图 17-30。其中图 17-30 (a) 是因放电而破坏了表面层，暴露出“黑色原纸”；图 17-30 (b) 暴露出“导电性黑色涂层”；图 17-30 (c)、(d) 暴露出“绝缘性黑色层”而得到记录。不需显影和定影，即“一次成像”。

其制造方法是在纸基上按要求涂布各涂层。图 17-30 (a) 的工艺流程如下：

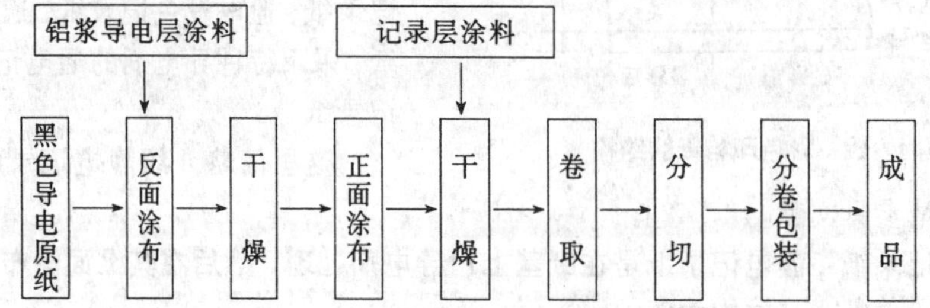

3.3 压敏记录纸

压敏记录纸是通过力能的作用进行记录的纸，包括普通复写纸和无碳复写纸。

(1) 普通复写纸：复写纸是一种压敏转印材料，系在复写原纸表面涂上转移着色层加工制成。可供手写或打字同时复印一式多份，当今还大量供给电子计算机外设系统打印机上打印输出一式多份的副本。使用方便，用途广泛。

复写纸种类繁多，一般以用途、形状和色泽来区分。用途上可概括分为打字复写纸和手写复写纸两种。打字复写纸包括中、外文打字机上的平张复写纸，电报机、计数器、记录打印机等使用的卷筒复写纸。打字复写纸的特点是转移着色层的熔点和硬度高，色泽深，并能承受一般的机械摩擦和紧压，不至掉色而沾污纸张。而且，仅在原纸一面涂布，也称为单面复写纸。颜色以黑、蓝为大宗。手写复写纸是指用圆珠笔、铅笔等书写复印所用复写纸。由于手写用力次于打字，转移着色层配料时，涂料熔点和硬度稍低、色料用量较多。一般原纸两面都涂有转移着色层，也称双面复写纸。手写复写纸在市场销量大的为蓝色、黑色和红色。

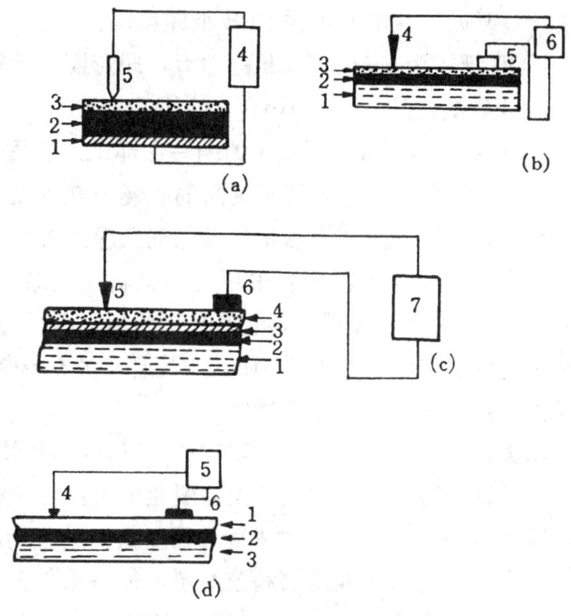

图 17-30　各种放电记录纸的结构

(a)：1. 铝薄底层；2. 导电性原纸；3. 表面记录涂层；4. 记录电源（交流、直流）；5. 放电记录针

(b)：1. 原纸；2. 导电黑色涂层；3. 表面记录涂层；4. 放电记录针；5. 回路电极；6. 记录电源（直流、交流）

(c)：1. 原纸；2. 绝缘黑色层；3. 金属镀层；4. 表面记录涂层；5. 放电记录针；6. 回路电极；7. 记录电源

(d)：1. 表面真空镀层；2. 绝缘黑色涂层；3. 原纸；4. 记录针；5. 记录电源；6. 回路电极

复写原纸是复写纸的基材，是转移着色层的载体。对原纸有一定技术要求。复写纸的转移着色层由油、蜡、色 3 类主要原料所组成。在加热条件下，使固态变成液态才投入涂布机，均匀施涂于原纸而制成复写纸。

打字复写纸与手写复写纸质量要求不同，其转移着色层的原料配比也有一定区别。一般来说，打字用力高于普通手写，因此打字复写纸转移着色层的硬度、熔点较高，油以矿物油为主体，蜡以酯蜡为好，色素以颜料为多数。而手写复写纸的转移着色层的熔点稍低、硬度较软，油以植物油为主，蜡类选用结晶细、酸值高的，色素以染料为主。两者的基本配比为蜡占 35%～50%，油占 25%～45%，色料占 10%～25%。

(2) 无碳复写纸：打字机出现后，复写纸的使用面愈来愈广，随着技术的发展，工商业处理日常事务需要大量的复写纸。使用普通复写纸费时，夹纸麻烦，复印份数少，副本不易套准，易模糊，会污染手、衣服和设备。因此，寻求新型复写纸的工作自 20 世纪 30 年代就已开始。美国 National Cash Register（简称 NCR）公司经过 18 年的努力，于 1954 年开发了无污染的新型的无碳复写纸。其特征是电子给予性的无色染料和电子接受性的酸性显色材料之间的发色反应，与染料油粒微胶囊化技术结合起来。这一技术较好地克服了碳纸的缺点。其优点是使用方便、清洁，副本字迹清晰，复印份数多，套印整齐，在计算机和打字机中运行良好。随着信息产业的发展和办公现代化的需要，无碳复写纸取得了惊人的发展。

无碳复写纸大致分为物理型和化学型两类。而现在所说无碳复写纸几乎都是指后者。

无碳复写纸由上页纸 CB、中页纸 CFB 和下页纸 CF 组合而成，如果需要的副本不止两张，只要如数在中间加插CFB纸即可。

CB纸，为coated back的缩写，即背面有涂料。

CFB纸，是coated front and back的缩写，即纸的正面、背面均有涂料。

CF纸，是coated front的缩写，即纸的正面有涂料。

在相重叠的纸张上层纸背面的胶囊中充以发色剂，在下层纸的正面涂以显色剂，加压后，微囊破裂，发色剂与下层纸的显色剂反应而发色。

典型的显色方法为：采用无色染料，如结晶紫内酯（三苯甲烷系染料中一种内酯衍生物），当与显色剂接触后，立即显蓝紫色。其反应机理为显色剂的表面化学吸附、物理吸附，接受发色剂官能团的电子，使其内酯环中的C=O键断裂，电子云重新分配，形成醌式结构的发色基团，从而达到显色目的。

美国3M公司在1963年左右，研制成功独特的发色体系。

无碳复写纸中，将发色剂微囊化的目的是使其以微滴形式储存于微囊中，在一定压力下才释放出来。微囊化技术在很大程度上决定着无碳复写纸的质量。

无碳复写纸的显色层和胶囊层一般采用气刀涂布，显色层也可采用软刀刮刀涂布。目前比较先进的多段涂布机，涂布宽度2200mm，车速450m/min，单机年生产能力约1.5万t。

3.4 热敏记录纸

这是一种通过热能记录的纸。有以热能引起物理或化学变化而获得记录的，或以热与其他形式能量组合而记录的，其分类如图17-31。

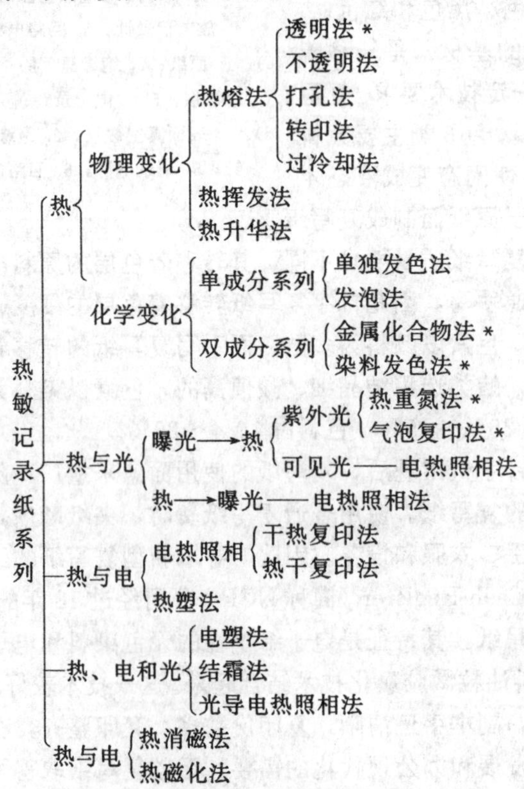

图17-31 热敏记录纸系列分类（*为已实际应用的系列）

热敏记录方式对比其他体系，具有完全干式，不需要显、定影工艺，记录时没有烟雾、气味、噪音；解像率高、操作简单、价格便宜等优点。特别是20世纪70年代以来，NCR公司发展了无色染料双组分热敏发色技术，一些公司开发了热记录元件微型化、低能量化，提高了热敏记录的灵敏度，并由于实现了可转印及彩色化，使热敏记录以崭新的面貌出现。70年代中期以后发展很快，不仅用于记录、复制、计测；以致电子计算机终端输出的非打印印刷器、图像传真扫描、医疗计测仪器、办公自动化方面广泛采用了热敏记录方式。预计热敏记录技术在未来将会更加普及和发展。

(1) 化学变化型热敏记录纸：有染料显色法和金属化合物发色法。这里仅以染料显色法为例。

这是采用无色染料与酸性发色物质和胶粘剂混合涂布而制成，通过热熔化反应而显色的记录纸。其发色原理与无碳复写纸一样。供给电子的成分是无色染料，接受电子的成分是固体酸。因而又称为NCR型热敏纸。如以荧烷系内酯化合物为无色染料，双酚A为显色材料所制成的热敏纸，在一定条件下（热能），内酯化合物和双酚A熔融化合，由于双酚A的酸性，使内酯环开裂而显色。反应式如下：

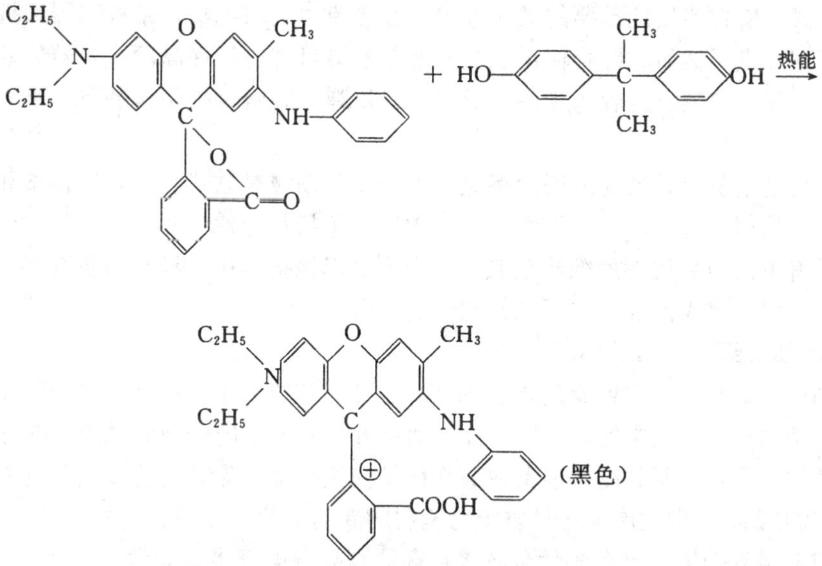

C_2H_5、C_2H_5、N、O、CH_3、NH、C、O、C=O ＋ HO、CH_3、C、CH_3、OH　热能⟶

C_2H_5、N、C_2H_5、O、CH_3、NH、C、⊕、COOH　(黑色)

所用的无色染料有结晶紫内酯（CVL）、孔雀石绿内酯、若丹明B内酰胺、二苯乙醇酮-三螺烷等内酯类、内酰胺类、氟化物类、螺烷类等染料或染料中间体。双酚A、对苯基苯酚是应用广泛的酸性发色物质，活性白土、水杨酸锌、苯甲酸、对羟基苯甲酸酯等也经常采用。

在基材上涂以无色染料、酸性物质、胶粘剂和其他助剂配制而成的水溶液，用计量棒或气刀方式涂布，在低温下用热风缓慢进行干燥，即加工成热敏记录纸。

(2) 物理变化型热敏记录纸：这里以熔融不透明性热敏记录纸为例。它先在原纸上涂着色层，再涂一层白色不透明性热敏层制成。发热元件（即热笔）接触到热敏层表面，当表面受到60℃以上的热时，树脂内的微粒熔融而透明，露出底下的着色层而获得记录图像。

着色层可将碳或染料加入胶粘剂中分散，施涂于原纸上；热敏层是将热熔性微粒（石蜡、金属皂等）分散在透明的树脂内，常温下呈白色不透明。

除以上所述的感光记录纸、感电记录纸、压敏记录纸、热敏记录纸外，还有光电敏记录纸、磁性记录纸、螯合发色记录纸等，这些可参见文献[41，42]。

4 包装类加工纸

包装的作用是保护商品，从生产到交货以至到消费者的各个阶段均便于产品的处理，并传递产品及其制造者方面的信息。这些作用能够以不同的方式和通过使用不同的材料得到发挥，而选择某一具体材料或几种材料将取决于起作用时的经济效益。后者是材料成本、包装经济效益、处理效果、空间利用和重量的综合体。

包装技术方面有4种总的发展趋势将对纸和纸板的使用量产生重大影响。普遍寻求减少包装材料的重量或体积的做法可能有利于用纸来代替木材或玻璃，但是这又可能被塑料取代。其次，包装正转向综合系统，它要求包装材料适应包装工序，进而适应贮存、运输和陈列方式，常常涉及到几种包装和包装材料的组合。再次，目前的趋势是尽可能降低成本，这可能涉及到减少使用的材料或以成本较低的材料取而代之。最后，环境方面的考虑倾向于容器的回收和重新使用，倾向于材料的循环利用或使用具有生物降解作用的材料，在这方面，纸及纸板是较有利的。

满足硬式包装材料挺度需要的最便宜的方法是使用纸和纸板，纸板容器和折叠盒的突出作用证明了这一点；然而，综合使用纸板和聚苯乙烯可进一步提高硬式容器的效率。瓦楞纸板容器的一个很大的缺点是容易受潮，所以，采用弹力塑料保护层包装可以进一步提高包装效率。

综合使用包装材料是当前发展的特点；另一发展领域是软式容器，它由纸和铝薄片或塑料薄膜组成，从而具有适印性、防潮、耐化学性、密封等特性，甚至可以热封。当前的一个发展趋势是有了内包装后再用纸箱包装，这样可以起保护作用，满足防护需要。这种内包装可以是纸、塑料、金属薄片，也可以是它们的组合。

4.1 防护类加工纸（防锈纸）

金属物体表面经受风化或暴露于腐蚀性环境中，往往因发生电化学作用而引起腐蚀或生锈。金属的锈蚀是一个严重问题。据估计，世界每年由于金属锈蚀的损失，占总产量的10%左右，大量的金属与金属制品被浪费或被降低了使用价值。除其他的金属防锈方法外，从20世纪40年代开始，逐步发展了各种以纸为基材的新型防锈包装材料，并得到广泛的应用。至今，在纸或多层复合纸上涂布各种金属缓蚀剂的制品种类很多，大致可分为气相型、接触型两种。按其对各种金属防锈的效力，又可分为单效型（对一种金属有效）、多效型（对多种金属有效）两种。

主要的气相缓蚀剂有亚硝酸二环己胺、亚硝酸二异丙胺、辛酸二环己胺、氨基甲酸二环己胺、碳酸环己胺、各种胺类的羟酸盐等。一般认为升华后的气相缓蚀剂会溶解于水蒸气中，进而凝聚在金属的表面上，在金属表面形成吸附膜或覆盖层，于是阻止化学腐蚀，起到防锈作用。

气相防锈纸代表性工艺流程如图17-32。

其中防锈涂料主要由防锈剂、胶粘剂、蒸馏水等调制而成。可采用气刀、辊式、刮刀等方式涂布。另一面或涂塑或涂蜡。

防护类加工纸除气相防锈纸外，还有抗菌纸、防霉纸、防虫纸、防鼠纸等，可参阅文献[42]。

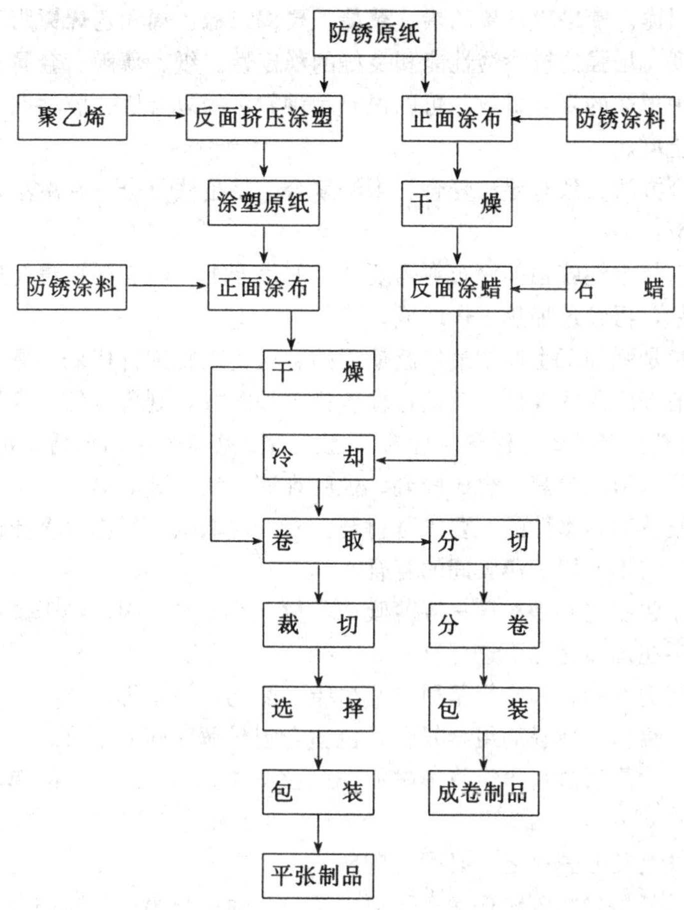

图17-32　气相防锈纸工艺流程

4.2　复合包装材料

虽然纸和纸板作为传统的包装材料，仍占有包装材料总量的 45%～50%，但是，随着超级市场的发展，人们生活方式的多样化和快节奏社会的到来，各类快餐食品和软饮料的大量涌现，需要包装材料具有诸如防水性、防潮性、阻隔性、耐溶性、保香性等性能。纸与各类塑料薄膜、金属箔等的复合包装材料的出现是商品包装材料的一项重大发展。改善外观、强度或实用性能的多层层合产品不仅具有很高的经济价值和社会效益，而且其低成本、通用性及其特殊功能而获得广泛应用、快速发展。

这类包装材料正在逐渐代替传统包装的硬质容器、玻璃和金属容器。其原因是玻璃瓶易碎，壁厚重量大，用作食品和液体饮料包装时不便于灌装、贮存和运输。以金属作包装时，同样存在来源不足，造价高、体积重量大、运费贵、储存面积大等缺点。用复合材料包装不仅能克服这些缺点，而且其制作方便，特别是用作低价易耗品、食品、饮料、快餐的包装时，不需回收，极为方便。同时这些材料具有良好的印刷适应性，又能装潢包装美化商品。因此复合包装材料有着良好的发展前景。

层合制品中常用的纸类是未漂和漂白牛皮纸、薄页纸、半透明纸、湿强纸和漂白硫酸盐浆纸。也广泛应用废纸纸板、废报纸纸板和磨木浆纸板。铝箔可与纸层合或纸-薄膜复合以提供多种包装和工业用途。赛珞玢、聚乙烯、聚酯、聚偏二氯乙烯和乙烯树脂薄膜与纸或金属箔层合可获得高强度、增强的抗渗透性能和良好的稳定性。纸、薄膜、金属箔以及织物的多种复合制成具有各种用途的复合材料。可以说，品种繁多的复合机、胶粘剂和基材使探索最佳组合的选择永无止境。

薄膜材料的复合方法大致有湿法复合、干法复合、挤出法复合、热融法复合和共挤出法复合。依次简述如下：

(1) 湿法复合：将水性胶粘剂涂布在需要粘合的表面上，当表面被浸润后将另一薄膜贴上去，通过压辊压紧，再经过加热干燥即成。

水性胶粘剂仍然是纸加工生产中最广泛使用的。这类胶粘剂价格低，易于获得，安全性能好，从而保持其最多应用的地位。其他特性包括多种配方，制备方便，容易清洗和可溶性能。水性胶粘剂可分为水溶性、胶体悬浮性或水-胶乳型。这类胶粘剂包括淀粉类、硅酸钠、蛋白质、纤维素衍生物、聚乙烯醇、合成胶乳、橡胶乳液、沥青乳液等。

湿法复合由于胶粘剂是水性的，要求基材至少有一层像纸、织物等多孔性的，且不能因水剂的浸润而变形。它不能用于薄膜间的复合。

(2) 干法复合：此法主要是在第一层薄膜或基材上涂布胶粘剂，经干燥后，裱上第二层薄膜或基材，用压辊在加热情况下进行复合。

所用胶粘剂为溶剂性的，如聚氨基甲酸酯树脂、醋乙烯树脂等。

此法适合纸张、铝箔、薄膜的组合复合，也适合塑料薄膜间的复合。

(3) 挤出复合：就是通过挤出机将热融的树脂涂覆在另一已经定形的膜状物上，使复合为一体。

此法的基本条件是复合基材之一必须是塑料。

(4) 热融复合：将熔融状胶粘剂涂布于第一基材，随后与第二基材贴合，通过加压冷缸实现粘合。

热融胶粘剂有蜡、乙烯-醋酸乙烯共聚物、乙烯-丙烯酸共聚物、聚丁二烯等。

(5) 共挤出复合：主要是利用塑料挤出机的多孔机头，共同挤出，将尚处于熔融态的不同基材压为一体。

共挤出复合是依据分子相容性原理，只有分子结构相同或相似的塑料之间才能实现融合。若分子结构完全不同的塑料，就必须加入第三种能与两者亲和的物质作媒介。

4.3 食品包装加工纸

4.3.1 食品包装加工纸应具有的功能

食品的种类很多，可分为高水分、液态、脱水、高脂肪、冷冻等类。食品包装应按食品的具体特征进行设计。包装的机能是抓住生产、流通、消费过程中动向，保证内装商品质量，有利于提高生产效率，提高流通过程中的方便性，促进商品销售，并应保证对人体的安全性。

图17-33矩阵的纵向箭头表示包装的各种“硬性”功能，横向箭头表示满足食品的不同状态。今后食品包装应按图17-33所示，将各类硬性功能有机地结合起来，并做到个性突出、多样化。

(1) 质量保护性能：为保证食品质量，需隔断影响食品质量的因素，如潮湿、水分、气体 (O_2、N_2、CO_2)、异味、光线和热等。

(2) 机械的保护性能：包装的机械保护性是指商品从生产、流通到消费者手中的全过程

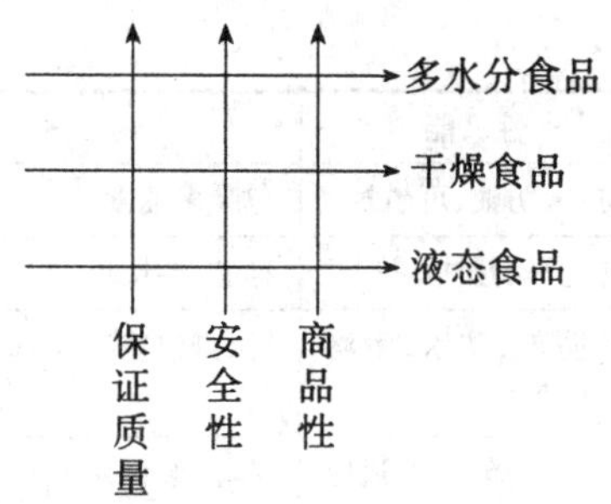

图17-33　包装功能矩阵

中保护商品，使其免遭外力影响的性能。

(3) 稳定性：食品与包装材料直接接触，内装商品的某些物质转移到包装材料，是使包装材料老化的原因之一。奶油、植物黄油等含盐食品或pH值偏低食品对铝箔等包装材料有腐蚀性等。因此，需要包装材料的稳定性。

(4) 安全性：食品包装卫生要基于下述3个原则：①包装材料的成分无毒；②所有包装材料及副料不向食品内迁移；③食品与包装材料无相互作用。

包装容器要进行消毒、灭菌处理，防止微生物、虫的侵害。

(5) 操作性：会影响生产效率。

(6) 方便性：物品流通的方便性是指运输、装卸；消费后的方便性是指包装一旦开封易再密封，以及用后废弃处理方便等。

(7) 商业性：食品包装除了保护质量外，还应有装潢外观的功能。外观对推销商品有着极其重要的意义。要求包装形态、印刷效果等迎合消费者心理，如看到外观同时联想食品的新鲜、美味。

4.3.2　食品包装加工纸的种类、性能及用途

食品包装加工纸的种类、性质及用途见表17-8。

表17-8　食品包装加工纸的种类、性能及用途

加工法		品　名	性　能	用　途	备　注
抄纸工序加工		WS纸 MC纸 茶叶袋滤纸 半透明纸	湿强度高 光泽性好 湿强度高 半透明	重包装用纸袋外内层用 包装茶,中药 糕点 包装点心、蔬菜、鱼类	分可热封、不可热封两种 半透明纸分染色半透明纸和耐湿半透明纸
化学处理		羊皮纸	半透明、耐油、湿强度高	鱼肉、黄油	又名硫酸纸
		玻璃纸	透明、机械加工适应性好	糕点、水果一般食品小包装	分普通、防湿玻璃纸两类
涂布	热融型	蜡　纸	疏水性好,无光泽	疏水包装用	干蜡法
			有光泽、防湿、可热封	面包、糕点、冷冻食品	湿蜡法(添加其他树脂)
		沥青防潮纸	防水、防潮	外包装箱板纸	价格低,现在不大使用
	乳剂型	聚偏二氯乙烯加工纸	高度抗湿性,阻气性好	包装多油、易氧化、要求保持商品香味不散逸	聚偏二氯乙烯/丙烯腈共聚物
		氟树脂加工纸	耐油性好	包装多油食品	不热处理,不含酒精

（续）

加工法		品 名	性 能	用 途	备 注
涂布	溶剂型	PVC加工纸	防水、防油、可热封	包装多油食品	
		涂漆纸	有光泽、耐油	标签、装饰用	可通过加树脂提高防湿性
	挤出复合	聚乙烯加工纸	防湿、防水、耐溶剂可热封	轻、重包装	
	悬浮液涂布	铜版纸	有光泽、印刷适应性好	标签、装饰用	有单面、双面铜版纸
复合	湿法复合	铝箔＋纸 纸＋纸	强度大,阻气性好	瓶、罐标签用	胶粘剂有干酪素、PVA,糊精、胶乳等
	干法复合	塑料薄膜＋纸 玻璃纸＋纸 玻璃纸＋塑料薄膜 玻璃纸＋铝箔等	分别具有抗水、耐油、防潮等性能	用于包装干、湿食品、调味食品、冷冻食品等	胶粘剂有PVA、PVC、聚氨酯、环氧树脂等
	挤出复合	塑料薄膜＋聚乙烯＋纸 玻璃纸＋聚乙烯＋纸 聚乙烯＋纸 玻璃纸＋聚乙烯＋铝箔等等	具有各种物理性能	用于包装各类食品	基材可用聚乙烯、聚丙烯聚酯等
真空镀铝		真空镀铝纸	有光泽、阻气性、形状稳定	包装糕点、面包及装饰用	比铝箔复合纸价格低

4.3.3 今后的动向

食品包装加工纸大多用于与食品直接接触的单件包装。在包装设计上需注意从单件包装到内包装、外包装的相关性。在研究外包装的同时，要涉及单件包装性能的研究。

以前的食品包装是硬质产品的包装方法和材料，今后要考虑软质的食品包装，要做到系列化的商品包装。

食品包装要保证食品的质量与安全。世界各国以保护消费者利益为前提，正在酝酿制订许多食品卫生法规。

食品包装用加工纸的无菌技术是给予造纸厂的一个新课题。

5 工业和家用加工纸

5.1 建筑和室内装饰材料

随着住宅业的发展和人们热望于居住环境的改善，装饰材料正方兴未艾。如果按用途分类，建筑和室内装饰材料可分成以下几种：

建筑材料——内壁、地板、天花板、门框过道板；

家具材料——各种桌、柜、床；

弱电材料——电视机壳、立体声板；

其他——车厢壁、船舶隔板、风琴板、电子乐器板、电梯箱、自动售货机等。

这里侧重介绍壁纸和装饰纸。

5.1.1 壁 纸

壁纸是历史悠久的一种室内装饰材料。随着科学技术的进步，合成高分子工业的发展，使壁纸产品的种类日趋丰富，它正在走出楼堂馆所，走向千家万户。

壁纸的艺术效果（手感柔软、经纬疏密、图案生动、色彩丰富）体现在外观的形式和表面上，此外还与生产时实际用的底布、施工的辅助作用、形成的功能因素、各层基材的搭配有关。

由于壁纸的外观决定商品的价值，故其种类是以表面材料划分的。依表面材料的成分进行分类如下（如图17-34）：

（1）纸质壁纸：以纸为主体，通常用100g/m²以上的单页纸或多层纸抄造而成。原纸的单面（表面）加以染色、涂布以及印刷图案。

（2）塑料（乙烯）壁纸：塑料壁纸的结构是用表层为氯乙烯，内层是80g/m²左右的纸或布所组成的。其加工方法是：把聚氯乙烯板材和基材贴合的层压法；用压延机把基材互相贴合的套层法；在基材上直接涂布的涂层法。后者是将上述粒状乙烯涂布后发泡而成的。

从艺术表现上看，采用一般的挤压加工法所得到的塑料层不够薄，所以多数情况是使用发泡法，以提高涂层的覆盖力。

表面上的图案采用印刷方法。

（3）织物壁纸：所谓织物，系指经纬纱成直角相交而编成的平面状物。这是一种好的基材。织物做表层，里层可贴合定量为80g/m²左右的纸。图案可通过染色、印花或用多臂机或提花机编织成图案织物。

尽管壁纸的价值着眼于表面层的构思效果，但是对原纸、生产过程、加工工艺以及表面处理等都有高标准的要求。

壁纸衬里原纸按功能分有防燃衬里原纸和普通衬里原纸。用防火材料生产的壁纸，所用的防燃衬里原纸是以添加或表面涂布各种防火剂和耐燃剂等制成。防燃剂的有效附着量占原重量的25%以上。

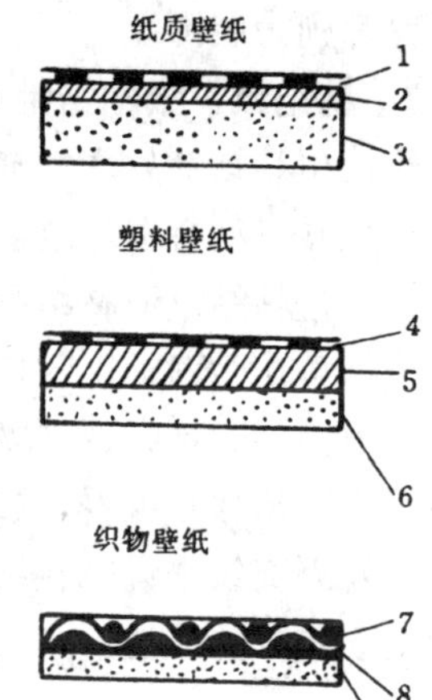

图17-34　壁纸结构示意

1. 印刷：凹版、苯胺、凸版等；2. 着色层：涂布（辊式、气刀式、铸涂及其他）；3. 基材：100～250g/m²纸或合抄而成的复合纸；4. 印刷：凹版、丝绢网；5. 乙烯层：把颜料、填料混合后发泡而成；6. 基材：80～100g/m²纸，亦可用布；7. 织物：纸布贴合、葛布、粗麻布、大麻布、精纺呢、绒布等（加印图案）；8. 粘合层：淀粉/醋酸乙烯酯类（辊式、气刀式涂布）；9. 基材：35～80g/m²纸

5.1.2　装饰纸

装饰纸是人造板二次加工的表面装饰材料。为了扩大人造板的使用领域和提高使用价值，延长使用寿命，木材工业发达的国家都大力发展人造板二次加工。其表面装饰方法有：合成树脂浸渍纸贴面、木制单板贴面、印刷装饰纸贴面、涂饰等。其中低压法单层直接贴复的合成树脂浸渍纸饰面板性能良好、工艺简单、投资少、成本低、装饰效果好。广泛应用于建筑和家具制造，西欧这种饰面板的消耗量达每人每年1.5m²[43]。

这种装饰纸既要符合加工的装潢要求，又要满足浸渍、热压等生产工艺要求。即应具有良好的覆盖性、吸收性、湿强度和适印性。

原纸匀度要好、定量80～150g/m²。为了获得高度的覆盖效果，纸中加填二氧化钛和颜料，灰分含量20%～36%。原纸要有良好的均匀的吸收能力，其吸收高度要求纵向35～40mm/10min，横向30～35mm/10min。为了防止在高速浸渍中断裂，纸的湿强度也很重要，其纵向湿裂断长最小为450m，横向为300m。纸张pH值应为中性。

生产出来的原纸有的需要印刷，故应有良好的适印性能。

以纸作为载体而得到的热固性树脂装饰板，其品种不同，纸的功能和要求也不尽相同。不同场合装饰纸的概念也不尽相同。如文献[44]把展览用纸、纸帘、大理石纹纸、植绒或绒面纸等都列为装饰纸。

5.2 粘结纸、纸粘结带

使用粘结剂处理的加工纸制品，其代表性的纸种就是粘结纸和纸粘结带。两者采用粘结剂有压敏自粘特性，故前者也称不干胶纸，后者亦称自粘胶带或压敏胶带。

(1) 粘结纸：粘结纸是由表面材、粘结剂和剥离纸等三层组成。在表面材上进行印刷等加工，多作为商标、封口带之用。

表面材、粘结剂、剥离纸所使用的材料，见表17-9。表内各种材料的组合，可生产各种粘结纸。从数量上看，属于纸系列的粘结纸较多。

就剥离纸来说，在纸的表面上处理的剥离剂，在多数情况下是采用以含有聚甲基硅氧烷为主要成分的硅油。

表17-9 表面材、粘结剂、剥离纸所使用的材料

表面材			粘结剂	剥离纸
纸系列	薄膜系列	其他		
高级纸	聚酯	布匹	天然橡胶	聚乙烯复合纸
涂布纸	聚氯乙烯	无纺布	合成橡胶	玻璃纸
				颜料涂布纸
铸涂纸	醋酸酯	金属箔	聚丙烯酸酯	
				超级压光牛皮纸
金属箔纸	聚丙烯	复合材料	聚乙烯醚	聚乙烯醇纸
浸渍纸	合成纸			羊皮纸
				塑料薄膜纸

粘结纸的制法是用涂布机在剥离纸面涂布粘结剂，再经干燥部干燥。随后，向剥离纸背面喷水，调整剥离纸的水分。后与表面材通过压辊贴合而成。这种方法称为转印法，是目前最常用的方法。

通常生产的粘结纸，经完成工序分切为小卷筒和平板纸两种。小卷筒多是把表面材冲切成商标。平板纸在印刷后使用。

这里还要注意：①粘结剂与表面材的粘着力应大于粘结剂与其他物体表面的粘着力；②不同用途应选择性能合适的粘结剂。有的要求永久粘结，如商品的标签、铭牌、使用说明等，贴上后要求有高的粘结力；有的要求再剥离用，如宣传标签、缓冲垫片等在使用完了后要从被粘附物上撕下。如果期望剥去标签后商品不会损坏，粘结剂也不残留玷污，就要使用弱粘结而凝聚力强的粘结剂。

(2) 纸粘结带：随着合成树脂与塑料的发展，以及现代商品的包装要求，具有各种功能的自粘胶带的品种越来越多，使用范围不断扩大，社会需求量激增。

粘结带由基材和粘结剂两大要素构成。纸粘结带的基材就是纸。现在有各式各样的基材。所用粘结剂的种类也很多。近年来，粘结带的品种、用途、粘结剂、基材、涂布工艺都有很大发展。

粘结带的生产流程示意如下：

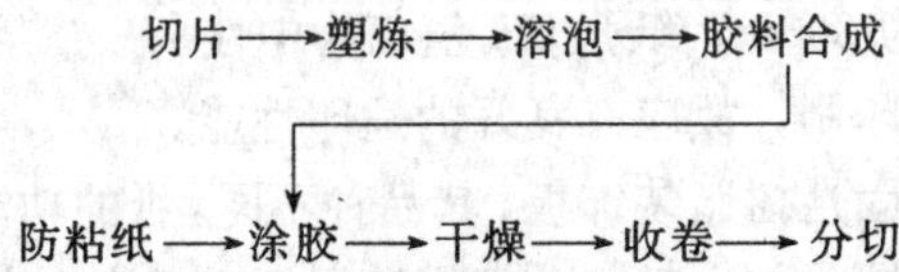

5.3 砂纸

砂纸是一种把砂料用胶粘剂粘附在柔软的基材上而制成的作研磨工具的总称。它既是日常生活中广泛使用的一种研磨材料，又是现代工业各领域中使用的新的高效研磨工具。

砂纸一般根据所采用的材料品种和制成形状而分类。

以砂料分类：熔融氧化铝砂纸、碳化硅防水砂纸、石榴石砂纸、金刚砂砂纸等。

以形状分类：砂带、平张砂纸、卷状砂纸等。

以用途分类：木工用砂纸、金工用砂纸、皮革用砂纸、玻璃加工用砂带等。

还有以基材、胶粘剂、制法等加以分类的。

(1) 生产砂纸的主要原料：砂料、基材、胶粘剂。还有基材处理剂、充填剂、溶剂、固化剂、颜料、染料等辅料。

砂纸的结构如图17-35，其中包含砂料、基材、胶粘剂等三种主要成分，是一种在有挠性的平面基材上，使用胶粘剂，让砂料均匀分布而得到的研磨材料。

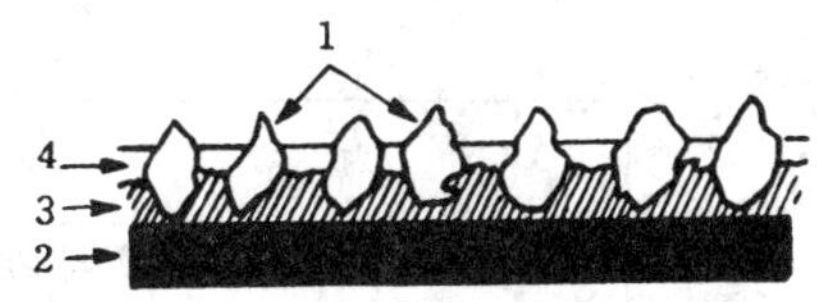

图17-35 砂纸的结构

1. 研磨砂料；2. 基材；3. 胶粘剂；4. 涂刷后的胶层

砂料：一般砂纸所用的砂料，有人造熔融铝粉、碳化硅、天然金刚砂、石榴石、硅石（燧石）等。此外，还有氧化铁、玻璃等。砂料的一般性能，如粒度、硬度、粉碎性能（韧性）等应适应使用要求，又如，胶粘剂对基材的亲和性要好等。

基材：由于不同用途的砂纸其颜色、宽度、厚度、定量、抗张强度、耐折度、耐破度、拉伸强度、剥离强度、耐热性能、平滑度、柔软性、施胶度、抗油性等指标上各不相同，又要求具备特有的使用性能，因此，欲选择符合这些要求的浆种、配比、打浆、施胶、抄纸、干燥、加工方法，进行有针对性地选择是必要的。

砂纸最主要的性能是物理强度，因此原纸的抗张强度（湿强度）、撕裂度、剥离强度、表面强度、柔软性甚为重要。对于抗水砂纸原纸、需要浸渍清漆（桐油、亚麻仁油）或乳胶（NBR、SBR等），胶乳浸渍原纸要求渗透性能好，纸宜松厚、多孔、吸收性好，并要求纸面不掉毛，并有湿强度。

胶粘剂：根据用途和研磨目的或使用的喷砂机，砂纸所用胶料剂大致可分为以下4种：树脂粘结、树脂与胶水粘结、胶水粘结、防水胶粘结。

用于干法加工的普通砂纸，用胶量最多；而耐热性砂纸，则要采用酚醛树脂或其他合成树脂胶粘剂。用于湿法加工的防水砂纸，则采用烷基树脂、油溶性酚醛树脂、环氧树脂或其他防水胶粘剂。胶粘剂应与充填剂、添加剂一齐使用，以提高粘性、可挠曲性、耐热性、抗湿性、抗水性、防药品性、抗老化性能等。

(2) 生产方法：砂纸的制法根据砂纸的种类和使用目的，以及生产设备之规模的不同而异，还因不同的厂家而各有特色。

一般采用印刷、加工涂布、胶粘剂涂布、干燥，然后表面涂布、再干燥的连续生产装置，最后，经裁切、打孔等成形加工，制造出平板、卷筒、带式、圆盘等最终产品。图17-36是一典型的砂纸生产流程。

5.4 钢纸

钢纸属变性加工纸，以其机械强度高而得名。用浓氯化锌溶液处理原纸，使纤维素发生

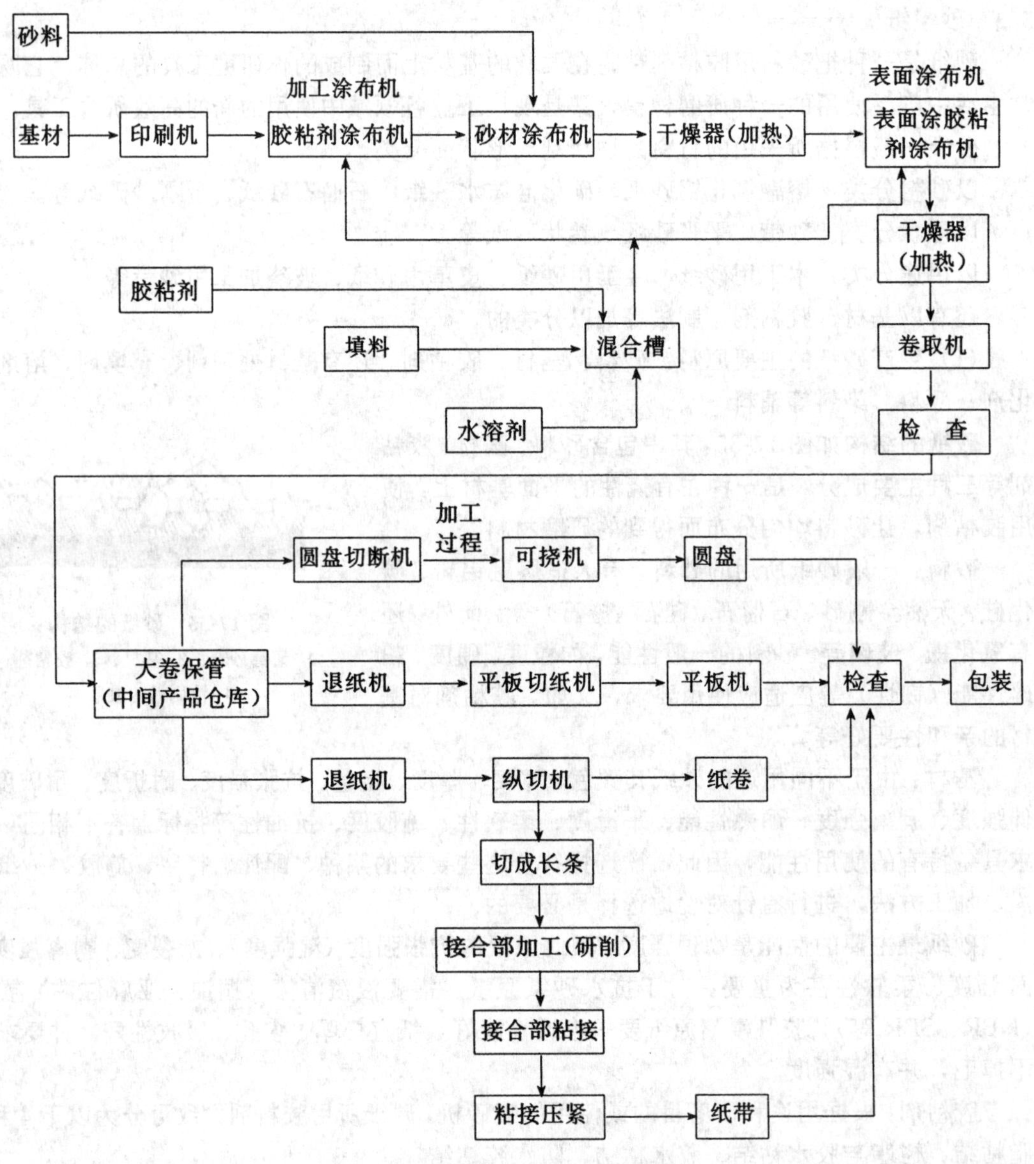

图17-36 砂纸生产流程[41]

剧烈润胀和胶化，从而部分水解而成为短链物，具有一定粘着能力，将纸页在胶化烘缸上层层粘合起来，再经老化、洗涤（脱盐）、干燥、整形，即制成钢纸。

钢纸的强度近于金属铝，而比重仅为铝的一半，质轻而坚硬，具有很高的介电强度和弹性，是一种优良的电气绝缘材料和结构材料，又有加工成型、耐磨、耐热、耐腐蚀等特性。由于它特性优良、价格便宜，用途极其广泛。

从前，钢纸原纸是采用棉纤维，近年来多采用木材，有针叶材浆，也可用阔叶材浆。抄纸采用圆网纸机，但最好采用长网纸机，以降低纸张的两面差、纵横向差。要求原纸对氯化锌有良好的吸收性、反应性。原纸要有较好的机械强度。要求原纸组织均匀，不应有压花和浆团，尘埃不应过多，否则会使钢纸层间结合不良，易分层起泡，或表面不平。金属粒子或钙，易使钢纸绝缘性降低、发脆、弹性降低等。原纸水分一致，含量不宜太高。

氯化锌：使用氯化锌溶液的浓度约为70%，工业上希望能回收再用。不希望有的杂质是胺盐、钙盐、铁盐。氯化锌的酸度是生产钢纸的关键，如经水稀释，酸度降低，则会沉淀出氢氧化锌，沾附在钢纸上，难以除去；酸性太大，又会损伤纤维，使钢纸强度降低。

生产过程：由胶化、老化、脱盐、干燥、整形等过程。钢纸生产流程及设备如图17-37。

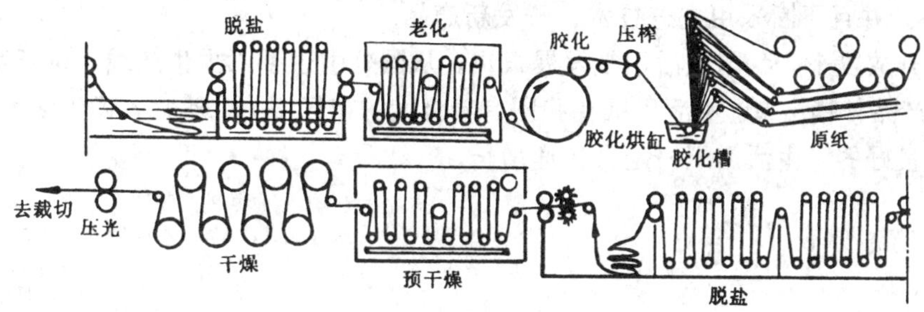

图17-37 钢纸生产流程及设备示意[45]

胶化：这是钢纸生产中最重要的工序，工艺条件的控制对钢纸质量影响很大。主要影响因素有：①氯化锌溶液的浓度、温度、纯度、碱度；②浸渍时间；③烘缸温度；④碾压烘缸线压力和时间。

老化：就是胶化后的钢纸在空气中逐渐冷却的过程。经过老化，纸内未胶化的纤维素含量减少，胶化成熟度增加，使钢纸内部质量趋向均一，层间结合力增强，绝缘性能提高，吸收率相应减小。老化时间应根据钢纸厚度而定。

脱盐：就是用水浸出多余的氯化锌，以提高钢纸的绝缘性，使纸层更紧密，并回收该部分氯化锌。钢纸脱盐后氯化锌的含量应在0.2%以下。一般采用逆流洗涤。

洗刷：钢纸离开脱盐槽后表面附有铁盐泡沫及污垢，必须喷水洗刷。

干燥：脱盐洗刷后的钢纸尚有16%左右的水分，需要进行干燥。可用长廊式干燥器或干燥室与烘缸联合的干燥设备。

整形：干燥后的钢纸表面弯曲不平，必须用热压机压平，即整形。压平之前浸以温水，并在平衡室内平衡水分。

压平后的钢纸可经压光机压光，以增加表面平滑度和紧度。

5.5 家庭用纸和卫生纸

日本所谓的“家用薄页纸”是指以家庭生活为中心的保健、卫生、生理用纸，英国、美国则称之谓“家用纸”。它们的品种有：

(1) 日常生活用纸：毛巾纸、面巾纸、餐巾纸、化妆纸、旅游用香粉纸、台布纸、手帕纸、揩布纸、美容纸、皮鞋光亮纸等。

(2) 生理卫生用纸：卫生纸、妇女月经纸、婴儿围涎纸、婴儿尿布纸、老人失禁纸等。

(3) 药物卫生纸：妇女药物卫生纸、防伤风感冒卫生纸等。

有的文献还列出除湿纸、脱臭纸、芳香纸、防虫纸、杀虫纸等[16]。

这些制品的特点是为日常生活所不可缺少，使用量大、方便，价格便宜，不需回收，用后即弃。有人把上述制品和医用消费纸（手术衣纸、病房床单、枕套、被套、手术绷带纸、止血纱布纸等）、方便餐食品用纸等统称为一次性消费用纸。

发展这些一次性消费用纸是具有现实意义的。社会物质生活的提高，人们活动的快节奏化，使得消费日常生活中的一次性制品的品种和范围更为广泛，数量又多。各种用后即弃的纸制品给人们提供了极大的方便，显示了一定的社会效益，也是造纸工业很有发展的一个领域。

在工业发达国家中，这些纸制品发展很快。如美国生活用纸的产量已占纸和纸板总产量的10%左右。并且不断采用先进技术、开发新产品。

改革、开放以来，我国生活用纸发展很快。从国外引进了不少生产线，也开发了不少新品种，有些产品外销出口。生活用纸在我国有着极大的市场潜力，随着人民生活水平的提高，市场前景是良好的，生活用纸一定会快速增长。

参 考 文 献

1. Ayer J A, Kallmes O. Paper as a three-dimensional structure. Paper Age, 1988, 104 (12): 16
2. Carlsson L. Curl and two-sideness of paper. Svenek papperstid, 1980, 83 (7): 194~197
3. Wicks L. The influence of pressing on sheet two-sideness. Tappi, 1982, 65 (9): 73~77
4. Pikulik I. Pressing-induced two-sideness of paper. Tappi, 1987, 70 (4): 75~78
5. 凯西 J P. 制浆造纸化学工艺学（第 3 卷). 第 3 版. 北京：轻工业出版社，1988
6. Rance H F. Handbook of Paper Science Vol Ⅱ. 1982
7. Tatsuo, yamauchi. Measurement of paper thickness and density. Appita, 1987, 40 (5): 359
8. [苏] 弗里雅捷 Д И 著．纸的性能．陈有庆，石淑兰等译．北京：轻工业出版社，1985
9. Treiber E E. A look at fiber and web structures. Tappi. 1978, 64 (4): 87~90
10. Willian E Scott. Properties of Paper : An Introduction. 1989
11. Clark J d. A Pulp Technology and Treatment for Paper. 1978. Chap. 12 and Chap. 29
12. Scott W E. Pulp and paper manufacture, Vol. 7 Paper machine operations, Paper making chemistry, 1992. Chap. 7
13. 马伯龙. 造纸机. 北京：轻工业出版社，1983
14. Smook G A. Handbook for Pulp and Paper Technologists (2nd ed.).
15. 《制浆造纸手册》编写组. 制浆造纸手册・加工纸分册. 北京：轻工业出版社，1988
16. テックタムス. 最新紙加工便覧. [日] 昭和 63 年 8 月
17. Closset G P. Tappi, 1986, 69 (5): 50
18. Hagemeyer R W. PPC. 1986, 87 (12): 148
19. Hagemeyer R W. Pulp and Paper (Casey J P. Ed.), Vol. Ⅳ, 3rd ed., Wiley Interscience, 1981: 2020
20. 张承武译. 国外造纸，Vol. 5，1986，6：5
21. 石秉荣译. 国外造纸，Vol. 6，1987，2：38
22. 张锡秋，方邺森，胡立勋. 高岭土. 北京：轻工业出版社，1988
23. 西北轻工业学院等. 陶瓷工艺学. 北京：轻工业出版社，1980
24. Murray H H. Tappi Monograph Series 38. 1976, Chap. 5
25. Fang J H. Physical Chemistry of Pigments in Coating. Tappi Press, 1977, Chap. 1: 13
26. Hagemeyer R W. Pulp and Paper (Casey J P. Ed.), Vol Ⅳ, 3rd ed. Wiley Interscience, 1981. 2054
27. Hagemeyer R W. Pulp and Paper (Casey J P. Ed.) Vol Ⅳ, 3rd ed. Wiley Interscience, 1981. 2055
28. William R et al. Tappi Monograph Series 20. 1958, Chap. IX
29. Fang J H. Physical Chemistry of Pigments in Coating. Tappi Press. 1977, chap. 1: 17
30. Ahonen P. Tappi, 1985, 68 (11): 92
31. Tappi Monograph Series 19, 1958
32. Hagemeyer R W. Pigments for Paper, Tappi Press, 1984
33. Salzberg H K, Marino W L. Tappi Monograph Series 36. 1976, Chap. 1
34. Heiser E J. TAPPI Blade Coating Seminar Notes. 1980. 51~59
35. Heiser E J. and Kaulakis F. Tappi Monograph Series 37. 1975, Chap. 3
36. Busch T W. Tappi, 1966, 49 (5): 154~158
37. Landes C G. and Kroll L. Ed. Paper Coating Additives, Tappi press, 1978

38. Pascoe T A. Tappi Monograph Series 28. 1965，Chap. 10
39. Sommer H. Tappi Air knife Seminar notes，1981：13～20
40. Casey J P. Tappi Monograph Series 28. 1965，Chap. 12
41. [日] 纸业时代社编. 纸加工技术（下册）. 刘仁庆等译. 北京：轻工业出版社，1991
42. 刘仁庆，黄乃熹，竺永新编译. 特种纸化学原理及制造. 北京：轻工业出版社，1984
43. [联邦德国] 恩森斯贝格 W，[奥地利] 维宁格尔 W. 林产工业，1986，(3)：16
44. Mosher R H. Industrial and Specialty Papers (Mosher，R. H. and davis，D. S.，Ed.). Vol. Ⅲ，Chemical Publishing Company，Inc.，New York，1969. 91
45. 隆言泉. 制浆造纸工艺学（下册）. 北京：轻工业出版社，1980

汉英林产化学工业名词索引

（按汉语拼音字母顺序排列）

严文瑛　蔡之权　姚文章　谭红梅　王体科　余允怡

M

N

P

Q

R

S

Y

Z